国家科技支撑计划项目（2012BAD29B01）
国家科技基础性工作专项（2015FY111200）

中国市售水果蔬菜农药残留报告（2015～2019）

（西南卷）

庞国芳　徐建中　主编

科学出版社

内 容 简 介

《中国市售水果蔬菜农药残留报告》共分8卷：华北卷（北京市、天津市、石家庄市、太原市、呼和浩特市），东北卷（沈阳市、长春市、哈尔滨市），华东卷一（上海市、南京市、杭州市、合肥市），华东卷二（福州市、南昌市、山东蔬菜产区、济南市），华中卷（郑州市、武汉市、长沙市），华南卷（广州市、深圳市、南宁市、海口市、海南蔬菜产区），西南卷（重庆市、成都市、贵阳市、昆明市、拉萨市）和西北卷（西安市、兰州市、西宁市、银川市、乌鲁木齐市）。

每卷包括2015~2019年市售20类135种水果蔬菜农药残留侦测报告和膳食暴露风险与预警风险评估报告。分别介绍了市售水果蔬菜样品采集情况，液相色谱-四极杆飞行时间质谱（LC-Q-TOF/MS）和气相色谱-四极杆飞行时间质谱（GC-Q-TOF/MS）农药残留检测结果，农药残留分布情况，农药残留检出水平与最大残留限量（MRL）标准对比分析，以及农药残留膳食暴露风险评估与预警风险评估结果。

本书对从事农产品安全生产、农药科学管理与施用、食品安全研究与管理的相关人员具有重要参考价值，同时可供高等院校食品安全与质量检测等相关专业的师生参考，广大消费者也可从中获取健康饮食的裨益。

图书在版编目（CIP）数据

中国市售水果蔬菜农药残留报告. 2015～2019. 西南卷 / 庞国芳，徐建中主编. —北京：科学出版社，2019.12

ISBN 978-7-03-063323-1

Ⅰ. ①中… Ⅱ. ①庞… ②徐… Ⅲ. ①水果-农药残留物-研究报告-西南地区-2015-2019 ②蔬菜-农药残留物-研究报告-西南地区-2015-2019 Ⅳ. ①X592

中国版本图书馆CIP数据核字（2019）第252139号

责任编辑：杨 震 刘 冉 杨新玫/责任校对：杜子昂

责任印制：肖 兴/封面设计：北京图阅盛世

科学出版社出版

北京东黄城根北街16号

邮政编码：100717

http：//www.sciencep.com

北京汇瑞嘉合文化发展有限公司印刷

科学出版社发行 各地新华书店经销

*

2019年12月第 一 版 开本：787×1092 1/16

2019年12月第一次印刷 印张：41 1/2

字数：980 000

定价：298.00元

（如有印装质量问题，我社负责调换）

中国市售水果蔬菜农药残留报告（2015~2019）
（西南卷）

编 委 会

主　编： 庞国芳　徐建中

副主编： 李　慧　范春林　梁淑轩　陈　辉　常巧英　石志红

编　委：（按姓名汉语拼音排序）

白若镔　常巧英　陈　辉　范春林

胡雪艳　李　慧　李笑颜　梁淑轩

庞国芳　申世刚　石志红　吴兴强

谢瑜杰　徐凤华　徐建中　张紫娟

序

据世界卫生组织统计，全世界每年至少发生 50 万例农药中毒事件，死亡 11.5 万人，数十种疾病与农药残留有关。为此，世界各国均制定了严格的食品标准，对不同农产品设置了农药最大残留限量(MRL)标准。我国将于 2020 年 2 月实施《食品安全国家标准　食品中农药最大残留限量》(GB 2763—2019)，规定食品中 483 种农药的 7107 项最大残留限量标准；欧盟、美国和日本等发达国家和地区分别制定了 162248 项、39147 项和 51600 项农药最大残留限量标准。作为农业大国，我国是世界上农药生产和使用最多的国家。据中国统计年鉴数据统计，2000~2015 年我国化学农药原药产量从 60 万吨/年增加到 374 万吨/年，农药化学污染物已经是当前食品安全源头污染的主要来源之一。

因此，深受广大消费者及政府相关部门关注的各种问题也随之而来：我国“菜篮子”的农药残留污染状况和风险水平到底如何？我国农产品农药残留水平是否影响我国农产品走向国际市场？这些看似简单实则难度相当大的问题，涉及农药的科学管理与施用，食品农产品的安全监管，农药残留检测技术标准以及资源保障等多方面因素。

可喜的是，此次由庞国芳院士科研团队承担完成的国家科技支撑计划项目(2012BAD29B01)和国家科技基础性工作专项(2015FY111200)研究成果之一《中国市售水果蔬菜农药残留报告》(以下简称《报告》)，对上述问题给出了全面、深入、直观的答案，为形成我国农药残留监控体系提供了海量的科学数据支撑。

该《报告》包括水果蔬菜农药残留侦测报告和水果蔬菜农药残留膳食暴露风险与预警风险评估报告两大重点内容。其中，“水果蔬菜农药残留侦测报告”是庞国芳院士科研团队利用他们所取得的具有国际领先水平的多元融合技术，包括高通量非靶向农药残留侦测技术、农药残留侦测数据智能分析及残留侦测结果可视化等研究成果，对我国 46 个城市 1443 个采样点的 40151 例 135 种市售水果蔬菜进行非靶向农药残留侦测的结果汇总；同时，解决了数据维度多、数据关系复杂、数据分析要求高等技术难题，运用自主研发的海量数据智能分析软件，深入比较分析了农药残留侦测数据结果，初步普查了我国主要城市水果蔬菜农药残留的“家底”。而“水果蔬菜农药残留膳食暴露风险与预警风险评估报告”是在上述农药残留侦测数据的基础上，利用食品安全指数模型和风险系数模型，结合农药残留水平、特性、致害效应，进行系统的农药残留风险评价，最终给出了我国主要城市市售水果蔬菜农药残留的膳食暴露风险和预警风险结论。

该《报告》包含了海量的农药残留侦测结果和相关信息，数据准确、真实可靠，具有以下几个特点：

一、样品采集具有代表性。侦测地域范围覆盖全国除港澳台以外省级行政区的 46 个城市(包括 4 个直辖市，27 个省会城市，15 个水果蔬菜主产区城市的 288 个区县)的 1443 个采样点。随机从超市或农贸市场采集样品 22000 多批。样品采集地覆盖全国 25%人口的生活区域，具有代表性。

二、紧扣国家标准反映市场真实情况。侦测所涉及的水果蔬菜样品种类覆盖范围达到 20 类 135 种，其中 85%属于国家农药最大残留限量标准列明品种，彰显了方法的普遍适用性，反映了市场的真实情况。

三、检测过程遵循统一性和科学性原则。所有侦测数据均来源于 10 个网络联盟实验室，按“五统一”规范操作(统一采样标准、统一制样技术、统一检测方法、统一格式数据上传、统一模式统计分析报告)全封闭运行，保障数据的准确性、统一性、完整性、安全性和可靠性。

四、农残数据分析与评价的自动化。充分运用互联网的智能化技术，实现从农产品、农药残留、地域、农药残留最高限量标准等多维度的自动统计和综合评价与预警。

总之，该《报告》数据庞大，信息丰富，内容翔实，图文并茂，直观易懂。它的出版，将有助于广大读者全面了解我国主要城市市售水果蔬菜农药残留的现状、动态变化及风险水平。这对于全面认识我国水果蔬菜食用安全水平、掌握各种农药残留对人体健康的影响，具有十分重要的理论价值和实用意义。

该书适合政府监管部门、食品安全专家、农产品生产和经营者以及广大消费者等各类人员阅读参考，其受众之广、影响之大是该领域内前所未有的，值得大家高度关注。

2019 年 11 月

前　　言

食品是人类生存和发展的基本物质基础。食品安全是全球的重大民生问题，也是世界各国目前所面临的共同难题,而食品中农药残留问题是引发食品安全事件的重要因素，尤其受到关注。目前，世界上常用的农药种类超过1000种，而且不断地有新的农药被研发和应用，在关注农药残留对人类身体健康和生存环境造成新的潜在危害的同时，也对农药残留的检测技术、监控手段和风险评估能力提出了更高的要求和全新的挑战。

为解决上述难题，作者团队此前一直围绕世界常用的1200多种农药和化学污染物展开多学科合作研究，例如，采用高分辨质谱技术开展无需实物标准品作参比的高通量非靶向农药残留检测技术研究；运用互联网技术与数据科学理论对海量农药残留检测数据的自动采集和智能分析研究；引入网络地理信息系统(Web-GIS)技术用于农药残留检测结果的空间可视化研究等等。与此同时，对这些前沿及主流技术进行多元融合研究，在农药残留检测技术、农药残留数据智能分析及结果可视化等多个方面取得了原创性突破，实现了农药残留检测技术信息化、检测结果大数据处理智能化、风险溯源可视化。这些创新研究成果已整理成《食用农产品农药残留监测与风险评估溯源技术研究》一书另行出版。

《中国市售水果蔬菜农药残留报告》(以下简称《报告》)是上述多项研究成果综合应用于我国农产品农药残留检测与风险评估的科学报告。为了真实反映我国百姓餐桌上水果蔬菜中农药残留污染状况以及残留农药的相关风险，2015~2019年期间，作者团队采用液相色谱-四极杆飞行时间质谱(LC-Q-TOF/MS)及气相色谱-四极杆飞行时间质谱(GC-Q-TOF/MS)两种高分辨质谱技术，从全国46个城市(包括27个省会城市、4个直辖市及15个水果蔬菜主产区城市)的1443个采样点(包括超市及农贸市场等)，随机采集了20类135种市售水果蔬菜(其中85%属于国家农药最大残留限量标准列明品种)40151例进行了非靶向农药残留筛查，初步摸清了这些城市市售水果蔬菜农药残留的“家底”，形成了2015~2019年全国重点城市市售水果蔬菜农药残留检测报告。在这基础上，运用食品安全指数模型和风险系数模型，开发了风险评价应用程序，对上述水果蔬菜农药残留分别开展膳食暴露风险评估和预警风险评估，形成了2015~2019年全国重点城市市售水果蔬菜农药残留膳食暴露风险与预警风险评估报告。现将这两大报告整理成书，以飨读者。

为了便于查阅，本次出版的《报告》按我国自然地理区域共分为八卷：华北卷(北京市、天津市、石家庄市、太原市、呼和浩特市)，东北卷(沈阳市、长春市、哈尔滨市)，华东卷一(上海市、南京市、杭州市、合肥市)，华东卷二(福州市、南昌市、山东蔬菜产区、济南市)，华中卷(郑州市、武汉市、长沙市)，华南卷(广州市、深圳市、南宁市、海口市、海南蔬菜产区)，西南卷(重庆市、成都市、贵阳市、昆明市、拉萨市)和西北卷(西安市、兰州市、西宁市、银川市、乌鲁木齐市)。

《报告》的每一卷内容均采用统一的结构和方式进行叙述，对每个城市的市售水果蔬菜农药残留状况和风险评估结果均按照 LC-Q-TOF/MS 及 GC-Q-TOF/MS 两种技术分别阐述。主要包括以下几方面内容：①每个城市的样品采集情况与农药残留检测结果；②每个城市的农药残留检出水平与最大残留限量(MRL)标准对比分析；③每个城市的水果(蔬菜)中农药残留分布情况；④每个城市水果蔬菜农药残留报告的初步结论；⑤农药残留风险评估方法及风险评价应用程序的开发；⑥每个城市的水果蔬菜农药残留膳食暴露风险评估；⑦每个城市的水果蔬菜农药残留预警风险评估；⑧每个城市水果蔬菜农药残留风险评估结论与建议。

本《报告》是我国“十二五”国家科技支撑计划项目(2012BAD29B01)和“十三五”国家科技基础性工作专项(2015FY111200)的研究成果之一。该项研究成果紧扣国家“十三五”规划纲要“增强农产品安全保障能力”和“推进健康中国建设”的主题，可在这些领域的发展中发挥重要的技术支撑作用。本《报告》的出版得到河北大学高层次人才科研启动经费项目(521000981273)的支持。

由于作者水平有限，书中不妥之处在所难免，恳请广大读者批评指正。

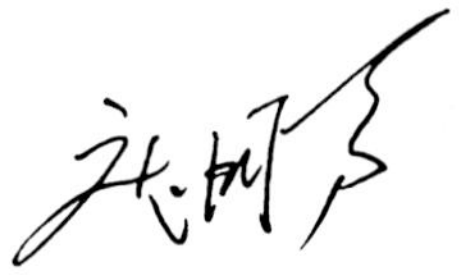

2019 年 11 月

缩 略 语 表

ADI	allowable daily intake	每日允许最大摄入量
CAC	Codex Alimentarius Commission	国际食品法典委员会
CCPR	Codex Committee on Pesticide Residues	农药残留法典委员会
FAO	Food and Agriculture Organization	联合国粮食及农业组织
GAP	Good Agricultural Practices	农业良好管理规范
GC-Q-TOF/MS	gas chromatograph/quadrupole time-of-flight mass spectrometry	气相色谱-四极杆飞行时间质谱
GEMS	Global Environmental Monitoring System	全球环境监测系统
IFS	index of food safety	食品安全指数
JECFA	Joint FAO/WHO Expert Committee on Food and Additives	FAO、WHO 食品添加剂联合专家委员会
JMPR	Joint FAO/WHO Meeting on Pesticide Residues	FAO、WHO 农药残留联合会议
LC-Q-TOF/MS	liquid chromatograph/quadrupole time-of-flight mass spectrometry	液相色谱-四极杆飞行时间质谱
MRL	maximum residue limit	最大残留限量
R	risk index	风险系数
WHO	World Health Organization	世界卫生组织

凡　例

- 采样城市包括31个直辖市及省会城市（未含台北市、香港特别行政区和澳门特别行政区）及山东蔬菜产区、深圳市和海南蔬菜产区，分成华北卷（北京市、天津市、石家庄市、太原市、呼和浩特市）、东北卷（沈阳市、长春市、哈尔滨市）、华东卷一（上海市、南京市、杭州市、合肥市）、华东卷二（福州市、南昌市、山东蔬菜产区、济南市）、华中卷（郑州市、武汉市、长沙市）、华南卷（广州市、深圳市、南宁市、海口市、海南蔬菜产区）、西南卷（重庆市、成都市、贵阳市、昆明市、拉萨市）、西北卷（西安市、兰州市、西宁市、银川市、乌鲁木齐市）共8卷。
- 表中标注*表示剧毒农药；标注◊表示高毒农药；标注▲表示禁用农药；标注 a 表示超标。
- 书中提及的附表（侦测原始数据），请扫描封底二维码，按对应城市获取。

目　　录

重　庆　市

成　都　市

贵 阳 市

昆　明　市

拉 萨 市

重 庆 市

第1章　LC-Q-TOF/MS侦测重庆市1011例市售水果蔬菜样品农药残留报告

从重庆市所属9个区，随机采集了1011例水果蔬菜样品，使用液相色谱-四极杆飞行时间质谱(LC-Q-TOF/MS)对565种农药化学污染物进行示范侦测(7种负离子模式ESI⁻未涉及)。

1.1　样品种类、数量与来源

1.1.1　样品采集与检测

为了真实反映百姓餐桌上水果蔬菜中农药残留污染状况，本次所有检测样品均由检验人员于2017年6月至2018年4月期间，从重庆市所属36个采样点，包括7个农贸市场和29个超市，以随机购买方式采集，总计36批1011例样品，从中检出农药76种，2424频次。采样及监测概况见图1-1及表1-1，样品及采样点明细见表1-2及表1-3(侦测原始数据见附表1)。

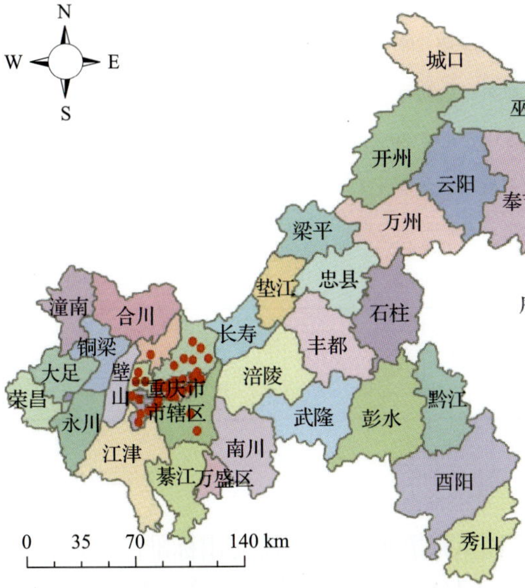

序号	行政区域	水果采样量	蔬菜及其他采样量	总计
1	渝中区	63	107	170
2	大渡口区	41	73	114
3	江北区	54	86	140
4	沙坪坝区	30	53	83
5	九龙坡区	43	71	114
6	南岸区	51	97	148
7	北碚区	9	13	22
8	渝北区	60	105	165
9	巴南区	20	35	55

图1-1　重庆市所属36个采样点1011例样品分布图

表 1-1　农药残留监测总体概况

采样地区	重庆市所属 9 个区
采样点(超市+农贸市场)	36
样本总数	1011
检出农药品种/频次	76/2424
各采样点样本农药残留检出率范围	51.9%~96.4%

表 1-2　样品分类及数量

样品分类	样品名称(数量)	数量小计
1.水果		371
1)仁果类水果	苹果(35),梨(36),枇杷(14)	85
2)核果类水果	李子(12)	12
3)浆果和其他小型水果	猕猴桃(33),葡萄(29),草莓(17)	79
4)瓜果类水果	西瓜(15),哈密瓜(15)	30
5)热带和亚热带水果	木瓜(7),芒果(20),荔枝(15),菠萝(19),火龙果(35)	96
6)柑橘类水果	橘(20),橙(29),柠檬(20)	69
2.食用菌		80
1)蘑菇类	香菇(34),金针菇(27),杏鲍菇(19)	80
3.蔬菜		560
1)豆类蔬菜	菜豆(36)	36
2)鳞茎类蔬菜	洋葱(17),韭菜(23),葱(19),蒜薹(29)	88
3)叶菜类蔬菜	芹菜(34),油麦菜(33),生菜(32),莴笋(16)	115
4)芸薹属类蔬菜	结球甘蓝(16),紫甘蓝(15),青花菜(30)	61
5)瓜类蔬菜	黄瓜(36),西葫芦(33),苦瓜(34),冬瓜(12)	115
6)茄果类蔬菜	番茄(36),甜椒(33),茄子(36)	105
7)根茎类和薯芋类蔬菜	胡萝卜(34),萝卜(6)	40
合计	1.水果 17 种 2.食用菌 3 种 3.蔬菜 21 种	1011

1.1.2　检测结果

这次使用的检测方法是庞国芳院士团队最新研发的不需使用标准品对照，而以高分辨精确质量数(0.0001 *m/z*)为基准的 LC-Q-TOF/MS 检测技术，对于 1011 例样品，每个样品均侦测了 565 种农药化学污染物的残留现状。通过本次侦测，在 1011 例样品中共计检出农药化学污染物 76 种，检出 2424 频次。

表 1-3　重庆市采样点信息

采样点序号	行政区域	采样点
农贸市场(7)		
1	九龙坡区	***市场
2	南岸区	***市场
3	南岸区	***市场
4	江北区	***市场
5	沙坪坝区	***市场
6	渝中区	***市场
7	渝北区	***市场
超市(29)		
1	九龙坡区	***超市(渝州购物广场店)
2	九龙坡区	***超市(二郎店)
3	九龙坡区	***超市(袁家岗店)
4	北碚区	***超市(天生丽街店)
5	南岸区	***超市(南坪店)
6	南岸区	***超市(腾龙大道店)
7	南岸区	***超市(南坪店)
8	大渡口区	***超市(中交丽景店)
9	大渡口区	***超市(壹街店)
10	大渡口区	***超市(香港城店)
11	大渡口区	***超市(松青路分店)
12	巴南区	***超市(巴南万达店)
13	巴南区	***超市(都和广场店)
14	江北区	***超市(洋河店)
15	江北区	***超市(金观音店)
16	江北区	***超市(国奥村店)
17	江北区	***超市(北城天街分店)
18	沙坪坝区	***超市(凤天店)
19	沙坪坝区	***超市(欣阳店)
20	渝中区	***超市(日月光店)
21	渝中区	***超市(棉花街店)
22	渝中区	***超市(较场口店)
23	渝中区	***超市(龙湖时代天街店)
24	渝中区	***超市(大礼堂分店)
25	渝北区	***超市(重庆 SM 广场店)
26	渝北区	***超市(龙湖店)
27	渝北区	***超市(星光天地店)
28	渝北区	***超市(武陵路店)
29	渝北区	***超市(冉家坝店)

1.1.2.1 各采样点样品检出情况

统计分析发现 36 个采样点中，被测样品的农药检出率范围为 51.9%~96.4%。其中，***超市（二郎店）的检出率最高，为 96.4%。***超市（香港城店）的检出率最低，为 51.9%，见图 1-2。

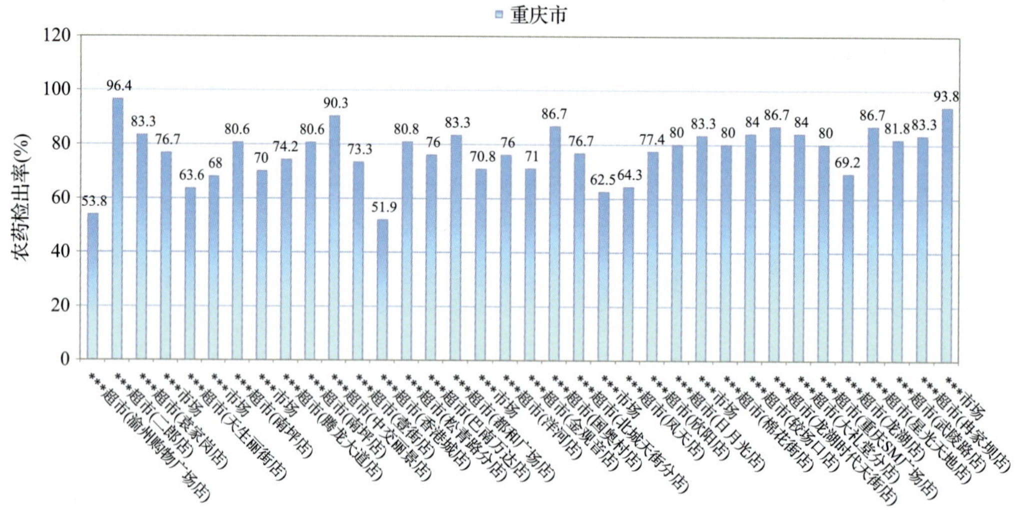

图 1-2 各采样点样品中的农药检出率

1.1.2.2 检出农药的品种总数与频次

统计分析发现，对于 1011 例样品中 565 种农药化学污染物的侦测，共检出农药 2424 频次，涉及农药 76 种，结果如图 1-3 所示。其中烯酰吗啉检出频次最高，共检出 332 次。

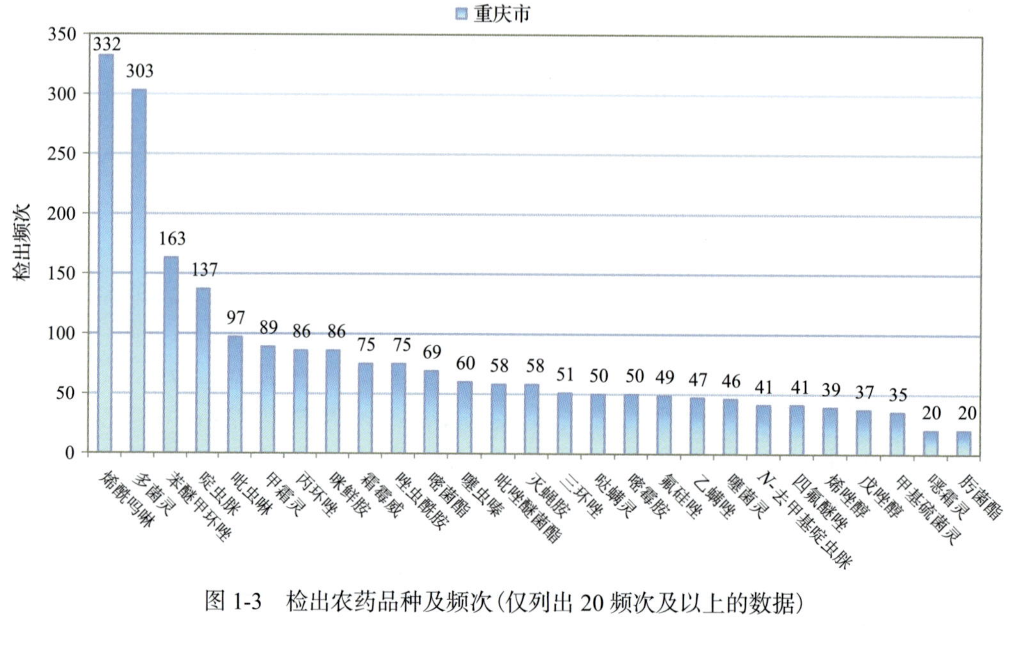

图 1-3 检出农药品种及频次（仅列出 20 频次及以上的数据）

检出频次排名前 10 的农药如下：①烯酰吗啉（332）；②多菌灵（303）；③苯醚甲环唑（163）；④啶虫脒（137）；⑤吡虫啉（97）；⑥甲霜灵（89）；⑦丙环唑（86）；⑧咪鲜胺（86）；⑨霜霉威（75）；⑩唑虫酰胺（75）。

由图 1-4 可见，葡萄、芹菜、甜椒和油麦菜这 4 种果蔬样品中检出的农药品种数较高，均超过 25 种，其中，葡萄检出农药品种最多，为 33 种。由图 1-5 可见，油麦菜、生菜、葡萄、甜椒、黄瓜、芹菜、番茄、菜豆和草莓这 9 种果蔬样品中的农药检出频次较高，均超过 100 次，其中，油麦菜检出农药频次最高，为 230 次。

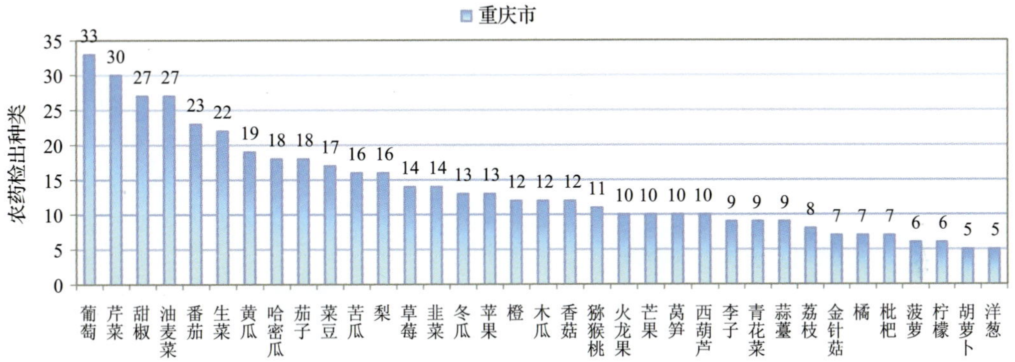

图 1-4　单种水果蔬菜检出农药的种类数（仅列出检出农药 5 种及以上的数据）

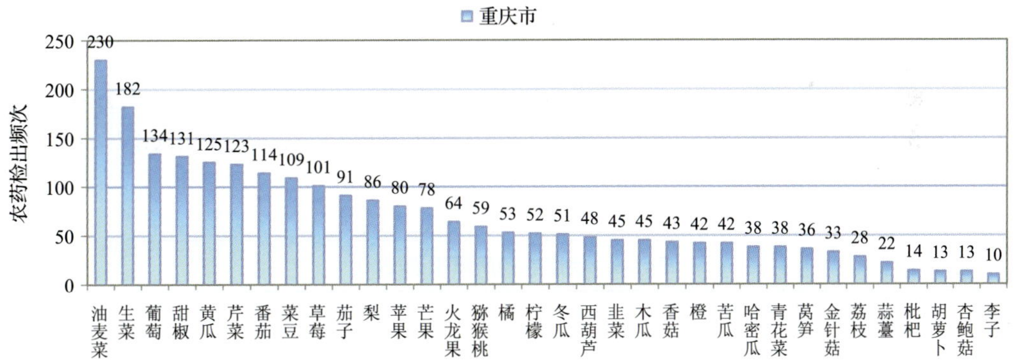

图 1-5　单种水果蔬菜检出农药频次（仅列出检出农药 10 频次及以上的数据）

1.1.2.3　单例样品农药检出种类与占比

对单例样品检出农药种类和频次进行统计发现，未检出农药的样品占总样品数的 22.4%，检出 1 种农药的样品占总样品数的 22.5%，检出 2~5 种农药的样品占总样品数的 43.6%，检出 6~10 种农药的样品占总样品数的 11.3%，检出大于 10 种农药的样品占总样品数的 0.3%。每例样品中平均检出农药为 2.4 种，数据见表 1-4 及图 1-6。

表 1-4　单例样品检出农药品种占比

检出农药品种数	样品数量/占比(%)
未检出	226/22.4
1 种	227/22.5
2~5 种	441/43.6
6~10 种	114/11.3
大于 10 种	3/0.3
单例样品平均检出农药品种	2.4 种

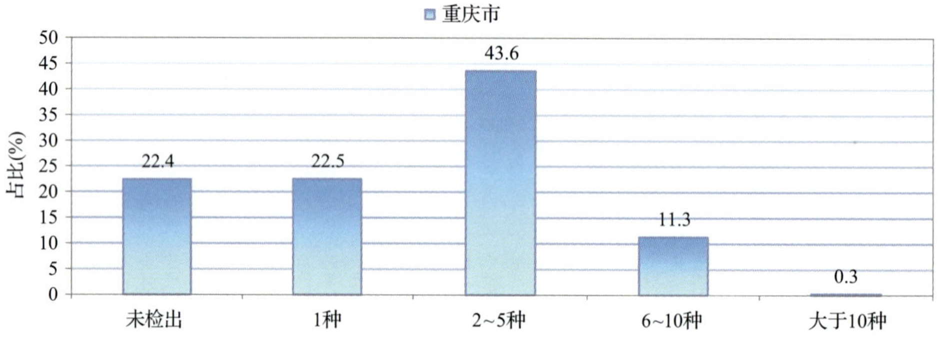

图 1-6　单例样品平均检出农药品种及占比

1.1.2.4　检出农药类别与占比

所有检出农药按功能分类，包括杀菌剂、杀虫剂、除草剂、植物生长调节剂共 4 类。其中杀菌剂与杀虫剂为主要检出的农药类别，分别占总数的 43.4%和 40.8%，见表 1-5 及图 1-7。

表 1-5　检出农药所属类别/占比

农药类别	数量/占比(%)
杀菌剂	33/43.4
杀虫剂	31/40.8
除草剂	8/10.5
植物生长调节剂	4/5.3

1.1.2.5　检出农药的残留水平

按检出农药残留水平进行统计，残留水平在 1~5μg/kg(含)的农药占总数的 42.2%，在 5~10μg/kg(含)的农药占总数的 16.0%，在 10~100μg/kg(含)的农药占总数的 37.3%，在 100~1000μg/kg(含)的农药占总数的 4.4%，在>1000μg/kg 的农药占总数的 0.1%。

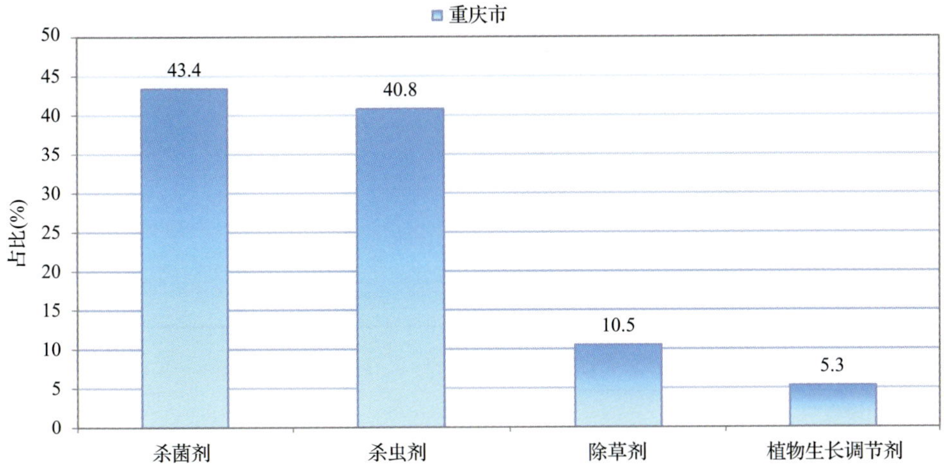

图 1-7　检出农药所属类别和占比

由此可见，这次检测的 36 批 1011 例水果蔬菜样品中农药多数处于较低残留水平。结果见表 1-6 及图 1-8，数据见附表 2。

表 1-6　农药残留水平/占比

残留水平(μg/kg)	检出频次数/占比(%)
1~5(含)	1023/42.2
5~10(含)	388/16.0
10~100(含)	904/37.3
100~1000(含)	107/4.4
>1000	2/0.1

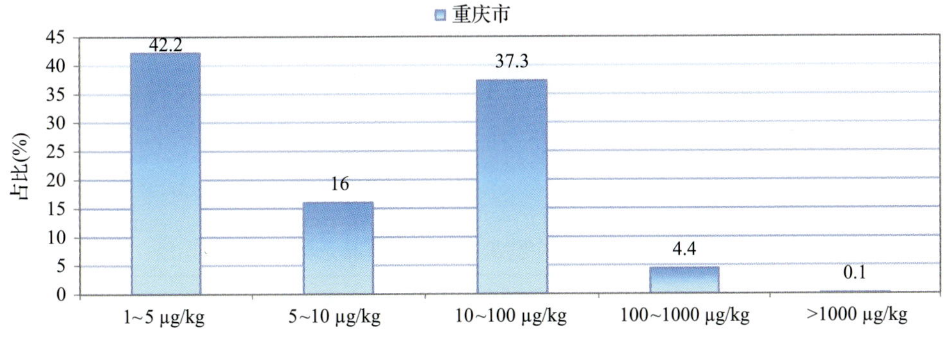

图 1-8　检出农药残留水平及占比

1.1.2.6　检出农药的毒性类别、检出频次和超标频次及占比

对这次检出的 76 种 2424 频次的农药，按剧毒、高毒、中毒、低毒和微毒这五个毒性类别进行分类，从中可以看出，重庆市目前普遍使用的农药为中低微毒农药，品种占 92.1%，频次占 99.0%。结果见表 1-7 及图 1-9。

表 1-7　检出农药毒性类别/占比

毒性分类	农药品种/占比(%)	检出频次/占比(%)	超标频次/超标率(%)
剧毒农药	2/2.6	2/0.1	0/0.0
高毒农药	4/5.3	22/0.9	5/22.7
中毒农药	32/42.1	1188/49.0	3/0.3
低毒农药	27/35.5	592/24.4	0/0.0
微毒农药	11/14.5	620/25.6	1/0.2

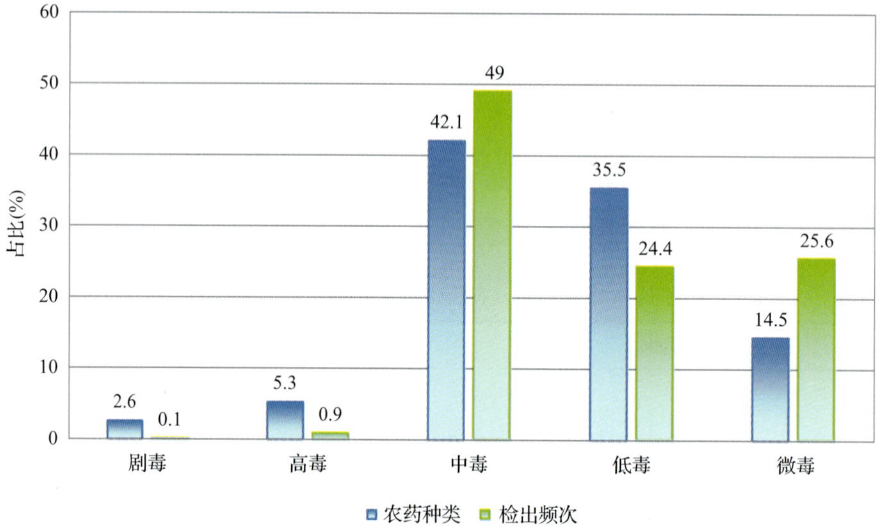

图 1-9　检出农药的毒性分类和占比

1.1.2.7　检出剧毒/高毒类农药的品种和频次

值得特别关注的是，在此次侦测的 1011 例样品中有 6 种蔬菜 4 种水果的 24 例样品检出了 6 种 24 频次的剧毒和高毒农药，占样品总量的 2.4%，详见图 1-10、表 1-8 及表 1-9。

表 1-8　剧毒农药检出情况

序号	农药名称	检出频次	超标频次	超标率
从 2 种水果中检出 2 种剧毒农药，共计检出 2 次				
1	甲拌磷*	1	0	0.0%
2	甲氟磷*	1	0	0.0%
	小计	2	0	超标率：0.0%
蔬菜中未检出剧毒农药				
	小计	0	0	超标率：0.0%
	合计	2	0	超标率：0.0%

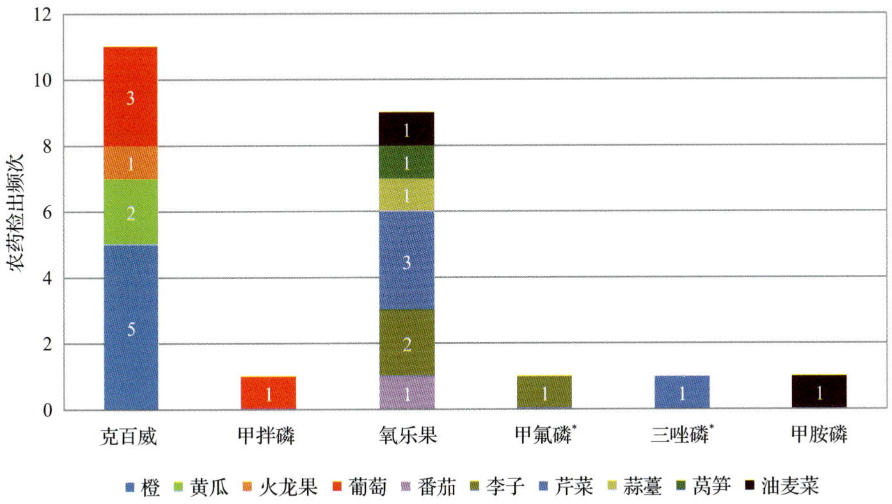

图 1-10 检出剧毒/高毒农药的样品情况

*表示允许在水果和蔬菜上使用的农药

表 1-9 高毒农药检出情况

序号	农药名称	检出频次	超标频次	超标率
从 4 种水果中检出 2 种高毒农药，共计检出 11 次				
1	克百威	9	3	33.3%
2	氧乐果	2	1	50.0%
	小计	11	4	超标率：36.4%
从 6 种蔬菜中检出 4 种高毒农药，共计检出 11 次				
1	氧乐果	7	1	14.3%
2	克百威	2	0	0.0%
3	甲胺磷	1	0	0.0%
4	三唑磷	1	0	0.0%
	小计	11	1	超标率：9.1%
	合计	22	5	超标率：22.7%

在检出的剧毒和高毒农药中，有 4 种是我国早已禁止在果树和蔬菜上使用的，分别是：克百威、甲拌磷、甲胺磷和氧乐果。禁用农药的检出情况见表 1-10。

此次抽检的果蔬样品中，有 2 种水果检出了剧毒农药，分别是：李子中检出甲氟磷 1 次；葡萄中检出甲拌磷 1 次。

样品中检出剧毒和高毒农药残留水平超过 MRL 中国国家标准的频次为 5 次，其中：李子检出氧乐果超标 1 次；橙检出克百威超标 1 次；火龙果检出克百威超标 1 次；葡萄检出克百威超标 1 次；芹菜检出氧乐果超标 1 次。本次检出结果表明，高毒、剧毒农药的使用现象依旧存在。详见表 1-11。

表 1-10 禁用农药检出情况

序号	农药名称	检出频次	超标频次	超标率
从 4 种水果中检出 3 种禁用农药，共计检出 12 次				
1	克百威	9	3	33.3%
2	氧乐果	2	1	50.0%
3	甲拌磷*	1	0	0.0%
	小计	12	4	超标率：33.3%
从 6 种蔬菜中检出 3 种禁用农药，共计检出 10 次				
1	氧乐果	7	1	14.3%
2	克百威	2	0	0.0%
3	甲胺磷	1	0	0.0%
	小计	10	1	超标率：10.0%
	合计	22	5	超标率：22.7%

注：超标结果参考 MRL 中国国家标准计算

表 1-11 各样本中检出剧毒/高毒农药情况

样品名称	农药名称	检出频次	超标频次	检出浓度(μg/kg)
水果 4 种				
李子	氧乐果▲	2	1	6.6, 25.7[a]
李子	甲氟磷*	1	0	32.7
橙	克百威▲	5	1	1.8, 3.3, 2.7, 4.7, 22.0[a]
火龙果	克百威▲	1	1	46.8[a]
葡萄	克百威▲	3	1	3.7, 2.8, 78.5[a]
葡萄	甲拌磷*▲	1	0	3.4
小计		13	4	超标率：30.8%
蔬菜 6 种				
油麦菜	氧乐果▲	1	0	4.4
油麦菜	甲胺磷▲	1	0	5.9
番茄	氧乐果▲	1	0	12.0
芹菜	氧乐果▲	3	1	245.1[a], 2.9, 5.9
芹菜	三唑磷	1	0	2.3
莴笋	氧乐果▲	1	0	13.9
蒜薹	氧乐果▲	1	0	17.2
黄瓜	克百威▲	2	0	3.4, 5.3
小计		11	1	超标率：9.1%
合计		24	5	超标率：20.8%

1.2　农药残留检出水平与最大残留限量标准对比分析

我国于 2014 年 3 月 20 日正式颁布并于 2014 年 8 月 1 日正式实施食品农药残留限量国家标准《食品中农药最大残留限量》(GB 2763—2014)。该标准包括 371 个农药条目，涉及最大残留限量(MRL)标准 3653 项。将 2424 频次检出农药的浓度水平与 3653 项 MRL 中国国家标准进行核对，其中只有 888 频次的农药找到了对应的 MRL 标准，占 36.6%，还有 1536 频次的侦测数据则无相关 MRL 标准供参考，占 63.4%。

将此次侦测结果与国际上现行 MRL 标准对比发现，在 2424 频次的检出结果中有 2424 频次的结果找到了对应的 MRL 欧盟标准，占 100.0%，其中，2247 频次的结果有明确对应的 MRL，占 92.7%，其余 177 频次按照欧盟一律标准判定，占 7.3%；有 2424 频次的结果找到了对应的 MRL 日本标准，占 100.0%，其中，1741 频次的结果有明确对应的 MRL，占 71.8%，其余 683 频次按照日本一律标准判定，占 28.2%；有 1363 频次的结果找到了对应的 MRL 中国香港标准，占 56.2%；有 1223 频次的结果找到了对应的 MRL 美国标准，占 50.5%；有 1098 频次的结果找到了对应的 MRL CAC 标准，占 45.3%(见图 1-11 和图 1-12，数据见附表 3 至附表 8)。

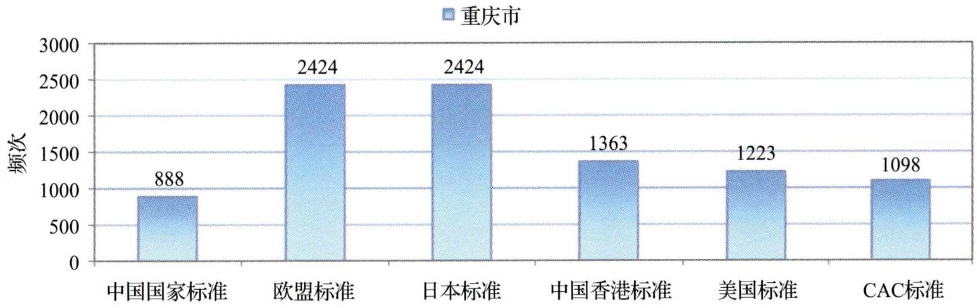

图 1-11　2424 频次检出农药可用 MRL 中国国家标准、欧盟标准、日本标准、中国香港标准、美国标准、CAC 标准判定衡量的数量

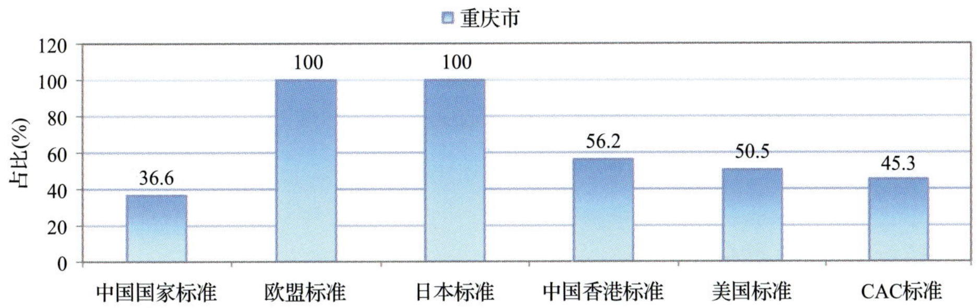

图 1-12　2424 频次检出农药可用 MRL 中国国家标准、欧盟标准、日本标准、中国香港标准、美国标准、CAC 标准衡量的占比

1.2.1 超标农药样品分析

本次侦测的 1011 例样品中，226 例样品未检出任何残留农药，占样品总量的 22.4%，785 例样品检出不同水平、不同种类的残留农药，占样品总量的 77.6%。在此，我们将本次侦测的农残检出情况与 MRL 中国国家标准、欧盟标准、日本标准、中国香港标准、美国标准、CAC 标准这 6 大国际主流 MRL 标准进行对比分析，样品农残检出与超标情况见表 1-12、图 1-13 和图 1-14，详细数据见附表 9 至附表 14。

表 1-12 各 MRL 标准下样本农残检出与超标数量及占比

	中国国家标准 数量/占比(%)	欧盟标准 数量/占比(%)	日本标准 数量/占比(%)	中国香港标准 数量/占比(%)	美国标准 数量/占比(%)	CAC 标准 数量/占比(%)
未检出	226/22.4	226/22.4	226/22.4	226/22.4	226/22.4	226/22.4
检出未超标	776/76.8	619/61.2	578/57.2	780/77.2	778/77.0	777/76.9
检出超标	9/0.9	166/16.4	207/20.5	5/0.5	7/0.7	8/0.8

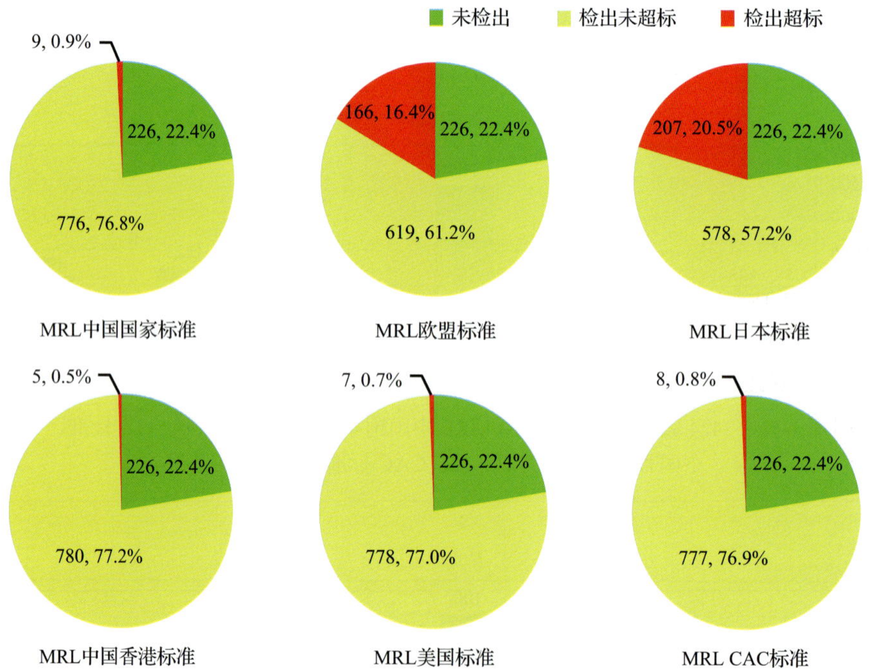

图 1-13　检出和超标样品比例情况

1.2.2 超标农药种类分析

按照 MRL 中国国家标准、欧盟标准、日本标准、中国香港标准、美国标准和 CAC 标准这 6 大国际主流 MRL 标准衡量，本次侦测检出的农药超标品种及频次情况见表 1-13。

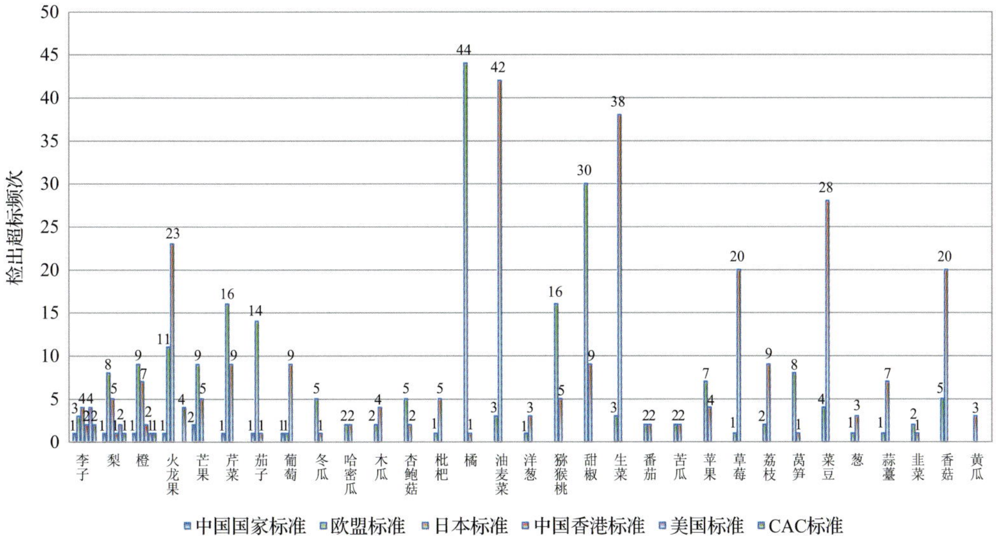

图 1-14　超过 MRL 中国国家标准、欧盟标准、日本标准、中国香港标准、美国标准、CAC 标准结果在水果蔬菜中的分布

表 1-13　各 MRL 标准下超标农药品种及频次

	中国国家标准	欧盟标准	日本标准	中国香港标准	美国标准	CAC 标准
超标农药品种	5	40	40	4	4	4
超标农药频次	9	218	275	5	7	8

1.2.2.1　按 MRL 中国国家标准衡量

按 MRL 中国国家标准衡量，共有 5 种农药超标，检出 9 频次，分别为高毒农药克百威和氧乐果，中毒农药苯醚甲环唑和吡虫啉，微毒农药霜霉威。

按超标程度比较，芹菜中氧乐果超标 11.3 倍，葡萄中克百威超标 2.9 倍，火龙果中克百威超标 1.3 倍，李子中氧乐果超标 0.3 倍，茄子中霜霉威超标 0.3 倍。检测结果见图 1-15 和附表 15。

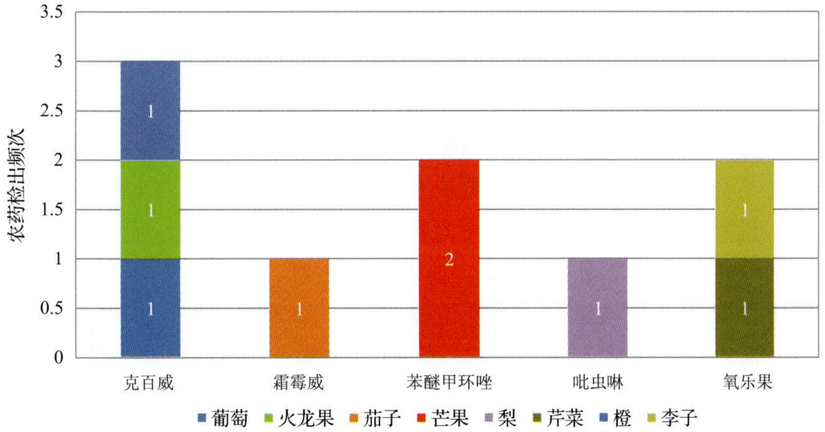

图 1-15　超过 MRL 中国国家标准农药品种及频次

1.2.2.2　按 MRL 欧盟标准衡量

按 MRL 欧盟标准衡量，共有 40 种农药超标，检出 218 频次，分别为剧毒农药甲氟磷，高毒农药克百威和氧乐果，中毒农药乐果、噻唑磷、咪鲜胺、多效唑、戊唑醇、三环唑、噻虫胺、烯唑醇、噻虫嗪、三唑醇、噁霜灵、丙环唑、唑虫酰胺、啶虫脒、氟硅唑、腈菌唑、吡虫啉、丙溴磷、异丙威和 *N*-去甲基啶虫脒，低毒农药烯酰吗啉、嘧霉胺、吡虫啉脲、烯啶虫胺、6-苄氨基嘌呤、双苯基脲和特丁净，微毒农药萘乙酰胺、多菌灵、吡唑醚菌酯、乙螨唑、嘧菌酯、甲基硫菌灵、吡丙醚、肟菌酯、醚菌酯和霜霉威。

按超标程度比较，葡萄中霜霉威超标 56.6 倍，葡萄中克百威超标 38.2 倍，甜椒中丙溴磷超标 24.1 倍，芹菜中氧乐果超标 23.5 倍，生菜中氟硅唑超标 15.2 倍。检测结果见图 1-16 和附表 16。

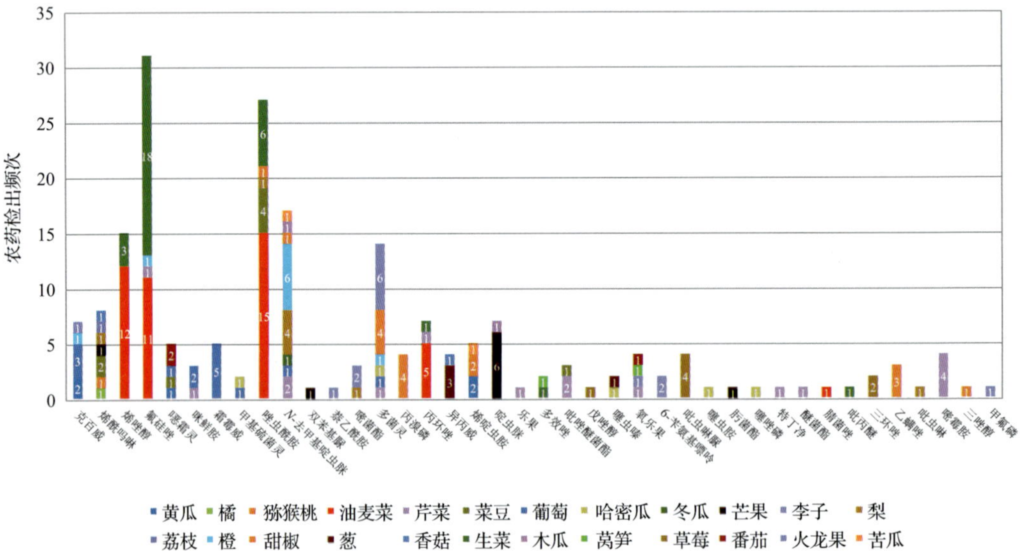

图 1-16　超过 MRL 欧盟标准农药品种及频次

1.2.2.3　按 MRL 日本标准衡量

按 MRL 日本标准衡量，共有 40 种农药超标，检出 275 频次，分别为剧毒农药甲氟磷，高毒农药克百威和氧乐果，中毒农药噻唑磷、咪鲜胺、多效唑、戊唑醇、三环唑、甲霜灵、烯唑醇、喹螨醚、苯醚甲环唑、噁霜灵、丙环唑、唑虫酰胺、啶虫脒、氟硅唑、腈菌唑、吡虫啉、异丙威和 *N*-去甲基啶虫脒，低毒农药灭蝇胺、烯酰吗啉、嘧霉胺、氟吡菌酰胺、吡虫啉脲、6-苄氨基嘌呤、腈苯唑、双苯基脲、乙嘧酚磺酸酯和特丁净，微毒农药多菌灵、萘乙酰胺、吡唑醚菌酯、乙螨唑、嘧菌酯、甲基硫菌灵、吡丙醚、肟菌酯和霜霉威。

按超标程度比较，韭菜中灭蝇胺超标 89.2 倍，葡萄中霜霉威超标 56.6 倍，葡萄中甲基硫菌灵超标 56.0 倍，火龙果中多菌灵超标 48.7 倍，哈密瓜中甲基硫菌灵超标 41.6 倍。检测结果见图 1-17 和附表 17。

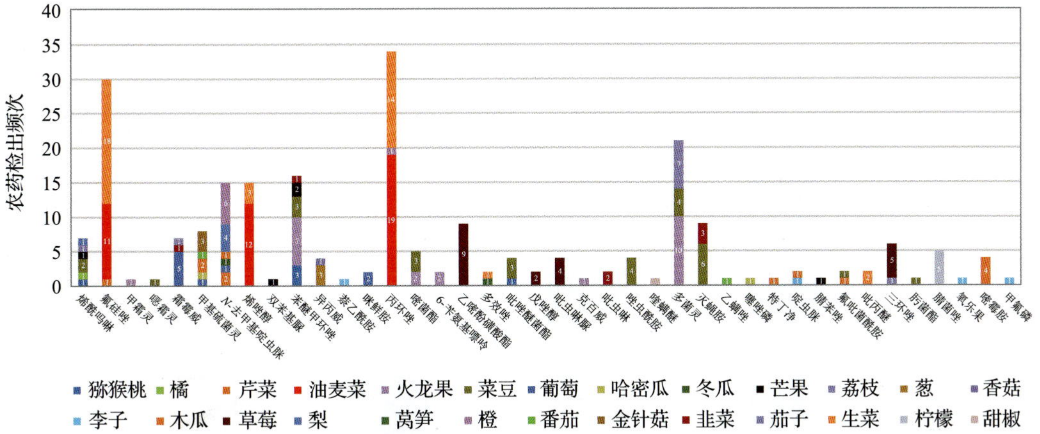

图 1-17　超过 MRL 日本标准农药品种及频次

1.2.2.4　按 MRL 中国香港标准衡量

按 MRL 中国香港标准衡量，共有 4 种农药超标，检出 5 频次，分别为中毒农药噻虫胺和苯醚甲环唑，微毒农药多菌灵和霜霉威。

按超标程度比较，哈密瓜中噻虫胺超标 1.1 倍，哈密瓜中多菌灵超标 1.0 倍，茄子中霜霉威超标 0.3 倍，芒果中苯醚甲环唑超标 0.0 倍。检测结果见图 1-18 和附表 18。

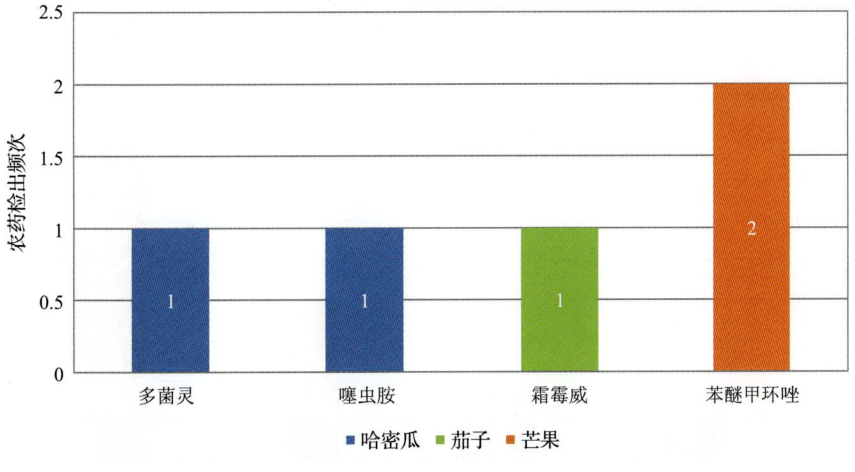

图 1-18　超过 MRL 中国香港标准农药品种及频次

1.2.2.5 按 MRL 美国标准衡量

按 MRL 美国标准衡量，共有 4 种农药超标，检出 7 频次，分别为中毒农药毒死蜱、噻虫嗪、苯醚甲环唑和吡虫啉。

按超标程度比较，梨中毒死蜱超标 1.4 倍，哈密瓜中噻虫嗪超标 0.6 倍。检测结果见图 1-19 和附表 19。

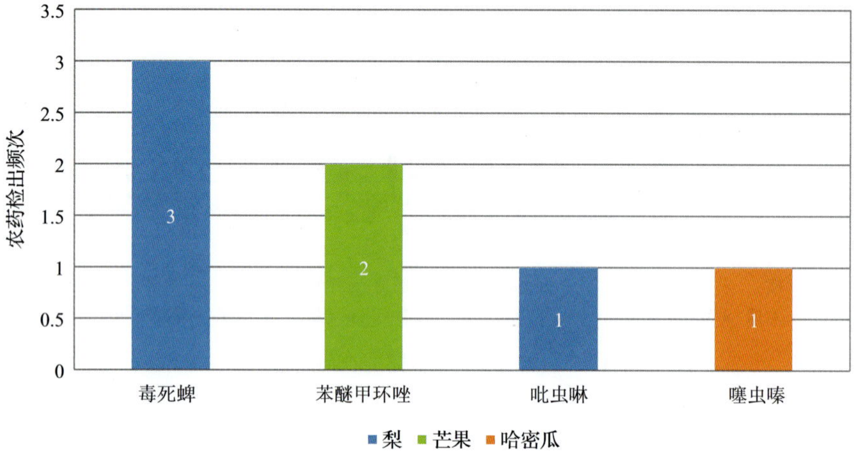

图 1-19　超过 MRL 美国标准农药品种及频次

1.2.2.6 按 MRL CAC 标准衡量

按 MRL CAC 标准衡量，共有 4 种农药超标，检出 8 频次，分别为中毒农药噻虫胺和苯醚甲环唑，微毒农药多菌灵和霜霉威。

按超标程度比较，哈密瓜中噻虫胺超标 1.1 倍，黄瓜中多菌灵超标 0.9 倍，茄子中霜霉威超标 0.3 倍。检测结果见图 1-20 和附表 20。

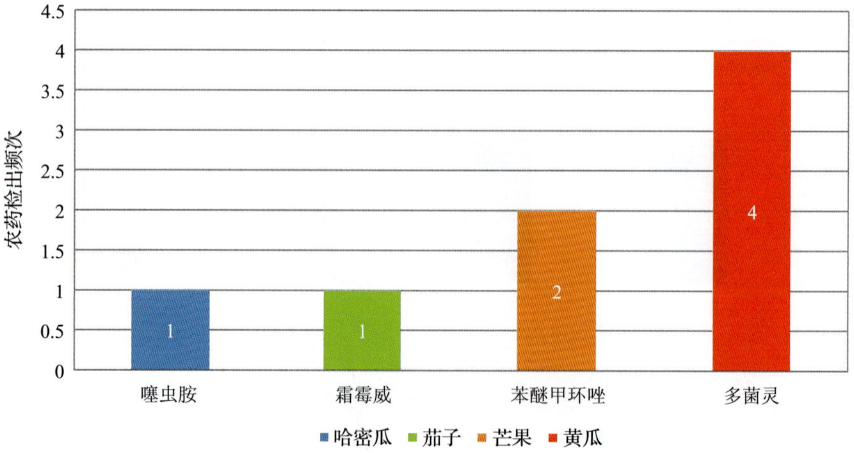

图 1-20　超过 MRL CAC 标准农药品种及频次

1.2.3　36 个采样点超标情况分析

1.2.3.1　按 MRL 中国国家标准衡量

按 MRL 中国国家标准衡量，有 7 个采样点的样品存在不同程度的超标农药检出，其中***市场的超标率最高，为 8.0%，如表 1-14 和图 1-21 所示。

表 1-14　超过 MRL 中国国家标准水果蔬菜在不同采样点分布

序号	采样点	样品总数	超标数量	超标率(%)	行政区域
1	***超市(金观音店)	31	1	3.2	江北区
2	***超市(壹街店)	30	2	6.7	大渡口区
3	***超市(棉花街店)	30	1	3.3	渝中区
4	***市场	30	1	3.3	渝中区
5	***超市(凤天店)	28	1	3.6	沙坪坝区
6	***市场	25	2	8.0	南岸区
7	***市场	24	1	4.2	沙坪坝区

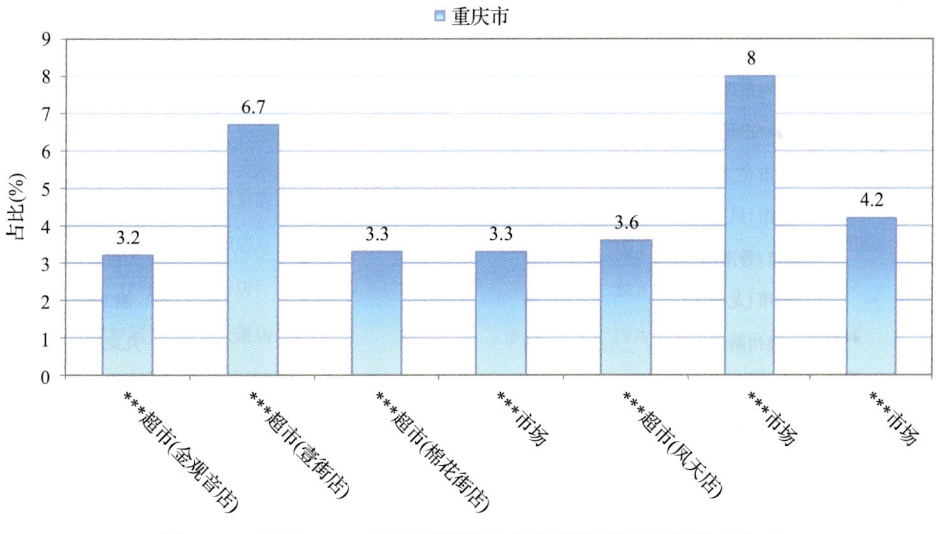

图 1-21　超过 MRL 中国国家标准水果蔬菜在不同采样点分布

1.2.3.2　按 MRL 欧盟标准衡量

按 MRL 欧盟标准衡量，所有采样点的样品均存在不同程度的超标农药检出，其中***超市(松青路分店)的超标率最高，为 38.5%，如表 1-15 和图 1-22 所示。

续表

序号	采样点	样品总数	超标数量	超标率(%)	行政区域
17	***超市(日月光店)	30	8	26.7	渝中区
18	***超市(棉花街店)	30	5	16.7	渝中区
19	***市场	30	7	23.3	渝中区
20	***市场	30	6	20.0	九龙坡区
21	***超市(二郎店)	28	6	21.4	九龙坡区
22	***超市(风天店)	28	4	14.3	沙坪坝区
23	***超市(香港城店)	27	3	11.1	大渡口区
24	***超市(龙湖店)	26	4	15.4	渝北区
25	***超市(渝州购物广场店)	26	3	11.5	九龙坡区
26	***超市(松青路分店)	26	6	23.1	大渡口区
27	***超市(重庆 SM 广场店)	25	3	12.0	渝北区
28	***超市(大礼堂分店)	25	4	16.0	渝中区
29	***市场	25	5	20.0	南岸区
30	***超市(洋河店)	25	3	12.0	江北区
31	***超市(较场口店)	25	5	20.0	渝中区
32	***超市(巴南万达店)	25	4	16.0	巴南区
33	***市场	24	6	25.0	沙坪坝区
34	***市场	24	4	16.7	江北区
35	***超市(天生丽街店)	22	3	13.6	北碚区
36	***超市(武陵路店)	22	4	18.2	渝北区

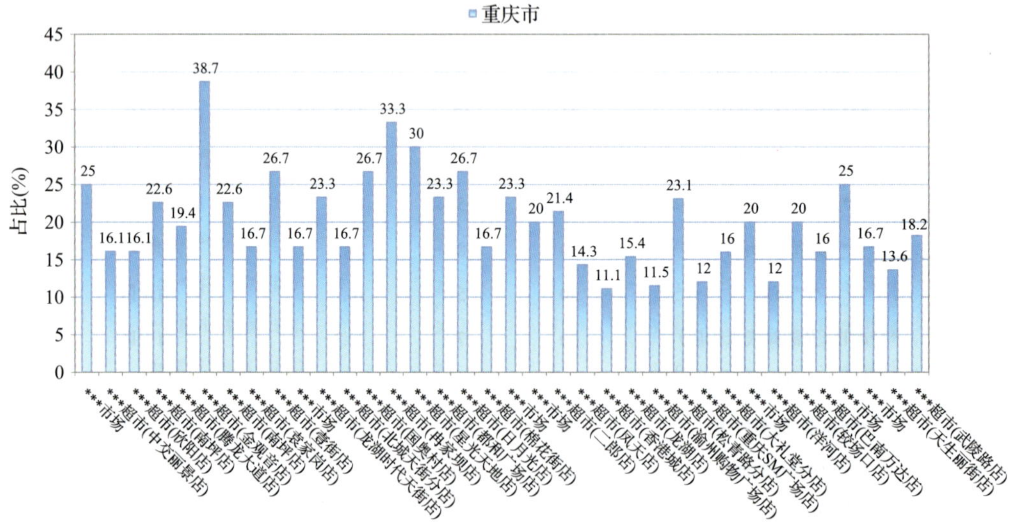

图 1-23 超过 MRL 日本标准水果蔬菜在不同采样点分布

1.2.3.4　按 MRL 中国香港标准衡量

按 MRL 中国香港标准衡量，有 5 个采样点的样品存在不同程度的超标农药检出，其中***超市（大礼堂分店）和***市场的超标率最高，为 4.0%，如表 1-17 和图 1-24 所示。

表 1-17　超过 MRL 中国香港标准水果蔬菜在不同采样点分布

序号	采样点	样品总数	超标数量	超标率(%)	行政区域
1	***超市（壹街店）	30	1	3.3	大渡口区
2	***超市（棉花街店）	30	1	3.3	渝中区
3	***超市（松青路分店）	26	1	3.8	大渡口区
4	***超市（大礼堂分店）	25	1	4.0	渝中区
5	***市场	25	1	4.0	南岸区

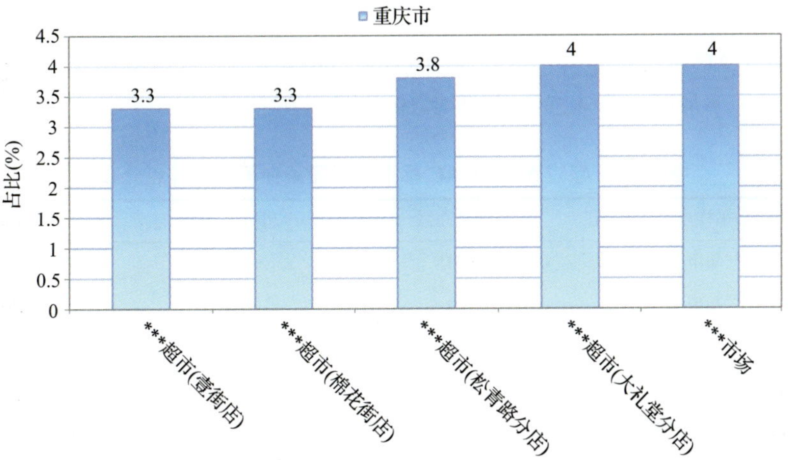

图 1-24　超过 MRL 中国香港标准水果蔬菜在不同采样点分布

1.2.3.5　按 MRL 美国标准衡量

按 MRL 美国标准衡量，有 6 个采样点的样品存在不同程度的超标农药检出，其中***超市（壹街店）的超标率最高，为 6.7%，如表 1-18 和图 1-25 所示。

表 1-18　超过 MRL 美国标准水果蔬菜在不同采样点分布

序号	采样点	样品总数	超标数量	超标率(%)	行政区域
1	***超市（中交丽景店）	31	1	3.2	大渡口区
2	***超市（欣阳店）	31	1	3.2	沙坪坝区
3	***超市（壹街店）	30	2	6.7	大渡口区
4	***超市（冉家坝店）	30	1	3.3	渝北区
5	***超市（棉花街店）	30	1	3.3	渝中区
6	***超市（大礼堂分店）	25	1	4.0	渝中区

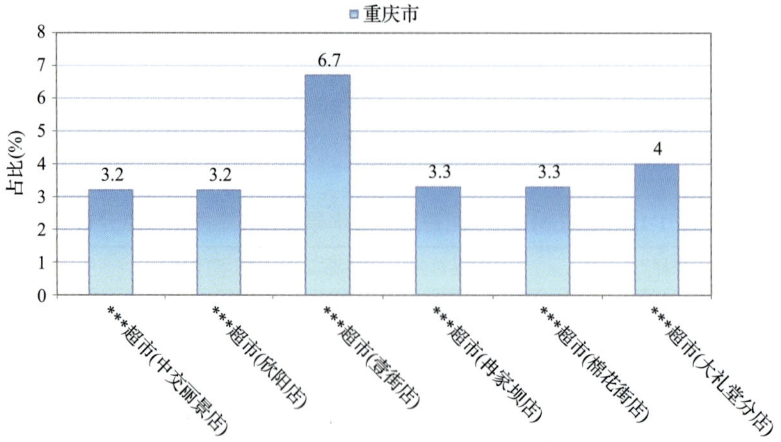

图 1-25 超过 MRL 美国标准水果蔬菜在不同采样点分布

1.2.3.6 按 MRL CAC 标准衡量

按 MRL CAC 标准衡量，有 8 个采样点的样品存在不同程度的超标农药检出，其中***市场的超标率最高，为 4.2%，如表 1-19 和图 1-26 所示。

表 1-19 超过 MRL CAC 标准水果蔬菜在不同采样点分布

	采样点	样品总数	超标数量	超标率(%)	行政区域
1	***超市(南坪店)	31	1	3.2	南岸区
2	***超市(南坪店)	31	1	3.2	南岸区
3	***超市(壹街店)	30	1	3.3	大渡口区
4	***超市(棉花街店)	30	1	3.3	渝中区
5	***超市(松青路分店)	26	1	3.8	大渡口区
6	***超市(大礼堂分店)	25	1	4.0	渝中区
7	***市场	25	1	4.0	南岸区
8	***市场	24	1	4.2	江北区

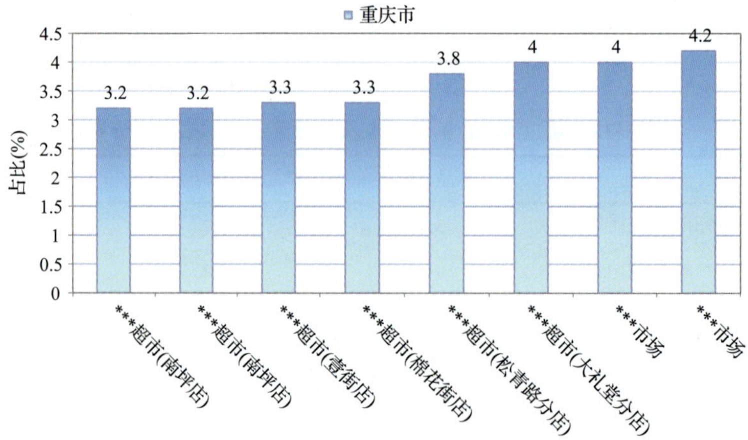

图 1-26 超过 MRL CAC 标准水果蔬菜在不同采样点分布

1.3　水果中农药残留分布

1.3.1　检出农药品种和频次排前 10 的水果

本次残留侦测的水果共 17 种，包括猕猴桃、西瓜、哈密瓜、木瓜、苹果、葡萄、草莓、李子、梨、芒果、荔枝、枇杷、橘、菠萝、火龙果、橙和柠檬。

根据检出农药品种及频次进行排名，将各项排名前 10 位的水果样品检出情况列表说明，详见表 1-20。

表 1-20　检出农药品种和频次排名前 10 的水果

检出农药品种排名前 10(品种)	①葡萄(33), ②哈密瓜(18), ③梨(16), ④草莓(14), ⑤苹果(13), ⑥橙(12), ⑦木瓜(12), ⑧猕猴桃(11), ⑨火龙果(10), ⑩芒果(10)
检出农药频次排名前 10(频次)	①葡萄(134), ②草莓(101), ③梨(86), ④苹果(80), ⑤芒果(78), ⑥火龙果(64), ⑦猕猴桃(59), ⑧橘(53), ⑨柠檬(52), ⑩木瓜(45)
检出禁用、高毒及剧毒农药品种排名前 10(品种)	①李子(2), ②葡萄(2), ③橙(1), ④火龙果(1)
检出禁用、高毒及剧毒农药频次排名前 10(频次)	①橙(5), ②葡萄(4), ③李子(3), ④火龙果(1)

1.3.2　超标农药品种和频次排前 10 的水果

鉴于 MRL 欧盟标准和日本标准制定比较全面且覆盖率较高，我们参照 MRL 中国国家标准、欧盟标准和日本标准衡量水果样品中农残检出情况，将超标农药品种及频次排名前 10 的水果列表说明，详见表 1-21。

表 1-21　超标农药品种和频次排名前 10 的水果

超标农药品种排名前 10(农药品种数)	MRL 中国国家标准	①橙(1), ②火龙果(1), ③梨(1), ④李子(1), ⑤芒果(1), ⑥葡萄(1)
	MRL 欧盟标准	①葡萄(7), ②哈密瓜(5), ③梨(5), ④橙(4), ⑤火龙果(4), ⑥芒果(4), ⑦草莓(3), ⑧李子(3), ⑨木瓜(2), ⑩橘(1)
	MRL 日本标准	①火龙果(6), ②草莓(4), ③李子(4), ④芒果(4), ⑤葡萄(4), ⑥荔枝(3), ⑦猕猴桃(3), ⑧木瓜(3), ⑨橙(2), ⑩哈密瓜(2)
超标农药频次排名前 10(农药频次数)	MRL 中国国家标准	①芒果(2), ②橙(1), ③火龙果(1), ④梨(1), ⑤李子(1), ⑥葡萄(1)
	MRL 欧盟标准	①葡萄(14), ②火龙果(11), ③橙(9), ④芒果(9), ⑤梨(8), ⑥草莓(7), ⑦哈密瓜(5), ⑧枇杷(5), ⑨李子(3), ⑩木瓜(2)
	MRL 日本标准	①火龙果(23), ②草莓(20), ③柠檬(20), ④荔枝(9), ⑤葡萄(9), ⑥橙(7), ⑦梨(5), ⑧芒果(5), ⑨猕猴桃(5), ⑩枇杷(5)

通过对各品种水果样本总数及检出率进行综合分析发现，葡萄、梨和苹果的残留污染最为严重，在此，我们参照 MRL 中国国家标准、欧盟标准和日本标准对这 3 种水果的农残检出情况进行进一步分析。

1.3.3 农药残留检出率较高的水果样品分析

1.3.3.1 葡萄

这次共检测29例葡萄样品，全部检出了农药残留，检出率为100.0%，检出农药共计33种。其中烯酰吗啉、嘧霉胺、嘧菌酯、霜霉威和甲霜灵检出频次较高，分别检出了13、11、9、9和8次。葡萄中农药检出品种和频次见图1-27，超标农药见图1-28和表1-22。

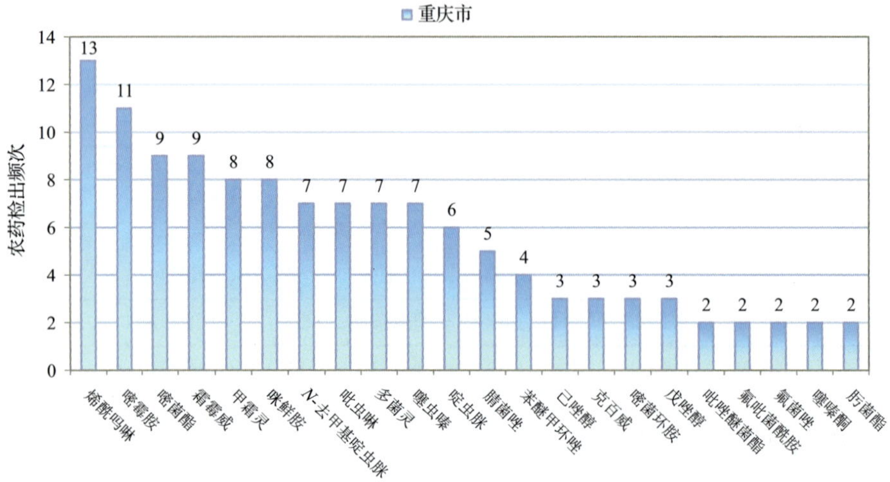

图1-27 葡萄样品检出农药品种和频次分析(仅列出2频次及以上的数据)

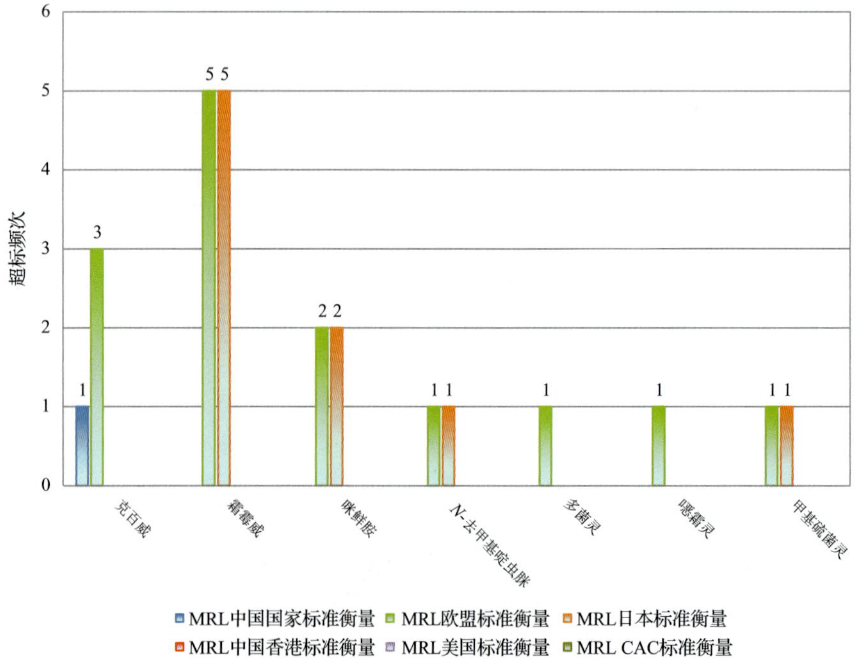

图1-28 葡萄样品中超标农药分析

表 1-22 葡萄中农药残留超标情况明细表

样品总数	检出农药样品数	样品检出率(%)	检出农药品种总数
29	29	100	33

	超标农药品种	超标农药频次	按照 MRL 中国国家标准、欧盟标准和日本标准衡量超标农药名称及频次
中国国家标准	1	1	克百威(1)
欧盟标准	7	14	霜霉威(5),克百威(3),咪鲜胺(2),N-去甲基啶虫脒(1),多菌灵(1), 噁霜灵(1),甲基硫菌灵(1)
日本标准	4	9	霜霉威(5),咪鲜胺(2),N-去甲基啶虫脒(1),甲基硫菌灵(1)

1.3.3.2 梨

这次共检测 36 例梨样品，31 例样品中检出了农药残留，检出率为 86.1%，检出农药共计 16 种。其中啶虫脒、烯酰吗啉、多菌灵、吡虫啉和唑虫酰胺检出频次较高，分别检出了 16、12、10、7 和 7 次。梨中农药检出品种和频次见图 1-29，超标农药见图 1-30 和表 1-23。

表 1-23 梨中农药残留超标情况明细表

样品总数	检出农药样品数	样品检出率(%)	检出农药品种总数
36	31	86.1	16

	超标农药品种	超标农药频次	按照 MRL 中国国家标准、欧盟标准和日本标准衡量超标农药名称及频次
中国国家标准	1	1	吡虫啉(1)
欧盟标准	5	8	N-去甲基啶虫脒(4),吡虫啉(1),嘧菌酯(1),烯酰吗啉(1),唑虫酰胺(1)
日本标准	2	5	N-去甲基啶虫脒(4),烯酰吗啉(1)

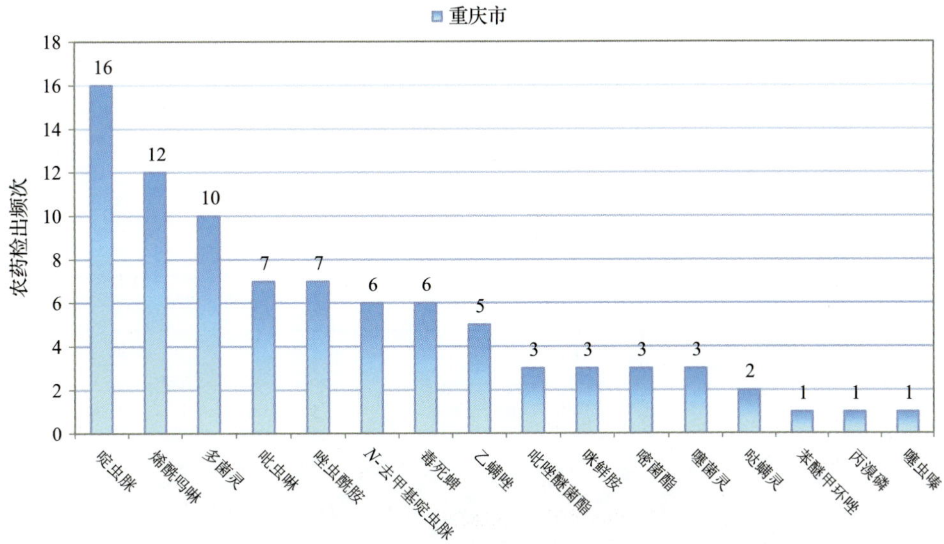

图 1-29 梨样品检出农药品种和频次分析

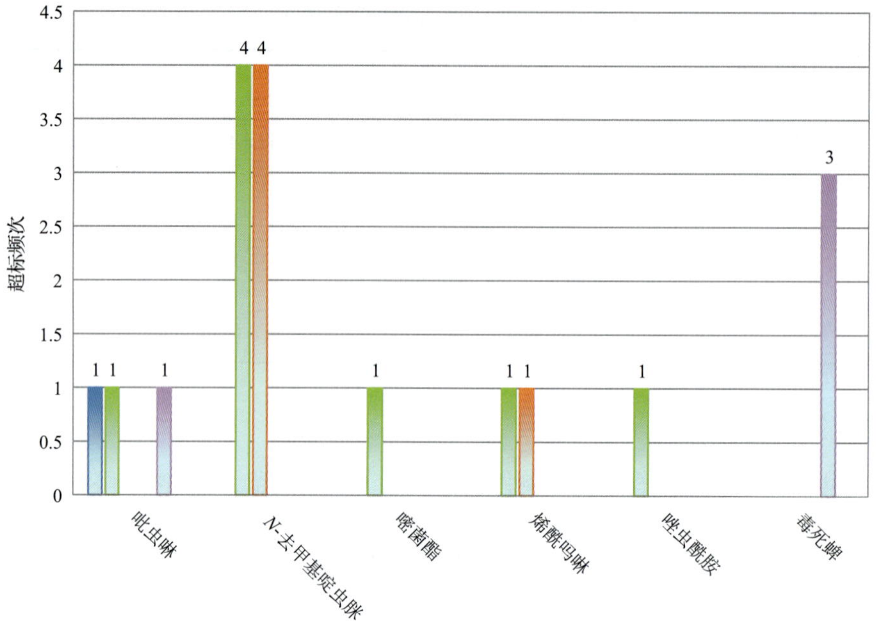

图 1-30 梨样品中超标农药分析

1.3.3.3 苹果

这次共检测 35 例苹果样品，33 例样品中检出了农药残留，检出率为 94.3%，检出农药共计 13 种。其中多菌灵、啶虫脒、苯醚甲环唑、烯酰吗啉和戊唑醇检出频次较高，分别检出了 32、13、8、8 和 6 次。苹果中农药检出品种和频次见图 1-31，超标农药见图 1-32 和表 1-24。

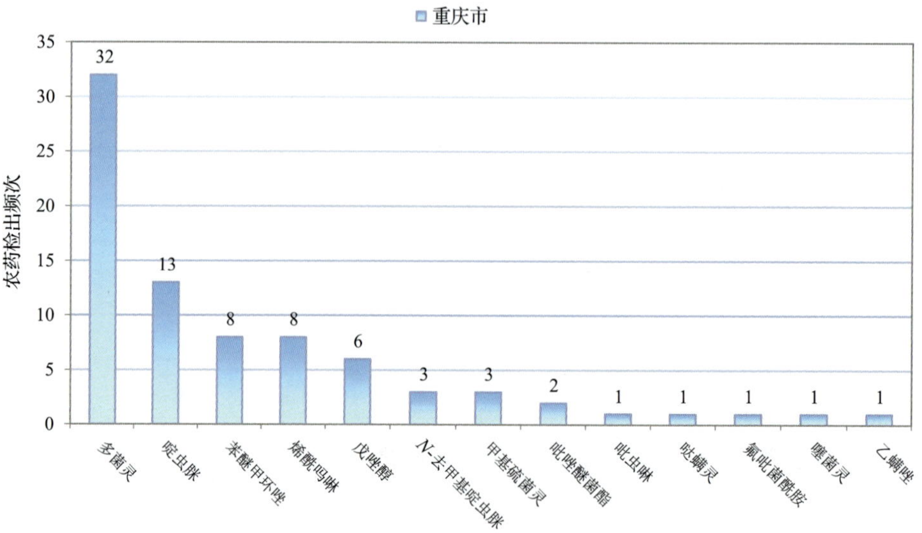

图 1-31 苹果样品检出农药品种和频次分析

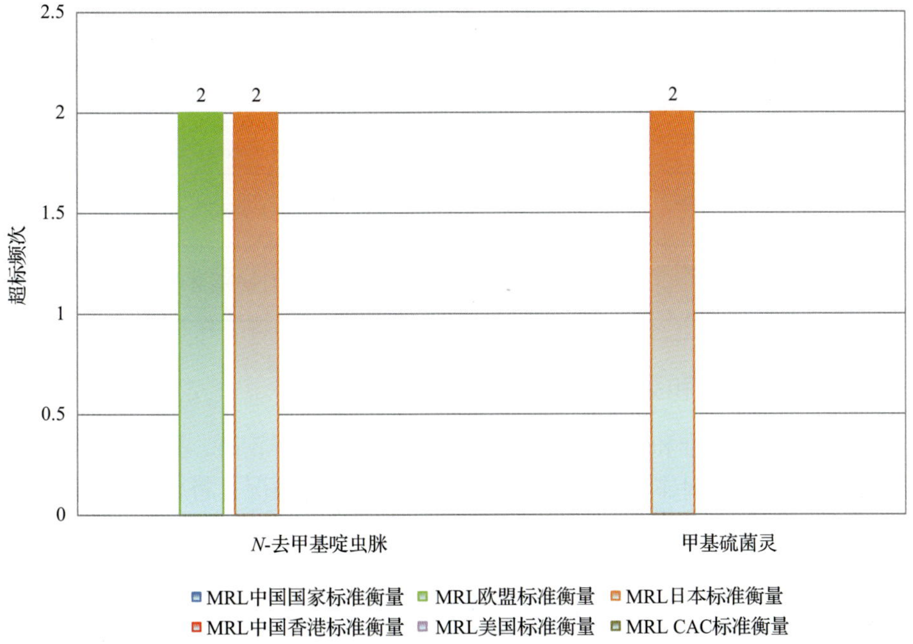

图 1-32　苹果样品中超标农药分析

表 1-24　苹果中农药残留超标情况明细表

样品总数		检出农药样品数	样品检出率(%)	检出农药品种总数
35		33	94.3	13

	超标农药品种	超标农药频次	按照 MRL 中国国家标准、欧盟标准和日本标准衡量超标农药名称及频次
中国国家标准	0	0	
欧盟标准	1	2	*N*-去甲基啶虫脒(2)
日本标准	2	4	*N*-去甲基啶虫脒(2),甲基硫菌灵(2)

1.4　蔬菜中农药残留分布

1.4.1　检出农药品种和频次排前 10 的蔬菜

本次残留侦测的蔬菜共 21 种，包括芹菜、洋葱、韭菜、结球甘蓝、黄瓜、番茄、西葫芦、甜椒、葱、胡萝卜、紫甘蓝、油麦菜、青花菜、茄子、萝卜、苦瓜、生菜、菜豆、冬瓜、蒜薹和莴笋。

根据检出农药品种及频次进行排名，将各项排名前 10 位的蔬菜样品检出情况列表说明，详见表 1-25。

表 1-25　检出农药品种和频次排名前 10 的蔬菜

检出农药品种排名前 10(品种)	①芹菜(30),②甜椒(27),③油麦菜(27),④番茄(23),⑤生菜(22),⑥黄瓜(19),⑦茄子(18),⑧菜豆(17),⑨苦瓜(16),⑩韭菜(14)
检出农药频次排名前 10(频次)	①油麦菜(230),②生菜(182),③甜椒(131),④黄瓜(125),⑤芹菜(123),⑥番茄(114),⑦菜豆(109),⑧茄子(91),⑨冬瓜(51),⑩西葫芦(48)
检出禁用、高毒及剧毒农药品种排名前 10(品种)	①芹菜(2),②油麦菜(2),③番茄(1),④黄瓜(1),⑤蒜薹(1),⑥莴笋(1)
检出禁用、高毒及剧毒农药频次排名前 10(频次)	①芹菜(4),②黄瓜(2),③油麦菜(2),④番茄(1),⑤蒜薹(1),⑥莴笋(1)

1.4.2　超标农药品种和频次排前 10 的蔬菜

鉴于 MRL 欧盟标准和日本标准制定比较全面且覆盖率较高，我们参照 MRL 中国国家标准、欧盟标准和日本标准衡量蔬菜样品中农残检出情况，将超标农药品种及频次排名前 10 的蔬菜列表说明，详见表 1-26。

表 1-26　超标农药品种和频次排名前 10 的蔬菜

超标农药品种排名前 10(农药品种数)	MRL 中国国家标准	①茄子(1),②芹菜(1)
	MRL 欧盟标准	①芹菜(11),②甜椒(7),③生菜(6),④油麦菜(5),⑤菜豆(4),⑥黄瓜(3),⑦葱(2),⑧番茄(2),⑨苦瓜(2),⑩莴笋(2)
	MRL 日本标准	①菜豆(10),②芹菜(5),③生菜(5),④韭菜(4),⑤甜椒(4),⑥油麦菜(3),⑦番茄(2),⑧苦瓜(2),⑨葱(1),⑩冬瓜(1)
超标农药频次排名前 10(农药频次数)	MRL 中国国家标准	①茄子(1),②芹菜(1)
	MRL 欧盟标准	①油麦菜(44),②生菜(30),③芹菜(16),④甜椒(16),⑤菜豆(8),⑥黄瓜(5),⑦葱(4),⑧番茄(3),⑨洋葱(3),⑩苦瓜(2)
	MRL 日本标准	①油麦菜(42),②生菜(38),③菜豆(28),④芹菜(9),⑤甜椒(9),⑥韭菜(7),⑦葱(3),⑧洋葱(3),⑨番茄(2),⑩苦瓜(2)

通过对各品种蔬菜样本总数及检出率进行综合分析发现，芹菜、油麦菜和甜椒的残留污染最为严重，在此，我们参照 MRL 中国国家标准、欧盟标准和日本标准对这 3 种蔬菜的农残检出情况进行进一步分析。

1.4.3　农药残留检出率较高的蔬菜样品分析

1.4.3.1　芹菜

这次共检测 34 例芹菜样品，32 例样品中检出了农药残留，检出率为 94.1%，检出农药共计 30 种。其中烯酰吗啉、多菌灵、嘧霉胺、苯醚甲环唑和吡虫啉检出频次较高，分别检出了 20、14、10、9 和 7 次。芹菜中农药检出品种和频次见图 1-33，超标农药见图 1-34 和表 1-27。

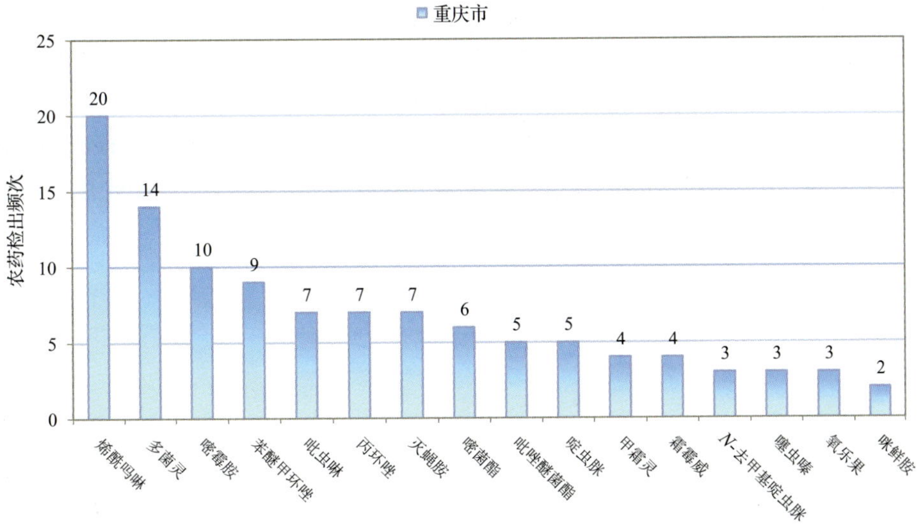

图 1-33　芹菜样品检出农药品种和频次分析(仅列出 2 频次及以上的数据)

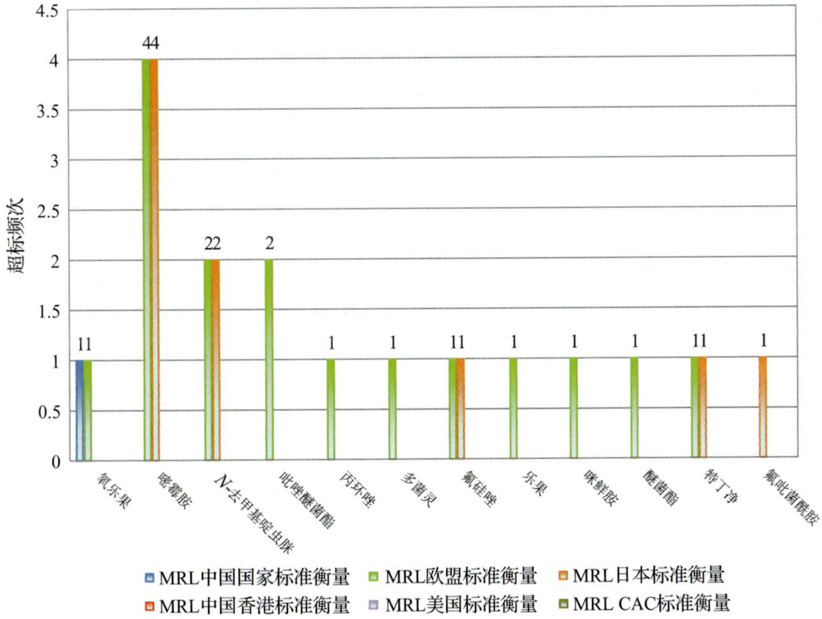

图 1-34　芹菜样品中超标农药分析

表 1-27　芹菜中农药残留超标情况明细表

样品总数			检出农药样品数	样品检出率(%)	检出农药品种总数
34			32	94.1	30
	超标农药品种	超标农药频次	按照 MRL 中国国家标准、欧盟标准和日本标准衡量超标农药名称及频次		
中国国家标准	1	1	氧乐果(1)		
欧盟标准	11	16	嘧霉胺(4),*N*-去甲基啶虫脒(2),吡唑醚菌酯(2),丙环唑(1),多菌灵(1),氟硅唑(1),乐果(1),咪鲜胺(1),醚菌酯(1),特丁净(1),氧乐果(1)		
日本标准	5	9	嘧霉胺(4),*N*-去甲基啶虫脒(2),氟吡菌酰胺(1),氟硅唑(1),特丁净(1)		

1.4.3.2　油麦菜

这次共检测 33 例油麦菜样品，32 例样品中检出了农药残留，检出率为 97.0%，检出农药共计 27 种。其中丙环唑、烯唑醇、唑虫酰胺、苯醚甲环唑和氟硅唑检出频次较高，分别检出了 30、25、24、21 和 20 次。油麦菜中农药检出品种和频次见图 1-35，超标农药见图 1-36 和表 1-28。

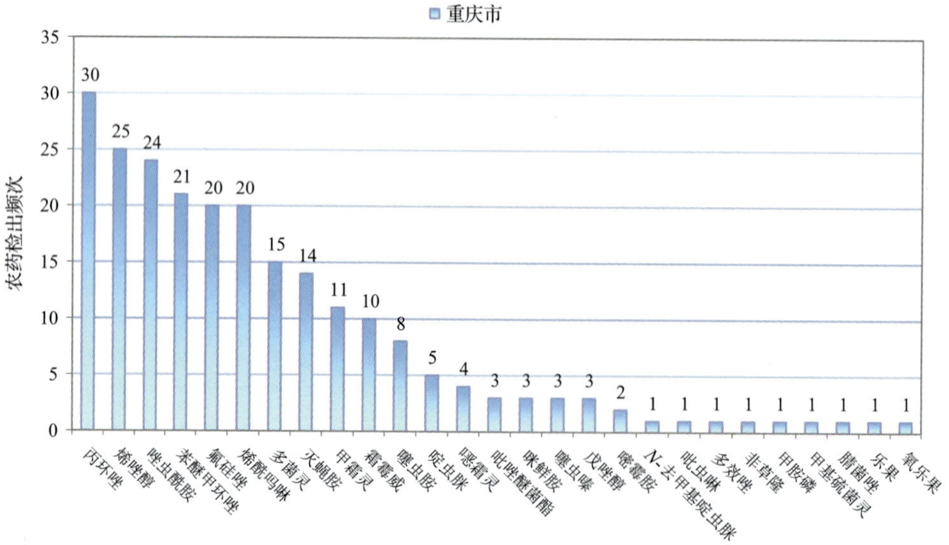

图 1-35　油麦菜样品检出农药品种和频次分析

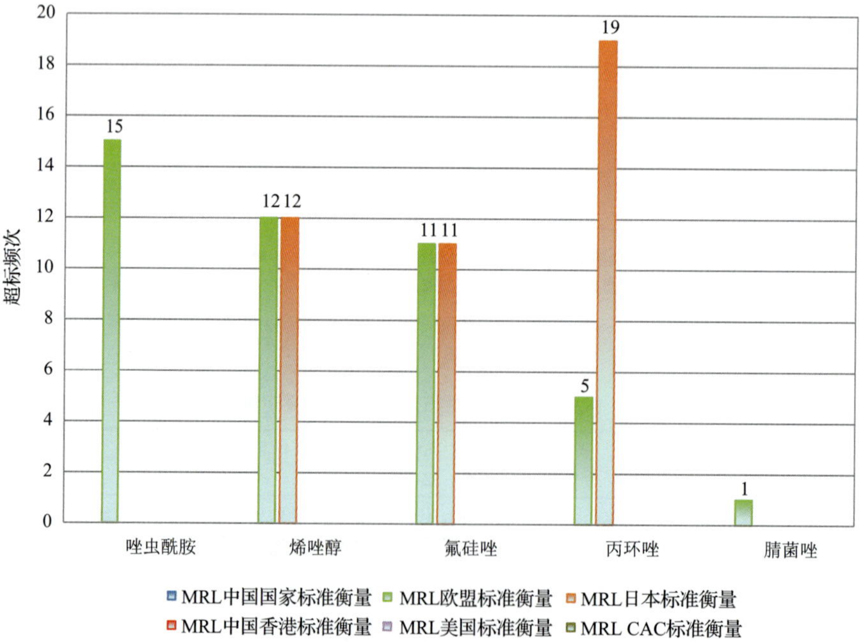

图 1-36　油麦菜样品中超标农药分析

表 1-28　油麦菜中农药残留超标情况明细表

	样品总数 33		检出农药样品数 32	样品检出率(%) 97.0	检出农药品种总数 27
	超标农药品种	超标农药频次	按照 MRL 中国国家标准、欧盟标准和日本标准衡量超标农药名称及频次		
中国国家标准	0	0			
欧盟标准	5	44	唑虫酰胺(15),烯唑醇(12),氟硅唑(11),丙环唑(5),腈菌唑(1)		
日本标准	3	42	丙环唑(19),烯唑醇(12),氟硅唑(11)		

1.4.3.3　甜椒

这次共检测 33 例甜椒样品，29 例样品中检出了农药残留，检出率为 87.9%，检出农药共计 27 种。其中啶虫脒、多菌灵、烯酰吗啉、哒螨灵和吡虫啉检出频次较高，分别检出了 19、18、15、14 和 9 次。甜椒中农药检出品种和频次见图 1-37，超标农药见图 1-38 和表 1-29。

表 1-29　甜椒中农药残留超标情况明细表

	样品总数 33		检出农药样品数 29	样品检出率(%) 87.9	检出农药品种总数 27
	超标农药品种	超标农药频次	按照 MRL 中国国家标准、欧盟标准和日本标准衡量超标农药名称及频次		
中国国家标准	0	0			
欧盟标准	7	16	丙溴磷(4),多菌灵(4),乙螨唑(3),烯啶虫胺(2),*N*-去甲基啶虫脒(1),三唑醇(1),唑虫酰胺(1)		
日本标准	4	9	甲基硫菌灵(4),乙螨唑(3),*N*-去甲基啶虫脒(1),喹螨醚(1)		

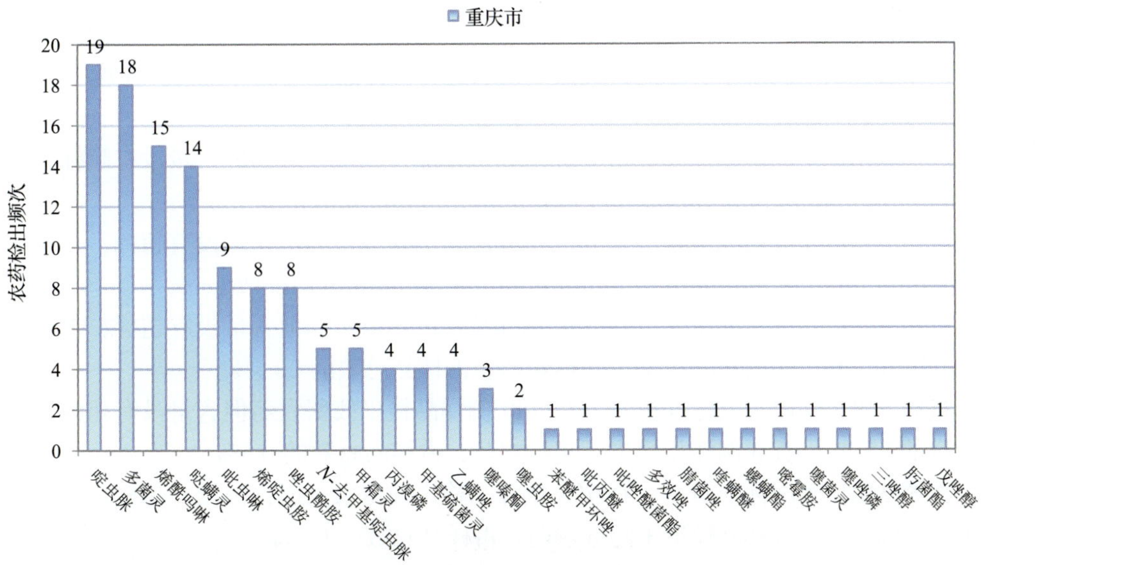

图 1-37　甜椒样品检出农药品种和频次分析

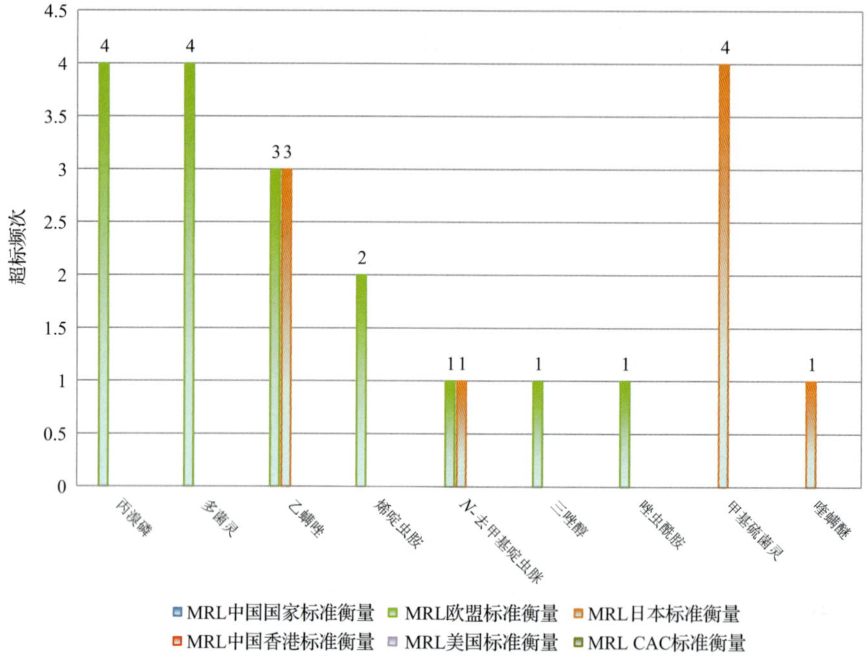

图 1-38　甜椒样品中超标农药分析

1.5　初 步 结 论

1.5.1　重庆市市售水果蔬菜按 MRL 中国国家标准和国际主要 MRL 标准衡量的合格率

本次侦测的 1011 例样品中，226 例样品未检出任何残留农药，占样品总量的 22.4%，785 例样品检出不同水平、不同种类的残留农药，占样品总量的 77.6%。在这 785 例检出农药残留的样品中：

按照 MRL 中国国家标准衡量，有 776 例样品检出残留农药但含量没有超标，占样品总数的 76.8%，有 9 例样品检出了超标农药，占样品总数的 0.9%。

按照 MRL 欧盟标准衡量，有 619 例样品检出残留农药但含量没有超标，占样品总数的 61.2%，有 166 例样品检出了超标农药，占样品总数的 16.4%。

按照 MRL 日本标准衡量，有 578 例样品检出残留农药但含量没有超标，占样品总数的 57.2%，有 207 例样品检出了超标农药，占样品总数的 20.5%。

按照 MRL 中国香港标准衡量，有 780 例样品检出残留农药但含量没有超标，占样品总数的 77.2%，有 5 例样品检出了超标农药，占样品总数的 0.5%。

按照 MRL 美国标准衡量，有 778 例样品检出残留农药但含量没有超标，占样品总数的 77.0%，有 7 例样品检出了超标农药，占样品总数的 0.7%。

按照 MRL CAC 标准衡量，有 777 例样品检出残留农药但含量没有超标，占样品总数的 76.9%，有 8 例样品检出了超标农药，占样品总数的 0.8%。

1.5.2　重庆市市售水果蔬菜中检出农药以中低微毒农药为主，占市场主体的92.1%

这次侦测的 1011 例样品包括食用菌 3 种 371 例，水果 17 种 80 例，蔬菜 21 种 560 例，共检出了 76 种农药，检出农药的毒性以中低微毒为主，详见表 1-30。

表 1-30　市场主体农药毒性分布

毒性	检出品种	占比	检出频次	占比
剧毒农药	2	2.6%	2	0.1%
高毒农药	4	5.3%	22	0.9%
中毒农药	32	42.1%	1188	49.0%
低毒农药	27	35.5%	592	24.4%
微毒农药	11	14.5%	620	25.6%
中低微毒农药，品种占比 92.1%，频次占比 99.0%				

1.5.3　检出剧毒、高毒和禁用农药现象应该警醒

在此次侦测的 1011 例样品中有 6 种蔬菜和 4 种水果的 24 例样品检出了 6 种 24 频次的剧毒和高毒或禁用农药，占样品总量的 2.4%。其中剧毒农药甲拌磷和甲氟磷以及高毒农药克百威、氧乐果和甲胺磷检出频次较高。

按 MRL 中国国家标准衡量，剧毒农药高毒农药克百威，检出 11 次，超标 3 次；氧乐果，检出 9 次，超标 2 次；按超标程度比较，芹菜中氧乐果超标 11.3 倍，葡萄中克百威超标 2.9 倍，火龙果中克百威超标 1.3 倍，李子中氧乐果超标 0.3 倍，橙中克百威超标 0.1 倍。

剧毒、高毒或禁用农药的检出情况及按照 MRL 中国国家标准衡量的超标情况见表 1-31。

表 1-31　剧毒、高毒或禁用农药的检出及超标明细

序号	农药名称	样品名称	检出频次	超标频次	最大超标倍数	超标率
1.1	甲拌磷*▲	葡萄	1	0	0	0.0%
2.1	甲氟磷*	李子	1	0	0	0.0%
3.1	三唑磷◊	芹菜	1	0	0	0.0%
4.1	克百威◊▲	橙	5	1	0.1	20.0%
4.2	克百威◊▲	葡萄	3	1	2.9	33.3%
4.3	克百威◊▲	黄瓜	2	0	0	0.0%
4.4	克百威◊▲	火龙果	1	1	1.3	100.0%
5.1	氧乐果◊▲	芹菜	3	1	11.3	33.3%
5.2	氧乐果◊▲	李子	2	1	0.3	50.0%
5.3	氧乐果◊▲	油麦菜	1	0	0	0.0%
5.4	氧乐果◊▲	番茄	1	0	0	0.0%
5.5	氧乐果◊▲	莴笋	1	0	0	0.0%
5.6	氧乐果◊▲	蒜薹	1	0	0	0.0%
6.1	甲胺磷◊▲	油麦菜	1	0	0	0.0%
合计			24	5		20.8%

注：超标倍数参照 MRL 中国国家标准衡量

这些超标的剧毒和高毒农药都是中国政府早有规定禁止在水果蔬菜中使用的，为什么还屡次被检出，应该引起警惕。

1.5.4 残留限量标准与先进国家或地区标准差距较大

2424 频次的检出结果与我国公布的《食品中农药最大残留限量》(GB 2763—2014) 对比，有 888 频次能找到对应的 MRL 中国国家标准，占 36.6%；还有 1536 频次的侦测数据无相关 MRL 标准供参考，占 63.4%。

与国际上现行 MRL 标准对比发现：

有 2424 频次能找到对应的 MRL 欧盟标准，占 100.0%；

有 2424 频次能找到对应的 MRL 日本标准，占 100.0%；

有 1363 频次能找到对应的 MRL 中国香港标准，占 56.2%；

有 1223 频次能找到对应的 MRL 美国标准，占 50.5%；

有 1098 频次能找到对应的 MRL CAC 标准，占 45.3%。

由上可见，MRL 中国国家标准与先进国家或地区标准还有很大差距，我们无标准，境外有标准，这就会导致我们在国际贸易中，处于受制于人的被动地位。

1.5.5 水果蔬菜单种样品检出 16~33 种农药残留，拷问农药使用的科学性

通过此次监测发现，葡萄、哈密瓜和梨是检出农药品种最多的 3 种水果，芹菜、甜椒和油麦菜是检出农药品种最多的 3 种蔬菜，从中检出农药品种及频次详见表 1-32。

表 1-32　单种样品检出农药品种及频次

样品名称	样品总数	检出农药样品数	检出率	检出农药品种数	检出农药(频次)
芹菜	34	32	94.1%	30	烯酰吗啉(20),多菌灵(14),嘧霉胺(10),苯醚甲环唑(9),吡虫啉(7),丙环唑(7),灭蝇胺(7),嘧菌酯(6),吡唑醚菌酯(5),啶虫脒(5),甲霜灵(4),霜霉威(4),*N*-去甲基啶虫脒(3),噻虫嗪(3),氧乐果(3),咪鲜胺(2),吡丙醚(1),吡虫啉脲(1),噁霜灵(1),氟吡菌酰胺(1),氟硅唑(1),抗蚜威(1),喹螨醚(1),乐果(1),醚菌酯(1),噻嗪酮(1),三环唑(1),三唑磷(1),特丁净(1),戊唑醇(1)
甜椒	33	29	87.9%	27	啶虫脒(19),多菌灵(18),烯酰吗啉(15),哒螨灵(14),吡虫啉(9),烯啶虫胺(8),唑虫酰胺(8),*N*-去甲基啶虫脒(5),甲霜灵(5),丙溴磷(4),甲基硫菌灵(4),乙螨唑(4),噻嗪酮(3),噻虫胺(2),苯醚甲环唑(1),吡丙醚(1),吡唑醚菌酯(1),多效唑(1),腈菌唑(1),喹螨醚(1),螺螨酯(1),嘧霉胺(1),噻菌灵(1),噻唑磷(1),三唑醇(1),肟菌酯(1),戊唑醇(1)
油麦菜	33	32	97.0%	27	丙环唑(30),烯唑醇(25),唑虫酰胺(24),苯醚甲环唑(21),氟硅唑(20),烯酰吗啉(20),多菌灵(15),灭蝇胺(14),甲霜灵(11),霜霉威(10),噻虫胺(8),啶虫脒(5),噁霜灵(4),吡唑醚菌酯(3),咪鲜胺(3),噻虫嗪(3),戊唑醇(3),嘧霉胺(2),*N*-去甲基啶虫脒(1),吡虫啉(1),多效唑(1),非草隆(1),甲胺磷(1),甲基硫菌灵(1),腈菌唑(1),乐果(1),氧乐果(1)

续表

样品名称	样品总数	检出农药样品数	检出率	检出农药品种数	检出农药(频次)
葡萄	29	29	100.0%	33	烯酰吗啉(13),嘧霉胺(11),嘧菌酯(9),霜霉威(9),甲霜灵(8),咪鲜胺(8),*N*-去甲基啶虫脒(7),吡虫啉(7),多菌灵(7),噻虫嗪(7),啶虫脒(6),腈菌唑(5),苯醚甲环唑(4),己唑醇(3),克百威(3),嘧菌环胺(3),戊唑醇(3),吡唑醚菌酯(2),氟吡菌酰胺(2),氟菌唑(2),噻嗪酮(2),肟菌酯(2),多效唑(1),噁霜灵(1),非草隆(1),甲拌磷(1),甲基硫菌灵(1),甲基嘧啶磷(1),醚菌酯(1),哌草磷(1),噻菌灵(1),戊菌唑(1),唑嘧菌胺(1)
哈密瓜	15	14	93.3%	18	多菌灵(11),吡虫啉(3),啶虫脒(3),烯酰吗啉(3),甲霜灵(2),灭蝇胺(2),噻菌灵(2),霜霉威(2),吡蚜酮(1),氟吡菌酰胺(1),己唑醇(1),甲基硫菌灵(1),腈菌唑(1),嘧菌酯(1),噻虫胺(1),噻虫嗪(1),噻唑磷(1),戊唑醇(1)
梨	36	31	86.1%	16	啶虫脒(16),烯酰吗啉(12),多菌灵(10),吡虫啉(7),唑虫酰胺(7),N-去甲基啶虫脒(6),毒死蜱(6),乙螨唑(5),吡唑醚菌酯(3),咪鲜胺(3),嘧菌酯(3),噻菌灵(3),哒螨灵(2),苯醚甲环唑(1),丙溴磷(1),噻虫嗪(1)

上述 6 种水果蔬菜，检出农药 16~33 种，是多种农药综合防治，还是未严格实施农业良好管理规范(GAP)，亦或根本就是乱施药，值得我们思考。

第 2 章　LC-Q-TOF/MS 侦测重庆市市售水果蔬菜农药残留膳食暴露风险与预警风险评估

2.1　农药残留风险评估方法

2.1.1　重庆市农药残留侦测数据分析与统计

庞国芳院士科研团队建立的农药残留高通量侦测技术以高分辨精确质量数(0.0001 *m/z* 为基准)为识别标准，采用 LC-Q-TOF/MS 技术对 565 种农药化学污染物进行侦测。

科研团队于 2017 年 6 月至 2018 年 4 月期间在重庆市所属 9 个区的 36 个采样点，随机采集了 1011 例水果蔬菜样品，采样点分布在超市和农贸市场，具体位置如图 2-1 所示，各月内水果蔬菜样品采集数量如表 2-1 所示。

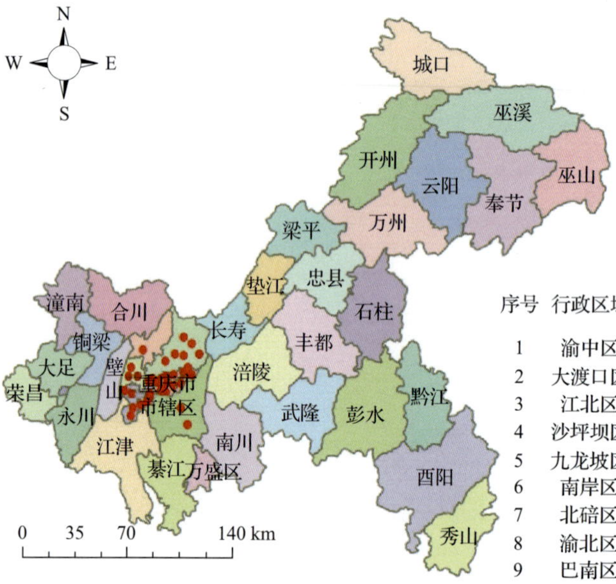

序号	行政区域	水果采样量	蔬菜及其他采样量	总计
1	渝中区	63	107	170
2	大渡口区	41	73	114
3	江北区	54	86	140
4	沙坪坝区	30	53	83
5	九龙坡区	43	71	114
6	南岸区	51	97	148
7	北碚区	9	13	22
8	渝北区	60	105	165
9	巴南区	20	35	55

图 2-1　LC-Q-TOF/MS 侦测重庆市 36 个采样点 1011 例样品分布示意图

表 2-1　重庆市各月内采集水果蔬菜样品数列表

时间	样品数(例)
2017 年 6 月	403
2018 年 4 月	608

利用 LC-Q-TOF/MS 技术对 1011 例样品中的农药进行侦测，侦测出残留农药 76 种，2424 频次。侦测出农药残留水平如表 2-2 和图 2-2 所示。检出频次最高的前 10 种农药如表 2-3 所示。从侦测结果中可以看出，在水果蔬菜中农药残留普遍存在，且有些水果蔬菜存在高浓度的农药残留，这些可能存在膳食暴露风险，对人体健康产生危害，因此，为了定量地评价水果蔬菜中农药残留的风险程度，有必要对其进行风险评价。

表 2-2　侦测出农药的不同残留水平及其所占比例列表

残留水平(μg/kg)	检出频次	占比(%)
1~5(含)	1023	42.2
5~10(含)	388	16.0
10~100(含)	904	37.3
100~1000(含)	107	4.4
>1000	2	0.1
合计	2424	100

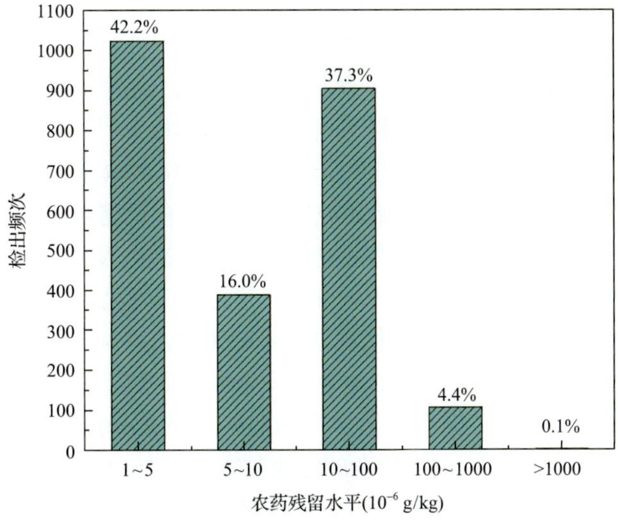

图 2-2　残留农药侦测出浓度频数分布图

表 2-3　检出频次最高的前 10 种农药列表

序号	农药	检出频次
1	烯酰吗啉	332
2	多菌灵	303
3	苯醚甲环唑	163
4	啶虫脒	137
5	吡虫啉	97
6	甲霜灵	89
7	丙环唑	86
8	咪鲜胺	86
9	霜霉威	75
10	唑虫酰胺	75

2.1.2 农药残留风险评价模型

对重庆市水果蔬菜中农药残留分别开展暴露风险评估和预警风险评估。膳食暴露风险评估利用食品安全指数模型对水果蔬菜中的残留农药对人体可能产生的危害程度进行评价，该模型结合残留监测和膳食暴露评估评价化学污染物的危害；预警风险评价模型运用风险系数(risk index，*R*)，风险系数综合考虑了危害物的超标率、施检频率及其本身敏感性的影响，能直观而全面地反映出危害物在一段时间内的风险程度。

2.1.2.1 食品安全指数模型

为了加强食品安全管理，《中华人民共和国食品安全法》第二章第十七条规定“国家建立食品安全风险评估制度，运用科学方法，根据食品安全风险监测信息、科学数据以及有关信息，对食品、食品添加剂、食品相关产品中生物性、化学性和物理性危害因素进行风险评估”[1]，膳食暴露评估是食品危险度评估的重要组成部分，也是膳食安全性的衡量标准[2]。国际上最早研究膳食暴露风险评估的机构主要是 JMPR(FAO、WHO 农药残留联合会议)，该组织自 1995 年就已制定了急性毒性物质的风险评估急性毒性农药残留摄入量的预测。1960 年美国规定食品中不得加入致癌物质进而提出零阈值理论，渐渐零阈值理论发展成在一定概率条件下可接受风险的概念[3]，后衍变为食品中每日允许最大摄入量(ADI)，而国际食品农药残留法典委员会(CCPR)认为 ADI 不是独立风险评估的唯一标准[4]，1995 年 JMPR 开始研究农药急性膳食暴露风险评估，并对食品国际短期摄入量的计算方法进行了修正，亦对膳食暴露评估准则及评估方法进行了修正[5]，2002 年，在对世界上现行的食品安全评价方法，尤其是国际公认的 CAC 标准评价方法、全球环境监测系统/食品污染监测和评估规划(WHO GEMS/Food)及 FAO、WHO 食品添加剂联合专家委员会(JECFA)和 JMPR 对食品安全风险评估工作研究的基础之上，检验检疫食品安全管理的研究人员提出了结合残留监控和膳食暴露评估，以食品安全指数 IFS 计算食品中各种化学污染物对消费者的健康危害程度[6]。IFS 是表示食品安全状态的新方法，可有效地评价某种农药的安全性，进而评价食品中各种农药化学污染物对消费者健康的整体危害程度[7, 8]。从理论上分析，IFS_c 可指出食品中的污染物 c 对消费者健康是否存在危害及危害的程度[9]。其优点在于操作简单且结果容易被接受和理解，不需要大量的数据来对结果进行验证，使用默认的标准假设或者模型即可[10, 11]。

1) IFS_c 的计算

IFS_c 计算公式如下：

$$\mathrm{IFS_c} = \frac{\mathrm{EDI_c} \times f}{\mathrm{SI_c} \times \mathrm{bw}} \tag{2-1}$$

式中，c 为所研究的农药；EDI_c 为农药 c 的实际日摄入量估算值，等于 $\sum(R_i \times F_i \times E_i \times P_i)$ (i 为食品种类；R_i 为食品 i 中农药 c 的残留水平，mg/kg；F_i 为食品 i 的估计日消费量，g/(人·天)；E_i 为食品 i 的可食用部分因子；P_i 为食品 i 的加工处理因子)；SI_c 为安全摄入量，可采用每日允许最大摄入量 ADI；bw 为人平均体重，kg；f 为校正因子，如果安

全摄入量采用 ADI，则 f 取 1。

$IFS_c \ll 1$，农药 c 对食品安全没有影响；$IFS_c \leqslant 1$，农药 c 对食品安全的影响可以接受；$IFS_c > 1$，农药 c 对食品安全的影响不可接受。

本次评价中：

$IFS_c \leqslant 0.1$，农药 c 对水果蔬菜安全没有影响；

$0.1 < IFS_c \leqslant 1$，农药 c 对水果蔬菜安全的影响可以接受；

$IFS_c > 1$，农药 c 对水果蔬菜安全的影响不可接受。

本次评价中残留水平 R_i 取值为中国检验检疫科学研究院庞国芳院士课题组利用以高分辨精确质量数(0.0001 m/z)为基准的 LC-Q-TOF/MS 侦测技术于 2017 年 6 月至 2018 年 4 月对重庆市水果蔬菜农药残留的侦测结果，估计日消费量 F_i 取值 0.38 kg/(人·天)，E_i=1，P_i=1，f=1，SI_c 采用《食品安全国家标准　食品中农药最大残留限量》(GB 2763—2016)中 ADI 值(具体数值见表 2-4)，人平均体重(bw)取值 60 kg。

表 2-4　重庆市水果蔬菜中侦测出农药的 ADI 值

序号	农药	ADI	序号	农药	ADI	序号	农药	ADI
1	唑嘧菌胺	10	27	丙溴磷	0.03	53	烯唑醇	0.005
2	烯啶虫胺	0.53	28	吡唑醚菌酯	0.03	54	噻唑磷	0.004
3	醚菌酯	0.4	29	吡蚜酮	0.03	55	甲胺磷	0.004
4	霜霉威	0.4	30	嘧菌环胺	0.03	56	乐果	0.002
5	嘧菌酯	0.2	31	多菌灵	0.03	57	异丙威	0.002
6	嘧霉胺	0.2	32	戊唑醇	0.03	58	三唑磷	0.001
7	烯酰吗啉	0.2	33	戊菌唑	0.03	59	克百威	0.001
8	吡丙醚	0.1	34	甲基嘧啶磷	0.03	60	甲拌磷	0.0007
9	噻菌灵	0.1	35	腈苯唑	0.03	61	氧乐果	0.0003
10	噻虫胺	0.1	36	腈菌唑	0.03	62	6-苄氨基嘌呤	—
11	多效唑	0.1	37	抗蚜威	0.02	63	*N*-去甲基啶虫脒	—
12	噻虫嗪	0.08	38	氟环唑	0.02	64	丁噻隆	—
13	甲基硫菌灵	0.08	39	莠去津	0.02	65	乙嘧酚磺酸酯	—
14	甲霜灵	0.08	40	咪鲜胺	0.01	66	双苯基脲	—
15	莠灭净	0.072	41	哒螨灵	0.01	67	双苯酰草胺	—
16	丙环唑	0.07	42	噁霜灵	0.01	68	吡虫啉脲	—
17	啶虫脒	0.07	43	噻虫啉	0.01	69	哌草磷	—
18	吡虫啉	0.06	44	毒死蜱	0.01	70	四氟醚唑	—
19	灭蝇胺	0.06	45	氟吡菌酰胺	0.01	71	敌蝇威	—
20	乙螨唑	0.05	46	苯醚甲环唑	0.01	72	氟唑菌酰胺	—
21	三环唑	0.04	47	螺螨酯	0.01	73	特丁净	—
22	扑草净	0.04	48	噻嗪酮	0.009	74	甲氟磷	—
23	肟菌酯	0.04	49	氟硅唑	0.007	75	萘乙酰胺	—
24	乙嘧酚	0.035	50	唑虫酰胺	0.006	76	非草隆	—
25	氟菌唑	0.035	51	喹螨醚	0.005			
26	三唑醇	0.03	52	己唑醇	0.005			

注："—"表示为国家标准中无 ADI 值规定；ADI 值单位为 mg/kg bw

2) 计算 IFS_c 的平均值 $\overline{IFS}$，评价农药对食品安全的影响程度

以 $\overline{IFS}$ 评价各种农药对人体健康危害的总程度，评价模型见公式(2-2)。

$$\overline{IFS} = \frac{\sum_{i=1}^{n} IFS_c}{n} \tag{2-2}$$

$\overline{IFS} \ll 1$，所研究消费者人群的食品安全状态很好；$\overline{IFS} \leqslant 1$，所研究消费者人群的食品安全状态可以接受；$\overline{IFS} > 1$，所研究消费者人群的食品安全状态不可接受。

本次评价中：

$\overline{IFS} \leqslant 0.1$，所研究消费者人群的水果蔬菜安全状态很好；

$0.1 < \overline{IFS} \leqslant 1$，所研究消费者人群的水果蔬菜安全状态可以接受；

$\overline{IFS} > 1$，所研究消费者人群的水果蔬菜安全状态不可接受。

2.1.2.2　预警风险评估模型

2003 年，我国检验检疫食品安全管理的研究人员根据 WTO 的有关原则和我国的具体规定，结合危害物本身的敏感性、风险程度及其相应的施检频率，首次提出了食品中危害物风险系数 R 的概念[12]。R 是衡量一个危害物的风险程度大小最直观的参数，即在一定时期内其超标率或阳性检出率的高低，但受其施检频率的高低及其本身的敏感性(受关注程度)影响。该模型综合考察了农药在蔬菜中的超标率、施检频率及其本身敏感性，能直观而全面地反映出农药在一段时间内的风险程度[13]。

1) R 计算方法

危害物的风险系数综合考虑了危害物的超标率或阳性检出率、施检频率和其本身的敏感性影响，并能直观而全面地反映出危害物在一段时间内的风险程度。风险系数 R 的计算公式如式(2-3)：

$$R = aP + \frac{b}{F} + S \tag{2-3}$$

式中，P 为该种危害物的超标率；F 为危害物的施检频率；S 为危害物的敏感因子；a, b 分别为相应的权重系数。

本次评价中 $F=1$；$S=1$；$a=100$；$b=0.1$，对参数 P 进行计算，计算时首先判断是否为禁用农药，如果为非禁用农药，P=超标的样品数(侦测出的含量高于食品最大残留限量标准值，即 MRL)除以总样品数(包括超标、不超标、未侦测出)；如果为禁用农药，则侦测出即为超标，P=能侦测出的样品数除以总样品数。判断重庆市水果蔬菜农药残留是否超标的标准限值 MRL 分别以 MRL 中国国家标准[14]和 MRL 欧盟标准作为对照，具体值列于本报告附表一中。

2) 评价风险程度

$R \leqslant 1.5$，受检农药处于低度风险；

$1.5 < R \leq 2.5$，受检农药处于中度风险；

$R > 2.5$，受检农药处于高度风险。

2.1.2.3　食品膳食暴露风险和预警风险评估应用程序的开发

1) 应用程序开发的步骤

为成功开发膳食暴露风险和预警风险评估应用程序，与软件工程师多次沟通讨论，逐步提出并描述清楚计算需求，开发了初步应用程序。为明确出不同水果蔬菜、不同农药、不同地域和不同季节的风险水平，向软件工程师提出不同的计算需求，软件工程师对计算需求进行逐一分析，经过反复的细节沟通，需求分析得到明确后，开始进行解决方案的设计，在保证需求的完整性、一致性的前提下，编写出程序代码，最后设计出满足需求的风险评估专用计算软件，并通过一系列的软件测试和改进，完成专用程序的开发。软件开发基本步骤见图 2-3。

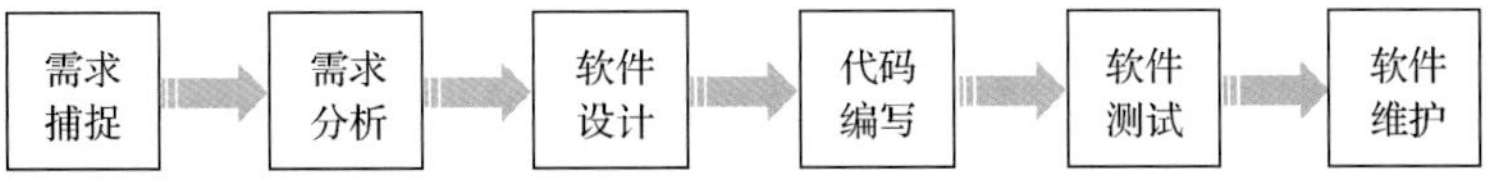

图 2-3　专用程序开发总体步骤

2) 膳食暴露风险评估专业程序开发的基本要求

首先直接利用公式(2-1)，分别计算 LC-Q-TOF/MS 和 GC-Q-TOF/MS 仪器侦测出的各水果蔬菜样品中每种农药 IFS_c，将结果列出。为考察超标农药和禁用农药的使用安全性，分别以我国《食品安全国家标准　食品中农药最大残留限量》(GB 2763—2016) 和欧盟食品中农药最大残留限量(以下简称 MRL 中国国家标准和 MRL 欧盟标准) 为标准，对侦测出的禁用农药和超标的非禁用农药 IFS_c 单独进行评价；按 IFS_c 大小列表，并找出 IFS_c 值排名前 20 的样本重点关注。

对不同水果蔬菜 i 中每一种侦测出的农药 c 的安全指数进行计算，多个样品时求平均值。若监测数据为该市多个月的数据，则逐月、逐季度分别列出每个月、每个季度内每一种水果蔬菜 i 对应的每一种农药 c 的 IFS_c。

按农药种类，计算整个监测时间段内每种农药的 IFS_c，不区分水果蔬菜。若检测数据为该市多个月的数据，则需分别计算每个月、每个季度内每种农药的 IFS_c。

3) 预警风险评估专业程序开发的基本要求

分别以 MRL 中国国家标准和 MRL 欧盟标准，按公式(2-3) 逐个计算不同水果蔬菜、不同农药的风险系数，禁用农药和非禁用农药分别列表。

为清楚了解各种农药的预警风险，不分时间，不分水果蔬菜，按禁用农药和非禁用农药分类，分别计算各种侦测出农药全部检测时段内风险系数。由于有 MRL 中国国家标准的农药种类太少，无法计算超标数，非禁用农药的风险系数只以 MRL 欧盟标准为标准，进行计算。若检测数据为多个月的，则按月计算每个月、每个季度内每种禁用农药残留的风险系数和以 MRL 欧盟标准为标准的非禁用农药残留的风险系数。

4) 风险程度评价专业应用程序的开发方法

采用 Python 计算机程序设计语言，Python 是一个高层次地结合了解释性、编译性、互动性和面向对象的脚本语言。风险评价专用程序主要功能包括：分别读入每例样品 LC-Q-TOF/MS 和 GC-Q-TOF/MS 农药残留检测数据，根据风险评价工作要求，依次对不同农药、不同食品、不同时间、不同采样点的 IFS_c 值和 R 值分别进行数据计算，筛选出禁用农药、超标农药(分别与 MRL 中国国家标准、MRL 欧盟标准限值进行对比)单独重点分析，再分别对各农药、各水果蔬菜种类分类处理，设计出计算和排序程序，编写计算机代码，最后将生成的膳食暴露风险评估和超标风险评估定量计算结果列入设计好的各个表格中，并定性判断风险对目标的影响程度，直接用文字描述风险发生的高低，如“不可接受”、“可以接受”、“没有影响”、“高度风险”、“中度风险”、“低度风险”。

2.2　LC-Q-TOF/MS 侦测重庆市市售水果蔬菜农药残留膳食暴露风险评估

2.2.1　每例水果蔬菜样品中农药残留安全指数分析

基于农药残留侦测数据，发现在 1011 例样品中侦测出农药 2424 频次，计算样品中每种残留农药的安全指数 IFS_c，并分析农药对样品安全的影响程度，结果详见附表二，农药残留对水果蔬菜样品安全的影响程度频次分布情况如图 2-4 所示。

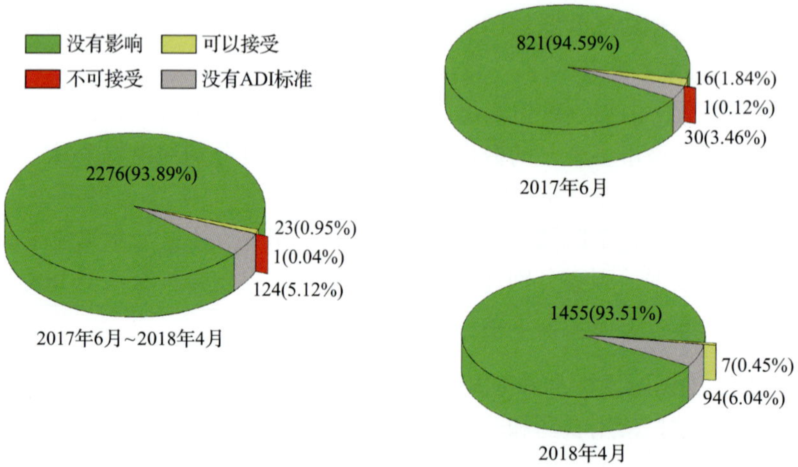

图 2-4　农药残留对水果蔬菜样品安全的影响程度频次分布图

由图 2-4 可以看出，农药残留对样品安全的影响不可接受的频次为 1，占 0.04%；农药残留对样品安全的影响可以接受的频次为 23，占 0.95%；农药残留对样品安全的没有影响的频次为 2276，占 93.89%。分析发现，只有在 2017 年 6 月有 1 种农药对样品安全影响不可接受。表 2-5 为对水果蔬菜样品中安全指数不可接受的农药残留列表。

表 2-5 水果蔬菜样品中安全影响不可接受的农药残留列表

序号	样品编号	采样点	基质	农药	含量(mg/kg)	IFS_c
1	20170622-500108-CAIQ-CE-40A	***市场	芹菜	氧乐果	0.2451	5.1743

部分样品侦测出禁用农药 4 种 22 频次，为了明确残留的禁用农药对样品安全的影响，分析侦测出禁用农药残留的样品安全指数，禁用农药残留对水果蔬菜样品安全的影响程度频次分布情况如图 2-5 所示，农药残留对样品安全的影响不可接受的频次为 1，占 4.55%；农药残留对样品安全的影响可以接受的频次为 9，占 40.91%；农药残留对样品安全没有影响的频次为 12，占 54.55%，由图中可以看出在该 2 个月份内只有 2017 年 6 月内有 1 种禁用农药对样品安全影响不可接受，另一个月份内，禁用农药对样品安全的影响均在可以接受和没有影响的范围内，表 2-6 列出了水果蔬菜样品中侦测出的禁用农药残留不可接受的安全指数表。

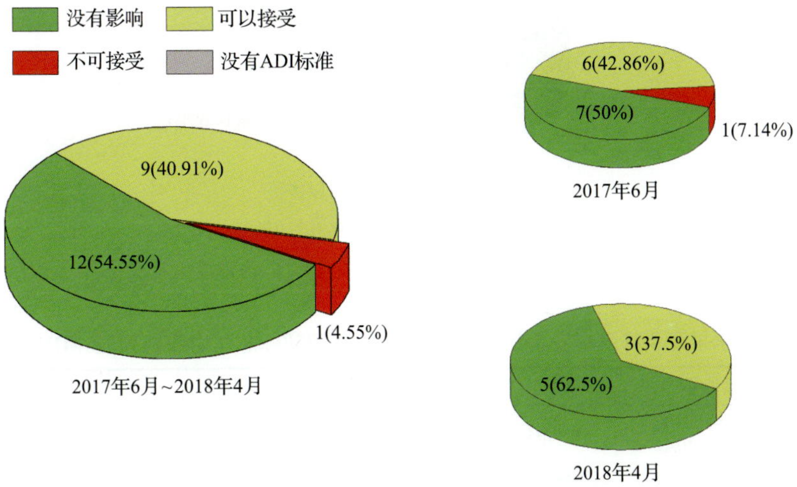

图 2-5 禁用农药对水果蔬菜样品安全影响程度的频次分布图

表 2-6 水果蔬菜样品中侦测出的禁用农药残留不可接受的安全指数表

序号	样品编号	采样点	基质	农药	含量(mg/kg)	IFS_c
1	20170622-500108-CAIQ-CE-40A	***市场	芹菜	氧乐果	0.2451	5.1743

此外，本次侦测发现部分样品中非禁用农药残留量超过了 MRL 中国国家标准和欧盟标准，为了明确超标的非禁用农药对样品安全的影响，分析了非禁用农药残留超标的样品安全指数。

水果蔬菜残留量侦测出超过 MRL 中国国家标准的非禁用农药共 4 频次，其安全指数如表 2-7 所示。

表 2-7　水果蔬菜样品中侦测出的非禁用农药残留安全指数表(MRL 中国国家标准)

序号	样品编号	采样点	基质	农药	含量(mg/kg)	中国国家标准	IFS_c	影响程度
1	20180406-500104-CAIQ-PE-23A	***超市(壹街店)	梨	吡虫啉	0.6155	0.5	0.0650	没有影响
2	20180405-500103-CAIQ-MG-27A	***超市(棉花街店)	芒果	苯醚甲环唑	0.0732	0.07	0.0464	没有影响
3	20180406-500104-CAIQ-MG-23A	***超市(壹街店)	芒果	苯醚甲环唑	0.0722	0.07	0.0457	没有影响
4	20170622-500108-CAIQ-EP-40A	***市场	茄子	霜霉威	0.3813	0.3	0.0060	没有影响

残留量超过 MRL 欧盟标准的非禁用农药对水果蔬菜样品安全的影响程度频次分布情况如图 2-6 所示。可以看出超过 MRL 欧盟标准的非禁用农药共 206 频次，其中农药残留对样品安全的影响可以接受的频次为 12，占 5.83%；农药残留对样品安全没有影响的频次为 165，占 80.1%。表 2-8 为水果蔬菜样品中安全指数排名前 10 的残留超标非禁用农药列表。

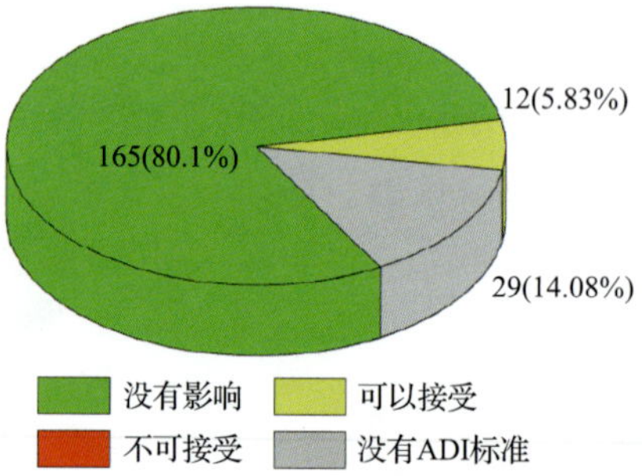

图 2-6　残留超标的非禁用农药对水果蔬菜样品安全的影响程度频次分布图(MRL 欧盟标准)

表 2-8　水果蔬菜样品中安全指数排名前 10 的残留超标非禁用农药列表(MRL 欧盟标准)

序号	样品编号	采样点	基质	农药	含量(mg/kg)	欧盟标准	IFS_c	影响程度
1	20170622-500108-CAIQ-CE-40A	***市场	芹菜	乐果	0.2811	0.02	0.8902	可以接受
2	20170622-500103-CAIQ-GP-41A	***超市(较场口店)	葡萄	咪鲜胺	0.6688	0.05	0.4236	可以接受
3	20170624-500107-USI-HM-45A	***超市(渝州购物广场店)	哈密瓜	噻唑磷	0.2635	0.02	0.4172	可以接受
4	20170622-500104-USI-HM-39A	***超市(松青路分店)	哈密瓜	多菌灵	1.0162	0.1	0.2145	可以接受
5	20170624-500106-CAIQ-LE-46A	***市场	生菜	氟硅唑	0.1617	0.01	0.1463	可以接受
6	20170624-500107-CAIQ-LE-43A	***超市(二郎店)	生菜	氟硅唑	0.1565	0.01	0.1416	可以接受
7	20180406-500107-CAIQ-YC-37A	***市场	洋葱	异丙威	0.0404	0.01	0.1279	可以接受
8	20180407-500108-CAIQ-YC-38A	***市场	洋葱	异丙威	0.0371	0.01	0.1175	可以接受
9	20180405-500103-CAIQ-CO-24A	***超市(日月光店)	葱	异丙威	0.0346	0.01	0.1096	可以接受
10	20170622-500103-CAIQ-HL-41A	***超市(较场口店)	火龙果	多菌灵	0.4967	0.1	0.1049	可以接受

在 1011 例样品中，226 例样品未侦测出农药残留，785 例样品中侦测出农药残留，计算每例有农药侦测出样品的 $\overline{\text{IFS}}$ 值，进而分析样品的安全状态，结果如图 2-7 所示（未侦测出农药的样品安全状态视为很好）。可以看出，0.1%的样品安全状态不可接受；0.98%的样品安全状态可以接受，98.02%的样品安全状态很好。此外，可以看出只有 2017 年 6 月有 1 例样品安全状态不可接受。表 2-9 列出了安全状态不可接受的水果蔬菜样品。

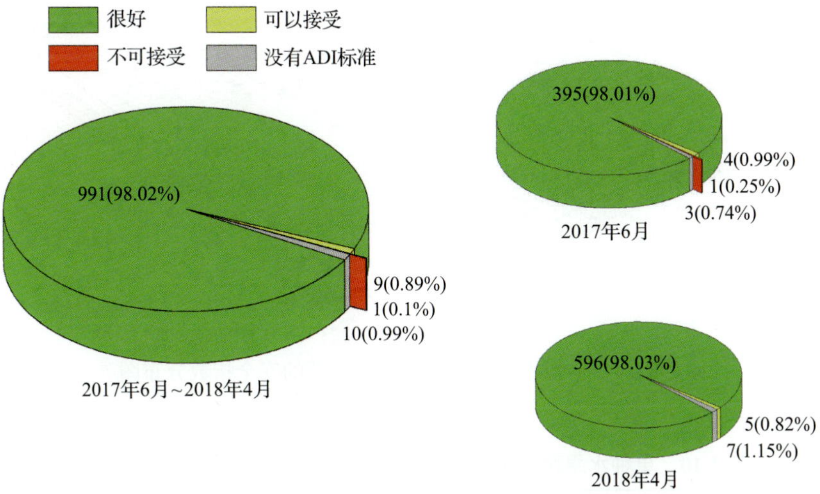

图 2-7　水果蔬菜样品安全状态分布图

表 2-9　水果蔬菜安全状态不可接受的样品列表

序号	样品编号	采样点	基质	$\overline{\text{IFS}}$
1	20170622-500108-CAIQ-CE-40A	***市场	芹菜	2.0222

2.2.2　单种水果蔬菜中农药残留安全指数分析

本次 41 种水果蔬菜侦测 76 种农药，检出频次为 2424 次，其中 15 种农药没有 ADI 标准，61 种农药存在 ADI 标准。对 41 种水果蔬菜按不同种类分别计算侦测出的具有 ADI 标准的各种农药的 IFS_c 值，农药残留对水果蔬菜的安全指数分布图如图 2-8 所示。

分析发现 1 种水果蔬菜（芹菜）中的氧乐果残留对食品安全影响不可接受，如表 2-10 所示。

本次侦测中，41 种水果蔬菜和 76 种残留农药（包括没有 ADI 标准）共涉及 503 个分析样本，农药对单种水果蔬菜安全的影响程度分布情况如图 2-9 所示。可以看出，90.46%的样本中农药对水果蔬菜安全没有影响，1.79%的样本中农药对水果蔬菜安全的影响可以接受，0.2%的样本中农药对水果蔬菜安全的影响不可接受。

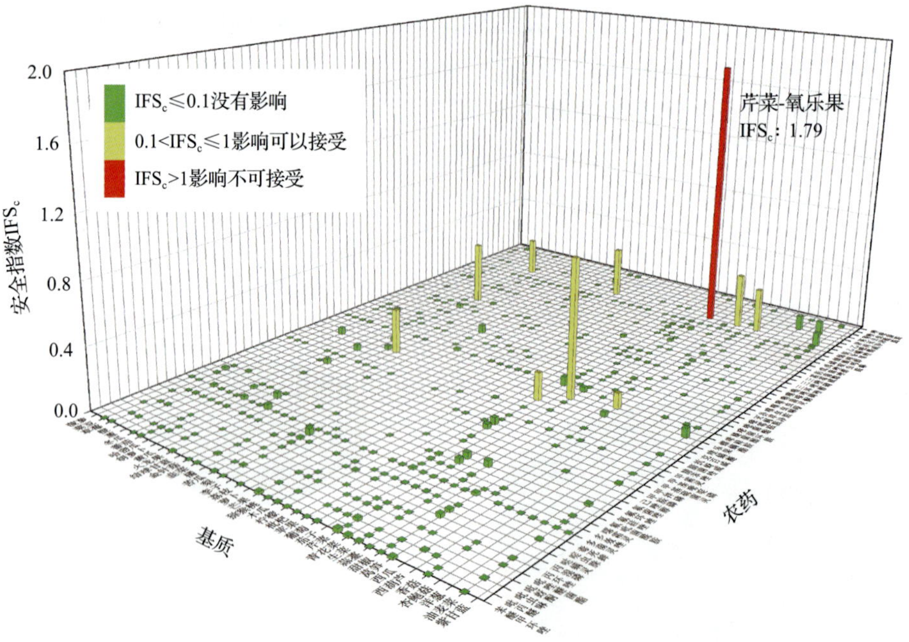

图 2-8　41 种水果蔬菜中 61 种残留农药的安全指数分布图

表 2-10　单种水果蔬菜中安全影响不可接受的残留农药安全指数表

序号	基质	农药	检出频次	检出率(%)	IFS>1 的频次	IFS>1 的比例(%)	IFS_c
1	芹菜	氧乐果	3	5.77	1	1.92	1.7867

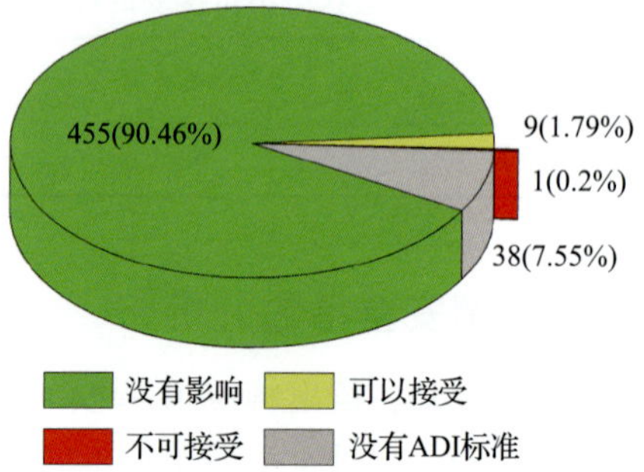

图 2-9　503 个分析样本的影响程度频次分布图

此外，分别计算 41 种水果蔬菜中所有侦测出农药 IFS_c 的平均值 $\overline{IFS}$，分析每种水果蔬菜的安全状态，结果如图 2-10 所示，分析发现，1 种水果蔬菜(2.44%)的安全状态可接受，40 种(97.56%)水果蔬菜的安全状态很好。

对每个月内每种水果蔬菜中农药的 IFS_c 进行分析，并计算每月内每种水果蔬菜的 $\overline{IFS}$ 值，以评价每种水果蔬菜的安全状态，结果如图 2-11 所示，可以看出，该 2 个月份的所有水果蔬菜的安全状态均处于很好和可以接受的范围内，各月份内单种水果蔬菜安全状态统计情况如图 2-12 所示。

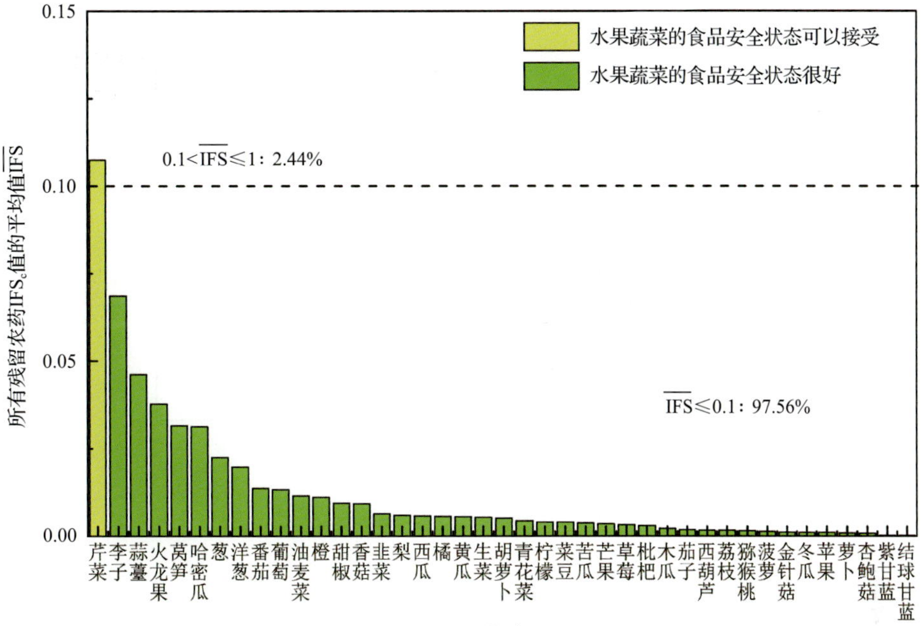

图 2-10　41 种水果蔬菜的 $\overline{\mathrm{IFS}}$ 值和安全状态统计图

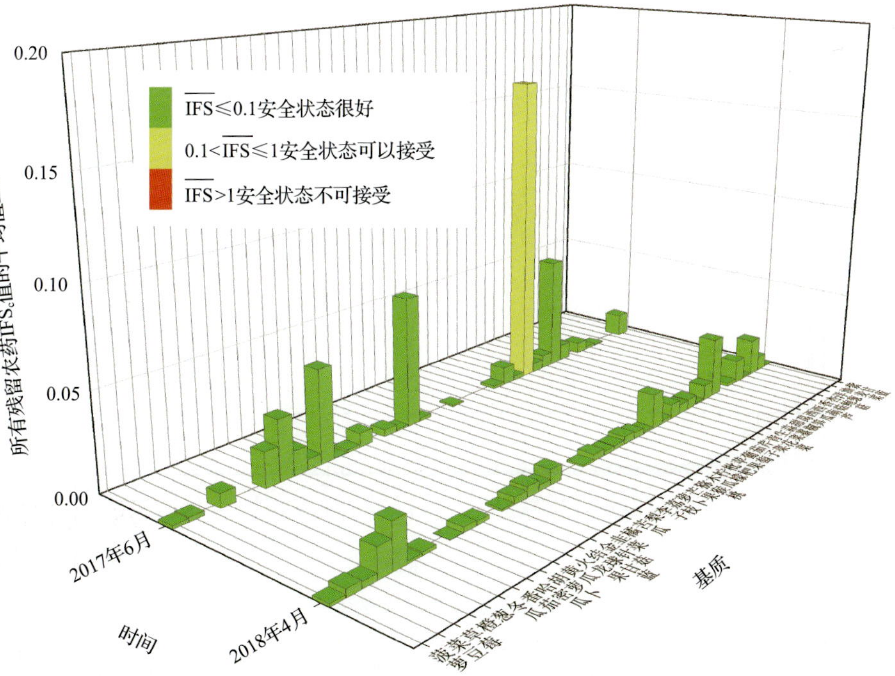

图 2-11　各月内每种水果蔬菜的 $\overline{\mathrm{IFS}}$ 值与安全状态分布图

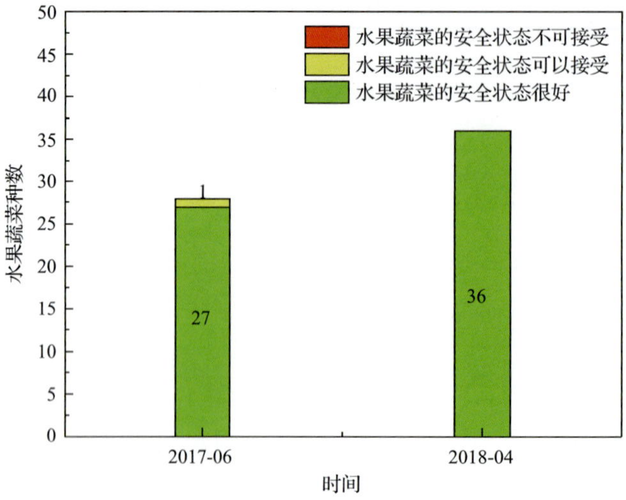

图 2-12　各月份内单种水果蔬菜安全状态统计图

2.2.3　所有水果蔬菜中农药残留安全指数分析

计算所有水果蔬菜中 61 种农药的 $\overline{IFS}_c$ 值，结果如图 2-13 及表 2-11 所示。

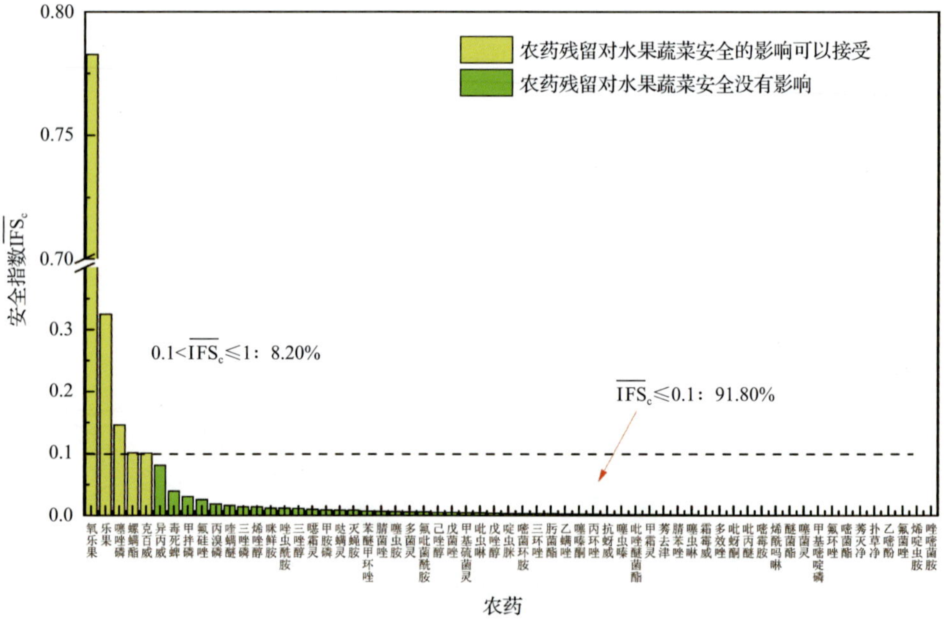

图 2-13　61 种残留农药对水果蔬菜的安全影响程度统计图

分析发现，所有农药对水果蔬菜安全的影响均在没有影响和可以接受的范围内，其中 8.20%的农药对水果蔬菜安全的影响可以接受，91.80%的农药对水果蔬菜安全没有影响。

表 2-11　水果蔬菜中 61 种农药残留的安全指数表

序号	农药	检出频次	检出率(%)	$\overline{IFS_c}$	影响程度	序号	农药	检出频次	检出率(%)	$\overline{IFS_c}$	影响程度
1	氧乐果	9	0.37	0.7828	可以接受	32	嘧菌环胺	5	0.21	0.0034	没有影响
2	乐果	3	0.12	0.3248	可以接受	33	三环唑	51	2.10	0.0034	没有影响
3	噻唑磷	3	0.12	0.1462	可以接受	34	肟菌酯	20	0.83	0.0033	没有影响
4	螺螨酯	1	0.04	0.1014	可以接受	35	乙螨唑	47	1.94	0.0029	没有影响
5	克百威	11	0.45	0.1008	可以接受	36	噻嗪酮	13	0.54	0.0026	没有影响
6	异丙威	8	0.33	0.0811	没有影响	37	丙环唑	86	3.55	0.0023	没有影响
7	毒死蜱	6	0.25	0.0397	没有影响	38	抗蚜威	1	0.04	0.0021	没有影响
8	甲拌磷	1	0.04	0.0308	没有影响	39	噻虫嗪	60	2.48	0.0020	没有影响
9	氟硅唑	49	2.02	0.0259	没有影响	40	吡唑醚菌酯	58	2.39	0.0019	没有影响
10	丙溴磷	5	0.21	0.0188	没有影响	41	甲霜灵	89	3.67	0.0018	没有影响
11	喹螨醚	2	0.08	0.0167	没有影响	42	莠去津	1	0.04	0.0018	没有影响
12	三唑磷	1	0.04	0.0146	没有影响	43	腈苯唑	3	0.12	0.0015	没有影响
13	烯唑醇	39	1.61	0.0146	没有影响	44	噻虫啉	1	0.04	0.0013	没有影响
14	咪鲜胺	86	3.55	0.0120	没有影响	45	霜霉威	75	3.09	0.0013	没有影响
15	唑虫酰胺	75	3.09	0.0119	没有影响	46	多效唑	7	0.29	0.0011	没有影响
16	三唑醇	1	0.04	0.0117	没有影响	47	吡蚜酮	2	0.08	0.0010	没有影响
17	噁霜灵	20	0.83	0.0104	没有影响	48	吡丙醚	7	0.29	0.0010	没有影响
18	甲胺磷	1	0.04	0.0093	没有影响	49	嘧霉胺	50	2.06	0.0009	没有影响
19	哒螨灵	50	2.06	0.0090	没有影响	50	烯酰吗啉	332	13.70	0.0009	没有影响
20	灭蝇胺	58	2.39	0.0087	没有影响	51	醚菌酯	4	0.17	0.0009	没有影响
21	苯醚甲环唑	163	6.72	0.0077	没有影响	52	噻菌灵	46	1.90	0.0009	没有影响
22	腈菌唑	13	0.54	0.0069	没有影响	53	甲基嘧啶磷	1	0.04	0.0008	没有影响
23	噻虫胺	13	0.54	0.0067	没有影响	54	氟环唑	1	0.04	0.0007	没有影响
24	多菌灵	303	12.50	0.0063	没有影响	55	嘧菌酯	69	2.85	0.0004	没有影响
25	氟吡菌酰胺	15	0.62	0.0060	没有影响	56	莠灭净	1	0.04	0.0004	没有影响
26	己唑醇	5	0.21	0.0054	没有影响	57	扑草净	2	0.08	0.0003	没有影响
27	戊菌唑	2	0.08	0.0052	没有影响	58	乙嘧酚	1	0.04	0.0003	没有影响
28	甲基硫菌灵	35	1.44	0.0049	没有影响	59	氟菌唑	2	0.08	0.0003	没有影响
29	吡虫啉	97	4.00	0.0045	没有影响	60	烯啶虫胺	15	0.62	0.0001	没有影响
30	戊唑醇	37	1.53	0.0045	没有影响	61	唑嘧菌胺	1	0.04	0.0000	没有影响
31	啶虫脒	137	5.65	0.0035	没有影响						

对每个月内所有水果蔬菜中残留农药的 IFS_c 进行分析，结果如图 2-14 所示。分析发现，该两个月份的所有农药对水果蔬菜安全的影响均处于没有影响和可以接受的范围内。每月内不同农药对水果蔬菜安全影响程度的统计如图 2-15 所示。

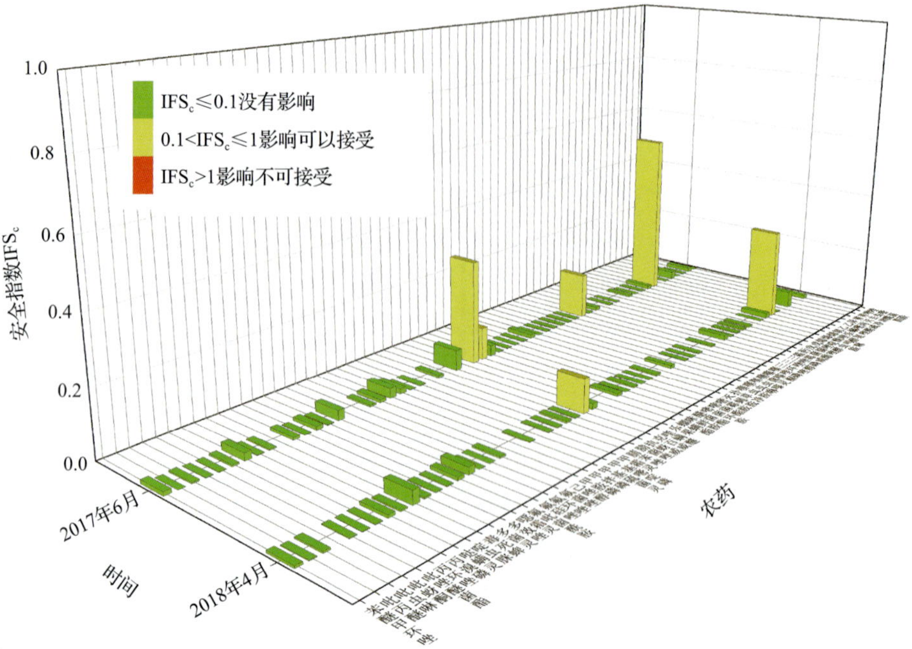

图 2-14　各月份内水果蔬菜中每种残留农药的安全指数分布图

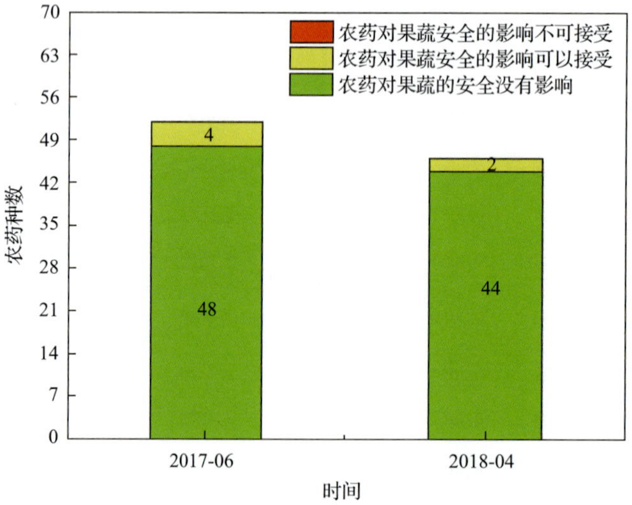

图 2-15　各月份内农药对水果蔬菜安全影响程度的统计图

计算每个月内水果蔬菜的 $\overline{IFS}$，以分析每月内水果蔬菜的安全状态，结果如图 2-16 所示，可以看出，所有月份的水果蔬菜安全状态均处于很好的范围内。

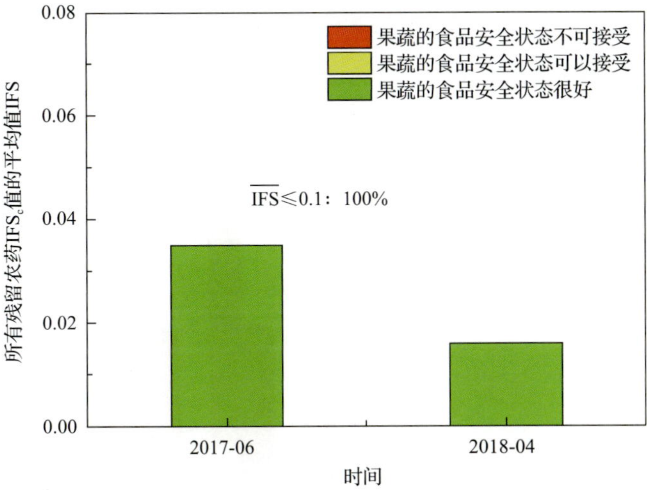

图 2-16　各月份内水果蔬菜的 $\overline{\mathrm{IFS}}$ 值与安全状态统计图

2.3　LC-Q-TOF/MS 侦测重庆市市售水果蔬菜农药残留预警风险评估

基于重庆市水果蔬菜样品中农药残留 LC-Q-TOF/MS 侦测数据，分析禁用农药的检出率，同时参照中华人民共和国国家标准 GB 2763—2016 和欧盟农药最大残留限量(MRL)标准分析非禁用农药残留的超标率，并计算农药残留风险系数。分析单种水果蔬菜中农药残留以及所有水果蔬菜中农药残留的风险程度。

2.3.1　单种水果蔬菜中农药残留风险系数分析

2.3.1.1　单种水果蔬菜中禁用农药残留风险系数分析

侦测出的 76 种残留农药中有 4 种为禁用农药，且它们分布在 10 种水果蔬菜中，计算 10 种水果蔬菜中禁用农药的超标率，根据超标率计算风险系数 R，进而分析水果蔬菜中禁用农药的风险程度，结果如图 2-17 与表 2-12 所示。分析发现 4 种禁用农药在 10 种水果蔬菜中的残留处均于高度风险。

2.3.1.2　基于 MRL 中国国家标准的单种水果蔬菜中非禁用农药残留风险系数分析

参照中华人民共和国国家标准 GB 2763—2016 中农药残留限量计算每种水果蔬菜中每种非禁用农药的超标率，进而计算其风险系数，根据风险系数大小判断残留农药的预警风险程度，水果蔬菜中非禁用农药残留风险程度分布情况如图 2-18 所示。

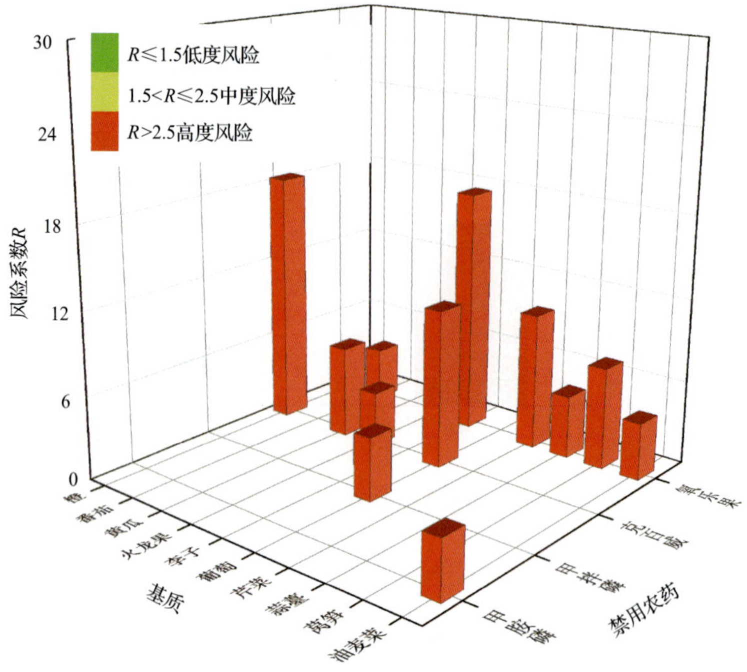

图 2-17　10 种水果蔬菜中 4 种禁用农药的风险系数分布图

表 2-12　10 种水果蔬菜中 4 种禁用农药的风险系数列表

序号	基质	农药	检出频次	检出率(%)	风险系数 *R*	风险程度
1	橙	克百威	5	17.24	18.34	高度风险
2	李子	氧乐果	2	16.67	17.77	高度风险
3	葡萄	克百威	3	10.34	11.44	高度风险
4	芹菜	氧乐果	3	8.82	9.92	高度风险
5	莴笋	氧乐果	1	6.25	7.35	高度风险
6	黄瓜	克百威	2	5.56	6.66	高度风险
7	葡萄	甲拌磷	1	3.45	4.55	高度风险
8	蒜薹	氧乐果	1	3.45	4.55	高度风险
9	油麦菜	氧乐果	1	3.03	4.13	高度风险
10	油麦菜	甲胺磷	1	3.03	4.13	高度风险
11	火龙果	克百威	1	2.86	3.96	高度风险
12	番茄	氧乐果	1	2.78	3.88	高度风险

本次分析中，发现在 41 种水果蔬菜侦测出 72 种残留非禁用农药，涉及样本 491 个，在 491 个样本中，0.61%处于高度风险，30.35%处于低度风险，此外发现有 339 个样本没有 MRL 中国国家标准值，无法判断其风险程度，有 MRL 中国国家标准值的 152 个样本涉及 34 种水果蔬菜中的 37 种非禁用农药，其风险系数 *R* 值如图 2-19 所示。表 2-13 为非禁用农药残留处于高度风险的水果蔬菜列表。

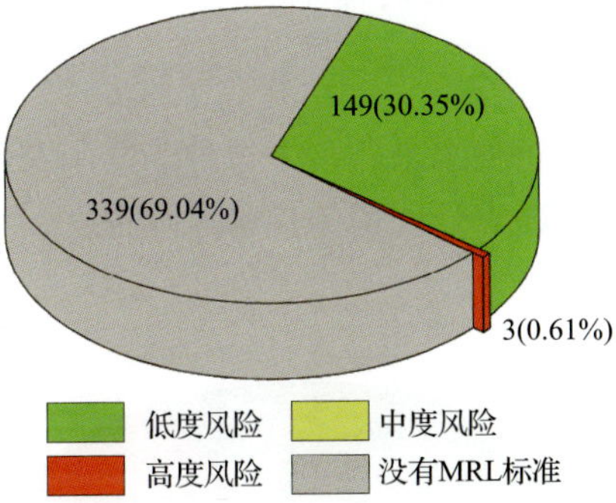

图 2-18　水果蔬菜中非禁用农药风险程度的频次分布图(MRL 中国国家标准)

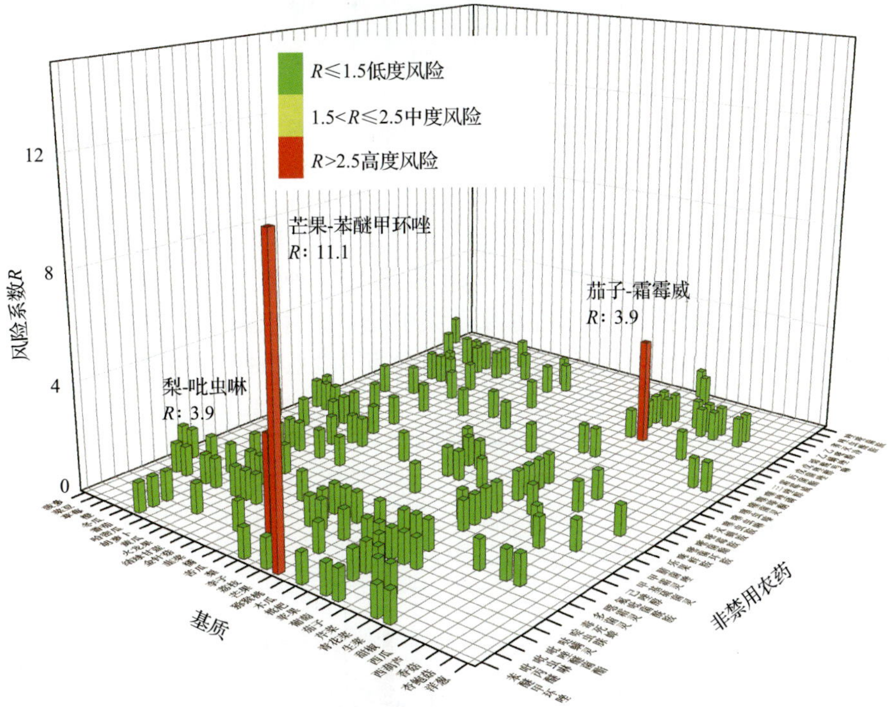

图 2-19　34 种水果蔬菜中 37 种非禁用农药的风险系数分布图(MRL 中国国家标准)

表 2-13　单种水果蔬菜中处于高度风险的非禁用农药风险系数表(MRL 中国国家标准)

序号	基质	农药	超标频次	超标率 P(%)	风险系数 R
1	芒果	苯醚甲环唑	2	10.00	11.10
2	梨	吡虫啉	1	2.78	3.88
3	茄子	霜霉威	1	2.78	3.88

2.3.1.3　基于 MRL 欧盟标准的单种水果蔬菜中非禁用农药残留风险系数分析

参照 MRL 欧盟标准计算每种水果蔬菜中每种非禁用农药的超标率，进而计算其风险系数，根据风险系数大小判断农药残留的预警风险程度，水果蔬菜中非禁用农药残留风险程度分布情况如图 2-20 所示。

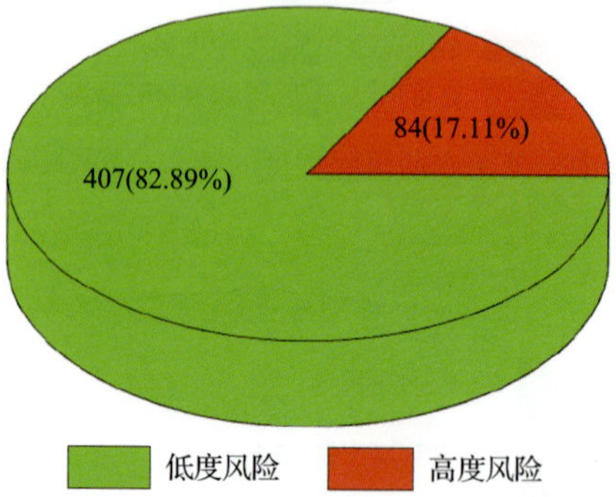

图 2-20　水果蔬菜中非禁用农药的风险程度的频次分布图(MRL 欧盟标准)

本次分析中，发现在 41 种水果蔬菜中共侦测出 72 种非禁用农药，涉及样本 491 个，其中，17.11%处于高度风险，涉及 29 种水果蔬菜和 38 种农药；82.89%处于低度风险，涉及 41 种水果蔬菜和 66 种农药。单种水果蔬菜中的非禁用农药风险系数分布图如图 2-21 所示。单种水果蔬菜中处于高度风险的非禁用农药风险系数如图 2-22 和表 2-14 所示。

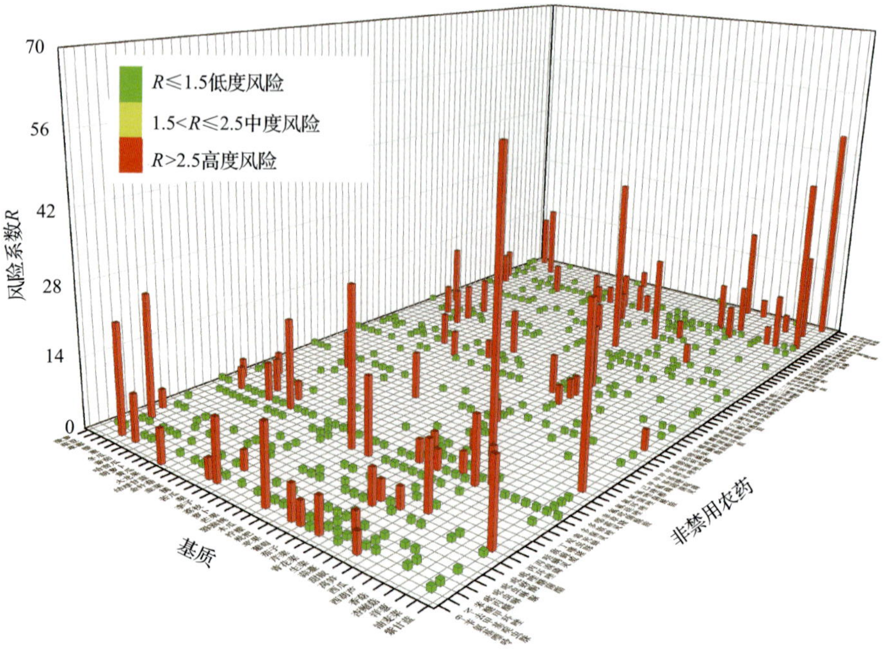

图 2-21　41 种水果蔬菜中 72 种非禁用农药的风险系数分布图(MRL 欧盟标准)

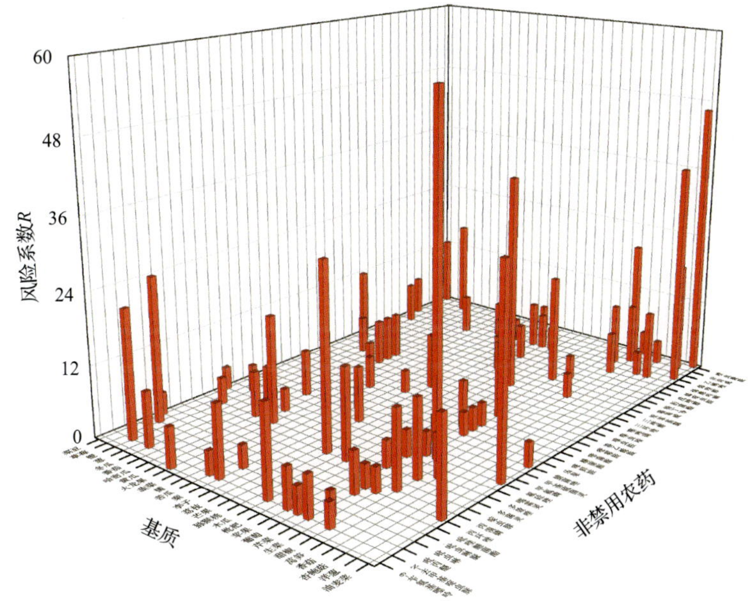

图 2-22　单种水果蔬菜中处于高度风险的非禁用农药的风险系数分布图(MRL 欧盟标准)

表 2-14　单种水果蔬菜中处于高度风险的非禁用农药的风险系数表(MRL 欧盟标准)

序号	基质	农药	超标频次	超标率 P(%)	风险系数 R
1	生菜	氟硅唑	18	56.25	57.35
2	油麦菜	唑虫酰胺	15	45.45	46.55
3	油麦菜	烯唑醇	12	36.36	37.46
4	枇杷	三环唑	5	35.71	36.81
5	油麦菜	氟硅唑	11	33.33	34.43
6	芒果	啶虫脒	6	30.00	31.10
7	草莓	吡虫啉脲	4	23.53	24.63
8	橙	*N*-去甲基啶虫脒	6	20.69	21.79
9	生菜	唑虫酰胺	6	18.75	19.85
10	洋葱	异丙威	3	17.65	18.75
11	葡萄	霜霉威	5	17.24	18.34
12	火龙果	多菌灵	6	17.14	18.24
13	葱	异丙威	3	15.79	16.89
14	油麦菜	丙环唑	5	15.15	16.25
15	木瓜	*N*-去甲基啶虫脒	1	14.29	15.39
16	木瓜	啶虫脒	1	14.29	15.39
17	甜椒	丙溴磷	4	12.12	13.22
18	甜椒	多菌灵	4	12.12	13.22
19	芹菜	嘧霉胺	4	11.76	12.86
20	草莓	三环唑	2	11.76	12.86

续表

序号	基质	农药	超标频次	超标率 P(%)	风险系数 R
21	梨	*N*-去甲基啶虫脒	4	11.11	12.21
22	菜豆	唑虫酰胺	4	11.11	12.21
23	杏鲍菇	烯酰吗啉	2	10.53	11.63
24	生菜	烯唑醇	3	9.38	10.48
25	甜椒	乙螨唑	3	9.09	10.19
26	冬瓜	*N*-去甲基啶虫脒	1	8.33	9.43
27	李子	甲氟磷	1	8.33	9.43
28	李子	萘乙酰胺	1	8.33	9.43
29	葡萄	咪鲜胺	2	6.90	8.00
30	哈密瓜	噻唑磷	1	6.67	7.77
31	哈密瓜	噻虫嗪	1	6.67	7.77
32	哈密瓜	噻虫胺	1	6.67	7.77
33	哈密瓜	多菌灵	1	6.67	7.77
34	哈密瓜	甲基硫菌灵	1	6.67	7.77
35	荔枝	烯酰吗啉	1	6.67	7.77
36	莴笋	多效唑	1	6.25	7.35
37	甜椒	烯啶虫胺	2	6.06	7.16
38	芹菜	*N*-去甲基啶虫脒	2	5.88	6.98
39	芹菜	吡唑醚菌酯	2	5.88	6.98
40	草莓	戊唑醇	1	5.88	6.98
41	火龙果	6-苄氨基嘌呤	2	5.71	6.81
42	火龙果	嘧菌酯	2	5.71	6.81
43	苹果	*N*-去甲基啶虫脒	2	5.71	6.81
44	番茄	噁霜灵	2	5.56	6.66
45	菜豆	烯酰吗啉	2	5.56	6.66
46	黄瓜	烯啶虫胺	2	5.56	6.66
47	葱	噻虫嗪	1	5.26	6.36
48	橘	烯酰吗啉	1	5.00	6.10
49	芒果	双苯基脲	1	5.00	6.10
50	芒果	烯酰吗啉	1	5.00	6.10
51	芒果	肟菌酯	1	5.00	6.10
52	韭菜	醚菌酯	1	4.35	5.45
53	橙	多菌灵	1	3.45	4.55
54	橙	氟硅唑	1	3.45	4.55
55	葡萄	*N*-去甲基啶虫脒	1	3.45	4.55
56	葡萄	噁霜灵	1	3.45	4.55
57	葡萄	多菌灵	1	3.45	4.55

续表

序号	基质	农药	超标频次	超标率 P(%)	风险系数 R
58	葡萄	甲基硫菌灵	1	3.45	4.55
59	生菜	丙环唑	1	3.13	4.23
60	生菜	吡丙醚	1	3.13	4.23
61	生菜	多效唑	1	3.13	4.23
62	油麦菜	腈菌唑	1	3.03	4.13
63	猕猴桃	烯酰吗啉	1	3.03	4.13
64	甜椒	*N*-去甲基啶虫脒	1	3.03	4.13
65	甜椒	三唑醇	1	3.03	4.13
66	甜椒	唑虫酰胺	1	3.03	4.13
67	芹菜	丙环唑	1	2.94	4.04
68	芹菜	乐果	1	2.94	4.04
69	芹菜	咪鲜胺	1	2.94	4.04
70	芹菜	多菌灵	1	2.94	4.04
71	芹菜	氟硅唑	1	2.94	4.04
72	芹菜	特丁净	1	2.94	4.04
73	芹菜	醚菌酯	1	2.94	4.04
74	苦瓜	*N*-去甲基啶虫脒	1	2.94	4.04
75	苦瓜	烯啶虫胺	1	2.94	4.04
76	香菇	异丙威	1	2.94	4.04
77	香菇	烯酰吗啉	1	2.94	4.04
78	梨	吡虫啉	1	2.78	3.88
79	梨	唑虫酰胺	1	2.78	3.88
80	梨	嘧菌酯	1	2.78	3.88
81	梨	烯酰吗啉	1	2.78	3.88
82	菜豆	吡唑醚菌酯	1	2.78	3.88
83	菜豆	噁霜灵	1	2.78	3.88
84	黄瓜	噁霜灵	1	2.78	3.88

2.3.2 所有水果蔬菜中农药残留风险系数分析

2.3.2.1 所有水果蔬菜中禁用农药残留风险系数分析

在侦测出的 76 种农药中有 4 种为禁用农药，计算所有水果蔬菜中禁用农药的风险系数，结果如表 2-15 所示。禁用农药克百威和氧乐果处于中度风险，剩余 2 种禁用农药处于低度风险。

表 2-15　水果蔬菜中 4 种禁用农药的风险系数表

序号	农药	检出频次	检出率(%)	风险系数 *R*	风险程度
1	克百威	11	1.09	2.19	中度风险
2	氧乐果	9	0.89	1.99	中度风险
3	甲拌磷	1	0.10	1.20	低度风险
4	甲胺磷	1	0.10	1.20	低度风险

对每个月内的禁用农药的风险系数进行分析，结果如图 2-23 和表 2-16 所示。

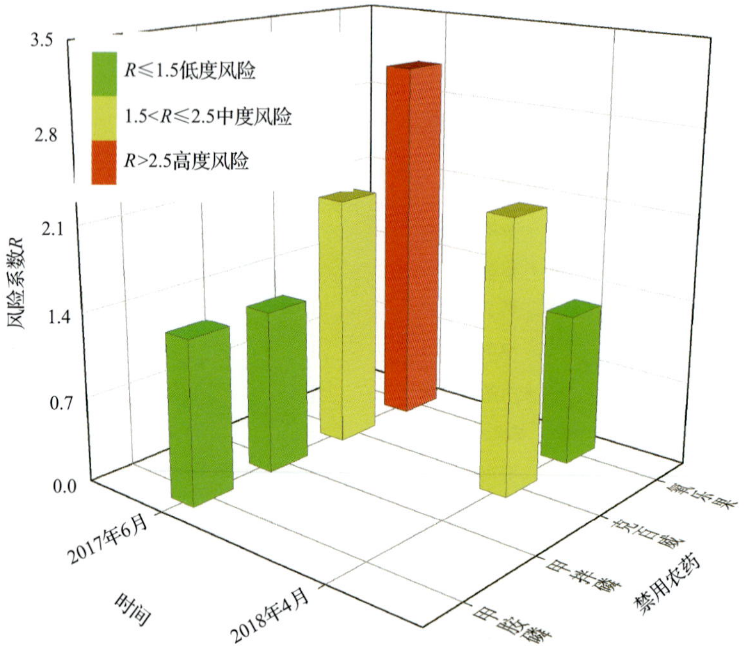

图 2-23　各月份内水果蔬菜中禁用农药残留的风险系数分布图

表 2-16　各月份内水果蔬菜中禁用农药的风险系数表

序号	年月	农药	检出频次	检出率(%)	风险系数 *R*	风险程度
1	2017 年 6 月	氧乐果	8	1.99	3.09	高度风险
2	2017 年 6 月	克百威	4	0.99	2.09	中度风险
3	2017 年 6 月	甲拌磷	1	0.25	1.35	低度风险
4	2017 年 6 月	甲胺磷	1	0.25	1.35	低度风险
5	2018 年 4 月	克百威	7	1.151316	2.251316	中度风险
6	2018 年 4 月	氧乐果	1	0.164474	1.264474	低度风险

2.3.2.2　所有水果蔬菜中非禁用农药残留风险系数分析

参照 MRL 欧盟标准计算所有水果蔬菜中每种非禁用农药残留的风险系数，如图 2-24

与表 2-17 所示。在侦测出的 72 种非禁用农药中，4 种农药(5.56%)残留处于高度风险，9 种农药(12.5%)残留处于中度风险，59 种农药(81.94%)残留处于低度风险。

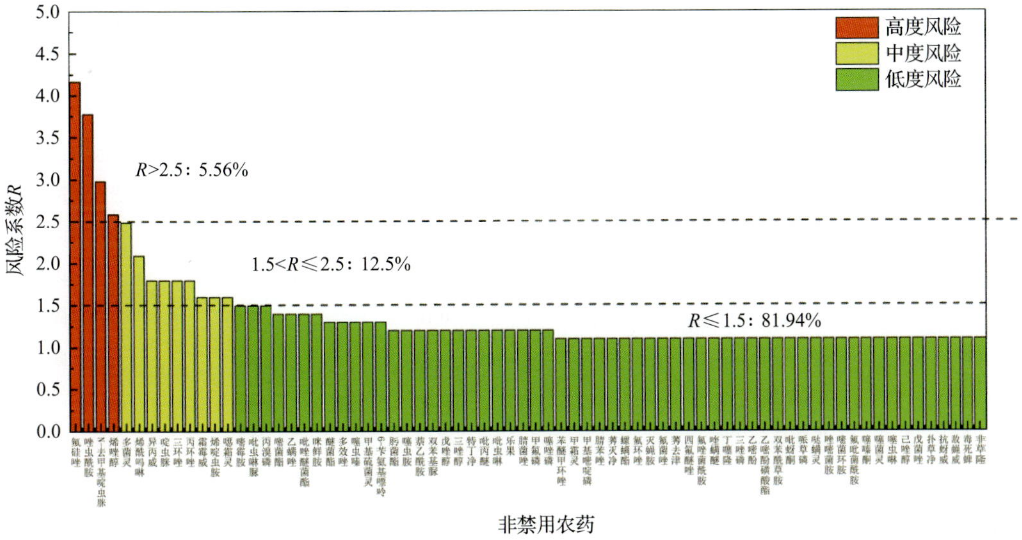

图 2-24　水果蔬菜中 72 种非禁用农药的风险程度统计图

表 2-17　水果蔬菜中 72 种非禁用农药的风险系数表

序号	农药	超标频次	超标率 P(%)	风险系数 R	风险程度
1	氟硅唑	31	3.07	4.17	高度风险
2	唑虫酰胺	27	2.67	3.77	高度风险
3	N-去甲基啶虫脒	19	1.88	2.98	高度风险
4	烯唑醇	15	1.48	2.58	高度风险
5	多菌灵	14	1.38	2.48	中度风险
6	烯酰吗啉	10	0.99	2.09	中度风险
7	异丙威	7	0.69	1.79	中度风险
8	啶虫脒	7	0.69	1.79	中度风险
9	三环唑	7	0.69	1.79	中度风险
10	丙环唑	7	0.69	1.79	中度风险
11	霜霉威	5	0.49	1.59	中度风险
12	烯啶虫胺	5	0.49	1.59	中度风险
13	噁霜灵	5	0.49	1.59	中度风险
14	嘧霉胺	4	0.40	1.50	低度风险
15	吡虫啉脲	4	0.40	1.50	低度风险
16	丙溴磷	4	0.40	1.50	低度风险
17	嘧菌酯	3	0.30	1.40	低度风险
18	乙螨唑	3	0.30	1.40	低度风险

续表

序号	农药	超标频次	超标率 P(%)	风险系数 R	风险程度
19	吡唑醚菌酯	3	0.30	1.40	低度风险
20	咪鲜胺	3	0.30	1.40	低度风险
21	醚菌酯	2	0.20	1.30	低度风险
22	多效唑	2	0.20	1.30	低度风险
23	噻虫嗪	2	0.20	1.30	低度风险
24	甲基硫菌灵	2	0.20	1.30	低度风险
25	6-苄氨基嘌呤	2	0.20	1.30	低度风险
26	肟菌酯	1	0.10	1.20	低度风险
27	噻虫胺	1	0.10	1.20	低度风险
28	萘乙酰胺	1	0.10	1.20	低度风险
29	双苯基脲	1	0.10	1.20	低度风险
30	戊唑醇	1	0.10	1.20	低度风险
31	三唑醇	1	0.10	1.20	低度风险
32	特丁净	1	0.10	1.20	低度风险
33	吡丙醚	1	0.10	1.20	低度风险
34	吡虫啉	1	0.10	1.20	低度风险
35	乐果	1	0.10	1.20	低度风险
36	腈菌唑	1	0.10	1.20	低度风险
37	甲氟磷	1	0.10	1.20	低度风险
38	噻唑磷	1	0.10	1.20	低度风险
39	苯醚甲环唑	0	0.00	1.10	低度风险
40	甲霜灵	0	0.00	1.10	低度风险
41	甲基嘧啶磷	0	0.00	1.10	低度风险
42	腈苯唑	0	0.00	1.10	低度风险
43	莠灭净	0	0.00	1.10	低度风险
44	螺螨酯	0	0.00	1.10	低度风险
45	氟环唑	0	0.00	1.10	低度风险
46	灭蝇胺	0	0.00	1.10	低度风险
47	氟菌唑	0	0.00	1.10	低度风险
48	莠去津	0	0.00	1.10	低度风险
49	四氟醚唑	0	0.00	1.10	低度风险
50	氟唑菌酰胺	0	0.00	1.10	低度风险
51	喹螨醚	0	0.00	1.10	低度风险
52	丁噻隆	0	0.00	1.10	低度风险
53	三唑磷	0	0.00	1.10	低度风险
54	乙嘧酚	0	0.00	1.10	低度风险
55	乙嘧酚磺酸酯	0	0.00	1.10	低度风险

续表

序号	农药	超标频次	超标率 P(%)	风险系数 R	风险程度
56	双苯酰草胺	0	0.00	1.10	低度风险
57	吡蚜酮	0	0.00	1.10	低度风险
58	哌草磷	0	0.00	1.10	低度风险
59	哒螨灵	0	0.00	1.10	低度风险
60	唑嘧菌胺	0	0.00	1.10	低度风险
61	嘧菌环胺	0	0.00	1.10	低度风险
62	氟吡菌酰胺	0	0.00	1.10	低度风险
63	噻嗪酮	0	0.00	1.10	低度风险
64	噻菌灵	0	0.00	1.10	低度风险
65	噻虫啉	0	0.00	1.10	低度风险
66	己唑醇	0	0.00	1.10	低度风险
67	戊菌唑	0	0.00	1.10	低度风险
68	扑草净	0	0.00	1.10	低度风险
69	抗蚜威	0	0.00	1.10	低度风险
70	敌蝇威	0	0.00	1.10	低度风险
71	毒死蜱	0	0.00	1.10	低度风险
72	非草隆	0	0.00	1.10	低度风险

对每个月份内的非禁用农药的风险系数分析，每月内非禁用农药风险程度分布图如图 2-25 所示。2 个月份内处于高度风险的农药数排序为 2017 年 6 月(3)<2018 年 4 月(4)。

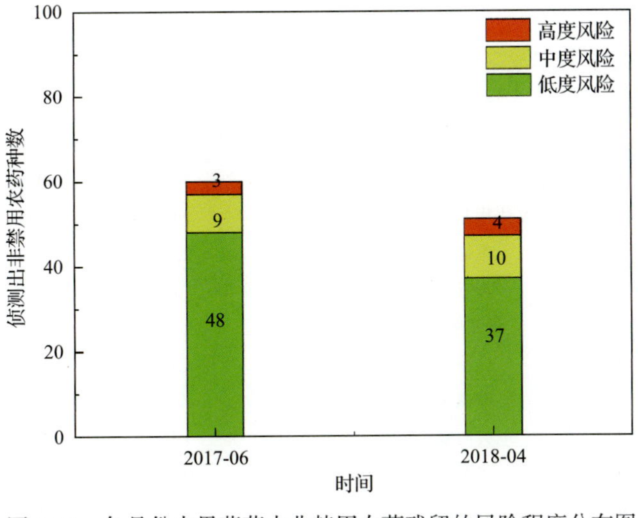

图 2-25　各月份水果蔬菜中非禁用农药残留的风险程度分布图

2 个月份内水果蔬菜中非禁用农药处于中度风险和高度风险的风险系数如图 2-26 和表 2-18 所示。

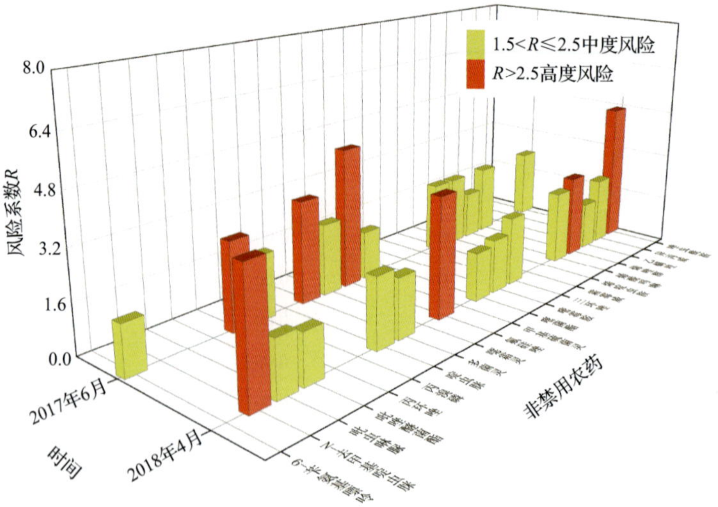

图 2-26　各月份水果蔬菜中非禁用农药处于中度风险和高度风险的风险系数分布图

表 2-18　各月份水果蔬菜中非禁用农药处于中度风险和高度风险的风险系数表

序号	年月	农药	超标频次	超标率 P(%)	风险系数 R	风险程度
1	2017 年 6 月	氟硅唑	14	3.47	4.57	高度风险
2	2017 年 6 月	多菌灵	9	2.23	3.33	高度风险
3	2017 年 6 月	丙环唑	7	1.74	2.84	高度风险
4	2017 年 6 月	唑虫酰胺	5	1.24	2.34	中度风险
5	2017 年 6 月	噁霜灵	5	1.24	2.34	中度风险
6	2017 年 6 月	烯唑醇	5	1.24	2.34	中度风险
7	2017 年 6 月	烯啶虫胺	5	1.24	2.34	中度风险
8	2017 年 6 月	霜霉威	5	1.24	2.34	中度风险
9	2017 年 6 月	丙溴磷	4	0.99	2.09	中度风险
10	2017 年 6 月	6-苄氨基嘌呤	2	0.50	1.60	中度风险
11	2017 年 6 月	烯酰吗啉	2	0.50	1.60	中度风险
12	2017 年 6 月	甲基硫菌灵	2	0.50	1.60	中度风险
13	2018 年 4 月	唑虫酰胺	22	3.62	4.72	高度风险
14	2018 年 4 月	*N*-去甲基啶虫脒	18	2.96	4.06	高度风险
15	2018 年 4 月	氟硅唑	17	2.80	3.90	高度风险
16	2018 年 4 月	烯唑醇	10	1.64	2.74	高度风险
17	2018 年 4 月	烯酰吗啉	8	1.32	2.42	中度风险
18	2018 年 4 月	三环唑	7	1.15	2.25	中度风险
19	2018 年 4 月	啶虫脒	7	1.15	2.25	中度风险
20	2018 年 4 月	异丙威	7	1.15	2.25	中度风险
21	2018 年 4 月	多菌灵	5	0.82	1.92	中度风险
22	2018 年 4 月	吡虫啉脲	4	0.66	1.76	中度风险
23	2018 年 4 月	嘧霉胺	4	0.66	1.76	中度风险
24	2018 年 4 月	乙螨唑	3	0.49	1.59	中度风险
25	2018 年 4 月	吡唑醚菌酯	3	0.49	1.59	中度风险
26	2018 年 4 月	嘧菌酯	3	0.49	1.59	中度风险

2.4　LC-Q-TOF/MS 侦测重庆市市售水果蔬菜农药残留风险评估结论与建议

农药残留是影响水果蔬菜安全和质量的主要因素，也是我国食品安全领域备受关注的敏感话题和亟待解决的重大问题之一[15,16]。各种水果蔬菜均存在不同程度的农药残留现象，本研究主要针对重庆市各类水果蔬菜存在的农药残留问题，基于 2017 年 6 月至 2018 年 4 月期间对重庆市 1011 例水果蔬菜样品中农药残留侦测得出的 2424 个侦测结果，分别采用食品安全指数模型和风险系数模型，开展水果蔬菜中农药残留的膳食暴露风险和预警风险评估。水果蔬菜样品取自超市和农贸市场，符合大众的膳食来源，风险评价时更具有代表性和可信度。

本研究力求通用简单地反映食品安全中的主要问题，且为管理部门和大众容易接受，为政府及相关管理机构建立科学的食品安全信息发布和预警体系提供科学的规律与方法，加强对农药残留的预警和食品安全重大事件的预防，控制食品风险。

2.4.1　重庆市水果蔬菜中农药残留膳食暴露风险评价结论

1) 水果蔬菜样品中农药残留安全状态评价结论

采用食品安全指数模型，对 2017 年 6 月至 2018 年 4 月期间重庆市水果蔬菜食品农药残留膳食暴露风险进行评价，根据 IFS_c 的计算结果发现，水果蔬菜中农药的 $\overline{IFS}$ 为 0.0307，说明重庆市水果蔬菜总体处于很好的安全状态，但部分禁用农药、高残留农药在蔬菜、水果中仍有侦测出，导致膳食暴露风险的存在，成为不安全因素。

2) 单种水果蔬菜中农药膳食暴露风险不可接受情况评价结论

单种水果蔬菜中农药残留安全指数分析结果显示，农药对单种水果蔬菜安全影响不可接受($IFS_c>1$)的样本数为 1 个，占总样本数的 0.2%，此样本为芹菜中的氧乐果，说明芹菜中的氧乐果会对消费者身体健康造成较大的膳食暴露风险。氧乐果属于禁用的剧毒农药，且芹菜为常见的蔬菜，百姓日常食用量较大，长期食用大量残留氧乐果的芹菜会对人体造成不可接受的影响，本次检测发现氧乐果在芹菜样品中多次并大量侦测出，是未严格实施农业良好管理规范(GAP)，抑或是农药滥用，这应该引起相关管理部门的警惕，应加强对芹菜中氧乐果的严格管控。

3) 禁用农药膳食暴露风险评价

本次检测发现部分水果蔬菜样品中有禁用农药侦测出，侦测出禁用农药 4 种，检出频次为 22，水果蔬菜样品中的禁用农药 IFS_c 计算结果表明，禁用农药残留膳食暴露风险不可接受的频次为 1，占 4.55%；可以接受的频次为 9，占 40.91%；没有影响的频次为 12，占 54.55%。对于水果蔬菜样品中所有农药而言，膳食暴露风险不可接受的频次为 1，仅占总体频次的 0.04%。可以看出，禁用农药的膳食暴露风险不可接受的比例远高于总体水平，这在一定程度上说明禁用农药更容易导致严重的膳食暴露风险。此外，膳食暴露风险不可接受的残留禁用农药均为氧乐果，因此，应该加强对禁用农药氧乐果的管控力度。为何在国家明令禁止禁用农药喷洒的情况下，还能在多种水果蔬菜中多次侦测出禁用农药残留并造成不可接受的膳食暴露风险，这应该引起相关部门的高度警惕，应该在禁止禁用农药喷洒的同时，严格管控禁用农药的生产和售卖，从根本上杜绝安全隐患。

2.4.2 重庆市水果蔬菜中农药残留预警风险评价结论

1）单种水果蔬菜中禁用农药残留的预警风险评价结论

本次检测过程中，在 10 种水果蔬菜中检测出 4 种禁用农药，禁用农药为：克百威、甲拌磷、氧乐果和甲胺磷，水果蔬菜为：橙、李子、葡萄、芹菜、莴笋、黄瓜、蒜薹、油麦菜、火龙果和番茄，水果蔬菜中禁用农药的风险系数分析结果显示，4 种禁用农药在 10 种水果蔬菜中的残留均处于高度风险，说明在单种水果蔬菜中禁用农药的残留会导致较高的预警风险。

2）单种水果蔬菜中非禁用农药残留的预警风险评价结论

以 MRL 中国国家标准为标准，计算水果蔬菜中非禁用农药风险系数情况下，491 个样本中，3 个处于高度风险（0.614%），149 个处于低度风险（30.35%），339 个样本没有 MRL 中国国家标准（69.04%）。以 MRL 欧盟标准为标准，计算水果蔬菜中非禁用农药风险系数情况下，发现有 84 个处于高度风险（17.11%），407 个处于低度风险（82.89%）。基于两种 MRL 标准，评价的结果差异显著，可以看出 MRL 欧盟标准比中国国家标准更加严格和完善，过于宽松的 MRL 中国国家标准值能否有效保障人体的健康有待研究。

2.4.3 加强重庆市水果蔬菜食品安全建议

我国食品安全风险评价体系仍不够健全，相关制度不够完善，多年来，由于农药用药次数多、用药量大或用药间隔时间短，产品残留量大，农药残留所造成的食品安全问题日益严峻，给人体健康带来了直接或间接的危害。据估计，美国与农药有关的癌症患者数约占全国癌症患者总数的 50%，中国更高。同样，农药对其他生物也会形成直接杀伤和慢性危害，植物中的农药可经过食物链逐级传递并不断蓄积，对人和动物构成潜在威胁，并影响生态系统。

基于本次农药残留侦测数据的风险评价结果，提出以下几点建议：

1）加快食品安全标准制定步伐

我国食品标准中对农药每日允许最大摄入量 ADI 的数据严重缺乏，在本次评价所涉及的 76 种农药中，仅有 80.26%的农药具有 ADI 值，而 19.74%的农药中国尚未规定相应的 ADI 值，亟待完善。

我国食品中农药最大残留限量值的规定严重缺乏，对评估涉及的不同水果蔬菜中不同农药 503 个 MRL 限值进行统计来看，我国仅制定出 164 个标准，我国标准完整率仅为 32.6%，欧盟的完整率达到 100%（表 2-19）。因此，中国更应加快 MRL 的制定步伐。

表 2-19　我国国家食品标准农药的 ADI、MRL 值与欧盟标准的数量差异

分类		中国 ADI	MRL 中国国家标准	MRL 欧盟标准
标准限值(个)	有	61	164	503
	无	15	339	0
总数(个)		76	503	503
无标准限值比例(%)		19.7	67.4	0

此外，MRL 中国国家标准限值普遍高于欧盟标准限值，这些标准中共有 89 个高于欧盟。过高的 MRL 值难以保障人体健康，建议继续加强对限值基准和标准的科学研究，将农产品中的危险性减少到尽可能低的水平。

2) 加强农药的源头控制和分类监管

在重庆市某些水果蔬菜中仍有禁用农药残留，利用 LC-Q-TOF/MS 技术侦测出 4 种禁用农药，检出频次为 22 次，残留禁用农药均存在较大的膳食暴露风险和预警风险。早已列入黑名单的禁用农药在我国并未真正退出，有些药物由于价格便宜、工艺简单，此类高毒农药一直生产和使用。建议在我国采取严格有效的控制措施，从源头控制禁用农药。

对于非禁用农药，在我国作为“田间地头”最典型单位的县级蔬果产地中，农药残留的检测几乎缺失。建议根据农药的毒性，对高毒、剧毒、中毒农药实现分类管理，减少使用高毒和剧毒高残留农药，进行分类监管。

3) 加强残留农药的生物修复及降解新技术

市售果蔬中残留农药的品种多、频次高、禁用农药多次检出这一现状，说明了我国的田间土壤和水体因农药长期、频繁、不合理的使用而遭到严重污染。为此，建议中国相关部门出台相关政策，鼓励高校及科研院所积极开展分子生物学、酶学等研究，加强土壤、水体中残留农药的生物修复及降解新技术研究，切实加大农药监管力度，以控制农药的面源污染问题。

综上所述，在本工作基础上，根据蔬菜残留危害，可进一步针对其成因提出和采取严格管理、大力推广无公害蔬菜种植与生产、健全食品安全控制技术体系、加强蔬菜食品质量检测体系建设和积极推行蔬菜食品质量追溯制度等相应对策。建立和完善食品安全综合评价指数与风险监测预警系统，对食品安全进行实时、全面的监控与分析，为我国的食品安全科学监管与决策提供新的技术支持，可实现各类检验数据的信息化系统管理，降低食品安全事故的发生。

第 3 章　GC-Q-TOF/MS 侦测重庆市 1011 例市售水果蔬菜样品农药残留报告

从重庆市所属 9 个区，随机采集了 1011 例水果蔬菜样品，使用气相色谱-四极杆飞行时间质谱(GC-Q-TOF/MS)对 507 种农药化学污染物进行示范侦测。

3.1　样品种类、数量与来源

3.1.1　样品采集与检测

为了真实反映百姓餐桌上水果蔬菜中农药残留污染状况，本次所有检测样品均由检验人员于 2017 年 6 月至 2018 年 4 月期间，从重庆市所属 36 个采样点，包括 7 个农贸市场和 29 个超市，以随机购买方式采集，总计 36 批 1011 例样品，从中检出农药 96 种，1392 频次。采样及监测概况见图 3-1 及表 3-1，样品及采样点明细见表 3-2 及表 3-3(侦测原始数据见附表 1)。

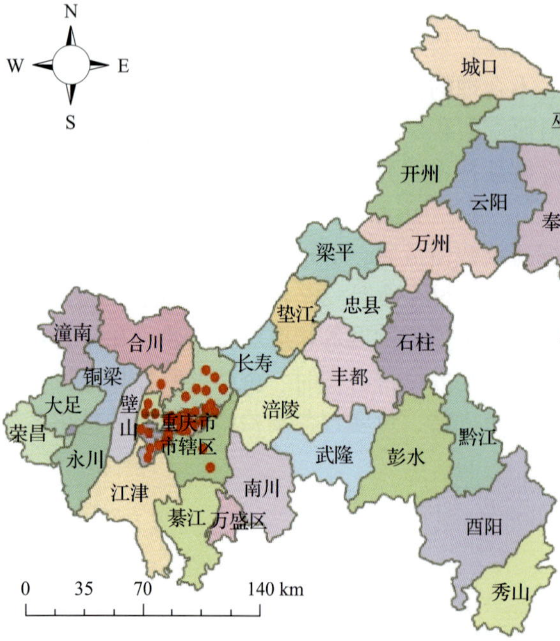

序号	行政区域	水果采样量	蔬菜及其他采样量	总计
1	渝中区	63	107	170
2	大渡口区	41	73	114
3	江北区	54	86	140
4	沙坪坝区	30	53	83
5	九龙坡区	43	71	114
6	南岸区	51	97	148
7	北碚区	9	13	22
8	渝北区	60	105	165
9	巴南区	20	35	55

图 3-1　重庆市所属 36 个采样点 1011 例样品分布图

表 3-1 农药残留监测总体概况

采样地区	重庆市所属 9 个区
采样点(超市+农贸市场)	36
样本总数	1011
检出农药品种/频次	96/1392
各采样点样本农药残留检出率范围	46.9%~80.8%

表 3-2 样品分类及数量

样品分类	样品名称(数量)	数量小计
1.水果		371
1)仁果类水果	苹果(35),梨(36),枇杷(14)	85
2)核果类水果	李子(12)	12
3)浆果和其他小型水果	猕猴桃(33),葡萄(29),草莓(17)	79
4)瓜果类水果	西瓜(15),哈密瓜(15)	30
5)热带和亚热带水果	木瓜(7),芒果(20),荔枝(15),菠萝(19),火龙果(35)	96
6)柑橘类水果	橘(20),橙(29),柠檬(20)	69
2.食用菌		80
1)蘑菇类	香菇(34),金针菇(27),杏鲍菇(19)	80
3.蔬菜		560
1)豆类蔬菜	菜豆(36)	36
2)鳞茎类蔬菜	洋葱(17),韭菜(23),葱(19),蒜薹(29)	88
3)叶菜类蔬菜	芹菜(34),油麦菜(33),生菜(32),莴笋(16)	115
4)芸薹属类蔬菜	结球甘蓝(16),紫甘蓝(15),青花菜(30)	61
5)瓜类蔬菜	黄瓜(36),西葫芦(33),苦瓜(34),冬瓜(12)	115
6)茄果类蔬菜	番茄(36),甜椒(33),茄子(36)	105
7)根茎类和薯芋类蔬菜	胡萝卜(34),萝卜(6)	40
合计	1.水果 17 种 2.食用菌 3 种 3.蔬菜 21 种	1011

表 3-3　重庆市采样点信息

采样点序号	行政区域	采样点
农贸市场(7)		
1	九龙坡区	***市场
2	南岸区	***市场
3	南岸区	***市场
4	江北区	***市场
5	沙坪坝区	***市场
6	渝中区	***市场
7	渝北区	***市场
超市(29)		
1	九龙坡区	***超市(渝州购物广场店)
2	九龙坡区	***超市(二郎店)
3	九龙坡区	***超市(袁家岗店)
4	北碚区	***超市(天生丽街店)
5	南岸区	***超市(南坪店)
6	南岸区	***超市(腾龙大道店)
7	南岸区	***超市(南坪店)
8	大渡口区	***超市(中交丽景店)
9	大渡口区	***超市(壹街店)
10	大渡口区	***超市(香港城店)
11	大渡口区	***超市(松青路分店)
12	巴南区	***超市(巴南万达店)
13	巴南区	***超市(都和广场店)
14	江北区	***超市(洋河店)
15	江北区	***超市(金观音店)
16	江北区	***超市(国奥村店)
17	江北区	***超市(北城天街分店)
18	沙坪坝区	***超市(凤天店)
19	沙坪坝区	***超市(欣阳店)
20	渝中区	***超市(日月光店)
21	渝中区	***超市(棉花街店)
22	渝中区	***超市(较场口店)
23	渝中区	***超市(龙湖时代天街店)
24	渝中区	***超市(大礼堂分店)
25	渝北区	***超市(重庆 SM 广场店)
26	渝北区	***超市(龙湖店)
27	渝北区	***超市(星光天地店)
28	渝北区	***超市(武陵路店)
29	渝北区	***超市(冉家坝店)

3.1.2　检测结果

这次使用的检测方法是庞国芳院士团队最新研发的不需使用标准品对照，而以高分辨精确质量数(0.0001 *m/z*)为基准的 GC-Q-TOF/MS 检测技术，对于 1011 例样品，每个样品均侦测了 507 种农药化学污染物的残留现状。通过本次侦测，在 1011 例样品中共计检出农药化学污染物 96 种，检出 1392 频次。

3.1.2.1　各采样点样品检出情况

统计分析发现 36 个采样点中，被测样品的农药检出率范围为 46.9%~80.8%。其中，***超市(龙湖店)的检出率最高，为 80.8%。***市场的检出率最低，为 46.9%，见图 3-2。

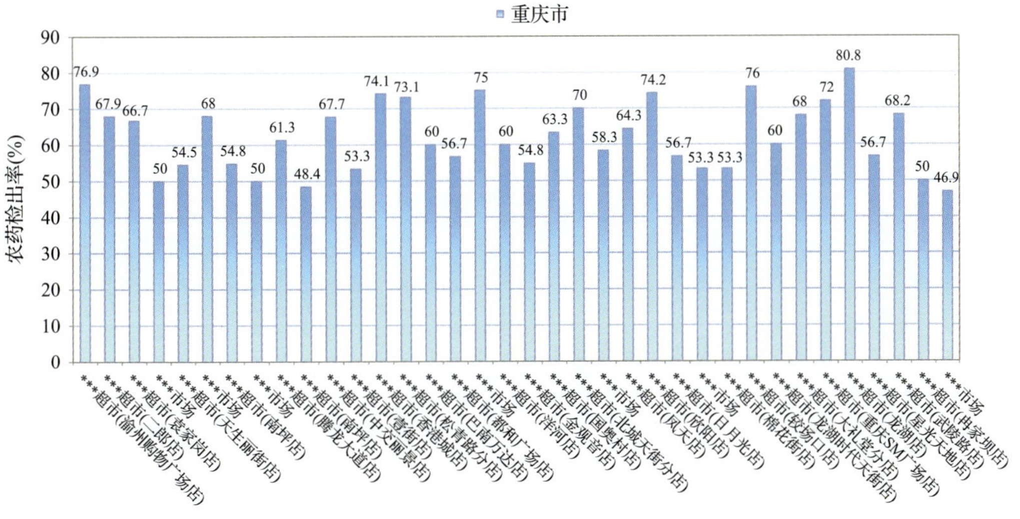

图 3-2　各采样点样品中的农药检出率

3.1.2.2　检出农药的品种总数与频次

统计分析发现，对于 1011 例样品中 507 种农药化学污染物的侦测，共检出农药 1392 频次，涉及农药 96 种，结果如图 3-3 所示。其中毒死蜱检出频次最高，共检出 162 次。检出频次排名前 10 的农药如下：①毒死蜱(162)；②威杀灵(87)；③嘧霉胺(77)；④联苯菊酯(66)；⑤唑虫酰胺(61)；⑥烯丙菊酯(60)；⑦啶酰菌胺(58)；⑧氟丙菊酯(48)；⑨丙溴磷(46)；⑩腐霉利(45)。

由图 3-4 可见，甜椒、橙、葡萄和茄子这 4 种果蔬样品中检出的农药品种数较高，均超过 20 种，其中，甜椒检出农药品种最多，为 29 种。由图 3-5 可见，葡萄、甜椒、橘、油麦菜和草莓这 5 种果蔬样品中的农药检出频次较高，均超过 90 次，其中，葡萄检出农药频次最高，为 107 次。

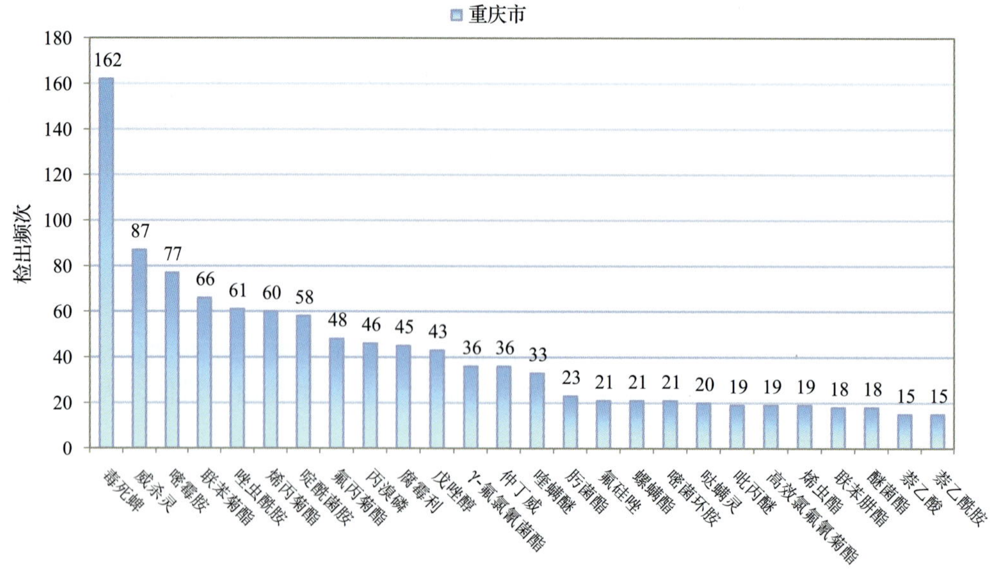

图 3-3　检出农药品种及频次（仅列出 15 频次及以上的数据）

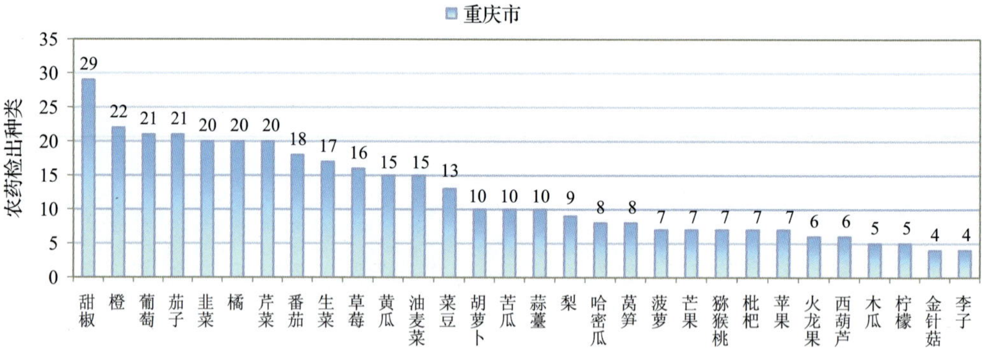

图 3-4　单种水果蔬菜检出农药的种类数（仅列出检出农药 4 种及以上的数据）

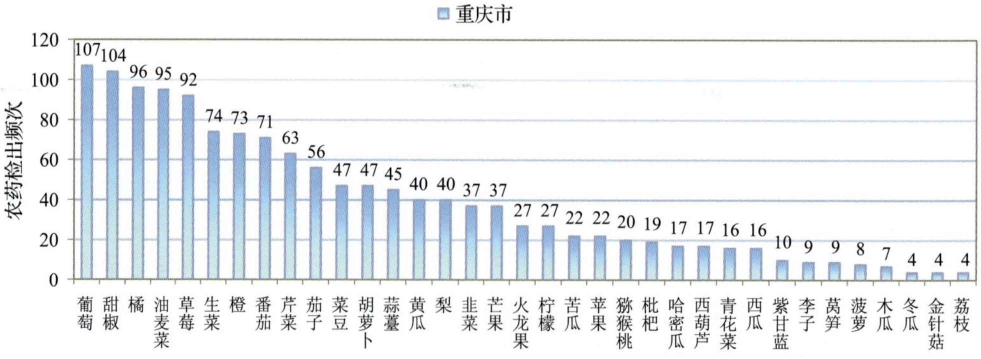

图 3-5　单种水果蔬菜检出农药频次（仅列出检出农药 4 频次及以上的数据）

3.1.2.3 单例样品农药检出种类与占比

对单例样品检出农药种类和频次进行统计发现，未检出农药的样品占总样品数的38.1%，检出 1 种农药的样品占总样品数的 27.3%，检出 2~5 种农药的样品占总样品数的 31.5%，检出 6~10 种农药的样品占总样品数的 3.1%，检出大于 10 种农药的样品占总样品数的 0.1%。每例样品中平均检出农药为 1.4 种，数据见表 3-4 及图 3-6。

表 3-4 单例样品检出农药品种占比

检出农药品种数	样品数量/占比(%)
未检出	385/38.1
1 种	276/27.3
2~5 种	318/31.5
6~10 种	31/3.1
大于 10 种	1/0.1
单例样品平均检出农药品种	1.4 种

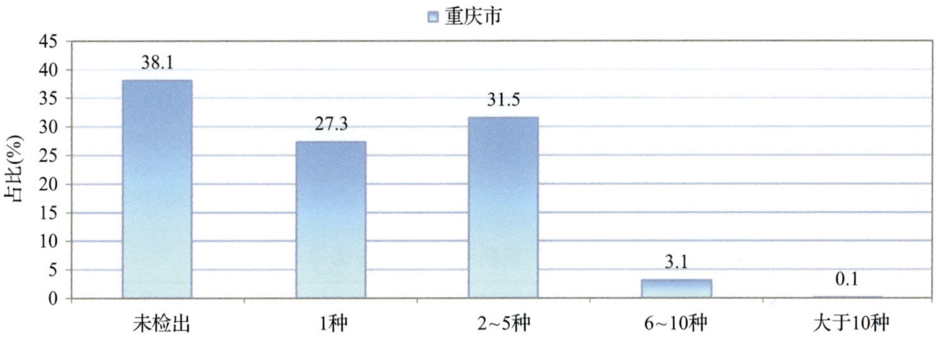

图 3-6 单例样品平均检出农药品种及占比

3.1.2.4 检出农药类别与占比

所有检出农药按功能分类，包括杀虫剂、杀菌剂、除草剂、植物生长调节剂、增效剂和其他共 6 类。其中杀虫剂与杀菌剂为主要检出的农药类别，分别占总数的 46.9%和 33.3%，见表 3-5 及图 3-7。

表 3-5 检出农药所属类别/占比

农药类别	数量/占比(%)
杀虫剂	45/46.9
杀菌剂	32/33.3
除草剂	12/12.5
植物生长调节剂	5/5.2
增效剂	1/1.0
其他	1/1.0

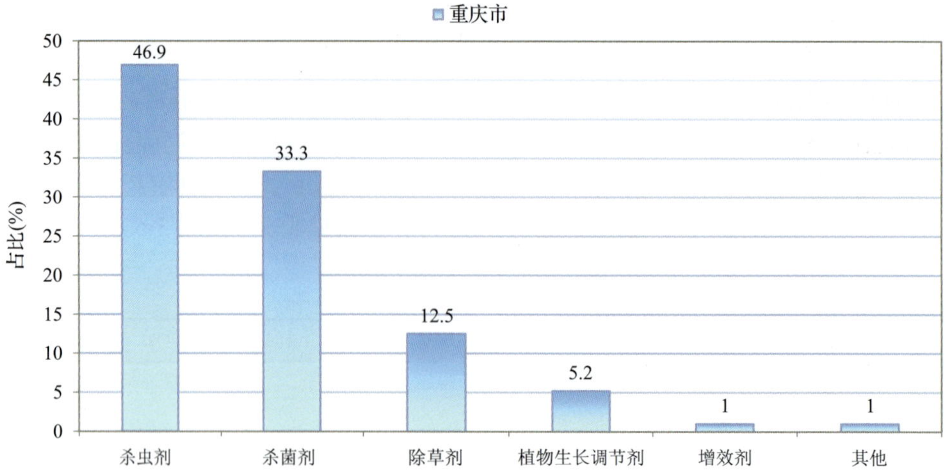

图 3-7　检出农药所属类别和占比

3.1.2.5　检出农药的残留水平

按检出农药残留水平进行统计，残留水平在 1~5 μg/kg(含)的农药占总数的 19.5%，在 5~10 μg/kg(含)的农药占总数的 19.3%，在 10~100 μg/kg(含)的农药占总数的 45.3%，在 100~1000 μg/kg(含)的农药占总数的 14.9%，在>1000 μg/kg 的农药占总数的 0.9%。

由此可见，这次检测的 36 批 1011 例水果蔬菜样品中农药多数处于中高残留水平。结果见表 3-6 及图 3-8，数据见附表 2。

表 3-6　农药残留水平/占比

残留水平(μg/kg)	检出频次数/占比(%)
1~5(含)	272/19.5
5~10(含)	269/19.3
10~100(含)	631/45.3
100~1000(含)	207/14.9
>1000	13/0.9

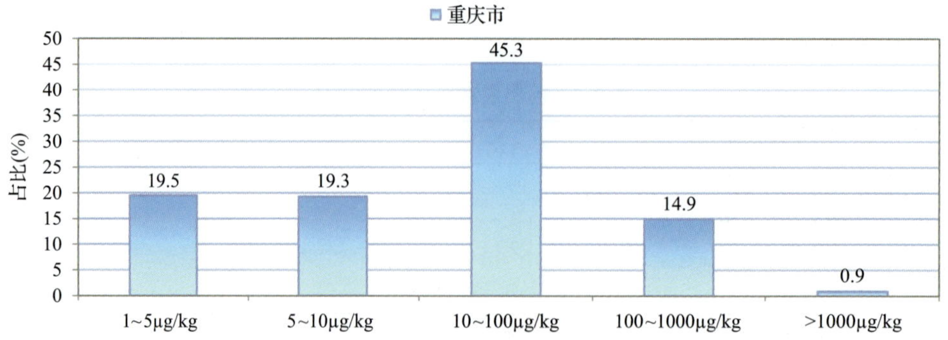

图 3-8　检出农药残留水平及占比

3.1.2.6　检出农药的毒性类别、检出频次和超标频次及占比

对这次检出的 96 种 1392 频次的农药，按剧毒、高毒、中毒、低毒和微毒这五个毒性类别进行分类，从中可以看出，重庆市目前普遍使用的农药为中低微毒农药，品种占 92.7%，频次占 97.3%。结果见表 3-7 及图 3-9。

表 3-7　检出农药毒性类别/占比

毒性分类	农药品种/占比 (%)	检出频次/占比 (%)	超标频次/超标率 (%)
剧毒农药	0/0	0/0.0	0/0.0
高毒农药	7/7.3	38/2.7	11/28.9
中毒农药	34/35.4	697/50.1	5/0.7
低毒农药	37/38.5	363/26.1	0/0.0
微毒农药	18/18.8	294/21.1	1/0.3

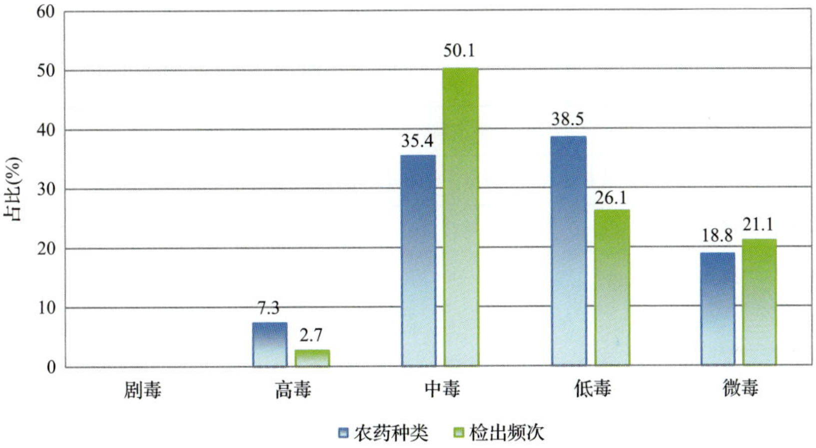

图 3-9　检出农药的毒性分类和占比

3.1.2.7　检出剧毒/高毒类农药的品种和频次

值得特别关注的是，在此次侦测的 1011 例样品中有 4 种蔬菜 6 种水果的 30 例样品检出了 7 种 38 频次的剧毒和高毒农药，占样品总量的 3.0%，详见图 3-10、表 3-8 及表 3-9。

表 3-8　剧毒农药检出情况

序号	农药名称	检出频次	超标频次	超标率
水果中未检出剧毒农药				
	小计	0	0	超标率：0.0%
蔬菜中未检出剧毒农药				
	小计	0	0	超标率：0.0%
	合计	0	0	超标率：0.0%

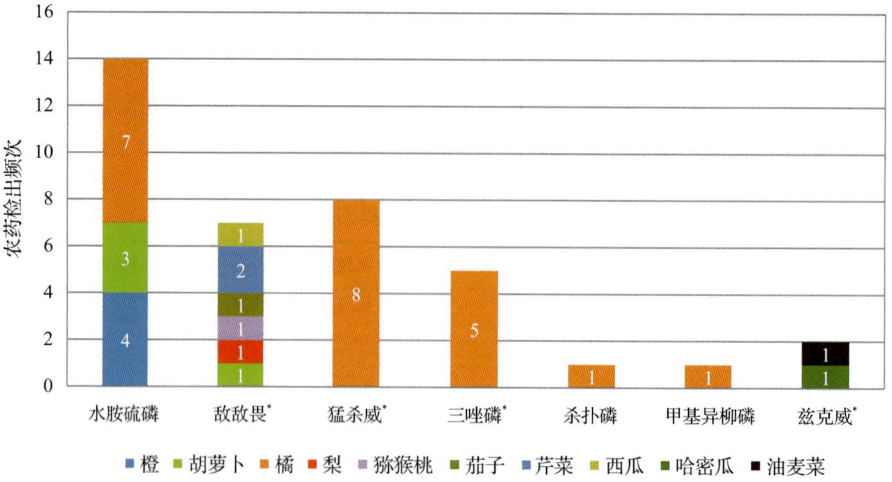

图 3-10　检出剧毒/高毒农药的样品情况

*表示允许在水果和蔬菜上使用的农药

表 3-9　高毒农药检出情况

序号	农药名称	检出频次	超标频次	超标率
从 6 种水果中检出 7 种高毒农药，共计检出 30 次				
1	水胺硫磷	11	9	81.8%
2	猛杀威	8	0	0.0%
3	三唑磷	5	0	0.0%
4	敌敌畏	3	1	33.3%
5	甲基异柳磷	1	0	0.0%
6	杀扑磷	1	0	0.0%
7	兹克威	1	0	0.0%
	小计	30	10	超标率：33.3%
从 4 种蔬菜中检出 3 种高毒农药，共计检出 8 次				
1	敌敌畏	4	1	25.0%
2	水胺硫磷	3	0	0.0%
3	兹克威	1	0	0.0%
	小计	8	1	超标率：12.5%
	合计	38	11	超标率：28.9%

在检出的剧毒和高毒农药中，有 3 种是我国早已禁止在果树和蔬菜上使用的，分别是：甲基异柳磷、杀扑磷和水胺硫磷。禁用农药的检出情况见表 3-10。

表 3-10　禁用农药检出情况

序号	农药名称	检出频次	超标频次	超标率
从 4 种水果中检出 5 种禁用农药，共计检出 16 次				
1	水胺硫磷	11	9	81.8%
2	硫丹	2	0	0.0%
3	甲基异柳磷	1	0	0.0%
4	氰戊菊酯	1	0	0.0%
5	杀扑磷	1	0	0.0%
小计		16	9	超标率：56.3%
从 4 种蔬菜中检出 3 种禁用农药，共计检出 7 次				
1	水胺硫磷	3	0	0.0%
2	硫丹	2	0	0.0%
3	杀虫脒	2	2	100.0%
小计		7	2	超标率：28.6%
合计		23	11	超标率：47.8%

注：超标结果参考 MRL 中国国家标准计算

此次抽检的果蔬样品中，没有检出剧毒农药。

样品中检出剧毒和高毒农药残留水平超过 MRL 中国国家标准的频次为 11 次，其中：橘检出水胺硫磷超标 5 次；橙检出水胺硫磷超标 4 次；西瓜检出敌敌畏超标 1 次；胡萝卜检出敌敌畏超标 1 次。本次检出结果表明，高毒、剧毒农药的使用现象依旧存在。详见表 3-11。

表 3-11　各样本中检出剧毒/高毒农药情况

样品名称	农药名称	检出频次	超标频次	检出浓度(μg/kg)
水果 6 种				
哈密瓜	兹克威	1	0	16.3
梨	敌敌畏	1	0	139.7
橘	猛杀威	8	0	12.1, 105.1, 80.4, 79.2, 53.3, 12.0, 29.6, 44.9
橘	水胺硫磷▲	7	5	68.8[a], 66.3[a], 234.3[a], 51.8[a], 21.6[a], 9.7, 12.7
橘	三唑磷	5	0	5.3, 45.2, 8.8, 12.1, 26.7
橘	杀扑磷▲	1	0	19.7
橘	甲基异柳磷▲	1	0	8.7
橙	水胺硫磷▲	4	4	79.9[a], 946.1[a], 684.5[a], 282.7[a]
猕猴桃	敌敌畏	1	0	29.0
西瓜	敌敌畏	1	1	341.0[a]
小计		30	10	超标率：33.3%
蔬菜 4 种				
油麦菜	兹克威	1	0	11.2
胡萝卜	水胺硫磷▲	3	0	10.9, 35.1, 62.6
胡萝卜	敌敌畏	1	1	493.8[a]
芹菜	敌敌畏	2	0	21.5, 8.0
茄子	敌敌畏	1	0	9.0
小计		8	1	超标率：12.5%
合计		38	11	超标率：28.9%

3.2 农药残留检出水平与最大残留限量标准对比分析

我国于 2014 年 3 月 20 日正式颁布并于 2014 年 8 月 1 日正式实施食品农药残留限量国家标准《食品中农药最大残留限量》(GB 2763—2014)。该标准包括 371 个农药条目，涉及最大残留限量(MRL)标准 3653 项。将 1392 频次检出农药的浓度水平与 3653 项 MRL 中国国家标准进行核对，其中只有 442 频次的农药找到了对应的 MRL 标准，占 31.8%，还有 950 频次的侦测数据则无相关 MRL 标准供参考，占 68.2%。

将此次侦测结果与国际上现行 MRL 标准对比发现，在 1392 频次的检出结果中有 1392 频次的结果找到了对应的 MRL 欧盟标准，占 100.0%，其中，1002 频次的结果有明确对应的 MRL，占 72.0%，其余 390 频次按照欧盟一律标准判定，占 28.0%；有 1392 频次的结果找到了对应的 MRL 日本标准，占 100.0%，其中，862 频次的结果有明确对应的 MRL，占 61.9%，其余 530 频次按照日本一律标准判定，占 38.1%；有 582 频次的结果找到了对应的 MRL 中国香港标准，占 41.8%；有 555 频次的结果找到了对应的 MRL 美国标准，占 39.9%；有 402 频次的结果找到了对应的 MRL CAC 标准，占 28.9%（见图 3-11 和图 3-12，数据见附表 3 至附表 8）。

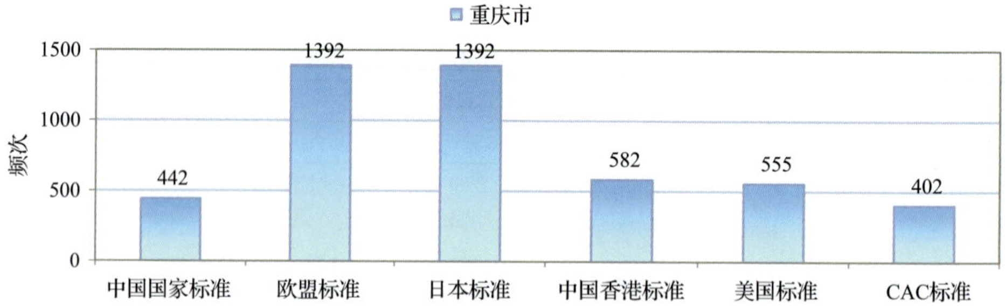

图 3-11　1392 频次检出农药可用 MRL 中国国家标准、欧盟标准、日本标准、中国香港标准、美国标准、CAC 标准判定衡量的数量

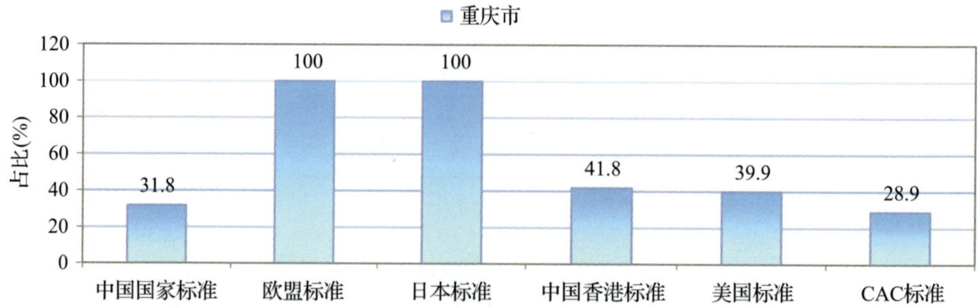

图 3-12　1392 频次检出农药可用 MRL 中国国家标准、欧盟标准、日本标准、中国香港标准、美国标准、CAC 标准衡量的占比

3.2.1　超标农药样品分析

本次侦测的 1011 例样品中，385 例样品未检出任何残留农药，占样品总量的 38.1%，626 例样品检出不同水平、不同种类的残留农药，占样品总量的 61.9%。在此，我们将本次侦测的农残检出情况与 MRL 中国国家标准、欧盟标准、日本标准、中国香港标准、美国标准、CAC 标准这 6 大国际主流 MRL 标准进行对比分析，样品农残检出与超标情况见表 3-12、图 3-13 和图 3-14，详细数据见附表 9 至附表 14。

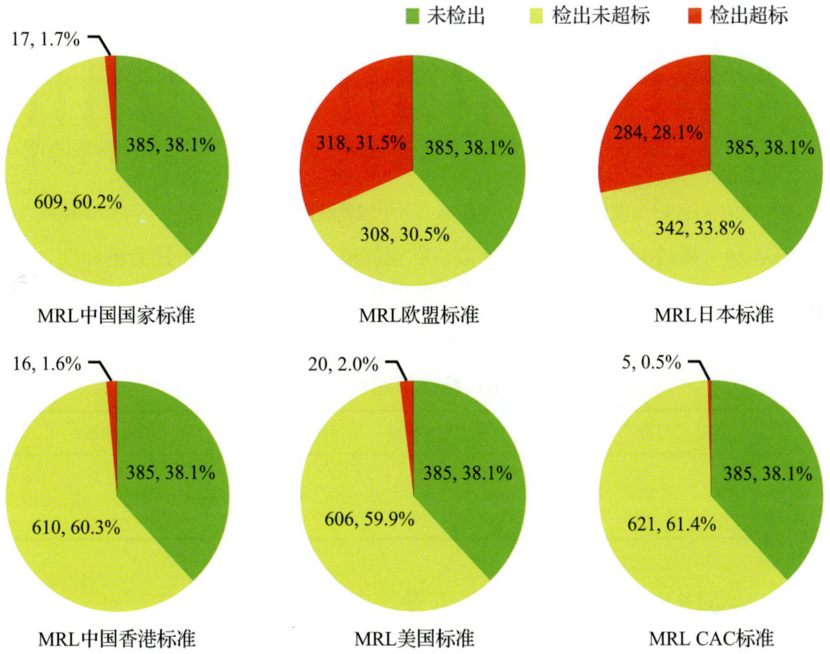

图 3-13　检出和超标样品比例情况

表 3-12　各 MRL 标准下样本农残检出与超标数量及占比

	中国国家标准 数量/占比(%)	欧盟标准 数量/占比(%)	日本标准 数量/占比(%)	中国香港标准 数量/占比(%)	美国标准 数量/占比(%)	CAC 标准 数量/占比(%)
未检出	385/38.1	385/38.1	385/38.1	385/38.1	385/38.1	385/38.1
检出未超标	609/60.2	308/30.5	342/33.8	610/60.3	606/59.9	621/61.4
检出超标	17/1.7	318/31.5	284/28.1	16/1.6	20/2.0	5/0.5

3.2.2　超标农药种类分析

按照 MRL 中国国家标准、欧盟标准、日本标准、中国香港标准、美国标准、CAC 标准这 6 大国际主流 MRL 标准衡量，本次侦测检出的农药超标品种及频次情况见表 3-13。

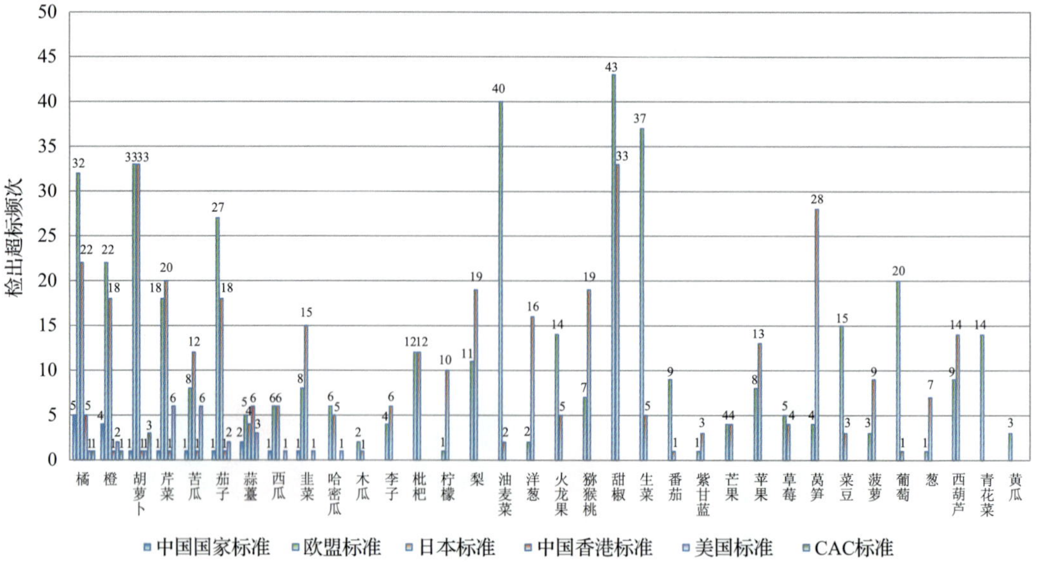

图 3-14　超过 MRL 中国国家标准、欧盟标准、日本标准、中国香港标准、美国标准、CAC 标准结果在水果蔬菜中的分布

表 3-13　各 MRL 标准下超标农药品种及频次

	中国国家标准	欧盟标准	日本标准	中国香港标准	美国标准	CAC 标准
超标农药品种	7	49	48	7	6	3
超标农药频次	17	434	368	16	24	5

3.2.2.1　按 MRL 中国国家标准衡量

按 MRL 中国国家标准衡量，共有 7 种农药超标，检出 17 频次，分别为高毒农药水胺硫磷和敌敌畏，中毒农药毒死蜱、二甲戊灵、杀虫脒和氯氰菊酯，微毒农药霜霉威。

按超标程度比较，蒜薹中杀虫脒超标 92.8 倍，橙中水胺硫磷超标 46.3 倍，苦瓜中氯氰菊酯超标 12.2 倍，橘中水胺硫磷超标 10.7 倍，胡萝卜中敌敌畏超标 1.5 倍。检测结果见图 3-15 和附表 15。

3.2.2.2　按 MRL 欧盟标准衡量

按 MRL 欧盟标准衡量，共有 49 种农药超标，检出 434 频次，分别为高毒农药猛杀威、三唑磷、水胺硫磷、兹克威和敌敌畏，中毒农药氯菊酯、多效唑、戊唑醇、仲丁威、毒死蜱、烯唑醇、硫丹、喹螨醚、甲氰菊酯、γ-氟氯氰菌酯、稻瘟灵、高效氯氟氰菊酯、唑虫酰胺、氟硅唑、杀虫脒、氯氰菊酯、丙溴磷、异丙威、安硫磷和烯丙菊酯，低毒农药二苯胺、螺螨酯、吡喃灵、己唑醇、吡咪唑、烯虫炔酯、四氢吩胺、氟唑菌酰胺、甲醚菊酯、威杀灵、联苯、萘乙酸、炔螨特和 3,5-二氯苯胺，微毒农药萘乙酰胺、腐霉利、增效醚、啶氧菌酯、吡丙醚、肟菌酯、醚菌酯、烯虫酯、霜霉威和仲草丹。

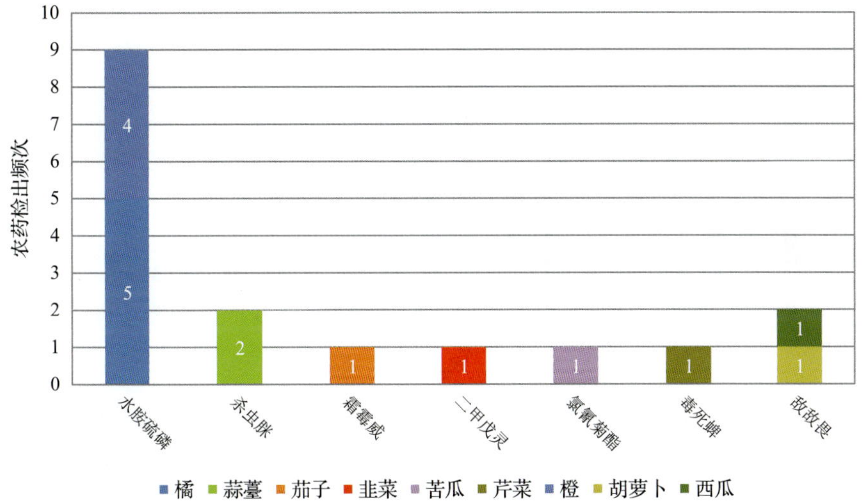

图 3-15　超过 MRL 中国国家标准农药品种及频次

按超标程度比较，生菜中腐霉利超标 852.4 倍，韭菜中唑虫酰胺超标 145.1 倍，茄子中丙溴磷超标 115.0 倍，葡萄中腐霉利超标 110.1 倍，甜椒中丙溴磷超标 109.1 倍。检测结果见图 3-16 和附表 16。

3.2.2.3　按 MRL 日本标准衡量

按 MRL 日本标准衡量，共有 48 种农药超标，检出 368 频次，分别为高毒农药猛杀威、三唑磷、水胺硫磷、兹克威和敌敌畏，中毒农药联苯菊酯、氯菊酯、多效唑、戊唑醇、毒死蜱、烯唑醇、γ-氟氯氰菌酯、喹螨醚、稻瘟灵、唑虫酰胺、高效氯氟氰菊酯、

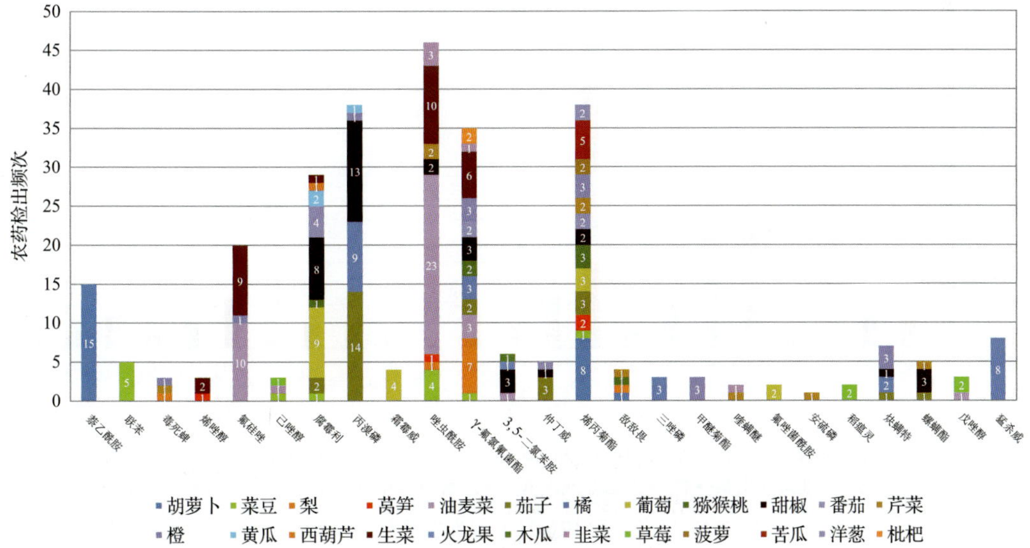

图 3-16-1　超过 MRL 欧盟标准农药品种及频次

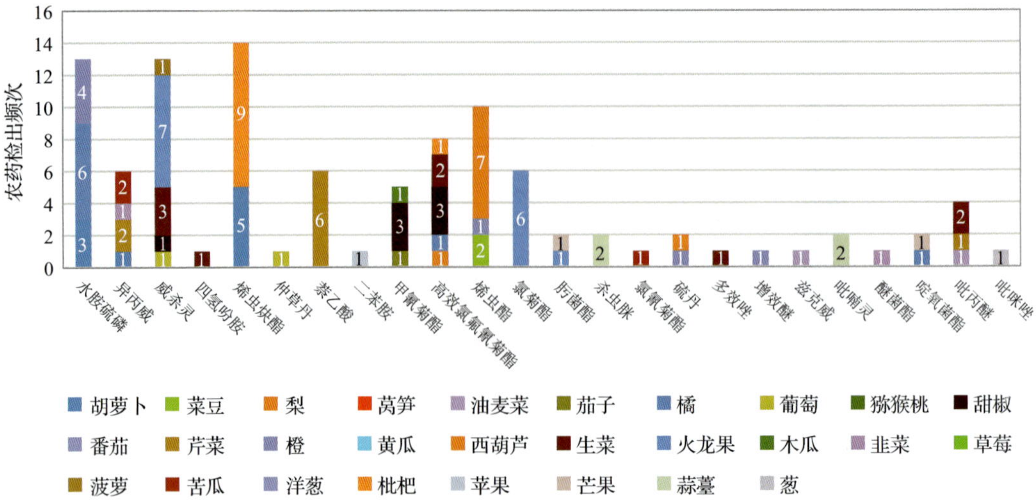

图 3-16-2　超过 MRL 欧盟标准农药品种及频次

氟硅唑、二甲戊灵、哒螨灵、杀虫脒、氯氰菊酯、异丙威、丙溴磷、烯丙菊酯和安硫磷，低毒农药嘧霉胺、螺螨酯、吡喃灵、己唑醇、吡咪唑、烯虫炔酯、四氢吩胺、甲醚菊酯、威杀灵、联苯、乙嘧酚磺酸酯、萘乙酸、炔螨特和 3,5-二氯苯胺，微毒农药萘乙酰胺、腐霉利、啶氧菌酯、啶酰菌胺、吡丙醚、醚菌酯、烯虫酯、霜霉威和仲草丹。

按超标程度比较，韭菜中唑虫酰胺超标 145.1 倍，生菜中高效氯氟氰菊酯超标 113.7 倍，茄子中炔螨特超标 106.4 倍，火龙果中氯菊酯超标 99.4 倍，橙中水胺硫磷超标 93.6 倍。检测结果见图 3-17 和附表 17。

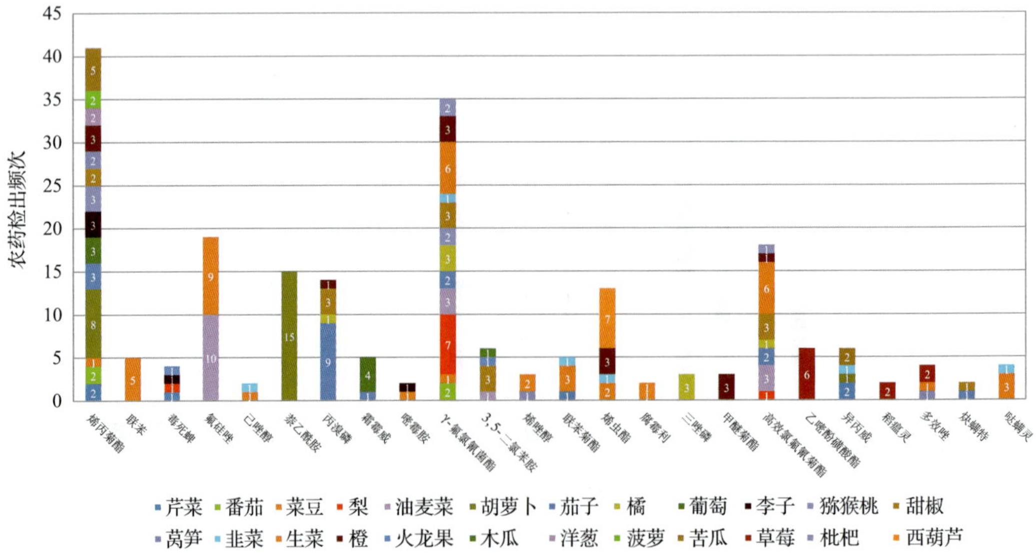

图 3-17-1　超过 MRL 日本标准农药品种及频次

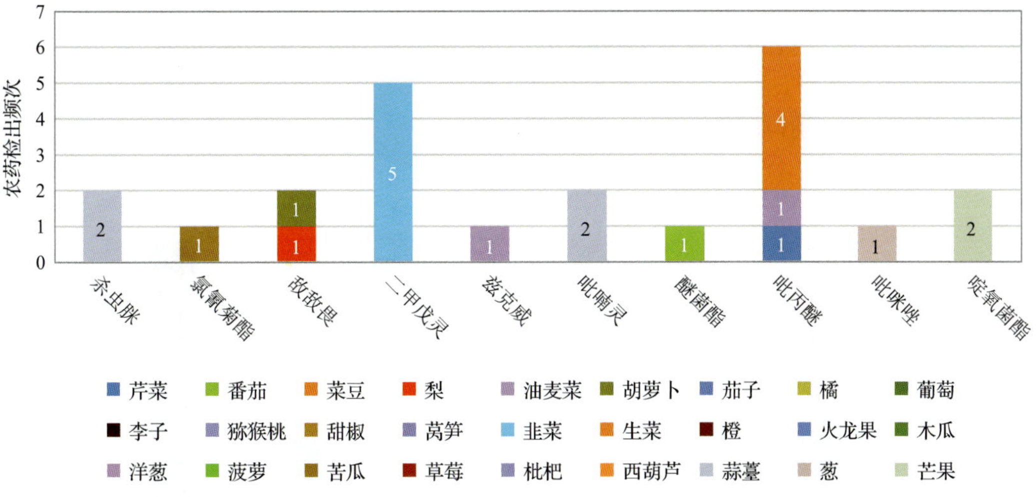

图 3-17-2　超过 MRL 日本标准农药品种及频次

3.2.2.4　按 MRL 中国香港标准衡量

按 MRL 中国香港标准衡量，共有 7 种农药超标，检出 16 频次，分别为高毒农药水胺硫磷和敌敌畏，中毒农药毒死蜱、氯氰菊酯和丙溴磷，低毒农药螺螨酯，微毒农药霜霉威。

按超标程度比较，苦瓜中氯氰菊酯超标 12.2 倍，橘中水胺硫磷超标 10.7 倍，甜椒中螺螨酯超标 1.9 倍，胡萝卜中敌敌畏超标 1.5 倍，甜椒中丙溴磷超标 1.2 倍。检测结果见图 3-18 和附表 18。

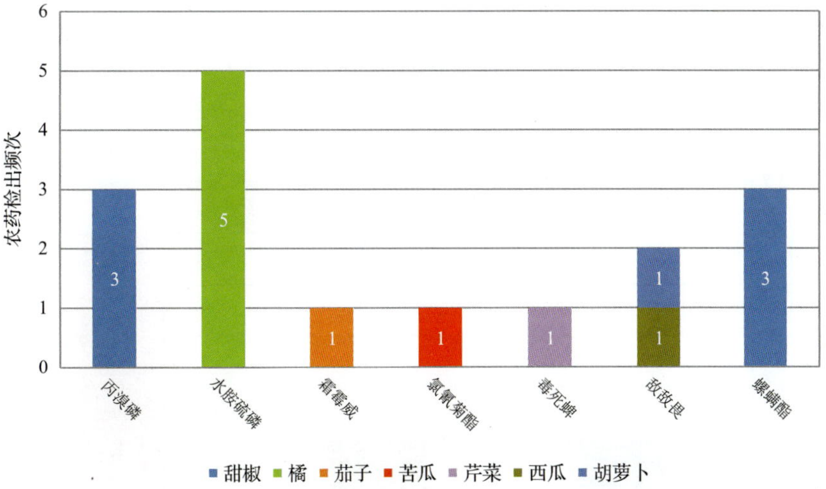

图 3-18　超过 MRL 中国香港标准农药品种及频次

3.2.2.5　按 MRL 美国标准衡量

按 MRL 美国标准衡量，共有 6 种农药超标，检出 24 频次，分别为中毒农药毒死蜱、

γ-氟氯氰菌酯、高效氯氟氰菊酯、二甲戊灵和氯氰菊酯，微毒农药嘧菌酯。

按超标程度比较，梨中毒死蜱超标 9.5 倍，番茄中 γ-氟氯氰菌酯超标 5.6 倍，苹果中毒死蜱超标 3.6 倍，苦瓜中氯氰菊酯超标 3.6 倍，菜豆中 γ-氟氯氰菌酯超标 2.7 倍。检测结果见图 3-19 和附表 19。

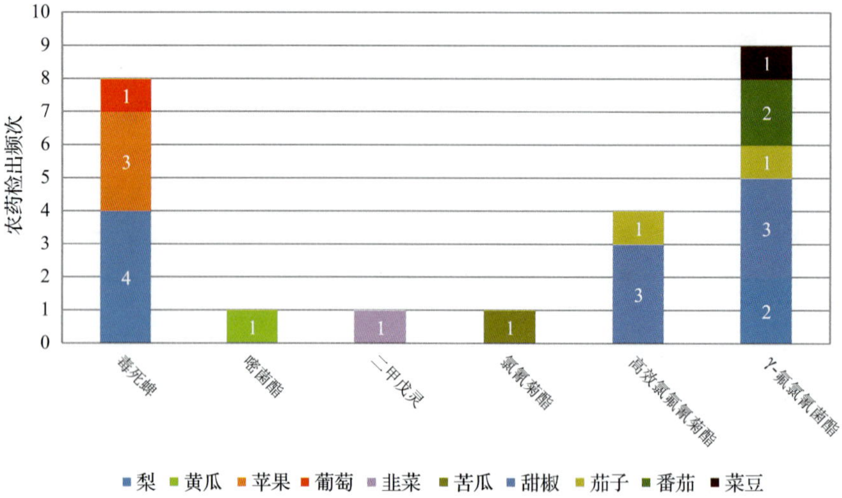

图 3-19　超过 MRL 美国标准农药品种及频次

3.2.2.6　按 MRL CAC 标准衡量

按 MRL CAC 标准衡量，共有 3 种农药超标，检出 5 频次，分别为中毒农药氯氰菊酯，低毒农药螺螨酯，微毒农药霜霉威。

按超标程度比较，苦瓜中氯氰菊酯超标 12.2 倍，甜椒中螺螨酯超标 1.9 倍，茄子中霜霉威超标 1.1 倍。检测结果见图 3-20 和附表 20。

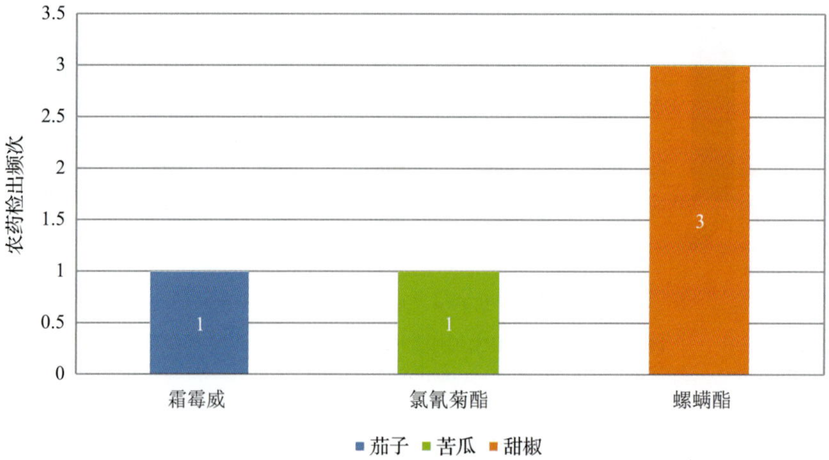

图 3-20　超过 MRL CAC 标准农药品种及频次

3.2.3　36 个采样点超标情况分析

3.2.3.1　按 MRL 中国国家标准衡量

按 MRL 中国国家标准衡量，有 14 个采样点的样品存在不同程度的超标农药检出，其中***市场和***超市(较场口店)的超标率最高，为 8.0%，如表 3-14 和图 3-21 所示。

表 3-14　超过 MRL 中国国家标准水果蔬菜在不同采样点分布

序号	采样点	样品总数	超标数量	超标率(%)	行政区域
1	***市场	32	1	3.1	渝北区
2	***超市(中交丽景店)	31	1	3.2	大渡口区
3	***超市(欣阳店)	31	1	3.2	沙坪坝区
4	***超市(腾龙大道店)	31	1	3.2	南岸区
5	***市场	30	1	3.3	南岸区
6	***超市(冉家坝店)	30	1	3.3	渝北区
7	***超市(日月光店)	30	1	3.3	渝中区
8	***超市(棉花街店)	30	1	3.3	渝中区
9	***市场	30	2	6.7	渝中区
10	***超市(二郎店)	28	1	3.6	九龙坡区
11	***超市(渝州购物广场店)	26	1	3.8	九龙坡区
12	***市场	25	2	8.0	南岸区
13	***超市(较场口店)	25	2	8.0	渝中区
14	***超市(武陵路店)	22	1	4.5	渝北区

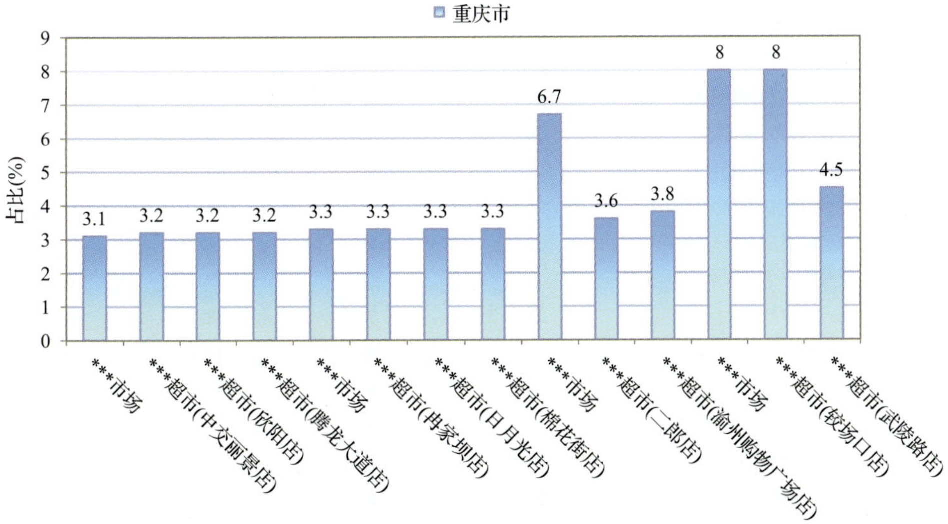

图 3-21　超过 MRL 中国国家标准水果蔬菜在不同采样点分布

3.2.3.2　按 MRL 欧盟标准衡量

按 MRL 欧盟标准衡量，所有采样点的样品均存在不同程度的超标农药检出，其中***超市(香港城店)的超标率最高，为 48.1%，如表 3-15 和图 3-22 所示。

表 3-15　超过 MRL 欧盟标准水果蔬菜在不同采样点分布

序号	采样点	样品总数	超标数量	超标率(%)	行政区域
1	***市场	32	7	21.9	渝北区
2	***超市(中交丽景店)	31	12	38.7	大渡口区
3	***超市(欣阳店)	31	14	45.2	沙坪坝区
4	***超市(南坪店)	31	7	22.6	南岸区
5	***超市(腾龙大道店)	31	8	25.8	南岸区
6	***超市(金观音店)	31	9	29.0	江北区
7	***超市(南坪店)	31	5	16.1	南岸区
8	***超市(袁家岗店)	30	12	40.0	九龙坡区
9	***超市(壹街店)	30	8	26.7	大渡口区
10	***市场	30	7	23.3	南岸区
11	***超市(龙湖时代天街店)	30	5	16.7	渝中区
12	***超市(北城天街分店)	30	8	26.7	江北区
13	***超市(国奥村店)	30	8	26.7	江北区
14	***超市(冉家坝店)	30	10	33.3	渝北区
15	***超市(星光天地店)	30	12	40.0	渝北区
16	***超市(都和广场店)	30	8	26.7	巴南区
17	***超市(日月光店)	30	9	30.0	渝中区
18	***超市(棉花街店)	30	8	26.7	渝中区
19	***市场	30	6	20.0	渝中区
20	***市场	30	8	26.7	九龙坡区
21	***超市(二郎店)	28	9	32.1	九龙坡区
22	***超市(凤天店)	28	9	32.1	沙坪坝区
23	***超市(香港城店)	27	13	48.1	大渡口区
24	***超市(龙湖店)	26	9	34.6	渝北区
25	***超市(渝州购物广场店)	26	12	46.2	九龙坡区
26	***超市(松青路分店)	26	12	46.2	大渡口区
27	***超市(重庆 SM 广场店)	25	9	36.0	渝北区
28	***超市(大礼堂分店)	25	12	48.0	渝中区
29	***市场	25	7	28.0	南岸区
30	***超市(洋河店)	25	10	40.0	江北区
31	***超市(较场口店)	25	9	36.0	渝中区
32	***超市(巴南万达店)	25	7	28.0	巴南区
33	***市场	24	10	41.7	沙坪坝区
34	***市场	24	8	33.3	江北区
35	***超市(天生丽街店)	22	4	18.2	北碚区
36	***超市(武陵路店)	22	7	31.8	渝北区

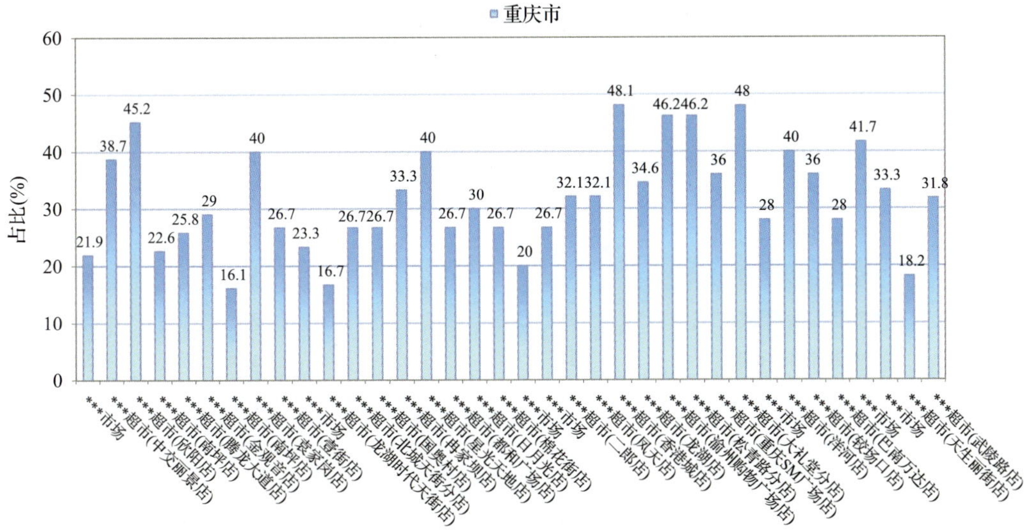

图 3-22 超过 MRL 欧盟标准水果蔬菜在不同采样点分布

3.2.3.3 按 MRL 日本标准衡量

按 MRL 日本标准衡量，所有采样点的样品均存在不同程度的超标农药检出，其中***超市(香港城店)的超标率最高，为 48.1%，如图 3-23 和表 3-16 所示。

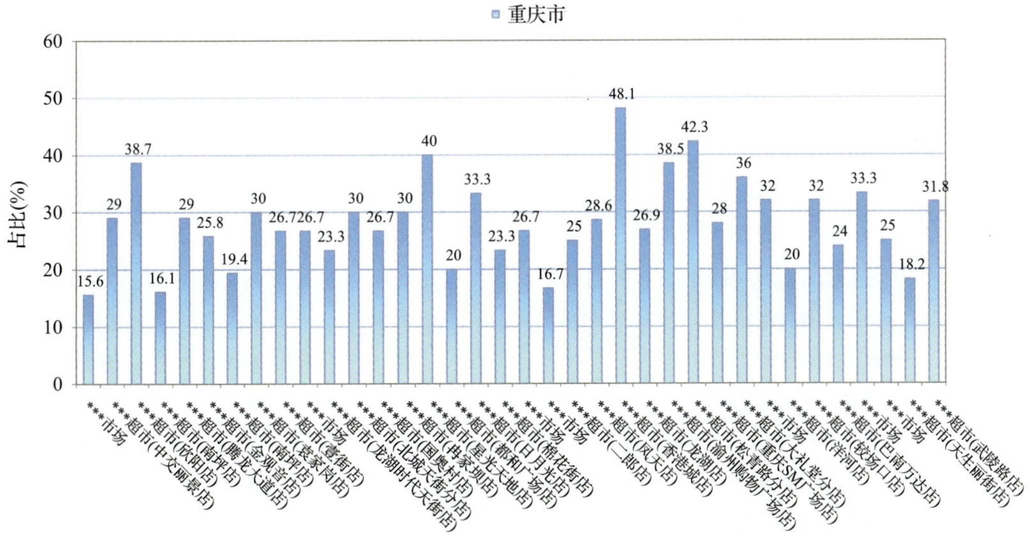

图 3-23 超过 MRL 日本标准水果蔬菜在不同采样点分布

3.2.3.4 按 MRL 中国香港标准衡量

按 MRL 中国香港标准衡量，有 13 个采样点的样品存在不同程度的超标农药检出，其中***超市(较场口店)的超标率最高，为 8.0%，如表 3-17 和图 3-24 所示。

表 3-16　超过 MRL 日本标准水果蔬菜在不同采样点分布

序号	采样点	样品总数	超标数量	超标率(%)	行政区域
1	***市场	32	5	15.6	渝北区
2	***超市(中交丽景店)	31	9	29.0	大渡口区
3	***超市(欣阳店)	31	12	38.7	沙坪坝区
4	***超市(南坪店)	31	5	16.1	南岸区
5	***超市(腾龙大道店)	31	9	29.0	南岸区
6	***超市(金观音店)	31	8	25.8	江北区
7	***超市(南坪店)	31	6	19.4	南岸区
8	***超市(袁家岗店)	30	9	30.0	九龙坡区
9	***超市(壹街店)	30	8	26.7	大渡口区
10	***市场	30	8	26.7	南岸区
11	***超市(龙湖时代天街店)	30	7	23.3	渝中区
12	***超市(北城天街分店)	30	9	30.0	江北区
13	***超市(国奥村店)	30	8	26.7	江北区
14	***超市(冉家坝店)	30	9	30.0	渝北区
15	***超市(星光天地店)	30	12	40.0	渝北区
16	***超市(都和广场店)	30	6	20.0	巴南区
17	***超市(日月光店)	30	10	33.3	渝中区
18	***超市(棉花街店)	30	7	23.3	渝中区
19	***市场	30	8	26.7	渝中区
20	***市场	30	5	16.7	九龙坡区
21	***超市(二郎店)	28	7	25.0	九龙坡区
22	***超市(凤天店)	28	8	28.6	沙坪坝区
23	***超市(香港城店)	27	13	48.1	大渡口区
24	***超市(龙湖店)	26	7	26.9	渝北区
25	***超市(渝州购物广场店)	26	10	38.5	九龙坡区
26	***超市(松青路分店)	26	11	42.3	大渡口区
27	***超市(重庆 SM 广场店)	25	7	28.0	渝北区
28	***超市(大礼堂分店)	25	9	36.0	渝中区
29	***市场	25	8	32.0	南岸区
30	***超市(洋河店)	25	5	20.0	江北区
31	***超市(较场口店)	25	8	32.0	渝中区
32	***超市(巴南万达店)	25	6	24.0	巴南区
33	***市场	24	8	33.3	沙坪坝区
34	***市场	24	6	25.0	江北区
35	***超市(天生丽街店)	22	4	18.2	北碚区
36	***超市(武陵路店)	22	7	31.8	渝北区

表 3-17　超过 MRL 中国香港标准水果蔬菜在不同采样点分布

序号	采样点	样品总数	超标数量	超标率(%)	行政区域
1	***市场	32	1	3.1	渝北区
2	***超市(中交丽景店)	31	1	3.2	大渡口区
3	***超市(欣阳店)	31	1	3.2	沙坪坝区
4	***超市(腾龙大道店)	31	1	3.2	南岸区
5	***超市(袁家岗店)	30	1	3.3	九龙坡区
6	***超市(冉家坝店)	30	2	6.7	渝北区
7	***超市(棉花街店)	30	1	3.3	渝中区
8	***市场	30	1	3.3	渝中区
9	***超市(二郎店)	28	2	7.1	九龙坡区
10	***超市(龙湖店)	26	1	3.8	渝北区
11	***超市(松青路分店)	26	1	3.8	大渡口区
12	***市场	25	1	4.0	南岸区
13	***超市(较场口店)	25	2	8.0	渝中区

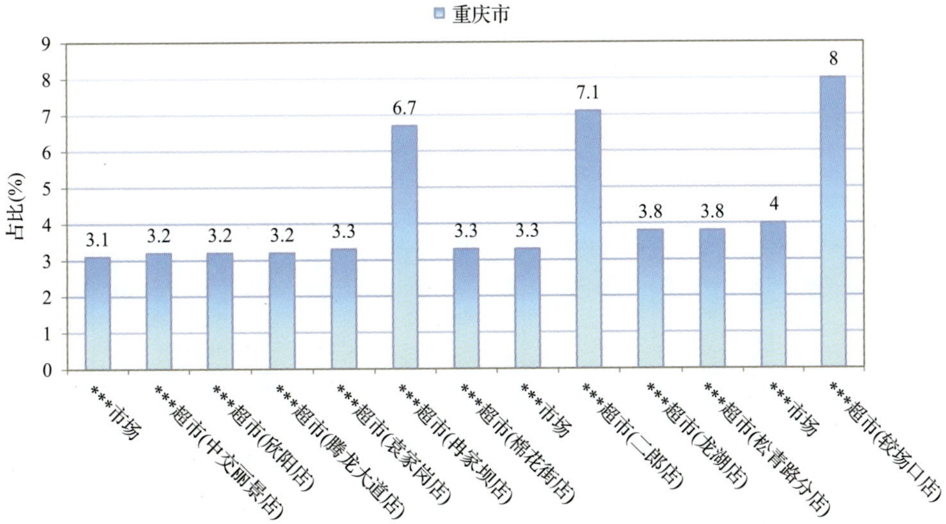

图 3-24　超过 MRL 中国香港标准水果蔬菜在不同采样点分布

3.2.3.5　按 MRL 美国标准衡量

按 MRL 美国标准衡量，有 16 个采样点的样品存在不同程度的超标农药检出，其中***超市(冉家坝店)、***超市(都和广场店)和***市场的超标率最高，为 6.7%，如表 3-18 和图 3-25 所示。

表 3-18　超过 MRL 美国标准水果蔬菜在不同采样点分布

序号	采样点	样品总数	超标数量	超标率(%)	行政区域
1	***超市(中交丽景店)	31	2	6.5	大渡口区
2	***超市(欣阳店)	31	1	3.2	沙坪坝区
3	***超市(腾龙大道店)	31	1	3.2	南岸区
4	***超市(南坪店)	31	1	3.2	南岸区
5	***超市(壹街店)	30	1	3.3	大渡口区
6	***超市(北城天街分店)	30	1	3.3	江北区
7	***超市(冉家坝店)	30	2	6.7	渝北区
8	***超市(星光天地店)	30	1	3.3	渝北区
9	***超市(都和广场店)	30	2	6.7	巴南区
10	***超市(棉花街店)	30	1	3.3	渝中区
11	***市场	30	2	6.7	渝中区
12	***市场	25	1	4.0	南岸区
13	***超市(较场口店)	25	1	4.0	渝中区
14	***超市(巴南万达店)	25	1	4.0	巴南区
15	***超市(天生丽街店)	22	1	4.5	北碚区
16	***超市(武陵路店)	22	1	4.5	渝北区

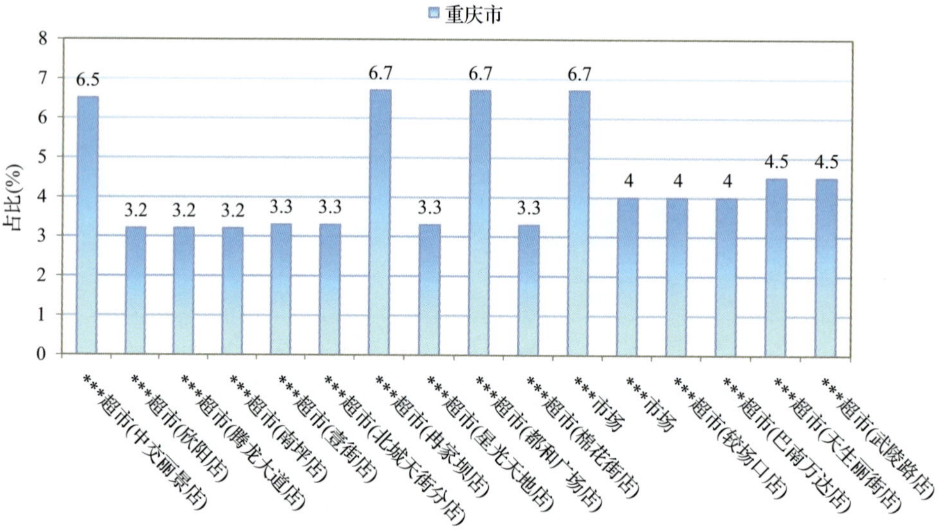

图 3-25　超过 MRL 美国标准水果蔬菜在不同采样点分布

3.2.3.6　按 MRL CAC 标准衡量

按 MRL CAC 标准衡量，有 5 个采样点的样品存在不同程度的超标农药检出，其中***市场的超标率最高，为 4.0%，如表 3-19 和图 3-26 所示。

表 3-19　超过 MRL CAC 标准水果蔬菜在不同采样点分布

序号	采样点	样品总数	超标数量	超标率(%)	行政区域
1	***市场	30	1	3.3	渝中区
2	***超市(二郎店)	28	1	3.6	九龙坡区
3	***超市(龙湖店)	26	1	3.8	渝北区
4	***超市(松青路分店)	26	1	3.8	大渡口区
5	***市场	25	1	4.0	南岸区

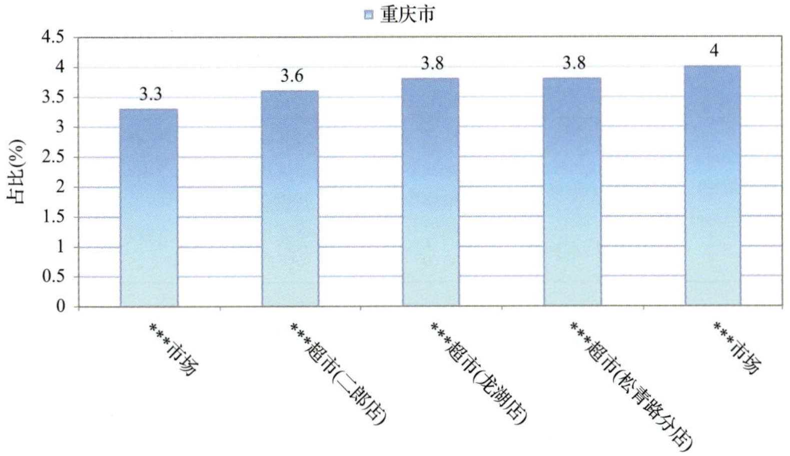

图 3-26　超过 MRL CAC 标准水果蔬菜在不同采样点分布

3.3　水果中农药残留分布

3.3.1　检出农药品种和频次排前 10 的水果

本次残留侦测的水果共 17 种，包括猕猴桃、西瓜、哈密瓜、木瓜、苹果、葡萄、草莓、李子、梨、芒果、荔枝、枇杷、橘、菠萝、火龙果、橙和柠檬。

根据检出农药品种及频次进行排名，将各项排名前 10 位的水果样品检出情况列表说明，详见表 3-20。

表 3-20　检出农药品种和频次排名前 10 的水果

检出农药品种排名前 10(品种)	①橙(22)，②葡萄(21)，③橘(20)，④草莓(16)，⑤梨(9)，⑥哈密瓜(8)，⑦菠萝(7)，⑧芒果(7)，⑨猕猴桃(7)，⑩枇杷(7)
检出农药频次排名前 10(频次)	①葡萄(107)，②橘(96)，③草莓(92)，④橙(73)，⑤梨(40)，⑥芒果(37)，⑦火龙果(27)，⑧柠檬(27)，⑨苹果(22)，⑩猕猴桃(20)
检出禁用、高毒及剧毒农药品种排名前 10(品种)	①橘(5)，②橙(2)，③梨(2)，④草莓(1)，⑤哈密瓜(1)，⑥猕猴桃(1)，⑦西瓜(1)
检出禁用、高毒及剧毒农药频次排名前 10(频次)	①橘(22)，②橙(5)，③梨(2)，④草莓(1)，⑤哈密瓜(1)，⑥猕猴桃(1)，⑦西瓜(1)

3.3.2　超标农药品种和频次排前 10 的水果

鉴于 MRL 欧盟标准和日本标准制定比较全面且覆盖率较高，我们参照 MRL 中国国家标准、欧盟标准和日本标准衡量水果样品中农残检出情况，将超标农药品种及频次排名前 10 的水果列表说明，详见表 3-21。

表 3-21　超标农药品种和频次排名前 10 的水果

超标农药品种排名前 10（农药品种数）	MRL 中国国家标准	①橙(1),②橘(1),③西瓜(1)
	MRL 欧盟标准	①橙(11),②橘(7),③葡萄(6),④梨(5),⑤猕猴桃(4),⑥草莓(3),⑦哈密瓜(3),⑧火龙果(3),⑨芒果(3),⑩枇杷(3)
	MRL 日本标准	①橙(7),②橘(6),③草莓(4),④火龙果(4),⑤梨(4),⑥李子(4),⑦葡萄(4),⑧枇杷(3),⑨西瓜(3),⑩菠萝(2)
超标农药频次排名前 10（农药频次数）	MRL 中国国家标准	①橘(5),②橙(4),③西瓜(1)
	MRL 欧盟标准	①橘(32),②橙(22),③葡萄(20),④火龙果(14),⑤枇杷(12),⑥梨(11),⑦苹果(8),⑧猕猴桃(7),⑨哈密瓜(6),⑩西瓜(6)
	MRL 日本标准	①橘(22),②橙(18),③火龙果(16),④草莓(13),⑤枇杷(12),⑥梨(10),⑦葡萄(9),⑧李子(6),⑨西瓜(6),⑩哈密瓜(5)

通过对各品种水果样本总数及检出率进行综合分析发现，橙、葡萄和橘的残留污染最为严重，在此，我们参照 MRL 中国国家标准、欧盟标准和日本标准对这 3 种水果的农残检出情况进行进一步分析。

3.3.3　农药残留检出率较高的水果样品分析

3.3.3.1　橙

这次共检测 29 例橙样品，全部检出了农药残留，检出率为 100.0%，检出农药共计 22 种。其中毒死蜱、烯虫酯、烯丙菊酯、噻菌灵和水胺硫磷检出频次较高，分别检出了 20、9、5、4 和 4 次。橙中农药检出品种和频次见图 3-27，超标农药见图 3-28 和表 3-22。

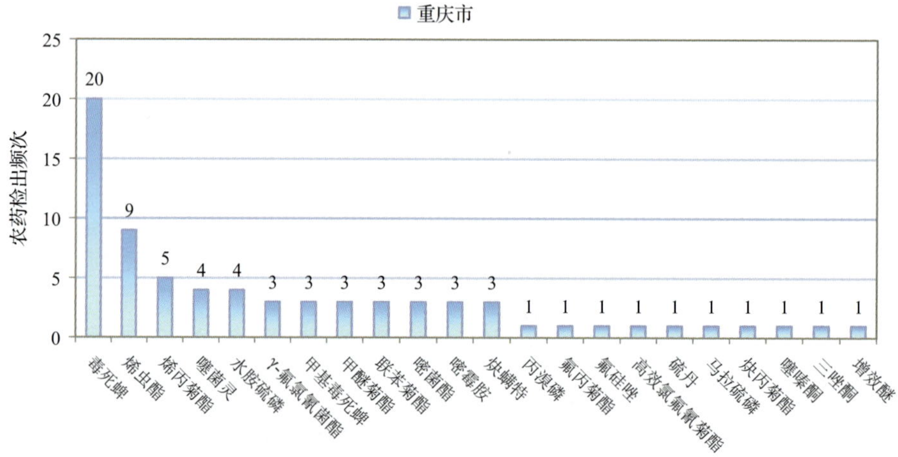

图 3-27　橙样品检出农药品种和频次分析

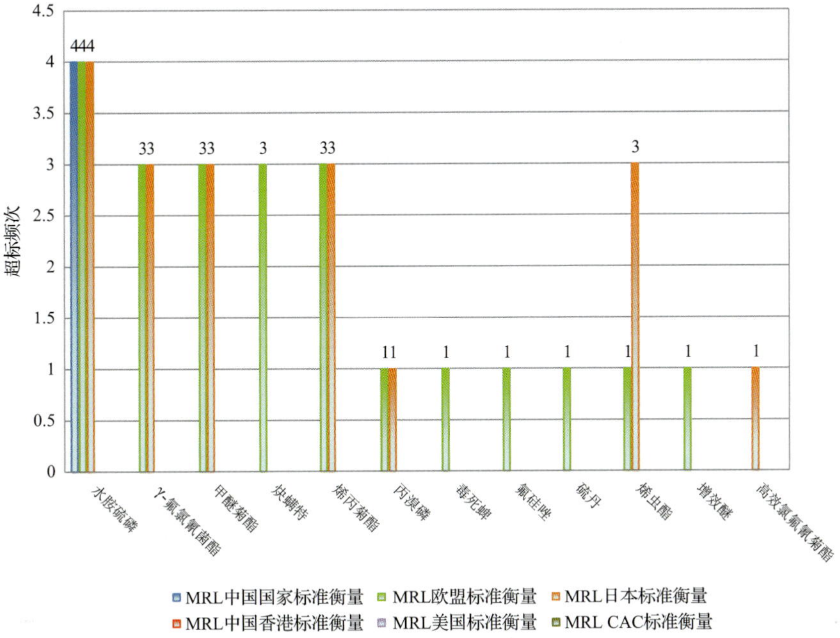

图 3-28　橙样品中超标农药分析

表 3-22　橙中农药残留超标情况明细表

	样品总数 29		检出农药样品数 29	样品检出率(%) 100	检出农药品种总数 22
	超标农药品种	超标农药频次	按照 MRL 中国国家标准、欧盟标准和日本标准衡量超标农药名称及频次		
中国国家标准	1	4	水胺硫磷(4)		
欧盟标准	11	22	水胺硫磷(4),γ-氟氯氰菌酯(3),甲醚菊酯(3),炔螨特(3),烯丙菊酯(3),丙溴磷(1),毒死蜱(1),氟硅唑(1),硫丹(1),烯虫酯(1),增效醚(1)		
日本标准	7	18	水胺硫磷(4),γ-氟氯氰菌酯(3),甲醚菊酯(3),烯丙菊酯(3),烯虫酯(3),丙溴磷(1),高效氯氟氰菊酯(1)		

3.3.3.2　葡萄

这次共检测 29 例葡萄样品，全部检出了农药残留，检出率为 100.0%，检出农药共计 21 种。其中嘧霉胺、戊唑醇、啶酰菌胺、腐霉利和嘧菌环胺检出频次较高，分别检出了 18、12、10、10 和 10 次。葡萄中农药检出品种和频次见图 3-29，超标农药见图 3-30 和表 3-23。

表 3-23　葡萄中农药残留超标情况明细表

	样品总数 29		检出农药样品数 29	样品检出率(%) 100	检出农药品种总数 21
	超标农药品种	超标农药频次	按照 MRL 中国国家标准、欧盟标准和日本标准衡量超标农药名称及频次		
中国国家标准	0	0			
欧盟标准	6	20	腐霉利(9),霜霉威(4),烯丙菊酯(3),氟唑菌酰胺(2),威杀灵(1),仲草丹(1)		
日本标准	4	9	霜霉威(4),烯丙菊酯(3),威杀灵(1),仲草丹(1)		

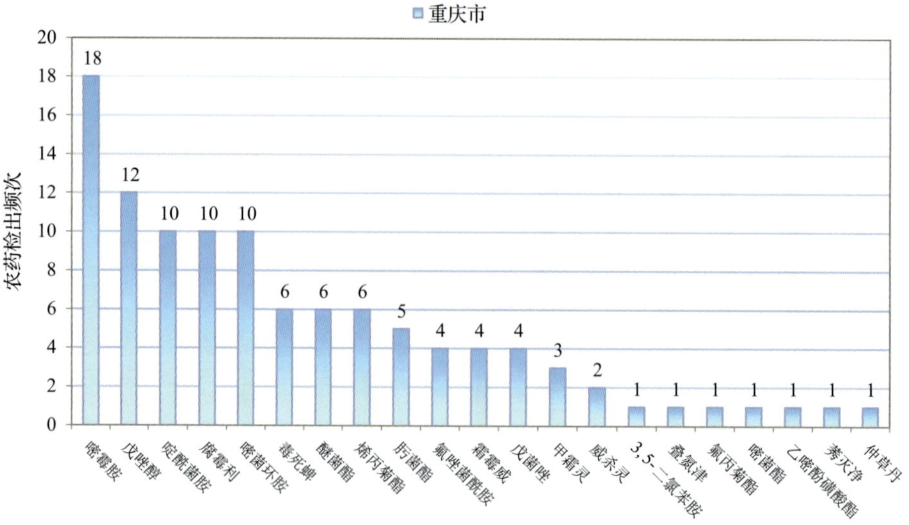

图 3-29　葡萄样品检出农药品种和频次分析

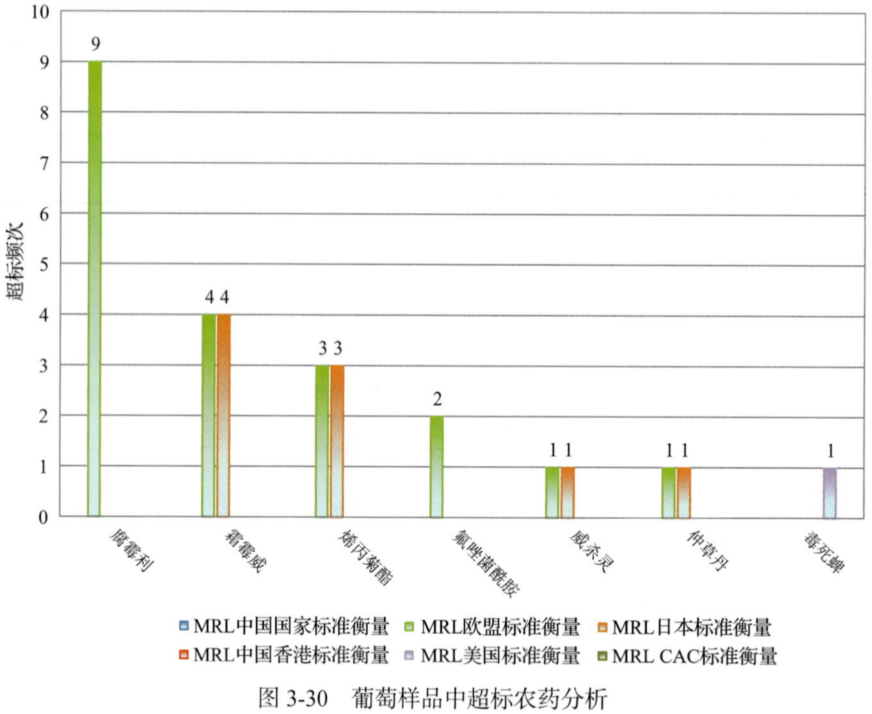

图 3-30　葡萄样品中超标农药分析

3.3.3.3　橘

这次共检测 20 例橘样品，全部检出了农药残留，检出率为 100.0%，检出农药共计 20 种。其中毒死蜱、丙溴磷、螺螨酯、猛杀威和联苯菊酯检出频次较高，分别检出了 18、13、8、8 和 7 次。橘中农药检出品种和频次见图 3-31，超标农药见图 3-32 和表 3-24。

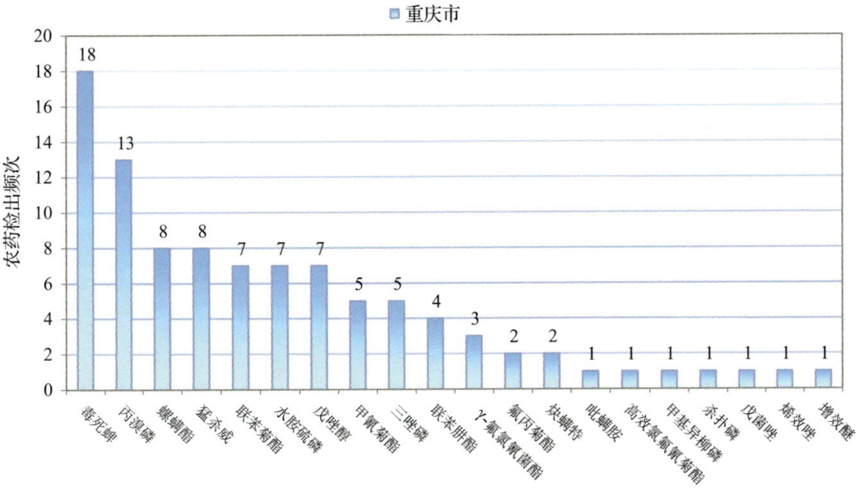

图 3-31　橘样品检出农药品种和频次分析

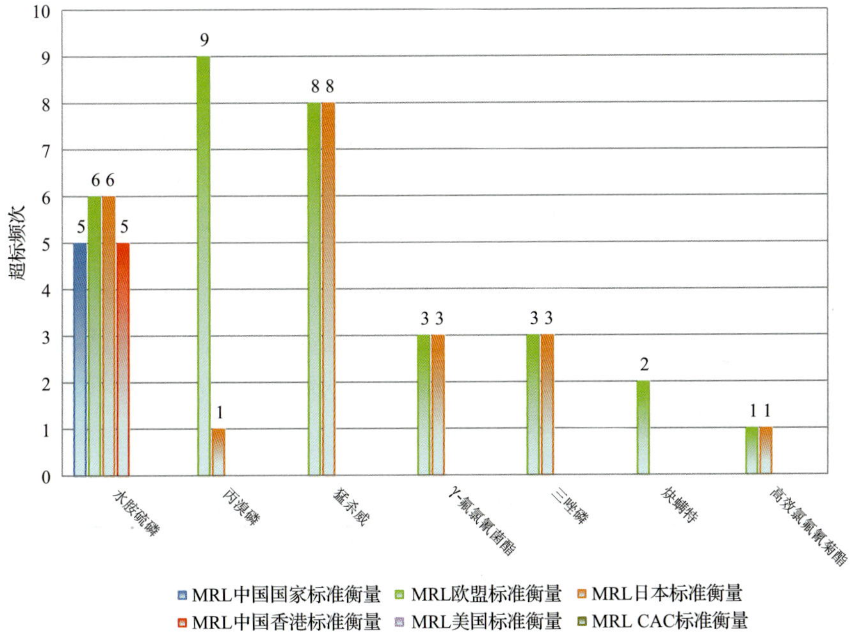

图 3-32　橘样品中超标农药分析

表 3-24　橘中农药残留超标情况明细表

	样品总数		检出农药样品数	样品检出率(%)	检出农药品种总数
	20		20	100	20
	超标农药品种	超标农药频次	按照 MRL 中国国家标准、欧盟标准和日本标准衡量超标农药名称及频次		
中国国家标准	1	5	水胺硫磷(5)		
欧盟标准	7	32	丙溴磷(9),猛杀威(8),水胺硫磷(6),γ-氟氯氰菌酯(3),三唑磷(3),炔螨特(2),高效氯氟氰菊酯(1)		
日本标准	6	22	猛杀威(8),水胺硫磷(6),γ-氟氯氰菌酯(3),三唑磷(3),丙溴磷(1),高效氯氟氰菊酯(1)		

3.4 蔬菜中农药残留分布

3.4.1 检出农药品种和频次排前 10 的蔬菜

本次残留侦测的蔬菜共 21 种，包括芹菜、洋葱、韭菜、结球甘蓝、黄瓜、番茄、西葫芦、甜椒、葱、胡萝卜、紫甘蓝、油麦菜、青花菜、茄子、萝卜、苦瓜、生菜、菜豆、冬瓜、蒜薹和莴笋。

根据检出农药品种及频次进行排名，将各项排名前 10 位的蔬菜样品检出情况列表说明，详见表 3-25。

表 3-25 检出农药品种和频次排名前 10 的蔬菜

检出农药品种排名前 10(品种)	①甜椒(29),②茄子(21),③韭菜(20),④芹菜(20),⑤番茄(18),⑥生菜(17),⑦黄瓜(15),⑧油麦菜(15),⑨菜豆(13),⑩胡萝卜(10)
检出农药频次排名前 10(频次)	①甜椒(104),②油麦菜(95),③生菜(74),④番茄(71),⑤芹菜(63),⑥茄子(56),⑦菜豆(47),⑧胡萝卜(47),⑨蒜薹(45),⑩黄瓜(40)
检出禁用、高毒及剧毒农药品种排名前 10(品种)	①胡萝卜(2),②茄子(1),③芹菜(1),④蒜薹(1),⑤甜椒(1),⑥西葫芦(1),⑦油麦菜(1)
检出禁用、高毒及剧毒农药频次排名前 10(频次)	①胡萝卜(4),②芹菜(2),③蒜薹(2),④茄子(1),⑤甜椒(1),⑥西葫芦(1),⑦油麦菜(1)

3.4.2 超标农药品种和频次排前 10 的蔬菜

鉴于 MRL 欧盟标准和日本标准制定比较全面且覆盖率较高，我们参照 MRL 中国国家标准、欧盟标准和日本标准衡量蔬菜样品中农残检出情况，将超标农药品种及频次排名前 10 的蔬菜列表说明，详见表 3-26。

表 3-26 超标农药品种和频次排名前 10 的蔬菜

超标农药品种排名前 10(农药品种数)	MRL 中国国家标准	①胡萝卜(1),②韭菜(1),③苦瓜(1),④茄子(1),⑤芹菜(1),⑥蒜薹(1)
	MRL 欧盟标准	①甜椒(12),②芹菜(10),③生菜(10),④茄子(8),⑤菜豆(7),⑥油麦菜(7),⑦胡萝卜(6),⑧韭菜(6),⑨番茄(4),⑩苦瓜(3)
	MRL 日本标准	①菜豆(12),②韭菜(9),③芹菜(9),④生菜(9),⑤甜椒(8),⑥胡萝卜(6),⑦茄子(6),⑧油麦菜(6),⑨苦瓜(4),⑩番茄(3)
超标农药频次排名前 10(农药频次数)	MRL 中国国家标准	①蒜薹(2),②胡萝卜(1),③韭菜(1),④苦瓜(1),⑤茄子(1),⑥芹菜(1)
	MRL 欧盟标准	①甜椒(43),②油麦菜(40),③生菜(37),④胡萝卜(33),⑤茄子(27),⑥芹菜(18),⑦菜豆(15),⑧青花菜(14),⑨番茄(9),⑩西葫芦(9)
	MRL 日本标准	①胡萝卜(33),②生菜(33),③菜豆(28),④芹菜(20),⑤甜椒(19),⑥油麦菜(19),⑦茄子(18),⑧韭菜(15),⑨青花菜(14),⑩苦瓜(12)

通过对各品种蔬菜样本总数及检出率进行综合分析发现，甜椒、茄子和芹菜的残留污染最为严重，在此，我们参照 MRL 中国国家标准、欧盟标准和日本标准对这 3 种蔬菜的农残检出情况进行进一步分析。

3.4.3 农药残留检出率较高的蔬菜样品分析

3.4.3.1 甜椒

这次共检测 33 例甜椒样品，32 例样品中检出了农药残留，检出率为 97.0%，检出农药共计 29 种。其中丙溴磷、啶酰菌胺、腐霉利、氟丙菊酯和联苯菊酯检出频次较高，分别检出了 13、10、9、8 和 8 次。甜椒中农药检出品种和频次见图 3-33，超标农药见图 3-34 和表 3-27。

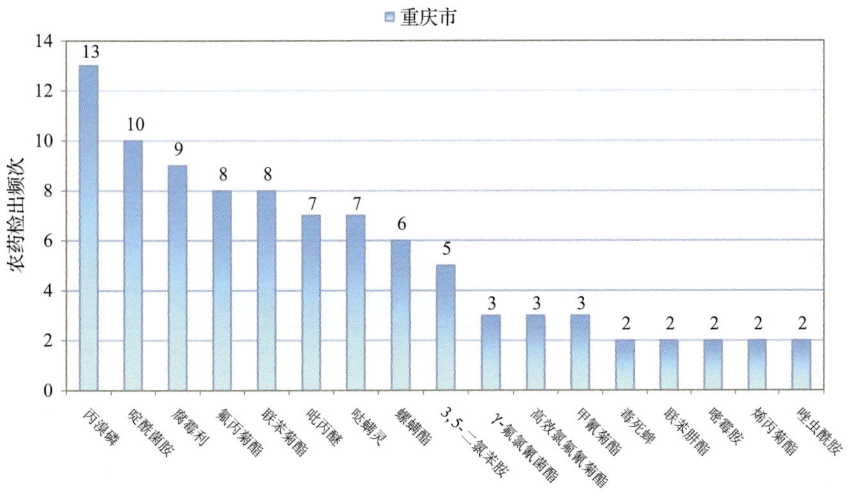

图 3-33　甜椒样品检出农药品种和频次分析(仅列出 2 频次及以上的数据)

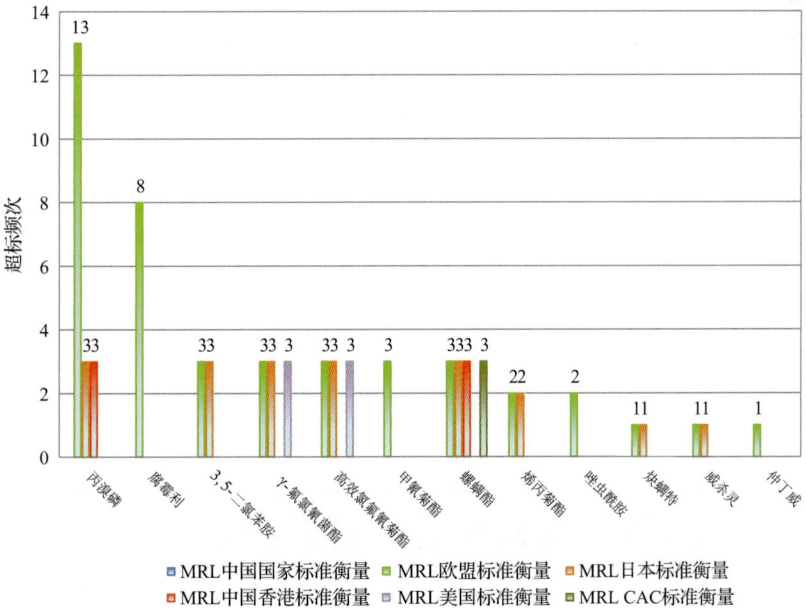

图 3-34　甜椒样品中超标农药分析

表 3-27　甜椒中农药残留超标情况明细表

样品总数	检出农药样品数	样品检出率(%)	检出农药品种总数
33	32	97	29

	超标农药品种	超标农药频次	按照 MRL 中国国家标准、欧盟标准和日本标准衡量超标农药名称及频次
中国国家标准	0	0	
欧盟标准	12	43	丙溴磷(13),腐霉利(8),3,5-二氯苯胺(3),γ-氟氯氰菌酯(3),高效氯氟氰菊酯(3),甲氰菊酯(3),螺螨酯(3),烯丙菊酯(2),唑虫酰胺(2),炔螨特(1),威杀灵(1),仲丁威(1)
日本标准	8	19	3,5-二氯苯胺(3),γ-氟氯氰菌酯(3),丙溴磷(3),高效氯氟氰菊酯(3),螺螨酯(3),烯丙菊酯(2),炔螨特(1),威杀灵(1)

3.4.3.2　茄子

这次共检测 36 例茄子样品，27 例样品中检出了农药残留，检出率为 75.0%，检出农药共计 21 种。其中丙溴磷、联苯菊酯、仲丁威、烯丙菊酯和哒螨灵检出频次较高，分别检出了 14、7、7、4 和 3 次。茄子中农药检出品种和频次见图 3-35，超标农药见图 3-36 和表 3-28。

表 3-28　茄子中农药残留超标情况明细表

样品总数	检出农药样品数	样品检出率(%)	检出农药品种总数
36	27	75	21

	超标农药品种	超标农药频次	按照 MRL 中国国家标准、欧盟标准和日本标准衡量超标农药名称及频次
中国国家标准	1	1	霜霉威(1)
欧盟标准	8	27	丙溴磷(14),烯丙菊酯(3),仲丁威(3),γ-氟氯氰菌酯(2),腐霉利(2),甲氰菊酯(1),螺螨酯(1),炔螨特(1)
日本标准	6	18	丙溴磷(9),烯丙菊酯(3),γ-氟氯氰菌酯(2),高效氯氟氰菊酯(2),炔螨特(1),霜霉威(1)

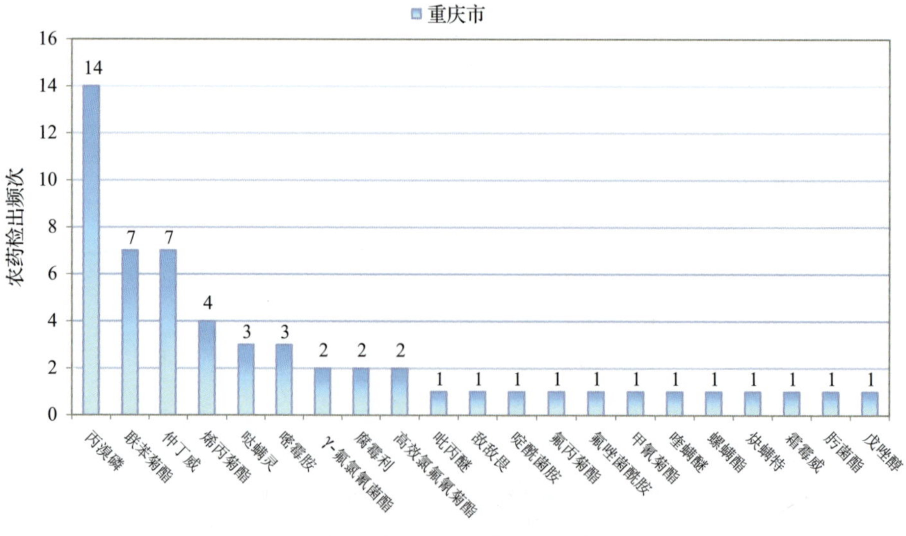

图 3-35　茄子样品检出农药品种和频次分析

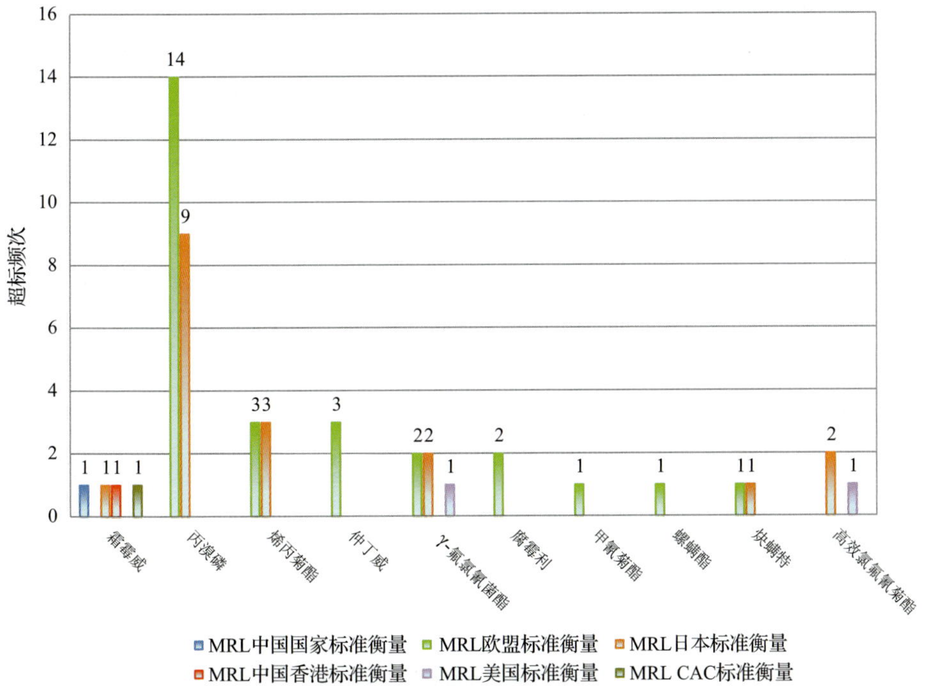

图 3-36　茄子样品中超标农药分析

3.4.3.3　芹菜

这次共检测 34 例芹菜样品，30 例样品中检出了农药残留，检出率为 88.2%，检出农药共计 20 种。其中萘乙酸、毒死蜱、唑虫酰胺、嘧霉胺和氟丙菊酯检出频次较高，分别检出了 15、11、6、5 和 3 次。芹菜中农药检出品种和频次见图 3-37，超标农药见图 3-38 和表 3-29。

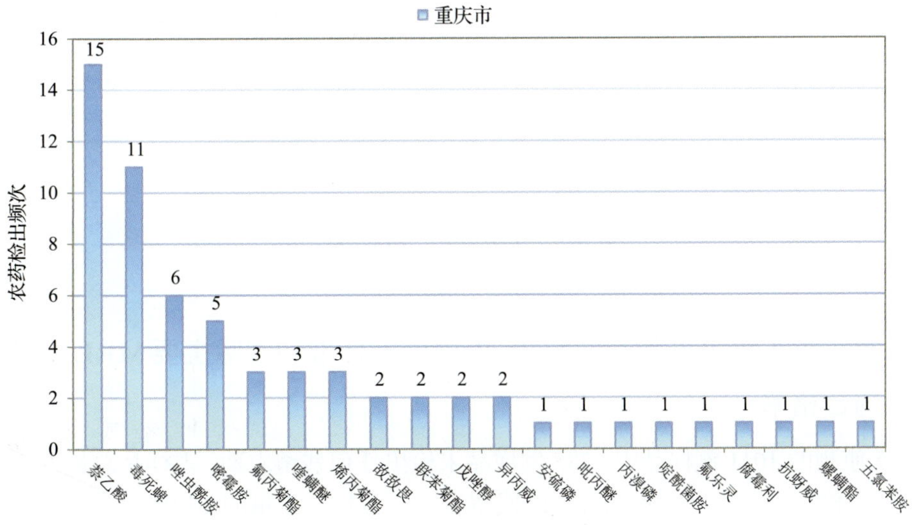

图 3-37　芹菜样品检出农药品种和频次分析

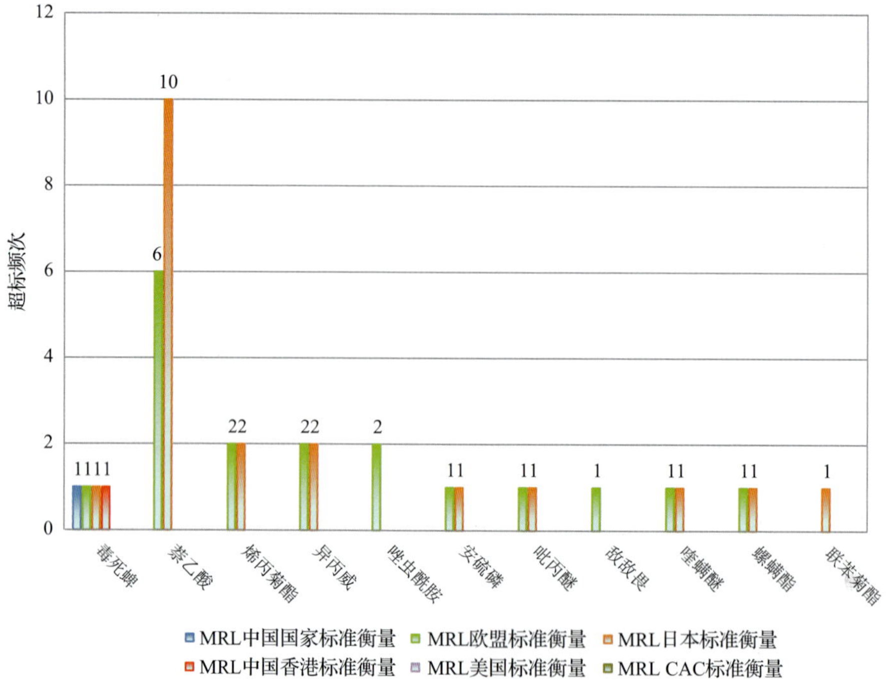

图 3-38　芹菜样品中超标农药分析

表 3-29　芹菜中农药残留超标情况明细表

样品总数		检出农药样品数	样品检出率(%)	检出农药品种总数
34		30	88.2	20
	超标农药品种	超标农药频次	按照 MRL 中国国家标准、欧盟标准和日本标准衡量超标农药名称及频次	
中国国家标准	1	1	毒死蜱(1)	
欧盟标准	10	18	萘乙酸(6),烯丙菊酯(2),异丙威(2),唑虫酰胺(2),安硫磷(1),吡丙醚(1),敌敌畏(1),毒死蜱(1),喹螨醚(1),螺螨酯(1)	
日本标准	9	20	萘乙酸(10),烯丙菊酯(2),异丙威(2),安硫磷(1),吡丙醚(1),毒死蜱(1),喹螨醚(1),联苯菊酯(1),螺螨酯(1)	

3.5　初 步 结 论

3.5.1　重庆市市售水果蔬菜按 MRL 中国国家标准和国际主要 MRL 标准衡量的合格率

本次侦测的 1011 例样品中，385 例样品未检出任何残留农药，占样品总量的 38.1%，626 例样品检出不同水平、不同种类的残留农药，占样品总量的 61.9%。在这 626 例检出农药残留的样品中：

按照 MRL 中国国家标准衡量，有 609 例样品检出残留农药但含量没有超标，占样品总数的 60.2%，有 17 例样品检出了超标农药，占样品总数的 1.7%。

按照 MRL 欧盟标准衡量，有 308 例样品检出残留农药但含量没有超标，占样品总数的 30.5%，有 318 例样品检出了超标农药，占样品总数的 31.5%。

按照 MRL 日本标准衡量，有 342 例样品检出残留农药但含量没有超标，占样品总数的 33.8%，有 284 例样品检出了超标农药，占样品总数的 28.1%。

按照 MRL 中国香港标准衡量，有 610 例样品检出残留农药但含量没有超标，占样品总数的 60.3%，有 16 例样品检出了超标农药，占样品总数的 1.6%。

按照 MRL 美国标准衡量，有 606 例样品检出残留农药但含量没有超标，占样品总数的 59.9%，有 20 例样品检出了超标农药，占样品总数的 2.0%。

按照 MRL CAC 标准衡量，有 621 例样品检出残留农药但含量没有超标，占样品总数的 61.4%，有 5 例样品检出了超标农药，占样品总数的 0.5%。

3.5.2 重庆市市售水果蔬菜中检出农药以中低微毒农药为主，占市场主体的 92.7%

这次侦测的 1011 例样品包括食用菌 3 种 371 例，水果 17 种 80 例，蔬菜 21 种 560 例，共检出了 96 种农药，检出农药的毒性以中低微毒为主，详见表 3-30。

表 3-30 市场主体农药毒性分布

毒性	检出品种	占比	检出频次	占比
高毒农药	7	7.3%	38	2.7%
中毒农药	34	35.4%	697	50.1%
低毒农药	37	38.5%	363	26.1%
微毒农药	18	18.8%	294	21.1%
中低微毒农药，品种占比 92.7%，频次占比 97.3%				

3.5.3 检出剧毒、高毒和禁用农药现象应该警醒

在此次侦测的 1011 例样品中有 7 种蔬菜和 7 种水果的 37 例样品检出了 10 种 45 频次的剧毒和高毒或禁用农药，占样品总量的 3.7%。其中高毒农药水胺硫磷、猛杀威和敌敌畏检出频次较高。

按 MRL 中国国家标准衡量，高毒农药水胺硫磷，检出 14 次，超标 9 次；敌敌畏，检出 7 次，超标 2 次；按超标程度比较，橙中水胺硫磷超标 46.3 倍，橘中水胺硫磷超标 10.7 倍，胡萝卜中敌敌畏超标 1.5 倍，西瓜中敌敌畏超标 0.7 倍。

剧毒、高毒或禁用农药的检出情况及按照 MRL 中国国家标准衡量的超标情况见表 3-31。

表 3-31 剧毒、高毒或禁用农药的检出及超标明细

序号	农药名称	样品名称	检出频次	超标频次	最大超标倍数	超标率
1.1	三唑磷◊	橘	5	0	0	0.0%
2.1	兹克威◊	哈密瓜	1	0	0	0.0%
2.2	兹克威◊	油麦菜	1	0	0	0.0%
3.1	敌敌畏◊	芹菜	2	0	0	0.0%
3.2	敌敌畏◊	胡萝卜	1	1	1.5	100.0%
3.3	敌敌畏◊	西瓜	1	1	0.7	100.0%
3.4	敌敌畏◊	梨	1	0	0	0.0%
3.5	敌敌畏◊	猕猴桃	1	0	0	0.0%
3.6	敌敌畏◊	茄子	1	0	0	0.0%
4.1	杀扑磷◊▲	橘	1	0	0	0.0%
5.1	水胺硫磷◊▲	橘	7	5	10.7	71.4%
5.2	水胺硫磷◊▲	橙	4	4	46.3	100.0%
5.3	水胺硫磷◊▲	胡萝卜	3	0	0	0.0%
6.1	猛杀威◊	橘	8	0	0	0.0%
7.1	甲基异柳磷◊▲	橘	1	0	0	0.0%
8.1	杀虫脒▲	蒜薹	2	2	92.8	100.0%
9.1	氰戊菊酯▲	梨	1	0	0	0.0%
10.1	硫丹▲	橙	1	0	0	0.0%
10.2	硫丹▲	甜椒	1	0	0	0.0%
10.3	硫丹▲	草莓	1	0	0	0.0%
10.4	硫丹▲	西葫芦	1	0	0	0.0%
合计			45	13		28.9%

注：超标倍数参照 MRL 中国国家标准衡量

这些超标的剧毒和高毒农药都是中国政府早有规定禁止在水果蔬菜中使用的，为什么还屡次被检出，应该引起警惕。

3.5.4 残留限量标准与先进国家或地区标准差距较大

1392 频次的检出结果与我国公布的《食品中农药最大残留限量》(GB 2763—2014) 对比，有 442 频次能找到对应的 MRL 中国国家标准，占 31.8%；还有 950 频次的侦测数据无相关 MRL 标准供参考，占 68.2%。

与国际上现行 MRL 标准对比发现：

有 1392 频次能找到对应的 MRL 欧盟标准，占 100.0%；

有 1392 频次能找到对应的 MRL 日本标准，占 100.0%；

有 582 频次能找到对应的 MRL 中国香港标准，占 41.8%；

有 555 频次能找到对应的 MRL 美国标准，占 39.9%；

有 402 频次能找到对应的 MRL CAC 标准，占 28.9%。

由上可见，MRL 中国国家标准与先进国家或地区标准还有很大差距，我们无标准，境外有标准，这就会导致我们在国际贸易中，处于受制于人的被动地位。

3.5.5 水果蔬菜单种样品检出 20~29 种农药残留，拷问农药使用的科学性

通过此次监测发现，橙、葡萄和橘是检出农药品种最多的 3 种水果，甜椒、茄子和韭菜是检出农药品种最多的 3 种蔬菜，从中检出农药品种及频次详见表 3-32。

表 3-32 单种样品检出农药品种及频次

样品名称	样品总数	检出农药样品数	检出率	检出农药品种数	检出农药(频次)
甜椒	33	32	97.0%	29	丙溴磷(13),啶酰菌胺(10),腐霉利(9),氟丙菊酯(8),联苯菊酯(8),吡丙醚(7),哒螨灵(7),螺螨酯(6),3,5-二氯苯胺(5),γ-氟氯氰菌酯(3),高效氯氟氰菊酯(3),甲氰菊酯(3),毒死蜱(2),联苯肼酯(2),嘧霉胺(2),烯丙菊酯(2),唑虫酰胺(2),丁硫克百威(1),多效唑(1),二苯胺(1),硫丹(1),氯酞酸甲酯(1),炔螨特(1),噻嗪酮(1),威杀灵(1),肟菌酯(1),戊唑醇(1),乙霉威(1),仲丁威(1)
茄子	36	27	75.0%	21	丙溴磷(14),联苯菊酯(7),仲丁威(7),烯丙菊酯(4),哒螨灵(3),嘧霉胺(3),γ-氟氯氰菌酯(2),腐霉利(2),高效氯氟氰菊酯(2),吡丙醚(1),敌敌畏(1),啶酰菌胺(1),氟丙菊酯(1),氟唑菌酰胺(1),甲氰菊酯(1),喹螨醚(1),螺螨酯(1),炔螨特(1),霜霉威(1),肟菌酯(1),戊唑醇(1)
韭菜	23	17	73.9%	20	二甲戊灵(6),腐霉利(4),氟丙菊酯(3),新燕灵(3),唑虫酰胺(3),啶酰菌胺(2),联苯菊酯(2),戊唑醇(2),γ-氟氯氰菌酯(1),哒螨灵(1),己唑醇(1),喹螨醚(1),醚菌酯(1),嘧霉胺(1),威杀灵(1),五氯苯甲腈(1),五氯甲氧基苯(1),烯虫酯(1),异丙威(1),仲丁威(1)
橙	29	29	100.0%	22	毒死蜱(20),烯虫酯(9),烯丙菊酯(5),噻菌灵(4),水胺硫磷(4),γ-氟氯氰菌酯(3),甲基毒死蜱(3),甲醚菊酯(3),联苯菊酯(3),嘧菌酯(3),嘧霉胺(3),炔螨特(3),丙溴磷(1),氟丙菊酯(1),氟硅唑(1),高效氯氟氰菊酯(1),硫丹(1),马拉硫磷(1),炔丙菊酯(1),噻嗪酮(1),三唑酮(1),增效醚(1)
葡萄	29	29	100.0%	21	嘧霉胺(18),戊唑醇(12),啶酰菌胺(10),腐霉利(10),嘧菌环胺(10),毒死蜱(6),醚菌酯(6),烯丙菊酯(6),肟菌酯(5),氟唑菌酰胺(4),霜霉威(4),戊菌唑(4),甲霜灵(3),威杀灵(2),3,5-二氯苯胺(1),叠氮津(1),氟丙菊酯(1),嘧菌酯(1),乙嘧酚磺酸酯(1),莠灭净(1),仲草丹(1)
橘	20	20	100.0%	20	毒死蜱(18),丙溴磷(13),螺螨酯(8),猛杀威(8),联苯菊酯(7),水胺硫磷(7),戊唑醇(7),甲氰菊酯(5),三唑磷(5),联苯肼酯(4),γ-氟氯氰菌酯(3),氟丙菊酯(2),炔螨特(2),吡螨胺(1),高效氯氟氰菊酯(1),甲基异柳磷(1),杀扑磷(1),戊菌唑(1),烯效唑(1),增效醚(1)

上述 6 种水果蔬菜，检出农药 20~29 种，是多种农药综合防治，还是未严格实施农业良好管理规范(GAP)，亦或根本就是乱施药，值得我们思考。

第 4 章　GC-Q-TOF/MS 侦测重庆市市售水果蔬菜农药残留膳食暴露风险与预警风险评估

4.1　农药残留风险评估方法

4.1.1　重庆市农药残留侦测数据分析与统计

庞国芳院士科研团队建立的农药残留高通量侦测技术以高分辨精确质量数（0.0001 *m/z* 为基准）为识别标准，采用 GC-Q-TOF/MS 技术对 507 种农药化学污染物进行侦测。

科研团队于 2017 年 6 月~2018 年 4 月期间在重庆市所属 9 个区的 36 个采样点，随机采集了 1011 例水果蔬菜样品，采样点分布在超市和农贸市场，具体位置如图 4-1 所示，各月内水果蔬菜样品采集数量如表 4-1 所示。

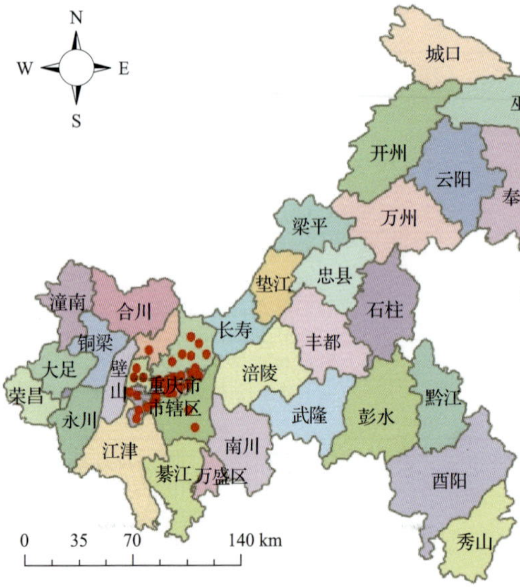

序号	行政区域	水果采样量	蔬菜及其他采样量	总计
1	渝中区	63	107	170
2	大渡口区	41	73	114
3	江北区	54	86	140
4	沙坪坝区	30	53	83
5	九龙坡区	43	71	114
6	南岸区	51	97	148
7	北碚区	9	13	22
8	渝北区	60	105	165
9	巴南区	20	35	55

图 4-1　GC-Q-TOF/MS 侦测重庆市 36 个采样点 1011 例样品分布示意图

表 4-1　重庆市各月内采集水果蔬菜样品数列表

时间	样品数（例）
2017 年 6 月	403
2018 年 4 月	608

利用 GC-Q-TOF/MS 技术对 1011 例样品中的农药进行侦测，侦测出残留农药 96 种，1389 频次。侦测出农药残留水平如表 4-2 和图 4-2 所示。检出频次最高的前 10 种农药如表 4-3

所示。从检测结果中可以看出，在水果蔬菜中农药残留普遍存在，且有些水果蔬菜存在高浓度的农药残留，这些可能存在膳食暴露风险，对人体健康产生危害，因此，为了定量地评价水果蔬菜中农药残留的风险程度，有必要对其进行风险评价。

表 4-2　侦测出农药的不同残留水平及其所占比例列表

残留水平(μg/kg)	检出频次	占比(%)
1~5(含)	272	19.6
5~10(含)	269	19.3
10~100(含)	630	45.3
100~1000(含)	205	14.9
>1000	13	0.9
合计	1389	100

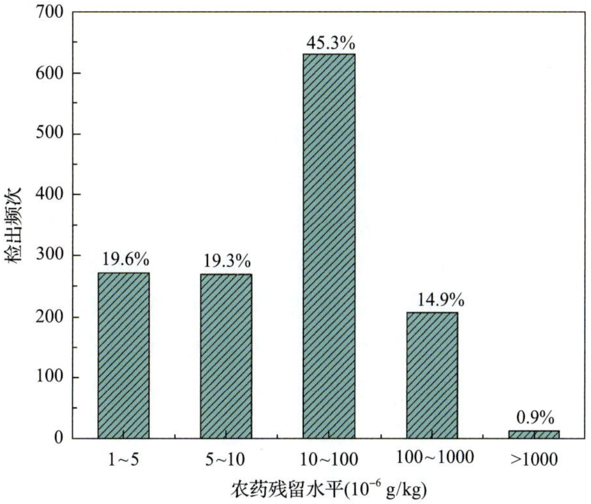

图 4-2　残留农药侦测出浓度频数分布图

表 4-3　检出频次最高的前 10 种农药列表

序号	农药	检出频次
1	毒死蜱	162
2	威杀灵	87
3	嘧霉胺	77
4	联苯菊酯	66
5	唑虫酰胺	61
6	烯丙菊酯	60
7	啶酰菌胺	58
8	氟丙菊酯	48
9	丙溴磷	46
10	腐霉利	45

4.1.2　农药残留风险评价模型

对重庆市水果蔬菜中农药残留分别开展暴露风险评估和预警风险评估。膳食暴露风险评估利用食品安全指数模型对水果蔬菜中的残留农药对人体可能产生的危害程度进行评价，该模型结合残留监测和膳食暴露评估评价化学污染物的危害；预警风险评价模型运用风险系数(risk index，R)，风险系数综合考虑了危害物的超标率、施检频率及其本身敏感性的影响，能直观而全面地反映出危害物在一段时间内的风险程度。

4.1.2.1 食品安全指数模型

为了加强食品安全管理，《中华人民共和国食品安全法》第二章第十七条规定“国家建立食品安全风险评估制度，运用科学方法，根据食品安全风险监测信息、科学数据以及有关信息，对食品、食品添加剂、食品相关产品中生物性、化学性和物理性危害因素进行风险评估”[1]，膳食暴露评估是食品危险度评估的重要组成部分，也是膳食安全性的衡量标准[2]。国际上最早研究膳食暴露风险评估的机构主要是 JMPR(FAO、WHO 农药残留联合会议)，该组织自 1995 年就已制定了急性毒性物质的风险评估急性毒性农药残留摄入量的预测。1960 年美国规定食品中不得加入致癌物质进而提出零阈值理论，渐渐零阈值理论发展成在一定概率条件下可接受风险的概念[3]，后衍变为食品中每日允许最大摄入量(ADI)，而国际食品农药残留法典委员会(CCPR)认为 ADI 不是独立风险评估的唯一标准[4]，1995 年 JMPR 开始研究农药急性膳食暴露风险评估，并对食品国际短期摄入量的计算方法进行了修正，亦对膳食暴露评估准则及评估方法进行了修正[5]，2002 年，在对世界上现行的食品安全评价方法，尤其是国际公认的 CAC 标准评价方法、全球环境监测系统/食品污染监测和评估规划(WHO GEMS/Food)及 FAO、WHO 食品添加剂联合专家委员会(JECFA)和 JMPR 对食品安全风险评估工作研究的基础之上，检验检疫食品安全管理的研究人员提出了结合残留监控和膳食暴露评估，以食品安全指数 IFS 计算食品中各种化学污染物对消费者的健康危害程度[6]。IFS 是表示食品安全状态的新方法，可有效地评价某种农药的安全性，进而评价食品中各种农药化学污染物对消费者健康的整体危害程度[7, 8]。从理论上分析，IFS_c 可指出食品中的污染物 c 对消费者健康是否存在危害及危害的程度[9]。其优点在于操作简单且结果容易被接受和理解，不需要大量的数据来对结果进行验证，使用默认的标准假设或者模型即可[10, 11]。

1) IFS_c 的计算

IFS_c 计算公式如下：

$$\mathrm{IFS_c} = \frac{\mathrm{EDI_c} \times f}{\mathrm{SI_c} \times \mathrm{bw}} \tag{4-1}$$

式中，c 为所研究的农药；EDI_c 为农药 c 的实际日摄入量估算值，等于 $\sum(R_i \times F_i \times E_i \times P_i)$ (i 为食品种类；R_i 为食品 i 中农药 c 的残留水平，mg/kg；F_i 为食品 i 的估计日消费量，g/(人·天)；E_i 为食品 i 的可食用部分因子；P_i 为食品 i 的加工处理因子)；SI_c 为安全摄入量，可采用每日允许最大摄入量 ADI；bw 为人平均体重，kg；f 为校正因子，如果安全摄入量采用 ADI，则 f 取 1。

$IFS_c \ll 1$，农药 c 对食品安全没有影响；$IFS_c \leqslant 1$，农药 c 对食品安全的影响可以接受；$IFS_c > 1$，农药 c 对食品安全的影响不可接受。

本次评价中：

$IFS_c \leqslant 0.1$，农药 c 对水果蔬菜安全没有影响；

$0.1 < IFS_c \leqslant 1$，农药 c 对水果蔬菜安全的影响可以接受；

$IFS_c > 1$，农药 c 对水果蔬菜安全的影响不可接受。

本次评价中残留水平 R_i 取值为中国检验检疫科学研究院庞国芳院士课题组利用以高分辨精确质量数(0.0001 *m/z*)为基准的 GC-Q-TOF/MS 侦测技术于 2017 年 6 月对重庆市水果蔬菜农药残留的侦测结果，估计日消费量 F_i 取值 0.38 kg/(人·天)，E_i=1，P_i=1，f=1，SI_c 采用《食品安全国家标准　食品中农药最大残留限量》(GB 2763—2016)中 ADI 值(具体数值见表 4-4)，人平均体重(bw)取值 60 kg。

表 4-4　重庆市水果蔬菜中侦测出农药的 ADI 值

序号	农药	ADI	序号	农药	ADI	序号	农药	ADI
1	霜霉威	0.4	33	烯效唑	0.02	65	威杀灵	—
2	醚菌酯	0.4	34	抗蚜威	0.02	66	氟唑菌酰胺	—
3	马拉硫磷	0.3	35	氰戊菊酯	0.02	67	萘乙酰胺	—
4	嘧霉胺	0.2	36	氯氰菊酯	0.02	68	新燕灵	—
5	增效醚	0.2	37	稻瘟灵	0.016	69	五氯苯	—
6	嘧菌酯	0.2	38	甲基毒死蜱	0.01	70	联苯	—
7	萘乙酸	0.15	39	毒死蜱	0.01	71	烯丙菊酯	—
8	腐霉利	0.1	40	炔螨特	0.01	72	叠氮津	—
9	多效唑	0.1	41	哒螨灵	0.01	73	烯虫炔酯	—
10	吡丙醚	0.1	42	联苯菊酯	0.01	74	去乙基阿特拉津	—
11	噻菌灵	0.1	43	螺螨酯	0.01	75	甲醚菊酯	—
12	啶氧菌酯	0.09	44	联苯肼酯	0.01	76	四氢吩胺	—
13	甲霜灵	0.08	45	丁硫克百威	0.01	77	乙嘧酚磺酸酯	—
14	二苯胺	0.08	46	噻嗪酮	0.009	78	五氯甲氧基苯	—
15	莠灭净	0.072	47	萎锈灵	0.008	79	五氯苯甲腈	—
16	仲丁威	0.06	48	氟硅唑	0.007	80	γ-氟氯氰菌酯	—
17	氯菊酯	0.05	49	唑虫酰胺	0.006	81	氯苯甲醚	—
18	肟菌酯	0.04	50	硫丹	0.006	82	仲草丹	—
19	啶酰菌胺	0.04	51	烯唑醇	0.005	83	氯酞酸甲酯	—
20	扑草净	0.04	52	喹螨醚	0.005	84	烯虫酯	—
21	丙溴磷	0.03	53	己唑醇	0.005	85	兹克威	—
22	嘧菌环胺	0.03	54	敌敌畏	0.004	86	五氯苯胺	—
23	戊唑醇	0.03	55	乙霉威	0.004	87	吡喃灵	—
24	甲氰菊酯	0.03	56	水胺硫磷	0.003	88	乙氧呋草黄	—
25	二甲戊灵	0.03	57	甲基异柳磷	0.003	89	3,5-二氯苯胺	—
26	甲基嘧啶磷	0.03	58	异丙威	0.002	90	炔丙菊酯	—
27	戊菌唑	0.03	59	三氯杀螨醇	0.002	91	安硫磷	—
28	三唑酮	0.03	60	杀虫脒	0.001	92	抑芽唑	—
29	氟乐灵	0.025	61	三唑磷	0.001	93	猛杀威	—
30	莠去津	0.02	62	杀扑磷	0.001	94	吡螨胺	—
31	百菌清	0.02	63	氟吡禾灵	0.0007	95	吡咪唑	—
32	高效氯氟氰菊酯	0.02	64	氟丙菊酯	—	96	特草灵	—

注：“—”表示为国家标准中无 ADI 值规定；ADI 值单位为 mg/kg bw

2）计算 IFS_c 的平均值 $\overline{IFS}$，评价农药对食品安全的影响程度

以 $\overline{IFS}$ 评价各种农药对人体健康危害的总程度，评价模型见公式（4-2）。

$$\overline{IFS}=\frac{\sum_{i=1}^{n}IFS_c}{n} \tag{4-2}$$

$IFS_c \ll 1$，所研究消费者人群的食品安全状态很好；$\overline{IFS} \leqslant 1$，所研究消费者人群的食品安全状态可以接受；$\overline{IFS}>1$，所研究消费者人群的食品安全状态不可接受。

本次评价中：

$\overline{IFS} \leqslant 0.1$，所研究消费者人群的水果蔬菜安全状态很好；

$0.1<\overline{IFS} \leqslant 1$，所研究消费者人群的水果蔬菜安全状态可以接受；

$\overline{IFS}>1$，所研究消费者人群的水果蔬菜安全状态不可接受。

4.1.2.2 预警风险评估模型

2003 年，我国检验检疫食品安全管理的研究人员根据 WTO 的有关原则和我国的具体规定，结合危害物本身的敏感性、风险程度及其相应的施检频率，首次提出了食品中危害物风险系数 *R* 的概念[12]。*R* 是衡量一个危害物的风险程度大小最直观的参数，即在一定时期内其超标率或阳性检出率的高低，但受其施检频率的高低及其本身的敏感性（受关注程度）影响。该模型综合考察了农药在蔬菜中的超标率、施检频率及其本身敏感性，能直观而全面地反映出农药在一段时间内的风险程度[13]。

1）*R* 计算方法

危害物的风险系数综合考虑了危害物的超标率或阳性检出率、施检频率和其本身的敏感性影响，并能直观而全面地反映出危害物在一段时间内的风险程度。风险系数 *R* 的计算公式如式（4-3）：

$$R=aP+\frac{b}{F}+S \tag{4-3}$$

式中，*P* 为该种危害物的超标率；*F* 为危害物的施检频率；*S* 为危害物的敏感因子；*a*, *b* 分别为相应的权重系数。

本次评价中 $F=1$；$S=1$；$a=100$；$b=0.1$，对参数 *P* 进行计算，计算时首先判断是否为禁用农药，如果为非禁用农药，*P*=超标的样品数（侦测出的含量高于食品最大残留限量标准值，即 MRL）除以总样品数（包括超标、不超标、未侦测出）；如果为禁用农药，则侦测出即为超标，*P*=能侦测出的样品数除以总样品数。判断重庆市水果蔬菜农药残留是否超标的标准限值 MRL 分别以 MRL 中国国家标准[14]和 MRL 欧盟标准作为对照，具体值列于本报告附表一中。

2）评价风险程度

$R \leqslant 1.5$，受检农药处于低度风险；

$1.5<R\leq 2.5$，受检农药处于中度风险；

$R>2.5$，受检农药处于高度风险。

4.1.2.3 食品膳食暴露风险和预警风险评估应用程序的开发

1) 应用程序开发的步骤

为成功开发膳食暴露风险和预警风险评估应用程序，与软件工程师多次沟通讨论，逐步提出并描述清楚计算需求，开发了初步应用程序。为明确出不同水果蔬菜、不同农药、不同地域和不同季节的风险水平，向软件工程师提出不同的计算需求，软件工程师对计算需求进行逐一地分析，经过反复的细节沟通，需求分析得到明确后，开始进行解决方案的设计，在保证需求的完整性、一致性的前提下，编写出程序代码，最后设计出满足需求的风险评估专用计算软件，并通过一系列的软件测试和改进，完成专用程序的开发。软件开发基本步骤见图 4-3。

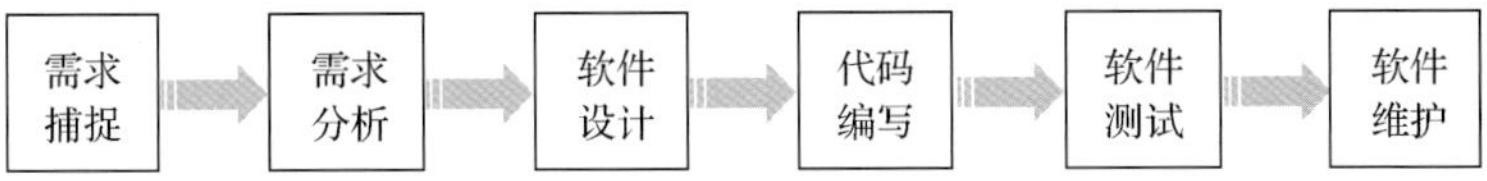

图 4-3 专用程序开发总体步骤

2) 膳食暴露风险评估专业程序开发的基本要求

首先直接利用公式(4-1)，分别计算 LC-Q-TOF/MS 和 GC-Q-TOF/MS 仪器侦测出的各水果蔬菜样品中每种农药 IFS$_c$，将结果列出。为考察超标农药和禁用农药的使用安全性，分别以我国《食品安全国家标准 食品中农药最大残留限量》(GB 2763—2016)和欧盟食品中农药最大残留限量(以下简称 MRL 中国国家标准和 MRL 欧盟标准)为标准，对侦测出的禁用农药和超标的非禁用农药 IFS$_c$ 单独进行评价；按 IFS$_c$ 大小列表，并找出 IFS$_c$ 值排名前 20 的样本重点关注。

对不同水果蔬菜 i 中每一种侦测出的农药 c 的安全指数进行计算，多个样品时求平均值。若监测数据为该市多个月的数据，则逐月、逐季度分别列出每个月、每个季度内每一种水果蔬菜 i 对应的每一种农药 c 的 IFS$_c$。

按农药种类，计算整个监测时间段内每种农药的 IFS$_c$，不区分水果蔬菜。若检测数据为该市多个月的数据，则需分别计算每个月、每个季度内每种农药的 IFS$_c$。

3) 预警风险评估专业程序开发的基本要求

分别以 MRL 中国国家标准和 MRL 欧盟标准，按公式(4-3)逐个计算不同水果蔬菜、不同农药的风险系数，禁用农药和非禁用农药分别列表。

为清楚了解各种农药的预警风险，不分时间，不分水果蔬菜，按禁用农药和非禁用农药分类，分别计算各种侦测出农药全部检测时段内风险系数。由于有 MRL 中国国家标准的农药种类太少，无法计算超标数，非禁用农药的风险系数只以 MRL 欧盟标准为标准，进行计算。若检测数据为多个月的，则按月计算每个月、每个季度内每种禁用农药残留的风险系数和以 MRL 欧盟标准为标准的非禁用农药残留的风险系数。

4) 风险程度评价专业应用程序的开发方法

采用 Python 计算机程序设计语言，Python 是一个高层次地结合了解释性、编译性、互动性和面向对象的脚本语言。风险评价专用程序主要功能包括：分别读入每例样品 LC-Q-TOF/MS 和 GC-Q-TOF/MS 农药残留检测数据，根据风险评价工作要求，依次对不同农药、不同食品、不同时间、不同采样点的 IFS_c 值和 R 值分别进行数据计算，筛选出禁用农药、超标农药(分别与 MRL 中国国家标准、MRL 欧盟标准限值进行对比)单独重点分析，再分别对各农药、各水果蔬菜种类分类处理，设计出计算和排序程序，编写计算机代码，最后将生成的膳食暴露风险评估和超标风险评估定量计算结果列入设计好的各个表格中，并定性判断风险对目标的影响程度，直接用文字描述风险发生的高低，如“不可接受”、“可以接受”、“没有影响”、“高度风险”、“中度风险”、“低度风险”。

4.2　GC-Q-TOF/MS 侦测重庆市市售水果蔬菜农药残留膳食暴露风险评估

4.2.1　每例水果蔬菜样品中农药残留安全指数分析

基于 2017 年 6 月~2018 年 4 月农药残留侦测数据，发现在 1011 例样品中侦测出农药 1389 频次，计算样品中每种残留农药的安全指数 IFS_c，并分析农药对样品安全的影响程度，结果详见附表二，农药残留对水果蔬菜样品安全的影响程度频次分布情况如图 4-4 所示。

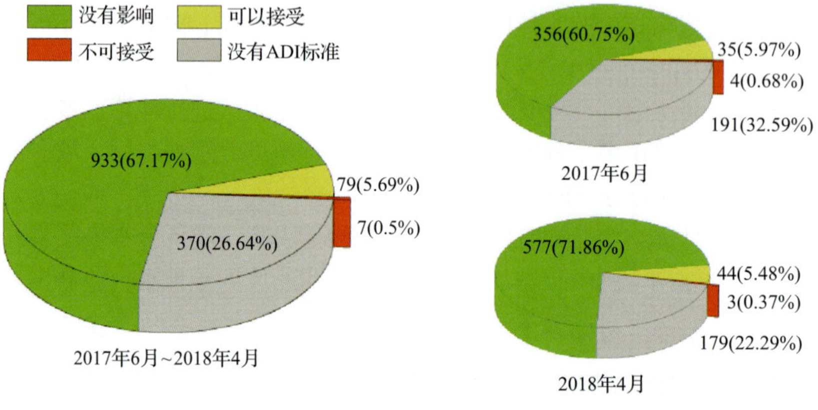

图 4-4　农药残留对水果蔬菜样品安全的影响程度频次分布图

由图 4-4 可以看出，农药残留对样品安全的影响不可接受的频次为 7，占 0.5%；农药残留对样品安全的影响可以接受的频次为 79，占 5.69%；农药残留对样品安全的没有影响的频次为 933，占 67.17%。分析发现，2 个月份中不可接受的频次排序为：2017 年 6 月(4)>2018 年 4 月(3)。表 4-5 为对水果蔬菜样品中安全指数不可接受的农药残留列表。

表 4-5　水果蔬菜样品中安全影响不可接受的农药残留列表

序号	样品编号	采样点	基质	农药	含量(mg/kg)	IFS_c
1	20170624-500107-USI-GS-45A	***超市(渝州购物广场店)	蒜薹	杀虫脒	0.9383	5.9426
2	20170622-500112-USI-GS-51A	***超市(武陵路店)	蒜薹	杀虫脒	0.7230	4.5790
3	20170624-500107-CAIQ-CE-43A	***超市(二郎店)	芹菜	异丙威	0.6439	2.0390
4	20180405-500103-CAIQ-CZ-24A	***超市(日月光店)	橙	水胺硫磷	0.9461	1.9973
5	20180406-500106-CAIQ-JC-32A	***超市(欣阳店)	韭菜	唑虫酰胺	1.4612	1.5424
6	20180407-500103-CAIQ-CZ-36A	***市场	橙	水胺硫磷	0.6845	1.4451
7	20170622-500104-USI-PP-39A	***超市(松青路分店)	甜椒	唑虫酰胺	1.0832	1.1434

部分样品侦测出禁用农药 6 种 23 频次，为了明确残留的禁用农药对样品安全的影响，分析侦测出禁用农药残留的样品安全指数，禁用农药残留对水果蔬菜样品安全的影响程度频次分布情况如图 4-5 所示，农药残留对样品安全的影响不可接受的频次为 4，占 17.39%；农药残留对样品安全的影响可以接受的频次为 8，占 34.78%；农药残留对样品安全没有影响的频次为 11，占 47.83%。表 4-6 列出了水果蔬菜样品中侦测出的禁用农药残留不可接受的安全指数表。

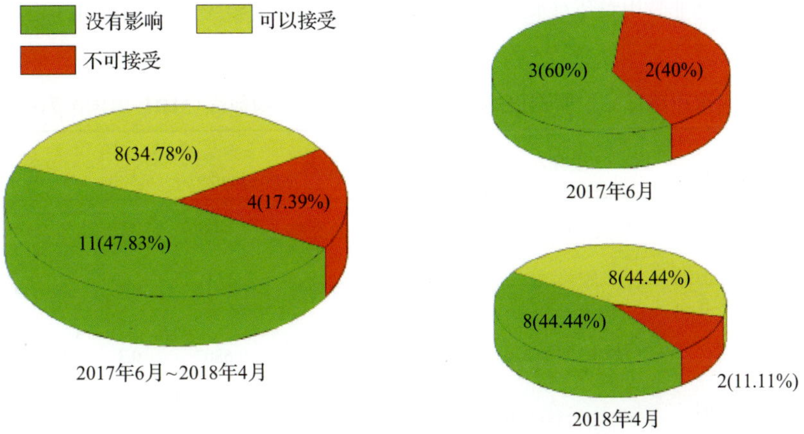

图 4-5　禁用农药对水果蔬菜样品安全影响程度的频次分布图

表 4-6　水果蔬菜样品中侦测出的禁用农药残留不可接受的安全指数表

序号	样品编号	采样点	基质	农药	含量(mg/kg)	IFS_c
1	20170624-500107-USI-GS-45A	***超市(渝州购物广场店)	蒜薹	杀虫脒	0.9383	5.9426
2	20170622-500112-USI-GS-51A	***超市(武陵路店)	蒜薹	杀虫脒	0.7230	4.5790
3	20180405-500103-CAIQ-CZ-24A	***超市(日月光店)	橙	水胺硫磷	0.9461	1.9973
4	20180407-500103-CAIQ-CZ-36A	***市场	橙	水胺硫磷	0.6845	1.4451

此外，本次侦测发现部分样品中非禁用农药残留量超过了 MRL 中国国家标准和欧盟标准，为了明确超标的非禁用农药对样品安全的影响，分析了非禁用农药残留超标的

样品安全指数。

水果蔬菜残留量超过 MRL 中国国家标准的非禁用农药对水果蔬菜样品安全的影响程度频次分布情况如图 4-6 所示。可以看出侦测出超过 MRL 中国国家标准的非禁用农药共 9 频次，其中农药残留对样品安全的影响可以接受的频次为 4，占 44.44%；农药残留对样品安全没有影响的频次为 5，占 55.56%。表 4-7 为水果蔬菜样品中侦测出的非禁用农药残留安全指数表。

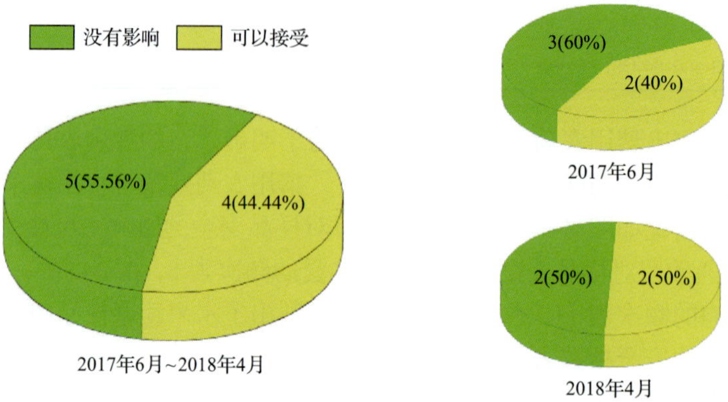

图 4-6 残留超标的非禁用农药对水果蔬菜样品安全的影响程度频次分布图(MRL 中国国家标准)

表 4-7 水果蔬菜样品中侦测出的非禁用农药残留安全指数表(MRL 中国国家标准)

序号	样品编号	采样点	基质	农药	含量(mg/kg)	中国国家标准	IFS_c	影响程度
1	20170622-500103-CAIQ-HU-41A	***超市(较场口店)	胡萝卜	敌敌畏	0.4938	0.2	0.7819	可以接受
2	20170622-500103-CAIQ-WM-41A	***超市(较场口店)	西瓜	敌敌畏	0.3410	0.2	0.5399	可以接受
3	20180403-500112-CAIQ-PP-20A	***超市(星光天地店)	甜椒	高效氯氟氰菊酯	0.6807	0.3	0.2156	可以接受
4	20180406-500104-CAIQ-OR-23A	***超市(壹街店)	橘	高效氯氟氰菊酯	0.3167	0.2	0.1003	可以接受
5	20180403-500112-CAIQ-PE-20A	***超市(星光天地店)	梨	高效氯氟氰菊酯	0.2915	0.2	0.0923	没有影响
6	20180406-500112-CAIQ-EP-30A	***超市(冉家坝店)	茄子	高效氯氟氰菊酯	0.2435	0.2	0.0771	没有影响
7	20170622-500108-CAIQ-JC-40A	***市场	韭菜	二甲戊灵	0.3140	0.2	0.0663	没有影响
8	20170624-500107-CAIQ-CE-43A	***超市(二郎店)	芹菜	毒死蜱	0.0883	0.05	0.0559	没有影响
9	20170622-500108-CAIQ-EP-40A	***市场	茄子	霜霉威	0.6349	0.3	0.0101	没有影响

残留量超过 MRL 欧盟标准的非禁用农药对水果蔬菜样品安全的影响程度频次分布情况如图 4-7 所示。可以看出超过 MRL 欧盟标准的非禁用农药共 415 频次，其中农药没有 ADI 标准的频次为 173，占 41.69%；农药残留对样品安全不可接受的频次为 3，占

0.72%；农药残留对样品安全的影响可以接受的频次为 54，占 13.01%；农药残留对样品安全没有影响的频次为 185，占 44.58%。表 4-8 为水果蔬菜样品中不可接受的残留超标非禁用农药安全指数列表。

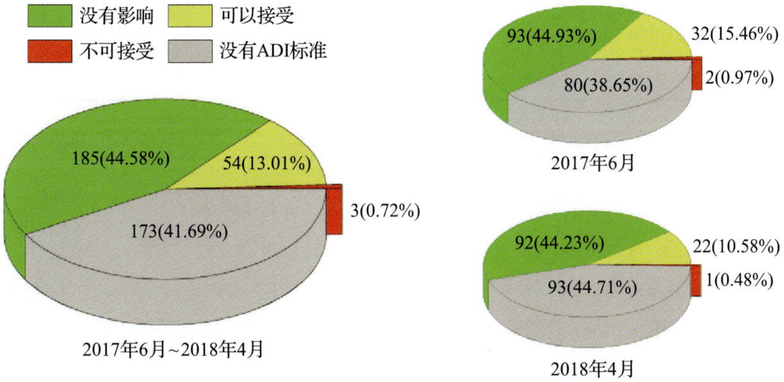

图 4-7　残留超标的非禁用农药对水果蔬菜样品安全的影响程度频次分布图（MRL 欧盟标准）

表 4-8　对水果蔬菜样品中不可接受的残留超标非禁用农药安全指数列表（MRL 欧盟标准）

序号	样品编号	采样点	基质	农药	含量(mg/kg)	欧盟标准	IFS_c
1	20170622-500104-USI-PP-39A	***超市(松青路分店)	甜椒	唑虫酰胺	1.0832	0.01	1.1434
2	20180406-500106-CAIQ-JC-32A	***超市(欣阳店)	韭菜	唑虫酰胺	1.4612	0.01	1.5424
3	20170624-500107-CAIQ-CE-43A	***超市(二郎店)	芹菜	异丙威	0.6439	0.01	2.0390

在 1011 例样品中，385 例样品未侦测出农药残留，626 例样品中侦测出农药残留，计算每例有农药侦测出样品的 $\overline{IFS}$ 值，进而分析样品的安全状态，结果如图 4-8 所示（未侦测出农药的样品安全状态视为很好）。可以看出，0.4%的样品安全状态不可接受；4.06%的样品安全状态可以接受；83.48%的样品安全状态很好。表 4-9 列出了安全状态不可接受的水果蔬菜样品。

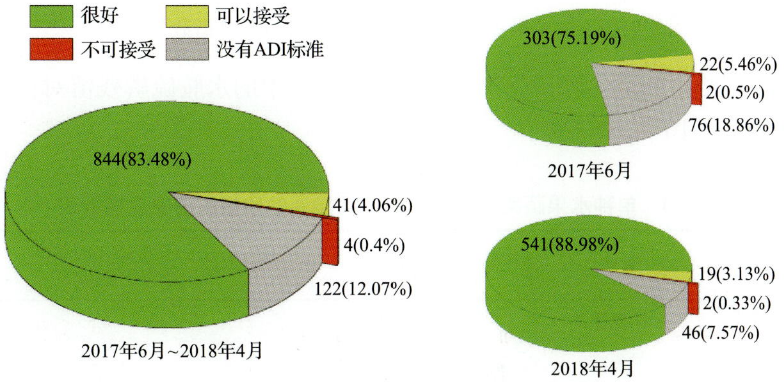

图 4-8　水果蔬菜样品安全状态分布图

表 4-9　水果蔬菜安全状态不可接受的样品列表

序号	样品编号	采样点	基质	$\overline{IFS}$
1	20180406-500106-CAIQ-JC-32A	***超市(欣阳店)	韭菜	1.5424
2	20170622-500112-USI-GS-51A	***超市(武陵路店)	蒜薹	1.5270
3	20170624-500107-USI-GS-45A	***超市(渝州购物广场店)	蒜薹	1.4864
4	20180405-500103-CAIQ-CZ-24A	***超市(日月光店)	橙	1.0442

4.2.2 单种水果蔬菜中农药残留安全指数分析

本次 41 种水果蔬菜侦测 96 种农药，检出频次为 1389 次，其中 33 种农药没有 ADI 标准，63 种农药存在 ADI 标准。杏鲍菇未侦测出任何农药，香菇、结球甘蓝侦测出农药残留全部没有 ADI 标准，对 38 种水果蔬菜按不同种类分别计算侦测出的具有 ADI 标准的各种农药的 IFS_c 值，农药残留对水果蔬菜的安全指数分布图如图 4-9 所示。

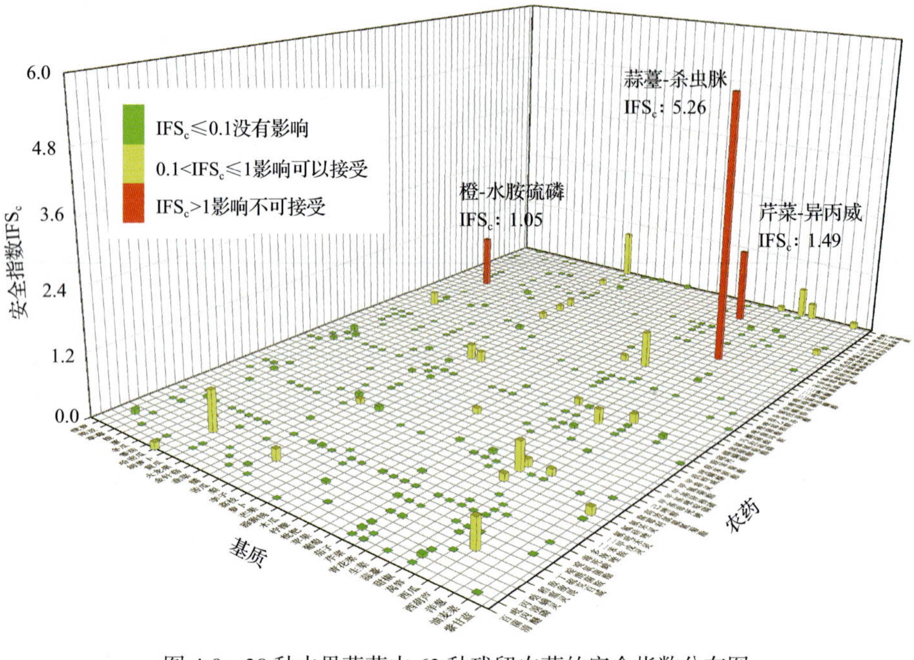

图 4-9　38 种水果蔬菜中 63 种残留农药的安全指数分布图

分析发现蒜薹中的杀虫脒、芹菜中的异丙威和橙中的水胺硫磷残留对食品安全影响不可接受，如表 4-10 所示。

表 4-10　单种水果蔬菜中安全影响不可接受的残留农药安全指数表

序号	基质	农药	检出频次	检出率(%)	IFS>1 的频次	IFS>1 的比例(%)	IFS_c
1	蒜薹	杀虫脒	2	4.55	2	4.55	5.2608
2	芹菜	异丙威	2	6.45	1	3.23	1.4920
3	橙	水胺硫磷	4	5.48	2	2.74	1.0520

本次侦测中，40 种水果蔬菜和 96 种残留农药(包括没有 ADI 标准)共涉及 391 个分析样本，农药对单种水果蔬菜安全的影响程度分布情况如图 4-10 所示。可以看出，64.19%的样本中农药对水果蔬菜安全没有影响，7.42%的样本中农药对水果蔬菜安全的影响可以接受，0.77%的样本中农药对水果蔬菜安全的影响不可接受。

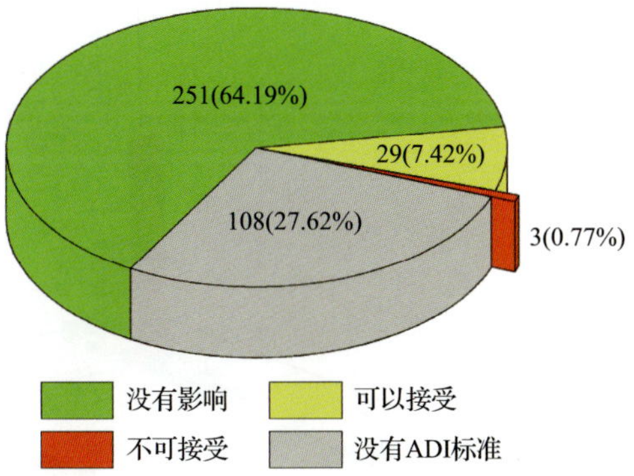

图 4-10　391 个分析样本的影响程度频次分布图

此外，分别计算 38 种水果蔬菜中所有侦测出农药 IFS_c 的平均值 $\overline{IFS}$，分析每种水果蔬菜的安全状态，结果如图 4-11 所示，分析发现，5 种水果蔬菜(13.16%)的安全状态可以接受，33 种(86.84%)水果蔬菜的安全状态很好。

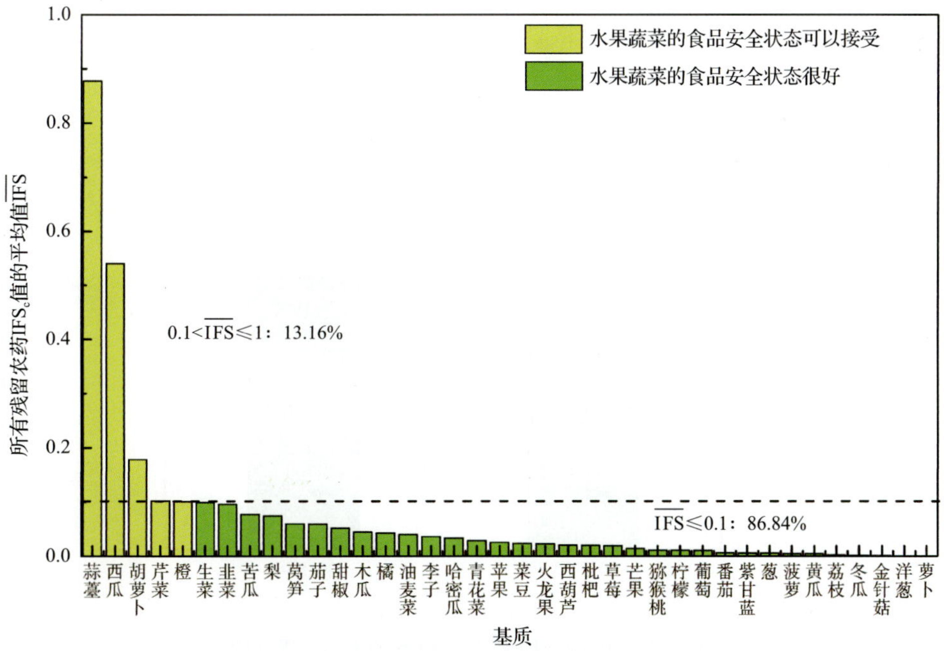

图 4-11　38 种水果蔬菜的 $\overline{IFS}$ 值和安全状态统计图

对每个月内每种水果蔬菜中农药的 IFS_c 进行分析，并计算每月内每种水果蔬菜的 $\overline{IFS}$ 值，以评价每种水果蔬菜的安全状态，结果如图 4-12 所示，可以看出，2017 年 6 月和 2018 年 4 月的水果蔬菜安全状态均处于很好和可以接受的范围内。各月份内单种水果蔬菜安全状态统计情况如图 4-13 所示。

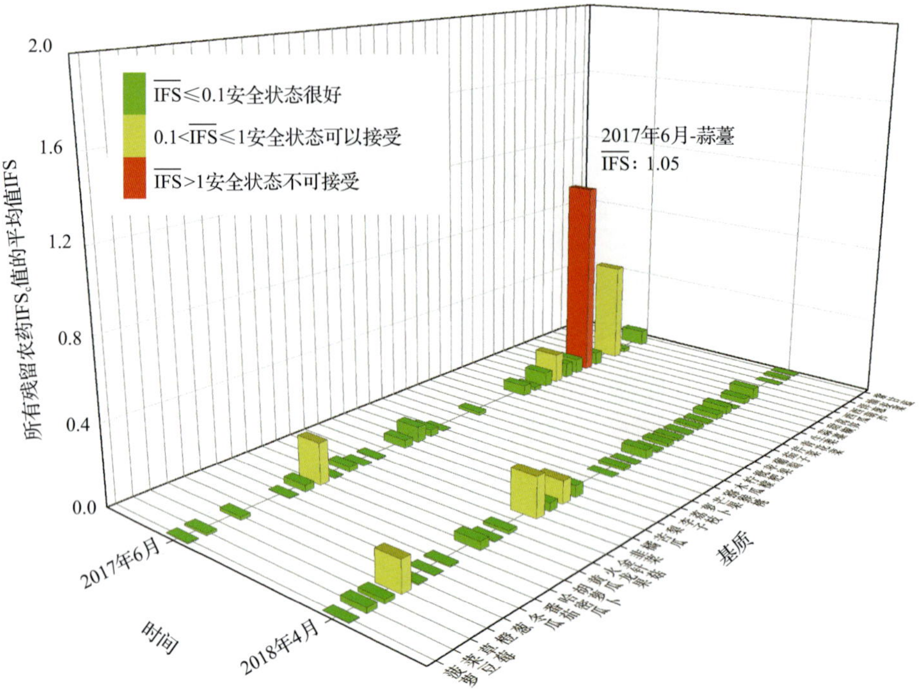

图 4-12　各月内每种水果蔬菜的 $\overline{IFS}$ 值与安全状态分布图

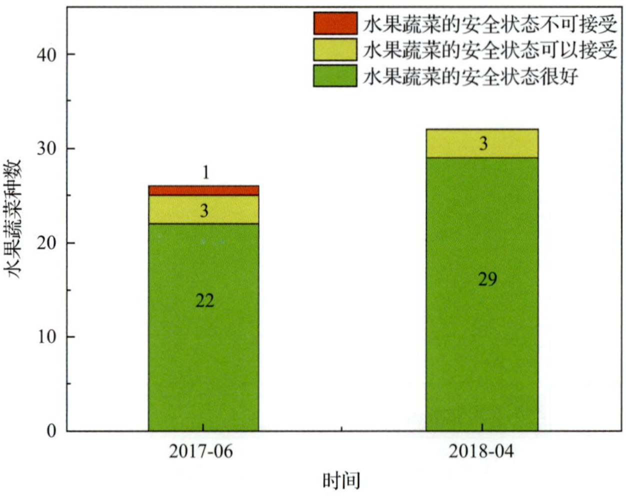

图 4-13　各月份内单种水果蔬菜安全状态统计图

4.2.3　所有水果蔬菜中农药残留安全指数分析

计算所有水果蔬菜中 63 种农药的 $\overline{IFS}_c$ 值，结果如图 4-14 及表 4-11 所示。

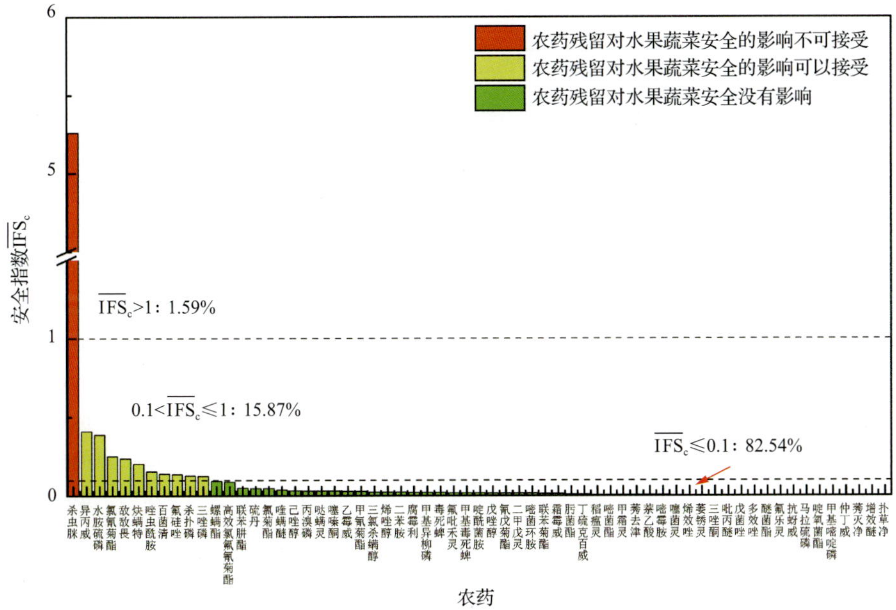

图 4-14　63 种残留农药对水果蔬菜的安全影响程度统计图

分析发现，只有杀虫脒的 $\overline{IFS}_c$ 大于 1，其他农药的 $\overline{IFS}_c$ 均小于 1，说明杀虫脒对水果蔬菜安全的影响不可接受，其他农药对水果蔬菜安全的影响均在没有影响和可接受的范围内，其中 15.87%的农药对水果蔬菜安全的影响可以接受，82.54%的农药对水果蔬菜安全没有影响。

表 4-11　水果蔬菜中 63 种农药残留的安全指数表

序号	农药	检出频次	检出率(%)	$\overline{IFS}_c$	影响程度	序号	农药	检出频次	检出率(%)	$\overline{IFS}_c$	影响程度
1	杀虫脒	2	0.14	5.2608	不可接受	17	喹螨醚	33	2.38	0.0370	没有影响
2	异丙威	8	0.58	0.4105	可以接受	18	己唑醇	6	0.43	0.0298	没有影响
3	水胺硫磷	14	1.01	0.3871	可以接受	19	丙溴磷	46	3.31	0.0298	没有影响
4	氯氰菊酯	2	0.14	0.2498	可以接受	20	哒螨灵	20	1.44	0.0286	没有影响
5	敌敌畏	7	0.50	0.2357	可以接受	21	噻嗪酮	5	0.36	0.0276	没有影响
6	炔螨特	10	0.72	0.2010	可以接受	22	乙霉威	3	0.22	0.0266	没有影响
7	唑虫酰胺	61	4.39	0.1523	可以接受	23	甲氰菊酯	10	0.72	0.0255	没有影响
8	百菌清	1	0.07	0.1388	可以接受	24	三氯杀螨醇	2	0.14	0.0225	没有影响
9	氟硅唑	21	1.51	0.1351	可以接受	25	烯唑醇	8	0.58	0.0214	没有影响
10	杀扑磷	1	0.07	0.1248	可以接受	26	二苯胺	3	0.22	0.0211	没有影响
11	三唑磷	5	0.36	0.1243	可以接受	27	腐霉利	45	3.24	0.0187	没有影响
12	螺螨酯	21	1.51	0.0906	没有影响	28	甲基异柳磷	1	0.07	0.0184	没有影响
13	高效氯氟氰菊酯	19	1.37	0.0858	没有影响	29	毒死蜱	162	11.66	0.0183	没有影响
14	联苯肼酯	18	1.30	0.0476	没有影响	30	氟吡禾灵	1	0.07	0.0172	没有影响
15	硫丹	4	0.29	0.0464	没有影响	31	甲基毒死蜱	3	0.22	0.0172	没有影响
16	氯菊酯	4	0.29	0.0448	没有影响	32	啶酰菌胺	58	4.18	0.0152	没有影响

续表

序号	农药	检出频次	检出率(%)	$\overline{IFS_c}$	影响程度	序号	农药	检出频次	检出率(%)	$\overline{IFS_c}$	影响程度
33	戊唑醇	43	3.10	0.0150	没有影响	49	萎锈灵	3	0.22	0.0023	没有影响
34	氰戊菊酯	1	0.07	0.0140	没有影响	50	三唑酮	1	0.07	0.0023	没有影响
35	二甲戊灵	13	0.94	0.0133	没有影响	51	吡丙醚	19	1.37	0.0023	没有影响
36	嘧菌环胺	21	1.51	0.0131	没有影响	52	戊菌唑	11	0.79	0.0020	没有影响
37	联苯菊酯	66	4.75	0.0120	没有影响	53	多效唑	7	0.50	0.0015	没有影响
38	霜霉威	11	0.79	0.0107	没有影响	54	醚菌酯	18	1.30	0.0014	没有影响
39	肟菌酯	23	1.66	0.0063	没有影响	55	氟乐灵	1	0.07	0.0014	没有影响
40	丁硫克百威	1	0.07	0.0059	没有影响	56	抗蚜威	1	0.07	0.0013	没有影响
41	稻瘟灵	6	0.43	0.0051	没有影响	57	马拉硫磷	1	0.07	0.0011	没有影响
42	嘧菌酯	8	0.58	0.0041	没有影响	58	啶氧菌酯	3	0.22	0.0008	没有影响
43	甲霜灵	14	1.01	0.0040	没有影响	59	甲基嘧啶磷	1	0.07	0.0007	没有影响
44	莠去津	1	0.07	0.0036	没有影响	60	仲丁威	36	2.59	0.0007	没有影响
45	萘乙酸	15	1.08	0.0030	没有影响	61	莠灭净	2	0.14	0.0005	没有影响
46	嘧霉胺	77	5.54	0.0030	没有影响	62	增效醚	2	0.14	0.0005	没有影响
47	噻菌灵	5	0.36	0.0027	没有影响	63	扑草净	3	0.22	0.0003	没有影响
48	烯效唑	1	0.07	0.0025	没有影响						

对每个月内所有水果蔬菜中残留农药的$\overline{IFS_c}$进行分析，结果如图 4-15 所示。分析发现，2017 年 6 月杀虫脒对水果蔬菜安全影响不可接受，2018 年 4 月的所有农药对水果蔬菜安全的影响均处于没有影响和可以接受的范围内。每月内不同农药对水果蔬菜安全影响程度的统计如图 4-16 所示。

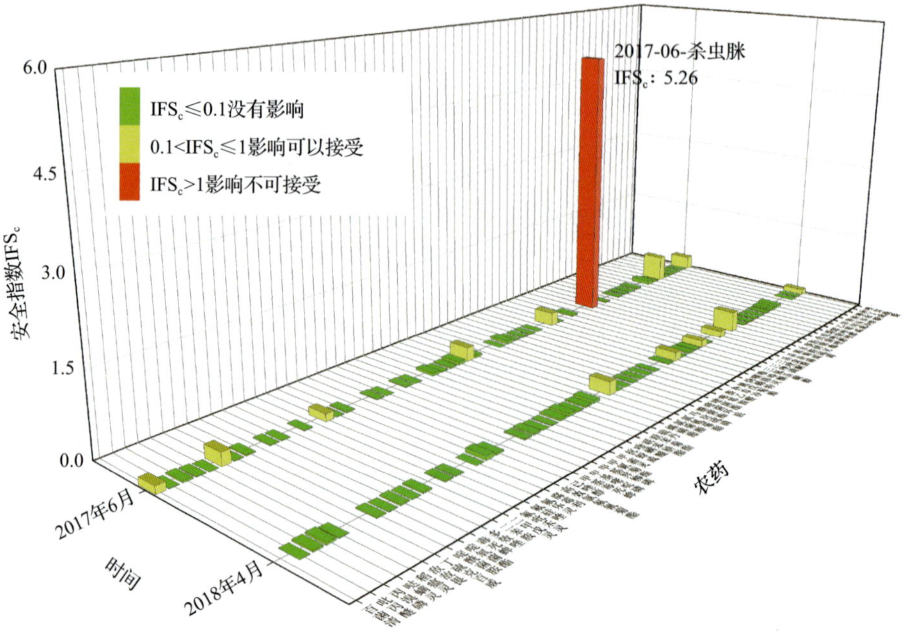

图 4-15　各月份内水果蔬菜中每种残留农药的安全指数分布图

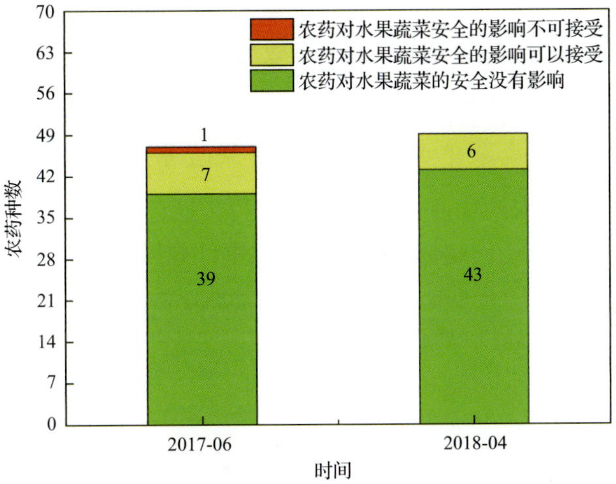

图 4-16 各月份内农药对水果蔬菜安全影响程度的统计图

计算每个月内水果蔬菜的 $\overline{IFS}$，以分析每月内水果蔬菜的安全状态，结果如图 4-17 所示，可以看出，2017 年 6 月和 2018 年 4 月两个月份的水果蔬菜的安全状态分别为可以接受和很好。

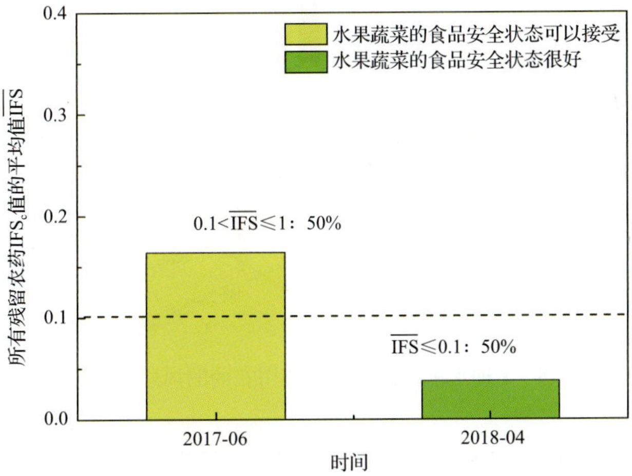

图 4-17 各月份内水果蔬菜的 $\overline{IFS}$ 值与安全状态统计图

4.3 GC-Q-TOF/MS 侦测重庆市市售水果蔬菜农药残留预警风险评估

基于重庆市水果蔬菜样品中农药残留 GC-Q-TOF/MS 侦测数据，分析禁用农药的检出率，同时参照中华人民共和国国家标准 GB 2763—2016 和欧盟农药最大残留限量(MRL)标准分析非禁用农药残留的超标率，并计算农药残留风险系数。分析单种水果蔬菜中农药残留以及所有水果蔬菜中农药残留的风险程度。

4.3.1 单种水果蔬菜中农药残留风险系数分析

4.3.1.1 单种水果蔬菜中禁用农药残留风险系数分析

侦测出的 96 种残留农药中有 6 种为禁用农药，且它们分布在 8 种水果蔬菜中，计算 8 种水果蔬菜中禁用农药的超标率，根据超标率计算风险系数 R，进而分析水果蔬菜中禁用农药的风险程度，结果如图 4-18 与表 4-12 所示。分析发现 6 种禁用农药在 8 种水果蔬菜中的残留处均于高度风险。

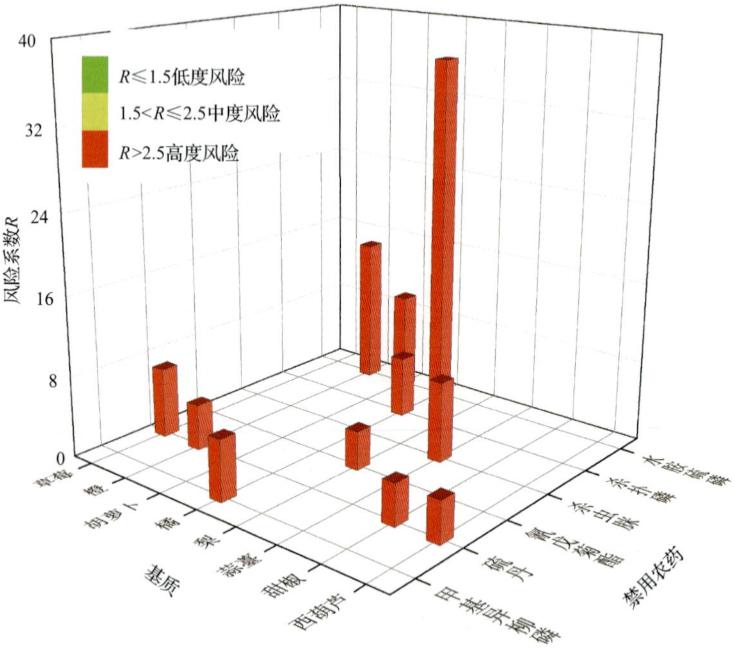

图 4-18 8 种水果蔬菜中 6 种禁用农药的风险系数分布图

表 4-12 8 种水果蔬菜中 6 种禁用农药的风险系数列表

序号	基质	农药	检出频次	检出率(%)	风险系数 R	风险程度
1	橘	水胺硫磷	7	35.00	36.10	高度风险
2	橙	水胺硫磷	4	13.79	14.89	高度风险
3	胡萝卜	水胺硫磷	3	8.82	9.92	高度风险
4	蒜薹	杀虫脒	2	6.90	8.00	高度风险
5	草莓	硫丹	1	5.88	6.98	高度风险
6	橘	杀扑磷	1	5.00	6.10	高度风险
7	橘	甲基异柳磷	1	5.00	6.10	高度风险
8	橙	硫丹	1	3.45	4.55	高度风险
9	甜椒	硫丹	1	3.03	4.13	高度风险
10	西葫芦	硫丹	1	3.03	4.13	高度风险
11	梨	氰戊菊酯	1	2.78	3.88	高度风险

4.3.1.2　基于 MRL 中国国家标准的单种水果蔬菜中非禁用农药残留风险系数分析

参照中华人民共和国国家标准 GB 2763—2016 中农药残留限量计算每种水果蔬菜中每种非禁用农药的超标率，进而计算其风险系数，根据风险系数大小判断残留农药的预警风险程度，水果蔬菜中非禁用农药残留风险程度分布情况如图 4-19 所示。

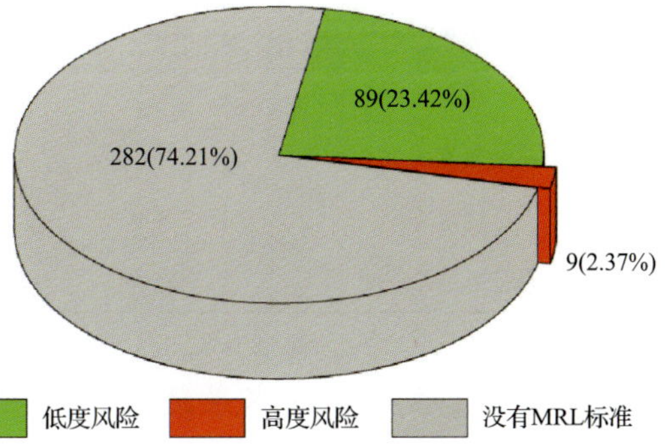

图 4-19　水果蔬菜中非禁用农药风险程度的频次分布图(MRL 中国国家标准)

本次分析中，发现在 40 种水果蔬菜侦测出 90 种残留非禁用农药，涉及样本 380 个，在 380 个样本中，2.37%处于高度风险，23.42%处于低度风险，此外发现有 282 个样本没有 MRL 中国国家标准值，无法判断其风险程度，有 MRL 中国国家标准值的 98 个样本涉及 26 种水果蔬菜中的 34 种非禁用农药，其风险系数 *R* 值如图 4-20 所示。表 4-13 为非禁用农药残留处于高度风险的水果蔬菜列表。

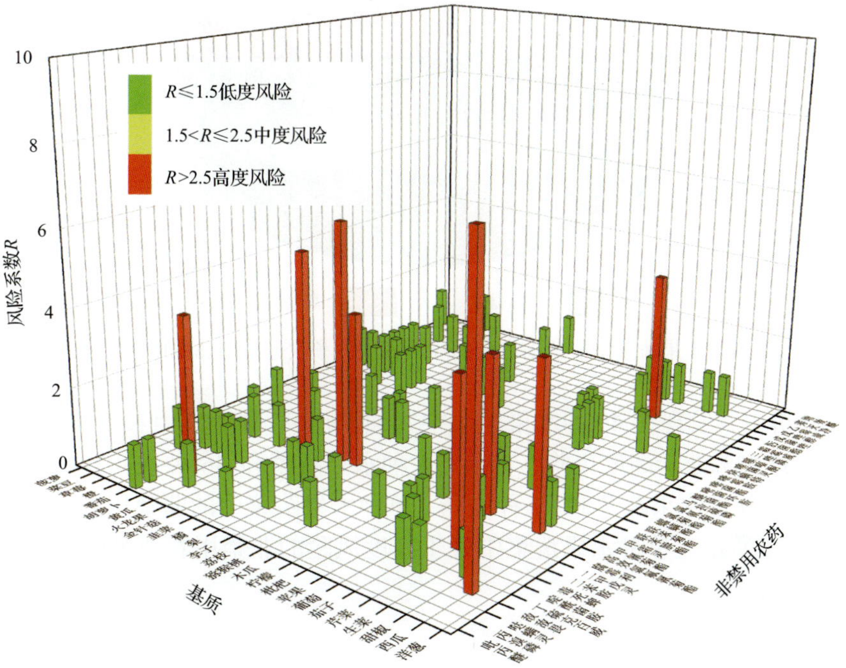

图 4-20　26 种水果蔬菜中 34 种非禁用农药的风险系数分布图(MRL 中国国家标准)

表 4-13 单种水果蔬菜中处于高度风险的非禁用农药风险系数表(MRL 中国国家标准)

序号	基质	农药	超标频次	超标率 *P*(%)	风险系数 *R*
1	西瓜	敌敌畏	1	6.67	7.77
2	橘	高效氯氟氰菊酯	1	5.00	6.10
3	韭菜	二甲戊灵	1	4.35	5.45
4	甜椒	高效氯氟氰菊酯	1	3.03	4.13
5	胡萝卜	敌敌畏	1	2.94	4.04
6	芹菜	毒死蜱	1	2.94	4.04
7	梨	高效氯氟氰菊酯	1	2.78	3.88
8	茄子	霜霉威	1	2.78	3.88
9	茄子	高效氯氟氰菊酯	1	2.78	3.88

4.3.1.3 基于 MRL 欧盟标准的单种水果蔬菜中非禁用农药残留风险系数分析

参照 MRL 欧盟标准计算每种水果蔬菜中每种非禁用农药的超标率，进而计算其风险系数，根据风险系数大小判断农药残留的预警风险程度，水果蔬菜中非禁用农药残留风险程度分布情况如图 4-21 所示。

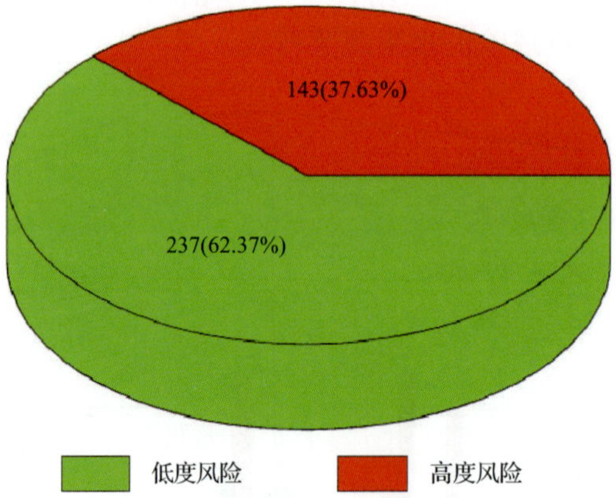

图 4-21 水果蔬菜中非禁用农药的风险程度的频次分布图(MRL 欧盟标准)

本次分析中，发现在 40 种水果蔬菜中共侦测出 90 种非禁用农药，涉及样本 380 个，其中，37.63%处于高度风险，涉及 34 种水果蔬菜和 46 种农药；62.37%处于低度风险，涉及 39 种水果蔬菜和 72 种农药。单种水果蔬菜中的非禁用农药风险系数分布图如图 4-22 所示。单种水果蔬菜中处于高度风险的非禁用农药风险系数如图 4-23 和表 4-14 所示。

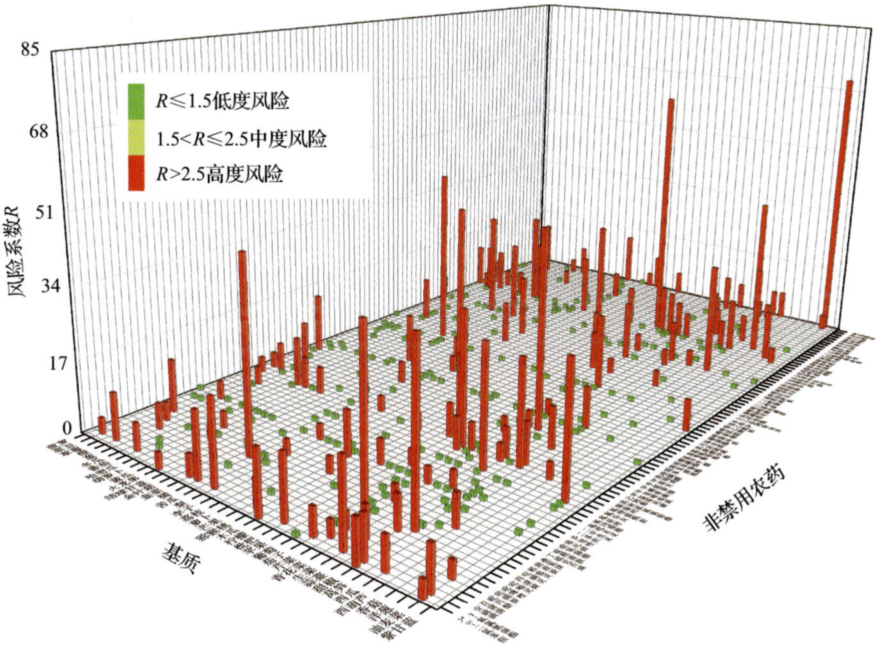

图 4-22　40 种水果蔬菜中 90 种非禁用农药的风险系数分布图(MRL 欧盟标准)

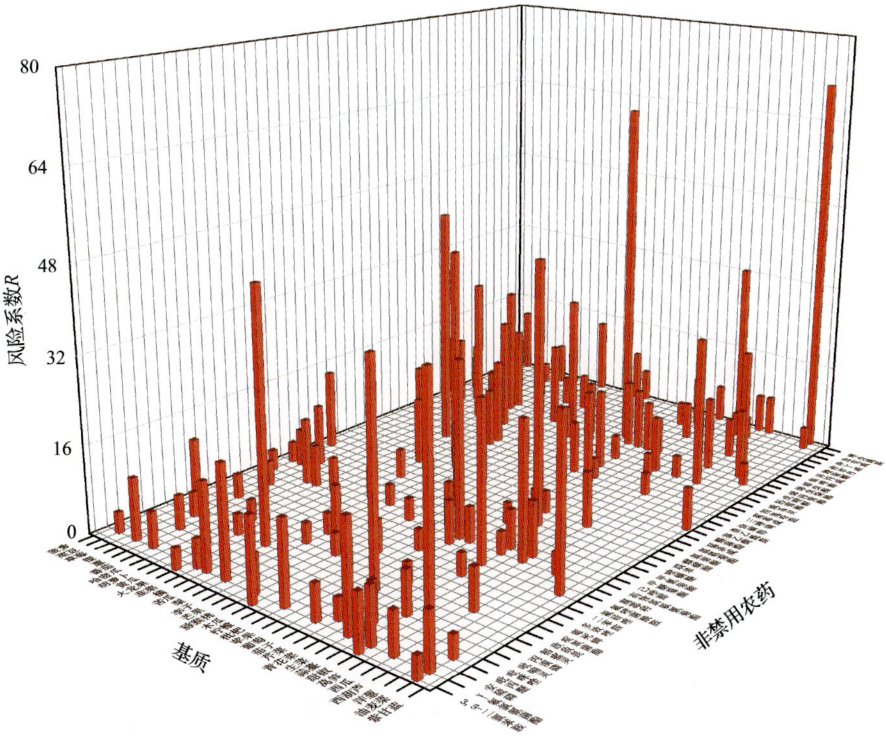

图 4-23　单种水果蔬菜中处于高度风险的非禁用农药的风险系数分布图(MRL 欧盟标准)

表 4-14　单种水果蔬菜中处于高度风险的非禁用农药的风险系数表（MRL 欧盟标准）

序号	基质	农药	超标频次	超标率 *P*(%)	风险系数 *R*
1	油麦菜	唑虫酰胺	23	6.67	70.80
2	枇杷	烯虫炔酯	9	26.67	65.39
3	青花菜	喹螨醚	14	6.67	47.77
4	橘	丙溴磷	9	14.29	46.10
5	胡萝卜	萘乙酰胺	15	14.29	45.22
6	橘	猛杀威	8	8.33	41.10
7	甜椒	丙溴磷	13	25.00	40.49
8	茄子	丙溴磷	14	14.29	39.99
9	生菜	唑虫酰胺	10	64.29	32.35
10	葡萄	腐霉利	9	7.14	32.13
11	油麦菜	氟硅唑	10	5.00	31.40
12	生菜	氟硅唑	9	19.44	29.23
13	哈密瓜	威杀灵	4	2.78	27.77
14	西瓜	威杀灵	4	2.78	27.77
15	李子	烯丙菊酯	3	2.78	26.10
16	甜椒	腐霉利	8	2.78	25.34
17	胡萝卜	烯丙菊酯	8	15.00	24.63
18	西葫芦	烯虫酯	7	15.00	22.31
19	火龙果	威杀灵	7	45.00	21.10
20	梨	γ-氟氯氰菌酯	7	10.00	20.54
21	生菜	γ-氟氯氰菌酯	6	40.00	19.85
22	芹菜	萘乙酸	6	5.00	18.75
23	橘	γ-氟氯氰菌酯	3	10.34	16.10
24	橘	三唑磷	3	3.45	16.10
25	胡萝卜	烯虫炔酯	5	3.45	15.81
26	苦瓜	烯丙菊酯	5	3.45	15.81
27	木瓜	3,5-二氯苯胺	1	3.45	15.39
28	木瓜	甲氰菊酯	1	10.34	15.39
29	枇杷	γ-氟氯氰菌酯	2	10.34	15.39
30	菜豆	联苯	5	3.45	14.99
31	葡萄	霜霉威	4	10.34	14.89
32	韭菜	唑虫酰胺	3	3.03	14.14
33	莴笋	烯丙菊酯	2	9.09	13.60
34	洋葱	烯丙菊酯	2	3.03	12.86
35	草莓	戊唑醇	2	3.03	12.86
36	草莓	稻瘟灵	2	69.70	12.86

续表

序号	基质	农药	超标频次	超标率 P(%)	风险系数 R
37	火龙果	氯菊酯	4	3.03	12.53
38	苹果	烯丙菊酯	4	30.30	12.53
39	番茄	腐霉利	4	11.76	12.21
40	菜豆	唑虫酰胺	4	2.86	12.21
41	菠萝	烯丙菊酯	2	20.00	11.63
42	橙	γ-氟氯氰菌酯	3	11.43	11.44
43	橙	炔螨特	3	6.06	11.44
44	橙	烯丙菊酯	3	3.03	11.44
45	橙	甲醚菊酯	3	9.09	11.44
46	葡萄	烯丙菊酯	3	3.03	11.44
47	橘	炔螨特	2	9.09	11.10
48	芒果	啶氧菌酯	2	9.09	11.10
49	生菜	威杀灵	3	39.39	10.48
50	油麦菜	γ-氟氯氰菌酯	3	3.03	10.19
51	猕猴桃	烯丙菊酯	3	6.06	10.19
52	甜椒	3,5-二氯苯胺	3	3.03	10.19
53	甜椒	γ-氟氯氰菌酯	3	3.03	10.19
54	甜椒	甲氰菊酯	3	6.06	10.19
55	甜椒	螺螨酯	3	9.09	10.19
56	甜椒	高效氯氟氰菊酯	3	24.24	10.19
57	苹果	炔螨特	3	9.09	9.67
58	李子	唑虫酰胺	1	9.09	9.43
59	茄子	仲丁威	3	18.75	9.43
60	茄子	烯丙菊酯	3	6.25	9.43
61	枇杷	高效氯氟氰菊酯	1	31.25	8.24
62	葡萄	氟唑菌酰胺	2	3.13	8.00
63	蒜薹	吡喃灵	2	3.13	8.00
64	哈密瓜	兹克威	1	9.38	7.77
65	哈密瓜	腐霉利	1	28.13	7.77
66	紫甘蓝	醚菌酯	1	6.25	7.77
67	西瓜	γ-氟氯氰菌酯	1	3.13	7.77
68	西瓜	敌敌畏	1	6.25	7.77
69	生菜	吡丙醚	2	5.56	7.35
70	生菜	烯唑醇	2	2.78	7.35
71	生菜	高效氯氟氰菊酯	2	5.56	7.35
72	莴笋	唑虫酰胺	1	11.11	7.35
73	莴笋	烯唑醇	1	6.67	7.35

续表

序号	基质	农药	超标频次	超标率 P(%)	风险系数 R
74	猕猴桃	γ-氟氯氰菌酯	2	2.94	7.16
75	甜椒	唑虫酰胺	2	2.94	7.16
76	甜椒	烯丙菊酯	2	23.53	7.16
77	芹菜	唑虫酰胺	2	14.71	6.98
78	芹菜	异丙威	2	44.12	6.98
79	芹菜	烯丙菊酯	2	5.00	6.98
80	苦瓜	异丙威	2	10.00	6.98
81	草莓	己唑醇	1	5.00	6.98
82	番茄	γ-氟氯氰菌酯	2	2.94	6.66
83	番茄	烯丙菊酯	2	5.88	6.66
84	茄子	γ-氟氯氰菌酯	2	2.94	6.66
85	茄子	腐霉利	2	2.94	6.66
86	菜豆	烯虫酯	2	5.88	6.66
87	黄瓜	腐霉利	2	2.94	6.66
88	菠萝	威杀灵	1	2.94	6.36
89	葱	吡咪唑	1	5.88	6.36
90	柠檬	毒死蜱	1	17.65	6.10
91	橘	高效氯氟氰菊酯	1	2.94	6.10
92	芒果	唑虫酰胺	1	5.88	6.10
93	芒果	肟菌酯	1	2.94	6.10
94	韭菜	γ-氟氯氰菌酯	1	14.71	5.45
95	韭菜	喹螨醚	1	2.86	5.45
96	韭菜	己唑醇	1	8.57	5.45
97	韭菜	异丙威	1	11.43	5.45
98	韭菜	醚菌酯	1	5.56	5.45
99	橙	丙溴磷	1	38.89	4.55
100	橙	增效醚	1	8.33	4.55
101	橙	毒死蜱	1	2.78	4.55
102	橙	氟硅唑	1	8.33	4.55
103	橙	烯虫酯	1	2.78	4.55
104	葡萄	仲草丹	1	5.56	4.55
105	葡萄	威杀灵	1	2.78	4.55
106	蒜薹	仲丁威	1	5.88	4.55
107	生菜	四氢吩胺	1	11.76	4.23
108	生菜	多效唑	1	11.76	4.23
109	生菜	腐霉利	1	6.25	4.23
110	油麦菜	3,5-二氯苯胺	1	12.50	4.13

续表

序号	基质	农药	超标频次	超标率 P(%)	风险系数 R
111	油麦菜	兹克威	1	6.25	4.13
112	油麦菜	吡丙醚	1	2.78	4.13
113	油麦菜	戊唑醇	1	11.11	4.13
114	猕猴桃	敌敌畏	1	2.78	4.13
115	猕猴桃	腐霉利	1	2.78	4.13
116	甜椒	仲丁威	1	5.56	4.13
117	甜椒	威杀灵	1	13.89	4.13
118	甜椒	炔螨特	1	2.78	4.13
119	西葫芦	腐霉利	1	5.26	4.13
120	胡萝卜	异丙威	1	10.53	4.04
121	胡萝卜	敌敌畏	1	3.45	4.04
122	芹菜	吡丙醚	1	3.45	4.04
123	芹菜	喹螨醚	1	6.90	4.04
124	芹菜	安硫磷	1	10.34	4.04
125	芹菜	敌敌畏	1	31.03	4.04
126	芹菜	毒死蜱	1	13.79	4.04
127	芹菜	螺螨酯	1	5.26	4.04
128	苦瓜	氯氰菊酯	1	3.45	4.04
129	火龙果	3,5-二氯苯胺	1	6.90	3.96
130	苹果	二苯胺	1	6.67	3.96
131	梨	唑虫酰胺	1	26.67	3.88
132	梨	敌敌畏	1	6.67	3.88
133	梨	毒死蜱	1	21.21	3.88
134	梨	高效氯氟氰菊酯	1	3.03	3.88
135	番茄	仲丁威	1	46.67	3.88
136	茄子	炔螨特	1	4.35	3.88
137	茄子	甲氰菊酯	1	13.04	3.88
138	茄子	螺螨酯	1	4.35	3.88
139	菜豆	γ-氟氯氰菌酯	1	4.35	3.88
140	菜豆	己唑醇	1	4.35	3.88
141	菜豆	烯丙菊酯	1	4.35	3.88
142	菜豆	腐霉利	1	2.78	3.88
143	黄瓜	丙溴磷	1	5.56	3.88

4.3.2 所有水果蔬菜中农药残留风险系数分析

4.3.2.1 所有水果蔬菜中禁用农药残留风险系数分析

在侦测出的 96 种农药中有 6 种为禁用农药，计算所有水果蔬菜中禁用农药的风险系数，结果如表 4-15 所示。

表 4-15　水果蔬菜中 6 种禁用农药的风险系数表

序号	农药	检出频次	检出率(%)	风险系数 *R*	风险程度
1	水胺硫磷	14	1.38	2.48	中度风险
2	硫丹	4	0.40	1.50	低度风险
3	杀虫脒	2	0.20	1.30	低度风险
4	杀扑磷	1	0.10	1.20	低度风险
5	氰戊菊酯	1	0.10	1.20	低度风险
6	甲基异柳磷	1	0.10	1.20	低度风险

对每个月内的禁用农药的风险系数进行分析，结果如图 4-24 和表 4-16 所示。

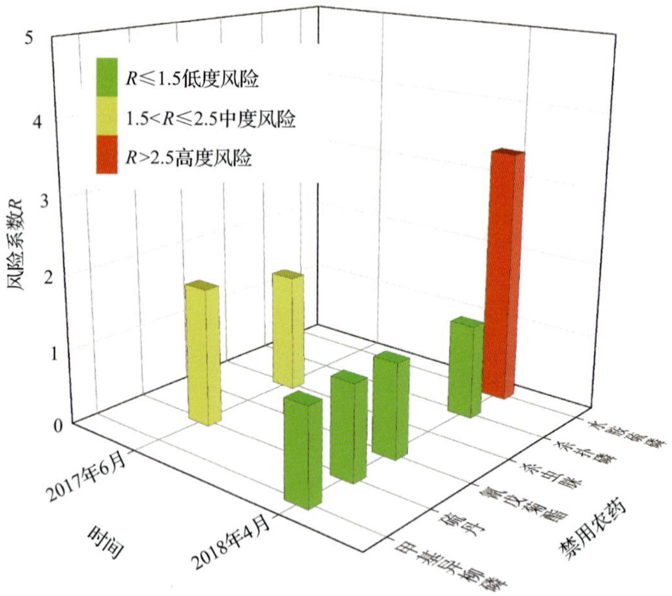

图 4-24　各月份内水果蔬菜中禁用农药残留的风险系数分布图

表 4-16　各月份内水果蔬菜中禁用农药的风险系数表

序号	年月	农药	检出频次	检出率(%)	风险系数 *R*	风险程度
1	2017 年 6 月	硫丹	3	0.74	1.84	中度风险
2	2017 年 6 月	杀虫脒	2	0.50	1.60	中度风险
3	2018 年 4 月	水胺硫磷	14	2.30	3.40	高度风险
4	2018 年 4 月	杀扑磷	1	0.16	1.26	低度风险
5	2018 年 4 月	氰戊菊酯	1	0.16	1.26	低度风险
6	2018 年 4 月	甲基异柳磷	1	0.16	1.26	低度风险
7	2018 年 4 月	硫丹	1	0.16	1.26	低度风险

4.3.2.2　所有水果蔬菜中非禁用农药残留风险系数分析

参照 MRL 欧盟标准计算所有水果蔬菜中每种非禁用农药残留的风险系数，如图 4-25 与表 4-17 所示。在侦测出的 90 种非禁用农药中，9 种农药(10.00%)残留处于高度风险，13 种农药(14.45%)残留处于中度风险，68 种农药(75.56%)残留处于低度风险。

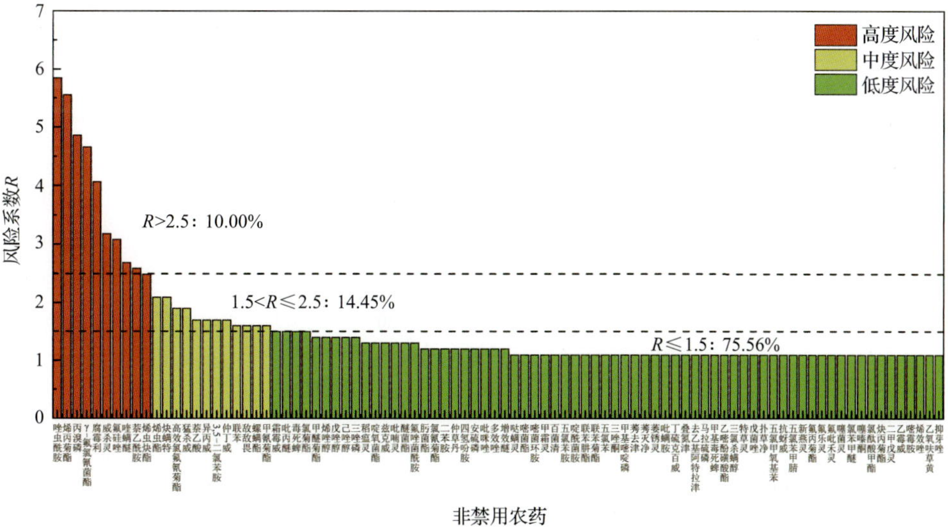

图 4-25　水果蔬菜中 90 种非禁用农药的风险程度统计图

表 4-17　水果蔬菜中 90 种非禁用农药的风险系数表

序号	农药	超标频次	超标率 P(%)	风险系数 R	风险程度
1	唑虫酰胺	48	4.75	5.85	高度风险
2	烯丙菊酯	45	4.45	5.55	高度风险
3	丙溴磷	38	3.76	4.86	高度风险
4	γ-氟氯氰菌酯	36	3.56	4.66	高度风险
5	腐霉利	30	2.97	4.07	高度风险
6	威杀灵	21	2.08	3.18	高度风险
7	氟硅唑	20	1.98	3.08	高度风险
8	喹螨醚	16	1.58	2.68	高度风险
9	萘乙酰胺	15	1.48	2.58	高度风险
10	烯虫炔酯	14	1.38	2.48	中度风险
11	烯虫酯	10	0.99	2.09	中度风险
12	炔螨特	10	0.99	2.09	中度风险
13	高效氯氟氰菊酯	8	0.79	1.89	中度风险
14	猛杀威	8	0.79	1.89	中度风险
15	萘乙酸	6	0.59	1.69	中度风险
16	异丙威	6	0.59	1.69	中度风险

续表

序号	农药	超标频次	超标率 P(%)	风险系数 R	风险程度
17	3,5-二氯苯胺	6	0.59	1.69	中度风险
18	仲丁威	6	0.59	1.69	中度风险
19	联苯	5	0.49	1.59	中度风险
20	敌敌畏	5	0.49	1.59	中度风险
21	螺螨酯	5	0.49	1.59	中度风险
22	甲氰菊酯	5	0.49	1.59	中度风险
23	霜霉威	4	0.40	1.50	低度风险
24	吡丙醚	4	0.40	1.50	低度风险
25	毒死蜱	4	0.40	1.50	低度风险
26	氯菊酯	4	0.40	1.50	低度风险
27	甲醚菊酯	3	0.30	1.40	低度风险
28	烯唑醇	3	0.30	1.40	低度风险
29	戊唑醇	3	0.30	1.40	低度风险
30	己唑醇	3	0.30	1.40	低度风险
31	三唑磷	3	0.30	1.40	低度风险
32	稻瘟灵	2	0.20	1.30	低度风险
33	啶氧菌酯	2	0.20	1.30	低度风险
34	兹克威	2	0.20	1.30	低度风险
35	吡喃灵	2	0.20	1.30	低度风险
36	醚菌酯	2	0.20	1.30	低度风险
37	氟唑菌酰胺	2	0.20	1.30	低度风险
38	肟菌酯	1	0.10	1.20	低度风险
39	氯氰菊酯	1	0.10	1.20	低度风险
40	二苯胺	1	0.10	1.20	低度风险
41	仲草丹	1	0.10	1.20	低度风险
42	四氢吩胺	1	0.10	1.20	低度风险
43	安硫磷	1	0.10	1.20	低度风险
44	吡咪唑	1	0.10	1.20	低度风险
45	多效唑	1	0.10	1.20	低度风险
46	增效醚	1	0.10	1.20	低度风险
47	哒螨灵	0	0	1.10	低度风险
48	嘧菌酯	0	0	1.10	低度风险
49	嘧菌环胺	0	0	1.10	低度风险
50	甲霜灵	0	0	1.10	低度风险
51	百菌清	0	0	1.10	低度风险
52	五氯苯胺	0	0	1.10	低度风险
53	啶酰菌胺	0	0	1.10	低度风险

续表

序号	农药	超标频次	超标率 P(%)	风险系数 R	风险程度
54	联苯肼酯	0	0	1.10	低度风险
55	联苯菊酯	0	0	1.10	低度风险
56	五氯苯	0	0	1.10	低度风险
57	三唑酮	0	0	1.10	低度风险
58	甲基嘧啶磷	0	0	1.10	低度风险
59	莠去津	0	0	1.10	低度风险
60	莠灭净	0	0	1.10	低度风险
61	萎锈灵	0	0	1.10	低度风险
62	吡螨胺	0	0	1.10	低度风险
63	丁硫克百威	0	0	1.10	低度风险
64	叠氮津	0	0	1.10	低度风险
65	去乙基阿特拉津	0	0	1.10	低度风险
66	马拉硫磷	0	0	1.10	低度风险
67	甲基毒死蜱	0	0	1.10	低度风险
68	乙嘧酚磺酸酯	0	0	1.10	低度风险
69	三氯杀螨醇	0	0	1.10	低度风险
70	特草灵	0	0	1.10	低度风险
71	戊菌唑	0	0	1.10	低度风险
72	扑草净	0	0	1.10	低度风险
73	五氯甲氧基苯	0	0	1.10	低度风险
74	抗蚜威	0	0	1.10	低度风险
75	五氯苯甲腈	0	0	1.10	低度风险
76	新燕灵	0	0	1.10	低度风险
77	氟丙菊酯	0	0	1.10	低度风险
78	氟乐灵	0	0	1.10	低度风险
79	氟吡禾灵	0	0	1.10	低度风险
80	噻菌灵	0	0	1.10	低度风险
81	氯苯甲醚	0	0	1.10	低度风险
82	噻嗪酮	0	0	1.10	低度风险
83	氯酞酸甲酯	0	0	1.10	低度风险
84	炔丙菊酯	0	0	1.10	低度风险
85	二甲戊灵	0	0	1.10	低度风险
86	乙霉威	0	0	1.10	低度风险
87	嘧霉胺	0	0	1.10	低度风险
88	烯效唑	0	0	1.10	低度风险
89	乙氧呋草黄	0	0	1.10	低度风险
90	抑芽唑	0	0	1.10	低度风险

对每个月份内的非禁用农药的风险系数分析，每月内非禁用农药风险程度分布图如图 4-26 所示。2 个月份内处于高度风险的农药数排序为 2017 年 6 月（7）=2018 年 4 月（7）。

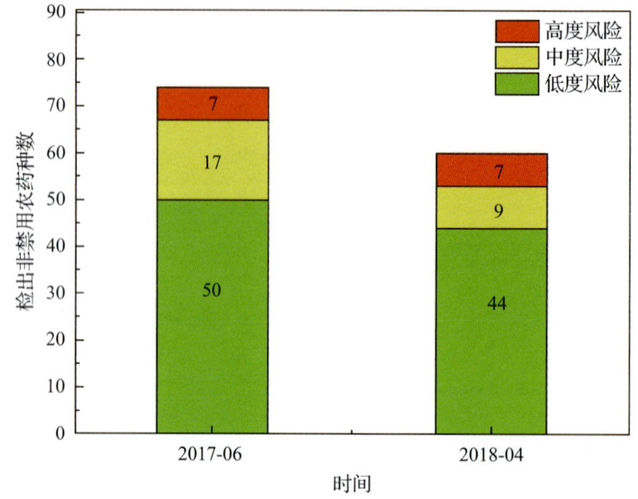

图 4-26　各月份水果蔬菜中非禁用农药残留的风险程度分布图

2 个月份内水果蔬菜中非禁用农药处于中度风险和高度风险的风险系数如图 4-27 和表 4-18 所示。

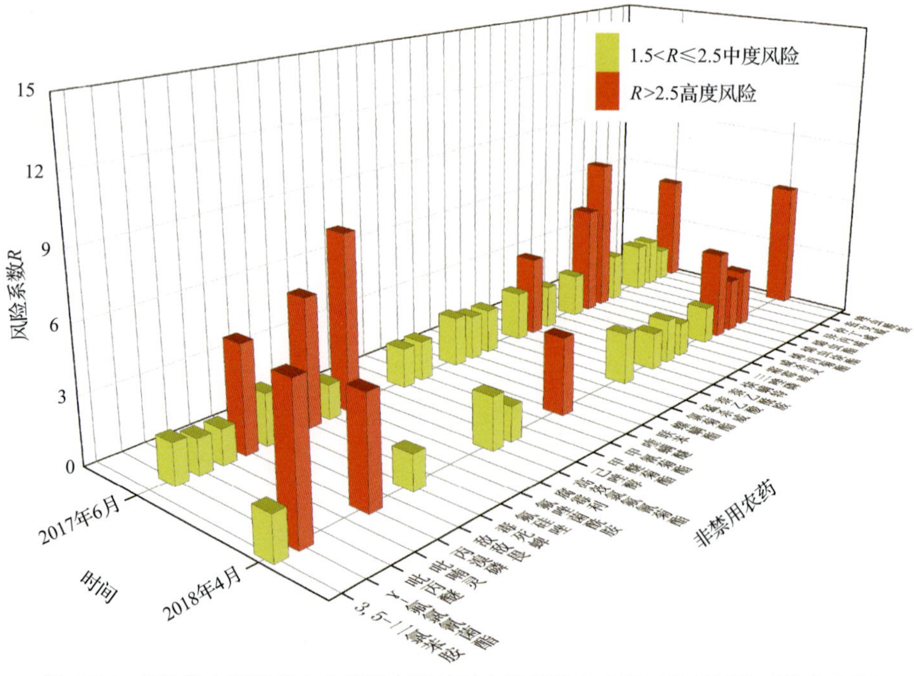

图 4-27　各月份水果蔬菜中非禁用农药处于中度风险和高度风险的风险系数分布图

表 4-18　各月份水果蔬菜中非禁用农药处于中度风险和高度风险的风险系数表

序号	年月	农药	超标频次	超标率 P(%)	风险系数 R	风险程度
1	2017 年 6 月	腐霉利	28	6.95	8.05	高度风险
2	2017 年 6 月	烯丙菊酯	26	6.45	7.55	高度风险
3	2017 年 6 月	氟硅唑	19	4.71	5.81	高度风险
4	2017 年 6 月	唑虫酰胺	17	4.22	5.32	高度风险
5	2017 年 6 月	威杀灵	17	4.22	5.32	高度风险
6	2017 年 6 月	丙溴磷	15	3.72	4.82	高度风险
7	2017 年 6 月	萘乙酰胺	11	2.73	3.83	高度风险
8	2017 年 6 月	仲丁威	5	1.24	2.34	中度风险
9	2017 年 6 月	异丙威	5	1.24	2.34	中度风险
10	2017 年 6 月	敌敌畏	5	1.24	2.34	中度风险
11	2017 年 6 月	烯虫炔酯	5	1.24	2.34	中度风险
12	2017 年 6 月	联苯	5	1.24	2.34	中度风险
13	2017 年 6 月	萘乙酸	5	1.24	2.34	中度风险
14	2017 年 6 月	氯菊酯	4	0.99	2.09	中度风险
15	2017 年 6 月	炔螨特	4	0.99	2.09	中度风险
16	2017 年 6 月	螺螨酯	4	0.99	2.09	中度风险
17	2017 年 6 月	霜霉威	4	0.99	2.09	中度风险
18	2017 年 6 月	γ-氟氯氰菌酯	3	0.74	1.84	中度风险
19	2017 年 6 月	甲氰菊酯	3	0.74	1.84	中度风险
20	2017 年 6 月	甲醚菊酯	3	0.74	1.84	中度风险
21	2017 年 6 月	兹克威	2	0.50	1.60	中度风险
22	2017 年 6 月	吡丙醚	2	0.50	1.60	中度风险
23	2017 年 6 月	吡喃灵	2	0.50	1.60	中度风险
24	2017 年 6 月	氟唑菌酰胺	2	0.50	1.60	中度风险
25	2018 年 4 月	γ-氟氯氰菌酯	33	5.43	6.53	高度风险
26	2018 年 4 月	唑虫酰胺	31	5.10	6.20	高度风险
27	2018 年 4 月	丙溴磷	23	3.78	4.88	高度风险
28	2018 年 4 月	烯丙菊酯	19	3.13	4.23	高度风险
29	2018 年 4 月	喹螨醚	15	2.47	3.57	高度风险
30	2018 年 4 月	烯虫酯	10	1.64	2.74	高度风险
31	2018 年 4 月	烯虫炔酯	9	1.48	2.58	高度风险
32	2018 年 4 月	猛杀威	8	1.32	2.42	中度风险
33	2018 年 4 月	高效氯氟氰菊酯	8	1.32	2.42	中度风险
34	2018 年 4 月	炔螨特	6	0.99	2.09	中度风险
35	2018 年 4 月	3,5-二氯苯胺	5	0.82	1.92	中度风险
36	2018 年 4 月	威杀灵	4	0.66	1.76	中度风险
37	2018 年 4 月	萘乙酰胺	4	0.66	1.76	中度风险
38	2018 年 4 月	三唑磷	3	0.49	1.59	中度风险
39	2018 年 4 月	己唑醇	3	0.49	1.59	中度风险
40	2018 年 4 月	毒死蜱	3	0.49	1.59	中度风险

4.4 GC-Q-TOF/MS 侦测重庆市市售水果蔬菜农药残留风险评估结论与建议

农药残留是影响水果蔬菜安全和质量的主要因素，也是我国食品安全领域备受关注的敏感话题和亟待解决的重大问题之一[15,16]。各种水果蔬菜均存在不同程度的农药残留现象，本研究主要针对重庆市各类水果蔬菜存在的农药残留问题，基于 2017 年 6 月~2018 年 4 月对重庆市 1011 例水果蔬菜样品中农药残留侦测得出的 1389 个侦测结果，分别采用食品安全指数模型和风险系数模型，开展水果蔬菜中农药残留的膳食暴露风险和预警风险评估。水果蔬菜样品取自超市和农贸市场，符合大众的膳食来源，风险评价时更具有代表性和可信度。

本研究力求通用简单地反映食品安全中的主要问题，且为管理部门和大众容易接受，为政府及相关管理机构建立科学的食品安全信息发布和预警体系提供科学的规律与方法，加强对农药残留的预警和食品安全重大事件的预防，控制食品风险。

4.4.1 重庆市水果蔬菜中农药残留膳食暴露风险评价结论

1) 水果蔬菜样品中农药残留安全状态评价结论

采用食品安全指数模型，对 2017 年 6 月~2018 年 4 月期间重庆市水果蔬菜食品农药残留膳食暴露风险进行评价，根据 IFS_c 的计算结果发现，水果蔬菜中农药的 $\overline{IFS}$ 为 0.1309，说明重庆市水果蔬菜总体处于可以接受的安全状态，但部分禁用农药、高残留农药在蔬菜、水果中仍有侦测出，导致膳食暴露风险的存在，成为不安全因素。

2) 单种水果蔬菜中农药膳食暴露风险不可接受情况评价结论

单种水果蔬菜中农药残留安全指数分析结果显示，农药对单种水果蔬菜安全影响不可接受($IFS_c>1$)的样本数共 3 个，占总样本数的 0.77%，3 个样本分别为蒜薹中的杀虫脒、芹菜中的异丙威和橙中的水胺硫磷，说明蒜薹中的杀虫脒、芹菜中的异丙威和橙中的水胺硫磷会对消费者身体健康造成较大的膳食暴露风险。杀虫脒和水胺硫磷属于禁用的剧毒农药，且蒜薹和橙均为较常见的水果蔬菜，百姓日常食用量较大，长期食用大量残留杀虫脒的蒜薹和水胺硫磷的橙会对人体造成不可接受的影响，本次检测发现杀虫脒在蒜薹中、水胺硫磷在橙中及异丙威在芹菜中多次并大量侦测出，是未严格实施农业良好管理规范(GAP)，抑或是农药滥用，这应该引起相关管理部门的警惕，应加强对韭菜、草莓和芹菜中氧乐果的严格管控。

3) 禁用农药膳食暴露风险评价

本次检测发现部分水果蔬菜样品中有禁用农药侦测出，侦测出禁用农药 6 种，检出频次为 23，水果蔬菜样品中的禁用农药 IFS_c 计算结果表明，禁用农药残留膳食暴露风险不可接受的频次为 4，占 17.39%；可以接受的频次为 8，占 34.78%；没有影响的频次为

11，占 47.83%。对于水果蔬菜样品中所有农药而言，膳食暴露风险不可接受的频次为 7，仅占总体频次的 0.5%。可以看出，禁用农药的膳食暴露风险不可接受的比例远高于总体水平，这在一定程度上说明禁用农药更容易导致严重的膳食暴露风险。此外，膳食暴露风险不可接受的残留禁用农药均为杀虫脒，因此，应该加强对禁用农药杀虫脒的管控力度。为何在国家明令禁止禁用农药喷洒的情况下，还能在多种水果蔬菜中多次侦测出禁用农药残留并造成不可接受的膳食暴露风险，这应该引起相关部门的高度警惕，应该在禁止禁用农药喷洒的同时，严格管控禁用农药的生产和售卖，从根本上杜绝安全隐患。

4.4.2　重庆市水果蔬菜中农药残留预警风险评价结论

1) 单种水果蔬菜中禁用农药残留的预警风险评价结论

本次检测过程中，在 8 种水果蔬菜中检测出 6 种禁用农药，禁用农药为：氰戊菊酯、杀扑磷、水胺硫磷、甲基异柳磷、硫丹、杀虫脒，水果蔬菜为：梨、橘、橙、甜椒、胡萝卜、草莓、蒜薹、西葫芦，水果蔬菜中禁用农药的风险系数分析结果显示，6 种禁用农药在 8 种水果蔬菜中的残留均处于高度风险，说明在单种水果蔬菜中禁用农药的残留会导致较高的预警风险。

2) 单种水果蔬菜中非禁用农药残留的预警风险评价结论

以 MRL 中国国家标准为标准，计算水果蔬菜中非禁用农药风险系数情况下，380 个样本中，9 个处于高度风险(2.37%)，89 个处于低度风险(23.42%)，282 个样本没有 MRL 中国国家标准(74.21%)。以 MRL 欧盟标准为标准，计算水果蔬菜中非禁用农药风险系数情况下，发现有 143 个处于高度风险(37.63%)，237 个处于低度风险(62.37%)。基于两种 MRL 标准，评价的结果差异显著，可以看出 MRL 欧盟标准比中国国家标准更加严格和完善，过于宽松的 MRL 中国国家标准值能否有效保障人体的健康有待研究。

4.4.3　加强重庆市水果蔬菜食品安全建议

我国食品安全风险评价体系仍不够健全，相关制度不够完善，多年来，由于农药用药次数多、用药量大或用药间隔时间短，产品残留量大，农药残留所造成的食品安全问题日益严峻，给人体健康带来了直接或间接的危害。据估计，美国与农药有关的癌症患者数约占全国癌症患者总数的 50%，中国更高。同样，农药对其他生物也会形成直接杀伤和慢性危害，植物中的农药可经过食物链逐级传递并不断蓄积，对人和动物构成潜在威胁，并影响生态系统。

基于本次农药残留侦测数据的风险评价结果，提出以下几点建议：

1) 加快食品安全标准制定步伐

我国食品标准中对农药每日允许最大摄入量 ADI 的数据严重缺乏，在本次评价所涉及的 96 种农药中，仅有 65.625%的农药具有 ADI 值，而 34.375%的农药中国尚未规定相应的 ADI 值，亟待完善。

我国食品中农药最大残留限量值的规定严重缺乏，对评估涉及的不同水果蔬菜中不同农药 391 个 MRL 限值进行统计来看，我国仅制定出 105 个标准，我国标准完整率仅为 26.85%，欧盟的完整率达到 100%(表 4-19)。因此，中国更应加快 MRL 的制定步伐。

表 4-19 我国国家食品标准农药的 ADI、MRL 值与欧盟标准的数量差异

分类		中国 ADI	MRL 中国国家标准	MRL 欧盟标准
标准限值(个)	有	63	105	391
	无	33	286	0
总数(个)		96	391	391
无标准限值比例(%)		34.4	73.2	0

此外，MRL 中国国家标准限值普遍高于欧盟标准限值，这些标准中共有 61 个高于欧盟。过高的 MRL 值难以保障人体健康，建议继续加强对限值基准和标准的科学研究，将农产品中的危险性减少到尽可能低的水平。

2) 加强农药的源头控制和分类监管

在重庆市某些水果蔬菜中仍有禁用农药残留，利用 GC-Q-TOF/MS 技术侦测出 6 种禁用农药，检出频次为 23 次，残留禁用农药均存在较大的膳食暴露风险和预警风险。早已列入黑名单的禁用农药在我国并未真正退出，有些药物由于价格便宜、工艺简单，此类高毒农药一直生产和使用。建议在我国采取严格有效的控制措施，从源头控制禁用农药。

对于非禁用农药，在我国作为“田间地头”最典型单位的县级蔬果产地中，农药残留的检测几乎缺失。建议根据农药的毒性，对高毒、剧毒、中毒农药实现分类管理，减少使用高毒和剧毒高残留农药，进行分类监管。

3) 加强残留农药的生物修复及降解新技术

市售果蔬中残留农药的品种多、频次高、禁用农药多次检出这一现状，说明了我国的田间土壤和水体因农药长期、频繁、不合理的使用而遭到严重污染。为此，建议中国相关部门出台相关政策，鼓励高校及科研院所积极开展分子生物学、酶学等研究，加强土壤、水体中残留农药的生物修复及降解新技术研究，切实加大农药监管力度，以控制农药的面源污染问题。

综上所述，在本工作基础上，根据蔬菜残留危害，可进一步针对其成因提出和采取严格管理、大力推广无公害蔬菜种植与生产、健全食品安全控制技术体系、加强蔬菜食品质量检测体系建设和积极推行蔬菜食品质量追溯制度等相应对策。建立和完善食品安全综合评价指数与风险监测预警系统，对食品安全进行实时、全面的监控与分析，为我国的食品安全科学监管与决策提供新的技术支持，可实现各类检验数据的信息化系统管理，降低食品安全事故的发生。

成 都 市

第 5 章　LC-Q-TOF/MS 侦测成都市 921 例市售水果蔬菜样品农药残留报告

从成都市所属 5 个区，随机采集了 921 例水果蔬菜样品，使用液相色谱-四极杆飞行时间质谱(LC-Q-TOF/MS)对 565 种农药化学污染物进行示范侦测(7 种负离子模式 ESI⁻未涉及)。

5.1　样品种类、数量与来源

5.1.1　样品采集与检测

为了真实反映百姓餐桌上水果蔬菜中农药残留污染状况，本次所有检测样品均由检验人员于 2017 年 6 月至 2018 年 3 月期间，从成都市所属 32 个采样点，包括 7 个农贸市场和 25 个超市，以随机购买方式采集，总计 32 批 921 例样品，从中检出农药 87 种，1919 频次。采样及监测概况见图 5-1 及表 5-1，样品及采样点明细见表 5-2 及表 5-3(侦测原始数据见附表 1)。

序号	行政区域	水果采样量	蔬菜及其他采样量	总计
1	武侯区	86	144	230
2	锦江区	53	89	142
3	成华区	58	102	160
4	金牛区	71	140	211
5	青羊区	63	115	178

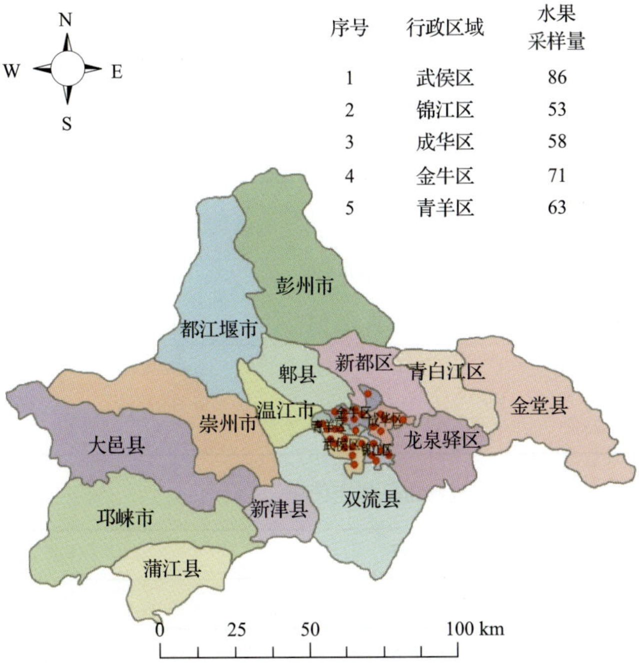

图 5-1　成都市所属 32 个采样点 921 例样品分布图

表 5-1 农药残留监测总体概况

采样地区	成都市所属 5 个区
采样点(超市＋农贸市场)	32
样本总数	921
检出农药品种/频次	87/1919
各采样点样本农药残留检出率范围	45.8%～83.3%

表 5-2 样品分类及数量

样品分类	样品名称(数量)	数量小计
1. 食用菌		60
1)蘑菇类	香菇(29)，金针菇(15)，杏鲍菇(16)	60
2. 水果		331
1)仁果类水果	苹果(31)，梨(31)，枇杷(10)	72
2)核果类水果	李子(8)	8
3)浆果和其他小型水果	猕猴桃(30)，葡萄(16)，草莓(14)	60
4)瓜果类水果	西瓜(16)，哈密瓜(16)	32
5)热带和亚热带水果	木瓜(11)，荔枝(15)，芒果(16)，菠萝(27)，火龙果(31)	100
6)柑橘类水果	橘(14)，柠檬(15)，橙(30)	59
3. 蔬菜		530
1)豆类蔬菜	菜豆(30)	30
2)鳞茎类蔬菜	韭菜(13)，洋葱(13)，葱(15)，蒜薹(21)	62
3)叶菜类蔬菜	芹菜(28)，油麦菜(24)，小白菜(28)，生菜(29)，莴笋(15)	124
4)芸薹属类蔬菜	结球甘蓝(24)，花椰菜(10)，紫甘蓝(12)，青花菜(26)	72
5)茄果类蔬菜	番茄(32)，甜椒(30)，茄子(30)	92
6)瓜类蔬菜	黄瓜(32)，西葫芦(22)，冬瓜(23)，苦瓜(30)	107
7)根茎类和薯芋类蔬菜	胡萝卜(31)，萝卜(12)	43
合计	1. 食用菌 3 种 2. 水果 17 种 3. 蔬菜 23 种	921

表 5-3 成都市采样点信息

采样点序号	行政区域	采样点
农贸市场(7)		
1	成华区	***市场
2	成华区	***市场

续表

采样点序号	行政区域	采样点
	农贸市场(7)	
3	成华区	***市场
4	武侯区	***市场
5	武侯区	***市场
6	锦江区	***市场
7	青羊区	***市场
超市(25)		
1	成华区	***超市(建设路店)
2	成华区	***超市(三三九广场店)
3	成华区	***超市(SM 广场分店)
4	武侯区	***超市(双楠店)
5	武侯区	***超市(永康店)
6	武侯区	***超市(科华路店)
7	武侯区	***超市(高新店)
8	武侯区	***超市(双楠店)
9	武侯区	***超市(武侯店)
10	金牛区	***超市(沙湾店)
11	金牛区	***超市(通惠门路店)
12	金牛区	***超市(城市超市店)
13	金牛区	***超市(金牛店)
14	金牛区	***超市(凯德沙湾店)
15	金牛区	***超市(回龙湾店)
16	金牛区	***超市(交大路分店)
17	锦江区	***超市(万达广场锦华路店)
18	锦江区	***超市(红星路店)
19	锦江区	***超市(翡翠城店)
20	锦江区	***超市(锦江店)
21	青羊区	***超市(草市街店)
22	青羊区	***超市(光华店)

续表

采样点序号	行政区域	采样点
超市(25)		
23	青羊区	***超市(八宝街店)
24	青羊区	***超市(青羊广场店)
25	青羊区	***超市(成都羊城商场店)

5.1.2　检测结果

这次使用的检测方法是庞国芳院士团队最新研发的不需使用标准品对照，而以高分辨精确质量数(0.0001 *m/z*)为基准的 LC-Q-TOF/MS 检测技术，对于 921 例样品，每个样品均侦测了 565 种农药化学污染物的残留现状。通过本次侦测，在 921 例样品中共计检出农药化学污染物 87 种，检出 1919 频次。

5.1.2.1　各采样点样品检出情况

统计分析发现 32 个采样点中，被测样品的农药检出率范围为 45.8%~83.3%。其中，***超市(双楠店)和***超市(凯德沙湾店)的检出率最高，均为 83.3%。***超市(城市超市店)的检出率最低，为 45.8%，见图 5-2。

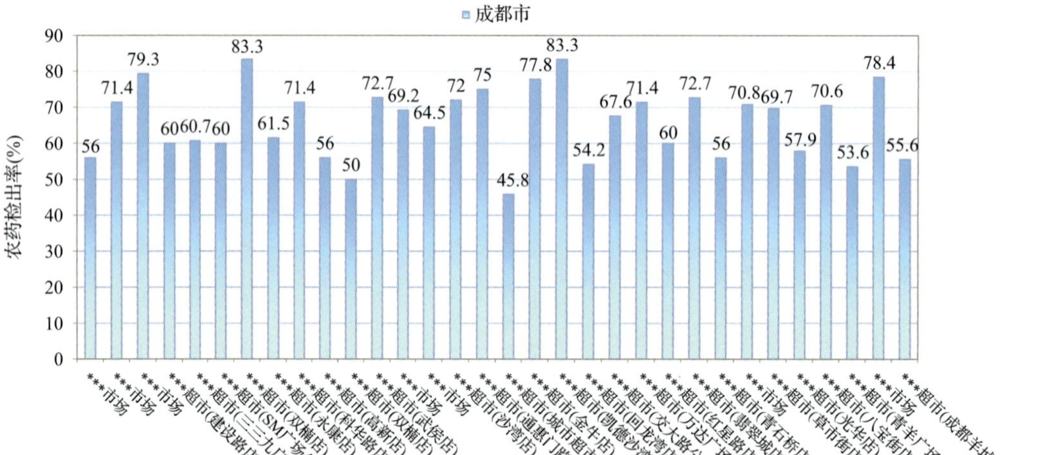

图 5-2　各采样点样品中的农药检出率

5.1.2.2　检出农药的品种总数与频次

统计分析发现，对于 921 例样品中 565 种农药化学污染物的侦测，共检出农药 1919 频次，涉及农药 87 种，结果如图 5-3 所示。其中多菌灵检出频次最高，共检出 290 次。

检出频次排名前 10 的农药如下：①多菌灵(290)；②烯酰吗啉(184)；③吡唑醚菌酯(106)；④啶虫脒(100)；⑤四氟醚唑(86)；⑥甲霜灵(79)；⑦咪鲜胺(75)；⑧苯醚甲环唑(71)；⑨嘧霉胺(70)；⑩三环唑(63)。

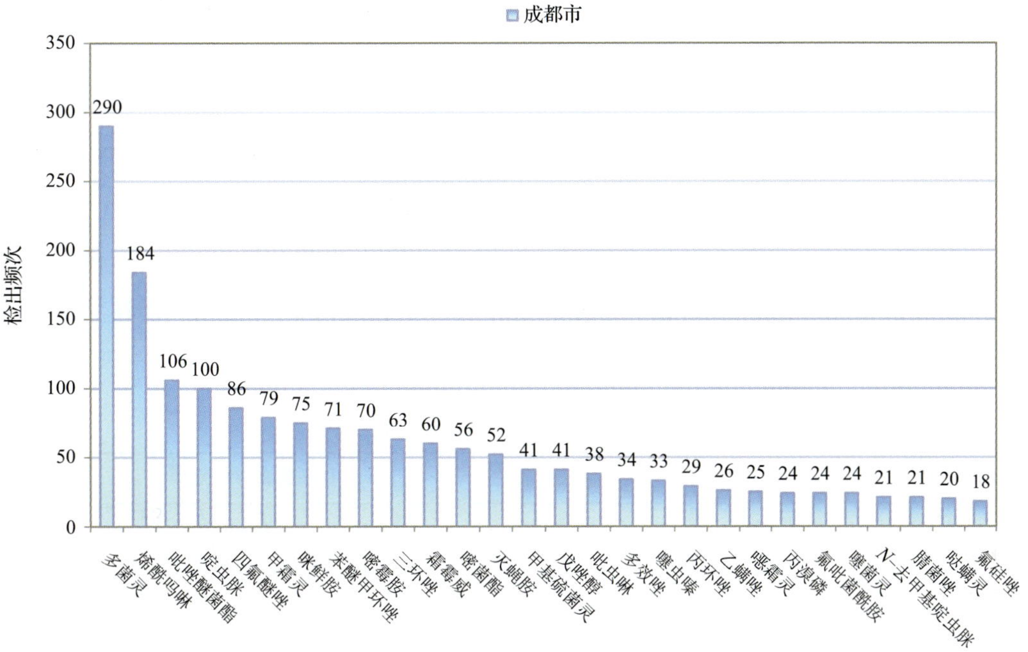

图 5-3　检出农药品种及频次(仅列出检出农药 18 频次及以上的数据)

由图 5-4 可见，草莓、小白菜、生菜和葡萄这 4 种果蔬样品中检出的农药品种数较高，均超过 25 种，其中，草莓检出农药品种最多，为 40 种。由图 5-5 可见，草莓、小白菜、生菜和葡萄这 4 种果蔬样品中的农药检出频次较高，均超过 100 次，其中，草莓检出农药频次最高，为 163 次。

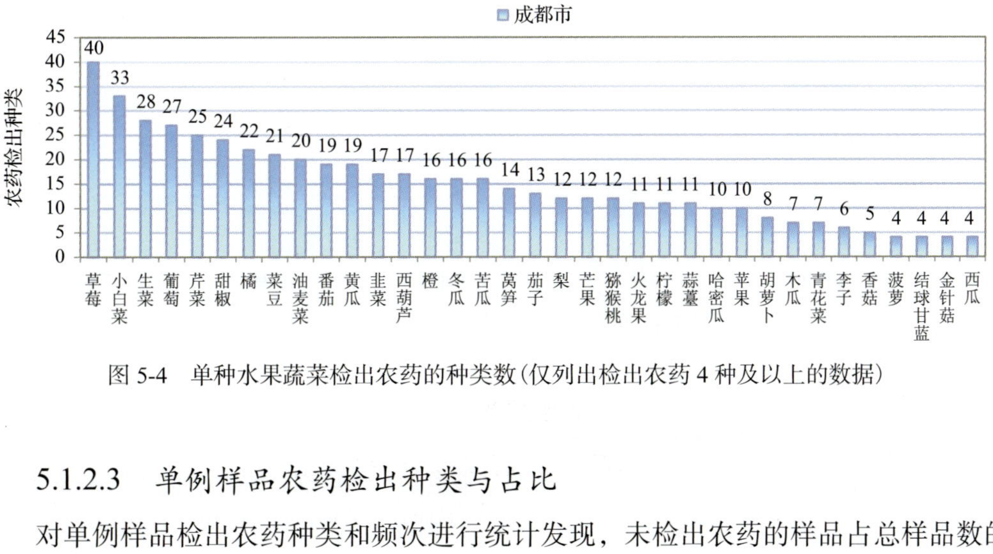

图 5-4　单种水果蔬菜检出农药的种类数(仅列出检出农药 4 种及以上的数据)

5.1.2.3　单例样品农药检出种类与占比

对单例样品检出农药种类和频次进行统计发现，未检出农药的样品占总样品数的

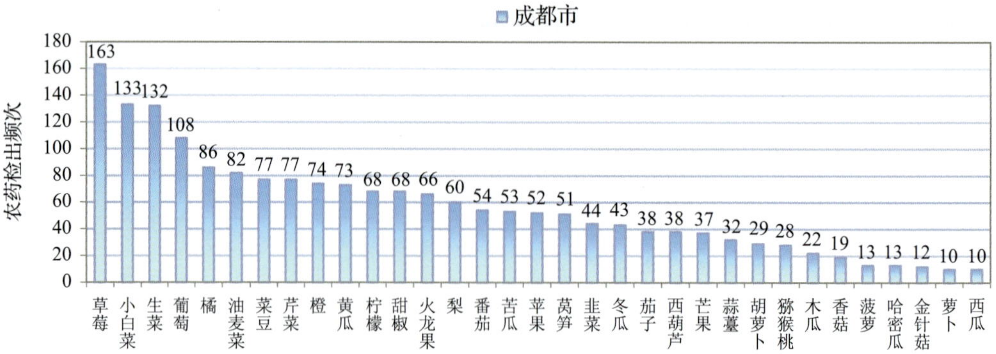

图 5-5 单种水果蔬菜检出农药频次(仅列出检出农药 10 频次及以上的数据)

33.0%，检出 1 种农药的样品占总样品数的 19.2%，检出 2~5 种农药的样品占总样品数的 38.3%，检出 6~10 种农药的样品占总样品数的 8.3%，检出大于 10 种农药的样品占总样品数的 1.2%。每例样品中平均检出农药为 2.1 种，数据见表 5-4 及图 5-6。

表 5-4 单例样品检出农药品种占比

检出农药品种数	样品数量/占比(%)
未检出	304/33.0
1 种	177/19.2
2~5 种	353/38.3
6~10 种	76/8.3
大于 10 种	11/1.2
单例样品平均检出农药品种	2.1 种

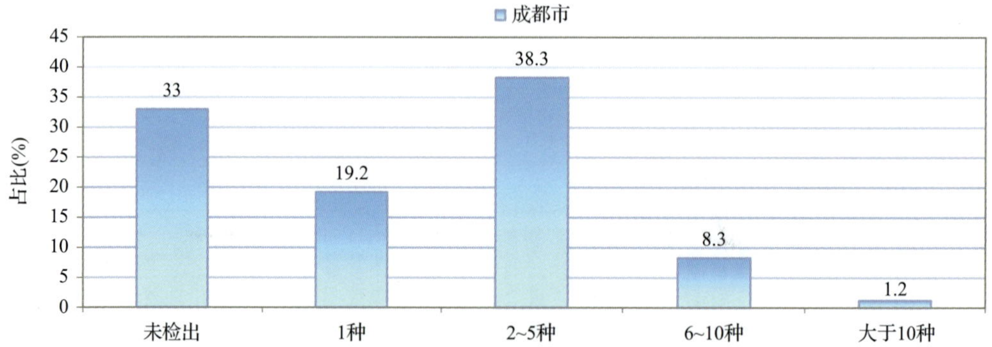

图 5-6 单例样品平均检出农药品种及占比

5.1.2.4 检出农药类别与占比

所有检出农药按功能分类，包括杀菌剂、杀虫剂、除草剂、植物生长调节剂共 4 类。其中杀菌剂与杀虫剂为主要检出的农药类别，分别占总数的 47.1%和 41.4%，见表 5-5

及图 5-7。

表 5-5　检出农药所属类别/占比

农药类别	数量/占比(%)
杀菌剂	41/47.1
杀虫剂	36/41.4
除草剂	5/5.7
植物生长调节剂	5/5.7

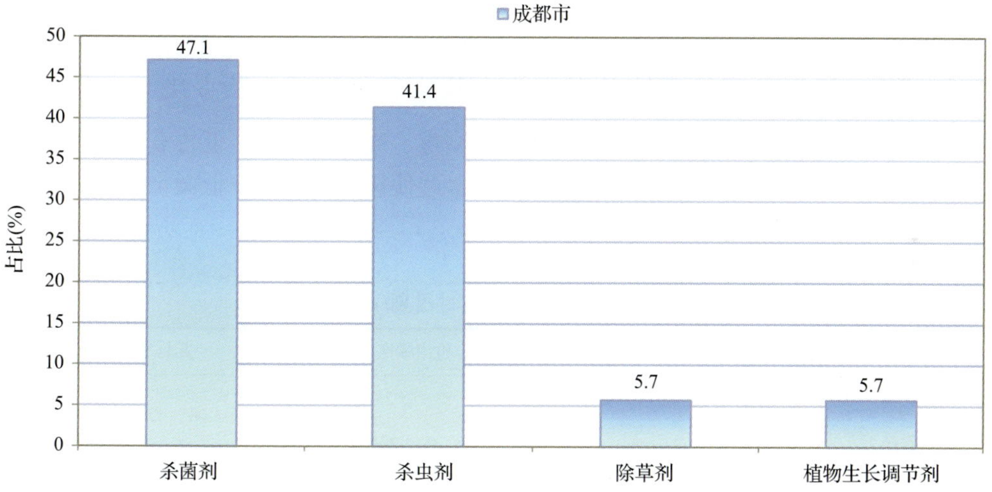

图 5-7　检出农药所属类别和占比

5.1.2.5　检出农药的残留水平

按检出农药残留水平进行统计，残留水平在 1~5 μg/kg(含)的农药占总数的 32.0%，在 5~10 μg/kg(含)的农药占总数的 14.5%，在 10~100 μg/kg(含)的农药占总数的 42.5%，在 100~1000 μg/kg(含)的农药占总数的 9.7%，在>1000 μg/kg 的农药占总数的 1.2%。

由此可见，这次检测的 32 批 921 例水果蔬菜样品中农药多数处于中高残留水平。结果见表 5-6 及图 5-8，数据见附表 2。

表 5-6　农药残留水平/占比

残留水平(μg/kg)	检出频次数/占比(%)
1~5(含)	615/32.0
5~10(含)	279/14.5
10~100(含)	815/42.5
100~1000(含)	187/9.7
>1000	23/1.2

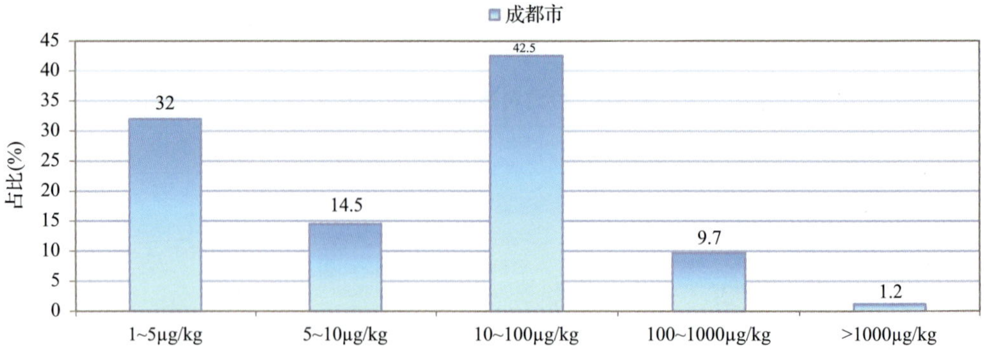

图 5-8　检出农药残留水平及占比

5.1.2.6　检出农药的毒性类别、检出频次和超标频次及占比

对这次检出的 87 种 1919 频次的农药，按剧毒、高毒、中毒、低毒和微毒这五个毒性类别进行分类，从中可以看出，成都市目前普遍使用的农药为中低微毒农药，品种占 90.8%，频次占 98.7%。结果见表 5-7 及图 5-9。

表 5-7　检出农药毒性类别/占比

毒性分类	农药品种/占比(%)	检出频次/占比(%)	超标频次/超标率(%)
剧毒农药	1/1.1	2/0.1	0/0.0
高毒农药	7/8.0	23/1.2	10/43.5
中毒农药	33/37.9	822/42.8	9/1.1
低毒农药	28/32.2	458/23.9	1/0.2
微毒农药	18/20.7	614/32.0	4/0.7

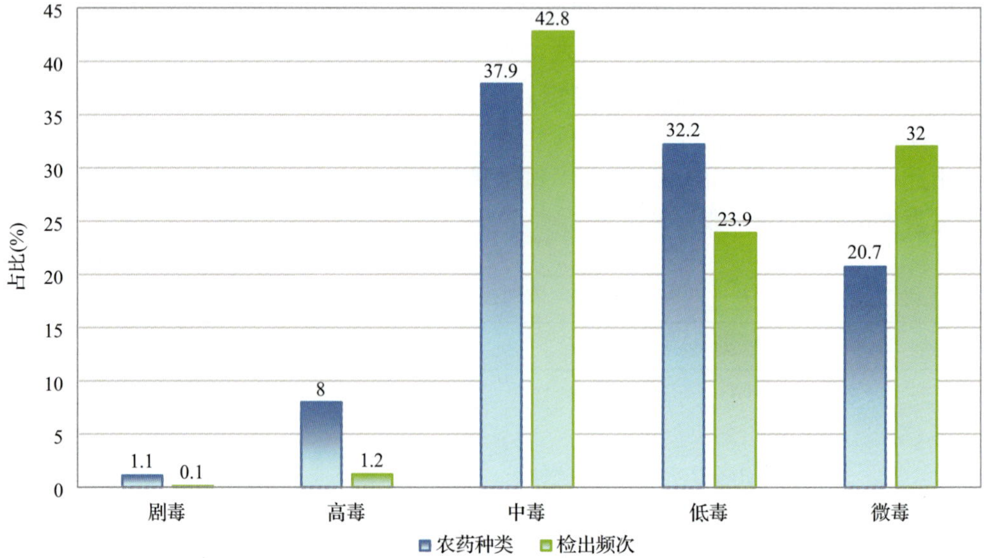

图 5-9　检出农药的毒性分类和占比

5.1.2.7　检出剧毒/高毒类农药的品种和频次

值得特别关注的是，在此次侦测的 921 例样品中有 11 种蔬菜 6 种水果的 25 例样品检出了 8 种 25 频次的剧毒和高毒农药，占样品总量的 2.7%，详见图 5-10、表 5-8 及表 5-9。

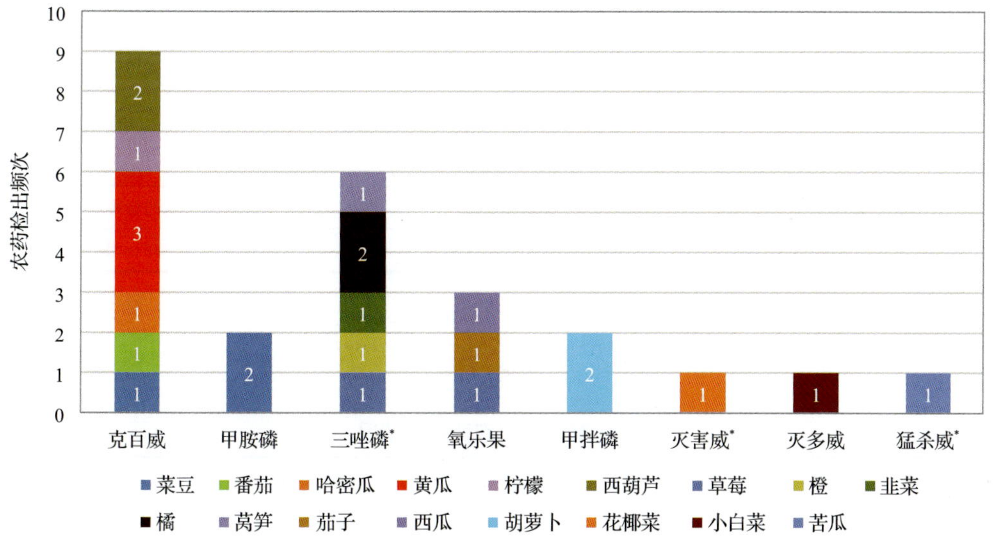

图 5-10　检出剧毒/高毒农药的样品情况

*表示允许在水果和蔬菜上使用的农药

表 5-8　剧毒农药检出情况

序号	农药名称	检出频次	超标频次	超标率
		水果中未检出剧毒农药		
	小计	0	0	超标率：0.0%
		从 1 种蔬菜中检出 1 种剧毒农药，共计检出 2 次		
1	甲拌磷*	2	0	0.0%
	小计	2	0	超标率：0.0%
	合计	2	0	超标率：0.0%

表 5-9　高毒农药检出情况

序号	农药名称	检出频次	超标频次	超标率
		从 6 种水果中检出 3 种高毒农药，共计检出 8 次		
1	三唑磷	4	1	25.0%
2	克百威	2	1	50.0%
3	氧乐果	2	1	50.0%
	小计	8	3	超标率：37.5%

续表

序号	农药名称	检出频次	超标频次	超标率
从 10 种蔬菜中检出 7 种高毒农药，共计检出 15 次				
1	克百威	7	5	71.4%
2	甲胺磷	2	1	50.0%
3	三唑磷	2	0	0.0%
4	猛杀威	1	0	0.0%
5	灭多威	1	0	0.0%
6	灭害威	1	0	0.0%
7	氧乐果	1	1	100.0%
	小计	15	7	超标率：46.7%
	合计	23	10	超标率：43.5%

在检出的剧毒和高毒农药中，有 5 种是我国早已禁止在果树和蔬菜上使用的，分别是：克百威、甲拌磷、甲胺磷、氧乐果和灭多威。禁用农药的检出情况见表 5-10。

表 5-10　禁用农药检出情况

序号	农药名称	检出频次	超标频次	超标率
从 4 种水果中检出 2 种禁用农药，共计检出 4 次				
1	克百威	2	1	50.0%
2	氧乐果	2	1	50.0%
	小计	4	2	超标率：50.0%
从 8 种蔬菜中检出 6 种禁用农药，共计检出 15 次				
1	克百威	7	5	71.4%
2	丁酰肼	2	0	0.0%
3	甲胺磷	2	1	50.0%
4	甲拌磷*	2	0	0.0%
5	灭多威	1	0	0.0%
6	氧乐果	1	1	100.0%
	小计	15	7	超标率：46.7%
	合计	19	9	超标率：47.4%

注：超标结果参考 MRL 中国国家标准计算

此次抽检的果蔬样品中，有 1 种蔬菜检出了剧毒农药，为胡萝卜中检出甲拌磷 2 次。

样品中检出剧毒和高毒农药残留水平超过 MRL 中国国家标准的频次为 10 次，其中：哈密瓜检出克百威超标 1 次；橘检出三唑磷超标 1 次；草莓检出氧乐果超标 1 次；番茄检出克百威超标 1 次；茄子检出氧乐果超标 1 次；菜豆检出甲胺磷超标 1 次；西葫芦检出克百威超标 1 次；黄瓜检出克百威超标 3 次。本次检出结果表明，高毒、剧毒农药的使用现象依旧存在。详见表 5-11。

表 5-11 各样本中检出剧毒/高毒农药情况

样品名称	农药名称	检出频次	超标频次	检出浓度(μg/kg)
		水果 6 种		
哈密瓜	克百威▲	1	1	35.1[a]
柠檬	克百威▲	1	0	5.2
橘	三唑磷	2	1	239.6[a], 113.5
橙	三唑磷	1	0	4.0
草莓	氧乐果▲	1	1	145.1[a]
草莓	三唑磷	1	0	1.5
西瓜	氧乐果▲	1	0	7.2
小计		8	3	超标率：37.5%
		蔬菜 11 种		
小白菜	灭多威▲	1	0	72.9
番茄	克百威▲	1	1	21.9[a]
胡萝卜	甲拌磷*▲	2	0	4.0, 6.7
花椰菜	灭害威	1	0	33.4
苦瓜	猛杀威	1	0	17.4
茄子	氧乐果▲	1	1	126.5[a]
莴笋	三唑磷	1	0	1.2
菜豆	甲胺磷▲	2	1	32.7, 133.3[a]
菜豆	克百威▲	1	0	10.0
西葫芦	克百威▲	2	1	69.0[a], 17.3
韭菜	三唑磷	1	0	42.6
黄瓜	克百威▲	3	3	126.1[a], 26.0[a], 63.9[a]
小计		17	7	超标率：41.2%
合计		25	10	超标率：40.0%

5.2 农药残留检出水平与最大残留限量标准对比分析

我国于 2014 年 3 月 20 日正式颁布并于 2014 年 8 月 1 日正式实施食品农药残留限量国家标准《食品中农药最大残留限量》(GB 2763—2014)。该标准包括 371 个农药条目，涉及最大残留限量(MRL)标准 3653 项。将 1919 频次检出农药的浓度水平与 3653 项 MRL 中国国家标准进行核对，其中只有 681 频次的农药找到了对应的 MRL 标准，占

35.5%，还有 1238 频次的侦测数据则无相关 MRL 标准供参考，占 64.5%。

将此次侦测结果与国际上现行 MRL 标准对比发现，在 1919 频次的检出结果中有 1919 频次的结果找到了对应的 MRL 欧盟标准，占 100.0%，其中，1836 频次的结果有明确对应的 MRL，占 95.7%，其余 83 频次按照欧盟一律标准判定，占 4.3%；有 1919 频次的结果找到了对应的 MRL 日本标准，占 100.0%，其中，1410 频次的结果有明确对应的 MRL，占 73.5%，其余 507 频次按照日本一律标准判定，占 26.5%；有 1016 频次的结果找到了对应的 MRL 中国香港标准，占 52.9%；有 905 频次的结果找到了对应的 MRL 美国标准，占 47.2%；有 761 频次的结果找到了对应的 MRL CAC 标准，占 39.7%（见图 5-11 和图 5-12，数据见附表 3 至附表 8）。

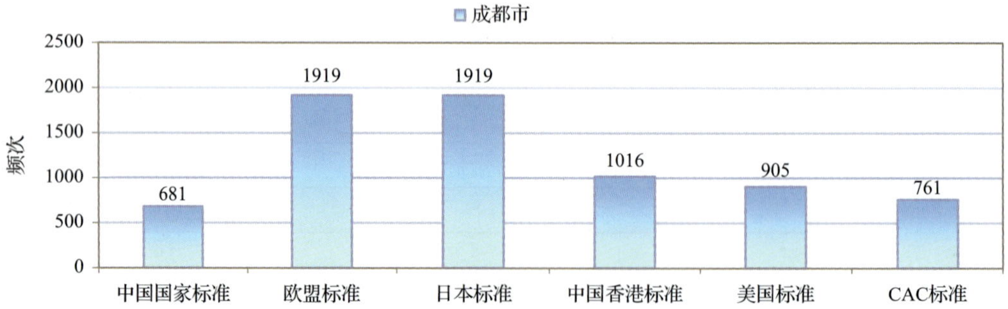

图 5-11　1919 频次检出农药可用 MRL 中国国家标准、欧盟标准、日本标准、中国香港标准、美国标准、MRL CAC 标准判定衡量的数量

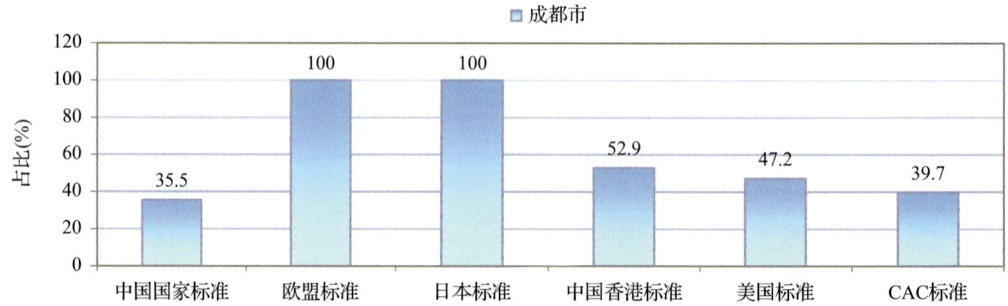

图 5-12　1919 频次检出农药可用 MRL 中国国家标准、欧盟标准、日本标准、中国香港标准、美国标准、MRL CAC 标准衡量的占比

5.2.1　超标农药样品分析

本次侦测的 921 例样品中，304 例样品未检出任何残留农药，占样品总量的 33.0%，617 例样品检出不同水平、不同种类的残留农药，占样品总量的 67.0%。在此，我们将本次侦测的农残检出情况与 MRL 中国国家标准、欧盟标准、日本标准、中国香港标准、美国标准和 CAC 标准这 6 大国际主流 MRL 标准进行对比分析，样品农残检出与超标情况见表 5-12、图 5-13 和图 5-14，详细数据见附表 9 至附表 14。

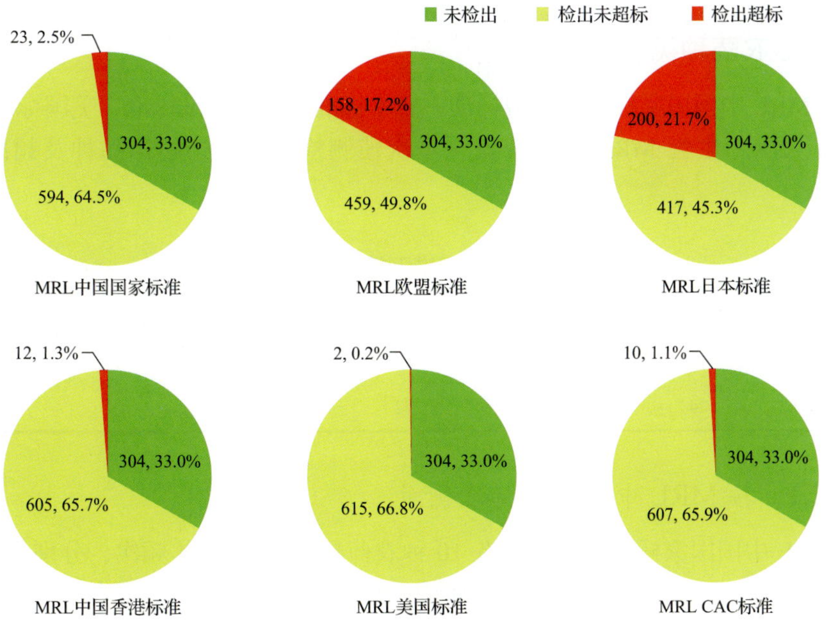

图 5-13　检出和超标样品比例情况

表 5-12　各 MRL 标准下样品农残检出与超标数量及占比

	中国国家标准	欧盟标准	日本标准	中国香港标准	美国标准	CAC 标准
	数量/占比(%)	数量/占比(%)	数量/占比(%)	数量/占比(%)	数量/占比(%)	数量/占比(%)
未检出	304/33.0	304/33.0	304/33.0	304/33.0	304/33.0	304/33.0
检出未超标	594/64.5	459/49.8	417/45.3	605/65.7	615/66.8	607/65.9
检出超标	23/2.5	158/17.2	200/21.7	12/1.3	2/0.2	10/1.1

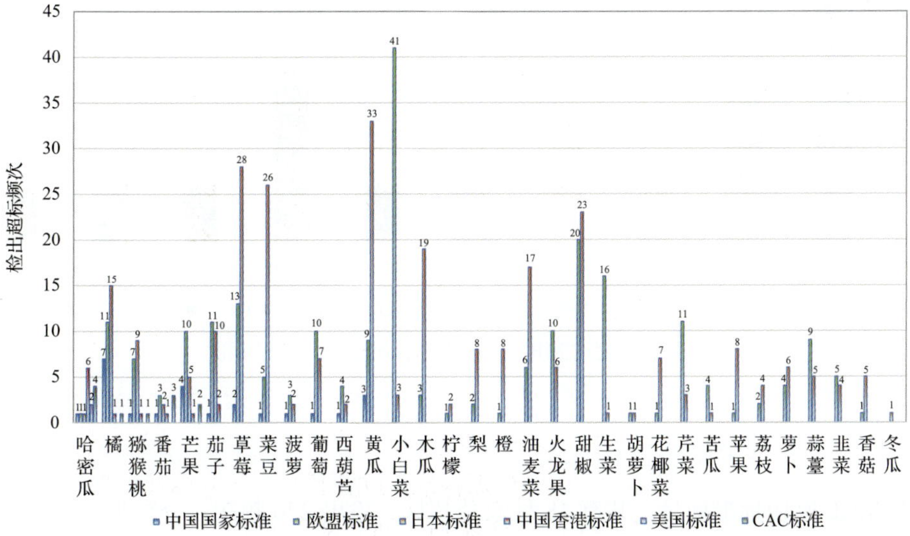

图 5-14　超过 MRL 中国国家标准、欧盟标准、日本标准、中国香港标准、美国标准和 CAC 标准结果在水果蔬菜中的分布

5.2.2　超标农药种类分析

按照 MRL 中国国家标准、欧盟标准、日本标准、中国香港标准、美国标准和 CAC 标准这 6 大国际主流 MRL 标准衡量，本次侦测检出的农药超标品种及频次情况见表 5-13。

表 5-13　各 MRL 标准下超标农药品种及频次

	中国国家标准	欧盟标准	日本标准	中国香港标准	美国标准	CAC 标准
超标农药品种	10	48	46	6	1	6
超标农药频次	24	226	272	12	2	11

5.2.2.1　按 MRL 中国国家标准衡量

按 MRL 中国国家标准衡量，共有 10 种农药超标，检出 24 频次，分别为高毒农药甲胺磷、克百威、三唑磷和氧乐果，中毒农药戊唑醇和丙溴磷，低毒农药烯酰吗啉，微毒农药吡唑醚菌酯、多菌灵和霜霉威。

按超标程度比较，橘中丙溴磷超标 13.9 倍，草莓中氧乐果超标 6.3 倍，茄子中氧乐果超标 5.3 倍，黄瓜中克百威超标 5.3 倍，西葫芦中克百威超标 2.5 倍。检测结果见图 5-15 和附表 15。

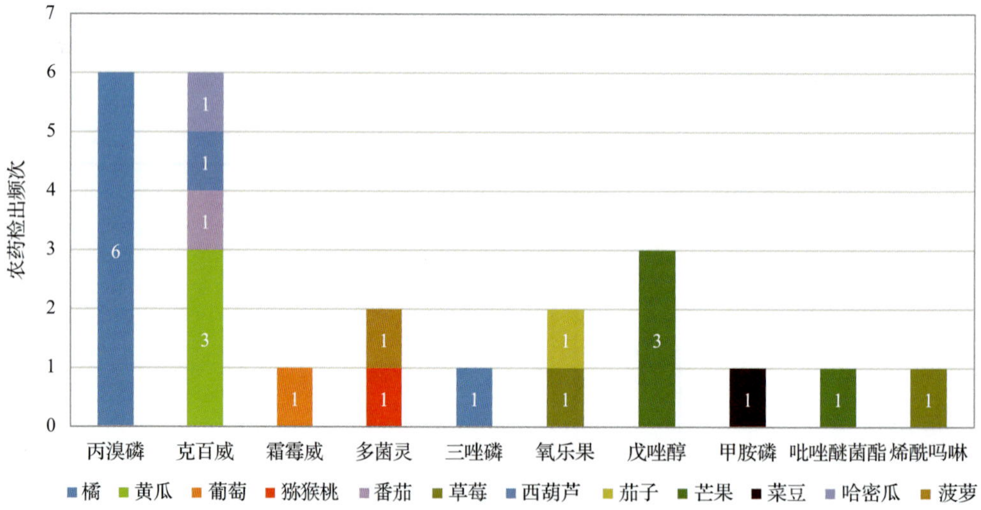

图 5-15　超过 MRL 中国国家标准农药品种及频次

5.2.2.2　按 MRL 欧盟标准衡量

按 MRL 欧盟标准衡量，共有 48 种农药超标，检出 226 频次，分别为高毒农药灭多威、猛杀威、克百威、甲胺磷、三唑磷、氧乐果和灭害威，中毒农药噻唑磷、咪鲜胺、多效唑、戊唑醇、烯唑醇、甲霜灵、氟吡禾灵、三唑酮、三唑醇、稻瘟灵、噁霜灵、丙环唑、唑虫酰胺、啶虫脒、氟硅唑、哒螨灵、丙溴磷、异丙威和 *N*-去甲基啶虫脒，低毒农药灭蝇胺、烯酰吗啉、呋虫胺、嘧霉胺、氟吡菌酰胺、吡虫啉脲、氟环唑、己唑醇、烯啶虫胺、氟唑菌酰胺和特丁净，微毒农药多菌灵、吡唑醚菌酯、丁酰肼、乙霉威、乙螨唑、缬霉威、嘧菌酯、啶氧菌酯、甲基硫菌灵、醚菌酯和霜霉威。

按超标程度比较，葡萄中霜霉威超标 357.8 倍，橘中丙溴磷超标 297.7 倍，油麦菜中醚菌酯超标 90.8 倍，芹菜中特丁净超标 68.4 倍，小白菜中啶虫脒超标 67.8 倍。检测结果见图 5-16 和附表 16。

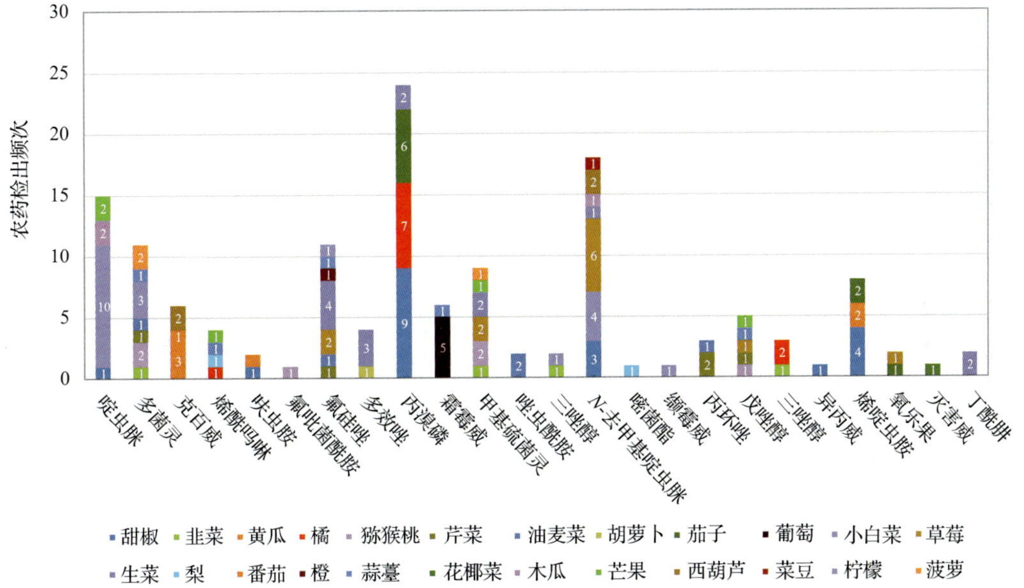

图 5-16-1　超过 MRL 欧盟标准农药品种及频次

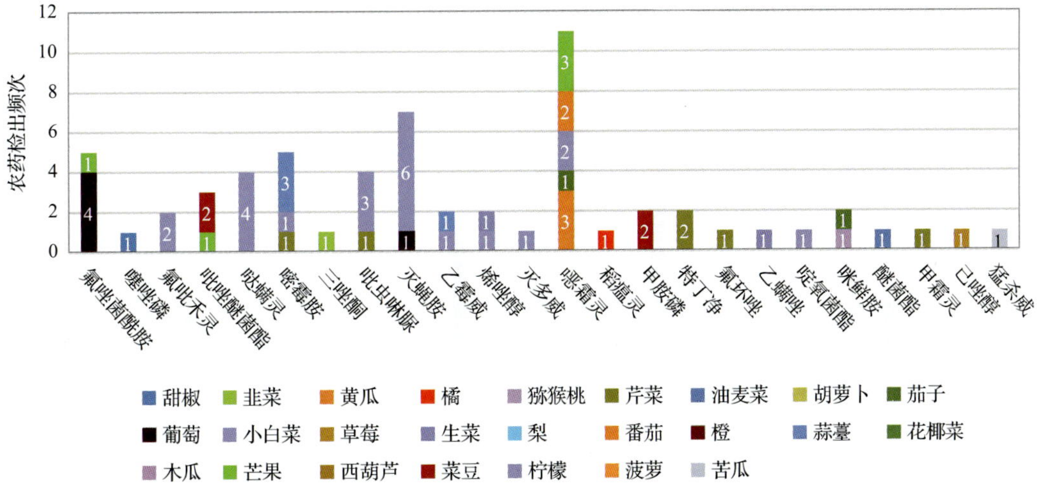

图 5-16-2　超过 MRL 欧盟标准农药品种及频次

5.2.2.3　按 MRL 日本标准衡量

按 MRL 日本标准衡量，共有 46 种农药超标，检出 272 频次，分别为高毒农药猛杀威、甲胺磷、三唑磷和灭害威，中毒农药粉唑醇、咪鲜胺、多效唑、戊唑醇、噻虫胺、甲霜灵、烯唑醇、氟吡禾灵、噻虫嗪、苯醚甲环唑、稻瘟灵、丙环唑、啶虫脒、氟硅唑、腈菌唑、哒螨灵、异丙威、丙溴磷和 *N*-去甲基啶虫脒，低毒农药灭蝇胺、烯酰吗啉、嘧霉胺、氟吡菌酰胺、吡虫啉脲、氟环唑、唑嘧菌胺、氟唑菌酰胺、乙嘧酚磺酸酯和特丁净，微毒农药多菌灵、环酰菌胺、吡唑醚菌酯、乙螨唑、缬霉威、丁酰肼、嘧菌酯、甲氧虫酰肼、啶氧菌酯、甲基硫菌灵、苯菌酮、吡丙醚和霜霉威。

按超标程度比较，橘中甲基硫菌灵超标 367.0 倍，葡萄中霜霉威超标 357.8 倍，猕猴桃中甲基硫菌灵超标 330.1 倍，橙中甲基硫菌灵超标 295.7 倍，芒果中甲基硫菌灵超标 102.1 倍。检测结果见图 5-17 和附表 17。

5.2.2.4　按 MRL 中国香港标准衡量

按 MRL 中国香港标准衡量，共有 6 种农药超标，检出 12 频次，分别为中毒农药噻虫胺、啶虫脒和丙溴磷，低毒农药烯酰吗啉，微毒农药多菌灵和吡唑醚菌酯。

按超标程度比较，橘中丙溴磷超标 28.9 倍，甜椒中啶虫脒超标 1.5 倍，菜豆中噻虫胺超标 1.2 倍，猕猴桃中多菌灵超标 0.9 倍，芒果中吡唑醚菌酯超标 0.2 倍。检测结果见图 5-18 和附表 18。

5.2.2.5　按 MRL 美国标准衡量

按 MRL 美国标准衡量，有 1 种农药超标，检出 2 频次，为中毒农药啶虫脒。

按超标程度比较，甜椒中啶虫脒超标 1.5 倍。检测结果见图 5-19 和附表 19。

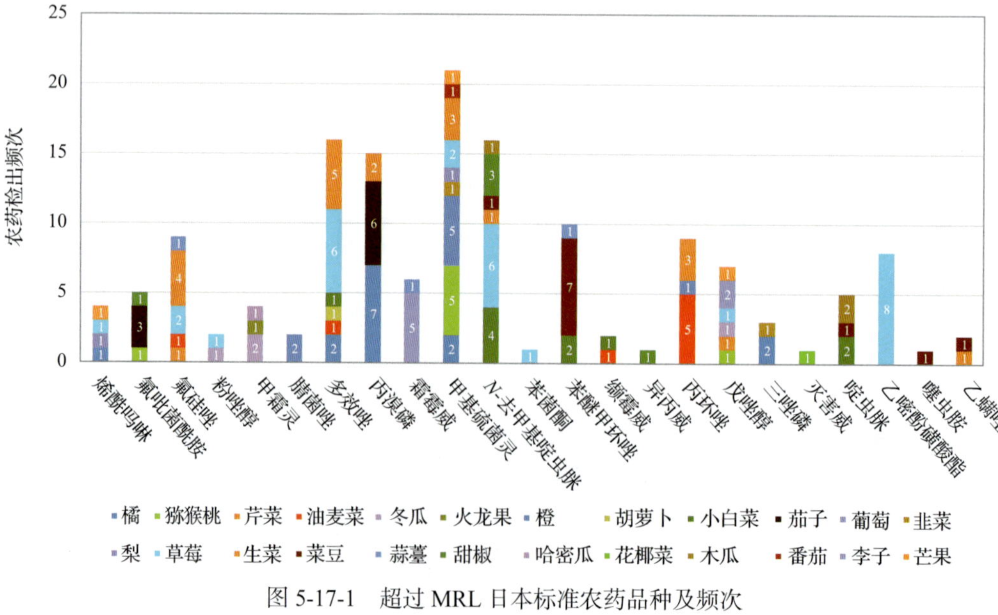

图 5-17-1　超过 MRL 日本标准农药品种及频次

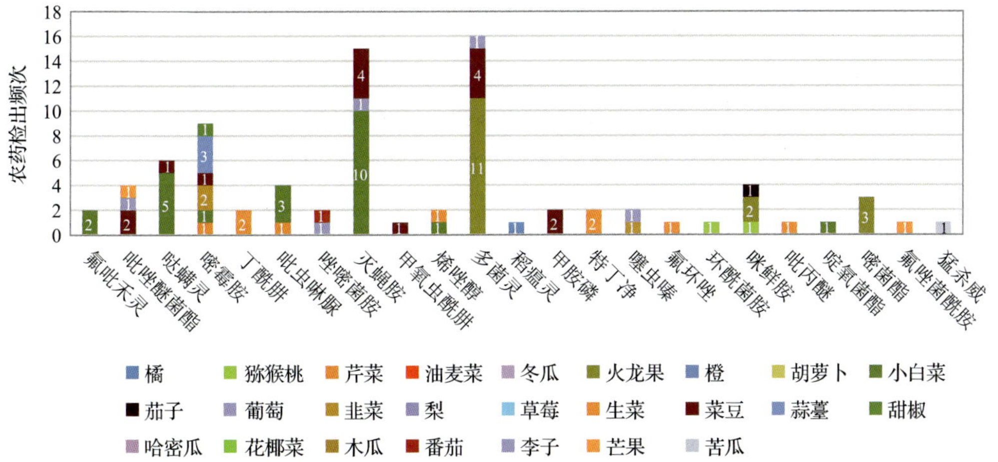

图 5-17-2　超过 MRL 日本标准农药品种及频次

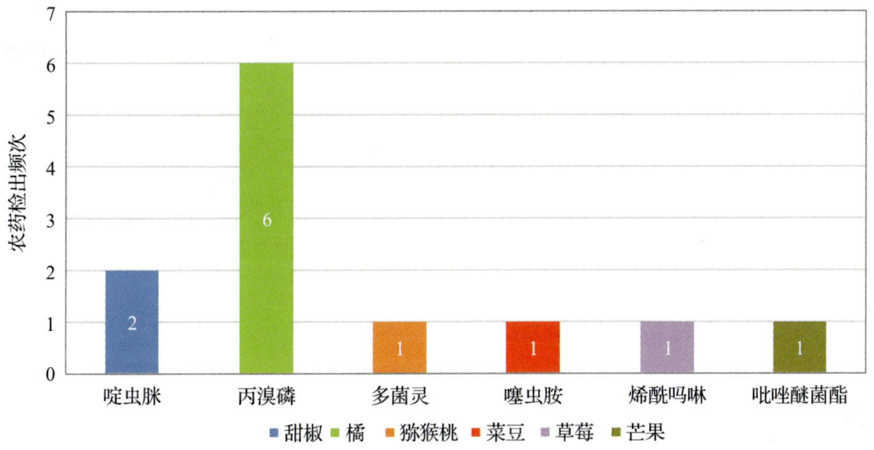

图 5-18　超过 MRL 中国香港标准农药品种及频次

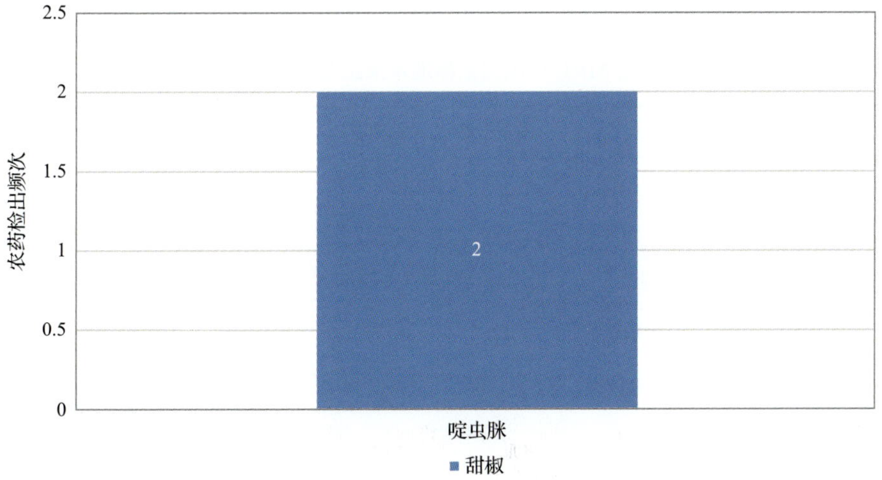

图 5-19　超过 MRL 美国标准农药品种及频次

5.2.2.6 按 MRL CAC 标准衡量

按 MRL CAC 标准衡量，共有 6 种农药超标，检出 11 频次，分别为中毒农药戊唑醇、噻虫胺和啶虫脒，低毒农药烯酰吗啉，微毒农药多菌灵和吡唑醚菌酯。

按超标程度比较，甜椒中啶虫脒超标 1.5 倍，芒果中戊唑醇超标 1.3 倍，菜豆中噻虫胺超标 1.2 倍，黄瓜中多菌灵超标 0.5 倍，芒果中吡唑醚菌酯超标 0.2 倍。检测结果见图 5-20 和附表 20。

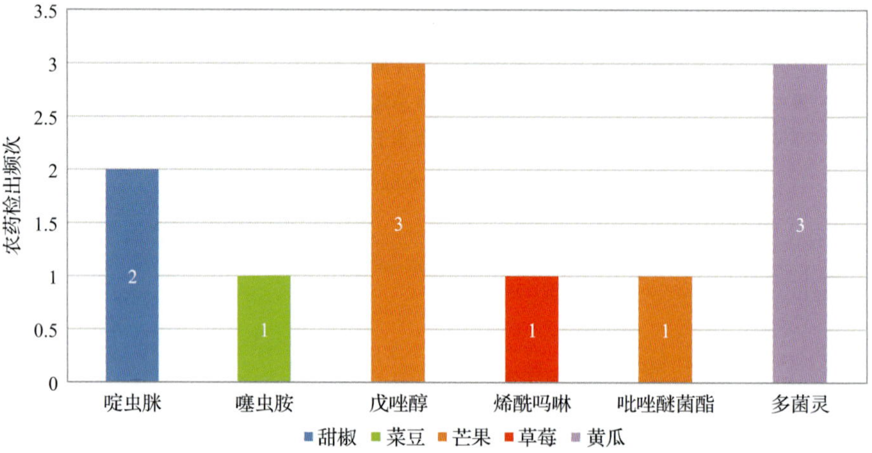

图 5-20　超过 MRL CAC 标准农药品种及频次

5.2.3 32 个采样点超标情况分析

5.2.3.1 按 MRL 中国国家标准衡量

按 MRL 中国国家标准衡量，有 18 个采样点的样品存在不同程度的超标农药检出，其中***超市(沙湾店)的超标率最高，为 8.0%，如表 5-14 和图 5-21 所示。

表 5-14　超过 MRL 中国国家标准水果蔬菜在不同采样点分布

序号	采样点	样品总数	超标数量	超标率(%)	行政区域
1	***市场	37	1	2.7	青羊区
2	***超市(金牛店)	36	1	2.8	金牛区
3	***超市(凯德沙湾店)	36	1	2.8	金牛区
4	***超市(万达广场锦华路店)	35	2	5.7	锦江区
5	***超市(科华路店)	35	1	2.9	武侯区
6	***超市(八宝街店)	34	1	2.9	青羊区
7	***超市(翡翠城店)	33	1	3.0	锦江区

续表

序号	采样点	样品总数	超标数量	超标率(%)	行政区域
8	***超市(武侯店)	33	2	6.1	武侯区
9	***超市(通惠门路店)	32	1	3.1	金牛区
10	***市场	31	1	3.2	武侯区
11	***超市(双楠店)	30	1	3.3	武侯区
12	***市场	29	2	6.9	成华区
13	***超市(三三九广场店)	28	1	3.6	成华区
14	***超市(永康店)	26	1	3.8	武侯区
15	***市场	26	2	7.7	武侯区
16	***超市(高新店)	25	1	4.0	武侯区
17	***超市(SM 广场分店)	25	1	4.0	成华区
18	***超市(沙湾店)	25	2	8.0	金牛区

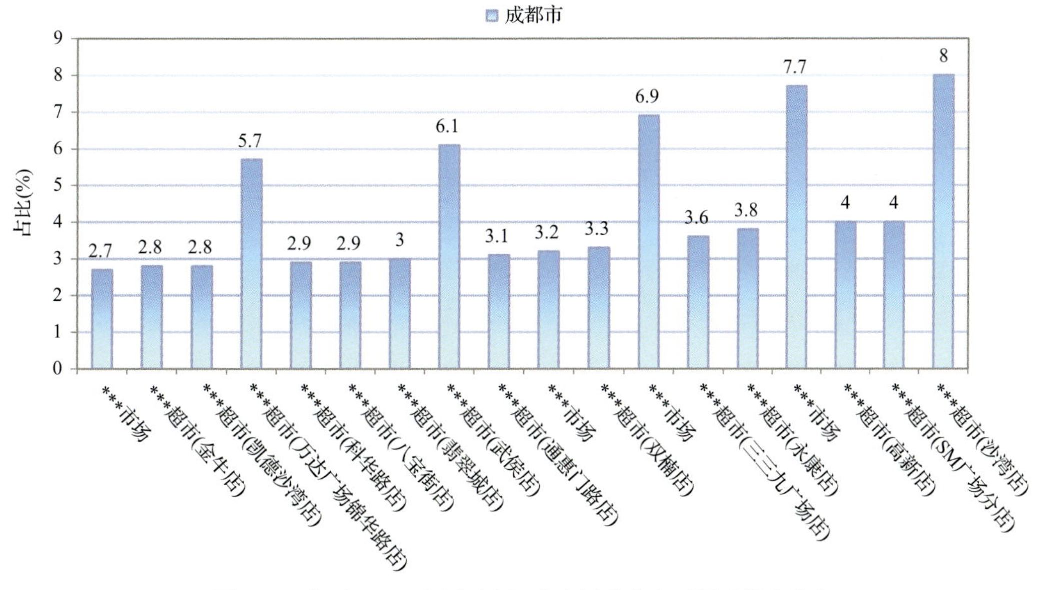

图 5-21　超过 MRL 中国国家标准水果蔬菜在不同采样点分布

5.2.3.2　按 MRL 欧盟标准衡量

按 MRL 欧盟标准衡量，所有采样点的样品均存在不同程度的超标农药检出，其中***超市(万达广场锦华路店)的超标率最高，为 31.4%，如表 5-15 和图 5-22 所示。

表 5-15　超过 MRL 欧盟标准水果蔬菜在不同采样点分布

序号	采样点	样品总数	超标数量	超标率(%)	行政区域
1	***市场	37	8	21.6	青羊区
2	***超市(金牛店)	36	6	16.7	金牛区
3	***超市(凯德沙湾店)	36	6	16.7	金牛区
4	***超市(万达广场锦华路店)	35	11	31.4	锦江区
5	***超市(科华路店)	35	5	14.3	武侯区
6	***超市(八宝街店)	34	5	14.7	青羊区
7	***超市(交大路分店)	34	8	23.5	金牛区
8	***超市(翡翠城店)	33	8	24.2	锦江区
9	***超市(草市街店)	33	2	6.1	青羊区
10	***超市(武侯店)	33	9	27.3	武侯区
11	***超市(通惠门路店)	32	4	12.5	金牛区
12	***市场	31	8	25.8	武侯区
13	***超市(双楠店)	30	5	16.7	武侯区
14	***市场	29	5	17.2	成华区
15	***超市(青羊广场店)	28	4	14.3	青羊区
16	***超市(三三九广场店)	28	4	14.3	成华区
17	***市场	28	1	3.6	成华区
18	***超市(成都羊城商场店)	27	5	18.5	青羊区
19	***超市(永康店)	26	5	19.2	武侯区
20	***市场	26	4	15.4	武侯区
21	***超市(高新店)	25	4	16.0	武侯区
22	***超市(锦江店)	25	4	16.0	锦江区
23	***超市(SM 广场分店)	25	3	12.0	成华区
24	***超市(红星路店)	25	1	4.0	锦江区
25	***市场	25	4	16.0	成华区
26	***超市(沙湾店)	25	7	28.0	金牛区
27	***超市(建设路店)	25	4	16.0	成华区
28	***超市(回龙湾店)	24	4	16.7	金牛区
29	***超市(城市超市店)	24	5	20.8	金牛区
30	***市场	24	4	16.7	锦江区
31	***超市(双楠店)	24	1	4.2	武侯区
32	***超市(光华店)	19	4	21.1	青羊区

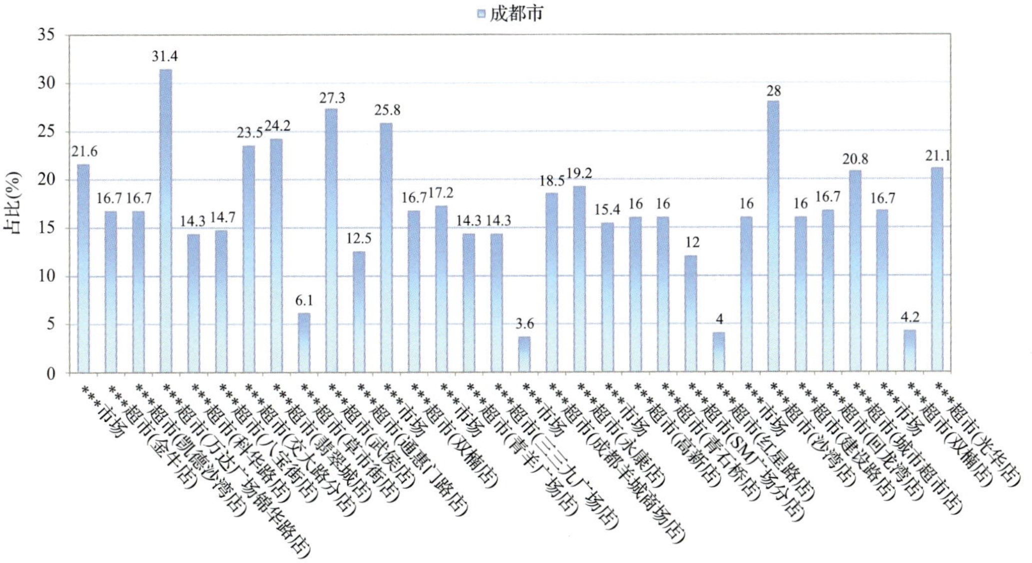

图 5-22　超过 MRL 欧盟标准水果蔬菜在不同采样点分布

5.2.3.3　按 MRL 日本标准衡量

按 MRL 日本标准衡量，所有采样点的样品均存在不同程度的超标农药检出，其中***超市(万达广场锦华路店)的超标率最高，为 37.1%，如图 5-23 和表 5-16 所示。

表 5-16　超过 MRL 日本标准水果蔬菜在不同采样点分布

序号	采样点	样品总数	超标数量	超标率(%)	行政区域
1	***市场	37	13	35.1	青羊区
2	***超市(金牛店)	36	9	25.0	金牛区
3	***超市(凯德沙湾店)	36	11	30.6	金牛区
4	***超市(万达广场锦华路店)	35	13	37.1	锦江区
5	***超市(科华路店)	35	7	20.0	武侯区
6	***超市(八宝街店)	34	8	23.5	青羊区
7	***超市(交大路分店)	34	5	14.7	金牛区
8	***超市(翡翠城店)	33	8	24.2	锦江区
9	***超市(草市街店)	33	5	15.2	青羊区
10	***超市(武侯店)	33	7	21.2	武侯区
11	***超市(通惠门路店)	32	8	25.0	金牛区
12	***市场	31	9	29.0	武侯区
13	***超市(双楠店)	30	6	20.0	武侯区
14	***市场	29	6	20.7	成华区

续表

序号	采样点	样品总数	超标数量	超标率(%)	行政区域
15	***超市(青羊广场店)	28	4	14.3	青羊区
16	***超市(三三九广场店)	28	5	17.9	成华区
17	***市场	28	5	17.9	成华区
18	***超市(成都羊城商场店)	27	5	18.5	青羊区
19	***超市(永康店)	26	5	19.2	武侯区
20	***市场	26	8	30.8	武侯区
21	***超市(高新店)	25	6	24.0	武侯区
22	***超市(锦江店)	25	5	20.0	锦江区
23	***超市(SM 广场分店)	25	2	8.0	成华区
24	***超市(红星路店)	25	4	16.0	锦江区
25	***市场	25	2	8.0	成华区
26	***超市(沙湾店)	25	5	20.0	金牛区
27	***超市(建设路店)	25	5	20.0	成华区
28	***超市(回龙湾店)	24	4	16.7	金牛区
29	***超市(城市超市店)	24	4	16.7	金牛区
30	***市场	24	7	29.2	锦江区
31	***超市(双楠店)	24	3	12.5	武侯区
32	***超市(光华店)	19	6	31.6	青羊区

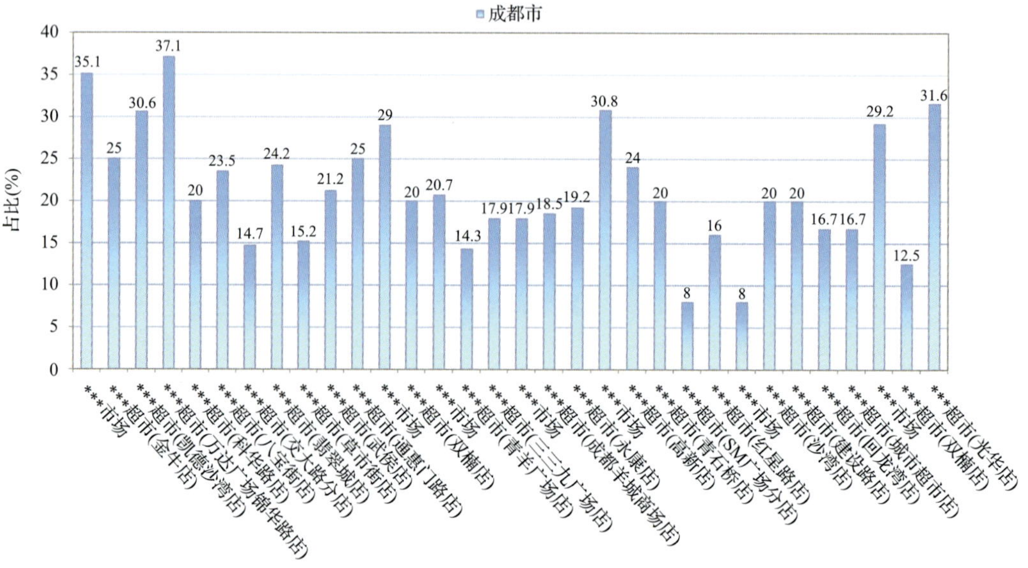

图 5-23　超过 MRL 日本标准水果蔬菜在不同采样点分布

5.2.3.4　按 MRL 中国香港标准衡量

按 MRL 中国香港标准衡量，有 11 个采样点的样品存在不同程度的超标农药检出，其中***超市(万达广场锦华路店)的超标率最高，为 5.7%，如表 5-17 和图 5-24 所示。

表 5-17　超过 MRL 中国香港标准水果蔬菜在不同采样点分布

序号	采样点	样品总数	超标数量	超标率(%)	行政区域
1	***市场	37	1	2.7	青羊区
2	***超市(凯德沙湾店)	36	1	2.8	金牛区
3	***超市(万达广场锦华路店)	35	2	5.7	锦江区
4	***超市(科华路店)	35	1	2.9	武侯区
5	***超市(武侯店)	33	1	3.0	武侯区
6	***超市(通惠门路店)	32	1	3.1	金牛区
7	***超市(三三九广场店)	28	1	3.6	成华区
8	***超市(永康店)	26	1	3.8	武侯区
9	***市场	26	1	3.8	武侯区
10	***超市(红星路店)	25	1	4.0	锦江区
11	***超市(城市超市店)	24	1	4.2	金牛区

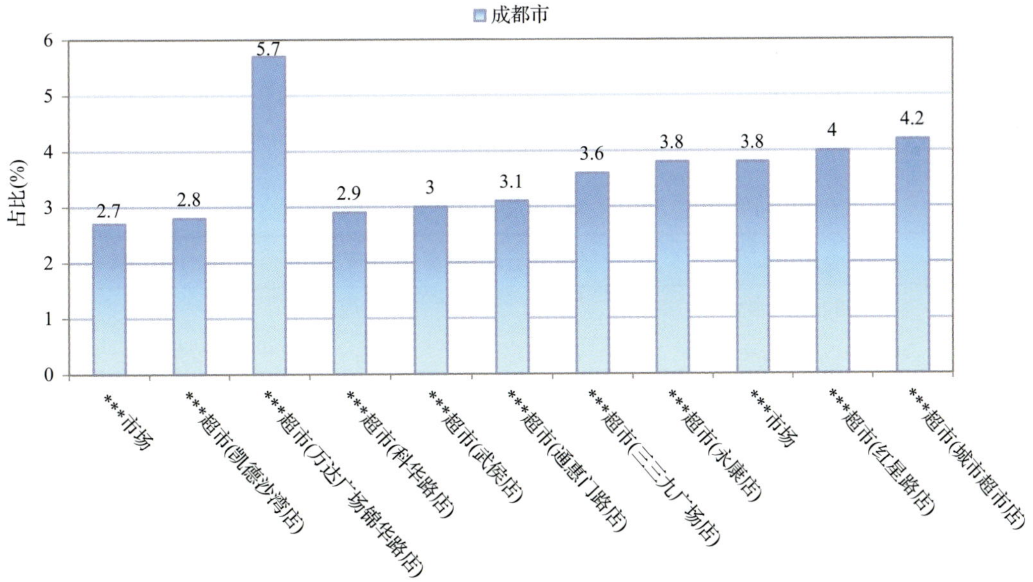

图 5-24　超过 MRL 中国香港标准水果蔬菜在不同采样点分布

5.2.3.5　按 MRL 美国标准衡量

按 MRL 美国标准衡量，有 2 个采样点的样品存在不同程度的超标农药检出，其中

***超市(城市超市店)的超标率最高，为 4.2%，如表 5-18 和图 5-25 所示。

表 5-18　超过 MRL 美国标准水果蔬菜在不同采样点分布

序号	采样点	样品总数	超标数量	超标率(%)	行政区域
1	***超市(永康店)	26	1	3.8	武侯区
2	***超市(城市超市店)	24	1	4.2	金牛区

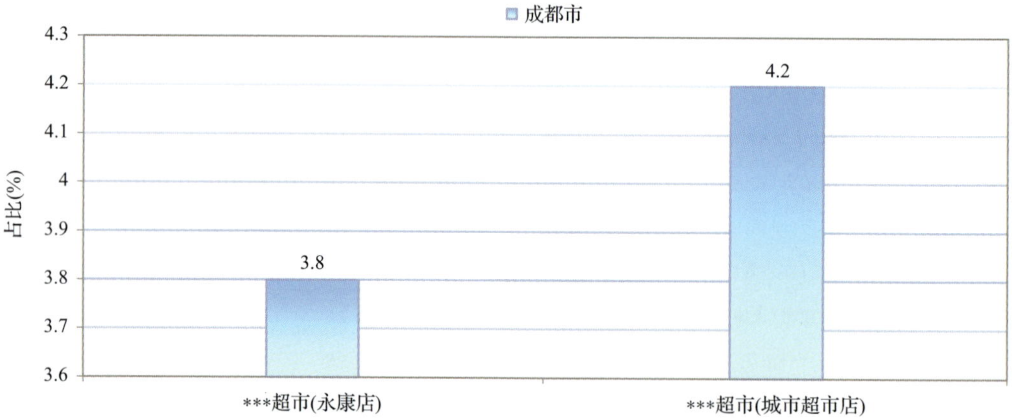

图 5-25　超过 MRL 美国标准水果蔬菜在不同采样点分布

5.2.3.6　按 MRL CAC 标准衡量

按 MRL CAC 标准衡量，有 9 个采样点的样品存在不同程度的超标农药检出，其中***超市(万达广场锦华路店)的超标率最高，为 5.7%，如表 5-19 和图 5-26 所示。

表 5-19　超过 MRL CAC 标准水果蔬菜在不同采样点分布

序号	采样点	样品总数	超标数量	超标率(%)	行政区域
1	***超市(凯德沙湾店)	36	1	2.8	金牛区
2	***超市(万达广场锦华路店)	35	2	5.7	锦江区
3	***超市(交大路分店)	34	1	2.9	金牛区
4	***市场	31	1	3.2	武侯区
5	***市场	29	1	3.4	成华区
6	***超市(青羊广场店)	28	1	3.6	青羊区
7	***超市(永康店)	26	1	3.8	武侯区
8	***超市(红星路店)	25	1	4.0	锦江区
9	***超市(城市超市店)	24	1	4.2	金牛区

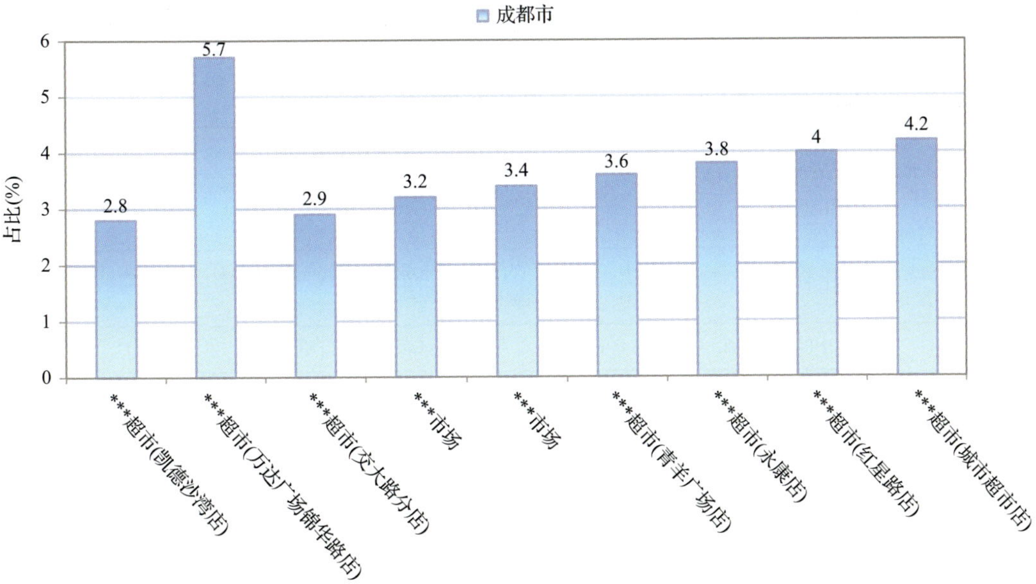

图 5-26　超过 MRL CAC 标准水果蔬菜在不同采样点分布

5.3　水果中农药残留分布

5.3.1　检出农药品种和频次排前 10 的水果

本次残留侦测的水果共 17 种，包括猕猴桃、西瓜、哈密瓜、木瓜、苹果、葡萄、草莓、荔枝、梨、枇杷、芒果、李子、橘、菠萝、火龙果、柠檬和橙。

根据检出农药品种及频次进行排名，将各项排名前 10 位的水果样品检出情况列表说明，详见表 5-20。

表 5-20　检出农药品种和频次排名前 10 的水果

检出农药品种排名前 10(品种)	①草莓(40)，②葡萄(27)，③橘(22)，④橙(16)，⑤梨(12)，⑥芒果(12)，⑦猕猴桃(12)，⑧火龙果(11)，⑨柠檬(11)，⑩哈密瓜(10)
检出农药频次排名前 10(频次)	①草莓(163)，②葡萄(108)，③橘(86)，④橙(74)，⑤柠檬(68)，⑥火龙果(66)，⑦梨(60)，⑧苹果(52)，⑨芒果(37)，⑩猕猴桃(28)
检出禁用、高毒及剧毒农药品种排名前 10(品种)	①草莓(2)，②橙(1)，③哈密瓜(1)，④橘(1)，⑤柠檬(1)，⑥西瓜(1)
检出禁用、高毒及剧毒农药频次排名前 10(频次)	①草莓(2)，②橘(2)，③橙(1)，④哈密瓜(1)，⑤柠檬(1)，⑥西瓜(1)

5.3.2　超标农药品种和频次排前 10 的水果

鉴于 MRL 欧盟标准和日本标准制定比较全面且覆盖率较高，我们参照 MRL 中国国家标准、欧盟标准和日本标准衡量水果样品中农残检出情况，将超标农药品种及频次排名前 10 的水果列表说明，详见表 5-21。

表 5-21　超标农药品种和频次排名前 10 的水果

超标农药品种排名前 10（农药品种数）	MRL 中国国家标准	①草莓(2)，②橘(2)，③芒果(2)，④菠萝(1)，⑤哈密瓜(1)，⑥猕猴桃(1)，⑦葡萄(1)
	MRL 欧盟标准	①芒果(7)，②草莓(6)，③猕猴桃(5)，④橘(4)，⑤葡萄(3)，⑥菠萝(2)，⑦火龙果(2)，⑧梨(2)，⑨木瓜(2)，⑩橙(1)
	MRL 日本标准	①草莓(9)，②橘(6)，③芒果(5)，④猕猴桃(5)，⑤火龙果(4)，⑥李子(4)，⑦橙(3)，⑧葡萄(3)，⑨梨(2)，⑩木瓜(2)
超标农药频次排名前 10（农药频次数）	MRL 中国国家标准	①橘(7)，②芒果(4)，③草莓(2)，④菠萝(1)，⑤哈密瓜(1)，⑥猕猴桃(1)，⑦葡萄(1)
	MRL 欧盟标准	①草莓(13)，②橘(11)，③火龙果(10)，④芒果(10)，⑤葡萄(10)，⑥猕猴桃(7)，⑦菠萝(3)，⑧木瓜(3)，⑨梨(2)，⑩荔枝(2)
	MRL 日本标准	①草莓(28)，②柠檬(19)，③火龙果(17)，④橘(15)，⑤猕猴桃(9)，⑥橙(8)，⑦荔枝(8)，⑧葡萄(7)，⑨李子(5)，⑩芒果(5)

通过对各品种水果样本总数及检出率进行综合分析发现，葡萄、橙和梨的残留污染最为严重，在此，我们参照 MRL 中国国家标准、欧盟标准和日本标准对这 3 种水果的农残检出情况进行进一步分析。

5.3.3　农药残留检出率较高的水果样品分析

5.3.3.1　葡萄

这次共检测 16 例葡萄样品，全部检出了农药残留，检出率为 100.0%，检出农药共计 27 种。其中嘧霉胺、多菌灵、霜霉威、嘧菌酯和烯酰吗啉检出频次较高，分别检出了 12、10、9、8 和 8 次。葡萄中农药检出品种和频次见图 5-27，超标农药见图 5-28 和表 5-22。

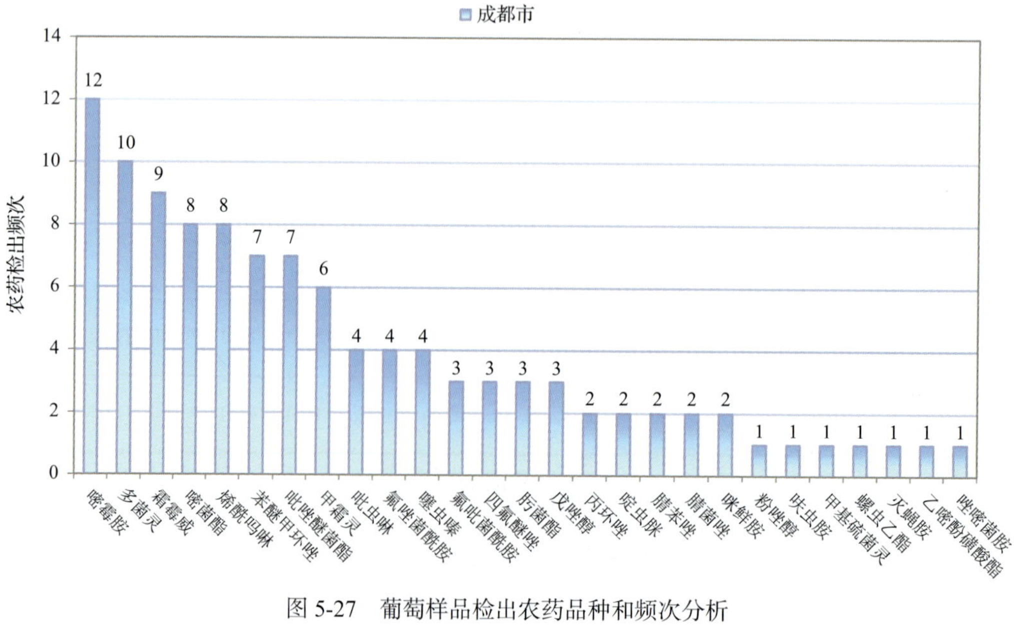

图 5-27　葡萄样品检出农药品种和频次分析

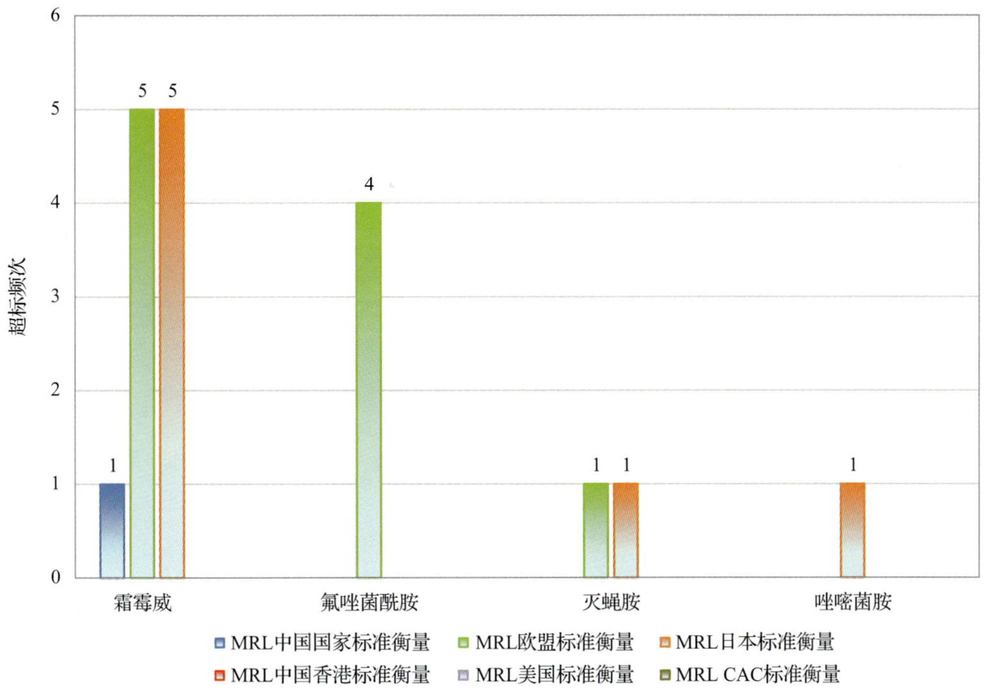

图 5-28　葡萄样品中超标农药分析

表 5-22　葡萄中农药残留超标情况明细表

样品总数			检出农药样品数	样品检出率(%)	检出农药品种总数
16			16	100	27
	超标农药品种	超标农药频次	按照 MRL 中国国家标准、欧盟标准和日本标准衡量超标农药名称及频次		
中国国家标准	1	1	霜霉威(1)		
欧盟标准	3	10	霜霉威(5)，氟唑菌酰胺(4)，灭蝇胺(1)		
日本标准	3	7	霜霉威(5)，灭蝇胺(1)，唑嘧菌胺(1)		

5.3.3.2　橙

这次共检测 30 例橙样品，25 例样品中检出了农药残留，检出率为 83.3%，检出农药共计 16 种。其中咪鲜胺、多菌灵、噻菌灵、甲基硫菌灵和戊唑醇检出频次较高，分别检出了 16、11、9、5 和 5 次。橙中农药检出品种和频次见图 5-29，超标农药见图 5-30 和表 5-23。

5.3.3.3　梨

这次共检测 31 例梨样品，25 例样品中检出了农药残留，检出率为 80.6%，检出农药共计 12 种。其中四氟醚唑、三环唑、多菌灵、啶虫脒和嘧菌酯检出频次较高，分别检出了 15、14、9、8 和 4 次。梨中农药检出品种和频次见图 5-31，超标农药见图 5-32 和表 5-24。

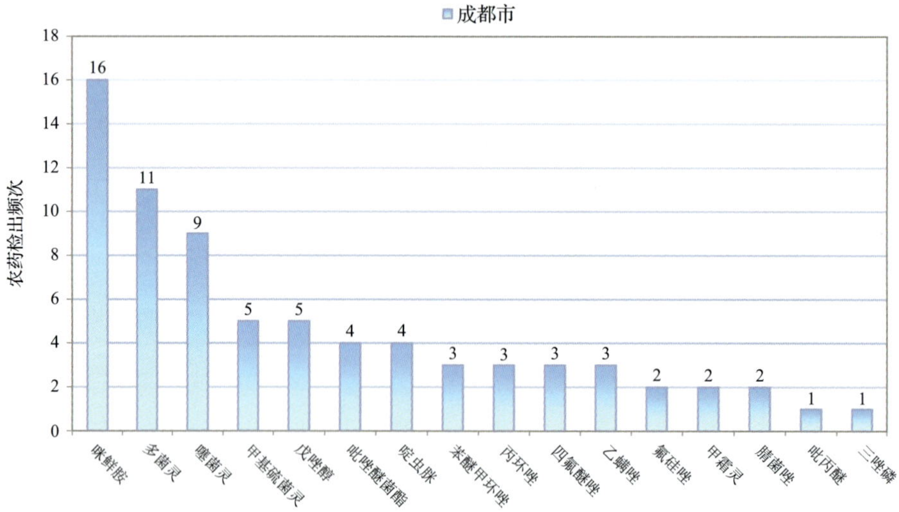

图 5-29　橙样品检出农药品种和频次分析

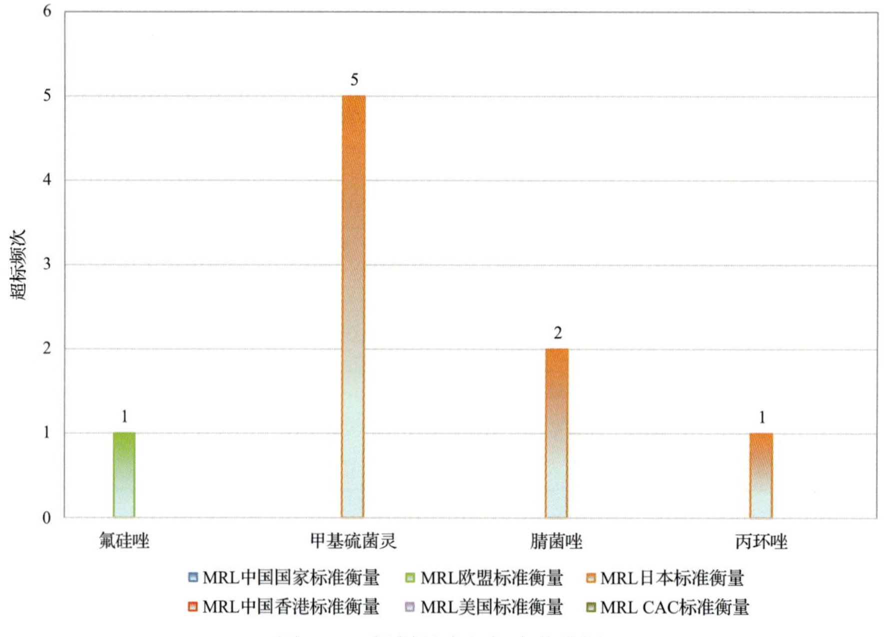

图 5-30　橙样品中超标农药分析

表 5-23　橙中农药残留超标情况明细表

样品总数			检出农药样品数	样品检出率(%)	检出农药品种总数
30			25	83.3	16
	超标农药品种	超标农药频次	按照 MRL 中国国家标准、欧盟标准和日本标准衡量超标农药名称及频次		
中国国家标准	0	0			
欧盟标准	1	1	氟硅唑(1)		
日本标准	3	8	甲基硫菌灵(5)，腈菌唑(2)，丙环唑(1)		

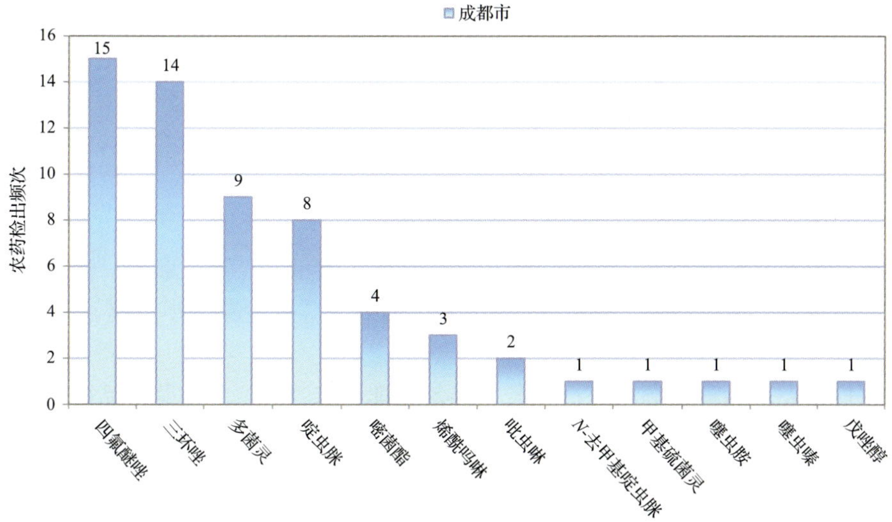

图 5-31　梨样品检出农药品种和频次分析

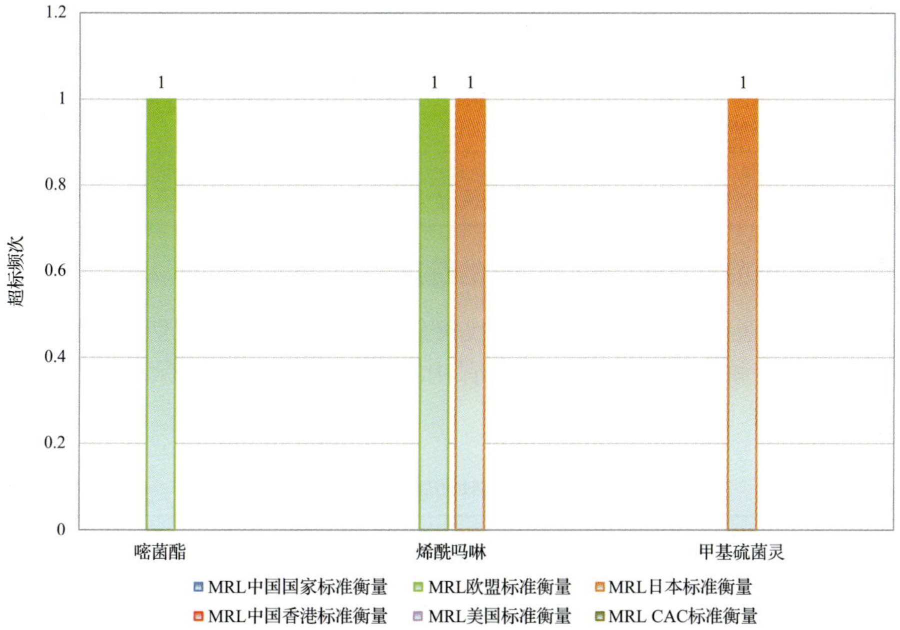

图 5-32　梨样品中超标农药分析

表 5-24　梨中农药残留超标情况明细表

样品总数			检出农药样品数	样品检出率(%)	检出农药品种总数
31			25	80.6	12
	超标农药品种	超标农药频次	按照 MRL 中国国家标准、欧盟标准和日本标准衡量超标农药名称及频次		
中国国家标准	0	0			
欧盟标准	2	2	嘧菌酯(1)，烯酰吗啉(1)		
日本标准	2	2	甲基硫菌灵(1)，烯酰吗啉(1)		

5.4　蔬菜中农药残留分布

5.4.1　检出农药品种和频次排前 10 的蔬菜

本次残留侦测的蔬菜共 23 种，包括结球甘蓝、黄瓜、芹菜、韭菜、洋葱、番茄、花椰菜、西葫芦、甜椒、葱、胡萝卜、紫甘蓝、青花菜、油麦菜、小白菜、萝卜、茄子、冬瓜、菜豆、生菜、苦瓜、蒜薹和莴笋。

根据检出农药品种及频次进行排名，将各项排名前 10 位的蔬菜样品检出情况列表说明，详见表 5-25。

表 5-25　检出农药品种和频次排名前 10 的蔬菜

检出农药品种排名前 10(品种)	①小白菜(33),②生菜(28),③芹菜(25),④甜椒(24),⑤菜豆(21),⑥油麦菜(20),⑦番茄(19),⑧黄瓜(19),⑨韭菜(17),⑩西葫芦(17)
检出农药频次排名前 10(频次)	①小白菜(133),②生菜(132),③油麦菜(82),④菜豆(77),⑤芹菜(77),⑥黄瓜(73),⑦甜椒(68),⑧番茄(54),⑨苦瓜(53),⑩莴笋(51)
检出禁用、高毒及剧毒农药品种排名前 10(品种)	①菜豆(2),②番茄(1),③胡萝卜(1),④花椰菜(1),⑤黄瓜(1),⑥韭菜(1),⑦苦瓜(1),⑧茄子(1),⑨生菜(1),⑩莴笋(1)
检出禁用、高毒及剧毒农药频次排名前 10(频次)	①菜豆(3),②黄瓜(3),③胡萝卜(2),④生菜(2),⑤西葫芦(2),⑥番茄(1),⑦花椰菜(1),⑧韭菜(1),⑨苦瓜(1),⑩茄子(1)

5.4.2　超标农药品种和频次排前 10 的蔬菜

鉴于 MRL 欧盟标准和日本标准制定比较全面且覆盖率较高，我们参照 MRL 中国国家标准、欧盟标准和日本标准衡量蔬菜样品中农残检出情况，将超标农药品种及频次排名前 10 的蔬菜列表说明，详见表 5-26。

表 5-26　超标农药品种和频次排名前 10 的蔬菜

超标农药品种排名前 10(农药品种数)	MRL 中国国家标准	①菜豆(1),②番茄(1),③黄瓜(1),④茄子(1),⑤西葫芦(1)
	MRL 欧盟标准	①小白菜(15),②芹菜(9),③生菜(8),④蒜薹(7),⑤甜椒(7),⑥韭菜(5),⑦茄子(5),⑧油麦菜(5),⑨黄瓜(4),⑩苦瓜(4)
	MRL 日本标准	①菜豆(12),②小白菜(12),③生菜(10),④芹菜(6),⑤韭菜(4),⑥蒜薹(4),⑦甜椒(4),⑧油麦菜(4),⑨冬瓜(3),⑩苦瓜(3)
超标农药频次排名前 10(农药频次数)	MRL 中国国家标准	①黄瓜(3),②菜豆(1),③番茄(1),④茄子(1),⑤西葫芦(1)
	MRL 欧盟标准	①小白菜(41),②甜椒(20),③生菜(16),④茄子(11),⑤芹菜(11),⑥黄瓜(9),⑦蒜薹(9),⑧油麦菜(6),⑨菜豆(5),⑩韭菜(5)
	MRL 日本标准	①小白菜(33),②菜豆(26),③生菜(23),④茄子(10),⑤油麦菜(8),⑥芹菜(7),⑦蒜薹(6),⑧甜椒(6),⑨韭菜(5),⑩冬瓜(4)

通过对各品种蔬菜样本总数及检出率进行综合分析发现，小白菜、生菜和芹菜的残留污染最为严重，在此，我们参照 MRL 中国国家标准、欧盟标准和日本标准对这 3 种

蔬菜的农残检出情况进行进一步分析。

5.4.3　农药残留检出率较高的蔬菜样品分析

5.4.3.1　小白菜

这次共检测 28 例小白菜样品，25 例样品中检出了农药残留，检出率为 89.3%，检出农药共计 33 种。其中烯酰吗啉、多菌灵、啶虫脒、灭蝇胺和哒螨灵检出频次较高，分别检出了 20、18、12、11 和 9 次。小白菜中农药检出品种和频次见图 5-33，超标农药见表 5-27 和图 5-34。

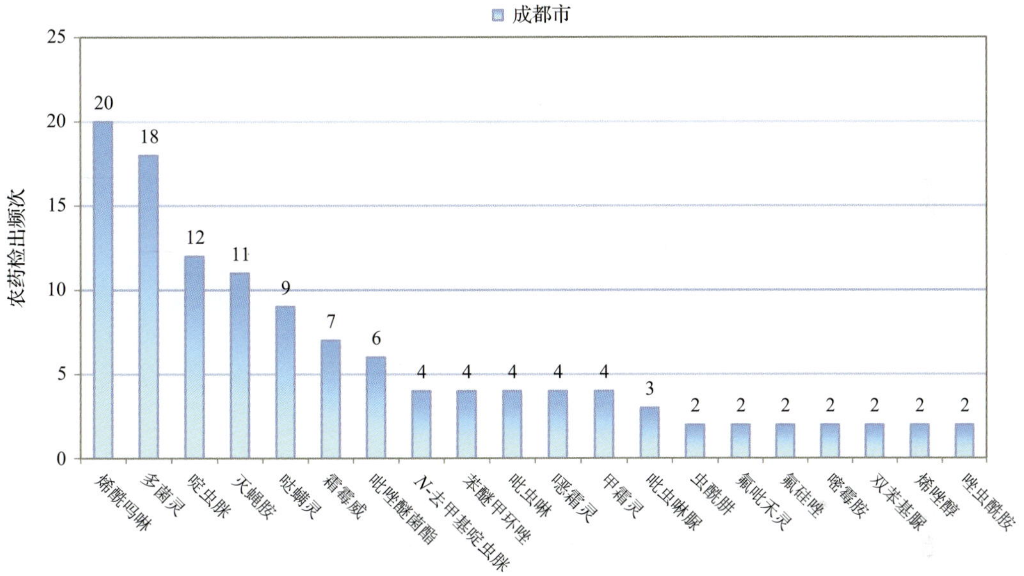

图 5-33　小白菜样品检出农药品种和频次分析(仅列出 2 频次及以上的数据)

表 5-27　小白菜中农药残留超标情况明细表

样品总数			检出农药样品数	样品检出率(%)	检出农药品种总数
28			25	89.3	33
	超标农药品种	超标农药频次	按照 MRL 中国国家标准、欧盟标准和日本标准衡量超标农药名称及频次		
中国国家标准	0	0			
欧盟标准	15	41	啶虫脒(10)，灭蝇胺(6)，*N*-去甲基啶虫脒(4)，哒螨灵(4)，吡虫啉脲(3)，多菌灵(3)，噁霜灵(2)，氟吡禾灵(2)，啶氧菌酯(1)，嘧霉胺(1)，灭多威(1)，三唑醇(1)，烯唑醇(1)，缬霉威(1)，乙霉威(1)		
日本标准	12	33	灭蝇胺(10)，哒螨灵(5)，*N*-去甲基啶虫脒(4)，吡虫啉脲(3)，苯醚甲环唑(2)，啶虫脒(2)，氟吡禾灵(2)，啶氧菌酯(1)，多效唑(1)，嘧霉胺(1)，烯唑醇(1)，缬霉威(1)		

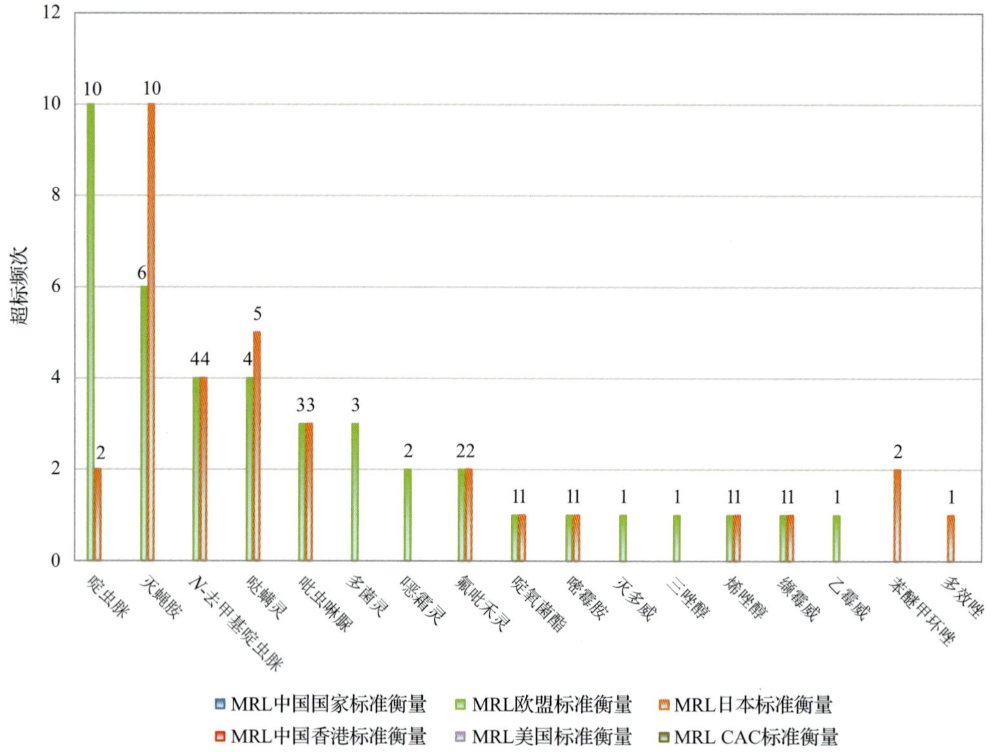

图 5-34　小白菜样品中超标农药分析

5.4.3.2　生菜

这次共检测 29 例生菜样品，26 例样品中检出了农药残留，检出率为 89.7%，检出农药共计 28 种。其中灭蝇胺、四氟醚唑、三环唑、烯酰吗啉和吡唑醚菌酯检出频次较高，分别检出了 15、13、12、10 和 9 次。生菜中农药检出品种和频次见图 5-35，超标农药见图 5-36 和表 5-28。

表 5-28　生菜中农药残留超标情况明细表

样品总数	检出农药样品数	样品检出率(%)	检出农药品种总数
29	26	89.7	28
	超标农药品种	超标农药频次	按照 MRL 中国国家标准、欧盟标准和日本标准衡量超标农药名称及频次
中国国家标准	0	0	
欧盟标准	8	16	氟硅唑(4)，多效唑(3)，丙溴磷(2)，丁酰肼(2)，甲基硫菌灵(2)，*N*-去甲基啶虫脒(1)，烯唑醇(1)，乙螨唑(1)
日本标准	10	23	多效唑(5)，氟硅唑(4)，丙环唑(3)，甲基硫菌灵(3)，丙溴磷(2)，丁酰肼(2)，*N*-去甲基啶虫脒(1)，吡丙醚(1)，烯唑醇(1)，乙螨唑(1)

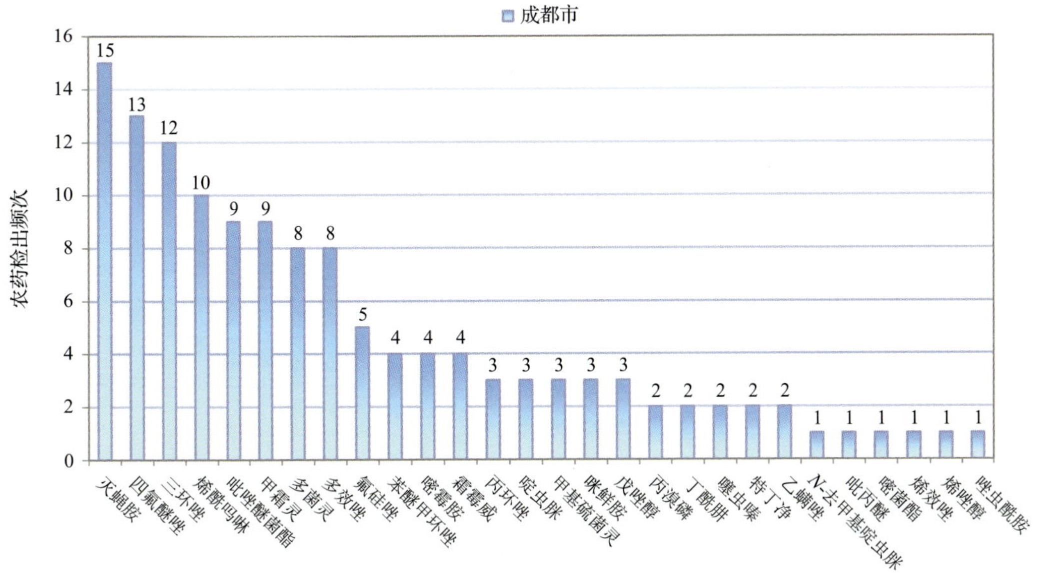

图 5-35 生菜样品检出农药品种和频次分析

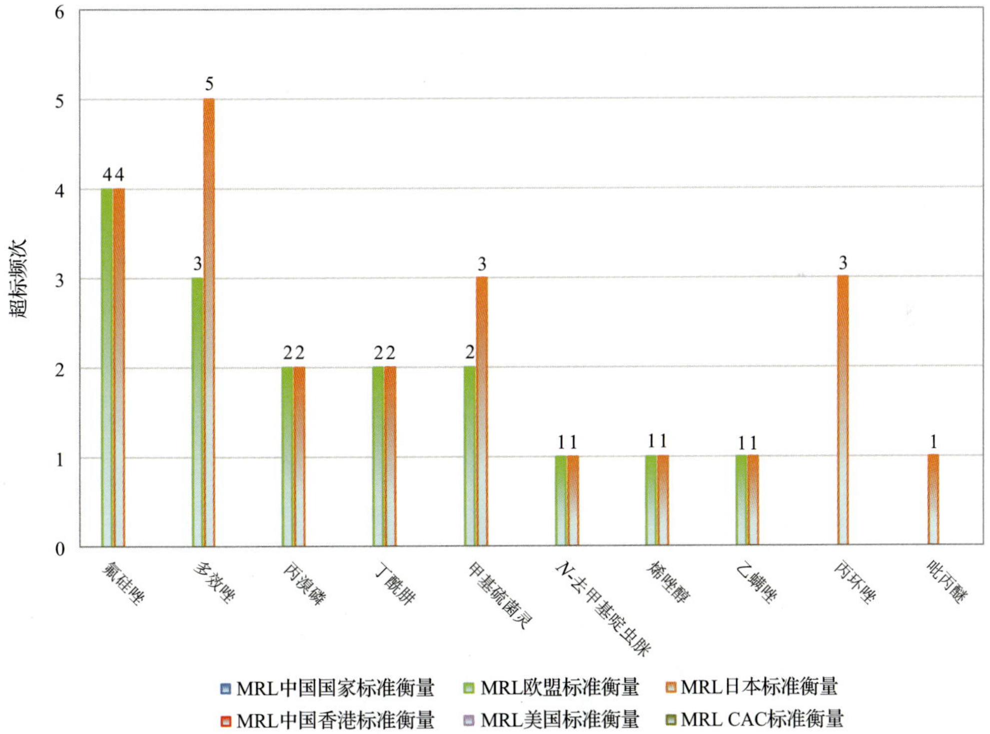

图 5-36 生菜样品中超标农药分析

5.4.3.3 芹菜

这次共检测 28 例芹菜样品，22 例样品中检出了农药残留，检出率为 78.6%，检出农药共计 25 种。其中烯酰吗啉、多菌灵、丙环唑、嘧霉胺和苯醚甲环唑检出频次较高，分别检出了 16、9、6、5 和 4 次。芹菜中农药检出品种和频次见图 5-37，超标农药见图 5-38 和表 5-29。

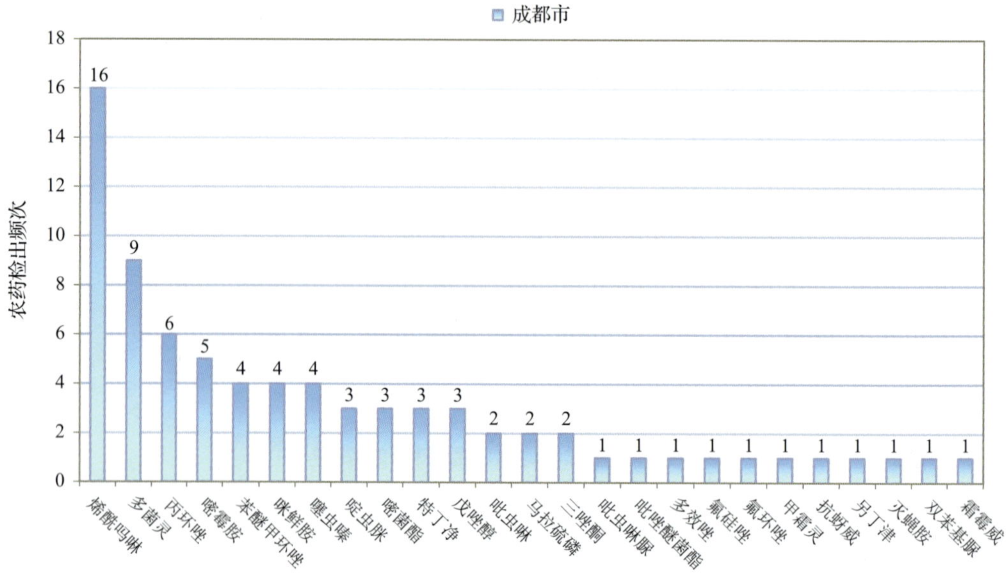

图 5-37　芹菜样品检出农药品种和频次分析

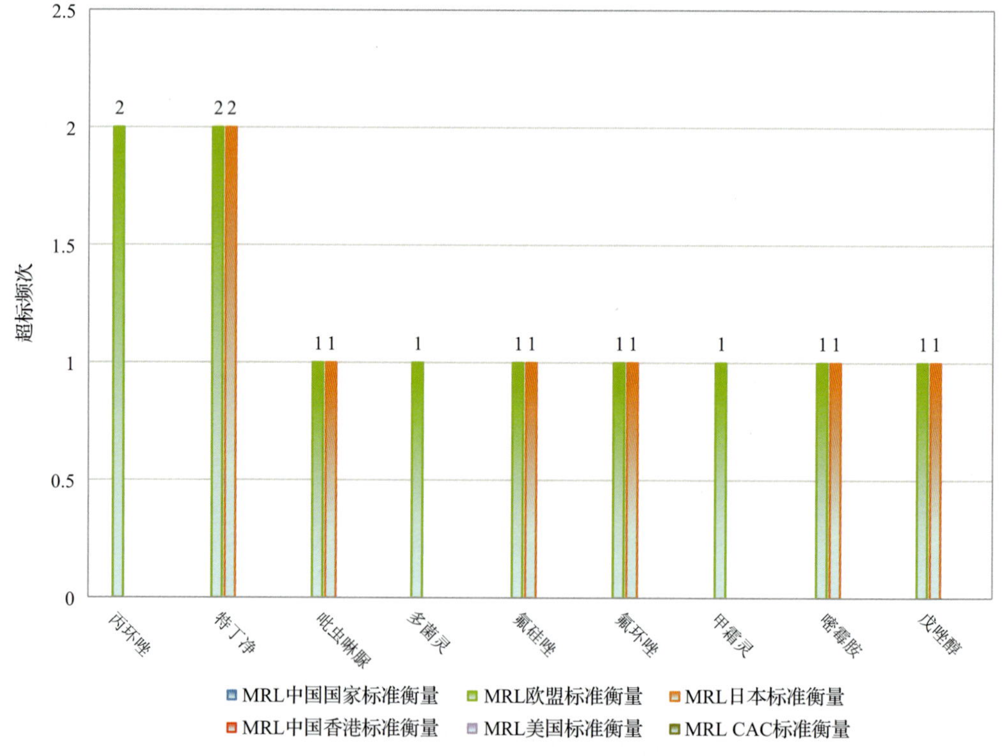

图 5-38　芹菜样品中超标农药分析

表 5-29 芹菜中农药残留超标情况明细表

样品总数			检出农药样品数	样品检出率(%)	检出农药品种总数
28			22	78.6	25
	超标农药品种	超标农药频次	按照 MRL 中国国家标准、欧盟标准和日本标准衡量超标农药名称及频次		
中国国家标准	0	0			
欧盟标准	9	11	丙环唑(2), 特丁净(2), 吡虫啉脲(1), 多菌灵(1), 氟硅唑(1), 氟环唑(1), 甲霜灵(1), 嘧霉胺(1), 戊唑醇(1)		
日本标准	6	7	特丁净(2), 吡虫啉脲(1), 氟硅唑(1), 氟环唑(1), 嘧霉胺(1), 戊唑醇(1)		

5.5 初步结论

5.5.1 成都市市售水果蔬菜按 MRL 中国国家标准和国际主要 MRL 标准衡量的合格率

本次侦测的 921 例样品中，304 例样品未检出任何残留农药，占样品总量的 33.0%，617 例样品检出不同水平、不同种类的残留农药，占样品总量的 67.0%。在这 617 例检出农药残留的样品中：

按照 MRL 中国国家标准衡量，有 594 例样品检出残留农药但含量没有超标，占样品总数的 64.5%，有 23 例样品检出了超标农药，占样品总数的 2.5%。

按照 MRL 欧盟标准衡量，有 459 例样品检出残留农药但含量没有超标，占样品总数的 49.8%，有 158 例样品检出了超标农药，占样品总数的 17.2%。

按照 MRL 日本标准衡量，有 417 例样品检出残留农药但含量没有超标，占样品总数的 45.3%，有 200 例样品检出了超标农药，占样品总数的 21.7%。

按照 MRL 中国香港标准衡量，有 605 例样品检出残留农药但含量没有超标，占样品总数的 65.7%，有 12 例样品检出了超标农药，占样品总数的 1.3%。

按照 MRL 美国标准衡量，有 615 例样品检出残留农药但含量没有超标，占样品总数的 66.8%，有 2 例样品检出了超标农药，占样品总数的 0.2%。

按照 MRL CAC 标准衡量，有 607 例样品检出残留农药但含量没有超标，占样品总数的 65.9%，有 10 例样品检出了超标农药，占样品总数的 1.1%。

5.5.2 成都市市售水果蔬菜中检出农药以中低微毒农药为主，占市场主体的 90.8%

这次侦测的 921 例样品包括水果 17 种 60 例，食用菌 3 种 331 例，蔬菜 23 种 530 例，共检出了 87 种农药，检出农药的毒性以中低微毒为主，详见表 5-30。

表 5-30　市场主体农药毒性分布

毒性	检出品种	占比	检出频次	占比
剧毒农药	1	1.1%	2	0.1%
高毒农药	7	8.0%	23	1.2%
中毒农药	33	37.9%	822	42.8%
低毒农药	28	32.2%	458	23.9%
微毒农药	18	20.7%	614	32.0%
中低微毒农药，品种占比 90.8%，频次占比 98.7%				

5.5.3　检出剧毒、高毒和禁用农药现象应该警醒

在此次侦测的 921 例样品中有 12 种蔬菜和 6 种水果的 27 例样品检出了 9 种 27 频次的剧毒和高毒或禁用农药，占样品总量的 2.9%。其中剧毒农药甲拌磷以及高毒农药克百威、三唑磷和氧乐果检出频次较高。

按 MRL 中国国家标准衡量，剧毒农药甲拌磷以及高毒农药克百威，检出 9 次，超标 6 次；三唑磷，检出 6 次，超标 1 次；氧乐果，检出 3 次，超标 2 次；按超标程度比较，草莓中氧乐果超标 6.3 倍，茄子中氧乐果超标 5.3 倍，黄瓜中克百威超标 5.3 倍，西葫芦中克百威超标 2.5 倍，菜豆中甲胺磷超标 1.7 倍。

剧毒、高毒或禁用农药的检出情况及按照 MRL 中国国家标准衡量的超标情况见表 5-31。

表 5-31　剧毒、高毒或禁用农药的检出及超标明细

序号	农药名称	样品名称	检出频次	超标频次	最大超标倍数	超标率
1.1	甲拌磷*▲	胡萝卜	2	0	0	0.0%
2.1	三唑磷◊	橘	2	1	0.2	50.0%
2.2	三唑磷◊	橙	1	0	0	0.0%
2.3	三唑磷◊	草莓	1	0	0	0.0%
2.4	三唑磷◊	莴笋	1	0	0	0.0%
2.5	三唑磷◊	韭菜	1	0	0	0.0%
3.1	克百威◊▲	黄瓜	3	3	5.3	100.0%
3.2	克百威◊▲	西葫芦	2	1	2.5	50.0%
3.3	克百威◊▲	哈密瓜	1	1	0.8	100.0%
3.4	克百威◊▲	番茄	1	1	0.1	100.0%
3.5	克百威◊▲	柠檬	1	0	0	0.0%
3.6	克百威◊▲	菜豆	1	0	0	0.0%
4.1	氧乐果◊▲	草莓	1	1	6.3	100.0%
4.2	氧乐果◊▲	茄子	1	1	5.3	100.0%
4.3	氧乐果◊▲	西瓜	1	0	0	0.0%
5.1	灭多威◊▲	小白菜	1	0	0	0.0%

续表

序号	农药名称	样品名称	检出频次	超标频次	最大超标倍数	超标率
6.1	灭害威◊	花椰菜	1	0	0	0.0%
7.1	猛杀威◊	苦瓜	1	0	0	0.0%
8.1	甲胺磷◊▲	菜豆	2	1	1.7	50.0%
9.1	丁酰肼▲	生菜	2	0	0	0.0%
合计			27	10		37.0%

注：超标倍数参照 MRL 中国国家标准衡量

这些超标的剧毒和高毒农药都是中国政府早有规定禁止在水果蔬菜中使用的，为什么还屡次被检出，应该引起警惕。

5.5.4　残留限量标准与先进国家或地区标准差距较大

1919 频次的检出结果与我国公布的《食品中农药最大残留限量》(GB 2763—2014)对比，有 681 频次能找到对应的 MRL 中国国家标准，占 35.5%；还有 1238 频次的侦测数据无相关 MRL 标准供参考，占 64.5%。

与国际上现行 MRL 标准对比发现：

有 1919 频次能找到对应的 MRL 欧盟标准，占 100.0%；

有 1919 频次能找到对应的 MRL 日本标准，占 100.0%；

有 1016 频次能找到对应的 MRL 中国香港标准，占 52.9%；

有 905 频次能找到对应的 MRL 美国标准，占 47.2%；

有 761 频次能找到对应的 MRL CAC 标准，占 39.7%。

由上可见，MRL 中国国家标准与先进国家或地区标准还有很大差距，我们无标准，境外有标准，这就会导致我们在国际贸易中，处于受制于人的被动地位。

5.5.5　水果蔬菜单种样品检出 22~40 种农药残留，拷问农药使用的科学性

通过此次监测发现，草莓、葡萄和橘是检出农药品种最多的 3 种水果，小白菜、生菜和芹菜是检出农药品种最多的 3 种蔬菜，从中检出农药品种及频次详见表 5-32。

表 5-32　单种样品检出农药品种及频次

样品名称	样品总数	检出农药样品数	检出率	检出农药品种数	检出农药(频次)
小白菜	28	25	89.3%	33	烯酰吗啉(20)，多菌灵(18)，啶虫脒(12)，灭蝇胺(11)，哒螨灵(9)，霜霉威(7)，吡唑醚菌酯(6)，*N*-去甲基啶虫脒(4)，苯醚甲环唑(4)，吡虫啉(4)，噁霜灵(4)，甲霜灵(4)，吡虫啉脲(3)，虫酰肼(2)，氟吡禾灵(2)，氟硅唑(2)，嘧霉胺(2)，双苯基脲(2)，烯唑醇(2)，唑虫酰胺(2)，丙环唑(1)，啶氧菌酯(1)，多效唑(1)，氟唑菌酰胺(1)，嘧菌酯(1)，灭多威(1)，噻虫嗪(1)，三环唑(1)，三唑醇(1)，三唑酮(1)，特丁净(1)，缬霉威(1)，乙霉威(1)

续表

样品名称	样品总数	检出农药样品数	检出率	检出农药品种数	检出农药（频次）
生菜	29	26	89.7%	28	灭蝇胺（15），四氟醚唑（13），三环唑（12），烯酰吗啉（10），吡唑醚菌酯（9），甲霜灵（9），多菌灵（8），多效唑（8），氟硅唑（5），苯醚甲环唑（4），嘧霉胺（4），霜霉威（4），丙环唑（3），啶虫脒（3），甲基硫菌灵（3），咪鲜胺（3），戊唑醇（3），丙溴磷（2），丁酰肼（2），噻虫嗪（2），特丁净（2），乙螨唑（2），*N*-去甲基啶虫脒（1），吡丙醚（1），嘧菌酯（1），烯效唑（1），烯唑醇（1），唑虫酰胺（1）
芹菜	28	22	78.6%	25	烯酰吗啉（16），多菌灵（9），丙环唑（6），嘧霉胺（5），苯醚甲环唑（4），咪鲜胺（4），噻虫嗪（4），啶虫脒（3），嘧菌酯（3），特丁净（3），戊唑醇（3），吡虫啉（2），马拉硫磷（2），三唑酮（2），吡虫啉脲（1），吡唑醚菌酯（1），多效唑（1），氟硅唑（1），氟环唑（1），甲霜灵（1），抗蚜威（1），另丁津（1），灭蝇胺（1），双苯基脲（1），霜霉威（1）
草莓	14	14	100.0%	40	嘧霉胺（13），多效唑（12），乙嘧酚磺酸酯（12），嘧菌环胺（10），乙螨唑（10），苯醚甲环唑（9），啶虫脒（8），氟吡菌酰胺（8），联苯肼酯（7），四氟醚唑（7），*N*-去甲基啶虫脒（6），吡唑醚菌酯（6），吡虫啉（5），腈菌唑（5），烯酰吗啉（5），咪鲜胺（3），三环唑（3），6-苄氨基嘌呤（2），吡虫啉脲（2），丙环唑（2），哒螨灵（2），氟硅唑（2），己唑醇（2），甲基硫菌灵（2），甲霜灵（2），肟菌酯（2），戊菌唑（2），烯效唑（2），苯菌酮（1），吡丙醚（1），多菌灵（1），粉唑醇（1），甲氧虫酰肼（1），醚菌酯（1），噻虫嗪（1），三唑磷（1），三唑酮（1），双苯基脲（1），戊唑醇（1），氧乐果（1）
葡萄	16	16	100.0%	27	嘧霉胺（12），多菌灵（10），霜霉威（9），嘧菌酯（8），烯酰吗啉（8），苯醚甲环唑（7），吡唑醚菌酯（7），甲霜灵（6），吡虫啉（4），氟唑菌酰胺（4），噻虫嗪（4），氟吡菌酰胺（3），四氟醚唑（3），肟菌酯（3），戊唑醇（3），丙环唑（2），啶虫脒（2），腈苯唑（2），腈菌唑（2），咪鲜胺（2），粉唑醇（1），呋虫胺（1），甲基硫菌灵（1），螺虫乙酯（1），灭蝇胺（1），乙嘧酚磺酸酯（1），唑嘧菌胺（1）
橘	14	14	100.0%	22	咪鲜胺（12），苯醚甲环唑（11），吡唑醚菌酯（9），乙螨唑（9），丙溴磷（7），多菌灵（7），戊唑醇（6），哒螨灵（3），啶虫脒（3），多效唑（2），甲基硫菌灵（2），灭蝇胺（2），三环唑（2），三唑磷（2），烯酰吗啉（2），吡螨胺（1），稻瘟灵（1），联苯肼酯（1），嘧菌酯（1），嘧霉胺（1），噻虫嗪（1），戊菌唑（1）

上述 6 种水果蔬菜，检出农药 22~40 种，是多种农药综合防治，还是未严格实施农业良好管理规范（GAP），亦或根本就是乱施药，值得我们思考。

第 6 章　LC-Q-TOF/MS 侦测成都市市售水果蔬菜农药残留膳食暴露风险与预警风险评估

6.1　农药残留风险评估方法

6.1.1　成都市农药残留侦测数据分析与统计

庞国芳院士科研团队建立的农药残留高通量侦测技术以高分辨精确质量数(0.0001 *m/z* 为基准)为识别标准，采用 LC-Q-TOF/MS 技术对 565 种农药化学污染物进行侦测。

科研团队于 2017 年 6 月至 2018 年 3 月期间在成都市所属 5 个区的 32 个采样点，随机采集了 921 例水果蔬菜样品，采样点分布在超市和农贸市场，具体位置如图 6-1 所示，各月内水果蔬菜样品采集数量如表 6-1 所示。

序号	行政区域	水果采样量	蔬菜及其他采样量	总计
1	武侯区	86	144	230
2	锦江区	53	89	142
3	成华区	58	102	160
4	金牛区	71	140	211
5	青羊区	63	115	178

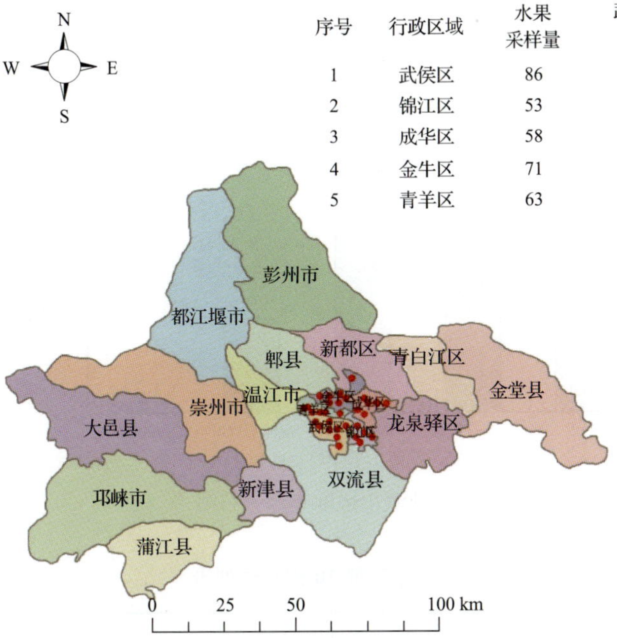

图 6-1　LC-Q-TOF/MS 侦测成都市 32 个采样点 921 例样品分布示意图

表 6-1　成都市各月内采集水果蔬菜样品数列表

时间	样品数(例)
2017 年 6 月	397
2018 年 3 月	524

利用 LC-Q-TOF/MS 技术对 921 例样品中的农药进行侦测，侦测出残留农药 87 种，1919 频次。侦测出农药残留水平如表 6-2 和图 6-2 所示。检出频次最高的前 10 种农药如表 6-3 所示。从检测结果中可以看出，在水果蔬菜中农药残留普遍存在，且有些水果蔬菜存在高浓度的农药残留，这些可能存在膳食暴露风险，对人体健康产生危害，因此，为了定量地评价水果蔬菜中农药残留的风险程度，有必要对其进行风险评价。

表 6-2　侦测出农药的不同残留水平及其所占比例列表

残留水平(μg/kg)	检出频次	占比(%)
1~5(含)	615	32.0
5~10(含)	279	14.5
10~100(含)	815	42.5
100~1000(含)	187	9.7
>1000	23	1.2
合计	1919	100

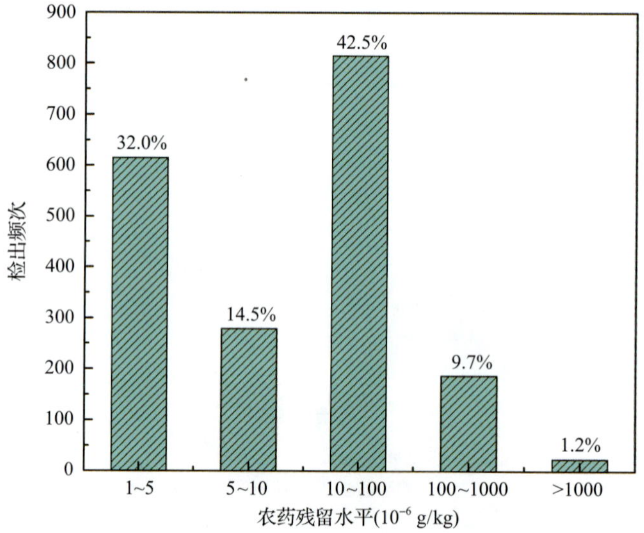

图 6-2　残留农药侦测出浓度频数分布图

表 6-3　检出频次最高的前 10 种农药列表

序号	农药	检出频次
1	多菌灵	290
2	烯酰吗啉	184
3	吡唑醚菌酯	106
4	啶虫脒	100

续表

序号	农药	检出频次
5	四氟醚唑	86
6	甲霜灵	79
7	咪鲜胺	75
8	苯醚甲环唑	71
9	嘧霉胺	70
10	三环唑	63

6.1.2　农药残留风险评价模型

对成都市水果蔬菜中农药残留分别开展暴露风险评估和预警风险评估。膳食暴露风险评估利用食品安全指数模型对水果蔬菜中的残留农药对人体可能产生的危害程度进行评价，该模型结合残留监测和膳食暴露评估评价化学污染物的危害；预警风险评价模型运用风险系数(risk index，*R*)，风险系数综合考虑了危害物的超标率、施检频率及其本身敏感性的影响，能直观而全面地反映出危害物在一段时间内的风险程度。

6.1.2.1　食品安全指数模型

为了加强食品安全管理，《中华人民共和国食品安全法》第二章第十七条规定“国家建立食品安全风险评估制度，运用科学方法，根据食品安全风险监测信息、科学数据以及有关信息，对食品、食品添加剂、食品相关产品中生物性、化学性和物理性危害因素进行风险评估”[1]，膳食暴露评估是食品危险度评估的重要组成部分，也是膳食安全性的衡量标准[2]。国际上最早研究膳食暴露风险评估的机构主要是 JMPR(FAO、WHO 农药残留联合会议)，该组织自 1995 年就已制定了急性毒性物质的风险评估急性毒性农药残留摄入量的预测。1960 年美国规定食品中不得加入致癌物质进而提出零阈值理论，渐渐零阈值理论发展成在一定概率条件下可接受风险的概念[3]，后衍变为食品中每日允许最大摄入量(ADI)，而国际食品农药残留法典委员会(CCPR)认为 ADI 不是独立风险评估的唯一标准[4]，1995 年 JMPR 开始研究农药急性膳食暴露风险评估，并对食品国际短期摄入量的计算方法进行了修正，亦对膳食暴露评估准则及评估方法进行了修正[5]，2002 年，在对世界上现行的食品安全评价方法，尤其是国际公认的国际食品法典委员会(CAC)的评价方法、全球环境监测系统/食品污染监测和评估规划(WHO GEMS/Food)及 FAO、WHO 食品添加剂联合专家委员会(JECFA)和 JMPR 对食品安全风险评估工作研究的基础之上，检验检疫食品安全管理的研究人员提出了结合残留监控和膳食暴露评估，以食品安全指数 IFS 计算食品中各种化学污染物对消费者的健康危害程度[6]。IFS 是表示食品安全状态的新方法，可有效地评价某种农药的安全性，进而评价食品中各种农药化学污染物对消费者健康的整体危害程度[7, 8]。从理论上分析，IFS_c 可指出食品中的污染物

c 对消费者健康是否存在危害及危害的程度[9]。其优点在于操作简单且结果容易被接受和理解，不需要大量的数据来对结果进行验证，使用默认的标准假设或者模型即可[10, 11]。

1) IFS_c 的计算

IFS_c 计算公式如下：

$$IFS_c = \frac{EDI_c \times f}{SI_c \times bw} \tag{6-1}$$

式中，c 为所研究的农药；EDI_c 为农药 c 的实际日摄入量估算值，等于 $\sum(R_i \times F_i \times E_i \times P_i)$（$i$ 为食品种类；R_i 为食品 i 中农药 c 的残留水平，mg/kg；F_i 为食品 i 的估计日消费量，g/(人·天)；E_i 为食品 i 的可食用部分因子；P_i 为食品 i 的加工处理因子）；SI_c 为安全摄入量，可采用每日允许最大摄入量 ADI；bw 为人平均体重，kg；f 为校正因子，如果安全摄入量采用 ADI，则 f 取 1。

$IFS_c \ll 1$，农药 c 对食品安全没有影响；$IFS_c \leqslant 1$，农药 c 对食品安全的影响可以接受；$IFS_c > 1$，农药 c 对食品安全的影响不可接受。

本次评价中：

$IFS_c \leqslant 0.1$，农药 c 对水果蔬菜安全没有影响；

$0.1 < IFS_c \leqslant 1$，农药 c 对水果蔬菜安全的影响可以接受；

$IFS_c > 1$，农药 c 对水果蔬菜安全的影响不可接受。

本次评价中残留水平 R_i 取值为中国检验检疫科学研究院庞国芳院士课题组利用以高分辨精确质量数(0.0001m/z)为基准的 LC-Q-TOF/MS 侦测技术于 2017 年 6 月至 2018 年 3 月对成都市水果蔬菜农药残留的侦测结果，估计日消费量 F_i 取值 0.38 kg/(人·天)，E_i=1，P_i=1，f=1，SI_c 采用《食品安全国家标准　食品中农药最大残留限量》(GB 2763—2016) 中 ADI 值(具体数值见表 6-4)，人平均体重(bw)取值 60 kg。

2) 计算 IFS_c 的平均值 $\overline{IFS}$，评价农药对食品安全的影响程度

以 $\overline{IFS}$ 评价各种农药对人体健康危害的总程度，评价模型见公式(6-2)。

$$\overline{IFS} = \frac{\sum_{i=1}^{n} IFS_c}{n} \tag{6-2}$$

$\overline{IFS} \ll 1$，所研究消费者人群的食品安全状态很好；$\overline{IFS} \leqslant 1$，所研究消费者人群的食品安全状态可以接受；$\overline{IFS} > 1$，所研究消费者人群的食品安全状态不可接受。

本次评价中：

$\overline{IFS} \leqslant 0.1$，所研究消费者人群的水果蔬菜安全状态很好；

$0.1 < \overline{IFS} \leqslant 1$，所研究消费者人群的水果蔬菜安全状态可以接受；

$\overline{IFS} > 1$，所研究消费者人群的水果蔬菜安全状态不可接受。

表 6-4　成都市水果蔬菜中侦测出农药的 ADI 值

序号	农药	ADI	序号	农药	ADI	序号	农药	ADI
1	唑嘧菌胺	10	30	三唑酮	0.03	59	氟硅唑	0.007
2	烯啶虫胺	0.53	31	三唑醇	0.03	60	唑虫酰胺	0.006
3	丁酰肼	0.5	32	丙溴磷	0.03	61	己唑醇	0.005
4	醚菌酯	0.4	33	吡唑醚菌酯	0.03	62	烯唑醇	0.005
5	霜霉威	0.4	34	吡蚜酮	0.03	63	乙霉威	0.004
6	马拉硫磷	0.3	35	嘧菌环胺	0.03	64	噻唑磷	0.004
7	双炔酰菌胺	0.2	36	多菌灵	0.03	65	甲胺磷	0.004
8	呋虫胺	0.2	37	戊唑醇	0.03	66	异丙威	0.002
9	嘧菌酯	0.2	38	戊菌唑	0.03	67	三唑磷	0.001
10	嘧霉胺	0.2	39	抑霉唑	0.03	68	克百威	0.001
11	烯酰吗啉	0.2	40	腈苯唑	0.03	69	氟吡禾灵	0.0007
12	环酰菌胺	0.2	41	腈菌唑	0.03	70	甲拌磷	0.0007
13	吡丙醚	0.1	42	抗蚜威	0.02	71	氧乐果	0.0003
14	噻菌灵	0.1	43	氟环唑	0.02	72	6-苄氨基嘌呤	—
15	噻虫胺	0.1	44	灭多威	0.02	73	*N*-去甲基啶虫脒	—
16	多效唑	0.1	45	烯效唑	0.02	74	乙嘧酚磺酸酯	—
17	甲氧虫酰肼	0.1	46	莠去津	0.02	75	双苯基脲	—
18	啶氧菌酯	0.09	47	虫酰肼	0.02	76	另丁津	—
19	噻虫嗪	0.08	48	稻瘟灵	0.016	77	吡虫啉脲	—
20	甲基硫菌灵	0.08	49	咪鲜胺	0.01	78	吡螨胺	—
21	甲霜灵	0.08	50	哒螨灵	0.01	79	四氟醚唑	—
22	丙环唑	0.07	51	噁霜灵	0.01	80	异戊乙净	—
23	啶虫脒	0.07	52	噻虫啉	0.01	81	残杀威	—
24	吡虫啉	0.06	53	氟吡菌酰胺	0.01	82	氟唑菌酰胺	—
25	灭蝇胺	0.06	54	粉唑醇	0.01	83	灭害威	—
26	乙螨唑	0.05	55	联苯肼酯	0.01	84	特丁净	—
27	螺虫乙酯	0.05	56	苯醚甲环唑	0.01	85	猛杀威	—
28	三环唑	0.04	57	螺螨酯	0.01	86	缬霉威	—
29	肟菌酯	0.04	58	噻嗪酮	0.009	87	苯菌酮	—

注：“—”表示为国家标准中无 ADI 值规定；ADI 值单位为 mg/kg bw

6.1.2.2　预警风险评估模型

2003 年，我国检验检疫食品安全管理的研究人员根据 WTO 的有关原则和我国的具体规定，结合危害物本身的敏感性、风险程度及其相应的施检频率，首次提出了食品中危害物风险系数 R 的概念[12]。R 是衡量一个危害物的风险程度大小最直观的参数，即在一定时期内其超标率或阳性检出率的高低，但受其施检频率的高低及其本身的敏感性（受关注程度）影响。该模型综合考察了农药在蔬菜中的超标率、施检频率及其本身敏感性，能直观而全面地反映出农药在一段时间内的风险程度[13]。

1) R 计算方法

危害物的风险系数综合考虑了危害物的超标率或阳性检出率、施检频率和其本身的敏感性影响，并能直观而全面地反映出危害物在一段时间内的风险程度。风险系数 R 的计算公式如式（6-3）：

$$R = aP + \frac{b}{F} + S \tag{6-3}$$

式中，P 为该种危害物的超标率；F 为危害物的施检频率；S 为危害物的敏感因子；a, b 分别为相应的权重系数。

本次评价中 F=1；S=1；a=100；b=0.1，对参数 P 进行计算，计算时首先判断是否为禁用农药，如果为非禁用农药，P=超标的样品数（侦测出的含量高于食品最大残留限量标准值，即 MRL）除以总样品数（包括超标、不超标、未侦测出）；如果为禁用农药，则侦测出即为超标，P=能侦测出的样品数除以总样品数。判断成都市水果蔬菜农药残留是否超标的标准限值 MRL 分别以 MRL 中国国家标准[14]和 MRL 欧盟标准作为对照，具体值列于本报告附表一中。

2) 评价风险程度

$R \leqslant 1.5$，受检农药处于低度风险；

$1.5 < R \leqslant 2.5$，受检农药处于中度风险；

$R > 2.5$，受检农药处于高度风险。

6.1.2.3　食品膳食暴露风险和预警风险评估应用程序的开发

1) 应用程序开发的步骤

为成功开发膳食暴露风险和预警风险评估应用程序，与软件工程师多次沟通讨论，逐步提出并描述清楚计算需求，开发了初步应用程序。为明确出不同水果蔬菜、不同农药、不同地域和不同季节的风险水平，向软件工程师提出不同的计算需求，软件工程师对计算需求进行逐一分析，经过反复的细节沟通，需求分析得到明确后，开始进行解决方案的设计，在保证需求的完整性、一致性的前提下，编写出程序代码，最后设计出满足需求的风险评估专用计算软件，并通过一系列的软件测试和改进，完成专用程序的开发。软件开发基本步骤见图 6-3。

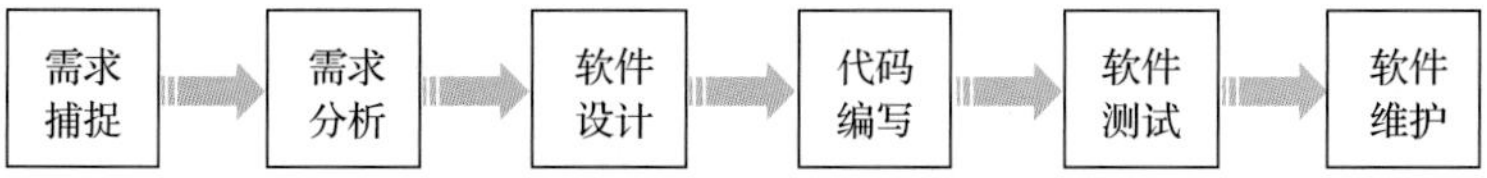

图 6-3 专用程序开发总体步骤

2) 膳食暴露风险评估专业程序开发的基本要求

首先直接利用公式(6-1)，分别计算 LC-Q-TOF/MS 和 GC-Q-TOF/MS 仪器侦测出的各水果蔬菜样品中每种农药 IFS_c，将结果列出。为考察超标农药和禁用农药的使用安全性，分别以我国《食品安全国家标准 食品中农药最大残留限量》(GB 2763—2016)和欧盟食品中农药最大残留限量(以下简称 MRL 中国国家标准和 MRL 欧盟标准)为标准，对侦测出的禁用农药和超标的非禁用农药 IFS_c 单独进行评价；按 IFS_c 大小列表，并找出 IFS_c 值排名前 20 的样本重点关注。

对不同水果蔬菜 i 中每一种侦测出的农药 c 的安全指数进行计算，多个样品时求平均值。若监测数据为该市多个月的数据，则逐月、逐季度分别列出每个月、每个季度内每一种水果蔬菜 i 对应的每一种农药 c 的 IFS_c。

按农药种类，计算整个监测时间段内每种农药的 IFS_c，不区分水果蔬菜。若检测数据为该市多个月的数据，则需分别计算每个月、每个季度内每种农药的 IFS_c。

3) 预警风险评估专业程序开发的基本要求

分别以 MRL 中国国家标准和 MRL 欧盟标准，按公式(6-3)逐个计算不同水果蔬菜、不同农药的风险系数，禁用农药和非禁用农药分别列表。

为清楚了解各种农药的预警风险，不分时间，不分水果蔬菜，按禁用农药和非禁用农药分类，分别计算各种侦测出农药全部检测时段内风险系数。由于有 MRL 中国国家标准的农药种类太少，无法计算超标数，非禁用农药的风险系数只以 MRL 欧盟标准为标准，进行计算。若检测数据为多个月的，则按月计算每个月、每个季度内每种禁用农药残留的风险系数和以 MRL 欧盟标准为标准的非禁用农药残留的风险系数。

4) 风险程度评价专业应用程序的开发方法

采用 Python 计算机程序设计语言，Python 是一个高层次地结合了解释性、编译性、互动性和面向对象的脚本语言。风险评价专用程序主要功能包括：分别读入每例样品 LC-Q-TOF/MS 和 GC-Q-TOF/MS 农药残留检测数据，根据风险评价工作要求，依次对不同农药、不同食品、不同时间、不同采样点的 IFS_c 值和 R 值分别进行数据计算，筛选出禁用农药、超标农药(分别与 MRL 中国国家标准、MRL 欧盟标准限值进行对比)单独重点分析，再分别对各农药、各水果蔬菜种类分类处理，设计出计算和排序程序，编写计算机代码，最后将生成的膳食暴露风险评估和超标风险评估定量计算结果列入设计好的各个表格中，并定性判断风险对目标的影响程度，直接用文字描述风险发生的高低，如“不可接受”、“可以接受”、“没有影响”、“高度风险”、“中度风险”、“低度风险”。

6.2　LC-Q-TOF/MS 侦测成都市市售水果蔬菜农药残留膳食暴露风险评估

6.2.1　每例水果蔬菜样品中农药残留安全指数分析

基于农药残留侦测数据，发现在 921 例样品中侦测出农药 1919 频次，计算样品中每种残留农药的安全指数 IFS_c，并分析农药对样品安全的影响程度，结果详见附表二，农药残留对水果蔬菜样品安全的影响程度频次分布情况如图 6-4 所示。

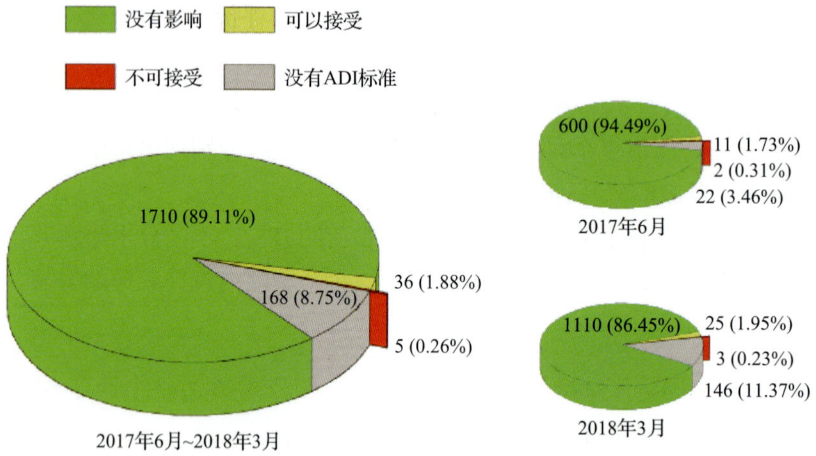

图 6-4　农药残留对水果蔬菜样品安全的影响程度频次分布图

由图 6-4 可以看出，农药残留对样品安全的影响不可接受的频次为 5，占 0.26%；农药残留对样品安全的影响可以接受的频次为 36，占 1.88%；农药残留对样品安全的没有影响的频次为 1710，占 89.11%。分析发现，在 2017 年 6 月和 2018 年 3 月两个月份内分别有 2 频次和 3 频次对样品安全影响不可接受。表 6-5 为对水果蔬菜样品中安全指数不可接受的农药残留列表。

表 6-5　水果蔬菜样品中安全影响不可接受的农药残留列表

序号	样品编号	采样点	基质	农药	含量(mg/kg)	IFS_c
1	20180327-510100-CAIQ-ST-27A	***超市(八宝街店)	草莓	氧乐果	0.1451	3.0632
2	20180326-510100-CAIQ-EP-23A	***超市(武侯店)	茄子	氧乐果	0.1265	2.6706
3	20170619-510100-USI-PB-35A	***超市(青羊广场店)	小白菜	氟吡禾灵	0.2575	2.3298
4	20180325-510100-CAIQ-OR-19A	***超市(金牛店)	橘	三唑磷	0.2396	1.5175
5	20170618-510100-CAIQ-PB-34A	***超市(成都羊城商场店)	小白菜	氟吡禾灵	0.1260	1.1400

部分样品侦测出禁用农药 6 种 19 频次，为了明确残留的禁用农药对样品安全的影响，分析侦测出禁用农药残留的样品安全指数，禁用农药残留对水果蔬菜样品安全的影响程度频次分布情况如图 6-5 所示，农药残留对样品安全的影响不可接受的频次为 2，占 10.53%；农药残留对样品安全的影响可以接受的频次为 9，占 47.37%；农药残留对样品安全没有影响的频次为 8，占 42.11%，由图中可以看出在该 2 个月份内只有 2018 年 3 月内有 2 频次对样品安全影响不可接受，另一个月份内，禁用农药对样品安全的影响均在可以接受和没有影响的范围内。表 6-6 列出了水果蔬菜样品中侦测出的残留禁用农药的安全指数表。

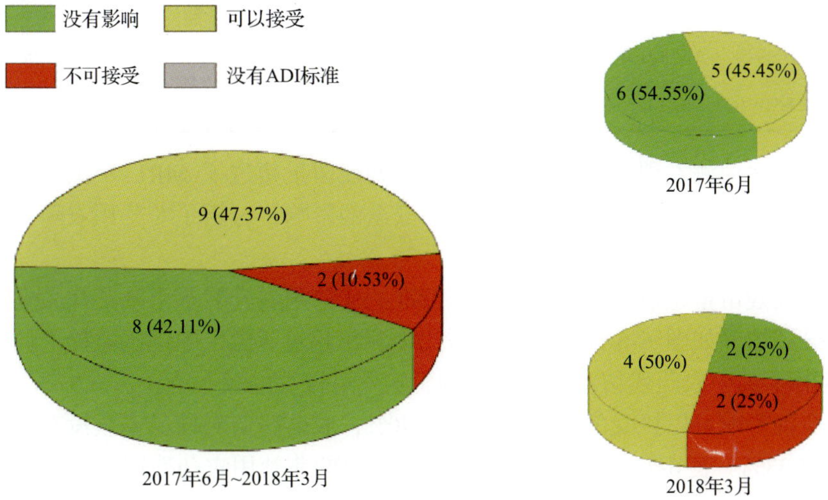

图 6-5　禁用农药对水果蔬菜样品安全影响程度的频次分布图

表 6-6　水果蔬菜样品中侦测出的残留禁用农药的安全指数表

序号	样品编号	采样点	基质	农药	含量(mg/kg)	IFS_c	影响程度
1	20180327-510100-CAIQ-ST-27A	***超市(八宝街店)	草莓	氧乐果	0.1451	3.0632	不可接受
2	20180326-510100-CAIQ-EP-23A	***超市(武侯店)	茄子	氧乐果	0.1265	2.6706	不可接受
3	20170619-510100-CAIQ-CU-36A	***超市(永康店)	黄瓜	克百威	0.1261	0.7986	可以接受
4	20180329-510100-CAIQ-XH-30A	***超市(双楠店)	西葫芦	克百威	0.0690	0.4370	可以接受
5	20180329-510100-CAIQ-CU-34A	***市场	黄瓜	克百威	0.0639	0.4047	可以接受
6	20170617-510100-USI-HM-31A	***超市(沙湾店)	哈密瓜	克百威	0.0351	0.2223	可以接受
7	20170615-510100-CAIQ-DJ-21A	***超市(高新店)	菜豆	甲胺磷	0.1333	0.2111	可以接受
8	20180327-510100-CAIQ-CU-24A	***超市(翡翠城店)	黄瓜	克百威	0.0260	0.1647	可以接受
9	20170615-510100-USI-WM-29A	***市场	西瓜	氧乐果	0.0072	0.1520	可以接受
10	20170617-510100-USI-TO-31A	***超市(沙湾店)	番茄	克百威	0.0219	0.1387	可以接受
11	20180325-510100-CAIQ-XH-20A	***超市(交大路分店)	西葫芦	克百威	0.0173	0.1096	可以接受

续表

序号	样品编号	采样点	基质	农药	含量(mg/kg)	IFS_c	影响程度
12	20170615-510100-CAIQ-DJ-28A	***市场	菜豆	克百威	0.0100	0.0633	没有影响
13	20170615-510100-USI-HU-23A	***市场	胡萝卜	甲拌磷	0.0067	0.0606	没有影响
14	20170617-510100-USI-DJ-32A	***超市(城市超市店)	菜豆	甲胺磷	0.0327	0.0518	没有影响
15	20170615-510100-CAIQ-HU-25A	***超市(SM广场分店)	胡萝卜	甲拌磷	0.0040	0.0362	没有影响
16	20180327-510100-CAIQ-NM-26A	***超市(万达广场锦华路店)	柠檬	克百威	0.0052	0.0329	没有影响
17	20170615-510100-CAIQ-PB-28A	***市场	小白菜	灭多威	0.0729	0.0231	没有影响
18	20170615-510100-CAIQ-LE-26A	***超市(***店)	生菜	丁酰肼	0.2546	0.0032	没有影响
19	20180329-510100-CAIQ-LE-33A	***市场	生菜	丁酰肼	0.1627	0.0021	没有影响

此外，本次侦测发现部分样品中非禁用农药残留量超过了 MRL 中国国家标准和欧盟标准，为了明确超标的非禁用农药对样品安全的影响，分析了非禁用农药残留超标的样品安全指数。

水果蔬菜残留量超过 MRL 中国国家标准的非禁用农药对水果蔬菜样品安全的影响程度频次分布情况如图 6-6 所示。可以看出侦测出超过 MRL 中国国家标准的非禁用农药共 15 频次，其中农药残留对样品安全的影响不可接受的频次为 1 占 6.67%，农药残留对样品安全的影响可以接受的频次为 6，占 40%；农药残留对样品安全没有影响的频次为 8，占 53.33%。表 6-7 为水果蔬菜样品中侦测出的非禁用农药残留安全指数表。

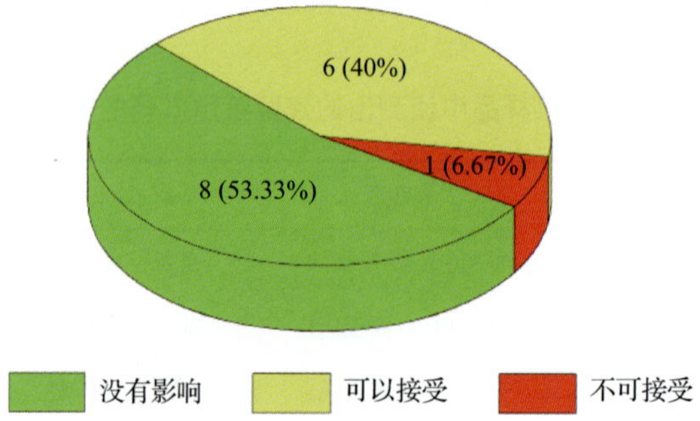

图 6-6　残留超标的非禁用农药对水果蔬菜样品安全的影响程度频次分布图(MRL 中国国家标准)

表 6-7　水果蔬菜样品中侦测出的非禁用农药残留安全指数表(MRL 中国国家标准)

序号	样品编号	采样点	基质	农药	含量(mg/kg)	中国国家标准	IFS_c	影响程度
1	20180325-510100-CAIQ-OR-19A	***超市(金牛店)	橘	三唑磷	0.2396	0.2	1.5175	不可接受
2	20180325-510100-CAIQ-OR-22A	***市场	橘	丙溴磷	2.9872	0.2	0.6306	可以接受

续表

序号	样品编号	采样点	基质	农药	含量 (mg/kg)	中国国家标准	IFS_c	影响程度
3	20180327-510100-CAIQ-OR-25A	***超市（科华路店）	橘	丙溴磷	2.3440	0.2	0.4948	可以接受
4	20180329-510100-CAIQ-OR-32A	***超市（三三九广场店）	橘	丙溴磷	1.1582	0.2	0.2445	可以接受
5	20180327-510100-CAIQ-OR-26A	***超市（万达广场锦华路店）	橘	丙溴磷	0.8953	0.2	0.1890	可以接受
6	20170615-510100-USI-MH-23A	***市场	猕猴桃	多菌灵	0.9609	0.5	0.2029	可以接受
7	20170615-510100-USI-BL-23A	***市场	菠萝	多菌灵	1.0390	0.5	0.2193	可以接受
8	20180326-510100-CAIQ-OR-23A	***超市（武侯店）	橘	丙溴磷	0.4249	0.2	0.0897	没有影响
9	20180327-510100-CAIQ-OR-28A	***超市（通惠门路店）	橘	丙溴磷	0.4030	0.2	0.0851	没有影响
10	20180325-510100-CAIQ-MG-21A	***超市（凯德沙湾店）	芒果	吡唑醚菌酯	0.0611	0.05	0.0129	没有影响
11	20180329-510100-CAIQ-MG-33A	***市场	芒果	戊唑醇	0.1161	0.05	0.0245	没有影响
12	20180329-510100-CAIQ-MG-34A	***市场	芒果	戊唑醇	0.0743	0.05	0.0157	没有影响
13	20180325-510100-CAIQ-MG-21A	***超市（凯德沙湾店）	芒果	戊唑醇	0.0630	0.05	0.0133	没有影响
14	20180327-510100-CAIQ-ST-26A	***超市（万达广场锦华路店）	草莓	烯酰吗啉	0.0602	0.05	0.0019	没有影响
15	20170615-510100-CAIQ-GP-25A	***超市（SM 广场分店）	葡萄	霜霉威	3.5875	2	0.0568	没有影响

残留量超过 MRL 欧盟标准的非禁用农药对水果蔬菜样品安全的影响程度频次分布情况如图 6-7 所示。可以看出超过 MRL 欧盟标准的非禁用农药共 212 频次，其中农药

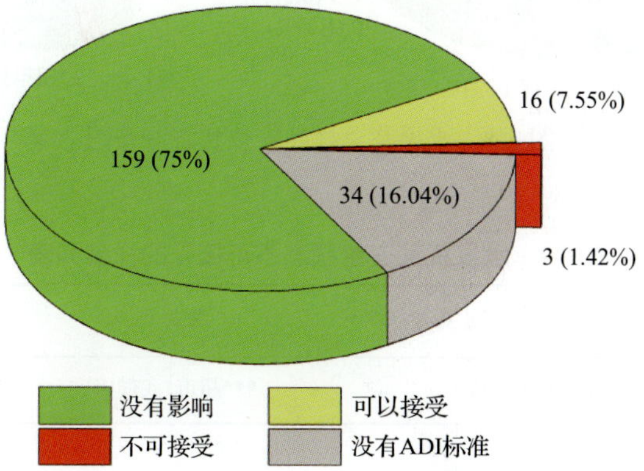

图 6-7　残留超标的非禁用农药对水果蔬菜样品安全的影响程度频次分布图（MRL 欧盟标准）

没有 ADI 标准的频次为 34，占 16.04%；农药残留对样品安全不可接受的频次为 3，占 1.42%；农药残留对样品安全的影响可以接受的频次为 5，占 5.75%；农药残留对样品安全没有影响的频次为 159，占 75%。表 6-8 为水果蔬菜样品中不可接受的残留超标非禁用农药安全指数列表。

表 6-8　对水果蔬菜样品中不可接受的残留超标非禁用农药安全指数列表(MRL 欧盟标准)

序号	样品编号	采样点	基质	农药	含量(mg/kg)	欧盟标准	IFS_c
1	20170619-510100-USI-PB-35A	***超市(青羊广场店)	小白菜	氟吡禾灵	0.2575	0.05	2.3298
2	20180325-510100-CAIQ-OR-19A	***超市(金牛店)	橘	三唑磷	0.2396	0.01	1.5175
3	20170618-510100-CAIQ-PB-34A	***超市(成都羊城商场店)	小白菜	氟吡禾灵	0.1260	0.05	1.1400

在 921 例样品中，304 例样品未侦测出农药残留，617 例样品中侦测出农药残留，计算每例有农药侦测出样品的 $\overline{IFS}$ 值，进而分析样品的安全状态，结果如图 6-8 所示(未侦测出农药的样品安全状态视为很好)。可以看出，0.11%的样品安全状态不可接受；1.3%的样品安全状态可以接受，97.5%的样品安全状态很好。此外，可以看出只有 2018 年 3 月有 1 例样品安全状态不可接受。表 6-9 列出了安全状态不可接受的水果蔬菜样品。

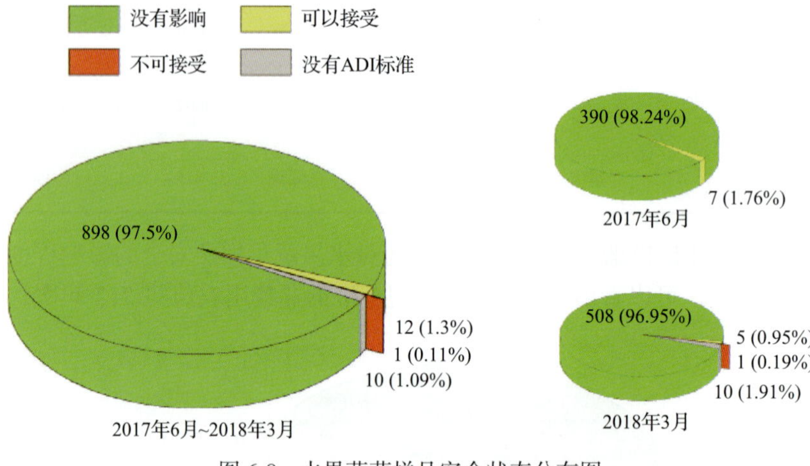

图 6-8　水果蔬菜样品安全状态分布图

表 6-9　水果蔬菜安全状态不可接受的样品列表

序号	样品编号	采样点	基质	$\overline{IFS}$
1	20180326-510100-CAIQ-EP-23A	***超市(武侯店)	茄子	1.3386

6.2.2　单种水果蔬菜中农药残留安全指数分析

本次 43 种水果蔬菜侦测 87 种农药，检出频次为 1919 次，其中 16 种农药没有 ADI 标准，71 种农药存在 ADI 标准。2 种水果蔬菜未侦测出任何农药，花椰菜侦测出农药残留没有 ADI 标准，对 40 种水果蔬菜按不同种类分别计算侦测出的具有 ADI 标准的各种农药的 IFS_c 值，农药残留对水果蔬菜的安全指数分布图如图 6-9 所示。

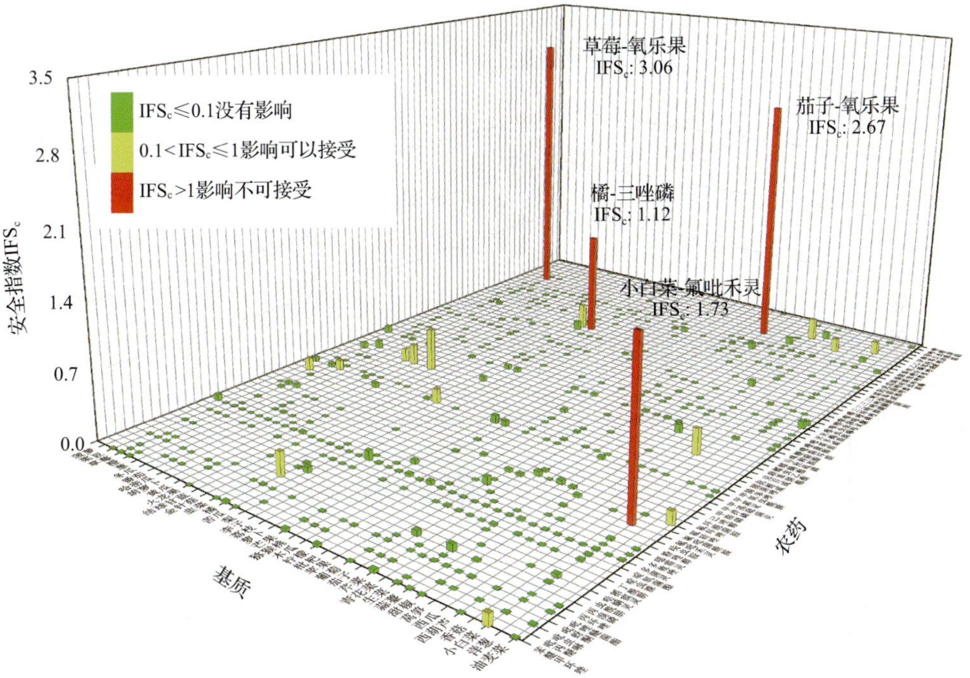

图 6-9　40 种水果蔬菜中 71 种残留农药的安全指数分布图

分析发现 4 种水果蔬菜(草莓、茄子、橘、小白菜)中的 3 种农药(氧乐果、氟吡禾灵、三唑磷)残留对食品安全影响不可接受，如表 6-10 所示。

表 6-10　单种水果蔬菜中安全影响不可接受的残留农药安全指数表

序号	基质	农药	检出频次	检出率(%)	IFS>1 的频次	IFS>1 的比例(%)	IFS_c
1	草莓	氧乐果	1	0.61	1	0.01	3.0632
2	茄子	氧乐果	1	2.63	1	0.03	2.6706
3	小白菜	氟吡禾灵	2	1.50	2	0.02	1.7349
4	橘	三唑磷	2	2.33	1	0.01	1.1182

本次侦测中，41 种水果蔬菜和 87 种残留农药(包括没有 ADI 标准)共涉及 539 个分析样本，农药对单种水果蔬菜安全的影响程度分布情况如图 6-10 所示。可以看出，86.64%的样本中农药对水果蔬菜安全没有影响，2.6%的样本中农药对水果蔬菜安全的影响可以

接受，0.74%的样本中农药对水果蔬菜安全的影响不可接受。

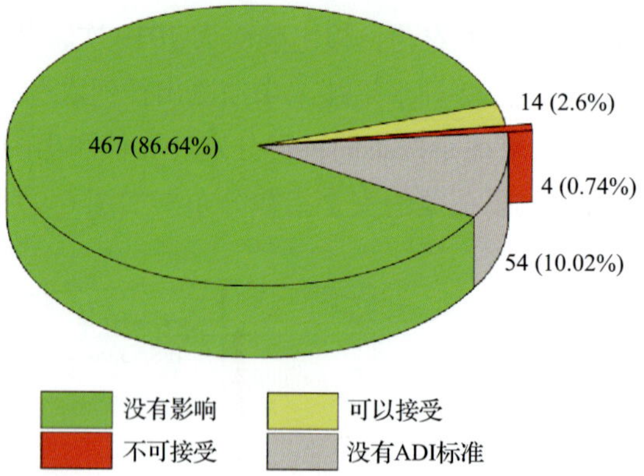

图 6-10　539 个分析样本的影响程度频次分布图

此外，分别计算 40 种水果蔬菜中所有侦测出农药 IFS_c 的平均值 $\overline{IFS}$，分析每种水果蔬菜的安全状态，结果如图 6-11 所示，分析发现，2 种水果蔬菜(5%)的安全状态可以接受，38 种(95%)水果蔬菜的安全状态很好。

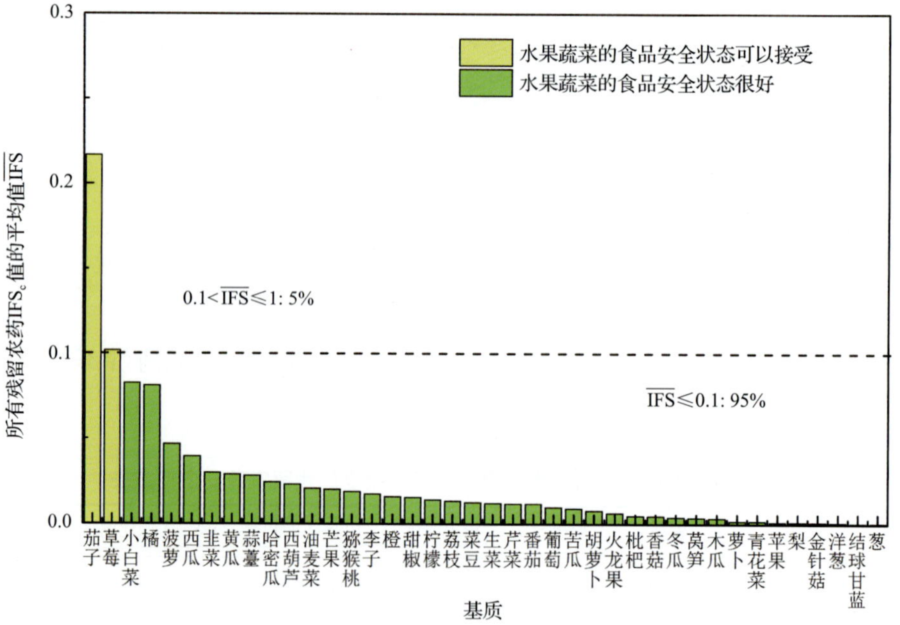

图 6-11　40 种水果蔬菜的 $\overline{IFS}$ 值和安全状态统计图

对每个月内每种水果蔬菜中农药的 IFS_c 进行分析，并计算每月内每种水果蔬菜的 $\overline{IFS}$ 值，以评价每种水果蔬菜的安全状态，结果如图 6-12 所示，可以看出，该 2 月份的所有水果蔬菜的安全状态均处于很好和可以接受的范围内，各月份内单种水果蔬菜安全状态统计情况如图 6-13 所示。

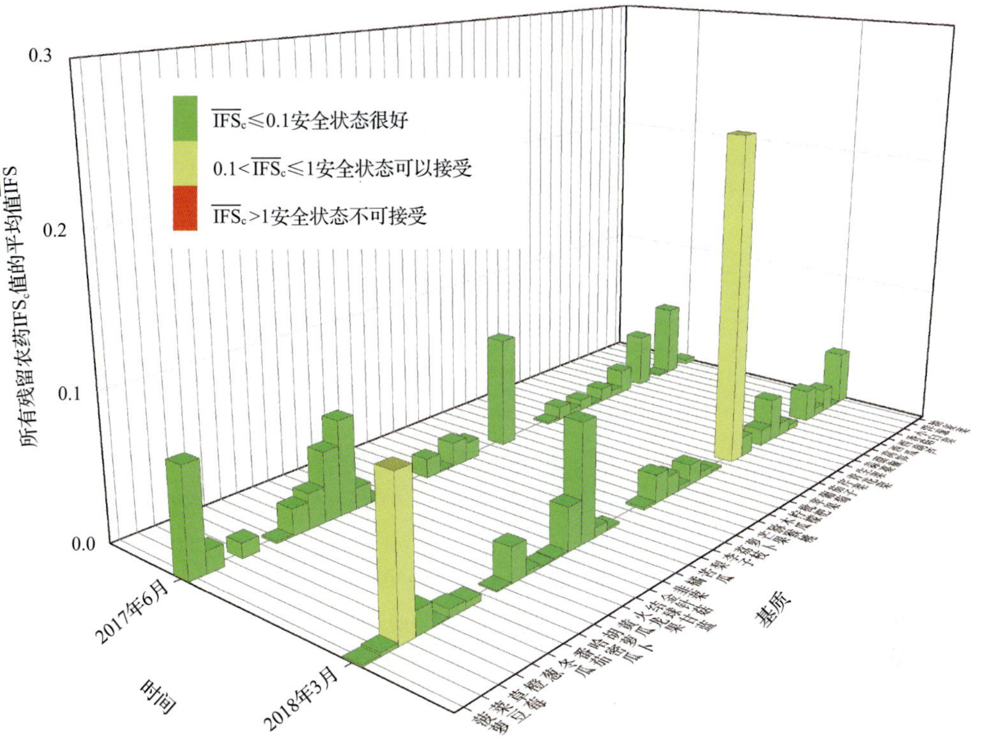

图 6-12 各月内每种水果蔬菜的 $\overline{\text{IFS}}$ 值与安全状态分布图

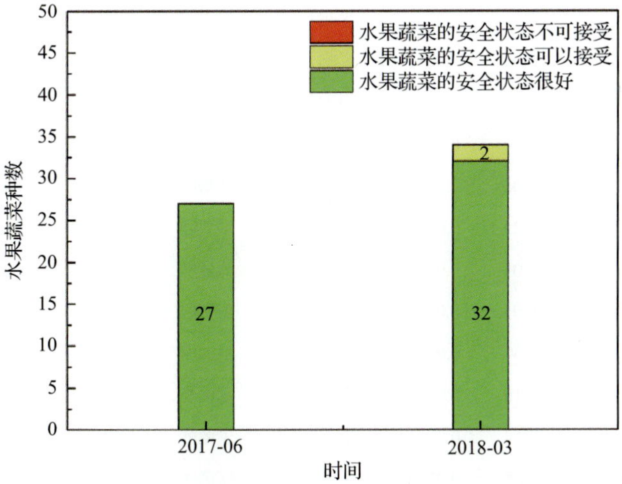

图 6-13 各月份内单种水果蔬菜安全状态统计图

6.2.3 所有水果蔬菜中农药残留安全指数分析

计算所有水果蔬菜中 71 种农药的 $\overline{\text{IFS}}_c$ 值，结果如表 6-11 及图 6-14 所示。

表 6-11　水果蔬菜中 71 种农药残留的安全指数表

序号	农药	检出频次	检出率(%)	$\overline{IFS_c}$	影响程度	序号	农药	检出频次	检出率(%)	$\overline{IFS_c}$	影响程度
1	氧乐果	3	0.16	1.9619	不可接受	37	腈苯唑	3	0.16	0.0095	没有影响
2	氟吡禾灵	2	0.10	1.7349	不可接受	38	醚菌酯	2	0.10	0.0081	没有影响
3	三唑磷	6	0.31	0.4248	可以接受	39	三唑酮	7	0.36	0.0075	没有影响
4	克百威	9	0.47	0.2635	可以接受	40	烯酰吗啉	184	9.59	0.0062	没有影响
5	乙霉威	2	0.10	0.1887	可以接受	41	腈菌唑	21	1.09	0.0060	没有影响
6	甲胺磷	2	0.10	0.1314	可以接受	42	吡虫啉	38	1.98	0.0055	没有影响
7	丙溴磷	24	1.25	0.0993	没有影响	43	吡蚜酮	2	0.10	0.0053	没有影响
8	螺螨酯	1	0.05	0.0898	没有影响	44	啶虫脒	100	5.21	0.0051	没有影响
9	联苯肼酯	8	0.42	0.0783	没有影响	45	乙螨唑	26	1.35	0.0046	没有影响
10	异丙威	1	0.05	0.0725	没有影响	46	莠去津	1	0.05	0.0044	没有影响
11	烯唑醇	3	0.16	0.0591	没有影响	47	抗蚜威	1	0.05	0.0042	没有影响
12	三唑醇	2	0.10	0.0506	没有影响	48	吡唑醚菌酯	106	5.52	0.0041	没有影响
13	甲拌磷	2	0.10	0.0484	没有影响	49	呋虫胺	4	0.21	0.0034	没有影响
14	氟硅唑	18	0.94	0.0403	没有影响	50	螺虫乙酯	1	0.05	0.0034	没有影响
15	甲基硫菌灵	41	2.14	0.0371	没有影响	51	甲霜灵	79	4.12	0.0033	没有影响
16	噻唑磷	5	0.26	0.0339	没有影响	52	甲氧虫酰肼	2	0.10	0.0032	没有影响
17	噻嗪酮	6	0.31	0.0265	没有影响	53	丁酰肼	2	0.10	0.0026	没有影响
18	咪鲜胺	75	3.91	0.0255	没有影响	54	丙环唑	29	1.51	0.0025	没有影响
19	粉唑醇	4	0.21	0.0254	没有影响	55	噻虫嗪	33	1.72	0.0024	没有影响
20	灭多威	1	0.05	0.0231	没有影响	56	嘧菌环胺	10	0.52	0.0022	没有影响
21	哒螨灵	20	1.04	0.0222	没有影响	57	霜霉威	60	3.13	0.0021	没有影响
22	苯醚甲环唑	71	3.70	0.0180	没有影响	58	肟菌酯	9	0.47	0.0021	没有影响
23	氟环唑	1	0.05	0.0180	没有影响	59	抑霉唑	1	0.05	0.0018	没有影响
24	氟吡菌酰胺	24	1.25	0.0174	没有影响	60	多效唑	34	1.77	0.0016	没有影响
25	噻虫啉	1	0.05	0.0172	没有影响	61	烯效唑	4	0.21	0.0013	没有影响
26	稻瘟灵	1	0.05	0.0170	没有影响	62	嘧霉胺	70	3.65	0.0013	没有影响
27	噁霜灵	25	1.30	0.0152	没有影响	63	吡丙醚	3	0.16	0.0012	没有影响
28	噻虫胺	3	0.16	0.0151	没有影响	64	嘧菌酯	56	2.92	0.0010	没有影响
29	戊唑醇	41	2.14	0.0143	没有影响	65	戊菌唑	4	0.21	0.0009	没有影响
30	啶氧菌酯	1	0.05	0.0122	没有影响	66	噻菌灵	24	1.25	0.0009	没有影响
31	灭蝇胺	52	2.71	0.0120	没有影响	67	烯啶虫胺	9	0.47	0.0006	没有影响
32	己唑醇	2	0.10	0.0113	没有影响	68	三环唑	63	3.28	0.0003	没有影响
33	虫酰肼	2	0.10	0.0106	没有影响	69	马拉硫磷	3	0.16	0.0003	没有影响
34	多菌灵	290	15.11	0.0102	没有影响	70	唑嘧菌胺	2	0.10	0.0000	没有影响
35	环酰菌胺	1	0.05	0.0101	没有影响	71	双炔酰菌胺	1	0.05	0.0000	没有影响
36	唑虫酰胺	7	0.36	0.0099	没有影响						

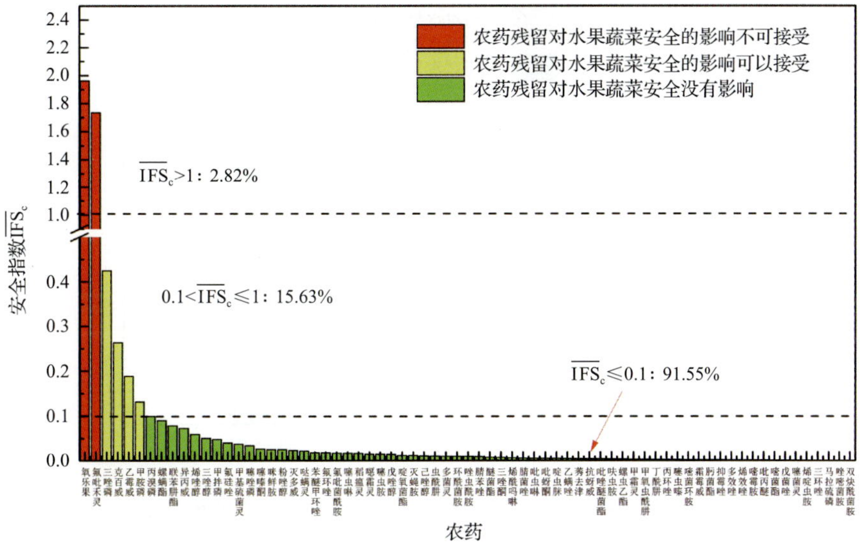

图 6-14　71 种残留农药对水果蔬菜的安全影响程度统计图

分析发现，氧乐果和氟吡禾灵的 $\overline{\mathrm{IFS}}_{\mathrm{c}}$ 大于 1，其他农药的 $\overline{\mathrm{IFS}}_{\mathrm{c}}$ 均小于 1，说明氧乐果和氟吡禾灵对水果蔬菜安全的影响不可接受，其他农药对水果蔬菜安全的影响均在没有影响和可以接受的范围内，其中 15.63%的农药对水果蔬菜安全的影响可以接受，91.55%的农药对水果蔬菜安全没有影响。

对每个月内所有水果蔬菜中残留农药的 $\mathrm{IFS}_{\mathrm{c}}$ 进行分析，结果如图 6-15 所示。分析发现，2017 年 6 月的氟吡禾灵以及 2018 年 3 月的氧乐果对水果蔬菜安全的影响不可接受，该两个月份的其他所有农药对水果蔬菜安全的影响均处于没有影响和可以接受的范围内。每月内不同农药对水果蔬菜安全影响程度的统计如图 6-16 所示。

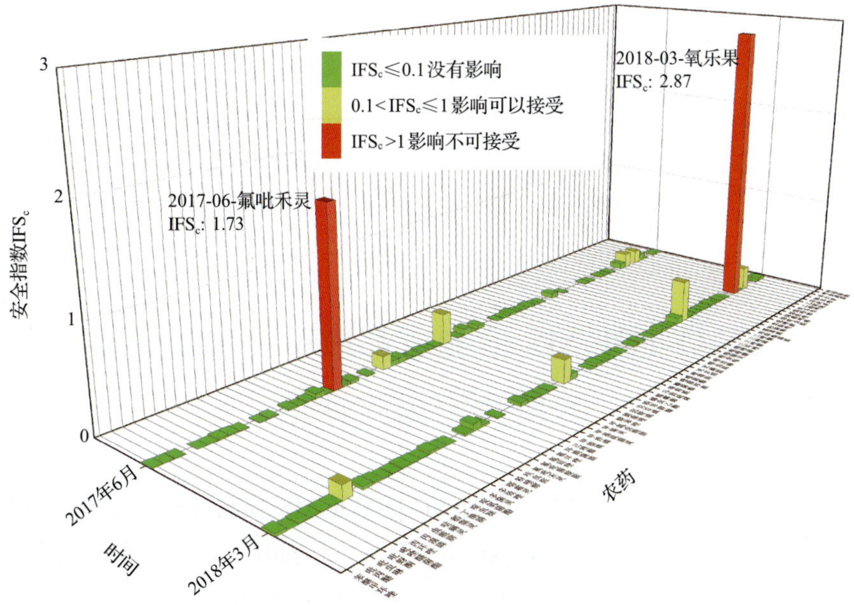

图 6-15　各月份内水果蔬菜中每种残留农药的安全指数分布图

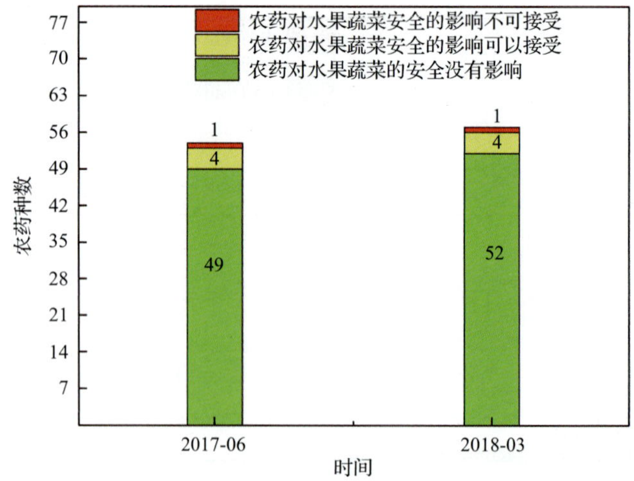

图 6-16　各月份内农药对水果蔬菜安全影响程度的统计图

计算每个月内水果蔬菜的 $\overline{IFS}$，以分析每月内水果蔬菜的安全状态，结果如图 6-17 所示，可以看出，所有月份的水果蔬菜安全状态均处于可以接受的范围内。

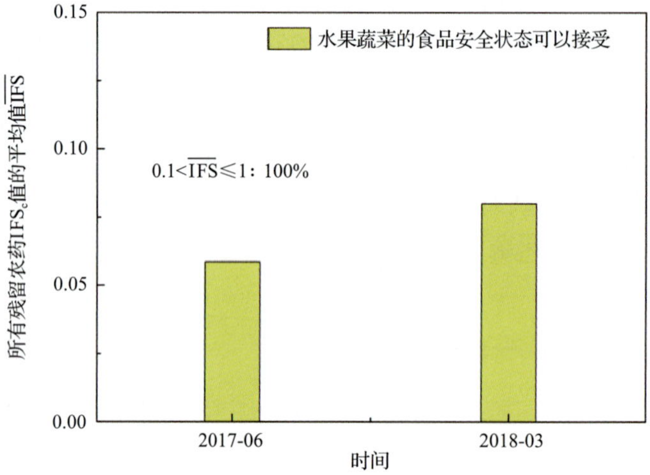

图 6-17　各月份内水果蔬菜的 $\overline{IFS}$ 值与安全状态统计图

6.3　LC-Q-TOF/MS 侦测成都市市售水果蔬菜农药残留预警风险评估

基于成都市水果蔬菜样品中农药残留 LC-Q-TOF/MS 侦测数据，分析禁用农药的检出率，同时参照中华人民共和国国家标准 GB 2763—2016 和欧盟农药最大残留限量(MRL)标准分析非禁用农药残留的超标率，并计算农药残留风险系数。分析单种水果蔬菜中农药残留以及所有水果蔬菜中农药残留的风险程度。

6.3.1　单种水果蔬菜中农药残留风险系数分析

6.3.1.1　单种水果蔬菜中禁用农药残留风险系数分析

侦测出的 87 种残留农药中有 6 种为禁用农药，且它们分布在 12 种水果蔬菜中，计算 12 种水果蔬菜中禁用农药的超标率，根据超标率计算风险系数 R，进而分析水果蔬菜中禁用农药的风险程度，结果如图 6-18 与表 6-12 所示。分析发现 6 种禁用农药在 12 种水果蔬菜中的残留处均于高度风险。

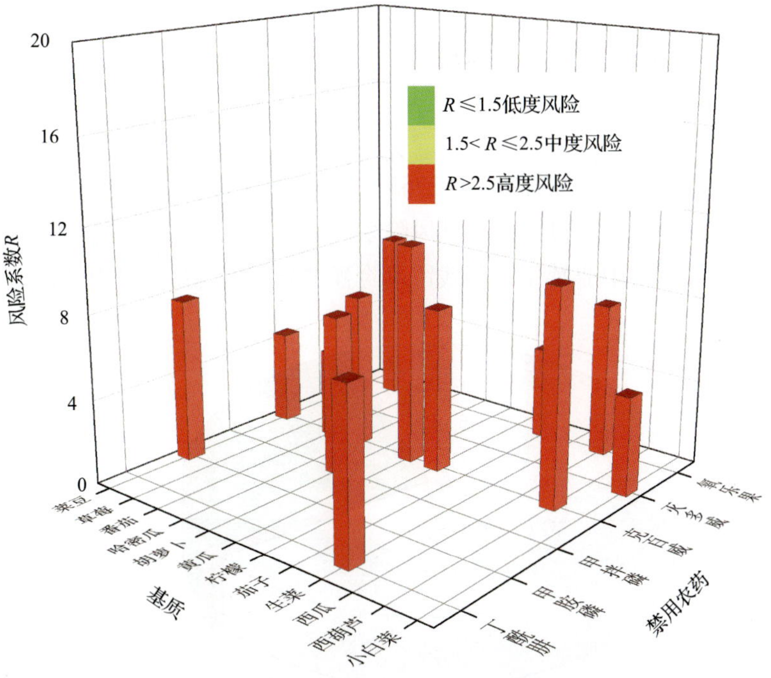

图 6-18　12 种水果蔬菜中 6 种禁用农药的风险系数分布图

表 6-12　12 种水果蔬菜中 6 种禁用农药的风险系数列表

序号	基质	农药	检出频次	检出率(%)	风险系数 R	风险程度
1	黄瓜	克百威	3	9.38	10.4750	高度风险
2	西葫芦	克百威	2	9.09	10.1909	高度风险
3	草莓	氧乐果	1	7.14	8.2429	高度风险
4	生菜	丁酰肼	2	6.90	7.9966	高度风险
5	柠檬	克百威	1	6.67	7.7667	高度风险
6	菜豆	甲胺磷	2	6.67	7.7667	高度风险

续表

序号	基质	农药	检出频次	检出率(%)	风险系数 R	风险程度
7	胡萝卜	甲拌磷	2	6.45	7.5516	高度风险
8	哈密瓜	克百威	1	6.25	7.3500	高度风险
9	西瓜	氧乐果	1	6.25	7.3500	高度风险
10	小白菜	灭多威	1	3.57	4.6714	高度风险
11	茄子	氧乐果	1	3.33	4.4333	高度风险
12	菜豆	克百威	1	3.33	4.4333	高度风险
13	番茄	克百威	1	3.13	4.2250	高度风险

6.3.1.2　基于 MRL 中国国家标准的单种水果蔬菜中非禁用农药残留风险系数分析

参照中华人民共和国国家标准 GB 2763—2016 中农药残留限量计算每种水果蔬菜中每种非禁用农药的超标率，进而计算其风险系数，根据风险系数大小判断残留农药的预警风险程度，水果蔬菜中非禁用农药残留风险程度分布情况如图 6-19 所示。

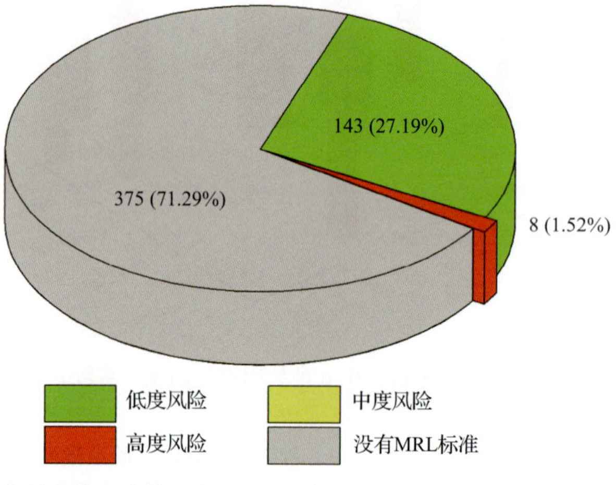

图 6-19　水果蔬菜中非禁用农药风险程度的频次分布图(MRL 中国国家标准)

本次分析中，发现在 41 种水果蔬菜侦测出 81 种残留非禁用农药，涉及样本 526 个，在 526 个样本中，1.52%处于高度风险，27.19%处于低度风险，此外发现有 375 个样本没有 MRL 中国国家标准值，无法判断其风险程度，有 MRL 中国国家标准值的 151 个样本涉及 35 种水果蔬菜中的 42 种非禁用农药，其风险系数 R 值如图 6-20 所示。表 6-13 为非禁用农药残留处于高度风险的水果蔬菜列表。

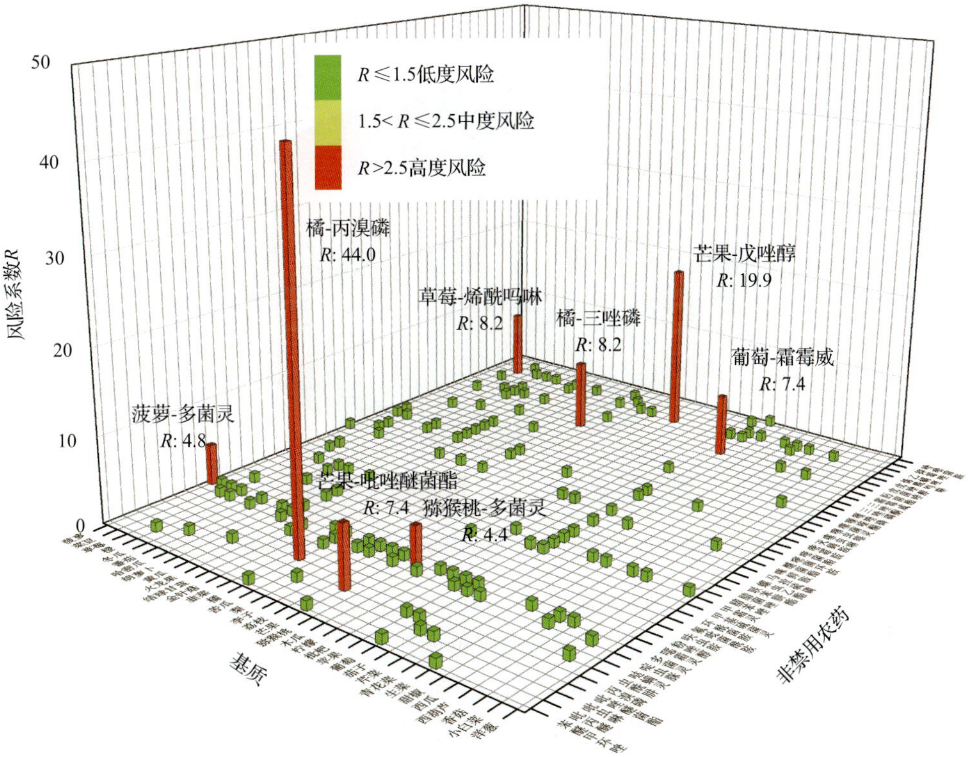

图 6-20　35 种水果蔬菜中 42 种非禁用农药的风险系数分布图(MRL 中国国家标准)

表 6-13　单种水果蔬菜中处于高度风险的非禁用农药风险系数表(MRL 中国国家标准)

序号	基质	农药	超标频次	超标率 P(%)	风险系数 R
1	橘	丙溴磷	6	42.86	43.96
2	芒果	戊唑醇	3	18.75	19.85
3	橘	三唑磷	1	7.14	8.24
4	草莓	烯酰吗啉	1	7.14	8.24
5	芒果	吡唑醚菌酯	1	6.25	7.35
6	葡萄	霜霉威	1	6.25	7.35
7	菠萝	多菌灵	1	3.70	4.80
8	猕猴桃	多菌灵	1	3.33	4.43

6.3.1.3　基于 MRL 欧盟标准的单种水果蔬菜中非禁用农药残留风险系数分析

参照 MRL 欧盟标准计算每种水果蔬菜中每种非禁用农药的超标率，进而计算其风险系数，根据风险系数大小判断农药残留的预警风险程度，水果蔬菜中非禁用农药残留风险程度分布情况如图 6-21 所示。

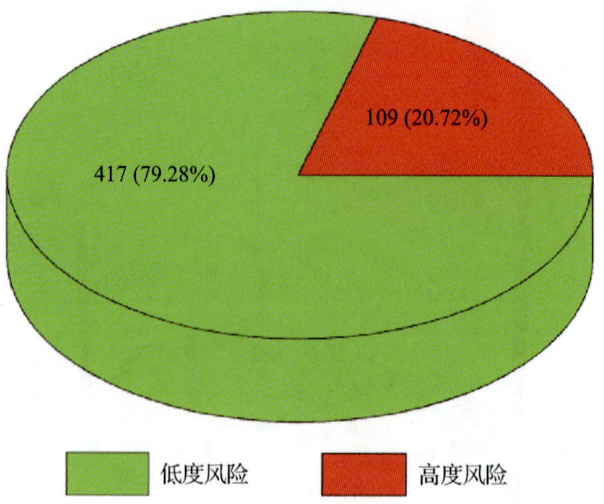

图 6-21　水果蔬菜中非禁用农药的风险程度的频次分布图（MRL 欧盟标准）

本次分析中，发现在 41 种水果蔬菜中共侦测出 81 种非禁用农药，涉及样本 526 个，其中，20.72%处于高度风险，涉及 30 种水果蔬菜和 43 种农药；79.28%处于低度风险，涉及 39 种水果蔬菜和 68 种农药。单种水果蔬菜中的非禁用农药风险系数分布图如图 6-22 所示。单种水果蔬菜中处于高度风险的非禁用农药风险系数如图 6-23 和表 6-14 所示。

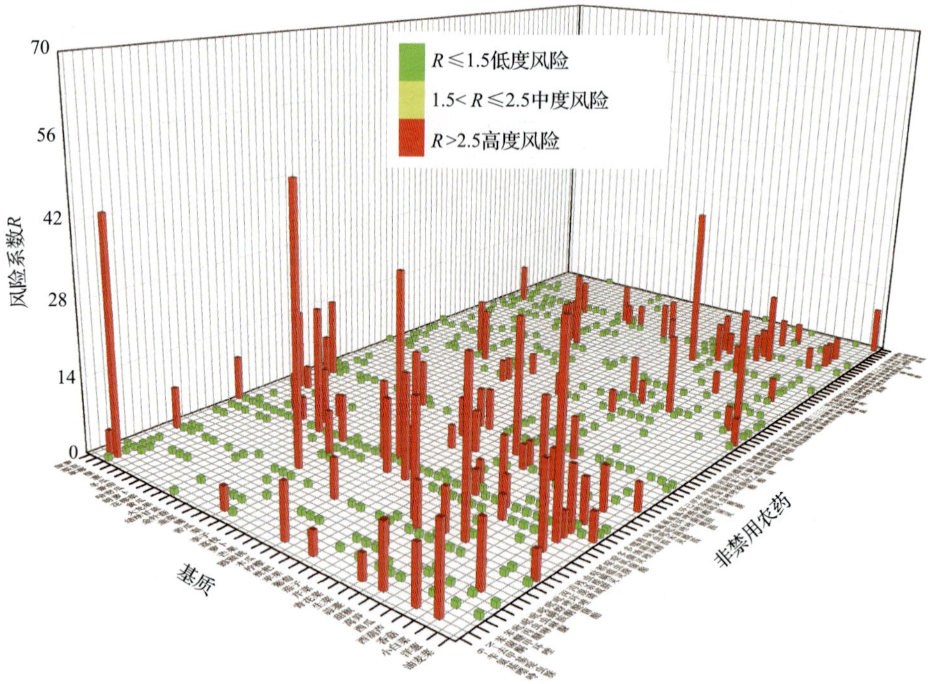

图 6-22　41 种水果蔬菜中 81 种非禁用农药的风险系数分布图（MRL 欧盟标准）

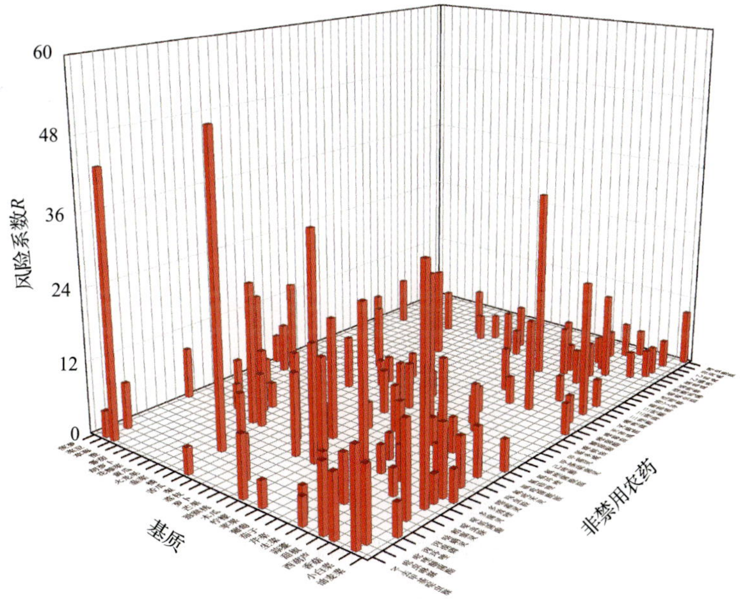

图 6-23 单种水果蔬菜中处于高度风险的非禁用农药的风险系数分布图(MRL 欧盟标准)

表 6-14 单种水果蔬菜中处于高度风险的非禁用农药的风险系数表(MRL 欧盟标准)

序号	基质	农药	超标频次	超标率 *P*(%)	风险系数 *R*
1	橘	丙溴磷	7	50.00	51.10
2	草莓	*N*-去甲基啶虫脒	6	42.86	43.96
3	小白菜	啶虫脒	10	35.71	36.81
4	萝卜	多效唑	4	33.33	34.43
5	葡萄	霜霉威	5	31.25	32.35
6	甜椒	丙溴磷	9	30.00	31.10
7	葡萄	氟唑菌酰胺	4	25.00	26.10
8	火龙果	多菌灵	7	22.58	23.68
9	小白菜	灭蝇胺	6	21.43	22.53
10	茄子	丙溴磷	6	20.00	21.10
11	芒果	噁霜灵	3	18.75	19.85
12	木瓜	啶虫脒	2	18.18	19.28
13	小白菜	*N*-去甲基啶虫脒	4	14.29	15.39
14	小白菜	哒螨灵	4	14.29	15.39
15	橘	三唑磷	2	14.29	15.39
16	草莓	氟硅唑	2	14.29	15.39
17	草莓	甲基硫菌灵	2	14.29	15.39
18	蒜薹	嘧霉胺	3	14.29	15.39
19	生菜	氟硅唑	4	13.79	14.89

续表

序号	基质	农药	超标频次	超标率 P(%)	风险系数 R
20	甜椒	烯啶虫胺	4	13.33	14.43
21	荔枝	多菌灵	2	13.33	14.43
22	芒果	啶虫脒	2	12.50	13.60
23	小白菜	吡虫啉脲	3	10.71	11.81
24	小白菜	多菌灵	3	10.71	11.81
25	生菜	多效唑	3	10.34	11.44
26	甜椒	N-去甲基啶虫脒	3	10.00	11.10
27	花椰菜	灭害威	1	10.00	11.10
28	火龙果	嘧菌酯	3	9.68	10.78
29	黄瓜	噁霜灵	3	9.38	10.48
30	木瓜	N-去甲基啶虫脒	1	9.09	10.19
31	西葫芦	N-去甲基啶虫脒	2	9.09	10.19
32	油麦菜	唑虫酰胺	2	8.33	9.43
33	韭菜	三唑磷	1	7.69	8.79
34	韭菜	三唑酮	1	7.69	8.79
35	韭菜	三唑醇	1	7.69	8.79
36	韭菜	多菌灵	1	7.69	8.79
37	韭菜	甲基硫菌灵	1	7.69	8.79
38	菠萝	多菌灵	2	7.41	8.51
39	小白菜	噁霜灵	2	7.14	8.24
40	小白菜	氟吡禾灵	2	7.14	8.24
41	橘	烯酰吗啉	1	7.14	8.24
42	橘	稻瘟灵	1	7.14	8.24
43	芹菜	丙环唑	2	7.14	8.24
44	芹菜	特丁净	2	7.14	8.24
45	草莓	己唑醇	1	7.14	8.24
46	草莓	戊唑醇	1	7.14	8.24
47	生菜	丙溴磷	2	6.90	8.00
48	生菜	甲基硫菌灵	2	6.90	8.00
49	柠檬	氟硅唑	1	6.67	7.77
50	猕猴桃	多菌灵	2	6.67	7.77
51	猕猴桃	甲基硫菌灵	2	6.67	7.77
52	茄子	烯啶虫胺	2	6.67	7.77
53	菜豆	吡唑醚菌酯	2	6.67	7.77
54	番茄	噁霜灵	2	6.25	7.35

续表

序号	基质	农药	超标频次	超标率 P(%)	风险系数 R
55	芒果	吡唑醚菌酯	1	6.25	7.35
56	芒果	戊唑醇	1	6.25	7.35
57	芒果	氟唑菌酰胺	1	6.25	7.35
58	芒果	烯酰吗啉	1	6.25	7.35
59	芒果	甲基硫菌灵	1	6.25	7.35
60	葡萄	灭蝇胺	1	6.25	7.35
61	黄瓜	烯啶虫胺	2	6.25	7.35
62	蒜薹	乙霉威	1	4.76	5.86
63	蒜薹	多菌灵	1	4.76	5.86
64	蒜薹	戊唑醇	1	4.76	5.86
65	蒜薹	氟硅唑	1	4.76	5.86
66	蒜薹	烯酰吗啉	1	4.76	5.86
67	蒜薹	霜霉威	1	4.76	5.86
68	油麦菜	丙环唑	1	4.17	5.27
69	油麦菜	多菌灵	1	4.17	5.27
70	油麦菜	氟硅唑	1	4.17	5.27
71	油麦菜	醚菌酯	1	4.17	5.27
72	菠萝	甲基硫菌灵	1	3.70	4.80
73	小白菜	三唑醇	1	3.57	4.67
74	小白菜	乙霉威	1	3.57	4.67
75	小白菜	啶氧菌酯	1	3.57	4.67
76	小白菜	嘧霉胺	1	3.57	4.67
77	小白菜	烯唑醇	1	3.57	4.67
78	小白菜	缬霉威	1	3.57	4.67
79	芹菜	吡虫啉脲	1	3.57	4.67
80	芹菜	嘧霉胺	1	3.57	4.67
81	芹菜	多菌灵	1	3.57	4.67
82	芹菜	戊唑醇	1	3.57	4.67
83	芹菜	氟环唑	1	3.57	4.67
84	芹菜	氟硅唑	1	3.57	4.67
85	芹菜	甲霜灵	1	3.57	4.67
86	生菜	*N*-去甲基啶虫脒	1	3.45	4.55
87	生菜	乙螨唑	1	3.45	4.55
88	生菜	烯唑醇	1	3.45	4.55
89	香菇	烯酰吗啉	1	3.45	4.55

续表

序号	基质	农药	超标频次	超标率 P(%)	风险系数 R
90	橙	氟硅唑	1	3.33	4.43
91	猕猴桃	咪鲜胺	1	3.33	4.43
92	猕猴桃	戊唑醇	1	3.33	4.43
93	猕猴桃	氟吡菌酰胺	1	3.33	4.43
94	甜椒	呋虫胺	1	3.33	4.43
95	甜椒	啶虫脒	1	3.33	4.43
96	甜椒	噻唑磷	1	3.33	4.43
97	甜椒	异丙威	1	3.33	4.43
98	苦瓜	*N*-去甲基啶虫脒	1	3.33	4.43
99	苦瓜	咪鲜胺	1	3.33	4.43
100	苦瓜	烯啶虫胺	1	3.33	4.43
101	苦瓜	猛杀威	1	3.33	4.43
102	茄子	咪鲜胺	1	3.33	4.43
103	茄子	噁霜灵	1	3.33	4.43
104	菜豆	*N*-去甲基啶虫脒	1	3.33	4.43
105	梨	嘧菌酯	1	3.23	4.33
106	梨	烯酰吗啉	1	3.23	4.33
107	胡萝卜	多效唑	1	3.23	4.33
108	苹果	*N*-去甲基啶虫脒	1	3.23	4.33
109	黄瓜	呋虫胺	1	3.13	4.23

6.3.2 所有水果蔬菜中农药残留风险系数分析

6.3.2.1 所有水果蔬菜中禁用农药残留风险系数分析

在侦测出的 87 种农药中有 6 种为禁用农药,计算所有水果蔬菜中禁用农药的风险系数,结果如表 6-15 所示。禁用农药克百威处于中度风险，剩余 5 种禁用农药处于低度风险。

表 6-15　水果蔬菜中 6 种禁用农药的风险系数表

序号	农药	检出频次	检出率(%)	风险系数 R	风险程度
1	克百威	9	0.98	2.08	中度风险
2	氧乐果	3	0.33	1.43	低度风险
3	丁酰肼	2	0.22	1.32	低度风险
4	甲拌磷	2	0.22	1.32	低度风险
5	甲胺磷	2	0.22	1.32	低度风险
6	灭多威	1	0.11	1.21	低度风险

对每个月内的禁用农药的风险系数进行分析，结果如图 6-24 和表 6-16 所示。

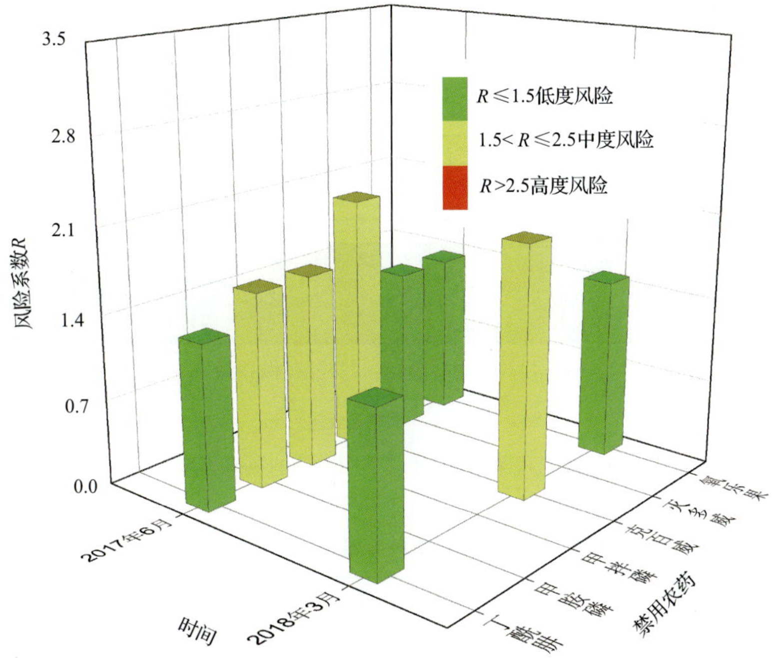

图 6-24　各月份内水果蔬菜中禁用农药残留的风险系数分布图

表 6-16　各月份内水果蔬菜中禁用农药的风险系数表

序号	年月	农药	检出频次	检出率(%)	风险系数 R	风险程度
1	2017 年 6 月	克百威	4	1.01	2.11	中度风险
2	2017 年 6 月	甲拌磷	2	0.50	1.60	中度风险
3	2017 年 6 月	甲胺磷	2	0.50	1.60	中度风险
4	2017 年 6 月	丁酰肼	1	0.25	1.35	低度风险
5	2017 年 6 月	氧乐果	1	0.25	1.35	低度风险
6	2017 年 6 月	灭多威	1	0.25	1.35	低度风险
7	2018 年 3 月	克百威	5	0.954198	2.054198	中度风险
8	2018 年 3 月	氧乐果	2	0.381679	1.481679	低度风险
9	2018 年 3 月	丁酰肼	1	0.19084	1.29084	低度风险

6.3.2.2　所有水果蔬菜中非禁用农药残留风险系数分析

参照 MRL 欧盟标准计算所有水果蔬菜中每种非禁用农药残留的风险系数，如图 6-25 与表 6-17 所示。在侦测出的 81 种非禁用农药中，4 种农药(4.94%)残留处于高度风险，14 种农药(17.28%)残留处于中度风险，63 种农药(77.78%)残留处于低度风险。

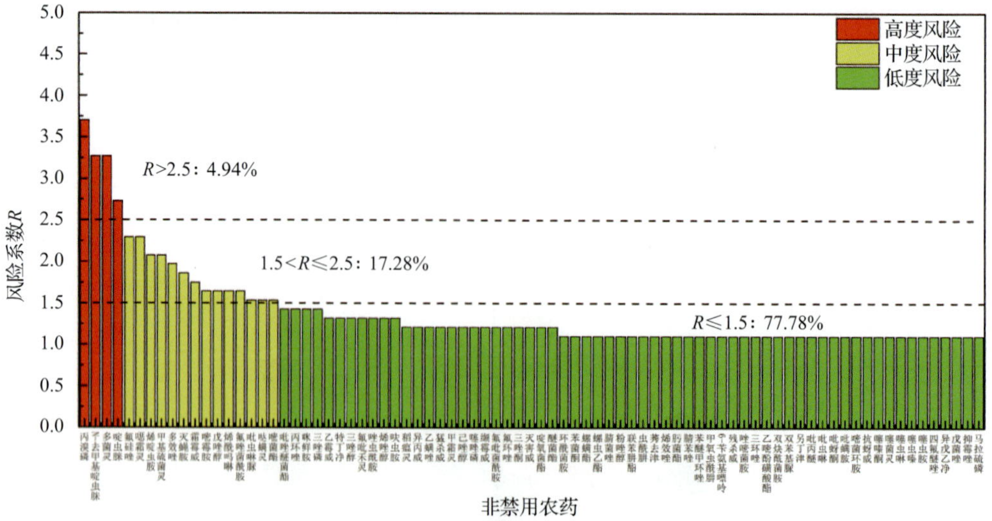

图 6-25　水果蔬菜中 81 种非禁用农药的风险程度统计图

表 6-17　水果蔬菜中 81 种非禁用农药的风险系数表

序号	农药	超标频次	超标率 P(%)	风险系数 R	风险程度
1	丙溴磷	24	2.61	3.71	高度风险
2	*N*-去甲基啶虫脒	20	2.17	3.27	高度风险
3	多菌灵	20	2.17	3.27	高度风险
4	啶虫脒	15	1.63	2.73	高度风险
5	氟硅唑	11	1.19	2.29	中度风险
6	噁霜灵	11	1.19	2.29	中度风险
7	烯啶虫胺	9	0.98	2.08	中度风险
8	甲基硫菌灵	9	0.98	2.08	中度风险
9	多效唑	8	0.87	1.97	中度风险
10	灭蝇胺	7	0.76	1.86	中度风险
11	霜霉威	6	0.65	1.75	中度风险
12	嘧霉胺	5	0.54	1.64	中度风险
13	戊唑醇	5	0.54	1.64	中度风险
14	烯酰吗啉	5	0.54	1.64	中度风险
15	氟唑菌酰胺	5	0.54	1.64	中度风险
16	吡虫啉脲	4	0.43	1.53	中度风险
17	哒螨灵	4	0.43	1.53	中度风险
18	嘧菌酯	4	0.43	1.53	中度风险
19	吡唑醚菌酯	3	0.33	1.43	低度风险

续表

序号	农药	超标频次	超标率 P(%)	风险系数 R	风险程度
20	丙环唑	3	0.33	1.43	低度风险
21	咪鲜胺	3	0.33	1.43	低度风险
22	三唑磷	3	0.33	1.43	低度风险
23	乙霉威	2	0.22	1.32	低度风险
24	特丁净	2	0.22	1.32	低度风险
25	三唑醇	2	0.22	1.32	低度风险
26	氟吡禾灵	2	0.22	1.32	低度风险
27	唑虫酰胺	2	0.22	1.32	低度风险
28	烯唑醇	2	0.22	1.32	低度风险
29	呋虫胺	2	0.22	1.32	低度风险
30	稻瘟灵	1	0.11	1.21	低度风险
31	异丙威	1	0.11	1.21	低度风险
32	乙螨唑	1	0.11	1.21	低度风险
33	猛杀威	1	0.11	1.21	低度风险
34	甲霜灵	1	0.11	1.21	低度风险
35	己唑醇	1	0.11	1.21	低度风险
36	噻唑磷	1	0.11	1.21	低度风险
37	缬霉威	1	0.11	1.21	低度风险
38	氟吡菌酰胺	1	0.11	1.21	低度风险
39	氟环唑	1	0.11	1.21	低度风险
40	三唑酮	1	0.11	1.21	低度风险
41	灭害威	1	0.11	1.21	低度风险
42	啶氧菌酯	1	0.11	1.21	低度风险
43	醚菌酯	1	0.11	1.21	低度风险
44	环酰菌胺	0	0.00	1.10	低度风险
45	苯菌酮	0	0.00	1.10	低度风险
46	螺螨酯	0	0.00	1.10	低度风险
47	螺虫乙酯	0	0.00	1.10	低度风险
48	腈菌唑	0	0.00	1.10	低度风险
49	粉唑醇	0	0.00	1.10	低度风险
50	联苯肼酯	0	0.00	1.10	低度风险

续表

序号	农药	超标频次	超标率 P(%)	风险系数 R	风险程度
51	虫酰肼	0	0.00	1.10	低度风险
52	莠去津	0	0.00	1.10	低度风险
53	烯效唑	0	0.00	1.10	低度风险
54	肟菌酯	0	0.00	1.10	低度风险
55	腈苯唑	0	0.00	1.10	低度风险
56	苯醚甲环唑	0	0.00	1.10	低度风险
57	甲氧虫酰肼	0	0.00	1.10	低度风险
58	6-苄氨基嘌呤	0	0.00	1.10	低度风险
59	残杀威	0	0.00	1.10	低度风险
60	唑嘧菌胺	0	0.00	1.10	低度风险
61	三环唑	0	0.00	1.10	低度风险
62	乙嘧酚磺酸酯	0	0.00	1.10	低度风险
63	双炔酰菌胺	0	0.00	1.10	低度风险
64	双苯基脲	0	0.00	1.10	低度风险
65	另丁津	0	0.00	1.10	低度风险
66	吡丙醚	0	0.00	1.10	低度风险
67	吡虫啉	0	0.00	1.10	低度风险
68	吡蚜酮	0	0.00	1.10	低度风险
69	吡螨胺	0	0.00	1.10	低度风险
70	嘧菌环胺	0	0.00	1.10	低度风险
71	抗蚜威	0	0.00	1.10	低度风险
72	噻嗪酮	0	0.00	1.10	低度风险
73	噻菌灵	0	0.00	1.10	低度风险
74	噻虫啉	0	0.00	1.10	低度风险
75	噻虫嗪	0	0.00	1.10	低度风险
76	噻虫胺	0	0.00	1.10	低度风险
77	四氟醚唑	0	0.00	1.10	低度风险
78	异戊乙净	0	0.00	1.10	低度风险
79	戊菌唑	0	0.00	1.10	低度风险
80	抑霉唑	0	0.00	1.10	低度风险
81	马拉硫磷	0	0.00	1.10	低度风险

对每个月份内的非禁用农药的风险系数分析，每月内非禁用农药风险程度分布图如图 6-26 所示。2 个月份内处于高度风险的农药数排序为 2017 年 6 月(6)>2018 年 3 月(3)。

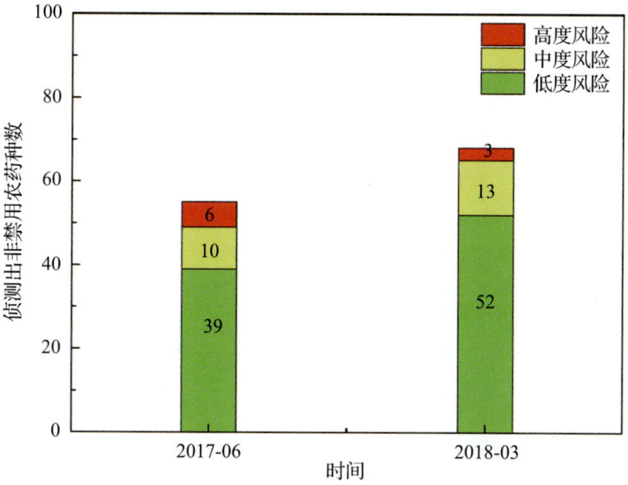

图 6-26　各月份水果蔬菜中非禁用农药残留的风险程度分布图

2 个月份内水果蔬菜中非禁用农药处于中度风险和高度风险的风险系数如图 6-27 和表 6-18 所示。

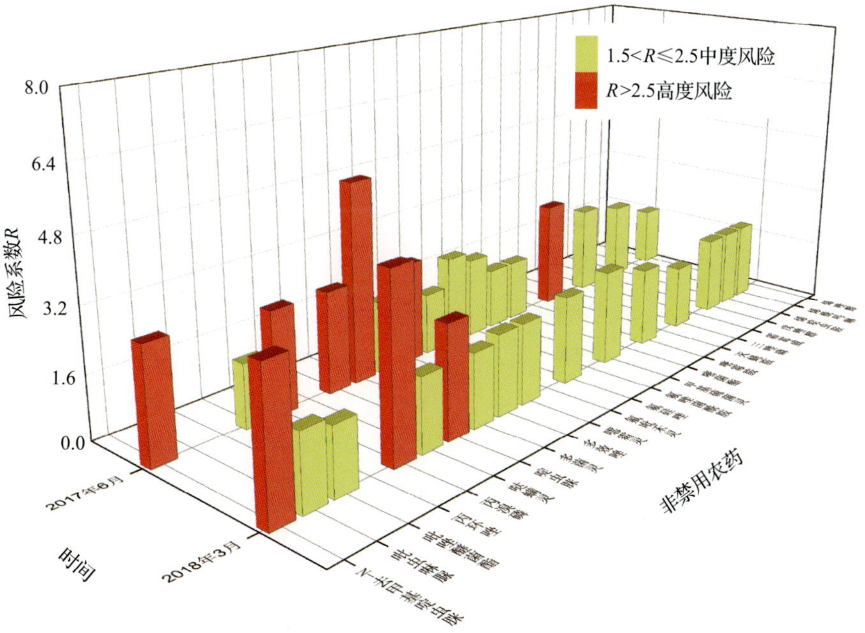

图 6-27　各月份水果蔬菜中非禁用农药处于中度风险和高度风险的风险系数分布图

表 6-18　各月份水果蔬菜中非禁用农药处于中度风险和高度风险的风险系数表

序号	年月	农药	超标频次	超标率 P(%)	风险系数 R	风险程度
1	2017 年 6 月	多菌灵	16	4.03	5.13	高度风险
2	2017 年 6 月	*N*-去甲基啶虫脒	7	1.76	2.86	高度风险
3	2017 年 6 月	灭蝇胺	7	1.76	2.86	高度风险
4	2017 年 6 月	丙溴磷	6	1.51	2.61	高度风险
5	2017 年 6 月	啶虫脒	6	1.51	2.61	高度风险
6	2017 年 6 月	噁霜灵	6	1.51	2.61	高度风险
7	2017 年 6 月	氟硅唑	5	1.26	2.36	中度风险
8	2017 年 6 月	霜霉威	5	1.26	2.36	中度风险
9	2017 年 6 月	氟唑菌酰胺	4	1.01	2.11	中度风险
10	2017 年 6 月	烯啶虫胺	4	1.01	2.11	中度风险
11	2017 年 6 月	多效唑	3	0.76	1.86	中度风险
12	2017 年 6 月	丙环唑	2	0.50	1.60	中度风险
13	2017 年 6 月	嘧菌酯	2	0.50	1.60	中度风险
14	2017 年 6 月	氟吡禾灵	2	0.50	1.60	中度风险
15	2017 年 6 月	烯唑醇	2	0.50	1.60	中度风险
16	2017 年 6 月	甲基硫菌灵	2	0.50	1.60	中度风险
17	2018 年 3 月	丙溴磷	18	3.44	4.54	高度风险
18	2018 年 3 月	*N*-去甲基啶虫脒	13	2.48	3.58	高度风险
19	2018 年 3 月	啶虫脒	9	1.72	2.82	高度风险
20	2018 年 3 月	甲基硫菌灵	7	1.34	2.44	中度风险
21	2018 年 3 月	氟硅唑	6	1.15	2.25	中度风险
22	2018 年 3 月	嘧霉胺	5	0.95	2.05	中度风险
23	2018 年 3 月	噁霜灵	5	0.95	2.05	中度风险
24	2018 年 3 月	多效唑	5	0.95	2.05	中度风险
25	2018 年 3 月	戊唑醇	5	0.95	2.05	中度风险
26	2018 年 3 月	烯啶虫胺	5	0.95	2.05	中度风险
27	2018 年 3 月	烯酰吗啉	5	0.95	2.05	中度风险
28	2018 年 3 月	吡虫啉脲	4	0.76	1.86	中度风险
29	2018 年 3 月	哒螨灵	4	0.76	1.86	中度风险
30	2018 年 3 月	多菌灵	4	0.76	1.86	中度风险
31	2018 年 3 月	三唑磷	3	0.57	1.67	中度风险
32	2018 年 3 月	吡唑醚菌酯	3	0.57	1.67	中度风险

6.4　LC-Q-TOF/MS 侦测成都市市售水果蔬菜农药残留风险评估结论与建议

农药残留是影响水果蔬菜安全和质量的主要因素，也是我国食品安全领域备受关注的敏感话题和亟待解决的重大问题之一[15,16]。各种水果蔬菜均存在不同程度的农药残留现象，本研究主要针对成都市各类水果蔬菜存在的农药残留问题，基于 2017 年 6 月至 2018 年 3 月期间对成都市 921 例水果蔬菜样品中农药残留侦测得出的 1919 个侦测结果，分别采用食品安全指数模型和风险系数模型，开展水果蔬菜中农药残留的膳食暴露风险和预警风险评估。水果蔬菜样品取自超市和农贸市场，符合大众的膳食来源，风险评价时更具有代表性和可信度。

本研究力求通用简单地反映食品安全中的主要问题，且为管理部门和大众容易接受，为政府及相关管理机构建立科学的食品安全信息发布和预警体系提供科学的规律与方法，加强对农药残留的预警和食品安全重大事件的预防，控制食品风险。

6.4.1　成都市水果蔬菜中农药残留膳食暴露风险评价结论

1) 水果蔬菜样品中农药残留安全状态评价结论

采用食品安全指数模型，对 2017 年 6 月至 2018 年 3 月期间成都市水果蔬菜食品农药残留膳食暴露风险进行评价，根据 IFS_c 的计算结果发现，水果蔬菜中农药的 $\overline{IFS}$ 为 0.0811，说明成都市水果蔬菜总体处于很好的安全状态，但部分禁用农药、高残留农药在蔬菜、水果中仍有侦测出，导致膳食暴露风险的存在，成为不安全因素。

2) 单种水果蔬菜中农药膳食暴露风险不可接受情况评价结论

单种水果蔬菜中农药残留安全指数分析结果显示，农药对单种水果蔬菜安全影响不可接受($IFS_c>1$)的样本数共 4 个，占总样本数的 0.74%，4 个样本为小白菜中的氟吡禾灵、茄子和草莓中的氧乐果、橘中的三唑磷，说明小白菜中的氟吡禾灵、茄子和草莓中的氧乐果、橘中的三唑磷会对消费者身体健康造成较大的膳食暴露风险。小白菜、茄子草莓、橘为较常见的水果蔬菜，百姓日常食用量较大，长期食用大量残留氟吡禾灵的小白菜等水果蔬菜会对人体造成不可接受的影响，本次检测发现氟吡禾灵在小白菜样品、氧乐果在茄子和草莓以及三唑磷在橘样品中多次并大量侦测出，是未严格实施农业良好管理规范(GAP)，抑或是农药滥用，这应该引起相关管理部门的警惕，应加强对小白菜中氟吡禾灵、茄子和草莓中氧乐果及橘中三唑磷的严格管控。

3) 禁用农药膳食暴露风险评价

本次检测发现部分水果蔬菜样品中有禁用农药侦测出，侦测出禁用农药 6 种，检出频次为 19，水果蔬菜样品中的禁用农药 IFS_c 计算结果表明，禁用农药残留膳食暴露风险不可接受的频次为 2，占 10.53%；可以接受的频次为 9，占 47.37%；没有影响的频次为

8，占 42.11%。对于水果蔬菜样品中所有农药而言，膳食暴露风险不可接受的频次为 5，仅占总体频次的 0.26%。可以看出，禁用农药的膳食暴露风险不可接受的比例远高于总体水平，这在一定程度上说明禁用农药更容易导致严重的膳食暴露风险。此外，膳食暴露风险不可接受的残留禁用农药为氧乐果，因此，应该加强对禁用农药氧乐果的管控力度。为何在国家明令禁止禁用农药喷洒的情况下，还能在多种水果蔬菜中多次侦测出禁用农药残留并造成不可接受的膳食暴露风险，这应该引起相关部门的高度警惕，应该在禁止禁用农药喷洒的同时，严格管控禁用农药的生产和售卖，从根本上杜绝安全隐患。

6.4.2 成都市水果蔬菜中农药残留预警风险评价结论

1) 单种水果蔬菜中禁用农药残留的预警风险评价结论

本次检测过程中，在 12 种水果蔬菜中检测超出 6 种禁用农药，禁用农药为：克百威、氧乐果、丁酰肼、甲胺磷、甲拌磷和灭多威，水果蔬菜为：黄瓜、西葫芦、草莓、生菜、柠檬、菜豆、胡萝卜、哈密瓜、西瓜、小白菜、茄子和番茄，水果蔬菜中禁用农药的风险系数分析结果显示，6 种禁用农药在 12 种水果蔬菜中的残留均处于高度风险，说明在单种水果蔬菜中禁用农药的残留会导致较高的预警风险。

2) 单种水果蔬菜中非禁用农药残留的预警风险评价结论

以 MRL 中国国家标准为标准，计算水果蔬菜中非禁用农药风险系数情况下，526 个样本中，8 个处于高度风险(1.52%)，143 个处于低度风险(27.19%)，375 个样本没有 MRL 中国国家标准(71.29%)。以 MRL 欧盟标准为标准，计算水果蔬菜中非禁用农药风险系数情况下，发现有 109 个处于高度风险(20.72%)，417 个处于低度风险(79.28%)。基于两种 MRL 标准，评价的结果差异显著，可以看出 MRL 欧盟标准比中国国家标准更加严格和完善，过于宽松的 MRL 中国国家标准值能否有效保障人体的健康有待研究。

6.4.3 加强成都市水果蔬菜食品安全建议

我国食品安全风险评价体系仍不够健全，相关制度不够完善，多年来，由于农药用药次数多、用药量大或用药间隔时间短，产品残留量大，农药残留所造成的食品安全问题日益严峻，给人体健康带来了直接或间接的危害。据估计，美国与农药有关的癌症患者数约占全国癌症患者总数的 50%，中国更高。同样，农药对其他生物也会形成直接杀伤和慢性危害，植物中的农药可经过食物链逐级传递并不断蓄积，对人和动物构成潜在威胁，并影响生态系统。

基于本次农药残留侦测数据的风险评价结果，提出以下几点建议：

1) 加快食品安全标准制定步伐

我国食品标准中对农药每日允许最大摄入量 ADI 的数据严重缺乏，在本次评价所涉及的 87 种农药中，仅有 81.61%的农药具有 ADI 值，而 18.39%的农药中国尚未规定相应的 ADI 值，亟待完善。

我国食品中农药最大残留限量值的规定严重缺乏，对评估涉及到的不同水果蔬菜中不同农药 539 个 MRL 限值进行统计来看，我国仅制定出 163 个标准，我国标准完整率仅为 30.24%，欧盟的完整率达到 100%（表 6-19）。因此，中国更应加快 MRL 的制定步伐。

表 6-19　我国国家食品标准农药的 ADI、MRL 值与欧盟标准的数量差异

分类		中国 ADI	MRL 中国国家标准	MRL 欧盟标准
标准限值（个）	有	71	163	539
	无	16	376	0
总数（个）		87	539	539
无标准限值比例（%）		18.39	69.76	0

此外，MRL 中国国家标准限值普遍高于欧盟标准限值，这些标准中共有 90 个高于欧盟。过高的 MRL 值难以保障人体健康，建议继续加强对限值基准和标准的科学研究，将农产品中的危险性减少到尽可能低的水平。

2）加强农药的源头控制和分类监管

在成都市某些水果蔬菜中仍有禁用农药残留，利用 LC-Q-TOF/MS 技术侦测出 6 种禁用农药，检出频次为 19 次，残留禁用农药均存在较大的膳食暴露风险和预警风险。早已列入黑名单的禁用农药在我国并未真正退出，有些药物由于价格便宜、工艺简单，此类高毒农药一直生产和使用。建议在我国采取严格有效的控制措施，从源头控制禁用农药。

对于非禁用农药，在我国作为“田间地头”最典型单位的县级蔬果产地中，农药残留的检测几乎缺失。建议根据农药的毒性，对高毒、剧毒、中毒农药实现分类管理，减少使用高毒和剧毒高残留农药，进行分类监管。

3）加强残留农药的生物修复及降解新技术

市售果蔬中残留农药的品种多、频次高、禁用农药多次检出这一现状，说明了我国的田间土壤和水体因农药长期、频繁、不合理的使用而遭到严重污染。为此，建议中国相关部门出台相关政策，鼓励高校及科研院所积极开展分子生物学、酶学等研究，加强土壤、水体中残留农药的生物修复及降解新技术研究，切实加大农药监管力度，以控制农药的面源污染问题。

综上所述，在本工作基础上，根据蔬菜残留危害，可进一步针对其成因提出和采取严格管理、大力推广无公害蔬菜种植与生产、健全食品安全控制技术体系、加强蔬菜食品质量检测体系建设和积极推行蔬菜食品质量追溯制度等相应对策。建立和完善食品安全综合评价指数与风险监测预警系统，对食品安全进行实时、全面的监控与分析，为我国的食品安全科学监管与决策提供新的技术支持，可实现各类检验数据的信息化系统管理，降低食品安全事故的发生。

第 7 章　GC-Q-TOF/MS 侦测成都市 1302 例市售水果蔬菜样品农药残留报告

从成都市所属 9 个区县，随机采集了 1302 例水果蔬菜样品，使用气相色谱-四极杆飞行时间质谱(GC-Q-TOF/MS)对 507 种农药化学污染物进行示范侦测。

7.1　样品种类、数量与来源

7.1.1　样品采集与检测

为了真实反映百姓餐桌上水果蔬菜中农药残留污染状况，本次所有检测样品均由检验人员于 2015 年 5 月至 2018 年 3 月期间，从成都市所属 43 个采样点，包括 7 个农贸市场和 36 个超市，以随机购买方式采集，总计 46 批 1302 例样品，从中检出农药 135 种，1907 频次。采样及监测概况见图 7-1 及表 7-1，样品及采样点明细见表 7-2 及表 7-3(侦测原始数据见附表 1)。

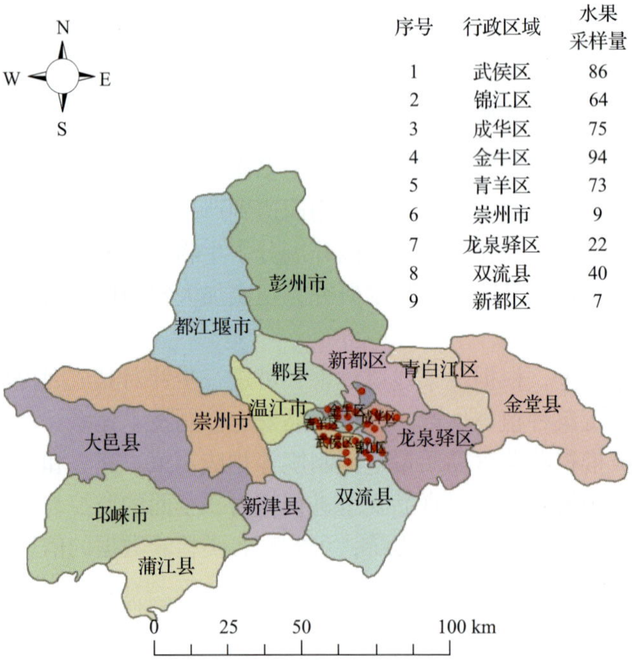

序号	行政区域	水果采样量	蔬菜及其他采样量	总计
1	武侯区	86	144	230
2	锦江区	64	107	171
3	成华区	75	135	210
4	金牛区	94	174	268
5	青羊区	73	134	207
6	崇州市	9	17	26
7	龙泉驿区	22	35	57
8	双流县	40	69	109
9	新都区	7	17	24

图 7-1　成都市所属 43 个采样点 1302 例样品分布图

表 7-1　农药残留监测总体概况

采样地区	成都市所属 9 个区县
采样点(超市+农贸市场)	43
样本总数	1302
检出农药品种/频次	135/1907
各采样点样本农药残留检出率范围	37.5%~82.8%

表 7-2　样品分类及数量

样品分类	样品名称(数量)	数量小计
1. 水果		470
1)仁果类水果	苹果(45)，梨(46)，枇杷(10)	101
2)核果类水果	桃(9)，李子(14)	23
3)浆果和其他小型水果	猕猴桃(44)，葡萄(29)，草莓(14)	87
4)瓜果类水果	西瓜(16)，哈密瓜(16)	32
5)热带和亚热带水果	山竹(6)，木瓜(24)，荔枝(19)，芒果(29)，菠萝(27)，火龙果(45)	150
6)柑橘类水果	橘(19)，柠檬(15)，橙(43)	77
2. 食用菌		73
1)蘑菇类	香菇(29)，蘑菇(13)，金针菇(15)，杏鲍菇(16)	73
3. 蔬菜		759
1)豆类蔬菜	菜豆(43)	43
2)鳞茎类蔬菜	洋葱(27)，韭菜(20)，葱(15)，蒜薹(21)	83
3)叶菜类蔬菜	芹菜(39)，蕹菜(10)，油麦菜(36)，小白菜(28)，生菜(43)，小油菜(8)，大白菜(12)，莴笋(15)	191
4)芸薹属类蔬菜	结球甘蓝(36)，花椰菜(10)，紫甘蓝(12)，青花菜(39)，菜薹(9)	106
5)茄果类蔬菜	番茄(46)，甜椒(42)，茄子(44)，秋葵(6)	138
6)瓜类蔬菜	黄瓜(43)，西葫芦(33)，冬瓜(23)，苦瓜(39)	138
7)其他类蔬菜	竹笋(4)	4
8)根茎类和薯芋类蔬菜	胡萝卜(44)，萝卜(12)	56
合计	1. 水果 19 种 2. 食用菌 4 种 3. 蔬菜 29 种	1302

表 7-3　成都市采样点信息

采样点序号	行政区域	采样点
农贸市场(7)		
1	成华区	***市场
2	成华区	***市场
3	成华区	***市场
4	武侯区	***市场
5	武侯区	***市场
6	锦江区	***市场
7	青羊区	***市场

续表

采样点序号	行政区域	采样点
超市(36)		
1	双流县	***超市(高新店)
2	双流县	***超市(武侯店)
3	双流县	***超市(华阳店)
4	双流县	***百货(武侯店)
5	崇州市	***超市
6	成华区	***超市(建设路店)
7	成华区	***超市(成都成华店)
8	成华区	***超市(三三九广场店)
9	成华区	***超市(SM 广场分店)
10	新都区	***购物中心
11	武侯区	***超市(双楠店)
12	武侯区	***超市(永康店)
13	武侯区	***超市(科华路店)
14	武侯区	***超市(高新店)
15	武侯区	***超市(双楠店)
16	武侯区	***超市(武侯店)
17	金牛区	***超市(沙湾店)
18	金牛区	***超市(通惠门路店)
19	金牛区	***超市(城市超市店)
20	金牛区	***超市(金牛店)
21	金牛区	***超市(凯德沙湾店)
22	金牛区	***超市(回龙湾店)
23	金牛区	***超市(抚琴南路店)
24	金牛区	***超市(交大路分店)
25	锦江区	***超市(万达广场锦华路店)
26	锦江区	***超市(红星路店)
27	锦江区	***超市(翡翠城店)
28	锦江区	***超市(锦江店)
29	青羊区	***超市(草市街店)
30	青羊区	***超市(府河店)
31	青羊区	***超市(光华店)
32	青羊区	***超市(八宝街店)
33	青羊区	***超市(青羊广场店)
34	青羊区	***超市(成都羊城商场店)
35	龙泉驿区	***超市
36	龙泉驿区	***超市

7.1.2　检测结果

这次使用的检测方法是庞国芳院士团队最新研发的不需使用标准品对照，而以高分辨精确质量数(0.0001 *m/z*)为基准的 GC-Q-TOF/MS 检测技术，对于 1302 例样品，每个样品均侦测了 507 种农药化学污染物的残留现状。通过本次侦测，在 1302 例样品中共计检出农药化学污染物 135 种，检出 1907 频次。

7.1.2.1　各采样点样品检出情况

统计分析发现 43 个采样点中，被测样品的农药检出率范围为 37.5%~82.8%。其中，***市场的检出率最高，为 82.8%。***购物中心的检出率最低，为 37.5%，见图 7-2。

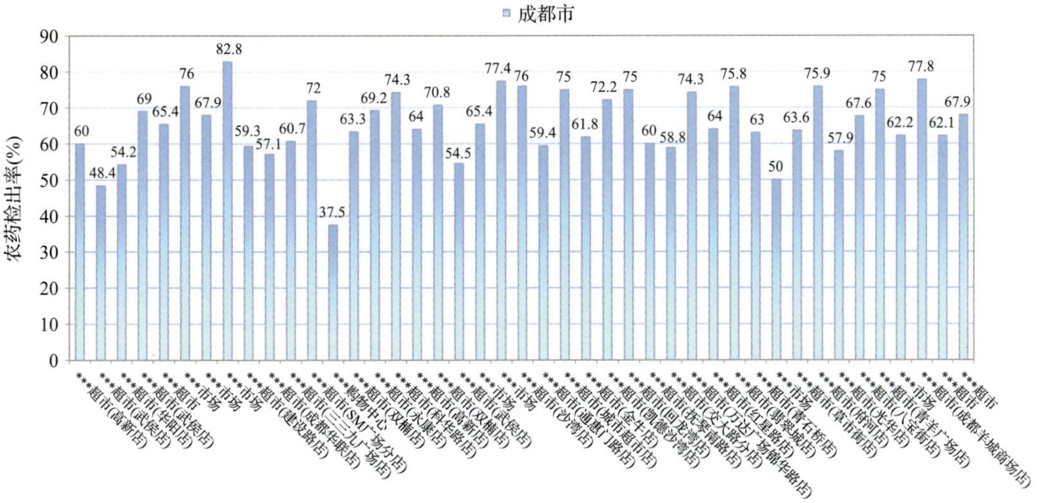

图 7-2　各采样点样品中的农药检出率(%)

7.1.2.2　检出农药的品种总数与频次

统计分析发现，对于 1302 例样品中 507 种农药化学污染物的侦测，共检出农药 1907 频次，涉及农药 135 种，结果如图 7-3 所示。其中威杀灵检出频次最高，共检出 191 次。检出频次排名前 10 的农药如下：①威杀灵(191)；②毒死蜱(160)；③腐霉利(132)；④联苯(114)；⑤嘧霉胺(98)；⑥哒螨灵(64)；⑦丙溴磷(56)；⑧啶酰菌胺(55)；⑨联苯菊酯(50)；⑩戊唑醇(46)。

由图 7-4 可见，生菜、芹菜、甜椒和油麦菜这 4 种果蔬样品中检出的农药品种数较高，均超过 30 种，其中，生菜检出农药品种最多，为 41 种。由图 7-5 可见，甜椒、油麦菜和芹菜这 3 种果蔬样品中的农药检出频次较高，均超过 100 次，其中，甜椒检出农药频次最高，为 143 次。

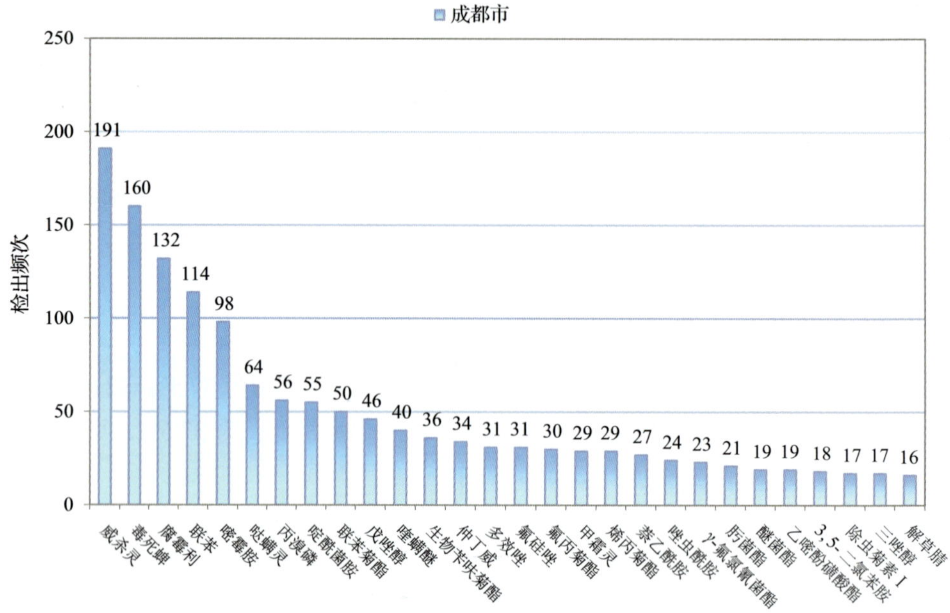

图 7-3　检出农药品种及频次(仅列出检出农药 16 频次及以上的数据)

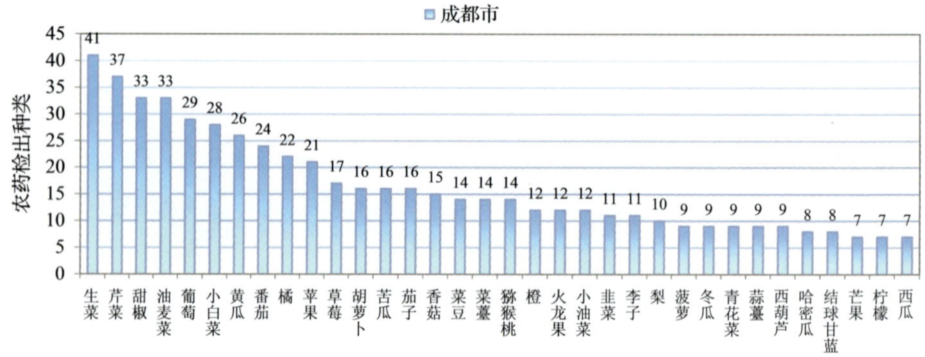

图 7-4　单种水果蔬菜检出农药的种类数(仅列出检出农药 7 种及以上的数据)

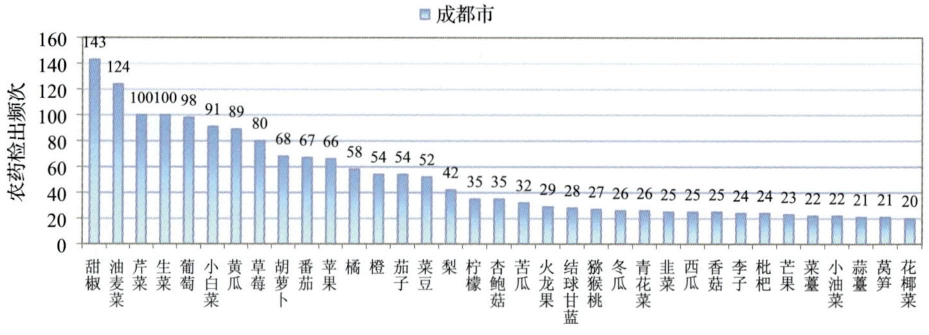

图 7-5　单种水果蔬菜检出农药频次(仅列出检出农药 20 频次及以上的数据)

7.1.2.3 单例样品农药检出种类与占比

对单例样品检出农药种类和频次进行统计发现，未检出农药的样品占总样品数的 34.4%，检出 1 种农药的样品占总样品数的 27.9%，检出 2~5 种农药的样品占总样品数的 33.9%，检出 6~10 种农药的样品占总样品数的 3.6%，检出大于 10 种农药的样品占总样品数的 0.2%。每例样品中平均检出农药为 1.5 种，数据见表 7-4 及图 7-6。

表 7-4 单例样品检出农药品种占比

检出农药品种数	样品数量/占比(%)
未检出	448/34.4
1 种	363/27.9
2~5 种	441/33.9
6~10 种	47/3.6
大于 10 种	3/0.2
单例样品平均检出农药品种	1.5 种

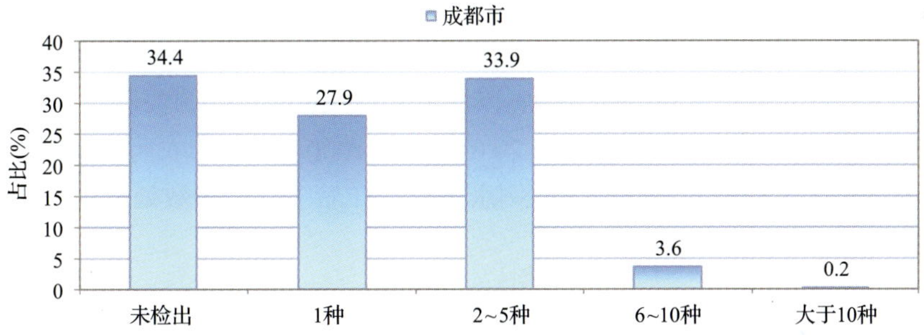

图 7-6 单例样品平均检出农药品种及占比

7.1.2.4 检出农药类别与占比

所有检出农药按功能分类，包括杀虫剂、杀菌剂、除草剂、植物生长调节剂、驱避剂、增效剂和其他共 7 类。其中杀虫剂与杀菌剂为主要检出的农药类别，分别占总数的 46.7%和 29.6%，见表 7-5 及图 7-7。

表 7-5 检出农药所属类别/占比

农药类别	数量/占比(%)
杀虫剂	63/46.7
杀菌剂	40/29.6
除草剂	25/18.5
植物生长调节剂	4/3.0
驱避剂	1/0.7
增效剂	1/0.7
其他	1/0.7

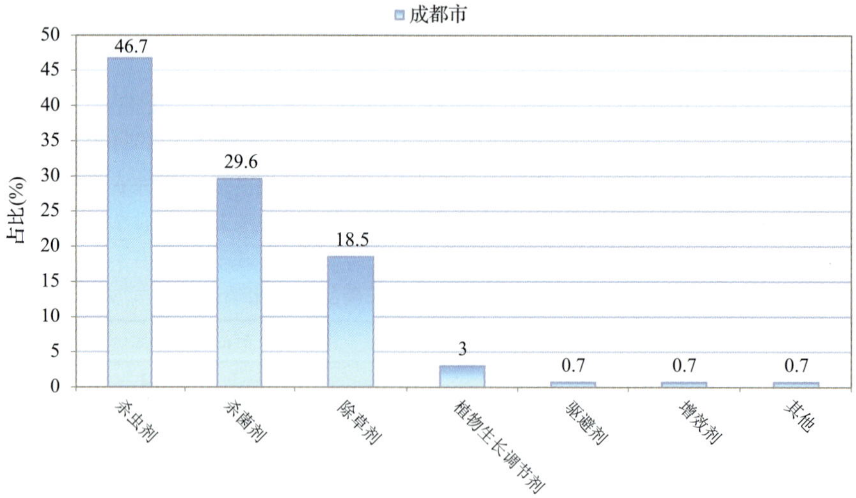

图 7-7　检出农药所属类别和占比

7.1.2.5　检出农药的残留水平

按检出农药残留水平进行统计，残留水平在 1~5 μg/kg(含)的农药占总数的 20.1%，在 5~10 μg/kg(含)的农药占总数的 13.4%，在 10~100 μg/kg(含)的农药占总数的 44.4%，在 100~1000 μg/kg(含)的农药占总数的 20.0%，在>1000 μg/kg 的农药占总数的 2.1%。

由此可见，这次检测的 46 批 1302 例水果蔬菜样品中农药多数处于中高残留水平。结果见表 7-6 及图 7-8，数据见附表 2。

表 7-6　农药残留水平/占比

残留水平(μg/kg)	检出频次数/占比(%)
1~5(含)	383/20.1
5~10(含)	256/13.4
10~100(含)	847/44.4
100~1000(含)	381/20.0
>1000	40/2.1

7.1.2.6　检出农药的毒性类别、检出频次和超标频次及占比

对这次检出的 135 种 1907 频次的农药，按剧毒、高毒、中毒、低毒和微毒这五个毒性类别进行分类，从中可以看出，成都市目前普遍使用的农药为中低微毒农药，品种占 90.4%，频次占 97.8%。结果见表 7-7 及图 7-9。

7.1.2.7　检出剧毒/高毒类农药的品种和频次

值得特别关注的是，在此次侦测的 1302 例样品中有 10 种蔬菜 6 种水果的 40 例样品检出了 13 种 42 频次的剧毒和高毒农药，占样品总量的 3.1%，详见图 7-10、表 7-8 及表 7-9。

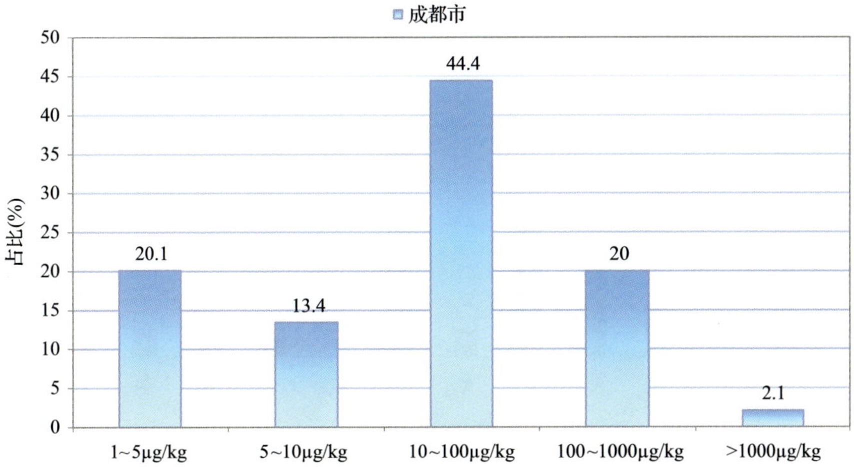

图 7-8　检出农药残留水平及占比

表 7-7　检出农药毒性类别/占比

毒性分类	农药品种/占比(%)	检出频次/占比(%)	超标频次/超标率(%)
剧毒农药	2/1.5	2/0.1	1/50.0
高毒农药	11/8.1	40/2.1	12/30.0
中毒农药	51/37.8	816/42.8	11/1.3
低毒农药	46/34.1	631/33.1	0/0.0
微毒农药	25/18.5	418/21.9	0/0.0

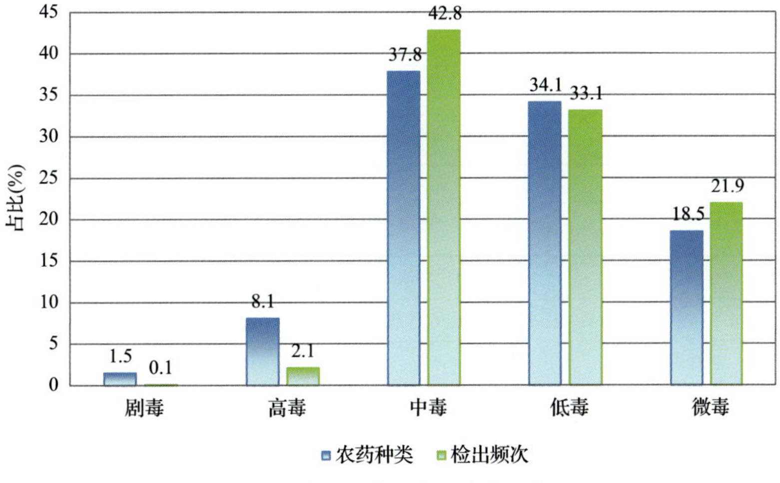

图 7-9　检出农药的毒性分类和占比

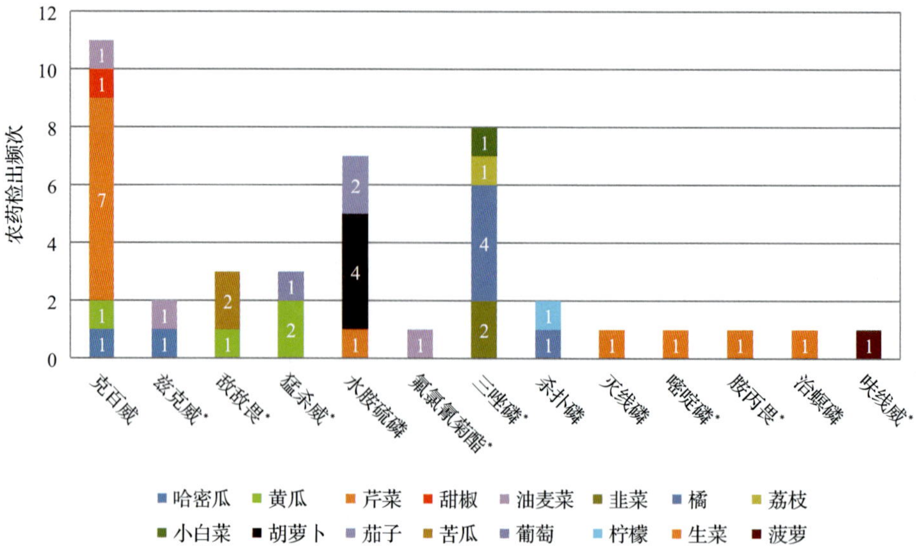

图 7-10　检出剧毒/高毒农药的样品情况

*表示允许在水果和蔬菜上使用的农药

表 7-8　剧毒农药检出情况

序号	农药名称	检出频次	超标频次	超标率
水果中未检出剧毒农药				
	小计	0	0	超标率：0.0%
从 1 种蔬菜中检出 2 种剧毒农药，共计检出 2 次				
1	灭线磷*	1	1	100.0%
2	治螟磷*	1	0	0.0%
	小计	2	1	超标率：50.0%
	合计	2	1	超标率：50.0%

表 7-9　高毒农药检出情况

序号	农药名称	检出频次	超标频次	超标率
从 6 种水果中检出 6 种高毒农药，共计检出 11 次				
1	三唑磷	5	2	40.0%
2	杀扑磷	2	0	0.0%
3	呋线威	1	0	0.0%
4	克百威	1	1	100.0%
5	猛杀威	1	0	0.0%
6	兹克威	1	0	0.0%
	小计	11	3	超标率：27.3%

续表

序号	农药名称	检出频次	超标频次	超标率
从 10 种蔬菜中检出 9 种高毒农药，共计检出 29 次				
1	克百威	10	9	90.0%
2	水胺硫磷	7	0	0.0%
3	敌敌畏	3	0	0.0%
4	三唑磷	3	0	0.0%
5	猛杀威	2	0	0.0%
6	胺丙畏	1	0	0.0%
7	氟氯氰菊酯	1	0	0.0%
8	嘧啶磷	1	0	0.0%
9	兹克威	1	0	0.0%
	小计	29	9	超标率：31.0%
	合计	40	12	超标率：30.0%

在检出的剧毒和高毒农药中，有 5 种是我国早已禁止在果树和蔬菜上使用的，分别是：克百威、治螟磷、杀扑磷、灭线磷和水胺硫磷。禁用农药的检出情况见表 7-10。

表 7-10　禁用农药检出情况

序号	农药名称	检出频次	超标频次	超标率
从 5 种水果中检出 3 种禁用农药，共计检出 5 次				
1	硫丹	2	0	0.0%
2	杀扑磷	2	0	0.0%
3	克百威	1	1	100.0%
	小计	5	1	超标率：20.0%
从 10 种蔬菜中检出 8 种禁用农药，共计检出 39 次				
1	硫丹	13	0	0.0%
2	克百威	10	9	90.0%
3	水胺硫磷	7	0	0.0%
4	氟虫腈	4	0	0.0%
5	氰戊菊酯	2	0	0.0%
6	六六六	1	0	0.0%
7	灭线磷*	1	1	100.0%
8	治螟磷*	1	0	0.0%
	小计	39	10	超标率：25.6%
	合计	44	11	超标率：25.0%

注：超标结果参考 MRL 中国国家标准计算

此次抽检的果蔬样品中，有 1 种蔬菜检出了剧毒农药，分别是：生菜中检出治螟磷 1 次，检出灭线磷 1 次。

样品中检出剧毒和高毒农药残留水平超过 MRL 中国国家标准的频次为 13 次，其中：哈密瓜检出克百威超标 1 次；橘检出三唑磷超标 1 次；荔枝检出三唑磷超标 1 次；油麦菜检出克百威超标 1 次；生菜检出灭线磷超标 1 次；芹菜检出克百威超标 7 次；黄瓜检出克百威超标 1 次。本次检出结果表明，高毒、剧毒农药的使用现象依旧存在。详见表 7-11。

表 7-11　各样本中检出剧毒/高毒农药情况

样品名称	农药名称	检出频次	超标频次	检出浓度 (μg/kg)
		水果 6 种		
哈密瓜	克百威▲	1	1	38.6[a]
哈密瓜	兹克威	1	0	10.1
柠檬	杀扑磷▲	1	0	31.4
橘	三唑磷	4	1	554.2[a], 86.5, 51.2, 56.6
橘	杀扑磷▲	1	0	93.9
荔枝	三唑磷	1	1	496.9[a]
菠萝	呋线威	1	0	35.4
葡萄	猛杀威	1	0	21.2
小计		11	3	超标率：27.3%
		蔬菜 10 种		
小白菜	三唑磷	1	0	367.3
油麦菜	克百威▲	1	1	47.8[a]
油麦菜	兹克威	1	0	6.8
油麦菜	氟氯氰菊酯	1	0	754.7
甜椒	克百威▲	1	0	20.0
生菜	嘧啶磷	1	0	47.6
生菜	胺丙畏	1	0	3.1
生菜	灭线磷*▲	1	1	47.6[a]
生菜	治螟磷*▲	1	0	1.0
胡萝卜	水胺硫磷▲	4	0	127.0, 126.6, 92.8, 103.4
芹菜	克百威▲	7	7	199.5[a], 34.3[a], 90.3[a], 398.3[a], 23.8[a], 146.3[a], 26.4[a]
芹菜	水胺硫磷▲	1	0	66.6
苦瓜	敌敌畏	2	0	12.8, 10.6
茄子	水胺硫磷▲	2	0	35.6, 31.4
韭菜	三唑磷	2	0	580.2, 188.2
黄瓜	猛杀威	2	0	5.3, 9.6
黄瓜	克百威▲	1	1	70.3[a]
黄瓜	敌敌畏	1	0	38.0
小计		31	10	超标率：32.3%
合计		42	13	超标率：31.0%

7.2 农药残留检出水平与最大残留限量标准对比分析

我国于 2014 年 3 月 20 日正式颁布并于 2014 年 8 月 1 日正式实施食品农药残留限量国家标准《食品中农药最大残留限量》(GB 2763—2014)。该标准包括 371 个农药条目，涉及最大残留限量(MRL)标准 3653 项。将 1907 频次检出农药的浓度水平与 3653 项 MRL 中国国家标准进行核对，其中只有 443 频次的农药找到了对应的 MRL 标准，占 23.2%，还有 1464 频次的侦测数据则无相关 MRL 标准供参考，占 76.8%。

将此次侦测结果与国际上现行 MRL 标准对比发现，在 1907 频次的检出结果中有 1907 频次的结果找到了对应的 MRL 欧盟标准，占 100.0%，其中，1377 频次的结果有明确对应的 MRL，占 72.2%，其余 530 频次按照欧盟一律标准判定，占 27.8%；有 1907 频次的结果找到了对应的 MRL 日本标准，占 100.0%，其中，1009 频次的结果有明确对应的 MRL，占 52.9%，其余 898 频次按照日本一律标准判定，占 47.1%；有 628 频次的结果找到了对应的 MRL 中国香港标准，占 32.9%；有 536 频次的结果找到了对应的 MRL 美国标准，占 28.1%；有 381 频次的结果找到了对应的 MRL CAC 标准，占 20.0%(见图 7-11 和图 7-12，数据见附表 3 至附表 8)。

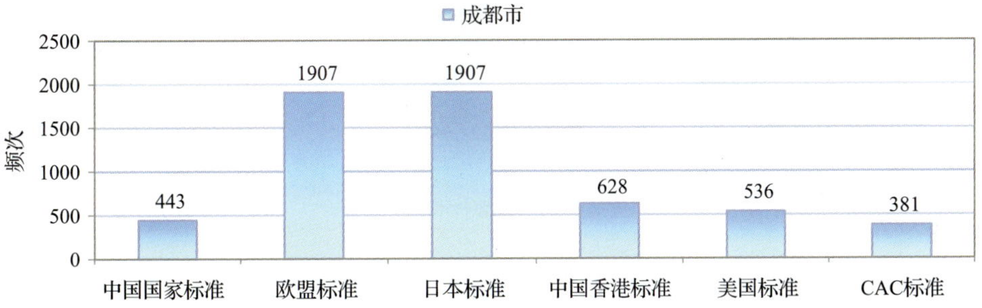

图 7-11 1907 频次检出农药可用 MRL 中国国家标准、欧盟标准、日本标准、中国香港标准、美国标准和 CAC 标准判定衡量的数量

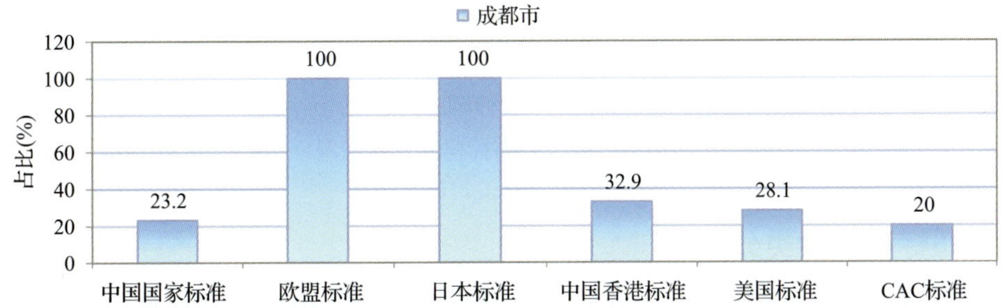

图 7-12 1907 频次检出农药可用 MRL 中国国家标准、欧盟标准、日本标准、中国香港标准、美国标准和 CAC 标准衡量的占比

7.2.1 超标农药样品分析

本次侦测的 1302 例样品中，448 例样品未检出任何残留农药，占样品总量的 34.4%，854 例样品检出不同水平、不同种类的残留农药，占样品总量的 65.6%。在此，我们将本次侦测的农残检出情况与 MRL 中国国家标准、欧盟标准、日本标准、中国香港标准、美国标准和 CAC 标准这 6 大国际主流 MRL 标准进行对比分析，样品农残检出与超标情况见表 7-12、图 7-13 和图 7-14，详细数据见附表 9 至附表 14。

表 7-12　各 MRL 标准下样本农残检出与超标数量及占比

	中国国家标准	欧盟标准	日本标准	中国香港标准	美国标准	CAC 标准
	数量/占比(%)	数量/占比(%)	数量/占比(%)	数量/占比(%)	数量/占比(%)	数量/占比(%)
未检出	448/34.4	448/34.4	448/34.4	448/34.4	448/34.4	448/34.4
检出未超标	831/63.8	320/24.6	431/33.1	829/63.7	842/64.7	849/65.2
检出超标	23/1.8	534/41.0	423/32.5	25/1.9	12/0.9	5/0.4

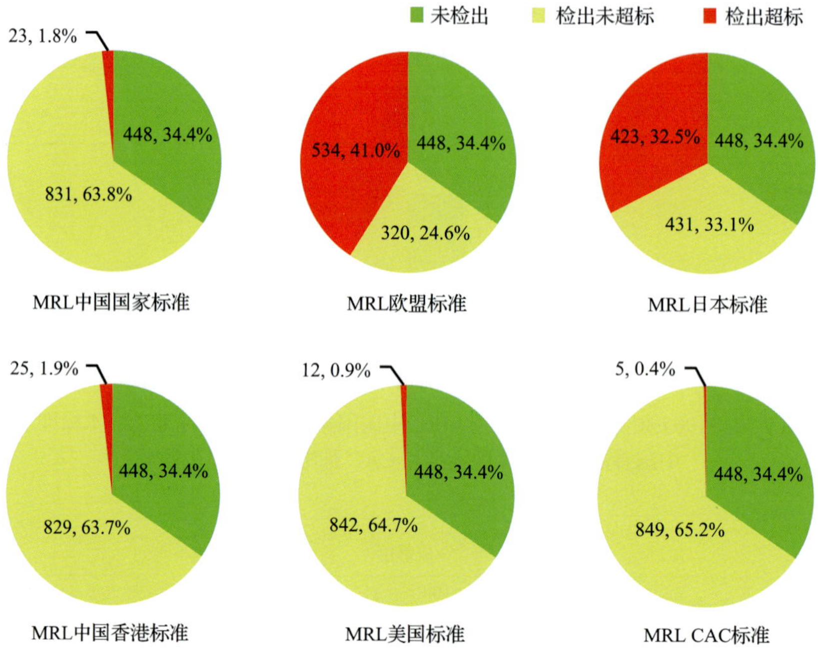

图 7-13　检出和超标样品比例情况

7.2.2 超标农药种类分析

按照 MRL 中国国家标准、欧盟标准、日本标准、中国香港标准、美国标准和 CAC 标准这 6 大国际主流 MRL 标准衡量，本次侦测检出的农药超标品种及频次情况见表 7-13。

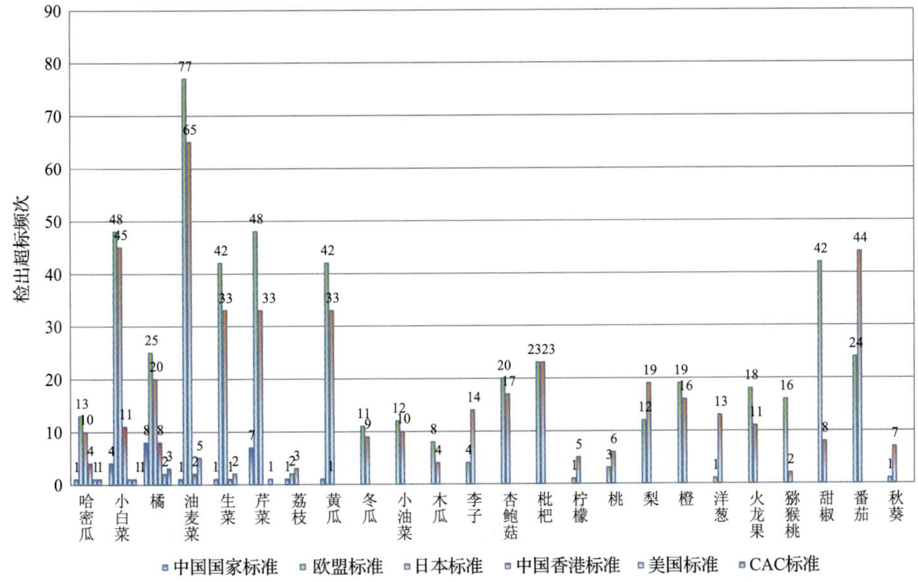

图 7-14-1　超过 MRL 中国国家标准、欧盟标准、日本标准、中国香港标准、美国标准和 CAC 标准结果在水果蔬菜中的分布

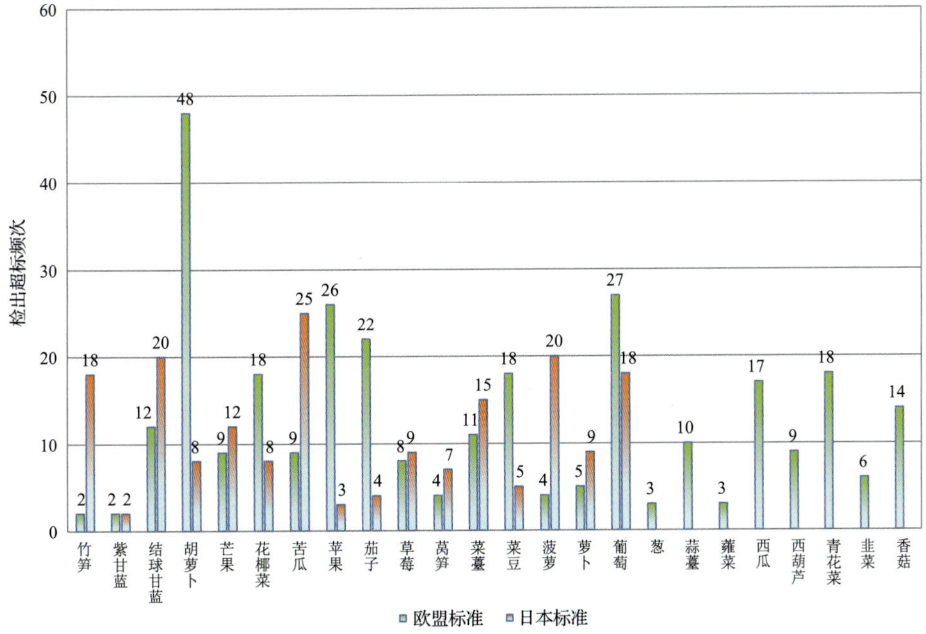

图 7-14-2　超过 MRL 中国国家标准、欧盟标准、日本标准、中国香港标准、美国标准和 CAC 标准结果在水果蔬菜中的分布

表 7-13　各 MRL 标准下超标农药品种及频次

	中国国家标准	欧盟标准	日本标准	中国香港标准	美国标准	CAC 标准
超标农药品种	5	85	77	4	3	2
超标农药频次	24	817	633	26	12	5

7.2.2.1 按 MRL 中国国家标准衡量

按 MRL 中国国家标准衡量，共有 5 种农药超标，检出 24 频次，分别为剧毒农药灭线磷，高毒农药克百威和三唑磷，中毒农药毒死蜱和丙溴磷。

按超标程度比较，芹菜中克百威超标 18.9 倍，小白菜中毒死蜱超标 7.2 倍，橘中丙溴磷超标 3.4 倍，黄瓜中克百威超标 2.5 倍，橘中三唑磷超标 1.8 倍。检测结果见图 7-15 和附表 15。

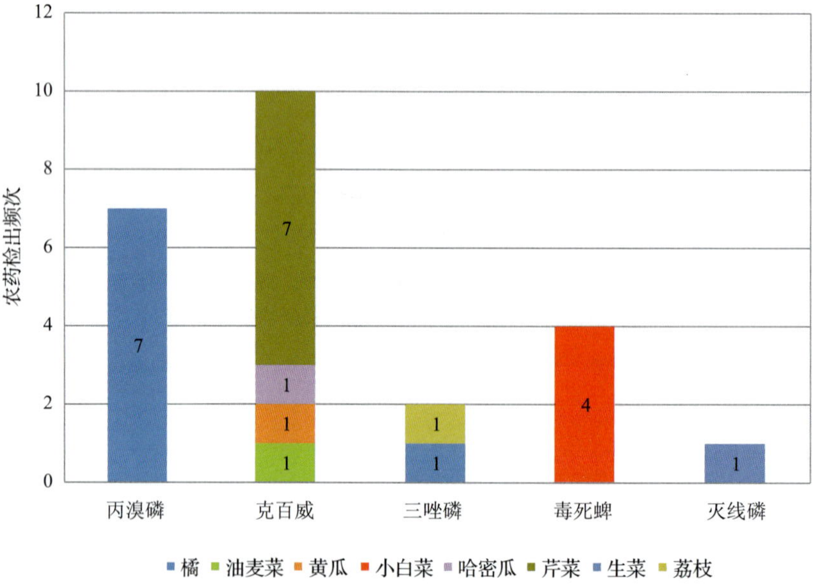

图 7-15 超过 MRL 中国国家标准农药品种及频次

7.2.2.2 按 MRL 欧盟标准衡量

按 MRL 欧盟标准衡量，共有 85 种农药超标，检出 817 频次，分别为剧毒农药灭线磷，高毒农药猛杀威、嘧啶磷、杀扑磷、克百威、三唑磷、水胺硫磷、兹克威、敌敌畏和呋线威，中毒农药氯菊酯、除虫菊素Ⅰ、氟虫腈、多效唑、戊唑醇、仲丁威、辛酰溴苯腈、毒死蜱、烯唑醇、硫丹、喹螨醚、甲氰菊酯、炔丙菊酯、三唑醇、γ-氟氯氰菌酯、双苯酰草胺、虫螨腈、稻瘟灵、高效氯氟氰菊酯、噁霜灵、稻丰散、唑虫酰胺、双甲脒、丁硫克百威、氟硅唑、哒螨灵、丙溴磷、异丙威、苯醚氰菊酯、棉铃威、氰戊菊酯和烯丙菊酯，低毒农药嘧霉胺、茚草酮、嘧菌环胺、螺螨酯、扑草净、乙草胺、杀螨特、己唑醇、丁羟茴香醚、烯虫炔酯、戊草丹、五氯苯甲腈、环酯草醚、四氢吩胺、氟唑菌酰胺、邻苯二甲酰亚胺、甲醚菊酯、威杀灵、联苯、异丙草胺、特草灵、萘乙酸、乙嘧酚磺酸酯、炔螨特、3,5-二氯苯胺和丁草胺，微毒农药萘乙酰胺、乙霉威、异噁唑草酮、腐霉利、溴丁酰草胺、嘧菌酯、增效醚、解草腈、联苯肼酯、啶氧菌酯、百菌清、啶酰菌胺、肟菌酯、生物苄呋菊酯、醚菌酯、烯虫酯和霜霉威。

按超标程度比较，花椰菜中联苯超标 516.7 倍，油麦菜中唑虫酰胺超标 467.5 倍，西葫芦中除虫菊素 I 超标 294.7 倍，油麦菜中醚菌酯超标 226.6 倍，芹菜中克百威超标 198.2 倍。检测结果见图 7-16 和附表 16。

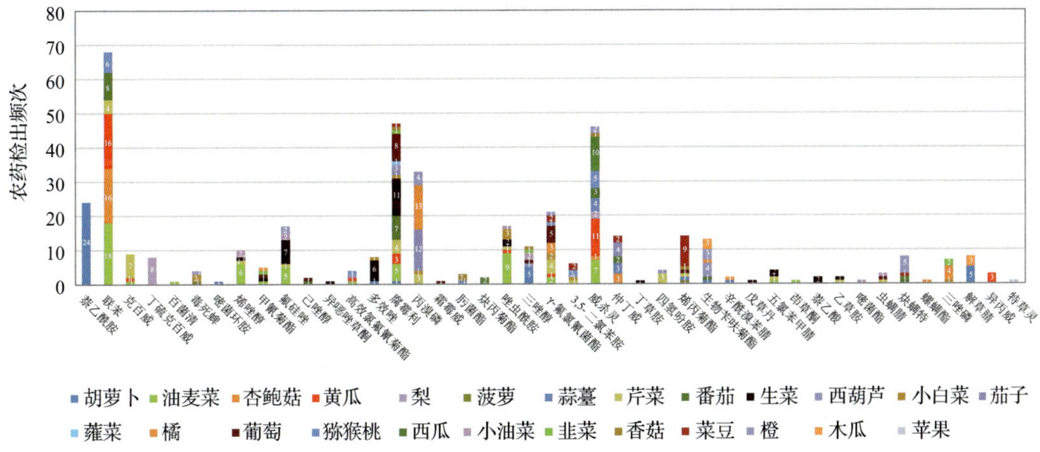

图 7-16-1　超过 MRL 欧盟标准农药品种及频次

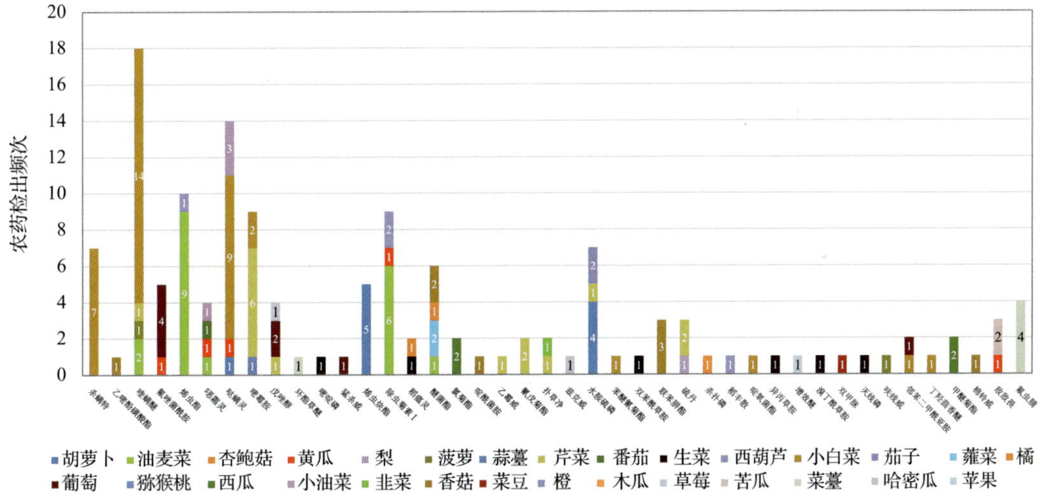

图 7-16-2　超过 MRL 欧盟标准农药品种及频次

7.2.2.3　按 MRL 日本标准衡量

按 MRL 日本标准衡量，共有 77 种农药超标，检出 633 频次，分别为剧毒农药灭线磷，高毒农药猛杀威、嘧啶磷、三唑磷、水胺硫磷和兹克威，中毒农药联苯菊酯、氯菊酯、除虫菊素 I 、仲丁威、氟虫腈、多效唑、戊唑醇、辛酰溴苯腈、毒死蜱、甲霜灵、烯唑醇、甲氰菊酯、炔丙菊酯、γ-氟氯氰菌酯、喹螨醚、双苯酰草胺、稻瘟灵、唑虫酰胺、高效氯氟氰菊酯、双甲脒、丁硫克百威、氟硅唑、二甲戊灵、哒螨灵、异丙威、丙溴磷、苯醚氰菊酯和烯丙菊酯，低毒农药茚草酮、嘧霉胺、喹禾灵、嘧菌环胺、氟吡菌酰胺、螺螨酯、乙草胺、丁羟茴香醚、戊草丹、杀螨特、烯虫炔酯、五氯苯甲腈、环酯草醚、四氢吩胺、邻苯二甲酰亚胺、甲醚菊酯、威杀灵、联苯、异丙草胺、特草灵、乙嘧酚磺酸酯、丁草胺、萘乙酸、炔螨特和 3,5-二氯苯胺，微毒农药醚菊酯、萘乙酰胺、缬霉威、氟丙菊酯、溴丁酰草胺、异噁唑草酮、腐霉利、嘧菌酯、解草腈、联苯肼酯、啶氧菌酯、生物苄呋菊酯、啶酰菌胺、吡丙醚、肟菌酯、醚菌酯、烯虫酯和霜霉威。

按超标程度比较，花椰菜中联苯超标 516.7 倍，西葫芦中除虫菊素Ⅰ超标 294.7 倍，油麦菜中高效氯氟氰菊酯超标 169.1 倍，生菜中烯唑醇超标 155.4 倍，杏鲍菇中联苯超标 132.0 倍。检测结果见图 7-17 和附表 17。

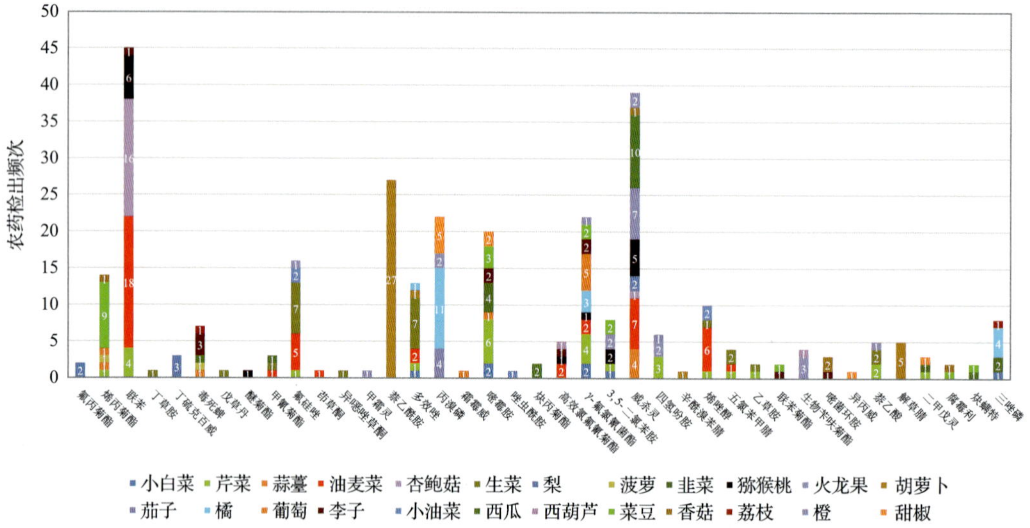

图 7-17-1　超过 MRL 日本标准农药品种及频次

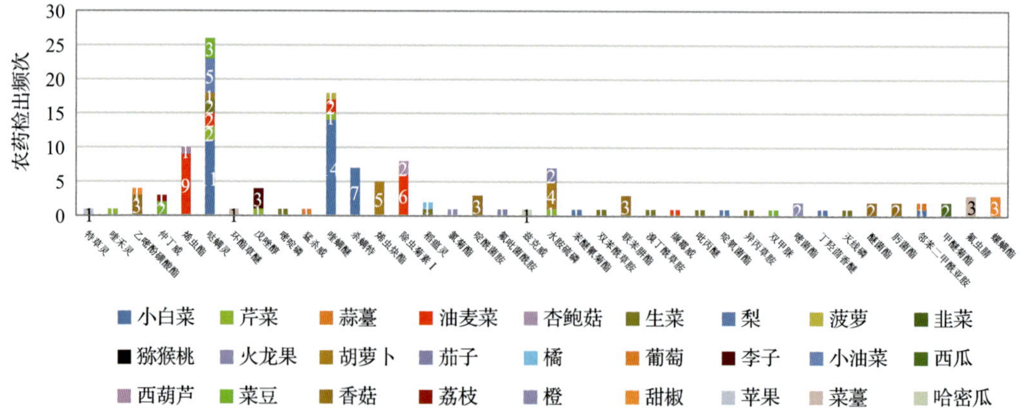

图 7-17-2　超过 MRL 日本标准农药品种及频次

7.2.2.4　按 MRL 中国香港标准衡量

按 MRL 中国香港标准衡量，共有 4 种农药超标，检出 26 频次，分别为中毒农药毒死蜱、双甲脒和丙溴磷，低毒农药螺螨酯。

按超标程度比较，橘中丙溴磷超标 7.8 倍，小白菜中毒死蜱超标 7.2 倍，芒果中毒死蜱超标 2.8 倍，甜椒中丙溴磷超标 2.7 倍，甜椒中螺螨酯超标 1.0 倍。检测结果见图 7-18 和附表 18。

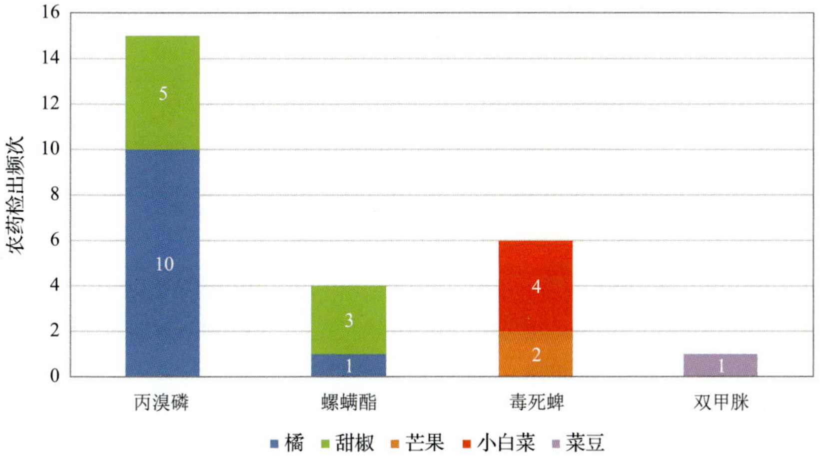

图 7-18　超过 MRL 中国香港标准农药品种及频次

7.2.2.5　按 MRL 美国标准衡量

按 MRL 美国标准衡量，共有 3 种农药超标，检出 12 频次，分别为中毒农药毒死蜱、γ-氟氯氰菌酯和高效氯氟氰菊酯。

按超标程度比较，西葫芦中高效氯氟氰菊酯超标 12.4 倍，苹果中毒死蜱超标 6.5 倍，菜豆中 γ-氟氯氰菌酯超标 3.8 倍，黄瓜中高效氯氟氰菊酯超标 1.8 倍，梨中毒死蜱超标 0.5 倍。检测结果见图 7-19 和附表 19。

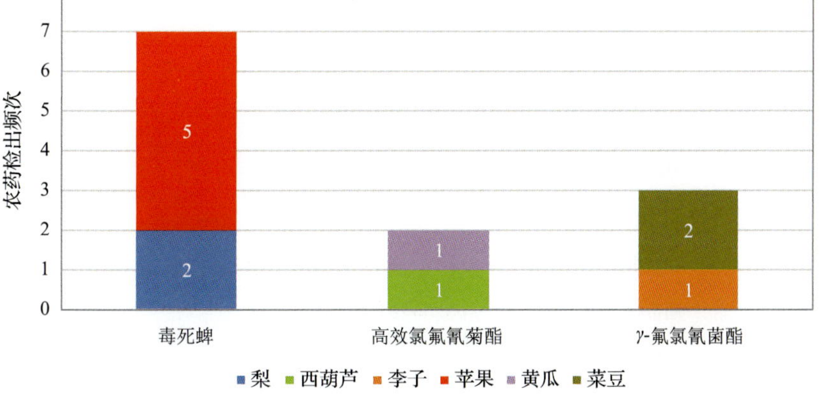

图 7-19　超过 MRL 美国标准农药品种及频次

7.2.2.6 按 MRL CAC 标准衡量

按 MRL CAC 标准衡量，共有 2 种农药超标，检出 5 频次，分别为中毒农药氯氰菊酯，低毒农药螺螨酯。

按超标程度比较，甜椒中螺螨酯超标 1.0 倍，油麦菜中氯氰菊酯超标 0.5 倍，橘中螺螨酯超标 0.1 倍。检测结果见图 7-20 和附表 20。

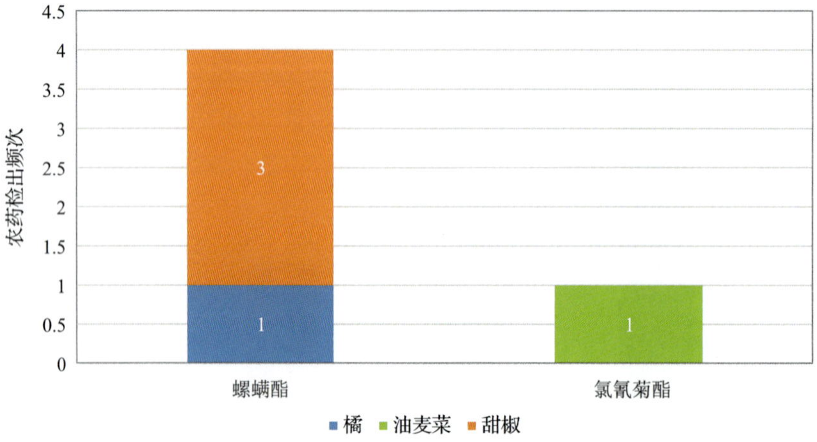

图 7-20 超过 MRL CAC 标准农药品种及频次

7.2.3 43 个采样点超标情况分析

7.2.3.1 按 MRL 中国国家标准衡量

按 MRL 中国国家标准衡量，有 21 个采样点的样品存在不同程度的超标农药检出，其中***超市(沙湾店)的超标率最高，为 8.0%，如表 7-14 和图 7-21 所示。

表 7-14 超过 MRL 中国国家标准水果蔬菜在不同采样点分布

序号	采样点	样品总数	超标数量	超标率(%)	行政区域
1	***超市(金牛店)	68	1	1.5	金牛区
2	***市场	37	1	2.7	青羊区
3	***超市(科华路店)	35	1	2.9	武侯区
4	***超市(万达广场锦华路店)	35	1	2.9	锦江区
5	***超市(通惠门路店)	32	1	3.1	金牛区
6	***市场	31	1	3.2	武侯区
7	***超市(武侯店)	31	1	3.2	双流县
8	***市场	29	1	3.4	成华区
9	***超市(府河店)	29	1	3.4	青羊区

续表

序号	采样点	样品总数	超标数量	超标率(%)	行政区域
10	***百货(武侯店)	29	1	3.4	双流县
11	***超市(三三九广场店)	28	1	3.6	成华区
12	***市场	28	2	7.1	成华区
13	***超市	28	1	3.6	龙泉驿区
14	***超市(永康店)	26	1	3.8	武侯区
15	***超市	26	1	3.8	崇州市
16	***超市(高新店)	25	1	4.0	双流县
17	***超市(沙湾店)	25	2	8.0	金牛区
18	***超市(华阳店)	24	1	4.2	双流县
19	***购物中心	24	1	4.2	新都区
20	***超市(回龙湾店)	24	1	4.2	金牛区
21	***超市(双楠店)	24	1	4.2	武侯区

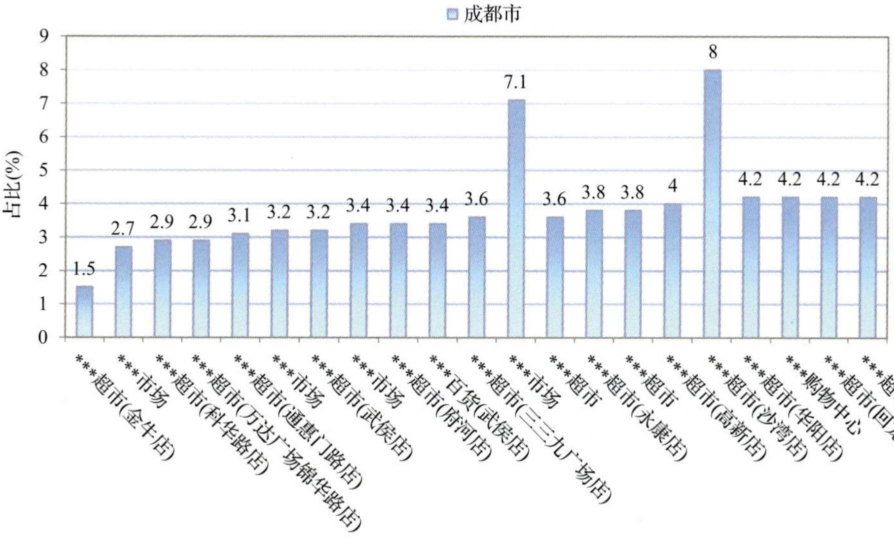

图 7-21　超过 MRL 中国国家标准水果蔬菜在不同采样点分布

7.2.3.2　按 MRL 欧盟标准衡量

按 MRL 欧盟标准衡量，所有采样点的样品均存在不同程度的超标农药检出，其中***超市(城市超市店)的超标率最高，为 62.5%，如表 7-15 和图 7-22 所示。

表 7-15　超过 MRL 欧盟标准水果蔬菜在不同采样点分布

序号	采样点	样品总数	超标数量	超标率(%)	行政区域
1	***超市(金牛店)	68	27	39.7	金牛区
2	***超市(建设路店)	54	24	44.4	成华区
3	***超市(锦江店)	54	23	42.6	锦江区
4	***市场	37	13	35.1	青羊区
5	***超市(凯德沙湾店)	36	16	44.4	金牛区
6	***超市(科华路店)	35	14	40.0	武侯区
7	***超市(万达广场锦华路店)	35	15	42.9	锦江区
8	***超市(八宝街店)	34	14	41.2	青羊区
9	***超市(交大路分店)	34	12	35.3	金牛区
10	***超市(翡翠城店)	33	11	33.3	锦江区
11	***超市(草市街店)	33	10	30.3	青羊区
12	***超市(武侯店)	33	12	36.4	武侯区
13	***超市(通惠门路店)	32	14	43.8	金牛区
14	***市场	31	18	58.1	武侯区
15	***超市(武侯店)	31	6	19.4	双流县
16	***超市(双楠店)	30	12	40.0	武侯区
17	***市场	29	12	41.4	成华区
18	***超市	29	4	13.8	龙泉驿区
19	***超市(府河店)	29	12	41.4	青羊区
20	***百货(武侯店)	29	12	41.4	双流县
21	***超市(三三九广场店)	28	11	39.3	成华区
22	***超市(青羊广场店)	28	16	57.1	青羊区
23	***市场	28	14	50.0	成华区
24	***超市	28	7	25.0	龙泉驿区
25	***超市(成都羊城商场店)	27	14	51.9	青羊区
26	***超市(永康店)	26	12	46.2	武侯区
27	***市场	26	13	50.0	武侯区
28	***超市	26	9	34.6	崇州市
29	***超市(高新店)	25	12	48.0	双流县
30	***超市(红星路店)	25	11	44.0	锦江区
31	***超市(沙湾店)	25	15	60.0	金牛区

续表

序号	采样点	样品总数	超标数量	超标率(%)	行政区域
32	***超市(高新店)	25	12	48.0	武侯区
33	***市场	25	13	52.0	成华区
34	***超市(SM 广场分店)	25	13	52.0	成华区
35	***超市(抚琴南路店)	25	9	36.0	金牛区
36	***超市(华阳店)	24	7	29.2	双流县
37	***市场	24	10	41.7	锦江区
38	***购物中心	24	4	16.7	新都区
39	***超市(回龙湾店)	24	11	45.8	金牛区
40	***超市(城市超市店)	24	15	62.5	金牛区
41	***超市(双楠店)	24	9	37.5	武侯区
42	***超市(成都成化店)	21	9	42.9	成华区
43	***超市(光华店)	19	7	36.8	青羊区

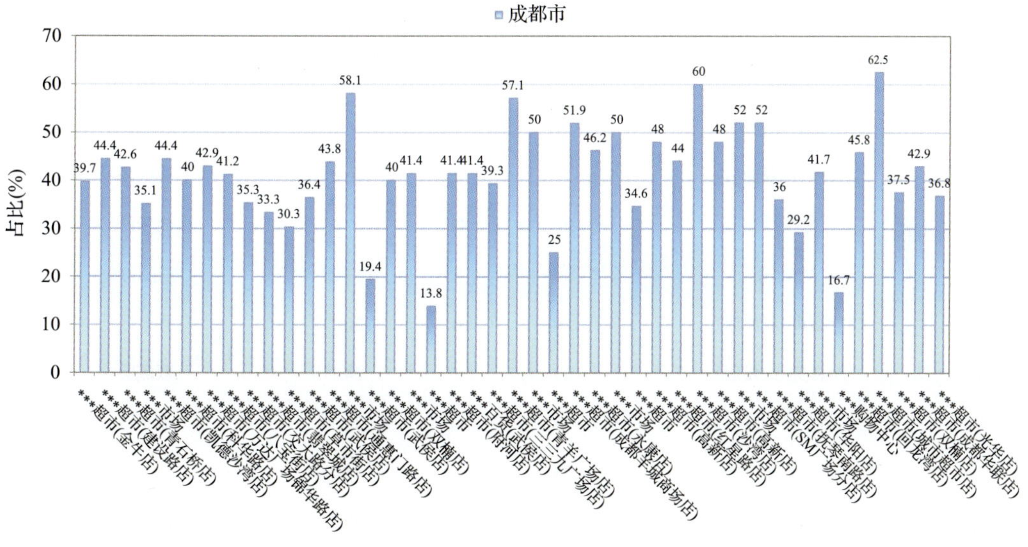

图 7-22　超过 MRL 欧盟标准水果蔬菜在不同采样点分布

7.2.3.3　按 MRL 日本标准衡量

按 MRL 日本标准衡量，所有采样点的样品均存在不同程度的超标农药检出，其中***超市(高新店)的超标率最高，为 48.0%，如表 7-16 和图 7-23 所示。

表 7-16　超过 MRL 日本标准水果蔬菜在不同采样点分布

序号	采样点	样品总数	超标数量	超标率(%)	行政区域
1	***超市(金牛店)	68	23	33.8	金牛区
2	***超市(建设路店)	54	18	33.3	成华区
3	***超市(锦江店)	54	16	29.6	锦江区
4	***市场	37	13	35.1	青羊区
5	***超市(凯德沙湾店)	36	12	33.3	金牛区
6	***超市(科华路店)	35	14	40.0	武侯区
7	***超市(万达广场锦华路店)	35	13	37.1	锦江区
8	***超市(八宝街店)	34	13	38.2	青羊区
9	***超市(交大路分店)	34	10	29.4	金牛区
10	***超市(翡翠城店)	33	11	33.3	锦江区
11	***超市(草市街店)	33	11	33.3	青羊区
12	***超市(武侯店)	33	12	36.4	武侯区
13	***超市(通惠门路店)	32	12	37.5	金牛区
14	***市场	31	13	41.9	武侯区
15	***超市(武侯店)	31	3	9.7	双流县
16	***超市(双楠店)	30	12	40.0	武侯区
17	***市场	29	11	37.9	成华区
18	***超市	29	5	17.2	龙泉驿区
19	***超市(府河店)	29	6	20.7	青羊区
20	***百货(武侯店)	29	7	24.1	双流县
21	***超市(三三九广场店)	28	11	39.3	成华区
22	***超市(青羊广场店)	28	13	46.4	青羊区
23	***市场	28	11	39.3	成华区
24	***超市	28	6	21.4	龙泉驿区
25	***超市(成都羊城商场店)	27	11	40.7	青羊区
26	***超市(永康店)	26	8	30.8	武侯区
27	***市场	26	11	42.3	武侯区
28	***超市	26	5	19.2	崇州市
29	***超市(高新店)	25	4	16.0	双流县
30	***超市(红星路店)	25	7	28.0	锦江区

续表

序号	采样点	样品总数	超标数量	超标率(%)	行政区域
31	***超市(沙湾店)	25	11	44.0	金牛区
32	***超市(高新店)	25	12	48.0	武侯区
33	***市场	25	9	36.0	成华区
34	***超市(SM 广场分店)	25	9	36.0	成华区
35	***超市(抚琴南路店)	25	7	28.0	金牛区
36	***超市(华阳店)	24	4	16.7	双流县
37	***市场	24	9	37.5	锦江区
38	***购物中心	24	1	4.2	新都区
39	***超市(回龙湾店)	24	11	45.8	金牛区
40	***超市(城市超市店)	24	11	45.8	金牛区
41	***超市(双楠店)	24	7	29.2	武侯区
42	***超市(成都成华店)	21	4	19.0	成华区
43	***超市(光华店)	19	6	31.6	青羊区

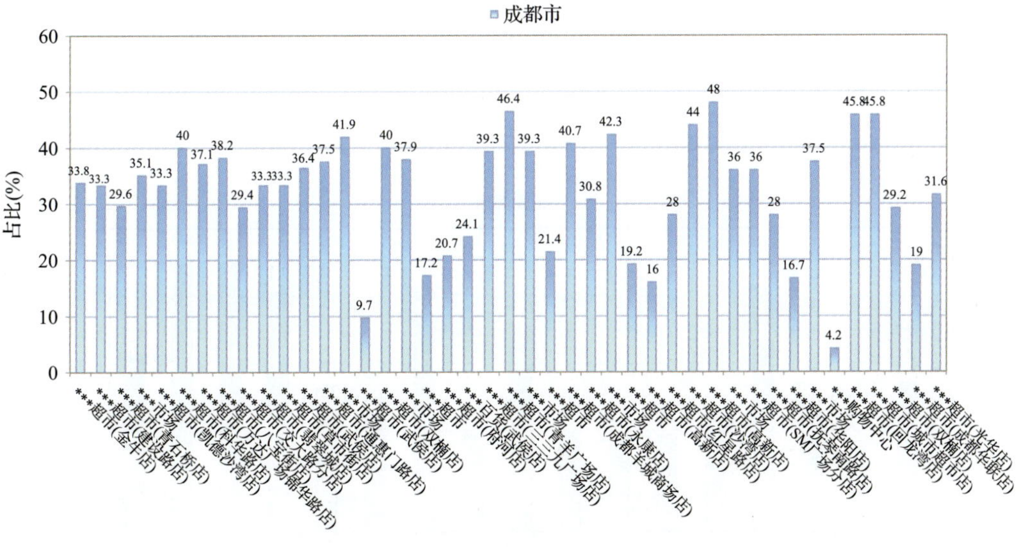

图 7-23 超过 MRL 日本标准水果蔬菜在不同采样点分布

7.2.3.4 按 MRL 中国香港标准衡量

按 MRL 中国香港标准衡量，有 17 个采样点的样品存在不同程度的超标农药检出，其中***超市(回龙湾店)的超标率最高，为 8.3%，如表 7-17 和图 7-24 所示。

表 7-17　超过 MRL 中国香港标准水果蔬菜在不同采样点分布

序号	采样点	样品总数	超标数量	超标率(%)	行政区域
1	***超市(金牛店)	68	3	4.4	金牛区
2	***市场	37	1	2.7	青羊区
3	***超市(凯德沙湾店)	36	1	2.8	金牛区
4	***超市(科华路店)	35	2	5.7	武侯区
5	***超市(万达广场锦华路店)	35	1	2.9	锦江区
6	***超市(八宝街店)	34	1	2.9	青羊区
7	***超市(交大路分店)	34	1	2.9	金牛区
8	***超市(草市街店)	33	1	3.0	青羊区
9	***超市(武侯店)	33	2	6.1	武侯区
10	***超市(通惠门路店)	32	1	3.1	金牛区
11	***市场	31	2	6.5	武侯区
12	***市场	29	1	3.4	成华区
13	***超市(三三九广场店)	28	1	3.6	成华区
14	***市场	28	2	7.1	成华区
15	***超市(沙湾店)	25	2	8.0	金牛区
16	***超市(回龙湾店)	24	2	8.3	金牛区
17	***超市(光华店)	19	1	5.3	青羊区

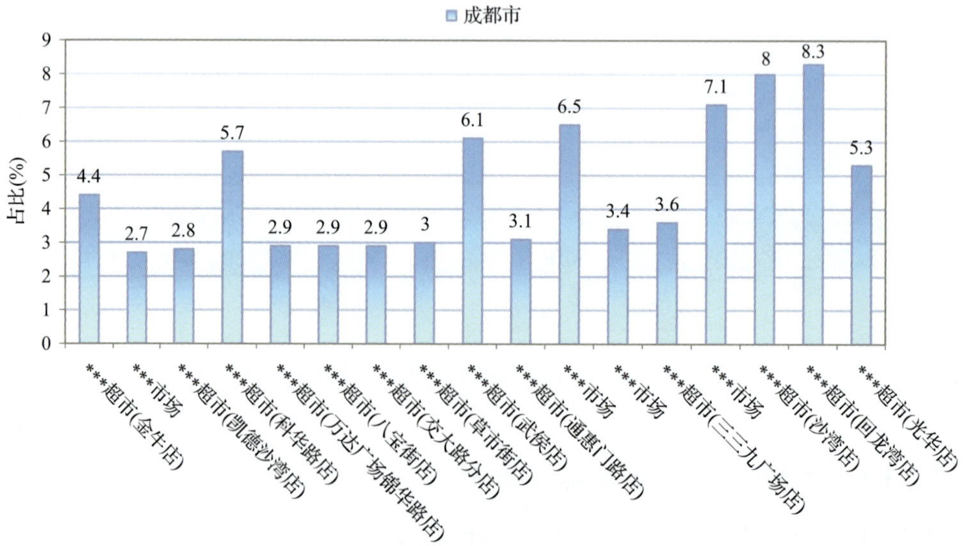

图 7-24　超过 MRL 中国香港标准水果蔬菜在不同采样点分布

7.2.3.5　按 MRL 美国标准衡量

按 MRL 美国标准衡量，有 11 个采样点的样品存在不同程度的超标农药检出，其中***超市(翡翠城店)的超标率最高，为 6.1%，如图 7-25 和表 7-18 所示。

表 7-18　超过 MRL 美国标准水果蔬菜在不同采样点分布

序号	采样点	样品总数	超标数量	超标率(%)	行政区域
1	***超市(锦江店)	54	1	1.9	锦江区
2	***超市(万达广场锦华路店)	35	1	2.9	锦江区
3	***超市(交大路分店)	34	1	2.9	金牛区
4	***超市(翡翠城店)	33	2	6.1	锦江区
5	***超市(通惠门路店)	32	1	3.1	金牛区
6	***市场	31	1	3.2	武侯区
7	***超市(成都羊城商场店)	27	1	3.7	青羊区
8	***市场	25	1	4.0	成华区
9	***超市(华阳店)	24	1	4.2	双流县
10	***购物中心	24	1	4.2	新都区
11	***超市(光华店)	19	1	5.3	青羊区

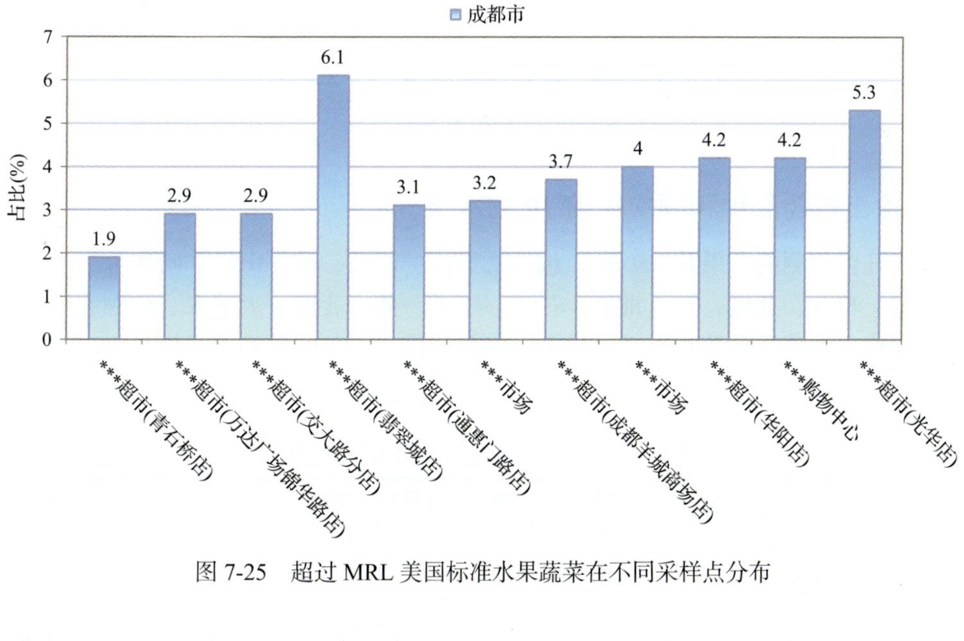

图 7-25　超过 MRL 美国标准水果蔬菜在不同采样点分布

7.2.3.6　按 MRL CAC 标准衡量

按 MRL CAC 标准衡量，有 5 个采样点的样品存在不同程度的超标农药检出，其中***超市(光华店)的超标率最高，为 5.3%，如图 7-26 和表 7-19 所示。

表 7-19 超过 MRL CAC 标准水果蔬菜在不同采样点分布

序号	采样点	样品总数	超标数量	超标率(%)	行政区域
1	***超市(青羊广场店)	28	1	3.6	青羊区
2	***市场	28	1	3.6	成华区
3	***超市(沙湾店)	25	1	4.0	金牛区
4	***超市(回龙湾店)	24	1	4.2	金牛区
5	***超市(光华店)	19	1	5.3	青羊区

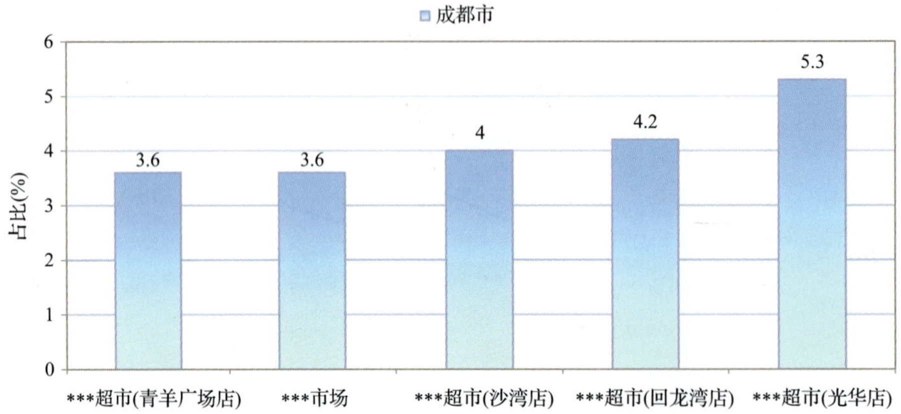

图 7-26 超过 MRL CAC 标准水果蔬菜在不同采样点分布

7.3 水果中农药残留分布

7.3.1 检出农药品种和频次排前 10 的水果

本次残留侦测的水果共 19 种，包括猕猴桃、西瓜、桃、山竹、哈密瓜、木瓜、苹果、葡萄、草莓、荔枝、梨、枇杷、芒果、李子、橘、菠萝、火龙果、柠檬和橙。

根据检出农药品种及频次进行排名，将各项排名前 10 位的水果样品检出情况列表说明，详见表 7-20。

表 7-20 检出农药品种和频次排名前 10 的水果

检出农药品种排名前 10(品种)	①葡萄(29),②橘(22),③苹果(21),④草莓(17),⑤猕猴桃(14),⑥橙(12),⑦火龙果(12),⑧李子(11),⑨梨(10),⑩菠萝(9)
检出农药频次排名前 10(频次)	①葡萄(98),②草莓(80),③苹果(66),④橘(58),⑤橙(54),⑥梨(42),⑦柠檬(35),⑧火龙果(29),⑨猕猴桃(27),⑩西瓜(25)
检出禁用、高毒及剧毒农药品种排名前 10(品种)	①哈密瓜(2),②橘(2),③菠萝(1),④梨(1),⑤荔枝(1),⑥柠檬(1),⑦葡萄(1),⑧西瓜(1)
检出禁用、高毒及剧毒农药频次排名前 10(频次)	①橘(5),②哈密瓜(2),③菠萝(1),④梨(1),⑤荔枝(1),⑥柠檬(1),⑦葡萄(1),⑧西瓜(1)

7.3.2　超标农药品种和频次排前 10 的水果

鉴于 MRL 欧盟标准和日本标准制定比较全面且覆盖率较高，我们参照 MRL 中国国家标准、欧盟标准和日本标准衡量水果样品中农残检出情况，将超标农药品种及频次排名前 10 的水果列表说明，详见表 7-21。

表 7-21　超标农药品种和频次排名前 10 的水果

超标农药品种排名前 10（农药品种数）	MRL 中国国家标准	①橘(2)，②哈密瓜(1)，③荔枝(1)
	MRL 欧盟标准	①葡萄(12)，②橙(8)，③橘(8)，④苹果(8)，⑤火龙果(7)，⑥猕猴桃(6)，⑦哈密瓜(5)，⑧西瓜(5)，⑨菠萝(4)，⑩草莓(4)
	MRL 日本标准	①火龙果(8)，②李子(8)，③猕猴桃(6)，④橘(5)，⑤苹果(5)，⑥葡萄(5)，⑦橙(4)，⑧西瓜(4)，⑨菠萝(3)，⑩草莓(3)
超标农药频次排名前 10（农药频次数）	MRL 中国国家标准	①橘(8)，②哈密瓜(1)，③荔枝(1)
	MRL 欧盟标准	①葡萄(27)，②苹果(26)，③橘(25)，④枇杷(23)，⑤橙(19)，⑥火龙果(18)，⑦西瓜(17)，⑧猕猴桃(16)，⑨哈密瓜(13)，⑩梨(12)
	MRL 日本标准	①枇杷(23)，②橘(20)，③苹果(20)，④火龙果(19)，⑤猕猴桃(16)，⑥西瓜(15)，⑦李子(14)，⑧草莓(12)，⑨哈密瓜(10)，⑩葡萄(9)

通过对各品种水果样本总数及检出率进行综合分析发现，葡萄、苹果和猕猴桃的残留污染最为严重，在此，我们参照 MRL 中国国家标准、欧盟标准和日本标准对这 3 种水果的农残检出情况进行进一步分析。

7.3.3　农药残留检出率较高的水果样品分析

7.3.3.1　葡萄

这次共检测 29 例葡萄样品，28 例样品中检出了农药残留，检出率为 96.6%，检出农药共计 29 种。其中嘧霉胺、啶酰菌胺、腐霉利、戊唑醇和氟吡菌酰胺检出频次较高，分别检出了 17、12、8、7 和 6 次。葡萄中农药检出品种和频次见图 7-27，超标农药见图 7-28 和表 7-22。

表 7-22　葡萄中农药残留超标情况明细表

样品总数			检出农药样品数	样品检出率(%)	检出农药品种总数
29			28	96.6	29
	超标农药品种	超标农药频次	按照 MRL 中国国家标准、欧盟标准和日本标准衡量超标农药名称及频次		
中国国家标准	0	0			
欧盟标准	12	27	腐霉利(8)，γ-氟氯氰菌酯(5)，氟唑菌酰胺(4)，戊唑醇(2)，虫螨腈(1)，己唑醇(1)，甲氰菊酯(1)，邻苯二甲酰亚胺(1)，猛杀威(1)，三唑醇(1)，霜霉威(1)，烯丙菊酯(1)		
日本标准	5	9	γ-氟氯氰菌酯(5)，邻苯二甲酰亚胺(1)，猛杀威(1)，霜霉威(1)，烯丙菊酯(1)		

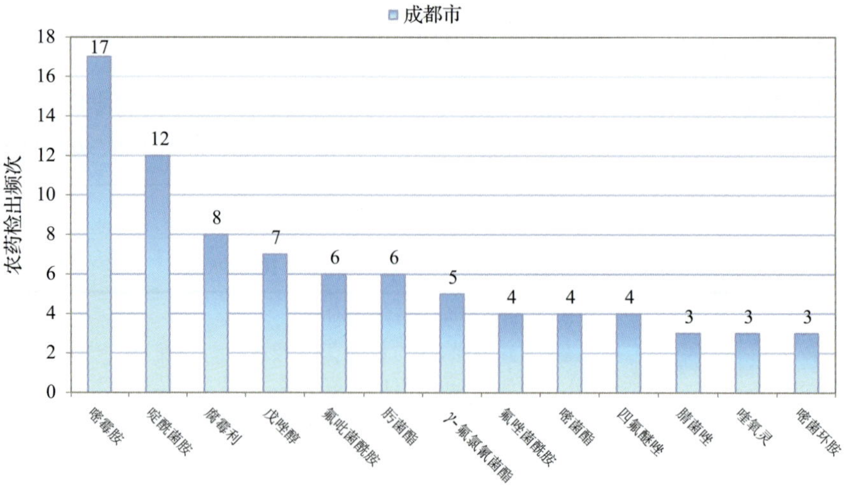

图 7-27　葡萄样品检出农药品种和频次分析(仅列出 3 频次及以上的数据)

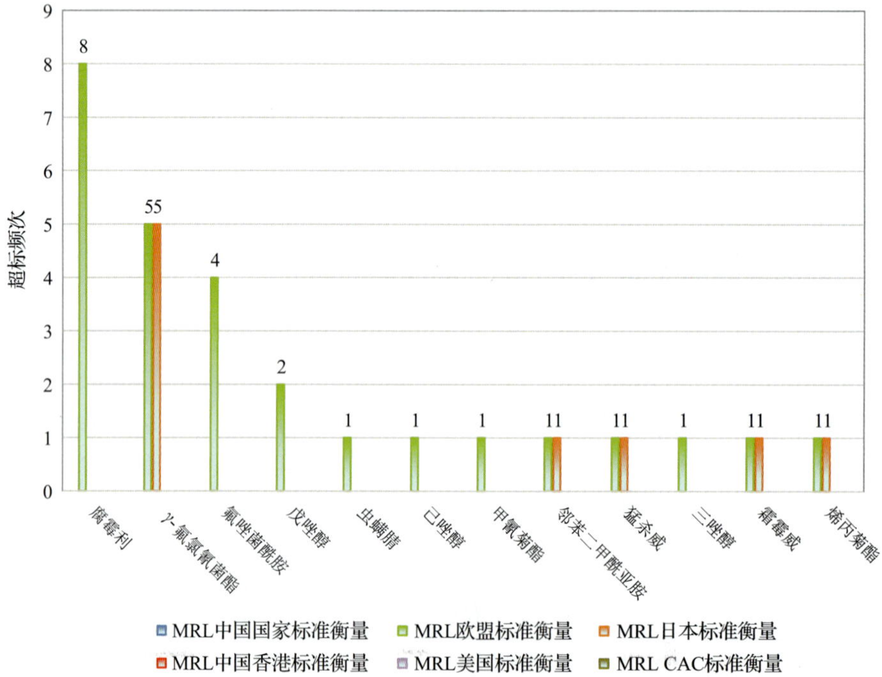

图 7-28　葡萄样品中超标农药分析

7.3.3.2　苹果

这次共检测 45 例苹果样品，31 例样品中检出了农药残留，检出率为 68.9%，检出农药共计 21 种。其中毒死蜱、除虫菊素 I 、甲醚菊酯、戊唑醇和烯丙菊酯检出频次较高，分别检出了 16、8、8、7 和 5 次。苹果中农药检出品种和频次见图 7-29，超标农药见图 7-30 和表 7-23。

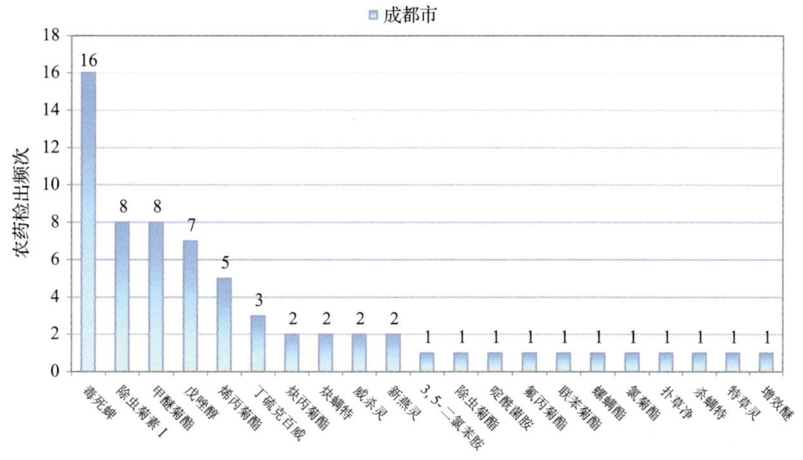

图 7-29 苹果样品检出农药品种和频次分析

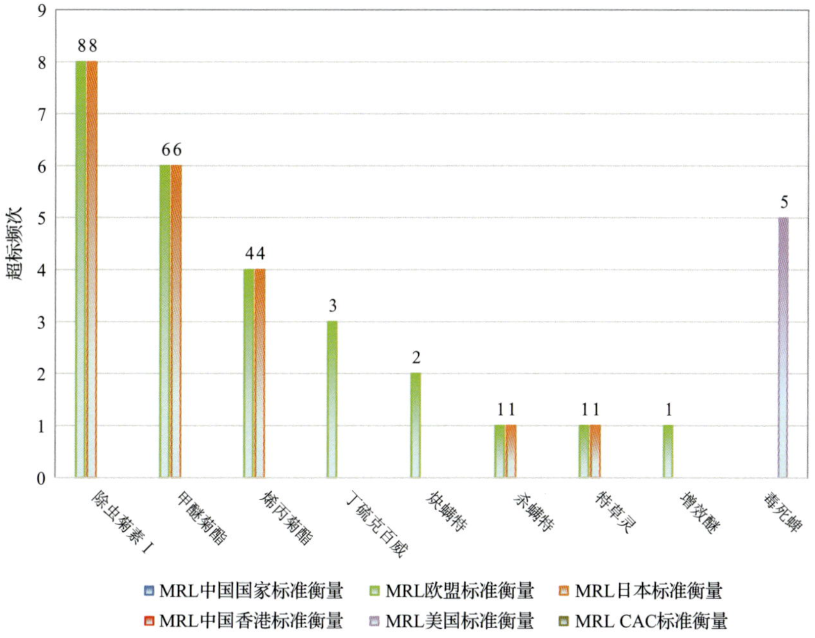

图 7-30 苹果样品中超标农药分析

表 7-23 苹果中农药残留超标情况明细表

样品总数		检出农药样品数	样品检出率(%)	检出农药品种总数
45		31	68.9	21
	超标农药品种	超标农药频次	按照MRL中国国家标准、欧盟标准和日本标准衡量超标农药名称及频次	
中国国家标准	0	0		
欧盟标准	8	26	除虫菊素Ⅰ(8),甲醚菊酯(6),烯丙菊酯(4),丁硫克百威(3),炔螨特(2),杀螨特(1),特草灵(1),增效醚(1)	
日本标准	5	20	除虫菊素Ⅰ(8),甲醚菊酯(6),烯丙菊酯(4),杀螨特(1),特草灵(1)	

7.3.3.3　猕猴桃

这次共检测 44 例猕猴桃样品，16 例样品中检出了农药残留，检出率为 36.4%，检出农药共计 14 种。其中联苯、威杀灵、3,5-二氯苯胺、毒死蜱和仲丁威检出频次较高，分别检出了 6、6、2、2 和 2 次。猕猴桃中农药检出品种和频次见图 7-31，超标农药见图 7-32 和表 7-24。

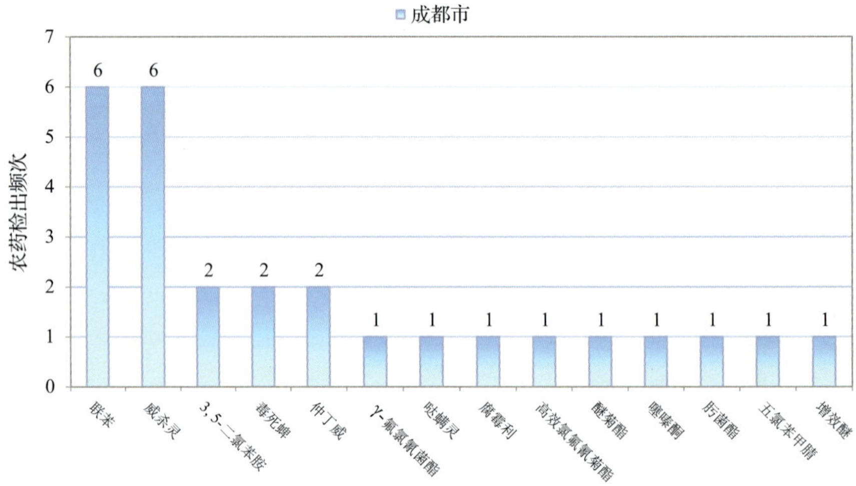

图 7-31　猕猴桃样品检出农药品种和频次分析

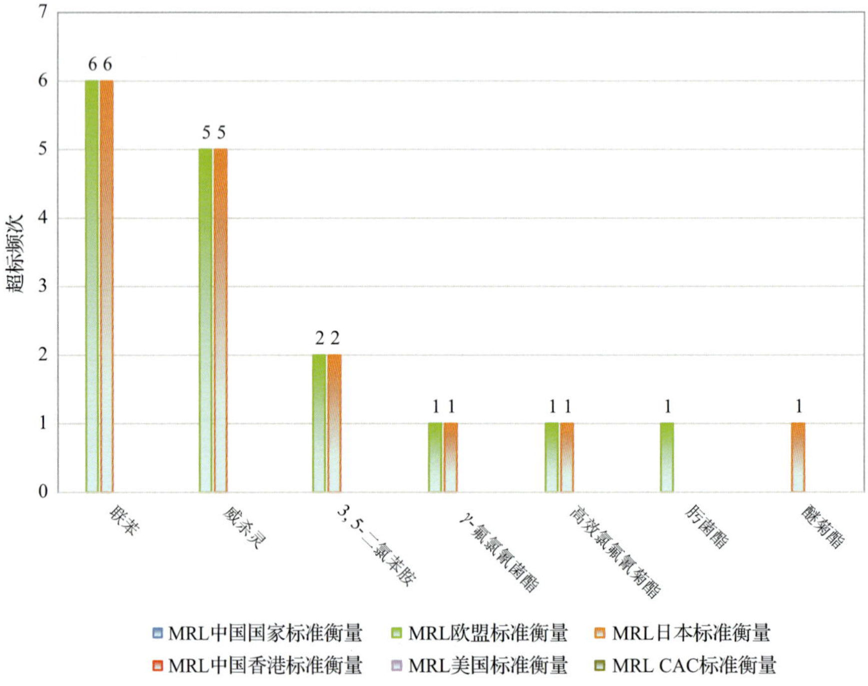

图 7-32　猕猴桃样品中超标农药分析

表 7-24　猕猴桃中农药残留超标情况明细表

样品总数			检出农药样品数	样品检出率(%)	检出农药品种总数
44			16	36.4	14
	超标农药品种	超标农药频次	按照 MRL 中国国家标准、欧盟标准和日本标准衡量超标农药名称及频次		
中国国家标准	0	0			
欧盟标准	6	16	联苯(6), 威杀灵(5), 3,5-二氯苯胺(2), γ-氟氯氰菌酯(1), 高效氯氟氰菊酯(1), 肟菌酯(1)		
日本标准	6	16	联苯(6), 威杀灵(5), 3,5-二氯苯胺(2), γ-氟氯氰菌酯(1), 高效氯氟氰菊酯(1), 醚菊酯(1)		

7.4　蔬菜中农药残留分布

7.4.1　检出农药品种和频次排前 10 的蔬菜

本次残留侦测的蔬菜共 29 种，包括结球甘蓝、黄瓜、洋葱、芹菜、韭菜、蕹菜、番茄、花椰菜、西葫芦、甜椒、葱、胡萝卜、紫甘蓝、青花菜、油麦菜、小白菜、萝卜、茄子、秋葵、冬瓜、菜豆、生菜、小油菜、大白菜、菜薹、苦瓜、蒜薹、莴笋和竹笋。

根据检出农药品种及频次进行排名，将各项排名前 10 位的蔬菜样品检出情况列表说明，详见表 7-25。

表 7-25　检出农药品种和频次排名前 10 的蔬菜

检出农药品种排名前 10(品种)	①生菜(41), ②芹菜(37), ③甜椒(33), ④油麦菜(33), ⑤小白菜(28), ⑥黄瓜(26), ⑦番茄(24), ⑧胡萝卜(16), ⑨苦瓜(16), ⑩茄子(16)
检出农药频次排名前 10(频次)	①甜椒(143), ②油麦菜(124), ③芹菜(100), ④生菜(100), ⑤小白菜(91), ⑥黄瓜(89), ⑦胡萝卜(68), ⑧番茄(67), ⑨茄子(54), ⑩菜豆(52)
检出禁用、高毒及剧毒农药品种排名前 10(品种)	①黄瓜(4), ②芹菜(4), ③生菜(4), ④苦瓜(3), ⑤油麦菜(3), ⑥甜椒(2), ⑦菜薹(1), ⑧胡萝卜(1), ⑨韭菜(1), ⑩茄子(1)
检出禁用、高毒及剧毒农药频次排名前 10(频次)	①芹菜(12), ②黄瓜(8), ③苦瓜(7), ④菜薹(4), ⑤胡萝卜(4), ⑥生菜(4), ⑦甜椒(3), ⑧油麦菜(3), ⑨韭菜(2), ⑩茄子(2)

7.4.2　超标农药品种和频次排前 10 的蔬菜

鉴于 MRL 欧盟标准和日本标准制定比较全面且覆盖率较高，我们参照 MRL 中国国家标准、欧盟标准和日本标准衡量蔬菜样品中农残检出情况，将超标农药品种及频次排名前 10 的蔬菜列表说明，详见表 7-26。

通过对各品种蔬菜样本总数及检出率进行综合分析发现，生菜、芹菜和甜椒的残留污染最为严重，在此，我们参照 MRL 中国国家标准、欧盟标准和日本标准对这 3 种蔬菜的农残检出情况进行进一步分析。

表 7-26　超标农药品种和频次排名前 10 的蔬菜

超标农药品种排名前 10（农药品种数）	MRL 中国国家标准	①黄瓜(1), ②芹菜(1), ③生菜(1), ④小白菜(1), ⑤油麦菜(1)
	MRL 欧盟标准	①芹菜(22), ②生菜(18), ③油麦菜(18), ④小白菜(16), ⑤黄瓜(13), ⑥胡萝卜(10), ⑦番茄(8), ⑧甜椒(8), ⑨菜豆(7), ⑩小油菜(7)
	MRL 日本标准	①芹菜(18), ②生菜(18), ③油麦菜(15), ④小白菜(13), ⑤菜豆(10), ⑥胡萝卜(7), ⑦黄瓜(6), ⑧甜椒(6), ⑨韭菜(5), ⑩青花菜(5)
超标农药频次排名前 10（农药频次数）	MRL 中国国家标准	①芹菜(7), ②小白菜(4), ③黄瓜(1), ④生菜(1), ⑤油麦菜(1)
	MRL 欧盟标准	①油麦菜(77), ②胡萝卜(48), ③芹菜(48), ④小白菜(48), ⑤黄瓜(42), ⑥生菜(42), ⑦甜椒(42), ⑧番茄(24), ⑨茄子(22), ⑩菜豆(18)
	MRL 日本标准	①油麦菜(65), ②小白菜(45), ③胡萝卜(44), ④黄瓜(33), ⑤芹菜(33), ⑥生菜(33), ⑦菜豆(25), ⑧青花菜(20), ⑨花椰菜(18), ⑩甜椒(13)

7.4.3　农药残留检出率较高的蔬菜样品分析

7.4.3.1　生菜

这次共检测 43 例生菜样品，33 例样品中检出了农药残留，检出率为 76.7%，检出农药共计 41 种。其中腐霉利、多效唑、氟硅唑、嘧霉胺和甲霜灵检出频次较高，分别检出了 14、11、8、8 和 6 次。生菜中农药检出品种和频次见图 7-33，超标农药见图 7-34 和表 7-27。

7.4.3.2　芹菜

这次共检测 39 例芹菜样品，35 例样品中检出了农药残留，检出率为 89.7%，检出农药共计 37 种。其中毒死蜱、嘧霉胺、克百威、喹螨醚和威杀灵检出频次较高，分别检出了 9、8、7、5 和 5 次。芹菜中农药检出品种和频次见图 7-35，超标农药见图 7-36 和表 7-28。

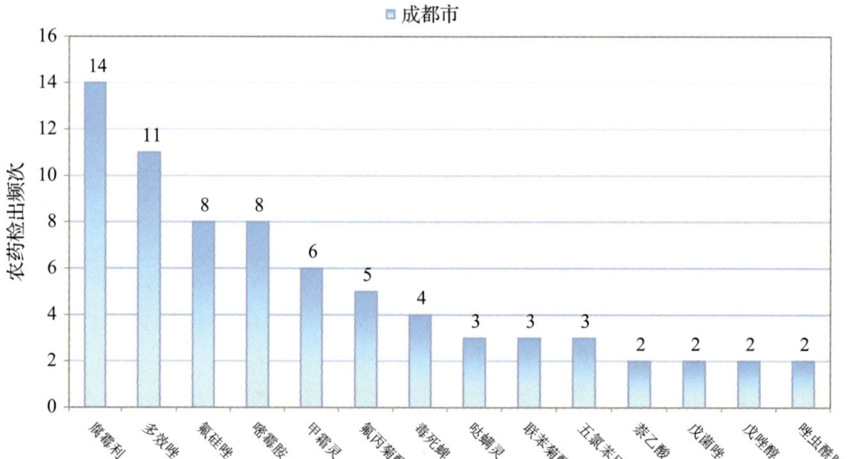

图 7-33　生菜样品检出农药品种和频次分析(仅列出 2 频次及以上的数据)

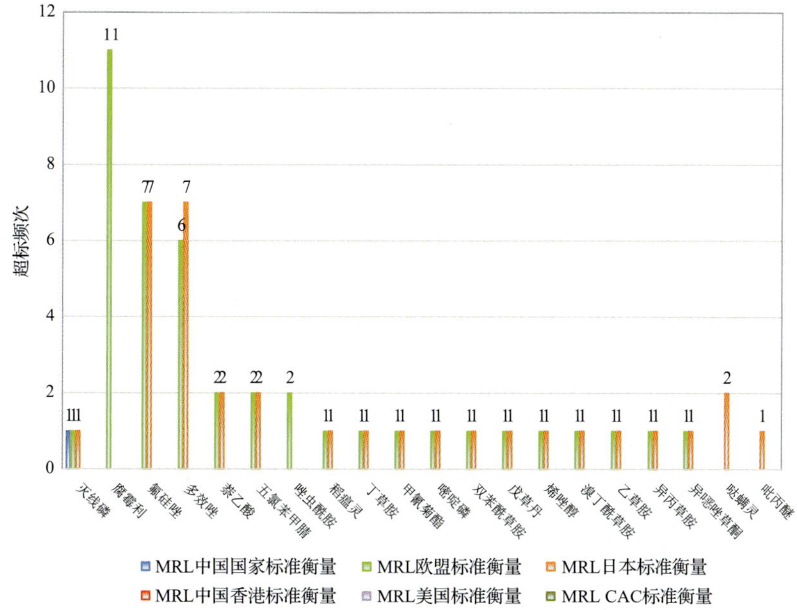

图 7-34 生菜样品中超标农药分析

表 7-27 生菜中农药残留超标情况明细表

样品总数			检出农药样品数	样品检出率(%)	检出农药品种总数
43			33	76.7	41
	超标农药品种	超标农药频次	按照 MRL 中国国家标准、欧盟标准和日本标准衡量超标农药名称及频次		
中国国家标准	1	1	灭线磷(1)		
欧盟标准	18	42	腐霉利(11),氟硅唑(7),多效唑(6),萘乙酸(2),五氯苯甲腈(2),唑虫酰胺(2),稻瘟灵(1),丁草胺(1),甲氰菊酯(1),嘧啶磷(1),灭线磷(1),双苯酰草胺(1),戊草丹(1),烯唑醇(1),溴丁酰草胺(1),乙草胺(1),异丙草胺(1),异噁唑草酮(1)		
日本标准	18	33	多效唑(7),氟硅唑(7),哒螨灵(2),萘乙酸(2),五氯苯甲腈(2),吡丙醚(1),稻瘟灵(1),丁草胺(1),甲氰菊酯(1),嘧啶磷(1),灭线磷(1),双苯酰草胺(1),戊草丹(1),烯唑醇(1),溴丁酰草胺(1),乙草胺(1),异丙草胺(1),异噁唑草酮(1)		

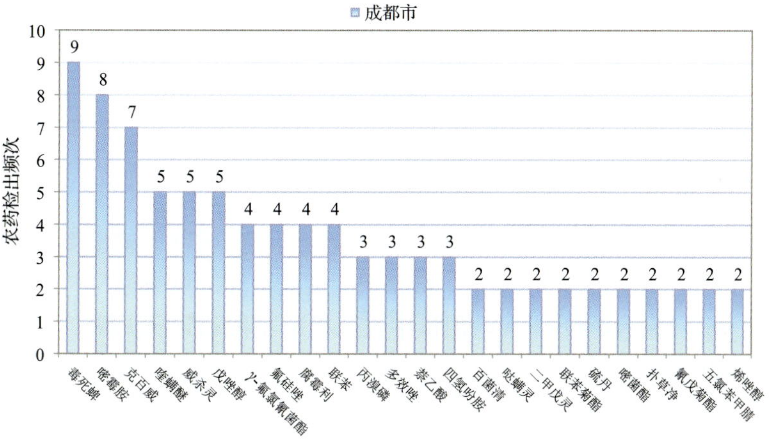

图 7-35 芹菜样品检出农药品种和频次分析(仅列出 2 频次及以上的数据)

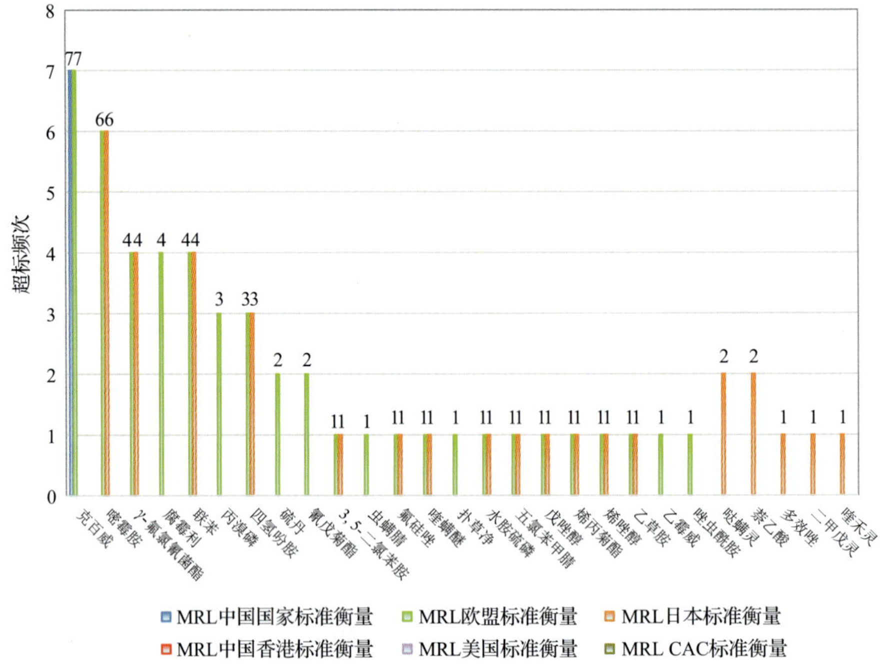

图 7-36　芹菜样品中超标农药分析

表 7-28　芹菜中农药残留超标情况明细表

样品总数			检出农药样品数	样品检出率(%)	检出农药品种总数
39			35	89.7	37
	超标农药品种	超标农药频次	按照 MRL 中国国家标准、欧盟标准和日本标准衡量超标农药名称及频次		
中国国家标准	1	7	克百威(7)		
欧盟标准	22	48	克百威(7)，嘧霉胺(6)，γ-氟氯氰菌酯(4)，腐霉利(4)，联苯(4)，丙溴磷(3)，四氢吩胺(3)，硫丹(2)，氰戊菊酯(2)，3,5-二氯苯胺(1)，虫螨腈(1)，氟硅唑(1)，喹螨醚(1)，扑草净(1)，水胺硫磷(1)，五氯苯甲腈(1)，戊唑醇(1)，烯丙菊酯(1)，烯唑醇(1)，乙草胺(1)，乙霉威(1)，唑虫酰胺(1)		
日本标准	18	33	嘧霉胺(6)，γ-氟氯氰菌酯(4)，联苯(4)，四氢吩胺(3)，哒螨灵(2)，萘乙酸(2)，3,5-二氯苯胺(1)，多效唑(1)，二甲戊灵(1)，氟硅唑(1)，喹禾灵(1)，喹螨醚(1)，水胺硫磷(1)，五氯苯甲腈(1)，戊唑醇(1)，烯丙菊酯(1)，烯唑醇(1)，乙草胺(1)		

7.4.3.3　甜椒

这次共检测 42 例甜椒样品，39 例样品中检出了农药残留，检出率为 92.9%，检出农药共计 33 种。其中丙溴磷、腐霉利、威杀灵、啶酰菌胺和联苯菊酯检出频次较高，分别检出了 21、16、15、14 和 11 次。甜椒中农药检出品种和频次见图 7-37，超标农药见图 7-38 和表 7-29。

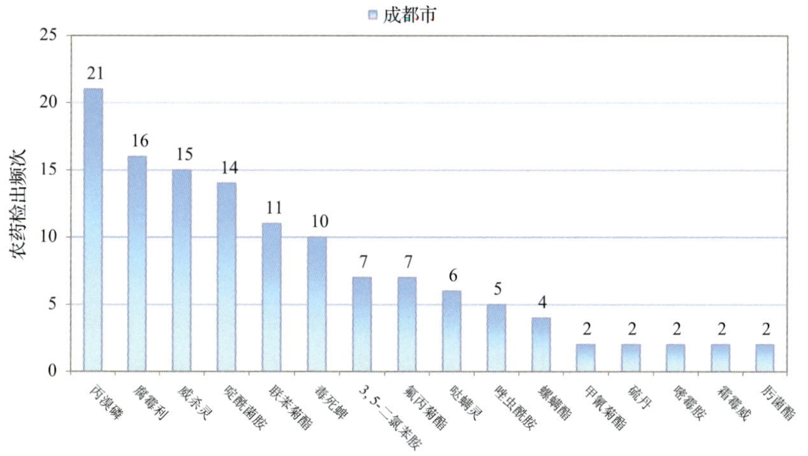

图 7-37　甜椒样品检出农药品种和频次分析（仅列出 2 频次及以上的数据）

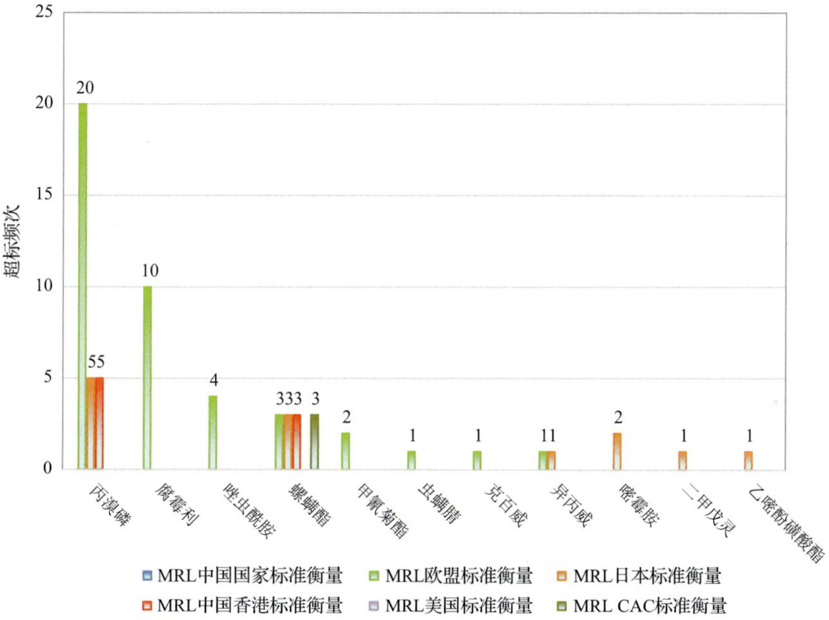

图 7-38　甜椒样品中超标农药分析

表 7-29　甜椒中农药残留超标情况明细表

样品总数			检出农药样品数	样品检出率(%)	检出农药品种总数
42			39	92.9	33
	超标农药品种	超标农药频次	按照 MRL 中国国家标准、欧盟标准和日本标准衡量超标农药名称及频次		
中国国家标准	0	0			
欧盟标准	8	42	丙溴磷(20)，腐霉利(10)，唑虫酰胺(4)，螺螨酯(3)，甲氰菊酯(2)，虫螨腈(1)，克百威(1)，异丙威(1)		
日本标准	6	13	丙溴磷(5)，螺螨酯(3)，嘧霉胺(2)，二甲戊灵(1)，乙嘧酚磺酸酯(1)，异丙威(1)		

7.5 初 步 结 论

7.5.1 成都市市售水果蔬菜按 MRL 中国国家标准和国际主要 MRL 标准衡量的合格率

本次侦测的 1302 例样品中，448 例样品未检出任何残留农药，占样品总量的 34.4%，854 例样品检出不同水平、不同种类的残留农药，占样品总量的 65.6%。在这 854 例检出农药残留的样品中：

按照 MRL 中国国家标准衡量，有 831 例样品检出残留农药但含量没有超标，占样品总数的 63.8%，有 23 例样品检出了超标农药，占样品总数的 1.8%。

按照 MRL 欧盟标准衡量，有 320 例样品检出残留农药但含量没有超标，占样品总数的 24.6%，有 534 例样品检出了超标农药，占样品总数的 41.0%。

按照 MRL 日本标准衡量，有 431 例样品检出残留农药但含量没有超标，占样品总数的 33.1%，有 423 例样品检出了超标农药，占样品总数的 32.5%。

按照 MRL 中国香港标准衡量，有 829 例样品检出残留农药但含量没有超标，占样品总数的 63.7%，有 25 例样品检出了超标农药，占样品总数的 1.9%。

按照 MRL 美国标准衡量，有 842 例样品检出残留农药但含量没有超标，占样品总数的 64.7%，有 12 例样品检出了超标农药，占样品总数的 0.9%。

按照 MRL CAC 标准衡量，有 849 例样品检出残留农药但含量没有超标，占样品总数的 65.2%，有 5 例样品检出了超标农药，占样品总数的 0.4%。

7.5.2 成都市市售水果蔬菜中检出农药以中低微毒农药为主，占市场主体的 90.4%

这次侦测的 1302 例样品包括水果 19 种 470 例，食用菌 4 种 73 例，蔬菜 29 种 759 例，共检出了 135 种农药，检出农药的毒性以中低微毒为主，详见表 7-30。

表 7-30　市场主体农药毒性分布

毒性	检出品种	占比	检出频次	占比
剧毒农药	2	1.5%	2	0.1%
高毒农药	11	8.1%	40	2.1%
中毒农药	51	37.8%	816	42.8%
低毒农药	46	34.1%	631	33.1%
微毒农药	25	18.5%	418	21.9%
中低微毒农药，品种占比 90.4%，频次占比 97.8%				

7.5.3 检出剧毒、高毒和禁用农药现象应该警醒

在此次侦测的 1302 例样品中有 12 种蔬菜和 8 种水果的 61 例样品检出了 17 种 64

频次的剧毒和高毒或禁用农药，占样品总量的 4.7%。其中剧毒农药灭线磷和治螟磷以及高毒农药克百威、三唑磷和水胺硫磷检出频次较高。

按 MRL 中国国家标准衡量，剧毒农药灭线磷，检出 1 次，超标 1 次；高毒农药克百威，检出 11 次，超标 10 次；三唑磷，检出 8 次，超标 2 次；按超标程度比较，芹菜中克百威超标 18.9 倍，黄瓜中克百威超标 2.5 倍，橘中三唑磷超标 1.8 倍，荔枝中三唑磷超标 1.5 倍，油麦菜中克百威超标 1.4 倍。

剧毒、高毒或禁用农药的检出情况及按照 MRL 中国国家标准衡量的超标情况见表 7-31。

表 7-31　剧毒、高毒或禁用农药的检出及超标明细

序号	农药名称	样品名称	检出频次	超标频次	最大超标倍数	超标率
1.1	治螟磷*▲	生菜	1	0	0	0.0%
2.1	灭线磷*▲	生菜	1	1	1.4	100.0%
3.1	三唑磷◊	橘	4	1	1.8	25.0%
3.2	三唑磷◊	韭菜	2	0	0	0.0%
3.3	三唑磷◊	荔枝	1	1	1.5	100.0%
3.4	三唑磷◊	小白菜	1	0	0	0.0%
4.1	克百威◊▲	芹菜	7	7	18.9	100.0%
4.2	克百威◊▲	黄瓜	1	1	2.5	100.0%
4.3	克百威◊▲	油麦菜	1	1	1.4	100.0%
4.4	克百威◊▲	哈密瓜	1	1	0.9	100.0%
4.5	克百威◊▲	甜椒	1	0	0	0.0%
5.1	兹克威◊	哈密瓜	1	0	0	0.0%
5.2	兹克威◊	油麦菜	1	0	0	0.0%
6.1	呋线威◊	菠萝	1	0	0	0.0%
7.1	嘧啶磷◊	生菜	1	0	0	0.0%
8.1	敌敌畏◊	苦瓜	2	0	0	0.0%
8.2	敌敌畏◊	黄瓜	1	0	0	0.0%
9.1	杀扑磷◊▲	柠檬	1	0	0	0.0%
9.2	杀扑磷◊▲	橘	1	0	0	0.0%
10.1	氟氯氰菊酯◊	油麦菜	1	0	0	0.0%
11.1	水胺硫磷◊▲	胡萝卜	4	0	0	0.0%
11.2	水胺硫磷◊▲	茄子	2	0	0	0.0%
11.3	水胺硫磷◊▲	芹菜	1	0	0	0.0%
12.1	猛杀威◊	黄瓜	2	0	0	0.0%

续表

序号	农药名称	样品名称	检出频次	超标频次	最大超标倍数	超标率
12.2	猛杀威◊	葡萄	1	0	0	0.0%
13.1	胺丙畏◊	生菜	1	0	0	0.0%
14.1	六六六▲	苦瓜	1	0	0	0.0%
15.1	氟虫腈▲	菜薹	4	0	0	0.0%
16.1	氰戊菊酯▲	芹菜	2	0	0	0.0%
17.1	硫丹▲	苦瓜	4	0	0	0.0%
17.2	硫丹▲	黄瓜	4	0	0	0.0%
17.3	硫丹▲	甜椒	2	0	0	0.0%
17.4	硫丹▲	芹菜	2	0	0	0.0%
17.5	硫丹▲	梨	1	0	0	0.0%
17.6	硫丹▲	西瓜	1	0	0	0.0%
17.7	硫丹▲	西葫芦	1	0	0	0.0%
合计			64	13		20.3%

注：超标倍数参照 MRL 中国国家标准衡量

这些超标的剧毒和高毒农药都是中国政府早有规定禁止在水果蔬菜中使用的，为什么还屡次被检出，应该引起警惕。

7.5.4　残留限量标准与先进国家或地区标准差距较大

1907 频次的检出结果与我国公布的《食品中农药最大残留限量》(GB 2763—2014)对比，有 443 频次能找到对应的 MRL 中国国家标准，占 23.2%；还有 1464 频次的侦测数据无相关 MRL 标准供参考，占 76.8%。

与国际上现行 MRL 标准对比发现：

有 1907 频次能找到对应的 MRL 欧盟标准，占 100.0%；

有 1907 频次能找到对应的 MRL 日本标准，占 100.0%；

有 628 频次能找到对应的 MRL 中国香港标准，占 32.9%；

有 536 频次能找到对应的 MRL 美国标准，占 28.1%；

有 381 频次能找到对应的 MRL CAC 标准，占 20.0%。

由上可见，MRL 中国国家标准与先进国家或地区标准还有很大差距，我们无标准，境外有标准，这就会导致我们在国际贸易中，处于受制于人的被动地位。

7.5.5　水果蔬菜单种样品检出 21~41 种农药残留，考问农药使用的科学性

通过此次监测发现，葡萄、橘和苹果是检出农药品种最多的 3 种水果，生菜、芹菜和甜椒是检出农药品种最多的 3 种蔬菜，从中检出农药品种及频次详见表 7-32。

表 7-32　单种样品检出农药品种及频次

样品名称	样品总数	检出农药样品数	检出率	检出农药品种数	检出农药(频次)
生菜	43	33	76.7%	41	腐霉利(14)，多效唑(11)，氟硅唑(8)，嘧霉胺(8)，甲霜灵(6)，氟丙菊酯(5)，毒死蜱(4)，哒螨灵(3)，联苯菊酯(3)，五氯苯甲腈(3)，萘乙酸(2)，戊菌唑(2)，戊唑醇(2)，唑虫酰胺(2)，*o,p'*-滴滴伊(1)，胺丙畏(1)，苯并噻二唑(1)，吡丙醚(1)，稻瘟灵(1)，丁草胺(1)，氟吡禾灵(1)，氟吡酰草胺(1)，氟硫草定(1)，甲基嘧啶磷(1)，甲氰菊酯(1)，邻苯基苯酚(1)，嘧啶磷(1)，灭线磷(1)，扑灭津(1)，双苯酰草胺(1)，霜霉威(1)，萎锈灵(1)，五氯苯(1)，戊草丹(1)，烯唑醇(1)，溴丁酰草胺(1)，乙草胺(1)，乙霉威(1)，异丙草胺(1)，异噁唑草酮(1)，治螟磷(1)
芹菜	39	35	89.7%	37	毒死蜱(9)，嘧霉胺(8)，克百威(7)，喹螨醚(5)，威杀灵(5)，戊唑醇(5)，γ-氟氯氰菌酯(4)，氟硅唑(4)，腐霉利(4)，联苯(4)，丙溴磷(3)，多效唑(3)，萘乙酸(3)，四氢吩胺(3)，百菌清(2)，哒螨灵(2)，二甲戊灵(2)，联苯菊酯(2)，硫丹(2)，嘧菌酯(2)，扑草净(2)，氰戊菊酯(2)，五氯苯甲腈(2)，烯唑醇(2)，3,4,5-混杀威(1)，3,5-二氯苯胺(1)，虫螨腈(1)，甲霜灵(1)，腈菌唑(1)，喹禾灵(1)，三唑醇(1)，水胺硫磷(1)，烯丙菊酯(1)，乙草胺(1)，乙霉威(1)，整形醇(1)，唑虫酰胺(1)
甜椒	42	39	92.9%	33	丙溴磷(21)，腐霉利(16)，威杀灵(15)，啶酰菌胺(14)，联苯菊酯(11)，毒死蜱(10)，3,5-二氯苯胺(7)，氟丙菊酯(7)，哒螨灵(6)，唑虫酰胺(5)，螺螨酯(4)，甲氰菊酯(2)，硫丹(2)，嘧霉胺(2)，霜霉威(2)，肟菌酯(2)，吡丙醚(1)，虫螨腈(1)，敌草胺(1)，二甲戊灵(1)，粉唑醇(1)，氟唑菌酰胺(1)，环酯草醚(1)，己唑醇(1)，腈菌唑(1)，克百威(1)，联苯肼酯(1)，醚菌酯(1)，嘧菌酯(1)，噻嗪酮(1)，戊唑醇(1)，乙嘧酚磺酸酯(1)，异丙威(1)
葡萄	29	28	96.6%	29	嘧霉胺(17)，啶酰菌胺(12)，腐霉利(8)，戊唑醇(7)，氟吡菌酰胺(6)，肟菌酯(6)，γ-氟氯氰菌酯(5)，氟唑菌酰胺(4)，嘧菌酯(4)，四氟醚唑(4)，腈菌唑(3)，喹氧灵(3)，嘧菌环胺(3)，虫螨腈(1)，除虫菊酯(1)，毒死蜱(1)，粉唑醇(1)，己唑醇(1)，甲氰菊酯(1)，甲霜灵(1)，邻苯二甲酰亚胺(1)，螺螨酯(1)，猛杀威(1)，醚菌酯(1)，三唑醇(1)，霜霉威(1)，戊菌唑(1)，烯丙菊酯(1)，乙嘧酚磺酸酯(1)
橘	19	16	84.2%	22	丙溴磷(13)，毒死蜱(9)，戊唑醇(6)，三唑磷(4)，γ-氟氯氰菌酯(3)，甲氰菊酯(3)，联苯菊酯(3)，哒螨灵(2)，螺螨酯(2)，吡螨胺(1)，稻丰散(1)，稻瘟灵(1)，多效唑(1)，联苯肼酯(1)，马拉硫磷(1)，醚菌酯(1)，嘧菌酯(1)，噻嗪酮(1)，杀扑磷(1)，生物苄呋菊酯(1)，戊菌唑(1)，异丙威(1)

续表

样品名称	样品总数	检出农药样品数	检出率	检出农药品种数	检出农药(频次)
苹果	45	31	68.9%	21	毒死蜱(16)，除虫菊素 I (8)，甲醚菊酯(8)，戊唑醇(7)，烯丙菊酯(5)，丁硫克百威(3)，炔丙菊酯(2)，炔螨特(2)，威杀灵(2)，新燕灵(2)，3，5-二氯苯胺(1)，除虫菊酯(1)，啶酰菌胺(1)，氟丙菊酯(1)，联苯菊酯(1)，螺螨酯(1)，氯菊酯(1)，扑草净(1)，杀螨特(1)，特草灵(1)，增效醚(1)

上述 6 种水果蔬菜，检出农药 21~41 种，是多种农药综合防治，还是未严格实施农业良好管理规范(GAP)，亦或根本就是乱施药，值得我们思考。

第 8 章　GC-Q-TOF/MS 侦测成都市市售水果蔬菜农药残留膳食暴露风险与预警风险评估

8.1　农药残留风险评估方法

8.1.1　成都市农药残留侦测数据分析与统计

庞国芳院士科研团队建立的农药残留高通量侦测技术以高分辨精确质量数（0.0001 *m/z* 为基准）为识别标准，采用 GC-Q-TOF/MS 技术对 507 种农药化学污染物进行侦测。

科研团队于 2015 年 5 月至 2018 年 3 月期间在成都市所属 9 个区县的 43 个采样点，随机采集了 1302 例水果蔬菜样品，采样点分布在超市和农贸市场，具体位置如图 8-1 所示，各月内水果蔬菜样品采集数量如表 8-1 所示。

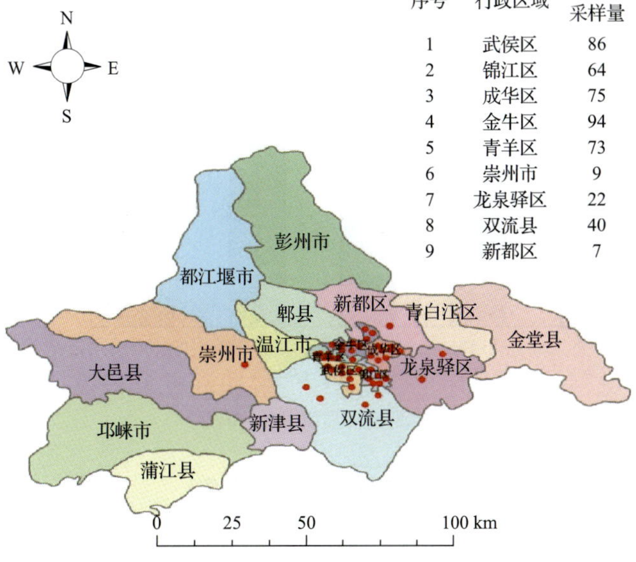

序号	行政区域	水果采样量	蔬菜及其他采样量	总计
1	武侯区	86	144	230
2	锦江区	64	107	171
3	成华区	75	135	210
4	金牛区	94	174	268
5	青羊区	73	134	207
6	崇州市	9	17	26
7	龙泉驿区	22	35	57
8	双流县	40	69	109
9	新都区	7	17	24

图 8-1　GC-Q-TOF/MS 侦测成都市 43 个采样点 1302 例样品分布示意图

表 8-1　成都市各月内采集水果蔬菜样品数列表

时间	样品数（例）
2015 年 5 月	381
2017 年 6 月	397
2018 年 3 月	524

利用 GC-Q-TOF/MS 技术对 1302 例样品中的农药进行侦测，侦测出残留农药 135 种，1905 频次。侦测出农药残留水平如表 8-2 和图 8-2 所示。检出频次最高的前 10 种农药如表 8-3 所示。从检测结果中可以看出，在水果蔬菜中农药残留普遍存在，且有些水果蔬菜存在高浓度的农药残留，这些可能存在膳食暴露风险，对人体健康产生危害，因此，为了定量地评价水果蔬菜中农药残留的风险程度，有必要对其进行风险评价。

表 8-2　侦测出农药的不同残留水平及其所占比例列表

残留水平(μg/kg)	检出频次	占比(%)
1~5(含)	383	20.1
5~10(含)	252	13.2
10~100(含)	846	44.4
100~1000(含)	381	20.1
>1000	40	2.2
合计	1905	100

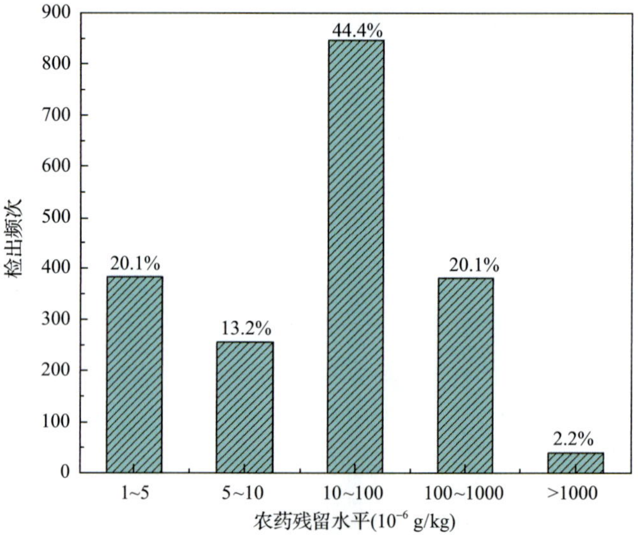

图 8-2　残留农药侦测出浓度频数分布图

表 8-3　检出频次最高的前 10 种农药列表

序号	农药	检出频次
1	威杀灵	191
2	毒死蜱	160
3	腐霉利	132
4	联苯	114
5	嘧霉胺	98
6	哒螨灵	64

续表

序号	农药	检出频次
7	丙溴磷	56
8	啶酰菌胺	55
9	联苯菊酯	50
10	戊唑醇	46

8.1.2　农药残留风险评价模型

对成都市水果蔬菜中农药残留分别开展暴露风险评估和预警风险评估。膳食暴露风险评估利用食品安全指数模型对水果蔬菜中的残留农药对人体可能产生的危害程度进行评价，该模型结合残留监测和膳食暴露评估评价化学污染物的危害；预警风险评价模型运用风险系数(risk index，R)，风险系数综合考虑了危害物的超标率、施检频率及其本身敏感性的影响，能直观而全面地反映出危害物在一段时间内的风险程度。

8.1.2.1　食品安全指数模型

为了加强食品安全管理，《中华人民共和国食品安全法》第二章第十七条规定“国家建立食品安全风险评估制度，运用科学方法，根据食品安全风险监测信息、科学数据以及有关信息，对食品、食品添加剂、食品相关产品中生物性、化学性和物理性危害因素进行风险评估”[1]，膳食暴露评估是食品危险度评估的重要组成部分，也是膳食安全性的衡量标准[2]。国际上最早研究膳食暴露风险评估的机构主要是 JMPR(FAO、WHO 农药残留联合会议)，该组织自 1995 年就已制定了急性毒性物质的风险评估急性毒性农药残留摄入量的预测。1960 年美国规定食品中不得加入致癌物质进而提出零阈值理论，渐渐零阈值理论发展成在一定概率条件下可接受风险的概念[3]，后衍变为食品中每日允许最大摄入量(ADI)，而国际食品农药残留法典委员会(CCPR)认为 ADI 不是独立风险评估的唯一标准[4]，1995 年 JMPR 开始研究农药急性膳食暴露风险评估，并对食品国际短期摄入量的计算方法进行了修正，亦对膳食暴露评估准则及评估方法进行了修正[5]，2002 年，在对世界上现行的食品安全评价方法，尤其是国际公认的 CAC 评价方法、全球环境监测系统/食品污染监测和评估规划(WHO GEMS/Food)及 FAO、WHO 食品添加剂联合专家委员会(JECFA)和 JMPR 对食品安全风险评估工作研究的基础之上，检验检疫食品安全管理的研究人员提出了结合残留监控和膳食暴露评估，以食品安全指数 IFS 计算食品中各种化学污染物对消费者的健康危害程度[6]。IFS 是表示食品安全状态的新方法，可有效地评价某种农药的安全性，进而评价食品中各种农药化学污染物对消费者健康的整体危害程度[7, 8]。从理论上分析，IFS_c 可指出食品中的污染物 c 对消费者健康是否存在危害及危害的程度[9]。其优点在于操作简单且结果容易被接受和理解，不需要大量的数据来对结果进行验证，使用默认的标准假设或者模型即可[10, 11]。

1) IFS_c 的计算

IFS_c 计算公式如下：

$$\mathrm{IFS_c} = \frac{\mathrm{EDI_c} \times f}{\mathrm{SI_c} \times \mathrm{bw}} \tag{8-1}$$

式中，c 为所研究的农药；$\mathrm{EDI_c}$为农药 c 的实际日摄入量估算值，等于$\Sigma(R_i \times F_i \times E_i \times P_i)$（$i$ 为食品种类；R_i为食品 i 中农药 c 的残留水平，mg/kg；F_i为食品 i 的估计日消费量，g/(人·天)；E_i为食品 i 的可食用部分因子；P_i为食品 i 的加工处理因子）；$\mathrm{SI_c}$为安全摄入量，可采用每日允许最大摄入量 ADI；bw 为人平均体重，kg；f为校正因子，如果安全摄入量采用 ADI，则f取 1。

$\mathrm{IFS_c} \ll 1$，农药 c 对食品安全没有影响；$\mathrm{IFS_c} \leqslant 1$，农药 c 对食品安全的影响可以接受；$\mathrm{IFS_c} > 1$，农药 c 对食品安全的影响不可接受。

本次评价中：

$\mathrm{IFS_c} \leqslant 0.1$，农药 c 对水果蔬菜安全没有影响；

$0.1 < \mathrm{IFS_c} \leqslant 1$，农药 c 对水果蔬菜安全的影响可以接受；

$\mathrm{IFS_c} > 1$，农药 c 对水果蔬菜安全的影响不可接受。

本次评价中残留水平 R_i 取值为中国检验检疫科学研究院庞国芳院士课题组利用以高分辨精确质量数(0.0001m/z)为基准的 GC-Q-TOF/MS 侦测技术于 2015 年 5 月~2018 年 3 月对成都市水果蔬菜农药残留的侦测结果，估计日消费量F_i取值 0.38 kg/(人·天)，E_i=1，P_i=1，f=1，$\mathrm{SI_c}$采用《食品安全国家标准　食品中农药最大残留限量》(GB 2763—2016)中 ADI 值(具体数值见表 8-4)，人平均体重(bw)取值 60 kg。

2) 计算 $\mathrm{IFS_c}$ 的平均值 $\overline{\mathrm{IFS}}$，评价农药对食品安全的影响程度

以 $\overline{\mathrm{IFS}}$ 评价各种农药对人体健康危害的总程度，评价模型见公式(8-2)。

$$\overline{\mathrm{IFS}} = \frac{\sum_{i=1}^{n} \mathrm{IFS_c}}{n} \tag{8-2}$$

$\overline{\mathrm{IFS}} \ll 1$，所研究消费者人群的食品安全状态很好；$\overline{\mathrm{IFS}} \leqslant 1$，所研究消费者人群的食品安全状态可以接受；$\overline{\mathrm{IFS}} > 1$，所研究消费者人群的食品安全状态不可接受。

本次评价中：

$\overline{\mathrm{IFS}} \leqslant 0.1$，所研究消费者人群的水果蔬菜安全状态很好；

$0.1 < \overline{\mathrm{IFS}} \leqslant 1$，所研究消费者人群的水果蔬菜安全状态可以接受；

$\overline{\mathrm{IFS}} > 1$，所研究消费者人群的水果蔬菜安全状态不可接受。

8.1.2.2　预警风险评估模型

2003 年，我国检验检疫食品安全管理的研究人员根据 WTO 的有关原则和我国的具体规定，结合危害物本身的敏感性、风险程度及其相应的施检频率，首次提出了食品中危害物风险系数 R 的概念[12]。R 是衡量一个危害物的风险程度大小最直观的参数，即在一定时期内其超标率或阳性检出率的高低，但受其施检频率的高低及其本身的敏感性(受关注程度)影响。该模型综合考察了农药在蔬菜中的超标率、施检频率及其本身敏感性，能直观而全面地反映出农药在一段时间内的风险程度[13]。

表 8-4　成都市水果蔬菜中侦测出农药的 ADI 值

序号	农药	ADI	序号	农药	ADI	序号	农药	ADI
1	氟虫腈	0.0002	46	高效氯氟氰菊酯	0.02	91	乙嘧酚磺酸酯	—
2	灭线磷	0.0004	47	氟乐灵	0.025	92	五氯苯	—
3	氟吡禾灵	0.0007	48	三唑酮	0.03	93	五氯苯甲腈	—
4	喹禾灵	0.0009	49	三唑醇	0.03	94	五氯苯胺	—
5	三唑磷	0.001	50	丙溴磷	0.03	95	兹克威	—
6	克百威	0.001	51	二甲戊灵	0.03	96	双苯酰草胺	—
7	杀扑磷	0.001	52	嘧菌环胺	0.03	97	吡螨胺	—
8	治螟磷	0.001	53	戊唑醇	0.03	98	呋线威	—
9	三氯杀螨醇	0.002	54	戊菌唑	0.03	99	嘧啶磷	—
10	异丙威	0.002	55	生物苄呋菊酯	0.03	100	四氟醚唑	—
11	水胺硫磷	0.003	56	甲基嘧啶磷	0.03	101	四氢吩胺	—
12	稻丰散	0.003	57	甲氰菊酯	0.03	102	威杀灵	—
13	乙霉威	0.004	58	腈菌唑	0.03	103	异噁唑草酮	—
14	敌敌畏	0.004	59	虫螨腈	0.03	104	戊草丹	—
15	六六六	0.005	60	醚菊酯	0.03	105	扑灭津	—
16	喹螨醚	0.005	61	啶酰菌胺	0.04	106	敌草胺	—
17	己唑醇	0.005	62	扑草净	0.04	107	整形醇	—
18	烯唑醇	0.005	63	氟氯氰菊酯	0.04	108	新燕灵	—
19	环酯草醚	0.0056	64	肟菌酯	0.04	109	杀螨特	—
20	唑虫酰胺	0.006	65	氯菊酯	0.05	110	棉铃威	—
21	硫丹	0.006	66	仲丁威	0.06	111	氟丙菊酯	—
22	氟硅唑	0.007	67	莠灭净	0.072	112	氟吡酰草胺	—
23	甲萘威	0.008	68	二苯胺	0.08	113	氟唑菌酰胺	—
24	萎锈灵	0.008	69	甲霜灵	0.08	114	氟硫草定	—
25	噻嗪酮	0.009	70	啶氧菌酯	0.09	115	溴丁酰草胺	—
26	丁硫克百威	0.01	71	丁草胺	0.1	116	炔丙菊酯	—
27	双甲脒	0.01	72	吡丙醚	0.1	117	烯丙菊酯	—
28	哒螨灵	0.01	73	噻菌灵	0.1	118	烯虫炔酯	—
29	噁霜灵	0.01	74	多效唑	0.1	119	烯虫酯	—
30	毒死蜱	0.01	75	腐霉利	0.1	120	特草灵	—
31	氟吡菌酰胺	0.01	76	萘乙酸	0.15	121	猛杀威	—
32	炔螨特	0.01	77	喹氧灵	0.2	122	甲醚菊酯	—
33	粉唑醇	0.01	78	嘧菌酯	0.2	123	缬霉威	—
34	联苯肼酯	0.01	79	嘧霉胺	0.2	124	联苯	—
35	联苯菊酯	0.01	80	增效醚	0.2	125	胺丙畏	—
36	螺螨酯	0.01	81	马拉硫磷	0.3	126	苯并噻二唑	—
37	异丙草胺	0.013	82	邻苯基苯酚	0.4	127	苯醚氰菊酯	—
38	辛酰溴苯腈	0.015	83	醚菌酯	0.4	128	茚草酮	—
39	稻瘟灵	0.016	84	霜霉威	0.4	129	萘乙酰胺	—
40	乙草胺	0.02	85	3,4,5-混杀威	—	130	解草腈	—
41	抗蚜威	0.02	86	3,5-二氯苯胺	—	131	速灭威	—
42	氯氰菊酯	0.02	87	*o,p'*-滴滴伊	—	132	避蚊胺	—
43	氰戊菊酯	0.02	88	γ-氟氯氰菌酯	—	133	邻苯二甲酰亚胺	—
44	百菌清	0.02	89	丁噻隆	—	134	除虫菊素 I	—
45	莠去津	0.02	90	丁羟茴香醚	—	135	除虫菊酯	—

注："—"表示为国家标准中无 ADI 值规定；ADI 值单位为 mg/kg bw

1) R 计算方法

危害物的风险系数综合考虑了危害物的超标率或阳性检出率、施检频率和其本身的敏感性影响，并能直观而全面地反映出危害物在一段时间内的风险程度。风险系数 R 的计算公式如式(8-3)：

$$R = aP + \frac{b}{F} + S \tag{8-3}$$

式中，P 为该种危害物的超标率；F 为危害物的施检频率；S 为危害物的敏感因子；a, b 分别为相应的权重系数。

本次评价中 F=1；S=1；a =100；b =0.1，对参数 P 进行计算，计算时首先判断是否为禁用农药，如果为非禁用农药，P=超标的样品数(侦测出的含量高于食品最大残留限量标准值，即 MRL)除以总样品数(包括超标、不超标、未侦测出)；如果为禁用农药，则侦测出即为超标，P=能侦测出的样品数除以总样品数。判断成都市水果蔬菜农药残留是否超标的标准限值 MRL 分别以 MRL 中国国家标准[14]和 MRL 欧盟标准作为对照，具体值列于本报告附表一中。

2) 评价风险程度

R≤1.5，受检农药处于低度风险；

1.5<R≤2.5，受检农药处于中度风险；

R>2.5，受检农药处于高度风险。

8.1.2.3　食品膳食暴露风险和预警风险评估应用程序的开发

1) 应用程序开发的步骤

为成功开发膳食暴露风险和预警风险评估应用程序，与软件工程师多次沟通讨论，逐步提出并描述清楚计算需求，开发了初步应用程序。为明确出不同水果蔬菜、不同农药、不同地域和不同季节的风险水平，向软件工程师提出不同的计算需求，软件工程师对计算需求进行逐一分析，经过反复的细节沟通，需求分析得到明确后，开始进行解决方案的设计，在保证需求的完整性、一致性的前提下，编写出程序代码，最后设计出满足需求的风险评估专用计算软件，并通过一系列的软件测试和改进，完成专用程序的开发。软件开发基本步骤见图 8-3。

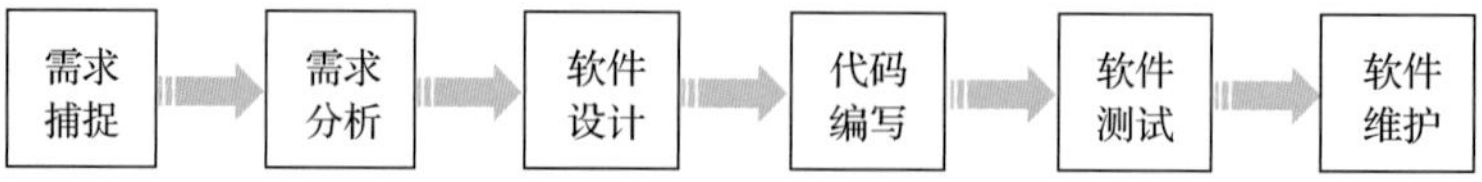

图 8-3　专用程序开发总体步骤

2) 膳食暴露风险评估专业程序开发的基本要求

首先直接利用公式(8-1)，分别计算 LC-Q-TOF/MS 和 GC-Q-TOF/MS 仪器侦测出的各水果蔬菜样品中每种农药 IFS_c，将结果列出。为考察超标农药和禁用农药的使用安全性，分别以我国《食品安全国家标准　食品中农药最大残留限量》(GB 2763—2016)和欧盟食品中农药最大残留限量(以下简称 MRL 中国国家标准和 MRL 欧盟标准)为标准，对侦测出的禁用农药和超标的非禁用农药 IFS_c 单独进行评价；按 IFS_c 大小列表，并找出 IFS_c 值排名前 20 的样本重点关注。

对不同水果蔬菜 *i* 中每一种侦测出的农药 c 的安全指数进行计算，多个样品时求平均值。若监测数据为该市多个月的数据，则逐月、逐季度分别列出每个月、每个季度内每一种水果蔬菜 *i* 对应的每一种农药 c 的 IFS_c。

按农药种类，计算整个监测时间段内每种农药的 IFS_c，不区分水果蔬菜。若检测数据为该市多个月的数据，则需分别计算每个月、每个季度内每种农药的 IFS_c。

3) 预警风险评估专业程序开发的基本要求

分别以 MRL 中国国家标准和 MRL 欧盟标准，按公式(8-3)逐个计算不同水果蔬菜、不同农药的风险系数，禁用农药和非禁用农药分别列表。

为清楚了解各种农药的预警风险，不分时间，不分水果蔬菜，按禁用农药和非禁用农药分类，分别计算各种侦测出农药全部检测时段内风险系数。由于有 MRL 中国国家标准的农药种类太少，无法计算超标数，非禁用农药的风险系数只以 MRL 欧盟标准为标准，进行计算。若检测数据为多个月的，则按月计算每个月、每个季度内每种禁用农药残留的风险系数和以 MRL 欧盟标准为标准的非禁用农药残留的风险系数。

4) 风险程度评价专业应用程序的开发方法

采用 Python 计算机程序设计语言，Python 是一个高层次地结合了解释性、编译性、互动性和面向对象的脚本语言。风险评价专用程序主要功能包括：分别读入每例样品 LC-Q-TOF/MS 和 GC-Q-TOF/MS 农药残留检测数据，根据风险评价工作要求，依次对不同农药、不同食品、不同时间、不同采样点的 IFS_c 值和 *R* 值分别进行数据计算，筛选出禁用农药、超标农药(分别与 MRL 中国国家标准、MRL 欧盟标准限值进行对比)单独重点分析，再分别对各农药、各水果蔬菜种类分类处理，设计出计算和排序程序，编写计算机代码，最后将生成的膳食暴露风险评估和超标风险评估定量计算结果列入设计好的各个表格中，并定性判断风险对目标的影响程度，直接用文字描述风险发生的高低，如“不可接受”、“可以接受”、“没有影响”、“高度风险”、“中度风险”、“低度风险”。

8.2　GC-Q-TOF/MS 侦测成都市市售水果蔬菜农药残留膳食暴露风险评估

8.2.1　每例水果蔬菜样品中农药残留安全指数分析

基于农药残留侦测数据，发现在 1302 例样品中侦测出农药 1905 频次，计算样品中每种残留农药的安全指数 IFS_c，并分析农药对样品安全的影响程度，结果详见附表二，农药残留对水果蔬菜样品安全的影响程度频次分布情况如图 8-4 所示。

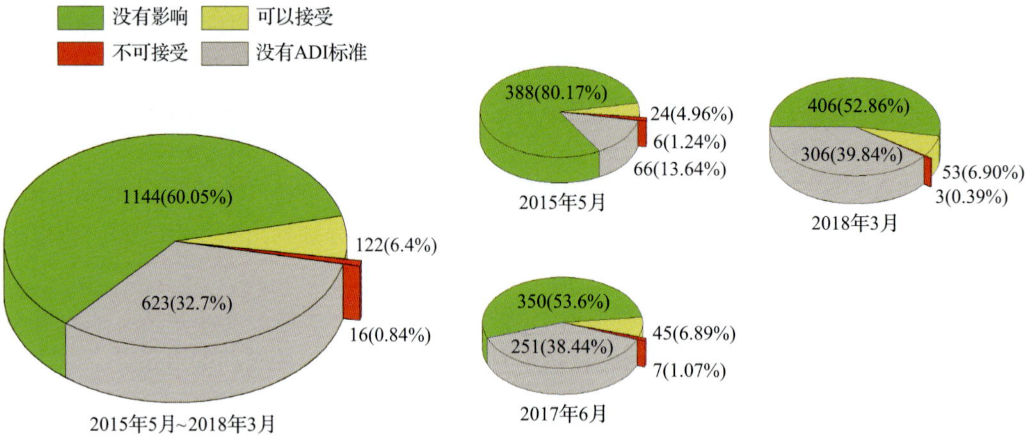

图 8-4　农药残留对水果蔬菜样品安全的影响程度频次分布图

由图 8-4 可以看出，农药残留对样品安全的影响不可接受的频次为 16，占 0.84%；农药残留对样品安全的影响可以接受的频次为 122，占 6.4%；农药残留对样品安全的没有影响的频次为 1144，占 60.05%。分析发现，在 2015 年 5 月、2017 年 6 月和 2018 年 3 月三个月份内分别有 6 频次、7 频次和 3 频次农药对样品安全影响不可接受。表 8-5 为对水果蔬菜样品中安全指数不可接受的农药残留列表。

表 8-5　水果蔬菜样品中安全影响不可接受的农药残留列表

序号	样品编号	采样点	基质	农药	含量 (mg/kg)	IFS_c
1	20150513-510100-CAIQ-CT-14A	***百货（武侯店）	菜薹	氟虫腈	0.1626	5.1490
2	20170619-510100-USI-YM-35A	***超市（青羊广场店）	油麦菜	唑虫酰胺	4.6854	4.9457
3	20180327-510100-CAIQ-JC-26A	***（万达广场锦华路店）	韭菜	三唑磷	0.5802	3.6746
4	20150512-510100-CAIQ-CT-13A	***超市（府河店）	菜薹	氟虫腈	0.1133	3.5878
5	20150508-510100-CAIQ-CT-07A	***超市（建设路店）	菜薹	氟虫腈	0.1109	3.5118
6	20180325-510100-CAIQ-OR-22A	***市场	橘	三唑磷	0.5542	3.5099
7	20170615-510100-CAIQ-LI-22A	***超市（双楠店）	荔枝	三唑磷	0.4969	3.1470
8	20180325-510100-CAIQ-YM-21A	***超市（凯德沙湾店）	油麦菜	唑虫酰胺	2.6604	2.8082
9	20150507-510100-CAIQ-CE-04A	***超市（华阳店）	芹菜	克百威	0.3983	2.5226
10	20170617-510100-USI-PB-31A	***超市（沙湾店）	小白菜	三唑磷	0.3673	2.3262
11	20170617-510100-USI-LE-32A	***超市（城市超市店）	生菜	烯唑醇	1.5640	1.9811
12	20170617-510100-USI-YM-31A	***超市（沙湾店）	油麦菜	唑虫酰胺	1.7151	1.8104
13	20170615-510100-CAIQ-CE-26A	***超市（***店）	芹菜	百菌清	4.9146	1.5563
14	20170617-510100-USI-PB-30A	***超市（回龙湾店）	小白菜	唑虫酰胺	1.2268	1.2950
15	20150506-510100-CAIQ-CE-02A	***超市	芹菜	克百威	0.1995	1.2635
16	20150506-510100-CAIQ-JC-02A	***超市	韭菜	三唑磷	0.1882	1.1919

部分样品侦测出禁用农药 9 种 44 频次，为了明确残留的禁用农药对样品安全的影响，分析侦测出禁用农药残留的样品安全指数，禁用农药残留对水果蔬菜样品安全的影响程度频次分布情况如图 8-5 所示，农药残留对样品安全的影响不可接受的频次为 5，占 11.36%；农药残留对样品安全的影响可以接受的频次为 19，占 43.18%；农药残留对样品安全没有影响的频次为 20，占 45.45%。由图中可以看出所有月份的水果蔬菜样品中均侦测出禁用农药残留，分析发现，在该 3 个月份内只有 2015 年 5 月内有 5 频次对样品安全影响不可接受，另两个月份内，禁用农药对样品安全的影响均在可以接受和没有影响的范围内。表 8-6 列出了水果蔬菜样品中侦测出的禁用农药残留不可接受的安全指数表。

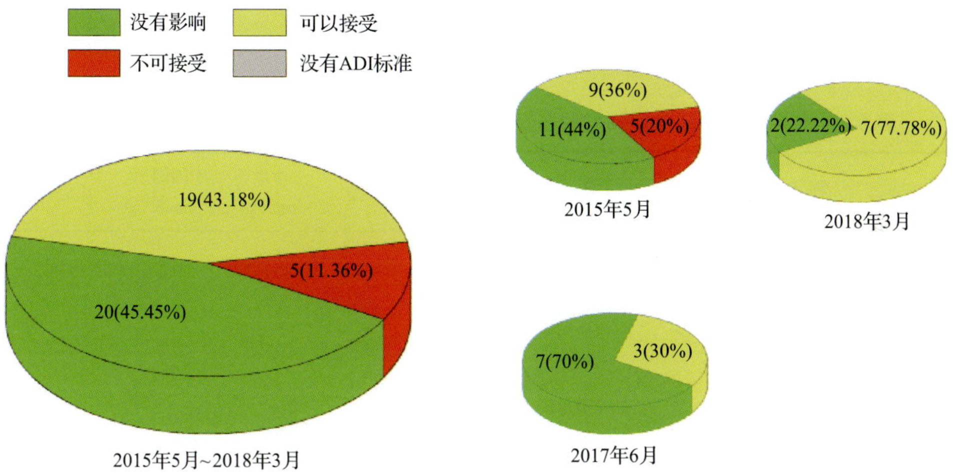

图 8-5 禁用农药对水果蔬菜样品安全影响程度的频次分布图

表 8-6 水果蔬菜样品中侦测出的禁用农药残留不可接受的安全指数表

序号	样品编号	采样点	基质	农药	含量 (mg/kg)	IFS_c
1	20150513-510100-CAIQ-CT-14A	***百货(武侯店)	菜薹	氟虫腈	0.1626	5.1490
2	20150512-510100-CAIQ-CT-13A	***超市(府河店)	菜薹	氟虫腈	0.1133	3.5878
3	20150508-510100-CAIQ-CT-07A	***超市(建设路店)	菜薹	氟虫腈	0.1109	3.5118
4	20150507-510100-CAIQ-CE-04A	***超市(华阳店)	芹菜	克百威	0.3983	2.5226
5	20150506-510100-CAIQ-CE-02A	***超市	芹菜	克百威	0.1995	1.2635

此外，本次侦测发现部分样品中非禁用农药残留量超过了 MRL 中国国家标准和欧盟标准，为了明确超标的非禁用农药对样品安全的影响，分析了非禁用农药残留超标的样品安全指数。

水果蔬菜残留量超过 MRL 中国国家标准的非禁用农药对水果蔬菜样品安全的影响程度频次分布情况如图 8-6 所示。可以看出侦测出超过 MRL 中国国家标准的非禁用农药共 17 频次，其中农药残留对样品安全的影响不可接受的频次为 2，占 11.76%；农药残留对样品安全的影响可以接受的频次为 11，占 64.71%；农药残留对样品安全没有影响的频次为 4，占 23.53%。表 8-7 为水果蔬菜样品中侦测出的非禁用农药残留安全指数表。

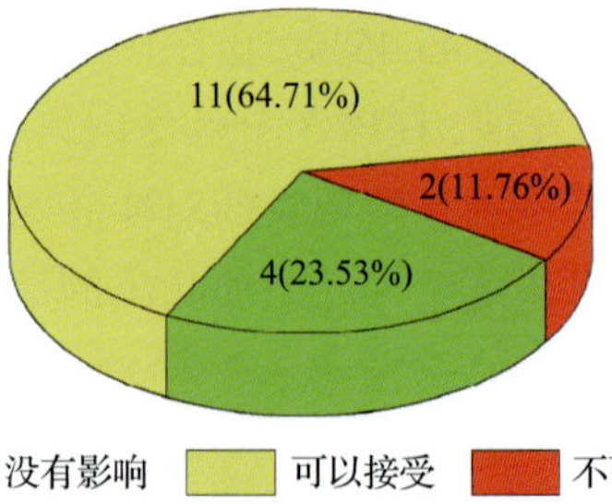

图 8-6 残留超标的非禁用农药对水果蔬菜样品安全的影响程度频次分布图(MRL 中国国家标准)

表 8-7 水果蔬菜样品中侦测出的非禁用农药残留安全指数表(MRL 中国国家标准)

序号	样品编号	采样点	基质	农药	含量(mg/kg)	中国国家标准	IFS_c	影响程度
1	20180325-510100-CAIQ-OR-22A	***市场	橘	三唑磷	0.5542	0.2	3.5099	不可接受
2	20170615-510100-CAIQ-LI-22A	***超市(双楠店)	荔枝	三唑磷	0.4969	0.2	3.1470	不可接受
3	20180325-510100-CAIQ-PB-19A	***超市(金牛店)	小白菜	毒死蜱	0.8199	0.1	0.5193	可以接受
4	20170617-510100-USI-PB-30A	***超市(回龙湾店)	小白菜	毒死蜱	0.6741	0.1	0.4269	可以接受
5	20180327-510100-CAIQ-PB-26A	***(万达广场锦华路店)	小白菜	毒死蜱	0.4756	0.1	0.3012	可以接受
6	20170617-510100-USI-PB-31A	***超市(沙湾店)	小白菜	毒死蜱	0.3695	0.1	0.2340	可以接受
7	20180325-510100-CAIQ-XH-20A	***超市(交大路分店)	西葫芦	高效氯氟氰菊酯	0.6704	0.05	0.2123	可以接受
8	20180325-510100-CAIQ-OR-22A	***市场	橘	丙溴磷	0.8821	0.2	0.1862	可以接受
9	20180327-510100-CAIQ-OR-25A	***超市(科华路店)	橘	丙溴磷	0.7992	0.2	0.1687	可以接受
10	20180329-510100-CAIQ-OR-32A	***超市(三三九广场店)	橘	丙溴磷	0.7071	0.2	0.1493	可以接受
11	20180329-510100-CAIQ-OR-33A	***市场	橘	丙溴磷	0.7001	0.2	0.1478	可以接受
12	20150508-510100-CAIQ-CU-10A	***超市(金牛店)	黄瓜	哒螨灵	0.1791	0.1	0.1134	可以接受

续表

序号	样品编号	采样点	基质	农药	含量(mg/kg)	中国国家标准	IFS_c	影响程度
13	20180329-510100-CAIQ-OR-34A	***市场	橘	丙溴磷	0.4827	0.2	0.1019	可以接受
14	20180329-510100-CAIQ-OR-31A	***市场	橘	丙溴磷	0.4352	0.2	0.0919	没有影响
15	20150507-510100-CAIQ-CU-03A	***超市(高新店)	黄瓜	哒螨灵	0.1444	0.1	0.0915	没有影响
16	20180327-510100-CAIQ-OR-28A	***超市(通惠门路店)	橘	丙溴磷	0.2269	0.2	0.0479	没有影响
17	20170615-510100-CAIQ-CU-26A	***超市(***店)	黄瓜	高效氯氟氰菊酯	0.1404	0.05	0.0445	没有影响

残留量超过 MRL 欧盟标准的非禁用农药对水果蔬菜样品安全的影响程度频次分布情况如图 8-7 所示。可以看出超过 MRL 欧盟标准的非禁用农药共 786 频次，其中农药没有 ADI 标准的频次为 360，占 45.8%；农药残留对样品安全不可接受的频次为 10，占 1.27%；农药残留对样品安全的影响可以接受的频次为 75，占 9.54%；农药残留对样品安全没有影响的频次为 341，占 43.38%。表 8-8 为水果蔬菜样品中不可接受的残留超标非禁用农药安全指数列表。

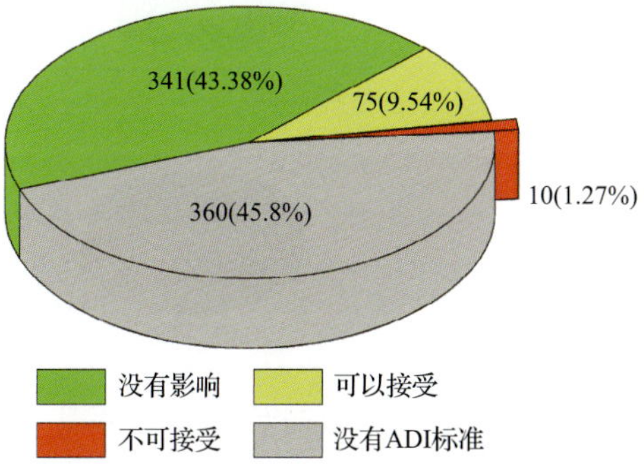

图 8-7　残留超标的非禁用农药对水果蔬菜样品安全的影响程度频次分布图(MRL 欧盟标准)

表 8-8　对水果蔬菜样品中不可接受的残留超标非禁用农药安全指数列表(MRL 欧盟标准)

序号	样品编号	采样点	基质	农药	含量(mg/kg)	欧盟标准	IFS_c
1	20170619-510100-USI-YM-35A	***超市(青羊广场店)	油麦菜	唑虫酰胺	4.6854	0.01	4.9457
2	20180327-510100-CAIQ-JC-26A	***(万达广场锦华路店)	韭菜	三唑磷	0.5802	0.01	3.6746
3	20180325-510100-CAIQ-OR-22A	***市场	橘	三唑磷	0.5542	0.01	3.5099
4	20170615-510100-CAIQ-LI-22A	***超市(双楠店)	荔枝	三唑磷	0.4969	0.01	3.1470
5	20180325-510100-CAIQ-YM-21A	***超市(凯德沙湾店)	油麦菜	唑虫酰胺	2.6604	0.01	2.8082

续表

序号	样品编号	采样点	基质	农药	含量(mg/kg)	欧盟标准	IFS_c
6	20170617-510100-USI-PB-31A	***超市(沙湾店)	小白菜	三唑磷	0.3673	0.01	2.3262
7	20170617-510100-USI-LE-32A	***超市(城市超市店)	生菜	烯唑醇	1.5640	0.01	1.9811
8	20170617-510100-USI-YM-31A	***超市(沙湾店)	油麦菜	唑虫酰胺	1.7151	0.01	1.8104
9	20170617-510100-USI-PB-30A	***超市(回龙湾店)	小白菜	唑虫酰胺	1.2268	0.01	1.2950
10	20150506-510100-CAIQ-JC-02A	***超市	韭菜	三唑磷	0.1882	0.01	1.1919

在 1302 例样品中，448 例样品未侦测出农药残留，854 例样品中侦测出农药残留，计算每例有农药侦测出样品的 $\overline{IFS}$ 值，进而分析样品的安全状态，结果如图 8-8 所示(未侦测出农药的样品安全状态视为很好)。可以看出，0.46%的样品安全状态不可接受；4.69%的样品安全状态可以接受；79.49%的样品安全状态很好。此外，可以看出 2015 年 5 月和 2017 年 6 月各有 3 例样品安全状态不可接受。表 8-9 列出了安全状态不可接受的水果蔬菜样品。

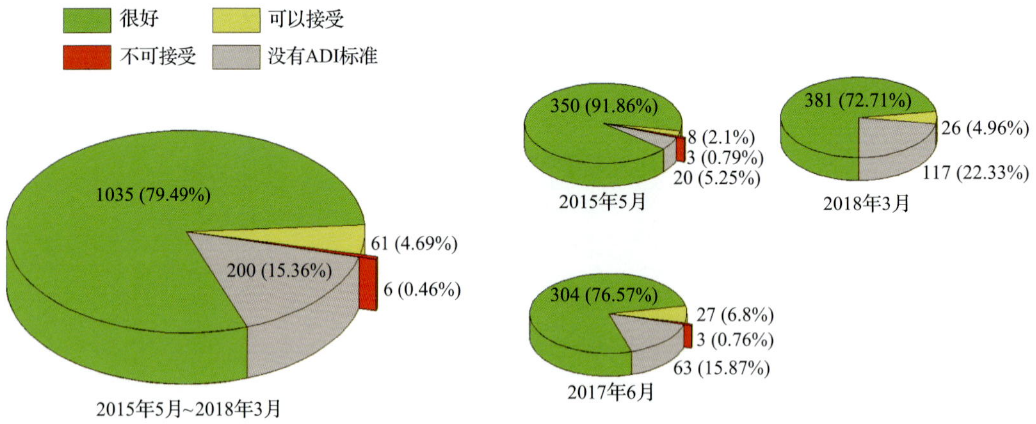

图 8-8　水果蔬菜样品安全状态分布图

表 8-9　水果蔬菜安全状态不可接受的样品列表

序号	样品编号	采样点	基质	$\overline{IFS}$
1	20150513-510100-CAIQ-CT-14A	***百货(武侯店)	菜薹	5.1490
2	20150512-510100-CAIQ-CT-13A	***超市(府河店)	菜薹	3.5878
3	20150507-510100-CAIQ-CE-04A	***超市(华阳店)	芹菜	2.5226
4	20170617-510100-USI-LE-32A	***超市(城市超市店)	生菜	1.9811
5	20170615-510100-CAIQ-LI-22A	***超市(双楠店)	荔枝	1.5779
6	20170619-510100-USI-YM-35A	***超市(青羊广场店)	油麦菜	1.3671

8.2.2　单种水果蔬菜中农药残留安全指数分析

本次 52 种水果蔬菜侦测 135 种农药，检出频次为 1905 次，其中 51 种农药没有 ADI 标准，84 种农药存在 ADI 标准。山竹中未侦测出任何农药，椰菜和紫甘蓝两种水果蔬菜侦测出的农药残留全部没有 ADI 标准，对所有水果蔬菜按不同种类分别计算侦测出的具有 ADI 标准的各种农药的 IFS_c 值，农药残留对水果蔬菜的安全指数分布图如图 8-9 所示。

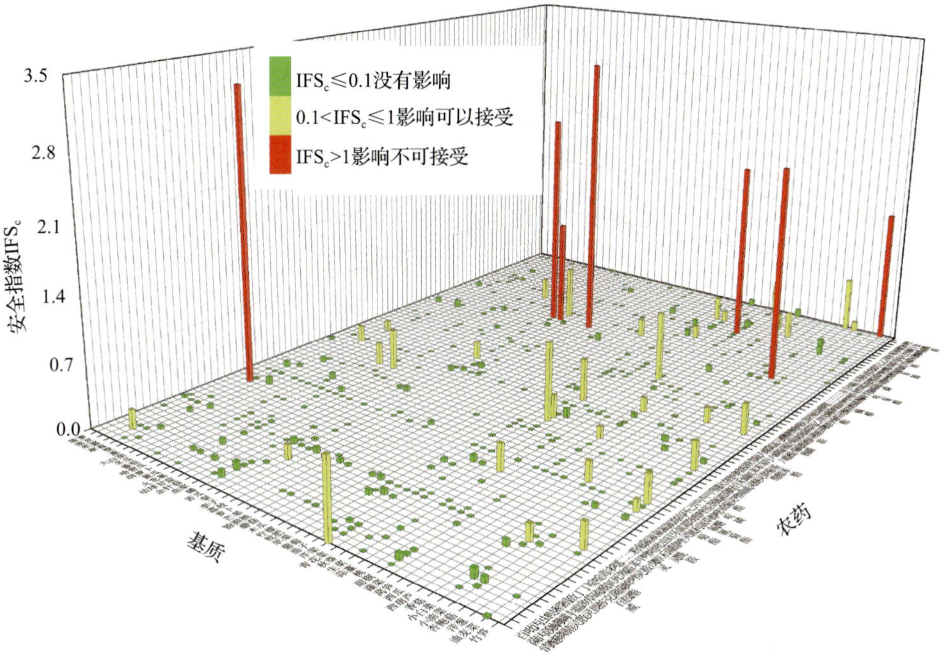

图 8-9　49 种水果蔬菜中 84 种残留农药的安全指数分布图

分析发现 7 种水果蔬菜(韭菜、菜薹、小白菜、油麦菜、荔枝、橘和生菜)中的 4 种农药(氟虫腈、三唑磷、烯唑醇、唑虫酰胺)残留对食品安全影响不可接受，如表 8-10 所示。

表 8-10　单种水果蔬菜中安全影响不可接受的残留农药安全指数表

序号	基质	农药	检出频次	检出率(%)	IFS>1 的频次	IFS>1 的比例(%)	IFS_c
1	菜薹	氟虫腈	4	0.18	3	13.64	3.2150
2	荔枝	三唑磷	1	0.13	1	12.50	3.1470
3	韭菜	三唑磷	2	0.08	2	8.00	2.4333
4	小白菜	三唑磷	1	0.01	1	1.10	2.3262
5	生菜	烯唑醇	1	0.01	1	1.00	1.9811
6	油麦菜	唑虫酰胺	9	0.07	3	2.42	1.4636
7	橘	三唑磷	4	0.07	1	1.72	1.1851

本次侦测中，51 种水果蔬菜和 135 种残留农药（包括没有 ADI 标准）共涉及 622 个分析样本，农药对单种水果蔬菜安全的影响程度分布情况如图 8-10 所示。可以看出，66.08%的样本中农药对水果蔬菜安全没有影响，5.63%的样本中农药对水果蔬菜安全的影响可以接受，1.13%的样本中农药对水果蔬菜安全的影响不可接受。

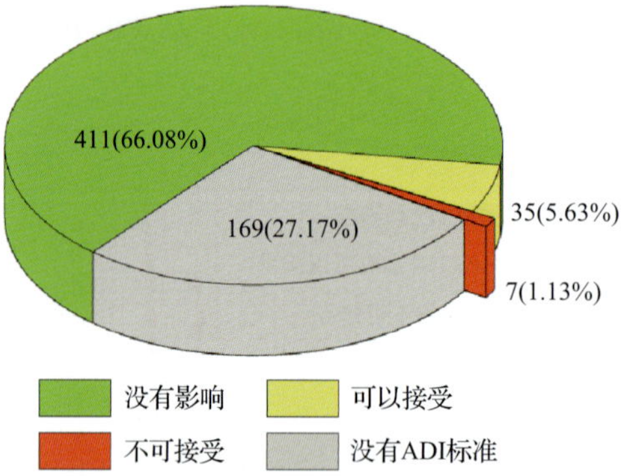

图 8-10　622 个分析样本的影响程度频次分布图

此外，分别计算 49 种水果蔬菜中所有侦测出农药 IFS_c 的平均值 $\overline{IFS}$，分析每种水果蔬菜的安全状态，结果如图 8-11 所示，分析发现，1 种水果蔬菜（2.04%）的安全状态不可接受，7 种水果蔬菜（14.29%）的安全状态可以接受，41 种（83.67%）水果蔬菜的安全状态很好。

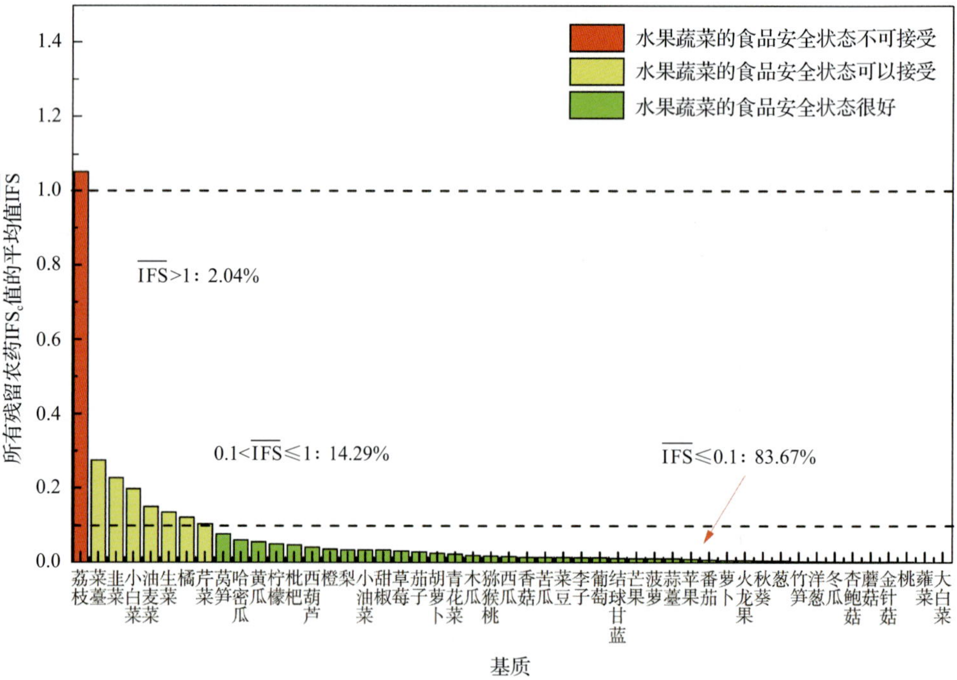

图 8-11　49 种水果蔬菜的 $\overline{IFS}$ 值和安全状态统计图

对每个月内每种水果蔬菜中农药的 IFS_c 进行分析，并计算每月内每种水果蔬菜的 $\overline{IFS}$ 值，以评价每种水果蔬菜的安全状态，结果如图 8-12 所示，可以看出，只有 2017 年 6 月的荔枝的安全状态不可接受，该月份其余水果蔬菜和另一个月份的所有水果蔬菜的安全状态均处于很好和可以接受的范围内，各月份内单种水果蔬菜安全状态统计情况如图 8-13 所示。

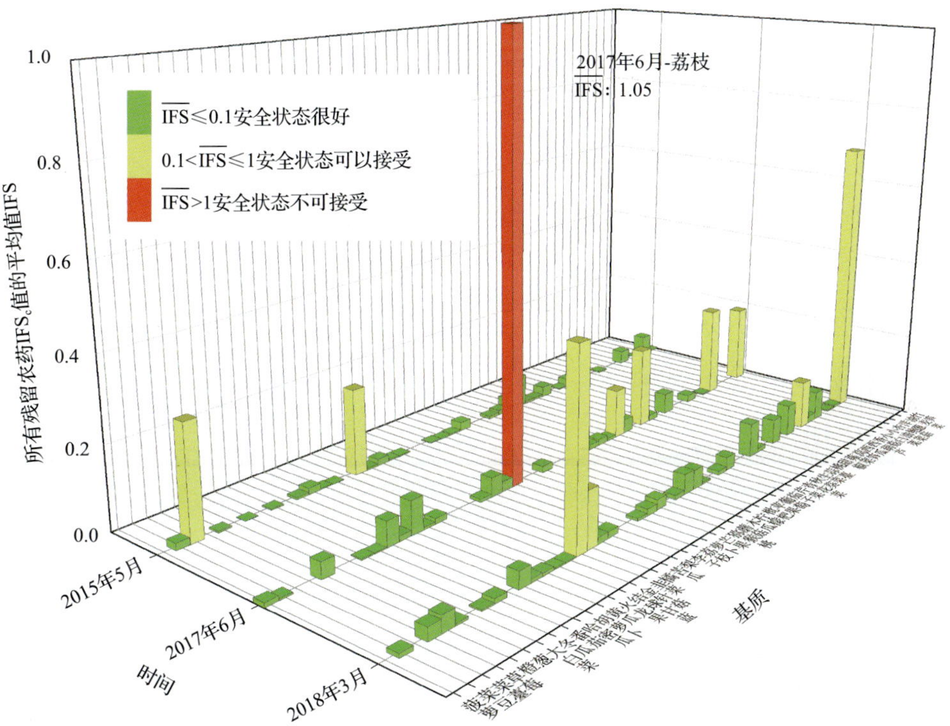

图 8-12　各月内每种水果蔬菜的 $\overline{IFS}$ 值与安全状态分布图

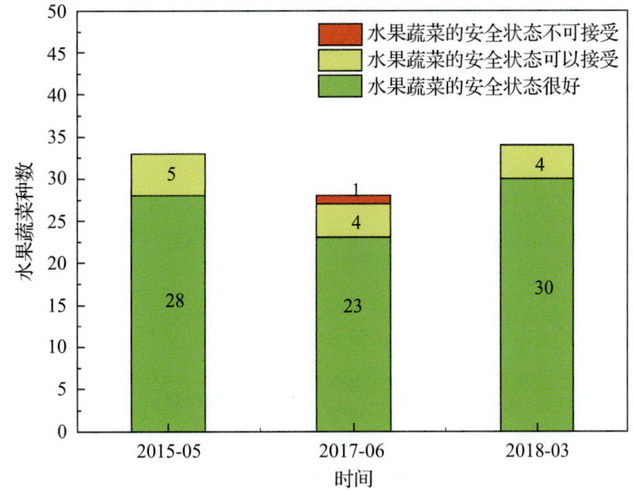

图 8-13　各月份内单种水果蔬菜安全状态统计图

8.2.3　所有水果蔬菜中农药残留安全指数分析

计算所有水果蔬菜中 84 种农药的 $\overline{IFS_c}$ 值，结果如图 8-14 及表 8-11 所示。

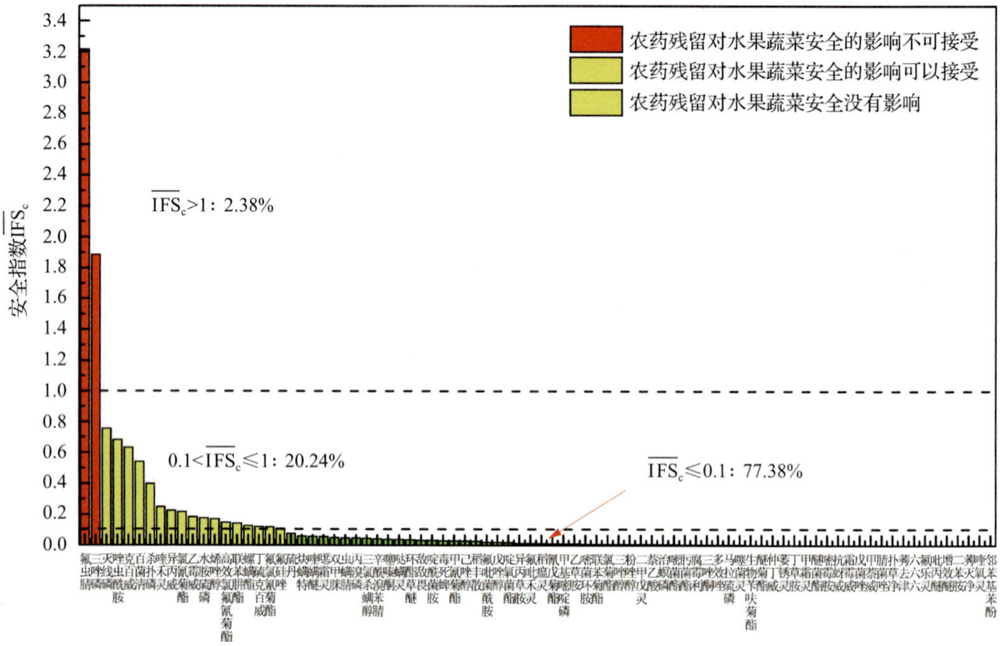

图 8-14　84 种残留农药对水果蔬菜的安全影响程度统计图

分析发现，只有氟虫腈和三唑磷的 $\overline{IFS_c}$ 大于 1，其他农药的 $\overline{IFS_c}$ 均小于 1，说明氟虫腈和三唑磷对水果蔬菜安全的影响不可接受，其他农药对水果蔬菜安全的影响均在没有影响和可以接受的范围内，其中 20.24%的农药对水果蔬菜安全的影响可以接受，77.38%的农药对水果蔬菜安全没有影响。

表 8-11　水果蔬菜中 84 种农药残留的安全指数表

序号	农药	检出频次	检出率(%)	$\overline{IFS_c}$	影响程度	序号	农药	检出频次	检出率(%)	$\overline{IFS_c}$	影响程度
1	氟虫腈	4	0.21	3.2150	不可接受	6	百菌清	3	0.16	0.5391	可以接受
2	三唑磷	8	0.42	1.8850	不可接受	7	杀扑磷	2	0.10	0.3968	可以接受
3	灭线磷	1	0.05	0.7537	可以接受	8	喹禾灵	1	0.05	0.2477	可以接受
4	唑虫酰胺	24	1.26	0.6798	可以接受	9	异丙威	6	0.31	0.2256	可以接受
5	克百威	11	0.58	0.6308	可以接受	10	氯氰菊酯	3	0.16	0.2171	可以接受

续表

序号	农药	检出频次	检出率(%)	$\overline{IFS_c}$	影响程度	序号	农药	检出频次	检出率(%)	$\overline{IFS_c}$	影响程度
11	乙霉威	8	0.42	0.1834	可以接受	30	哒螨灵	64	3.36	0.0379	没有影响
12	水胺硫磷	7	0.37	0.1759	可以接受	31	环酯草醚	4	0.21	0.0358	没有影响
13	烯唑醇	14	0.73	0.1706	可以接受	32	敌敌畏	3	0.16	0.0324	没有影响
14	高效氯氟氰菊酯	6	0.31	0.1480	可以接受	33	啶酰菌胺	55	2.89	0.0316	没有影响
15	联苯肼酯	15	0.79	0.1426	可以接受	34	毒死蜱	160	8.40	0.0308	没有影响
16	螺螨酯	9	0.47	0.1275	可以接受	35	甲氰菊酯	12	0.63	0.0305	没有影响
17	丁硫克百威	12	0.63	0.1197	可以接受	36	己唑醇	7	0.37	0.0290	没有影响
18	氟氯氰菊酯	1	0.05	0.1195	可以接受	37	稻丰散	2	0.10	0.0266	没有影响
19	氟硅唑	31	1.63	0.1096	可以接受	38	氟吡菌酰胺	12	0.63	0.0208	没有影响
20	硫丹	15	0.79	0.0770	没有影响	39	戊唑醇	46	2.41	0.0201	没有影响
21	炔螨特	10	0.52	0.0600	没有影响	40	啶氧菌酯	1	0.05	0.0181	没有影响
22	喹螨醚	40	2.10	0.0574	没有影响	41	异丙草胺	2	0.10	0.0132	没有影响
23	噁霜灵	6	0.31	0.0558	没有影响	42	氟吡禾灵	1	0.05	0.0127	没有影响
24	双甲脒	1	0.05	0.0496	没有影响	43	稻瘟灵	3	0.16	0.0123	没有影响
25	虫螨腈	6	0.31	0.0476	没有影响	44	氰戊菊酯	2	0.10	0.0106	没有影响
26	丙溴磷	56	2.94	0.0474	没有影响	45	甲基嘧啶磷	1	0.05	0.0101	没有影响
27	三氯杀螨醇	1	0.05	0.0466	没有影响	46	乙草胺	2	0.10	0.0100	没有影响
28	辛酰溴苯腈	2	0.10	0.0416	没有影响	47	嘧菌环胺	15	0.79	0.0092	没有影响
29	噻嗪酮	6	0.31	0.0404	没有影响	48	联苯菊酯	50	2.62	0.0087	没有影响

续表

序号	农药	检出频次	检出率(%)	$\overline{IFS_c}$	影响程度	序号	农药	检出频次	检出率(%)	$\overline{IFS_c}$	影响程度
49	氯菊酯	6	0.31	0.0080	没有影响	67	甲霜灵	29	1.52	0.0025	没有影响
50	三唑醇	17	0.89	0.0079	没有影响	68	醚菌酯	19	1.00	0.0024	没有影响
51	粉唑醇	4	0.21	0.0078	没有影响	69	嘧霉胺	98	5.14	0.0023	没有影响
52	二甲戊灵	5	0.26	0.0077	没有影响	70	抗蚜威	2	0.10	0.0022	没有影响
53	萘乙酸	6	0.31	0.0076	没有影响	71	霜霉威	6	0.31	0.0020	没有影响
54	治螟磷	1	0.05	0.0063	没有影响	72	戊菌唑	7	0.37	0.0020	没有影响
55	嘧菌酯	13	0.68	0.0061	没有影响	73	甲萘威	3	0.16	0.0020	没有影响
56	肟菌酯	21	1.10	0.0047	没有影响	74	腈菌唑	9	0.47	0.0019	没有影响
57	腐霉利	132	6.93	0.0047	没有影响	75	扑草净	4	0.21	0.0019	没有影响
58	三唑酮	3	0.16	0.0045	没有影响	76	莠去津	3	0.16	0.0015	没有影响
59	多效唑	31	1.63	0.0044	没有影响	77	六六六	1	0.05	0.0014	没有影响
60	马拉硫磷	1	0.05	0.0043	没有影响	78	氟乐灵	2	0.10	0.0010	没有影响
61	噻菌灵	4	0.21	0.0040	没有影响	79	吡丙醚	8	0.42	0.0009	没有影响
62	生物苄呋菊酯	36	1.89	0.0035	没有影响	80	增效醚	5	0.26	0.0002	没有影响
63	醚菊酯	1	0.05	0.0034	没有影响	81	二苯胺	3	0.16	0.0001	没有影响
64	仲丁威	34	1.78	0.0033	没有影响	82	莠灭净	1	0.05	0.0001	没有影响
65	萎锈灵	3	0.16	0.0032	没有影响	83	喹氧灵	3	0.16	0.0001	没有影响
66	丁草胺	1	0.05	0.0029	没有影响	84	邻苯基苯酚	9	0.47	0.0000	没有影响

对每个月内所有水果蔬菜中残留农药的 IFS_c 进行分析，结果如图 8-15 所示。分析发

现，2015 年 5 月的氟虫腈和三唑磷、2017 年 6 月的三唑磷以及 2018 年 3 月的三唑磷对水果蔬菜安全的影响不可接受，该三个月份的其他所有农药对水果蔬菜安全的影响均处于没有影响和可以接受的范围内。每月内不同农药对水果蔬菜安全影响程度的统计如图 8-16 所示。

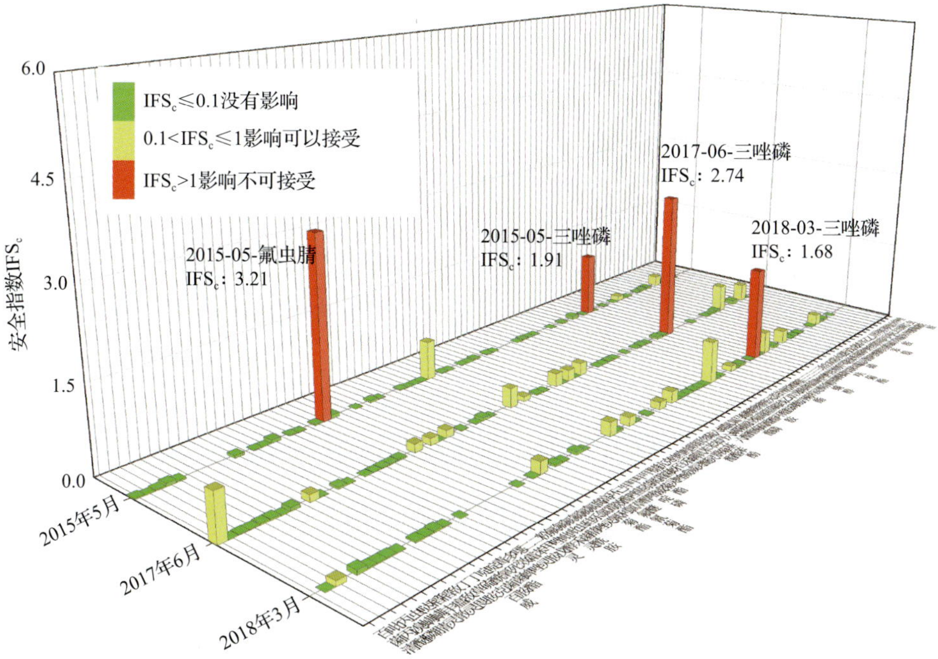

图 8-15　各月份内水果蔬菜中每种残留农药的安全指数分布图

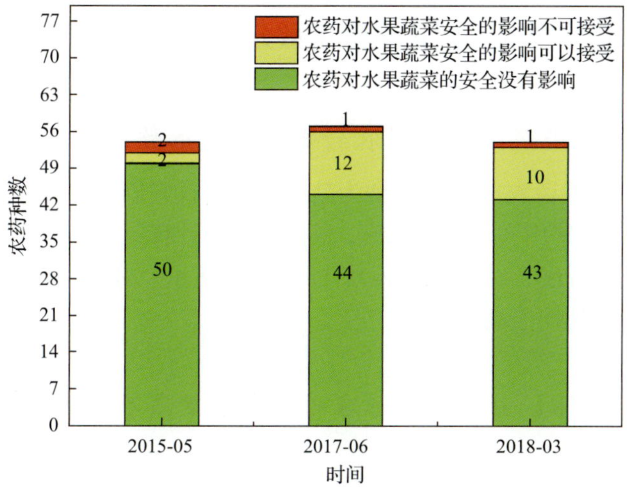

图 8-16　各月份内农药对水果蔬菜安全影响程度的统计图

计算每个月内水果蔬菜的 $\overline{\mathrm{IFS}}$，以分析每月内水果蔬菜的安全状态，结果如图 8-17 所示，可以看出，所有月份的水果蔬菜安全状态均处于可以接受的范围内。

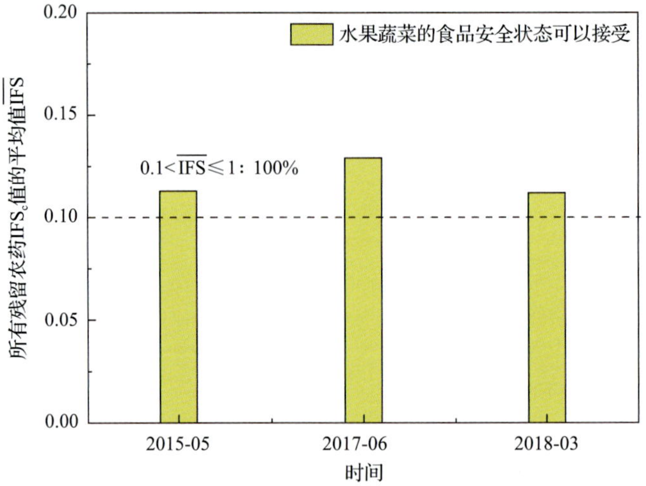

图 8-17 各月份内水果蔬菜的 $\overline{IFS}$ 值与安全状态统计图

8.3 GC-Q-TOF/MS 侦测成都市市售水果蔬菜农药残留预警风险评估

基于成都市水果蔬菜样品中农药残留 GC-Q-TOF/MS 侦测数据，分析禁用农药的检出率，同时参照中华人民共和国国家标准 GB 2763—2016 和欧盟农药最大残留限量(MRL)标准分析非禁用农药残留的超标率，并计算农药残留风险系数。分析单种水果蔬菜中农药残留以及所有水果蔬菜中农药残留的风险程度。

8.3.1 单种水果蔬菜中农药残留风险系数分析

8.3.1.1 单种水果蔬菜中禁用农药残留风险系数分析

侦测出的 135 种残留农药中有 9 种为禁用农药，且它们分布在 15 种水果蔬菜中，计算 15 种水果蔬菜中禁用农药的超标率，根据超标率计算风险系数 *R*，进而分析水果蔬菜中禁用农药的风险程度，结果如图 8-18 与表 8-12 所示。分析发现 9 种禁用农药在 15 种水果蔬菜中的残留处均于高度风险。

8.3.1.2 基于 MRL 中国国家标准的单种水果蔬菜中非禁用农药残留风险系数分析

参照中华人民共和国国家标准 GB 2763—2016 中农药残留限量计算每种水果蔬菜中每种非禁用农药的超标率，进而计算其风险系数，根据风险系数大小判断残留农药的预警风险程度，水果蔬菜中非禁用农药残留风险程度分布情况如图 8-19 所示。

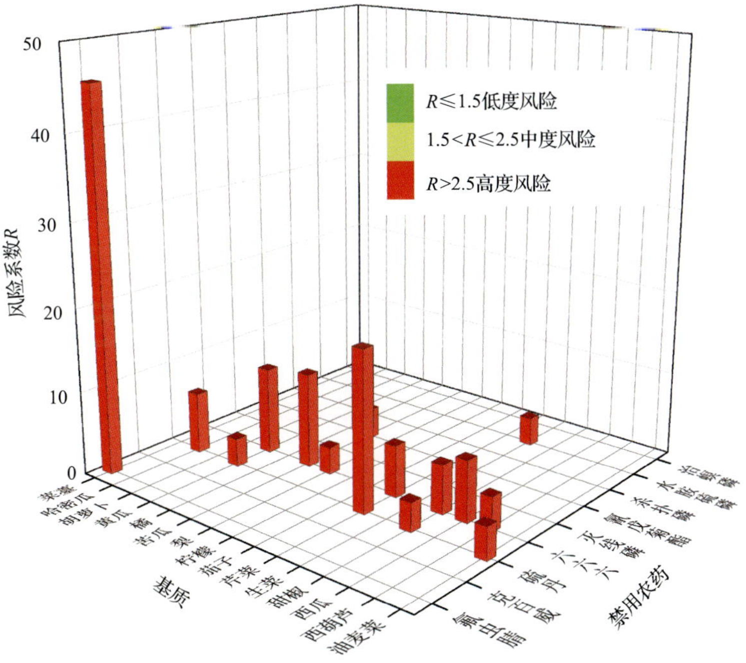

图 8-18　15 种水果蔬菜中 9 种禁用农药的风险系数分布图

表 8-12　15 种水果蔬菜中 9 种禁用农药的风险系数列表

序号	基质	农药	检出频次	检出率(%)	风险系数 R	风险程度
1	菜薹	氟虫腈	4	44.44	45.54	高度风险
2	芹菜	克百威	7	17.95	19.05	高度风险
3	苦瓜	硫丹	4	10.26	11.36	高度风险
4	黄瓜	硫丹	4	9.30	10.40	高度风险
5	胡萝卜	水胺硫磷	4	9.09	10.19	高度风险
6	柠檬	杀扑磷	1	6.67	7.77	高度风险
7	哈密瓜	克百威	1	6.25	7.35	高度风险
8	西瓜	硫丹	1	6.25	7.35	高度风险
9	橘	杀扑磷	1	5.26	6.36	高度风险
10	芹菜	氰戊菊酯	2	5.13	6.23	高度风险
11	芹菜	硫丹	2	5.13	6.23	高度风险
12	甜椒	硫丹	2	4.76	5.86	高度风险
13	茄子	水胺硫磷	2	4.55	5.65	高度风险
14	西葫芦	硫丹	1	3.03	4.13	高度风险
15	油麦菜	克百威	1	2.78	3.88	高度风险
16	芹菜	水胺硫磷	1	2.56	3.66	高度风险
17	苦瓜	六六六	1	2.56	3.66	高度风险
18	甜椒	克百威	1	2.38	3.48	高度风险

续表

序号	基质	农药	检出频次	检出率(%)	风险系数 R	风险程度
19	生菜	治螟磷	1	2.33	3.43	高度风险
20	生菜	灭线磷	1	2.33	3.43	高度风险
21	黄瓜	克百威	1	2.33	3.43	高度风险
22	梨	硫丹	1	2.17	3.27	高度风险

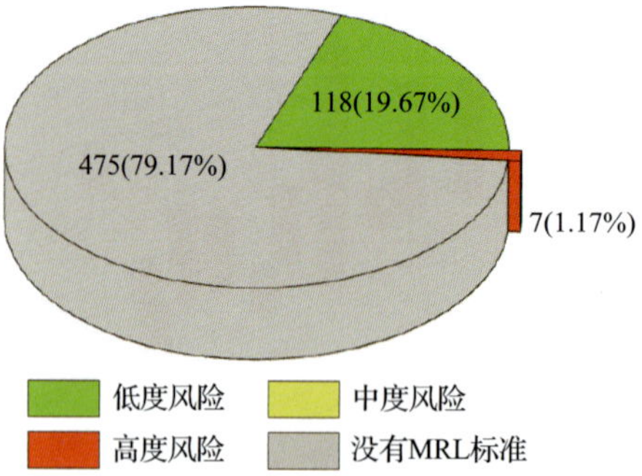

图 8-19 水果蔬菜中非禁用农药风险程度的频次分布图(MRL 中国国家标准)

本次分析中，发现在 51 种水果蔬菜侦测出 126 种残留非禁用农药，涉及样本 600 个，在 600 个样本中，1.17%处于高度风险，19.67%处于低度风险，此外发现有 475 个样本没有 MRL 中国国家标准值，无法判断其风险程度，有 MRL 中国国家标准值的 125 个样本涉及 32 种水果蔬菜中的 43 种非禁用农药，其风险系数 R 值如图 8-20 所示。

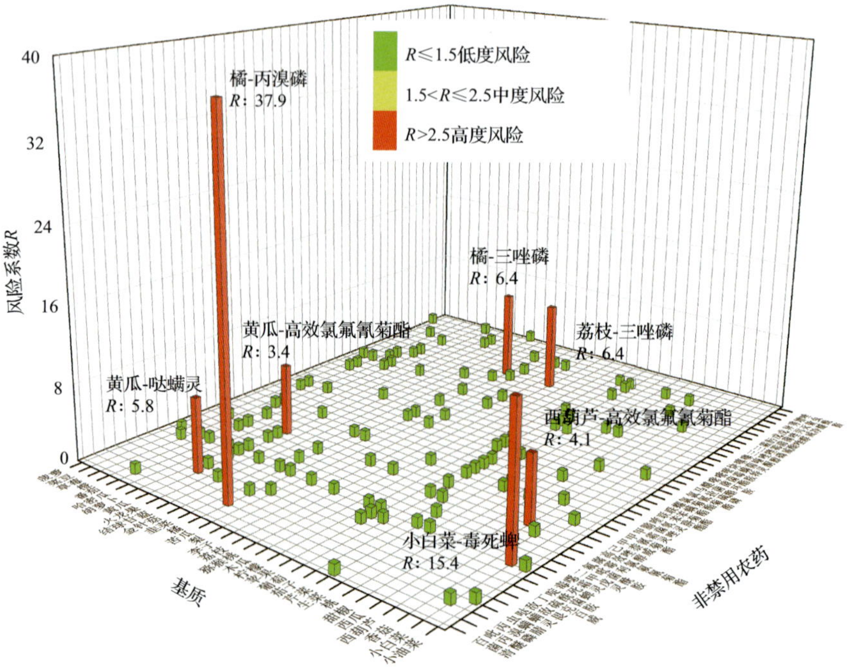

图 8-20 32 种水果蔬菜中 43 种非禁用农药的风险系数分布图(MRL 中国国家标准)

表 8-13 为非禁用农药残留处于高度风险的水果蔬菜列表。

表 8-13　单种水果蔬菜中处于高度风险的非禁用农药风险系数表（MRL 中国国家标准）

序号	基质	农药	超标频次	超标率 *P*(%)	风险系数 *R*
1	橘	丙溴磷	7	36.84	37.94
2	小白菜	毒死蜱	4	14.29	15.39
3	橘	三唑磷	1	5.26	6.36
4	荔枝	三唑磷	1	5.26	6.36
5	黄瓜	哒螨灵	2	4.65	5.75
6	西葫芦	高效氯氟氰菊酯	1	3.03	4.13
7	黄瓜	高效氯氟氰菊酯	1	2.33	3.43

8.3.1.3　基于 MRL 欧盟标准的单种水果蔬菜中非禁用农药残留风险系数分析

参照 MRL 欧盟标准计算每种水果蔬菜中每种非禁用农药的超标率，进而计算其风险系数，根据风险系数大小判断农药残留的预警风险程度，水果蔬菜中非禁用农药残留风险程度分布情况如图 8-21 所示。

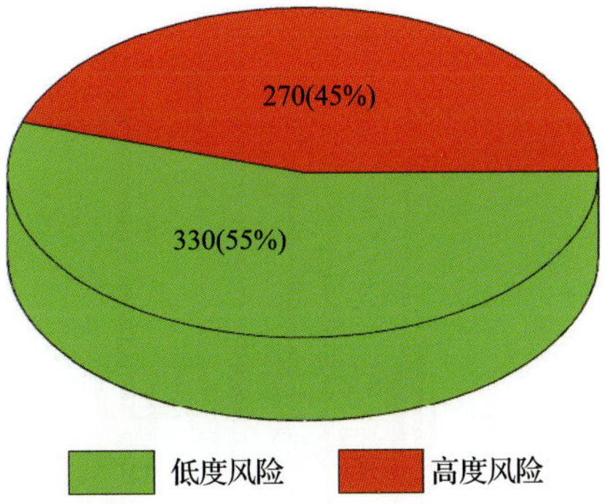

图 8-21　水果蔬菜中非禁用农药的风险程度的频次分布图（MRL 欧盟标准）

本次分析中，发现在 51 种水果蔬菜中共侦测出 126 种非禁用农药，涉及样本 600 个，其中，45%处于高度风险，涉及 47 种水果蔬菜和 78 种农药；55%处于低度风险，涉及 47 种水果蔬菜和 101 种农药。单种水果蔬菜中的非禁用农药风险系数分布图如图 8-22 所示。单种水果蔬菜中处于高度风险的非禁用农药风险系数如图 8-23 和表 8-14 所示。

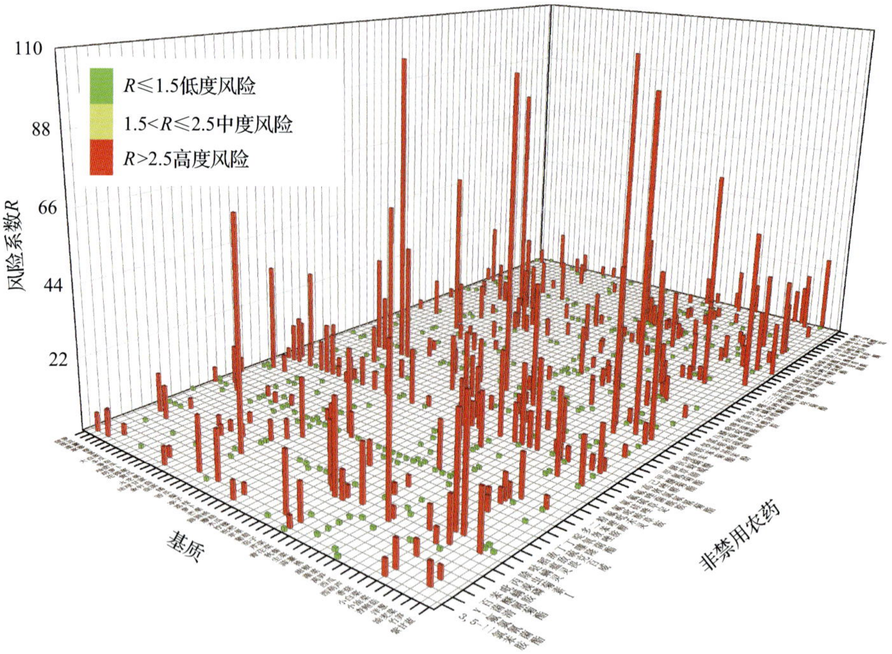

图 8-22　51 种水果蔬菜中 126 种非禁用农药的风险系数分布图(MRL 欧盟标准)

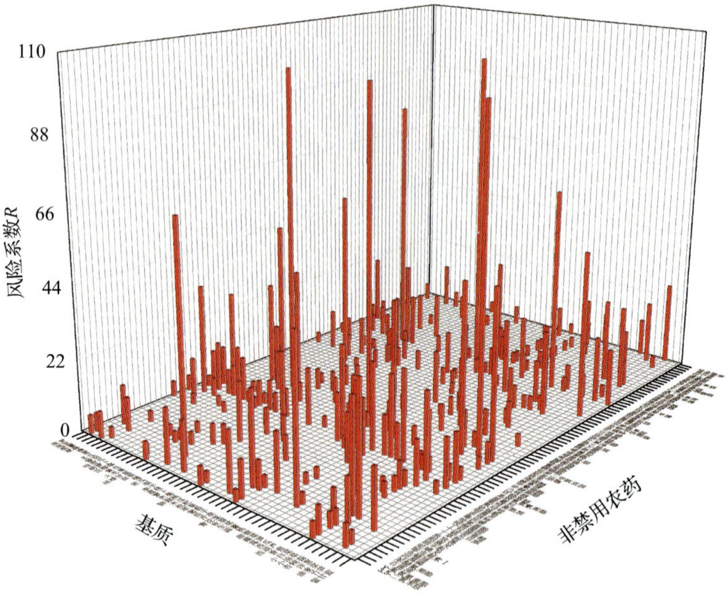

图 8-23　单种水果蔬菜中处于高度风险的非禁用农药的风险系数分布图(MRL 欧盟标准)

表 8-14　单种水果蔬菜中处于高度风险的非禁用农药的风险系数表（MRL 欧盟标准）

序号	基质	农药	超标频次	超标率 *P*(%)	风险系数 *R*
1	杏鲍菇	联苯	16	100.00	101.10
2	枇杷	威杀灵	10	100.00	101.10
3	枇杷	联苯	10	100.00	101.10
4	花椰菜	联苯	10	100.00	101.10
5	花椰菜	威杀灵	8	80.00	81.10
6	橘	丙溴磷	13	68.42	69.52
7	西瓜	威杀灵	10	62.50	63.60
8	胡萝卜	萘乙酰胺	24	54.55	55.65
9	哈密瓜	联苯	8	50.00	51.10
10	小白菜	喹螨醚	14	50.00	51.10
11	油麦菜	联苯	18	50.00	51.10
12	竹笋	生物苄呋菊酯	2	50.00	51.10
13	甜椒	丙溴磷	20	47.62	48.72
14	青花菜	喹螨醚	15	38.46	39.56
15	小油菜	哒螨灵	3	37.50	38.60
16	黄瓜	联苯	16	37.21	38.31
17	菜薹	氟硅唑	3	33.33	34.43
18	小白菜	哒螨灵	9	32.14	33.24
19	冬瓜	联苯	7	30.43	31.53
20	枇杷	烯虫炔酯	3	30.00	31.10
21	草莓	己唑醇	4	28.57	29.67
22	葡萄	腐霉利	8	27.59	28.69
23	茄子	丙溴磷	12	27.27	28.37
24	莴笋	腐霉利	4	26.67	27.77
25	生菜	腐霉利	11	25.58	26.68
26	黄瓜	威杀灵	11	25.58	26.68
27	小油菜	三唑醇	2	25.00	26.10
28	小油菜	氟硅唑	2	25.00	26.10
29	小油菜	烯唑醇	2	25.00	26.10
30	小白菜	杀螨特	7	25.00	26.10
31	油麦菜	唑虫酰胺	9	25.00	26.10
32	油麦菜	烯虫酯	9	25.00	26.10
33	萝卜	多效唑	3	25.00	26.10

续表

序号	基质	农药	超标频次	超标率 *P*(%)	风险系数 *R*
34	甜椒	腐霉利	10	23.81	24.91
35	桃	生物苄呋菊酯	2	22.22	23.32
36	橘	三唑磷	4	21.05	22.15
37	菜豆	烯丙菊酯	9	20.93	22.03
38	蕹菜	醚菌酯	2	20.00	21.10
39	油麦菜	威杀灵	7	19.44	20.54
40	蒜薹	威杀灵	4	19.05	20.15
41	杏鲍菇	仲丁威	3	18.75	19.85
42	苹果	除虫菊素 I	8	17.78	18.88
43	梨	丁硫克百威	8	17.39	18.49
44	番茄	联苯	8	17.39	18.49
45	芒果	解草腈	5	17.24	18.34
46	葡萄	γ-氟氯氰菌酯	5	17.24	18.34
47	油麦菜	烯唑醇	6	16.67	17.77
48	油麦菜	除虫菊素 I	6	16.67	17.77
49	秋葵	虫螨腈	1	16.67	17.77
50	紫甘蓝	威杀灵	2	16.67	17.77
51	萝卜	腐霉利	2	16.67	17.77
52	生菜	氟硅唑	7	16.28	17.38
53	橘	γ-氟氯氰菌酯	3	15.79	16.89
54	火龙果	威杀灵	7	15.56	16.66
55	芹菜	嘧霉胺	6	15.38	16.48
56	番茄	腐霉利	7	15.22	16.32
57	李子	γ-氟氯氰菌酯	2	14.29	15.39
58	草莓	腐霉利	2	14.29	15.39
59	蒜薹	仲丁威	3	14.29	15.39
60	生菜	多效唑	6	13.95	15.05
61	油麦菜	氟硅唑	5	13.89	14.99
62	油麦菜	腐霉利	5	13.89	14.99
63	结球甘蓝	烯丙菊酯	5	13.89	14.99
64	葡萄	氟唑菌酰胺	4	13.79	14.89
65	猕猴桃	联苯	6	13.64	14.74
66	苹果	甲醚菊酯	6	13.33	14.43
67	葱	仲丁威	2	13.33	14.43

续表

序号	基质	农药	超标频次	超标率 P(%)	风险系数 R
68	哈密瓜	腐霉利	2	12.50	13.60
69	小油菜	唑虫酰胺	1	12.50	13.60
70	小油菜	噁霜灵	1	12.50	13.60
71	小油菜	虫螨腈	1	12.50	13.60
72	木瓜	生物苄呋菊酯	3	12.50	13.60
73	木瓜	解草腈	3	12.50	13.60
74	西瓜	炔丙菊酯	2	12.50	13.60
75	西瓜	甲醚菊酯	2	12.50	13.60
76	西葫芦	生物苄呋菊酯	4	12.12	13.22
77	橙	炔螨特	5	11.63	12.73
78	猕猴桃	威杀灵	5	11.36	12.46
79	胡萝卜	三唑醇	5	11.36	12.46
80	胡萝卜	烯虫炔酯	5	11.36	12.46
81	胡萝卜	解草腈	5	11.36	12.46
82	桃	腐霉利	1	11.11	12.21
83	菜薹	噁霜灵	1	11.11	12.21
84	菜薹	环酯草醚	1	11.11	12.21
85	菜薹	腐霉利	1	11.11	12.21
86	菜薹	虫螨腈	1	11.11	12.21
87	小白菜	唑虫酰胺	3	10.71	11.81
88	香菇	联苯肼酯	3	10.34	11.44
89	芹菜	γ-氟氯氰菌酯	4	10.26	11.36
90	芹菜	联苯	4	10.26	11.36
91	芹菜	腐霉利	4	10.26	11.36
92	蕹菜	腐霉利	1	10.00	11.10
93	韭菜	三唑磷	2	10.00	11.10
94	甜椒	唑虫酰胺	4	9.52	10.62
95	橙	丙溴磷	4	9.30	10.40
96	茄子	仲丁威	4	9.09	10.19
97	苹果	烯丙菊酯	4	8.89	9.99
98	冬瓜	威杀灵	2	8.70	9.80
99	冬瓜	腐霉利	2	8.70	9.80
100	结球甘蓝	腐霉利	3	8.33	9.43
101	芹菜	丙溴磷	3	7.69	8.79

续表

序号	基质	农药	超标频次	超标率 P(%)	风险系数 R
102	芹菜	四氢吩胺	3	7.69	8.79
103	苦瓜	腐霉利	3	7.69	8.79
104	小白菜	γ-氟氯氰菌酯	2	7.14	8.24
105	小白菜	嘧霉胺	2	7.14	8.24
106	小白菜	毒死蜱	2	7.14	8.24
107	李子	毒死蜱	1	7.14	8.24
108	李子	联苯	1	7.14	8.24
109	甜椒	螺螨酯	3	7.14	8.24
110	草莓	3,5-二氯苯胺	1	7.14	8.24
111	草莓	戊唑醇	1	7.14	8.24
112	橙	生物苄呋菊酯	3	6.98	8.08
113	黄瓜	异丙威	3	6.98	8.08
114	黄瓜	腐霉利	3	6.98	8.08
115	芒果	毒死蜱	2	6.90	8.00
116	葡萄	戊唑醇	2	6.90	8.00
117	香菇	肟菌酯	2	6.90	8.00
118	香菇	醚菌酯	2	6.90	8.00
119	茄子	腐霉利	3	6.82	7.92
120	火龙果	生物苄呋菊酯	3	6.67	7.77
121	苹果	丁硫克百威	3	6.67	7.77
122	葱	腐霉利	1	6.67	7.77
123	番茄	威杀灵	3	6.52	7.62
124	哈密瓜	兹克威	1	6.25	7.35
125	哈密瓜	炔丙菊酯	1	6.25	7.35
126	杏鲍菇	威杀灵	1	6.25	7.35
127	西瓜	氯菊酯	1	6.25	7.35
128	西瓜	炔螨特	1	6.25	7.35
129	西葫芦	除虫菊素 I	2	6.06	7.16
130	油麦菜	γ-氟氯氰菌酯	2	5.56	6.66
131	油麦菜	喹螨醚	2	5.56	6.66
132	结球甘蓝	邻苯二甲酰亚胺	2	5.56	6.66
133	橘	生物苄呋菊酯	1	5.26	6.36
134	橘	稻瘟灵	1	5.26	6.36
135	橘	螺螨酯	1	5.26	6.36

续表

序号	基质	农药	超标频次	超标率 P(%)	风险系数 R
136	橘	醚菌酯	1	5.26	6.36
137	荔枝	三唑磷	1	5.26	6.36
138	荔枝	仲丁威	1	5.26	6.36
139	苦瓜	三唑醇	2	5.13	6.23
140	苦瓜	敌敌畏	2	5.13	6.23
141	青花菜	解草腈	2	5.13	6.23
142	韭菜	三唑醇	1	5.00	6.10
143	韭菜	扑草净	1	5.00	6.10
144	韭菜	甲氰菊酯	1	5.00	6.10
145	韭菜	腐霉利	1	5.00	6.10
146	甜椒	甲氰菊酯	2	4.76	5.86
147	蒜薹	嘧菌环胺	1	4.76	5.86
148	蒜薹	嘧霉胺	1	4.76	5.86
149	蒜薹	烯丙菊酯	1	4.76	5.86
150	橙	威杀灵	2	4.65	5.75
151	橙	氟硅唑	2	4.65	5.75
152	生菜	五氯苯甲腈	2	4.65	5.75
153	生菜	唑虫酰胺	2	4.65	5.75
154	生菜	萘乙酸	2	4.65	5.75
155	菜豆	3,5-二氯苯胺	2	4.65	5.75
156	菜豆	γ-氟氯氰菌酯	2	4.65	5.75
157	菜豆	仲丁威	2	4.65	5.75
158	猕猴桃	3,5-二氯苯胺	2	4.55	5.65
159	火龙果	3,5-二氯苯胺	2	4.44	5.54
160	火龙果	嘧菌酯	2	4.44	5.54
161	火龙果	四氢吩胺	2	4.44	5.54
162	苹果	炔螨特	2	4.44	5.54
163	梨	威杀灵	2	4.35	5.45
164	番茄	仲丁威	2	4.35	5.45
165	木瓜	甲氰菊酯	1	4.17	5.27
166	木瓜	辛酰溴苯腈	1	4.17	5.27
167	洋葱	腐霉利	1	3.70	4.80
168	菠萝	呋线威	1	3.70	4.80
169	菠萝	喹螨醚	1	3.70	4.80

续表

序号	基质	农药	超标频次	超标率 P(%)	风险系数 R
170	菠萝	毒死蜱	1	3.70	4.80
171	菠萝	烯丙菊酯	1	3.70	4.80
172	小白菜	3,5-二氯苯胺	1	3.57	4.67
173	小白菜	丁羟茴香醚	1	3.57	4.67
174	小白菜	三唑磷	1	3.57	4.67
175	小白菜	丙溴磷	1	3.57	4.67
176	小白菜	啶氧菌酯	1	3.57	4.67
177	小白菜	多效唑	1	3.57	4.67
178	小白菜	腐霉利	1	3.57	4.67
179	小白菜	苯醚氰菊酯	1	3.57	4.67
180	小白菜	邻苯二甲酰亚胺	1	3.57	4.67
181	芒果	生物苄呋菊酯	1	3.45	4.55
182	芒果	肟菌酯	1	3.45	4.55
183	葡萄	三唑醇	1	3.45	4.55
184	葡萄	己唑醇	1	3.45	4.55
185	葡萄	烯丙菊酯	1	3.45	4.55
186	葡萄	猛杀威	1	3.45	4.55
187	葡萄	甲氰菊酯	1	3.45	4.55
188	葡萄	虫螨腈	1	3.45	4.55
189	葡萄	邻苯二甲酰亚胺	1	3.45	4.55
190	葡萄	霜霉威	1	3.45	4.55
191	香菇	三唑醇	1	3.45	4.55
192	香菇	乙嘧酚磺酸酯	1	3.45	4.55
193	香菇	啶酰菌胺	1	3.45	4.55
194	香菇	威杀灵	1	3.45	4.55
195	香菇	棉铃威	1	3.45	4.55
196	香菇	烯丙菊酯	1	3.45	4.55
197	香菇	腐霉利	1	3.45	4.55
198	西葫芦	三唑醇	1	3.03	4.13
199	西葫芦	烯虫酯	1	3.03	4.13
200	西葫芦	高效氯氟氰菊酯	1	3.03	4.13
201	油麦菜	五氯苯甲腈	1	2.78	3.88
202	油麦菜	噁霜灵	1	2.78	3.88
203	油麦菜	甲氰菊酯	1	2.78	3.88

续表

序号	基质	农药	超标频次	超标率 P(%)	风险系数 R
204	油麦菜	百菌清	1	2.78	3.88
205	油麦菜	茚草酮	1	2.78	3.88
206	油麦菜	醚菌酯	1	2.78	3.88
207	油麦菜	高效氯氟氰菊酯	1	2.78	3.88
208	结球甘蓝	哒螨灵	1	2.78	3.88
209	结球甘蓝	唑虫酰胺	1	2.78	3.88
210	芹菜	3,5-二氯苯胺	1	2.56	3.66
211	芹菜	乙草胺	1	2.56	3.66
212	芹菜	乙霉威	1	2.56	3.66
213	芹菜	五氯苯甲腈	1	2.56	3.66
214	芹菜	唑虫酰胺	1	2.56	3.66
215	芹菜	喹螨醚	1	2.56	3.66
216	芹菜	戊唑醇	1	2.56	3.66
217	芹菜	扑草净	1	2.56	3.66
218	芹菜	氟硅唑	1	2.56	3.66
219	芹菜	烯丙菊酯	1	2.56	3.66
220	芹菜	烯唑醇	1	2.56	3.66
221	芹菜	虫螨腈	1	2.56	3.66
222	苦瓜	噁霜灵	1	2.56	3.66
223	苦瓜	异丙威	1	2.56	3.66
224	青花菜	氟硅唑	1	2.56	3.66
225	甜椒	异丙威	1	2.38	3.48
226	甜椒	虫螨腈	1	2.38	3.48
227	橙	γ-氟氯氰菌酯	1	2.33	3.43
228	橙	毒死蜱	1	2.33	3.43
229	橙	稻丰散	1	2.33	3.43
230	生菜	丁草胺	1	2.33	3.43
231	生菜	乙草胺	1	2.33	3.43
232	生菜	双苯酰草胺	1	2.33	3.43
233	生菜	嘧啶磷	1	2.33	3.43
234	生菜	异丙草胺	1	2.33	3.43
235	生菜	异噁唑草酮	1	2.33	3.43
236	生菜	戊草丹	1	2.33	3.43
237	生菜	溴丁酰草胺	1	2.33	3.43

续表

序号	基质	农药	超标频次	超标率 *P*(%)	风险系数 *R*
238	生菜	烯唑醇	1	2.33	3.43
239	生菜	甲氰菊酯	1	2.33	3.43
240	生菜	稻瘟灵	1	2.33	3.43
241	菜豆	双甲脒	1	2.33	3.43
242	菜豆	炔螨特	1	2.33	3.43
243	菜豆	腐霉利	1	2.33	3.43
244	黄瓜	γ-氟氯氰菌酯	1	2.33	3.43
245	黄瓜	哒螨灵	1	2.33	3.43
246	黄瓜	唑虫酰胺	1	2.33	3.43
247	黄瓜	噁霜灵	1	2.33	3.43
248	黄瓜	敌敌畏	1	2.33	3.43
249	黄瓜	氟唑菌酰胺	1	2.33	3.43
250	黄瓜	除虫菊素 I	1	2.33	3.43
251	黄瓜	高效氯氟氰菊酯	1	2.33	3.43
252	猕猴桃	γ-氟氯氰菌酯	1	2.27	3.37
253	猕猴桃	肟菌酯	1	2.27	3.37
254	猕猴桃	高效氯氟氰菊酯	1	2.27	3.37
255	胡萝卜	哒螨灵	1	2.27	3.37
256	胡萝卜	多效唑	1	2.27	3.37
257	胡萝卜	生物苄呋菊酯	1	2.27	3.37
258	胡萝卜	腐霉利	1	2.27	3.37
259	胡萝卜	辛酰溴苯腈	1	2.27	3.37
260	茄子	四氢吩胺	1	2.27	3.37
261	火龙果	氯菊酯	1	2.22	3.32
262	火龙果	萘乙酸	1	2.22	3.32
263	苹果	增效醚	1	2.22	3.32
264	苹果	杀螨特	1	2.22	3.32
265	苹果	特草灵	1	2.22	3.32
266	梨	嘧菌酯	1	2.17	3.27
267	番茄	噁霜灵	1	2.17	3.27
268	番茄	己唑醇	1	2.17	3.27
269	番茄	炔螨特	1	2.17	3.27
270	番茄	生物苄呋菊酯	1	2.17	3.27

8.3.2 所有水果蔬菜中农药残留风险系数分析

8.3.2.1 所有水果蔬菜中禁用农药残留风险系数分析

在侦测出的135种农药中有9种为禁用农药,计算所有水果蔬菜中禁用农药的风险系数,结果如表 8-15 所示。硫丹、克百威和水胺硫磷处于中度风险,其余六种处于低度风险。

表 8-15 水果蔬菜中 9 种禁用农药的风险系数表

序号	农药	检出频次	检出率(%)	风险系数 R	风险程度
1	硫丹	15	1.15	2.25	中度风险
2	克百威	11	0.84	1.94	中度风险
3	水胺硫磷	7	0.54	1.64	中度风险
4	氟虫腈	4	0.31	1.41	低度风险
5	杀扑磷	2	0.15	1.25	低度风险
6	氰戊菊酯	2	0.15	1.25	低度风险
7	六六六	1	0.08	1.18	低度风险
8	治螟磷	1	0.08	1.18	低度风险
9	灭线磷	1	0.08	1.18	低度风险

对每个月内的禁用农药的风险系数进行分析,结果如图 8-24 和表 8-16 所示。

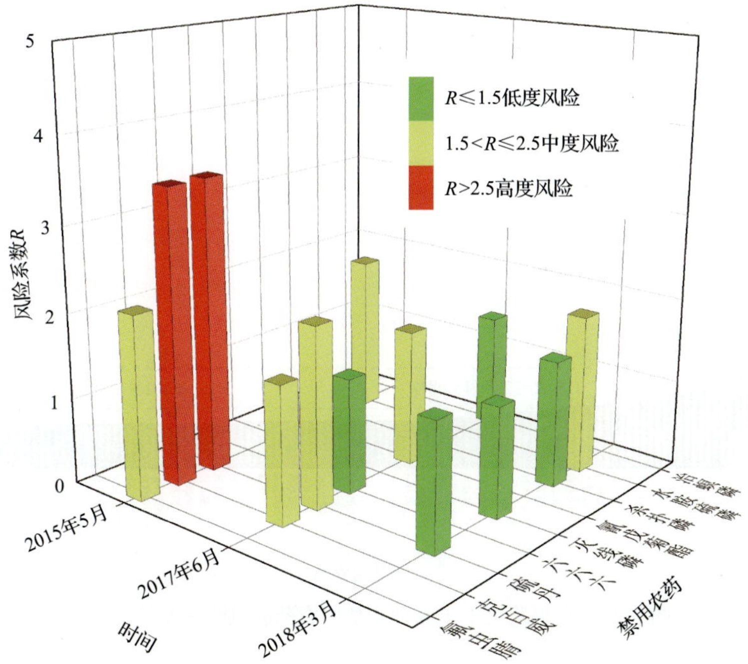

图 8-24 各月份内水果蔬菜中禁用农药残留的风险系数分布图

表 8-16　各月份内水果蔬菜中禁用农药的风险系数表

序号	年月	农药	检出频次	检出率(%)	风险系数 R	风险程度
1	2015 年 5 月	克百威	9	2.37	3.47	高度风险
2	2015 年 5 月	硫丹	9	2.37	3.47	高度风险
3	2015 年 5 月	氟虫腈	4	1.05	2.15	中度风险
4	2015 年 5 月	水胺硫磷	3	0.79	1.89	中度风险
5	2017 年 6 月	硫丹	4	1.01	2.11	中度风险
6	2017 年 6 月	克百威	2	0.50	1.60	中度风险
7	2017 年 6 月	氰戊菊酯	2	0.50	1.60	中度风险
8	2017 年 6 月	六六六	1	0.25	1.35	低度风险
9	2017 年 6 月	治螟磷	1	0.25	1.35	低度风险
10	2018 年 3 月	水胺硫磷	4	0.76	1.86	中度风险
11	2018 年 3 月	杀扑磷	2	0.38	1.48	低度风险
12	2018 年 3 月	硫丹	2	0.38	1.48	低度风险
13	2018 年 3 月	灭线磷	1	0.19	1.29	低度风险

8.3.2.2　所有水果蔬菜中非禁用农药残留风险系数分析

参照 MRL 欧盟标准计算所有水果蔬菜中每种非禁用农药残留的风险系数，如图 8-25 与表 8-17 所示。在侦测出的 126 种非禁用农药中，15 种农药（11.90%）残留处于高度风险，19 种农药（15.08%）残留处于中度风险，92 种农药（73.02%）残留处于低度风险。

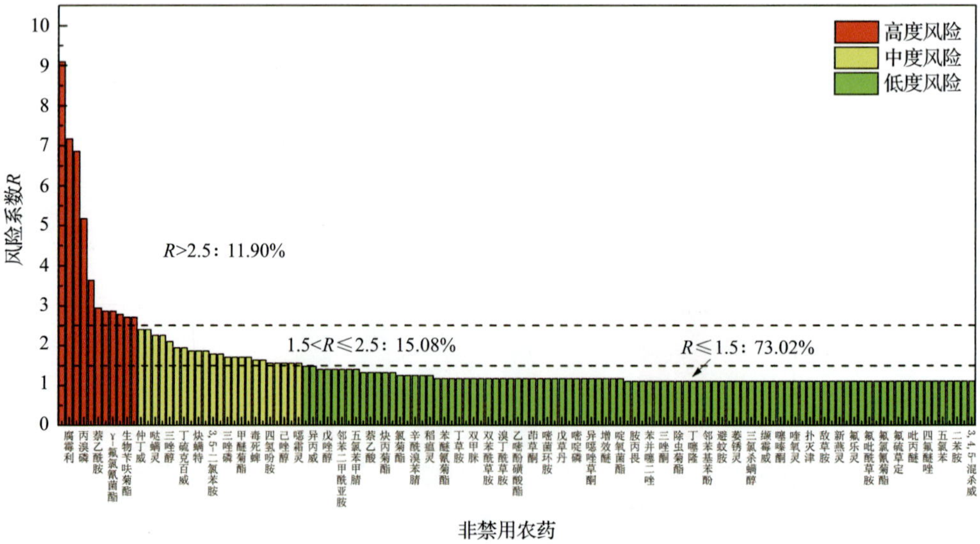

图 8-25　水果蔬菜中 126 种非禁用农药的风险程度统计图

表 8-17　水果蔬菜中 126 种非禁用农药的风险系数表

序号	农药	超标频次	超标率 *P*(%)	风险系数 *R*	风险程度
1	联苯	104	7.99	9.09	高度风险
2	腐霉利	79	6.07	7.17	高度风险
3	威杀灵	75	5.76	6.86	高度风险
4	丙溴磷	53	4.07	5.17	高度风险
5	喹螨醚	33	2.53	3.63	高度风险
6	萘乙酰胺	24	1.84	2.94	高度风险
7	烯丙菊酯	23	1.77	2.87	高度风险
8	γ-氟氯氰菌酯	23	1.77	2.87	高度风险
9	唑虫酰胺	22	1.69	2.79	高度风险
10	生物苄呋菊酯	21	1.61	2.71	高度风险
11	氟硅唑	21	1.61	2.71	高度风险
12	仲丁威	17	1.31	2.41	中度风险
13	除虫菊素 I	17	1.31	2.41	中度风险
14	哒螨灵	15	1.15	2.25	中度风险
15	解草腈	15	1.15	2.25	中度风险
16	三唑醇	13	1.00	2.10	中度风险
17	多效唑	11	0.84	1.94	中度风险
18	丁硫克百威	11	0.84	1.94	中度风险
19	烯唑醇	10	0.77	1.87	中度风险
20	炔螨特	10	0.77	1.87	中度风险
21	烯虫酯	10	0.77	1.87	中度风险
22	3,5-二氯苯胺	9	0.69	1.79	中度风险
23	嘧霉胺	9	0.69	1.79	中度风险
24	三唑磷	8	0.61	1.71	中度风险
25	杀螨特	8	0.61	1.71	中度风险
26	甲醚菊酯	8	0.61	1.71	中度风险
27	烯虫炔酯	8	0.61	1.71	中度风险
28	毒死蜱	7	0.54	1.64	中度风险
29	甲氰菊酯	7	0.54	1.64	中度风险
30	四氢吩胺	6	0.46	1.56	中度风险
31	虫螨腈	6	0.46	1.56	中度风险
32	己唑醇	6	0.46	1.56	中度风险

续表

序号	农药	超标频次	超标率 P(%)	风险系数 R	风险程度
33	醚菌酯	6	0.46	1.56	中度风险
34	噁霜灵	6	0.46	1.56	中度风险
35	氟唑菌酰胺	5	0.38	1.48	低度风险
36	异丙威	5	0.38	1.48	低度风险
37	肟菌酯	4	0.31	1.41	低度风险
38	戊唑醇	4	0.31	1.41	低度风险
39	螺螨酯	4	0.31	1.41	低度风险
40	邻苯二甲酰亚胺	4	0.31	1.41	低度风险
41	高效氯氟氰菊酯	4	0.31	1.41	低度风险
42	五氯苯甲腈	4	0.31	1.41	低度风险
43	联苯肼酯	3	0.23	1.33	低度风险
44	萘乙酸	3	0.23	1.33	低度风险
45	嘧菌酯	3	0.23	1.33	低度风险
46	炔丙菊酯	3	0.23	1.33	低度风险
47	敌敌畏	3	0.23	1.33	低度风险
48	氯菊酯	2	0.15	1.25	低度风险
49	扑草净	2	0.15	1.25	低度风险
50	辛酰溴苯腈	2	0.15	1.25	低度风险
51	乙草胺	2	0.15	1.25	低度风险
52	稻瘟灵	2	0.15	1.25	低度风险
53	环酯草醚	1	0.08	1.18	低度风险
54	苯醚氰菊酯	1	0.08	1.18	低度风险
55	特草灵	1	0.08	1.18	低度风险
56	丁草胺	1	0.08	1.18	低度风险
57	兹克威	1	0.08	1.18	低度风险
58	双甲脒	1	0.08	1.18	低度风险
59	乙霉威	1	0.08	1.18	低度风险
60	双苯酰草胺	1	0.08	1.18	低度风险
61	百菌清	1	0.08	1.18	低度风险
62	溴丁酰草胺	1	0.08	1.18	低度风险
63	稻丰散	1	0.08	1.18	低度风险
64	乙嘧酚磺酸酯	1	0.08	1.18	低度风险

续表

序号	农药	超标频次	超标率 *P*(%)	风险系数 *R*	风险程度
65	呋线威	1	0.08	1.18	低度风险
66	茚草酮	1	0.08	1.18	低度风险
67	猛杀威	1	0.08	1.18	低度风险
68	嘧菌环胺	1	0.08	1.18	低度风险
69	啶酰菌胺	1	0.08	1.18	低度风险
70	戊草丹	1	0.08	1.18	低度风险
71	霜霉威	1	0.08	1.18	低度风险
72	嘧啶磷	1	0.08	1.18	低度风险
73	丁羟茴香醚	1	0.08	1.18	低度风险
74	异噁唑草酮	1	0.08	1.18	低度风险
75	异丙草胺	1	0.08	1.18	低度风险
76	增效醚	1	0.08	1.18	低度风险
77	棉铃威	1	0.08	1.18	低度风险
78	啶氧菌酯	1	0.08	1.18	低度风险
79	马拉硫磷	0	0.00	1.10	低度风险
80	胺丙畏	0	0.00	1.10	低度风险
81	腈菌唑	0	0.00	1.10	低度风险
82	苯并噻二唑	0	0.00	1.10	低度风险
83	联苯菊酯	0	0.00	1.10	低度风险
84	三唑酮	0	0.00	1.10	低度风险
85	*o,p'*-滴滴伊	0	0.00	1.10	低度风险
86	除虫菊酯	0	0.00	1.10	低度风险
87	二甲戊灵	0	0.00	1.10	低度风险
88	丁噻隆	0	0.00	1.10	低度风险
89	醚菊酯	0	0.00	1.10	低度风险
90	邻苯基苯酚	0	0.00	1.10	低度风险
91	莠去津	0	0.00	1.10	低度风险
92	避蚊胺	0	0.00	1.10	低度风险
93	莠灭净	0	0.00	1.10	低度风险
94	萎锈灵	0	0.00	1.10	低度风险
95	速灭威	0	0.00	1.10	低度风险
96	三氯杀螨醇	0	0.00	1.10	低度风险

续表

序号	农药	超标频次	超标率 P(%)	风险系数 R	风险程度
97	噻菌灵	0	0.00	1.10	低度风险
98	缬霉威	0	0.00	1.10	低度风险
99	氟吡菌酰胺	0	0.00	1.10	低度风险
100	噻嗪酮	0	0.00	1.10	低度风险
101	喹禾灵	0	0.00	1.10	低度风险
102	喹氧灵	0	0.00	1.10	低度风险
103	戊菌唑	0	0.00	1.10	低度风险
104	扑灭津	0	0.00	1.10	低度风险
105	抗蚜威	0	0.00	1.10	低度风险
106	敌草胺	0	0.00	1.10	低度风险
107	整形醇	0	0.00	1.10	低度风险
108	新燕灵	0	0.00	1.10	低度风险
109	氟丙菊酯	0	0.00	1.10	低度风险
110	氟乐灵	0	0.00	1.10	低度风险
111	氟吡禾灵	0	0.00	1.10	低度风险
112	氟吡酰草胺	0	0.00	1.10	低度风险
113	粉唑醇	0	0.00	1.10	低度风险
114	氟氯氰菊酯	0	0.00	1.10	低度风险
115	吡螨胺	0	0.00	1.10	低度风险
116	氟硫草定	0	0.00	1.10	低度风险
117	氯氰菊酯	0	0.00	1.10	低度风险
118	吡丙醚	0	0.00	1.10	低度风险
119	五氯苯胺	0	0.00	1.10	低度风险
120	四氟醚唑	0	0.00	1.10	低度风险
121	甲基嘧啶磷	0	0.00	1.10	低度风险
122	五氯苯	0	0.00	1.10	低度风险
123	甲萘威	0	0.00	1.10	低度风险
124	二苯胺	0	0.00	1.10	低度风险
125	甲霜灵	0	0.00	1.10	低度风险
126	3,4,5-混杀威	0	0.00	1.10	低度风险

对每个月份内的非禁用农药的风险系数分析，每月内非禁用农药风险程度分布图如图 8-26 所示。3 个月份内处于高度风险的农药数排序为 2017 年 6 月(17)>2015 年 5 月

(9)>2018 年 3 月(8)。

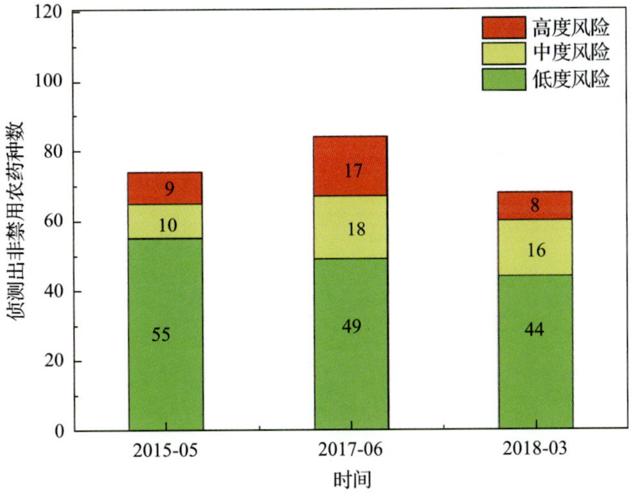

图 8-26　各月份水果蔬菜中非禁用农药残留的风险程度分布图

3 个月份内水果蔬菜中非禁用农药处于中度风险和高度风险的风险系数如图 8-27 和表 8-18 所示。

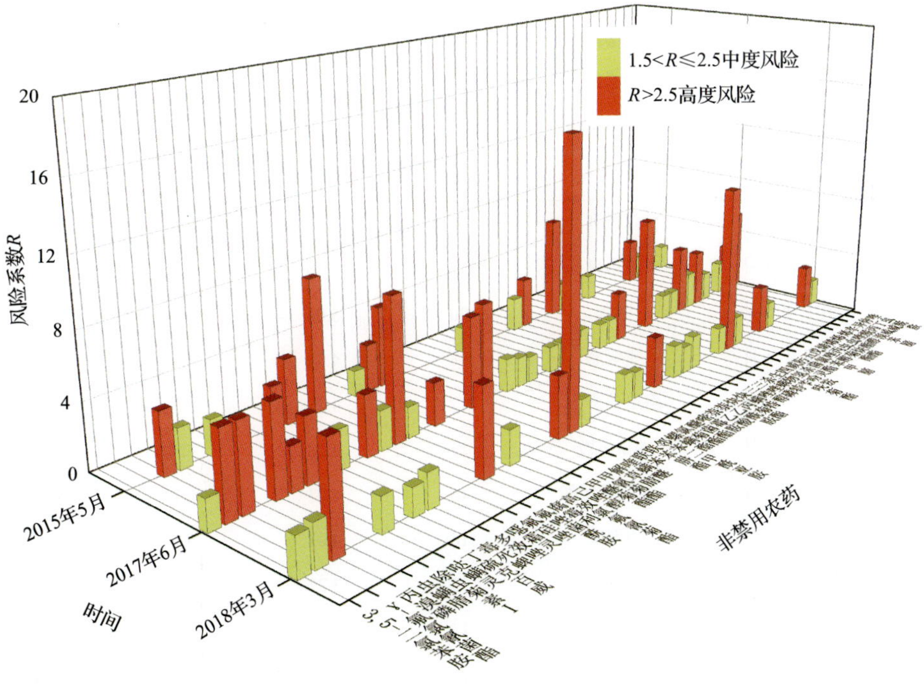

图 8-27　各月份水果蔬菜中非禁用农药处于中度风险和高度风险的风险系数分布图

表 8-18　各月份水果蔬菜中非禁用农药处于中度风险和高度风险的风险系数表

序号	年月	农药	超标频次	超标率 *P*(%)	风险系数 *R*	风险程度
1	2015 年 5 月	腐霉利	27	7.11	8.21	高度风险
2	2015 年 5 月	生物苄呋菊酯	21	5.53	6.63	高度风险
3	2015 年 5 月	解草腈	15	3.95	5.05	高度风险
4	2015 年 5 月	氟硅唑	11	2.89	3.99	高度风险
5	2015 年 5 月	丙溴磷	10	2.63	3.73	高度风险
6	2015 年 5 月	三唑醇	8	2.11	3.21	高度风险
7	2015 年 5 月	甲氰菊酯	7	1.84	2.94	高度风险
8	2015 年 5 月	烯唑醇	7	1.84	2.94	高度风险
9	2015 年 5 月	噁霜灵	6	1.58	2.68	高度风险
10	2015 年 5 月	虫螨腈	5	1.32	2.42	中度风险
11	2015 年 5 月	哒螨灵	4	1.05	2.15	中度风险
12	2015 年 5 月	嘧霉胺	4	1.05	2.15	中度风险
13	2015 年 5 月	炔螨特	4	1.05	2.15	中度风险
14	2015 年 5 月	四氢吩胺	3	0.79	1.89	中度风险
15	2015 年 5 月	甲醚菊酯	2	0.53	1.63	中度风险
16	2015 年 5 月	醚菌酯	2	0.53	1.63	中度风险
17	2015 年 5 月	五氯苯甲腈	2	0.53	1.63	中度风险
18	2015 年 5 月	辛酰溴苯腈	2	0.53	1.63	中度风险
19	2015 年 5 月	唑虫酰胺	2	0.53	1.63	中度风险
20	2017 年 6 月	腐霉利	30	7.56	8.66	高度风险
21	2017 年 6 月	威杀灵	25	6.30	7.40	高度风险
22	2017 年 6 月	联苯	20	5.04	6.14	高度风险
23	2017 年 6 月	喹螨醚	18	4.53	5.63	高度风险
24	2017 年 6 月	除虫菊素 I	17	4.28	5.38	高度风险
25	2017 年 6 月	唑虫酰胺	17	4.28	5.38	高度风险
26	2017 年 6 月	γ-氟氯氰菌酯	16	4.03	5.13	高度风险
27	2017 年 6 月	丙溴磷	16	4.03	5.13	高度风险
28	2017 年 6 月	萘乙酰胺	13	3.27	4.37	高度风险
29	2017 年 6 月	烯丙菊酯	13	3.27	4.37	高度风险
30	2017 年 6 月	丁硫克百威	11	2.77	3.87	高度风险
31	2017 年 6 月	氟硅唑	10	2.52	3.62	高度风险
32	2017 年 6 月	烯虫酯	10	2.52	3.62	高度风险
33	2017 年 6 月	杀螨特	8	2.02	3.12	高度风险

续表

序号	年月	农药	超标频次	超标率 P(%)	风险系数 R	风险程度
34	2017 年 6 月	仲丁威	8	2.02	3.12	高度风险
35	2017 年 6 月	哒螨灵	6	1.51	2.61	高度风险
36	2017 年 6 月	甲醚菊酯	6	1.51	2.61	高度风险
37	2017 年 6 月	多效唑	5	1.26	2.36	中度风险
38	2017 年 6 月	氟唑菌酰胺	5	1.26	2.36	中度风险
39	2017 年 6 月	烯虫炔酯	5	1.26	2.36	中度风险
40	2017 年 6 月	毒死蜱	4	1.01	2.11	中度风险
41	2017 年 6 月	邻苯二甲酰亚胺	4	1.01	2.11	中度风险
42	2017 年 6 月	异丙威	4	1.01	2.11	中度风险
43	2017 年 6 月	3,5-二氯苯胺	3	0.76	1.86	中度风险
44	2017 年 6 月	高效氯氟氰菊酯	3	0.76	1.86	中度风险
45	2017 年 6 月	螺螨酯	3	0.76	1.86	中度风险
46	2017 年 6 月	炔丙菊酯	3	0.76	1.86	中度风险
47	2017 年 6 月	烯唑醇	3	0.76	1.86	中度风险
48	2017 年 6 月	氯菊酯	2	0.50	1.60	中度风险
49	2017 年 6 月	嘧霉胺	2	0.50	1.60	中度风险
50	2017 年 6 月	萘乙酸	2	0.50	1.60	中度风险
51	2017 年 6 月	三唑醇	2	0.50	1.60	中度风险
52	2017 年 6 月	三唑磷	2	0.50	1.60	中度风险
53	2017 年 6 月	五氯苯甲腈	2	0.50	1.60	中度风险
54	2017 年 6 月	戊唑醇	2	0.50	1.60	中度风险
55	2018 年 3 月	联苯	84	16.03	17.13	高度风险
56	2018 年 3 月	威杀灵	50	9.54	10.64	高度风险
57	2018 年 3 月	丙溴磷	27	5.15	6.25	高度风险
58	2018 年 3 月	腐霉利	22	4.20	5.30	高度风险
59	2018 年 3 月	喹螨醚	14	2.67	3.77	高度风险
60	2018 年 3 月	萘乙酰胺	11	2.10	3.20	高度风险
61	2018 年 3 月	烯丙菊酯	10	1.91	3.01	高度风险
62	2018 年 3 月	仲丁威	9	1.72	2.82	高度风险
63	2018 年 3 月	γ-氟氯氰菌酯	7	1.34	2.44	中度风险
64	2018 年 3 月	3,5-二氯苯胺	6	1.15	2.25	中度风险
65	2018 年 3 月	三唑磷	5	0.95	2.05	中度风险
66	2018 年 3 月	哒螨灵	5	0.95	2.05	中度风险

续表

序号	年月	农药	超标频次	超标率 P(%)	风险系数 R	风险程度
67	2018 年 3 月	多效唑	5	0.95	2.05	中度风险
68	2018 年 3 月	己唑醇	5	0.95	2.05	中度风险
69	2018 年 3 月	炔螨特	5	0.95	2.05	中度风险
70	2018 年 3 月	肟菌酯	4	0.76	1.86	中度风险
71	2018 年 3 月	醚菌酯	4	0.76	1.86	中度风险
72	2018 年 3 月	三唑醇	3	0.57	1.67	中度风险
73	2018 年 3 月	唑虫酰胺	3	0.57	1.67	中度风险
74	2018 年 3 月	嘧霉胺	3	0.57	1.67	中度风险
75	2018 年 3 月	四氢吩胺	3	0.57	1.67	中度风险
76	2018 年 3 月	毒死蜱	3	0.57	1.67	中度风险
77	2018 年 3 月	烯虫炔酯	3	0.57	1.67	中度风险
78	2018 年 3 月	联苯肼酯	3	0.57	1.67	中度风险

8.4 GC-Q-TOF/MS 侦测成都市市售水果蔬菜农药残留风险评估结论与建议

农药残留是影响水果蔬菜安全和质量的主要因素，也是我国食品安全领域备受关注的敏感话题和亟待解决的重大问题之一[15,16]。各种水果蔬菜均存在不同程度的农药残留现象，本研究主要针对成都市各类水果蔬菜存在的农药残留问题，基于 2015 年 5 月~2018 年 3 月对成都市 1302 例水果蔬菜样品中农药残留侦测得出的 1905 个侦测结果，分别采用食品安全指数模型和风险系数模型，开展水果蔬菜中农药残留的膳食暴露风险和预警风险评估。水果蔬菜样品取自超市和农贸市场，符合大众的膳食来源，风险评价时更具有代表性和可信度。

本研究力求通用简单地反映食品安全中的主要问题，且为管理部门和大众容易接受，为政府及相关管理机构建立科学的食品安全信息发布和预警体系提供科学的规律与方法，加强对农药残留的预警和食品安全重大事件的预防，控制食品风险。

8.4.1 成都市水果蔬菜中农药残留膳食暴露风险评价结论

1）水果蔬菜样品中农药残留安全状态评价结论

采用食品安全指数模型，对 2015 年 5 月~2018 年 3 月期间成都市水果蔬菜食品农药残留膳食暴露风险进行评价，根据 IFS_c 的计算结果发现，水果蔬菜中农药的 $\overline{IFS}$ 为 0.1325，说明成都市水果蔬菜总体处于可以接受的安全状态，但部分禁用农药、高残留农药在蔬菜、水果中仍有侦测出，导致膳食暴露风险的存在，成为不安全因素。

2）单种水果蔬菜中农药膳食暴露风险不可接受情况评价结论

单种水果蔬菜中农药残留安全指数分析结果显示，农药对单种水果蔬菜安全影响不可接受（$IFS_c>1$）的样本数共 7 个，占总样本数的 1.13%，7 个样本分别为韭菜、橘、荔枝和小白菜中的三唑磷、菜薹中的氟虫腈、生菜中的烯唑醇和油麦菜中的唑虫酰胺，说明韭菜、荔枝、橘和小白菜中的三唑磷以及其他三种农药会对消费者身体健康造成较大的膳食暴露风险。另外，氟虫腈属于禁用的剧毒农药，且菜薹为较常见的蔬菜，百姓日常食用量较大，长期食用大量残留氟虫腈的菜薹会对人体造成不可接受的影响，本次检测发现氟虫腈在菜薹样品中多次并大量侦测出，是未严格实施农业良好管理规范（GAP），抑或是农药滥用，这应该引起相关管理部门的警惕，应加强对菜薹中氟虫腈的严格管控。

3）禁用农药膳食暴露风险评价

本次检测发现部分水果蔬菜样品中有禁用农药侦测出，侦测出禁用农 9 种，检出频次为 44，水果蔬菜样品中的禁用农药 IFS_c 计算结果表明，禁用农药残留膳食暴露风险不可接受的频次为 5，占 11.36%；可以接受的频次为 19，占 43.18%；没有影响的频次为 20，占 45.45%。对于水果蔬菜样品中所有农药而言，膳食暴露风险不可接受的频次为 16，仅占总体频次的 0.84%。可以看出，禁用农药的膳食暴露风险不可接受的比例远高于总体水平，这在一定程度上说明禁用农药更容易导致严重的膳食暴露风险。此外，膳食暴露风险不可接受的残留禁用农药为氟虫腈和克百威，因此，应该加强对禁用农药氟虫腈和克百威的管控力度。为何在国家明令禁止禁用农药喷洒的情况下，还能在多种水果蔬菜中多次侦测出禁用农药残留并造成不可接受的膳食暴露风险，这应该引起相关部门的高度警惕，应该在禁止禁用农药喷洒的同时，严格管控禁用农药的生产和售卖，从根本上杜绝安全隐患。

8.4.2　成都市水果蔬菜中农药残留预警风险评价结论

1）单种水果蔬菜中禁用农药残留的预警风险评价结论

本次检测过程中，在 15 种水果蔬菜中检测超出 9 种禁用农药，禁用农药为：氟虫腈、克百威、硫丹、氰戊菊酯、水胺硫磷、六六六、杀扑磷、灭线磷和治螟磷，水果蔬菜为：菜薹、苦瓜、黄瓜、芹菜、甜椒、茄子、哈密瓜、西瓜、西葫芦、油麦菜、生菜、柠檬、橘、梨、胡萝卜，水果蔬菜中禁用农药的风险系数分析结果显示，9 种禁用农药在 15 种水果蔬菜中的残留均处于高度风险，说明在单种水果蔬菜中禁用农药的残留会导致较高的预警风险。

2）单种水果蔬菜中非禁用农药残留的预警风险评价结论

以 MRL 中国国家标准为标准，计算水果蔬菜中非禁用农药风险系数情况下，600 个样本中，7 个处于高度风险（1.17%），118 个处于低度风险（19.67%），475 个样本没有 MRL 中国国家标准（79.17%）。以 MRL 欧盟标准为标准，计算水果蔬菜中非禁用农药风险系数情况下，发现有 270 个处于高度风险（45%），330 个处于低度风险（55%）。基于两种 MRL 标准，评价的结果差异显著，可以看出 MRL 欧盟标准比中国国家标准更加严格和完善，过于宽松的 MRL 中国国家标准值能否有效保障人体的健康有待研究。

8.4.3 加强成都市水果蔬菜食品安全建议

我国食品安全风险评价体系仍不够健全，相关制度不够完善，多年来，由于农药用药次数多、用药量大或用药间隔时间短，产品残留量大，农药残留所造成的食品安全问题日益严峻，给人体健康带来了直接或间接的危害。据估计，美国与农药有关的癌症患者数约占全国癌症患者总数的 50%，中国更高。同样，农药对其他生物也会形成直接杀伤和慢性危害，植物中的农药可经过食物链逐级传递并不断蓄积，对人和动物构成潜在威胁，并影响生态系统。

基于本次农药残留侦测数据的风险评价结果，提出以下几点建议：

1) 加快食品安全标准制定步伐

我国食品标准中对农药每日允许最大摄入量 ADI 的数据严重缺乏，在本次评价所涉及的 135 种农药中，仅有 62.2%的农药具有 ADI 值，而 37.8%的农药中国尚未规定相应的 ADI 值，亟待完善。

我国食品中农药最大残留限量值的规定严重缺乏，对评估涉及到的不同水果蔬菜中不同农药 622 个 MRL 限值进行统计来看，我国仅制定出 142 个标准，我国标准完整率仅为 22.8%，欧盟的完整率达到 100%（表 8-19）。因此，中国更应加快 MRL 的制定步伐。

表 8-19　我国国家食品标准农药的 ADI、MRL 值与欧盟标准的数量差异

分类		中国 ADI	MRL 中国国家标准	MRL 欧盟标准
标准限值（个）	有	84	142	622
	无	51	480	0
总数（个）		135	622	622
无标准限值比例（%）		37.8	77.2	0

此外，MRL 中国国家标准限值普遍高于欧盟标准限值，这些标准中共有 89 个高于欧盟。过高的 MRL 值难以保障人体健康，建议继续加强对限值基准和标准的科学研究，将农产品中的危险性减少到尽可能低的水平。

2) 加强农药的源头控制和分类监管

在成都市某些水果蔬菜中仍有禁用农药残留，利用 GC-Q-TOF/MS 技术侦测出 9 种禁用农药，检出频次为 44 次，残留禁用农药均存在较大的膳食暴露风险和预警风险。早已列入黑名单的禁用农药在我国并未真正退出，有些药物由于价格便宜、工艺简单，此类高毒农药一直生产和使用。建议在我国采取严格有效的控制措施，从源头控制禁用农药。

对于非禁用农药，在我国作为“田间地头”最典型单位的县级蔬果产地中，农药残留的检测几乎缺失。建议根据农药的毒性，对高毒、剧毒、中毒农药实现分类管理，减少使用高毒和剧毒高残留农药，进行分类监管。

3) 加强残留农药的生物修复及降解新技术

市售果蔬中残留农药的品种多、频次高、禁用农药多次检出这一现状，说明了我国的田间土壤和水体因农药长期、频繁、不合理的使用而遭到严重污染。为此，建议中国相关部门出台相关政策，鼓励高校及科研院所积极开展分子生物学、酶学等研究，加强土壤、水体中残留农药的生物修复及降解新技术研究，切实加大农药监管力度，以控制农药的面源污染问题。

综上所述，在本工作基础上，根据蔬菜残留危害，可进一步针对其成因提出和采取严格管理、大力推广无公害蔬菜种植与生产、健全食品安全控制技术体系、加强蔬菜食品质量检测体系建设和积极推行蔬菜食品质量追溯制度等相应对策。建立和完善食品安全综合评价指数与风险监测预警系统，对食品安全进行实时、全面的监控与分析，为我国的食品安全科学监管与决策提供新的技术支持，可实现各类检验数据的信息化系统管理，降低食品安全事故的发生。

贵 阳 市

第 9 章　LC-Q-TOF/MS 侦测贵阳市 257 例市售水果蔬菜样品农药残留报告

从贵阳市所属 2 个区，随机采集了 257 例水果蔬菜样品，使用液相色谱-四极杆飞行时间质谱(LC-Q-TOF/MS)对 565 种农药化学污染物进行示范侦测(7 种负离子模式 ESI⁻未涉及)。

9.1　样品种类、数量与来源

9.1.1　样品采集与检测

为了真实反映百姓餐桌上水果蔬菜中农药残留污染状况，本次所有检测样品均由检验人员于 2017 年 8 月，从贵阳市所属 10 个采样点，包括 2 个农贸市场和 8 个超市，以随机购买方式采集，总计 10 批 257 例样品，从中检出农药 45 种，316 频次。采样及监测概况见图 9-1 及表 9-1，样品及采样点明细见表 9-2 及表 9-3(侦测原始数据见附表 1)。

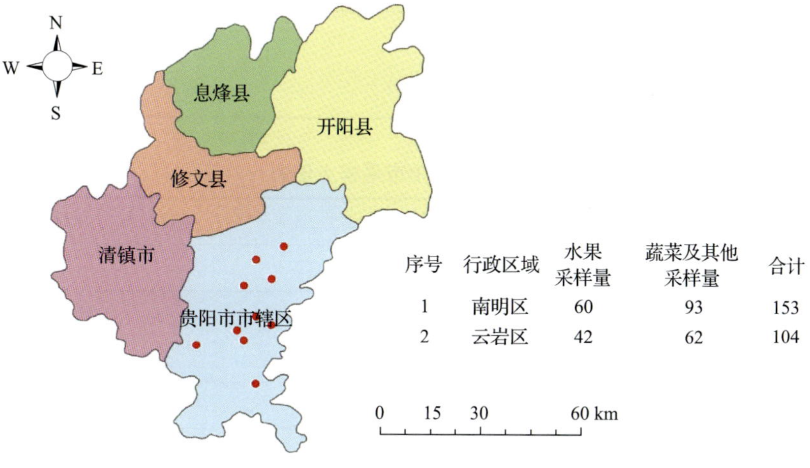

图 9-1　贵阳市所属 10 个采样点 257 例样品分布图

表 9-1　农药残留监测总体概况

采样地区	贵阳市所属 2 个区
采样点(超市+农贸市场)	10
样本总数	257
检出农药品种/频次	45/316
各采样点样本农药残留检出率范围	44.0%～66.7%

表 9-2　样品分类及数量

样品分类	样品名称(数量)	数量小计
1. 水果		102
1)仁果类水果	苹果(10),梨(10)	20
2)浆果和其他小型水果	猕猴桃(9),葡萄(10)	19
3)瓜果类水果	西瓜(8),哈密瓜(8)	16
4)热带和亚热带水果	芒果(9),火龙果(10)	19
5)柑橘类水果	柚(9),柠檬(10),橙(9)	28
2. 食用菌		10
1)蘑菇类	杏鲍菇(10)	10
3. 蔬菜		145
1)豆类蔬菜	菜豆(10)	10
2)鳞茎类蔬菜	洋葱(10),蒜薹(8)	18
3)叶菜类蔬菜	芹菜(9),生菜(9),莴笋(4)	22
4)芸薹属类蔬菜	结球甘蓝(9),青花菜(9)	18
5)瓜类蔬菜	黄瓜(10),西葫芦(10),苦瓜(9),丝瓜(9)	38
6)茄果类蔬菜	番茄(10),甜椒(9),茄子(10)	29
7)根茎类和薯芋类蔬菜	胡萝卜(10)	10
合计	1.水果 11 种 2.食用菌 1 种 3.蔬菜 16 种	257

表 9-3　贵阳市采样点信息

采样点序号	行政区域	采样点
农贸市场(2)		
1	云岩区	***农贸市场
2	南明区	***农贸市场
超市(8)		
1	云岩区	***超市(恒峰店)
2	云岩区	***超市(贵乌店)
3	云岩区	***超市(贵乌北路店)
4	南明区	***超市(文昌店)
5	南明区	***超市(中铁国际店)
6	南明区	***超市(花果园店)
7	南明区	***超市(人民广场店)
8	南明区	***超市(沙冲路店)

9.1.2 检测结果

这次使用的检测方法是庞国芳院士团队最新研发的不需使用标准品对照，而以高分辨精确质量数(0.0001 *m/z*)为基准的 LC-Q-TOF/MS 检测技术，对于 257 例样品，每个样品均侦测了 565 种农药化学污染物的残留现状。通过本次侦测，在 257 例样品中共计检出农药化学污染物 45 种，检出 316 频次。

9.1.2.1 各采样点样品检出情况

统计分析发现 10 个采样点中，被测样品的农药检出率范围为 44.0%～66.7%。其中，***超市(贵乌北路店)的检出率最高，为 66.7%。***超市(恒峰店)的检出率最低，为 44.0%，见图 9-2。

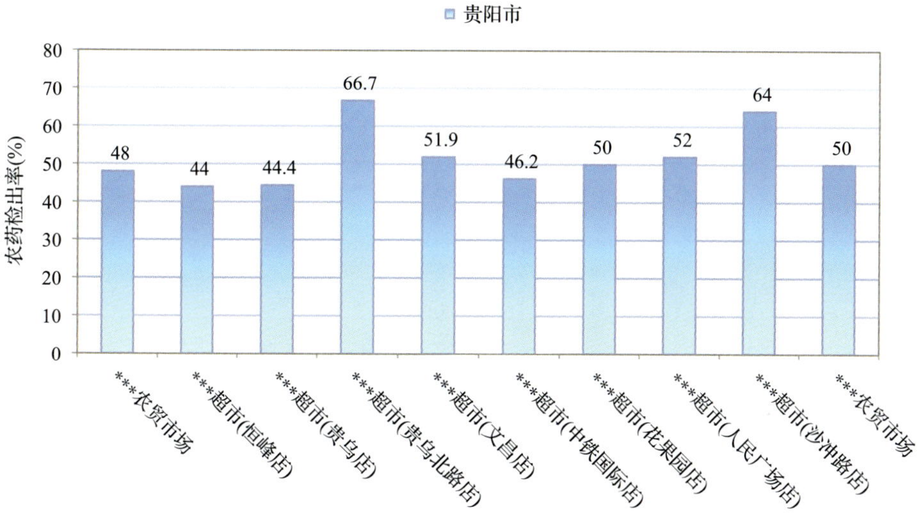

图 9-2 各采样点样品中的农药检出率

9.1.2.2 检出农药的品种总数与频次

统计分析发现，对于 257 例样品中 565 种农药化学污染物的侦测，共检出农药 316 频次，涉及农药 45 种，结果如图 9-3 所示。其中烯酰吗啉检出频次最高，共检出 44 次。检出频次排名前 10 的农药如下：①烯酰吗啉(44)；②吡唑醚菌酯(28)；③嘧菌酯(24)；④甲霜灵(21)；⑤啶虫脒(20)；⑥苯醚甲环唑(18)；⑦吡虫啉(16)；⑧噻虫嗪(15)；⑨丙环唑(13)；⑩嘧霉胺(9)。

由图 9-4 可见，葡萄、芹菜、甜椒、黄瓜和莴笋这 5 种果蔬样品中检出的农药品种数较高，均超过 10 种，其中，葡萄检出农药品种最多，为 17 种。由图 9-5 可见，葡萄、芹菜、黄瓜和生菜这 4 种果蔬样品中的农药检出频次较高，均超过 20 次，其中，葡萄检出农药频次最高，为 59 次。

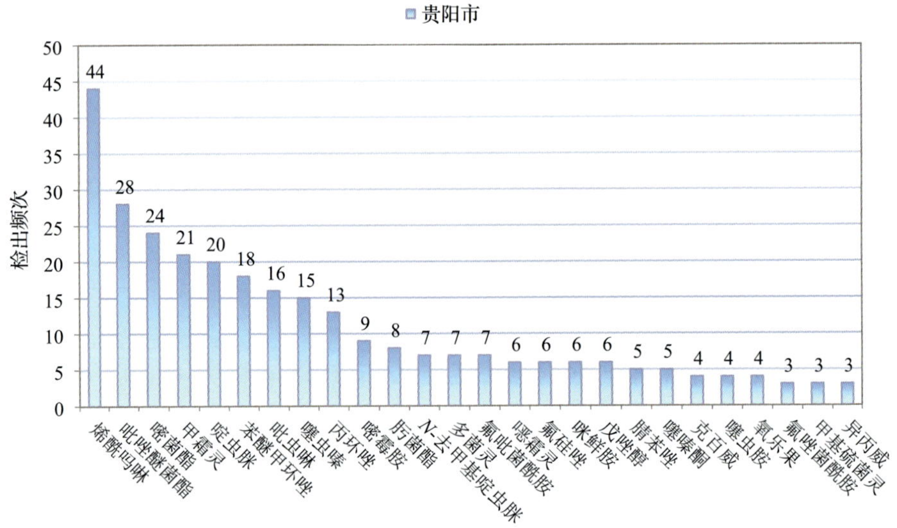

图 9-3　检出农药品种及频次(仅列出 3 频次及以上的数据)

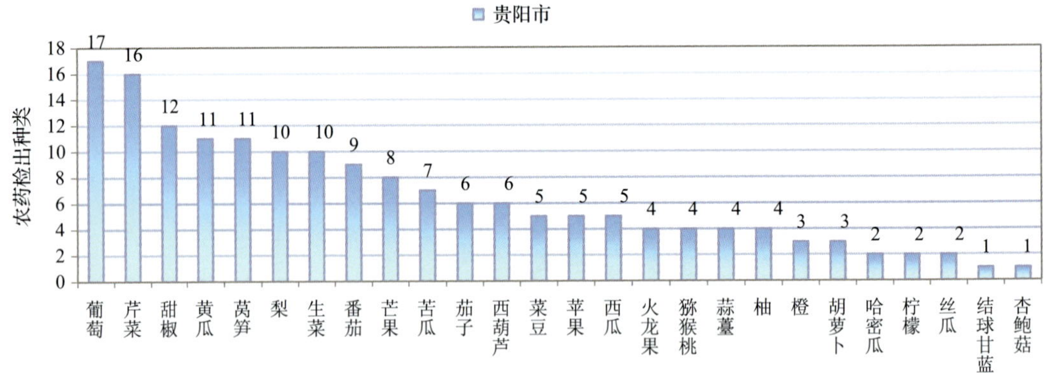

图 9-4　单种水果蔬菜检出农药的种类数

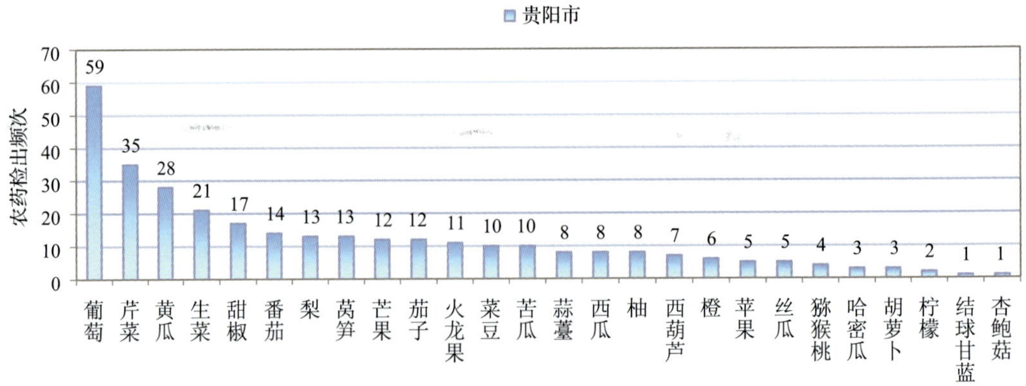

图 9-5　单种水果蔬菜检出农药频次

9.1.2.3　单例样品农药检出种类与占比

对单例样品检出农药种类和频次进行统计发现，未检出农药的样品占总样品数的 48.2%，检出 1 种农药的样品占总样品数的 26.5%，检出 2～5 种农药的样品占总样品数的 20.2%，检出 6～10 种农药的样品占总样品数的 5.1%。每例样品中平均检出农药为 1.2 种，数据见表 9-4 及图 9-6。

表 9-4　单例样品检出农药品种占比

检出农药品种数	样品数量/占比%
未检出	124/48.2
1 种	68/26.5
2～5 种	52/20.2
6～10 种	13/5.1
单例样品平均检出农药品种	1.2 种

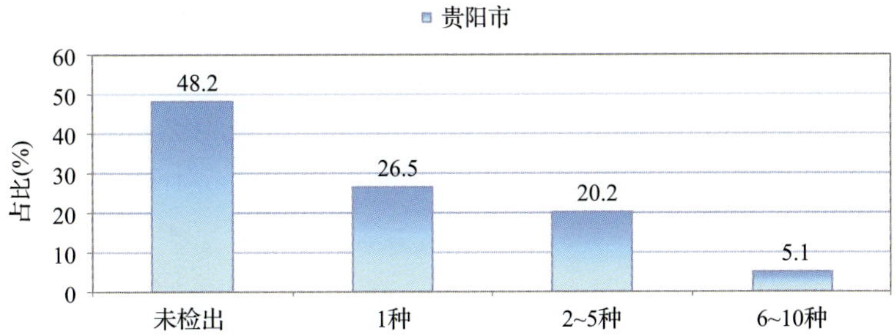

图 9-6　单例样品平均检出农药品种及占比

9.1.2.4　检出农药类别与占比

所有检出农药按功能分类，包括杀菌剂、杀虫剂、植物生长调节剂共 3 类。其中杀菌剂与杀虫剂为主要检出的农药类别，分别占总数的 55.6%和 40.0%，见表 9-5 及图 9-7。

9.1.2.5　检出农药的残留水平

按检出农药残留水平进行统计，残留水平在 1～5 μg/kg(含)的农药占总数的 37.7%，在 5～10 μg/kg(含)的农药占总数的 13.3%，在 10～100 μg/kg(含)的农药占总数的 43.7%，在 100～1000 μg/kg(含)的农药占总数的 5.1%，在>1000 μg/kg 的农药占总数的 0.3%。

由此可见，这次检测的 10 批 257 例水果蔬菜样品中农药多数处于较低残留水平。结果见表 9-6 及图 9-8，数据见附表 2。

表 9-5　检出农药所属类别/占比

农药类别	数量/占比(%)
杀菌剂	25/55.6
杀虫剂	18/40.0
植物生长调节剂	2/4.4

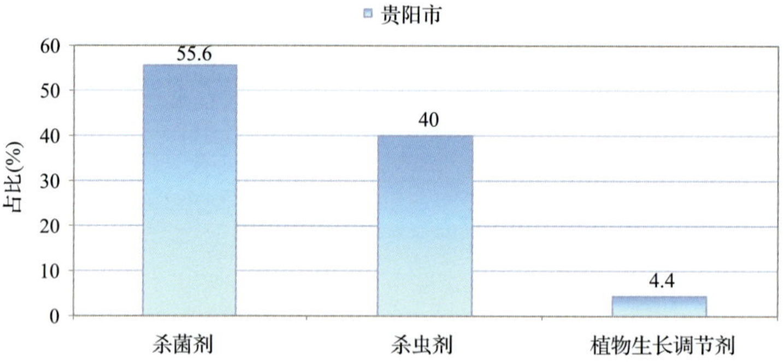

图 9-7　检出农药所属类别和占比

表 9-6　农药残留水平/占比

残留水平(μg/kg)	检出频次数/占比(%)
1～5(含)	119/37.7
5～10(含)	42/13.3
10～100(含)	138/43.7
100～1000(含)	16/5.1
>1000	1/0.3

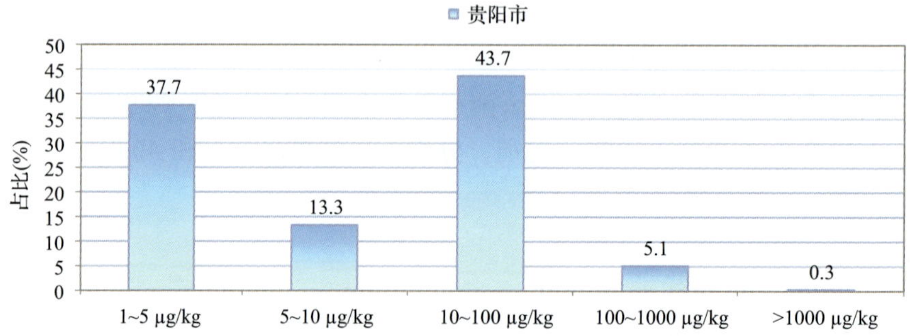

图 9-8　检出农药残留水平及占比

9.1.2.6　检出农药的毒性类别、检出频次和超标频次及占比

对这次检出的 45 种 316 频次的农药，按剧毒、高毒、中毒、低毒和微毒这五个毒性类别进行分类，从中可以看出，贵阳市目前普遍使用的农药为中低微毒农药，品种占 91.1%，频次占 96.8%。结果见表 9-7 及图 9-9。

表 9-7　检出农药毒性类别/占比

毒性分类	农药品种/占比(%)	检出频次/占比(%)	超标频次/超标率(%)
剧毒农药	1/2.2	1/0.3	1/100.0
高毒农药	3/6.7	9/2.8	6/66.7
中毒农药	21/46.7	152/48.1	0/0.0
低毒农药	13/28.9	81/25.6	0/0.0
微毒农药	7/15.6	73/23.1	0/0.0

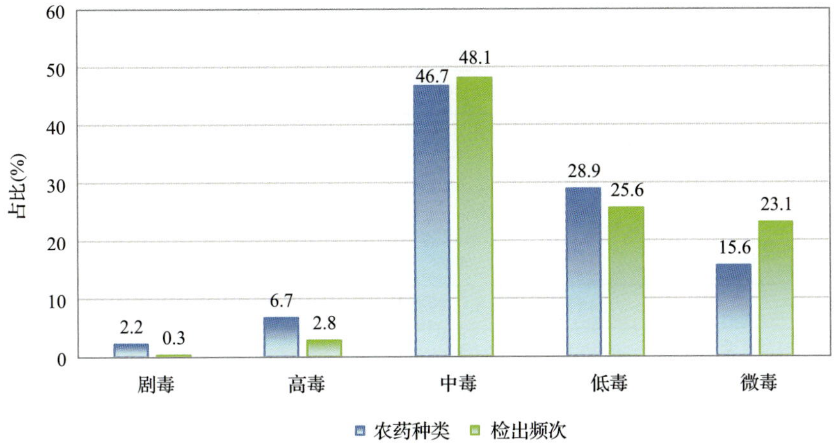

图 9-9　检出农药的毒性分类和占比

9.1.2.7　检出剧毒/高毒类农药的品种和频次

值得特别关注的是，在此次侦测的 257 例样品中有 5 种蔬菜 2 种水果的 10 例样品检出了 4 种 10 频次的剧毒和高毒农药，占样品总量的 3.9%，详见图 9-10、表 9-8 及表 9-9。

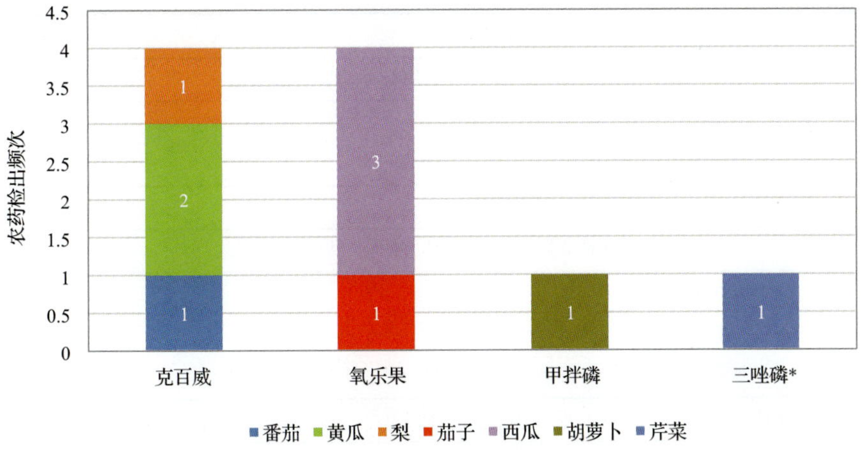

图 9-10　检出剧毒/高毒农药的样品情况

*表示允许在水果和蔬菜上使用的农药

表 9-8 剧毒农药检出情况

序号	农药名称	检出频次	超标频次	超标率
水果中未检出剧毒农药				
	小计	0	0	超标率：0.0%
从 1 种蔬菜中检出 1 种剧毒农药，共计检出 1 次				
1	甲拌磷*	1	1	100.0%
	小计	1	1	超标率：100.0%
	合计	1	1	超标率：100.0%

表 9-9 高毒农药检出情况

序号	农药名称	检出频次	超标频次	超标率
从 2 种水果中检出 2 种高毒农药，共计检出 4 次				
1	氧乐果	3	3	100.0%
2	克百威	1	0	0.0%
	小计	4	3	超标率：75.0%
从 4 种蔬菜中检出 3 种高毒农药，共计检出 5 次				
1	克百威	3	2	66.7%
2	三唑磷	1	0	0.0%
3	氧乐果	1	1	100.0%
	小计	5	3	超标率：60.0%
	合计	9	6	超标率：66.7%

在检出的剧毒和高毒农药中，有 3 种是我国早已禁止在果树和蔬菜上使用的，分别是：克百威、甲拌磷和氧乐果。禁用农药的检出情况见表 9-10。

表 9-10 禁用农药检出情况

序号	农药名称	检出频次	超标频次	超标率
从 2 种水果中检出 2 种禁用农药，共计检出 4 次				
1	氧乐果	3	3	100.0%
2	克百威	1	0	0.0%
	小计	4	3	超标率：75.0%
从 4 种蔬菜中检出 3 种禁用农药，共计检出 5 次				
1	克百威	3	2	66.7%
2	甲拌磷*	1	1	100.0%
3	氧乐果	1	1	100.0%
	小计	5	4	超标率：80.0%
	合计	9	7	超标率：77.8%

注：超标结果参考 MRL 中国国家标准计算

此次抽检的果蔬样品中，有 1 种蔬菜检出了剧毒农药，为：胡萝卜中检出甲拌磷 1 次。

样品中检出剧毒和高毒农药残留水平超过 MRL 中国国家标准的频次为 7 次，其中：西瓜检出氧乐果超标 3 次；番茄检出克百威超标 1 次；胡萝卜检出甲拌磷超标 1 次；茄子检出氧乐果超标 1 次；黄瓜检出克百威超标 1 次。本次检出结果表明，高毒、剧毒农药的使用现象依旧存在。详见表 9-11。

表 9-11　各样本中检出剧毒/高毒农药情况

样品名称	农药名称	检出频次	超标频次	检出浓度(μg/kg)
水果 2 种				
梨	克百威▲	1	0	12.0
西瓜	氧乐果▲	3	3	75.5[a], 40.4[a], 74.0[a]
小计		4	3	超标率：75.0%
蔬菜 5 种				
番茄	克百威▲	1	1	120.4[a]
胡萝卜	甲拌磷*▲	1	1	83.6[a]
芹菜	三唑磷	1	0	3.4
茄子	氧乐果▲	1	1	211.9[a]
黄瓜	克百威▲	2	1	91.9[a], 3.5
小计		6	4	超标率：66.7%
合计		10	7	超标率：70.0%

9.2　农药残留检出水平与最大残留限量标准对比分析

我国于 2014 年 3 月 20 日正式颁布并于 2014 年 8 月 1 日正式实施食品农药残留限量国家标准《食品中农药最大残留限量》(GB 2763—2014)。该标准包括 371 个农药条目，涉及最大残留限量(MRL)标准 3653 项。将 316 频次检出农药的浓度水平与 3653 项 MRL 中国国家标准进行核对，其中只有 127 频次的农药找到了对应的 MRL 标准，占 40.2%，还有 189 频次的侦测数据则无相关 MRL 标准供参考，占 59.8%。

将此次侦测结果与国际上现行 MRL 标准对比发现，在 316 频次的检出结果中有 316 频次的结果找到了对应的 MRL 欧盟标准，占 100.0%，其中，300 频次的结果有明确对应的 MRL，占 94.9%，其余 16 频次按照欧盟一律标准判定，占 5.1%；有 316 频次的结果找到了对应的 MRL 日本标准，占 100.0%，其中，253 频次的结果有明确对应的 MRL，占 80.1%，其余 63 频次按照日本一律标准判定，占 19.9%；有 200 频次的结果找到了对应的 MRL 中国香港标准，占 63.3%；有 224 频次的结果找到了对应的 MRL 美国标准，占 70.9%；有 180 频次的结果找到了对应的 MRL CAC 标准，占 57.0%(见图 9-11 和图 9-12，数据见附表 3 至附表 8)。

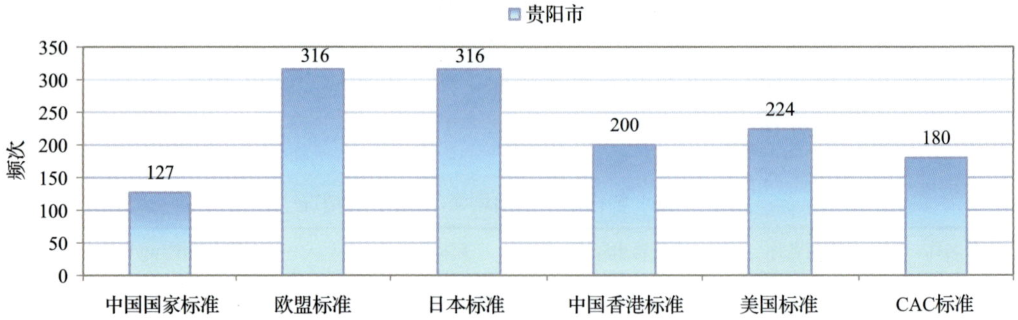

图 9-11　316 频次检出农药可用 MRL 中国国家标准、欧盟标准、日本标准、中国香港标准、美国标准、CAC 标准判定衡量的数量

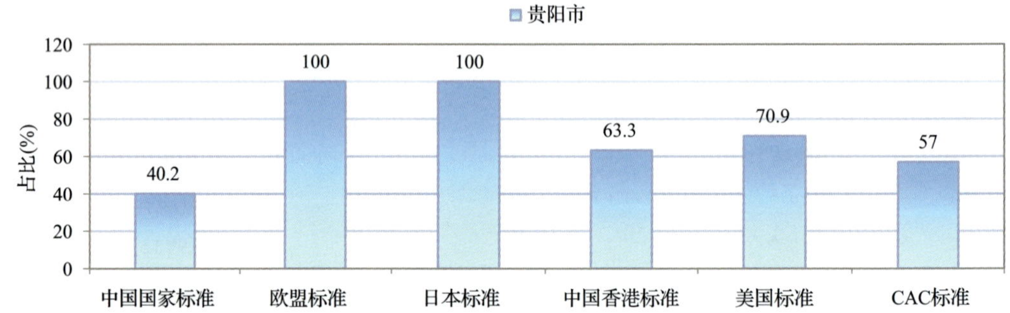

图 9-12　316 频次检出农药可用 MRL 中国国家标准、欧盟标准、日本标准、中国香港标准、美国标准、CAC 标准衡量的占比

9.2.1　超标农药样品分析

本次侦测的 257 例样品中，124 例样品未检出任何残留农药，占样品总量的 48.2%，133 例样品检出不同水平、不同种类的残留农药，占样品总量的 51.8%。在此，我们将本次侦测的农残检出情况与 MRL 中国国家标准、欧盟标准、日本标准、中国香港标准、美国标准、CAC 标准这 6 大国际主流 MRL 标准进行对比分析，样品农残检出与超标情况见表 9-12、图 9-13 和图 9-14，详细数据见附表 9 至附表 14。

表 9-12　各 MRL 标准下样品农残检出与超标数量及占比

	中国国家标准	欧盟标准	日本标准	中国香港标准	美国标准	CAC 标准
	数量/占比(%)	数量/占比(%)	数量/占比(%)	数量/占比(%)	数量/占比(%)	数量/占比(%)
未检出	124/48.2	124/48.2	124/48.2	124/48.2	124/48.2	124/48.2
检出未超标	126/49.0	97/37.7	116/45.1	129/50.2	130/50.6	130/50.6
检出超标	7/2.7	36/14.0	17/6.6	4/1.6	3/1.2	3/1.2

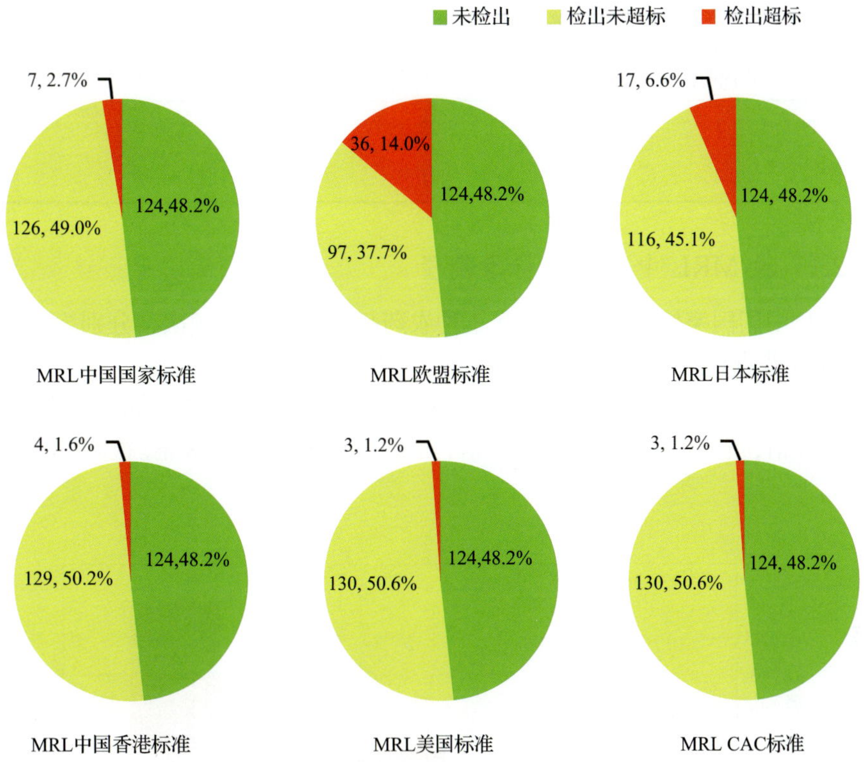

图 9-13　检出和超标样品比例情况

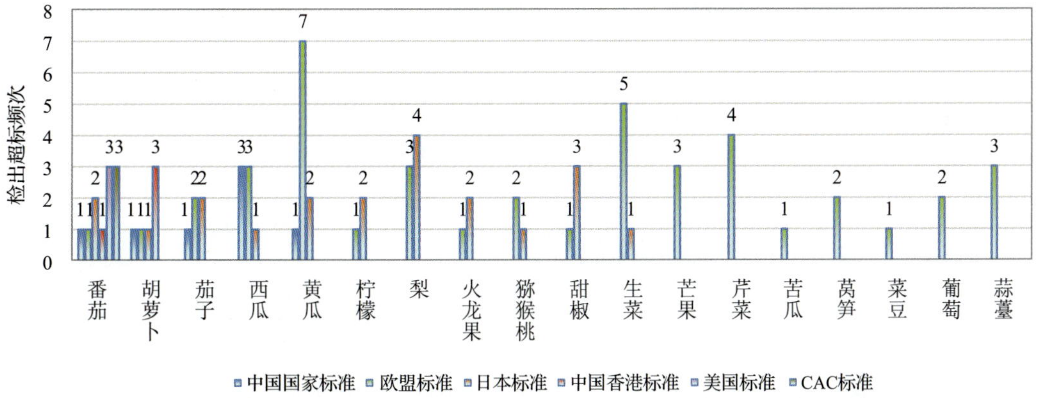

图 9-14　超过 MRL 中国国家标准、欧盟标准、日本标准、中国香港标准、美国标准、CAC 标准结果在水果蔬菜中的分布

9.2.2　超标农药种类分析

按照 MRL 中国国家标准、欧盟标准、日本标准、中国香港标准、美国标准、CAC 标准这 6 大国际主流 MRL 标准衡量，本次侦测检出的农药超标品种及频次情况见表 9-13。

表 9-13 各 MRL 标准下超标农药品种及频次

	中国国家标准	欧盟标准	日本标准	中国香港标准	美国标准	CAC 标准
超标农药品种	3	20	12	3	2	2
超标农药频次	7	43	21	4	3	3

9.2.2.1 按 MRL 中国国家标准衡量

按 MRL 中国国家标准衡量，共有 3 种农药超标，检出 7 频次，分别为剧毒农药甲拌磷，高毒农药克百威和氧乐果。

按超标程度比较，茄子中氧乐果超标 9.6 倍，胡萝卜中甲拌磷超标 7.4 倍，番茄中克百威超标 5.0 倍，黄瓜中克百威超标 3.6 倍，西瓜中氧乐果超标 2.8 倍。检测结果见图 9-15 和附表 15。

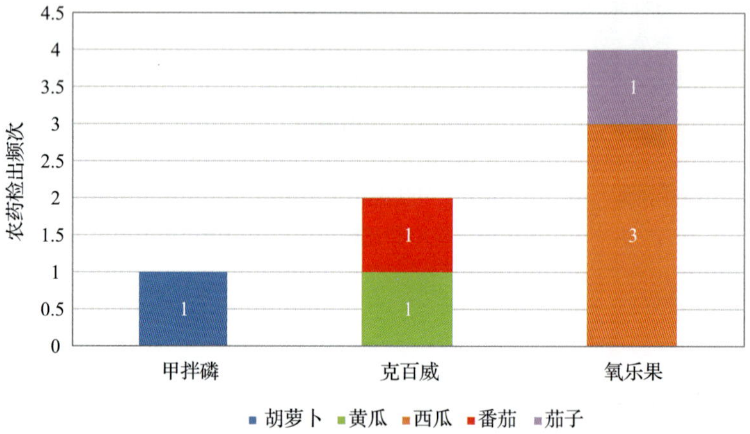

图 9-15 超过 MRL 中国国家标准农药品种及频次

9.2.2.2 按 MRL 欧盟标准衡量

按 MRL 欧盟标准衡量，共有 20 种农药超标，检出 43 频次，分别为剧毒农药甲拌磷，高毒农药克百威和氧乐果，中毒农药咪鲜胺、多效唑、三环唑、噻虫胺、噁霜灵、丙环唑、啶虫脒、氟硅唑、异丙威和 *N*-去甲基啶虫脒，低毒农药烯酰吗啉、嘧霉胺、氟吡菌酰胺和氟唑菌酰胺，微毒农药吡唑醚菌酯、嘧菌酯和甲基硫菌灵。

按超标程度比较，番茄中克百威超标 59.2 倍，黄瓜中克百威超标 45.0 倍，茄子中氧乐果超标 20.2 倍，梨中克百威超标 11.0 倍，芹菜中嘧霉胺超标 8.4 倍。检测结果见图 9-16 和附表 16。

9.2.2.3 按 MRL 日本标准衡量

按 MRL 日本标准衡量，共有 12 种农药超标，检出 21 频次，分别为中毒农药多效唑、二环唑、噁霜灵、丙环唑、氟硅唑、异丙威和 *N*-去甲基啶虫脒，低毒农药烯酰吗啉、嘧霉胺和氟吡菌酰胺，微毒农药嘧菌酯和甲基硫菌灵。

按超标程度比较，柠檬中甲基硫菌灵超标 615.3 倍，芹菜中嘧霉胺超标 8.4 倍，莴笋中多效唑超标 7.8 倍，芒果中 *N*-去甲基啶虫脒超标 7.6 倍，生菜中丙环唑超标 6.1 倍。检测结果见图 9-17 和附表 17。

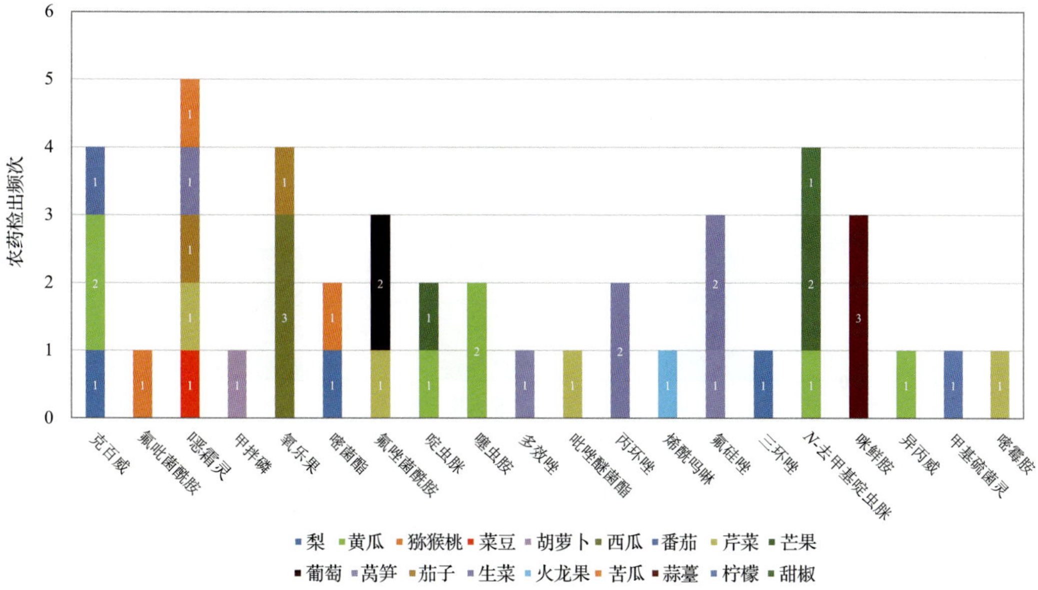

图 9-16　超过 MRL 欧盟标准农药品种及频次

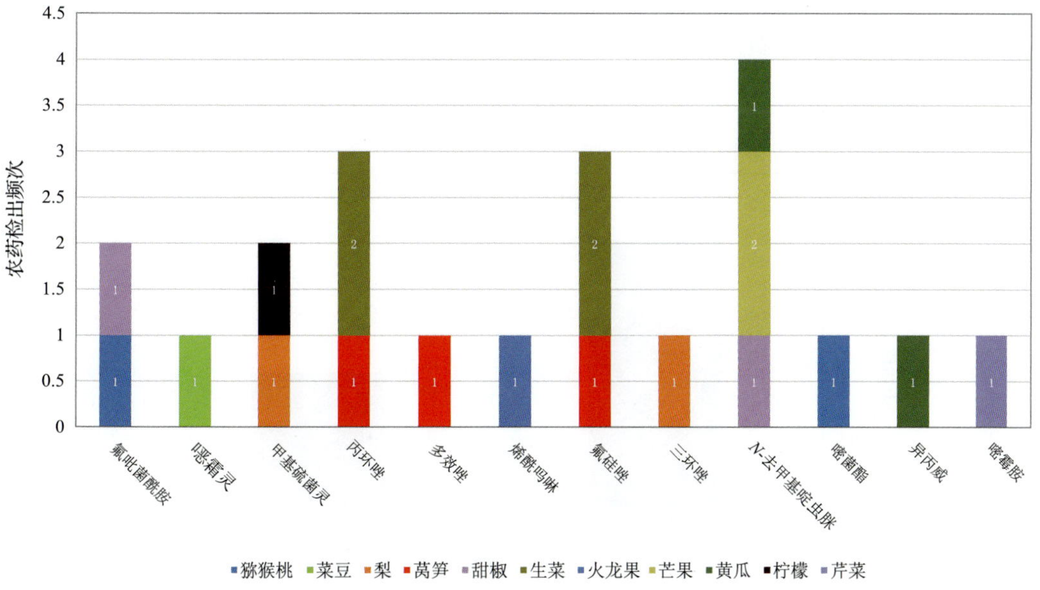

图 9-17　超过 MRL 日本标准农药品种及频次

9.2.2.4 按 MRL 中国香港标准衡量

按 MRL 中国香港标准衡量，共有 3 种农药超标，检出 4 频次，分别为高毒农药克百威，中毒农药噻虫胺和啶虫脒。

按超标程度比较，黄瓜中噻虫胺超标 7.5 倍，黄瓜中啶虫脒超标 0.4 倍，番茄中克百威超标 0.2 倍。检测结果见图 9-18 和附表 18。

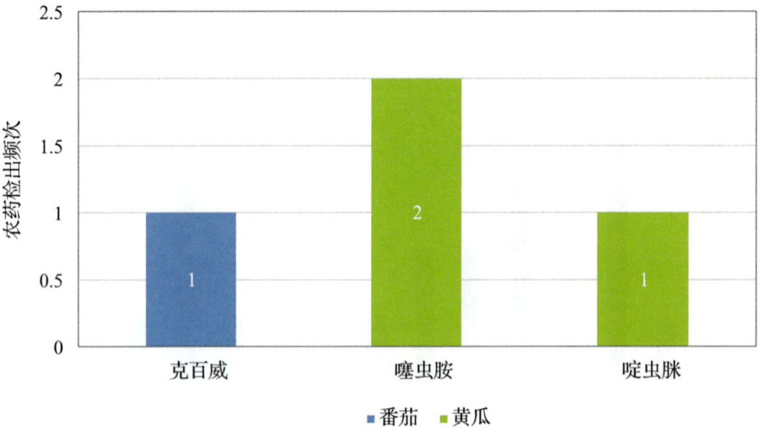

图 9-18 超过 MRL 中国香港标准农药品种及频次

9.2.2.5 按 MRL 美国标准衡量

按 MRL 美国标准衡量，共有 2 种农药超标，检出 3 频次，分别为中毒农药噻虫胺和啶虫脒。

按超标程度比较，黄瓜中噻虫胺超标 1.8 倍，黄瓜中啶虫脒超标 0.4 倍。检测结果见图 9-19 和附表 19。

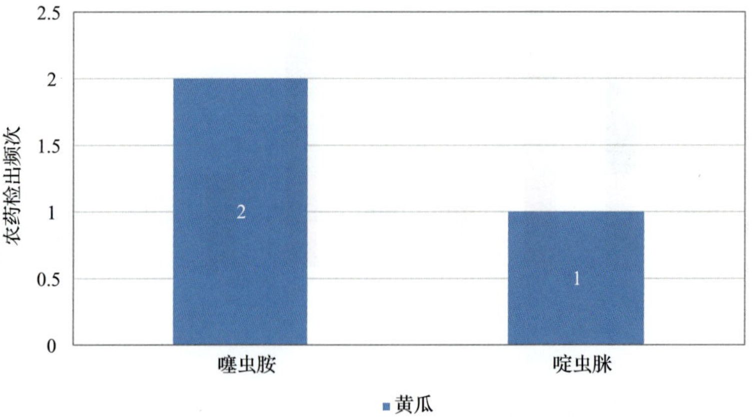

图 9-19 超过 MRL 美国标准农药品种及频次

9.2.2.6　按 MRL CAC 标准衡量

按 MRL CAC 标准衡量，共有 2 种农药超标，检出 3 频次，分别为中毒农药噻虫胺和啶虫脒。

按超标程度比较，黄瓜中噻虫胺超标 7.5 倍，黄瓜中啶虫脒超标 2.4 倍。检测结果见图 9-20 和附表 20。

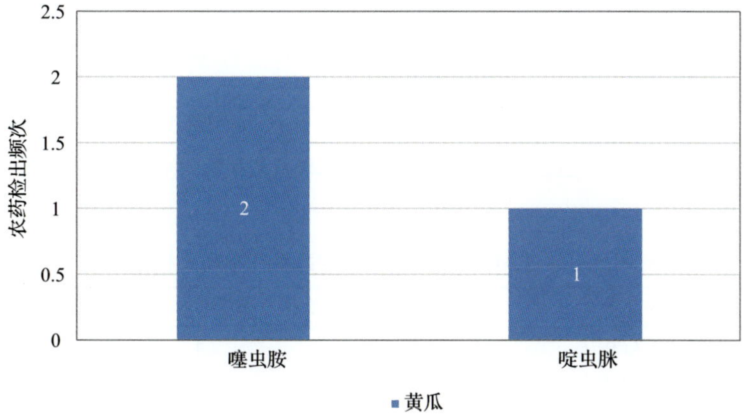

图 9-20　超过 MRL CAC 标准农药品种及频次

9.2.3　10 个采样点超标情况分析

9.2.3.1　按 MRL 中国国家标准衡量

按 MRL 中国国家标准衡量，有 4 个采样点的样品存在不同程度的超标农药检出，其中***超市(沙冲路店)和***超市(人民广场店)的超标率最高，为 8.0%，如表 9-14 和图 9-21 所示。

9.2.3.2　按 MRL 欧盟标准衡量

按 MRL 欧盟标准衡量，所有采样点的样品均存在不同程度的超标农药检出，其中***超市(贵乌北路店)的超标率最高，为 29.6%，如表 9-15 和图 9-22 所示。

表 9-14　超过 MRL 中国国家标准水果蔬菜在不同采样点分布

序号	采样点	样品总数	超标数量	超标率(%)	行政区域
1	***超市(文昌店)	27	2	7.4	南明区
2	***超市(中铁国际店)	26	1	3.8	南明区
3	***超市(沙冲路店)	25	2	8.0	南明区
4	***超市(人民广场店)	25	2	8.0	南明区

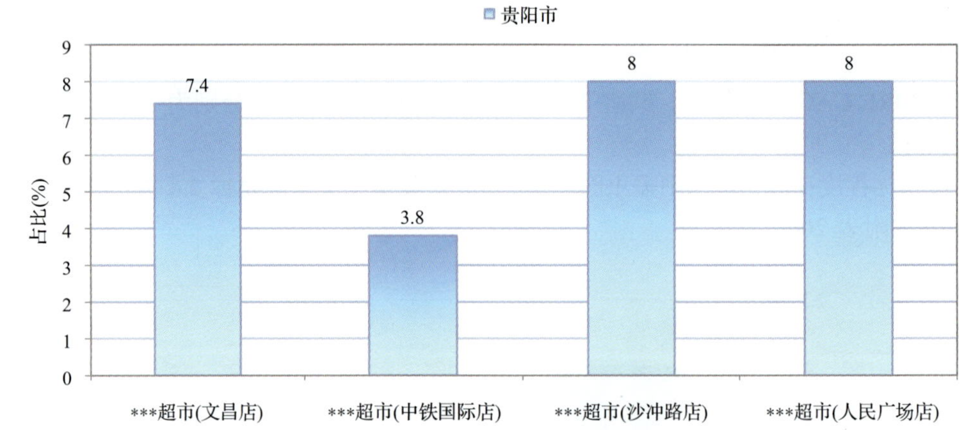

图 9-21　超过 MRL 中国国家标准水果蔬菜在不同采样点分布

表 9-15　超过 MRL 欧盟标准水果蔬菜在不同采样点分布

序号	采样点	样品总数	超标数量	超标率(%)	行政区域
1	***超市(文昌店)	27	2	7.4	南明区
2	***超市(贵乌店)	27	3	11.1	云岩区
3	***超市(贵乌北路店)	27	8	29.6	云岩区
4	***超市(中铁国际店)	26	5	19.2	南明区
5	***超市(花果园店)	26	1	3.8	南明区
6	***超市(沙冲路店)	25	5	20.0	南明区
7	***超市(恒峰店)	25	2	8.0	云岩区
8	***农贸市场	25	1	4.0	云岩区
9	***超市(人民广场店)	25	4	16.0	南明区
10	***农贸市场	24	5	20.8	南明区

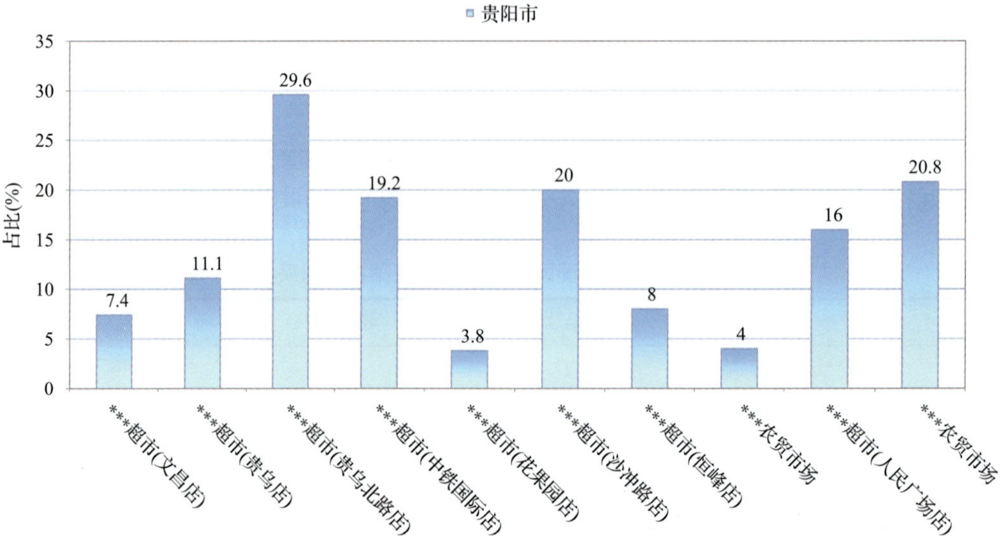

图 9-22　超过 MRL 欧盟标准水果蔬菜在不同采样点分布

9.2.3.3　按 MRL 日本标准衡量

按 MRL 日本标准衡量，有 8 个采样点的样品存在不同程度的超标农药检出，其中***农贸市场的超标率最高，为 16.7%，如表 9-16 和图 9-23 所示。

表 9-16　超过 MRL 日本标准水果蔬菜在不同采样点分布

序号	采样点	样品总数	超标数量	超标率(%)	行政区域
1	***超市(贵乌店)	27	1	3.7	云岩区
2	***超市(贵乌北路店)	27	3	11.1	云岩区
3	***超市(中铁国际店)	26	2	7.7	南明区
4	***超市(花果园店)	26	1	3.8	南明区
5	***超市(沙冲路店)	25	4	16.0	南明区
6	***农贸市场	25	1	4.0	云岩区
7	***超市(人民广场店)	25	1	4.0	南明区
8	***农贸市场	24	4	16.7	南明区

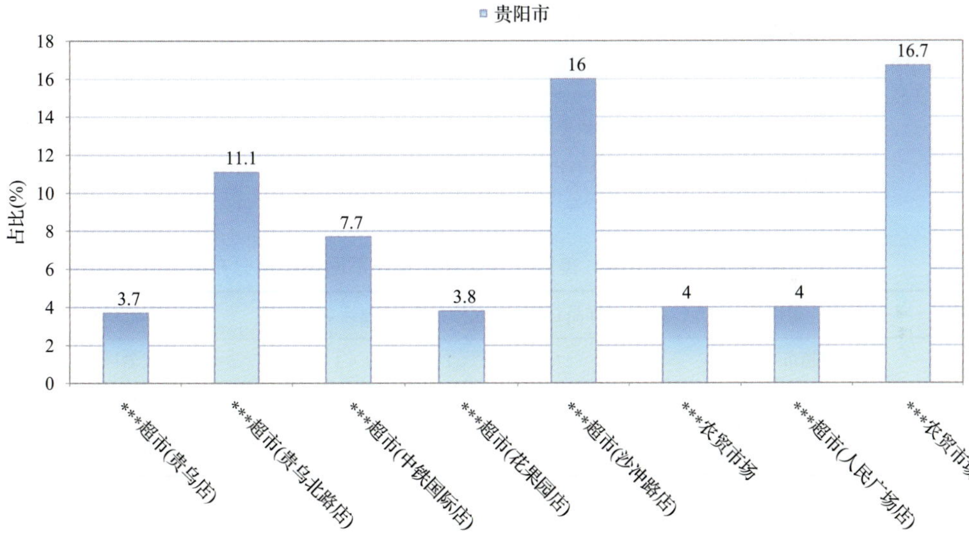

图 9-23　超过 MRL 日本标准水果蔬菜在不同采样点分布

9.2.3.4　按 MRL 中国香港标准衡量

按 MRL 中国香港标准衡量，有 4 个采样点的样品存在不同程度的超标农药检出，其中***超市(沙冲路店)和***超市(人民广场店)的超标率最高，为 4.0%，如表 9-17 和图 9-24 所示。

9.2.3.5　按 MRL 美国标准衡量

按 MRL 美国标准衡量，有 3 个采样点的样品存在不同程度的超标农药检出，其中

***超市(沙冲路店)的超标率最高，为 4.0%，如表 9-18 和图 9-25 所示。

表 9-17　超过 MRL 中国香港标准水果蔬菜在不同采样点分布

序号	采样点	样品总数	超标数量	超标率(%)	行政区域
1	***超市(贵乌店)	27	1	3.7	云岩区
2	***超市(中铁国际店)	26	1	3.8	南明区
3	***超市(沙冲路店)	25	1	4.0	南明区
4	***超市(人民广场店)	25	1	4.0	南明区

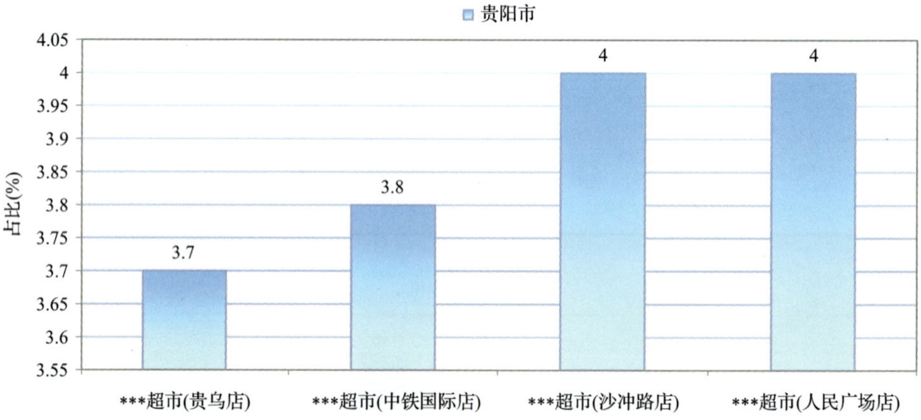

图 9-24　超过 MRL 中国香港标准水果蔬菜在不同采样点分布

表 9-18　超过 MRL 美国标准水果蔬菜在不同采样点分布

序号	采样点	样品总数	超标数量	超标率(%)	行政区域
1	***超市(贵乌店)	27	1	3.7	云岩区
2	***超市(中铁国际店)	26	1	3.8	南明区
3	***超市(沙冲路店)	25	1	4.0	南明区

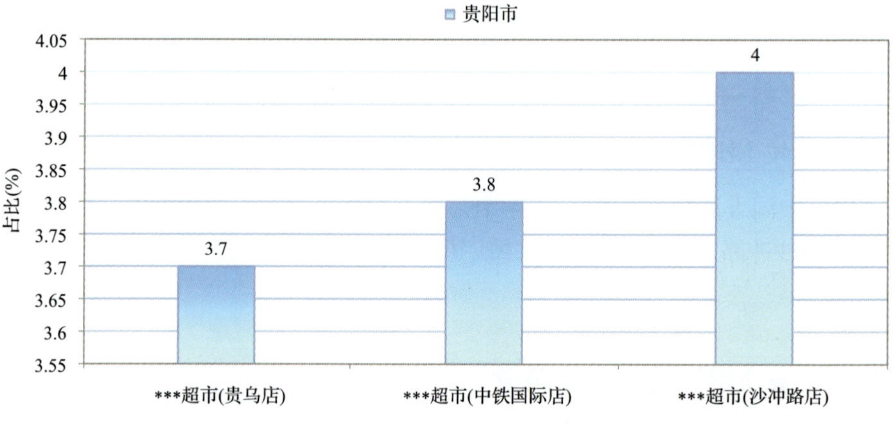

图 9-25　超过 MRL 美国标准水果蔬菜在不同采样点分布

9.2.3.6　按 MRL CAC 标准衡量

按 MRL CAC 标准衡量，有 3 个采样点的样品存在不同程度的超标农药检出，其中***超市(沙冲路店)的超标率最高，为 4.0%，如表 9-19 和图 9-26 所示。

表 9-19　超过 MRL CAC 标准水果蔬菜在不同采样点分布

序号	采样点	样品总数	超标数量	超标率(%)	行政区域
1	***超市(贵乌店)	27	1	3.7	云岩区
2	***超市(中铁国际店)	26	1	3.8	南明区
3	***超市(沙冲路店)	25	1	4.0	南明区

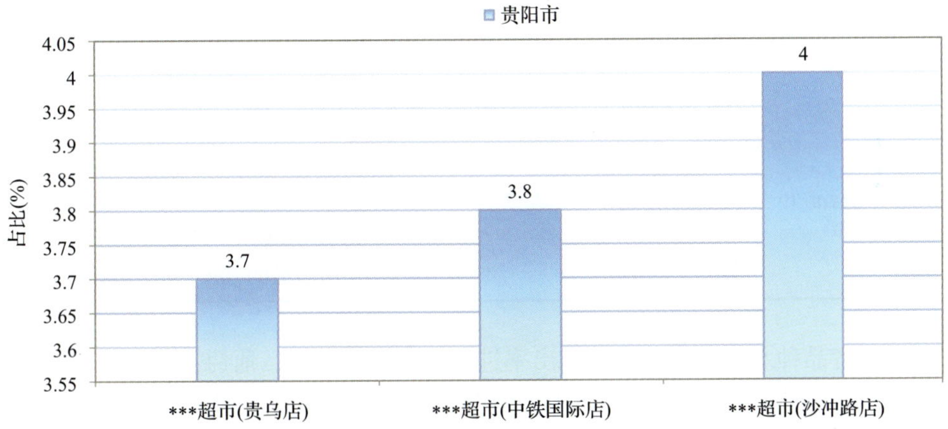

图 9-26　超过 MRL CAC 标准水果蔬菜在不同采样点分布

9.3　水果中农药残留分布

9.3.1　检出农药品种和频次排前 10 的水果

本次残留侦测的水果共 11 种，包括西瓜、猕猴桃、哈密瓜、苹果、葡萄、梨、柚、芒果、火龙果、柠檬和橙。

根据检出农药品种及频次进行排名，将各项排名前 10 位的水果样品检出情况列表说明，详见表 9-20。

9.3.2　超标农药品种和频次排前 10 的水果

鉴于 MRL 欧盟标准、日本标准制定比较全面且覆盖率较高，我们参照 MRL 中国国家标准、欧盟标准、日本标准衡量水果样品中农残检出情况，将超标农药品种及频次排名前 10 的水果列表说明，详见表 9-21。

表 9-20 检出农药品种和频次排名前 10 的水果

检出农药品种排名前 10(品种)	①葡萄(17),②梨(10),③芒果(8),④苹果(5),⑤西瓜(5),⑥火龙果(4),⑦猕猴桃(4),⑧柚(4),⑨橙(3),⑩哈密瓜(2)
检出农药频次排名前 10(频次)	①葡萄(59),②梨(13),③芒果(12),④火龙果(11),⑤西瓜(8),⑥柚(8),⑦橙(6),⑧苹果(5),⑨猕猴桃(4),⑩哈密瓜(3)
检出禁用、高毒及剧毒农药品种排名前 10(品种)	①梨(1),②西瓜(1)
检出禁用、高毒及剧毒农药频次排名前 10(频次)	①西瓜(3),②梨(1)

表 9-21 超标农药品种和频次排名前 10 的水果

超标农药品种排名前 10(农药品种数)	MRL 中国国家标准	①西瓜(1)
	MRL 欧盟标准	①梨(3),②芒果(2),③猕猴桃(2),④火龙果(1),⑤柠檬(1),⑥葡萄(1),⑦西瓜(1)
	MRL 日本标准	①梨(2),②猕猴桃(2),③火龙果(1),④芒果(1),⑤柠檬(1)
超标农药频次排名前 10(农药频次数)	MRL 中国国家标准	①西瓜(3)
	MRL 欧盟标准	①梨(3),②芒果(3),③西瓜(3),④猕猴桃(2),⑤葡萄(2),⑥火龙果(1),⑦柠檬(1)
	MRL 日本标准	①梨(2),②芒果(2),③猕猴桃(2),④火龙果(1),⑤柠檬(1)

通过对各品种水果样本总数及检出率进行综合分析发现，葡萄、梨和芒果的残留污染最为严重，在此，我们参照 MRL 中国国家标准、欧盟标准、日本标准对这 3 种水果的农残检出情况进行进一步分析。

9.3.3 农药残留检出率较高的水果样品分析

9.3.3.1 葡萄

这次共检测 10 例葡萄样品，9 例样品中检出了农药残留，检出率为 90.0%，检出农药共计 17 种。其中烯酰吗啉、吡唑醚菌酯、嘧霉胺、苯醚甲环唑和甲霜灵检出频次较高，分别检出了 8、7、6、5 和 5 次。葡萄中农药检出品种和频次见图 9-27，超标农药见图 9-28 和表 9-22。

9.3.3.2 梨

这次共检测 10 例梨样品，4 例样品中检出了农药残留，检出率为 40.0%，检出农药共计 10 种。其中吡虫啉、啶虫脒、嘧菌酯、苯醚甲环唑和丙环唑检出频次较高，分别检出了 2、2、2、1 和 1 次。梨中农药检出品种和频次见图 9-29，超标农药见图 9-30 和表 9-23。

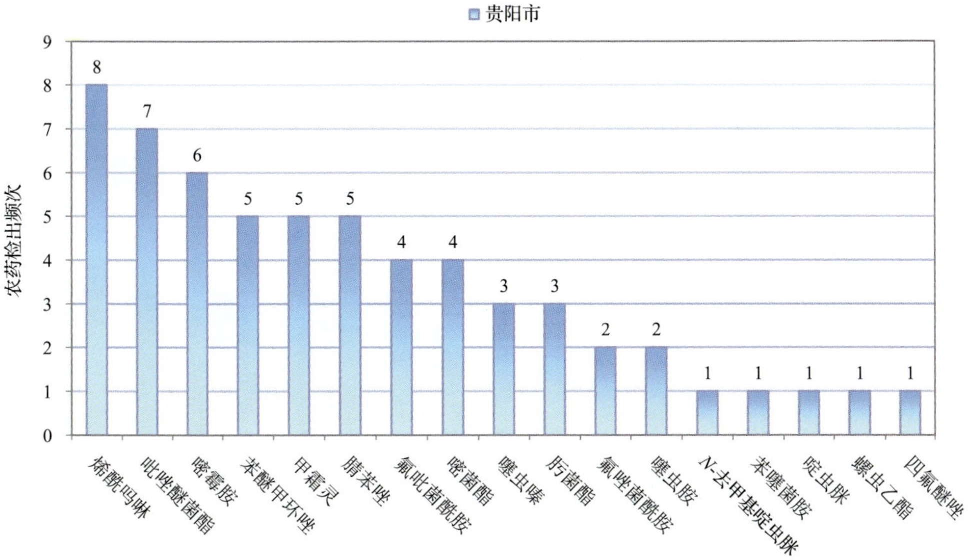

图 9-27 葡萄样品检出农药品种和频次分析

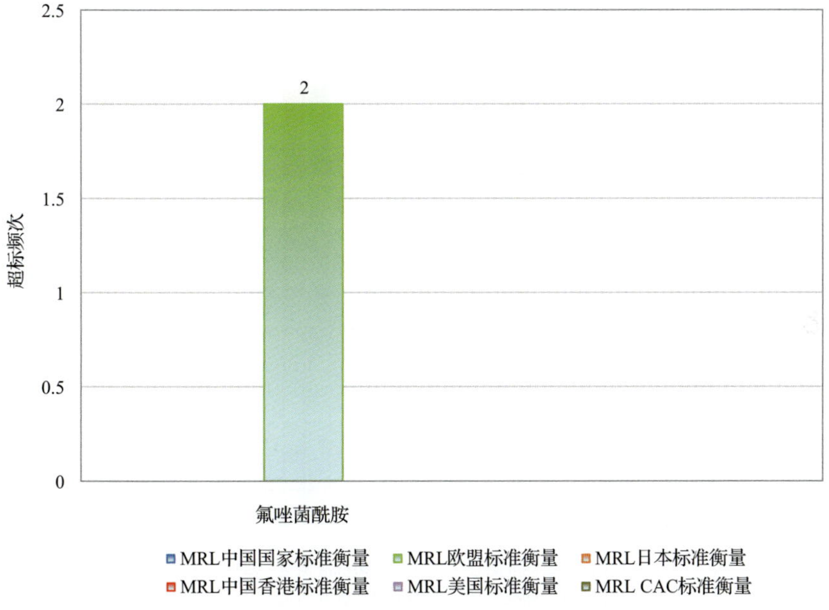

图 9-28 葡萄样品中超标农药分析

表 9-22 葡萄中农药残留超标情况明细表

样品总数			检出农药样品数	样品检出率(%)	检出农药品种总数
10			9	90	17
	超标农药品种	超标农药频次	按照 MRL 中国国家标准、欧盟标准、日本标准衡量超标农药名称及频次		
中国国家标准	0	0			
欧盟标准	1	2	氟唑菌酰胺(2)		
日本标准	0	0			

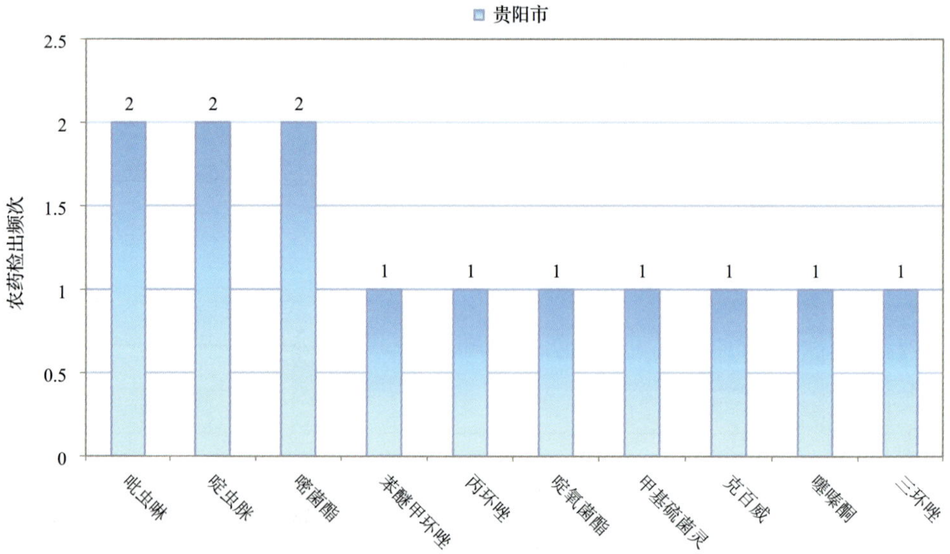

图 9-29　梨样品检出农药品种和频次分析

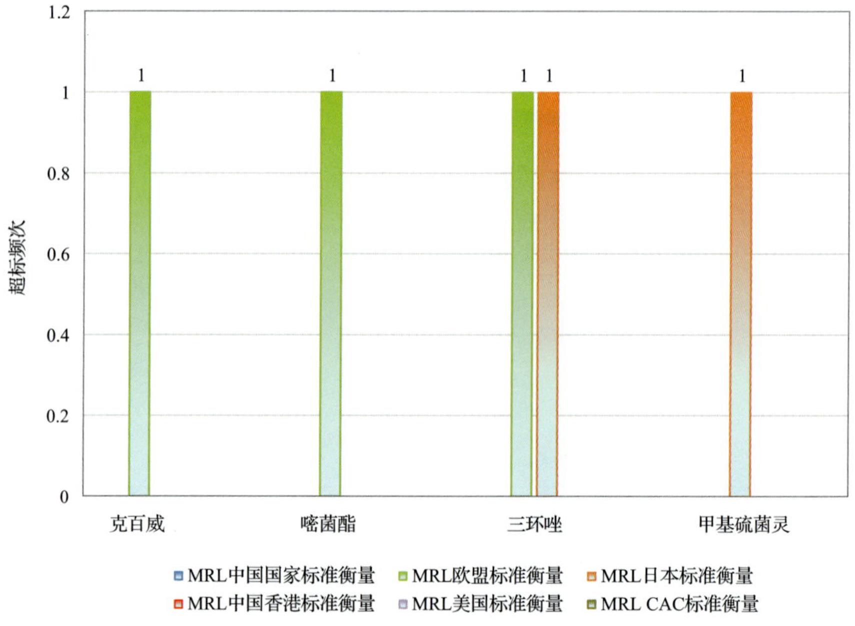

图 9-30　梨样品中超标农药分析

表 9-23　梨中农药残留超标情况明细表

样品总数		检出农药样品数	样品检出率(%)	检出农药品种总数
10		4	40	10
	超标农药品种	超标农药频次	按照 MRL 中国国家标准、欧盟标准、日本标准衡量超标农药名称及频次	
中国国家标准	0	0		
欧盟标准	3	3	克百威(1),嘧菌酯(1),三环唑(1)	
日本标准	2	2	甲基硫菌灵(1),三环唑(1)	

9.3.3.3　芒果

这次共检测 9 例芒果样品，6 例样品中检出了农药残留，检出率为 66.7%，检出农药共计 8 种。其中 *N*-去甲基啶虫脒、多菌灵、异丙威、吡丙醚和吡虫啉检出频次较高，分别检出了 3、2、2、1 和 1 次。芒果中农药检出品种和频次见图 9-31，超标农药见图 9-32 和表 9-24。

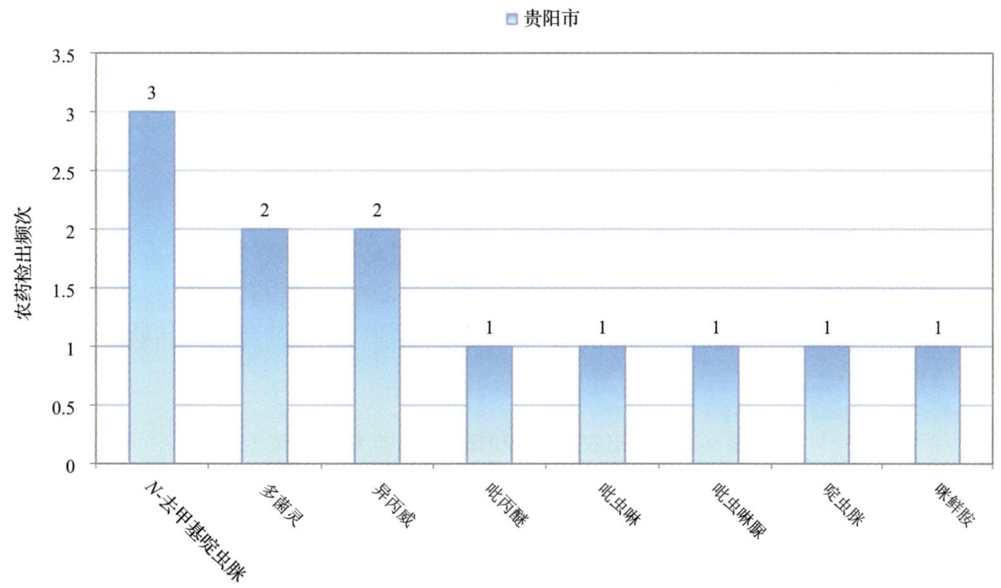

图 9-31　芒果样品检出农药品种和频次分析

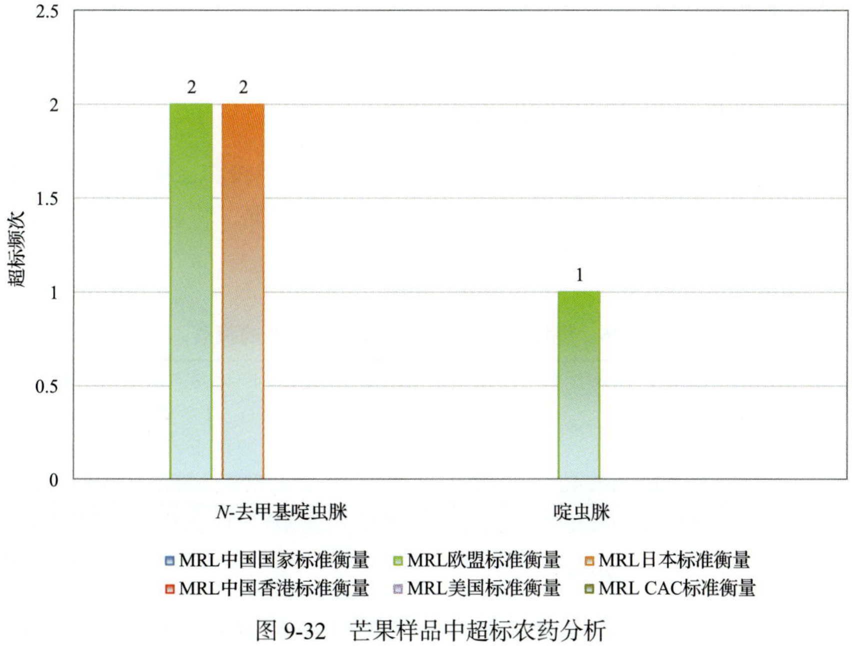

图 9-32　芒果样品中超标农药分析

表 9-24　芒果中农药残留超标情况明细表

样品总数			检出农药样品数	样品检出率(%)	检出农药品种总数
9			6	66.7	8
	超标农药品种	超标农药频次	按照 MRL 中国国家标准、欧盟标准、日本标准衡量超标农药名称及频次		
中国国家标准	0	0			
欧盟标准	2	3	*N*-去甲基啶虫脒(2),啶虫脒(1)		
日本标准	1	2	*N*-去甲基啶虫脒(2)		

9.4　蔬菜中农药残留分布

9.4.1　检出农药品种和频次排前 10 的蔬菜

本次残留侦测的蔬菜共 16 种，包括洋葱、结球甘蓝、芹菜、黄瓜、番茄、西葫芦、甜椒、青花菜、胡萝卜、茄子、菜豆、生菜、苦瓜、丝瓜、莴笋和蒜薹。

根据检出农药品种及频次进行排名，将各项排名前 10 位的蔬菜样品检出情况列表说明，详见表 9-25。

表 9-25　检出农药品种和频次排名前 10 的蔬菜

检出农药品种排名前 10(品种)	①芹菜(16),②甜椒(12),③黄瓜(11),④莴笋(11),⑤生菜(10),⑥番茄(9),⑦苦瓜(7),⑧茄子(6),⑨西葫芦(6),⑩菜豆(5)
检出农药频次排名前 10(频次)	①芹菜(35),②黄瓜(28),③生菜(21),④甜椒(17),⑤番茄(14),⑥莴笋(13),⑦茄子(12),⑧菜豆(10),⑨苦瓜(10),⑩蒜薹(8)
检出禁用、高毒及剧毒农药品种排名前 10(品种)	①番茄(1),②胡萝卜(1),③黄瓜(1),④茄子(1),⑤芹菜(1)
检出禁用、高毒及剧毒农药频次排名前 10(频次)	①黄瓜(2),②番茄(1),③胡萝卜(1),④茄子(1),⑤芹菜(1)

9.4.2　超标农药品种和频次排前 10 的蔬菜

鉴于 MRL 欧盟标准、日本标准制定比较全面且覆盖率较高，我们参照 MRL 中国国家标准、欧盟标准、日本标准衡量蔬菜样品中农残检出情况，将超标农药品种及频次排名前 10 的蔬菜列表说明，详见表 9-26。

表 9-26　超标农药品种和频次排名前 10 的蔬菜

超标农药品种排名前 10(农药品种数)	MRL 中国国家标准	①番茄(1),②胡萝卜(1),③黄瓜(1),④茄子(1)
	MRL 欧盟标准	①黄瓜(5),②芹菜(4),③生菜(3),④茄子(2),⑤莴笋(2),⑥菜豆(1),⑦番茄(1),⑧胡萝卜(1),⑨苦瓜(1),⑩蒜薹(1)
	MRL 日本标准	①莴笋(3),②黄瓜(2),③生菜(2),④甜椒(2),⑤菜豆(1),⑥芹菜(1)
超标农药频次排名前 10(农药频次数)	MRL 中国国家标准	①番茄(1),②胡萝卜(1),③黄瓜(1),④茄子(1)
	MRL 欧盟标准	①黄瓜(7),②生菜(5),③芹菜(4),④蒜薹(3),⑤茄子(2),⑥莴笋(2),⑦菜豆(1),⑧番茄(1),⑨胡萝卜(1),⑩苦瓜(1)
	MRL 日本标准	①生菜(4),②莴笋(3),③黄瓜(2),④甜椒(2),⑤菜豆(1),⑥芹菜(1)

通过对各品种蔬菜样本总数及检出率进行综合分析发现，芹菜、甜椒和黄瓜的残留污染最为严重，在此，我们参照 MRL 中国国家标准、欧盟标准、日本标准对这 3 种蔬菜的农残检出情况进行进一步分析。

9.4.3　农药残留检出率较高的蔬菜样品分析

9.4.3.1　芹菜

这次共检测 9 例芹菜样品，7 例样品中检出了农药残留，检出率为 77.8%，检出农药共计 16 种。其中苯醚甲环唑、嘧菌酯、丙环唑、烯酰吗啉和吡唑醚菌酯检出频次较高，分别检出了 5、5、4、4 和 3 次。芹菜中农药检出品种和频次见图 9-33，超标农药见图 9-34 和表 9-27。

9.4.3.2　甜椒

这次共检测 9 例甜椒样品，6 例样品中检出了农药残留，检出率为 66.7%，检出农药共计 12 种。其中吡虫啉、啶虫脒、嘧菌酯、噻虫嗪和噻嗪酮检出频次较高，分别检出了 2、2、2、2 和 2 次。甜椒中农药检出品种和频次见图 9-35，超标农药见图 9-36 和表 9-28。

9.4.3.3　黄瓜

这次共检测 10 例黄瓜样品，9 例样品中检出了农药残留，检出率为 90.0%，检出农药共计 11 种。其中甲霜灵、烯酰吗啉、吡虫啉、啶虫脒和氟硅唑检出频次较高，分别检出了 7、6、2、2 和 2 次。黄瓜中农药检出品种和频次见图 9-37，超标农药见图 9-38 和表 9-29。

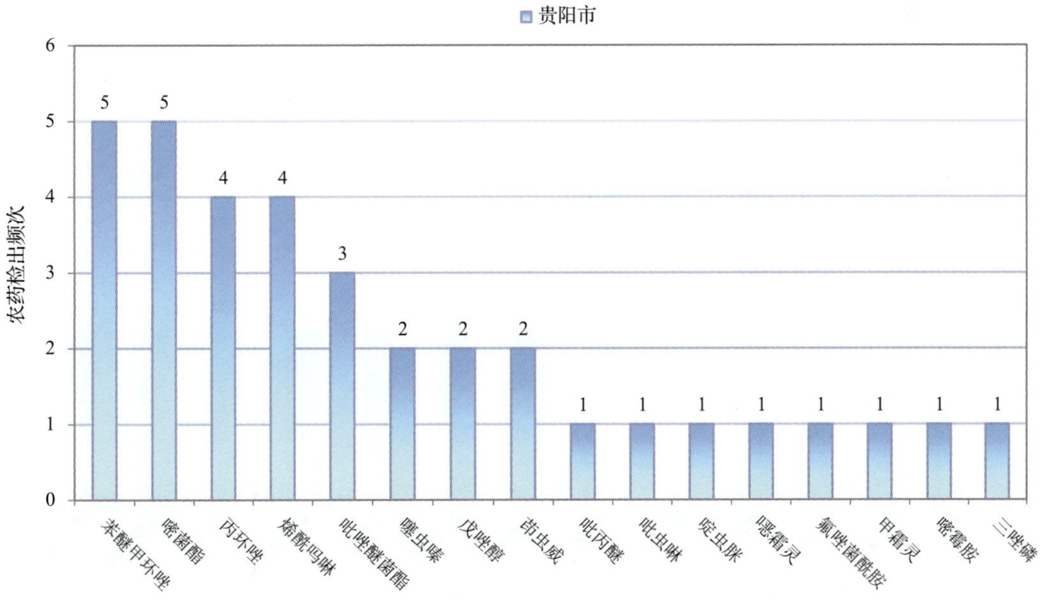

图 9-33　芹菜样品检出农药品种和频次分析

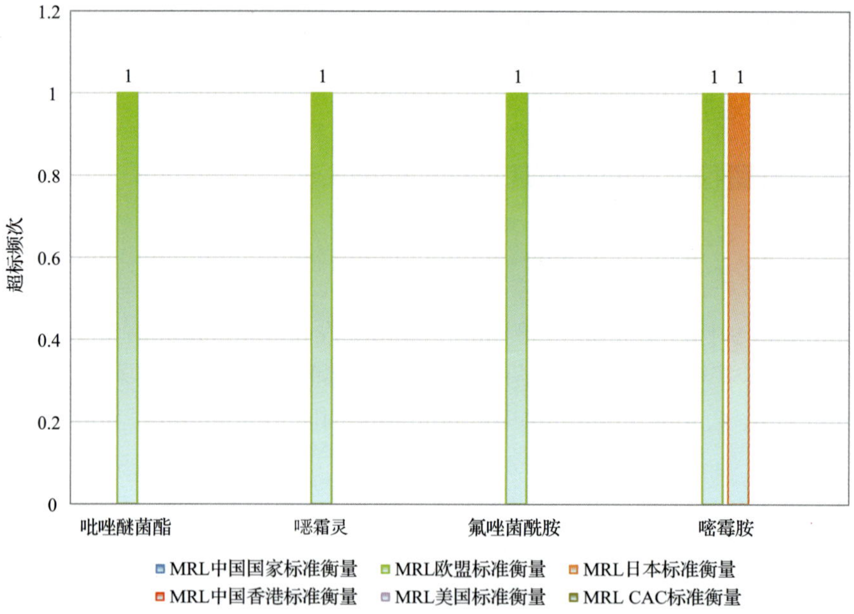

图 9-34 芹菜样品中超标农药分析

表 9-27 芹菜中农药残留超标情况明细表

样品总数			检出农药样品数	样品检出率(%)	检出农药品种总数
9			7	77.8	16
	超标农药品种	超标农药频次	按照 MRL 中国国家标准、欧盟标准、日本标准衡量超标农药名称及频次		
中国国家标准	0	0			
欧盟标准	4	4	吡唑醚菌酯(1)，噁霜灵(1),氟唑菌酰胺(1),嘧霉胺(1)		
日本标准	1	1	嘧霉胺(1)		

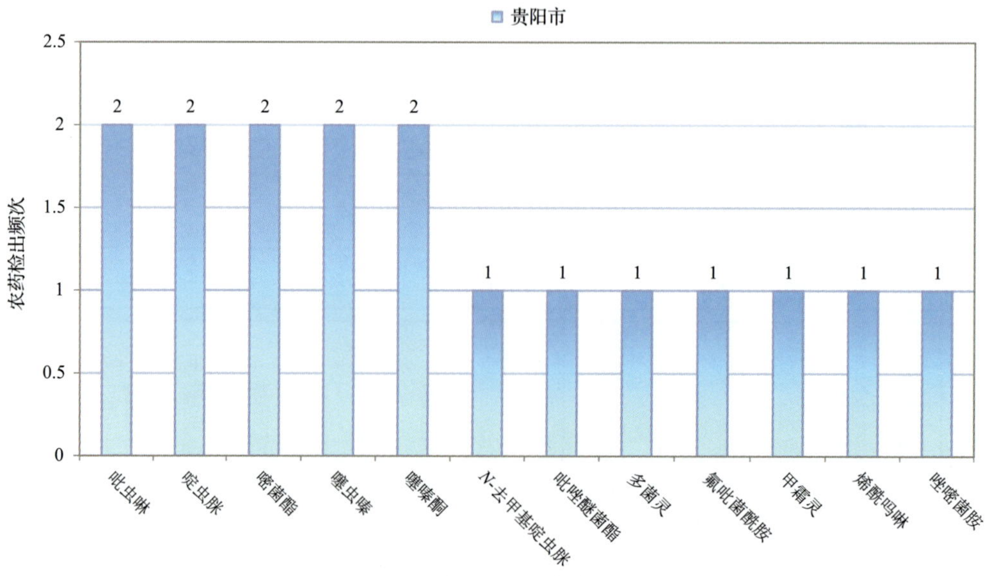

图 9-35 甜椒样品检出农药品种和频次分析

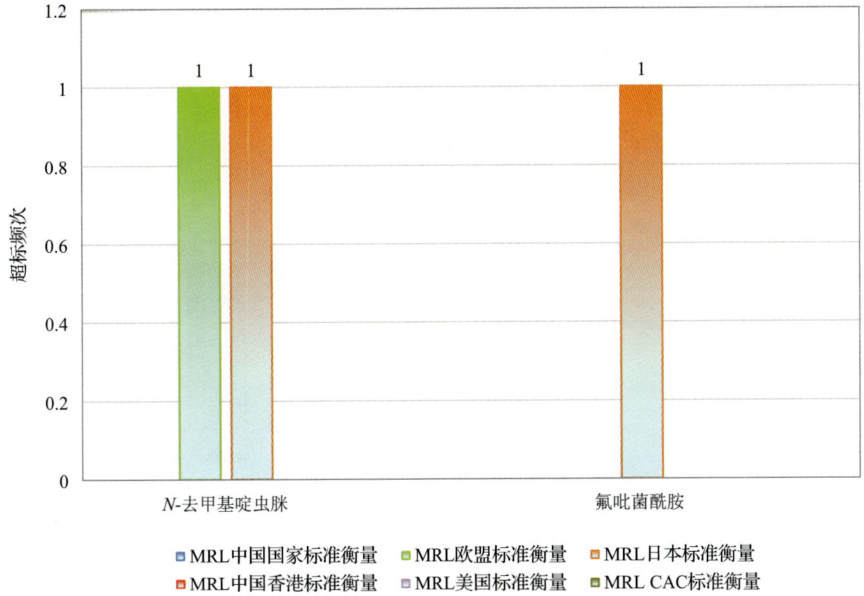

图 9-36　甜椒样品中超标农药分析

表 9-28　甜椒中农药残留超标情况明细表

样品总数			检出农药样品数	样品检出率(%)	检出农药品种总数
9			6	66.7	12
	超标农药品种	超标农药频次	按照 MRL 中国国家标准、欧盟标准、日本标准衡量超标农药名称及频次		
中国国家标准	0	0			
欧盟标准	1	1	*N*-去甲基啶虫脒(1)		
日本标准	2	2	*N*-去甲基啶虫脒(1),氟吡菌酰胺(1)		

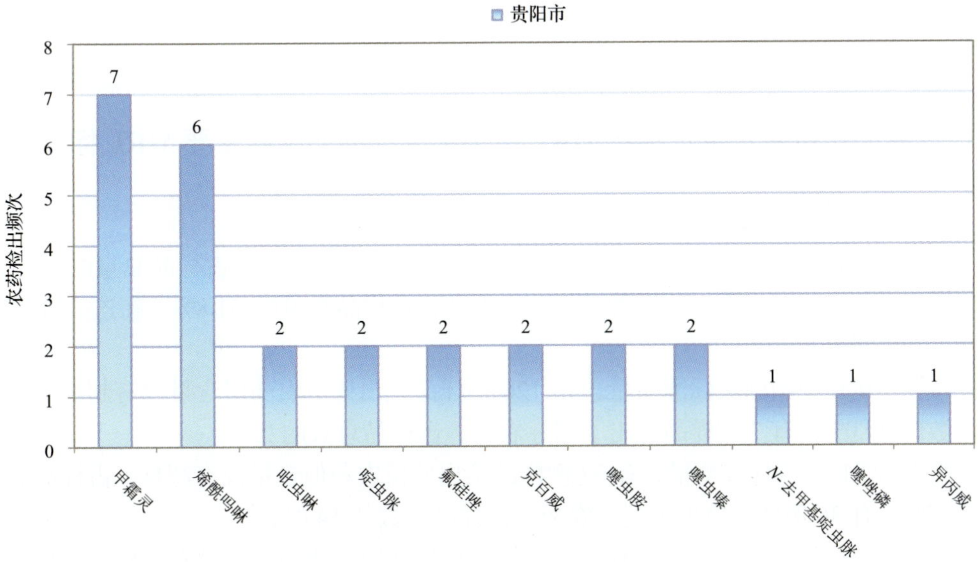

图 9-37　黄瓜样品检出农药品种和频次分析

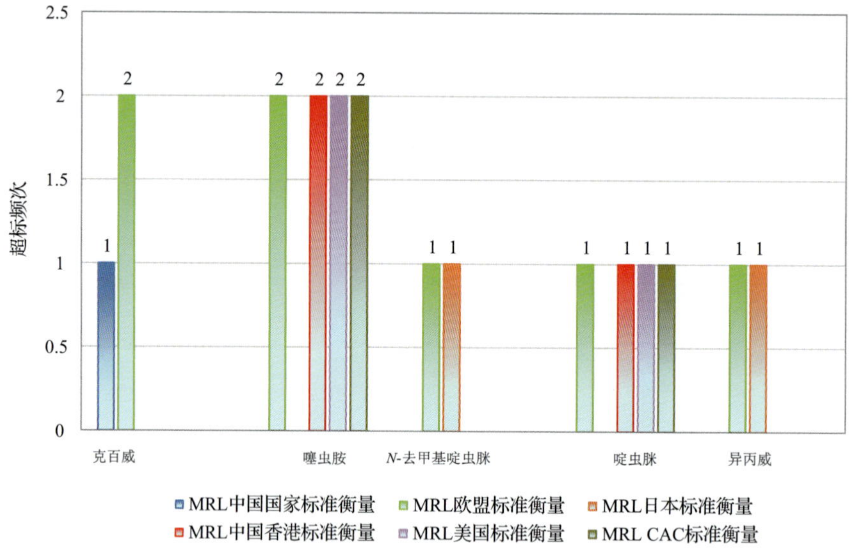

图 9-38　黄瓜样品中超标农药分析

表 9-29　黄瓜中农药残留超标情况明细表

样品总数			检出农药样品数	样品检出率(%)	检出农药品种总数
10			9	90	11
	超标农药品种	超标农药频次	按照 MRL 中国国家标准、欧盟标准、日本标准衡量超标农药名称及频次		
中国国家标准	1	1	克百威(1)		
欧盟标准	5	7	克百威(2),噻虫胺(2),*N*-去甲基啶虫脒(1),啶虫脒(1),异丙威(1)		
日本标准	2	2	*N*-去甲基啶虫脒(1),异丙威(1)		

9.5　初 步 结 论

9.5.1　贵阳市市售水果蔬菜按 MRL 中国国家标准和国际主要 MRL 标准衡量的合格率

本次侦测的 257 例样品中，124 例样品未检出任何残留农药，占样品总量的 48.2%，133 例样品检出不同水平、不同种类的残留农药，占样品总量的 51.8%。在这 133 例检出农药残留的样品中：

按照 MRL 中国国家标准衡量，有 126 例样品检出残留农药但含量没有超标，占样品总数的 49.0%，有 7 例样品检出了超标农药，占样品总数的 2.7%。

按照 MRL 欧盟标准衡量，有 97 例样品检出残留农药但含量没有超标，占样品总数的 37.7%，有 36 例样品检出了超标农药，占样品总数的 14.0%。

按照 MRL 日本标准衡量，有 116 例样品检出残留农药但含量没有超标，占样品总数的 45.1%，有 17 例样品检出了超标农药，占样品总数的 6.6%。

按照 MRL 中国香港标准衡量，有 129 例样品检出残留农药但含量没有超标，占样品总数的 50.2%，有 4 例样品检出了超标农药，占样品总数的 1.6%。

按照 MRL 美国标准衡量，有 130 例样品检出残留农药但含量没有超标，占样品总数的 50.6%，有 3 例样品检出了超标农药，占样品总数的 1.2%。

按照 MRL CAC 标准衡量，有 130 例样品检出残留农药但含量没有超标，占样品总数的 50.6%，有 3 例样品检出了超标农药，占样品总数的 1.2%。

9.5.2　贵阳市市售水果蔬菜中检出农药以中低微毒农药为主，占市场主体的 91.1%

这次侦测的 257 例样品包括水果 11 种 102 例，食用菌 1 种 10 例，蔬菜 16 种 145 例，共检出了 45 种农药，检出农药的毒性以中低微毒为主，详见表 9-30。

表 9-30　市场主体农药毒性分布

毒性	检出品种	占比	检出频次	占比
剧毒农药	1	2.2%	1	0.3%
高毒农药	3	6.7%	9	2.8%
中毒农药	21	46.7%	152	48.1%
低毒农药	13	28.9%	81	25.6%
微毒农药	7	15.6%	73	23.1%
中低微毒农药，品种占比 91.1%，频次占比 96.8%				

9.5.3　检出剧毒、高毒和禁用农药现象应该警醒

在此次侦测的 257 例样品中有 5 种蔬菜和 2 种水果的 10 例样品检出了 4 种 10 频次的剧毒和高毒或禁用农药，占样品总量的 3.9%。其中剧毒农药甲拌磷以及高毒农药克百威、氧乐果和三唑磷检出频次较高。

按 MRL 中国国家标准衡量，剧毒农药甲拌磷，检出 1 次，超标 1 次；高毒农药克百威，检出 4 次，超标 2 次；氧乐果，检出 4 次，超标 4 次；按超标程度比较，茄子中氧乐果超标 9.6 倍，胡萝卜中甲拌磷超标 7.4 倍，番茄中克百威超标 5.0 倍，黄瓜中克百威超标 3.6 倍，西瓜中氧乐果超标 2.8 倍。

剧毒、高毒或禁用农药的检出情况及按照 MRL 中国国家标准衡量的超标情况见表 9-31。

表 9-31　剧毒、高毒或禁用农药的检出及超标明细

序号	农药名称	样品名称	检出频次	超标频次	最大超标倍数	超标率
1.1	甲拌磷*▲	胡萝卜	1	1	7.36	100.0%
2.1	三唑磷◊	芹菜	1	0	0	0.0%
3.1	克百威◊▲	黄瓜	2	1	3.595	50.0%
3.2	克百威◊▲	番茄	1	1	5.02	100.0%

续表

序号	农药名称	样品名称	检出频次	超标频次	最大超标倍数	超标率
3.3	克百威◊▲	梨	1	0	0	0.0%
4.1	氧乐果◊▲	西瓜	3	3	2.775	100.0%
4.2	氧乐果◊▲	茄子	1	1	9.595	100.0%
合计			10	7		70.0%

注：超标倍数参照 MRL 中国国家标准衡量

这些超标的剧毒和高毒农药都是中国政府早有规定禁止在水果蔬菜中使用的，为什么还屡次被检出，应该引起警惕。

9.5.4　残留限量标准与先进国家或地区标准差距较大

316 频次的检出结果与我国公布的《食品中农药最大残留限量》（GB 2763—2014）对比，有 127 频次能找到对应的 MRL 中国国家标准，占 40.2%；还有 189 频次的侦测数据无相关 MRL 标准供参考，占 59.8%。

与国际上现行 MRL 标准对比发现：

有 316 频次能找到对应的 MRL 欧盟标准，占 100.0%；

有 316 频次能找到对应的 MRL 日本标准，占 100.0%；

有 200 频次能找到对应的 MRL 中国香港标准，占 63.3%；

有 224 频次能找到对应的 MRL 美国标准，占 70.9%；

有 180 频次能找到对应的 MRL CAC 标准，占 57.0%。

由上可见，MRL 中国国家标准与先进国家或地区标准还有很大差距，我们无标准，境外有标准，这就会导致我们在国际贸易中，处于受制于人的被动地位。

9.5.5　水果蔬菜单种样品检出 8～17 种农药残留，拷问农药使用的科学性

通过此次监测发现，葡萄、梨和芒果是检出农药品种最多的 3 种水果，芹菜、甜椒和黄瓜是检出农药品种最多的 3 种蔬菜，从中检出农药品种及频次详见表 9-32。

表 9-32　单种样品检出农药品种及频次

样品名称	样品总数	检出农药样品数	检出率	检出农药品种数	检出农药(频次)
芹菜	9	7	77.8%	16	苯醚甲环唑(5),嘧菌酯(5),丙环唑(4),烯酰吗啉(4),吡唑醚菌酯(3),噻虫嗪(2),戊唑醇(2),茚虫威(2),吡丙醚(1),吡虫啉(1),啶虫脒(1),噁霜灵(1),氟唑菌酰胺(1),甲霜灵(1),嘧霉胺(1),三唑磷(1)
甜椒	9	6	66.7%	12	吡虫啉(2),啶虫脒(2),嘧菌酯(2),噻虫嗪(2),噻嗪酮(2),*N*-去甲基啶虫脒(1),吡唑醚菌酯(1),多菌灵(1),氟吡菌酰胺(1),甲霜灵(1),烯酰吗啉(1),唑嘧菌胺(1)

续表

样品名称	样品总数	检出农药样品数	检出率	检出农药品种数	检出农药(频次)
黄瓜	10	9	90.0%	11	甲霜灵(7),烯酰吗啉(6),吡虫啉(2),啶虫脒(2),氟硅唑(2),克百威(2),噻虫胺(2),噻虫嗪(2),*N*-去甲基啶虫脒(1),噻唑磷(1),异丙威(1)
葡萄	10	9	90.0%	17	烯酰吗啉(8),吡唑醚菌酯(7),嘧霉胺(6),苯醚甲环唑(5),甲霜灵(5),腈苯唑(5),氟吡菌酰胺(4),嘧菌酯(4),噻虫嗪(3),肟菌酯(3),氟唑菌酰胺(2),噻虫胺(2),*N*-去甲基啶虫脒(1),苯噻菌胺(1),啶虫脒(1),螺虫乙酯(1),四氟醚唑(1)
梨	10	4	40.0%	10	吡虫啉(2),啶虫脒(2),嘧菌酯(2),苯醚甲环唑(1),丙环唑(1),啶氧菌酯(1),甲基硫菌灵(1),克百威(1),噻嗪酮(1),三环唑(1)
芒果	9	6	66.7%	8	*N*-去甲基啶虫脒(3),多菌灵(2),异丙威(2),吡丙醚(1),吡虫啉(1),吡虫啉脲(1),啶虫脒(1),咪鲜胺(1)

上述 6 种水果蔬菜，检出农药 8～17 种，是多种农药综合防治，还是未严格实施农业良好管理规范(GAP)，亦或根本就是乱施药，值得我们思考。

第10章　LC-Q-TOF/MS侦测贵阳市市售水果蔬菜农药残留膳食暴露风险与预警风险评估

10.1　农药残留风险评估方法

10.1.1　贵阳市农药残留侦测数据分析与统计

庞国芳院士科研团队建立的农药残留高通量侦测技术以高分辨精确质量数(0.0001*m/z*为基准)为识别标准，采用LC-Q-TOF/MS技术对565种农药化学污染物进行侦测。

科研团队于2017年8月在贵阳市所属2个区的10个采样点，随机采集了257例水果蔬菜样品，采样点分布在超市和农贸市场，具体位置如图10-1所示，各月内水果蔬菜样品采集数量如表10-1所示。

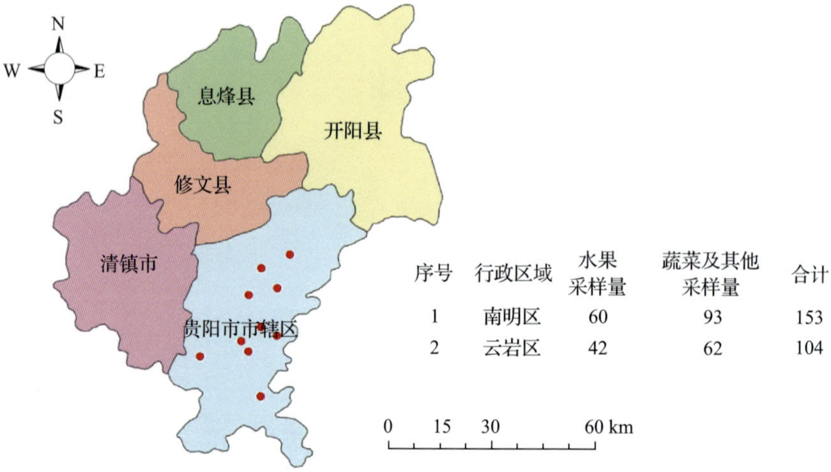

图10-1　LC-Q-TOF/MS侦测贵阳市10个采样点257例样品分布示意图

表10-1　贵阳市各月内采集水果蔬菜样品数列表

时间	样品数(例)
2017年8月	257

利用LC-Q-TOF/MS技术对257例样品中的农药进行侦测，侦测出残留农药45种，316频次。侦测出农药残留水平如表10-2和图10-2所示。检出频次最高的前10种农药

如表 10-3 所示。从检测结果中可以看出，在水果蔬菜中农药残留普遍存在，且有些水果蔬菜存在高浓度的农药残留，这些可能存在膳食暴露风险，对人体健康产生危害，因此，为了定量地评价水果蔬菜中农药残留的风险程度，有必要对其进行风险评价。

表 10-2　侦测出农药的不同残留水平及其所占比例列表

残留水平(μg/kg)	检出频次	占比(%)
1～5(含)	116	36.7
5～10(含)	44	13.9
10～100(含)	139	44.0
100～1000(含)	16	5.1
>1000	1	0.3
合计	316	100

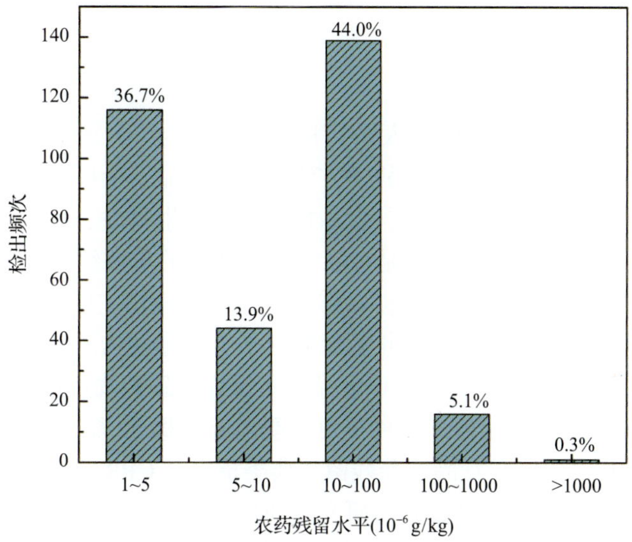

图 10-2　残留农药侦测出浓度频数分布图

表 10-3　检出频次最高的前 10 种农药列表

序号	农药	检出频次
1	烯酰吗啉	44
2	吡唑醚菌酯	28
3	嘧菌酯	24
4	甲霜灵	21
5	啶虫脒	20
6	苯醚甲环唑	18
7	吡虫啉	16

续表

序号	农药	检出频次
8	噻虫嗪	15
9	丙环唑	13
10	嘧霉胺	9

10.1.2 农药残留风险评价模型

对贵阳市水果蔬菜中农药残留分别开展暴露风险评估和预警风险评估。膳食暴露风险评估利用食品安全指数模型对水果蔬菜中的残留农药对人体可能产生的危害程度进行评价，该模型结合残留监测和膳食暴露评估评价化学污染物的危害；预警风险评价模型运用风险系数(risk index, *R*)，风险系数综合考虑了危害物的超标率、施检频率及其本身敏感性的影响，能直观而全面地反映出危害物在一段时间内的风险程度。

10.1.2.1 食品安全指数模型

为了加强食品安全管理，《中华人民共和国食品安全法》第二章第十七条规定“国家建立食品安全风险评估制度，运用科学方法，根据食品安全风险监测信息、科学数据以及有关信息，对食品、食品添加剂、食品相关产品中生物性、化学性和物理性危害因素进行风险评估”[1]，膳食暴露评估是食品危险度评估的重要组成部分，也是膳食安全性的衡量标准[2]。国际上最早研究膳食暴露风险评估的机构主要是 JMPR(FAO、WHO 农药残留联合会议)，该组织自 1995 年就已制定了急性毒性物质的风险评估急性毒性农药残留摄入量的预测。1960 年美国规定食品中不得加入致癌物质进而提出零阈值理论，渐渐零阈值理论发展成在一定概率条件下可接受风险的概念[3]，后衍变为食品中每日允许最大摄入量(ADI)，而国际食品农药残留法典委员会(CCPR)认为 ADI 不是独立风险评估的唯一标准[4]，1995 年 JMPR 开始研究农药急性膳食暴露风险评估，并对食品国际短期摄入量的计算方法进行了修正，亦对膳食暴露评估准则及评估方法进行了修正[5]，2002 年，在对世界上现行的食品安全评价方法，尤其是国际公认的 CAC 评价方法、全球环境监测系统/食品污染监测和评估规划(WHO GEMS/Food)及 FAO、WHO 食品添加剂联合专家委员会(JECFA)和 JMPR 对食品安全风险评估工作研究的基础之上，检验检疫食品安全管理的研究人员提出了结合残留监控和膳食暴露评估，以食品安全指数 IFS 计算食品中各种化学污染物对消费者的健康危害程度[6]。IFS 是表示食品安全状态的新方法，可有效地评价某种农药的安全性，进而评价食品中各种农药化学污染物对消费者健康的整体危害程度[7, 8]。从理论上分析，IFS_c 可指出食品中的污染物 c 对消费者健康是否存在危害及危害的程度[9]。其优点在于操作简单且结果容易被接受和理解，不需要大量的数据来对结果进行验证，使用默认的标准假设或者模型即可[10, 11]。

1) IFS_c 的计算

IFS_c 计算公式如下：

$$\mathrm{IFS_c}=\frac{\mathrm{EDI_c}\times f}{\mathrm{SI_c}\times \mathrm{bw}} \tag{10-1}$$

式中，c 为所研究的农药；$\mathrm{EDI_c}$ 为农药 c 的实际日摄入量估算值，等于 $\sum(R_i\times F_i\times E_i\times P_i)$（$i$ 为食品种类；R_i 为食品 i 中农药 c 的残留水平，mg/kg；F_i 为食品 i 的估计日消费量，g/(人·天)；E_i 为食品 i 的可食用部分因子；P_i 为食品 i 的加工处理因子）；$\mathrm{SI_c}$ 为安全摄入量，可采用每日允许最大摄入量 ADI；bw 为人平均体重，kg；f 为校正因子，如果安全摄入量采用 ADI，则 f 取 1。

$\mathrm{IFS_c}\ll 1$，农药 c 对食品安全没有影响；$\mathrm{IFS_c}\leqslant 1$，农药 c 对食品安全的影响可以接受；$\mathrm{IFS_c}>1$，农药 c 对食品安全的影响不可接受。

本次评价中：

$\mathrm{IFS_c}\leqslant 0.1$，农药 c 对水果蔬菜安全没有影响；

$0.1<\mathrm{IFS_c}\leqslant 1$，农药 c 对水果蔬菜安全的影响可以接受；

$\mathrm{IFS_c}>1$，农药 c 对水果蔬菜安全的影响不可接受。

本次评价中残留水平 R_i 取值为中国检验检疫科学研究院庞国芳院士课题组利用以高分辨精确质量数（0.0001m/z）为基准的 LC-Q-TOF/MS 侦测技术于 2017 年 8 月对贵阳市水果蔬菜农药残留的侦测结果，估计日消费量 F_i 取值 0.38 kg/(人·天)，E_i=1，P_i=1，f=1，$\mathrm{SI_c}$ 采用《食品安全国家标准　食品中农药最大残留限量》(GB 2763—2016) 中 ADI 值（具体数值见表 10-4），人平均体重（bw）取值 60 kg。

表 10-4　贵阳市水果蔬菜中侦测出农药的 ADI 值

序号	农药	ADI	序号	农药	ADI	序号	农药	ADI
1	氧乐果	0.0003	16	吡唑醚菌酯	0.03	31	吡丙醚	0.1
2	甲拌磷	0.0007	17	多菌灵	0.03	32	多效唑	0.1
3	克百威	0.001	18	腈苯唑	0.03	33	噻虫胺	0.1
4	三唑磷	0.001	19	腈菌唑	0.03	34	噻菌灵	0.1
5	异丙威	0.002	20	戊唑醇	0.03	35	嘧菌酯	0.2
6	噻唑磷	0.004	21	三环唑	0.04	36	嘧霉胺	0.2
7	氟硅唑	0.007	22	肟菌酯	0.04	37	烯酰吗啉	0.2
8	噻嗪酮	0.009	23	螺虫乙酯	0.05	38	唑嘧菌胺	10
9	苯醚甲环唑	0.01	24	吡虫啉	0.06	39	*N*-去甲基啶虫脒	—
10	噁霜灵	0.01	25	丙环唑	0.07	40	苯噻菌胺	—
11	粉唑醇	0.01	26	啶虫脒	0.07	41	苯氧威	—
12	氟吡菌酰胺	0.01	27	甲基硫菌灵	0.08	42	吡虫啉脲	—
13	咪鲜胺	0.01	28	甲霜灵	0.08	43	氟唑菌酰胺	—
14	噻虫啉	0.01	29	噻虫嗪	0.08	44	双苯基脲	—
15	茚虫威	0.01	30	啶氧菌酯	0.09	45	四氟醚唑	—

注：“—”表示为国家标准中无 ADI 值规定；ADI 值单位为 mg/kg bw

2) 计算 IFS_c 的平均值 $\overline{IFS}$，评价农药对食品安全的影响程度

以 $\overline{IFS}$ 评价各种农药对人体健康危害的总程度，评价模型见公式(10-2)。

$$\overline{IFS}=\frac{\sum_{i=1}^{n}IFS_c}{n} \tag{10-2}$$

$\overline{IFS}\ll 1$，所研究消费者人群的食品安全状态很好；$\overline{IFS}\leqslant 1$，所研究消费者人群的食品安全状态可以接受；$\overline{IFS}>1$，所研究消费者人群的食品安全状态不可接受。

本次评价中：

$\overline{IFS}\leqslant 0.1$，所研究消费者人群的水果蔬菜安全状态很好；

$0.1<\overline{IFS}\leqslant 1$，所研究消费者人群的水果蔬菜安全状态可以接受；

$\overline{IFS}>1$，所研究消费者人群的水果蔬菜安全状态不可接受。

10.1.2.2　预警风险评估模型

2003 年，我国检验检疫食品安全管理的研究人员根据 WTO 的有关原则和我国的具体规定，结合危害物本身的敏感性、风险程度及其相应的施检频率，首次提出了食品中危害物风险系数 R 的概念[12]。R 是衡量一个危害物的风险程度大小最直观的参数，即在一定时期内其超标率或阳性检出率的高低，但受其施检频率的高低及其本身的敏感性(受关注程度)影响。该模型综合考察了农药在蔬菜中的超标率、施检频率及其本身敏感性，能直观而全面地反映出农药在一段时间内的风险程度[13]。

1) R 计算方法

危害物的风险系数综合考虑了危害物的超标率或阳性检出率、施检频率和其本身的敏感性影响，并能直观而全面地反映出危害物在一段时间内的风险程度。风险系数 R 的计算公式如式(10-3)：

$$R=aP+\frac{b}{F}+S \tag{10-3}$$

式中，P 为该种危害物的超标率；F 为危害物的施检频率；S 为危害物的敏感因子；a, b 分别为相应的权重系数。

本次评价中 F=1；S=1；a =100；b =0.1，对参数 P 进行计算，计算时首先判断是否为禁用农药，如果为非禁用农药，P=超标的样品数(侦测出的含量高于食品最大残留限量标准值，即 MRL)除以总样品数(包括超标、不超标、未侦测出)；如果为禁用农药，则侦测出即为超标，P=能侦测出的样品数除以总样品数。判断贵阳市水果蔬菜农药残留是否超标的标准限值 MRL 分别以 MRL 中国国家标准[14]和 MRL 欧盟标准作为对照，具体值列于本报告附表一中。

2) 评价风险程度

$R\leqslant 1.5$，受检农药处于低度风险；

$1.5<R\leqslant 2.5$，受检农药处于中度风险；

$R>2.5$，受检农药处于高度风险。

10.1.2.3 食品膳食暴露风险和预警风险评估应用程序的开发

1) 应用程序开发的步骤

为成功开发膳食暴露风险和预警风险评估应用程序，与软件工程师多次沟通讨论，逐步提出并描述清楚计算需求，开发了初步应用程序。为明确出不同水果蔬菜、不同农药、不同地域和不同季节的风险水平，向软件工程师提出不同的计算需求，软件工程师对计算需求进行逐一分析，经过反复的细节沟通，需求分析得到明确后，开始进行解决方案的设计，在保证需求的完整性、一致性的前提下，编写出程序代码，最后设计出满足需求的风险评估专用计算软件，并通过一系列的软件测试和改进，完成专用程序的开发。软件开发基本步骤见图 10-3。

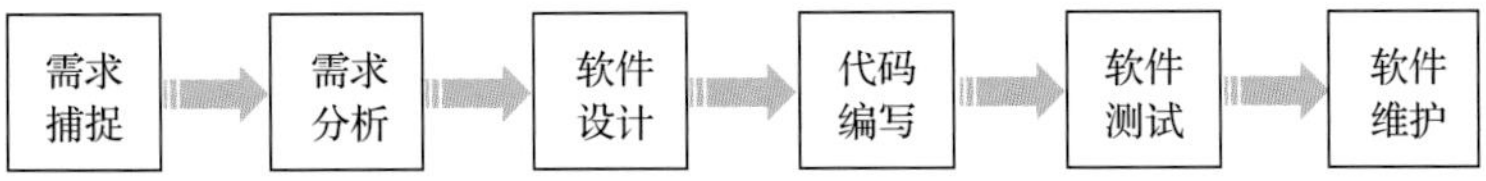

图 10-3 专用程序开发总体步骤

2) 膳食暴露风险评估专业程序开发的基本要求

首先直接利用公式(10-1)，分别计算 LC-Q-TOF/MS 和 GC-Q-TOF/MS 仪器侦测出的各水果蔬菜样品中每种农药 IFS_c，将结果列出。为考察超标农药和禁用农药的使用安全性，分别以我国《食品安全国家标准 食品中农药最大残留限量》(GB 2763—2016)和欧盟食品中农药最大残留限量(以下简称 MRL 中国国家标准和 MRL 欧盟标准)为标准，对侦测出的禁用农药和超标的非禁用农药 IFS_c 单独进行评价；按 IFS_c 大小列表，并找出 IFS_c 值排名前 20 的样本重点关注。

对不同水果蔬菜 i 中每一种侦测出的农药 c 的安全指数进行计算，多个样品时求平均值。若监测数据为该市多个月的数据，则逐月、逐季度分别列出每个月、每个季度内每一种水果蔬菜 i 对应的每一种农药 c 的 IFS_c。

按农药种类，计算整个监测时间段内每种农药的 IFS_c，不区分水果蔬菜。若检测数据为该市多个月的数据，则需分别计算每个月、每个季度内每种农药的 IFS_c。

3) 预警风险评估专业程序开发的基本要求

分别以 MRL 中国国家标准和 MRL 欧盟标准，按公式(10-3)逐个计算不同水果蔬菜、不同农药的风险系数，禁用农药和非禁用农药分别列表。

为清楚了解各种农药的预警风险，不分时间，不分水果蔬菜，按禁用农药和非禁用农药分类，分别计算各种侦测出农药全部检测时段内风险系数。由于有 MRL 中国国家标准的农药种类太少，无法计算超标数，非禁用农药的风险系数只以 MRL 欧盟标准为标准，进行计算。若检测数据为多个月的，则按月计算每个月、每个季度内每种禁用农药残留的风险系数和以 MRL 欧盟标准为标准的非禁用农药残留的风险系数。

4) 风险程度评价专业应用程序的开发方法

采用 Python 计算机程序设计语言，Python 是一个高层次地结合了解释性、编译性、互动性和面向对象的脚本语言。风险评价专用程序主要功能包括：分别读入每例样品 LC-Q-TOF/MS 和 GC-Q-TOF/MS 农药残留检测数据，根据风险评价工作要求，依次对不同农药、不同食品、不同时间、不同采样点的 IFS_c 值和 R 值分别进行数据计算，筛选出禁用农药、超标农药（分别与 MRL 中国国家标准、MRL 欧盟标准限值进行对比）单独重点分析，再分别对各农药、各水果蔬菜种类分类处理，设计出计算和排序程序，编写计算机代码，最后将生成的膳食暴露风险评估和超标风险评估定量计算结果列入设计好的各个表格中，并定性判断风险对目标的影响程度，直接用文字描述风险发生的高低，如"不可接受"、"可以接受"、"没有影响"、"高度风险"、"中度风险"、"低度风险"。

10.2　LC-Q-TOF/MS 侦测贵阳市市售水果蔬菜农药残留膳食暴露风险评估

10.2.1　每例水果蔬菜样品中农药残留安全指数分析

基于 2017 年 8 月农药残留侦测数据，发现在 257 例样品中侦测出农药 316 频次，计算样品中每种残留农药的安全指数 IFS_c，并分析农药对样品安全的影响程度，结果详见附表二，农药残留对水果蔬菜样品安全的影响程度频次分布情况如图 10-4 所示。

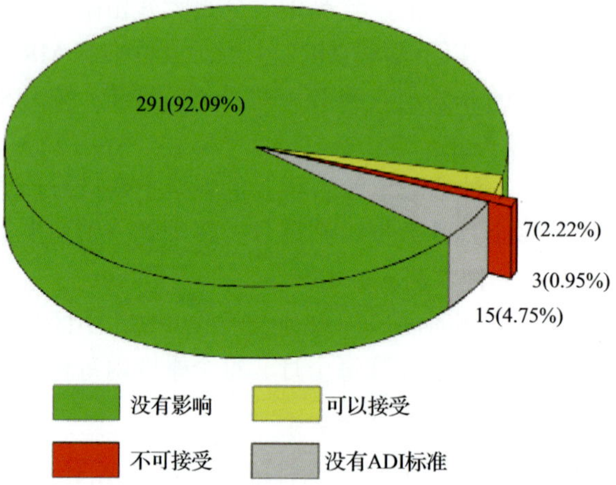

图 10-4　农药残留对水果蔬菜样品安全的影响程度频次分布图

由图 10-4 可以看出，农药残留对样品安全的影响不可接受的频次为 3，占 0.95%；农药残留对样品安全的影响可以接受的频次为 7，占 2.22%；农药残留对样品安全的没有影响的频次为 291，占 92.09%。表 10-5 为对水果蔬菜样品中安全指数不可接受的农药残留列表。

表 10-5 水果蔬菜样品中安全影响不可接受的农药残留列表

序号	样品编号	采样点	基质	农药	含量(mg/kg)	IFS_c
1	20170831-520100-USI-EP-44A	***超市(中铁国际店)	茄子	氧乐果	0.2119	4.4734
2	20170830-520100-CAIQ-WM-36A	***超市(文昌店)	西瓜	氧乐果	0.0755	1.5939
3	20170830-520100-USI-WM-38A	***超市(人民广场店)	西瓜	氧乐果	0.074	1.5622

部分样品侦测出禁用农药 3 种 9 频次，为了明确残留的禁用农药对样品安全的影响，分析侦测出禁用农药残留的样品安全指数，禁用农药残留对水果蔬菜样品安全的影响程度频次分布情况如图 10-5 所示，农药残留对样品安全的影响不可接受的频次为 3，占 33.33%；农药残留对样品安全的影响可以接受的频次为 4，占 44.44%；农药残留对样品安全没有影响的频次为 2，占 22.22%。表 10-6 列出了水果蔬菜样品中侦测出的禁用农药残留不可接受的安全指数表。

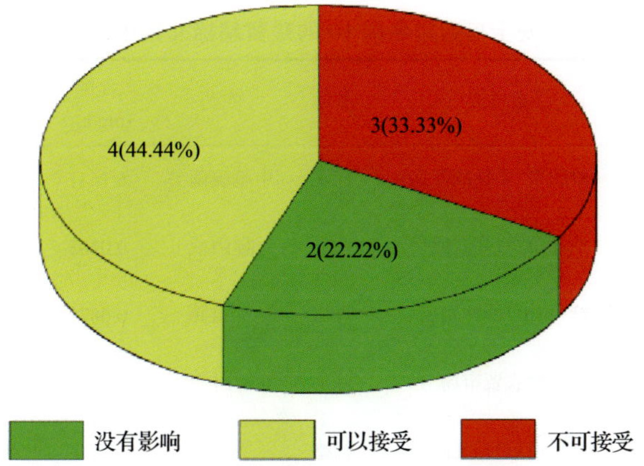

图 10-5 禁用农药对水果蔬菜样品安全影响程度的频次分布图

表 10-6 水果蔬菜样品中侦测出的禁用农药残留不可接受的安全指数表

序号	样品编号	采样点	基质	农药	含量(mg/kg)	IFS_c
1	20170831-520100-USI-EP-44A	***超市(中铁国际店)	茄子	氧乐果	0.2119	4.4734
2	20170830-520100-CAIQ-WM-36A	***超市(文昌店)	西瓜	氧乐果	0.0755	1.5939
3	20170830-520100-USI-WM-38A	***超市(人民广场店)	西瓜	氧乐果	0.074	1.5622

此外，本次侦测发现部分样品中非禁用农药残留量超过了欧盟标准，为了明确超标的非禁用农药对样品安全的影响，分析了非禁用农药残留超标的样品安全指数。

残留量超过 MRL 欧盟标准的非禁用农药对水果蔬菜样品安全的影响程度频次分布情况如图 10-6 所示。可以看出超过 MRL 欧盟标准的非禁用农药共 34 频次，其中农药没有 ADI 标准的频次为 7，占 20.59%；农药残留对样品安全的影响可以接受的频次为 1，占 2.94%；农药残留对样品安全没有影响的频次为 26，占 76.47%。表 10-7 为水果蔬菜样品中安全指数排名前 10 的残留超标非禁用农药列表。

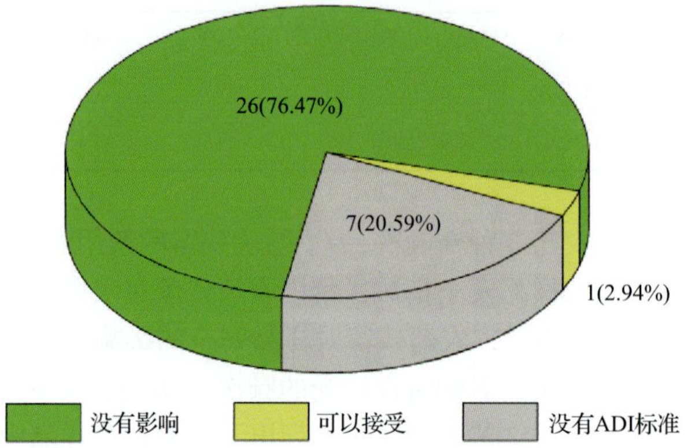

图 10-6 残留超标的非禁用农药对水果蔬菜样品安全的影响程度频次分布图（MRL 欧盟标准）

表 10-7 水果蔬菜样品中安全指数排名前 10 的残留超标非禁用农药列表（MRL 欧盟标准）

序号	样品编号	采样点	基质	农药	含量(mg/kg)	欧盟标准	IFS_c	影响程度
1	20170831-520100-USI-NM-44A	***超市（中铁国际店）	柠檬	甲基硫菌灵	6.1631	6	0.4879	可以接受
2	20170831-520100-CAIQ-CU-40A	***超市（贵乌北路店）	黄瓜	异丙威	0.0205	0.01	0.0649	没有影响
3	20170830-520100-USI-CU-37A	***超市（沙冲路店）	黄瓜	啶虫脒	0.6871	0.3	0.0622	没有影响
4	20170830-520100-USI-GS-35A	***农贸市场	蒜薹	咪鲜胺	0.0855	0.05	0.0542	没有影响
5	20170831-520100-CAIQ-GS-40A	***超市（贵乌北路店）	蒜薹	咪鲜胺	0.076	0.05	0.0481	没有影响
6	20170830-520100-USI-LE-35A	***农贸市场	生菜	氟硅唑	0.0483	0.01	0.0437	没有影响
7	20170831-520100-USI-GS-41A	***超市（贵乌店）	蒜薹	咪鲜胺	0.0605	0.05	0.0383	没有影响
8	20170831-520100-CAIQ-LE-40A	***超市（贵乌北路店）	生菜	噁霜灵	0.0556	0.05	0.0352	没有影响
9	20170830-520100-USI-CE-37A	***超市（沙冲路店）	芹菜	噁霜灵	0.0523	0.05	0.0331	没有影响
10	20170831-520100-CAIQ-LE-40A	***超市（贵乌北路店）	生菜	氟硅唑	0.0316	0.01	0.0286	没有影响

在 257 例样品中，124 例样品未侦测出农药残留，133 例样品中侦测出农药残留，计算每例有农药侦测出样品的 $\overline{IFS}$ 值，进而分析样品的安全状态，结果如图 10-7 所示（未侦测出农药的样品安全状态视为很好）。可以看出，0.39%的样品安全状态不可接受；2.72%的样品安全状态可以接受；95.72%的样品安全状态很好。表 10-8 列出了安全状态不可接受的水果蔬菜样品。

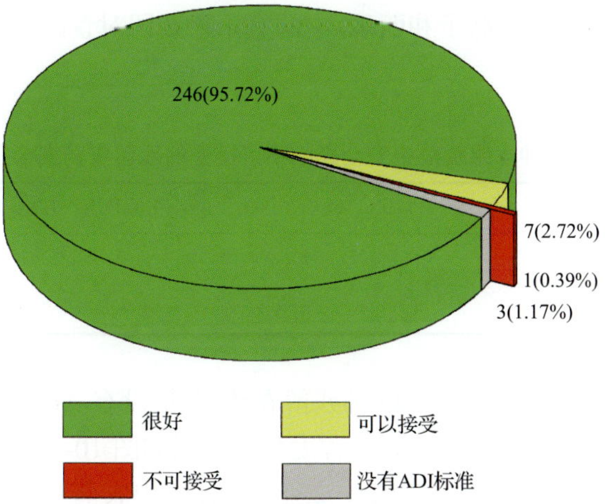

图 10-7　水果蔬菜样品安全状态分布图

表 10-8　水果蔬菜安全状态不可接受的样品列表

序号	样品编号	采样点	基质	$\overline{\text{IFS}}$
1	20170831-520100-USI-EP-44A	***超市（中铁国际店）	茄子	4.4734

10.2.2　单种水果蔬菜中农药残留安全指数分析

本次 28 种水果蔬菜侦测 45 种农药，检出频次为 316 次，其中 7 种农药没有 ADI 标准，38 种农药存在 ADI 标准。2 种水果蔬菜未侦测出任何农药，所有水果蔬菜侦测出农药残留均有 ADI，对这 26 种水果蔬菜按不同种类分别计算侦测出的具有 ADI 标准的各种农药的 IFS_c 值，农药残留对水果蔬菜的安全指数分布图如图 10-8 所示。

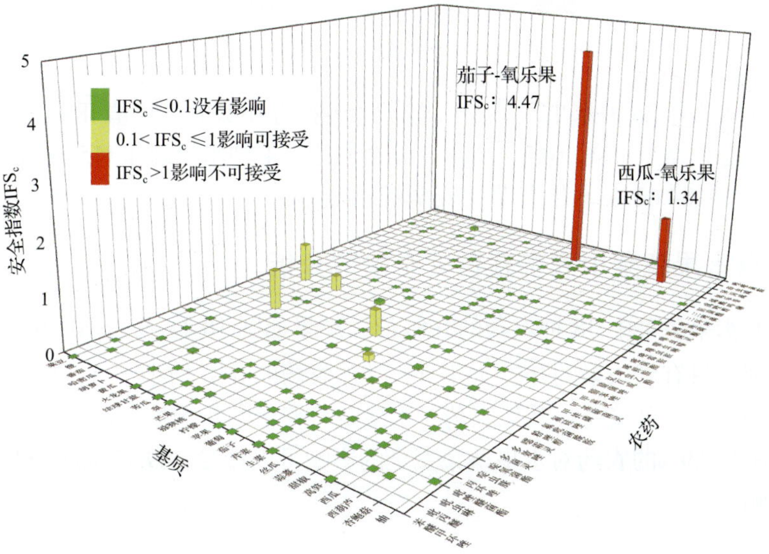

图 10-8　26 种水果蔬菜中 38 种残留农药的安全指数分布图

分析发现 2 种水果蔬菜(茄子和西瓜)中的氧乐果残留对食品安全影响不可接受，如表 10-9 所示。

表 10-9 单种水果蔬菜中安全影响不可接受的残留农药安全指数表

序号	基质	农药	检出频次	检出率(%)	IFS>1 的频次	IFS>1 的比例(%)	IFS_c
1	茄子	氧乐果	1	8.33	1	8.33	4.4734
2	西瓜	氧乐果	3	37.5	2	25	1.3363

本次侦测中，26 种水果蔬菜和 45 种残留农药(包括没有 ADI 标准)共涉及 168 个分析样本，农药对单种水果蔬菜安全的影响程度分布情况如图 10-9 所示。可以看出，88.69%的样本中农药对水果蔬菜安全没有影响，2.98%的样本中农药对水果蔬菜安全的影响可以接受，1.19%的样本中农药对水果蔬菜安全的影响不可接受。

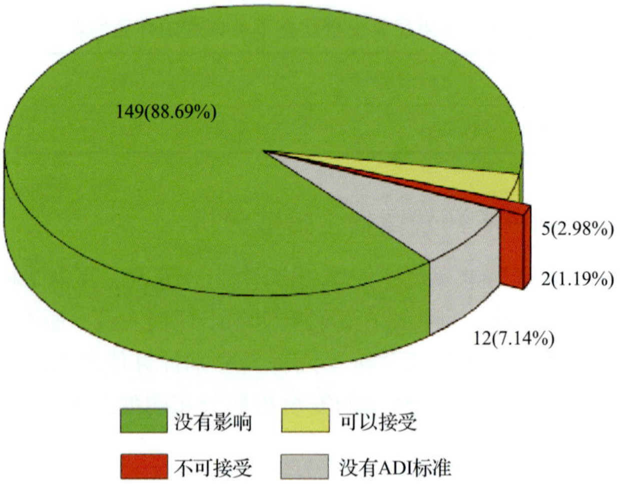

图 10-9 168 个分析样本的影响程度频次分布图

此外，分别计算 26 种水果蔬菜中所有侦测出农药 IFS_c 的平均值 $\overline{IFS}$，分析每种水果蔬菜的安全状态，结果如图 10-10 所示，分析发现，4 种水果蔬菜(15.38%)的安全状态可以接受，22 种(84.62%)水果蔬菜的安全状态很好。

10.2.3 所有水果蔬菜中农药残留安全指数分析

计算所有水果蔬菜中 38 种农药的 $\overline{IFS}_c$ 值，结果如图 10-11 及表 10-10 所示。

分析发现，只有氧乐果的 $\overline{IFS}_c$ 大于 1，其他农药的 $\overline{IFS}_c$ 均小于 1，说明氧乐果对水果蔬菜安全的影响不可接受，其他农药对水果蔬菜安全的影响均在没有影响和可以接受的范围内，其中 7.9%的农药对水果蔬菜安全的影响可以接受，89.47%的农药对水果蔬菜安全没有影响。

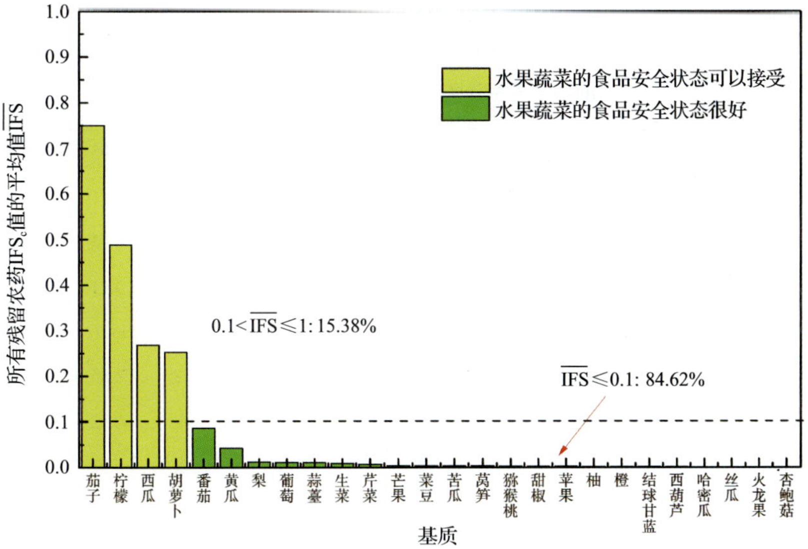

图 10-10 26 种水果蔬菜的 $\overline{\text{IFS}}$ 值和安全状态统计图

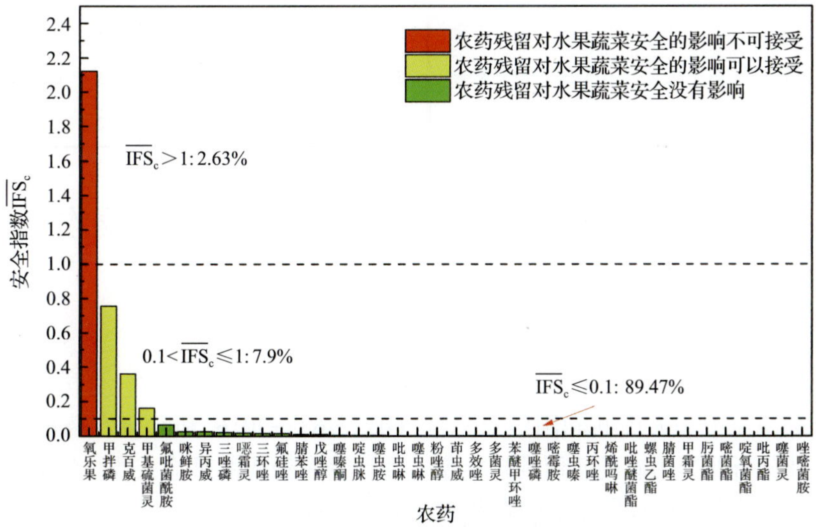

图 10-11 38 种残留农药对水果蔬菜的安全影响程度统计图

表 10-10 水果蔬菜中 38 种农药残留的安全指数表

序号	农药	检出频次	检出率 (%)	$\overline{\text{IFS}}_c$	影响程度	序号	农药	检出频次	检出率 (%)	$\overline{\text{IFS}}_c$	影响程度
1	氧乐果	4	1.27	2.1206	不可接受	5	氟吡菌酰胺	7	2.22	0.0668	没有影响
2	甲拌磷	1	0.32	0.7564	可以接受	6	咪鲜胺	6	1.90	0.0258	没有影响
3	克百威	4	1.27	0.3607	可以接受	7	异丙威	3	0.95	0.0251	没有影响
4	甲基硫菌灵	3	0.95	0.1634	可以接受	8	三唑磷	1	0.32	0.0215	没有影响

续表

序号	农药	检出频次	检出率(%)	$\overline{IFS_c}$	影响程度	序号	农药	检出频次	检出率(%)	$\overline{IFS_c}$	影响程度
9	噁霜灵	6	1.90	0.0181	没有影响	24	噻唑磷	2	0.63	0.0024	没有影响
10	三环唑	1	0.32	0.0157	没有影响	25	嘧霉胺	9	2.85	0.0021	没有影响
11	氟硅唑	6	1.90	0.0151	没有影响	26	噻虫嗪	15	4.75	0.0021	没有影响
12	腈苯唑	5	1.58	0.0090	没有影响	27	丙环唑	13	4.11	0.0020	没有影响
13	戊唑醇	6	1.90	0.0089	没有影响	28	烯酰吗啉	44	13.92	0.0019	没有影响
14	噻嗪酮	5	1.58	0.0066	没有影响	29	吡唑醚菌酯	28	8.86	0.0018	没有影响
15	啶虫脒	20	6.33	0.0051	没有影响	30	螺虫乙酯	1	0.32	0.0012	没有影响
16	噻虫胺	4	1.27	0.0049	没有影响	31	腈菌唑	1	0.32	0.0010	没有影响
17	吡虫啉	16	5.06	0.0038	没有影响	32	甲霜灵	21	6.65	0.0008	没有影响
18	噻虫啉	1	0.32	0.0037	没有影响	33	肟菌酯	8	2.53	0.0007	没有影响
19	粉唑醇	1	0.32	0.0032	没有影响	34	嘧菌酯	24	7.59	0.0003	没有影响
20	茚虫威	2	0.63	0.0031	没有影响	35	啶氧菌酯	1	0.32	0.0002	没有影响
21	多效唑	2	0.63	0.0028	没有影响	36	吡丙醚	2	0.63	0.0001	没有影响
22	多菌灵	7	2.22	0.0028	没有影响	37	噻菌灵	2	0.63	0.0001	没有影响
23	苯醚甲环唑	18	5.70	0.0026	没有影响	38	唑嘧菌胺	1	0.32	0.0000	没有影响

10.3　LC-Q-TOF/MS 侦测贵阳市市售水果蔬菜农药残留预警风险评估

基于贵阳市水果蔬菜样品中农药残留 LC-Q-TOF/MS 侦测数据，分析禁用农药的检出率，同时参照中华人民共和国国家标准 GB 2763—2016 和欧盟农药最大残留限量(MRL)标准分析非禁用农药残留的超标率，并计算农药残留风险系数。分析单种水果蔬菜中农药残留以及所有水果蔬菜中农药残留的风险程度。

10.3.1　单种水果蔬菜中农药残留风险系数分析

10.3.1.1　单种水果蔬菜中禁用农药残留风险系数分析

侦测出的 38 种残留农药中有 3 种为禁用农药，且它们分布在 6 种水果蔬菜中，计算 6 种水果蔬菜中禁用农药的超标率，根据超标率计算风险系数 R，进而分析水果蔬菜中禁用农药的风险程度，结果如图 10-12 与表 10-11 所示。分析发现 3 种禁用农药在 6 种水果蔬菜中的残留处均于高度风险。

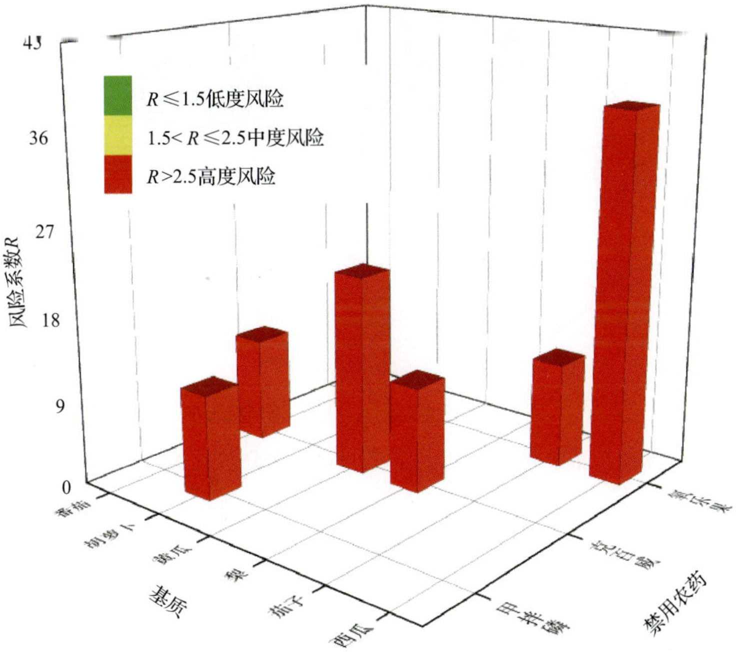

图 10-12 6 种水果蔬菜中 3 种禁用农药的风险系数分布图

表 10-11 6 种水果蔬菜中 3 种禁用农药的风险系数列表

序号	基质	农药	检出频次	检出率(%)	风险系数 R	风险程度
1	西瓜	氧乐果	3	37.5	38.60	高度风险
2	黄瓜	克百威	2	20	21.10	高度风险
3	番茄	克百威	1	10	11.10	高度风险
4	胡萝卜	甲拌磷	1	10	11.10	高度风险
5	梨	克百威	1	10	11.10	高度风险
6	茄子	氧乐果	1	10	11.10	高度风险

10.3.1.2 基于 MRL 中国国家标准的单种水果蔬菜中非禁用农药残留风险系数分析

参照中华人民共和国国家标准 GB 2763—2016 中农药残留限量计算每种水果蔬菜中每种非禁用农药的超标率，进而计算其风险系数，根据风险系数大小判断残留农药的预警风险程度，水果蔬菜中非禁用农药残留风险程度分布情况如图 10-13 所示。

本次分析中，发现在 26 种水果蔬菜侦测出 42 种残留非禁用农药，涉及样本 162 个，在 162 个样本中，32.1%处于低度风险，此外发现有 110 个样本没有 MRL 中国国家标准值，无法判断其风险程度，有 MRL 中国国家标准值的 52 个样本涉及 17 种水果蔬菜中的 19 种非禁用农药，其风险系数 R 值如图 10-14 所示。

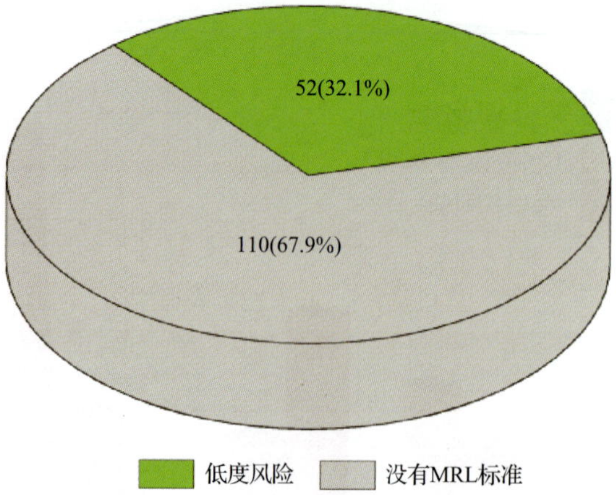

图 10-13　水果蔬菜中非禁用农药风险程度的频次分布图(MRL 中国国家标准)

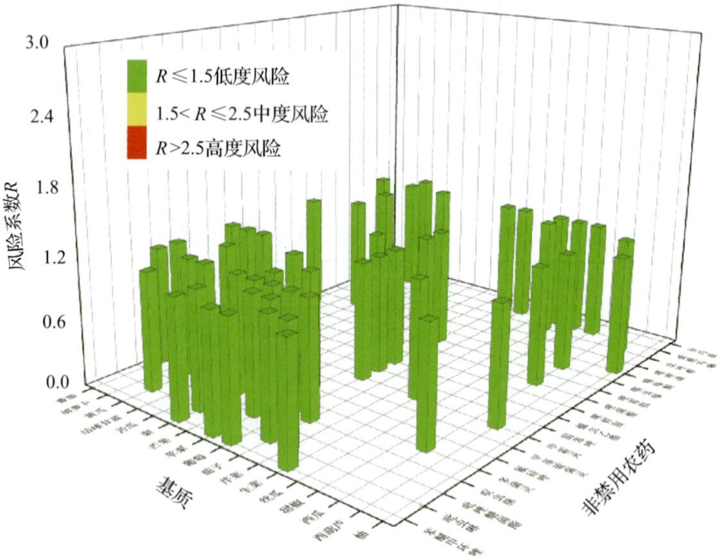

图 10-14　17 种水果蔬菜中 19 种非禁用农药的风险系数分布图(MRL 中国国家标准)

10.3.1.3　基于 MRL 欧盟标准的单种水果蔬菜中非禁用农药残留风险系数分析

参照 MRL 欧盟标准计算每种水果蔬菜中每种非禁用农药的超标率，进而计算其风险系数，根据风险系数大小判断农药残留的预警风险程度，水果蔬菜中非禁用农药残留风险程度分布情况如图 10-15 所示。

本次分析中，发现在 26 种水果蔬菜中共侦测出 42 种非禁用农药，涉及样本 162 个，其中，16.67%处于高度风险，涉及 15 种水果蔬菜和 17 种农药；83.33%处于低度风险，涉及 11 种水果蔬菜和 25 种农药。单种水果蔬菜中的非禁用农药风险系数分布图如图 10-16 所示。单种水果蔬菜中处于高度风险的非禁用农药风险系数如图 10-17 和表 10-12 所示。

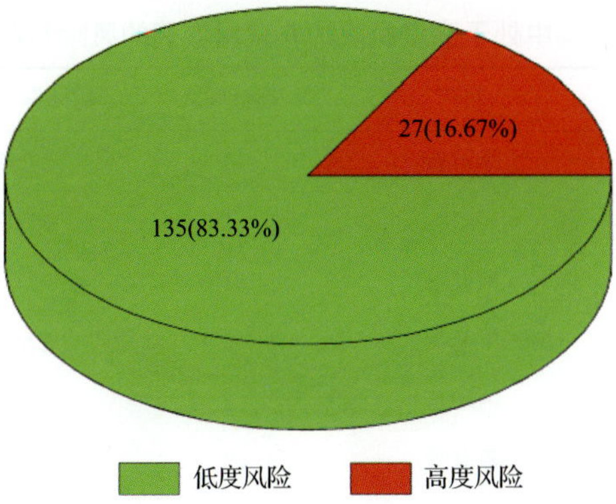

图 10-15　水果蔬菜中非禁用农药的风险程度的频次分布图(MRL 欧盟标准)

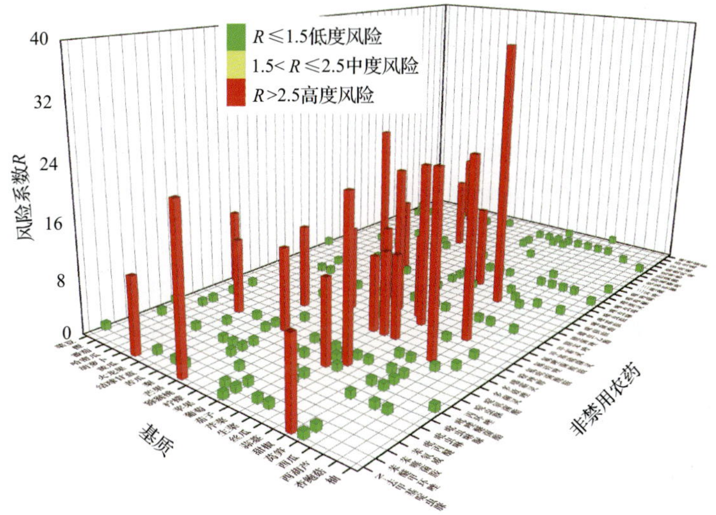

图 10-16　26 种水果蔬菜中 42 种非禁用农药的风险系数分布图(MRL 欧盟标准)

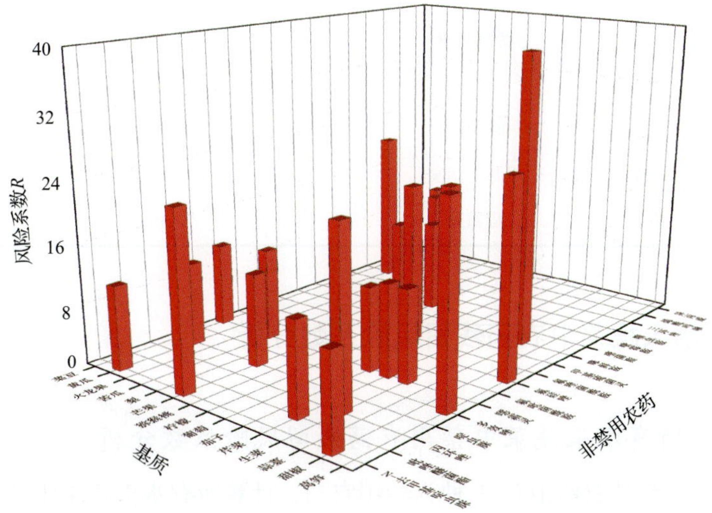

图 10-17　单种水果蔬菜中处于高度风险的非禁用农药的风险系数分布图(MRL 欧盟标准)

表 10-12　单种水果蔬菜中处于高度风险的非禁用农药的风险系数表(MRL 欧盟标准)

序号	基质	农药	超标频次	超标率 P(%)	风险系数 R
1	蒜薹	咪鲜胺	3	37.50	38.60
2	莴笋	多效唑	1	25.00	26.10
3	莴笋	氟硅唑	1	25.00	26.10
4	芒果	N-去甲基啶虫脒	2	22.22	23.32
5	生菜	丙环唑	2	22.22	23.32
6	生菜	氟硅唑	2	22.22	23.32
7	黄瓜	噻虫胺	2	20.00	21.10
8	葡萄	氟唑菌酰胺	2	20.00	21.10
9	苦瓜	噁霜灵	1	11.11	12.21
10	芒果	啶虫脒	1	11.11	12.21
11	猕猴桃	嘧菌酯	1	11.11	12.21
12	猕猴桃	氟吡菌酰胺	1	11.11	12.21
13	芹菜	吡唑醚菌酯	1	11.11	12.21
14	芹菜	嘧霉胺	1	11.11	12.21
15	芹菜	噁霜灵	1	11.11	12.21
16	芹菜	氟唑菌酰胺	1	11.11	12.21
17	生菜	噁霜灵	1	11.11	12.21
18	甜椒	N-去甲基啶虫脒	1	11.11	12.21
19	菜豆	噁霜灵	1	10.00	11.10
20	黄瓜	N-去甲基啶虫脒	1	10.00	11.10
21	黄瓜	啶虫脒	1	10.00	11.10
22	黄瓜	异丙威	1	10.00	11.10
23	火龙果	烯酰吗啉	1	10.00	11.10
24	梨	三环唑	1	10.00	11.10
25	梨	嘧菌酯	1	10.00	11.10
26	柠檬	甲基硫菌灵	1	10.00	11.10
27	茄子	噁霜灵	1	10.00	11.10

10.3.2　所有水果蔬菜中农药残留风险系数分析

10.3.2.1　所有水果蔬菜中禁用农药残留风险系数分析

在侦测出的 45 种农药中有 3 种为禁用农药，计算所有水果蔬菜中禁用农药的风险系数，结果如表 10-13 所示。禁用农药克百威和氧乐果处于高度风险，甲拌磷处于低度风险。

表 10-13　水果蔬菜中 3 种禁用农药的风险系数表

序号	农药	检出频次	检出率(%)	风险系数 R	风险程度
1	克百威	4	1.56	2.66	高度风险
2	氧乐果	4	1.56	2.66	高度风险
3	甲拌磷	1	0.39	1.49	低度风险

10.3.2.2　所有水果蔬菜中非禁用农药残留风险系数分析

参照 MRL 欧盟标准计算所有水果蔬菜中每种非禁用农药残留的风险系数，如图 10-18 与表 10-14 所示。在侦测出的 42 种非禁用农药中，2 种农药(4.76%)残留处于高度风险，7 种农药(16.67%)残留处于中度风险，33 种农药(78.57%)残留处于低度风险。

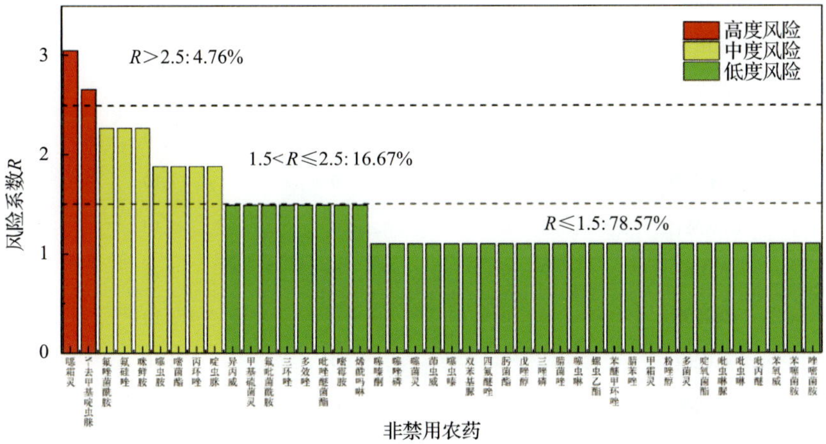

图 10-18　水果蔬菜中 42 种非禁用农药的风险程度统计图

表 10-14　水果蔬菜中 42 种非禁用农药的风险系数表

序号	农药	超标频次	超标率 P(%)	风险系数 R	风险程度
1	噁霜灵	5	1.95	3.05	高度风险
2	*N*-去甲基啶虫脒	4	1.56	2.66	高度风险
3	氟唑菌酰胺	3	1.17	2.27	中度风险
4	氟硅唑	3	1.17	2.27	中度风险
5	咪鲜胺	3	1.17	2.27	中度风险
6	噻虫胺	2	0.78	1.88	中度风险
7	嘧菌酯	2	0.78	1.88	中度风险
8	丙环唑	2	0.78	1.88	中度风险

续表

序号	农药	超标频次	超标率 P(%)	风险系数 R	风险程度
9	啶虫脒	2	0.78	1.88	中度风险
10	异丙威	1	0.39	1.49	低度风险
11	甲基硫菌灵	1	0.39	1.49	低度风险
12	氟吡菌酰胺	1	0.39	1.49	低度风险
13	三环唑	1	0.39	1.49	低度风险
14	多效唑	1	0.39	1.49	低度风险
15	吡唑醚菌酯	1	0.39	1.49	低度风险
16	嘧霉胺	1	0.39	1.49	低度风险
17	烯酰吗啉	1	0.39	1.49	低度风险
18	噻嗪酮	0	0	1.10	低度风险
19	噻唑磷	0	0	1.10	低度风险
20	噻菌灵	0	0	1.10	低度风险
21	茚虫威	0	0	1.10	低度风险
22	噻虫嗪	0	0	1.10	低度风险
23	双苯基脲	0	0	1.10	低度风险
24	四氟醚唑	0	0	1.10	低度风险
25	肟菌酯	0	0	1.10	低度风险
26	戊唑醇	0	0	1.10	低度风险
27	三唑磷	0	0	1.10	低度风险
28	腈菌唑	0	0	1.10	低度风险
29	噻虫啉	0	0	1.10	低度风险
30	螺虫乙酯	0	0	1.10	低度风险
31	苯醚甲环唑	0	0	1.10	低度风险
32	腈苯唑	0	0	1.10	低度风险
33	甲霜灵	0	0	1.10	低度风险
34	粉唑醇	0	0	1.10	低度风险
35	多菌灵	0	0	1.10	低度风险
36	啶氧菌酯	0	0	1.10	低度风险
37	吡虫啉脲	0	0	1.10	低度风险
38	吡虫啉	0	0	1.10	低度风险
39	吡丙醚	0	0	1.10	低度风险
40	苯氧威	0	0	1.10	低度风险
41	苯噻菌胺	0	0	1.10	低度风险
42	唑嘧菌胺	0	0	1.10	低度风险

10.4 LC-Q-TOF/MS 侦测贵阳市市售水果蔬菜农药残留风险评估结论与建议

农药残留是影响水果蔬菜安全和质量的主要因素，也是我国食品安全领域备受关注的敏感话题和亟待解决的重大问题之一[15,16]。各种水果蔬菜均存在不同程度的农药残留现象，本研究主要针对贵阳市各类水果蔬菜存在的农药残留问题，基于 2017 年 8 月对贵阳市 257 例水果蔬菜样品中农药残留侦测得出的 316 个侦测结果，分别采用食品安全指数模型和风险系数模型，开展水果蔬菜中农药残留的膳食暴露风险和预警风险评估。水果蔬菜样品取自超市和农贸市场，符合大众的膳食来源，风险评价时更具有代表性和可信度。

本研究力求通用简单地反映食品安全中的主要问题，且为管理部门和大众容易接受，为政府及相关管理机构建立科学的食品安全信息发布和预警体系提供科学的规律与方法，加强对农药残留的预警和食品安全重大事件的预防，控制食品风险。

10.4.1 贵阳市水果蔬菜中农药残留膳食暴露风险评价结论

1) 水果蔬菜样品中农药残留安全状态评价结论

采用食品安全指数模型，对 2017 年 8 月期间贵阳市水果蔬菜食品农药残留膳食暴露风险进行评价，根据 IFS_c 的计算结果发现，水果蔬菜中农药的 $\overline{IFS}$ 为 0.0964，说明贵阳市水果蔬菜总体处于很好的安全状态，但部分禁用农药、高残留农药在蔬菜、水果中仍有侦测出，导致膳食暴露风险的存在，成为不安全因素。

2) 单种水果蔬菜中农药膳食暴露风险不可接受情况评价结论

单种水果蔬菜中农药残留安全指数分析结果显示，农药对单种水果蔬菜安全影响不可接受 ($IFS_c>1$) 的样本数共 2 个，占总样本数的 1.19%，2 个样本分别为茄子中的氧乐果和西瓜中的氧乐果，说明茄子和西瓜中的氧乐果会对消费者身体健康造成较大的膳食暴露风险。氧乐果属于禁用的剧毒农药，且茄子和西瓜均为较常见的水果蔬菜，百姓日常食用量较大，长期食用大量残留氧乐果的茄子和西瓜会对人体造成不可接受的影响，本次检测发现氧乐果在茄子和西瓜样品中多次并大量侦测出，是未严格实施农业良好管理规范 (GAP)，抑或是农药滥用，这应该引起相关管理部门的警惕，应加强对茄子和西瓜中氧乐果的严格管控。

3) 禁用农药膳食暴露风险评价

本次检测发现部分水果蔬菜样品中有禁用农药侦测出，侦测出禁用农药 3 种，检出频次为 9，水果蔬菜样品中的禁用农药 IFS_c 计算结果表明，禁用农药残留膳食暴露风险不可接受的频次为 3，占 33.33%；可以接受的频次为 4，占 44.44%；没有影响的频次为 2，占 22.22%。对于水果蔬菜样品中所有农药而言，膳食暴露风险不可接受的频次为 3，仅占总体频次的 0.95%。可以看出，禁用农药的膳食暴露风险不可接受的比例远高于总体水平，这在一定程度上说明禁用农药更容易导致严重的膳食暴露风险。此外，膳食暴露风险不可接受的残留禁用农药均为氧乐果，因此，应该加强对禁用农药氧乐果的管控力度。为何在国家明令禁止禁用农药喷洒的情况下，还能在多种水果蔬菜中多次侦测出禁用农药残留并造成不可接受的膳食暴露风险，这应该引起相关部门的高度警惕，应该在禁止禁用农药喷洒的同时，严格管控禁用农药的生产和售卖，从根本上杜绝安全隐患。

10.4.2 贵阳市水果蔬菜中农药残留预警风险评价结论

1）单种水果蔬菜中禁用农药残留的预警风险评价结论

本次检测过程中，在 6 种水果蔬菜中检测超出 3 种禁用农药，禁用农药为：克百威、甲拌磷、氧乐果，水果蔬菜为：茄子、黄瓜、番茄、西瓜、梨、胡萝卜，水果蔬菜中禁用农药的风险系数分析结果显示，3 种禁用农药在 6 种水果蔬菜中的残留均处于高度风险，说明在单种水果蔬菜中禁用农药的残留会导致较高的预警风险。

2）单种水果蔬菜中非禁用农药残留的预警风险评价结论

以 MRL 中国国家标准为标准，计算水果蔬菜中非禁用农药风险系数情况下，162 个样本中，52 个处于低度风险（32.1%），110 个样本没有 MRL 中国国家标准（67.9%）。以 MRL 欧盟标准为标准，计算水果蔬菜中非禁用农药风险系数情况下，发现有 27 个处于高度风险（16.67%），135 个处于低度风险（83.33%）。基于两种 MRL 标准，评价的结果差异显著，可以看出 MRL 欧盟标准比中国国家标准更加严格和完善，过于宽松的 MRL 中国国家标准值能否有效保障人体的健康有待研究。

10.4.3 加强贵阳市水果蔬菜食品安全建议

我国食品安全风险评价体系仍不够健全，相关制度不够完善，多年来，由于农药用药次数多、用药量大或用药间隔时间短，产品残留量大，农药残留所造成的食品安全问题日益严峻，给人体健康带来了直接或间接的危害。据估计，美国与农药有关的癌症患者数约占全国癌症患者总数的 50%，中国更高。同样，农药对其他生物也会形成直接杀伤和慢性危害，植物中的农药可经过食物链逐级传递并不断蓄积，对人和动物构成潜在威胁，并影响生态系统。

基于本次农药残留侦测数据的风险评价结果，提出以下几点建议：

1）加快食品安全标准制定步伐

我国食品标准中对农药每日允许最大摄入量 ADI 的数据严重缺乏，在本次评价所涉及的 45 种农药中，仅有 84.4%的农药具有 ADI 值，而 15.6%的农药中国尚未规定相应的 ADI 值，亟待完善。

我国食品中农药最大残留限量值的规定严重缺乏，对评估涉及到的不同水果蔬菜中不同农药 168 个 MRL 限值进行统计来看，我国仅制定出 58 个标准，我国标准完整率仅为 34.5%，欧盟的完整率达到 100%（表 10-15）。因此，中国更应加快 MRL 的制定步伐。

表 10-15　我国国家食品标准农药的 ADI、MRL 值与欧盟标准的数量差异

分类		中国 ADI	MRL 中国国家标准	MRL 欧盟标准
标准限值(个)	有	38	58	168
	无	7	110	0
总数(个)		45	168	168
无标准限值比例(%)		15.6	65.5	0

此外，MRL 中国国家标准限值普遍高于欧盟标准限值，这些标准中共有 27 个高于欧盟。过高的 MRL 值难以保障人体健康，建议继续加强对限值基准和标准的科学研究，将农产品中的危险性减少到尽可能低的水平。

2) 加强农药的源头控制和分类监管

在贵阳市某些水果蔬菜中仍有禁用农药残留，利用 LC-Q-TOF/MS 技术侦测出 3 种禁用农药，检出频次为 9 次，残留禁用农药均存在较大的膳食暴露风险和预警风险。早已列入黑名单的禁用农药在我国并未真正退出，有些药物由于价格便宜、工艺简单，此类高毒农药一直生产和使用。建议在我国采取严格有效的控制措施，从源头控制禁用农药。

对于非禁用农药，在我国作为“田间地头”最典型单位的县级蔬果产地中，农药残留的检测几乎缺失。建议根据农药的毒性，对高毒、剧毒、中毒农药实现分类管理，减少使用高毒和剧毒高残留农药，进行分类监管。

3) 加强残留农药的生物修复及降解新技术

市售果蔬中残留农药的品种多、频次高、禁用农药多次检出这一现状，说明了我国的田间土壤和水体因农药长期、频繁、不合理的使用而遭到严重污染。为此，建议中国相关部门出台相关政策，鼓励高校及科研院所积极开展分子生物学、酶学等研究，加强土壤、水体中残留农药的生物修复及降解新技术研究，切实加大农药监管力度，以控制农药的面源污染问题。

综上所述，在本工作基础上，根据蔬菜残留危害，可进一步针对其成因提出和采取严格管理、大力推广无公害蔬菜种植与生产、健全食品安全控制技术体系、加强蔬菜食品质量检测体系建设和积极推行蔬菜食品质量追溯制度等相应对策。建立和完善食品安全综合评价指数与风险监测预警系统，对食品安全进行实时、全面的监控与分析，为我国的食品安全科学监管与决策提供新的技术支持，可实现各类检验数据的信息化系统管理，降低食品安全事故的发生。

第 11 章　GC-Q-TOF/MS 侦测贵阳市 257 例市售水果蔬菜样品农药残留报告

从贵阳市所属 2 个区，随机采集了 257 例水果蔬菜样品，使用气相色谱-四极杆飞行时间质谱(GC-Q-TOF/MS)对 507 种农药化学污染物进行示范侦测。

11.1　样品种类、数量与来源

11.1.1　样品采集与检测

为了真实反映百姓餐桌上水果蔬菜中农药残留污染状况，本次所有检测样品均由检验人员于 2017 年 8 月，从贵阳市所属 10 个采样点，包括 2 个农贸市场和 8 个超市，以随机购买方式采集，总计 10 批 257 例样品，从中检出农药 77 种，444 频次。采样及监测概况见图 11-1 及表 11-1，样品及采样点明细见表 11-2 及表 11-3(侦测原始数据见附表 1)。

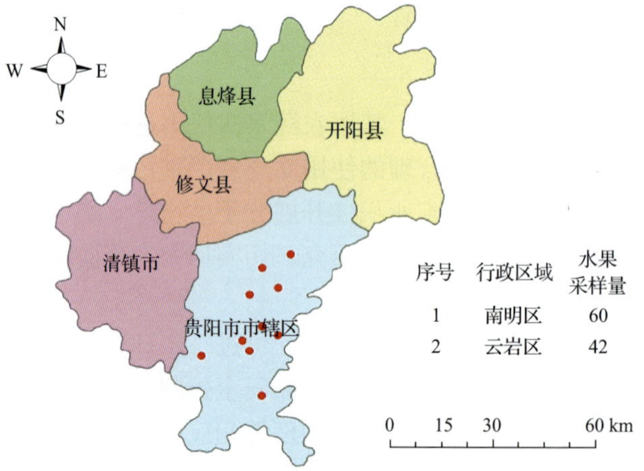

序号	行政区域	水果采样量	蔬菜及其他采样量	合计
1	南明区	60	93	153
2	云岩区	42	62	104

图 11-1　贵阳市所属 10 个采样点 257 例样品分布图

表 11-1　农药残留监测总体概况

采样地区	贵阳市所属 2 个区
采样点(超市+农贸市场)	10
样本总数	257
检出农药品种/频次	77/444
各采样点样本农药残留检出率范围	59.3%～87.5%

表 11-2　样品分类及数量

样品分类	样品名称(数量)	数量小计
1. 水果		102
1)仁果类水果	苹果(10),梨(10)	20
2)浆果和其他小型水果	猕猴桃(9),葡萄(10)	19
3)瓜果类水果	西瓜(8),哈密瓜(8)	16
4)热带和亚热带水果	芒果(9),火龙果(10)	19
5)柑橘类水果	柚(9),柠檬(10),橙(9)	28
2. 食用菌		10
1)蘑菇类	杏鲍菇(10)	10
3. 蔬菜		145
1)豆类蔬菜	菜豆(10)	10
2)鳞茎类蔬菜	洋葱(10),蒜薹(8)	18
3)叶菜类蔬菜	芹菜(9),生菜(9),莴笋(4)	22
4)芸薹属类蔬菜	结球甘蓝(9),青花菜(9)	18
5)瓜类蔬菜	黄瓜(10),西葫芦(10),苦瓜(9),丝瓜(9)	38
6)茄果类蔬菜	番茄(10),甜椒(9),茄子(10)	29
7)根茎类和薯芋类蔬菜	胡萝卜(10)	10
合计	1.水果 11 种 2.食用菌 1 种 3.蔬菜 16 种	257

表 11-3　贵阳市采样点信息

采样点序号	行政区域	采样点
农贸市场(2)		
1	云岩区	***农贸市场
2	南明区	***农贸市场
超市(8)		
1	云岩区	***超市(恒峰店)
2	云岩区	***超市(贵乌店)
3	云岩区	***超市(贵乌北路店)
4	南明区	***超市(文昌店)
5	南明区	***超市(中铁国际店)
6	南明区	***超市(花果园店)
7	南明区	***超市(人民广场店)
8	南明区	***超市(沙冲路店)

11.1.2 检测结果

这次使用的检测方法是庞国芳院士团队最新研发的不需使用标准品对照，而以高分辨精确质量数（0.0001*m/z*）为基准的 GC-Q-TOF/MS 检测技术，对于 257 例样品，每个样品均侦测了 507 种农药化学污染物的残留现状。通过本次侦测，在 257 例样品中共计检出农药化学污染物 77 种，检出 444 频次。

11.1.2.1 各采样点样品检出情况

统计分析发现 10 个采样点中，被测样品的农药检出率范围为 59.3%～87.5%。其中，***农贸市场的检出率最高，为 87.5%。***超市（贵乌北路店）的检出率最低，为 59.3%，见图 11-2。

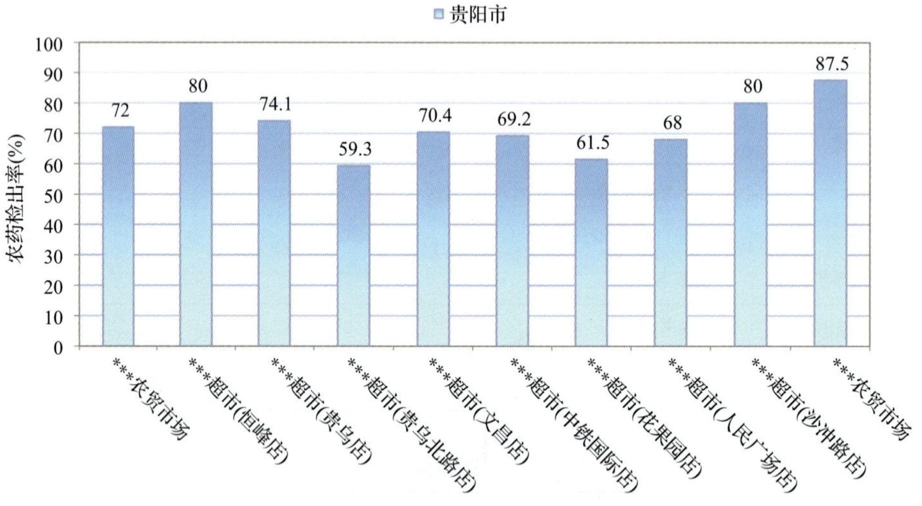

图 11-2 各采样点样品中的农药检出率

11.1.2.2 检出农药的品种总数与频次

统计分析发现，对于 257 例样品中 507 种农药化学污染物的侦测，共检出农药 444 频次，涉及农药 77 种，结果如图 11-3 所示。其中威杀灵检出频次最高，共检出 62 次。检出频次排名前 10 的农药如下：①威杀灵（62）；②联苯（54）；③毒死蜱（46）；④嘧霉胺（29）；⑤仲丁威（20）；⑥哒螨灵（14）；⑦喹螨醚（13）；⑧啶酰菌胺（12）；⑨联苯菊酯（12）；⑩烯丙菊酯（12）。

由图 11-4 可见，番茄、西瓜、橙、芹菜和洋葱这 5 种果蔬样品中检出的农药品种数较高，均超过 10 种，其中，番茄检出农药品种最多，为 16 种。由图 11-5 可见，葡萄、菜豆和胡萝卜这 3 种果蔬样品中的农药检出频次较高，均超过 30 次，其中，葡萄检出农药频次最高，为 35 次。

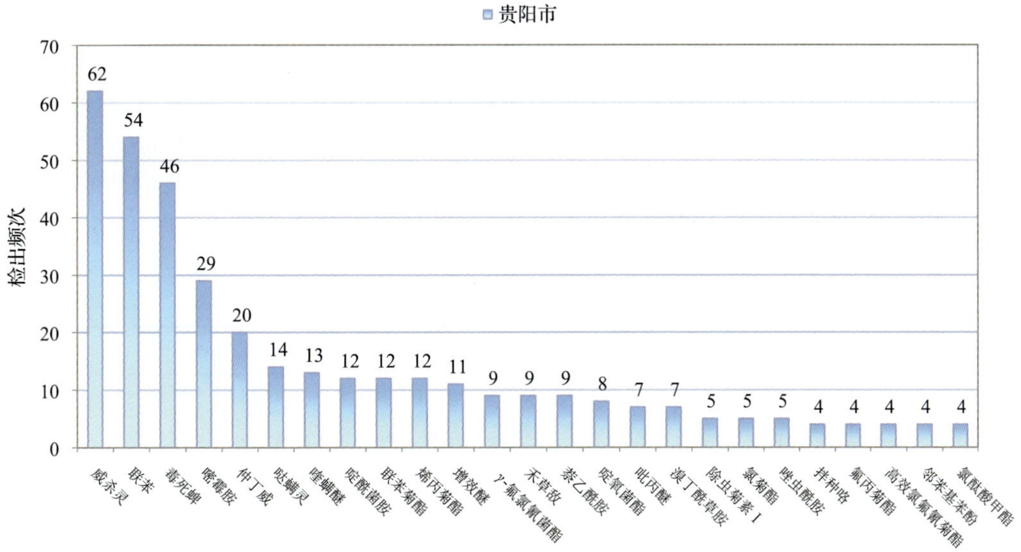

图 11-3 检出农药品种及频次(仅列出 4 频次及以上的数据)

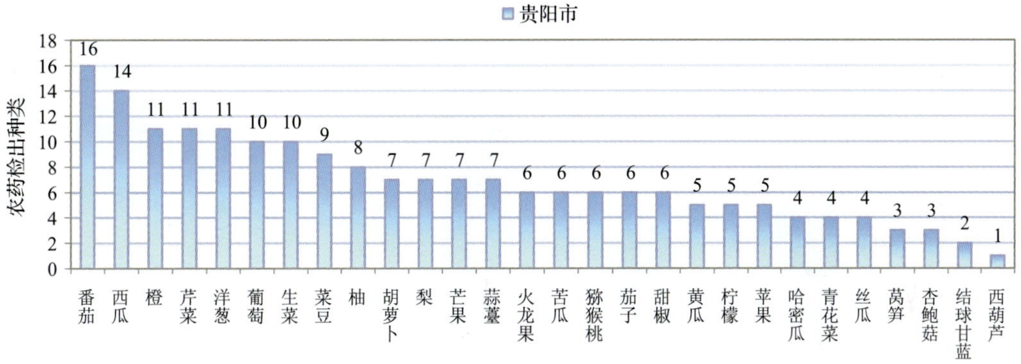

图 11-4 单种水果蔬菜检出农药的种类数

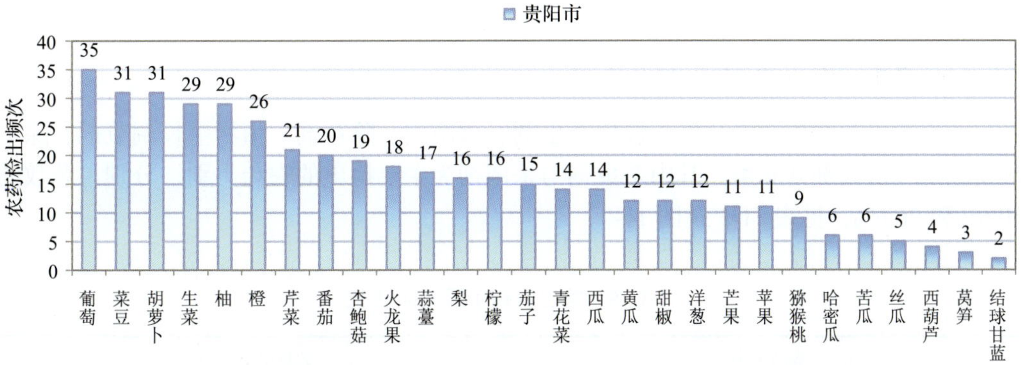

图 11-5 单种水果蔬菜检出农药频次(仅列出检出农药 2 频次及以上的数据)

11.1.2.3　单例样品农药检出种类与占比

对单例样品检出农药种类和频次进行统计发现，未检出农药的样品占总样品数的28.0%，检出 1 种农药的样品占总样品数的 22.2%，检出 2～5 种农药的样品占总样品数的 46.7%，检出 6～10 种农药的样品占总样品数的 2.7%，检出大于 10 种农药的样品占总样品数的 0.4%。每例样品中平均检出农药为 1.7 种，数据见表 11-4 及图 11-6。

表 11-4　单例样品检出农药品种占比

检出农药品种数	样品数量/占比(%)
未检出	72/28.0
1 种	57/22.2
2～5 种	120/46.7
6～10 种	7/2.7
大于 10 种	1/0.4
单例样品平均检出农药品种	1.7 种

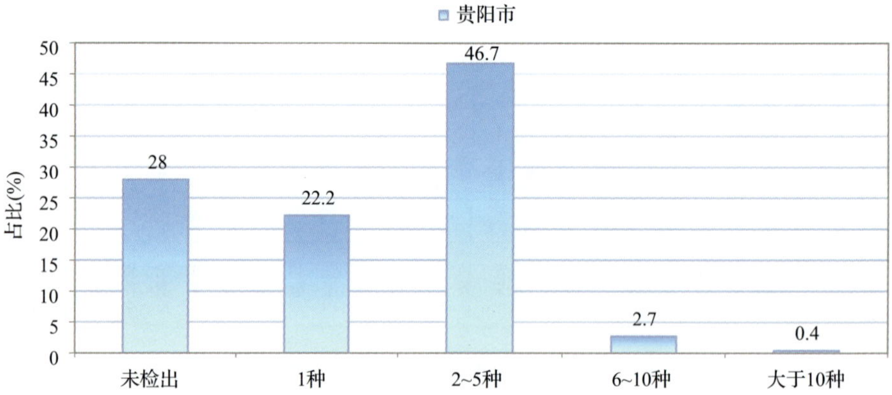

图 11-6　单例样品平均检出农药品种及占比

11.1.2.4　检出农药类别与占比

所有检出农药按功能分类，包括杀虫剂、杀菌剂、除草剂、植物生长调节剂、除草剂安全剂、增效剂共 6 类。其中杀虫剂与杀菌剂为主要检出的农药类别，分别占总数的50.6%和 26.0%，见表 11-5 及图 11-7。

表 11-5　检出农药所属类别/占比

农药类别	数量/占比(%)
杀虫剂	39/50.6
杀菌剂	20/26.0

续表

农药类别	数量/占比(%)
除草剂	14/18.2
植物生长调节剂	2/2.6
除草剂安全剂	1/1.3
增效剂	1/1.3

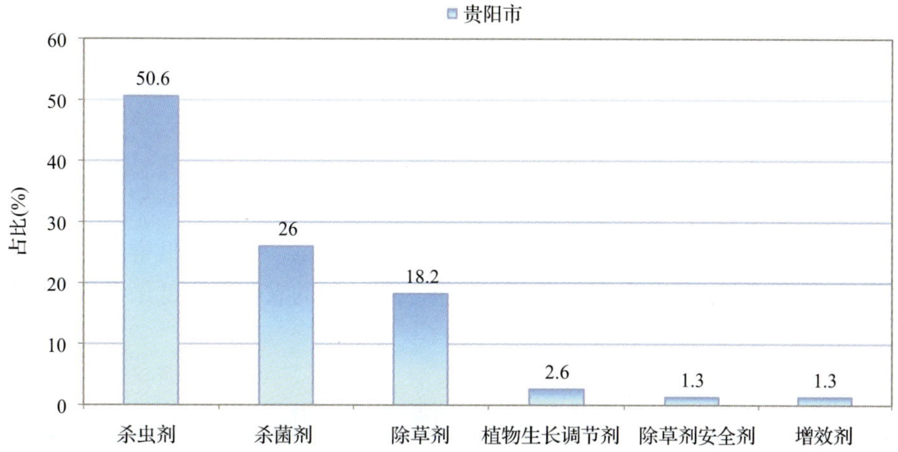

图 11-7　检出农药所属类别和占比

11.1.2.5　检出农药的残留水平

按检出农药残留水平进行统计，残留水平在 1～5μg/kg(含)的农药占总数的 17.3%，在 5～10μg/kg(含)的农药占总数的 16.0%，在 10～100μg/kg(含)的农药占总数的 41.4%，在 100～1000μg/kg(含)的农药占总数的 24.3%，在>1000μg/kg 的农药占总数的 0.9%。

由此可见，这次检测的 10 批 257 例水果蔬菜样品中农药多数处于中高残留水平。结果见表 11-6 及图 11-8，数据见附表 2。

表 11-6　农药残留水平/占比

残留水平(μg/kg)	检出频次数/占比(%)
1～5(含)	77/17.3
5～10(含)	71/16.0
10～100(含)	184/41.4
100～1000(含)	108/24.3
>1000	4/0.9

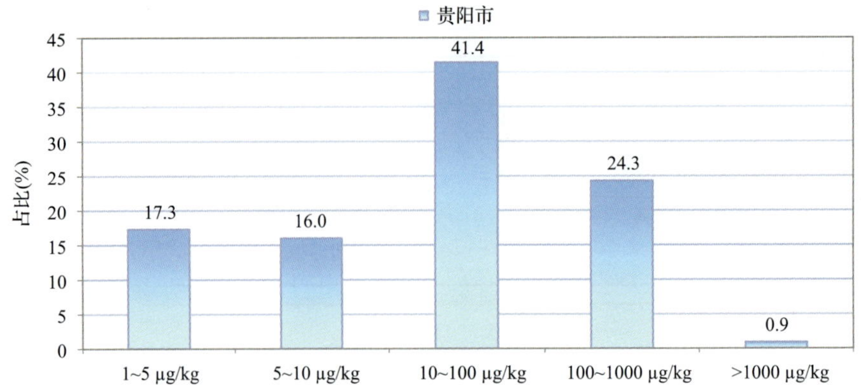

图 11-8　检出农药残留水平及占比

11.1.2.6　检出农药的毒性类别、检出频次和超标频次及占比

对这次检出的 77 种 444 频次的农药，按剧毒、高毒、中毒、低毒和微毒这五个毒性类别进行分类，从中可以看出，贵阳市目前普遍使用的农药为中低微毒农药，品种占 92.2%，频次占 98.4%。结果见表 11-7 及图 11-9。

表 11-7　检出农药毒性类别/占比

毒性分类	农药品种/占比(%)	检出频次/占比(%)	超标频次/超标率(%)
剧毒农药	1/1.3	1/0.2	0/0.0
高毒农药	5/6.5	6/1.4	0/0.0
中毒农药	25/32.5	175/39.4	1/0.6
低毒农药	30/39.0	187/42.1	0/0.0
微毒农药	16/20.8	75/16.9	0/0.0

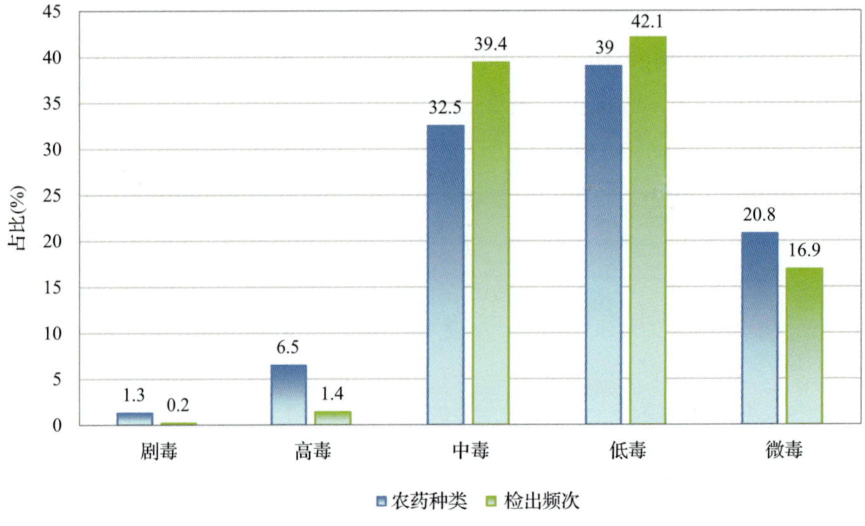

图 11-9　检出农药的毒性分类和占比

11.1.2.7 检出剧毒/高毒类农药的品种和频次

值得特别关注的是，在此次侦测的 257 例样品中有 1 种蔬菜 4 种水果的 5 例样品检出了 6 种 7 频次的剧毒和高毒农药，占样品总量的 1.9%，详见图 11-10、表 11-8 及表 11-9。

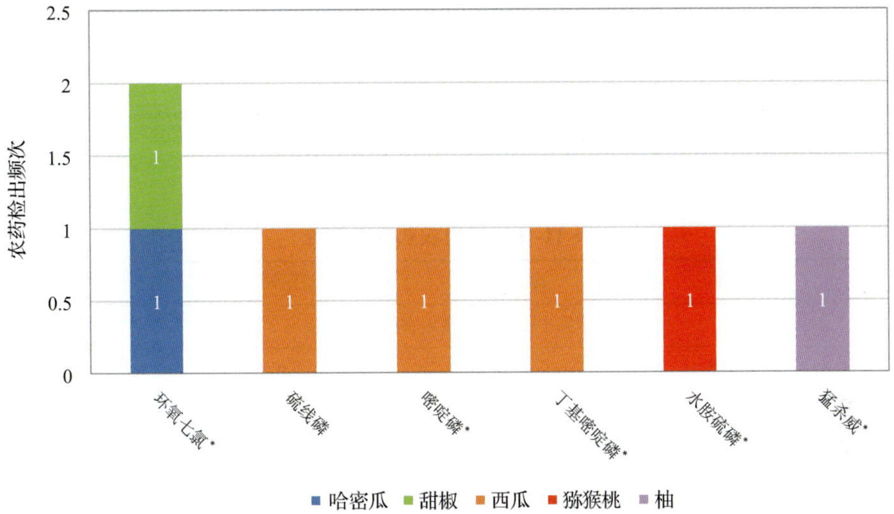

图 11-10 检出剧毒/高毒农药的样品情况

*表示允许在水果和蔬菜上使用的农药

表 11-8 剧毒农药检出情况

序号	农药名称	检出频次	超标频次	超标率
		从 1 种水果中检出 1 种剧毒农药，共计检出 1 次		
1	丁基嘧啶磷*	1	0	0.0%
	小计	1	0	超标率：0.0%
		蔬菜中未检出剧毒农药		
	小计	0	0	超标率：0.0%
	合计	1	0	超标率：0.0%

表 11-9 高毒农药检出情况

序号	农药名称	检出频次	超标频次	超标率
		从 4 种水果中检出 5 种高毒农药，共计检出 5 次		
1	环氧七氯	1	0	0.0%
2	硫线磷	1	0	0.0%
3	猛杀威	1	0	0.0%
4	嘧啶磷	1	0	0.0%
5	水胺硫磷	1	0	0.0%
	小计	5	0	超标率：0.0%

续表

序号	农药名称	检出频次	超标频次	超标率
从 1 种蔬菜中检出 1 种高毒农药，共计检出 1 次				
1	环氧七氯	1	0	0.0%
	小计	1	0	超标率：0.0%
	合计	6	0	超标率：0.0%

在检出的剧毒和高毒农药中，有 2 种是我国早已禁止在果树和蔬菜上使用的，分别是：硫线磷和水胺硫磷。禁用农药的检出情况见表 11-10。

表 11-10　禁用农药检出情况

序号	农药名称	检出频次	超标频次	超标率
从 2 种水果中检出 2 种禁用农药，共计检出 2 次				
1	硫线磷	1	0	0.0%
2	水胺硫磷	1	0	0.0%
	小计	2	0	超标率：0.0%
蔬菜中未检出禁用农药				
	小计	0	0	超标率：0.0%
	合计	2	0	超标率：0.0%

注：超标结果参考 MRL 中国国家标准计算

此次抽检的果蔬样品中，有 1 种水果检出了剧毒农药，为：西瓜中检出丁基嘧啶磷 1 次。

样品中检出剧毒和高毒农药残留水平没有超过 MRL 中国国家标准，但本次检出结果仍表明，高毒、剧毒农药的使用现象依旧存在。详见表 11-11。

表 11-11　各样本中检出剧毒/高毒农药情况

样品名称	农药名称	检出频次	超标频次	检出浓度(μg/kg)
水果 4 种				
哈密瓜	环氧七氯	1	0	1.2
柚	猛杀威	1	0	12.0
猕猴桃	水胺硫磷▲	1	0	57.3
西瓜	嘧啶磷	1	0	1.9
西瓜	硫线磷▲	1	0	3.5
西瓜	丁基嘧啶磷*	1	0	9.5
	小计	6	0	超标率：0.0%
蔬菜 1 种				
甜椒	环氧七氯	1	0	2.3
	小计	1	0	超标率：0.0%
	合计	7	0	超标率：0.0%

11.2　农药残留检出水平与最大残留限量标准对比分析

我国于 2014 年 3 月 20 日正式颁布并于 2014 年 8 月 1 日正式实施食品农药残留限量国家标准《食品中农药最大残留限量》(GB 2763—2014)。该标准包括 371 个农药条目，涉及最大残留限量(MRL)标准 3653 项。将 444 频次检出农药的浓度水平与 3653 项 MRL 中国国家标准进行核对，其中只有 82 频次的农药找到了对应的 MRL 标准，占 18.5%，还有 362 频次的侦测数据则无相关 MRL 标准供参考，占 81.5%。

将此次侦测结果与国际上现行 MRL 标准对比发现，在 444 频次的检出结果中有 444 频次的结果找到了对应的 MRL 欧盟标准，占 100.0%，其中，278 频次的结果有明确对应的 MRL，占 62.6%，其余 166 频次按照欧盟一律标准判定，占 37.4%；有 444 频次的结果找到了对应的 MRL 日本标准，占 100.0%，其中，185 频次的结果有明确对应的 MRL，占 41.7%，其余 259 频次按照日本一律标准判定，占 58.3%；有 126 频次的结果找到了对应的 MRL 中国香港标准，占 28.4%；有 117 频次的结果找到了对应的 MRL 美国标准，占 26.4%；有 90 频次的结果找到了对应的 MRL CAC 标准，占 20.3%(见图 11-11 和图 11-12，数据见附表 3 至附表 8)。

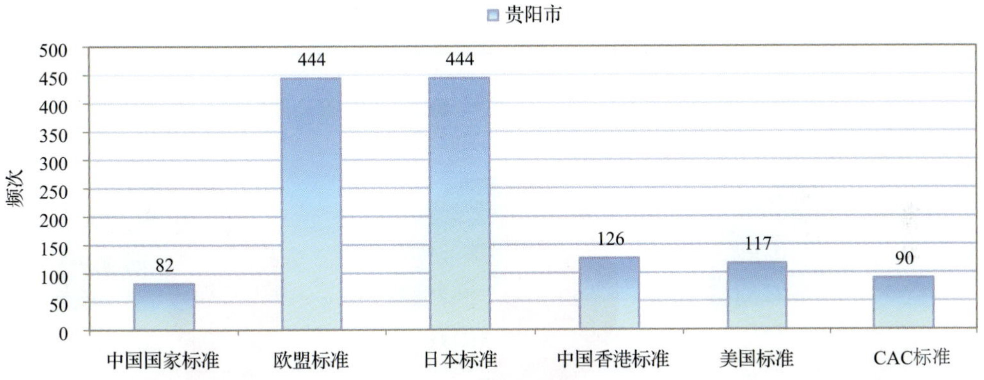

图 11-11　444 频次检出农药可用 MRL 中国国家标准、欧盟标准、日本标准、中国香港标准、美国标准、CAC 标准判定衡量的数量

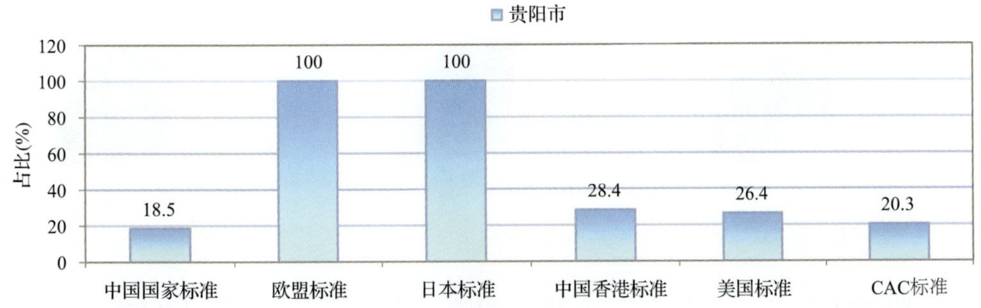

图 11-12　444 频次检出农药可用 MRL 中国国家标准、欧盟标准、日本标准、中国香港标准、美国标准、CAC 标准衡量的占比

11.2.1　超标农药样品分析

本次侦测的 257 例样品中，72 例样品未检出任何残留农药，占样品总量的 28.0%，185 例样品检出不同水平、不同种类的残留农药，占样品总量的 72.0%。在此，我们将本次侦测的农残检出情况与 MRL 中国国家标准、欧盟标准、日本标准、中国香港标准、美国标准、CAC 标准这 6 大国际主流 MRL 标准进行对比分析，样品农残检出与超标情况见表 11-12、图 11-13 和图 11-14，详细数据见附表 9 至附表 14。

11.2.2　超标农药种类分析

按照 MRL 中国国家标准、欧盟标准、日本标准、中国香港标准、美国标准、CAC 标准这 6 大国际主流 MRL 标准衡量，本次侦测检出的农药超标品种及频次情况见表 11-13。

表 11-12　各 MRL 标准下样品农残检出与超标数量及占比

	中国国家标准	欧盟标准	日本标准	中国香港标准	美国标准	CAC 标准
	数量/占比(%)	数量/占比(%)	数量/占比(%)	数量/占比(%)	数量/占比(%)	数量/占比(%)
未检出	72/28.0	72/28.0	72/28.0	72/28.0	72/28.0	72/28.0
检出未超标	184/71.6	51/19.8	64/24.9	182/70.8	180/70.0	183/71.2
检出超标	1/0.4	134/52.1	121/47.1	3/1.2	5/1.9	2/0.8

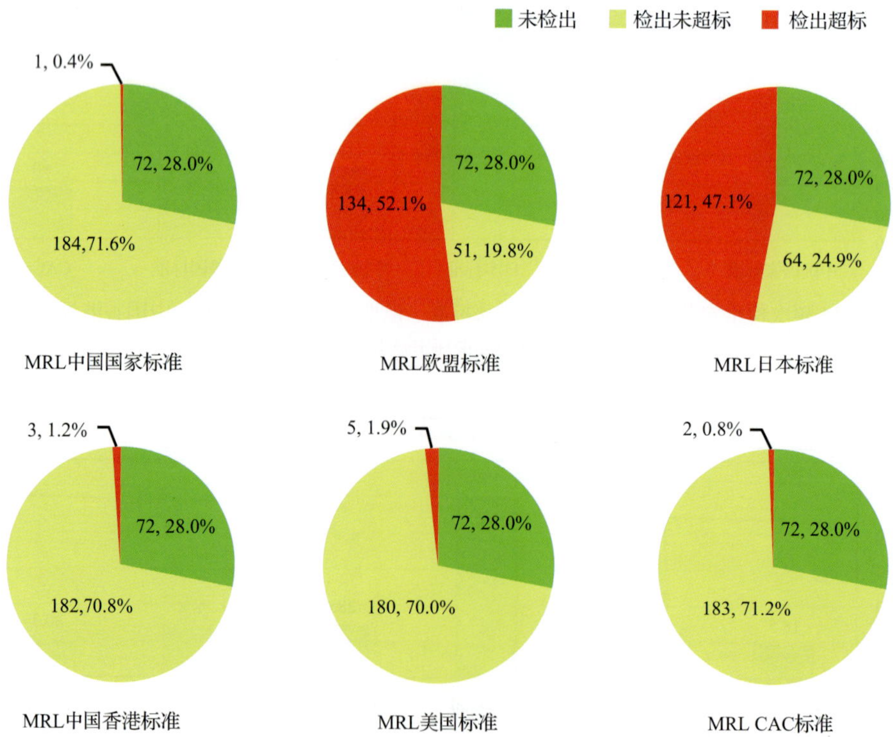

图 11-13　检出和超标样品比例情况

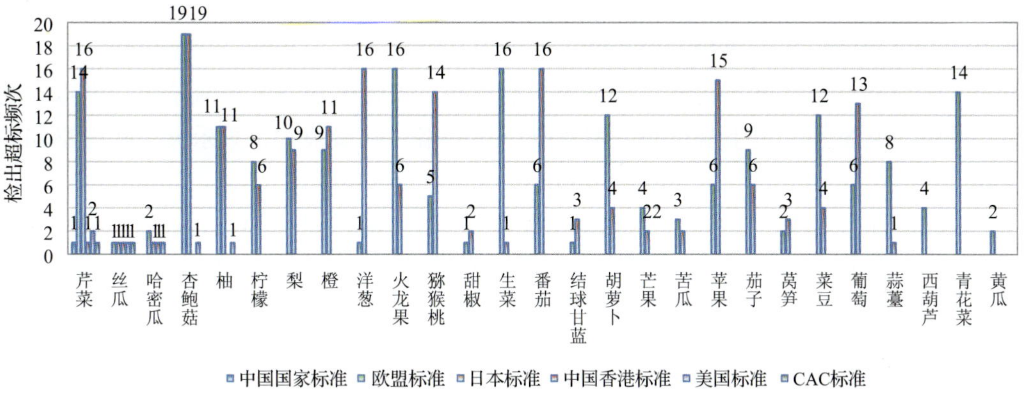

图 11-14　超过 MRL 中国国家标准、欧盟标准、日本标准、中国香港标准、美国标准、CAC 标准结果在水果蔬菜中的分布

表 11-13　各 MRL 标准下超标农药品种及频次

	中国国家标准	欧盟标准	日本标准	中国香港标准	美国标准	CAC 标准
超标农药品种	1	39	38	1	4	2
超标农药频次	1	202	182	3	6	2

11.2.2.1　按 MRL 中国国家标准衡量

按 MRL 中国国家标准衡量，有 1 种农药超标，检出 1 频次，为中毒农药毒死蜱。按超标程度比较，芹菜中毒死蜱超标 0.2 倍。检测结果见图 11-15 和附表 15。

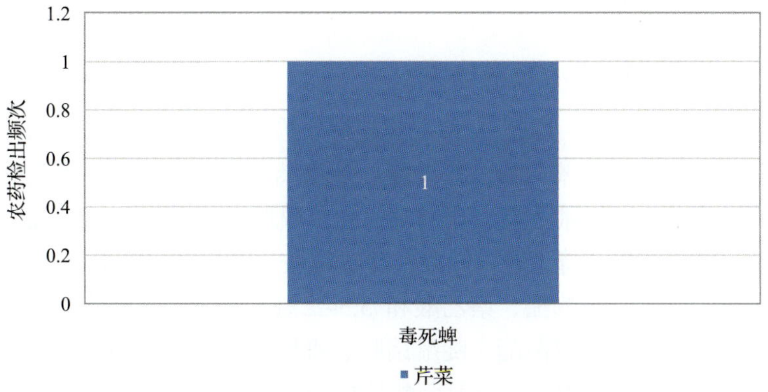

图 11-15　超过 MRL 中国国家标准农药品种及频次

11.2.2.2　按 MRL 欧盟标准衡量

按 MRL 欧盟标准衡量，共有 39 种农药超标，检出 202 频次，分别为高毒农药猛杀威和水胺硫磷，中毒农药氯菊酯、除虫菊素 I 、仲丁威、毒死蜱、烯唑醇、喹螨醚、

甲氰菊酯、禾草敌、炔丙菊酯、γ-氟氯氰菌酯、高效氯氟氰菊酯、唑虫酰胺、哒螨灵、丙溴磷、异丙威、特丁通和烯丙菊酯，低毒农药嘧霉胺、螺螨酯、烯虫炔酯、五氯苯甲腈、胺菊酯、威杀灵、联苯、杀螨酯、萘乙酸、噻嗪酮和 3,5-二氯苯胺，微毒农药萘乙酰胺、腐霉利、溴丁酰草胺、增效醚、拌种咯、啶氧菌酯、氟乐灵、吡丙醚和烯虫酯。

按超标程度比较，芹菜中 γ-氟氯氰菌酯超标 403.1 倍，梨中 γ-氟氯氰菌酯超标 148.3 倍，橙中杀螨酯超标 82.5 倍，生菜中 γ-氟氯氰菌酯超标 79.2 倍，胡萝卜中联苯超标 76.6 倍。检测结果见图 11-16 和附表 16。

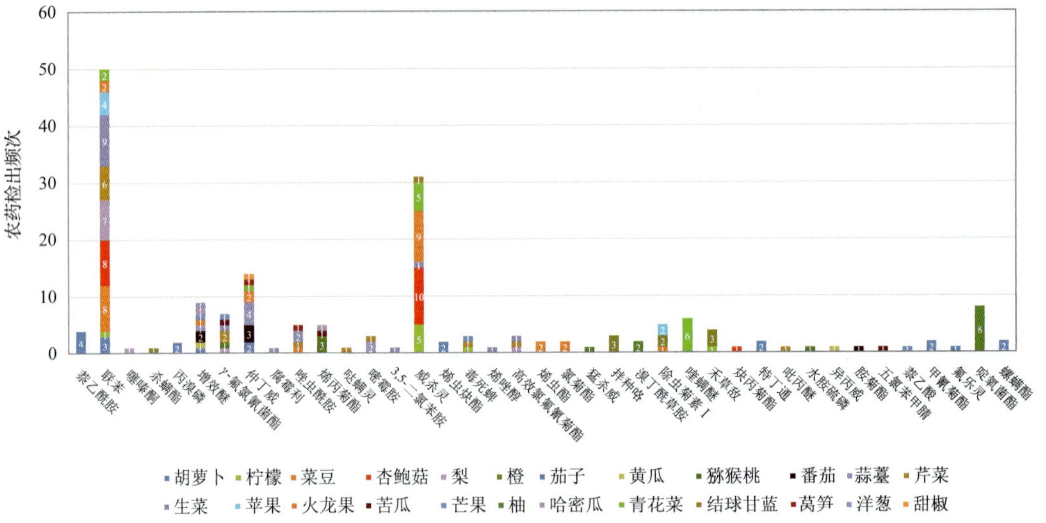

图 11-16　超过 MRL 欧盟标准农药品种及频次

11.2.2.3　按 MRL 日本标准衡量

按 MRL 日本标准衡量，共有 38 种农药超标，检出 182 频次，分别为高毒农药猛杀威和水胺硫磷，中毒农药联苯菊酯、氯菊酯、除虫菊素Ⅰ、仲丁威、毒死蜱、烯唑醇、禾草敌、炔丙菊酯、γ-氟氯氰菌酯、喹螨醚、唑虫酰胺、高效氯氟氰菊酯、哒螨灵、异丙威、丙溴磷、烯丙菊酯和特丁通，低毒农药嘧霉胺、氯草敏、烯虫炔酯、五氯苯甲腈、胺菊酯、威杀灵、联苯、杀螨酯、萘乙酸和 3,5-二氯苯胺，微毒农药萘乙酰胺、溴丁酰草胺、增效醚、拌种咯、啶氧菌酯、啶酰菌胺、吡丙醚、醚菌酯和烯虫酯。

按超标程度比较，芹菜中 γ-氟氯氰菌酯超标 403.1 倍，梨中 γ-氟氯氰菌酯超标 148.3 倍，生菜中高效氯氟氰菊酯超标 90.1 倍，橙中杀螨酯超标 82.5 倍，生菜中 γ-氟氯氰菌酯超标 79.2 倍。检测结果见图 11-17 和附表 17。

11.2.2.4　按 MRL 中国香港标准衡量

按 MRL 中国香港标准衡量，有 1 种农药超标，检出 3 频次，为中毒农药毒死蜱。

按超标程度比较，菜豆中毒死蜱超标 0.4 倍，芒果中毒死蜱超标 0.4 倍，芹菜中毒死蜱超标 0.2 倍。检测结果见图 11-18 和附表 18。

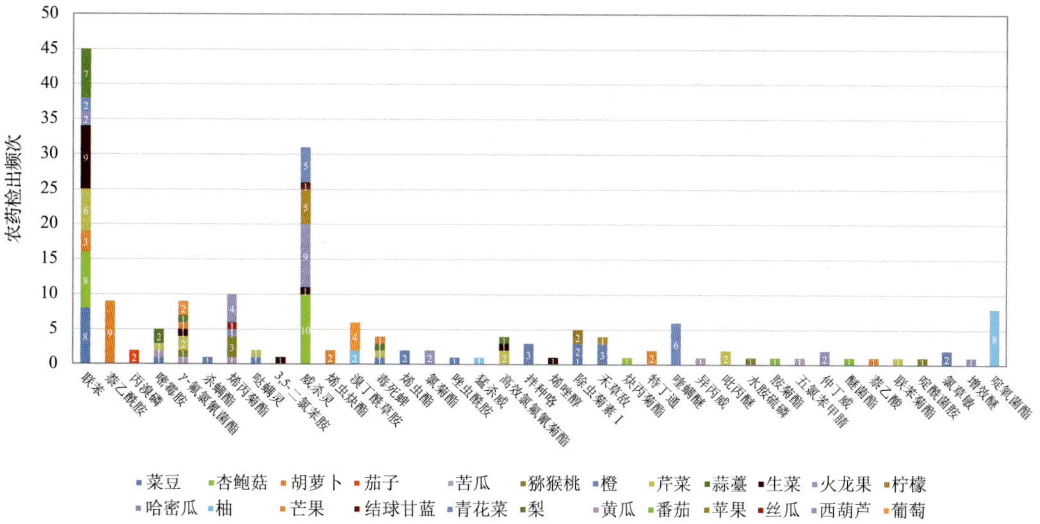

图 11-17 超过 MRL 日本标准农药品种及频次

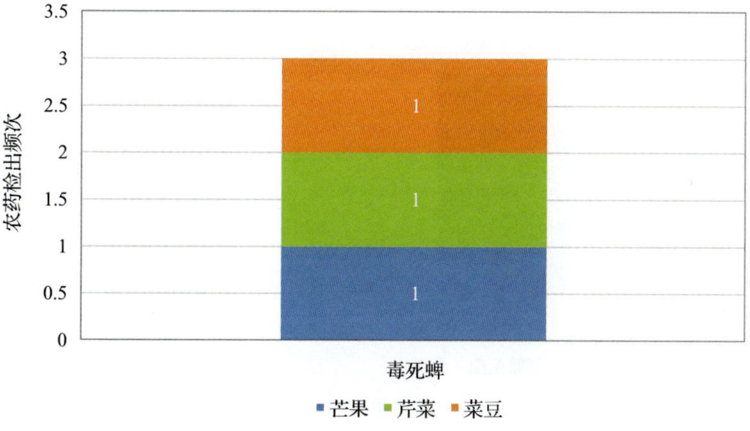

图 11-18 超过 MRL 中国香港标准农药品种及频次

11.2.2.5 按 MRL 美国标准衡量

按 MRL 美国标准衡量，共有 4 种农药超标，检出 6 频次，分别为中毒农药毒死蜱、γ-氟氯氰菌酯和氯氰菊酯，低毒农药萘乙酸。

按超标程度比较，芒果中萘乙酸超标 12.3 倍，梨中 γ-氟氯氰菌酯超标 4.0 倍，葡萄中毒死蜱超标 1.1 倍，梨中毒死蜱超标 0.8 倍，番茄中氯氰菊酯超标 0.6 倍。检测结果见图 11-19 和附表 19。

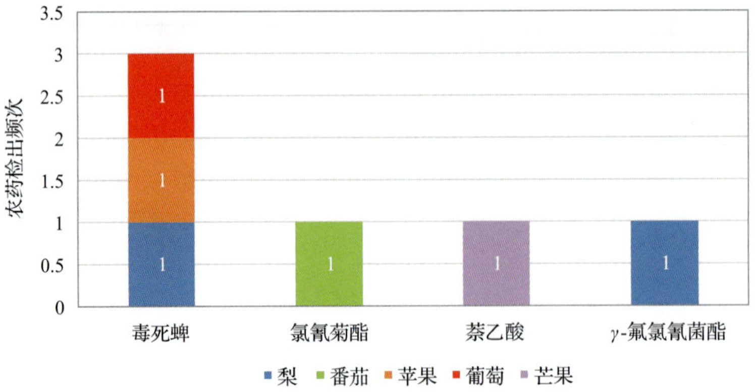

图 11-19　超过 MRL 美国标准农药品种及频次

11.2.2.6　按 MRL CAC 标准衡量

按 MRL CAC 标准衡量，共有 2 种农药超标，检出 2 频次，分别为中毒农药毒死蜱和氯氰菊酯。

按超标程度比较，番茄中氯氰菊酯超标 0.6 倍，菜豆中毒死蜱超标 0.4 倍。检测结果见图 11-20 和附表 20。

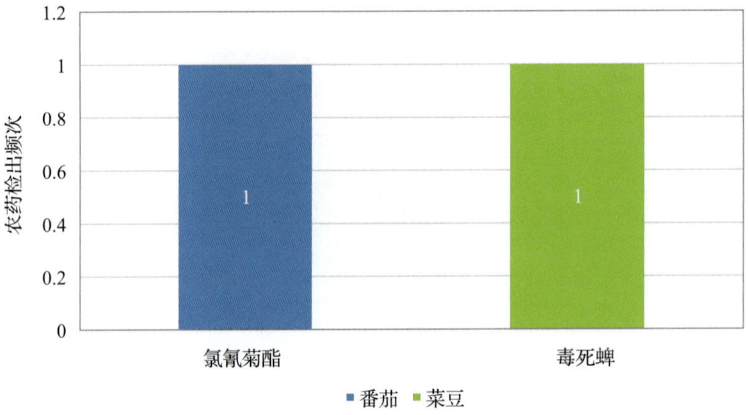

图 11-20　超过 MRL CAC 标准农药品种及频次

11.2.3　10 个采样点超标情况分析

11.2.3.1　按 MRL 中国国家标准衡量

按 MRL 中国国家标准衡量，有 1 个采样点的样品存在超标农药检出，超标率为 4.0%，如表 11-14 和图 11-21 所示。

表 11-14　超过 MRL 中国国家标准水果蔬菜在不同采样点分布

序号	采样点	样品总数	超标数量	超标率(%)	行政区域
1	***农贸市场	25	1	4.0	云岩区

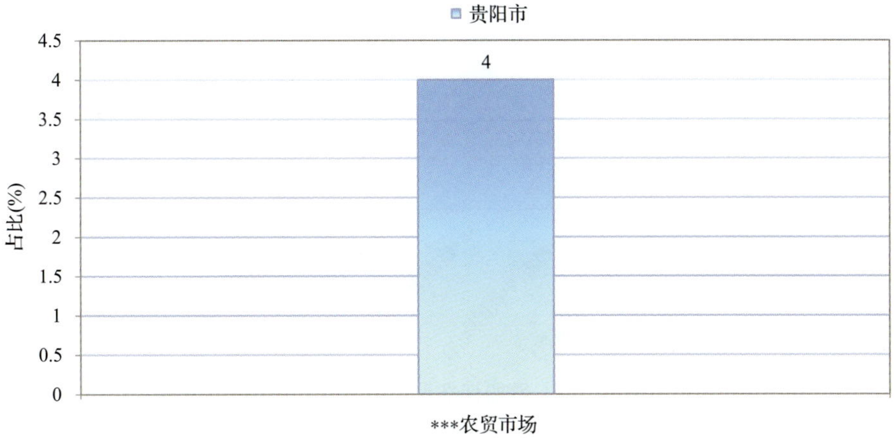

图 11-21　超过 MRL 中国国家标准水果蔬菜在不同采样点分布

11.2.3.2　按 MRL 欧盟标准衡量

按 MRL 欧盟标准衡量，所有采样点的样品均存在不同程度的超标农药检出，其中***农贸市场的超标率最高，为 66.7%，如表 11-15 和图 11-22 所示。

表 11-15　超过 MRL 欧盟标准水果蔬菜在不同采样点分布

序号	采样点	样品总数	超标数量	超标率(%)	行政区域
1	***超市(文昌店)	27	13	48.1	南明区
2	***超市(贵乌店)	27	15	55.6	云岩区
3	***超市(贵乌北路店)	27	12	44.4	云岩区
4	***超市(中铁国际店)	26	14	53.8	南明区
5	***超市(花果园店)	26	12	46.2	南明区
6	***超市(沙冲路店)	25	13	52.0	南明区
7	***超市(恒峰店)	25	14	56.0	云岩区
8	***农贸市场	25	12	48.0	云岩区
9	***超市(人民广场店)	25	13	52.0	南明区
10	***农贸市场	24	16	66.7	南明区

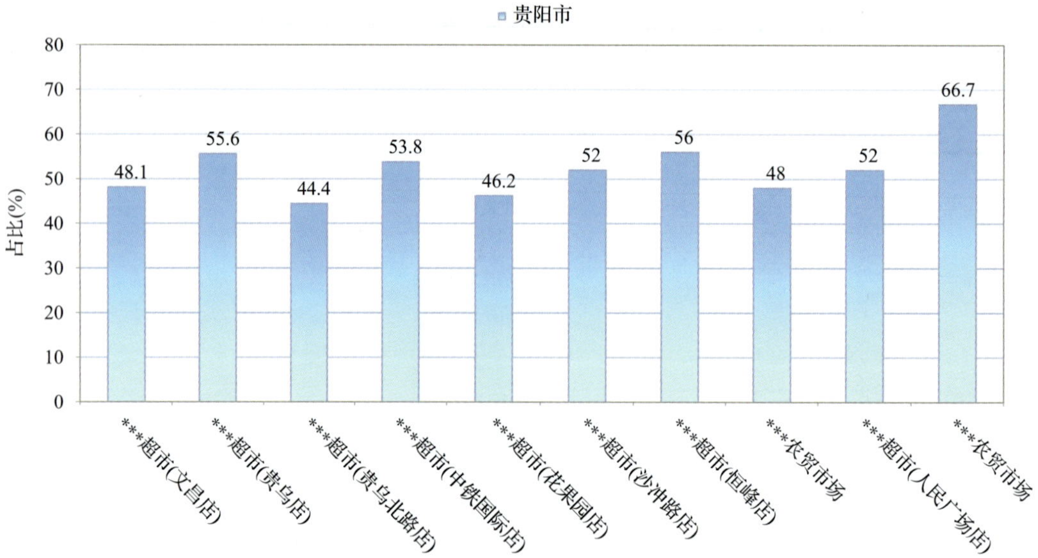

图 11-22　超过 MRL 欧盟标准水果蔬菜在不同采样点分布

11.2.3.3　按 MRL 日本标准衡量

按 MRL 日本标准衡量，所有采样点的样品均存在不同程度的超标农药检出，其中***超市(贵乌店)的超标率最高，为 51.9%，如表 11-16 和图 11-23 所示。

11.2.3.4　按 MRL 中国香港标准衡量

按 MRL 中国香港标准衡量，有 3 个采样点的样品存在不同程度的超标农药检出，超标率均为 4.0%，如表 11-17 和图 11-24 所示。

表 11-16　超过 MRL 日本标准水果蔬菜在不同采样点分布

序号	采样点	样品总数	超标数量	超标率(%)	行政区域
1	***超市(文昌店)	27	12	44.4	南明区
2	***超市(贵乌店)	27	14	51.9	云岩区
3	***超市(贵乌北路店)	27	11	40.7	云岩区
4	***超市(中铁国际店)	26	13	50.0	南明区
5	***超市(花果园店)	26	11	42.3	南明区
6	***超市(沙冲路店)	25	12	48.0	南明区
7	***超市(恒峰店)	25	12	48.0	云岩区
8	***农贸市场	25	12	48.0	云岩区
9	***超市(人民广场店)	25	12	48.0	南明区
10	***农贸市场	24	12	50.0	南明区

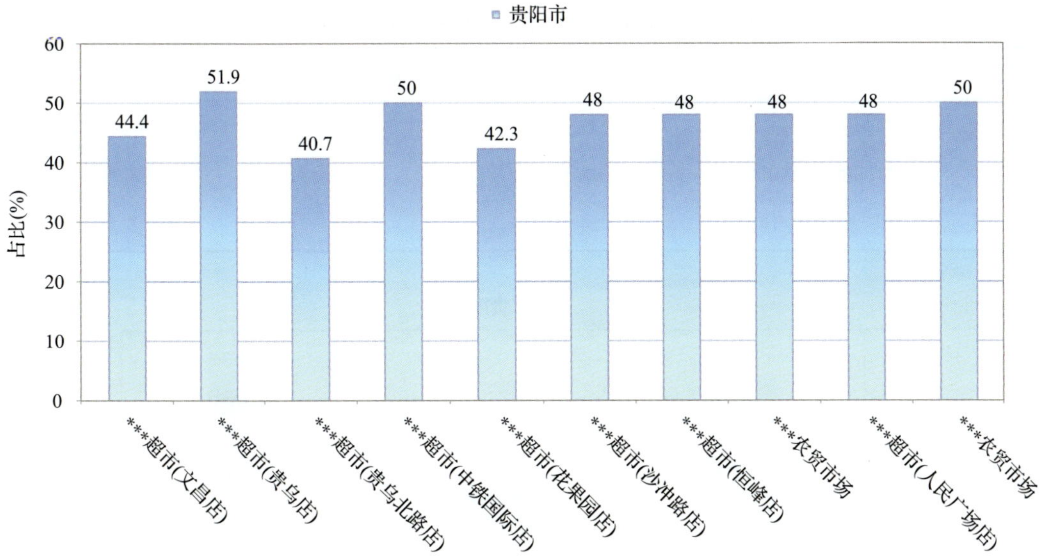

图 11-23　超过 MRL 日本标准水果蔬菜在不同采样点分布

表 11-17　超过 MRL 中国香港标准水果蔬菜在不同采样点分布

序号	采样点	样品总数	超标数量	超标率(%)	行政区域
1	***超市(恒峰店)	25	1	4.0	云岩区
2	***农贸市场	25	1	4.0	云岩区
3	***超市(人民广场店)	25	1	4.0	南明区

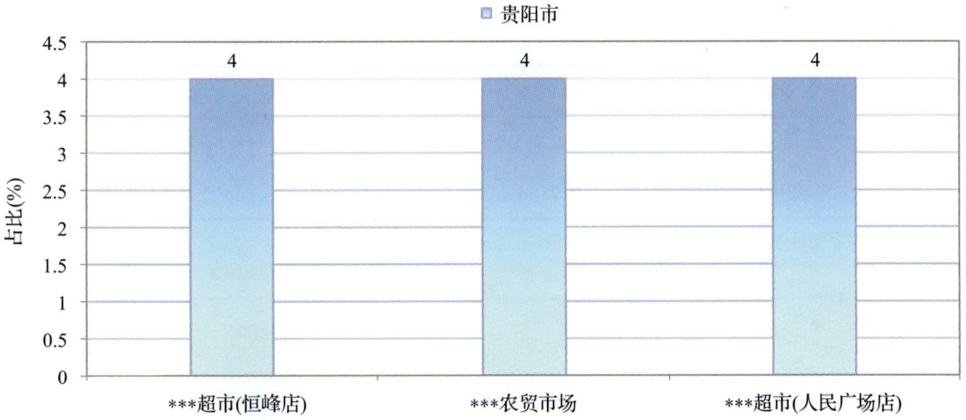

图 11-24　超过 MRL 中国香港标准水果蔬菜在不同采样点分布

11.2.3.5　按 MRL 美国标准衡量

按 MRL 美国标准衡量，有 3 个采样点的样品存在不同程度的超标农药检出，其中***农贸市场的超标率最高，为 8.3%，如表 11-18 和图 11-25 所示。

表 11-18　超过 MRL 美国标准水果蔬菜在不同采样点分布

序号	采样点	样品总数	超标数量	超标率(%)	行政区域
1	***超市(贵乌北路店)	27	2	7.4	云岩区
2	***超市(中铁国际店)	26	1	3.8	南明区
3	***农贸市场	24	2	8.3	南明区

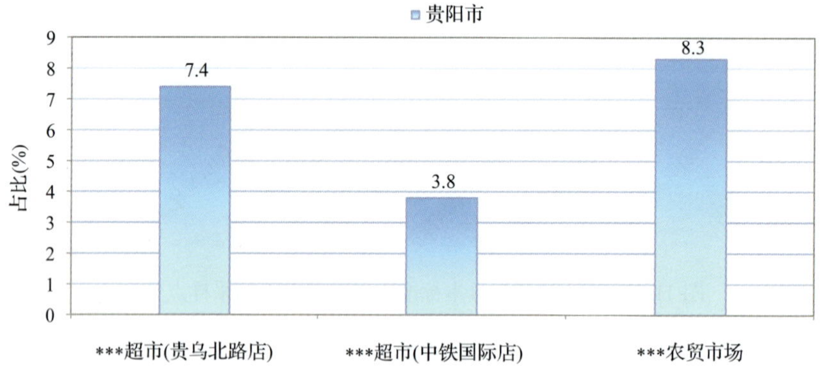

图 11-25　超过 MRL 美国标准水果蔬菜在不同采样点分布

11.2.3.6　按 MRL CAC 标准衡量

按 MRL CAC 标准衡量，有 2 个采样点的样品存在不同程度的超标农药检出，其中***超市(恒峰店)的超标率最高，为 4.0%，如表 11-19 和图 11-26 所示。

表 11-19　超过 MRL CAC 标准水果蔬菜在不同采样点分布

序号	采样点	样品总数	超标数量	超标率(%)	行政区域
1	***超市(贵乌北路店)	27	1	3.7	云岩区
2	***超市(恒峰店)	25	1	4.0	云岩区

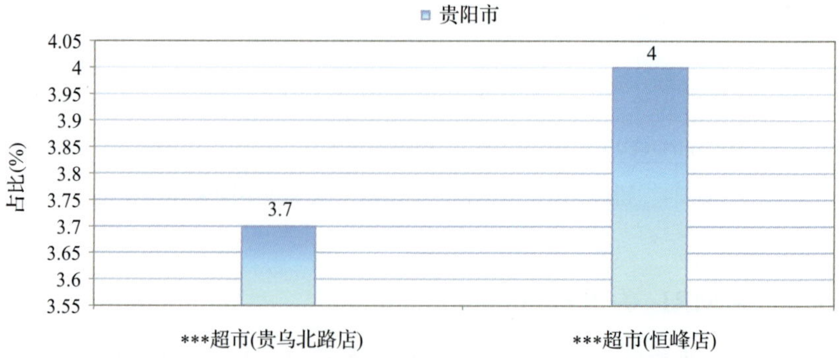

图 11-26　超过 MRL CAC 标准水果蔬菜在不同采样点分布

11.3　水果中农药残留分布

11.3.1　检出农药品种和频次排前 10 的水果

本次残留侦测的水果共 11 种，包括西瓜、猕猴桃、哈密瓜、苹果、葡萄、梨、柚、芒果、火龙果、柠檬和橙。

根据检出农药品种及频次进行排名，将各项排名前 10 位的水果样品检出情况列表说明，详见表 11-20。

表 11-20　检出农药品种和频次排名前 10 的水果

检出农药品种排名前 10（品种）	①西瓜（14），②橙（11），③葡萄（10），④柚（8），⑤梨（7），⑥芒果（7），⑦火龙果（6），⑧猕猴桃（6），⑨柠檬（5），⑩苹果（5）
检出农药频次排名前 10（频次）	①葡萄（35），②柚（29），③橙（26），④火龙果（18），⑤梨（16），⑥柠檬（16），⑦西瓜（14），⑧芒果（11），⑨苹果（11），⑩猕猴桃（9）
检出禁用、高毒及剧毒农药品种排名前 10（品种）	①西瓜（3），②哈密瓜（1），③猕猴桃（1），④柚（1）
检出禁用、高毒及剧毒农药频次排名前 10（频次）	①西瓜（3），②哈密瓜（1），③猕猴桃（1），④柚（1）

11.3.2　超标农药品种和频次排前 10 的水果

鉴于 MRL 欧盟标准和日本标准制定比较全面且覆盖率较高，我们参照 MRL 中国国家标准、欧盟标准、日本标准衡量水果样品中农残检出情况，将超标农药品种及频次排名前 10 的水果列表说明，详见表 11-21。

表 11-21　超标农药品种和频次排名前 10 的水果

超标农药品种排名前 10（农药品种数）	MRL 中国国家标准	
	MRL 欧盟标准	①火龙果（5），②橙（4），③梨（4），④芒果（4），⑤柠檬（4），⑥猕猴桃（3），⑦柚（3），⑧哈密瓜（2），⑨苹果（2），⑩葡萄（2）
	MRL 日本标准	①橙（5），②火龙果（5），③猕猴桃（4），④梨（3），⑤芒果（3），⑥柚（3），⑦柠檬（2），⑧葡萄（2），⑨哈密瓜（1），⑩苹果（1）
超标农药频次排名前 10（农药频次数）	MRL 中国国家标准	
	MRL 欧盟标准	①火龙果（16），②柚（11），③梨（10），④橙（9），⑤柠檬（8），⑥苹果（6），⑦葡萄（6），⑧猕猴桃（5），⑨芒果（4），⑩哈密瓜（2）
	NRL 日本标准	①火龙果（16），②橙（11），③柚（11），④梨（9），⑤猕猴桃（6），⑥柠檬（6），⑦葡萄（6），⑧芒果（3），⑨苹果（2），⑩哈密瓜（1）

通过对各品种水果样本总数及检出率进行综合分析发现，西瓜、橙和葡萄的残留污

染最为严重，在此，我们参照 MRL 中国国家标准、欧盟标准、日本标准对这 3 种水果的农残检出情况进行进一步分析。

11.3.3 农药残留检出率较高的水果样品分析

11.3.3.1 西瓜

这次共检测 8 例西瓜样品，3 例样品中检出了农药残留，检出率为 37.5%，检出农药共计 14 种，均检出 1 次。西瓜中农药检出品种和频次见图 11-27。

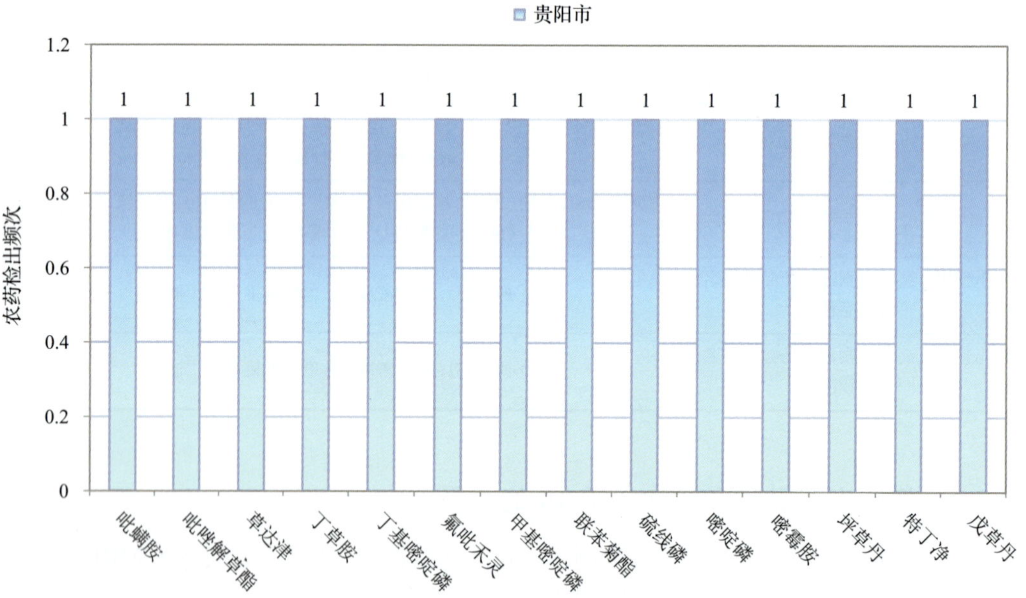

图 11-27 西瓜样品检出农药品种和频次分析

11.3.3.2 橙

这次共检测 9 例橙样品，全部检出了农药残留，检出率为 100.0%，检出农药共计 11 种。其中毒死蜱、拌种咯、禾草敌、邻苯基苯酚和除虫菊素 I 检出频次较高，分别检出了 8、3、3、3 和 2 次。橙中农药检出品种和频次见图 11-28，超标农药见图 11-29 和表 11-22。

11.3.3.3 葡萄

这次共检测 10 例葡萄样品，全部检出了农药残留，检出率为 100.0%，检出农药共计 10 种。其中嘧霉胺、啶酰菌胺、威杀灵、溴丁酰草胺和毒死蜱检出频次较高，分别检出了 9、5、4、4 和 3 次。葡萄中农药检出品种和频次见图 11-30，超标农药见图 11-31 和表 11-23。

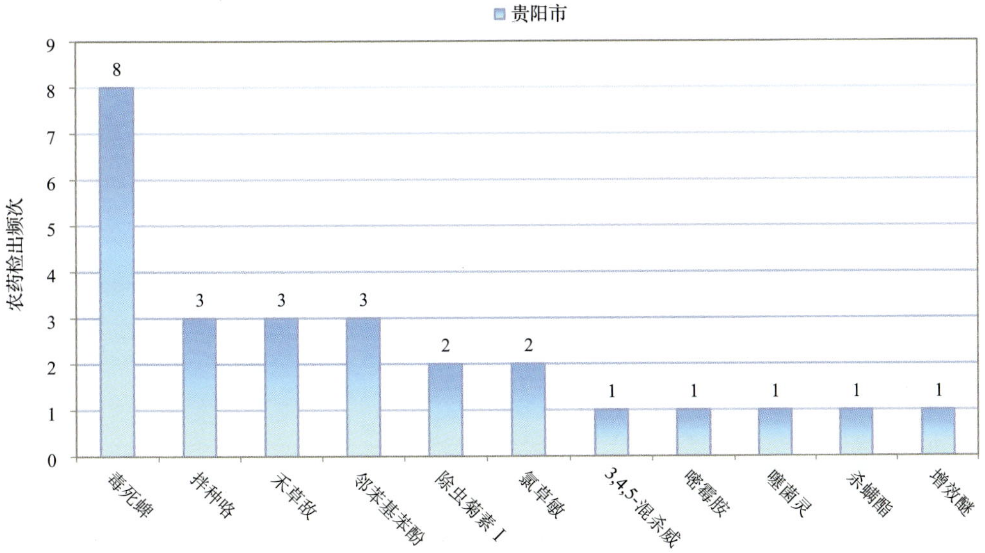

图 11-28　橙样品检出农药品种和频次分析

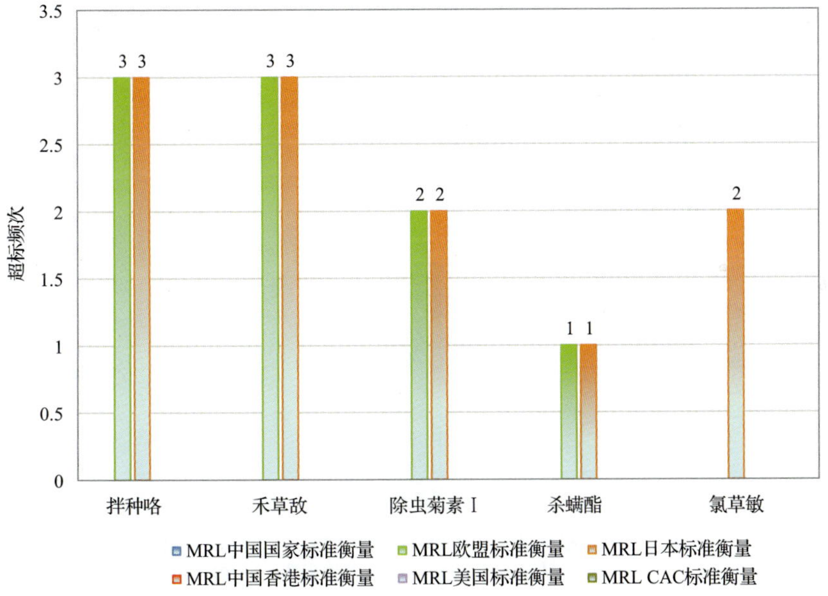

图 11-29　橙样品中超标农药分析

表 11-22　橙中农药残留超标情况明细表

样品总数	检出农药样品数	样品检出率(%)	检出农药品种总数
9	9	100	11
	超标农药品种	超标农药频次	按照 MRL 中国国家标准、欧盟标准、日本标准衡量超标农药名称及频次
中国国家标准	0	0	
欧盟标准	4	9	拌种咯(3),禾草敌(3),除虫菊素Ⅰ(2),杀螨酯(1)
日本标准	5	11	拌种咯(3),禾草敌(3),除虫菊素Ⅰ(2),氯草敏(2),杀螨酯(1)

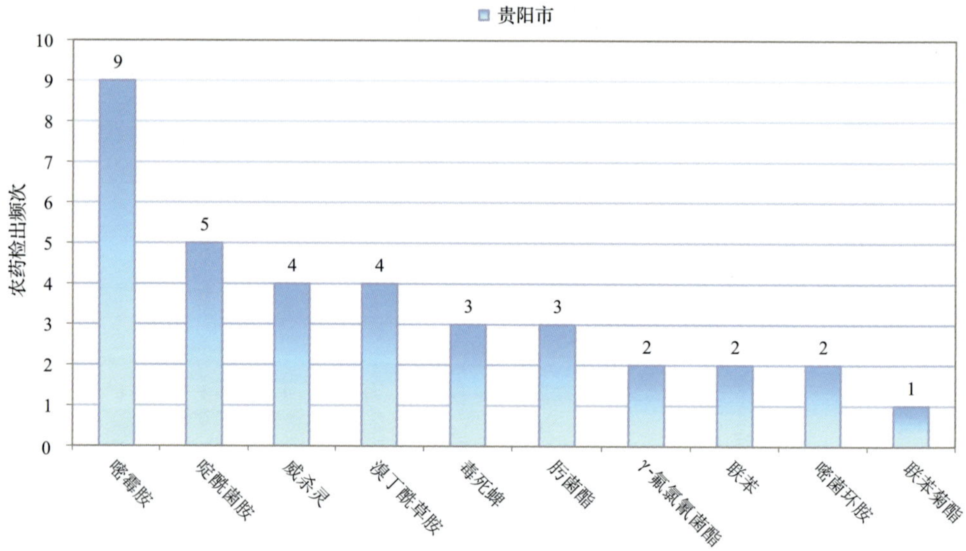

图 11-30　葡萄样品检出农药品种和频次分析

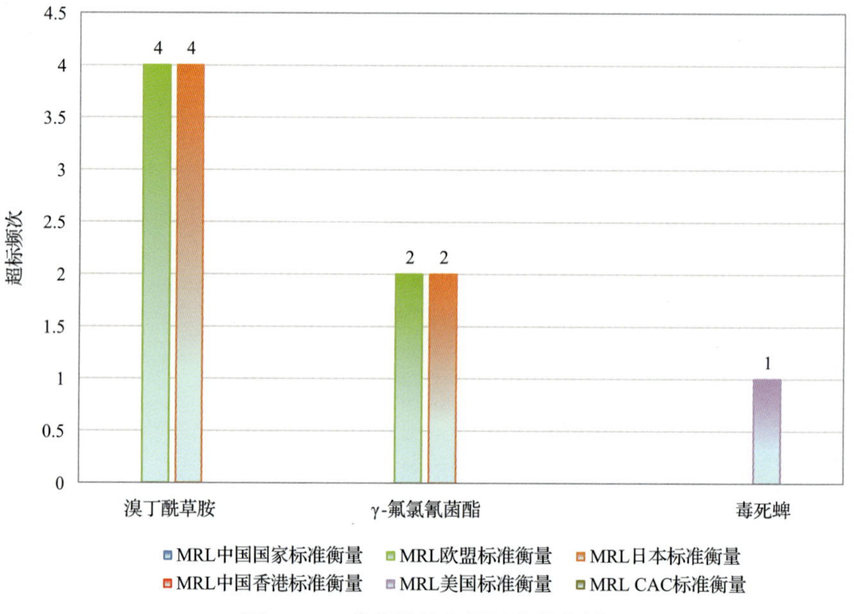

图 11-31　葡萄样品中超标农药分析

表 11-23　葡萄中农药残留超标情况明细表

样品总数			检出农药样品数	样品检出率(%)	检出农药品种总数
10			10	100	10
	超标农药品种	超标农药频次	按照 MRL 中国国家标准、欧盟标准、日本标准衡量超标农药名称及频次		
中国国家标准	0	0			
欧盟标准	2	6	溴丁酰草胺(4),γ-氟氯氰菌酯(2)		
日本标准	2	6	溴丁酰草胺(4),γ-氟氯氰菌酯(2)		

11.4　蔬菜中农药残留分布

11.4.1　检出农药品种和频次排前 10 的蔬菜

本次残留侦测的蔬菜共 16 种，包括结球甘蓝、洋葱、芹菜、黄瓜、番茄、西葫芦、甜椒、青花菜、胡萝卜、茄子、菜豆、生菜、苦瓜、丝瓜、莴笋和蒜薹。

根据检出农药品种及频次进行排名，将各项排名前 10 位的蔬菜样品检出情况列表说明，详见表 11-24。

表 11-24　检出农药品种和频次排名前 10 的蔬菜

检出农药品种排名前 10(品种)	①番茄(16),②芹菜(11),③洋葱(11),④生菜(10),⑤菜豆(9),⑥胡萝卜(7),⑦蒜薹(7),⑧苦瓜(6),⑨茄子(6),⑩甜椒(6)
检出农药频次排名前 10(频次)	①菜豆(31),②胡萝卜(31),③生菜(29),④芹菜(21),⑤番茄(20),⑥蒜薹(17),⑦茄子(15),⑧青花菜(14),⑨黄瓜(12),⑩甜椒(12)
检出禁用、高毒及剧毒农药品种排名前 10(品种)	①甜椒(1)
检出禁用、高毒及剧毒农药频次排名前 10(频次)	①甜椒(1)

11.4.2　超标农药品种和频次排前 10 的蔬菜

鉴于 MRL 欧盟标准和日本标准制定比较全面且覆盖率较高，我们参照 MRL 中国国家标准、欧盟标准、日本标准衡量蔬菜样品中农残检出情况，将超标农药品种及频次排名前 10 的蔬菜列表说明，详见表 11-25。

表 11-25　超标农药品种和频次排名前 10 的蔬菜

超标农药品种排名前 10(农药品种数)	MRL 中国国家标准	①芹菜(1)
	MRL 欧盟标准	①芹菜(8),②生菜(7),③胡萝卜(5),④茄子(5),⑤菜豆(4),⑥青花菜(4),⑦蒜薹(4),⑧番茄(3),⑨苦瓜(3),⑩黄瓜(2)
	MRL 日本标准	①芹菜(8),②菜豆(7),③生菜(6),④胡萝卜(4),⑤苦瓜(4),⑥青花菜(3),⑦番茄(2),⑧蒜薹(2),⑨黄瓜(1),⑩结球甘蓝(1)
超标农药频次排名前 10(农药频次数)	MRL 中国国家标准	①芹菜(1)
	MRL 欧盟标准	①生菜(16),②芹菜(14),③青花菜(14),④菜豆(12),⑤胡萝卜(12),⑥茄子(9),⑦蒜薹(8),⑧番茄(6),⑨西葫芦(4),⑩苦瓜(3)
	MRL 日本标准	①胡萝卜(16),②芹菜(16),③菜豆(15),④生菜(14),⑤青花菜(13),⑥苦瓜(4),⑦西葫芦(4),⑧蒜薹(3),⑨番茄(2),⑩茄子(2)

通过对各品种蔬菜样本总数及检出率进行综合分析发现，番茄、芹菜和洋葱的残留污染最为严重，在此，我们参照 MRL 中国国家标准、欧盟标准、日本标准对这 3 种蔬菜的农残检出情况进行进一步分析。

11.4.3 农药残留检出率较高的蔬菜样品分析

11.4.3.1 番茄

这次共检测 10 例番茄样品，8 例样品中检出了农药残留，检出率为 80.0%，检出农药共计 16 种。其中仲丁威、啶酰菌胺、增效醚、4,4-二溴二苯甲酮和胺菊酯检出频次较高，分别检出了 3、2、2、1 和 1 次。番茄中农药检出品种和频次见图 11-32，超标农药见图 11-33 和表 11-26。

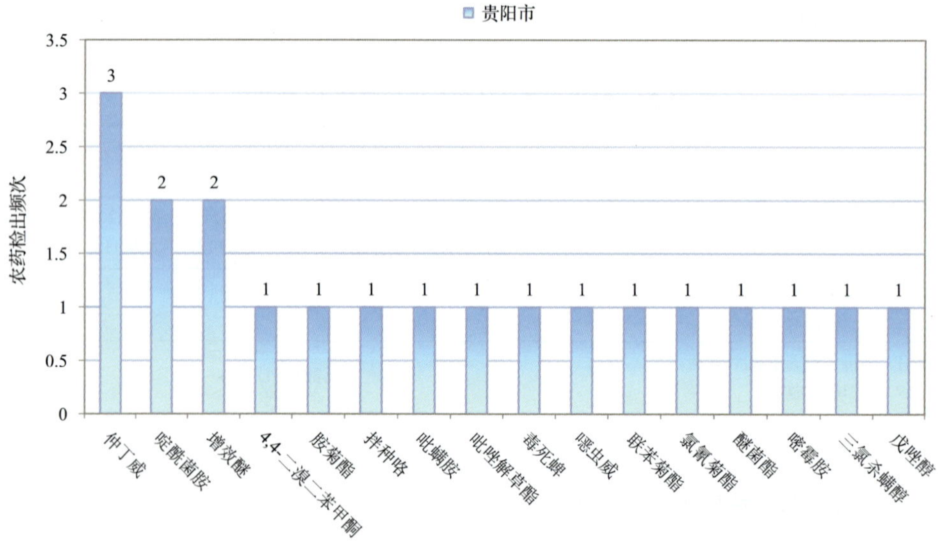

图 11-32　番茄样品检出农药品种和频次分析

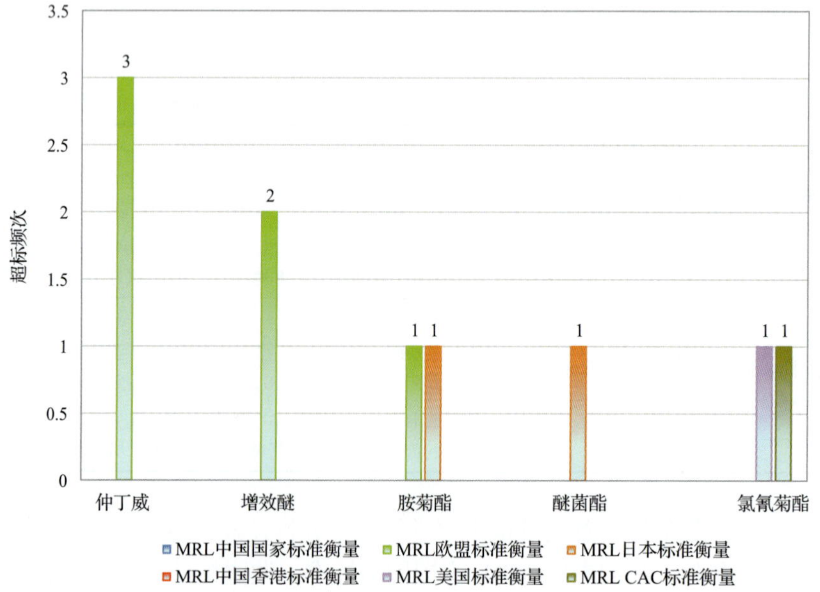

图 11-33　番茄样品中超标农药分析

表 11-26 番茄中农药残留超标情况明细表

样品总数			检出农药样品数	样品检出率(%)	检出农药品种总数
10			8	80	16
	超标农药品种	超标农药频次	按照 MRL 中国国家标准、欧盟标准、日本标准衡量超标农药名称及频次		
中国国家标准	0	0			
欧盟标准	3	6	仲丁威(3),增效醚(2),胺菊酯(1)		
日本标准	2	2	胺菊酯(1),醚菌酯(1)		

11.4.3.2 芹菜

这次共检测 9 例芹菜样品，7 例样品中检出了农药残留，检出率为 77.8%，检出农药共计 11 种。其中联苯、毒死蜱、γ-氟氯氰菌酯、吡丙醚和高效氯氟氰菊酯检出频次较高，分别检出了 6、3、2、2 和 2 次。芹菜中农药检出品种和频次见图 11-34，超标农药见图 11-35 和表 11-27。

11.4.3.3 洋葱

这次共检测 10 例洋葱样品，3 例样品中检出了农药残留，检出率为 30.0%，检出农药共计 11 种。其中仲丁威、苯霜灵、吡螨胺、吡唑解草酯和敌草胺检出频次较高，分别检出了 2、1、1、1 和 1 次。洋葱中农药检出品种和频次见图 11-36，超标农药见图 11-37 和表 11-28。

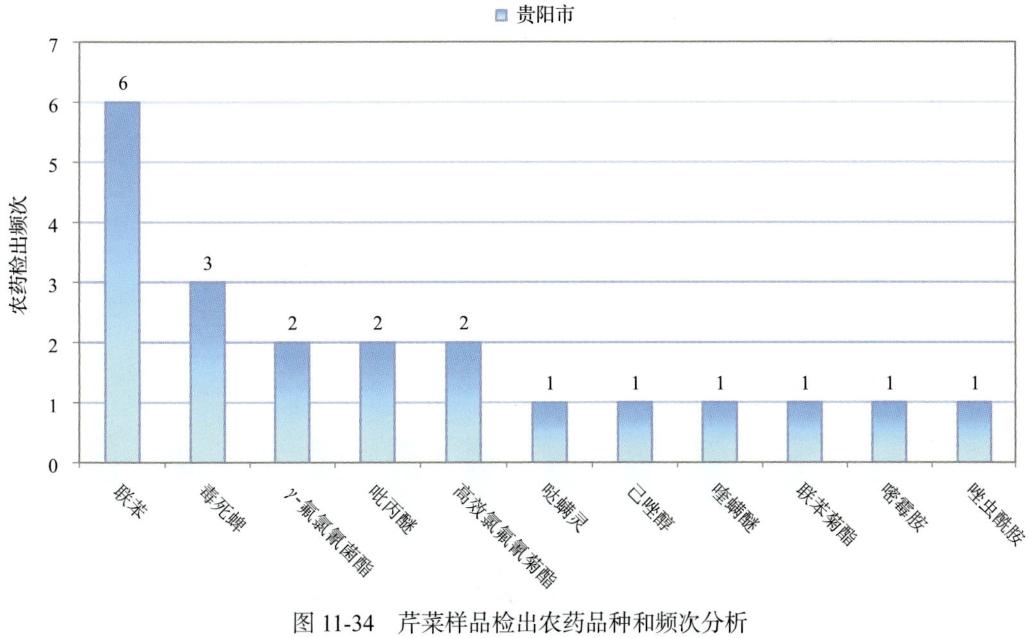

图 11-34 芹菜样品检出农药品种和频次分析

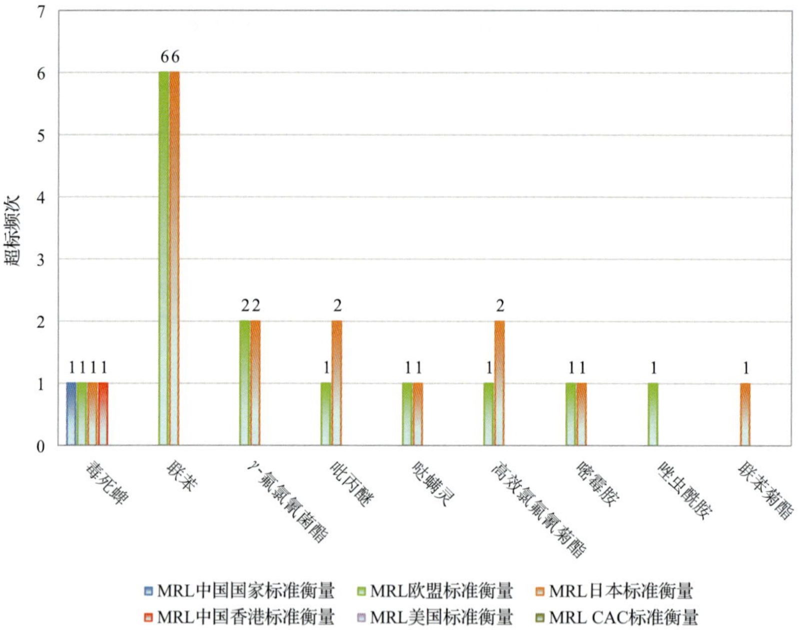

图 11-35 芹菜样品中超标农药分析

表 11-27 芹菜中农药残留超标情况明细表

样品总数			检出农药样品数	样品检出率(%)	检出农药品种总数
9			7	77.8	11
	超标农药品种	超标农药频次	按照 MRL 中国国家标准、欧盟标准、日本标准衡量超标农药名称及频次		
中国国家标准	1	1	毒死蜱(1)		
欧盟标准	8	14	联苯(6),γ-氟氯氰菊酯(2),吡丙醚(1),哒螨灵(1),毒死蜱(1),高效氯氟氰菊酯(1),嘧霉胺(1),唑虫酰胺(1)		
日本标准	8	16	联苯(6),γ-氟氯氰菊酯(2),吡丙醚(2),高效氯氟氰菊酯(2),哒螨灵(1),毒死蜱(1),联苯菊酯(1),嘧霉胺(1)		

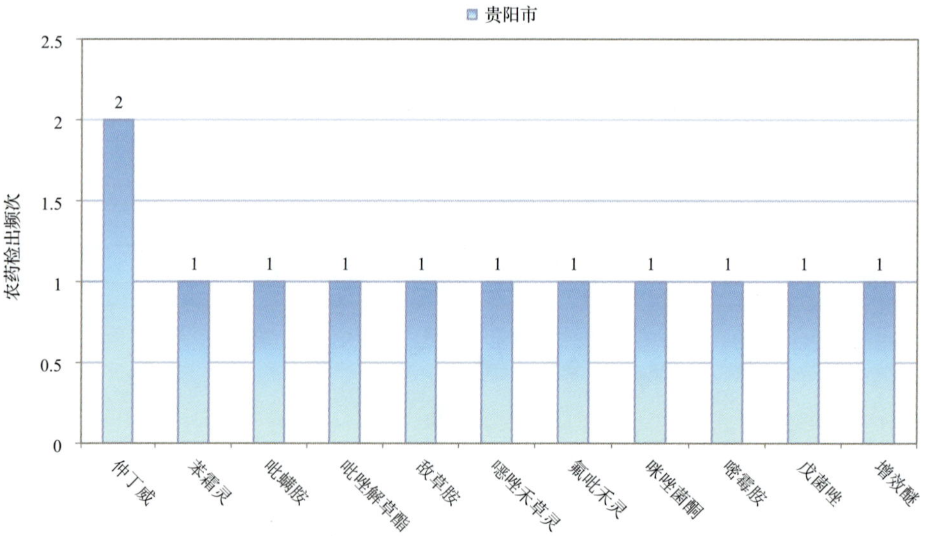

图 11-36 洋葱样品检出农药品种和频次分析

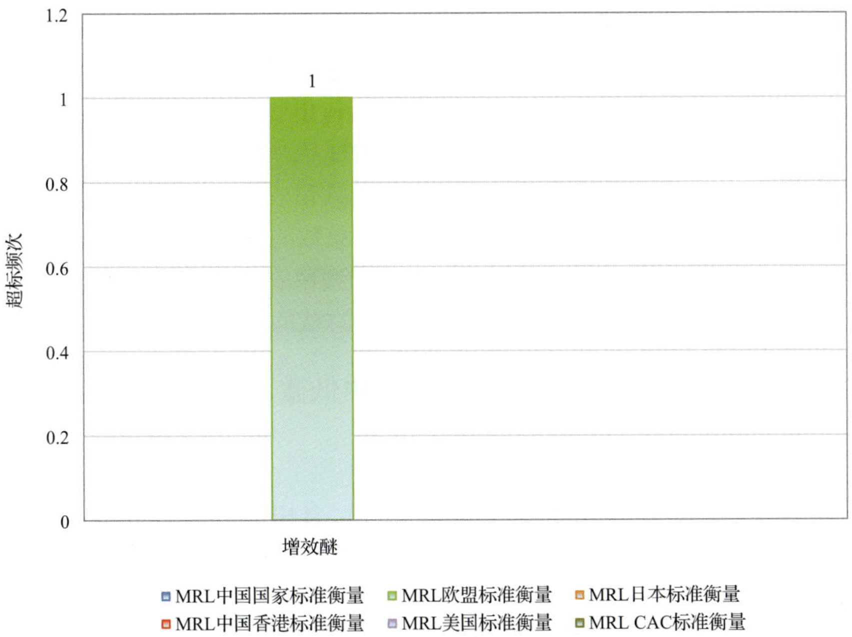

图 11-37　洋葱样品中超标农药分析

表 11-28　洋葱中农药残留超标情况明细表

样品总数			检出农药样品数	样品检出率(%)	检出农药品种总数
10			3	30	11
	超标农药品种	超标农药频次	按照 MRL 中国国家标准、欧盟标准、日本标准衡量超标农药名称及频次		
中国国家标准	0	0			
欧盟标准	1	1	增效醚(1)		
日本标准	0	0			

11.5　初 步 结 论

11.5.1　贵阳市市售水果蔬菜按 MRL 中国国家标准和国际主要 MRL 标准衡量的合格率

本次侦测的 257 例样品中，72 例样品未检出任何残留农药，占样品总量的 28.0%，185 例样品检出不同水平、不同种类的残留农药，占样品总量的 72.0%。在这 185 例检出农药残留的样品中：

按照 MRL 中国国家标准衡量，有 184 例样品检出残留农药但含量没有超标，占样品总数的 71.6%，有 1 例样品检出了超标农药，占样品总数的 0.4%。

按照 MRL 欧盟标准衡量，有 51 例样品检出残留农药但含量没有超标，占样品总数的 19.8%，有 134 例样品检出了超标农药，占样品总数的 52.1%。

按照 MRL 日本标准衡量，有 64 例样品检出残留农药但含量没有超标，占样品总数的 24.9%，有 121 例样品检出了超标农药，占样品总数的 47.1%。

按照 MRL 中国香港标准衡量，有 182 例样品检出残留农药但含量没有超标，占样品总数的 70.8%，有 3 例样品检出了超标农药，占样品总数的 1.2%。

按照 MRL 美国标准衡量，有 180 例样品检出残留农药但含量没有超标，占样品总数的 70.0%，有 5 例样品检出了超标农药，占样品总数的 1.9%。

按照 MRL CAC 标准衡量，有 183 例样品检出残留农药但含量没有超标，占样品总数的 71.2%，有 2 例样品检出了超标农药，占样品总数的 0.8%。

11.5.2 贵阳市市售水果蔬菜中检出农药以中低微毒农药为主，占市场主体的 92.2%

这次侦测的 257 例样品包括水果 11 种 102 例，食用菌 1 种 10 例，蔬菜 16 种 145 例，共检出了 77 种农药，检出农药的毒性以中低微毒为主，详见表 11-29。

表 11-29 市场主体农药毒性分布

毒性	检出品种	占比	检出频次	占比
剧毒农药	1	1.3%	1	0.2%
高毒农药	5	6.5%	6	1.4%
中毒农药	25	32.5%	175	39.4%
低毒农药	30	39.0%	187	42.1%
微毒农药	16	20.8%	75	16.9%
中低微毒农药，品种占比 92.2%，频次占比 98.4%				

11.5.3 检出剧毒、高毒和禁用农药现象应该警醒

在此次侦测的 257 例样品中有 1 种蔬菜和 4 种水果的 5 例样品检出了 6 种 7 频次的剧毒和高毒或禁用农药，占样品总量的 1.9%。其中剧毒农药丁基嘧啶磷以及高毒农药环氧七氯、硫线磷和猛杀威检出频次较高。

按 MRL 中国国家标准衡量，未检出剧毒和高毒农药超标。

剧毒、高毒或禁用农药的检出情况及按照 MRL 中国国家标准衡量的超标情况见表 11-30。

表 11-30 剧毒、高毒或禁用农药的检出及超标明细

序号	农药名称	样品名称	检出频次	超标频次	最大超标倍数	超标率
1.1	丁基嘧啶磷*	西瓜	1	0	0	0.0%
2.1	嘧啶磷◊	西瓜	1	0	0	0.0%
3.1	水胺硫磷◊▲	猕猴桃	1	0	0	0.0%
4.1	猛杀威◊	柚	1	0	0	0.0%

续表

序号	农药名称	样品名称	检出频次	超标频次	最大超标倍数	超标率
5.1	环氧七氯◊	哈密瓜	1	0	0	0.0%
5.2	环氧七氯◊	甜椒	1	0	0	0.0%
6.1	硫线磷◊▲	西瓜	1	0	0	0.0%
合计			7	0		0.0%

注：超标倍数参照 MRL 中国国家标准衡量

这些超标的剧毒和高毒农药都是中国政府早有规定禁止在水果蔬菜中使用的，为什么还屡次被检出，应该引起警惕。

11.5.4　残留限量标准与先进国家或地区标准差距较大

444 频次的检出结果与我国公布的《食品中农药最大残留限量》(GB 2763—2014)对比，有 82 频次能找到对应的 MRL 中国国家标准，占 18.5%；还有 362 频次的侦测数据无相关 MRL 标准供参考，占 81.5%。

与国际上现行 MRL 标准对比发现：

有 444 频次能找到对应的 MRL 欧盟标准，占 100.0%；

有 444 频次能找到对应的 MRL 日本标准，占 100.0%；

有 126 频次能找到对应的 MRL 中国香港标准，占 28.4%；

有 117 频次能找到对应的 MRL 美国标准，占 26.4%；

有 90 频次能找到对应的 MRL CAC 标准，占 20.3%。

由上可见，MRL 中国国家标准与先进国家或地区标准还有很大差距，我们无标准，境外有标准，这就会导致我们在国际贸易中，处于受制于人的被动地位。

11.5.5　水果蔬菜单种样品检出 10～16 种农药残留，考问农药使用的科学性

通过此次监测发现，西瓜、橙和葡萄是检出农药品种最多的 3 种水果，番茄、芹菜和洋葱是检出农药品种最多的 3 种蔬菜，从中检出农药品种及频次详见表 11-31。

表 11-31　单种样品检出农药品种及频次

样品名称	样品总数	检出农药样品数	检出率	检出农药品种数	检出农药(频次)
番茄	10	8	80.0%	16	仲丁威(3),啶酰菌胺(2),增效醚(2),4,4-二溴二苯甲酮(1),胺菊酯(1),拌种咯(1),吡螨胺(1),吡唑解草酯(1),毒死蜱(1),噁虫威(1),联苯菊酯(1),氯氰菊酯(1),醚菌酯(1),嘧霉胺(1),三氯杀螨醇(1),戊唑醇(1)
芹菜	9	7	77.8%	11	联苯(6),毒死蜱(3),γ-氟氯氰菌酯(2),吡丙醚(2),高效氯氟氰菊酯(2),哒螨灵(1),己唑醇(1),喹螨醚(1),联苯菊酯(1),嘧霉胺(1),唑虫酰胺(1)
洋葱	10	3	30.0%	11	仲丁威(2),苯霜灵(1),吡螨胺(1),吡唑解草酯(1),敌草胺(1),噁唑禾草灵(1),氟吡禾灵(1),咪唑菌酮(1),嘧霉胺(1),戊菌唑(1),增效醚(1)

续表

样品名称	样品总数	检出农药样品数	检出率	检出农药品种数	检出农药(频次)
西瓜	8	3	37.5%	14	吡螨胺(1),吡唑解草酯(1),草达津(1),丁草胺(1),丁基嘧啶磷(1),氟吡禾灵(1),甲基嘧啶磷(1),联苯菊酯(1),硫线磷(1),嘧啶磷(1),嘧霉胺(1),坪草丹(1),特丁净(1),戊草丹(1)
橙	9	9	100.0%	11	毒死蜱(8),拌种咯(3),禾草敌(3),邻苯基苯酚(3),除虫菊素Ⅰ(2),氯草敏(2),3,4,5-混杀威(1),嘧霉胺(1),噻菌灵(1),杀螨酯(1),增效醚(1)
葡萄	10	10	100.0%	10	嘧霉胺(9),啶酰菌胺(5),威杀灵(4),溴丁酰草胺(4),毒死蜱(3),肟菌酯(3),γ-氟氯氰菌酯(2),联苯(2),嘧菌环胺(2),联苯菊酯(1)

上述 6 种水果蔬菜，检出农药 10～16 种，是多种农药综合防治，还是未严格实施农业良好管理规范(GAP)，亦或根本就是乱施药，值得我们思考。

第 12 章　GC-Q-TOF/MS 侦测贵阳市市售水果蔬菜农药残留膳食暴露风险与预警风险评估

12.1　农药残留风险评估方法

12.1.1　贵阳市农药残留侦测数据分析与统计

庞国芳院士科研团队建立的农药残留高通量侦测技术以高分辨精确质量数(0.0001*m/z* 为基准)为识别标准，采用 GC-Q-TOF/MS 技术对 507 种农药化学污染物进行侦测。

科研团队于 2017 年 8 月在贵阳市所属 2 个区的 10 个采样点，随机采集了 257 例水果蔬菜样品，采样点分布在超市和农贸市场，具体位置如图 12-1 所示，各月内水果蔬菜样品采集数量如表 12-1 所示。

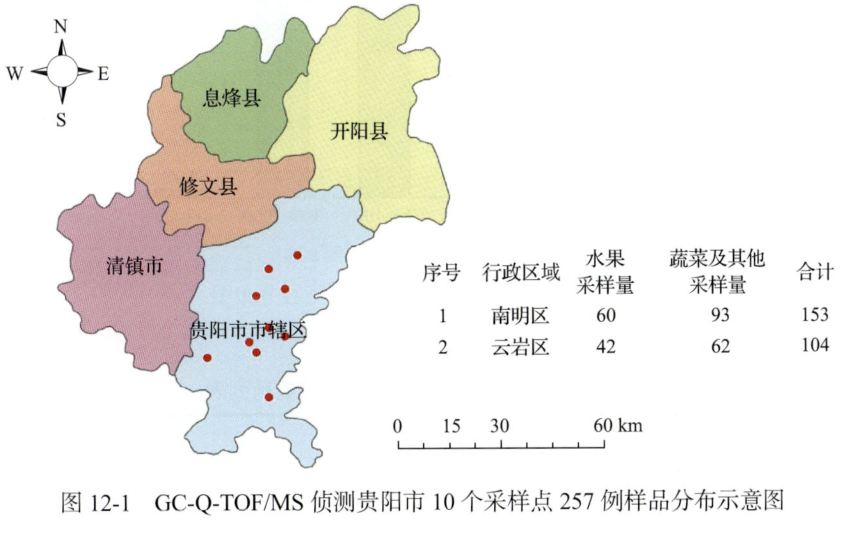

图 12-1　GC-Q-TOF/MS 侦测贵阳市 10 个采样点 257 例样品分布示意图

表 12-1　贵阳市各月内采集水果蔬菜样品数列表

时间	样品数(例)
2017 年 8 月	257

利用 GC-Q-TOF/MS 技术对 257 例样品中的农药进行侦测，侦测出残留农药 77 种，444 频次。侦测出农药残留水平如表 12-2 和图 12-2 所示。检出频次最高的前 10 种农药

如表 12-3 所示。从检测结果中可以看出，在水果蔬菜中农药残留普遍存在，且有些水果蔬菜存在高浓度的农药残留，这些可能存在膳食暴露风险，对人体健康产生危害，因此，为了定量地评价水果蔬菜中农药残留的风险程度，有必要对其进行风险评价。

表 12-2　侦测出农药的不同残留水平及其所占比例列表

残留水平(μg/kg)	检出频次	占比(%)
1～5(含)	76	17.1
5～10(含)	69	15.6
10～100(含)	187	42.1
100～1000(含)	108	24.3
>1000	4	0.9
合计	444	100

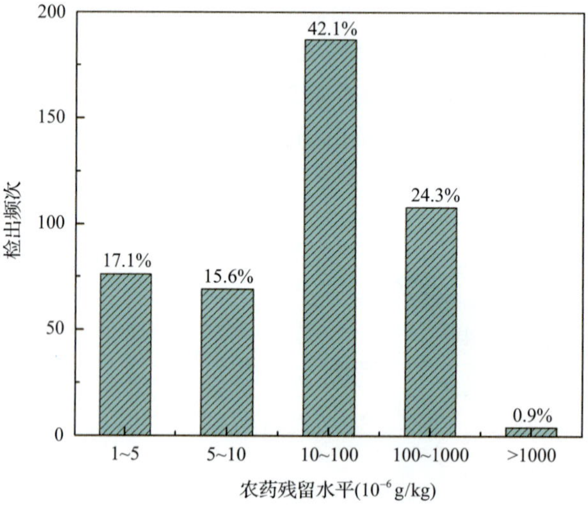

图 12-2　残留农药侦测出浓度频数分布图

表 12-3　检出频次最高的前 10 种农药列表

序号	农药	检出频次
1	威杀灵	62
2	联苯	54
3	毒死蜱	46
4	嘧霉胺	29
5	仲丁威	20
6	哒螨灵	14
7	喹螨醚	13
8	啶酰菌胺	12
9	联苯菊酯	12
10	烯丙菊酯	12

12.1.2　农药残留风险评价模型

对贵阳市水果蔬菜中农药残留分别开展暴露风险评估和预警风险评估。膳食暴露风险评估利用食品安全指数模型对水果蔬菜中的残留农药对人体可能产生的危害程度进行评价，该模型结合残留监测和膳食暴露评估评价化学污染物的危害；预警风险评价模型运用风险系数(risk index，*R*)，风险系数综合考虑了危害物的超标率、施检频率及其本身敏感性的影响，能直观而全面地反映出危害物在一段时间内的风险程度。

12.1.2.1　食品安全指数模型

为了加强食品安全管理，《中华人民共和国食品安全法》第二章第十七条规定“国家建立食品安全风险评估制度，运用科学方法，根据食品安全风险监测信息、科学数据以及有关信息，对食品、食品添加剂、食品相关产品中生物性、化学性和物理性危害因素进行风险评估”[1]，膳食暴露评估是食品危险度评估的重要组成部分，也是膳食安全性的衡量标准[2]。国际上最早研究膳食暴露风险评估的机构主要是 JMPR(FAO、WHO 农药残留联合会议)，该组织自 1995 年就已制定了急性毒性物质的风险评估急性毒性农药残留摄入量的预测。1960 年美国规定食品中不得加入致癌物质进而提出零阈值理论，渐渐零阈值理论发展成在一定概率条件下可接受风险的概念[3]，后衍变为食品中每日允许最大摄入量(ADI)，而国际食品农药残留法典委员会(CCPR)认为 ADI 不是独立风险评估的唯一标准[4]，1995 年 JMPR 开始研究农药急性膳食暴露风险评估，并对食品国际短期摄入量的计算方法进行了修正，亦对膳食暴露评估准则及评估方法进行了修正[5]，2002 年，在对世界上现行的食品安全评价方法，尤其是国际公认的国际食品法典委员会(CAC)的评价方法、全球环境监测系统/食品污染监测和评估规划(WHO GEMS/Food)及 FAO、WHO 食品添加剂联合专家委员会(JECFA)和 JMPR 对食品安全风险评估工作研究的基础之上，检验检疫食品安全管理的研究人员提出了结合残留监控和膳食暴露评估，以食品安全指数 IFS 计算食品中各种化学污染物对消费者的健康危害程度[6]。IFS 是表示食品安全状态的新方法，可有效地评价某种农药的安全性，进而评价食品中各种农药化学污染物对消费者健康的整体危害程度[7, 8]。从理论上分析，IFS_c 可指出食品中的污染物 c 对消费者健康是否存在危害及危害的程度[9]。其优点在于操作简单且结果容易被接受和理解，不需要大量的数据来对结果进行验证，使用默认的标准假设或者模型即可[10, 11]。

1) IFS_c 的计算

IFS_c 计算公式如下：

$$IFS_c = \frac{EDI_c \times f}{SI_c \times bw} \tag{12-1}$$

式中，c 为所研究的农药；EDI_c 为农药 c 的实际日摄入量估算值，等于 $\sum(R_i \times F_i \times E_i \times P_i)$ (i 为食品种类；R_i 为食品 i 中农药 c 的残留水平，mg/kg；F_i 为食品 i 的估计日消费量，g/(人·天)；E_i 为食品 i 的可食用部分因子；P_i 为食品 i 的加工处理因子)；SI_c 为安全摄入量，可采用每日允许最大摄入量 ADI；bw 为人平均体重，kg；f 为校正因子，如果安

全摄入量采用 ADI，则 f 取 1。

$IFS_c \ll 1$，农药 c 对食品安全没有影响；$IFS_c \leqslant 1$，农药 c 对食品安全的影响可以接受；$IFS_c > 1$，农药 c 对食品安全的影响不可接受。

本次评价中：

$IFS_c \leqslant 0.1$，农药 c 对水果蔬菜安全没有影响；

$0.1 < IFS_c \leqslant 1$，农药 c 对水果蔬菜安全的影响可以接受；

$IFS_c > 1$，农药 c 对水果蔬菜安全的影响不可接受。

本次评价中残留水平 R_i 取值为中国检验检疫科学研究院庞国芳院士课题组利用以高分辨精确质量数(0.0001m/z)为基准的 GC-Q-TOF/MS 侦测技术于 2017 年 8 月对贵阳市水果蔬菜农药残留的侦测结果，估计日消费量 F_i 取值 0.38 kg/(人·天)，E_i=1，P_i=1，f=1，SI_c 采用《食品安全国家标准　食品中农药最大残留限量》(GB 2763—2016)中 ADI 值(具体数值见表 12-4)，人平均体重(bw)取值 60 kg。

表 12-4　贵阳市水果蔬菜中侦测出农药的 ADI 值

序号	农药	ADI	序号	农药	ADI	序号	农药	ADI
1	硫线磷	0.0005	27	肟菌酯	0.04	53	丁基嘧啶磷	—
2	氟吡禾灵	0.0007	28	氯菊酯	0.05	54	噁虫威	—
3	禾草敌	0.001	29	仲丁威	0.06	55	噁唑禾草灵	—
4	三氯杀螨醇	0.002	30	苯霜灵	0.07	56	氟丙菊酯	—
5	异丙威	0.002	31	啶氧菌酯	0.09	57	环氧七氯	—
6	水胺硫磷	0.003	32	吡丙醚	0.1	58	甲醚菊酯	—
7	己唑醇	0.005	33	丁草胺	0.1	59	联苯	—
8	喹螨醚	0.005	34	腐霉利	0.1	60	氯草敏	—
9	烯唑醇	0.005	35	噻菌灵	0.1	61	氯酞酸甲酯	—
10	唑虫酰胺	0.006	36	萘乙酸	0.15	62	猛杀威	—
11	噻嗪酮	0.009	37	嘧霉胺	0.2	63	咪唑菌酮	—
12	哒螨灵	0.01	38	增效醚	0.2	64	嘧啶磷	—
13	毒死蜱	0.01	39	邻苯基苯酚	0.4	65	萘乙酰胺	—
14	联苯菊酯	0.01	40	醚菌酯	0.4	66	坪草丹	—
15	螺螨酯	0.01	41	霜霉威	0.4	67	炔丙菊酯	—
16	高效氯氟氰菊酯	0.02	42	3,4,5-混杀威	—	68	杀螨酯	—
17	氯氰菊酯	0.02	43	3,5-二氯苯胺	—	69	特丁净	—
18	氟乐灵	0.025	44	4,4-二溴二苯甲酮	—	70	特丁通	—
19	丙溴磷	0.03	45	γ-氟氯氰菌酯	—	71	威杀灵	—
20	甲基嘧啶磷	0.03	46	胺菊酯	—	72	五氯苯甲腈	—
21	甲氰菊酯	0.03	47	拌种咯	—	73	戊草丹	—
22	醚菊酯	0.03	48	吡螨胺	—	74	烯丙菊酯	—
23	嘧菌环胺	0.03	49	吡唑解草酯	—	75	烯虫炔酯	—
24	戊菌唑	0.03	50	草达津	—	76	烯虫酯	—
25	戊唑醇	0.03	51	除虫菊素 I	—	77	溴丁酰草胺	—
26	啶酰菌胺	0.04	52	敌草胺	—			

注：“—”表示为国家标准中无 ADI 值规定；ADI 值单位为 mg/kg bw

2) 计算 IFS_c 的平均值 $\overline{IFS}$，评价农药对食品安全的影响程度

以 $\overline{IFS}$ 评价各种农药对人体健康危害的总程度，评价模型见公式(12-2)。

$$\overline{IFS} = \frac{\sum_{i=1}^{n} IFS_c}{n} \tag{12-2}$$

$\overline{IFS} \ll 1$，所研究消费者人群的食品安全状态很好；$\overline{IFS} \leqslant 1$，所研究消费者人群的食品安全状态可以接受；$\overline{IFS} > 1$，所研究消费者人群的食品安全状态不可接受。

本次评价中：

$\overline{IFS} \leqslant 0.1$，所研究消费者人群的水果蔬菜安全状态很好；

$0.1 < \overline{IFS} \leqslant 1$，所研究消费者人群的水果蔬菜安全状态可以接受；

$\overline{IFS} > 1$，所研究消费者人群的水果蔬菜安全状态不可接受。

12.1.2.2　预警风险评估模型

2003 年，我国检验检疫食品安全管理的研究人员根据 WTO 的有关原则和我国的具体规定，结合危害物本身的敏感性、风险程度及其相应的施检频率，首次提出了食品中危害物风险系数 R 的概念[12]。R 是衡量一个危害物的风险程度大小最直观的参数，即在一定时期内其超标率或阳性检出率的高低，但受其施检频率的高低及其本身的敏感性(受关注程度)影响。该模型综合考察了农药在蔬菜中的超标率、施检频率及其本身敏感性，能直观而全面地反映出农药在一段时间内的风险程度[13]。

1) R 计算方法

危害物的风险系数综合考虑了危害物的超标率或阳性检出率、施检频率和其本身的敏感性影响，并能直观而全面地反映出危害物在一段时间内的风险程度。风险系数 R 的计算公式如式(12-3)：

$$R = aP + \frac{b}{F} + S \tag{12-3}$$

式中，P 为该种危害物的超标率；F 为危害物的施检频率；S 为危害物的敏感因子；a, b 分别为相应的权重系数。

本次评价中 F=1；S=1；a =100；b =0.1，对参数 P 进行计算，计算时首先判断是否为禁用农药，如果为非禁用农药，P=超标的样品数(侦测出的含量高于食品最大残留限量标准值，即 MRL)除以总样品数(包括超标、不超标、未侦测出)；如果为禁用农药，则侦测出即为超标，P=能侦测出的样品数除以总样品数。判断贵阳市水果蔬菜农药残留是否超标的标准限值 MRL 分别以 MRL 中国国家标准[14]和 MRL 欧盟标准作为对照，具体值列于本报告附表一中。

2) 评价风险程度

$R \leqslant 1.5$，受检农药处于低度风险；

$1.5 < R \leqslant 2.5$，受检农药处于中度风险；

$R > 2.5$，受检农药处于高度风险。

12.1.2.3　食品膳食暴露风险和预警风险评估应用程序的开发

1) 应用程序开发的步骤

为成功开发膳食暴露风险和预警风险评估应用程序，与软件工程师多次沟通讨论，逐步提出并描述清楚计算需求，开发了初步应用程序。为明确出不同水果蔬菜、不同农药、不同地域和不同季节的风险水平，向软件工程师提出不同的计算需求，软件工程师对计算需求进行逐一地分析，经过反复的细节沟通，需求分析得到明确后，开始进行解决方案的设计，在保证需求的完整性、一致性的前提下，编写出程序代码，最后设计出满足需求的风险评估专用计算软件，并通过一系列的软件测试和改进，完成专用程序的开发。软件开发基本步骤见图 12-3。

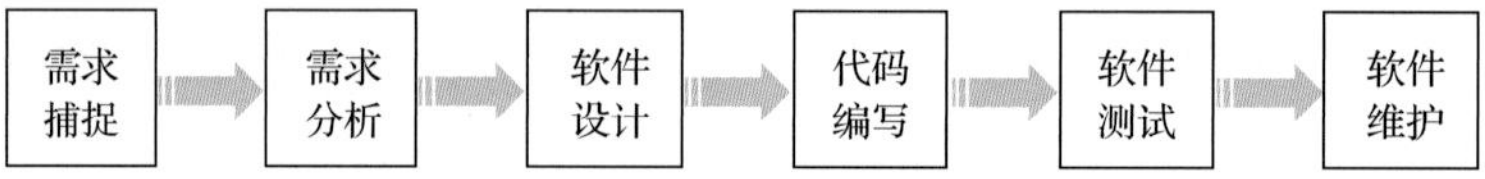

图 12-3　专用程序开发总体步骤

2) 膳食暴露风险评估专业程序开发的基本要求

首先直接利用公式(12-1)，分别计算 LC-Q-TOF/MS 和 GC-Q-TOF/MS 仪器侦测出的各水果蔬菜样品中每种农药 IFS_c，将结果列出。为考察超标农药和禁用农药的使用安全性，分别以我国《食品安全国家标准　食品中农药最大残留限量》(GB 2763—2016)和欧盟食品中农药最大残留限量(以下简称 MRL 中国国家标准和 MRL 欧盟标准)为标准，对侦测出的禁用农药和超标的非禁用农药 IFS_c 单独进行评价；按 IFS_c 大小列表，并找出 IFS_c 值排名前 20 的样本重点关注。

对不同水果蔬菜 i 中每一种侦测出的农药 c 的安全指数进行计算，多个样品时求平均值。若监测数据为该市多个月的数据，则逐月、逐季度分别列出每个月、每个季度内每一种水果蔬菜 i 对应的每一种农药 c 的 IFS_c。

按农药种类，计算整个监测时间段内每种农药的 IFS_c，不区分水果蔬菜。若检测数据为该市多个月的数据，则需分别计算每个月、每个季度内每种农药的 IFS_c。

3) 预警风险评估专业程序开发的基本要求

分别以 MRL 中国国家标准和 MRL 欧盟标准，按公式(12-3)逐个计算不同水果蔬菜、不同农药的风险系数，禁用农药和非禁用农药分别列表。

为清楚了解各种农药的预警风险，不分时间，不分水果蔬菜，按禁用农药和非禁用农药分类，分别计算各种侦测出农药全部检测时段内风险系数。由于有 MRL 中国国家标准的农药种类太少，无法计算超标数，非禁用农药的风险系数只以 MRL 欧盟标准为标准，进行计算。若检测数据为多个月的，则按月计算每个月、每个季度内每种禁用农药残留的风险系数和以 MRL 欧盟标准为标准的非禁用农药残留的风险系数。

4) 风险程度评价专业应用程序的开发方法

采用 Python 计算机程序设计语言，Python 是一个高层次地结合了解释性、编译性、互动性和面向对象的脚本语言。风险评价专用程序主要功能包括：分别读入每例样品 LC-Q-TOF/MS 和 GC-Q-TOF/MS 农药残留检测数据，根据风险评价工作要求，依次对不同农药、不同食品、不同时间、不同采样点的 IFS_c 值和 R 值分别进行数据计算，筛选出禁用农药、超标农药(分别与 MRL 中国国家标准、MRL 欧盟标准限值进行对比)单独重点分析，再分别对各农药、各水果蔬菜种类分类处理，设计出计算和排序程序，编写计算机代码，最后将生成的膳食暴露风险评估和超标风险评估定量计算结果列入设计好的各个表格中，并定性判断风险对目标的影响程度，直接用文字描述风险发生的高低，如“不可接受”、“可以接受”、“没有影响”、“高度风险”、“中度风险”、“低度风险”。

12.2　GC-Q-TOF/MS 侦测贵阳市市售水果蔬菜农药残留膳食暴露风险评估

12.2.1　每例水果蔬菜样品中农药残留安全指数分析

基于 2017 年 8 月期间农药残留侦测数据，发现在 257 例样品中侦测出农药 444 频次，计算样品中每种残留农药的安全指数 IFS_c，并分析农药对样品安全的影响程度，结果详见附表二，农药残留对水果蔬菜样品安全的影响程度频次分布情况如图 12-4 所示。

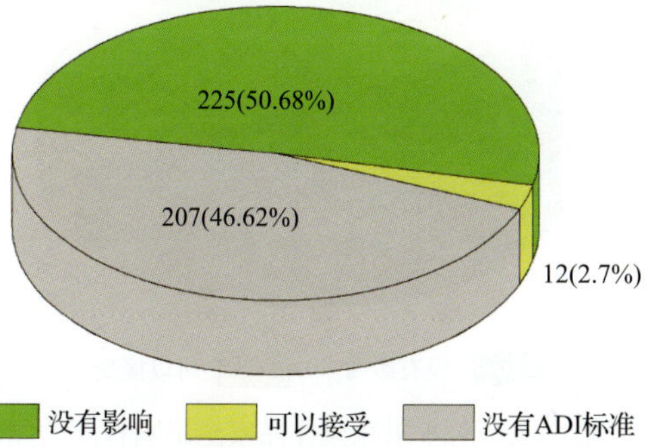

图 12-4　农药残留对水果蔬菜样品安全的影响程度频次分布图

由图 12-4 可以看出，农药残留对样品安全的影响可以接受的频次为 12，占 2.7%；农药残留对样品安全的没有影响的频次为 225，占 50.68%。表 12-5 为对水果蔬菜样品中安全指数排名前 10 的农药残留列表。

表 12-5 水果蔬菜样品中安全指数排名前 10 的残留农药列表

序号	样品编号	采样点	基质	农药	含量(mg/kg)	IFS_c	影响程度
1	20170831-520100-USI-NM-39A	***农贸市场	柠檬	禾草敌	0.1203	0.7619	可以接受
2	20170830-520100-USI-PE-35A	***农贸市场	梨	噻嗪酮	0.6780	0.4771	可以接受
3	20170831-520100-USI-LE-39A	***农贸市场	生菜	高效氯氟氰菊酯	0.9113	0.2886	可以接受
4	20170830-520100-CAIQ-CZ-36A	***超市(文昌店)	橙	禾草敌	0.0382	0.2419	可以接受
5	20170831-520100-USI-CE-39A	***农贸市场	芹菜	高效氯氟氰菊酯	0.6706	0.2124	可以接受
6	20170831-520100-USI-NM-41A	***超市(贵乌店)	柠檬	毒死蜱	0.3221	0.2040	可以接受
7	20170831-520100-CAIQ-CU-40A	***超市(贵乌北路店)	黄瓜	异丙威	0.0619	0.1960	可以接受
8	20170830-520100-USI-CE-37A	***超市(沙冲路店)	芹菜	唑虫酰胺	0.1840	0.1942	可以接受
9	20170831-520100-USI-EP-43A	***超市(花果园店)	茄子	丙溴磷	0.5847	0.1234	可以接受
10	20170831-520100-USI-CZ-43A	***超市(花果园店)	橙	禾草敌	0.0191	0.1210	可以接受

部分样品侦测出禁用农药 2 种 2 频次，为了明确残留的禁用农药对样品安全的影响，分析侦测出禁用农药残留的样品安全指数，禁用农药残留对水果蔬菜样品安全的影响程度频次分布情况如图 12-5 所示，农药残留对样品安全的影响可以接受的频次为 1，占 50%；农药残留对样品安全没有影响的频次为 1，占 50%。表 12-6 列出了水果蔬菜样品中侦测出的残留禁用农药的安全指数表。

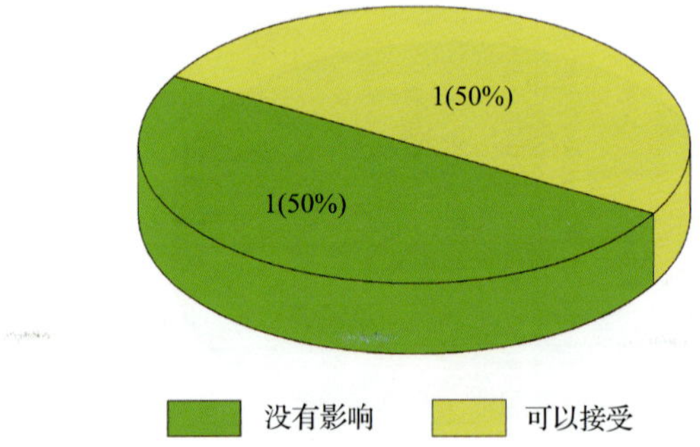

图 12-5 禁用农药对水果蔬菜样品安全影响程度的频次分布图

表 12-6 水果蔬菜样品中侦测出的残留禁用农药的安全指数表

序号	样品编号	采样点	基质	农药	含量(mg/kg)	IFS_c
1	20170831-520100-USI-MH-41A	***超市(贵乌店)	猕猴桃	水胺硫磷	0.0573	0.1210
2	20170830-520100-USI-WM-38A	***超市(人民广场店)	西瓜	硫线磷	0.0035	0.0443

此外，本次侦测发现部分样品中非禁用农药残留量超过了 MRL 中国国家标准和欧盟标准，为了明确超标的非禁用农药对样品安全的影响，分析了非禁用农药残留超标的样品安全指数。

水果蔬菜残留量超过 MRL 中国国家标准的非禁用农药对水果蔬菜样品安全的影响程度频次分布情况如图 12-6 所示。可以看出侦测出超过 MRL 中国国家标准的非禁用农药共 3 频次，其中农药残留对样品安全的影响可以接受的频次为 1，占 33.3%；农药残留对样品安全没有影响的频次为 2，占 66.7%。表 12-7 为水果蔬菜样品中侦测出的非禁用农药残留安全指数表。

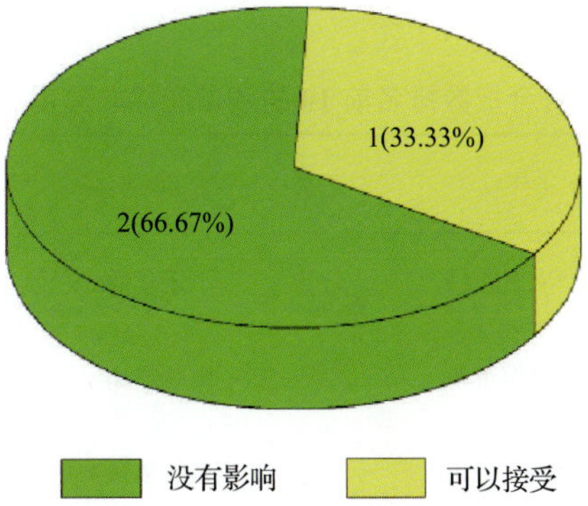

图 12-6　残留超标的非禁用农药对水果蔬菜样品安全的影响程度频次分布图(MRL 中国国家标准)

表 12-7　水果蔬菜样品中侦测出的非禁用农药残留安全指数表(MRL 中国国家标准)

序号	样品编号	采样点	基质	农药	含量 (mg/kg)	中国国家标准	IFS_c	影响程度
1	20170831-520100-USI-CE-39A	***农贸市场	芹菜	高效氯氟氰菊酯	0.6706	0.5	0.2124	可以接受
2	20170830-520100-USI-PE-35A	***农贸市场	梨	高效氯氟氰菊酯	0.2408	0.2	0.0763	没有影响
3	20170831-520100-USI-CE-39A	***农贸市场	芹菜	毒死蜱	0.0621	0.05	0.0393	没有影响

残留量超过 MRL 欧盟标准的非禁用农药对水果蔬菜样品安全的影响程度频次分布情况如图 12-7 所示。可以看出超过 MRL 欧盟标准的非禁用农药共 201 频次，其中农药没有 ADI 标准的频次为 130，占 64.68%；农药残留对样品安全的影响可以接受的频次为 10，占 4.98%；农药残留对样品安全没有影响的频次为 61，占 30.35%。表 12-8 为水果蔬菜样品中安全指数排名前 10 的残留超标非禁用农药列表。

在 257 例样品中，72 例样品未侦测出农药残留，185 例样品中侦测出农药残留，计算每例有农药侦测出样品的 $\overline{IFS}$ 值，进而分析样品的安全状态，结果如图 12-8 所示(未侦测出农药的样品安全状态视为很好)。可以看出，1.95%的样品安全状态可以接受；78.21%的样品安全状态很好。表 12-9 列出了水果蔬菜安全指数排名前 10 的样品列表。

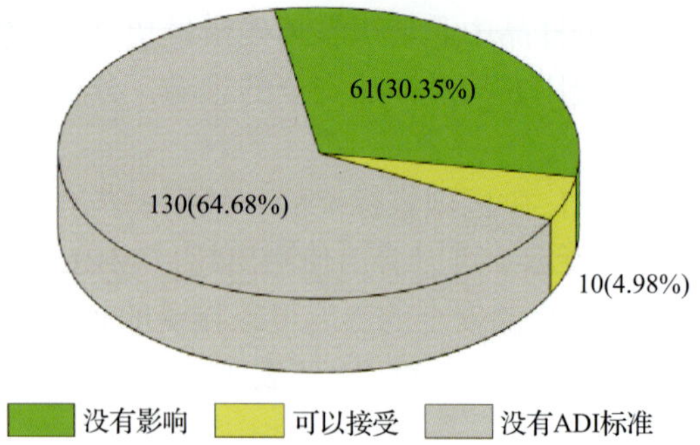

图 12-7　残留超标的非禁用农药对水果蔬菜样品安全的影响程度频次分布图(MRL 欧盟标准)

表 12-8　水果蔬菜样品中安全指数排名前 10 的残留超标非禁用农药列表(MRL 欧盟标准)

序号	样品编号	采样点	基质	农药	含量 (mg/kg)	欧盟标准	IFS_c	影响程度
1	20170831-520100-USI-NM-39A	***农贸市场	柠檬	禾草敌	0.1203	0.01	0.7619	可以接受
2	20170830-520100-USI-PE-35A	***农贸市场	梨	噻嗪酮	0.6780	0.5	0.4771	可以接受
3	20170831-520100-USI-LE-39A	***农贸市场	生菜	高效氯氟氰菊酯	0.9113	0.5	0.2886	可以接受
4	20170830-520100-CAIQ-CZ-36A	***超市(文昌店)	橙	禾草敌	0.0382	0.01	0.2419	可以接受
5	20170831-520100-USI-CE-39A	***农贸市场	芹菜	高效氯氟氰菊酯	0.6706	0.3	0.2124	可以接受
6	20170831-520100-USI-NM-41A	***超市(贵乌店)	柠檬	毒死蜱	0.3221	0.2	0.2040	可以接受
7	20170831-520100-CAIQ-CU-40A	***超市(贵乌北路店)	黄瓜	异丙威	0.0619	0.01	0.1960	可以接受
8	20170830-520100-USI-CE-37A	***超市(沙冲路店)	芹菜	唑虫酰胺	0.1840	0.01	0.1942	可以接受
9	20170831-520100-USI-EP-43A	***超市(花果园店)	茄子	丙溴磷	0.5847	0.01	0.1234	可以接受
10	20170831-520100-USI-CZ-43A	***超市(花果园店)	橙	禾草敌	0.0191	0.01	0.1210	可以接受

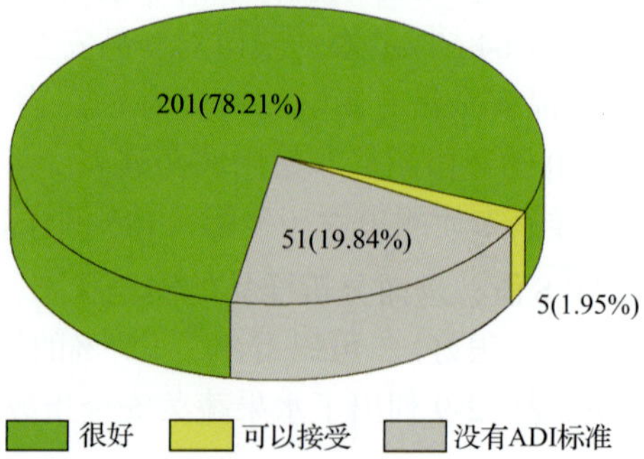

图 12-8　水果蔬菜样品安全状态分布图

表 12-9　水果蔬菜安全指数排名前 10 的样品列表

序号	样品编号	采样点	基质	$\overline{IFS}$	影响程度
1	20170831-520100-USI-NM-39A	***农贸市场	柠檬	0.3868	可以接受
2	20170831-520100-USI-NM-41A	***超市(贵乌店)	柠檬	0.2040	可以接受
3	20170830-520100-USI-PE-35A	***农贸市场	梨	0.1388	可以接受
4	20170830-520100-USI-CE-37A	***超市(沙冲路店)	芹菜	0.1054	可以接受
5	20170831-520100-CAIQ-CU-40A	***超市(贵乌北路店)	黄瓜	0.1030	可以接受
6	20170830-520100-CAIQ-CZ-36A	***超市(文昌店)	橙	0.0984	很好
7	20170831-520100-USI-CZ-44A	***超市(中铁国际店)	橙	0.0982	很好
8	20170831-520100-USI-LE-39A	***农贸市场	生菜	0.0928	很好
9	20170831-520100-USI-CE-39A	***农贸市场	芹菜	0.0848	很好
10	20170830-520100-USI-HL-38A	***超市(人民广场店)	火龙果	0.0827	很好

12.2.2　单种水果蔬菜中农药残留安全指数分析

本次 28 种水果蔬菜侦测 77 种农药，检出频次为 444 次，其中 36 种农药没有 ADI 标准，41 种农药存在 ADI 标准。西葫芦和杏鲍菇 2 种水果蔬菜侦测出农药残留全部没有 ADI 标准，对其他的 26 种水果蔬菜按不同种类分别计算侦测出的具有 ADI 标准的各种农药的 IFSc 值，农药残留对水果蔬菜的安全指数分布图如图 12-9 所示。

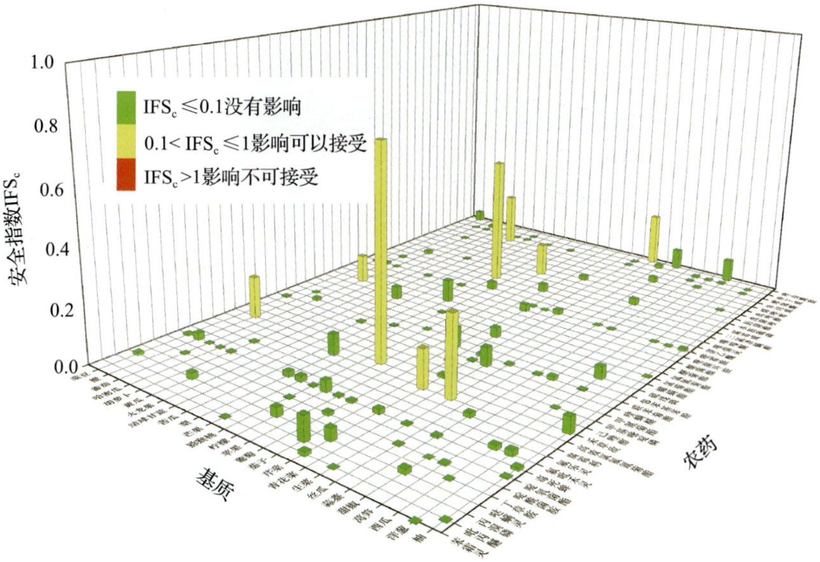

图 12-9　26 种水果蔬菜中 41 种残留农药的安全指数分布图

表 12-10 所示为单种水果蔬菜中安全指数排名前 10 的残留农药列表。

表 12-10　单种水果蔬菜中安全指数排名前 10 的残留农药列表

序号	基质	农药	检出频次	检出率(%)	IFS>1 的频次	IFS>1 的比例(%)	IFS_c	影响程度
1	柠檬	禾草敌	1	6.25	0	0	0.7619	可以接受
2	梨	噻嗪酮	1	6.25	0	0	0.4771	可以接受
3	生菜	高效氯氟氰菊酯	1	3.45	0	0	0.2886	可以接受
4	黄瓜	异丙威	1	8.33	0	0	0.1960	可以接受
5	芹菜	唑虫酰胺	1	4.76	0	0	0.1942	可以接受
6	橙	禾草敌	3	11.54	0	0	0.1537	可以接受
7	芹菜	高效氯氟氰菊酯	2	9.52	0	0	0.1388	可以接受
8	猕猴桃	水胺硫磷	1	11.11	0	0	0.1210	可以接受
9	番茄	氯氰菊酯	1	5.00	0	0	0.1039	可以接受
10	茄子	丙溴磷	2	13.33	0	0	0.0853	没有影响

本次侦测中，28 种水果蔬菜和 77 种残留农药(包括没有 ADI 标准)共涉及 194 个分析样本，农药对单种水果蔬菜安全的影响程度分布情况如图 12-10 所示。可以看出，56.7%的样本中农药对水果蔬菜安全没有影响，4.64%的样本中农药对水果蔬菜安全的影响可以接受。

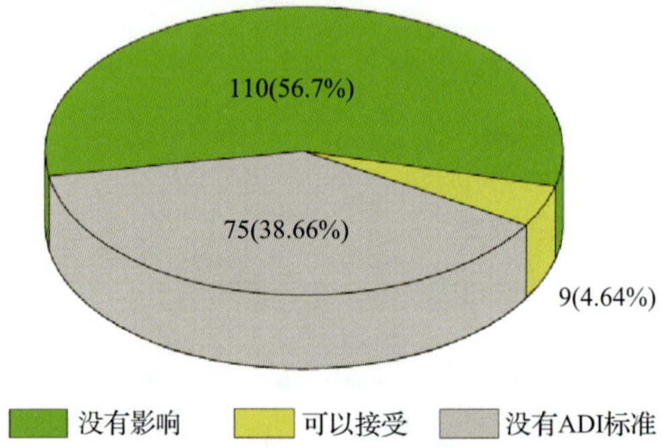

图 12-10　194 个分析样本的影响程度频次分布图

此外，分别计算 26 种水果蔬菜中所有侦测出农药 IFS_c 的平均值 $\overline{IFS}$，分析每种水果蔬菜的安全状态，结果如图 12-11 所示，分析发现，2 种水果蔬菜(7.69%)的安全状态可以接受，24 种(92.31%)水果蔬菜的安全状态很好。

12.2.3　所有水果蔬菜中农药残留安全指数分析

计算所有水果蔬菜中 41 种农药的 $\overline{\mathrm{IFS}}_{\mathrm{c}}$ 值，结果如图 12-12 及表 12-11 所示。

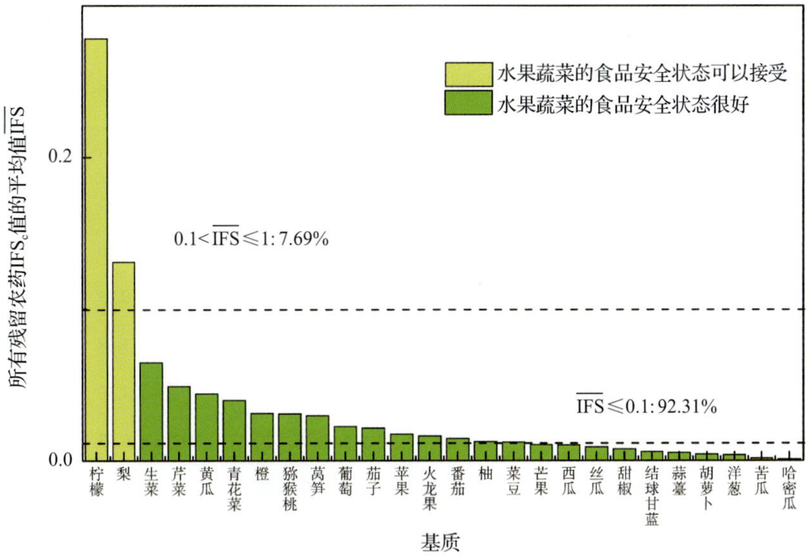

图 12-11　26 种水果蔬菜的 $\overline{\mathrm{IFS}}$ 值和安全状态统计图

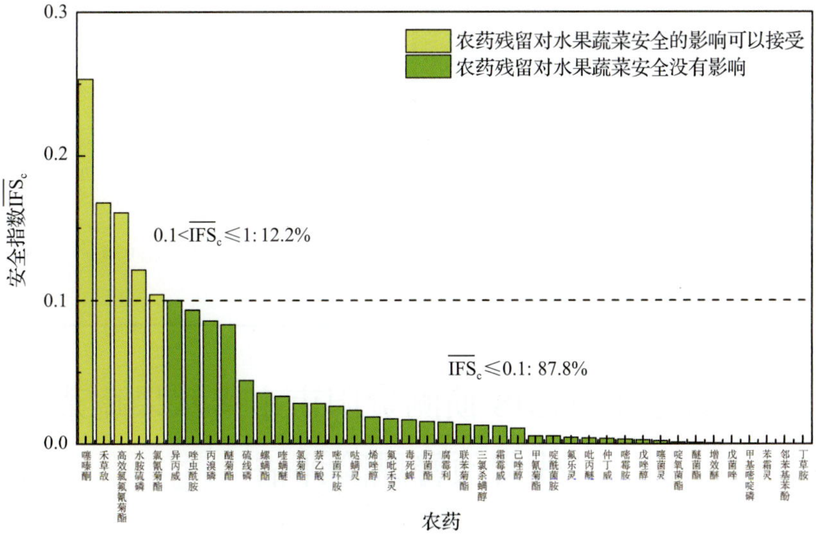

图 12-12　41 种残留农药对水果蔬菜的安全影响程度统计图

分析发现，所有农药对水果蔬菜安全的影响均在没有影响和可以接受的范围内，其中 12.2%的农药对水果蔬菜安全的影响可以接受，87.8%的农药对水果蔬菜安全没有影响。

表 12-11　水果蔬菜中 41 种农药残留的安全指数表

序号	农药	检出频次	检出率(%)	$\overline{IFS_c}$	影响程度	序号	农药	检出频次	检出率(%)	$\overline{IFS_c}$	影响程度
1	噻嗪酮	2	0.45	0.2535	可以接受	22	联苯菊酯	12	2.70	0.0137	没有影响
2	禾草敌	9	2.03	0.1673	可以接受	23	三氯杀螨醇	1	0.23	0.0130	没有影响
3	高效氯氟氰菊酯	4	0.90	0.1606	可以接受	24	霜霉威	2	0.45	0.0125	没有影响
4	水胺硫磷	1	0.23	0.1210	可以接受	25	己唑醇	1	0.23	0.0110	没有影响
5	氯氰菊酯	1	0.23	0.1039	可以接受	26	甲氰菊酯	2	0.45	0.0059	没有影响
6	异丙威	2	0.45	0.0999	没有影响	27	啶酰菌胺	12	2.70	0.0059	没有影响
7	唑虫酰胺	5	1.13	0.0930	没有影响	28	氟乐灵	1	0.23	0.0048	没有影响
8	丙溴磷	2	0.45	0.0853	没有影响	29	吡丙醚	7	1.58	0.0043	没有影响
9	醚菊酯	1	0.23	0.0828	没有影响	30	仲丁威	20	4.50	0.0039	没有影响
10	硫线磷	1	0.23	0.0443	没有影响	31	嘧霉胺	29	6.53	0.0035	没有影响
11	螺螨酯	2	0.45	0.0355	没有影响	32	戊唑醇	1	0.23	0.0030	没有影响
12	喹螨醚	13	2.93	0.0333	没有影响	33	噻菌灵	1	0.23	0.0022	没有影响
13	氯菊酯	5	1.13	0.0284	没有影响	34	啶氧菌酯	8	1.80	0.0013	没有影响
14	萘乙酸	1	0.23	0.0282	没有影响	35	醚菌酯	1	0.23	0.0010	没有影响
15	嘧菌环胺	2	0.45	0.0263	没有影响	36	增效醚	11	2.48	0.0007	没有影响
16	哒螨灵	14	3.15	0.0235	没有影响	37	戊菌唑	1	0.23	0.0004	没有影响
17	烯唑醇	2	0.45	0.0189	没有影响	38	甲基嘧啶磷	1	0.23	0.0003	没有影响
18	氟吡禾灵	2	0.45	0.0176	没有影响	39	苯霜灵	1	0.23	0.0002	没有影响
19	毒死蜱	46	10.36	0.0168	没有影响	40	邻苯基苯酚	4	0.90	0.0002	没有影响
20	肟菌酯	3	0.68	0.0157	没有影响	41	丁草胺	1	0.23	0.0001	没有影响
21	腐霉利	2	0.45	0.0152	没有影响						

12.3　GC-Q-TOF/MS 侦测贵阳市市售水果蔬菜农药残留预警风险评估

基于贵阳市水果蔬菜样品中农药残留 GC-Q-TOF/MS 侦测数据，分析禁用农药的检出率，同时参照中华人民共和国国家标准 GB 2763—2016 和欧盟农药最大残留限量(MRL)标准分析非禁用农药残留的超标率，并计算农药残留风险系数。分析单种水果蔬菜中农药残留以及所有水果蔬菜中农药残留的风险程度。

12.3.1 单种水果蔬菜中农药残留风险系数分析

12.3.1.1 单种水果蔬菜中禁用农药残留风险系数分析

侦测出的 77 种残留农药中有 2 种为禁用农药，且它们分布在 2 种水果蔬菜中，计算 2 种水果蔬菜中禁用农药的超标率，根据超标率计算风险系数 *R*，进而分析水果蔬菜中禁用农药的风险程度，结果如表 12-12 所示。分析发现 2 种禁用农药在 2 种水果蔬菜中的残留处均于高度风险。

表 12-12 2 种水果蔬菜中 2 种禁用农药的风险系数列表

序号	基质	农药	检出频次	检出率(%)	风险系数 R	风险程度
1	西瓜	硫线磷	1	12.50	13.60	高度风险
2	猕猴桃	水胺硫磷	1	11.11	12.21	高度风险

12.3.1.2 基于 MRL 中国国家标准的单种水果蔬菜中非禁用农药残留风险系数分析

参照中华人民共和国国家标准 GB 2763—2016 中农药残留限量计算每种水果蔬菜中每种非禁用农药的超标率，进而计算其风险系数，根据风险系数大小判断残留农药的预警风险程度，水果蔬菜中非禁用农药残留风险程度分布情况如图 12-13 所示。

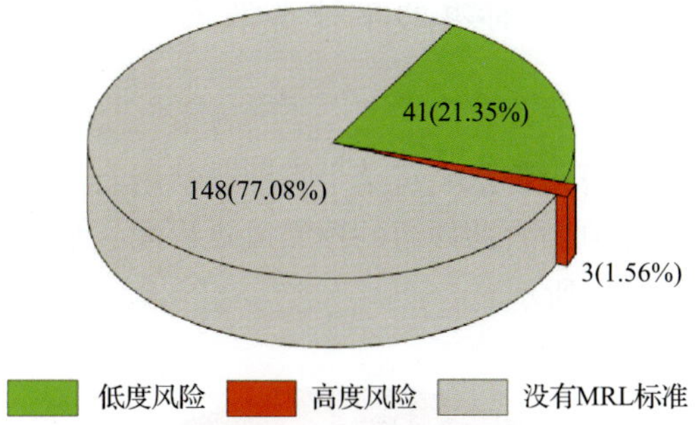

图 12-13 水果蔬菜中非禁用农药风险程度的频次分布图(MRL 中国国家标准)

本次分析中，发现在 26 种水果蔬菜侦测出 75 种残留非禁用农药，涉及样本 192 个，在 192 个样本中，1.56%处于高度风险，21.35%处于低度风险，此外发现有 148 个样本没有 MRL 中国国家标准值，无法判断其风险程度，有 MRL 中国国家标准值的 44 个样本涉及 19 种水果蔬菜中的 19 种非禁用农药，其风险系数 *R* 值如图 12-14 所示。表 12-13 为非禁用农药残留处于高度风险的水果蔬菜列表。

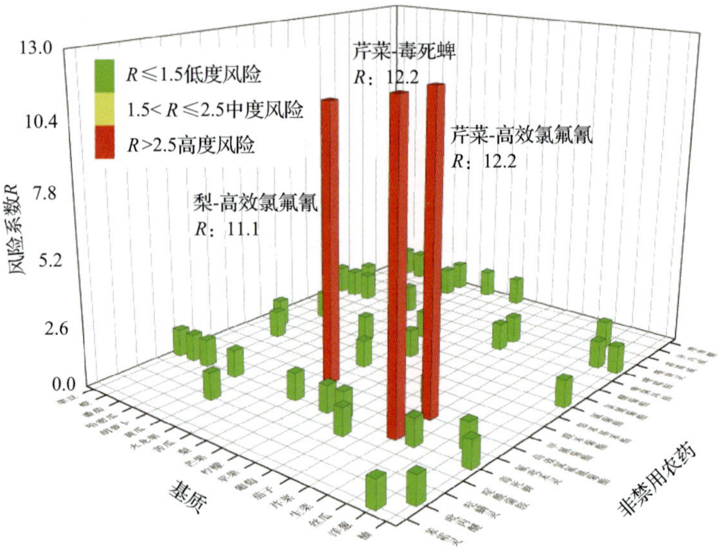

图 12-14　19 种水果蔬菜中 19 种非禁用农药的风险系数分布图(MRL 中国国家标准)

表 12-13　单种水果蔬菜中处于高度风险的非禁用农药风险系数表(MRL 中国国家标准)

序号	基质	农药	超标频次	超标率 *P*(%)	风险系数 *R*
1	芹菜	毒死蜱	1	11.11	12.21
2	芹菜	高效氯氟氰菊酯	1	11.11	12.21
3	梨	高效氯氟氰菊酯	1	10.00	11.10

12.3.1.3　基于 MRL 欧盟标准的单种水果蔬菜中非禁用农药残留风险系数分析

参照 MRL 欧盟标准计算每种水果蔬菜中每种非禁用农药的超标率，进而计算其风险系数，根据风险系数大小判断农药残留的预警风险程度，水果蔬菜中非禁用农药残留风险程度分布情况如图 12-15 所示。

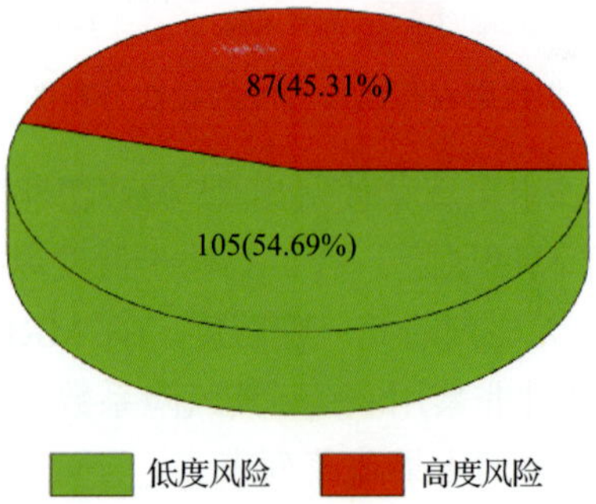

图 12-15　水果蔬菜中非禁用农药的风险程度的频次分布图(MRL 欧盟标准)

本次分析中，发现在 28 种水果蔬菜中共侦测出 75 种非禁用农药，涉及样本 192 个，其中，45.31%处于高度风险，涉及 27 种水果蔬菜和 38 种农药；54.69%处于低度风险，涉及 25 种水果蔬菜和 51 种农药。单种水果蔬菜中的非禁用农药风险系数分布图如图 12-16 所示。单种水果蔬菜中处于高度风险的非禁用农药风险系数如图 12-17 和表 12-14 所示。

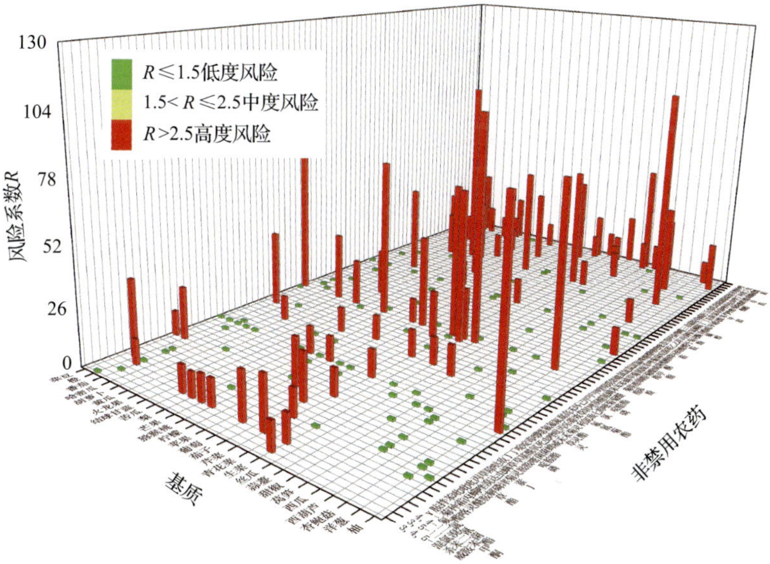

图 12-16　28 种水果蔬菜中 75 种非禁用农药的风险系数分布图(MRL 欧盟标准)

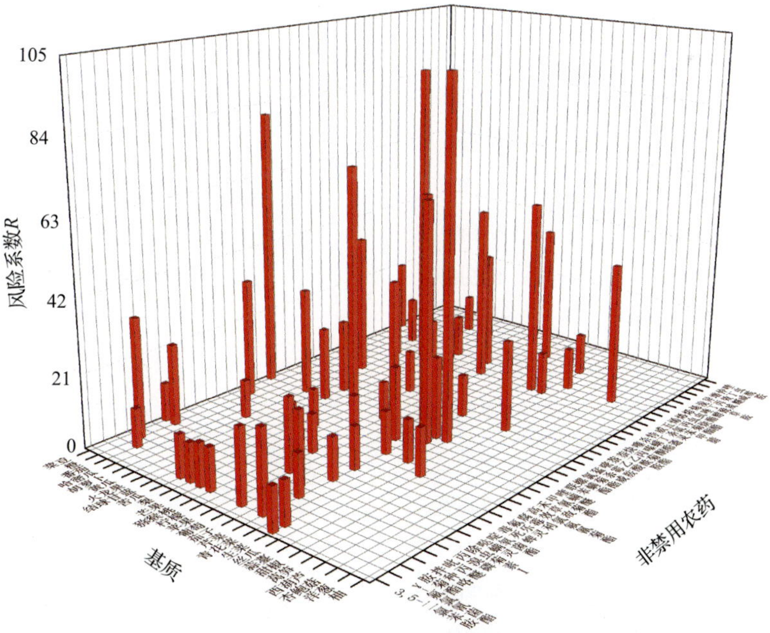

图 12-17　单种水果蔬菜中处于高度风险的非禁用农药的风险系数分布图(MRL 欧盟标准)

表 12-14　单种水果蔬菜中处于高度风险的非禁用农药的风险系数表(MRL 欧盟标准)

序号	基质	农药	超标频次	超标率 *P*(%)	风险系数 *R*
1	生菜	联苯	9	100	101.10
2	杏鲍菇	威杀灵	10	100	101.10
3	火龙果	威杀灵	9	90.00	91.10
4	柚	啶氧菌酯	8	88.89	89.99
5	菜豆	联苯	8	80.00	81.10
6	杏鲍菇	联苯	8	80.00	81.10
7	梨	联苯	7	70.00	71.10
8	芹菜	联苯	6	66.67	67.77
9	青花菜	喹螨醚	6	66.67	67.77
10	青花菜	威杀灵	5	55.56	56.66
11	柠檬	威杀灵	5	50.00	51.10
12	蒜薹	仲丁威	4	50.00	51.10
13	胡萝卜	萘乙酰胺	4	40.00	41.10
14	苹果	联苯	4	40.00	41.10
15	葡萄	溴丁酰草胺	4	40.00	41.10
16	西葫芦	烯丙菊酯	4	40.00	41.10
17	橙	拌种咯	3	33.33	34.43
18	橙	禾草敌	3	33.33	34.43
19	猕猴桃	烯丙菊酯	3	33.33	34.43
20	番茄	仲丁威	3	30.00	31.10
21	胡萝卜	联苯	3	30.00	31.10
22	蒜薹	嘧霉胺	2	25.00	26.10
23	莴笋	仲丁威	1	25.00	26.10
24	莴笋	唑虫酰胺	1	25.00	26.10
25	橙	除虫菊素 I	2	22.22	23.32
26	芹菜	γ-氟氯氰菌酯	2	22.22	23.32
27	青花菜	联苯	2	22.22	23.32
28	生菜	唑虫酰胺	2	22.22	23.32
29	柚	溴丁酰草胺	2	22.22	23.32
30	菜豆	烯虫酯	2	20.00	21.10
31	番茄	增效醚	2	20.00	21.10
32	胡萝卜	烯虫炔酯	2	20.00	21.10

续表

序号	基质	农药	超标频次	超标率 P(%)	风险系数 R
33	胡萝卜	特丁通	2	20.00	21.10
34	火龙果	仲丁威	2	20.00	21.10
35	火龙果	氯菊酯	2	20.00	21.10
36	火龙果	联苯	2	20.00	21.10
37	苹果	除虫菊素 I	2	20.00	21.10
38	葡萄	γ-氟氯氰菌酯	2	20.00	21.10
39	茄子	丙溴磷	2	20.00	21.10
40	茄子	仲丁威	2	20.00	21.10
41	茄子	甲氰菊酯	2	20.00	21.10
42	茄子	螺螨酯	2	20.00	21.10
43	哈密瓜	增效醚	1	12.50	13.60
44	哈密瓜	烯丙菊酯	1	12.50	13.60
45	蒜薹	增效醚	1	12.50	13.60
46	蒜薹	腐霉利	1	12.50	13.60
47	橙	杀螨酯	1	11.11	12.21
48	结球甘蓝	威杀灵	1	11.11	12.21
49	苦瓜	γ-氟氯氰菌酯	1	11.11	12.21
50	苦瓜	五氯苯甲腈	1	11.11	12.21
51	苦瓜	烯丙菊酯	1	11.11	12.21
52	芒果	γ-氟氯氰菌酯	1	11.11	12.21
53	芒果	增效醚	1	11.11	12.21
54	芒果	毒死蜱	1	11.11	12.21
55	芒果	萘乙酸	1	11.11	12.21
56	猕猴桃	γ-氟氯氰菌酯	1	11.11	12.21
57	芹菜	吡丙醚	1	11.11	12.21
58	芹菜	哒螨灵	1	11.11	12.21
59	芹菜	唑虫酰胺	1	11.11	12.21
60	芹菜	嘧霉胺	1	11.11	12.21
61	芹菜	毒死蜱	1	11.11	12.21
62	芹菜	高效氯氟氰菊酯	1	11.11	12.21
63	青花菜	仲丁威	1	11.11	12.21
64	生菜	3,5-二氯苯胺	1	11.11	12.21
65	生菜	γ-氟氯氰菌酯	1	11.11	12.21
66	生菜	威杀灵	1	11.11	12.21

续表

序号	基质	农药	超标频次	超标率 P(%)	风险系数 R
67	生菜	烯唑醇	1	11.11	12.21
68	生菜	高效氯氟氰菊酯	1	11.11	12.21
69	丝瓜	烯丙菊酯	1	11.11	12.21
70	甜椒	仲丁威	1	11.11	12.21
71	柚	猛杀威	1	11.11	12.21
72	菜豆	唑虫酰胺	1	10.00	11.10
73	菜豆	除虫菊素 I	1	10.00	11.10
74	番茄	胺菊酯	1	10.00	11.10
75	胡萝卜	氟乐灵	1	10.00	11.10
76	黄瓜	增效醚	1	10.00	11.10
77	黄瓜	异丙威	1	10.00	11.10
78	火龙果	增效醚	1	10.00	11.10
79	梨	γ-氟氯氰菌酯	1	10.00	11.10
80	梨	噻嗪酮	1	10.00	11.10
81	梨	高效氯氟氰菊酯	1	10.00	11.10
82	柠檬	毒死蜱	1	10.00	11.10
83	柠檬	禾草敌	1	10.00	11.10
84	柠檬	联苯	1	10.00	11.10
85	茄子	增效醚	1	10.00	11.10
86	杏鲍菇	炔丙菊酯	1	10.00	11.10
87	洋葱	增效醚	1	10.00	11.10

12.3.2 所有水果蔬菜中农药残留风险系数分析

12.3.2.1 所有水果蔬菜中禁用农药残留风险系数分析

在侦测出的 77 种农药中有 2 种为禁用农药，计算所有水果蔬菜中禁用农药的风险系数，结果如表 12-15 所示。禁用农药硫线磷和水胺硫磷均处于低度风险。

表 12-15 水果蔬菜中 2 种禁用农药的风险系数表

序号	农药	检出频次	检出率(%)	风险系数 R	风险程度
1	硫线磷	1	0.39	1.49	低度风险
2	水胺硫磷	1	0.39	1.49	低度风险

12.3.2.2 所有水果蔬菜中非禁用农药残留风险系数分析

参照 MRL 欧盟标准计算所有水果蔬菜中每种非禁用农药残留的风险系数，如图 12-18 与表 12-16 所示。在侦测出的 75 种非禁用农药中，13 种农药(17.33%)残留处于高度风险，11 种农药(14.67%)残留处于中度风险，51 种农药(68%)残留处于低度风险。

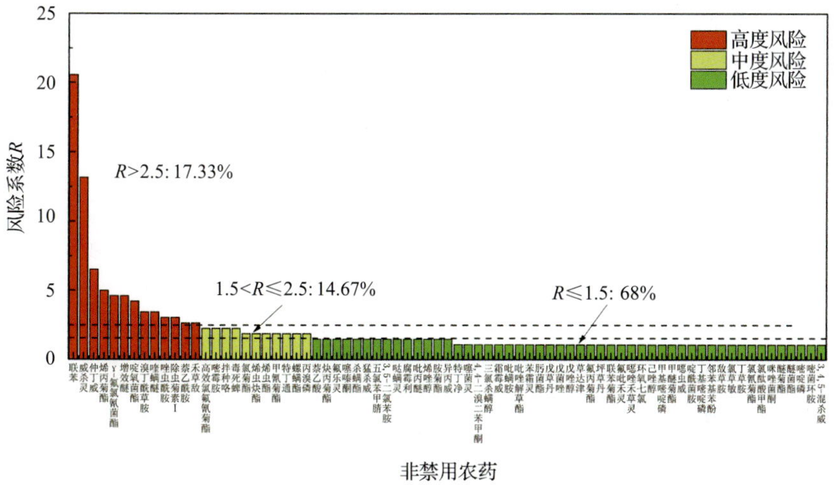

图 12-18 水果蔬菜中 75 种非禁用农药的风险程度统计图

表 12-16 水果蔬菜中 75 种非禁用农药的风险系数表

序号	农药	超标频次	超标率 P(%)	风险系数 R	风险程度
1	联苯	50	19.46	20.56	高度风险
2	威杀灵	31	12.06	13.16	高度风险
3	仲丁威	14	5.45	6.55	高度风险
4	烯丙菊酯	10	3.89	4.99	高度风险
5	γ-氟氯氰菌酯	9	3.50	4.60	高度风险
6	增效醚	9	3.50	4.60	高度风险
7	啶氧菌酯	8	3.11	4.21	高度风险
8	溴丁酰草胺	6	2.33	3.43	高度风险
9	喹螨醚	6	2.33	3.43	高度风险
10	唑虫酰胺	5	1.95	3.05	高度风险
11	除虫菊素 I	5	1.95	3.05	高度风险
12	萘乙酰胺	4	1.56	2.66	高度风险
13	禾草敌	4	1.56	2.66	高度风险
14	高效氯氟氰菊酯	3	1.17	2.27	中度风险
15	嘧霉胺	3	1.17	2.27	中度风险

续表

序号	农药	超标频次	超标率 P(%)	风险系数 R	风险程度
16	拌种咯	3	1.17	2.27	中度风险
17	毒死蜱	3	1.17	2.27	中度风险
18	氯菊酯	2	0.78	1.88	中度风险
19	烯虫炔酯	2	0.78	1.88	中度风险
20	烯虫酯	2	0.78	1.88	中度风险
21	甲氰菊酯	2	0.78	1.88	中度风险
22	特丁通	2	0.78	1.88	中度风险
23	螺螨酯	2	0.78	1.88	中度风险
24	丙溴磷	2	0.78	1.88	中度风险
25	萘乙酸	1	0.39	1.49	低度风险
26	炔丙菊酯	1	0.39	1.49	低度风险
27	氟乐灵	1	0.39	1.49	低度风险
28	噻嗪酮	1	0.39	1.49	低度风险
29	杀螨酯	1	0.39	1.49	低度风险
30	猛杀威	1	0.39	1.49	低度风险
31	五氯苯甲腈	1	0.39	1.49	低度风险
32	3,5-二氯苯胺	1	0.39	1.49	低度风险
33	哒螨灵	1	0.39	1.49	低度风险
34	腐霉利	1	0.39	1.49	低度风险
35	吡丙醚	1	0.39	1.49	低度风险
36	烯唑醇	1	0.39	1.49	低度风险
37	胺菊酯	1	0.39	1.49	低度风险
38	异丙威	1	0.39	1.49	低度风险
39	特丁净	0	0	1.10	低度风险
40	噻菌灵	0	0	1.10	低度风险
41	4,4-二溴二苯甲酮	0	0	1.10	低度风险
42	三氯杀螨醇	0	0	1.10	低度风险
43	霜霉威	0	0	1.10	低度风险
44	吡螨胺	0	0	1.10	低度风险
45	吡唑解草酯	0	0	1.10	低度风险
46	苯霜灵	0	0	1.10	低度风险
47	肟菌酯	0	0	1.10	低度风险
48	戊草丹	0	0	1.10	低度风险
49	戊菌唑	0	0	1.10	低度风险

续表

序号	农药	超标频次	超标率 P(%)	风险系数 R	风险程度
50	戊唑醇	0	0	1.10	低度风险
51	草达津	0	0	1.10	低度风险
52	氟丙菊酯	0	0	1.10	低度风险
53	坪草丹	0	0	1.10	低度风险
54	联苯菊酯	0	0	1.10	低度风险
55	氟吡禾灵	0	0	1.10	低度风险
56	噁唑禾草灵	0	0	1.10	低度风险
57	环氧七氯	0	0	1.10	低度风险
58	己唑醇	0	0	1.10	低度风险
59	甲基嘧啶磷	0	0	1.10	低度风险
60	甲醚菊酯	0	0	1.10	低度风险
61	噁虫威	0	0	1.10	低度风险
62	啶酰菌胺	0	0	1.10	低度风险
63	丁基嘧啶磷	0	0	1.10	低度风险
64	邻苯基苯酚	0	0	1.10	低度风险
65	敌草胺	0	0	1.10	低度风险
66	氯草敏	0	0	1.10	低度风险
67	丁草胺	0	0	1.10	低度风险
68	氯氰菊酯	0	0	1.10	低度风险
69	氯酞酸甲酯	0	0	1.10	低度风险
70	咪唑菌酮	0	0	1.10	低度风险
71	醚菊酯	0	0	1.10	低度风险
72	醚菌酯	0	0	1.10	低度风险
73	嘧啶磷	0	0	1.10	低度风险
74	嘧菌环胺	0	0	1.10	低度风险
75	3,4,5-混杀威	0	0	1.10	低度风险

12.4　GC-Q-TOF/MS 侦测贵阳市市售水果蔬菜农药残留风险评估结论与建议

农药残留是影响水果蔬菜安全和质量的主要因素，也是我国食品安全领域备受关注的敏感话题和亟待解决的重大问题之一[15,16]。各种水果蔬菜均存在不同程度的农药残留现象，本研究主要针对贵阳市各类水果蔬菜存在的农药残留问题，基于 2017 年 8 月对贵阳市 257 例水果蔬菜样品中农药残留侦测得出的 444 个侦测结果，分别采用食品安全指数模型和风险系数模型，开展水果蔬菜中农药残留的膳食暴露风险和预警风险评估。水果蔬菜样品取自超市和农贸市场，符合大众的膳食来源，风险评价时更具有代表性和可信度。

本研究力求通用简单地反映食品安全中的主要问题，且为管理部门和大众容易接受，为政府及相关管理机构建立科学的食品安全信息发布和预警体系提供科学的规律与方法，加强对农药残留的预警和食品安全重大事件的预防，控制食品风险。

12.4.1 贵阳市水果蔬菜中农药残留膳食暴露风险评价结论

1) 水果蔬菜样品中农药残留安全状态评价结论

采用食品安全指数模型，对 2017 年 8 月期间贵阳市水果蔬菜食品农药残留膳食暴露风险进行评价，根据 IFS_c 的计算结果发现，水果蔬菜中农药的 $\overline{IFS}$ 为 0.0380，说明贵阳市水果蔬菜总体处于很好的安全状态，但部分禁用农药、高残留农药在蔬菜、水果中仍有侦测出，导致膳食暴露风险的存在，成为不安全因素。

2) 单种水果蔬菜中农药膳食暴露风险不可接受情况评价结论

单种水果蔬菜中农药残留安全指数分析结果显示，在单种水果蔬菜中未发现膳食暴露风险不可接受的残留农药，检测出的残留农药对单种果蔬安全的影响均在可以接受和没有影响的范围内，说明拉萨市的果蔬中虽侦测出农药残留，但残留农药不会造成膳食暴露风险或造成的膳食暴露风险可以接受。

3) 禁用农药膳食暴露风险评价

本次检测发现部分水果蔬菜样品中有禁用农药侦测出，侦测出禁用农药 2 种，检出频次为 2，水果蔬菜样品中的禁用农药 IFS_c 计算结果表明，禁用农药残留的膳食暴露风险均在可以接受和没有风险的范围内，可以接受的频次为 1，占 50%，没有影响的频次为 1，占 50%。虽然残留禁用农药没有造成不可接受的膳食暴露风险，但为何在国家明令禁止禁用农药喷洒的情况下，还能在多种果蔬中多次侦测出禁用农药残留，这应该引起相关部门的高度警惕，应该在禁止禁用农药喷洒的同时，严格管控禁用农药的生产和售卖，从根本上杜绝安全隐患。

12.4.2 贵阳市水果蔬菜中农药残留预警风险评价结论

1) 单种水果蔬菜中禁用农药残留的预警风险评价结论

本次检测过程中，在 2 种水果蔬菜中检测超出 2 种禁用农药，禁用农药为：水胺硫磷和硫线磷，水果蔬菜为：猕猴桃和西瓜，水果蔬菜中禁用农药的风险系数分析结果显示，2 种禁用农药在 2 种水果蔬菜中的残留均处于高度风险，说明在单种水果蔬菜中禁用农药的残留会导致较高的预警风险。

2) 单种水果蔬菜中非禁用农药残留的预警风险评价结论

以 MRL 中国国家标准为标准，计算水果蔬菜中非禁用农药风险系数情况下，192

个样本中，3 个处于高度风险(1.56%)，41 个处于低度风险(21.35%)，148 个样本没有MRL 中国国家标准(77.08%)。以 MRL 欧盟标准为标准，计算水果蔬菜中非禁用农药风险系数情况下，发现有 87 个处于高度风险(45.31%)，105 个处于低度风险(54.69%)。基于两种 MRL 标准，评价的结果差异显著，可以看出 MRL 欧盟标准比中国国家标准更加严格和完善，过于宽松的 MRL 中国国家标准值能否有效保障人体的健康有待研究。

12.4.3　加强贵阳市水果蔬菜食品安全建议

我国食品安全风险评价体系仍不够健全，相关制度不够完善，多年来，由于农药用药次数多、用药量大或用药间隔时间短，产品残留量大，农药残留所造成的食品安全问题日益严峻，给人体健康带来了直接或间接的危害。据估计，美国与农药有关的癌症患者数约占全国癌症患者总数的 50%，中国更高。同样，农药对其他生物也会形成直接杀伤和慢性危害，植物中的农药可经过食物链逐级传递并不断蓄积，对人和动物构成潜在威胁，并影响生态系统。

基于本次农药残留侦测数据的风险评价结果，提出以下几点建议：

1) 加快食品安全标准制定步伐

我国食品标准中对农药每日允许最大摄入量 ADI 的数据严重缺乏，在本次评价所涉及的 77 种农药中，仅有 53.2%的农药具有 ADI 值，而 46.8%的农药中国尚未规定相应的 ADI 值，亟待完善。

我国食品中农药最大残留限量值的规定严重缺乏，对评估涉及到的不同水果蔬菜中不同农药 194 个 MRL 限值进行统计来看，我国仅制定出 45 个标准，我国标准完整率仅为 23.2%，欧盟的完整率达到 100%(表 12-17)。因此，中国更应加快 MRL 的制定步伐。

表 12-17　我国国家食品标准农药的 ADI、MRL 值与欧盟标准的数量差异

分类		中国 ADI	MRL 中国国家标准	MRL 欧盟标准
标准限值(个)	有	41	45	194
	无	36	149	0
总数(个)		77	194	194
无标准限值比例(%)		46.8	76.8	0

此外，MRL 中国国家标准限值普遍高于欧盟标准限值，这些标准中共有 28 个高于欧盟。过高的 MRL 值难以保障人体健康，建议继续加强对限值基准和标准的科学研究，将农产品中的危险性减少到尽可能低的水平。

2) 加强农药的源头控制和分类监管

在贵阳市某些水果蔬菜中仍有禁用农药残留，利用 GC-Q-TOF/MS 技术侦测出 2 种禁用农药，检出频次为 2 次，残留禁用农药均存在较大的膳食暴露风险和预警风险。早已列入黑名单的禁用农药在我国并未真正退出，有些药物由于价格便宜、工艺简单，此类高毒农药一直生产和使用。建议在我国采取严格有效的控制措施，从源头控制禁用农药。

对于非禁用农药，在我国作为“田间地头”最典型单位的县级蔬果产地中，农药残留的检测几乎缺失。建议根据农药的毒性，对高毒、剧毒、中毒农药实现分类管理，减少使用高毒和剧毒高残留农药，进行分类监管。

3) 加强残留农药的生物修复及降解新技术

市售果蔬中残留农药的品种多、频次高、禁用农药多次检出这一现状，说明了我国的田间土壤和水体因农药长期、频繁、不合理的使用而遭到严重污染。为此，建议中国相关部门出台相关政策，鼓励高校及科研院所积极开展分子生物学、酶学等研究，加强土壤、水体中残留农药的生物修复及降解新技术研究，切实加大农药监管力度，以控制农药的面源污染问题。

综上所述，在本工作基础上，根据蔬菜残留危害，可进一步针对其成因提出和采取严格管理、大力推广无公害蔬菜种植与生产、健全食品安全控制技术体系、加强蔬菜食品质量检测体系建设和积极推行蔬菜食品质量追溯制度等相应对策。建立和完善食品安全综合评价指数与风险监测预警系统，对食品安全进行实时、全面的监控与分析，为我国的食品安全科学监管与决策提供新的技术支持，可实现各类检验数据的信息化系统管理，降低食品安全事故的发生。

昆 明 市

第 13 章 LC-Q-TOF/MS 侦测昆明市 404 例市售水果蔬菜样品农药残留报告

从昆明市所属 4 个区，随机采集了 404 例水果蔬菜样品，使用液相色谱-四极杆飞行时间质谱(LC-Q-TOF/MS)对 565 种农药化学污染物进行示范侦测(7 种负离子模式 ESI^-未涉及)。

13.1 样品种类、数量与来源

13.1.1 样品采集与检测

为了真实反映百姓餐桌上水果蔬菜中农药残留污染状况，本次所有检测样品均由检验人员于 2017 年 8 月期间，从昆明市所属 16 个采样点，包括 3 个农贸市场和 13 个超市，以随机购买方式采集，总计 16 批 404 例样品，从中检出农药 57 种，679 频次。采样及监测概况见图 13-1 及表 13-1，样品及采样点明细见表 13-2 及表 13-3(侦测原始数据见附表 1)。

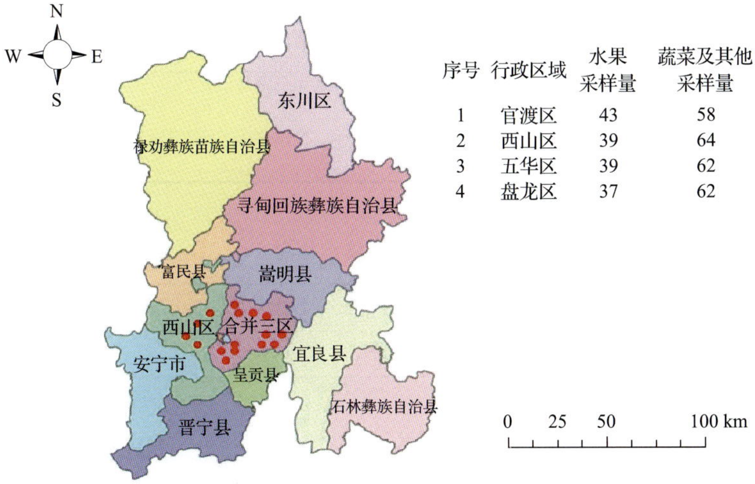

序号	行政区域	水果采样量	蔬菜及其他采样量	合计
1	官渡区	43	58	101
2	西山区	39	64	103
3	五华区	39	62	101
4	盘龙区	37	62	99

图 13-1 昆明市所属 16 个采样点 404 例样品分布图

表 13-1 农药残留监测总体概况

采样地区	昆明市所属 4 个区
采样点(超市+农贸市场)	16
样本总数	404
检出农药品种/频次	57/679
各采样点样本农药残留检出率范围	40.0%~76.0%

表 13-2　样品分类及数量

样品分类	样品名称(数量)	数量小计
1.水果		158
1)仁果类水果	苹果(16),梨(16)	32
2)浆果和其他小型水果	猕猴桃(14),葡萄(16)	30
3)瓜果类水果	西瓜(10),哈密瓜(9)	19
4)热带和亚热带水果	芒果(15),火龙果(16)	31
5)柑橘类水果	柚(15),橙(15),柠檬(16)	46
2.食用菌		15
1)蘑菇类	杏鲍菇(15)	15
3.蔬菜		231
1)豆类蔬菜	菜豆(16)	16
2)鳞茎类蔬菜	洋葱(15),蒜薹(13)	28
3)叶菜类蔬菜	芹菜(14),生菜(14),莴笋(8)	36
4)芸薹属类蔬菜	结球甘蓝(13),青花菜(15)	28
5)瓜类蔬菜	黄瓜(16),西葫芦(16),苦瓜(15),丝瓜(14)	61
6)茄果类蔬菜	番茄(16),甜椒(14),茄子(16)	46
7)根茎类和薯芋类蔬菜	胡萝卜(16)	16
合计	1.水果 11 种 2.食用菌 1 种 3.蔬菜 16 种	404

表 13-3　昆明市采样点信息

采样点序号	行政区域	采样点
农贸市场(3)		
1	五华区	***市场
2	盘龙区	***市场
3	西山区	***市场
超市(13)		
1	五华区	***超市(正大店)
2	五华区	***超市(霖雨路店)
3	五华区	***超市(昆明店)
4	官渡区	***超市(宝海店)
5	官渡区	***超市(官南店)

续表

采样点序号	行政区域	采样点
6	官渡区	***超市(世纪城店)
7	官渡区	***超市(国贸店)
8	盘龙区	***超市(白云店)
9	盘龙区	***超市(万宏路店)
10	盘龙区	***超市(新迎店)
11	西山区	***超市(万达广场店)
12	西山区	***超市(南亚第壹城店)
13	西山区	***超市(云山路店)

13.1.2　检测结果

这次使用的检测方法是庞国芳院士团队最新研发的不需使用标准品对照，而以高分辨精确质量数(0.0001*m/z*)为基准的 LC-Q-TOF/MS 检测技术，对于 404 例样品，每个样品均侦测了 565 种农药化学污染物的残留现状。通过本次侦测，在 404 例样品中共计检出农药化学污染物 57 种，检出 679 频次。

13.1.2.1　各采样点样品检出情况

统计分析发现 16 个采样点中，被测样品的农药检出率范围为 40.0%~76.0%。其中，***超市(新迎店)的检出率最高，为 76.0%。***超市(昆明店)的检出率最低，为 40.0%，见图 13-2。

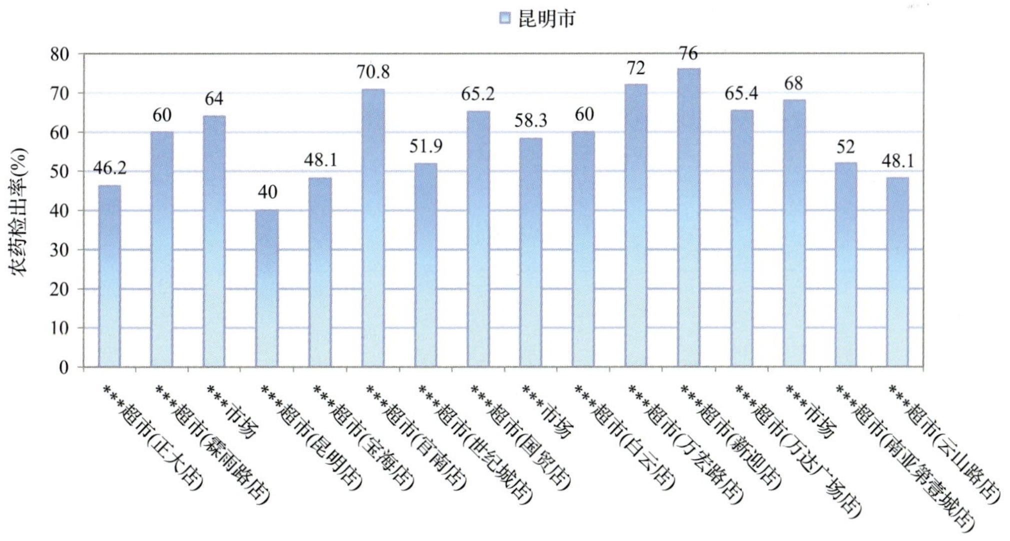

图 13-2　各采样点样品中的农药检出率

13.1.2.2 检出农药的品种总数与频次

统计分析发现，对于 404 例样品中 565 种农药化学污染物的侦测，共检出农药 679 频次，涉及农药 57 种，结果如图 13-3 所示。其中烯酰吗啉检出频次最高，共检出 79 次。检出频次排名前 10 的农药如下：①烯酰吗啉(79)；②吡唑醚菌酯(47)；③甲霜灵(45)；④苯醚甲环唑(44)；⑤啶虫脒(43)；⑥多菌灵(43)；⑦嘧菌酯(37)；⑧吡虫啉(30)；⑨嘧霉胺(30)；⑩丙环唑(21)。

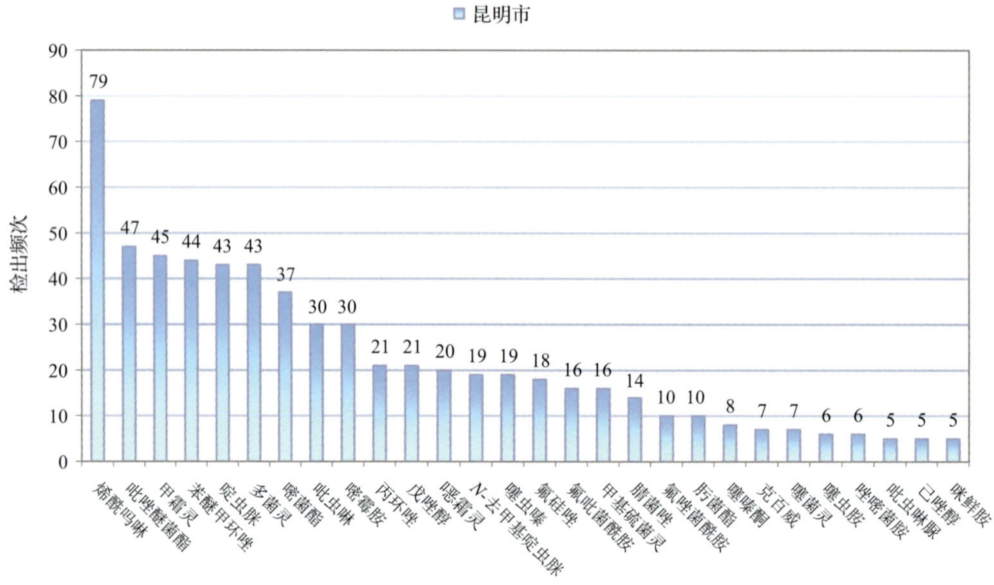

图 13-3 检出农药品种及频次(仅列出 5 频次及以上的数据)

由图 13-4 可见，葡萄、番茄和芹菜这 3 种果蔬样品中检出的农药品种数较高，均超过 20 种，其中，葡萄检出农药品种最多，为 23 种。由图 13-5 可见，葡萄、芹菜和黄瓜这 3 种果蔬样品中的农药检出频次较高，均超过 50 次，其中，葡萄检出农药频次最高，为 108 次。

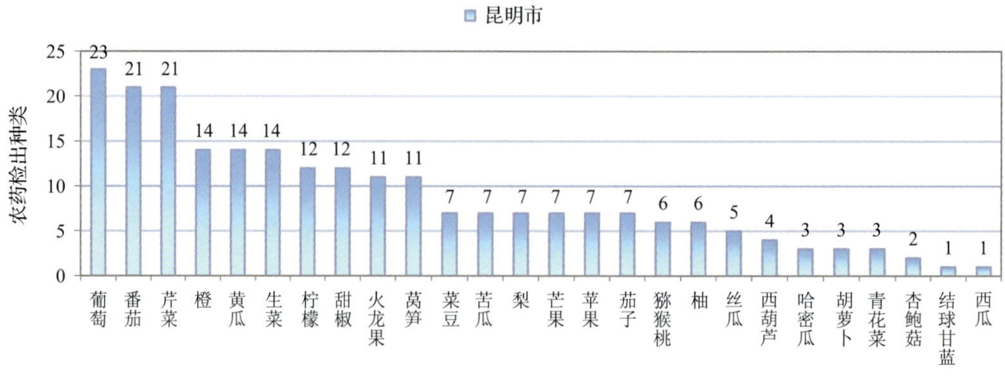

图 13-4 单种水果蔬菜检出农药的种类数

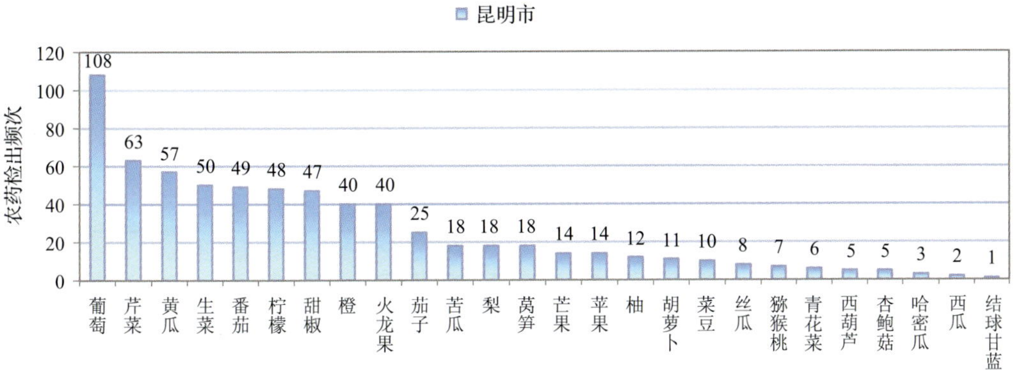

图 13-5　单种水果蔬菜检出农药频次

13.1.2.3　单例样品农药检出种类与占比

对单例样品检出农药种类和频次进行统计发现，未检出农药的样品占总样品数的 41.1%，检出 1 种农药的样品占总样品数的 21.0%，检出 2~5 种农药的样品占总样品数的 29.7%，检出 6~10 种农药的样品占总样品数的 7.7%，检出大于 10 种农药的样品占总样品数的 0.5%。每例样品中平均检出农药为 1.7 种，数据见表 13-4 及图 13-6。

表 13-4　单例样品检出农药品种占比

检出农药品种数	样品数量/占比(%)
未检出	166/41.1
1 种	85/21.0
2~5 种	120/29.7
6~10 种	31/7.7
大于 10 种	2/0.5
单例样品平均检出农药品种	1.7 种

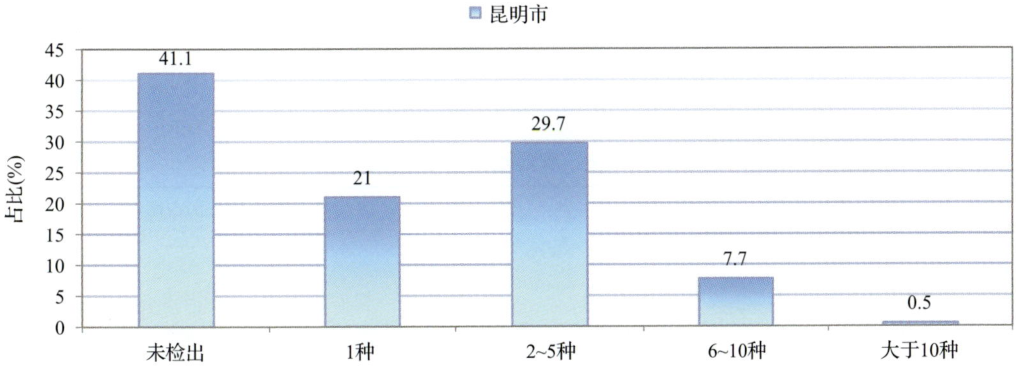

图 13-6　单例样品平均检出农药品种及占比

13.1.2.4　检出农药类别与占比

所有检出农药按功能分类，包括杀菌剂、杀虫剂、植物生长调节剂共 3 类。其中杀菌剂与杀虫剂为主要检出的农药类别，分别占总数的52.6%和42.1%，见表13-5及图13-7。

表 13-5　检出农药所属类别/占比

农药类别	数量/占比(%)
杀菌剂	30/52.6
杀虫剂	24/42.1
植物生长调节剂	3/5.3

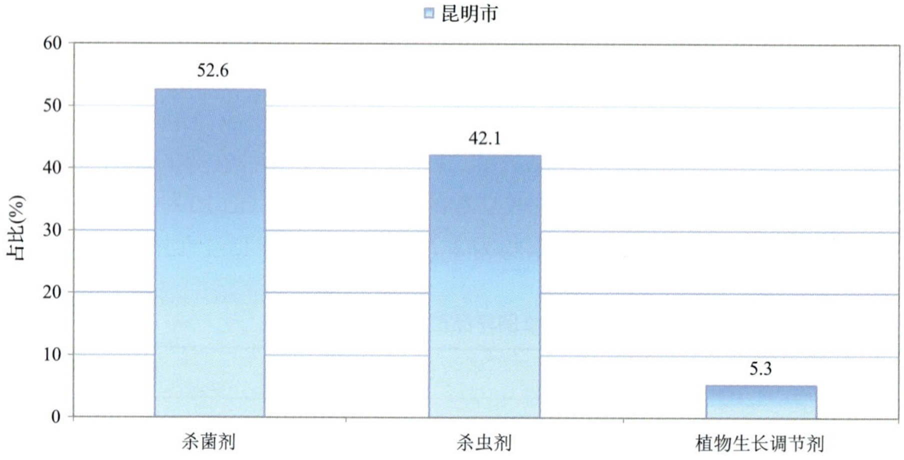

图 13-7　检出农药所属类别和占比

13.1.2.5　检出农药的残留水平

按检出农药残留水平进行统计，残留水平在 1~5 μg/kg(含)的农药占总数的 32.7%，在 5~10 μg/kg(含)的农药占总数的 18.1%，在 10~100 μg/kg(含)的农药占总数的 40.9%，在 100~1000 μg/kg(含)的农药占总数的 8.0%，在>1000 μg/kg 的农药占总数的 0.3%。

由此可见，这次检测的 16 批 404 例水果蔬菜样品中农药多数处于较低残留水平。结果见表 13-6 及图 13-8，数据见附表 2。

表 13-6　农药残留水平/占比

残留水平(μg/kg)	检出频次数/占比(%)
1~5(含)	222/32.7
5~10(含)	123/18.1
10~100(含)	278/40.9
100~1000(含)	54/8.0
>1000	2/0.3

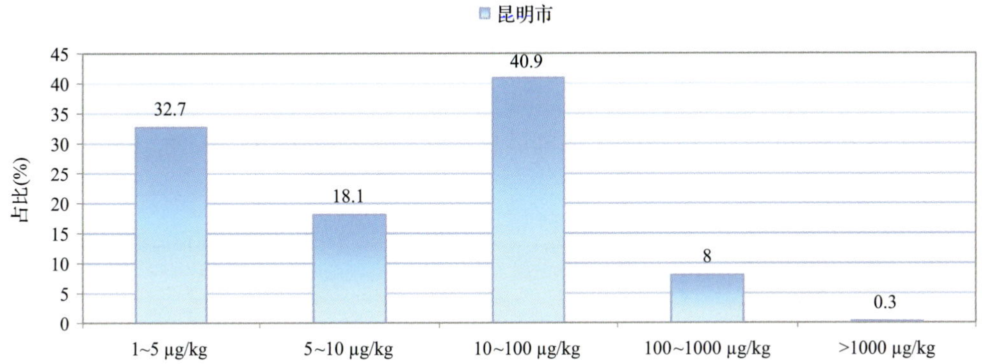

图 13-8　检出农药残留水平及占比

13.1.2.6　检出农药的毒性类别、检出频次和超标频次及占比

对这次检出的 57 种 679 频次的农药，按剧毒、高毒、中毒、低毒和微毒这五个毒性类别进行分类，从中可以看出，昆明市目前普遍使用的农药为中低微毒农药，品种占 93.0%，频次占 98.1%。结果见表 13-7 及图 13-9。

表 13-7　检出农药毒性类别/占比

毒性分类	农药品种/占比(%)	检出频次/占比(%)	超标频次/超标率(%)
剧毒农药	1/1.8	1/0.1	1/100.0
高毒农药	3/5.3	12/1.8	5/41.7
中毒农药	27/47.4	332/48.9	0/0.0
低毒农药	15/26.3	174/25.6	0/0.0
微毒农药	11/19.3	160/23.6	0/0.0

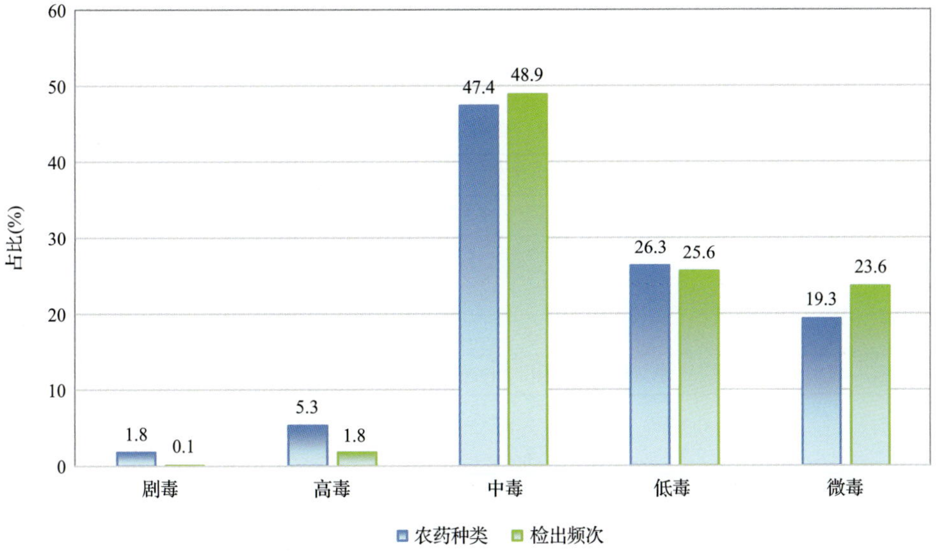

图 13-9　检出农药的毒性分类和占比

13.1.2.7　检出剧毒/高毒类农药的品种和频次

值得特别关注的是，在此次侦测的 404 例样品中有 4 种蔬菜 4 种水果的 13 例样品检出了 4 种 13 频次的剧毒和高毒农药，占样品总量的 3.2%，详见图 13-10、表 13-8 及表 13-9。

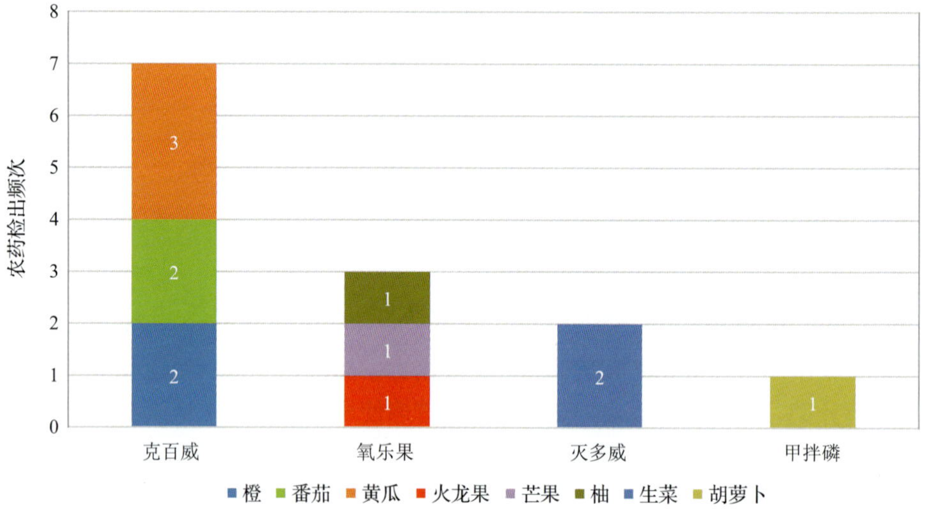

图 13-10　检出剧毒/高毒农药的样品情况

表 13-8　剧毒农药检出情况

序号	农药名称	检出频次	超标频次	超标率
		水果中未检出剧毒农药		
	小计	0	0	超标率：0.0%
		从 1 种蔬菜中检出 1 种剧毒农药，共计检出 1 次		
1	甲拌磷*	1	1	100.0%
	小计	1	1	超标率：100.0%
	合计	1	1	超标率：100.0%

表 13-9　高毒农药检出情况

序号	农药名称	检出频次	超标频次	超标率
		从 4 种水果中检出 2 种高毒农药，共计检出 5 次		
1	氧乐果	3	0	0.0%
2	克百威	2	2	100.0%
	小计	5	2	超标率：40.0%
		从 3 种蔬菜中检出 2 种高毒农药，共计检出 7 次		
1	克百威	5	3	60.0%
2	灭多威	2	0	0.0%
	小计	7	3	超标率：42.9%
	合计	12	5	超标率：41.7%

在检出的剧毒和高毒农药中，有 4 种是我国早已禁止在果树和蔬菜上使用的，分别是：克百威、甲拌磷、氧乐果和灭多威。禁用农药的检出情况见表 13-10。

表 13-10　禁用农药检出情况

序号	农药名称	检出频次	超标频次	超标率
从 4 种水果中检出 2 种禁用农药，共计检出 5 次				
1	氧乐果	3	0	0.0%
2	克百威	2	2	100.0%
小计		5	2	超标率：40.0%
从 4 种蔬菜中检出 4 种禁用农药，共计检出 9 次				
1	克百威	5	3	60.0%
2	灭多威	2	0	0.0%
3	丁酰肼	1	0	0.0%
4	甲拌磷*	1	1	100.0%
小计		9	4	超标率：44.4%
合计		14	6	超标率：42.9%

注：超标结果参考 MRL 中国国家标准计算

此次抽检的果蔬样品中，有 1 种蔬菜检出了剧毒农药，为：胡萝卜中检出甲拌磷 1 次。

样品中检出剧毒和高毒农药残留水平超过 MRL 中国国家标准的频次为 6 次，其中：橙检出克百威超标 2 次；胡萝卜检出甲拌磷超标 1 次；黄瓜检出克百威超标 3 次。本次检出结果表明，高毒、剧毒农药的使用现象依旧存在。详见表 13-11。

表 13-11　各样本中检出剧毒/高毒农药情况

样品名称	农药名称	检出频次	超标频次	检出浓度(μg/kg)
水果 4 种				
柚	氧乐果▲	1	0	14.1
橙	克百威▲	2	2	73.8[a], 88.9[a]
火龙果	氧乐果▲	1	0	17.4
芒果	氧乐果▲	1	0	3.2
小计		5	2	超标率：40.0%
蔬菜 4 种				
生菜	灭多威▲	2	0	61.2, 84.1
番茄	克百威▲	2	0	2.2, 3.8
胡萝卜	甲拌磷*▲	1	1	18.3[a]
黄瓜	克百威▲	3	3	24.7[a], 28.8[a], 35.0[a]
小计		8	4	超标率：50.0%
合计		13	6	超标率：46.2%

13.2　农药残留检出水平与最大残留限量标准对比分析

我国于 2014 年 3 月 20 日正式颁布并于 2014 年 8 月 1 日正式实施食品农药残留限量国家标准《食品中农药最大残留限量》(GB 2763—2014)。该标准包括 371 个农药条目，涉及最大残留限量(MRL)标准 3653 项。将 679 频次检出农药的浓度水平与 3653 项 MRL 中国国家标准进行核对，其中只有 264 频次的农药找到了对应的 MRL 标准，占 38.9%，还有 415 频次的侦测数据则无相关 MRL 标准供参考，占 61.1%。

将此次侦测结果与国际上现行 MRL 标准对比发现，在 679 频次的检出结果中有 679 频次的结果找到了对应的 MRL 欧盟标准，占 100.0%；其中，646 频次的结果有明确对应的 MRL 标准，占 95.1%，其余 33 频次按照欧盟一律标准判定，占 4.9%；有 679 频次的结果找到了对应的 MRL 日本标准，占 100.0%；其中，514 频次的结果有明确对应的 MRL 标准，占 75.7%，其余 164 频次按照日本一律标准判定，占 24.3%；有 393 频次的结果找到了对应的 MRL 中国香港标准，占 57.9%；有 440 频次的结果找到了对应的 MRL 美国标准，占 64.8%；有 348 频次的结果找到了对应的 MRL CAC 标准，占 51.3%(见图 13-11 和图 13-12，数据见附表 3 至附表 8)。

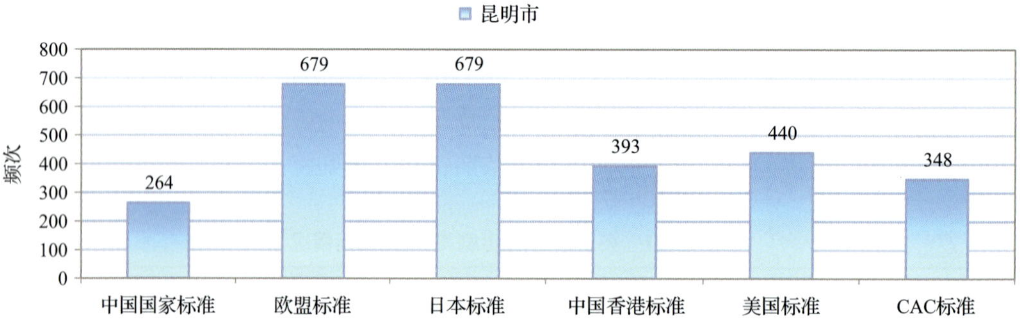

图 13-11　679 频次检出农药可用 MRL 中国国家标准、欧盟标准、日本标准、中国香港标准、美国标准、CAC 标准判定衡量的数量

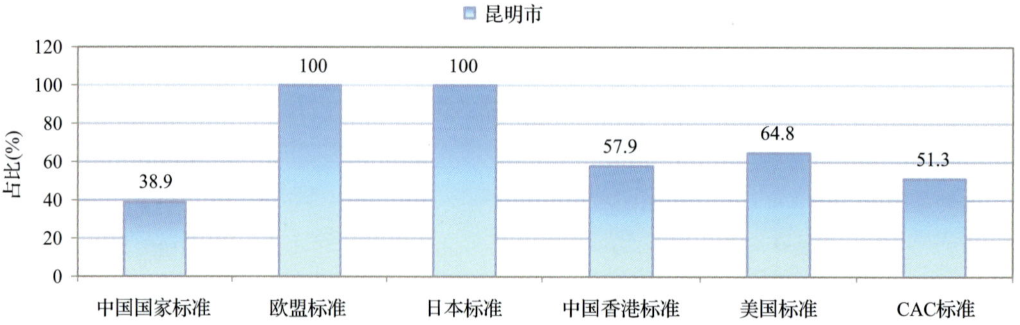

图 13-12　679 频次检出农药可用 MRL 中国国家标准、欧盟标准、日本标准、中国香港标准、美国标准、CAC 标准衡量的占比

13.2.1 超标农药样品分析

本次侦测的 404 例样品中，166 例样品未检出任何残留农药，占样品总量的 41.1%，238 例样品检出不同水平、不同种类的残留农药，占样品总量的 58.9%。在此，我们将本次侦测的农残检出情况与 MRL 中国国家标准、欧盟标准、日本标准、中国香港标准、美国标准和 CAC 标准这 6 大国际主流 MRL 标准进行对比分析，样品农残检出与超标情况见表 13-12、图 13-13 和图 13-14，详细数据见附表 9 至附表 14。

表 13-12 各 MRL 标准下样本农残检出与超标数量及占比

	中国国家标准	欧盟标准	日本标准	中国香港标准	美国标准	CAC 标准
	数量/占比(%)	数量/占比(%)	数量/占比(%)	数量/占比(%)	数量/占比(%)	数量/占比(%)
未检出	166/41.1	166/41.1	166/41.1	166/41.1	166/41.1	166/41.1
检出未超标	232/57.4	181/44.8	172/42.6	235/58.2	235/58.2	235/58.2
检出超标	6/1.5	57/14.1	66/16.3	3/0.7	3/0.7	3/0.7

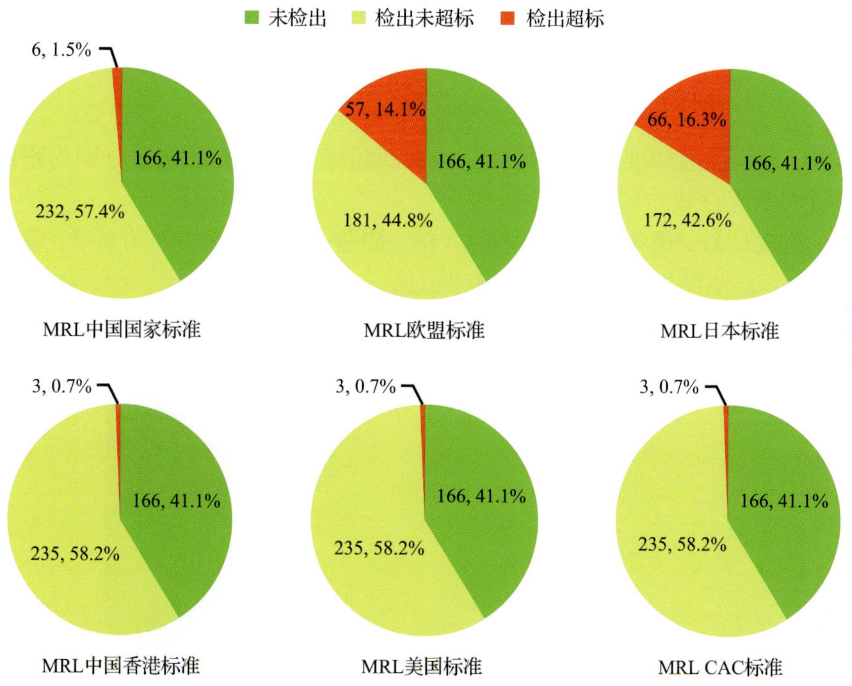

图 13-13 检出和超标样品比例情况

13.2.2 超标农药种类分析

按照 MRL 中国国家标准、欧盟标准、日本标准、中国香港标准、美国标准和 CAC 标准这 6 大国际主流 MRL 标准衡量，本次侦测检出的农药超标品种及频次情况见表 13-13。

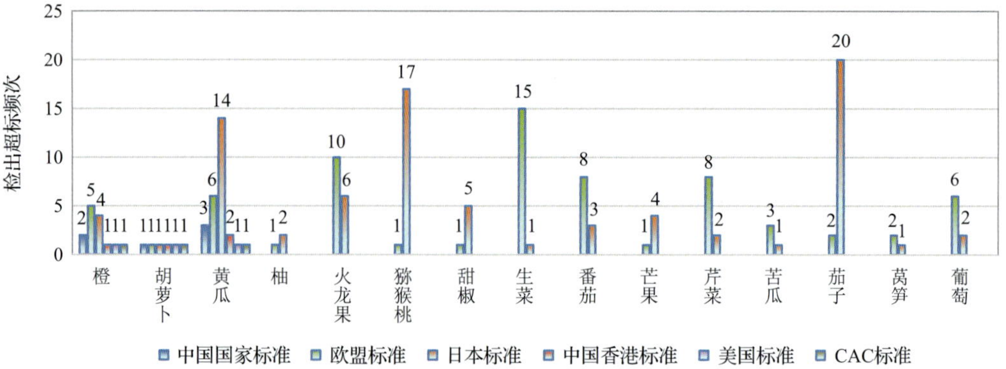

图 13-14　超过 MRL 中国国家标准、欧盟标准、日本标准、中国香港标准、美国标准和 CAC 标准结果在水果蔬菜中的分布

表 13-13　各 MRL 标准下超标农药品种及频次

	中国国家标准	欧盟标准	日本标准	中国香港标准	美国标准	CAC 标准
超标农药品种	2	23	19	2	2	2
超标农药频次	6	70	83	4	3	3

13.2.2.1　按 MRL 中国国家标准衡量

按 MRL 中国国家标准衡量，共有 2 种农药超标，检出 6 频次，分别为剧毒农药甲拌磷，高毒农药克百威。

按超标程度比较，橙中克百威超标 3.4 倍，胡萝卜中甲拌磷超标 0.8 倍，黄瓜中克百威超标 0.8 倍。检测结果见图 13-15 和附表 15。

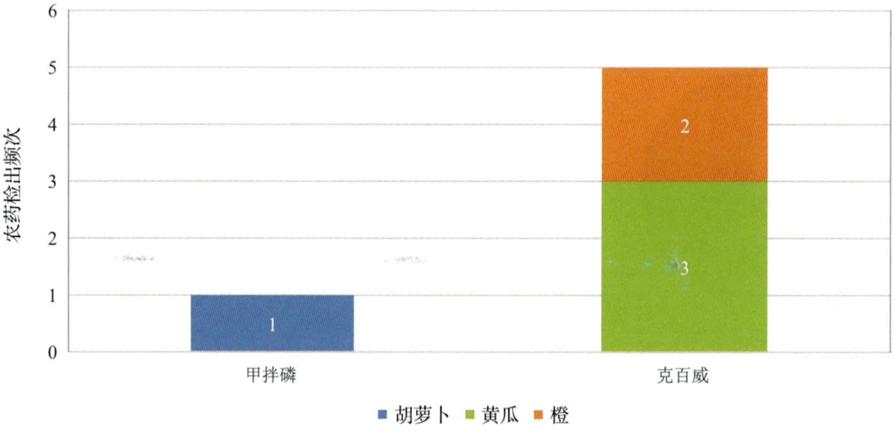

图 13-15　超过 MRL 中国国家标准农药品种及频次

13.2.2.2　按 MRL 欧盟标准衡量

按 MRL 欧盟标准衡量，共有 23 种农药超标，检出 70 频次，分别为剧毒农药甲拌

磷，高毒农药克百威和氧乐果，中毒农药戊唑醇、噻虫胺、烯唑醇、甲霜灵、甲萘威、三唑醇、噁霜灵、丙环唑、唑虫酰胺、氟硅唑、腈菌唑、异丙威和 N-去甲基啶虫脒，低毒农药嘧霉胺、吡虫啉脲、己唑醇和氟唑菌酰胺，微毒农药多菌灵、丁酰肼和嘧菌酯。

按超标程度比较，葡萄中氟唑菌酰胺超标 96.3 倍，生菜中氟硅唑超标 39.9 倍，黄瓜中克百威超标 16.5 倍，芹菜中腈菌唑超标 13.7 倍，生菜中烯唑醇超标 8.4 倍。检测结果见图 13-16 和附表 16。

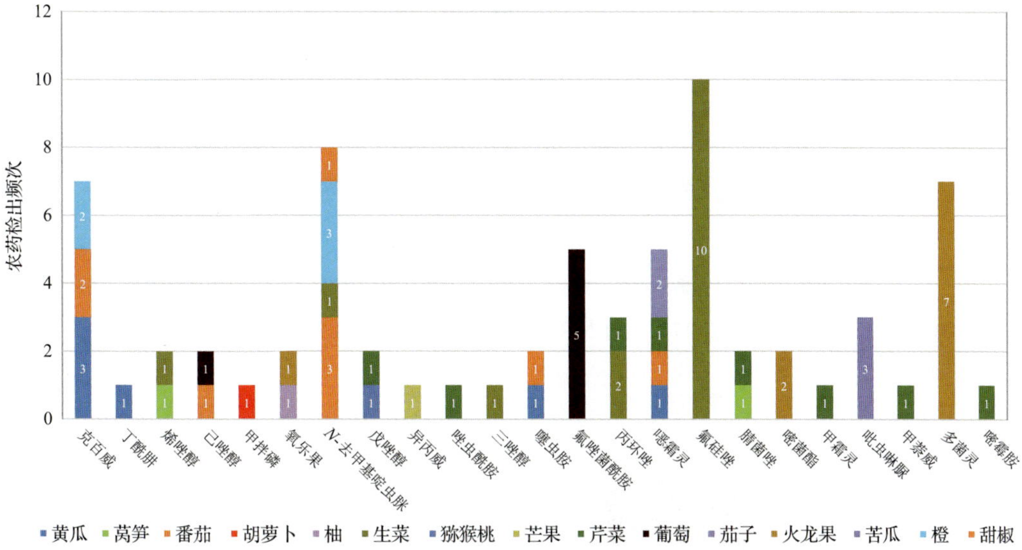

图 13-16　超过 MRL 欧盟标准农药品种及频次

13.2.2.3　按 MRL 日本标准衡量

按 MRL 日本标准衡量，共有 19 种农药超标，检出 83 频次，分别为高毒农药氧乐果，中毒农药戊唑醇、烯唑醇、苯醚甲环唑、丙环唑、氟硅唑、腈菌唑、吡虫啉、异丙威和 N-去甲基啶虫脒，低毒农药嘧霉胺、氟吡菌酰胺、吡虫啉脲和唑嘧菌胺，微毒农药多菌灵、丁酰肼、嘧菌酯、甲基硫菌灵和醚菌酯。

按超标程度比较，火龙果中多菌灵超标 51.6 倍，生菜中氟硅唑超标 39.9 倍，芹菜中腈菌唑超标 28.4 倍，柠檬中甲基硫菌灵超标 24.6 倍，生菜中烯唑醇超标 8.4 倍。检测结果见图 13-17 和附表 17。

13.2.2.4　按 MRL 中国香港标准衡量

按 MRL 中国香港标准衡量，共有 2 种农药超标，检出 4 频次，分别为中毒农药噻虫胺和噻虫嗪。

按超标程度比较，葡萄中噻虫胺超标 5.7 倍，番茄中噻虫胺超标 0.6 倍，黄瓜中噻虫胺超标 0.4 倍，葡萄中噻虫嗪超标 0.2 倍。检测结果见图 13-18 和附表 18。

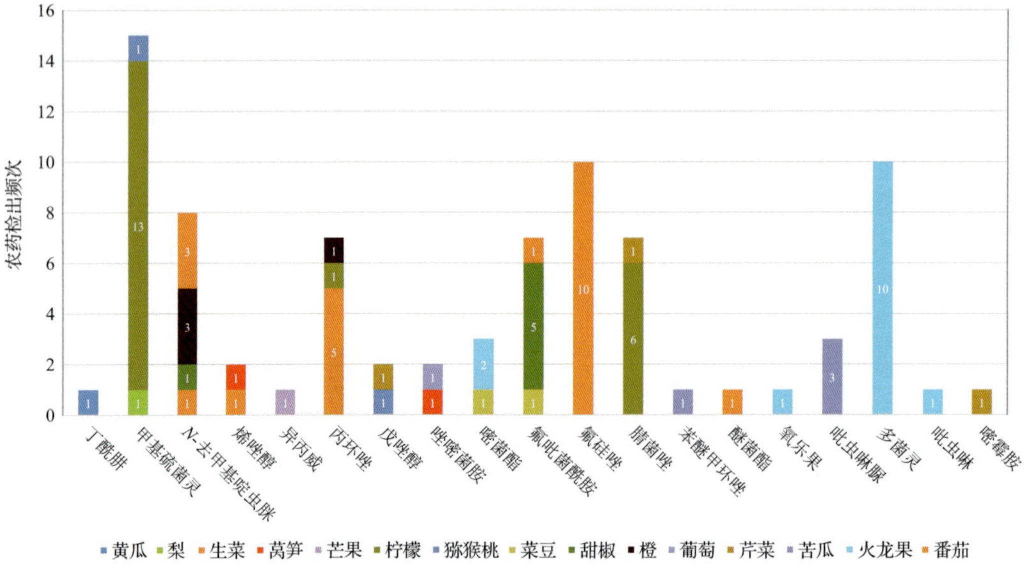

图 13-17　超过 MRL 日本标准农药品种及频次

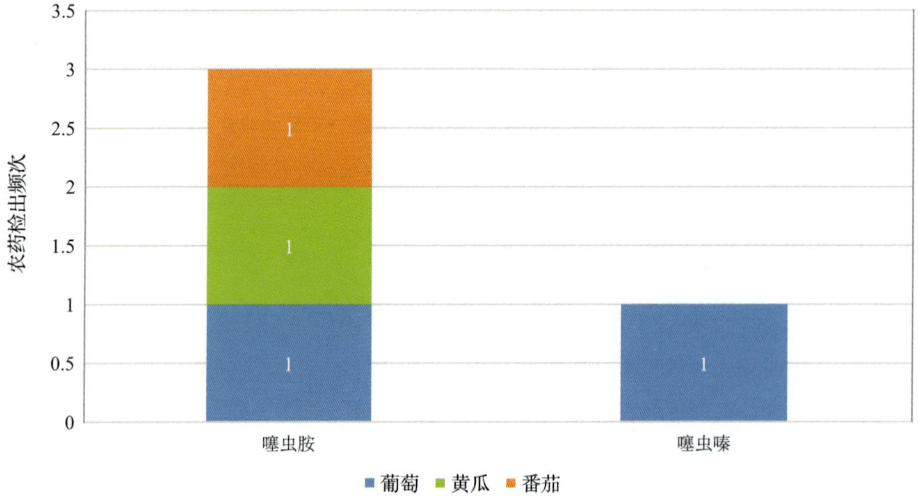

图 13-18　超过 MRL 中国香港标准农药品种及频次

13.2.2.5　按 MRL 美国标准衡量

按 MRL 美国标准衡量，共有 2 种农药超标，检出 3 频次，分别为中毒农药噻虫嗪和腈菌唑。

按超标程度比较，芹菜中腈菌唑超标 8.8 倍，葡萄中噻虫嗪超标 2.0 倍，莴笋中腈菌唑超标 1.1 倍。检测结果见图 13-19 和附表 19。

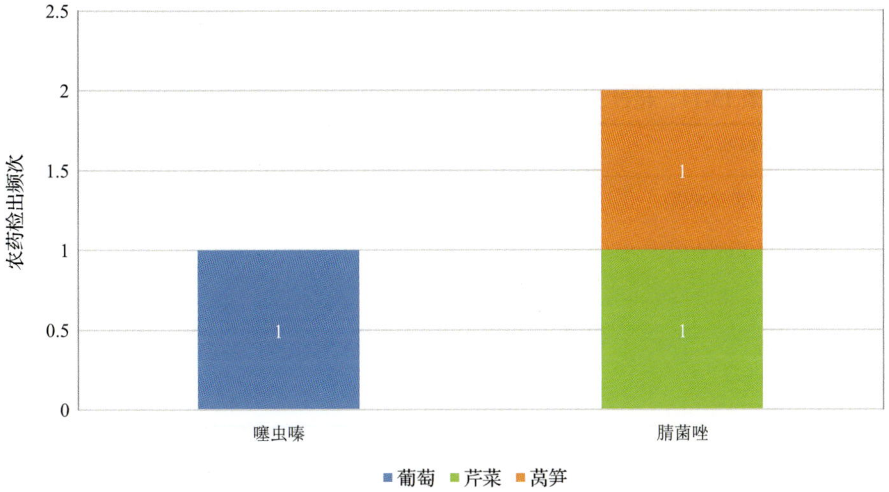

图 13-19　超过 MRL 美国标准农药品种及频次

13.2.2.6　按 MRL CAC 标准衡量

按 MRL CAC 标准衡量，共有 2 种农药超标，检出 3 频次，分别为中毒农药噻虫胺和噻虫嗪。

按超标程度比较，番茄中噻虫胺超标 0.6 倍，黄瓜中噻虫胺超标 0.4 倍，葡萄中噻虫嗪超标 0.2 倍。检测结果见图 13-20 和附表 20。

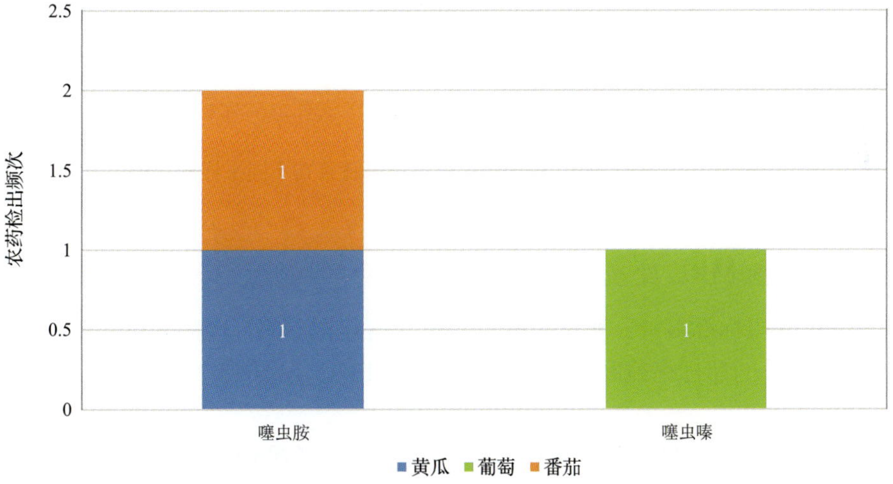

图 13-20　超过 MRL CAC 标准农药品种及频次

13.2.3　16 个采样点超标情况分析

13.2.3.1　按 MRL 中国国家标准衡量

按 MRL 中国国家标准衡量，有 5 个采样点的样品存在不同程度的超标农药检出，其中***超市(国贸店)的超标率最高，为 8.7%，如表 13-14 和图 13-21 所示。

表 13-14　超过 MRL 中国国家标准水果蔬菜在不同采样点分布

序号	采样点	样品总数	超标数量	超标率(%)	行政区域
1	***超市(世纪城店)	27	1	3.7	官渡区
2	***超市(昆明店)	25	1	4.0	五华区
3	***市场	25	1	4.0	五华区
4	***市场	25	1	4.0	西山区
5	***超市(国贸店)	23	2	8.7	官渡区

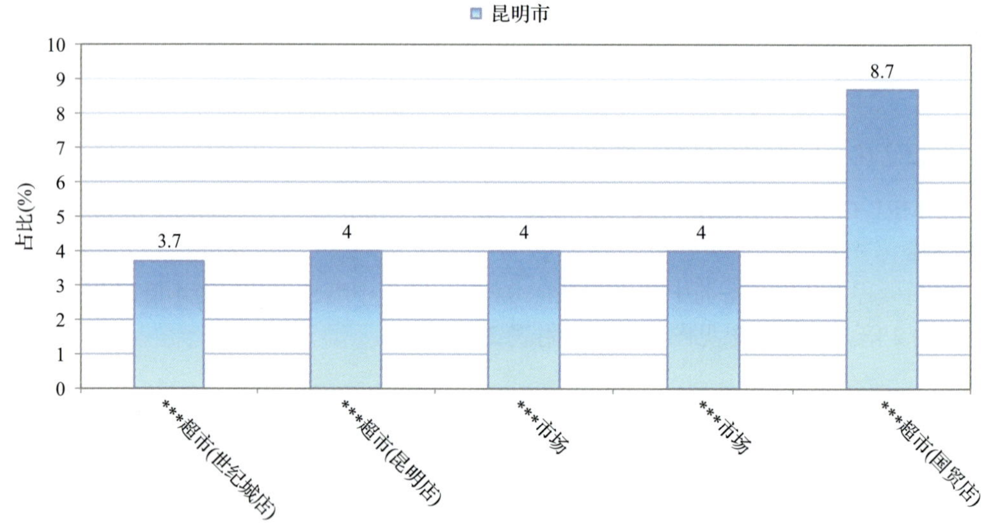

图 13-21　超过 MRL 中国国家标准水果蔬菜在不同采样点分布

13.2.3.2　按 MRL 欧盟标准衡量

按 MRL 欧盟标准衡量，所有采样点的样品均存在不同程度的超标农药检出，其中***超市(国贸店)的超标率最高，为 30.4%，如表 13-15 和图 13-22 所示。

表 13-15　超过 MRL 欧盟标准水果蔬菜在不同采样点分布

序号	采样点	样品总数	超标数量	超标率(%)	行政区域
1	***超市(世纪城店)	27	4	14.8	官渡区
2	***超市(宝海店)	27	2	7.4	官渡区
3	***超市(云山路店)	27	3	11.1	西山区
4	***超市(万达广场店)	26	1	3.8	西山区

续表

序号	采样点	样品总数	超标数量	超标率(%)	行政区域
5	***超市(正大店)	26	3	11.5	五华区
6	***超市(霖雨路店)	25	4	16.0	五华区
7	***超市(万宏路店)	25	4	16.0	盘龙区
8	***超市(昆明店)	25	2	8.0	五华区
9	***超市(南亚第壹城店)	25	4	16.0	西山区
10	***超市(白云店)	25	3	12.0	盘龙区
11	***超市(新迎店)	25	2	8.0	盘龙区
12	***市场	25	3	12.0	五华区
13	***市场	25	5	20.0	西山区
14	***市场	24	5	20.8	盘龙区
15	***超市(官南店)	24	5	20.8	官渡区
16	***超市(国贸店)	23	7	30.4	官渡区

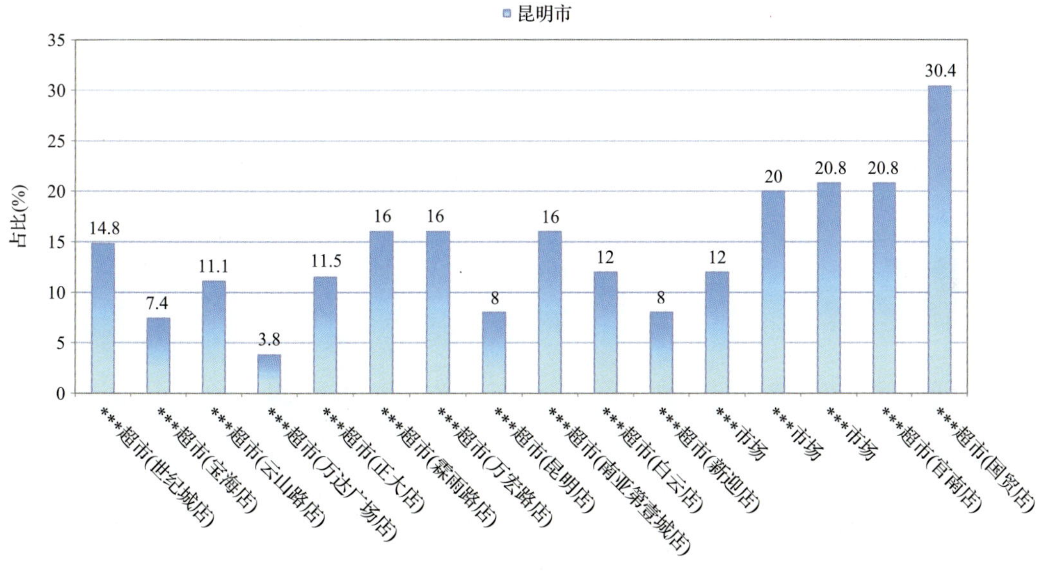

图 13-22　超过 MRL 欧盟标准水果蔬菜在不同采样点分布

13.2.3.3　按 MRL 日本标准衡量

按 MRL 日本标准衡量，所有采样点的样品均存在不同程度的超标农药检出，其中***超市(官南店)的超标率最高，为 25.0%，如表 13-16 和图 13-23 所示。

表 13-16　超过 MRL 日本标准水果蔬菜在不同采样点分布

序号	采样点	样品总数	超标数量	超标率(%)	行政区域
1	***超市(世纪城店)	27	5	18.5	官渡区
2	***超市(宝海店)	27	5	18.5	官渡区
3	***超市(云山路店)	27	4	14.8	西山区
4	***超市(万达广场店)	26	2	7.7	西山区
5	***超市(正大店)	26	5	19.2	五华区
6	***超市(霖雨路店)	25	3	12.0	五华区
7	***超市(万宏路店)	25	4	16.0	盘龙区
8	***超市(昆明店)	25	5	20.0	五华区
9	***超市(南亚第壹城店)	25	5	20.0	西山区
10	***超市(白云店)	25	3	12.0	盘龙区
11	***超市(新迎店)	25	5	20.0	盘龙区
12	***市场	25	3	12.0	五华区
13	***市场	25	2	8.0	西山区
14	***市场	24	5	20.8	盘龙区
15	***超市(官南店)	24	6	25.0	官渡区
16	***超市(国贸店)	23	4	17.4	官渡区

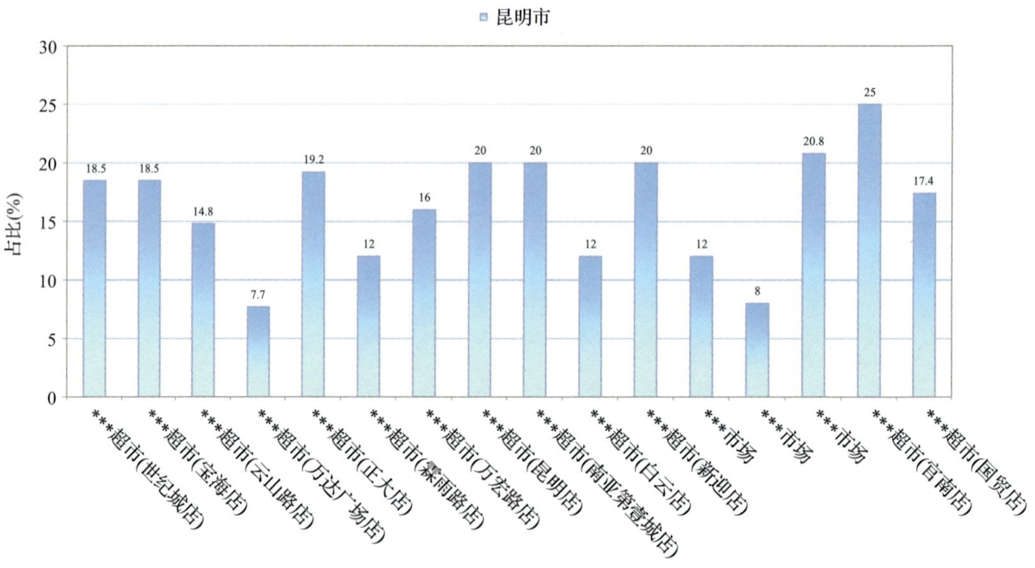

图 13-23　超过 MRL 日本标准水果蔬菜在不同采样点分布

13.2.3.4　按 MRL 中国香港标准衡量

按 MRL 中国香港标准衡量，有 2 个采样点的样品存在不同程度的超标农药检出，其中***超市(南亚第壹城店)的超标率最高，为 8.0%，如表 13-17 和图 13-24 所示。

表 13-17　超过 MRL 中国香港标准水果蔬菜在不同采样点分布

序号	采样点	样品总数	超标数量	超标率(%)	行政区域
1	***超市(南亚第壹城店)	25	2	8.0	西山区
2	***市场	24	1	4.2	盘龙区

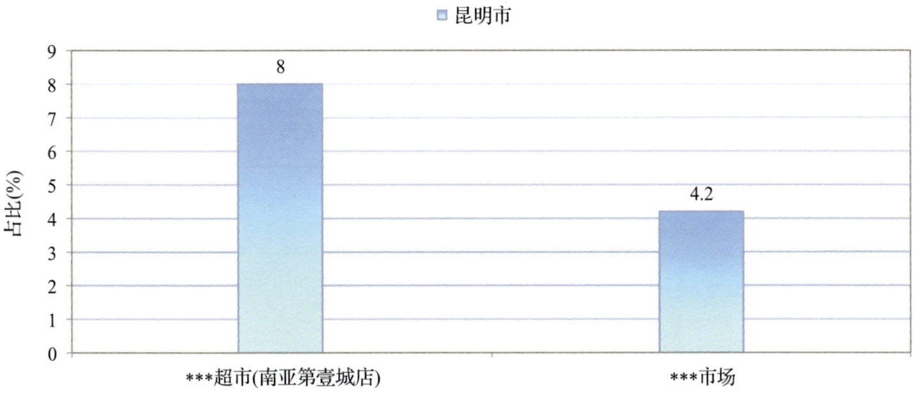

图 13-24　超过 MRL 中国香港标准水果蔬菜在不同采样点分布

13.2.3.5　按 MRL 美国标准衡量

按 MRL 美国标准衡量，有 3 个采样点的样品存在不同程度的超标农药检出，其中***超市(南亚第壹城店)和***超市(新迎店)的超标率最高，为 4.0%，如表 13-18 和图 13-25 所示。

表 13-18　超过 MRL 美国标准水果蔬菜在不同采样点分布

序号	采样点	样品总数	超标数量	超标率(%)	行政区域
1	***超市(世纪城店)	27	1	3.7	官渡区
2	***超市(南亚第壹城店)	25	1	4.0	西山区
3	***超市(新迎店)	25	1	4.0	盘龙区

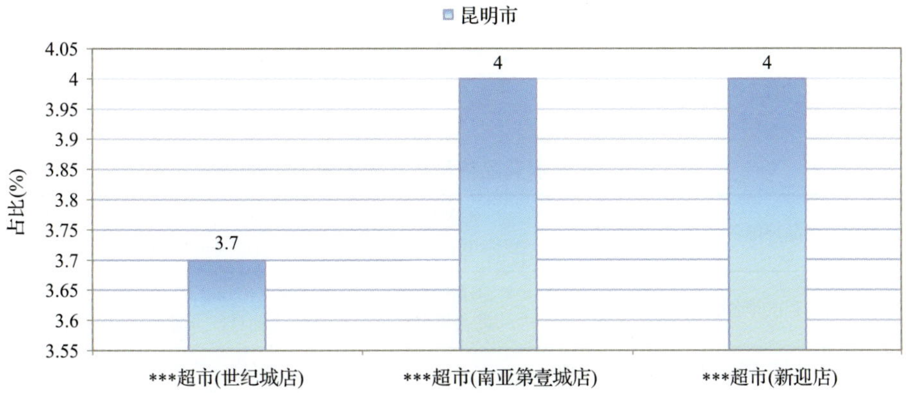

图 13-25　超过 MRL 美国标准水果蔬菜在不同采样点分布

13.2.3.6 按 MRL CAC 标准衡量

按 MRL CAC 标准衡量，有 2 个采样点的样品存在不同程度的超标农药检出，其中***超市(南亚第壹城店)的超标率最高，为 8.0%，如表 13-19 和图 13-26 所示。

表 13-19 超过 MRL CAC 标准水果蔬菜在不同采样点分布

序号	采样点	样品总数	超标数量	超标率(%)	行政区域
1	***超市(南亚第壹城店)	25	2	8.0	西山区
2	***市场	24	1	4.2	盘龙区

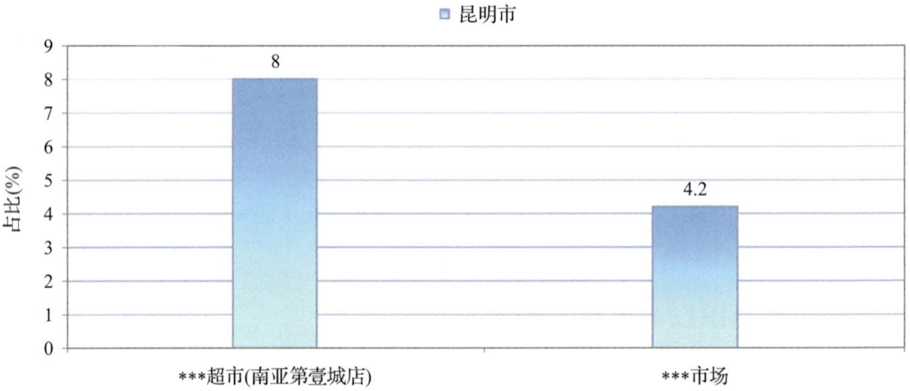

图 13-26 超过 MRL CAC 标准水果蔬菜在不同采样点分布

13.3 水果中农药残留分布

13.3.1 检出农药品种和频次排前 10 的水果

本次残留侦测的水果共 11 种，包括西瓜、猕猴桃、哈密瓜、苹果、葡萄、芒果、柚、梨、橙、火龙果和柠檬。

根据检出农药品种及频次进行排名，将各项排名前 10 的水果样品检出情况列表说明，详见表 13-20。

表 13-20 检出农药品种和频次排名前 10 的水果

检出农药品种排名前 10(品种)	①葡萄(23),②橙(14),③柠檬(12),④火龙果(11),⑤梨(7),⑥芒果(7),⑦苹果(7),⑧猕猴桃(6),⑨柚(6),⑩哈密瓜(3)
检出农药频次排名前 10(频次)	①葡萄(108),②柠檬(48),③橙(40),④火龙果(40),⑤梨(18),⑥芒果(14),⑦苹果(14),⑧柚(12),⑨猕猴桃(7),⑩哈密瓜(3)
检出禁用、高毒及剧毒农药品种排名前 10(品种)	①橙(1),②火龙果(1),③芒果(1),④柚(1)
检出禁用、高毒及剧毒农药频次排名前 10(频次)	①橙(2),②火龙果(1),③芒果(1),④柚(1)

13.3.2 超标农药品种和频次排前 10 的水果

鉴于 MRL 欧盟标准和 MRL 日本标准制定比较全面且覆盖率较高，我们参照 MRL 中国国家标准、欧盟标准和日本标准衡量水果样品中农残检出情况，将超标农药品种及频次排名前 10 的水果列表说明，详见表 13-21。

表 13-21 超标农药品种和频次排名前 10 的水果

超标农药品种排名前 10（农药品种数）	MRL 中国国家标准	①橙(1)
	MRL 欧盟标准	①火龙果(3),②橙(2),③葡萄(2),④芒果(1),⑤猕猴桃(1),⑥柚(1)
	MRL 日本标准	①火龙果(4),②柠檬(3),③橙(2),④猕猴桃(2),⑤梨(1),⑥芒果(1),⑦葡萄(1)
超标农药频次排名前 10（农药频次数）	MRL 中国国家标准	①橙(2)
	MRL 欧盟标准	①火龙果(10),②葡萄(6),③橙(5),④芒果(1),⑤猕猴桃(1),⑥柚(1)
	MRL 日本标准	①柠檬(20),②火龙果(14),③橙(4),④猕猴桃(2),⑤梨(1),⑥芒果(1),⑦葡萄(1)

通过对各品种水果样本总数及检出率进行综合分析发现，葡萄、橙和柠檬的残留污染最为严重，在此，我们参照 MRL 中国国家标准、欧盟标准和日本标准对这 3 种水果的农残检出情况进行进一步分析。

13.3.3 农药残留检出率较高的水果样品分析

13.3.3.1 葡萄

这次共检测 16 例葡萄样品，15 例样品中检出了农药残留，检出率为 93.8%，检出农药共计 23 种。其中嘧菌酯、烯酰吗啉、苯醚甲环唑、戊唑醇和吡唑醚菌酯检出频次较高，分别检出了 14、14、9、8 和 7 次。葡萄中农药检出品种和频次见图 13-27，超标农

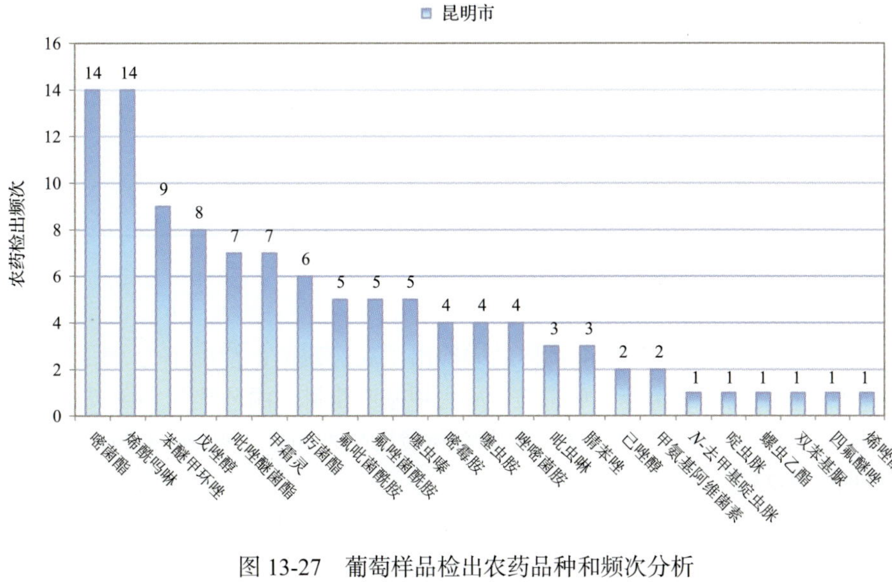

图 13-27 葡萄样品检出农药品种和频次分析

药见图 13-28 和表 13-22。

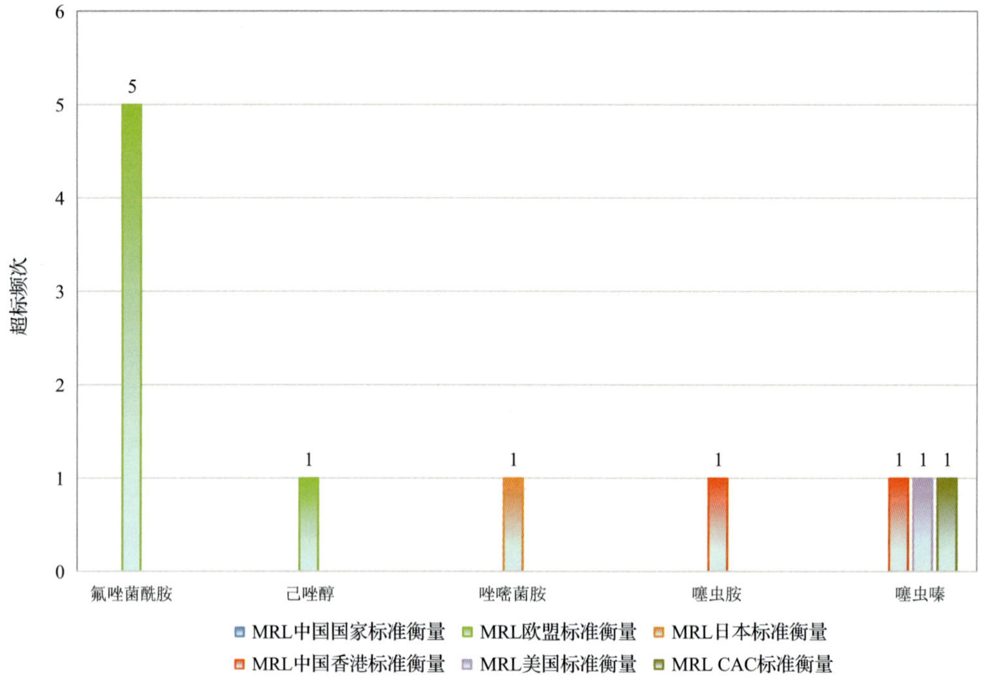

图 13-28　葡萄样品中超标农药分析

表 13-22　葡萄中农药残留超标情况明细表

样品总数			检出农药样品数	样品检出率(%)	检出农药品种总数
16			15	93.8	23
	超标农药品种	超标农药频次	按照 MRL 中国国家标准、欧盟标准和日本标准衡量超标农药名称及频次		
中国国家标准	0	0			
欧盟标准	2	6	氟唑菌酰胺(5),己唑醇(1)		
日本标准	1	1	唑嘧菌胺(1)		

13.3.3.2　橙

这次共检测 15 例橙样品，14 例样品中检出了农药残留，检出率为 93.3%，检出农药共计 14 种。其中吡唑醚菌酯、嘧霉胺、*N*-去甲基啶虫脒、丙环唑和多菌灵检出频次较高，分别检出了 9、8、6、2 和 2 次。橙中农药检出品种和频次见图 13-29，超标农药见图 13-30 和表 13-23。

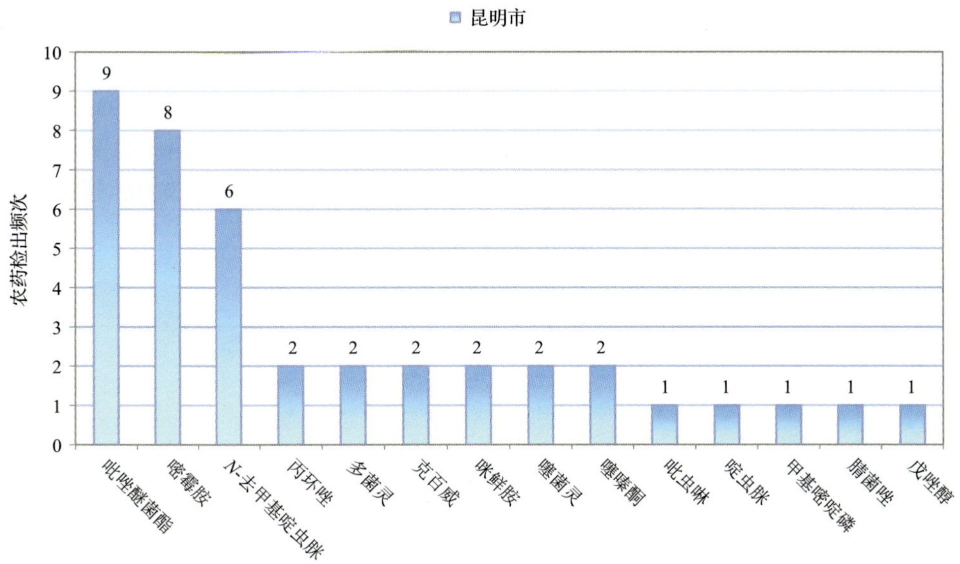

图 13-29　橙样品检出农药品种和频次分析

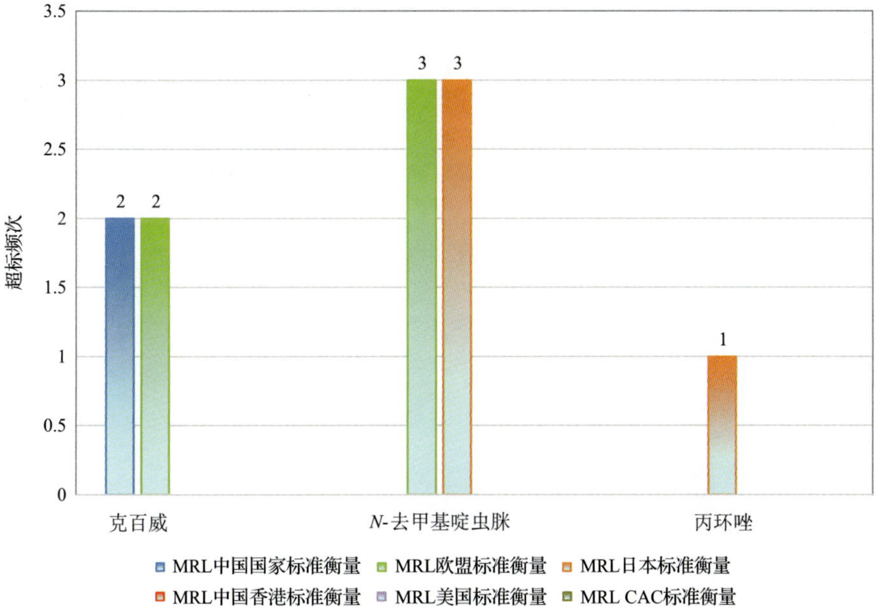

图 13-30　橙样品中超标农药分析

表 13-23　橙中农药残留超标情况明细表

样品总数			检出农药样品数	样品检出率(%)	检出农药品种总数
15			14	93.3	14
	超标农药品种	超标农药频次	按照 MRL 中国国家标准、欧盟标准和日本标准衡量超标农药名称及频次		
中国国家标准	1	2	克百威(2)		
欧盟标准	2	5	*N*-去甲基啶虫脒(3),克百威(2)		
日本标准	2	4	*N*-去甲基啶虫脒(3),丙环唑(1)		

13.3.3.3　柠檬

这次共检测 16 例柠檬样品，15 例样品中检出了农药残留，检出率为 93.8%，检出农药共计 12 种。其中甲基硫菌灵、多菌灵、腈菌唑、吡唑醚菌酯和丙环唑检出频次较高，分别检出了 14、12、9、4 和 2 次。柠檬中农药检出品种和频次见图 13-31，超标农药见图 13-32 和表 13-24。

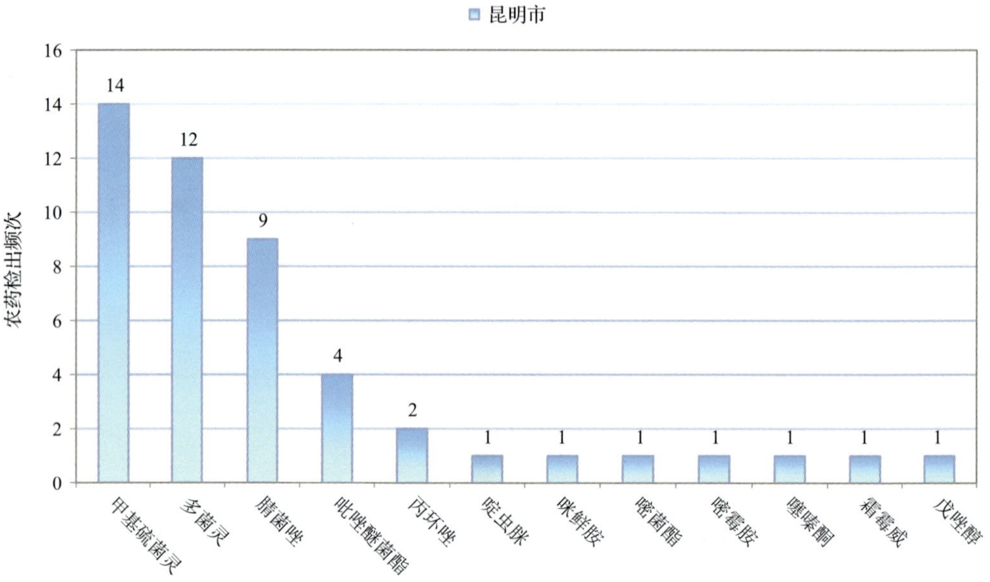

图 13-31　柠檬样品检出农药品种和频次分析

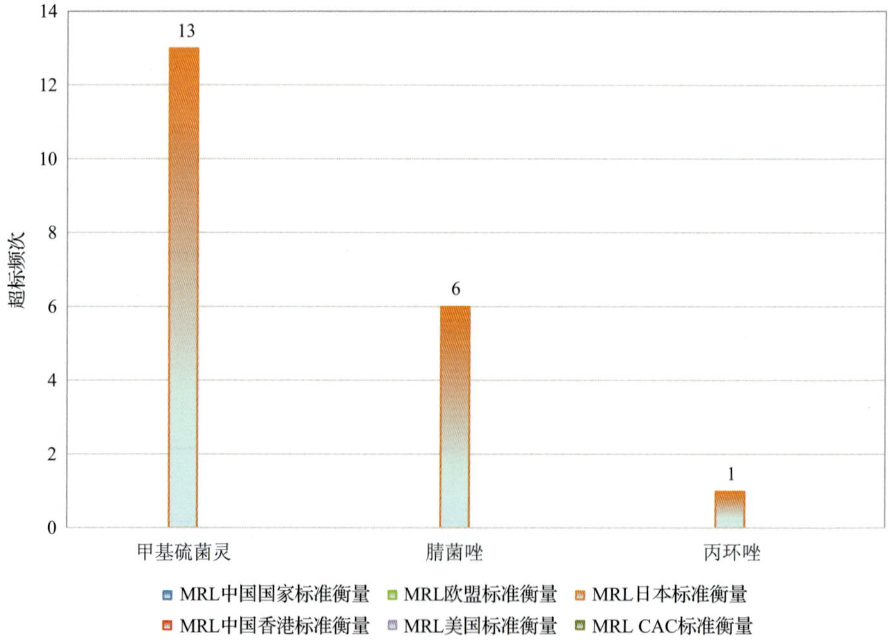

图 13-32　柠檬样品中超标农药分析

表 13-24 柠檬中农药残留超标情况明细表

样品总数			检出农药样品数	样品检出率(%)	检出农药品种总数
16			15	93.8	12
	超标农药品种	超标农药频次	按照 MRL 中国国家标准、欧盟标准和日本标准衡量超标农药名称及频次		
中国国家标准	0	0			
欧盟标准	0	0			
日本标准	3	20	甲基硫菌灵(13),腈菌唑(6),丙环唑(1)		

13.4 蔬菜中农药残留分布

13.4.1 检出农药品种和频次排前 10 的蔬菜

本次残留侦测的蔬菜共 16 种，包括洋葱、芹菜、黄瓜、结球甘蓝、番茄、甜椒、西葫芦、青花菜、胡萝卜、茄子、苦瓜、生菜、菜豆、莴笋、蒜薹和丝瓜。

根据检出农药品种及频次进行排名，将各项排名前 10 的蔬菜样品检出情况列表说明，详见表 13-25。

表 13-25 检出农药品种和频次排名前 10 的蔬菜

检出农药品种排名前 10(品种)	①番茄(21),②芹菜(21),③黄瓜(14),④生菜(14),⑤甜椒(12),⑥莴笋(11),⑦菜豆(7),⑧苦瓜(7),⑨茄子(7),⑩丝瓜(5)
检出农药频次排名前 10(频次)	①芹菜(63),②黄瓜(57),③生菜(50),④番茄(49),⑤甜椒(47),⑥茄子(25),⑦苦瓜(18),⑧莴笋(18),⑨胡萝卜(11),⑩菜豆(10)
检出禁用、高毒及剧毒农药品种排名前 10(品种)	①黄瓜(2),②番茄(1),③胡萝卜(1),④生菜(1)
检出禁用、高毒及剧毒农药频次排名前 10(频次)	①黄瓜(4),②番茄(2),③生菜(2),④胡萝卜(1)

13.4.2 超标农药品种和频次排前 10 的蔬菜

鉴于 MRL 欧盟标准和日本标准制定比较全面且覆盖率较高，我们参照 MRL 中国国家标准、欧盟标准和日本标准衡量蔬菜样品中农残检出情况，将超标农药品种及频次排名前 10 的蔬菜列表说明，详见表 13-26。

通过对各品种蔬菜样本总数及检出率进行综合分析发现，芹菜、番茄和黄瓜的残留污染最为严重，在此，我们参照 MRL 中国国家标准、欧盟标准和日本标准对这 3 种蔬菜的农残检出情况进行进一步分析。

表 13-26　超标农药品种和频次排名前 10 的蔬菜

超标农药品种排名前 10（农药品种数）	MRL 中国国家标准	①胡萝卜(1),②黄瓜(1)
	MRL 欧盟标准	①芹菜(8),②番茄(5),③生菜(5),④黄瓜(4),⑤莴笋(2),⑥胡萝卜(1),⑦苦瓜(1),⑧茄子(1),⑨甜椒(1)
	MRL 日本标准	①生菜(4),②番茄(3),③芹菜(3),④菜豆(2),⑤苦瓜(2),⑥甜椒(2),⑦莴笋(2),⑧黄瓜(1)
超标农药频次排名前 10（农药频次数）	MRL 中国国家标准	①黄瓜(3),②胡萝卜(1)
	MRL 欧盟标准	①生菜(15),②番茄(8),③芹菜(8),④黄瓜(6),⑤苦瓜(3),⑥茄子(2),⑦莴笋(2),⑧胡萝卜(1),⑨甜椒(1)
	MRL 日本标准	①生菜(17),②甜椒(6),③番茄(5),④苦瓜(4),⑤芹菜(3),⑥菜豆(2),⑦莴笋(2),⑧黄瓜(1)

13.4.3　农药残留检出率较高的蔬菜样品分析

13.4.3.1　芹菜

这次共检测 14 例芹菜样品，13 例样品中检出了农药残留，检出率为 92.9%，检出农药共计 21 种。其中烯酰吗啉、苯醚甲环唑、吡唑醚菌酯、甲霜灵和吡虫啉检出频次较高，分别检出了 12、7、5、5 和 4 次。芹菜中农药检出品种和频次见图 13-33，超标农药见图 13-34 和表 13-27。

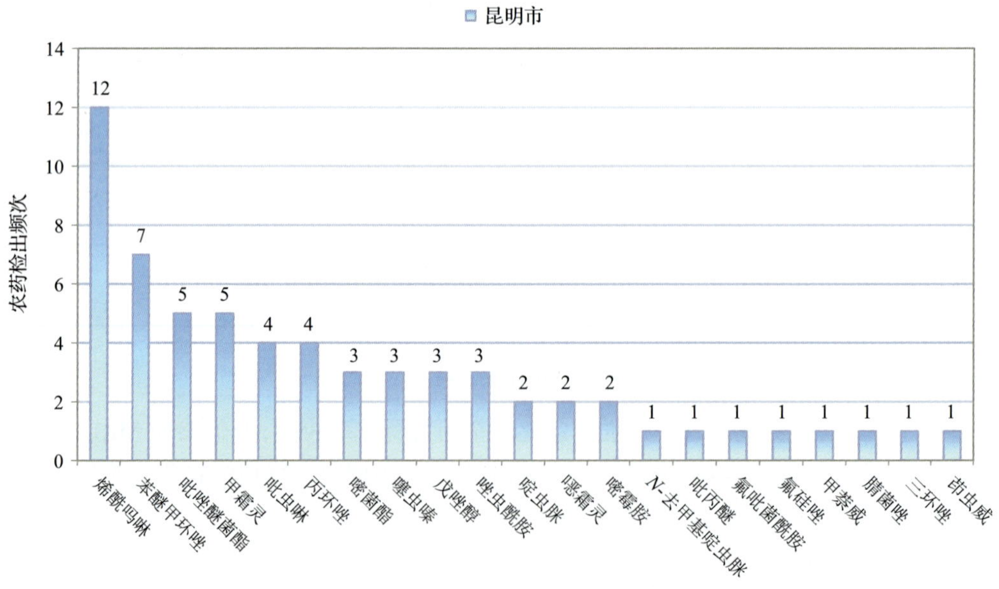

图 13-33　芹菜样品检出农药品种和频次分析

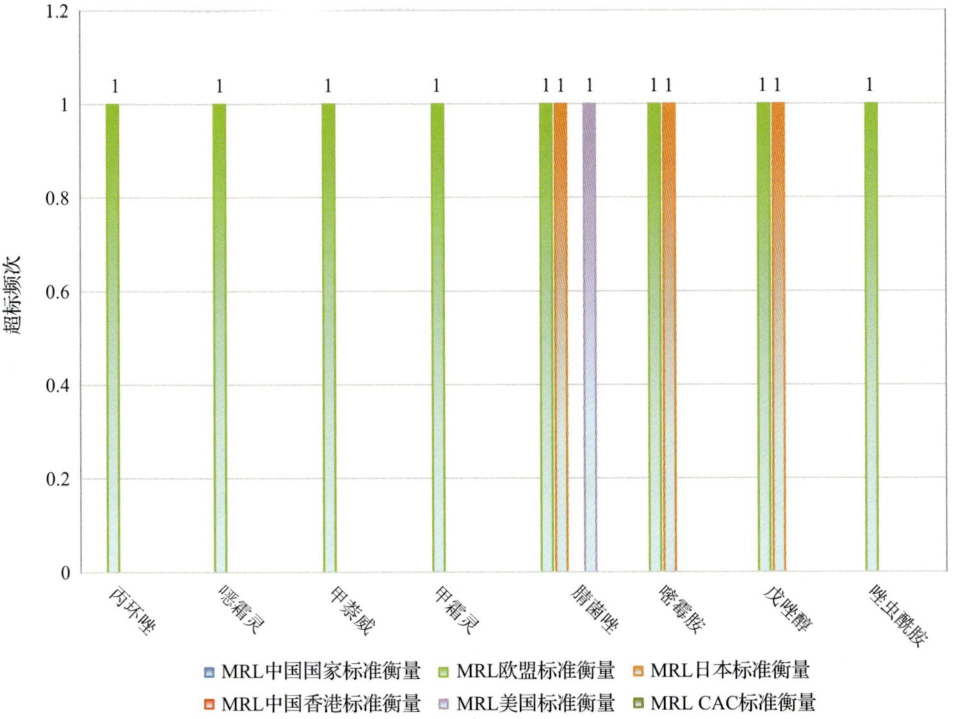

图 13-34 芹菜样品中超标农药分析

表 13-27 芹菜中农药残留超标情况明细表

样品总数			检出农药样品数	样品检出率(%)	检出农药品种总数
14			13	92.9	21
	超标农药品种	超标农药频次	按照 MRL 中国国家标准、欧盟标准和日本标准衡量超标农药名称及频次		
中国国家标准	0	0			
欧盟标准	8	8	丙环唑(1),噁霜灵(1),甲萘威(1),甲霜灵(1),腈菌唑(1),嘧霉胺(1),戊唑醇(1),唑虫酰胺(1)		
日本标准	3	3	腈菌唑(1),嘧霉胺(1),戊唑醇(1)		

13.4.3.2 番茄

这次共检测 16 例番茄样品，15 例样品中检出了农药残留，检出率为 93.8%，检出农药共计 21 种。其中苯醚甲环唑、噁霜灵、烯酰吗啉、*N*-去甲基啶虫脒和丙环唑检出频次较高，分别检出了 5、4、4、3 和 3 次。番茄中农药检出品种和频次见图 13-35，超标农药见图 13-36 和表 13-28。

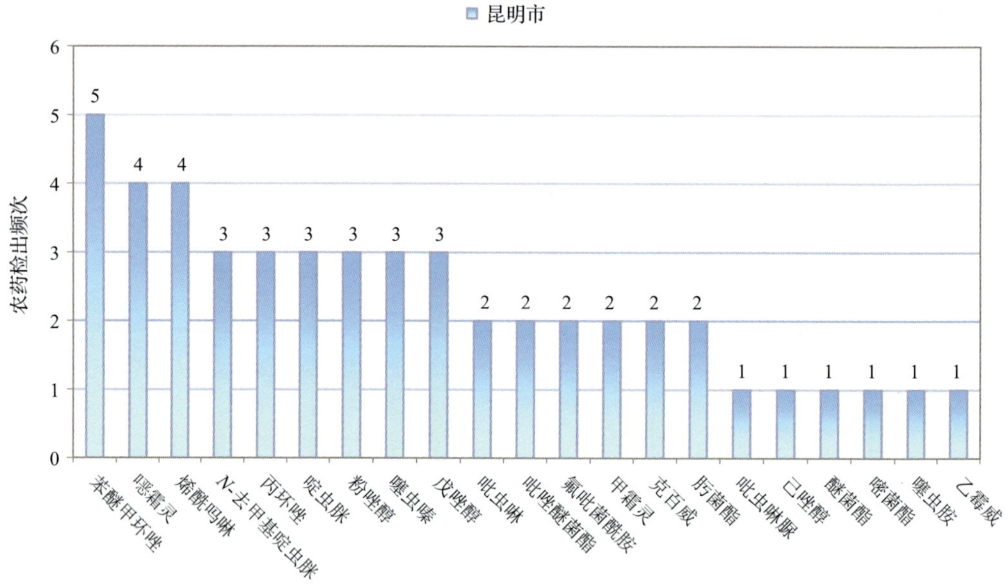

图 13-35　番茄样品检出农药品种和频次分析

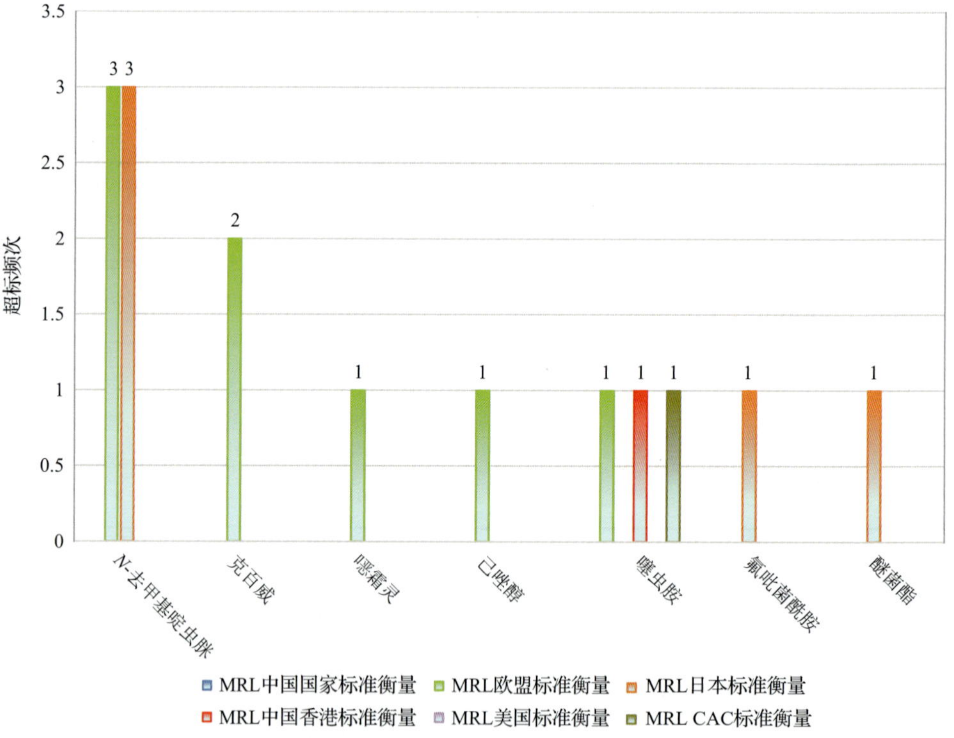

图 13-36　番茄样品中超标农药分析

表 13-28　番茄中农药残留超标情况明细表

样品总数			检出农药样品数	样品检出率(%)	检出农药品种总数
16			15	93.8	21
	超标农药品种	超标农药频次	按照 MRL 中国国家标准、欧盟标准和日本标准衡量超标农药名称及频次		
中国国家标准	0	0			
欧盟标准	5	8	*N*-去甲基啶虫脒(3),克百威(2),噁霜灵(1),己唑醇(1),噻虫胺(1)		
日本标准	3	5	*N*-去甲基啶虫脒(3),氟吡菌酰胺(1),醚菌酯(1)		

13.4.3.3　黄瓜

这次共检测 16 例黄瓜样品，15 例样品中检出了农药残留，检出率为 93.8%，检出农药共计 14 种。其中烯酰吗啉、甲霜灵、嘧霉胺、啶虫脒和氟硅唑检出频次较高，分别检出了 12、11、9、5 和 5 次。黄瓜中农药检出品种和频次见图 13-37，超标农药见图 13-38 和表 13-29。

表 13-29　黄瓜中农药残留超标情况明细表

样品总数			检出农药样品数	样品检出率(%)	检出农药品种总数
16			15	93.8	14
	超标农药品种	超标农药频次	按照 MRL 中国国家标准、欧盟标准和日本标准衡量超标农药名称及频次		
中国国家标准	1	3	克百威(3)		
欧盟标准	4	6	克百威(3),丁酰肼(1),噁霜灵(1),噻虫胺(1)		
日本标准	1	1	丁酰肼(1)		

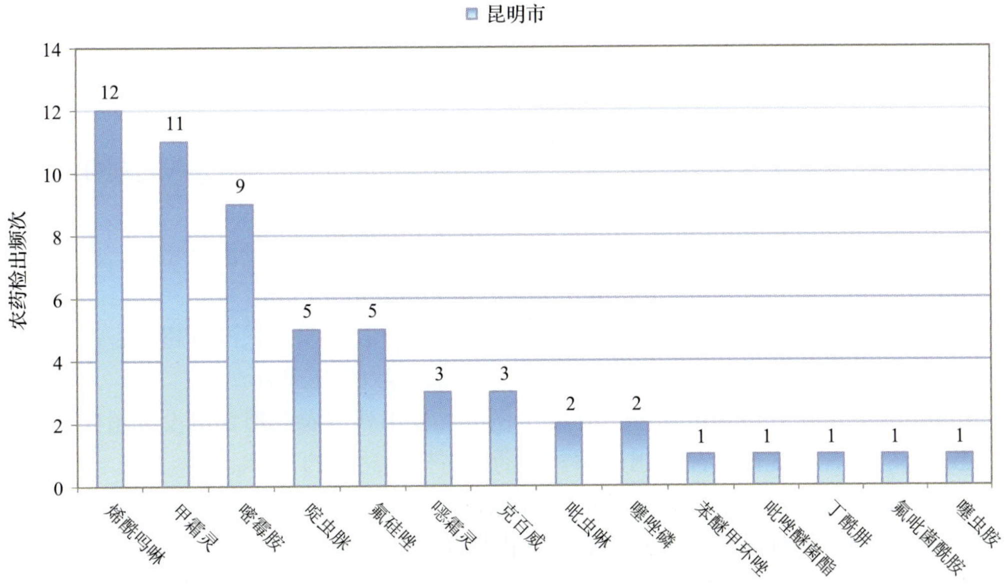

图 13-37　黄瓜样品检出农药品种和频次分析

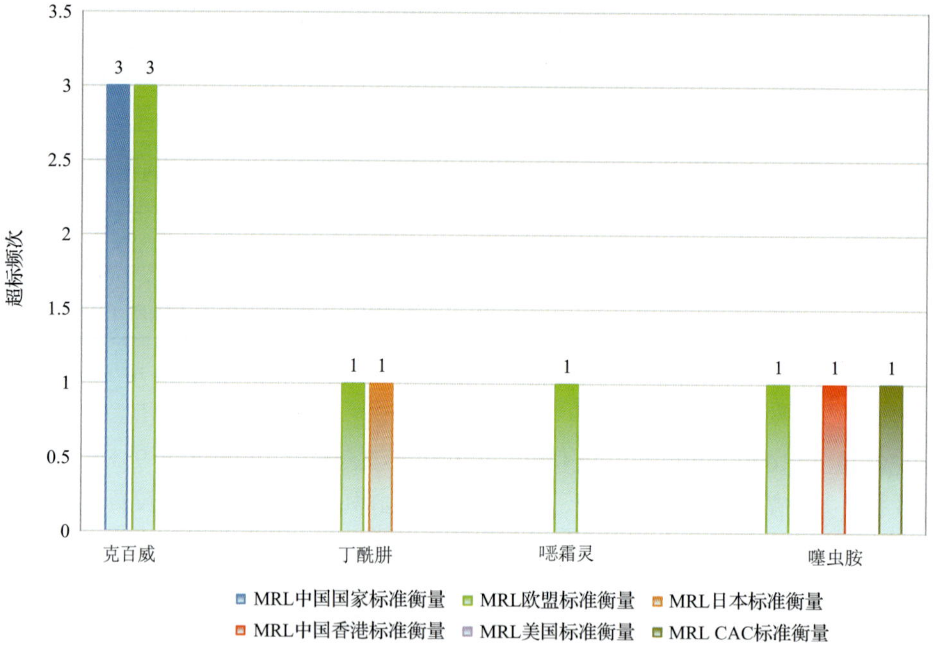

图 13-38　黄瓜样品中超标农药分析

13.5　初步结论

13.5.1　昆明市市售水果蔬菜按 MRL 中国国家标准和国际主要 MRL 标准衡量的合格率

本次侦测的 404 例样品中，166 例样品未检出任何残留农药，占样品总量的 41.1%，238 例样品检出不同水平、不同种类的残留农药，占样品总量的 58.9%。在这 238 例检出农药残留的样品中：

按照 MRL 中国国家标准衡量，有 232 例样品检出残留农药但含量没有超标，占样品总数的 57.4%，有 6 例样品检出了超标农药，占样品总数的 1.5%。

按照 MRL 欧盟标准衡量，有 181 例样品检出残留农药但含量没有超标，占样品总数的 44.8%，有 57 例样品检出了超标农药，占样品总数的 14.1%。

按照 MRL 日本标准衡量，有 172 例样品检出残留农药但含量没有超标，占样品总数的 42.6%，有 66 例样品检出了超标农药，占样品总数的 16.3%。

按照 MRL 中国香港标准衡量，有 235 例样品检出残留农药但含量没有超标，占样品总数的 58.2%，有 3 例样品检出了超标农药，占样品总数的 0.7%。

按照 MRL 美国标准衡量，有 235 例样品检出残留农药但含量没有超标，占样品总数的 58.2%，有 3 例样品检出了超标农药，占样品总数的 0.7%。

按照 MRL CAC 标准衡量，有 235 例样品检出残留农药但含量没有超标，占样品总数的 58.2%，有 3 例样品检出了超标农药，占样品总数的 0.7%。

13.5.2　昆明市市售水果蔬菜中检出农药以中低微毒农药为主，占市场主体的 93.0%

这次侦测的 404 例样品包括水果 11 种 158 例，食用菌 1 种 15 例，蔬菜 16 种 231 例，共检出了 57 种农药，检出农药的毒性以中低微毒为主，详见表 13-30。

表 13-30　市场主体农药毒性分布

毒性	检出品种	占比(%)	检出频次	占比(%)
剧毒农药	1	1.8	1	0.1
高毒农药	3	5.3	12	1.8
中毒农药	27	47.4	332	48.9
低毒农药	15	26.3	174	25.6
微毒农药	11	19.3	160	23.6
中低微毒农药，品种占比 93.0%，频次占比 98.1%				

13.5.3　检出剧毒、高毒和禁用农药现象应该警醒

在此次侦测的 404 例样品中有 4 种蔬菜和 4 种水果的 14 例样品检出了 5 种 14 频次的剧毒、高毒或禁用农药，占样品总量的 3.5%。其中剧毒农药甲拌磷以及高毒农药克百威、氧乐果和灭多威检出频次较高。

按 MRL 中国国家标准衡量，剧毒农药甲拌磷，检出 1 次，超标 1 次；高毒农药克百威，检出 7 次，超标 5 次；按超标程度比较，橙中克百威超标 3.4 倍，胡萝卜中甲拌磷超标 0.8 倍，黄瓜中克百威超标 0.8 倍。

剧毒、高毒或禁用农药的检出情况及按照 MRL 中国国家标准衡量的超标情况见表 13-31。

表 13-31　剧毒、高毒或禁用农药的检出及超标明细

序号	农药名称	样品名称	检出频次	超标频次	最大超标倍数	超标率
1.1	甲拌磷*▲	胡萝卜	1	1	0.8	100.0%
2.1	克百威◊▲	黄瓜	3	3	0.8	100.0%
2.2	克百威◊▲	橙	2	2	3.4	100.0%
2.3	克百威◊▲	番茄	2	0	0	0.0%
3.1	氧乐果◊▲	柚	1	0	0	0.0%
3.2	氧乐果◊▲	火龙果	1	0	0	0.0%
3.3	氧乐果◊▲	芒果	1	0	0	0.0%
4.1	灭多威◊▲	生菜	2	0	0	0.0%
5.1	丁酰肼▲	黄瓜	1	0	0	0.0%
合计			14	6		42.9%

注：超标倍数参照 MRL 中国国家标准衡量

这些超标的剧毒和高毒农药都是中国政府早有规定禁止在水果蔬菜中使用的，为什么还屡次被检出，应该引起警惕。

13.5.4 残留限量标准与先进国家或地区标准差距较大

679 频次的检出结果与我国公布的《食品中农药最大残留限量》(GB 2763—2014) 对比，有 264 频次能找到对应的 MRL 中国国家标准，占 38.9%；还有 415 频次的侦测数据无相关 MRL 标准供参考，占 61.1%。

与国际上现行 MRL 标准对比发现：

有 679 频次能找到对应的 MRL 欧盟标准，占 100.0%；

有 679 频次能找到对应的 MRL 日本标准，占 100.0%；

有 393 频次能找到对应的 MRL 中国香港标准，占 57.9%；

有 440 频次能找到对应的 MRL 美国标准，占 64.8%；

有 348 频次能找到对应的 MRL CAC 标准，占 51.3%；

由上可见，MRL 中国国家标准与先进国家或地区标准还有很大差距，我们无标准，境外有标准，这就会导致我们在国际贸易中，处于受制于人的被动地位。

13.5.5 水果蔬菜单种样品检出 12~23 种农药残留，拷问农药使用的科学性

通过此次监测发现，葡萄、橙和柠檬是检出农药品种最多的 3 种水果，番茄、芹菜和黄瓜是检出农药品种最多的 3 种蔬菜，从中检出农药品种及频次详见表 13-32。

表 13-32　单种样品检出农药品种及频次

样品名称	样品总数	检出农药样品数	检出率	检出农药品种数	检出农药(频次)
番茄	16	15	93.8%	21	苯醚甲环唑(5),噁霜灵(4),烯酰吗啉(4),*N*-去甲基啶虫脒(3),丙环唑(3),啶虫脒(3),粉唑醇(3),噻虫嗪(3),戊唑醇(3),吡虫啉(2),吡唑醚菌酯(2),氟吡菌酰胺(2),甲霜灵(2),克百威(2),肟菌酯(2),吡虫啉脲(1),己唑醇(1),醚菌酯(1),嘧菌酯(1),噻虫胺(1),乙霉威(1)
芹菜	14	13	92.9%	21	烯酰吗啉(12),苯醚甲环唑(7),吡唑醚菌酯(5),甲霜灵(5),吡虫啉(4),丙环唑(4),嘧菌酯(3),噻虫嗪(3),戊唑醇(3),唑虫酰胺(3),啶虫脒(2),噁霜灵(2),嘧霉胺(2),*N*-去甲基啶虫脒(1),吡丙醚(1),氟吡菌酰胺(1),氟硅唑(1),甲萘威(1),腈菌唑(1),三环唑(1),茚虫威(1)
黄瓜	16	15	93.8%	14	烯酰吗啉(12),甲霜灵(11),嘧霉胺(9),啶虫脒(5),氟硅唑(5),噁霜灵(3),克百威(3),吡虫啉(2),噻唑磷(2),苯醚甲环唑(1),吡唑醚菌酯(1),丁酰肼(1),氟吡菌酰胺(1),噻虫胺(1)
葡萄	16	15	93.8%	23	嘧菌酯(14),烯酰吗啉(14),苯醚甲环唑(9),戊唑醇(8),吡唑醚菌酯(7),甲霜灵(7),肟菌酯(6),氟吡菌酰胺(5),氟唑菌酰胺(5),噻虫嗪(5),嘧霉胺(4),噻虫胺(4),唑嘧菌胺(4),吡虫啉(3),腈苯唑(3),己唑醇(2),甲氨基阿维菌素(2),*N*-去甲基啶虫脒(1),啶虫脒(1),螺虫乙酯(1),双苯基脲(1),四氟醚唑(1),烯唑醇(1)

续表

样品名称	样品总数	检出农药样品数	检出率	检出农药品种数	检出农药(频次)
橙	15	14	93.3%	14	吡唑醚菌酯(9),嘧霉胺(8),*N*-去甲基啶虫脒(6),丙环唑(2),多菌灵(2),克百威(2),咪鲜胺(2),噻菌灵(2),噻嗪酮(2),吡虫啉(1),啶虫脒(1),甲基嘧啶磷(1),腈菌唑(1),戊唑醇(1)
柠檬	16	15	93.8%	12	甲基硫菌灵(14),多菌灵(12),腈菌唑(9),吡唑醚菌酯(4),丙环唑(2),啶虫脒(1),咪鲜胺(1),嘧菌酯(1),嘧霉胺(1),噻嗪酮(1),霜霉威(1),戊唑醇(1)

上述 6 种水果蔬菜，检出农药 12~23 种，是多种农药综合防治，还是未严格实施农业良好管理规范(GAP)，亦或根本就是乱施药，值得我们思考。

第14章　LC-Q-TOF/MS侦测昆明市市售水果蔬菜农药残留膳食暴露风险与预警风险评估

14.1　农药残留风险评估方法

14.1.1　昆明市农药残留侦测数据分析与统计

庞国芳院士科研团队建立的农药残留高通量侦测技术以高分辨精确质量数(0.0001*m/z*为基准)为识别标准，采用LC-Q-TOF/MS技术对565种农药化学污染物进行侦测。

科研团队于2017年8月期间在昆明市所属4个区的16个采样点，随机采集了404例水果蔬菜样品，采样点分布在超市和农贸市场，具体位置如图14-1所示，各月内水果蔬菜样品采集数量如表14-1所示。

序号	行政区域	水果采样量	蔬菜及其他采样量	合计
1	官渡区	43	58	101
2	西山区	39	64	103
3	五华区	39	62	101
4	盘龙区	37	62	99

图14-1　LC-Q-TOF/MS侦测昆明市16个采样点404例样品分布示意图

表14-1　昆明市各月内采集水果蔬菜样品数列表

时间	样品数(例)
2017年8月	404

利用LC-Q-TOF/MS技术对404例样品中的农药进行侦测，侦测出残留农药57种，679频次。侦测出农药残留水平如表14-2和图14-2所示。检出频次最高的前10种农药如表14-3所示。从检测结果中可以看出，在水果蔬菜中农药残留普遍存在，且有些水果

蔬菜存在高浓度的农药残留，这些可能存在膳食暴露风险，对人体健康产生危害，因此，为了定量地评价水果蔬菜中农药残留的风险程度，有必要对其进行风险评价。

表 14-2 侦测出农药的不同残留水平及其所占比例列表

残留水平(μg/kg)	检出频次	占比(%)
1~5(含)	222	32.7
5~10(含)	123	18.1
10~100(含)	278	40.9
100~1000(含)	54	8.0
>1000	2	0.3
合计	679	100

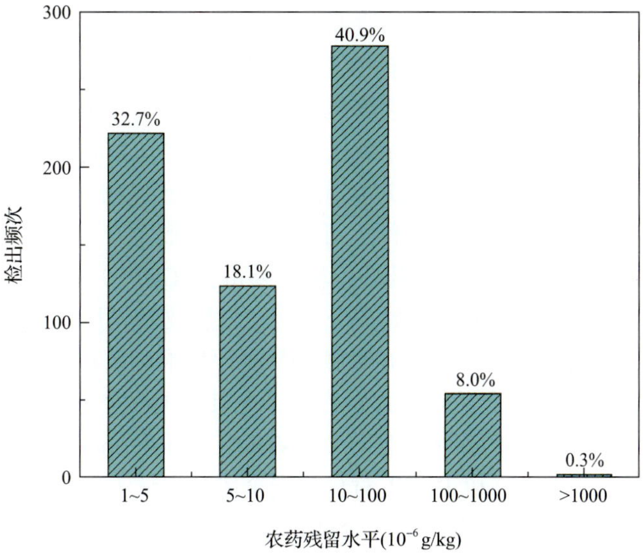

图 14-2 残留农药侦测出浓度频数分布图

表 14-3 检出频次最高的前 10 种农药列表

序号	农药	检出频次
1	烯酰吗啉	79
2	吡唑醚菌酯	47
3	甲霜灵	45
4	苯醚甲环唑	44
5	啶虫脒	43
6	多菌灵	43
7	嘧菌酯	37
8	吡虫啉	30
9	嘧霉胺	30
10	丙环唑	21

14.1.2　农药残留风险评价模型

对昆明市水果蔬菜中农药残留分别开展暴露风险评估和预警风险评估。膳食暴露风险评估利用食品安全指数模型对水果蔬菜中的残留农药对人体可能产生的危害程度进行评价，该模型结合残留监测和膳食暴露评估评价化学污染物的危害；预警风险评价模型运用风险系数(risk index，R)，风险系数综合考虑了危害物的超标率、施检频率及其本身敏感性的影响，能直观而全面地反映出危害物在一段时间内的风险程度。

14.1.2.1　食品安全指数模型

为了加强食品安全管理，《中华人民共和国食品安全法》第二章第十七条规定“国家建立食品安全风险评估制度，运用科学方法，根据食品安全风险监测信息、科学数据以及有关信息，对食品、食品添加剂、食品相关产品中生物性、化学性和物理性危害因素进行风险评估”[1]，膳食暴露评估是食品危险度评估的重要组成部分，也是膳食安全性的衡量标准[2]。国际上最早研究膳食暴露风险评估的机构主要是 JMPR(FAO、WHO 农药残留联合会议)，该组织自 1995 年就已制定了急性毒性物质的风险评估急性毒性农药残留摄入量的预测。1960 年美国规定食品中不得加入致癌物质进而提出零阈值理论，渐渐零阈值理论发展成在一定概率条件下可接受风险的概念[3]，后衍变为食品中每日允许最大摄入量(ADI)，而国际食品农药残留法典委员会(CCPR)认为 ADI 不是独立风险评估的唯一标准[4]，1995 年 JMPR 开始研究农药急性膳食暴露风险评估，并对食品国际短期摄入量的计算方法进行了修正，亦对膳食暴露评估准则及评估方法进行了修正[5]，2002 年，在对世界上现行的食品安全评价方法，尤其是国际公认的 CAC 的评价方法、全球环境监测系统/食品污染监测和评估规划(WHO GEMS/Food)及 FAO、WHO 食品添加剂联合专家委员会(JECFA)和 JMPR 对食品安全风险评估工作研究的基础之上，检验检疫食品安全管理的研究人员提出了结合残留监控和膳食暴露评估，以食品安全指数 IFS 计算食品中各种化学污染物对消费者的健康危害程度[6]。IFS 是表示食品安全状态的新方法，可有效地评价某种农药的安全性，进而评价食品中各种农药化学污染物对消费者健康的整体危害程度[7, 8]。从理论上分析，IFS_c 可指出食品中的污染物 c 对消费者健康是否存在危害及危害的程度[9]。其优点在于操作简单且结果容易被接受和理解，不需要大量的数据来对结果进行验证，使用默认的标准假设或者模型即可[10, 11]。

1) IFS_c 的计算

IFS_c 计算公式如下：

$$\mathrm{IFS_c}=\frac{\mathrm{EDI_c}\times f}{\mathrm{SI_c}\times \mathrm{bw}} \tag{14-1}$$

式中，c 为所研究的农药；EDI_c 为农药 c 的实际日摄入量估算值，等于 $\sum(R_i\times F_i\times E_i\times P_i)$（$i$ 为食品种类；R_i 为食品 i 中农药 c 的残留水平，mg/kg；F_i 为食品 i 的估计日消费量，g/(人·天)；E_i 为食品 i 的可食用部分因子；P_i 为食品 i 的加工处理因子)；SI_c 为安全摄入量，可采用每日允许最大摄入量 ADI；bw 为人平均体重，kg；f 为校正因子，如果安全摄入量采用 ADI，则 f 取 1。

$IFS_c \ll 1$，农药 c 对食品安全没有影响；$IFS_c \leqslant 1$，农药 c 对食品安全的影响可以接受；$IFS_c > 1$，农药 c 对食品安全的影响不可接受。

本次评价中：

$IFS_c \leqslant 0.1$，农药 c 对水果蔬菜安全没有影响；

$0.1 < IFS_c \leqslant 1$，农药 c 对水果蔬菜安全的影响可以接受；

$IFS_c > 1$，农药 c 对水果蔬菜安全的影响不可接受。

本次评价中残留水平 R_i 取值为中国检验检疫科学研究院庞国芳院士课题组利用以高分辨精确质量数（0.0001m/z）为基准的 LC-Q-TOF/MS 侦测技术于 2017 年 8 月对昆明市水果蔬菜农药残留的侦测结果，估计日消费量 F_i 取值 0.38 kg/（人·天），E_i=1，P_i=1，f=1，SI_c 采用《食品安全国家标准　食品中农药最大残留限量》（GB 2763—2016）中 ADI 值（具体数值见表 14-4），人平均体重（bw）取值 60 kg。

表 14-4　昆明市水果蔬菜中侦测出农药的 ADI 值

序号	农药	ADI	序号	农药	ADI	序号	农药	ADI
1	氧乐果	0.0003	20	灭多威	0.02	39	吡丙醚	0.1
2	甲氨基阿维菌素	0.0005	21	吡唑醚菌酯	0.03	40	多效唑	0.1
3	甲拌磷	0.0007	22	多菌灵	0.03	41	甲氧虫酰肼	0.1
4	克百威	0.001	23	甲基嘧啶磷	0.03	42	噻虫胺	0.1
5	异丙威	0.002	24	腈苯唑	0.03	43	噻菌灵	0.1
6	噻唑磷	0.004	25	腈菌唑	0.03	44	嘧菌酯	0.2
7	乙霉威	0.004	26	三唑醇	0.03	45	嘧霉胺	0.2
8	己唑醇	0.005	27	三唑酮	0.03	46	烯酰吗啉	0.2
9	烯唑醇	0.005	28	戊唑醇	0.03	47	马拉硫磷	0.3
10	唑虫酰胺	0.006	29	三环唑	0.04	48	醚菌酯	0.4
11	氟硅唑	0.007	30	肟菌酯	0.04	49	霜霉威	0.4
12	甲萘威	0.008	31	螺虫乙酯	0.05	50	丁酰肼	0.5
13	噻嗪酮	0.009	32	吡虫啉	0.06	51	唑嘧菌胺	10
14	苯醚甲环唑	0.01	33	灭蝇胺	0.06	52	*N*-去甲基啶虫脒	—
15	噁霜灵	0.01	34	丙环唑	0.07	53	吡虫啉脲	—
16	粉唑醇	0.01	35	啶虫脒	0.07	54	残杀威	—
17	氟吡菌酰胺	0.01	36	甲基硫菌灵	0.08	55	氟唑菌酰胺	—
18	咪鲜胺	0.01	37	甲霜灵	0.08	56	双苯基脲	—
19	茚虫威	0.01	38	噻虫嗪	0.08	57	四氟醚唑	—

注："—"表示为国家标准中无 ADI 值规定；ADI 值单位为 mg/kgbw

2) 计算 IFS_c 的平均值 $\overline{IFS}$，评价农药对食品安全的影响程度

以 $\overline{IFS}$ 评价各种农药对人体健康危害的总程度，评价模型见公式(14-2)。

$$\overline{IFS}=\frac{\sum_{i=1}^{n}IFS_c}{n} \tag{14-2}$$

$\overline{IFS}\ll 1$，所研究消费者人群的食品安全状态很好；$\overline{IFS}\leqslant 1$，所研究消费者人群的食品安全状态可以接受；$\overline{IFS}>1$，所研究消费者人群的食品安全状态不可接受。

本次评价中：

$\overline{IFS}\leqslant 0.1$，所研究消费者人群的水果蔬菜安全状态很好；

$0.1<\overline{IFS}\leqslant 1$，所研究消费者人群的水果蔬菜安全状态可以接受；

$\overline{IFS}>1$，所研究消费者人群的水果蔬菜安全状态不可接受。

14.1.2.2　预警风险评估模型

2003 年，我国检验检疫食品安全管理的研究人员根据 WTO 的有关原则和我国的具体规定，结合危害物本身的敏感性、风险程度及其相应的施检频率，首次提出了食品中危害物风险系数 R 的概念[12]。R 是衡量一个危害物的风险程度大小最直观的参数，即在一定时期内其超标率或阳性检出率的高低，但受其施检频率的高低及其本身的敏感性(受关注程度)影响。该模型综合考察了农药在蔬菜中的超标率、施检频率及其本身敏感性，能直观而全面地反映出农药在一段时间内的风险程度[13]。

1) R 计算方法

危害物的风险系数综合考虑了危害物的超标率或阳性检出率、施检频率和其本身的敏感性影响，并能直观而全面地反映出危害物在一段时间内的风险程度。风险系数 R 的计算公式如式(14-3)：

$$R=aP+\frac{b}{F}+S \tag{14-3}$$

式中，P 为该种危害物的超标率；F 为危害物的施检频率；S 为危害物的敏感因子；a, b 分别为相应的权重系数。

本次评价中 F=1；S=1；a=100；b=0.1，对参数 P 进行计算，计算时首先判断是否为禁用农药，如果为非禁用农药，P=超标的样品数(侦测出的含量高于食品最大残留限量标准值，即 MRL)除以总样品数(包括超标、不超标、未侦测出)；如果为禁用农药，则侦测出即为超标，P=能侦测出的样品数除以总样品数。判断昆明市水果蔬菜农药残留是否超标的标准限值 MRL 分别以 MRL 中国国家标准[14]和 MRL 欧盟标准作为对照，具体值列于本报告附表一中。

2) 评价风险程度

$R \leqslant 1.5$，受检农药处于低度风险；

$1.5 < R \leqslant 2.5$，受检农药处于中度风险；

$R > 2.5$，受检农药处于高度风险。

14.1.2.3　食品膳食暴露风险和预警风险评估应用程序的开发

1) 应用程序开发的步骤

为成功开发膳食暴露风险和预警风险评估应用程序，与软件工程师多次沟通讨论，逐步提出并描述清楚计算需求，开发了初步应用程序。为明确出不同水果蔬菜、不同农药、不同地域和不同季节的风险水平，向软件工程师提出不同的计算需求，软件工程师对计算需求进行逐一地分析，经过反复的细节沟通，需求分析得到明确后，开始进行解决方案的设计，在保证需求的完整性、一致性的前提下，编写出程序代码，最后设计出满足需求的风险评估专用计算软件，并通过一系列的软件测试和改进，完成专用程序的开发。软件开发基本步骤见图 14-3。

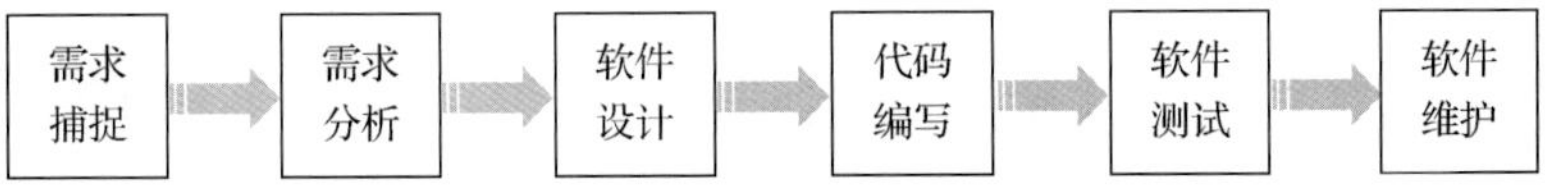

图 14-3　专用程序开发总体步骤

2) 膳食暴露风险评估专业程序开发的基本要求

首先直接利用公式(14-1)，分别计算 LC-Q-TOF/MS 和 GC-Q-TOF/MS 仪器侦测出的各水果蔬菜样品中每种农药 IFS_c，将结果列出。为考察超标农药和禁用农药的使用安全性，分别以我国《食品安全国家标准　食品中农药最大残留限量》(GB 2763—2016) 和欧盟食品中农药最大残留限量(以下简称 MRL 中国国家标准和 MRL 欧盟标准) 为标准，对侦测出的禁用农药和超标的非禁用农药 IFS_c 单独进行评价；按 IFS_c 大小列表，并找出 IFS_c 值排名前 20 的样本重点关注。

对不同水果蔬菜 i 中每一种侦测出的农药 c 的安全指数进行计算，多个样品时求平均值。若监测数据为该市多个月的数据，则逐月、逐季度分别列出每个月、每个季度内每一种水果蔬菜 i 对应的每一种农药 c 的 IFS_c。

按农药种类，计算整个监测时间段内每种农药的 IFS_c，不区分水果蔬菜。若检测数据为该市多个月的数据，则需分别计算每个月、每个季度内每种农药的 IFS_c。

3) 预警风险评估专业程序开发的基本要求

分别以 MRL 中国国家标准和 MRL 欧盟标准，按公式(14-3) 逐个计算不同水果蔬菜、不同农药的风险系数，禁用农药和非禁用农药分别列表。

为清楚了解各种农药的预警风险，不分时间，不分水果蔬菜，按禁用农药和非禁用农药分类，分别计算各种侦测出农药全部检测时段内风险系数。由于有 MRL 中国国家标准的农药种类太少，无法计算超标数，非禁用农药的风险系数只以 MRL 欧盟标准为标准，进行计算。若检测数据为多个月的，则按月计算每个月、每个季度内每种禁用农药残留的风险系数和以 MRL 欧盟标准为标准的非禁用农药残留的风险系数。

4) 风险程度评价专业应用程序的开发方法

采用 Python 计算机程序设计语言，Python 是一个高层次地结合了解释性、编译性、互动性和面向对象的脚本语言。风险评价专用程序主要功能包括：分别读入每例样品 LC-Q-TOF/MS 和 GC-Q-TOF/MS 农药残留检测数据，根据风险评价工作要求，依次对不同农药、不同食品、不同时间、不同采样点的 IFS_c 值和 R 值分别进行数据计算，筛选出禁用农药、超标农药(分别与 MRL 中国国家标准、MRL 欧盟标准限值进行对比)单独重点分析，再分别对各农药、各水果蔬菜种类分类处理，设计出计算和排序程序，编写计算机代码，最后将生成的膳食暴露风险评估和超标风险评估定量计算结果列入设计好的各个表格中，并定性判断风险对目标的影响程度，直接用文字描述风险发生的高低，如“不可接受”、“可以接受”、“没有影响”、“高度风险”、“中度风险”、“低度风险”。

14.2　LC-Q-TOF/MS 侦测昆明市市售水果蔬菜农药残留膳食暴露风险评估

14.2.1　每例水果蔬菜样品中农药残留安全指数分析

基于 2017 年 8 月农药残留侦测数据，发现在 404 例样品中侦测出农药 679 频次，计算样品中每种残留农药的安全指数 IFS_c，并分析农药对样品安全的影响程度，结果详见附表二，农药残留对水果蔬菜样品安全的影响程度频次分布情况如图 14-4 所示。

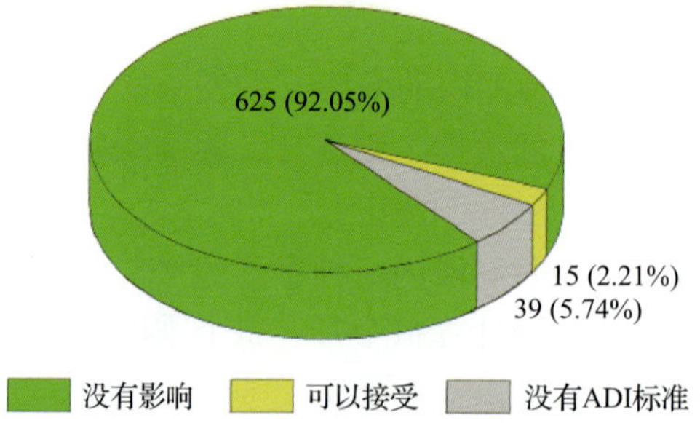

图 14-4　农药残留对水果蔬菜样品安全的影响程度频次分布图

由图 14-4 可以看出，农药残留对样品安全的影响可以接受的频次为 15，占 2.21%；农药残留对样品安全的没有影响的频次为 625，占 92.05%。表 14-5 为水果蔬菜样品中安全指数排名前 10 的残留农药列表。

表 14-5 水果蔬菜样品中安全指数排名前 10 的残留农药列表

序号	样品编号	采样点	基质	农药	含量(mg/kg)	IFS_c	影响程度
1	20170827-530100-USI-CZ-31A	***超市(国贸店)	橙	克百威	0.0889	0.5630	可以接受
2	20170823-530100-CAIQ-GP-24A	***超市(白云店)	葡萄	氟吡菌酰胺	0.7575	0.4798	可以接受
3	20170823-530100-USI-CZ-23A	***农贸市场	橙	克百威	0.0738	0.4674	可以接受
4	20170825-530100-USI-LE-28A	***超市(云山路店)	生菜	氟硅唑	0.4093	0.3703	可以接受
5	20170825-530100-USI-HL-30A	***超市(昆明店)	火龙果	氧乐果	0.0174	0.3673	可以接受
6	20170827-530100-USI-YZ-33A	***菜市场	柚	氧乐果	0.0141	0.2977	可以接受
7	20170827-530100-USI-CU-31A	***超市(国贸店)	黄瓜	克百威	0.0350	0.2217	可以接受
8	20170825-530100-CAIQ-LE-29A	***超市(正大店)	生菜	氟硅唑	0.2349	0.2125	可以接受
9	20170823-530100-CAIQ-CU-20A	***超市(世纪城店)	黄瓜	克百威	0.0288	0.1824	可以接受
10	20170825-530100-CAIQ-CE-27A	***超市(新迎店)	芹菜	戊唑醇	0.8334	0.1759	可以接受

部分样品侦测出禁用农药 5 种 14 频次，为了明确残留的禁用农药对样品安全的影响，分析侦测出禁用农药残留的样品安全指数，禁用农药残留对水果蔬菜样品安全的影响程度频次分布情况如图 14-5 所示，农药残留对样品安全的影响可以接受的频次为 8，占 57.14%；农药残留对样品安全没有影响的频次为 6，占 42.86%。表 14-6 列出了水果蔬菜样品中侦测出的残留禁用农药的安全指数表。

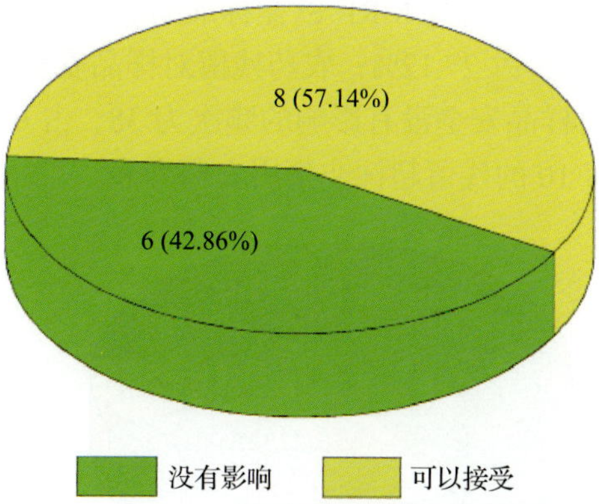

图 14-5 禁用农药对水果蔬菜样品安全影响程度的频次分布图

表 14-6　水果蔬菜样品中侦测出的残留禁用农药的安全指数表

序号	样品编号	采样点	基质	农药	含量 (mg/kg)	IFS_c	影响程度
1	20170827-530100-USI-CZ-31A	***超市(国贸店)	橙	克百威	0.0889	0.5630	可以接受
2	20170823-530100-USI-CZ-23A	***市场	橙	克百威	0.0738	0.4674	可以接受
3	20170825-530100-USI-HL-30A	***超市(昆明店)	火龙果	氧乐果	0.0174	0.3673	可以接受
4	20170827-530100-USI-YZ-33A	***市场	柚	氧乐果	0.0141	0.2977	可以接受
5	20170827-530100-USI-CU-31A	***超市(国贸店)	黄瓜	克百威	0.0350	0.2217	可以接受
6	20170823-530100-CAIQ-CU-20A	***超市(世纪城店)	黄瓜	克百威	0.0288	0.1824	可以接受
7	20170825-530100-USI-HU-30A	***超市(昆明店)	胡萝卜	甲拌磷	0.0183	0.1656	可以接受
8	20170827-530100-USI-CU-33A	***市场	黄瓜	克百威	0.0247	0.1564	可以接受
9	20170823-530100-CAIQ-MG-22A	***超市(霖雨路店)	芒果	氧乐果	0.0032	0.0676	没有影响
10	20170827-530100-USI-LE-33A	***市场	生菜	灭多威	0.0841	0.0266	没有影响
11	20170827-530100-USI-TO-31A	***超市(国贸店)	番茄	克百威	0.0038	0.0241	没有影响
12	20170823-530100-CAIQ-LE-22A	***超市(霖雨路店)	生菜	灭多威	0.0612	0.0194	没有影响
13	20170825-530100-USI-TO-26A	***超市(万宏路店)	番茄	克百威	0.0022	0.0139	没有影响
14	20170823-530100-USI-CU-19A	***超市(官南店)	黄瓜	丁酰肼	0.0590	0.0007	没有影响

此外，本次侦测发现部分样品中非禁用农药残留量超过了 MRL 欧盟标准，为了明确超标的非禁用农药对样品安全的影响，分析了非禁用农药残留超标的样品安全指数。

残留量超过 MRL 欧盟标准的非禁用农药对水果蔬菜样品安全的影响程度频次分布情况如图 14-6 所示。可以看出超过 MRL 欧盟标准的非禁用农药共 59 频次，其中农药没有 ADI 标准的频次为 16，占 27.12%；农药残留对样品安全的影响可以接受的频次为 5，占 8.47%；农药残留对样品安全没有影响的频次为 38，占 64.41%。表 14-7 为水果蔬菜样品中安全指数排名前 10 的残留超标非禁用农药列表。

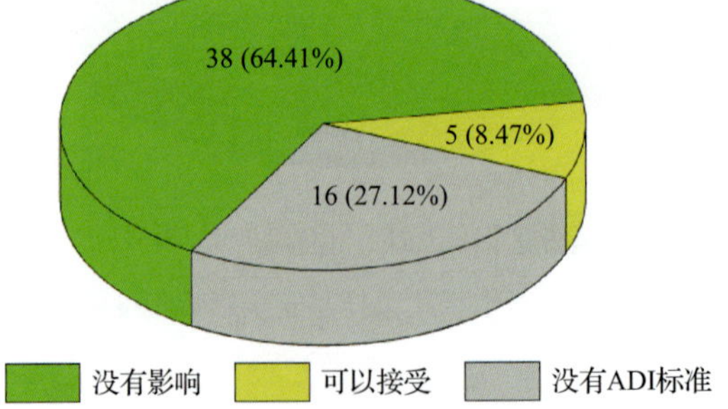

图 14-6　残留超标的非禁用农药对水果蔬菜样品安全的影响程度频次分布图(MRL 欧盟标准)

表 14-7　水果蔬菜样品中安全指数排名前 10 的残留超标非禁用农药列表(MRL 欧盟标准)

序号	样品编号	采样点	基质	农药	含量(mg/kg)	欧盟标准	IFS_c	影响程度
1	20170825-530100-USI-LE-28A	***超市(云山路店)	生菜	氟硅唑	0.4093	0.01	0.3703	可以接受
2	20170825-530100-CAIQ-LE-29A	***超市(正大店)	生菜	氟硅唑	0.2349	0.01	0.2125	可以接受
3	20170825-530100-CAIQ-CE-27A	***超市(新迎店)	芹菜	戊唑醇	0.8334	0.5	0.1759	可以接受
4	20170825-530100-USI-LE-28A	***超市(云山路店)	生菜	烯唑醇	0.0938	0.01	0.1188	可以接受
5	20170823-530100-CAIQ-HL-20A	***超市(世纪城店)	火龙果	多菌灵	0.5265	0.1	0.1112	可以接受
6	20170825-530100-USI-HL-26A	***超市(万宏路店)	火龙果	多菌灵	0.3776	0.1	0.0797	没有影响
7	20170825-530100-CAIQ-CE-27A	***超市(新迎店)	芹菜	腈菌唑	0.2939	0.02	0.0620	没有影响
8	20170827-530100-USI-HL-31A	***超市(国贸店)	火龙果	多菌灵	0.2730	0.1	0.0576	没有影响
9	20170827-530100-CAIQ-HL-34A	***超市(宝海店)	火龙果	多菌灵	0.2496	0.1	0.0527	没有影响
10	20170825-530100-USI-HL-28A	***超市(云山路店)	火龙果	多菌灵	0.2124	0.1	0.0448	没有影响

在 404 例样品中，166 例样品未侦测出农药残留，238 例样品中侦测出农药残留，计算每例有农药侦测出样品的 $\overline{IFS}$ 值，进而分析样品的安全状态，结果如图 14-7 所示(未侦测出农药的样品安全状态视为很好)。可以看出，1.73%的样品安全状态可以接受；97.03%的样品安全状态很好。表 14-8 列出了水果蔬菜安全指数排名前 10 的样品列表。

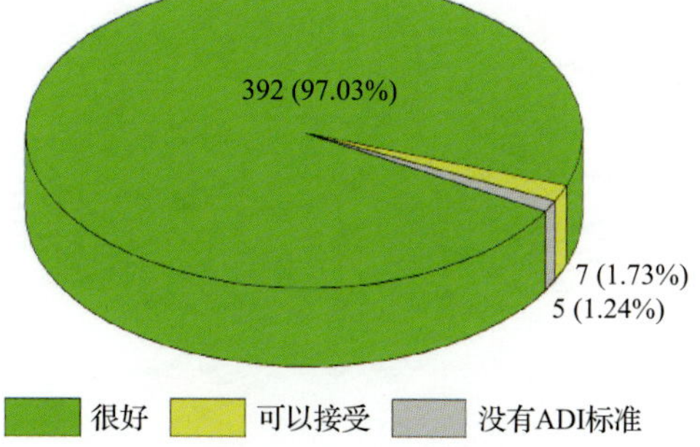

图 14-7　水果蔬菜样品安全状态分布图

表 14-8　水果蔬菜安全指数排名前 10 的样品列表

序号	样品编号	采样点	基质	$\overline{IFS}$	影响程度
1	20170827-530100-USI-YZ-33A	***菜市场	柚	0.2977	可以接受
2	20170827-530100-USI-CZ-31A	***超市(国贸店)	橙	0.2821	可以接受
3	20170827-530100-USI-CZ-31A	***超市(国贸店)	橙	0.2821	可以接受
4	20170825-530100-USI-HU-30A	***超市(昆明店)	胡萝卜	0.1656	可以接受
5	20170825-530100-USI-LE-28A	***超市(云山路店)	生菜	0.1636	可以接受
6	20170825-530100-USI-LE-28A	***超市(云山路店)	生菜	0.1636	可以接受
7	20170825-530100-USI-LE-28A	***超市(云山路店)	生菜	0.1636	可以接受
8	20170825-530100-USI-HL-30A	***超市(昆明店)	火龙果	0.1327	可以接受
9	20170825-530100-USI-HL-30A	***超市(昆明店)	火龙果	0.1327	可以接受
10	20170825-530100-USI-HL-30A	***超市(昆明店)	火龙果	0.1327	可以接受

14.2.2　单种水果蔬菜中农药残留安全指数分析

本次 28 种水果蔬菜中侦测出 57 种农药，检出频次为 679 次，其中 6 种农药没有 ADI 标准，51 种农药存在 ADI 标准。2 种水果蔬菜未侦测出任何农药，对所有 26 种水果蔬菜按不同种类分别计算侦测出的具有 ADI 标准的各种农药的 IFS_c 值，农药残留对水果蔬菜的安全指数分布图如图 14-8 所示。

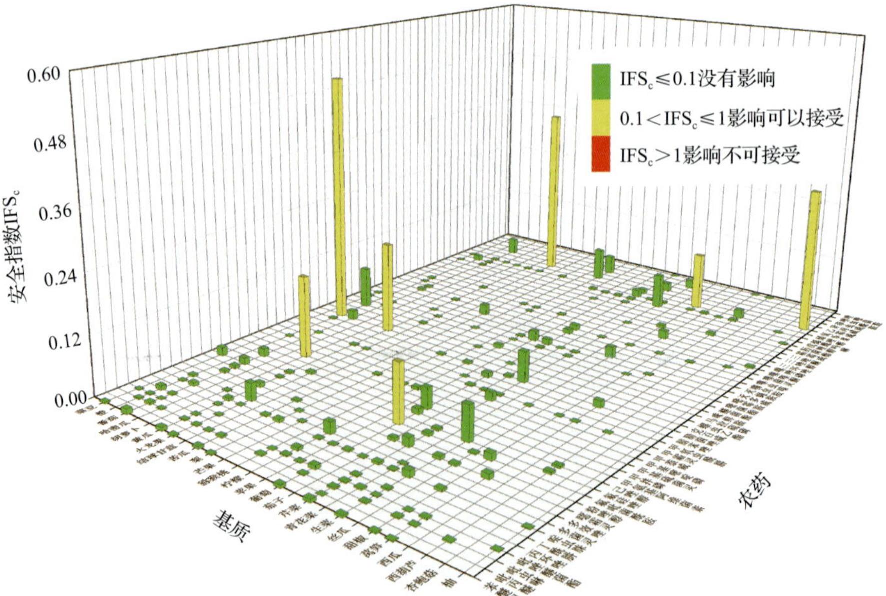

图 14-8　26 种水果蔬菜中 51 种残留农药的安全指数分布图

分析发现没有农药残留对食品安全影响不可接受，表 14-9 所示为单种水果蔬菜中安全指数表排名前 10 的残留农药列表。

表 14-9　单种水果蔬菜中安全指数表排名前 10 的残留农药列表

序号	基质	农药	检出频次	检出率(%)	IFS>1 的频次	IFS>1 的比例(%)	IFS_c	影响程度
1	橙	克百威	2	5.00	0	0	0.5152	可以接受
2	火龙果	氧乐果	1	2.50	0	0	0.3673	可以接受
3	柚	氧乐果	1	8.33	0	0	0.2977	可以接受
4	黄瓜	克百威	3	5.26	0	0	0.1868	可以接受
5	胡萝卜	甲拌磷	1	9.09	0	0	0.1656	可以接受
6	生菜	烯唑醇	1	2.00	0	0	0.1188	可以接受
7	葡萄	氟吡菌酰胺	5	4.63	0	0	0.1174	可以接受
8	橙	咪鲜胺	2	5.00	0	0	0.0840	没有影响
9	芹菜	戊唑醇	3	4.76	0	0	0.0720	没有影响
10	生菜	氟硅唑	11	22.00	0	0	0.0700	没有影响

本次侦测中，26 种水果蔬菜和 57 种残留农药(包括没有 ADI 标准)共涉及 229 个分析样本，农药对单种水果蔬菜安全的影响程度分布情况如图 14-9 所示。可以看出，88.21%的样本中农药对水果蔬菜安全没有影响，3.06%的样本中农药对水果蔬菜安全的影响可以接受。

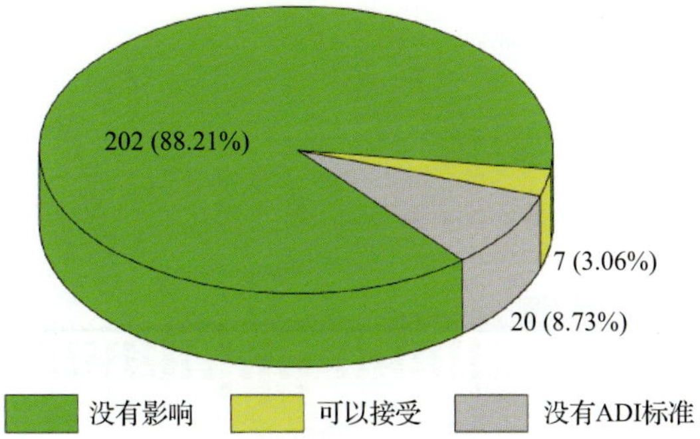

图 14-9　229 个分析样本的影响程度频次分布图

此外，分别计算 26 种水果蔬菜中所有侦测出农药 IFS_c 的平均值 $\overline{IFS}$，分析每种水果蔬菜的安全状态，结果如图 14-10 所示，分析发现，26 种(100%)水果蔬菜的安全状态很好。

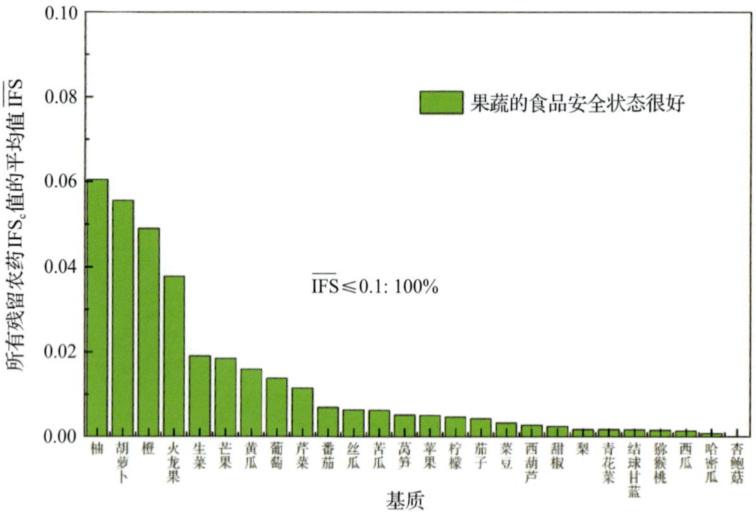

图 14-10　26 种水果蔬菜的 $\overline{IFS}$ 值和安全状态统计图

14.2.3　所有水果蔬菜中农药残留安全指数分析

计算所有水果蔬菜中 51 种农药的 $\overline{IFS_c}$ 值，结果如图 14-11 及表 14-10 所示。

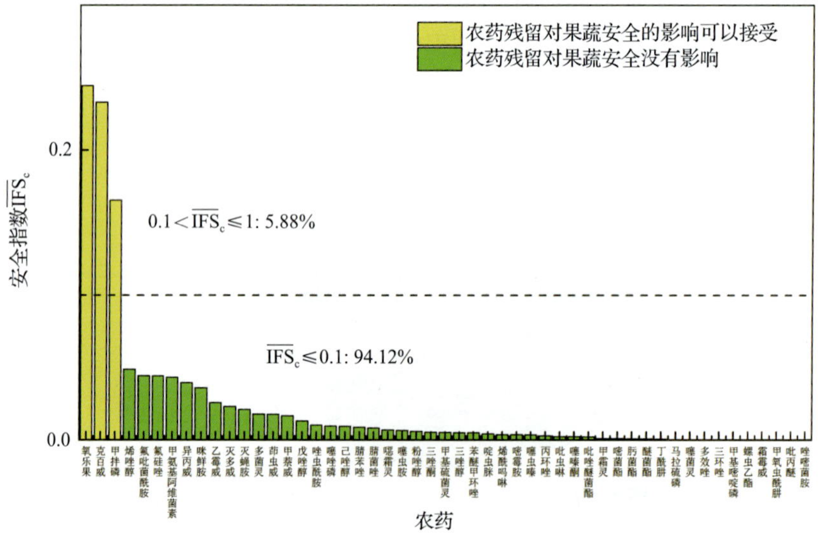

图 14-11　51 种残留农药对水果蔬菜的安全影响程度统计图

分析发现，所有农药对水果蔬菜安全的影响均在没有影响和可以接受的范围内，其中 5.88%的农药对水果蔬菜安全的影响可以接受，94.12%的农药对水果蔬菜安全没有影响。

表 14-10　水果蔬菜中 51 种农药残留的安全指数表

序号	农药	检出频次	检出率(%)	$\overline{IFS_c}$	影响程度	序号	农药	检出频次	检出率(%)	$\overline{IFS_c}$	影响程度
1	氧乐果	3	0.44	0.2442	可以接受	27	三唑醇	1	0.15	0.0052	没有影响
2	克百威	7	1.03	0.2327	可以接受	28	苯醚甲环唑	44	6.48	0.0051	没有影响
3	甲拌磷	1	0.15	0.1656	可以接受	29	啶虫脒	43	6.33	0.0043	没有影响
4	烯唑醇	3	0.44	0.0485	没有影响	30	烯酰吗啉	79	11.63	0.0038	没有影响
5	氟吡菌酰胺	16	2.36	0.0443	没有影响	31	嘧霉胺	30	4.42	0.0037	没有影响
6	氟硅唑	18	2.65	0.0441	没有影响	32	噻虫嗪	19	2.80	0.0037	没有影响
7	甲氨基阿维菌素	2	0.29	0.0431	没有影响	33	丙环唑	21	3.09	0.0029	没有影响
8	异丙威	1	0.15	0.0393	没有影响	34	吡虫啉	30	4.42	0.0025	没有影响
9	咪鲜胺	5	0.74	0.0357	没有影响	35	噻嗪酮	8	1.18	0.0024	没有影响
10	乙霉威	2	0.29	0.0257	没有影响	36	吡唑醚菌酯	47	6.92	0.0022	没有影响
11	灭多威	2	0.29	0.0230	没有影响	37	甲霜灵	45	6.63	0.0011	没有影响
12	灭蝇胺	1	0.15	0.0209	没有影响	38	嘧菌酯	37	5.45	0.0010	没有影响
13	多菌灵	43	6.33	0.0177	没有影响	39	肟菌酯	10	1.47	0.0009	没有影响
14	茚虫威	1	0.15	0.0175	没有影响	40	醚菌酯	1	0.15	0.0008	没有影响
15	甲萘威	1	0.15	0.0165	没有影响	41	丁酰肼	1	0.15	0.0007	没有影响
16	戊唑醇	21	3.09	0.0130	没有影响	42	马拉硫磷	1	0.15	0.0004	没有影响
17	唑虫酰胺	3	0.44	0.0102	没有影响	43	噻菌灵	7	1.03	0.0003	没有影响
18	噻唑磷	4	0.59	0.0096	没有影响	44	多效唑	1	0.15	0.0002	没有影响
19	己唑醇	5	0.74	0.0092	没有影响	45	三环唑	1	0.15	0.0002	没有影响
20	腈苯唑	3	0.44	0.0086	没有影响	46	甲基嘧啶磷	1	0.15	0.0002	没有影响
21	腈菌唑	14	2.06	0.0082	没有影响	47	螺虫乙酯	1	0.15	0.0002	没有影响
22	噁霜灵	20	2.95	0.0070	没有影响	48	霜霉威	1	0.15	0.0001	没有影响
23	噻虫胺	6	0.88	0.0067	没有影响	49	甲氧虫酰肼	1	0.15	0.0001	没有影响
24	粉唑醇	3	0.44	0.0060	没有影响	50	吡丙醚	1	0.15	0.0001	没有影响
25	三唑酮	2	0.29	0.0055	没有影响	51	唑嘧菌胺	6	0.88	0.0000	没有影响
26	甲基硫菌灵	16	2.36	0.0053	没有影响						

14.3　LC-Q-TOF/MS 侦测昆明市市售水果蔬菜农药残留预警风险评估

基于昆明市水果蔬菜样品中农药残留 LC-Q-TOF/MS 侦测数据，分析禁用农药的检出率，同时参照中华人民共和国国家标准 GB 2763—2016 和欧盟农药最大残留限量(MRL)标准分析非禁用农药残留的超标率，并计算农药残留风险系数。分析单种水果蔬菜中农药残留及所有水果蔬菜中农药残留的风险程度。

14.3.1 单种水果蔬菜中农药残留风险系数分析

14.3.1.1 单种水果蔬菜中禁用农药残留风险系数分析

侦测出的 57 种残留农药中有 5 种为禁用农药，且它们分布在 8 种水果蔬菜中，计算 8 种水果蔬菜中禁用农药的超标率，根据超标率计算风险系数 R，进而分析水果蔬菜中禁用农药的风险程度，结果如图 14-12 与表 14-11 所示。分析发现 5 种禁用农药在 8 种水果蔬菜中的残留处均于高度风险。

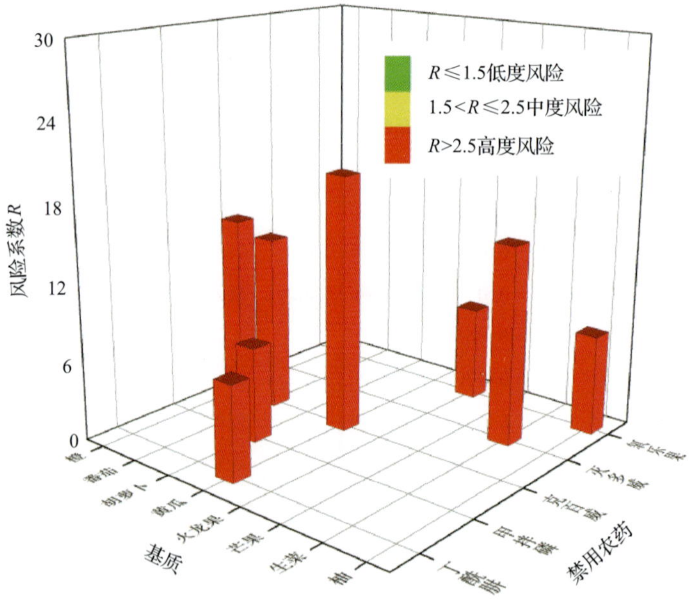

图 14-12　8 种水果蔬菜中 5 种禁用农药的风险系数分布图

表 14-11　8 种水果蔬菜中 5 种禁用农药的风险系数列表

序号	基质	农药	检出频次	检出率(%)	风险系数 R	风险程度
1	黄瓜	克百威	3	18.75	19.85	高度风险
2	生菜	灭多威	2	14.29	15.39	高度风险
3	橙	克百威	2	13.33	14.43	高度风险
4	番茄	克百威	2	12.50	13.60	高度风险
5	芒果	氧乐果	1	6.67	7.77	高度风险
6	柚	氧乐果	1	6.67	7.77	高度风险
7	胡萝卜	甲拌磷	1	6.25	7.35	高度风险
8	黄瓜	丁酰肼	1	6.25	7.35	高度风险
9	火龙果	氧乐果	1	6.25	7.35	高度风险

14.3.1.2 基于 MRL 中国国家标准的单种水果蔬菜中非禁用农药残留风险系数分析

参照中华人民共和国国家标准 GB 2763—2016 中农药残留限量计算每种水果蔬菜中每种非禁用农药的超标率，进而计算其风险系数，根据风险系数大小判断残留农药的预警风险程度，水果蔬菜中非禁用农药残留风险程度分布情况如图 14-13 所示。

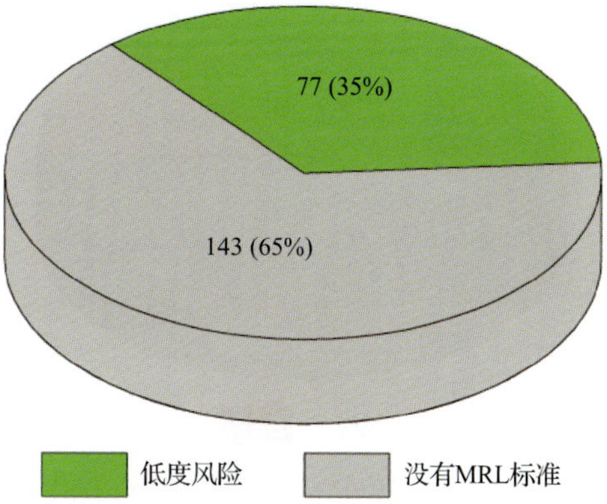

图 14-13 水果蔬菜中非禁用农药风险程度的频次分布图(MRL 中国国家标准)

本次分析中，发现在 26 种水果蔬菜侦测出 52 种残留非禁用农药，涉及样本 220 个，在 220 个样本中，35%处于低度风险，此外发现有 143 个样本没有 MRL 中国国家标准值，无法判断其风险程度，有 MRL 中国国家标准值的 77 个样本涉及 23 种水果蔬菜中的 29 种非禁用农药，其风险系数 *R* 值如图 14-14 所示。

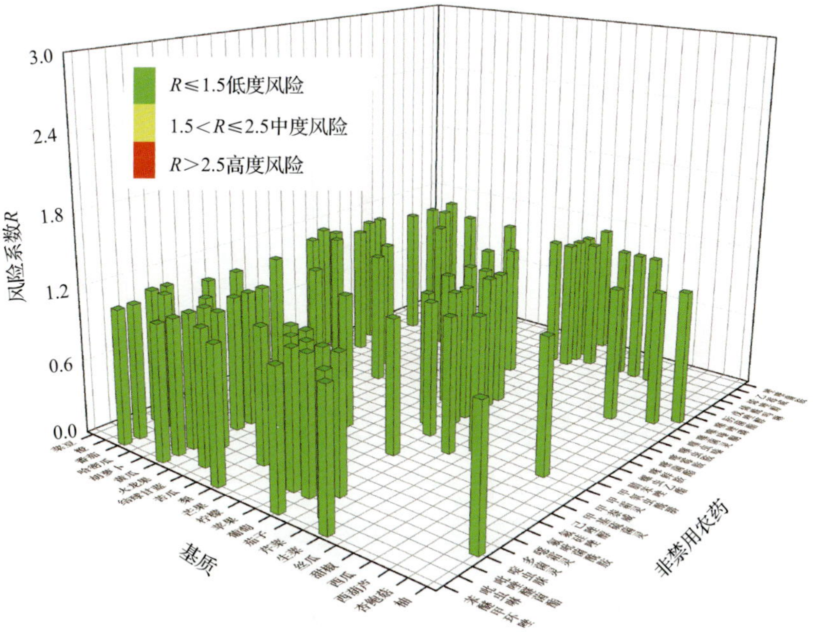

图 14-14 23 种水果蔬菜中 29 种非禁用农药的风险系数分布图(MRL 中国国家标准)

14.3.1.3　基于 MRL 欧盟标准的单种水果蔬菜中非禁用农药残留风险系数分析

参照 MRL 欧盟标准计算每种水果蔬菜中每种非禁用农药的超标率，进而计算其风险系数，根据风险系数大小判断农药残留的预警风险程度，水果蔬菜中非禁用农药残留风险程度分布情况如图 14-15 所示。

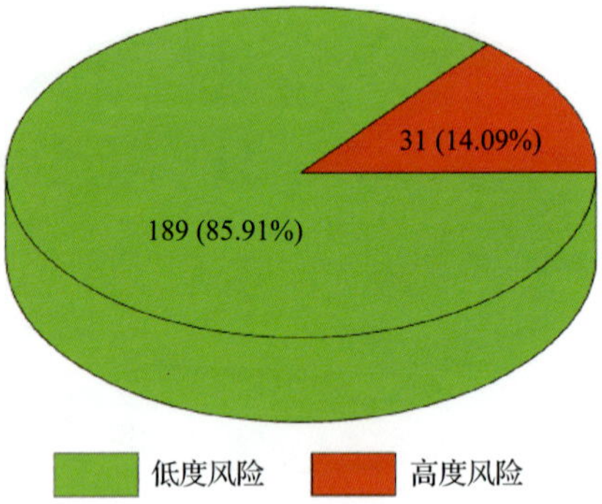

图 14-15　水果蔬菜中非禁用农药的风险程度的频次分布图(MRL 欧盟标准)

本次分析中，发现在 26 种水果蔬菜中共侦测出 52 种非禁用农药，涉及样本 220 个，其中，14.09%处于高度风险，涉及 13 种水果蔬菜和 19 种农药；85.91%处于低度风险，涉及 26 种水果蔬菜和 48 种农药。单种水果蔬菜中的非禁用农药风险系数分布图如图 14-16 所示。单种水果蔬菜中处于高度风险的非禁用农药风险系数如图 14-17 和表 14-12 所示。

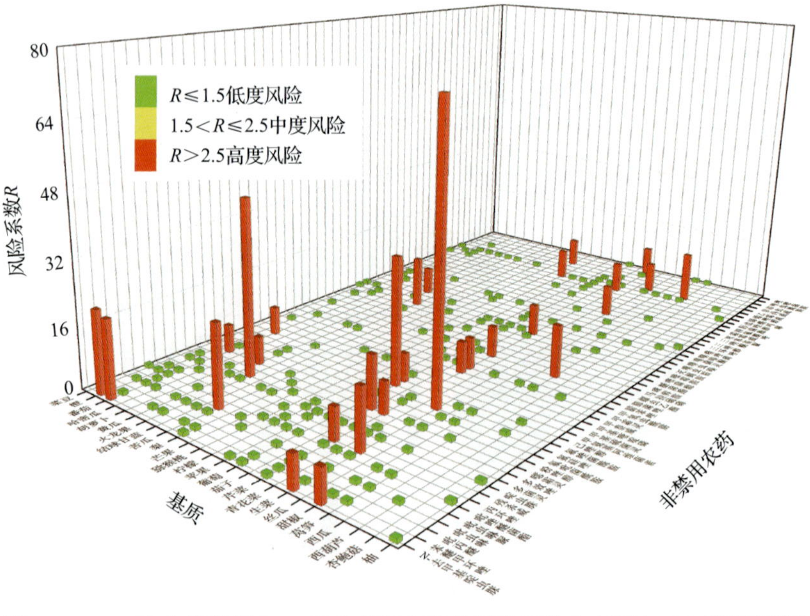

图 14-16　26 种水果蔬菜中 52 种非禁用农药的风险系数分布图(MRL 欧盟标准)

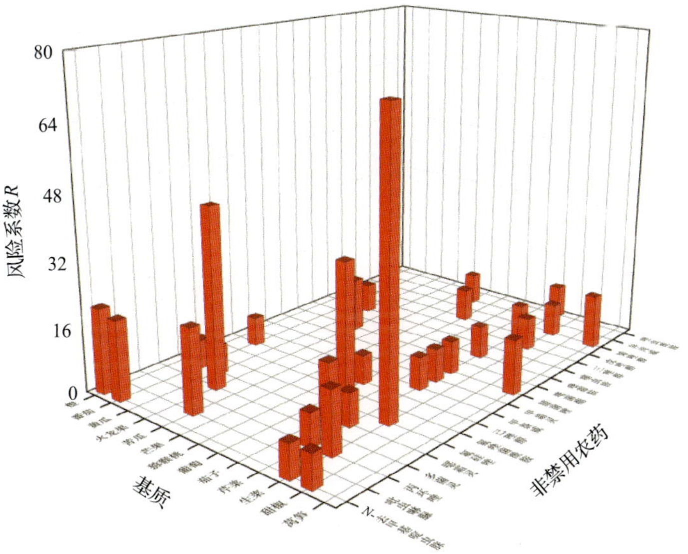

图 14-17　单种水果蔬菜中处于高度风险的非禁用农药的风险系数分布图(MRL 欧盟标准)

表 14-12　单种水果蔬菜中处于高度风险的非禁用农药的风险系数表(MRL 欧盟标准)

序号	基质	农药	超标频次	超标率 P(%)	风险系数 R
1	生菜	氟硅唑	10	71.43	72.53
2	火龙果	多菌灵	7	43.75	44.85
3	葡萄	氟唑菌酰胺	5	31.25	32.35
4	橙	*N*-去甲基啶虫脒	3	20.00	21.10
5	苦瓜	吡虫啉脲	3	20.00	21.10
6	番茄	*N*-去甲基啶虫脒	3	18.75	19.85
7	生菜	丙环唑	2	14.29	15.39
8	火龙果	嘧菌酯	2	12.50	13.60
9	茄子	噁霜灵	2	12.50	13.60
10	莴笋	烯唑醇	1	12.50	13.60
11	莴笋	腈菌唑	1	12.50	13.60
12	猕猴桃	戊唑醇	1	7.14	8.24
13	芹菜	丙环唑	1	7.14	8.24
14	芹菜	唑虫酰胺	1	7.14	8.24
15	芹菜	嘧霉胺	1	7.14	8.24
16	芹菜	噁霜灵	1	7.14	8.24
17	芹菜	戊唑醇	1	7.14	8.24
18	芹菜	甲萘威	1	7.14	8.24
19	芹菜	甲霜灵	1	7.14	8.24

续表

序号	基质	农药	超标频次	超标率 P(%)	风险系数 R
20	芹菜	腈菌唑	1	7.14	8.24
21	生菜	N-去甲基啶虫脒	1	7.14	8.24
22	生菜	三唑醇	1	7.14	8.24
23	生菜	烯唑醇	1	7.14	8.24
24	甜椒	N-去甲基啶虫脒	1	7.14	8.24
25	芒果	异丙威	1	6.67	7.77
26	番茄	噁霜灵	1	6.25	7.35
27	番茄	噻虫胺	1	6.25	7.35
28	番茄	己唑醇	1	6.25	7.35
29	黄瓜	噁霜灵	1	6.25	7.35
30	黄瓜	噻虫胺	1	6.25	7.35
31	葡萄	己唑醇	1	6.25	7.35

14.3.2 所有水果蔬菜中农药残留风险系数分析

14.3.2.1 所有水果蔬菜中禁用农药残留风险系数分析

在侦测出的 57 种农药中有 5 种为禁用农药，计算所有水果蔬菜中禁用农药的风险系数，结果如表 14-13 所示。禁用农药克百威处于高度风险，氧乐果和灭多威 2 种禁用农药处于中度风险，丁酰肼和甲拌磷 2 种禁用农药处于低度风险。

表 14-13 水果蔬菜中 5 种禁用农药的风险系数表

序号	农药	检出频次	检出率(%)	风险系数 R	风险程度
1	克百威	7	1.73	2.83	高度风险
2	氧乐果	3	0.74	1.84	中度风险
3	灭多威	2	0.50	1.60	中度风险
4	丁酰肼	1	0.25	1.35	低度风险
5	甲拌磷	1	0.25	1.35	低度风险

14.3.2.2 所有水果蔬菜中非禁用农药残留风险系数分析

参照 MRL 欧盟标准计算所有水果蔬菜中每种非禁用农药残留的风险系数，如图 14-18 与表 14-14 所示。在侦测出的 52 种非禁用农药中，3 种农药(5.77%)残留处于高度风险，10 种农药(19.23%)残留处于中度风险，39 种农药(75%)残留处于低度风险。

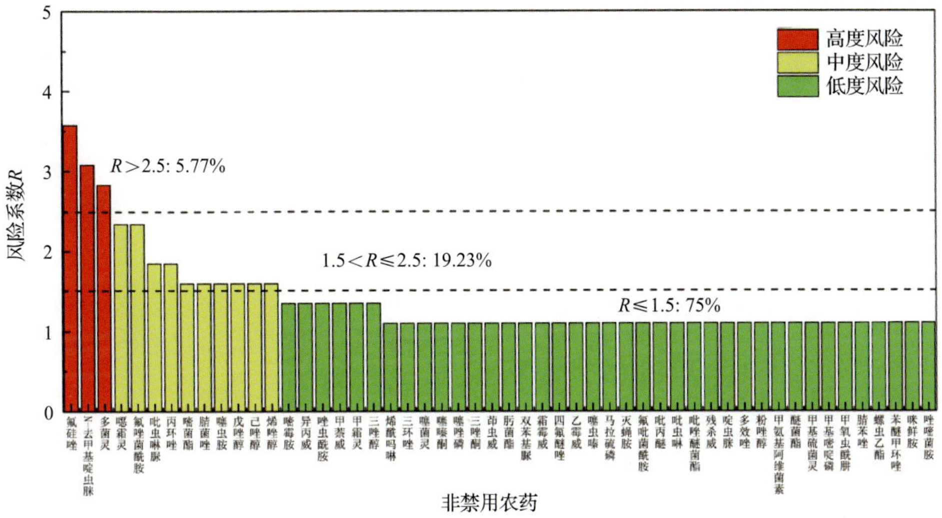

图 14-18　水果蔬菜中 52 种非禁用农药的风险程度统计图

表 14-14　水果蔬菜中 52 种非禁用农药的风险系数表

序号	农药	超标频次	超标率 P(%)	风险系数 R	风险程度
1	氟硅唑	10	2.48	3.58	高度风险
2	*N*-去甲基啶虫脒	8	1.98	3.08	高度风险
3	多菌灵	7	1.73	2.83	高度风险
4	噁霜灵	5	1.24	2.34	中度风险
5	氟唑菌酰胺	5	1.24	2.34	中度风险
6	吡虫啉脲	3	0.74	1.84	中度风险
7	丙环唑	3	0.74	1.84	中度风险
8	嘧菌酯	2	0.50	1.60	中度风险
9	腈菌唑	2	0.50	1.60	中度风险
10	噻虫胺	2	0.50	1.60	中度风险
11	戊唑醇	2	0.50	1.60	中度风险
12	己唑醇	2	0.50	1.60	中度风险
13	烯唑醇	2	0.50	1.60	中度风险
14	嘧霉胺	1	0.25	1.35	低度风险
15	异丙威	1	0.25	1.35	低度风险
16	唑虫酰胺	1	0.25	1.35	低度风险
17	甲萘威	1	0.25	1.35	低度风险
18	甲霜灵	1	0.25	1.35	低度风险
19	三唑醇	1	0.25	1.35	低度风险
20	烯酰吗啉	0	0	1.10	低度风险

续表

序号	农药	超标频次	超标率 *P*(%)	风险系数 *R*	风险程度
21	三环唑	0	0	1.10	低度风险
22	噻菌灵	0	0	1.10	低度风险
23	噻嗪酮	0	0	1.10	低度风险
24	噻唑磷	0	0	1.10	低度风险
25	三唑酮	0	0	1.10	低度风险
26	茚虫威	0	0	1.10	低度风险
27	肟菌酯	0	0	1.10	低度风险
28	双苯基脲	0	0	1.10	低度风险
29	霜霉威	0	0	1.10	低度风险
30	四氟醚唑	0	0	1.10	低度风险
31	乙霉威	0	0	1.10	低度风险
32	噻虫嗪	0	0	1.10	低度风险
33	马拉硫磷	0	0	1.10	低度风险
34	灭蝇胺	0	0	1.10	低度风险
35	氟吡菌酰胺	0	0	1.10	低度风险
36	吡丙醚	0	0	1.10	低度风险
37	吡虫啉	0	0	1.10	低度风险
38	吡唑醚菌酯	0	0	1.10	低度风险
39	残杀威	0	0	1.10	低度风险
40	啶虫脒	0	0	1.10	低度风险
41	多效唑	0	0	1.10	低度风险
42	粉唑醇	0	0	1.10	低度风险
43	甲氨基阿维菌素	0	0	1.10	低度风险
44	醚菌酯	0	0	1.10	低度风险
45	甲基硫菌灵	0	0	1.10	低度风险
46	甲基嘧啶磷	0	0	1.10	低度风险
47	甲氧虫酰肼	0	0	1.10	低度风险
48	腈苯唑	0	0	1.10	低度风险
49	螺虫乙酯	0	0	1.10	低度风险
50	苯醚甲环唑	0	0	1.10	低度风险
51	咪鲜胺	0	0	1.10	低度风险
52	唑嘧菌胺	0	0	1.10	低度风险

14.4 LC-Q-TOF/MS 侦测昆明市市售水果蔬菜农药残留风险评估结论与建议

农药残留是影响水果蔬菜安全和质量的主要因素，也是我国食品安全领域备受关注的敏感话题和亟待解决的重大问题之一[15,16]。各种水果蔬菜均存在不同程度的农药残留现象，本研究主要针对昆明市各类水果蔬菜存在的农药残留问题，基于 2017 年 8 月对昆明市 404 例水果蔬菜样品中农药残留侦测得出的 679 个侦测结果，分别采用食品安全指数模型和风险系数模型，开展水果蔬菜中农药残留的膳食暴露风险和预警风险评估。水果蔬菜样品取自超市和农贸市场，符合大众的膳食来源，风险评价时更具有代表性和可信度。

本研究力求通用简单地反映食品安全中的主要问题，且为管理部门和大众容易接受，为政府及相关管理机构建立科学的食品安全信息发布和预警体系提供科学的规律与方法，加强对农药残留的预警和食品安全重大事件的预防，控制食品风险。

14.4.1 昆明市水果蔬菜中农药残留膳食暴露风险评价结论

1) 水果蔬菜样品中农药残留安全状态评价结论

采用食品安全指数模型，对 2017 年 8 月期间昆明市水果蔬菜食品农药残留膳食暴露风险进行评价，根据 IFS_c 的计算结果发现，水果蔬菜中农药的 $\overline{IFS}$ 为 0.0226，说明昆明市水果蔬菜总体处于很好的安全状态，但部分禁用农药、高残留农药在蔬菜、水果中仍有侦测出，导致膳食暴露风险的存在，成为不安全因素。

2) 单种水果蔬菜中农药膳食暴露风险不可接受情况评价结论

单种果蔬中农药残留安全指数分析结果显示，在单种果蔬中未发现膳食暴露风险不可接受的残留农药，检测出的残留农药对单种果蔬安全的影响均在可以接受和没有影响的范围内，说明昆明市的果蔬中虽侦测出农药残留，但残留农药不会造成膳食暴露风险或造成的膳食暴露风险可以接受。

3) 禁用农药膳食暴露风险评价

本次检测发现部分水果蔬菜样品中有禁用农药侦测出，侦测出禁用农药 5 种，检出频次为 14，水果蔬菜样品中的禁用农药 IFS_c 计算结果表明，禁用农药残留的膳食暴露风险均在可以接受和没有风险的范围内，可以接受的频次为 8，占 57.14%，没有影响的频次为 6，占 42.86%。虽然残留禁用农药没有造成不可接受的膳食暴露风险，但为何在国家明令禁止禁用农药喷洒的情况下，还能在多种果蔬中多次侦测出禁用农药残留，这应该引起相关部门的高度警惕，应该在禁止禁用农药喷洒的同时，严格管控禁用农药的生产和售卖，从根本上杜绝安全隐患。

14.4.2 昆明市水果蔬菜中农药残留预警风险评价结论

1) 单种水果蔬菜中禁用农药残留的预警风险评价结论

本次检测过程中，在 8 种水果蔬菜中检测超出 5 种禁用农药，禁用农药为：灭多威、克百威、甲拌磷、氧乐果和丁酰肼，水果蔬菜为：生菜、橙、黄瓜、芒果、番茄、柚、胡萝卜、火龙果，水果蔬菜中禁用农药的风险系数分析结果显示，5 种禁用农药在 8 种水果蔬菜中的残留均处于高度风险，说明在单种水果蔬菜中禁用农药的残留会导致较高的预警风险。

2) 单种水果蔬菜中非禁用农药残留的预警风险评价结论

以 MRL 中国国家标准为标准，计算水果蔬菜中非禁用农药风险系数情况下，220 个样本中，77 个处于低度风险(35%)，143 个样本没有 MRL 中国国家标准(65%)。以 MRL 欧盟标准为标准，计算水果蔬菜中非禁用农药风险系数情况下，发现有 31 个处于高度风险(14.09%)，189 个处于低度风险(85.91%)。基于两种 MRL 标准，评价的结果差异显著，可以看出 MRL 欧盟标准比中国国家标准更加严格和完善，过于宽松的 MRL 中国国家标准值能否有效保障人体的健康有待研究。

14.4.3 加强昆明市水果蔬菜食品安全建议

我国食品安全风险评价体系仍不够健全，相关制度不够完善，多年来，由于农药用药次数多、用药量大或用药间隔时间短，产品残留量大，农药残留所造成的食品安全问题日益严峻，给人体健康带来了直接或间接的危害。据估计，美国与农药有关的癌症患者数约占全国癌症患者总数的 50%，中国更高。同样，农药对其他生物也会形成直接杀伤和慢性危害，植物中的农药可经过食物链逐级传递并不断蓄积，对人和动物构成潜在威胁，并影响生态系统。

基于本次农药残留侦测数据的风险评价结果，提出以下几点建议：

1) 加快食品安全标准制定步伐

我国食品标准中对农药每日允许最大摄入量 ADI 的数据严重缺乏，在本次评价所涉及的 57 种农药中，仅有 89.47%的农药具有 ADI 值，而 10.53%的农药中国尚未规定相应的 ADI 值，亟待完善。

我国食品中农药最大残留限量值的规定严重缺乏，对评估涉及的不同水果蔬菜中不同农药 229 个 MRL 限值进行统计来看，我国仅制定出 85 个标准，我国标准完整率仅为 37.1%，欧盟的完整率达到 100%(表 14-15)。因此，中国更应加快 MRL 的制定步伐。

表 14-15 我国国家食品标准农药的 ADI、MRL 值与欧盟标准的数量差异

分类		中国 ADI	MRL 中国国家标准	MRL 欧盟标准
标准限值(个)	有	51	85	229
	无	6	144	0
总数(个)		57	229	229
无标准限值比例(%)		10.5	62.9	0

此外，MRL 中国国家标准限值普遍高于欧盟标准限值，这些标准中共有 43 个高于欧盟。过高的 MRL 值难以保障人体健康，建议继续加强对限值基准和标准的科学研究，将农产品中的危险性减少到尽可能低的水平。

2) 加强农药的源头控制和分类监管

在昆明市某些水果蔬菜中仍有禁用农药残留，利用 LC-Q-TOF/MS 技术侦测出 5 种禁用农药，检出频次为 14 次，残留禁用农药均存在较大的膳食暴露风险和预警风险。早已列入黑名单的禁用农药在我国并未真正退出，有些药物由于价格便宜、工艺简单，此类高毒农药一直生产和使用。建议在我国采取严格有效的控制措施，从源头控制禁用农药。

对于非禁用农药，在我国作为“田间地头”最典型单位的县级蔬果产地中，农药残留的检测几乎缺失。建议根据农药的毒性，对高毒、剧毒、中毒农药实现分类管理，减少使用高毒和剧毒高残留农药，进行分类监管。

3) 加强残留农药的生物修复及降解新技术

市售果蔬中残留农药的品种多、频次高、禁用农药多次检出这一现状，说明了我国的田间土壤和水体因农药长期、频繁、不合理的使用而遭到严重污染。为此，建议中国相关部门出台相关政策，鼓励高校及科研院所积极开展分子生物学、酶学等研究，加强土壤、水体中残留农药的生物修复及降解新技术研究，切实加大农药监管力度，以控制农药的面源污染问题。

综上所述，在本工作基础上，根据蔬菜残留危害，可进一步针对其成因提出和采取严格管理、大力推广无公害蔬菜种植与生产、健全食品安全控制技术体系、加强蔬菜食品质量检测体系建设和积极推行蔬菜食品质量追溯制度等相应对策。建立和完善食品安全综合评价指数与风险监测预警系统，对食品安全进行实时、全面的监控与分析，为我国的食品安全科学监管与决策提供新的技术支持，可实现各类检验数据的信息化系统管理，降低食品安全事故的发生。

第 15 章　GC-Q-TOF/MS 侦测昆明市 768 例市售水果蔬菜样品农药残留报告

从昆明市所属 4 个区，随机采集了 768 例水果蔬菜样品，使用气相色谱-四极杆飞行时间质谱(GC-Q-TOF/MS)对 507 种农药化学污染物进行示范侦测。

15.1　样品种类、数量与来源

15.1.1　样品采集与检测

为了真实反映百姓餐桌上水果蔬菜中农药残留污染状况，本次所有检测样品均由检验人员于 2015 年 7 月至 2017 年 8 月期间，从昆明市所属 23 个采样点，包括 3 个农贸市场和 20 个超市，以随机购买方式采集，总计 25 批 768 例样品，从中检出农药 115 种，1165 频次。采样及监测概况见图 15-1 及表 15-1，样品及采样点明细见表 15-2 及表 15-3(侦测原始数据见附表 1)。

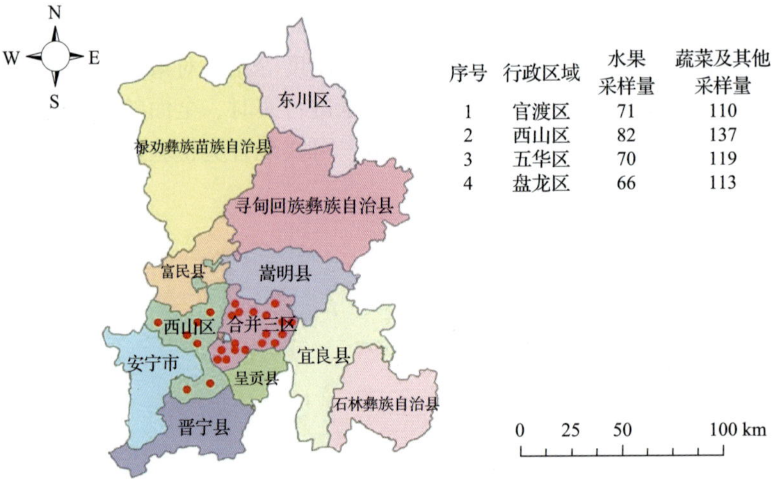

序号	行政区域	水果采样量	蔬菜及其他采样量	合计
1	官渡区	71	110	181
2	西山区	82	137	219
3	五华区	70	119	189
4	盘龙区	66	113	179

图 15-1　昆明市所属 23 个采样点 768 例样品分布图

表 15-1　农药残留监测总体概况

采样地区	昆明市所属 4 个区
采样点(超市+农贸市场)	23
样本总数	768
检出农药品种/频次	115/1165
各采样点样本农药残留检出率范围	47.2%~88.0%

表 15-2　样品分类及数量

样品分类	样品名称(数量)	数量小计
1.水果		289
1)仁果类水果	苹果(25),梨(24)	49
2)核果类水果	桃(9),李子(9)	18
3)浆果和其他小型水果	猕猴桃(21),葡萄(25)	46
4)瓜果类水果	西瓜(10),哈密瓜(9)	19
5)热带和亚热带水果	山竹(8),木瓜(7),芒果(23),荔枝(9),火龙果(25),杨桃(8),番石榴(6)	86
6)柑橘类水果	柚(23),橙(23),柠檬(25)	71
2.食用菌		23
1)蘑菇类	蘑菇(8),杏鲍菇(15)	23
3.蔬菜		456
1)豆类蔬菜	菜豆(25)	25
2)鳞茎类蔬菜	洋葱(24),韭菜(8),蒜薹(13)	45
3)水生类蔬菜	莲藕(8)	8
4)叶菜类蔬菜	蕹菜(7),芹菜(23),菠菜(9),紫背菜(7),油麦菜(6),大白菜(9),小油菜(9),生菜(22),茼蒿(3),莴笋(16)	111
5)芸薹属类蔬菜	结球甘蓝(21),青花菜(23),菜薹(7)	51
6)茄果类蔬菜	番茄(25),甜椒(21),人参果(6),茄子(25),秋葵(6)	83
7)瓜类蔬菜	黄瓜(25),西葫芦(25),苦瓜(24),丝瓜(14)	88
8)其他类蔬菜	芋花(9),竹笋(4)	13
9)根茎类和薯芋类蔬菜	胡萝卜(24),芋(8)	32
合计	1.水果 18 种 2.食用菌 2 种 3.蔬菜 31 种	768

表 15-3　昆明市采样点信息

采样点序号	行政区域	采样点
农贸市场(3)		
1	五华区	***农贸市场
2	盘龙区	***农贸市场
3	西山区	***菜市场
超市(20)		
1	五华区	***超市(世纪广场店)

续表

采样点序号	行政区域	采样点
超市(20)		
2	五华区	***超市(正大店)
3	五华区	***超市(大观店)
4	五华区	***超市(霖雨路店)
5	五华区	***超市(昆明店)
6	官渡区	***超市(宝海店)
7	官渡区	***超市(官南店)
8	官渡区	***超市(世纪城店)
9	官渡区	***超市(国贸店)
10	盘龙区	***超市(东华店)
11	盘龙区	***超市(白云店)
12	盘龙区	***超市(万宏路店)
13	盘龙区	***超市(东华店)
14	盘龙区	***超市(新迎店)
15	西山区	***超市(万达广场店)
16	西山区	***超市(云纺店)
17	西山区	***超市(南亚店)
18	西山区	***超市(南亚第壹城店)
19	西山区	***超市(云山路店)
20	西山区	***超市(前兴路店)

15.1.2　检测结果

这次使用的检测方法是庞国芳院士团队最新研发的不需使用标准品对照，而以高分辨精确质量数(0.0001*m/z*)为基准的 GC-Q-TOF/MS 检测技术，对于 768 例样品，每个样品均侦测了 507 种农药化学污染物的残留现状。通过本次侦测，在 768 例样品中共计检出农药化学污染物 115 种，检出 1165 频次。

15.1.2.1　各采样点样品检出情况

统计分析发现 23 个采样点中，被测样品的农药检出率范围为 47.2%~88.0%。其中，***菜市场的检出率最高，为 88.0%。***超市(云纺店)的检出率最低，为 47.2%，见图 15-2。

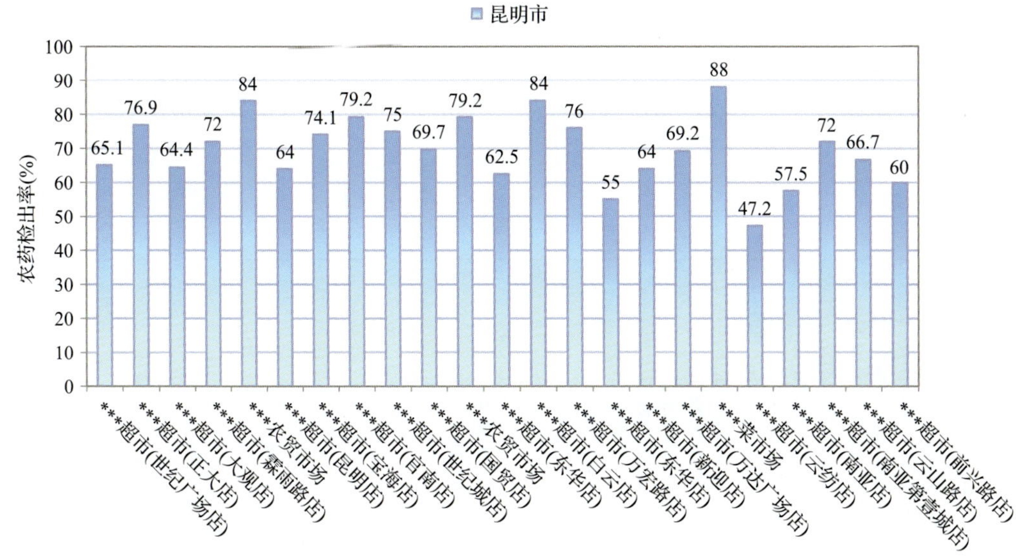

图 15-2　各采样点样品中的农药检出率

15.1.2.2　检出农药的品种总数与频次

统计分析发现，对于 768 例样品中 507 种农药化学污染物的侦测，共检出农药 1165 频次，涉及农药 115 种，结果如图 15-3 所示。其中威杀灵检出频次最高，共检出 133 次。检出频次排名前 10 的农药如下：①威杀灵(133)；②毒死蜱(100)；③联苯(86)；④嘧霉胺(84)；⑤仲丁威(59)；⑥氟硅唑(36)；⑦哒螨灵(34)；⑧戊唑醇(29)；⑨烯虫酯(29)；⑩甲霜灵(28)。

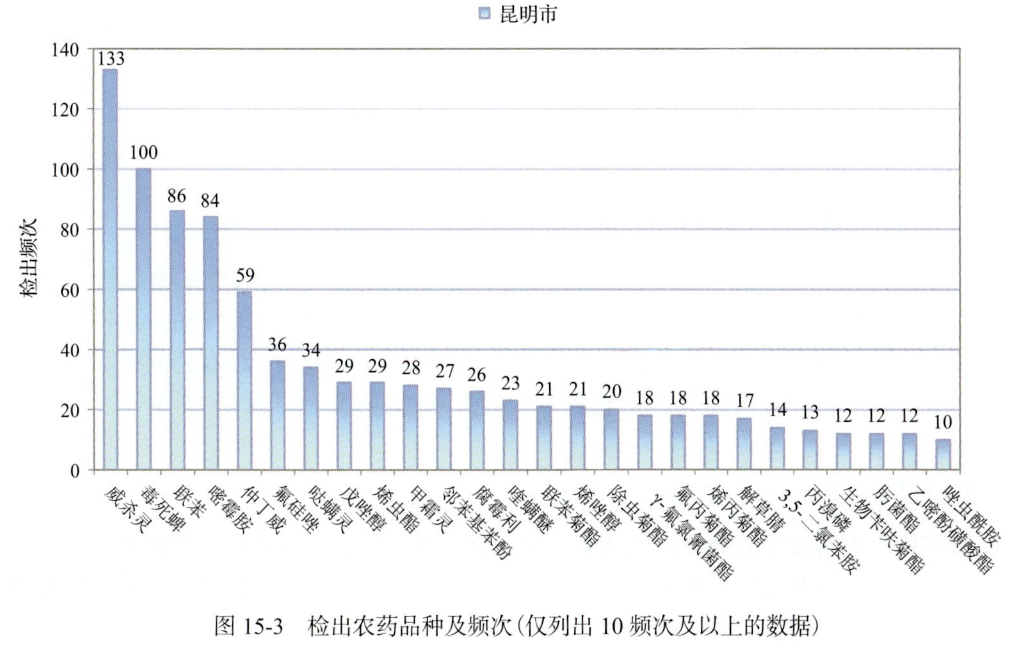

图 15-3　检出农药品种及频次(仅列出 10 频次及以上的数据)

由图 15-4 可见，芹菜、番茄、葡萄和甜椒这 4 种果蔬样品中检出的农药品种数较高，均超过 20 种，其中，芹菜检出农药品种最多，为 33 种。由图 15-5 可见，芹菜、葡萄和番茄这 3 种果蔬样品中的农药检出频次较高，均超过 60 次，其中，芹菜检出农药频次最高，为 91 次。

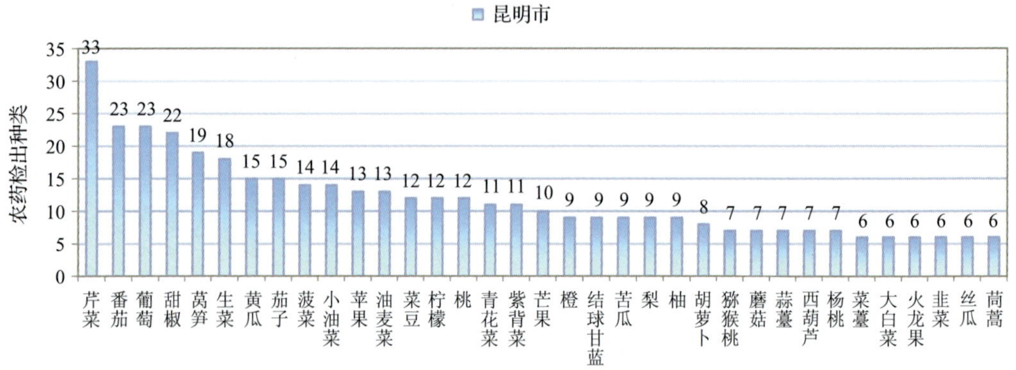

图 15-4　单种水果蔬菜检出农药的种类数(仅列出检出农药 6 种及以上的数据)

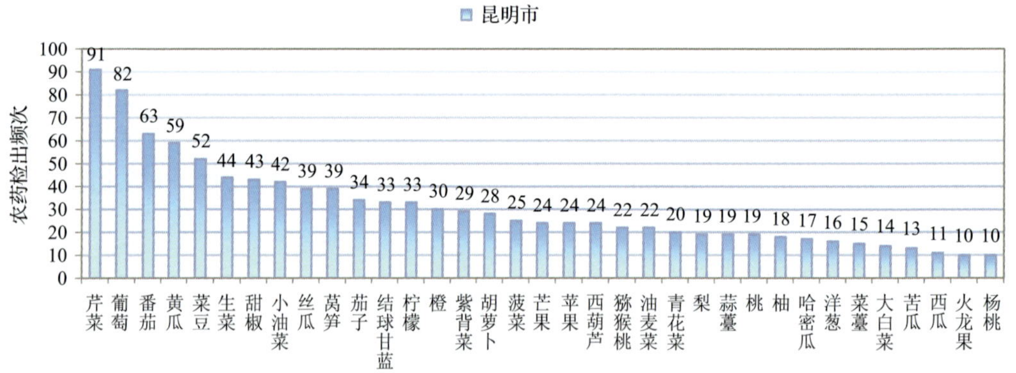

图 15-5　单种水果蔬菜检出农药频次(仅列出检出农药 10 频次及以上的数据)

15.1.2.3　单例样品农药检出种类与占比

对单例样品检出农药种类和频次进行统计发现，未检出农药的样品占总样品数的 31.4%，检出 1 种农药的样品占总样品数的 28.8%，检出 2~5 种农药的样品占总样品数的 37.0%，检出 6~10 种农药的样品占总样品数的 2.7%，检出大于 10 种农药的样品占总样品数的 0.1%。每例样品中平均检出农药为 1.5 种，数据见表 15-4 及图 15-6。

15.1.2.4　检出农药类别与占比

所有检出农药按功能分类，包括杀虫剂、杀菌剂、除草剂、植物生长调节剂、驱避剂、增效剂和其他共 7 类。其中杀虫剂与杀菌剂为主要检出的农药类别，分别占总数的 48.7%和 33.9%，见表 15-5 及图 15-7。

表 15-4　单例样品检出农药品种占比

检出农药品种数	样品数量/占比(%)
未检出	241/31.4
1 种	221/28.8
2~5 种	284/37.0
6~10 种	21/2.7
大于 10 种	1/0.1
单例样品平均检出农药品种	1.5 种

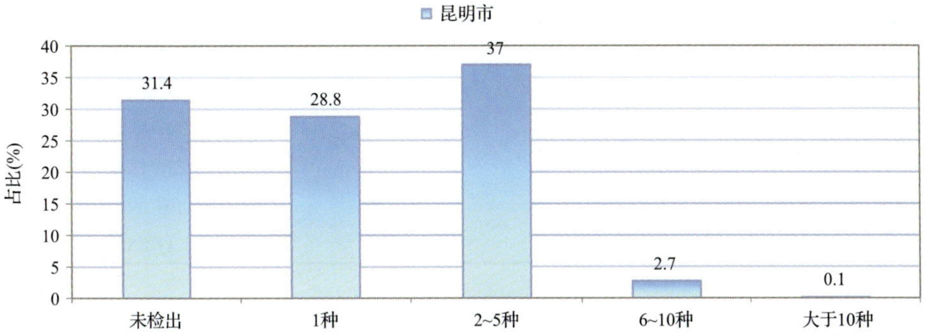

图 15-6　单例样品平均检出农药品种及占比

表 15-5　检出农药所属类别/占比

农药类别	数量/占比(%)
杀虫剂	56/48.7
杀菌剂	39/33.9
除草剂	12/10.4
植物生长调节剂	4/3.5
驱避剂	1/0.9
增效剂	1/0.9
其他	2/1.7

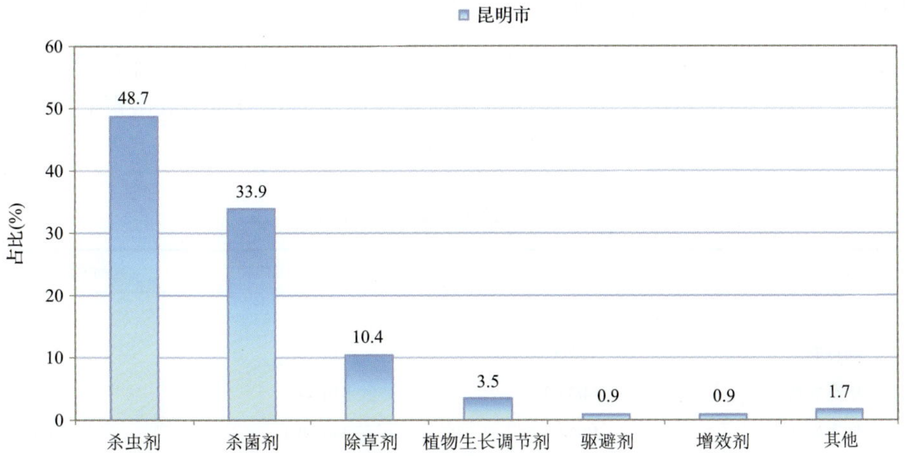

图 15-7　检出农药所属类别和占比

15.1.2.5 检出农药的残留水平

按检出农药残留水平进行统计，残留水平在 1~5 μg/kg(含)的农药占总数的 24.3%，在 5~10 μg/kg(含)的农药占总数的 13.9%，在 10~100 μg/kg(含)的农药占总数的 43.8%，在 100~1000 μg/kg(含)的农药占总数的 16.6%，在>1000 μg/kg 的农药占总数的 1.5%。

由此可见，这次检测的 25 批 768 例水果蔬菜样品中农药多数处于中高残留水平。结果见表 15-6 及图 15-8，数据见附表 2。

表 15-6 农药残留水平/占比

残留水平(μg/kg)	检出频次数/占比(%)
1~5(含)	283/24.3
5~10(含)	162/13.9
10~100(含)	510/43.8
100~1000(含)	193/16.6
>1000	17/1.5

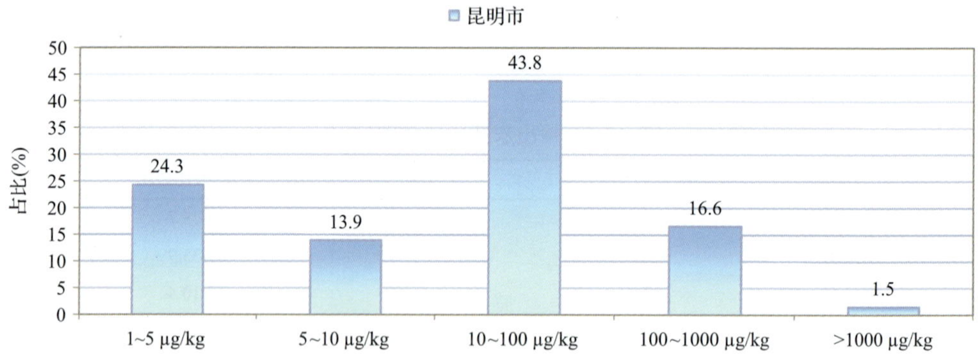

图 15-8 检出农药残留水平及占比

15.1.2.6 检出农药的毒性类别、检出频次和超标频次及占比

对这次检出的 115 种 1165 频次的农药，按剧毒、高毒、中毒、低毒和微毒这五个毒性类别进行分类，从中可以看出，昆明市目前普遍使用的农药为中低微毒农药，品种占 90.5%，频次占 98.2%。结果见表 15-7 及图 15-9。

表 15-7 检出农药毒性类别/占比

毒性分类	农药品种/占比(%)	检出频次/占比(%)	超标频次/超标率(%)
剧毒农药	2/1.7	2/0.2	0/0.0
高毒农药	9/7.8	19/1.6	4/21.1
中毒农药	44/38.3	514/44.1	4/0.8
低毒农药	40/34.8	446/38.3	0/0.0
微毒农药	20/17.4	184/15.8	0/0.0

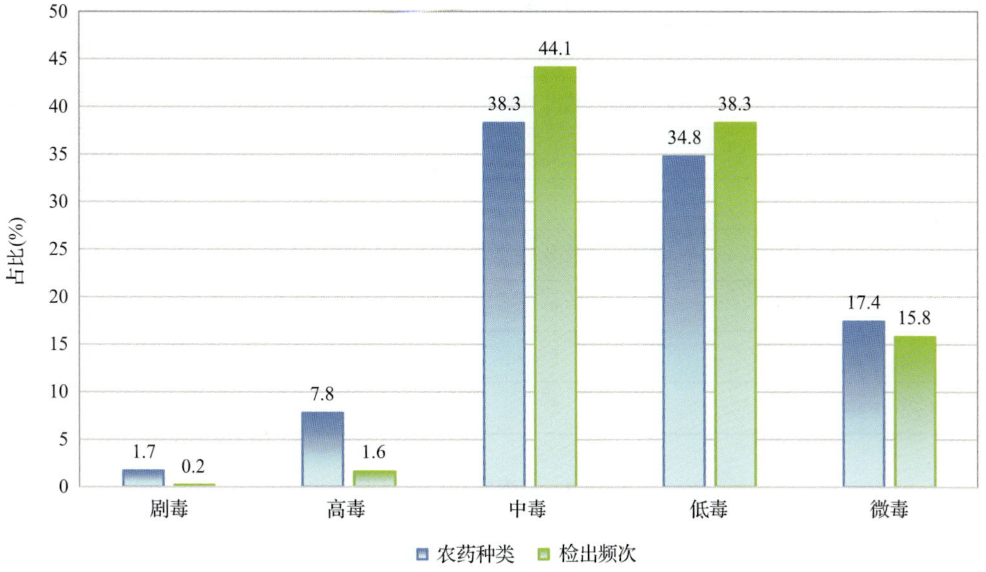

图 15-9　检出农药的毒性分类和占比

15.1.2.7　检出剧毒/高毒类农药的品种和频次

值得特别关注的是，在此次侦测的 768 例样品中有 8 种蔬菜 6 种水果的 20 例样品检出了 11 种 21 频次的剧毒和高毒农药，占样品总量的 2.6%，详见图 15-10、表 15-8 及表 15-9。

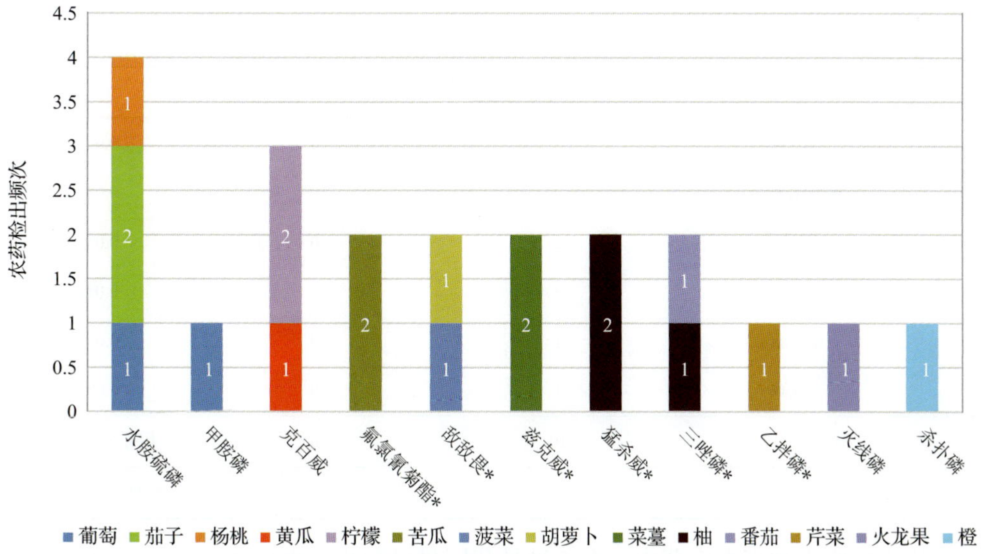

图 15-10　检出剧毒/高毒农药的样品情况

*表示允许在水果和蔬菜上使用的农药

表 15-8　剧毒农药检出情况

序号	农药名称	检出频次	超标频次	超标率
	从 1 种水果中检出 1 种剧毒农药，共计检出 1 次			
1	灭线磷*	1	0	0.0%
	小计	1	0	超标率：0.0%
	从 1 种蔬菜中检出 1 种剧毒农药，共计检出 1 次			
1	乙拌磷*	1	0	0.0%
	小计	1	0	超标率：0.0%
	合计	2	0	超标率：0.0%

表 15-9　高毒农药检出情况

序号	农药名称	检出频次	超标频次	超标率
	从 5 种水果中检出 6 种高毒农药，共计检出 9 次			
1	克百威	2	2	100.0%
2	猛杀威	2	0	0.0%
3	水胺硫磷	2	0	0.0%
4	甲胺磷	1	1	100.0%
5	三唑磷	1	1	100.0%
6	杀扑磷	1	0	0.0%
	小计	9	4	超标率：44.4%
	从 7 种蔬菜中检出 6 种高毒农药，共计检出 10 次			
1	敌敌畏	2	0	0.0%
2	氟氯氰菊酯	2	0	0.0%
3	水胺硫磷	2	0	0.0%
4	兹克威	2	0	0.0%
5	克百威	1	0	0.0%
6	三唑磷	1	0	0.0%
	小计	10	0	超标率：0.0%
	合计	19	4	超标率：21.1%

在检出的剧毒和高毒农药中，有 5 种是我国早已禁止在果树和蔬菜上使用的，分别是：克百威、甲胺磷、杀扑磷、灭线磷和水胺硫磷。禁用农药的检出情况见表 15-10。

表 15-10　禁用农药检出情况

序号	农药名称	检出频次	超标频次	超标率
从 7 种水果中检出 6 种禁用农药，共计检出 10 次				
1	硫丹	3	0	0.0%
2	克百威	2	2	100.0%
3	水胺硫磷	2	0	0.0%
4	甲胺磷	1	1	100.0%
5	灭线磷*	1	0	0.0%
6	杀扑磷	1	0	0.0%
小计		10	3	超标率：30.0%
从 3 种蔬菜中检出 3 种禁用农药，共计检出 7 次				
1	硫丹	4	0	0.0%
2	水胺硫磷	2	0	0.0%
3	克百威	1	0	0.0%
小计		7	0	超标率：0.0%
合计		17	3	超标率：17.6%

注：超标结果参考 MRL 中国国家标准计算

此次抽检的果蔬样品中，有 1 种水果 1 种蔬菜检出了剧毒农药，分别是：火龙果中检出灭线磷 1 次；芹菜中检出乙拌磷 1 次。

样品中检出剧毒和高毒农药残留水平超过 MRL 中国国家标准的频次为 4 次，其中：柚检出三唑磷超标 1 次；柠檬检出克百威超标 2 次；葡萄检出甲胺磷超标 1 次。本次检出结果表明，高毒、剧毒农药的使用现象依旧存在。详见表 15-11。

表 15-11　各样本中检出剧毒/高毒农药情况

样品名称	农药名称	检出频次	超标频次	检出浓度(μg/kg)
水果 6 种				
杨桃	水胺硫磷▲	1	0	4.8
柚	猛杀威	2	0	10.1, 21.7
柚	三唑磷	1	1	484.5[a]
柠檬	克百威▲	2	2	388.4[a], 656.2[a]
橙	杀扑磷▲	1	0	73.6
火龙果	灭线磷*▲	1	0	2.1
葡萄	甲胺磷▲	1	1	146.3[a]
葡萄	水胺硫磷▲	1	0	735.3
小计		10	4	超标率：40.0%

续表

样品名称	农药名称	检出频次	超标频次	检出浓度(μg/kg)
		蔬菜 8 种		
番茄	三唑磷	1	0	2.1
胡萝卜	敌敌畏	1	0	16.5
芹菜	乙拌磷*	1	0	10.9
苦瓜	氟氯氰菊酯	2	0	543.2, 926.4
茄子	水胺硫磷▲	2	0	4.3, 3.8
菜薹	兹克威	2	0	15.6, 7.6
菠菜	敌敌畏	1	0	11.3
黄瓜	克百威▲	1	0	10.2
	小计	11	0	超标率：0.0%
	合计	21	4	超标率：19.0%

15.2　农药残留检出水平与最大残留限量标准对比分析

我国于 2014 年 3 月 20 日正式颁布并于 2014 年 8 月 1 日正式实施食品农药残留限量国家标准《食品中农药最大残留限量》(GB 2763—2014)。该标准包括 371 个农药条目，涉及最大残留限量(MRL)标准 3653 项。将 1165 频次检出农药的浓度水平与 3653 项 MRL 中国国家标准进行核对，其中只有 212 频次的农药找到了对应的 MRL 标准，占 18.2%，还有 953 频次的侦测数据则无相关 MRL 标准供参考，占 81.8%。

将此次侦测结果与国际上现行 MRL 标准对比发现，在 1165 频次的检出结果中有 1165 频次的结果找到了对应的 MRL 欧盟标准，占 100.0%，其中，800 频次的结果有明确对应的 MRL 标准，占 68.7%，其余 365 频次按照欧盟一律标准判定，占 31.3%；有 1165 频次的结果找到了对应的 MRL 日本标准，占 100.0%，其中，530 频次的结果有明确对应的 MRL 标准，占 45.5%，其余 635 频次按照日本一律标准判定，占 54.5%；有 326 频次的结果找到了对应的 MRL 中国香港标准，占 28.0%；有 296 频次的结果找到了对应的 MRL 美国标准，占 25.4%；有 215 频次的结果找到了对应的 MRL CAC 标准，占 18.5%(见图 15-11 和图 15-12，数据见附表 3 至附表 8)。

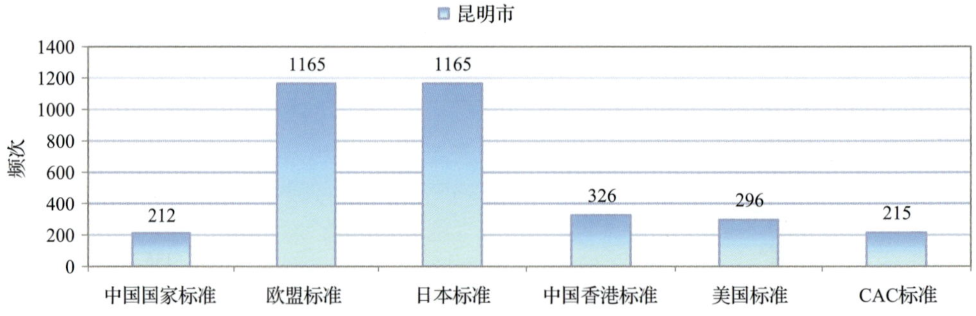

图 15-11　1165 频次检出农药可用 MRL 中国国家标准、欧盟标准、日本标准、中国香港标准、美国标准、CAC 标准判定衡量的数量

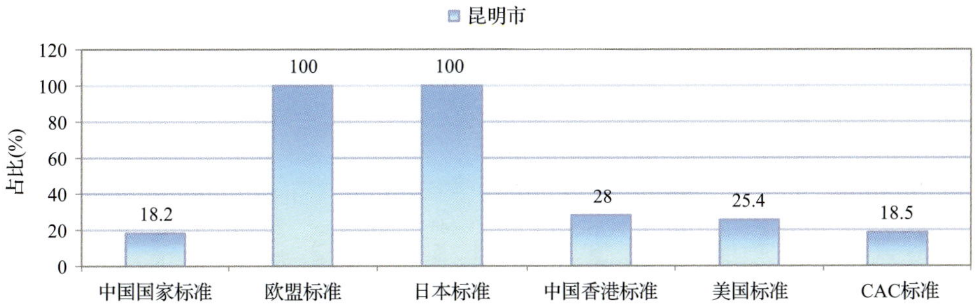

图 15-12　1165 频次检出农药可用 MRL 中国国家标准、欧盟标准、日本标准、中国香港标准、美国标准、CAC 标准衡量的占比

15.2.1　超标农药样品分析

本次侦测的 768 例样品中，241 例样品未检出任何残留农药，占样品总量的 31.4%，527 例样品检出不同水平、不同种类的残留农药，占样品总量的 68.6%。在此，我们将本次侦测的农残检出情况与 MRL 中国国家标准、欧盟标准、日本标准、中国香港标准、美国标准和 CAC 标准这 6 大国际主流 MRL 标准进行对比分析，样品农残检出与超标情况见表 15-12、图 15-13 和 15-14，详细数据见附表 9 至附表 14。

表 15-12　各 MRL 标准下样品农残检出与超标数量及占比

	中国国家标准 数量/占比(%)	欧盟标准 数量/占比(%)	日本标准 数量/占比(%)	中国香港标准 数量/占比(%)	美国标准 数量/占比(%)	CAC 标准 数量/占比(%)
未检出	241/31.4	241/31.4	241/31.4	241/31.4	241/31.4	241/31.4
检出未超标	519/67.6	240/31.2	274/35.7	512/66.7	520/67.7	522/68.0
检出超标	8/1.0	287/37.4	253/32.9	15/2.0	7/0.9	5/0.7

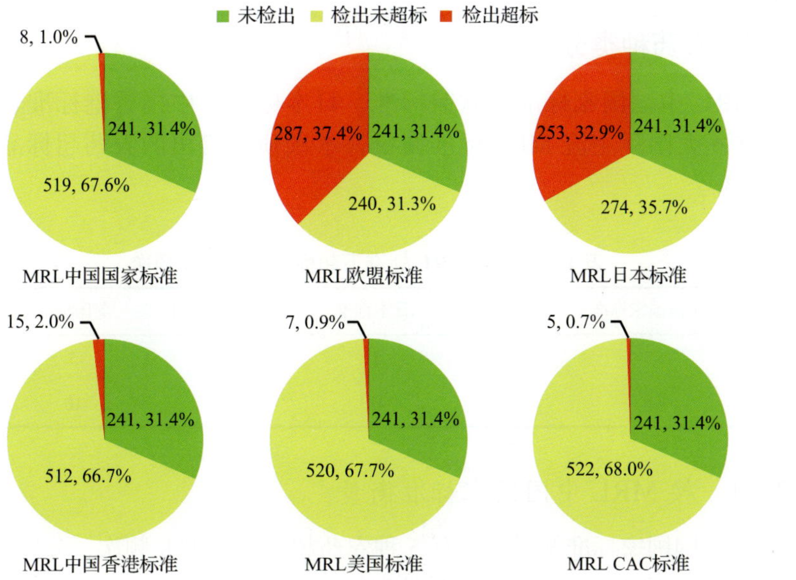

图 15-13　检出和超标样品比例情况

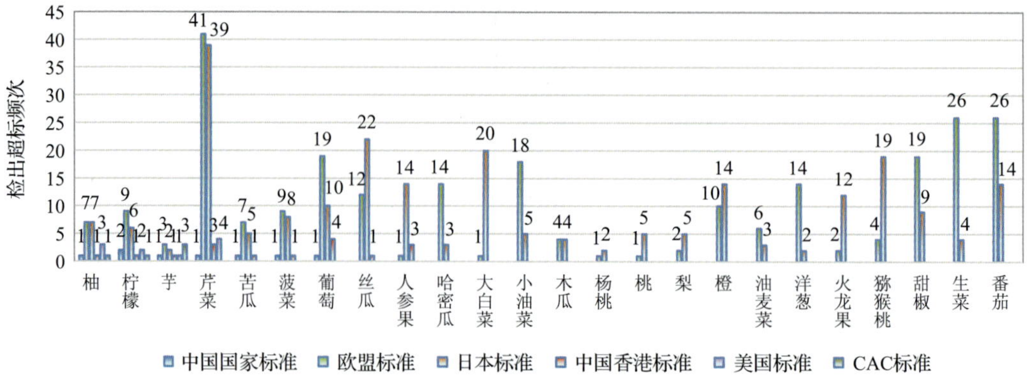

图 15-14-1　超过 MRL 中国国家标准、欧盟标准、日本标准、中国香港标准、美国标准和 CAC 标准结果在水果蔬菜中的分布

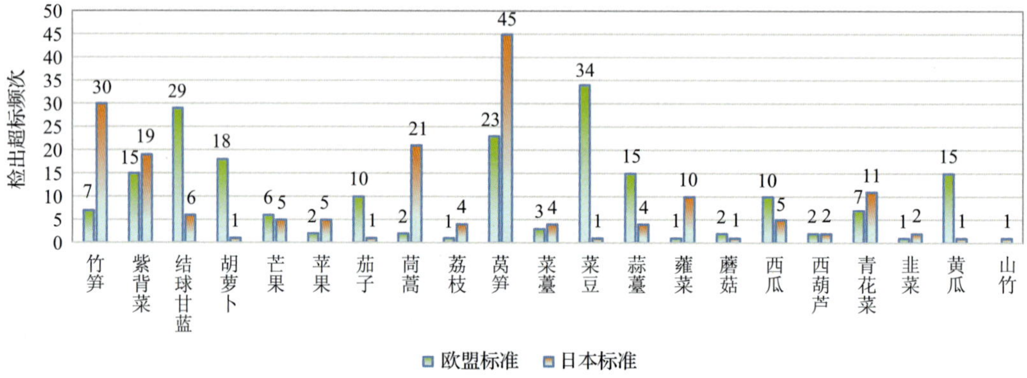

图 15-14-2　超过 MRL 中国国家标准、欧盟标准、日本标准、中国香港标准、美国标准和 CAC 标准结果在水果蔬菜中的分布

15.2.2　超标农药种类分析

按照 MRL 中国国家标准、欧盟标准、日本标准、中国香港标准、美国标准和 CAC 标准这 6 大国际主流 MRL 标准衡量，本次侦测检出的农药超标品种及频次情况见表 15-13。

表 15-13　各 MRL 标准下超标农药品种及频次

	中国国家标准	欧盟标准	日本标准	中国香港标准	美国标准	CAC 标准
超标农药品种	5	68	62	5	5	2
超标农药频次	8	459	413	16	10	5

15.2.2.1　按 MRL 中国国家标准衡量

按 MRL 中国国家标准衡量，共有 5 种农药超标，检出 8 频次，分别为高毒农药甲胺磷、克百威和三唑磷，中毒农药毒死蜱和氯氰菊酯。

按超标程度比较，柠檬中克百威超标 31.8 倍，苦瓜中氯氰菊酯超标 17.5 倍，芋中氯氰菊酯超标 3.5 倍，芹菜中毒死蜱超标 3.2 倍，葡萄中甲胺磷超标 1.9 倍。检测结果见图 15-15 和附表 15。

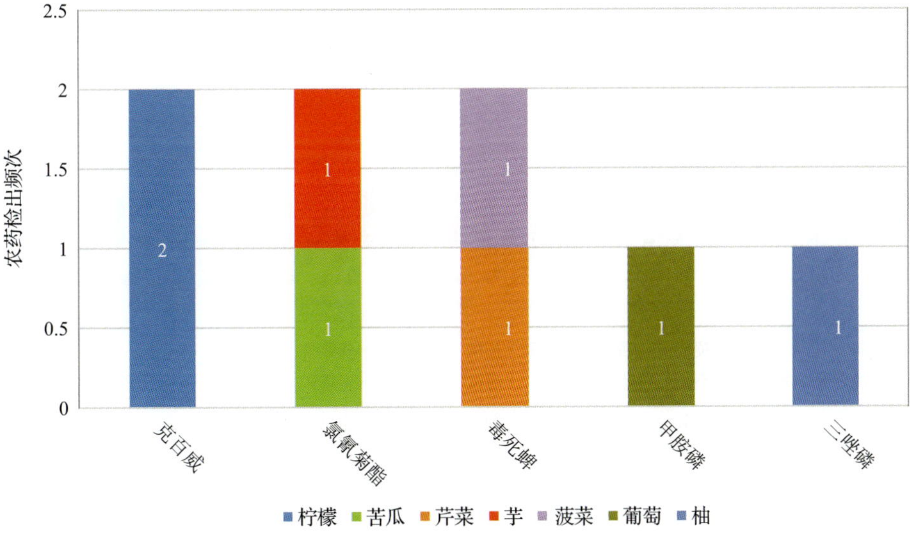

图 15-15 超过 MRL 中国国家标准农药品种及频次

15.2.2.2 按 MRL 欧盟标准衡量

按 MRL 欧盟标准衡量，共有 68 种农药超标，检出 459 频次，分别为剧毒农药乙拌磷，高毒农药猛杀威、杀扑磷、克百威、甲胺磷、三唑磷、水胺硫磷、兹克威、氟氯氰菊酯和敌敌畏，中毒农药联苯菊酯、哌草磷、戊唑醇、仲丁威、毒死蜱、烯唑醇、甲萘威、喹螨醚、甲氰菊酯、氟吡禾灵、禾草敌、三唑酮、炔丙菊酯、三唑醇、γ-氟氯氰菌酯、虫螨腈、高效氯氟氰菊酯、噁霜灵、唑虫酰胺、氟硅唑、腈菌唑、哒螨灵、氯氰菊酯、丙溴磷、喹硫磷、异丙威和烯丙菊酯，低毒农药嘧霉胺、螺螨酯、己唑醇、烯虫炔酯、五氯苯甲腈、环酯草醚、氟唑菌酰胺、甲醚菊酯、威杀灵、联苯、杀螨酯、马拉硫磷、呋酰胺、炔螨特、3,5-二氯苯胺和间羟基联苯，微毒农药萘乙酰胺、缬霉威、腐霉利、溴丁酰草胺、增效醚、解草腈、啶氧菌酯、百菌清、氟乐灵、吡丙醚、生物苄呋菊酯、醚菌酯、烯虫酯、霜霉威和仲草丹。

按超标程度比较，蒜薹中腐霉利超标 536.8 倍，莴笋中百菌清超标 531.6 倍，菜豆中威杀灵超标 493.2 倍，柠檬中仲丁威超标 319.3 倍，莴笋中 γ-氟氯氰菌酯超标 264.0 倍。检测结果见图 15-16 和附表 16。

15.2.2.3 按 MRL 日本标准衡量

按 MRL 日本标准衡量，共有 62 种农药超标，检出 413 频次，分别为高毒农药猛杀威、克百威、三唑磷、水胺硫磷和兹克威，中毒农药联苯菊酯、氯菊酯、哌草磷、仲丁

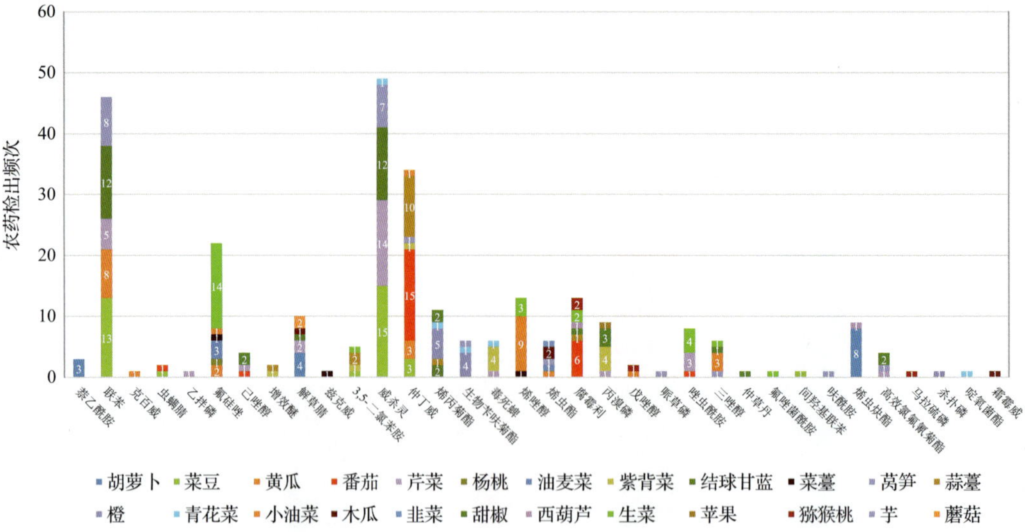

图 15-16-1　超过 MRL 欧盟标准农药品种及频次

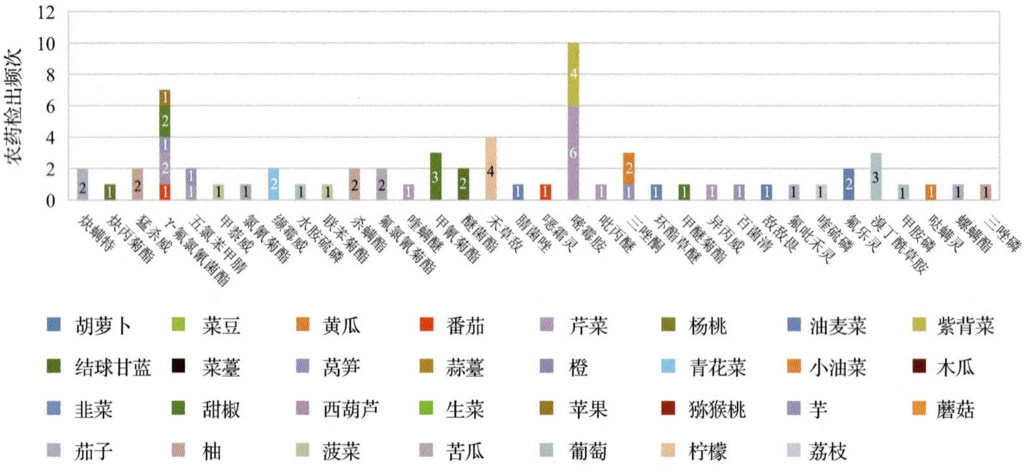

图 15-16-2　超过 MRL 欧盟标准农药品种及频次

威、戊唑醇、毒死蜱、烯唑醇、氟吡禾灵、禾草敌、三唑酮、炔丙菊酯、γ-氟氯氰菌酯、喹螨醚、虫螨腈、除虫菊酯、唑虫酰胺、高效氯氟氰菊酯、氟硅唑、哒螨灵、氯氰菊酯、异丙威、丙溴磷、喹硫磷和烯丙菊酯，低毒农药嘧霉胺、嘧菌环胺、邻苯基苯酚、氟吡菌酰胺、己唑醇、烯虫炔酯、五氯苯甲腈、环酯草醚、甲醚菊酯、威杀灵、联苯、呋酰胺、杀螨酯、乙嘧酚磺酸酯、萘乙酸、炔螨特、3,5-二氯苯胺和间羟基联苯，微毒农药萘乙酰胺、缬霉威、溴丁酰草胺、腐霉利、解草腈、啶氧菌酯、百菌清、生物苄呋菊酯、啶酰菌胺、吡丙醚、肟菌酯、醚菌酯、烯虫酯、霜霉威和仲草丹。

按超标程度比较，菜豆中威杀灵超标 493.2 倍，芹菜中高效氯氟氰菊酯超标 465.3 倍，莴笋中 γ-氟氯氰菌酯超标 264.0 倍，莴笋中高效氯氟氰菊酯超标 117.2 倍，芹菜中 γ-

氟氯氰菌酯超标 110.0 倍。检测结果见图 15-17 和附表 17。

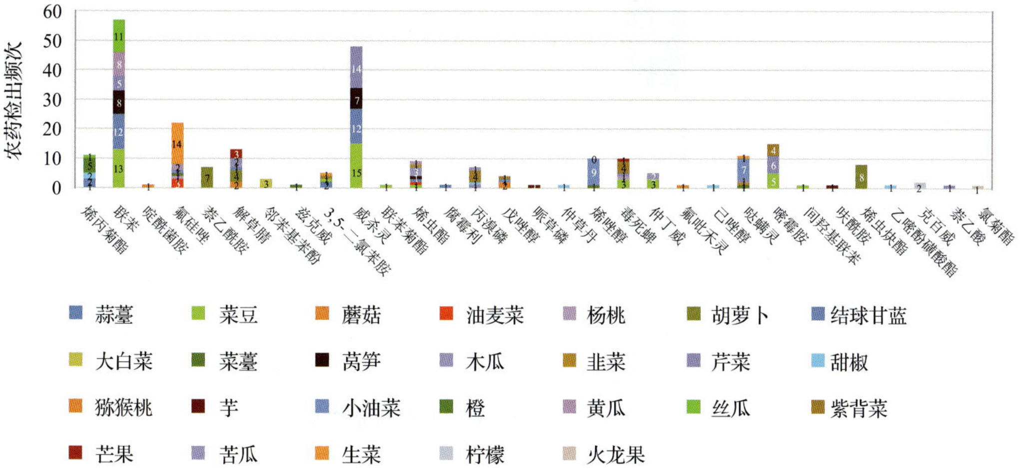

图 15-17-1　超过 MRL 日本标准农药品种及频次

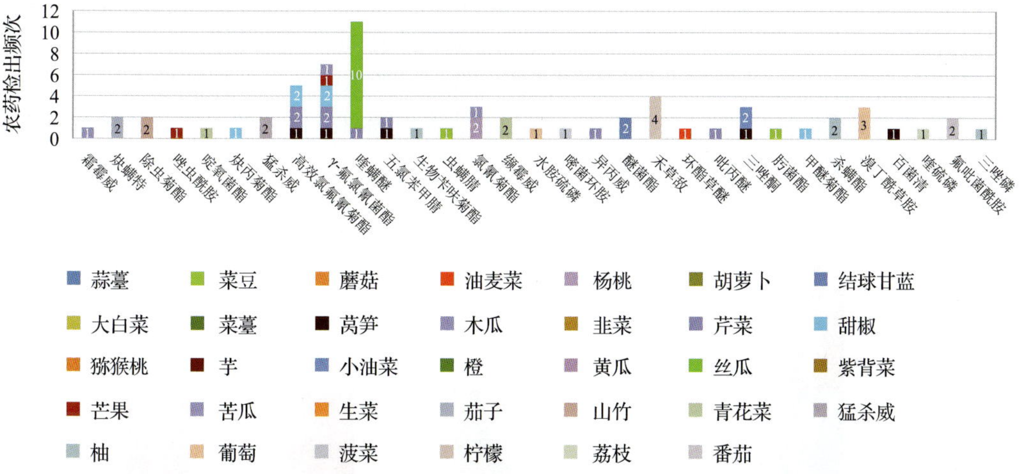

图 15-17-2　超过 MRL 日本标准农药品种及频次

15.2.2.4　按 MRL 中国香港标准衡量

按 MRL 中国香港标准衡量，共有 5 种农药超标，检出 16 频次，分别为高毒农药克百威和氟氯氰菊酯，中毒农药毒死蜱、氯氰菊酯和丙溴磷。

按超标程度比较，苦瓜中氯氰菊酯超标 17.5 倍，苦瓜中氟氯氰菊酯超标 8.3 倍，芋中氯氰菊酯超标 3.5 倍，芹菜中毒死蜱超标 3.2 倍，菜豆中毒死蜱超标 0.7 倍。检测结果见图 15-18 和附表 18。

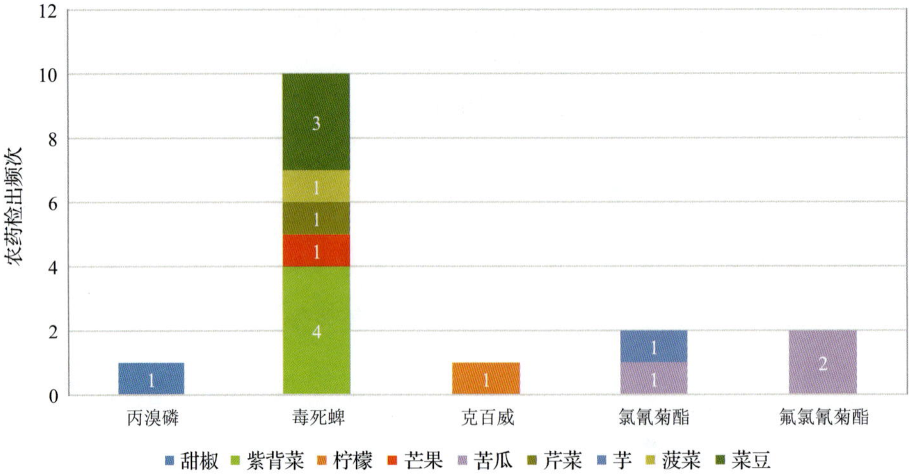

图 15-18　超过 MRL 中国香港标准农药品种及频次

15.2.2.5　按 MRL 美国标准衡量

按 MRL 美国标准衡量，共有 5 种农药超标，检出 10 频次，分别为高毒农药氟氯氰菊酯，中毒农药毒死蜱、γ-氟氯氰菌酯、高效氯氟氰菊酯和氯氰菊酯。

按超标程度比较，苦瓜中氟氯氰菊酯超标 8.3 倍，苦瓜中氯氰菊酯超标 5.5 倍，甜椒中高效氯氟氰菊酯超标 1.9 倍，甜椒中 γ-氟氯氰菌酯超标 1.7 倍，葡萄中毒死蜱超标 0.6 倍。检测结果见图 15-19 和附表 19。

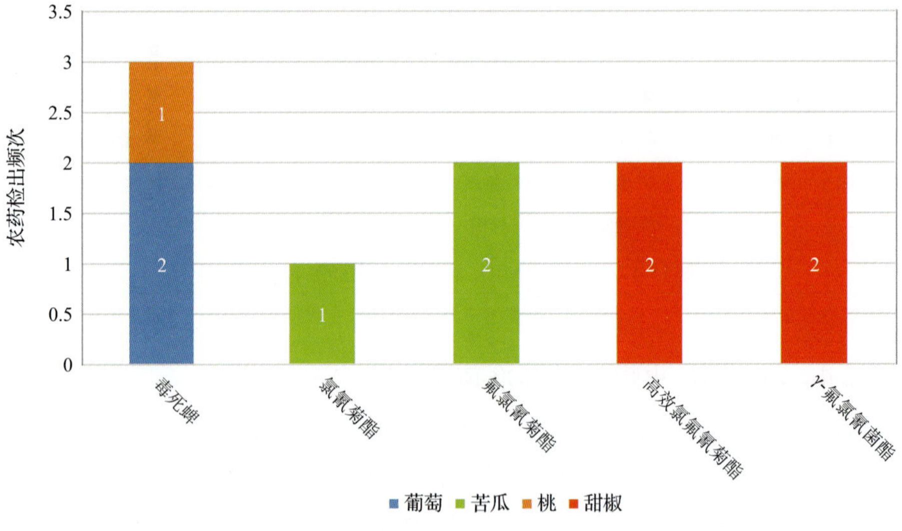

图 15-19　超过 MRL 美国标准农药品种及频次

15.2.2.6　按 MRL CAC 标准衡量

按 MRL CAC 标准衡量，共有 2 种农药超标，检出 5 频次，分别为中毒农药毒死蜱和氯氰菊酯。

按超标程度比较，苦瓜中氯氰菊酯超标 17.5 倍，芋中氯氰菊酯超标 3.5 倍，菜豆中毒死蜱超标 0.7 倍。检测结果见图 15-20 和附表 20。

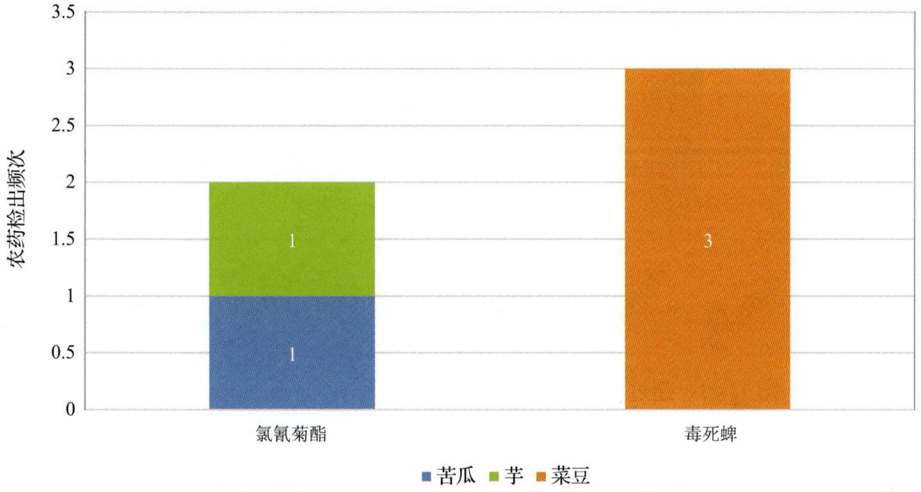

图 15-20　超过 MRL CAC 标准农药品种及频次

15.2.3　23 个采样点超标情况分析

15.2.3.1　按 MRL 中国国家标准衡量

按 MRL 中国国家标准衡量，有 7 个采样点的样品存在不同程度的超标农药检出，其中***超市(大观店)的超标率最高，为 4.4%，如表 15-14 和图 15-21 所示。

表 15-14　超过 MRL 中国国家标准水果蔬菜在不同采样点分布

序号	采样点	样品总数	超标数量	超标率(%)	行政区域
1	***超市(国贸店)	66	1	1.5	官渡区
2	***超市(大观店)	45	2	4.4	五华区
3	***超市(东华店)	40	1	2.5	盘龙区
4	***超市(云纺店)	36	1	2.8	西山区
5	***超市(新迎店)	25	1	4.0	盘龙区
6	***农贸市场	25	1	4.0	五华区
7	***农贸市场	24	1	4.2	盘龙区

15.2.3.2　按 MRL 欧盟标准衡量

按 MRL 欧盟标准衡量，所有采样点的样品均存在不同程度的超标农药检出，其中***菜市场的超标率最高，为 68.0%，如表 15-15 和图 15-22 所示。

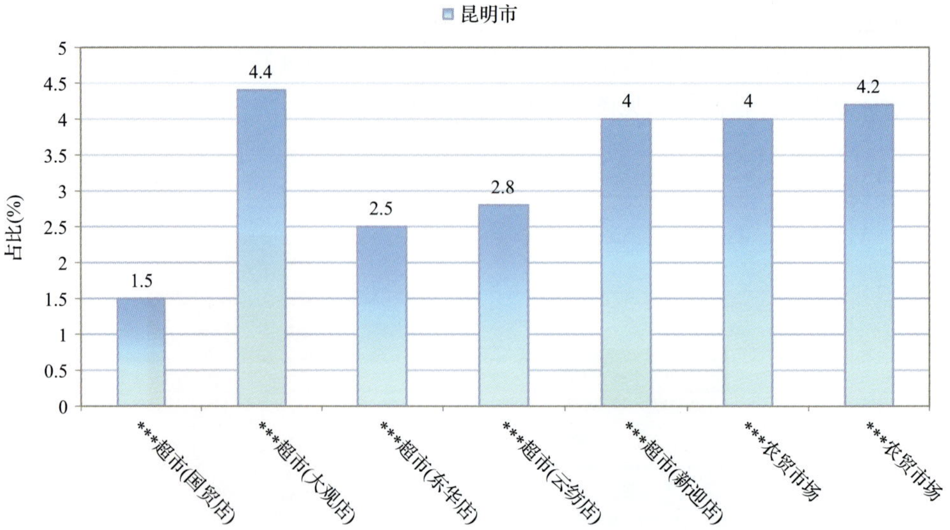

图 15-21　超过 MRL 中国国家标准水果蔬菜在不同采样点分布

表 15-15　超过 MRL 欧盟标准水果蔬菜在不同采样点分布

序号	采样点	样品总数	超标数量	超标率(%)	行政区域
1	***超市(国贸店)	66	18	27.3	官渡区
2	***超市(世纪城店)	64	26	40.6	官渡区
3	***超市(大观店)	45	9	20.0	五华区
4	***超市(世纪广场店)	43	13	30.2	五华区
5	***超市(东华店)	40	11	27.5	盘龙区
6	***超市(东华店)	40	9	22.5	盘龙区
7	***超市(南亚店)	40	11	27.5	西山区
8	***超市(前兴路店)	40	15	37.5	西山区
9	***超市(云纺店)	36	9	25.0	西山区
10	***超市(宝海店)	27	11	40.7	官渡区
11	***超市(云山路店)	27	10	37.0	西山区
12	***超市(万达广场店)	26	14	53.8	西山区
13	***超市(正大店)	26	15	57.7	五华区
14	***超市(新迎店)	25	11	44.0	盘龙区
15	***超市(万宏路店)	25	11	44.0	盘龙区
16	***超市(霖雨路店)	25	10	40.0	五华区
17	***农贸市场	25	10	40.0	五华区
18	***超市(白云店)	25	11	44.0	盘龙区
19	***超市(昆明店)	25	11	44.0	五华区
20	***超市(南亚第壹城店)	25	9	36.0	西山区
21	***菜市场	25	17	68.0	西山区
22	***农贸市场	24	12	50.0	盘龙区
23	***超市(官南店)	24	14	58.3	官渡区

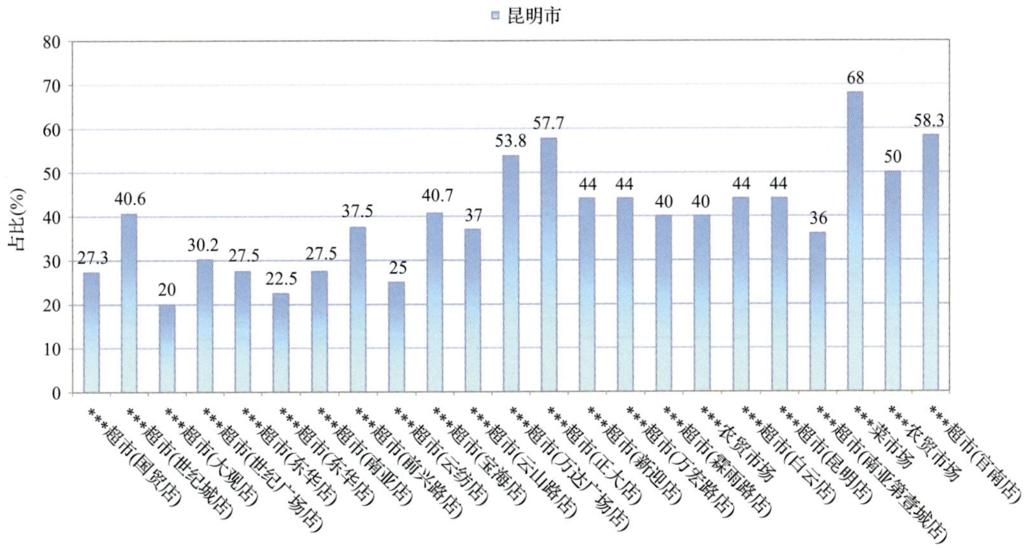

图 15-22　超过 MRL 欧盟标准水果蔬菜在不同采样点分布

15.2.3.3　按 MRL 日本标准衡量

按 MRL 日本标准衡量，所有采样点的样品均存在不同程度的超标农药检出，其中***菜市场的超标率最高，为 52.0%，如表 15-16 和图 15-23 所示。

表 15-16　超过 MRL 日本标准水果蔬菜在不同采样点分布

序号	采样点	样品总数	超标数量	超标率(%)	行政区域
1	***超市(国贸店)	66	15	22.7	官渡区
2	***超市(世纪城店)	64	19	29.7	官渡区
3	***超市(大观店)	45	12	26.7	五华区
4	***超市(世纪广场店)	43	11	25.6	五华区
5	***超市(东华店)	40	13	32.5	盘龙区
6	***超市(东华店)	40	10	25.0	盘龙区
7	***超市(南亚店)	40	9	22.5	西山区
8	***超市(前兴路店)	40	16	40.0	西山区
9	***超市(云纺店)	36	8	22.2	西山区
10	***超市(宝海店)	27	10	37.0	官渡区
11	***超市(云山路店)	27	9	33.3	西山区
12	***超市(万达广场店)	26	12	46.2	西山区
13	***超市(正大店)	26	13	50.0	五华区
14	***超市(新迎店)	25	9	36.0	盘龙区
15	***超市(万宏路店)	25	12	48.0	盘龙区
16	***超市(霖雨路店)	25	7	28.0	五华区
17	***农贸市场	25	9	36.0	五华区

续表

序号	采样点	样品总数	超标数量	超标率(%)	行政区域
18	***超市(白云店)	25	7	28.0	盘龙区
19	***超市(昆明店)	25	8	32.0	五华区
20	***超市(南亚第壹城店)	25	8	32.0	西山区
21	***菜市场	25	13	52.0	西山区
22	***农贸市场	24	11	45.8	盘龙区
23	***超市(官南店)	24	12	50.0	官渡区

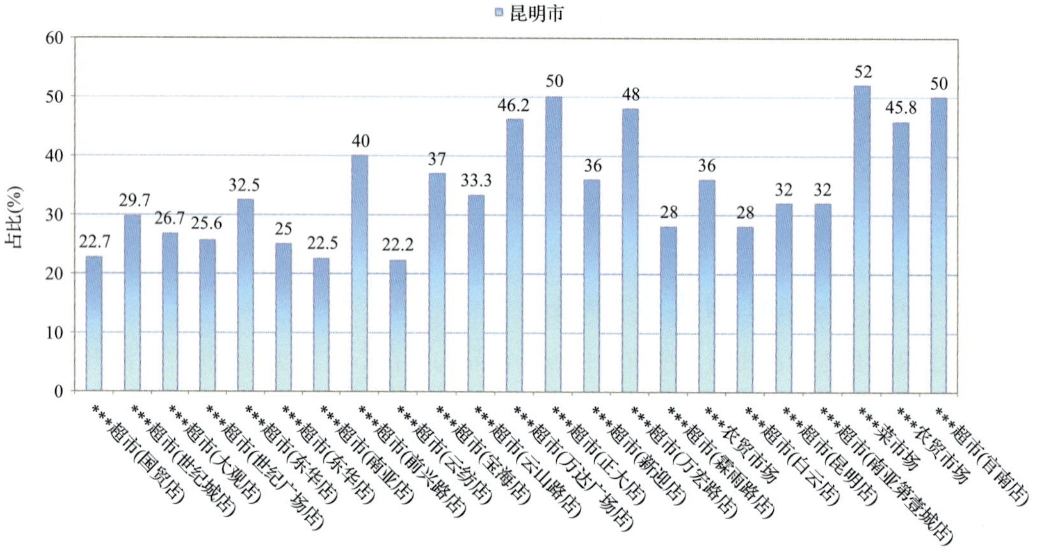

图 15-23　超过 MRL 日本标准水果蔬菜在不同采样点分布

15.2.3.4　按 MRL 中国香港标准衡量

按 MRL 中国香港标准衡量，有 13 个采样点的样品存在不同程度的超标农药检出，其中***超市(大观店)的超标率最高，为 4.4%，如表 15-17 和图 15-24 所示。

表 15-17　超过 MRL 中国香港标准水果蔬菜在不同采样点分布

序号	采样点	样品总数	超标数量	超标率(%)	行政区域
1	***超市(国贸店)	66	1	1.5	官渡区
2	***超市(世纪城店)	64	2	3.1	官渡区
3	***超市(大观店)	45	2	4.4	五华区
4	***超市(世纪广场店)	43	1	2.3	五华区
5	***超市(东华店)	40	1	2.5	盘龙区
6	***超市(南亚店)	40	1	2.5	西山区
7	***超市(云纺店)	36	1	2.8	西山区

续表

序号	采样点	样品总数	超标数量	超标率(%)	行政区域
8	***超市(万达广场店)	26	1	3.8	西山区
9	***超市(正大店)	26	1	3.8	五华区
10	***超市(万宏路店)	25	1	4.0	盘龙区
11	***农贸市场	25	1	4.0	五华区
12	***菜市场	25	1	4.0	西山区
13	***农贸市场	24	1	4.2	盘龙区

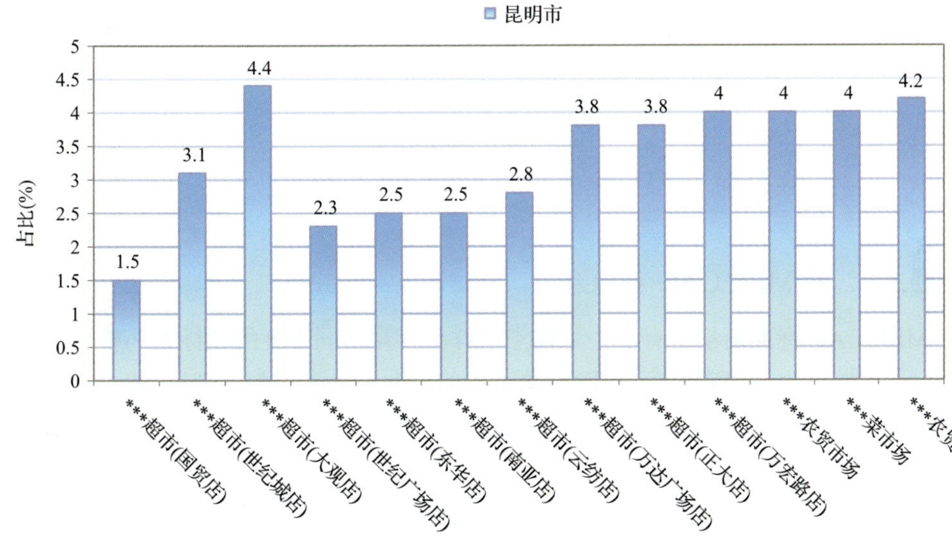

图 15-24　超过 MRL 中国香港标准水果蔬菜在不同采样点分布

15.2.3.5　按 MRL 美国标准衡量

按 MRL 美国标准衡量，有 7 个采样点的样品存在不同程度的超标农药检出，其中***超市(新迎店)、***超市(万宏路店)、***超市(霖雨路店)、***农贸市场和***超市(南亚第壹城店)的超标率最高，为 4.0%，如表 15-18 和图 15-25 所示。

表 15-18　超过 MRL 美国标准水果蔬菜在不同采样点分布

序号	采样点	样品总数	超标数量	超标率(%)	行政区域
1	***超市(世纪城店)	64	1	1.6	官渡区
2	***超市(云纺店)	36	1	2.8	西山区
3	***超市(新迎店)	25	1	4.0	盘龙区
4	***超市(万宏路店)	25	1	4.0	盘龙区
5	***超市(霖雨路店)	25	1	4.0	五华区
6	***农贸市场	25	1	4.0	五华区
7	***超市(南亚第壹城店)	25	1	4.0	西山区

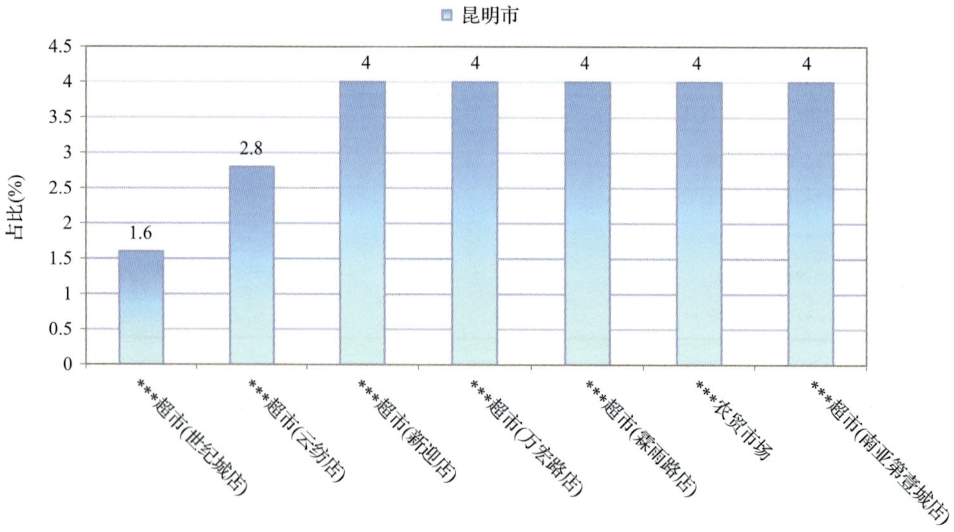

图 15-25　超过 MRL 美国标准水果蔬菜在不同采样点分布

15.2.3.6　按 MRL CAC 标准衡量

按 MRL CAC 标准衡量，有 5 个采样点的样品存在不同程度的超标农药检出，其中***超市(万宏路店)、***农贸市场和***菜市场的超标率最高，为 4.0%，如表 15-19 和图 15-26 所示。

表 15-19　超过 MRL CAC 标准水果蔬菜在不同采样点分布

序号	采样点	样品总数	超标数量	超标率(%)	行政区域
1	***超市(大观店)	45	1	2.2	五华区
2	***超市(正大店)	26	1	3.8	五华区
3	***超市(万宏路店)	25	1	4.0	盘龙区
4	***农贸市场	25	1	4.0	五华区
5	***菜市场	25	1	4.0	西山区

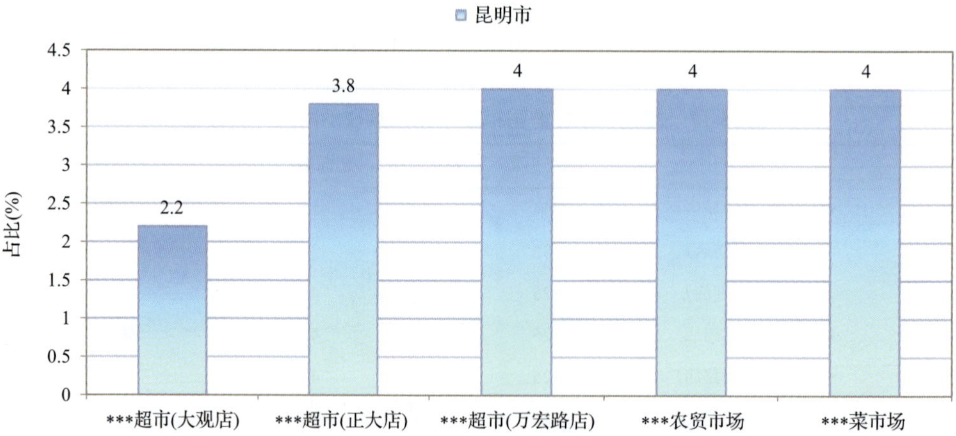

图 15-26　超过 MRL CAC 标准水果蔬菜在不同采样点分布

15.3 水果中农药残留分布

15.3.1 检出农药品种和频次排前 10 的水果

本次残留侦测的水果共 18 种，包括西瓜、桃、山竹、猕猴桃、哈密瓜、木瓜、苹果、葡萄、芒果、梨、柚、李子、荔枝、火龙果、橙、杨桃、柠檬和番石榴。

根据检出农药品种及频次进行排名，将各项排名前 10 的水果样品检出情况列表说明，详见表 15-20。

表 15-20 检出农药品种和频次排名前 10 的水果

检出农药品种排名前 10(品种)	①葡萄(23),②苹果(13),③柠檬(12),④桃(12),⑤芒果(10),⑥橙(9),⑦梨(9),⑧柚(9),⑨猕猴桃(7),⑩杨桃(7)
检出农药频次排名前 10(频次)	①葡萄(82),②柠檬(33),③橙(30),④芒果(24),⑤苹果(24),⑥猕猴桃(22),⑦梨(19),⑧桃(19),⑨柚(18),⑩哈密瓜(17)
检出禁用、高毒及剧毒农药品种排名前 10(品种)	①柚(3),②葡萄(2),③橙(1),④火龙果(1),⑤柠檬(1),⑥桃(1),⑦杨桃(1)
检出禁用、高毒及剧毒农药频次排名前 10(频次)	①柚(4),②柠檬(2),③葡萄(2),④桃(2),⑤橙(1),⑥火龙果(1),⑦杨桃(1)

15.3.2 超标农药品种和频次排前 10 的水果

鉴于 MRL 欧盟标准和日本标准制定比较全面且覆盖率较高，我们参照 MRL 中国国家标准、欧盟标准和日本标准衡量水果样品中农残检出情况，将超标农药品种及频次排名前 10 的水果列表说明，详见表 15-21。

表 15-21 超标农药品种和频次排名前 10 的水果

超标农药品种排名前 10(农药品种数)	MRL 中国国家标准	①柠檬(1),②葡萄(1),③柚(1)
	MRL 欧盟标准	①葡萄(7),②柚(5),③芒果(4),④橙(3),⑤猕猴桃(3),⑥木瓜(3),⑦柠檬(3),⑧西瓜(3),⑨哈密瓜(2),⑩火龙果(2)
	MRL 日本标准	①柚(5),②芒果(4),③葡萄(4),④火龙果(3),⑤木瓜(3),⑥西瓜(3),⑦杨桃(3),⑧哈密瓜(2),⑨柠檬(2),⑩橙(1)
超标农药频次排名前 10(农药频次数)	MRL 中国国家标准	①柠檬(2),②葡萄(1),③柚(1)
	MRL 欧盟标准	①葡萄(19),②哈密瓜(14),③橙(10),④西瓜(10),⑤柠檬(9),⑥柚(7),⑦芒果(6),⑧猕猴桃(4),⑨木瓜(4),⑩火龙果(2)
	MRL 日本标准	①哈密瓜(14),②葡萄(10),③西瓜(10),④柚(7),⑤芒果(6),⑥柠檬(6),⑦橙(5),⑧木瓜(5),⑨杨桃(4),⑩火龙果(3)

通过对各品种水果样本总数及检出率进行综合分析发现，葡萄、苹果和柠檬的残留污染最为严重，在此，我们参照 MRL 中国国家标准、欧盟标准和日本标准对这 3 种水果的农残检出情况进行进一步分析。

15.3.3 农药残留检出率较高的水果样品分析

15.3.3.1 葡萄

这次共检测 25 例葡萄样品，22 例样品中检出了农药残留，检出率为 88.0%，检出农药共计 23 种。其中嘧霉胺、γ-氟氯氰菌酯、甲霜灵、氟吡菌酰胺和氟唑菌酰胺检出频次较高，分别检出了 18、6、6、5 和 5 次。葡萄中农药检出品种和频次见图 15-27，超标农药见图 15-28 和表 15-22。

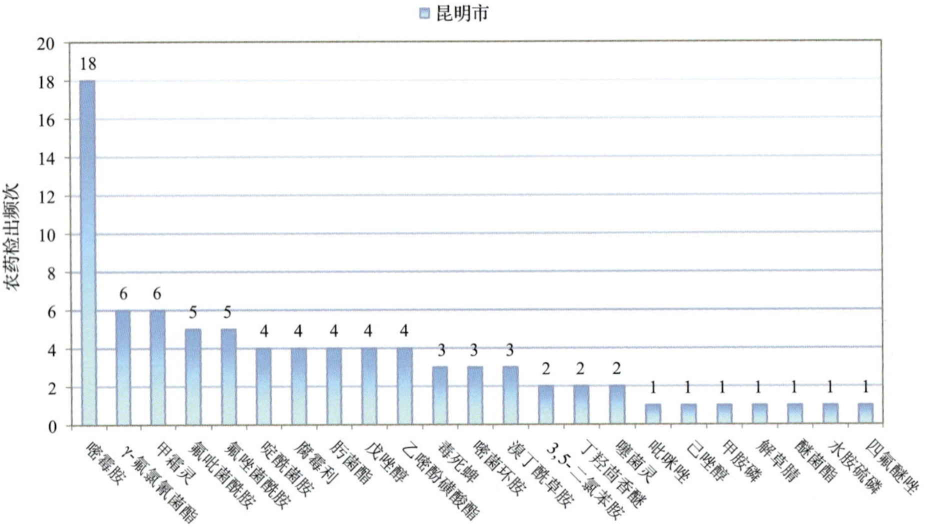

图 15-27　葡萄样品检出农药品种和频次分析

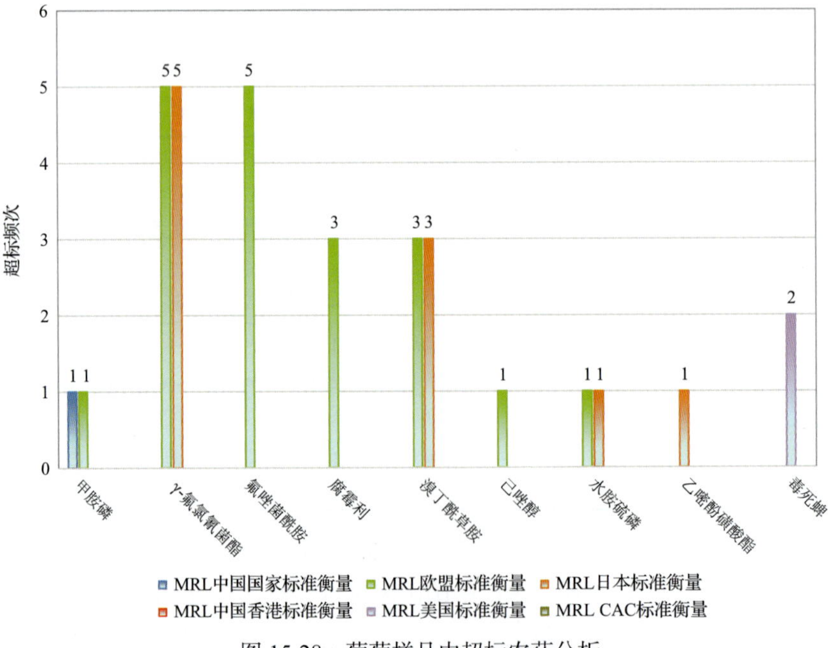

图 15-28　葡萄样品中超标农药分析

表 15-22　葡萄中农药残留超标情况明细表

样品总数			检出农药样品数	样品检出率(%)	检出农药品种总数
25			22	88	23
	超标农药品种	超标农药频次	按照 MRL 中国国家标准、欧盟标准和日本标准衡量超标农药名称及频次		
中国国家标准	1	1	甲胺磷(1)		
欧盟标准	7	19	γ-氟氯氰菌酯(5),氟唑菌酰胺(5),腐霉利(3),溴丁酰草胺(3),己唑醇(1),甲胺磷(1),水胺硫磷(1)		
日本标准	4	10	γ-氟氯氰菌酯(5),溴丁酰草胺(3),水胺硫磷(1),乙嘧酚磺酸酯(1)		

15.3.3.2　苹果

这次共检测 25 例苹果样品，16 例样品中检出了农药残留，检出率为 64.0%，检出农药共计 13 种。其中毒死蜱、除虫菊素Ⅰ、γ-氟氯氰菌酯、甲醚菊酯和威杀灵检出频次较高，分别检出了 6、3、2、2 和 2 次。苹果中农药检出品种和频次见图 15-29，超标农药见图 15-30 和表 15-23。

表 15-23　苹果中农药残留超标情况明细表

样品总数			检出农药样品数	样品检出率(%)	检出农药品种总数
25			16	64	13
	超标农药品种	超标农药频次	按照 MRL 中国国家标准、欧盟标准和日本标准衡量超标农药名称及频次		
中国国家标准	0	0			
欧盟标准	2	2	γ-氟氯氰菌酯(1),丙溴磷(1)		
日本标准	1	1	γ-氟氯氰菌酯(1)		

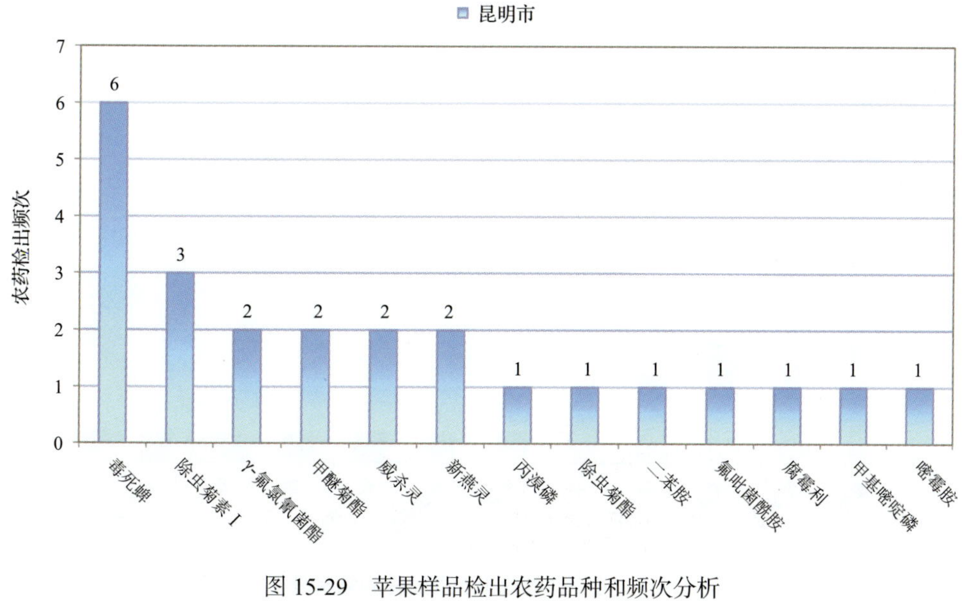

图 15-29　苹果样品检出农药品种和频次分析

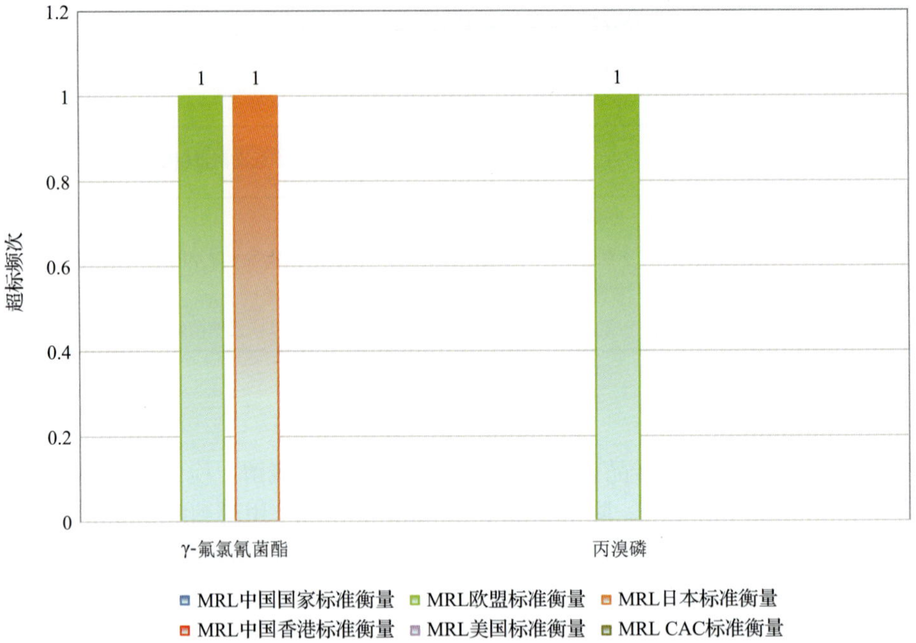

图 15-30　苹果样品中超标农药分析

15.3.3.3　柠檬

这次共检测 25 例柠檬样品，20 例样品中检出了农药残留，检出率为 80.0%，检出农药共计 12 种。其中毒死蜱、哒螨灵、禾草敌、仲丁威和克百威检出频次较高，分别检出了 13、4、4、3 和 2 次。柠檬中农药检出品种和频次见图 15-31，超标农药见图 15-32 和表 15-24。

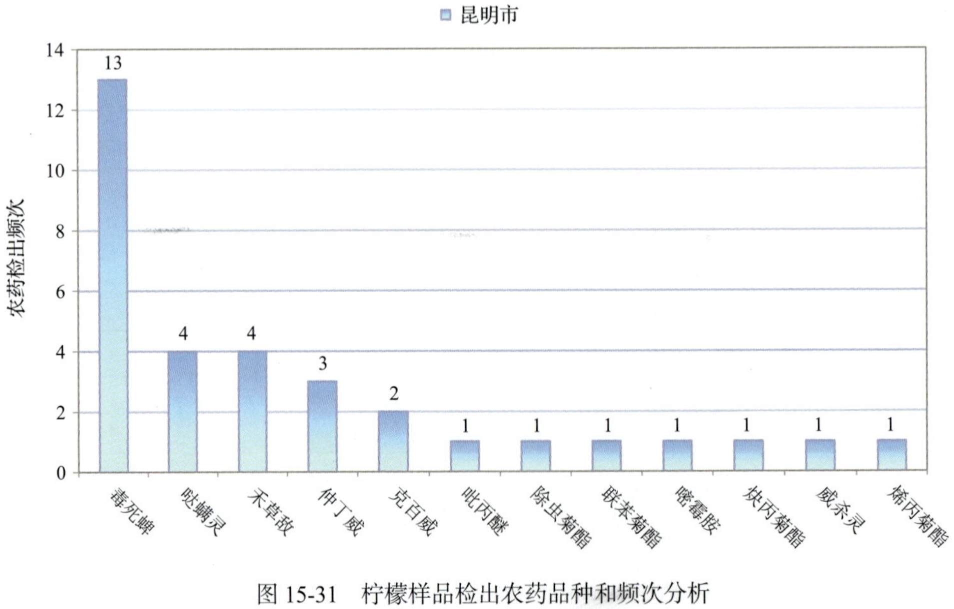

图 15-31　柠檬样品检出农药品种和频次分析

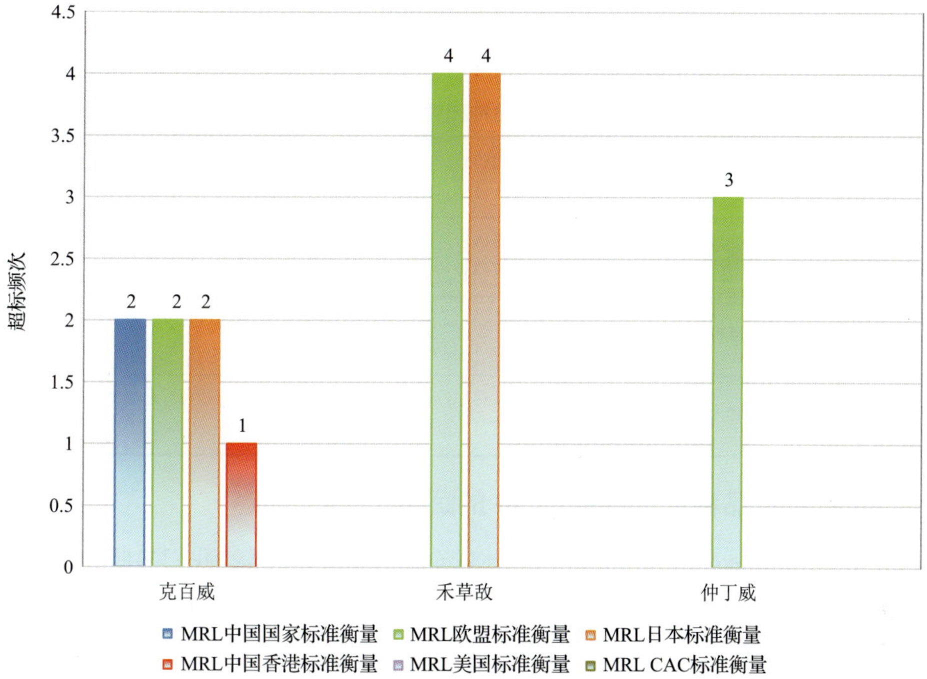

图 15-32 柠檬样品中超标农药分析

表 15-24 柠檬中农药残留超标情况明细表

样品总数			检出农药样品数	样品检出率(%)	检出农药品种总数
25			20	80	12
	超标农药品种	超标农药频次	按照 MRL 中国国家标准、欧盟标准和日本标准衡量超标农药名称及频次		
中国国家标准	1	2	克百威(2)		
欧盟标准	3	9	禾草敌(4),仲丁威(3),克百威(2)		
日本标准	2	6	禾草敌(4),克百威(2)		

15.4 蔬菜中农药残留分布

15.4.1 检出农药品种和频次排前 10 的蔬菜

本次残留侦测的蔬菜共 31 种，包括莲藕、结球甘蓝、洋葱、蕹菜、黄瓜、韭菜、芹菜、番茄、菠菜、西葫芦、甜椒、人参果、紫背菜、青花菜、油麦菜、胡萝卜、芋、芋花、茄子、秋葵、大白菜、菜薹、菜豆、小油菜、苦瓜、生菜、茼蒿、莴笋、蒜薹、丝瓜和竹笋。

根据检出农药品种及频次进行排名，将各项排名前 10 的蔬菜样品检出情况列表说明，详见表 15-25。

表 15-25　检出农药品种和频次排名前 10 的蔬菜

检出农药品种排名前 10(品种)	①芹菜(33),②番茄(23),③甜椒(22),④莴笋(19),⑤生菜(18),⑥黄瓜(15),⑦茄子(15),⑧菠菜(14),⑨小油菜(14),⑩油麦菜(13)
检出农药频次排名前 10(频次)	①芹菜(91),②番茄(63),③黄瓜(59),④菜豆(52),⑤生菜(44),⑥甜椒(43),⑦小油菜(42),⑧丝瓜(39),⑨莴笋(39),⑩茄子(34)
检出禁用、高毒及剧毒农药品种排名前 10(品种)	①黄瓜(2),②菠菜(1),③菜薹(1),④番茄(1),⑤胡萝卜(1),⑥苦瓜(1),⑦茄子(1),⑧芹菜(1),⑨人参果(1)
检出禁用、高毒及剧毒农药频次排名前 10(频次)	①黄瓜(3),②菜薹(2),③苦瓜(2),④茄子(2),⑤人参果(2),⑥菠菜(1),⑦番茄(1),⑧胡萝卜(1),⑨芹菜(1)

15.4.2　超标农药品种和频次排前 10 的蔬菜

鉴于 MRL 欧盟标准和日本标准制定比较全面且覆盖率较高，我们参照 MRL 中国国家标准、欧盟标准和日本标准衡量蔬菜样品中农残检出情况，将超标农药品种及频次排名前 10 的蔬菜列表说明，详见表 15-26。

表 15-26　超标农药品种和频次排名前 10 的蔬菜

超标农药品种排名前 10 (农药品种数)	MRL 中国国家标准	①菠菜(1),②苦瓜(1),③芹菜(1),④芋(1)
	MRL 欧盟标准	①芹菜(15),②甜椒(11),③莴笋(10),④菠菜(7),⑤番茄(7),⑥生菜(7),⑦小油菜(7),⑧菜豆(6),⑨茄子(6),⑩青花菜(6)
	MRL 日本标准	①芹菜(14),②菜豆(11),③甜椒(9),④莴笋(8),⑤菠菜(6),⑥结球甘蓝(6),⑦小油菜(5),⑧紫背菜(5),⑨菜薹(4),⑩番茄(4)
超标农药频次排名前 10 (农药频次数)	MRL 中国国家标准	①菠菜(1),②苦瓜(1),③芹菜(1),④芋(1)
	MRL 欧盟标准	①芹菜(41),②菜豆(34),③结球甘蓝(29),④番茄(26),⑤生菜(26),⑥莴笋(23),⑦甜椒(19),⑧胡萝卜(18),⑨小油菜(18),⑩黄瓜(15)
	MRL 日本标准	①菜豆(45),②芹菜(39),③结球甘蓝(30),④丝瓜(22),⑤莴笋(21),⑥小油菜(20),⑦胡萝卜(19),⑧生菜(19),⑨洋葱(14),⑩紫背菜(14)

通过对各品种蔬菜样本总数及检出率进行综合分析发现，芹菜、番茄和甜椒的残留污染最为严重，在此，我们参照 MRL 中国国家标准、欧盟标准和日本标准对这 3 种蔬菜的农残检出情况进行进一步分析。

15.4.3　农药残留检出率较高的蔬菜样品分析

15.4.3.1　芹菜

这次共检测 23 例芹菜样品，全部检出了农药残留，检出率为 100.0%，检出农药共计 33 种。其中威杀灵、联苯、毒死蜱、嘧霉胺和喹螨醚检出频次较高，分别检出了

16、13、9、7 和 6 次。芹菜中农药检出品种和频次见图 15-33，超标农药见图 15-34 和表 15-27。

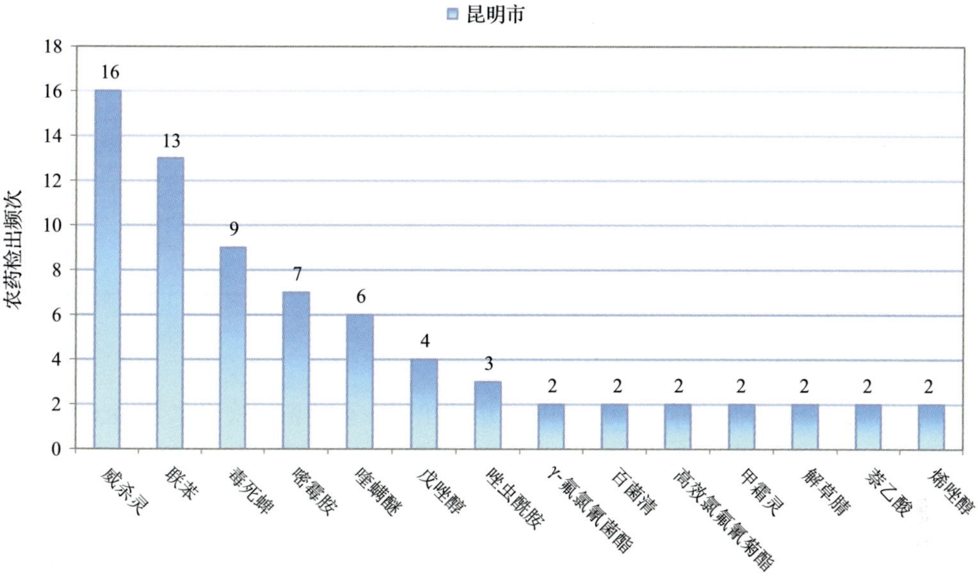

图 15-33　芹菜样品检出农药品种和频次分析(仅列出 2 频次及以上的数据)

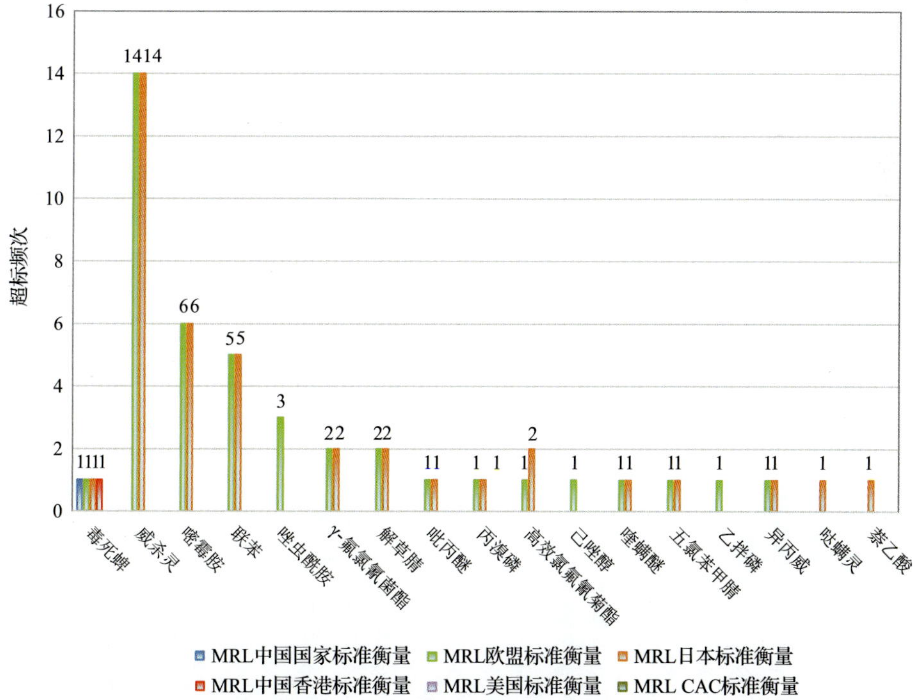

图 15-34　芹菜样品中超标农药分析

表 15-27　芹菜中农药残留超标情况明细表

样品总数			检出农药样品数	样品检出率(%)	检出农药品种总数
23			23	100	33
	超标农药品种	超标农药频次	按照 MRL 中国国家标准、欧盟标准和日本标准衡量超标农药名称及频次		
中国国家标准	1	1	毒死蜱(1)		
欧盟标准	15	41	威杀灵(14),嘧霉胺(6),联苯(5),唑虫酰胺(3),γ-氟氯氰菌酯(2),解草腈(2),吡丙醚(1),丙溴磷(1),毒死蜱(1),高效氯氟氰菊酯(1),己唑醇(1),喹螨醚(1),五氯苯甲腈(1),乙拌磷(1),异丙威(1)		
日本标准	14	39	威杀灵(14),嘧霉胺(6),联苯(5),γ-氟氯氰菌酯(2),高效氯氟氰菊酯(2),解草腈(2),吡丙醚(1),丙溴磷(1),哒螨灵(1),毒死蜱(1),喹螨醚(1),萘乙酸(1),五氯苯甲腈(1),异丙威(1)		

15.4.3.2　番茄

这次共检测 25 例番茄样品，22 例样品中检出了农药残留，检出率为 88.0%，检出农药共计 23 种。其中仲丁威、腐霉利、乙嘧酚磺酸酯、戊唑醇和粉唑醇检出频次较高，分别检出了 17、7、7、5 和 3 次。番茄中农药检出品种和频次见图 15-35，超标农药见图 15-36 和表 15-28。

表 15-28　番茄中农药残留超标情况明细表

样品总数			检出农药样品数	样品检出率(%)	检出农药品种总数
25			22	88	23
	超标农药品种	超标农药频次	按照 MRL 中国国家标准、欧盟标准和日本标准衡量超标农药名称及频次		
中国国家标准	0	0			
欧盟标准	7	26	仲丁威(15),腐霉利(6),γ-氟氯氰菌酯(1),虫螨腈(1),噁霜灵(1),己唑醇(1),唑虫酰胺(1)		
日本标准	4	9	乙嘧酚磺酸酯(5),氟吡菌酰胺(2),γ-氟氯氰菌酯(1),醚菌酯(1)		

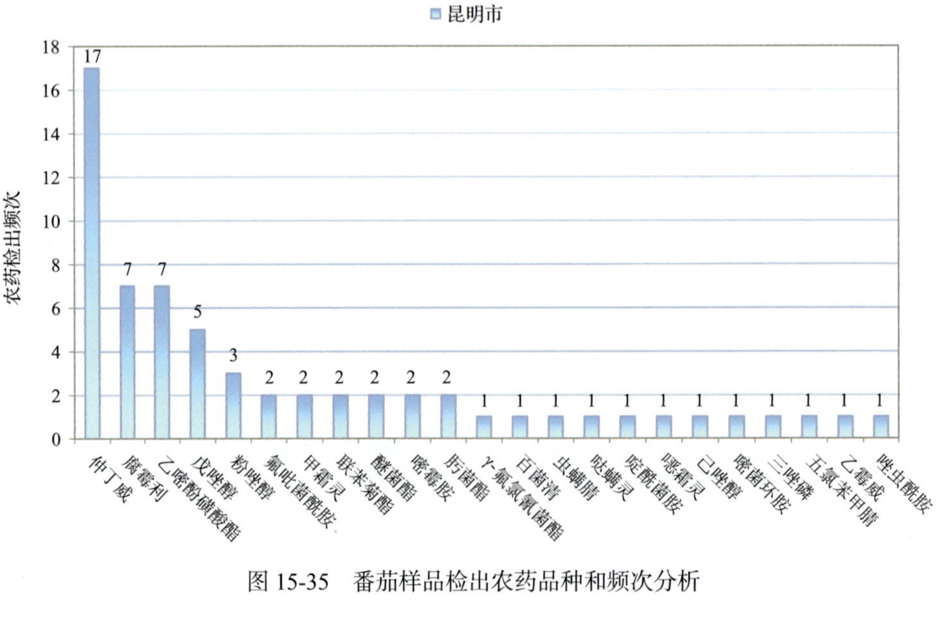

图 15-35　番茄样品检出农药品种和频次分析

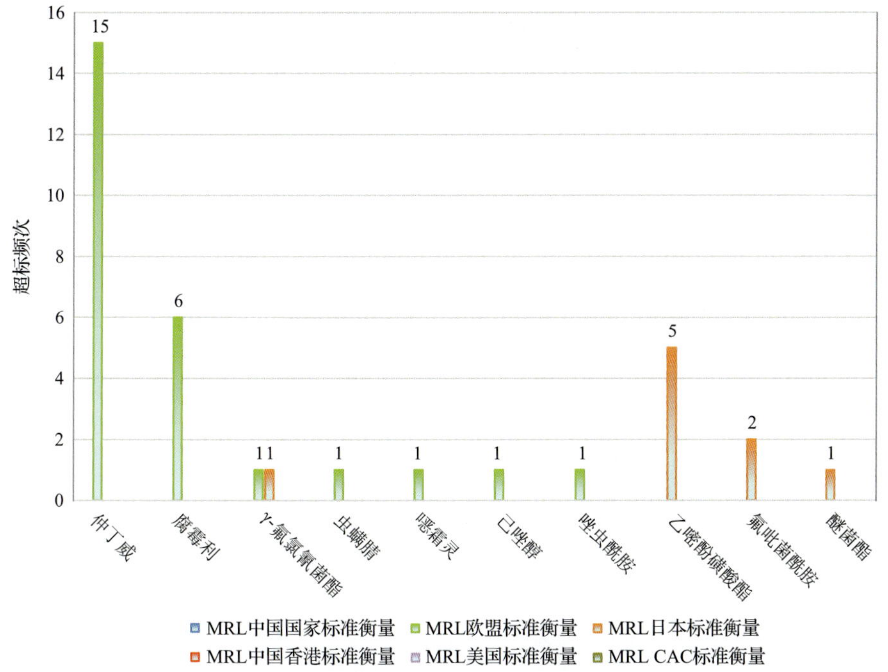

图 15-36　番茄样品中超标农药分析

15.4.3.3　甜椒

这次共检测 21 例甜椒样品，17 例样品中检出了农药残留，检出率为 81.0%，检出农药共计 22 种。其中哒螨灵、丙溴磷、联苯菊酯、甲氰菊酯和肟菌酯检出频次较高，分别检出了 6、4、4、3 和 3 次。甜椒中农药检出品种和频次见图 15-37，超标农药见图 15-38 和表 15-29。

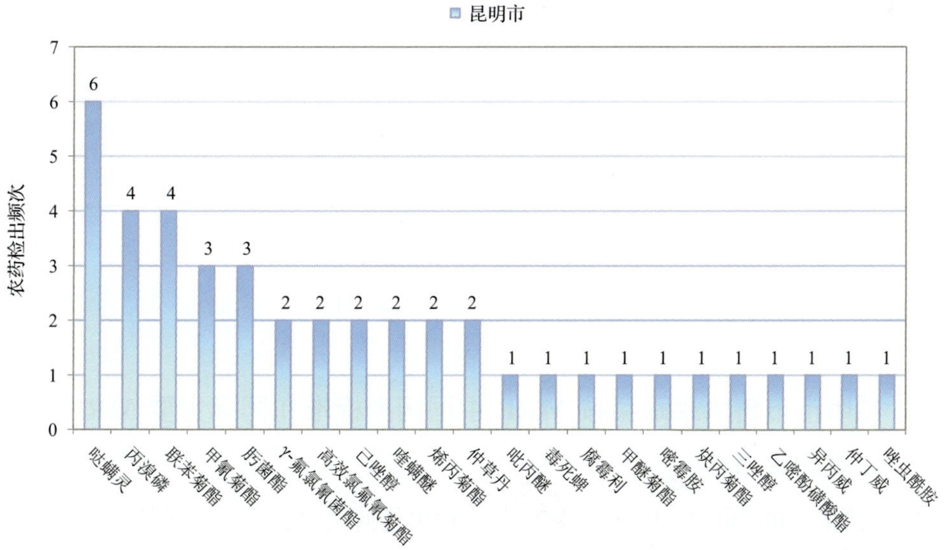

图 15-37　甜椒样品检出农药品种和频次分析

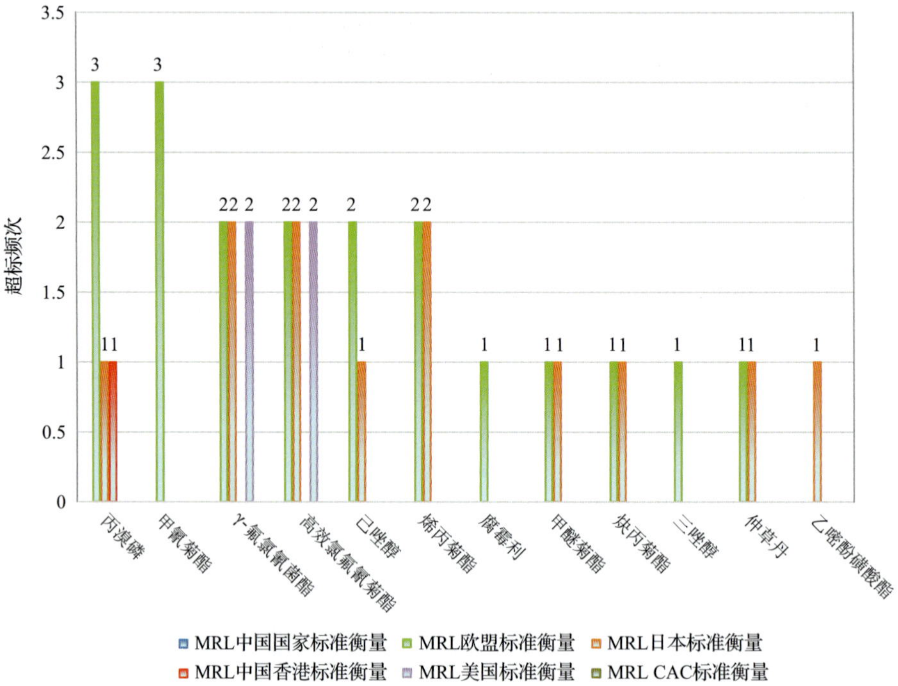

图 15-38　甜椒样品中超标农药分析

表 15-29　甜椒中农药残留超标情况明细表

样品总数			检出农药样品数	样品检出率(%)	检出农药品种总数
21			17	81	22
	超标农药品种	超标农药频次	按照 MRL 中国国家标准、欧盟标准和日本标准衡量超标农药名称及频次		
中国国家标准	0	0			
欧盟标准	11	19	丙溴磷(3),甲氰菊酯(3),γ-氟氯氰菌酯(2),高效氯氟氰菊酯(2),己唑醇(2),烯丙菊酯(2),腐霉利(1),甲醚菊酯(1),炔丙菊酯(1),三唑醇(1),仲草丹(1)		
日本标准	9	12	γ-氟氯氰菌酯(2),高效氯氟氰菊酯(2),烯丙菊酯(2),丙溴磷(1),己唑醇(1),甲醚菊酯(1),炔丙菊酯(1),乙嘧酚磺酸酯(1),仲草丹(1)		

15.5　初步结论

15.5.1　昆明市市售水果蔬菜按 MRL 中国国家标准和国际主要 MRL 标准衡量的合格率

本次侦测的 768 例样品中，241 例样品未检出任何残留农药，占样品总量的 31.4%，527 例样品检出不同水平、不同种类的残留农药，占样品总量的 68.6%。在这 527 例检出农药残留的样品中：

按照 MRL 中国国家标准衡量，有 519 例样品检出残留农药但含量没有超标，占样品总数的 67.6%，有 8 例样品检出了超标农药，占样品总数的 1.0%。

按照 MRL 欧盟标准衡量，有 240 例样品检出残留农药但含量没有超标，占样品总数的 31.2%，有 287 例样品检出了超标农药，占样品总数的 37.4%。

按照 MRL 日本标准衡量，有 274 例样品检出残留农药但含量没有超标，占样品总数的 35.7%，有 253 例样品检出了超标农药，占样品总数的 32.9%。

按照 MRL 中国香港标准衡量，有 512 例样品检出残留农药但含量没有超标，占样品总数的 66.7%，有 15 例样品检出了超标农药，占样品总数的 2.0%。

按照 MRL 美国标准衡量，有 520 例样品检出残留农药但含量没有超标，占样品总数的 67.7%，有 7 例样品检出了超标农药，占样品总数的 0.9%。

按照 MRL CAC 标准衡量，有 522 例样品检出残留农药但含量没有超标，占样品总数的 68.0%，有 5 例样品检出了超标农药，占样品总数的 0.7%。

15.5.2　昆明市市售水果蔬菜中检出农药以中低微毒农药为主，占市场主体的 90.4%

这次侦测的 768 例样品包括水果 18 种 289 例，食用菌 2 种 23 例，蔬菜 31 种 456 例，共检出了 115 种农药，检出农药的毒性以中低微毒为主，详见表 15-30。

表 15-30　市场主体农药毒性分布

毒性	检出品种	占比(%)	检出频次	占比(%)
剧毒农药	2	1.7	2	0.2
高毒农药	9	7.8	19	1.6
中毒农药	44	38.3	514	44.1
低毒农药	40	34.8	446	38.3
微毒农药	20	17.4	184	15.8
中低微毒农药，品种占比 90.4%，频次占比 98.2%				

15.5.3　检出剧毒、高毒和禁用农药现象应该警醒

在此次侦测的 768 例样品中有 9 种蔬菜和 7 种水果的 27 例样品检出了 13 种 29 频次的剧毒和高毒或禁用农药，占样品总量的 3.5%。其中剧毒农药灭线磷和乙拌磷及高毒农药水胺硫磷、克百威和敌敌畏检出频次较高。

按 MRL 中国国家标准衡量，高毒农药克百威，检出 3 次，超标 2 次；按超标程度比较，柠檬中克百威超标 31.8 倍，葡萄中甲胺磷超标 1.9 倍，柚中三唑磷超标 1.4 倍。

剧毒、高毒或禁用农药的检出情况及按照 MRL 中国国家标准衡量的超标情况见表 15-31。

表 15-31　剧毒、高毒或禁用农药的检出及超标明细

序号	农药名称	样品名称	检出频次	超标频次	最大超标倍数	超标率
1.1	乙拌磷*	芹菜	1	0	0	0.0%
2.1	灭线磷*▲	火龙果	1	0	0	0.0%
3.1	三唑磷◊	柚	1	1	1.4	100.0%
3.2	三唑磷◊	番茄	1	0	0	0.0%
4.1	克百威◊▲	柠檬	2	2	31.8	100.0%
4.2	克百威◊▲	黄瓜	1	0	0	0.0%
5.1	兹克威◊	菜薹	2	0	0	0.0%
6.1	敌敌畏◊	胡萝卜	1	0	0	0.0%
6.2	敌敌畏◊	菠菜	1	0	0	0.0%
7.1	杀扑磷◊▲	橙	1	0	0	0.0%
8.1	氟氯氰菊酯◊	苦瓜	2	0	0	0.0%
9.1	水胺硫磷◊▲	茄子	2	0	0	0.0%
9.2	水胺硫磷◊▲	杨桃	1	0	0	0.0%
9.3	水胺硫磷◊▲	葡萄	1	0	0	0.0%
10.1	猛杀威◊	柚	2	0	0	0.0%
11.1	甲胺磷◊▲	葡萄	1	1	1.9	100.0%
12.1	六六六▲	蘑菇	1	0	0	0.0%
13.1	硫丹▲	人参果	2	0	0	0.0%
13.2	硫丹▲	桃	2	0	0	0.0%
13.3	硫丹▲	黄瓜	2	0	0	0.0%
13.4	硫丹▲	柚	1	0	0	0.0%
合计			29	4		13.8%

注：超标倍数参照 MRL 中国国家标准衡量

这些超标的剧毒和高毒农药都是中国政府早有规定禁止在水果蔬菜中使用的，为什么还屡次被检出，应该引起警惕。

15.5.4　残留限量标准与先进国家或地区标准差距较大

1165 频次的检出结果与我国公布的 GB 2763—2014《食品中农药最大残留限量》对比，有 212 频次能找到对应的 MRL 中国国家标准，占 18.2%；还有 953 频次的侦测数据无相关 MRL 标准供参考，占 81.8%。

与国际上现行 MRL 标准对比发现：

有 1165 频次能找到对应的 MRL 欧盟标准，占 100.0%；

有 1165 频次能找到对应的 MRL 日本标准，占 100.0%；

有 326 频次能找到对应的 MRL 中国香港标准，占 28.0%；

有 296 频次能找到对应的 MRL 美国标准，占 25.4%；

有 215 频次能找到对应的 MRL CAC 标准，占 18.5%；

由上可见，MRL 中国国家标准与先进国家或地区标准还有很大差距，我们无标准，境外有标准，这就会导致我们在国际贸易中，处于受制于人的被动地位。

15.5.5　水果蔬菜单种样品检出 12~33 种农药残留，拷问农药使用的科学性

通过此次监测发现，葡萄、苹果和柠檬是检出农药品种最多的 3 种水果，芹菜、番茄和甜椒是检出农药品种最多的 3 种蔬菜，从中检出农药品种及频次详见表 15-32。

表 15-32　单种样品检出农药品种及频次

样品名称	样品总数	检出农药样品数	检出率	检出农药品种数	检出农药(频次)
芹菜	23	23	100.0%	33	威杀灵(16),联苯(13),毒死蜱(9),嘧霉胺(7),喹螨醚(6),戊唑醇(4),唑虫酰胺(3),γ-氟氯氰菌酯(2),百菌清(2),高效氯氟氰菊酯(2),甲霜灵(2),解草腈(2),萘乙酸(2),烯唑醇(2),吡丙醚(1),丙溴磷(1),除虫菊酯(1),哒螨灵(1),啶酰菌胺(1),氟丙菊酯(1),氟硅唑(1),己唑醇(1),抗蚜威(1),联苯菊酯(1),扑草净(1),四氢吩胺(1),肟菌酯(1),五氯苯胺(1),五氯苯甲腈(1),五氯硝基苯(1),烯虫酯(1),乙拌磷(1),异丙威(1)
番茄	25	22	88.0%	23	仲丁威(17),腐霉利(7),乙嘧酚磺酸酯(7),戊唑醇(5),粉唑醇(3),氟吡菌酰胺(2),甲霜灵(2),联苯菊酯(2),醚菌酯(2),嘧霉胺(2),肟菌酯(2),γ-氟氯氰菌酯(1),百菌清(1),虫螨腈(1),哒螨灵(1),啶酰菌胺(1),噁霜灵(1),己唑醇(1),嘧菌环胺(1),三唑磷(1),五氯苯甲腈(1),乙霉威(1),唑虫酰胺(1)
甜椒	21	17	81.0%	22	哒螨灵(6),丙溴磷(4),联苯菊酯(4),甲氰菊酯(3),肟菌酯(3),γ-氟氯氰菌酯(2),高效氯氟氰菊酯(2),己唑醇(2),喹螨醚(2),烯丙菊酯(2),仲草丹(2),吡丙醚(1),毒死蜱(1),腐霉利(1),甲醚菊酯(1),嘧霉胺(1),炔丙菊酯(1),三唑醇(1),乙嘧酚磺酸酯(1),异丙威(1),仲丁威(1),唑虫酰胺(1)
葡萄	25	22	88.0%	23	嘧霉胺(18),γ-氟氯氰菌酯(6),甲霜灵(6),氟吡菌酰胺(5),氟唑菌酰胺(5),啶酰菌胺(4),腐霉利(4),肟菌酯(4),戊唑醇(4),乙嘧酚磺酸酯(4),毒死蜱(3),嘧菌环胺(3),溴丁酰草胺(3),3,5-二氯苯胺(2),丁羟茴香醚(2),噻菌灵(2),吡咪唑(1),己唑醇(1),甲胺磷(1),解草腈(1),醚菌酯(1),水胺硫磷(1),四氟醚唑(1)
苹果	25	16	64.0%	13	毒死蜱(6),除虫菊素 I (3),γ-氟氯氰菌酯(2),甲醚菊酯(2),威杀灵(2),新燕灵(2),丙溴磷(1),除虫菊酯(1),二苯胺(1),氟吡菌酰胺(1),腐霉利(1),甲基嘧啶磷(1),嘧霉胺(1)
柠檬	25	20	80.0%	12	毒死蜱(13),哒螨灵(4),禾草敌(4),仲丁威(3),克百威(2),吡丙醚(1),除虫菊酯(1),联苯菊酯(1),嘧霉胺(1),炔丙菊酯(1),威杀灵(1),烯丙菊酯(1)

上述 6 种水果蔬菜，检出农药 12~33 种，是多种农药综合防治，还是未严格实施农业良好管理规范(GAP)，亦或根本就是乱施药，值得我们思考。

第 16 章　GC-Q-TOF/MS 侦测昆明市市售水果蔬菜农药残留膳食暴露风险与预警风险评估

16.1　农药残留风险评估方法

16.1.1　昆明市农药残留侦测数据分析与统计

庞国芳院士科研团队建立的农药残留高通量侦测技术以高分辨精确质量数(0.0001*m/z*为基准)为识别标准，采用 GC-Q-TOF/MS 技术对 507 种农药化学污染物进行侦测。

科研团队于 2015 年 7 月至 2017 年 8 月在昆明市所属 4 个区的 23 个采样点，随机采集了 768 例水果蔬菜样品，采样点分布在超市和农贸市场，具体位置如图 16-1 所示，各月内水果蔬菜样品采集数量如表 16-1 所示。

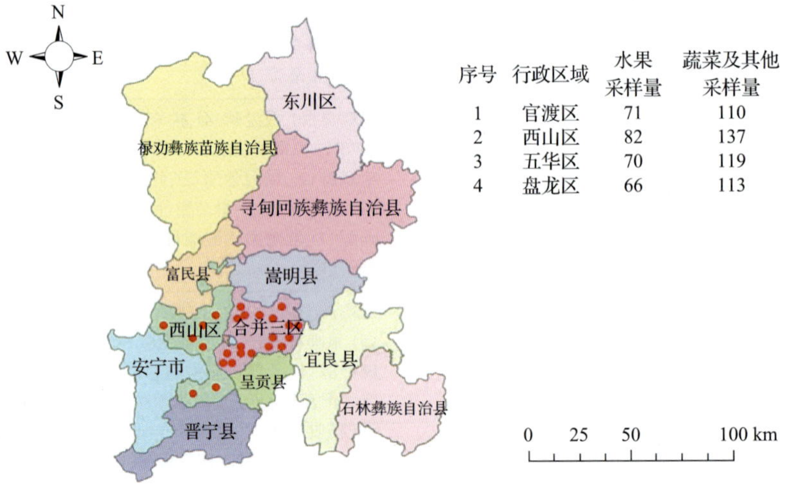

图 16-1　GC-Q-TOF/MS 侦测昆明市 23 个采样点 768 例样品分布示意图

表 16-1　昆明市各月内采集水果蔬菜样品数列表

时间	样品数(例)
2015 年 7 月	364
2017 年 8 月	404

利用 GC-Q-TOF/MS 技术对 768 例样品中的农药进行侦测，侦测出残留农药 115 种，1165 频次。侦测出农药残留水平如表 16-2 和图 16-2 所示。检出频次最高的前 10 种农药

如表 16-3 所示。从检测结果中可以看出，在水果蔬菜中农药残留普遍存在，且有些水果蔬菜存在高浓度的农药残留，这些可能存在膳食暴露风险，对人体健康产生危害，因此，为了定量地评价水果蔬菜中农药残留的风险程度，有必要对其进行风险评价。

表 16-2　侦测出农药的不同残留水平及其所占比例列表

残留水平(μg/kg)	检出频次	占比(%)
1~5(含)	277	23.8
5~10(含)	167	14.3
10~100(含)	511	43.9
100~1000(含)	193	16.6
>1000	17	1.4
合计	1165	100

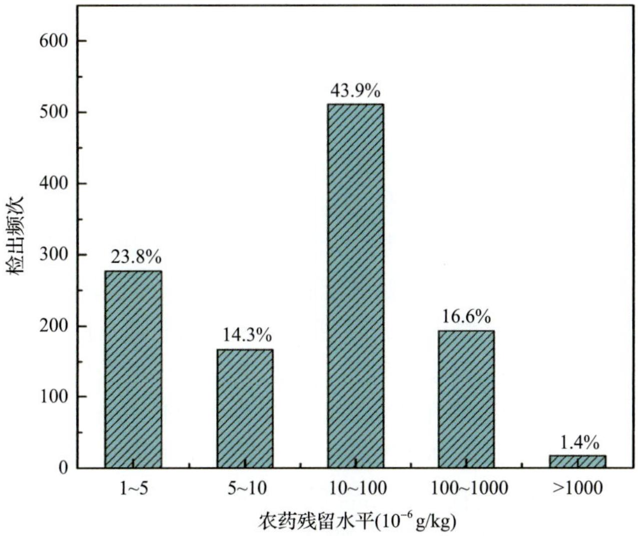

图 16-2　残留农药侦测出浓度频数分布图

表 16-3　检出频次最高的前 10 种农药列表

序号	农药	检出频次
1	威杀灵	133
2	毒死蜱	100
3	联苯	86
4	嘧霉胺	84
5	仲丁威	59
6	氟硅唑	36
7	哒螨灵	34
8	戊唑醇	29
9	烯虫酯	29
10	甲霜灵	28

16.1.2 农药残留风险评价模型

对昆明市水果蔬菜中农药残留分别开展暴露风险评估和预警风险评估。膳食暴露风险评估利用食品安全指数模型对水果蔬菜中的残留农药对人体可能产生的危害程度进行评价，该模型结合残留监测和膳食暴露评估评价化学污染物的危害；预警风险评价模型运用风险系数(risk index，R)，风险系数综合考虑了危害物的超标率、施检频率及其本身敏感性的影响，能直观而全面地反映出危害物在一段时间内的风险程度。

16.1.2.1 食品安全指数模型

为了加强食品安全管理，《中华人民共和国食品安全法》第二章第十七条规定“国家建立食品安全风险评估制度，运用科学方法，根据食品安全风险监测信息、科学数据以及有关信息，对食品、食品添加剂、食品相关产品中生物性、化学性和物理性危害因素进行风险评估”[1]，膳食暴露评估是食品危险度评估的重要组成部分，也是膳食安全性的衡量标准[2]。国际上最早研究膳食暴露风险评估的机构主要是 JMPR(FAO、WHO 农药残留联合会议)，该组织自 1995 年就已制定了急性毒性物质的风险评估急性毒性农药残留摄入量的预测。1960 年美国规定食品中不得加入致癌物质进而提出零阈值理论，渐渐零阈值理论发展成在一定概率条件下可接受风险的概念[3]，后衍变为食品中每日允许最大摄入量(ADI)，而国际食品农药残留法典委员会(CCPR)认为 ADI 不是独立风险评估的唯一标准[4]，1995 年 JMPR 开始研究农药急性膳食暴露风险评估，并对食品国际短期摄入量的计算方法进行了修正，亦对膳食暴露评估准则及评估方法进行了修正[5]，2002 年，在对世界上现行的食品安全评价方法，尤其是国际公认的 CAC 的评价方法、全球环境监测系统/食品污染监测和评估规划(WHO GEMS/Food)及 FAO、WHO 食品添加剂联合专家委员会(JECFA)和 JMPR 对食品安全风险评估工作研究的基础之上，检验检疫食品安全管理的研究人员提出了结合残留监控和膳食暴露评估，以食品安全指数 IFS 计算食品中各种化学污染物对消费者的健康危害程度[6]。IFS 是表示食品安全状态的新方法，可有效地评价某种农药的安全性，进而评价食品中各种农药化学污染物对消费者健康的整体危害程度[7, 8]。从理论上分析，IFS_c 可指出食品中的污染物 c 对消费者健康是否存在危害及危害的程度[9]。其优点在于操作简单且结果容易被接受和理解，不需要大量的数据来对结果进行验证，使用默认的标准假设或者模型即可[10, 11]。

1) IFS_c 的计算

IFS_c 计算公式如下：

$$IFS_c = \frac{EDI_c \times f}{SI_c \times bw} \tag{16-1}$$

式中，c 为所研究的农药；EDI_c 为农药 c 的实际日摄入量估算值，等于 $\sum(R_i \times F_i \times E_i \times P_i)$ (i 为食品种类；R_i 为食品 i 中农药 c 的残留水平，mg/kg；F_i 为食品 i 的估计日消费量，g/(人·天)；E_i 为食品 i 的可食用部分因子；P_i 为食品 i 的加工处理因子)；SI_c 为安全摄入量，可采用每日允许最大摄入量 ADI；bw 为人平均体重，kg；f 为校正因子，如果安

全摄入量采用 ADI，则 f 取 1。

$IFS_c \ll 1$，农药 c 对食品安全没有影响；$IFS_c \leqslant 1$，农药 c 对食品安全的影响可以接受；$IFS_c > 1$，农药 c 对食品安全的影响不可接受。

本次评价中：

$IFS_c \leqslant 0.1$，农药 c 对水果蔬菜安全没有影响；

$0.1 < IFS_c \leqslant 1$，农药 c 对水果蔬菜安全的影响可以接受；

$IFS_c > 1$，农药 c 对水果蔬菜安全的影响不可接受。

本次评价中残留水平 R_i 取值为中国检验检疫科学研究院庞国芳院士课题组利用以高分辨精确质量数(0.0001m/z)为基准的 GC-Q-TOF/MS 侦测技术于 2015 年 7 月~2017 年 8 月对昆明市水果蔬菜农药残留的侦测结果，估计日消费量 F_i 取值 0.38 kg/(人·天)，E_i=1，P_i=1，f=1，SI_c 采用《食品安全国家标准　食品中农药最大残留限量》(GB 2763—2016)中 ADI 值(具体数值见表 16-4)，人平均体重(bw)取值 60 kg。

表 16-4　昆明市水果蔬菜中侦测出农药的 ADI 值

序号	农药	ADI	序号	农药	ADI	序号	农药	ADI
1	灭蚁灵	0.0002	21	氟硅唑	0.007	41	氟乐灵	0.025
2	灭线磷	0.0004	22	甲萘威	0.008	42	丙溴磷	0.03
3	喹硫磷	0.0005	23	萎锈灵	0.008	43	虫螨腈	0.03
4	氟吡禾灵	0.0007	24	噻嗪酮	0.009	44	二甲戊灵	0.03
5	禾草敌	0.001	25	哒螨灵	0.01	45	甲基嘧啶磷	0.03
6	克百威	0.001	26	毒死蜱	0.01	46	甲氰菊酯	0.03
7	三唑磷	0.001	27	噁霜灵	0.01	47	腈菌唑	0.03
8	杀扑磷	0.001	28	粉唑醇	0.01	48	嘧菌环胺	0.03
9	异丙威	0.002	29	氟吡菌酰胺	0.01	49	三唑醇	0.03
10	水胺硫磷	0.003	30	联苯菊酯	0.01	50	三唑酮	0.03
11	敌敌畏	0.004	31	螺螨酯	0.01	51	生物苄呋菊酯	0.03
12	甲胺磷	0.004	32	炔螨特	0.01	52	戊唑醇	0.03
13	乙霉威	0.004	33	双甲脒	0.01	53	啶酰菌胺	0.04
14	己唑醇	0.005	34	五氯硝基苯	0.01	54	氟氯氰菊酯	0.04
15	喹螨醚	0.005	35	百菌清	0.02	55	扑草净	0.04
16	六六六	0.005	36	高效氯氟氰菊酯	0.02	56	肟菌酯	0.04
17	烯唑醇	0.005	37	抗蚜威	0.02	57	氯菊酯	0.05
18	环酯草醚	0.0056	38	氯氰菊酯	0.02	58	杀虫环	0.05
19	硫丹	0.006	39	炔苯酰草胺	0.02	59	仲丁威	0.06
20	唑虫酰胺	0.006	40	莠去津	0.02	60	二苯胺	0.08

续表

序号	农药	ADI	序号	农药	ADI	序号	农药	ADI
61	甲霜灵	0.08	80	避蚊胺	—	99	杀螨酯	—
62	啶氧菌酯	0.09	81	丙硫磷	—	100	四氟醚唑	—
63	吡丙醚	0.1	82	除虫菊素 I	—	101	四氢吩胺	—
64	多效唑	0.1	83	除虫菊酯	—	102	威杀灵	—
65	腐霉利	0.1	84	丁羟茴香醚	—	103	五氯苯	—
66	噻菌灵	0.1	85	呋酰胺	—	104	五氯苯胺	—
67	萘乙酸	0.15	86	氟丙菊酯	—	105	五氯苯甲腈	—
68	嘧霉胺	0.2	87	去异丙基莠去津	—	106	烯丙菊酯	—
69	增效醚	0.2	88	氟唑菌酰胺	—	107	烯虫炔酯	—
70	马拉硫磷	0.3	89	甲醚菊酯	—	108	烯虫酯	—
71	邻苯基苯酚	0.4	90	间羟基联苯	—	109	缬霉威	—
72	醚菌酯	0.4	91	解草腈	—	110	新燕灵	—
73	霜霉威	0.4	92	联苯	—	111	溴丁酰草胺	—
74	2,6-二氯苯甲酰胺	—	93	邻苯二甲酰亚胺	—	112	乙拌磷	—
75	3,5-二氯苯胺	—	94	猛杀威	—	113	乙嘧酚磺酸酯	—
76	*o, p'*-滴滴伊	—	95	萘乙酰胺	—	114	仲草丹	—
77	γ-氟氯氰菌酯	—	96	哌草磷	—	115	兹克威	—
78	吡螨胺	—	97	去乙基阿特拉津	—			
79	吡咪唑	—	98	炔丙菊酯	—			

注：“—”表示为国家标准中无 ADI 值规定；ADI 值单位为 mg/kg bw

2) 计算 $\mathrm{IFS_c}$ 的平均值 $\overline{\mathrm{IFS}}$，评价农药对食品安全的影响程度

以 $\overline{\mathrm{IFS}}$ 评价各种农药对人体健康危害的总程度，评价模型见公式(16-2)。

$$\overline{\mathrm{IFS}}=\frac{\sum_{i=1}^{n}\mathrm{IFS_c}}{n} \tag{16-2}$$

$\overline{\mathrm{IFS}} \ll 1$，所研究消费者人群的食品安全状态很好；$\overline{\mathrm{IFS}} \leqslant 1$，所研究消费者人群的食品安全状态可以接受；$\overline{\mathrm{IFS}} > 1$，所研究消费者人群的食品安全状态不可接受。

本次评价中：

$\overline{\mathrm{IFS}} \leqslant 0.1$，所研究消费者人群的水果蔬菜安全状态很好；

$0.1 < \overline{\mathrm{IFS}} \leqslant 1$，所研究消费者人群的水果蔬菜安全状态可以接受；

$\overline{\mathrm{IFS}} > 1$，所研究消费者人群的水果蔬菜安全状态不可接受。

16.1.2.2　预警风险评估模型

2003 年，我国检验检疫食品安全管理的研究人员根据 WTO 的有关原则和我国的具体规定，结合危害物本身的敏感性、风险程度及其相应的施检频率，首次提出了食品中危害物风险系数 R 的概念[12]。R 是衡量一个危害物的风险程度大小最直观的参数，即在一定时期内其超标率或阳性检出率的高低，但受其施检频率的高低及其本身的敏感性（受关注程度）影响。该模型综合考察了农药在蔬菜中的超标率、施检频率及其本身敏感性，能直观而全面地反映出农药在一段时间内的风险程度[13]。

1）R 计算方法

危害物的风险系数综合考虑了危害物的超标率或阳性检出率、施检频率和其本身的敏感性影响，并能直观而全面地反映出危害物在一段时间内的风险程度。风险系数 R 的计算公式如式（16-3）：

$$R = aP + \frac{b}{F} + S \tag{16-3}$$

式中，P 为该种危害物的超标率；F 为危害物的施检频率；S 为危害物的敏感因子；a, b 分别为相应的权重系数。

本次评价中 F=1；S=1；a =100；b =0.1，对参数 P 进行计算，计算时首先判断是否为禁用农药，如果为非禁用农药，P=超标的样品数（侦测出的含量高于食品最大残留限量标准值，即 MRL）除以总样品数（包括超标、不超标、未侦测出）；如果为禁用农药，则侦测出即为超标，P=能侦测出的样品数除以总样品数。判断昆明市水果蔬菜农药残留是否超标的标准限值 MRL 分别以 MRL 中国国家标准[14]和 MRL 欧盟标准作为对照，具体值列于本报告附表一中。

2）评价风险程度

$R \leqslant 1.5$，受检农药处于低度风险；

$1.5 < R \leqslant 2.5$，受检农药处于中度风险；

$R > 2.5$，受检农药处于高度风险。

16.1.2.3　食品膳食暴露风险和预警风险评估应用程序的开发

1）应用程序开发的步骤

为成功开发膳食暴露风险和预警风险评估应用程序，与软件工程师多次沟通讨论，逐步提出并描述清楚计算需求，开发了初步应用程序。为明确出不同水果蔬菜、不同农药、不同地域和不同季节的风险水平，向软件工程师提出不同的计算需求，软件工程师对计算需求进行逐一地分析，经过反复的细节沟通，需求分析得到明确后，开始进行解决方案的设计，在保证需求的完整性、一致性的前提下，编写出程序代码，最后设计出满足需求的风险评估专用计算软件，并通过一系列的软件测试和改进，完成专用程序的开发。软件开发基本步骤见图 16-3。

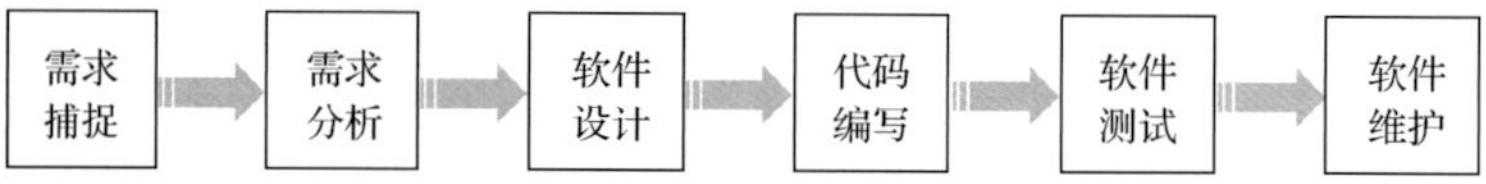

图 16-3　专用程序开发总体步骤

2）膳食暴露风险评估专业程序开发的基本要求

首先直接利用公式（16-1），分别计算 LC-Q-TOF/MS 和 GC-Q-TOF/MS 仪器侦测出的各水果蔬菜样品中每种农药 $\mathrm{IFS_c}$，将结果列出。为考察超标农药和禁用农药的使用安全性，分别以我国《食品安全国家标准　食品中农药最大残留限量》（GB 2763—2016）和欧盟食品中农药最大残留限量（以下简称 MRL 中国国家标准和 MRL 欧盟标准）为标准，对侦测出的禁用农药和超标的非禁用农药 $\mathrm{IFS_c}$ 单独进行评价；按 $\mathrm{IFS_c}$ 大小列表，并找出 $\mathrm{IFS_c}$ 值排名前 20 的样本重点关注。

对不同水果蔬菜 i 中每一种侦测出的农药 c 的安全指数进行计算，多个样品时求平均值。若监测数据为该市多个月的数据，则逐月、逐季度分别列出每个月、每个季度内每一种水果蔬菜 i 对应的每一种农药 c 的 $\mathrm{IFS_c}$。

按农药种类，计算整个监测时间段内每种农药的 $\mathrm{IFS_c}$，不区分水果蔬菜。若检测数据为该市多个月的数据，则需分别计算每个月、每个季度内每种农药的 $\mathrm{IFS_c}$。

3）预警风险评估专业程序开发的基本要求

分别以 MRL 中国国家标准和 MRL 欧盟标准，按公式（16-3）逐个计算不同水果蔬菜、不同农药的风险系数，禁用农药和非禁用农药分别列表。

为清楚了解各种农药的预警风险，不分时间，不分水果蔬菜，按禁用农药和非禁用农药分类，分别计算各种侦测出农药全部检测时段内风险系数。由于有 MRL 中国国家标准的农药种类太少，无法计算超标数，非禁用农药的风险系数只以 MRL 欧盟标准为标准，进行计算。若检测数据为多个月的，则按月计算每个月、每个季度内每种禁用农药残留的风险系数和以 MRL 欧盟标准为标准的非禁用农药残留的风险系数。

4）风险程度评价专业应用程序的开发方法

采用 Python 计算机程序设计语言，Python 是一个高层次地结合了解释性、编译性、互动性和面向对象的脚本语言。风险评价专用程序主要功能包括：分别读入每例样品 GC-Q-TOF/MS 和 LC-Q-TOF/MS 农药残留检测数据，根据风险评价工作要求，依次对不同农药、不同食品、不同时间、不同采样点的 $\mathrm{IFS_c}$ 值和 R 值分别进行数据计算，筛选出禁用农药、超标农药（分别与 MRL 中国国家标准、MRL 欧盟标准限值进行对比）单独重点分析，再分别对各农药、各水果蔬菜种类分类处理，设计出计算和排序程序，编写计算机代码，最后将生成的膳食暴露风险评估和超标风险评估定量计算结果列入设计好的各个表格中，并定性判断风险对目标的影响程度，直接用文字描述风险发生的高低，如“不可接受”、“可以接受”、“没有影响”、“高度风险”、“中度风险”、“低度风险”。

16.2 GC-Q-TOF/MS 侦测昆明市市售水果蔬菜农药残留膳食暴露风险评估

16.2.1 每例水果蔬菜样品中农药残留安全指数分析

基于农药残留侦测数据，发现在 768 例样品中侦测出农药 1165 频次，计算样品中每种残留农药的安全指数 IFS_c，并分析农药对样品安全的影响程度，结果详见附表二，农药残留对水果蔬菜样品安全的影响程度频次分布情况如图 16-4 所示。

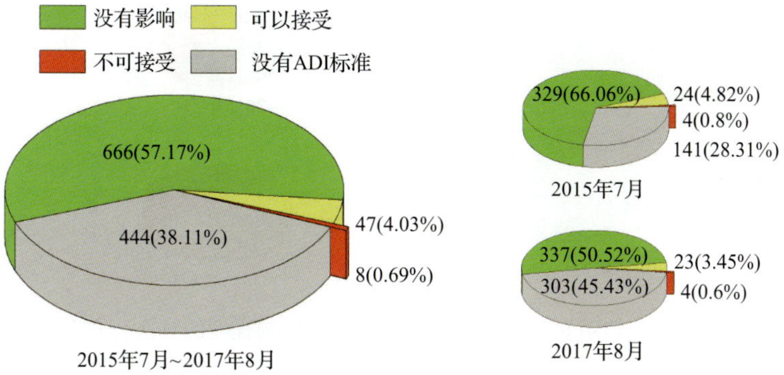

图 16-4 农药残留对水果蔬菜样品安全的影响程度频次分布图

由图 16-4 可以看出，农药残留对样品安全的影响不可接受的频次为 8，占 0.69%；农药残留对样品安全的影响可以接受的频次为 47，占 4.03%；农药残留对样品安全的没有影响的频次为 666，占 57.17%。分析发现，在 2 个月份内农药对样品安全影响不可接受的频次均为 4，表 16-5 为对水果蔬菜样品中安全指数不可接受的农药残留列表。

表 16-5 水果蔬菜样品中安全影响不可接受的农药残留列表

序号	样品编号	采样点	基质	农药	含量(mg/kg)	IFS_c
1	20150707-530100-CAIQ-EP-04A	***超市(前兴路店)	茄子	氟吡禾灵	0.7494	6.7803
2	20150710-530100-CAIQ-NM-09A	***超市(云纺店)	柠檬	克百威	0.6562	4.1559
3	20170825-530100-CAIQ-YZ-27A	***超市(新迎店)	柚	三唑磷	0.4845	3.0685
4	20150707-530100-CAIQ-NM-08A	***超市(东华店)	柠檬	克百威	0.3884	2.4599
5	20170823-530100-USI-WS-21A	***超市(万达广场店)	莴笋	百菌清	5.3261	1.6866
6	20170825-530100-USI-GP-25A	***农贸市场	葡萄	水胺硫磷	0.7353	1.5523
7	20170823-530100-CAIQ-CE-24A	***超市(白云店)	芹菜	高效氯氟氰菊酯	4.6629	1.4766
8	20150705-530100-CAIQ-CL-01A	***超市(大观店)	小油菜	烯唑醇	0.9457	1.1979

部分样品侦测出禁用农药 7 种 18 频次，为了明确残留的禁用农药对样品安全的影响，分析侦测出禁用农药残留的样品安全指数，禁用农药残留对水果蔬菜样品安全的影响程度频次分布情况如图 16-5 所示，农药残留对样品安全的影响不可接受的频次为 3，占 16.67%；农药残留对样品安全的影响可以接受的频次为 2，占 11.11%；农药残留对样品安全没有影响的频次为 13，占 72.22%。分析发现，在这 2 个月份内 2015 年 7 月禁用农药对样品安全影响不可接受的频次为 2，2017 年 8 月禁用农药对样品安全影响不可接受的频次为 1。表 16-6 列出了水果蔬菜样品中侦测出的禁用农药残留不可接受的安全指数表。

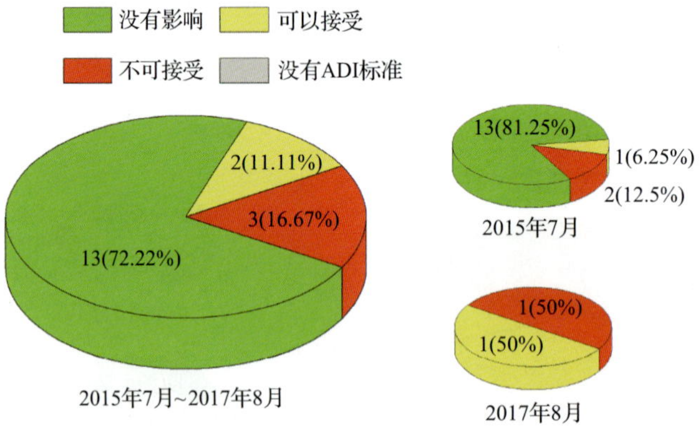

图 16-5　禁用农药对水果蔬菜样品安全影响程度的频次分布图

表 16-6　水果蔬菜样品中侦测出的禁用农药残留不可接受的安全指数表

序号	样品编号	采样点	基质	农药	含量(mg/kg)	IFS_c
1	20150710-530100-CAIQ-NM-09A	***超市(云纺店)	柠檬	克百威	0.6562	4.1559
2	20150707-530100-CAIQ-NM-08A	***超市(东华店)	柠檬	克百威	0.3884	2.4599
3	20170825-530100-USI-GP-25A	***农贸市场	葡萄	水胺硫磷	0.7353	1.5523

此外，本次侦测发现部分样品中非禁用农药残留量超过了 MRL 中国国家标准和欧盟标准，为了明确超标的非禁用农药对样品安全的影响，分析了非禁用农药残留超标的样品安全指数。

水果蔬菜残留量超过 MRL 中国国家标准的非禁用农药对水果蔬菜样品安全的影响程度频次分布情况如图 16-6 所示。可以看出侦测出超过 MRL 中国国家标准的非禁用农

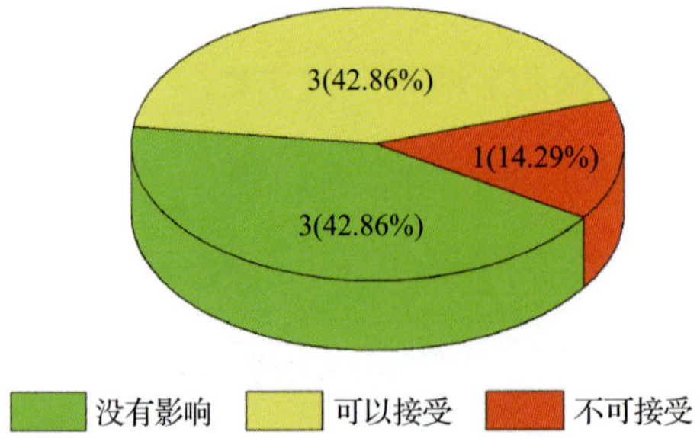

图 16-6　残留超标的非禁用农药对水果蔬菜样品安全的影响程度频次分布图(MRL 中国国家标准)

药共 7 频次，其中农药残留对样品安全的影响不可接受的频次为 1，占 14.29%；农药残留对样品安全的影响可以接受的频次为 3，占 42.86%；农药残留对样品安全没有影响的频次为 3，占 42.86%。表 16-7 为水果蔬菜样品中侦测出的非禁用农药残留安全指数表。

表 16-7　水果蔬菜样品中侦测出的非禁用农药残留安全指数表(MRL 中国国家标准)

序号	样品编号	采样点	基质	农药	含量(mg/kg)	中国国家标准	IFS_c	影响程度
1	20170823-530100-CAIQ-CE-24A	***超市(白云店)	芹菜	高效氯氟氰菊酯	4.6629	0.5	1.4766	不可接受
2	20170825-530100-USI-PP-26A	***超市(万宏路店)	甜椒	高效氯氟氰菊酯	0.588	0.3	0.1862	可以接受
3	20170825-530100-CAIQ-PP-27A	***超市(新迎店)	甜椒	高效氯氟氰菊酯	0.5138	0.3	0.1627	可以接受
4	20170825-530100-USI-CE-25A	***农贸市场	芹菜	毒死蜱	0.2089	0.05	0.1323	可以接受
5	20150705-530100-CAIQ-CU-01A	***超市(大观店)	黄瓜	哒螨灵	0.1086	0.1	0.0688	没有影响
6	20150707-530100-CAIQ-BO-05A	***超市(国贸店)	菠菜	毒死蜱	0.1007	0.1	0.0638	没有影响
7	20150705-530100-CAIQ-TA-01A	***超市(大观店)	芋	氯氰菊酯	0.0446	0.01	0.0141	没有影响

残留量超过 MRL 欧盟标准的非禁用农药对水果蔬菜样品安全的影响程度频次分布情况如图 16-7 所示。可以看出超过 MRL 欧盟标准的非禁用农药共 453 频次，其中农药没有 ADI 标准的频次为 242，占 53.42%；农药残留对样品安全不可接受的频次为 5，占 1.1%；农药残留对样品安全的影响可以接受的频次为 38，占 8.39%；农药残留对样品安全没有影响的频次为 168，占 37.09%。表 16-8 为水果蔬菜样品中不可接受的残留超标非禁用农药安全指数列表。

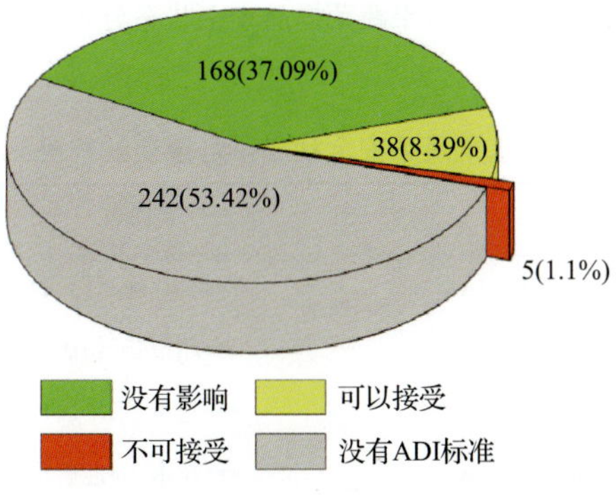

图 16-7　残留超标的非禁用农药对水果蔬菜样品安全的影响程度频次分布图(MRL 欧盟标准)

表 16-8　对水果蔬菜样品中不可接受的残留超标非禁用农药安全指数列表（MRL 欧盟标准）

序号	样品编号	采样点	基质	农药	含量(mg/kg)	欧盟标准	IFS_c
1	20150707-530100-CAIQ-EP-04A	***超市(前兴路店)	茄子	氟吡禾灵	0.7494	0.05	6.7803
2	20170825-530100-CAIQ-YZ-27A	***超市(新迎店)	柚	三唑磷	0.4845	0.01	3.0685
3	20170823-530100-USI-WS-21A	***超市(万达广场店)	莴笋	百菌清	5.3261	0.01	1.6866
4	20170823-530100-CAIQ-CE-24A	***超市(白云店)	芹菜	高效氯氟氰菊酯	4.6629	0.3	1.4766
5	20150705-530100-CAIQ-CL-01A	***超市(大观店)	小油菜	烯唑醇	0.9457	0.01	1.1979

在 768 例样品中，241 例样品未侦测出农药残留，527 例样品中侦测出农药残留，计算每例有农药侦测出样品的 $\overline{IFS}$ 值，进而分析样品的安全状态，结果如图 16-8 所示（未侦测出农药的样品安全状态视为很好）。可以看出，0.52%的样品安全状态不可接受；3.26%的样品安全状态可以接受；78.78%的样品安全状态很好。此外，可以看出 2015 年 7 月有 3 例样品安全状态不可接受，2017 年 8 月有 1 例样品安全状态不可接受。表 16-9 列出了安全状态不可接受的水果蔬菜样品。

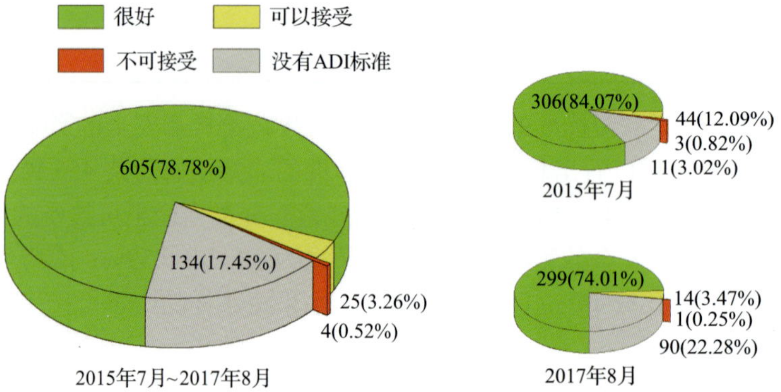

图 16-8　水果蔬菜样品安全状态分布图

表 16-9　水果蔬菜安全状态不可接受的样品列表

序号	样品编号	采样点	基质	$\overline{IFS}$
1	20150707-530100-CAIQ-EP-04A	***超市(前兴路店)	茄子	2.2636
2	20150710-530100-CAIQ-NM-09A	***超市(云纺店)	柠檬	2.1236
3	20150707-530100-CAIQ-NM-08A	***超市(东华店)	柠檬	1.2816
4	20170825-530100-CAIQ-YZ-27A	***超市(新迎店)	柚	1.0235

16.2.2 单种水果蔬菜中农药残留安全指数分析

本次 50 种水果蔬菜中侦测出 115 种农药，检出频次为 1165 次，其中 42 种农药没有 ADI 标准，73 种农药存在 ADI 标准。所有水果蔬菜均侦测出农药残留，西瓜侦测出农药残留没有 ADI 标准，对其他的 49 种水果蔬菜按不同种类分别计算侦测出的具有 ADI 标准的各种农药的 IFS_c 值，农药残留对水果蔬菜的安全指数分布图如图 16-9 所示。

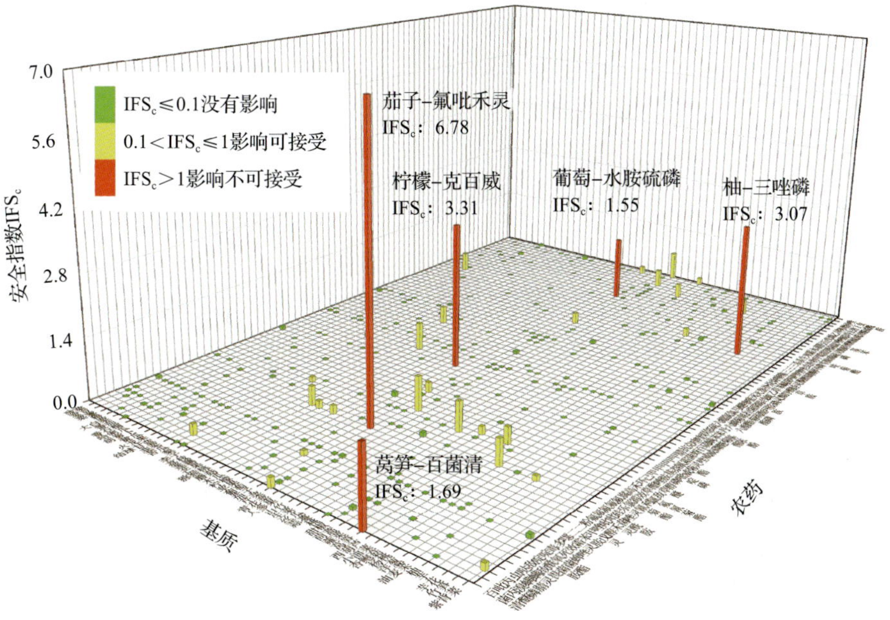

图 16-9 49 种水果蔬菜中 73 种残留农药的安全指数分布图

分析发现 5 种水果蔬菜(茄子、柠檬、葡萄、柚和莴笋)中的克百威、百菌清等残留对食品安全影响不可接受，如表 16-10 所示。

表 16-10 单种水果蔬菜中安全影响不可接受的残留农药安全指数表

序号	基质	农药	检出频次	检出率(%)	IFS>1 的频次	IFS>1 的比例(%)	IFS_c
1	茄子	氟吡禾灵	1	2.94	1	2.94	6.7803
2	柠檬	克百威	2	6.06	2	6.06	3.3079
3	柚	三唑磷	1	5.56	1	5.56	3.0685
4	莴笋	百菌清	1	2.56	1	2.56	1.6866
5	葡萄	水胺硫磷	1	1.22	1	1.22	1.5523

本次侦测中，50 种水果蔬菜和 115 种残留农药(包括没有 ADI 标准)共涉及 459 个分

析样本，农药对单种水果蔬菜安全的影响程度分布情况如图 16-10 所示。可以看出，63.18%的样本中农药对水果蔬菜安全没有影响，5.66%的样本中农药对水果蔬菜安全的影响可以接受，1.09%的样本中农药对水果蔬菜安全的影响不可接受。

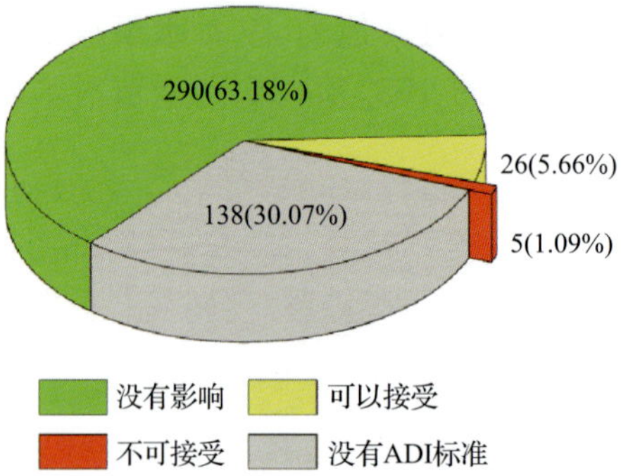

图 16-10　459 个分析样本的影响程度频次分布图

此外，分别计算 49 种水果蔬菜中所有侦测出农药 IFS_c 的平均值 $\overline{IFS}$，分析每种水果蔬菜的安全状态，结果如图 16-11 所示，分析发现，10 种水果蔬菜（20.4%）的安全状态可以接受，39 种（79.6%）水果蔬菜的安全状态很好。

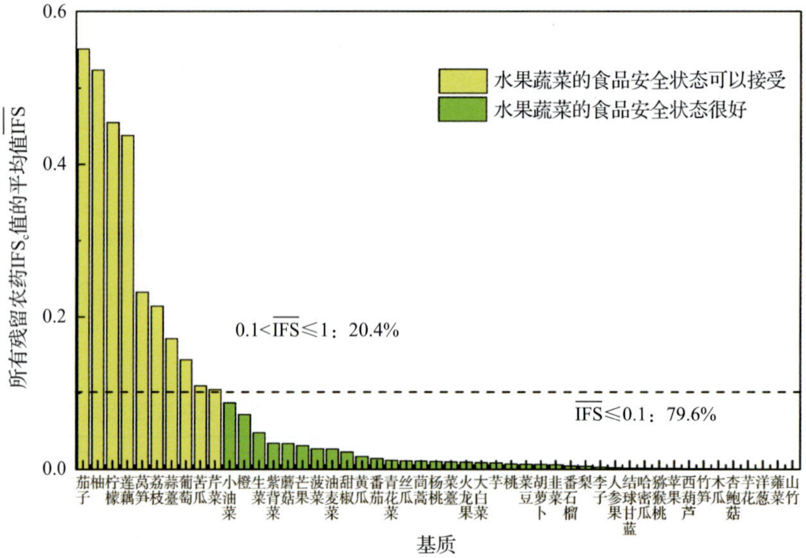

图 16-11　49 种水果蔬菜的 $\overline{IFS}$ 值和安全状态统计图

对每个月内每种水果蔬菜中农药的 IFS_c 进行分析，并计算每月内每种水果蔬菜的 $\overline{IFS}$ 值，以评价每种水果蔬菜的安全状态，结果如图 16-12 所示，可以看出，所有月份水果蔬菜的安全状态均处于很好和可以接受的范围内，各月份内单种水果蔬菜安全状态统计情况如图 16-13 所示。

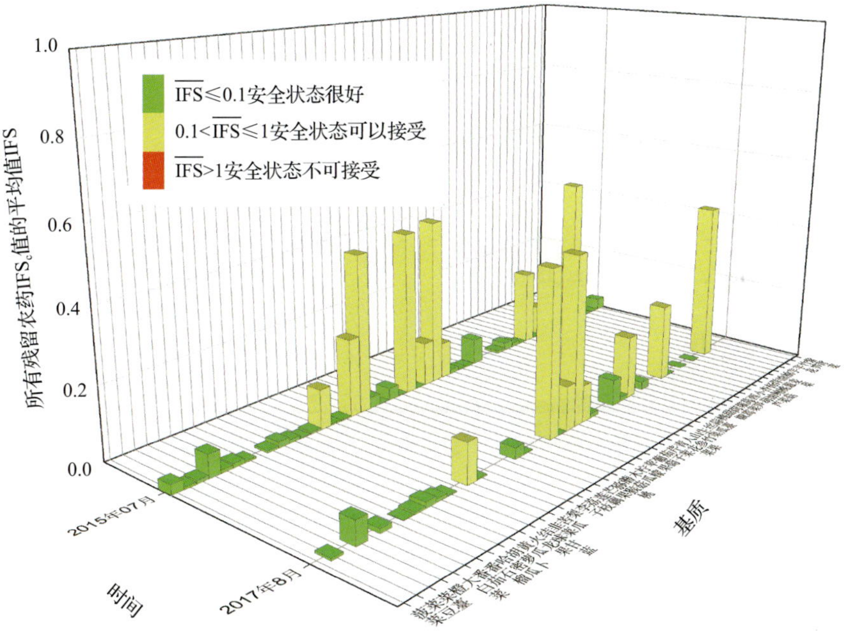

图 16-12　各月内每种水果蔬菜的 $\overline{IFS}$ 值与安全状态分布图

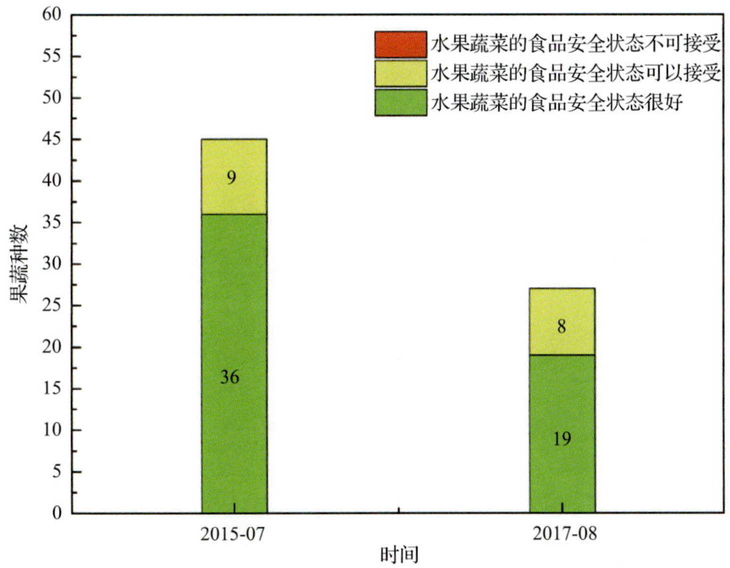

图 16-13　各月份内单种水果蔬菜安全状态统计图

16.2.3　所有水果蔬菜中农药残留安全指数分析

计算所有水果蔬菜中 73 种农药的 $\overline{IFS}_c$ 值，结果如图 16-14 及表 16-11 所示。

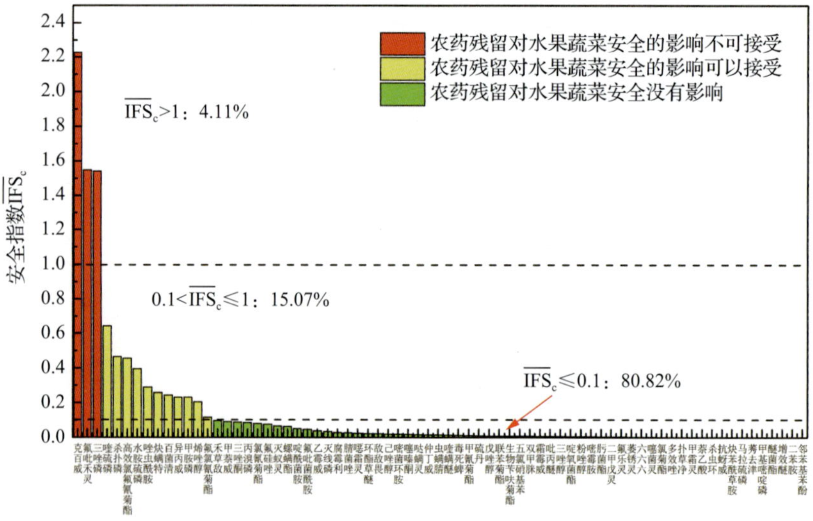

图 16-14　73 种残留农药对水果蔬菜的安全影响程度统计图

分析发现，只有克百威、氟吡禾灵和三唑磷的 $\overline{IFS_c}$ 大于 1，其他农药的 $\overline{IFS_c}$ 均小于 1，说明克百威、氟吡禾灵和三唑磷对水果蔬菜安全的影响不可接受，其他农药对水果蔬菜安全的影响均在没有影响和可以接受的范围内，其中 15.07%的农药对水果蔬菜安全的影响可以接受，80.82%的农药对水果蔬菜安全没有影响。

表 16-11　水果蔬菜中 73 种农药残留的安全指数表

序号	农药	检出频次	检出率(%)	$\overline{IFS_c}$	影响程度	序号	农药	检出频次	检出率(%)	$\overline{IFS_c}$	影响程度
1	克百威	3	0.26	2.2268	不可接受	10	百菌清	9	0.77	0.2443	可以接受
2	氟吡禾灵	5	0.43	1.5477	不可接受	11	异丙威	2	0.17	0.2318	可以接受
3	三唑磷	2	0.17	1.5409	不可接受	12	甲胺磷	1	0.09	0.2316	可以接受
4	喹硫磷	1	0.09	0.6409	可以接受	13	烯唑醇	21	1.80	0.2045	可以接受
5	杀扑磷	1	0.09	0.4661	可以接受	14	氟氯氰菊酯	2	0.17	0.1163	可以接受
6	高效氯氟氰菊酯	5	0.43	0.4557	可以接受	15	禾草敌	4	0.34	0.0967	没有影响
7	水胺硫磷	4	0.34	0.3949	可以接受	16	甲萘威	1	0.09	0.0913	没有影响
8	唑虫酰胺	10	0.86	0.2886	可以接受	17	三唑酮	4	0.34	0.0889	没有影响
9	炔螨特	2	0.17	0.2578	可以接受	18	丙溴磷	13	1.12	0.0861	没有影响

续表

序号	农药	检出频次	检出率(%)	$\overline{IFS_c}$	影响程度	序号	农药	检出频次	检出率(%)	$\overline{IFS_c}$	影响程度
19	氯氰菊酯	8	0.69	0.0800	没有影响	40	甲氰菊酯	5	0.43	0.0114	没有影响
20	氟硅唑	36	3.09	0.0762	没有影响	41	硫丹	7	0.60	0.0091	没有影响
21	灭蚁灵	1	0.09	0.0665	没有影响	42	戊唑醇	29	2.49	0.0089	没有影响
22	螺螨酯	1	0.09	0.0623	没有影响	43	联苯菊酯	21	1.80	0.0080	没有影响
23	啶酰菌胺	9	0.77	0.0509	没有影响	44	生物苄呋菊酯	12	1.03	0.0079	没有影响
24	氟吡菌酰胺	8	0.69	0.0456	没有影响	45	五氯硝基苯	1	0.09	0.0078	没有影响
25	乙霉威	2	0.17	0.0382	没有影响	46	双甲脒	2	0.17	0.0077	没有影响
26	灭线磷	1	0.09	0.0333	没有影响	47	霜霉威	5	0.43	0.0071	没有影响
27	腐霉利	26	2.23	0.0286	没有影响	48	吡丙醚	7	0.60	0.0065	没有影响
28	腈菌唑	1	0.09	0.0270	没有影响	49	三唑醇	8	0.69	0.0063	没有影响
29	噁霜灵	1	0.09	0.0231	没有影响	50	啶氧菌酯	1	0.09	0.0058	没有影响
30	环酯草醚	1	0.09	0.0223	没有影响	51	粉唑醇	3	0.26	0.0053	没有影响
31	敌敌畏	2	0.17	0.0220	没有影响	52	嘧霉胺	84	7.21	0.0048	没有影响
32	己唑醇	6	0.52	0.0195	没有影响	53	肟菌酯	12	1.03	0.0043	没有影响
33	嘧菌环胺	6	0.52	0.0194	没有影响	54	二甲戊灵	1	0.09	0.0038	没有影响
34	噻嗪酮	2	0.17	0.0179	没有影响	55	氟乐灵	4	0.34	0.0033	没有影响
35	哒螨灵	34	2.92	0.0169	没有影响	56	萎锈灵	4	0.34	0.0028	没有影响
36	仲丁威	59	5.06	0.0159	没有影响	57	六六六	1	0.09	0.0025	没有影响
37	虫螨腈	3	0.26	0.0155	没有影响	58	噻菌灵	3	0.26	0.0020	没有影响
38	喹螨醚	23	1.97	0.0138	没有影响	59	氯菊酯	2	0.17	0.0016	没有影响
39	毒死蜱	100	8.58	0.0130	没有影响	60	多效唑	3	0.26	0.0015	没有影响

续表

序号	农药	检出频次	检出率(%)	$\overline{IFS_c}$	影响程度	序号	农药	检出频次	检出率(%)	$\overline{IFS_c}$	影响程度
61	扑草净	1	0.09	0.0015	没有影响	68	莠去津	2	0.17	0.0006	没有影响
62	甲霜灵	28	2.40	0.0012	没有影响	69	甲基嘧啶磷	3	0.26	0.0005	没有影响
63	萘乙酸	2	0.17	0.0010	没有影响	70	醚菌酯	9	0.77	0.0004	没有影响
64	杀虫环	1	0.09	0.0007	没有影响	71	增效醚	8	0.69	0.0002	没有影响
65	抗蚜威	2	0.17	0.0007	没有影响	72	二苯胺	1	0.09	0.0002	没有影响
66	炔苯酰草胺	1	0.09	0.0007	没有影响	73	邻苯基苯酚	27	2.32	0.0001	没有影响
67	马拉硫磷	1	0.09	0.0007	没有影响						

对每个月内所有水果蔬菜中残留农药的 IFS_c 进行分析，结果如图 16-15 所示。分析发现，2015 年 7 月的氟吡禾灵和克百威，2017 年 8 月的三唑磷和水胺硫磷对水果蔬菜安全的影响不可接受，该 2 个月份的其他农药对水果蔬菜安全的影响均处于没有影响和可以接受的范围内。每月内不同农药对水果蔬菜安全影响程度的统计如图 16-16 所示。

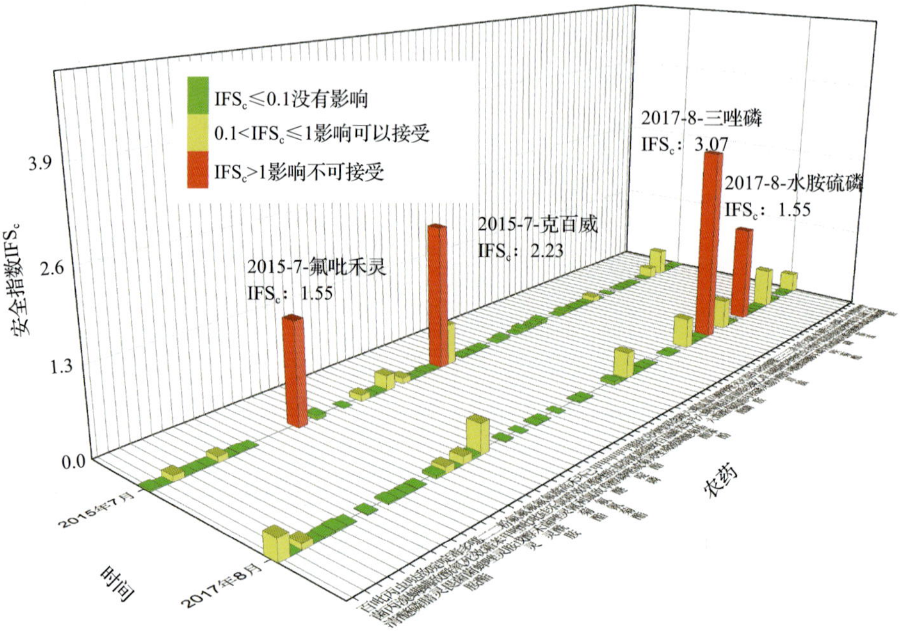

图 16-15　各月份内水果蔬菜中每种残留农药的安全指数分布图

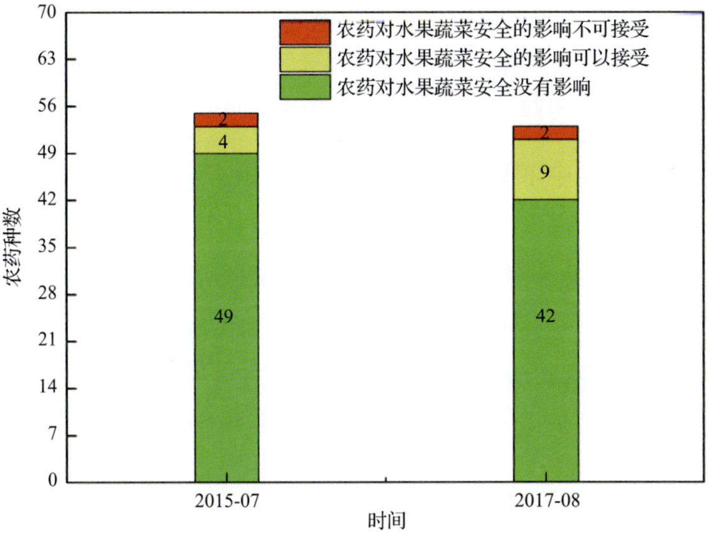

图 16-16　各月份内农药对水果蔬菜安全影响程度的统计图

计算每个月内水果蔬菜的 $\overline{IFS}$，以分析每月内水果蔬菜的安全状态，结果如图 16-17 所示，可以看出，该两个月份的水果蔬菜安全状态均处于可以接受的范围内。

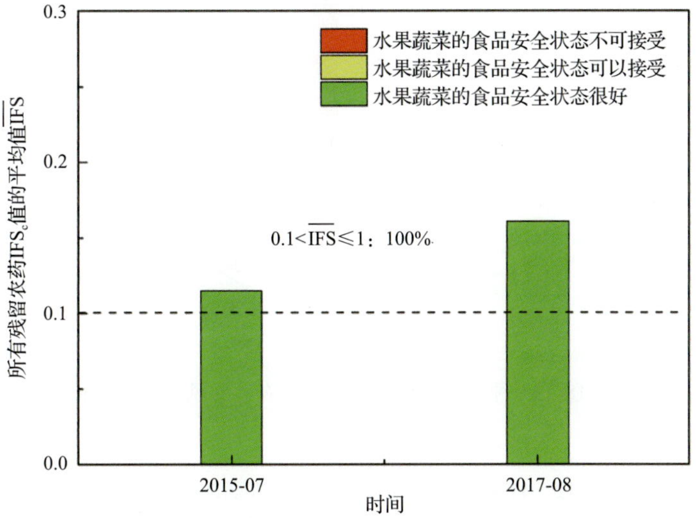

图 16-17　各月份内水果蔬菜的 $\overline{IFS}$ 值与安全状态统计图

16.3　GC-Q-TOF/MS 侦测昆明市市售水果蔬菜农药残留预警风险评估

基于昆明市水果蔬菜样品中农药残留 GC-Q-TOF/MS 侦测数据，分析禁用农药的检出率，同时参照中华人民共和国国家标准 GB 2763—2016 和欧盟农药最大残留限量(MRL)标准分析非禁用农药残留的超标率，并计算农药残留风险系数。分析单种水果蔬菜中农药残留以及所有水果蔬菜中农药残留的风险程度。

16.3.1　单种水果蔬菜中农药残留风险系数分析

16.3.1.1　单种水果蔬菜中禁用农药残留风险系数分析

侦测出的 115 种残留农药中有 7 种为禁用农药，且它们分布在 11 种水果蔬菜中，计算 11 种水果蔬菜中禁用农药的超标率，根据超标率计算风险系数 R，进而分析水果蔬菜中禁用农药的风险程度，结果如图 16-18 与表 16-12 所示。分析发现 7 种禁用农药在 11 种水果蔬菜中的残留处均于高度风险。

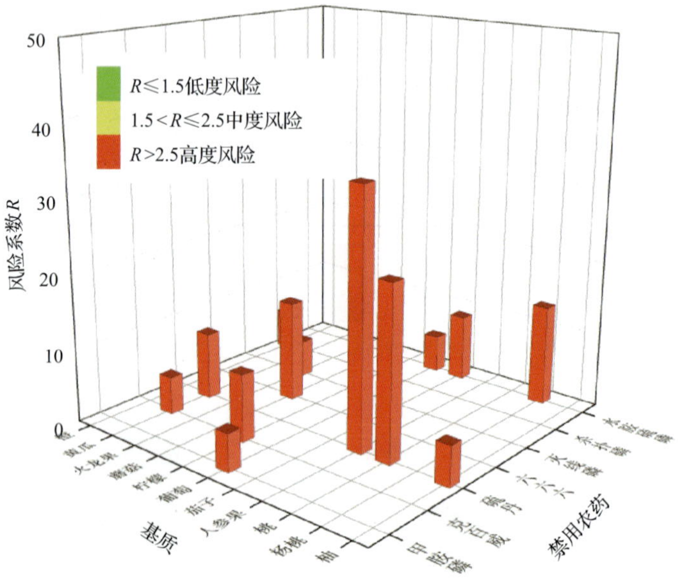

图 16-18　11 种水果蔬菜中 7 种禁用农药的风险系数分布图

表 16-12　11 种水果蔬菜中 7 种禁用农药的风险系数列表

序号	基质	农药	检出频次	检出率(%)	风险系数 R	风险程度
1	人参果	硫丹	2	33.33	34.43	高度风险
2	桃	硫丹	2	22.22	23.32	高度风险
3	蘑菇	六六六	1	12.50	13.60	高度风险
4	杨桃	水胺硫磷	1	12.50	13.60	高度风险
5	黄瓜	硫丹	2	8.00	9.10	高度风险
6	柠檬	克百威	2	8.00	9.10	高度风险
7	茄子	水胺硫磷	2	8.00	9.10	高度风险

续表

序号	基质	农药	检出频次	检出率(%)	风险系数 R	风险程度
8	橙	杀扑磷	1	4.35	5.45	高度风险
9	柚	硫丹	1	4.35	5.45	高度风险
10	黄瓜	克百威	1	4.00	5.10	高度风险
11	火龙果	灭线磷	1	4.00	5.10	高度风险
12	葡萄	水胺硫磷	1	4.00	5.10	高度风险
13	葡萄	甲胺磷	1	4.00	5.10	高度风险

16.3.1.2 基于 MRL 中国国家标准的单种水果蔬菜中非禁用农药残留风险系数分析

参照中华人民共和国国家标准 GB 2763—2016 中农药残留限量计算每种水果蔬菜中每种非禁用农药的超标率，进而计算其风险系数，根据风险系数大小判断残留农药的预警风险程度，水果蔬菜中非禁用农药残留风险程度分布情况如图 16-19 所示。

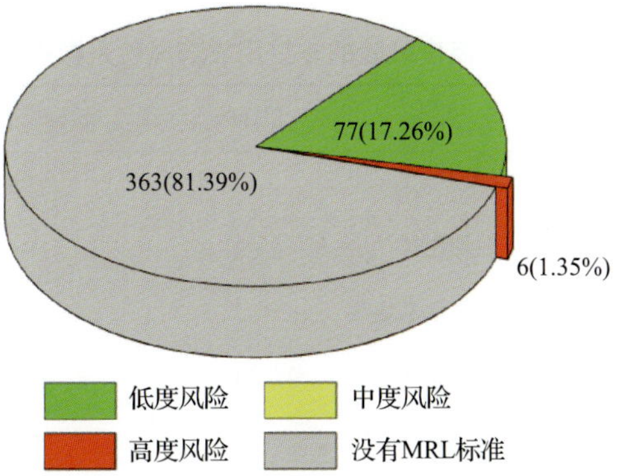

图 16-19 水果蔬菜中非禁用农药风险程度的频次分布图(MRL 中国国家标准)

本次分析中,发现在 50 种水果蔬菜中侦测出 108 种残留非禁用农药,涉及样本 446 个，在 446 个样本中，1.35%处于高度风险，17.26%处于低度风险，此外发现有 363 个样本没有 MRL 中国国家标准值，无法判断其风险程度，有 MRL 中国国家标准值的 83 个样本涉及 29 种水果蔬菜中的 32 种非禁用农药,其风险系数 *R* 值如图 16-20 所示。表 16-13 为非禁用农药残留处于高度风险的水果蔬菜列表。

16.3.1.3 基于 MRL 欧盟标准的单种水果蔬菜中非禁用农药残留风险系数分析

参照 MRL 欧盟标准计算每种水果蔬菜中每种非禁用农药的超标率，进而计算其风险系数，根据风险系数大小判断农药残留的预警风险程度，水果蔬菜中非禁用农药残留风险程度分布情况如图 16-21 所示。

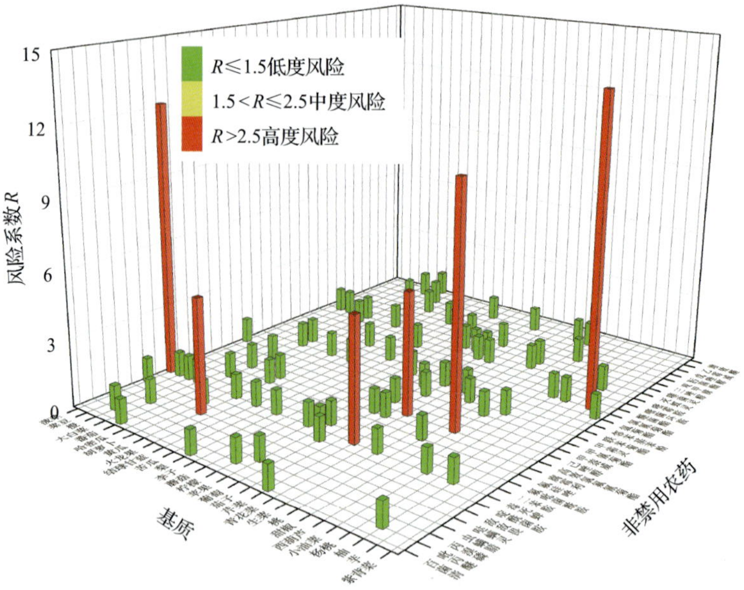

图 16-20　29 种水果蔬菜中 32 种非禁用农药的风险系数分布图(MRL 中国国家标准)

表 16-13　单种水果蔬菜中处于高度风险的非禁用农药风险系数表(MRL 中国国家标准)

序号	基质	农药	超标频次	超标率 P(%)	风险系数 R
1	芋	氯氰菊酯	1	12.50	13.60
2	菠菜	毒死蜱	1	11.11	12.21
3	甜椒	高效氯氟氰菊酯	2	9.52	10.62
4	芹菜	毒死蜱	1	4.35	5.45
5	芹菜	高效氯氟氰菊酯	1	4.35	5.45
6	黄瓜	哒螨灵	1	4.00	5.10

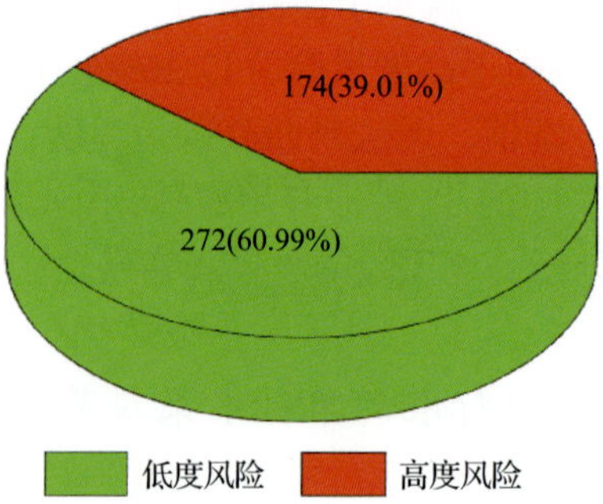

图 16-21　水果蔬菜中非禁用农药的风险程度的频次分布图(MRL 欧盟标准)

本次分析中，发现在 50 种水果蔬菜中共侦测出 108 种非禁用农药，涉及样本 446 个，其中，39.01%处于高度风险，涉及 44 种水果蔬菜和 64 种农药；60.99%处于低度风险，涉及 49 种水果蔬菜和 76 种农药。单种水果蔬菜中的非禁用农药风险系数分布图如图 16-22 所示。单种水果蔬菜中处于高度风险的非禁用农药风险系数如图 16-23 和表 16-14 所示。

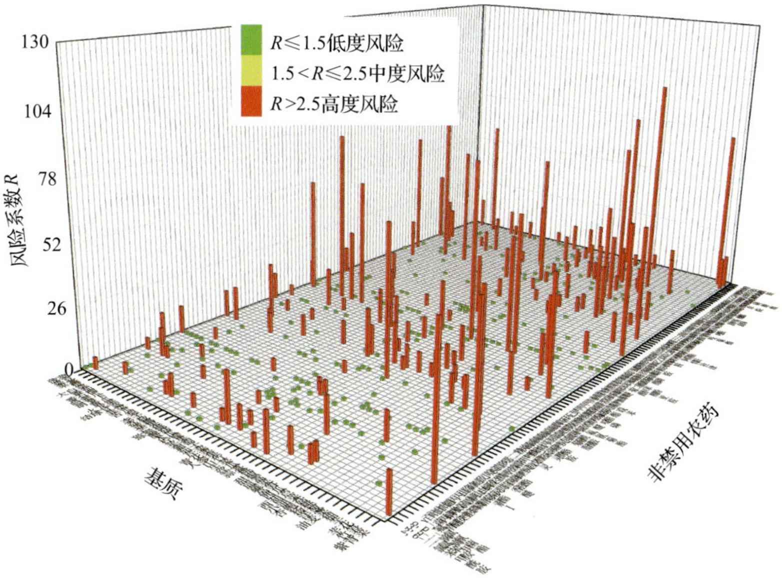

图 16-22　50 种水果蔬菜中 108 种非禁用农药的风险系数分布图(MRL 欧盟标准)

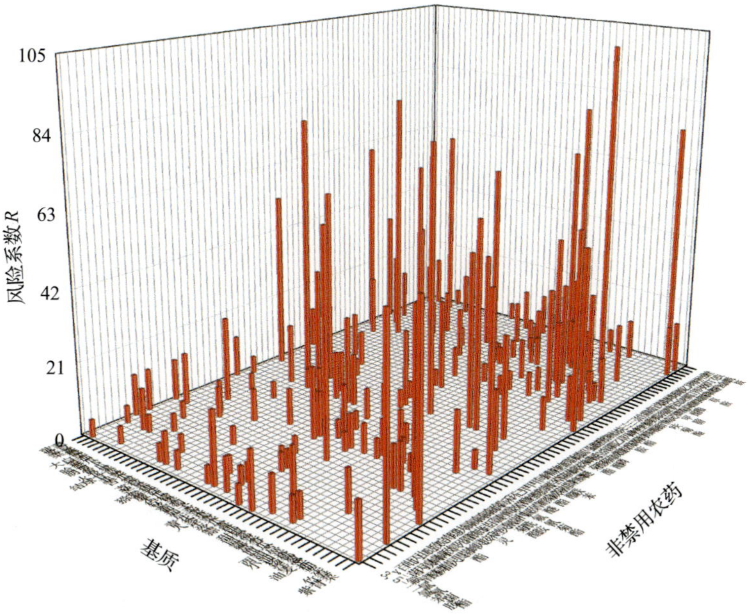

图 16-23　单种水果蔬菜中处于高度风险的非禁用农药的风险系数分布图(MRL 欧盟标准)

表 16-14　单种水果蔬菜中处于高度风险的非禁用农药的风险系数表(MRL 欧盟标准)

序号	基质	农药	超标频次	超标率 P(%)	风险系数 R
1	小油菜	烯唑醇	9	100	101.10
2	丝瓜	联苯	11	78.57	79.67
3	哈密瓜	威杀灵	7	77.78	78.88
4	哈密瓜	联苯	7	77.78	78.88
5	蒜薹	仲丁威	10	76.92	78.02
6	竹笋	仲丁威	3	75.00	76.10
7	茼蒿	烯唑醇	2	66.67	67.77
8	生菜	氟硅唑	14	63.64	64.74
9	芹菜	威杀灵	14	60.87	61.97
10	菜豆	威杀灵	15	60.00	61.10
11	番茄	仲丁威	15	60.00	61.10
12	西瓜	联苯	6	60.00	61.10
13	结球甘蓝	威杀灵	12	57.14	58.24
14	结球甘蓝	联苯	12	57.14	58.24
15	紫背菜	丙溴磷	4	57.14	58.24
16	紫背菜	嘧霉胺	4	57.14	58.24
17	紫背菜	毒死蜱	4	57.14	58.24
18	菜豆	联苯	13	52.00	53.10
19	莴笋	联苯	8	50.00	51.10
20	油麦菜	氟硅唑	3	50.00	51.10
21	竹笋	炔丙菊酯	2	50.00	51.10
22	竹笋	甲醚菊酯	2	50.00	51.10
23	莴笋	威杀灵	7	43.75	44.85
24	菠菜	烯虫酯	3	33.33	34.43
25	胡萝卜	烯虫炔酯	8	33.33	34.43
26	小油菜	三唑醇	3	33.33	34.43
27	黄瓜	联苯	8	32.00	33.10
28	西瓜	威杀灵	3	30.00	31.10
29	洋葱	威杀灵	7	29.17	30.27
30	洋葱	联苯	7	29.17	30.27
31	木瓜	烯虫酯	2	28.57	29.67
32	芹菜	嘧霉胺	6	26.09	27.19
33	蘑菇	解草腈	2	25.00	26.10
34	番茄	腐霉利	6	24.00	25.10

续表

序号	基质	农药	超标频次	超标率 P(%)	风险系数 R
35	小油菜	三唑酮	2	22.22	23.32
36	橙	烯丙菊酯	5	21.74	22.84
37	芹菜	联苯	5	21.74	22.84
38	葡萄	γ-氟氯氰菌酯	5	20.00	21.10
39	葡萄	氟唑菌酰胺	5	20.00	21.10
40	生菜	唑虫酰胺	4	18.18	19.28
41	橙	生物苄呋菊酯	4	17.39	18.49
42	胡萝卜	解草腈	4	16.67	17.77
43	人参果	腐霉利	1	16.67	17.77
44	油麦菜	烯虫酯	1	16.67	17.77
45	油麦菜	环酯草醚	1	16.67	17.77
46	油麦菜	腈菌唑	1	16.67	17.77
47	柠檬	禾草敌	4	16.00	17.10
48	蒜薹	3,5-二氯苯胺	2	15.38	16.48
49	菜薹	兹克威	1	14.29	15.39
50	菜薹	氟硅唑	1	14.29	15.39
51	菜薹	烯唑醇	1	14.29	15.39
52	木瓜	解草腈	1	14.29	15.39
53	木瓜	霜霉威	1	14.29	15.39
54	甜椒	丙溴磷	3	14.29	15.39
55	甜椒	甲氰菊酯	3	14.29	15.39
56	蕹菜	烯虫酯	1	14.29	15.39
57	紫背菜	3,5-二氯苯胺	1	14.29	15.39
58	紫背菜	仲丁威	1	14.29	15.39
59	紫背菜	增效醚	1	14.29	15.39
60	生菜	烯唑醇	3	13.64	14.74
61	芒果	解草腈	3	13.04	14.14
62	芹菜	唑虫酰胺	3	13.04	14.14
63	胡萝卜	萘乙酰胺	3	12.50	13.60
64	韭菜	烯虫酯	1	12.50	13.60
65	杨桃	氟硅唑	1	12.50	13.60
66	芋	呋酰胺	1	12.50	13.60
67	芋	哌草磷	1	12.50	13.60
68	芋	生物苄呋菊酯	1	12.50	13.60
69	菜豆	仲丁威	3	12.00	13.10

续表

序号	基质	农药	超标频次	超标率 P(%)	风险系数 R
70	黄瓜	仲丁威	3	12.00	13.10
71	柠檬	仲丁威	3	12.00	13.10
72	葡萄	溴丁酰草胺	3	12.00	13.10
73	葡萄	腐霉利	3	12.00	13.10
74	茄子	仲丁威	3	12.00	13.10
75	菠菜	嘧霉胺	1	11.11	12.21
76	菠菜	敌敌畏	1	11.11	12.21
77	菠菜	毒死蜱	1	11.11	12.21
78	菠菜	氟硅唑	1	11.11	12.21
79	菠菜	甲萘威	1	11.11	12.21
80	菠菜	联苯菊酯	1	11.11	12.21
81	大白菜	虫螨腈	1	11.11	12.21
82	荔枝	喹硫磷	1	11.11	12.21
83	桃	生物苄呋菊酯	1	11.11	12.21
84	小油菜	仲丁威	1	11.11	12.21
85	小油菜	哒螨灵	1	11.11	12.21
86	小油菜	戊唑醇	1	11.11	12.21
87	小油菜	氟硅唑	1	11.11	12.21
88	西瓜	烯丙菊酯	1	10.00	11.10
89	结球甘蓝	烯丙菊酯	2	9.52	10.62
90	结球甘蓝	醚菌酯	2	9.52	10.62
91	猕猴桃	腐霉利	2	9.52	10.62
92	甜椒	γ-氟氯氰菌酯	2	9.52	10.62
93	甜椒	己唑醇	2	9.52	10.62
94	甜椒	烯丙菊酯	2	9.52	10.62
95	甜椒	高效氯氟氰菊酯	2	9.52	10.62
96	生菜	腐霉利	2	9.09	10.19
97	芹菜	γ-氟氯氰菌酯	2	8.70	9.80
98	芹菜	解草腈	2	8.70	9.80
99	青花菜	缬霉威	2	8.70	9.80
100	柚	杀螨酯	2	8.70	9.80
101	柚	猛杀威	2	8.70	9.80
102	胡萝卜	氟乐灵	2	8.33	9.43
103	苦瓜	仲丁威	2	8.33	9.43
104	苦瓜	氟氯氰菊酯	2	8.33	9.43

续表

序号	基质	农药	超标频次	超标率 P(%)	风险系数 R
105	梨	γ-氟氯氰菌酯	2	8.33	9.43
106	黄瓜	氟硅唑	2	8.00	9.10
107	茄子	炔螨特	2	8.00	9.10
108	茄子	甲氰菊酯	2	8.00	9.10
109	蒜薹	增效醚	1	7.69	8.79
110	蒜薹	烯丙菊酯	1	7.69	8.79
111	蒜薹	腐霉利	1	7.69	8.79
112	丝瓜	烯丙菊酯	1	7.14	8.24
113	莴笋	γ-氟氯氰菌酯	1	6.25	7.35
114	莴笋	三唑酮	1	6.25	7.35
115	莴笋	三唑醇	1	6.25	7.35
116	莴笋	五氯苯甲腈	1	6.25	7.35
117	莴笋	仲丁威	1	6.25	7.35
118	莴笋	烯虫酯	1	6.25	7.35
119	莴笋	百菌清	1	6.25	7.35
120	莴笋	高效氯氟氰菊酯	1	6.25	7.35
121	结球甘蓝	解草腈	1	4.76	5.86
122	猕猴桃	戊唑醇	1	4.76	5.86
123	猕猴桃	马拉硫磷	1	4.76	5.86
124	甜椒	三唑醇	1	4.76	5.86
125	甜椒	仲草丹	1	4.76	5.86
126	甜椒	炔丙菊酯	1	4.76	5.86
127	甜椒	甲醚菊酯	1	4.76	5.86
128	甜椒	腐霉利	1	4.76	5.86
129	生菜	3,5-二氯苯胺	1	4.55	5.65
130	生菜	三唑醇	1	4.55	5.65
131	生菜	氟唑菌酰胺	1	4.55	5.65
132	芒果	γ-氟氯氰菌酯	1	4.35	5.45
133	芒果	唑虫酰胺	1	4.35	5.45
134	芒果	毒死蜱	1	4.35	5.45
135	芹菜	丙溴磷	1	4.35	5.45
136	芹菜	乙拌磷	1	4.35	5.45
137	芹菜	五氯苯甲腈	1	4.35	5.45
138	芹菜	吡丙醚	1	4.35	5.45
139	芹菜	喹螨醚	1	4.35	5.45

续表

序号	基质	农药	超标频次	超标率 P(%)	风险系数 R
140	芹菜	己唑醇	1	4.35	5.45
141	芹菜	异丙威	1	4.35	5.45
142	芹菜	毒死蜱	1	4.35	5.45
143	芹菜	高效氯氟氰菊酯	1	4.35	5.45
144	青花菜	啶氧菌酯	1	4.35	5.45
145	青花菜	威杀灵	1	4.35	5.45
146	青花菜	毒死蜱	1	4.35	5.45
147	青花菜	烯丙菊酯	1	4.35	5.45
148	青花菜	生物苄呋菊酯	1	4.35	5.45
149	柚	三唑磷	1	4.35	5.45
150	柚	生物苄呋菊酯	1	4.35	5.45
151	柚	甲醚菊酯	1	4.35	5.45
152	胡萝卜	敌敌畏	1	4.17	5.27
153	苦瓜	γ-氟氯氰菌酯	1	4.17	5.27
154	苦瓜	丙溴磷	1	4.17	5.27
155	苦瓜	氯氰菊酯	1	4.17	5.27
156	菜豆	3,5-二氯苯胺	1	4.00	5.10
157	菜豆	虫螨腈	1	4.00	5.10
158	菜豆	间羟基联苯	1	4.00	5.10
159	番茄	γ-氟氯氰菌酯	1	4.00	5.10
160	番茄	唑虫酰胺	1	4.00	5.10
161	番茄	噁霜灵	1	4.00	5.10
162	番茄	己唑醇	1	4.00	5.10
163	番茄	虫螨腈	1	4.00	5.10
164	黄瓜	烯虫酯	1	4.00	5.10
165	火龙果	仲丁威	1	4.00	5.10
166	火龙果	己唑醇	1	4.00	5.10
167	苹果	γ-氟氯氰菌酯	1	4.00	5.10
168	苹果	丙溴磷	1	4.00	5.10
169	葡萄	己唑醇	1	4.00	5.10
170	茄子	嘧霉胺	1	4.00	5.10
171	茄子	氟吡禾灵	1	4.00	5.10
172	茄子	螺螨酯	1	4.00	5.10
173	西葫芦	烯虫炔酯	1	4.00	5.10
174	西葫芦	腐霉利	1	4.00	5.10

16.3.2　所有水果蔬菜中农药残留风险系数分析

16.3.2.1　所有水果蔬菜中禁用农药残留风险系数分析

在侦测出的 115 种农药中有 7 种为禁用农药，计算所有水果蔬菜中禁用农药的风险系数，结果如表 16-15 所示。硫丹和水胺硫磷 2 种禁用农药处于中度风险，剩余 5 种禁用农药处于低度风险。

表 16-15　水果蔬菜中 7 种禁用农药的风险系数表

序号	农药	检出频次	检出率(%)	风险系数 *R*	风险程度
1	硫丹	7	0.91	2.01	中度风险
2	水胺硫磷	4	0.52	1.62	中度风险
3	克百威	3	0.39	1.49	低度风险
4	甲胺磷	1	0.13	1.23	低度风险
5	六六六	1	0.13	1.23	低度风险
6	灭线磷	1	0.13	1.23	低度风险
7	杀扑磷	1	0.13	1.23	低度风险

对每个月内的禁用农药的风险系数进行分析，结果如图 16-24 和表 16-16 所示。

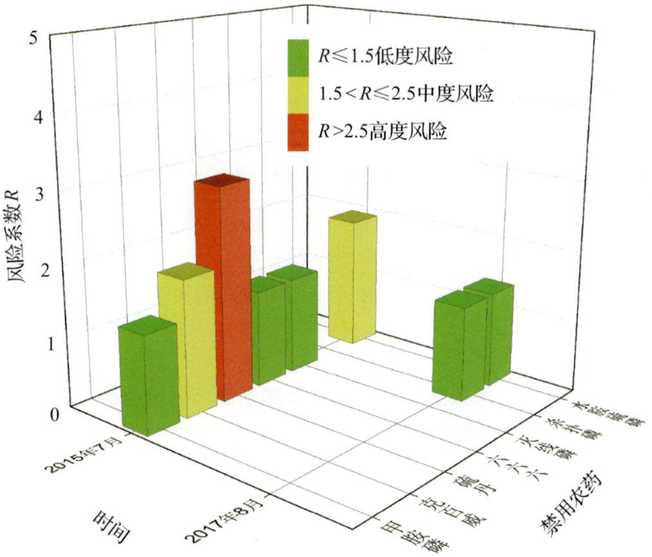

图 16-24　各月份内水果蔬菜中禁用农药残留的风险系数分布图

表 16-16　各月份内水果蔬菜中禁用农药的风险系数表

序号	年月	农药	检出频次	检出率(%)	风险系数 *R*	风险程度
1	2015 年 7 月	硫丹	7	1.92	3.02	高度风险
2	2015 年 7 月	克百威	3	0.82	1.92	中度风险
3	2015 年 7 月	水胺硫磷	3	0.82	1.92	中度风险
4	2015 年 7 月	甲胺磷	1	0.27	1.37	低度风险
5	2015 年 7 月	六六六	1	0.27	1.37	低度风险
6	2015 年 7 月	灭线磷	1	0.27	1.37	低度风险
7	2017 年 8 月	杀扑磷	1	0.25	1.35	低度风险
8	2017 年 8 月	水胺硫磷	1	0.25	1.35	低度风险

16.3.2.2　所有水果蔬菜中非禁用农药残留风险系数分析

参照 MRL 欧盟标准计算所有水果蔬菜中每种非禁用农药残留的风险系数，如图 16-25 与表 16-17 所示。在侦测出的 108 种非禁用农药中，10 种农药(9.26%)残留处于高度风险，14 种农药(12.96%)残留处于中度风险，84 种农药(77.78%)残留处于低度风险。

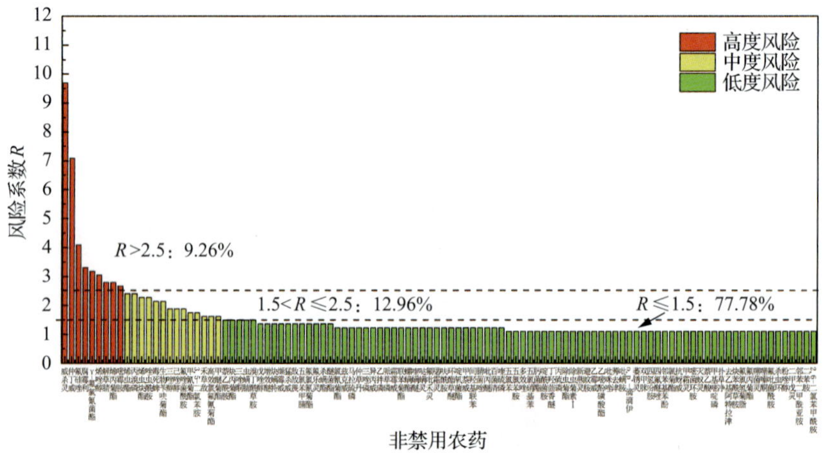

图 16-25　水果蔬菜中 108 种非禁用农药的风险程度统计图

表 16-17　水果蔬菜中 108 种非禁用农药的风险系数表

序号	农药	超标频次	超标率 *P*(%)	风险系数 *R*	风险程度
1	联苯	77	10.03	11.13	高度风险
2	威杀灵	66	8.59	9.69	高度风险
3	仲丁威	46	5.99	7.09	高度风险
4	氟硅唑	23	2.99	4.09	高度风险
5	腐霉利	17	2.21	3.31	高度风险

续表

序号	农药	超标频次	超标率 P(%)	风险系数 R	风险程度
6	γ-氟氯氰菌酯	16	2.08	3.18	高度风险
7	烯唑醇	15	1.95	3.05	高度风险
8	解草腈	13	1.69	2.79	高度风险
9	烯丙菊酯	13	1.69	2.79	高度风险
10	嘧霉胺	12	1.56	2.66	高度风险
11	烯虫酯	10	1.30	2.40	中度风险
12	丙溴磷	10	1.30	2.40	中度风险
13	烯虫炔酯	9	1.17	2.27	中度风险
14	唑虫酰胺	9	1.17	2.27	中度风险
15	毒死蜱	8	1.04	2.14	中度风险
16	生物苄呋菊酯	8	1.04	2.14	中度风险
17	三唑醇	6	0.78	1.88	中度风险
18	己唑醇	6	0.78	1.88	中度风险
19	氟唑菌酰胺	6	0.78	1.88	中度风险
20	甲氰菊酯	5	0.65	1.75	中度风险
21	3,5-二氯苯胺	5	0.65	1.75	中度风险
22	禾草敌	4	0.52	1.62	中度风险
23	高效氯氟氰菊酯	4	0.52	1.62	中度风险
24	甲醚菊酯	4	0.52	1.62	中度风险
25	萘乙酰胺	3	0.39	1.49	低度风险
26	炔丙菊酯	3	0.39	1.49	低度风险
27	三唑酮	3	0.39	1.49	低度风险
28	虫螨腈	3	0.39	1.49	低度风险
29	溴丁酰草胺	3	0.39	1.49	低度风险
30	戊唑醇	2	0.26	1.36	低度风险
31	增效醚	2	0.26	1.36	低度风险
32	炔螨特	2	0.26	1.36	低度风险
33	缬霉威	2	0.26	1.36	低度风险
34	猛杀威	2	0.26	1.36	低度风险
35	敌敌畏	2	0.26	1.36	低度风险
36	五氯苯甲腈	2	0.26	1.36	低度风险
37	氟氯氰菊酯	2	0.26	1.36	低度风险
38	氟乐灵	2	0.26	1.36	低度风险
39	杀螨酯	2	0.26	1.36	低度风险
40	醚菌酯	2	0.26	1.36	低度风险

续表

序号	农药	超标频次	超标率 P(%)	风险系数 R	风险程度
41	氯氰菊酯	1	0.13	1.23	低度风险
42	兹克威	1	0.13	1.23	低度风险
43	马拉硫磷	1	0.13	1.23	低度风险
44	仲草丹	1	0.13	1.23	低度风险
45	三唑磷	1	0.13	1.23	低度风险
46	异丙威	1	0.13	1.23	低度风险
47	乙拌磷	1	0.13	1.23	低度风险
48	哌草磷	1	0.13	1.23	低度风险
49	霜霉威	1	0.13	1.23	低度风险
50	联苯菊酯	1	0.13	1.23	低度风险
51	螺螨酯	1	0.13	1.23	低度风险
52	喹螨醚	1	0.13	1.23	低度风险
53	哒螨灵	1	0.13	1.23	低度风险
54	氟吡禾灵	1	0.13	1.23	低度风险
55	噁霜灵	1	0.13	1.23	低度风险
56	呋酰胺	1	0.13	1.23	低度风险
57	环酯草醚	1	0.13	1.23	低度风险
58	啶氧菌酯	1	0.13	1.23	低度风险
59	甲萘威	1	0.13	1.23	低度风险
60	间羟基联苯	1	0.13	1.23	低度风险
61	腈菌唑	1	0.13	1.23	低度风险
62	吡丙醚	1	0.13	1.23	低度风险
63	百菌清	1	0.13	1.23	低度风险
64	喹硫磷	1	0.13	1.23	低度风险
65	五氯苯	0	0	1.10	低度风险
66	五氯苯胺	0	0	1.10	低度风险
67	多效唑	0	0	1.10	低度风险
68	五氯硝基苯	0	0	1.10	低度风险
69	肟菌酯	0	0	1.10	低度风险
70	啶酰菌胺	0	0	1.10	低度风险
71	丁羟茴香醚	0	0	1.10	低度风险
72	丙硫磷	0	0	1.10	低度风险
73	除虫菊酯	0	0	1.10	低度风险
74	除虫菊素 I	0	0	1.10	低度风险
75	新燕灵	0	0	1.10	低度风险

续表

序号	农药	超标频次	超标率 P(%)	风险系数 R	风险程度
76	避蚊胺	0	0	1.10	低度风险
77	乙霉威	0	0	1.10	低度风险
78	乙嘧酚磺酸酯	0	0	1.10	低度风险
79	吡咪唑	0	0	1.10	低度风险
80	莠去津	0	0	1.10	低度风险
81	吡螨胺	0	0	1.10	低度风险
82	*o*, *p'*-滴滴伊	0	0	1.10	低度风险
83	萎锈灵	0	0	1.10	低度风险
84	双甲脒	0	0	1.10	低度风险
85	四氢吩胺	0	0	1.10	低度风险
86	四氟醚唑	0	0	1.10	低度风险
87	邻苯基苯酚	0	0	1.10	低度风险
88	氯菊酯	0	0	1.10	低度风险
89	抗蚜威	0	0	1.10	低度风险
90	甲霜灵	0	0	1.10	低度风险
91	嘧菌环胺	0	0	1.10	低度风险
92	灭蚊灵	0	0	1.10	低度风险
93	萘乙酸	0	0	1.10	低度风险
94	甲基嘧啶磷	0	0	1.10	低度风险
95	扑草净	0	0	1.10	低度风险
96	去乙基阿特拉津	0	0	1.10	低度风险
97	炔苯酰草胺	0	0	1.10	低度风险
98	去异丙基莠去津	0	0	1.10	低度风险
99	氟丙菊酯	0	0	1.10	低度风险
100	噻菌灵	0	0	1.10	低度风险
101	噻嗪酮	0	0	1.10	低度风险
102	氟吡菌酰胺	0	0	1.10	低度风险
103	杀虫环	0	0	1.10	低度风险
104	粉唑醇	0	0	1.10	低度风险
105	二甲戊灵	0	0	1.10	低度风险
106	邻苯二甲酰亚胺	0	0	1.10	低度风险
107	二苯胺	0	0	1.10	低度风险
108	2,6-二氯苯甲酰胺	0	0	1.10	低度风险

对每个月份内的非禁用农药的风险系数分析，每月内非禁用农药风险程度分布图如图 16-26 所示。2 个月份内处于高度风险的农药数相同，均为 10。

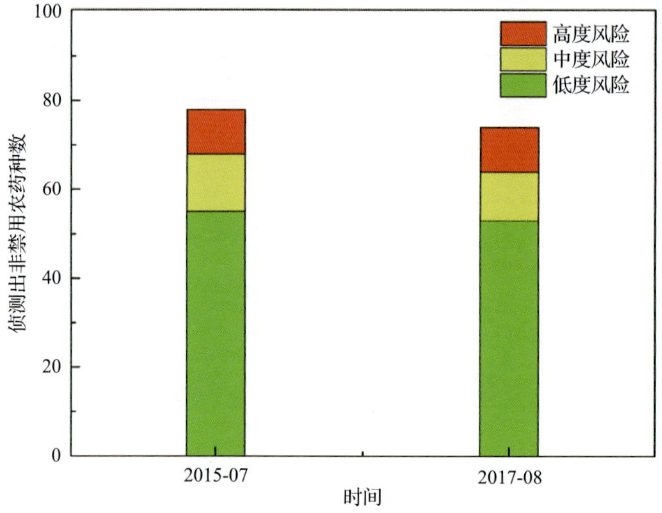

图 16-26　各月份水果蔬菜中非禁用农药残留的风险程度分布图

2 个月份内水果蔬菜中非禁用农药处于中度风险和高度风险的风险系数如图 16-27 和表 16-18 所示。

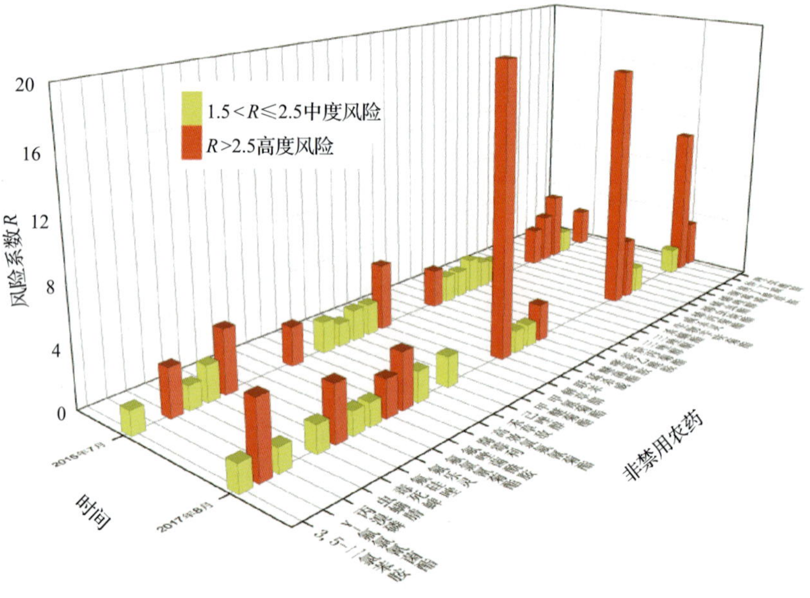

图 16-27　各月份水果蔬菜中非禁用农药处于中度风险和高度风险的风险系数分布图

表 16-18　各月份水果蔬菜中非禁用农药处于中度风险和高度风险的风险系数表

序号	年月	农药	超标频次	超标率 P(%)	风险系数 R	风险程度
1	2015 年 7 月	烯唑醇	14	3.85	4.95	高度风险
2	2015 年 7 月	解草腈	13	3.57	4.67	高度风险
3	2015 年 7 月	氟硅唑	12	3.30	4.40	高度风险

续表

序号	年月	农药	超标频次	超标率 P(%)	风险系数 R	风险程度
4	2015 年 7 月	烯虫酯	9	2.47	3.57	高度风险
5	2015 年 7 月	丙溴磷	8	2.20	3.30	高度风险
6	2015 年 7 月	生物苄呋菊酯	7	1.92	3.02	高度风险
7	2015 年 7 月	腐霉利	6	1.65	2.75	高度风险
8	2015 年 7 月	嘧霉胺	6	1.65	2.75	高度风险
9	2015 年 7 月	烯虫炔酯	6	1.65	2.75	高度风险
10	2015 年 7 月	仲丁威	6	1.65	2.75	高度风险
11	2015 年 7 月	毒死蜱	5	1.37	2.47	中度风险
12	2015 年 7 月	三唑醇	5	1.37	2.47	中度风险
13	2015 年 7 月	禾草敌	4	1.10	2.20	中度风险
14	2015 年 7 月	甲醚菊酯	4	1.10	2.20	中度风险
15	2015 年 7 月	甲氰菊酯	4	1.10	2.20	中度风险
16	2015 年 7 月	萘乙酰胺	3	0.82	1.92	中度风险
17	2015 年 7 月	炔丙菊酯	3	0.82	1.92	中度风险
18	2015 年 7 月	三唑酮	3	0.82	1.92	中度风险
19	2015 年 7 月	3,5-二氯苯胺	2	0.55	1.65	中度风险
20	2015 年 7 月	虫螨腈	2	0.55	1.65	中度风险
21	2015 年 7 月	己唑醇	2	0.55	1.65	中度风险
22	2015 年 7 月	杀螨酯	2	0.55	1.65	中度风险
23	2015 年 7 月	缬霉威	2	0.55	1.65	中度风险
24	2017 年 8 月	联苯	77	19.06	20.16	高度风险
25	2017 年 8 月	威杀灵	66	16.34	17.44	高度风险
26	2017 年 8 月	仲丁威	40	9.90	11.00	高度风险
27	2017 年 8 月	γ-氟氯氰菌酯	16	3.96	5.06	高度风险
28	2017 年 8 月	烯丙菊酯	13	3.22	4.32	高度风险
29	2017 年 8 月	氟硅唑	11	2.72	3.82	高度风险
30	2017 年 8 月	腐霉利	11	2.72	3.82	高度风险
31	2017 年 8 月	唑虫酰胺	9	2.23	3.33	高度风险
32	2017 年 8 月	氟唑菌酰胺	6	1.49	2.59	高度风险
33	2017 年 8 月	嘧霉胺	6	1.49	2.59	高度风险
34	2017 年 8 月	高效氯氟氰菊酯	4	0.99	2.09	中度风险
35	2017 年 8 月	己唑醇	4	0.99	2.09	中度风险
36	2017 年 8 月	3,5-二氯苯胺	3	0.74	1.84	中度风险
37	2017 年 8 月	毒死蜱	3	0.74	1.84	中度风险

续表

序号	年月	农药	超标频次	超标率 P(%)	风险系数 R	风险程度
38	2017 年 8 月	烯虫炔酯	3	0.74	1.84	中度风险
39	2017 年 8 月	溴丁酰草胺	3	0.74	1.84	中度风险
40	2017 年 8 月	丙溴磷	2	0.50	1.60	中度风险
41	2017 年 8 月	氟乐灵	2	0.50	1.60	中度风险
42	2017 年 8 月	氟氯氰菊酯	2	0.50	1.60	中度风险
43	2017 年 8 月	猛杀威	2	0.50	1.60	中度风险
44	2017 年 8 月	醚菌酯	2	0.50	1.60	中度风险

16.4　GC-Q-TOF/MS 侦测昆明市市售水果蔬菜农药残留风险评估结论与建议

农药残留是影响水果蔬菜安全和质量的主要因素，也是我国食品安全领域备受关注的敏感话题和亟待解决的重大问题之一[15,16]。各种水果蔬菜均存在不同程度的农药残留现象，本研究主要针对昆明市各类水果蔬菜存在的农药残留问题，基于 2015 年 7 月~2017 年 8 月对昆明市 768 例水果蔬菜样品中农药残留侦测得出的 1165 个侦测结果，分别采用食品安全指数模型和风险系数模型，开展水果蔬菜中农药残留的膳食暴露风险和预警风险评估。水果蔬菜样品取自超市和农贸市场，符合大众的膳食来源，风险评价时更具有代表性和可信度。

本研究力求通用简单地反映食品安全中的主要问题，且为管理部门和大众容易接受，为政府及相关管理机构建立科学的食品安全信息发布和预警体系提供科学的规律与方法，加强对农药残留的预警和食品安全重大事件的预防，控制食品风险。

16.4.1　昆明市水果蔬菜中农药残留膳食暴露风险评价结论

1）水果蔬菜样品中农药残留安全状态评价结论

采用食品安全指数模型，对 2015 年 7 月~2017 年 8 月期间昆明市水果蔬菜食品农药残留膳食暴露风险进行评价，根据 IFS_c 的计算结果发现，水果蔬菜中农药的 $\overline{IFS}$ 为 0.1376，说明昆明市水果蔬菜总体处于可以接受的安全状态，但部分禁用农药、高残留农药在蔬菜、水果中仍有侦测出，导致膳食暴露风险的存在，成为不安全因素。

2）单种水果蔬菜中农药膳食暴露风险不可接受情况评价结论

单种水果蔬菜中农药残留安全指数分析结果显示，农药对单种水果蔬菜安全影响不可接受（$IFS_c>1$）的样本数共 5 个，占总样本数的 1.09%，5 个样本分别为茄子中的氟吡禾灵、柠檬中的克百威、柚中的三唑磷、莴笋中的百菌清和葡萄中的水胺硫磷，说明茄子中的氟吡禾灵、柠檬中的克百威、柚中的三唑磷、莴笋中的百菌清和葡萄中的水胺硫磷会对消费者身体健康造成较大的膳食暴露风险。其中克百威和水胺硫磷属于禁用的剧毒农药，且柠檬和葡萄均为较常见的水果，百姓日常食用量较大，长期食用大量残留克百威和水胺硫磷的柠檬、葡萄会对人体造成不可接受的影响。本次检测发现克百威和水胺硫磷在柠檬、葡萄样品中多次并大量侦测出，是未严格实施农业良好管理规范（GAP），抑或是农药滥用，这应该引起相关管理部门的警惕，应加强对柠檬、葡萄中克百威和水胺硫磷的严格管控。

3）禁用农药膳食暴露风险评价

本次检测发现部分水果蔬菜样品中有禁用农药侦测出，侦测出禁用农药 7 种，检出频次为 18，水果蔬菜样品中的禁用农药 IFS_c 计算结果表明，禁用农药残留膳食暴露风险不可接受的频次为 3，占 16.67%；可以接受的频次为 2，占 11.11%；没有影响的频次为 13，占 72.22%。对于水果蔬菜样品中所有农药而言，膳食暴露风险不可接受的频次为 8，仅占总体频次的 0.69%。可以看出，禁用农药的膳食暴露风险不可接受的比例远高于总体水平，这在一定程度上说明禁用农药更容易导致严重的膳食暴露风险。此外，膳食暴露风险不可接受的残留禁用农药为水胺硫磷和克百威，因此，应该加强对禁用农药水胺硫磷和克百威的管控力度。为何在国家明令禁止禁用农药喷洒的情况下，还能在多种水果蔬菜中多次侦测出禁用农药残留并造成不可接受的膳食暴露风险，这应该引起相关部门的高度警惕，应该在禁止禁用农药喷洒的同时，严格管控禁用农药的生产和售卖，从根本上杜绝安全隐患。

16.4.2 昆明市水果蔬菜中农药残留预警风险评价结论

1）单种水果蔬菜中禁用农药残留的预警风险评价结论

本次检测过程中，在 11 种水果蔬菜中检测超出 7 种禁用农药，禁用农药为：甲胺磷、硫丹、六六六、水胺硫磷、克百威、杀扑磷和灭线磷，水果蔬菜为：人参果、桃、蘑菇、杨桃、黄瓜、柠檬、茄子、橙、柚、火龙果和葡萄，水果蔬菜中禁用农药的风险系数分析结果显示，7 种禁用农药在 11 种水果蔬菜中的残留均处于高度风险，说明在单种水果蔬菜中禁用农药的残留会导致较高的预警风险。

2）单种水果蔬菜中非禁用农药残留的预警风险评价结论

以 MRL 中国国家标准为标准，计算水果蔬菜中非禁用农药风险系数情况下，446 个样本中，6 个处于高度风险（1.35%），77 个处于低度风险（17.26%），363 个样本没有 MRL 中国国家标准（81.39%）。以 MRL 欧盟标准为标准，计算水果蔬菜中非禁用农药风险系数情况下，发现有 174 个处于高度风险（39.01%），272 个处于低度风险（60.99%）。基于两种 MRL 标准，评价的结果差异显著，可以看出 MRL 欧盟标准比中国国家标准更加严格和完善，过于宽松的 MRL 中国国家标准值能否有效保障人体的健康有待研究。

16.4.3 加强昆明市水果蔬菜食品安全建议

我国食品安全风险评价体系仍不够健全，相关制度不够完善，多年来，由于农药用药次数多、用药量大或用药间隔时间短，产品残留量大，农药残留所造成的食品安全问题日益严峻，给人体健康带来了直接或间接的危害。据估计，美国与农药有关的癌症患者数约占全国癌症患者总数的 50%，中国更高。同样，农药对其他生物也会形成直接杀伤和慢性危害，植物中的农药可经过食物链逐级传递并不断蓄积，对人和动物构成潜在威胁，并影响生态系统。

基于本次农药残留侦测数据的风险评价结果，提出以下几点建议：

1）加快食品安全标准制定步伐

我国食品标准中对农药每日允许最大摄入量 ADI 的数据严重缺乏，在本次评价所涉及的 115 种农药中，仅有 63.5%的农药具有 ADI 值，而 36.5%的农药中国尚未规定相应的 ADI 值，亟待完善。

我国食品中农药最大残留限量值的规定严重缺乏，对评估涉及的不同水果蔬菜中不同农药 459 个 MRL 限值进行统计来看，我国仅制定出 91 个标准，标准完整率仅为 19.8%，而欧盟的完整率达到 100%（表 16-19）。因此，中国更应加快 MRL 的制定步伐。

表 16-19　我国国家食品标准农药的 ADI、MRL 值与欧盟标准的数量差异

分类		中国 ADI	MRL 中国国家标准	MRL 欧盟标准
标准限值（个）	有	73	91	459
	无	42	368	0
总数（个）		115	459	459
无标准限值比例（%）		36.5	80.2	0

此外，MRL 中国国家标准限值普遍高于欧盟标准限值，这些标准中共有 53 个高于欧盟。过高的 MRL 值难以保障人体健康，建议继续加强对限值基准和标准的科学研究，将农产品中的危险性减少到尽可能低的水平。

2）加强农药的源头控制和分类监管

在昆明市某些水果蔬菜中仍有禁用农药残留，利用 GC-Q-TOF/MS 技术侦测出 7 种禁用农药，检出频次为 18 次，残留禁用农药均存在较大的膳食暴露风险和预警风险。早已列入黑名单的禁用农药在我国并未真正退出，有些药物由于价格便宜、工艺简单，此类高毒农药一直生产和使用。建议在我国采取严格有效的控制措施，从源头控制禁用农药。

对于非禁用农药，在我国作为“田间地头”最典型单位的县级蔬果产地中，农药残留的检测几乎缺失。建议根据农药的毒性，对高毒、剧毒、中毒农药实现分类管理，减少使用高毒和剧毒高残留农药，进行分类监管。

3）加强残留农药的生物修复及降解新技术

市售果蔬中残留农药的品种多、频次高、禁用农药多次检出这一现状，说明了我国的田间土壤和水体因农药长期、频繁、不合理的使用而遭到严重污染。为此，建议中国相关部门出台相关政策，鼓励高校及科研院所积极开展分子生物学、酶学等研究，加强土壤、水体中残留农药的生物修复及降解新技术研究，切实加大农药监管力度，以控制农药的面源污染问题。

综上所述，在本工作基础上，根据蔬菜残留危害，可进一步针对其成因提出和采取严格管理、大力推广无公害蔬菜种植与生产、健全食品安全控制技术体系、加强蔬菜食品质量检测体系建设和积极推行蔬菜食品质量追溯制度等相应对策。建立和完善食品安全综合评价指数与风险监测预警系统，对食品安全进行实时、全面的监控与分析，为我国的食品安全科学监管与决策提供新的技术支持，可实现各类检验数据的信息化系统管理，降低食品安全事故的发生。

拉 萨 市

第 17 章　LC-Q-TOF/MS 侦测拉萨市 102 例市售水果蔬菜样品农药残留报告

从拉萨市所属 2 个区县，随机采集了 102 例水果蔬菜样品，使用液相色谱-四极杆飞行时间质谱(LC-Q-TOF/MS)对 565 种农药化学污染物进行示范侦测(7 种负离子模式 ESI⁻未涉及)。

17.1　样品种类、数量与来源

17.1.1　样品采集与检测

为了真实反映百姓餐桌上水果蔬菜中农药残留污染状况，本次所有检测样品均由检验人员于 2017 年 11 月，从拉萨市所属 5 个采样点，包括 2 个农贸市场和 3 个超市，以随机购买方式采集，总计 5 批 102 例样品，从中检出农药 34 种，238 频次。采样及监测概况见图 17-1 及表 17-1，样品及采样点明细见表 17-2 及表 17-3(侦测原始数据见附表 1)。

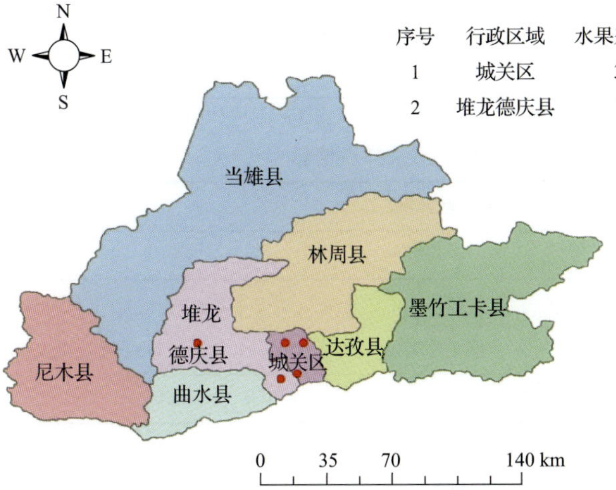

序号	行政区域	水果采样量	蔬菜及其他采样量	总计
1	城关区	34	49	83
2	堆龙德庆县	7	12	19

图 17-1　拉萨市所属 5 个采样点 102 例样品分布图

表 17-1　农药残留监测总体概况

采样地区	拉萨市所属 2 个区县
采样点(超市+农贸市场)	5
样本总数	102
检出农药品种/频次	34/238
各采样点样本农药残留检出率范围	65.0% ~ 80.0%

表 17-2　样品分类及数量

样品分类	样品名称(数量)	数量小计
1. 水果		41
1)仁果类水果	苹果(5)，梨(5)	10
2)核果类水果	枣(5)	5
3)浆果和其他小型水果	猕猴桃(4)，葡萄(5)	9
4)热带和亚热带水果	芒果(3)	3
5)柑橘类水果	橘(5)，柠檬(5)，橙(4)	14
2. 食用菌		7
1)蘑菇类	香菇(3)，金针菇(4)	7
3. 蔬菜		54
1)豆类蔬菜	菜豆(5)	5
2)鳞茎类蔬菜	韭菜(4)，蒜薹(5)	9
3)叶菜类蔬菜	生菜(3)，莴笋(5)	8
4)芸薹属类蔬菜	青花菜(3)	3
5)瓜类蔬菜	黄瓜(5)，冬瓜(5)	10
6)茄果类蔬菜	番茄(5)，辣椒(4)，茄子(5)	14
7)根茎类和薯芋类蔬菜	萝卜(5)	5
合计	1.水果 9 种 2.食用菌 2 种 3.蔬菜 12 种	102

表 17-3　拉萨市采样点信息

采样点序号	行政区域	采样点
农贸市场(2)		
1	城关区	***农贸市场
2	堆龙德庆县	***农产品批发市场
超市(3)		
1	城关区	***广场(城关区店)
2	城关区	***超市(西郊店)
3	城关区	***超市(雪新村店)

17.1.2　检测结果

这次使用的检测方法是庞国芳院士团队最新研发的不需使用标准品对照，而以高分辨精确质量数(0.0001 *m/z*)为基准的 LC-Q-TOF/MS 检测技术，对于 102 例样品，每个样品均侦测了 565 种农药化学污染物的残留现状。通过本次侦测，在 102 例样品中共计检出农药化学污染物 34 种，检出 238 频次。

17.1.2.1　各采样点样品检出情况

统计分析发现 5 个采样点中，被测样品的农药检出率范围为 65.0%～80.0%。其中，***超市(西郊店)的检出率最高，为 80.0%。***农贸市场的检出率最低，为 65.0%，见图 17-2。

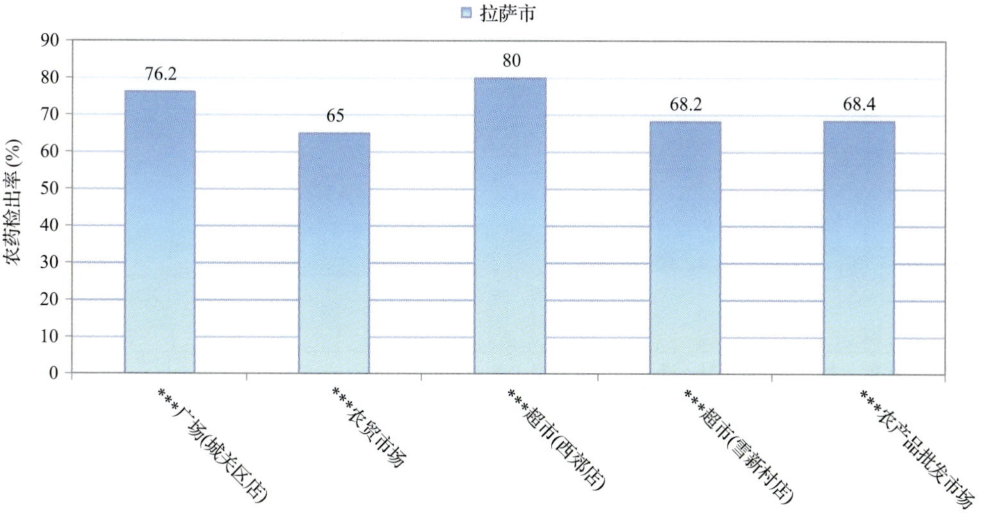

图 17-2　各采样点样品中的农药检出率

17.1.2.2　检出农药的品种总数与频次

统计分析发现，对于 102 例样品中 565 种农药化学污染物的侦测，共检出农药 238 频次，涉及农药 34 种，结果如图 17-3 所示。其中多菌灵检出频次最高，共检出 36 次。

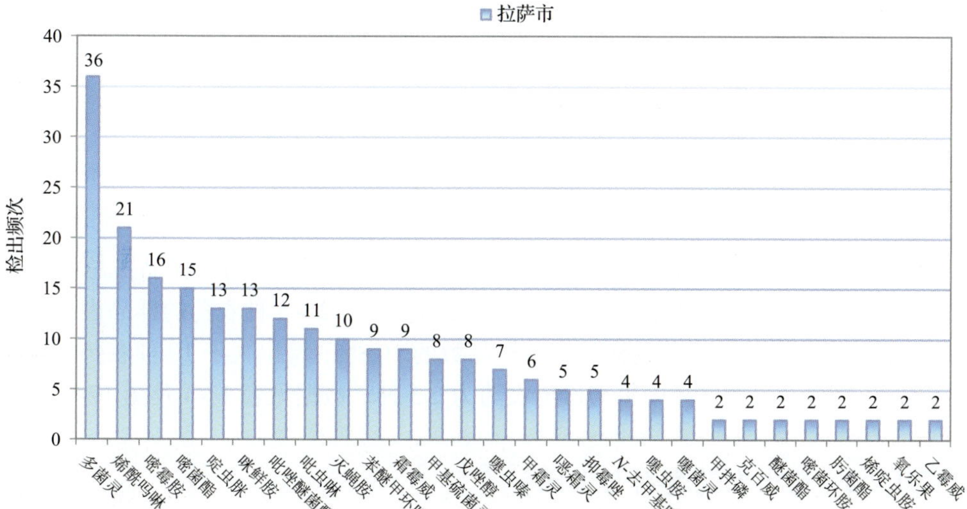

图 17-3　检出农药品种及频次(仅列出 2 频次及以上的数据)

检出频次排名前 10 的农药如下：①多菌灵(36)；②烯酰吗啉(21)；③嘧霉胺(16)；④嘧菌酯(15)；⑤啶虫脒(13)；⑥咪鲜胺(13)；⑦吡唑醚菌酯(12)；⑧吡虫啉(11)；⑨灭蝇胺(10)；⑩苯醚甲环唑(9)。

由图 17-4 可见，葡萄、番茄、枣和黄瓜这 4 种果蔬样品中检出的农药品种数较高，均超过 10 种，其中，葡萄检出农药品种最多，为 17 种。由图 17-5 可见，枣、葡萄和番茄这 3 种果蔬样品中的农药检出频次较高，均超过 20 次，其中，枣检出农药频次最高，为 42 次。

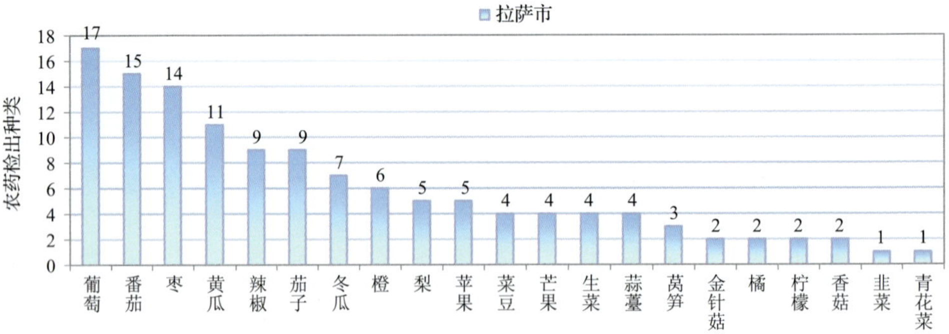

图 17-4　单种水果蔬菜检出农药的种类数

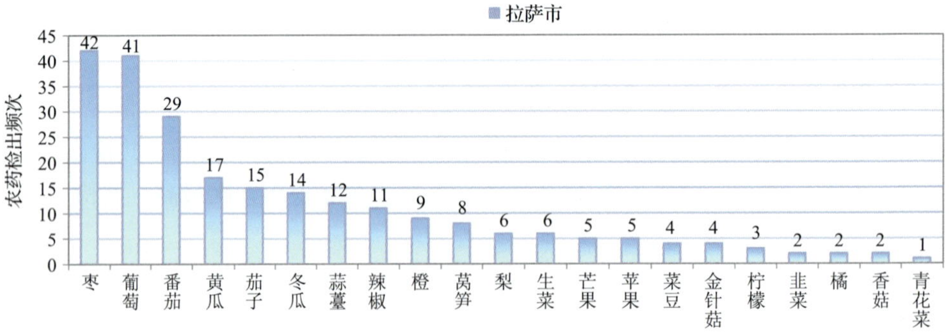

图 17-5　单种水果蔬菜检出农药频次

17.1.2.3　单例样品农药检出种类与占比

对单例样品检出农药种类和频次进行统计发现，未检出农药的样品占总样品数的 28.4%，检出 1 种农药的样品占总样品数的 27.5%，检出 2～5 种农药的样品占总样品数的 30.4%，检出 6～10 种农药的样品占总样品数的 10.8%，检出大于 10 种农药的样品占总样品数的 2.9%。每例样品中平均检出农药为 2.3 种，数据见表 17-4 及图 17-6。

17.1.2.4　检出农药类别与占比

所有检出农药按功能分类，包括杀菌剂、杀虫剂共 2 类。其中杀菌剂与杀虫剂为主要检出的农药类别，分别占总数的 67.6%和 32.4%，见表 17-5 及图 17-7。

表 17-4　单例样品检出农药品种占比

检出农药品种数	样品数量/占比(%)
未检出	29/28.4
1 种	28/27.5
2～5 种	31/30.4
6～10 种	11/10.8
大于 10 种	3/2.9
单例样品平均检出农药品种	2.3 种

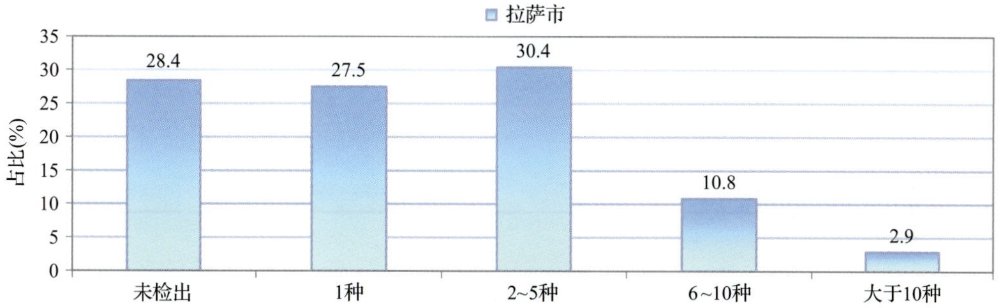

图 17-6　单例样品平均检出农药品种及占比

表 17-5　检出农药所属类别/占比

农药类别	数量/占比(%)
杀菌剂	23/67.6
杀虫剂	11/32.4

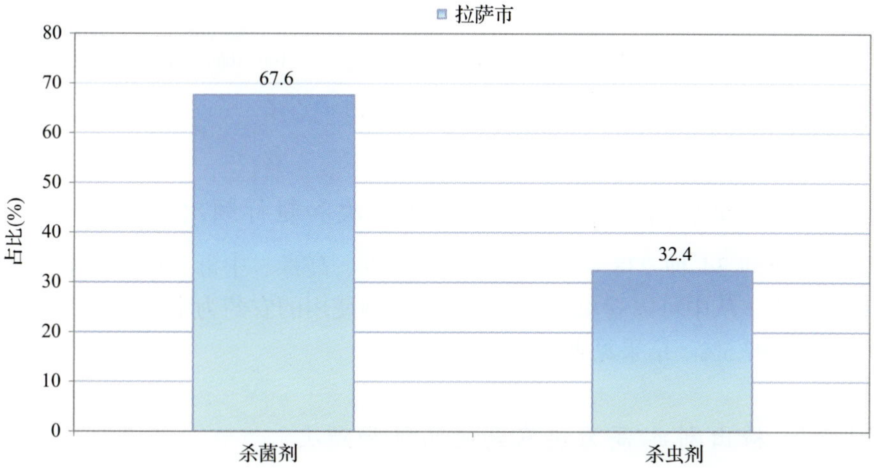

图 17-7　检出农药所属类别和占比

17.1.2.5 检出农药的残留水平

按检出农药残留水平进行统计，残留水平在 1 ~ 5 μg/kg（含）的农药占总数的 26.5%，在 5 ~ 10 μg/kg（含）的农药占总数的 13.9%，在 10 ~ 100 μg/kg（含）的农药占总数的 47.5%，在 100 ~ 1000 μg/kg（含）的农药占总数的 10.5%，在>1000 μg/kg 的农药占总数的 1.7%。

由此可见，这次检测的 5 批 102 例水果蔬菜样品中农药多数处于中高残留水平。结果见表 17-6 及图 17-8，数据见附表 2。

表 17-6 农药残留水平/占比

残留水平（μg/kg）	检出频次数/占比（%）
1 ~ 5（含）	63/26.5
5 ~ 10（含）	33/13.9
10 ~ 100（含）	113/47.5
100 ~ 1000（含）	25/10.5
>1000	4/1.7

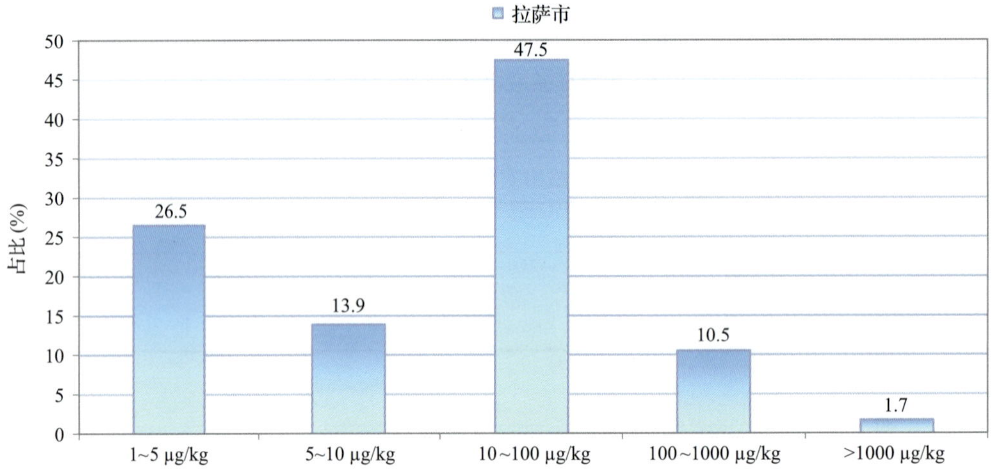

图 17-8 检出农药残留水平及占比

17.1.2.6 检出农药的毒性类别、检出频次和超标频次及占比

对这次检出的 34 种 238 频次的农药，按剧毒、高毒、中毒、低毒和微毒这五个毒性类别进行分类，从中可以看出，拉萨市目前普遍使用的农药为中低微毒农药，品种占 91.2%，频次占 97.5%。结果见表 17-7 及图 17-9。

17.1.2.7 检出剧毒/高毒类农药的品种和频次

值得特别关注的是，在此次侦测的 102 例样品中有 4 种蔬菜的 5 例样品检出了 3 种 6 频次的剧毒和高毒农药，占样品总量的 4.9%，详见图 17-10、表 17-8 及表 17-9。

表 17-7　检出农药毒性类别/占比

毒性分类	农药品种/占比(%)	检出频次/占比(%)	超标频次/超标率(%)
剧毒农药	1/2.9	2/0.8	0/0.0
高毒农药	2/5.9	4/1.7	2/50.0
中毒农药	13/38.2	87/36.6	0/0.0
低毒农药	9/26.5	58/24.4	0/0.0
微毒农药	9/26.5	87/36.6	0/0.0

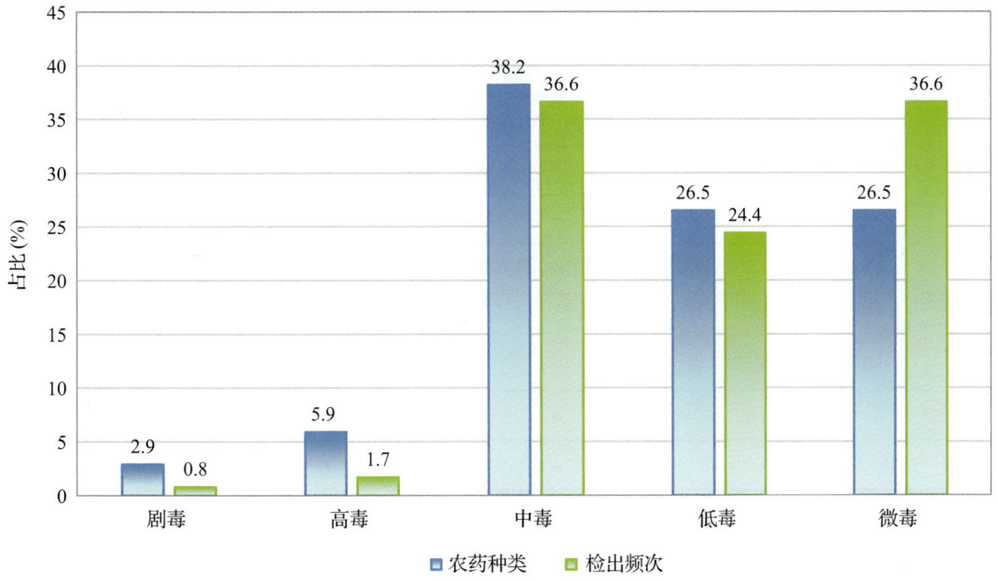

图 17-9　检出农药的毒性分类和占比

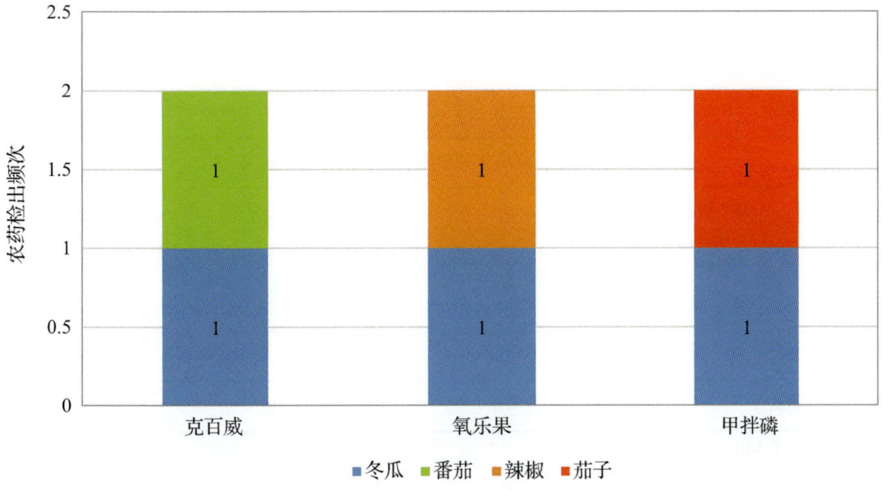

图 17-10　检出剧毒/高毒农药的样品情况

表 17-8 剧毒农药检出情况

序号	农药名称	检出频次	超标频次	超标率
水果中未检出剧毒农药				
	小计	0	0	超标率：0.0%
从 2 种蔬菜中检出 1 种剧毒农药，共计检出 2 次				
1	甲拌磷*	2	0	0.0%
	小计	2	0	超标率：0.0%
	合计	2	0	超标率：0.0%

表 17-9 高毒农药检出情况

序号	农药名称	检出频次	超标频次	超标率
水果中未检出高毒农药				
	小计	0	0	超标率：0.0%
从 3 种蔬菜中检出 2 种高毒农药，共计检出 4 次				
1	克百威	2	1	50.0%
2	氧乐果	2	1	50.0%
	小计	4	2	超标率：50.0%
	合计	4	2	超标率：50.0%

在检出的剧毒和高毒农药中，有 3 种是我国早已禁止在果树和蔬菜上使用的，分别是：克百威、甲拌磷和氧乐果。禁用农药的检出情况见表 17-10。

表 17-10 禁用农药检出情况

序号	农药名称	检出频次	超标频次	超标率
水果中未检出禁用农药				
	小计	0	0	超标率：0.0%
从 4 种蔬菜中检出 3 种禁用农药，共计检出 6 次				
1	甲拌磷*	2	0	0.0%
2	克百威	2	1	50.0%
3	氧乐果	2	1	50.0%
	小计	6	2	超标率：33.3%
	合计	6	2	超标率：33.3%

注：超标结果参考 MRL 中国国家标准计算

此次抽检的果蔬样品中，有 2 种蔬菜检出了剧毒农药，分别是：冬瓜中检出甲拌磷 1 次；茄子中检出甲拌磷 1 次。

样品中检出剧毒和高毒农药残留水平超过 MRL 中国国家标准的频次为 2 次，其中：冬瓜检出克百威超标 1 次；辣椒检出氧乐果超标 1 次。本次检出结果表明，高毒、剧毒农药的使用现象依旧存在。详见表 17-11。

表 17-11　各样本中检出剧毒/高毒农药情况

样品名称	农药名称	检出频次	超标频次	检出浓度(μg/kg)
		水果 0 种		
小计		0	0	超标率：0.0%
		蔬菜 4 种		
冬瓜	克百威▲	1	1	63.8[a]
冬瓜	氧乐果▲	1	0	4.1
冬瓜	甲拌磷*▲	1	0	9.7
番茄	克百威▲	1	0	7.8
茄子	甲拌磷*▲	1	0	2.2
辣椒	氧乐果▲	1	1	482.9[a]
小计		6	2	超标率：33.3%
合计		6	2	超标率：33.3%

17.2　农药残留检出水平与最大残留限量标准对比分析

我国于 2014 年 3 月 20 日正式颁布并于 2014 年 8 月 1 日正式实施食品农药残留限量国家标准《食品中农药最大残留限量》(GB 2763—2014)。该标准包括 371 个农药条目，涉及最大残留限量(MRL)标准 3653 项。将 238 频次检出农药的浓度水平与 3653 项 MRL 中国国家标准进行核对，其中只有 105 频次的农药找到了对应的 MRL 标准，占 44.1%，还有 133 频次的侦测数据则无相关 MRL 标准供参考，占 55.9%。

将此次侦测结果与国际上现行 MRL 标准对比发现，在 238 频次的检出结果中有 238 频次的结果找到了对应的 MRL 欧盟标准，占 100.0%，其中，230 频次的结果有明确对应的 MRL 标准，占 96.6%，其余 8 频次按照欧盟一律标准判定，占 3.4%；有 238 频次的结果找到了对应的 MRL 日本标准，占 100.0%，其中，172 频次的结果有明确对应的 MRL 标准，占 72.3%，其余 66 频次按照日本一律标准判定，占 27.7%；有 158 频次的结果找到了对应的 MRL 中国香港标准，占 66.4%；有 135 频次的结果找到了对应的 MRL 美国标准，占 56.7%；有 110 频次的结果找到了对应的 MRL CAC 标准，占 46.2%(见图 17-11 和图 17-12，数据见附表 3 至附表 8)。

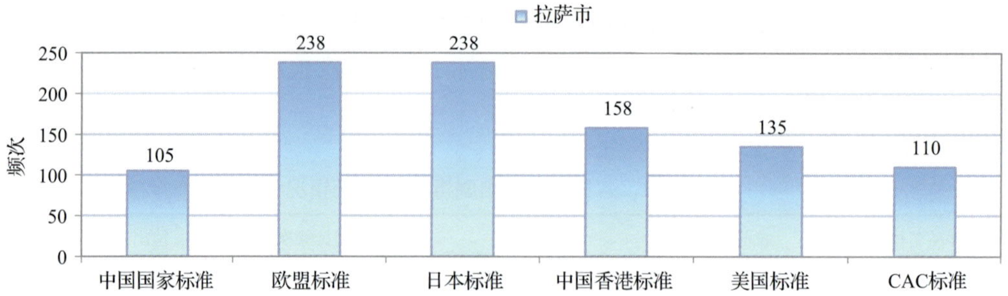

图 17-11　238 频次检出农药可用 MRL 中国国家标准、欧盟标准、日本标准、中国香港标准、美国标准、CAC 标准判定衡量的数量

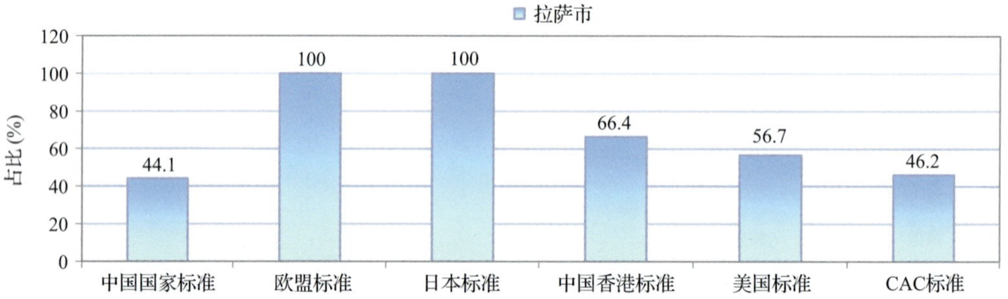

图 17-12　238 频次检出农药可用 MRL 中国国家标准、欧盟标准、日本标准、中国香港标准、美国标准、CAC 标准衡量的占比

17.2.1　超标农药样品分析

本次侦测的 102 例样品中，29 例样品未检出任何残留农药，占样品总量的 28.4%，73 例样品检出不同水平、不同种类的残留农药，占样品总量的 71.6%。在此，我们将本次侦测的农残检出情况与 MRL 中国国家标准、欧盟标准、日本标准、中国香港标准、美国标准、CAC 标准这 6 大国际主流 MRL 标准进行对比分析，样品农残检出与超标情况见表 17-12、图 17-13 和 17-14，详细数据见附表 9 至附表 14。

17.2.2　超标农药种类分析

按照 MRL 中国国家标准、欧盟标准、日本标准、中国香港标准、美国标准、CAC 标准这 6 大国际主流 MRL 标准衡量，本次侦测检出的农药超标品种及频次情况见表 17-13。

表 17-12　各 MRL 标准下样品农残检出与超标数量及占比

	中国国家标准 数量/占比(%)	欧盟标准 数量/占比(%)	日本标准 数量/占比(%)	中国香港标准 数量/占比(%)	美国标准 数量/占比(%)	CAC 标准 数量/占比(%)
未检出	29/28.4	29/28.4	29/28.4	29/28.4	29/28.4	29/28.4
检出未超标	71/69.6	47/46.1	50/49.0	69/67.6	71/69.6	72/70.6
检出超标	2/2.0	26/25.5	23/22.5	4/3.9	2/2.0	1/1.0

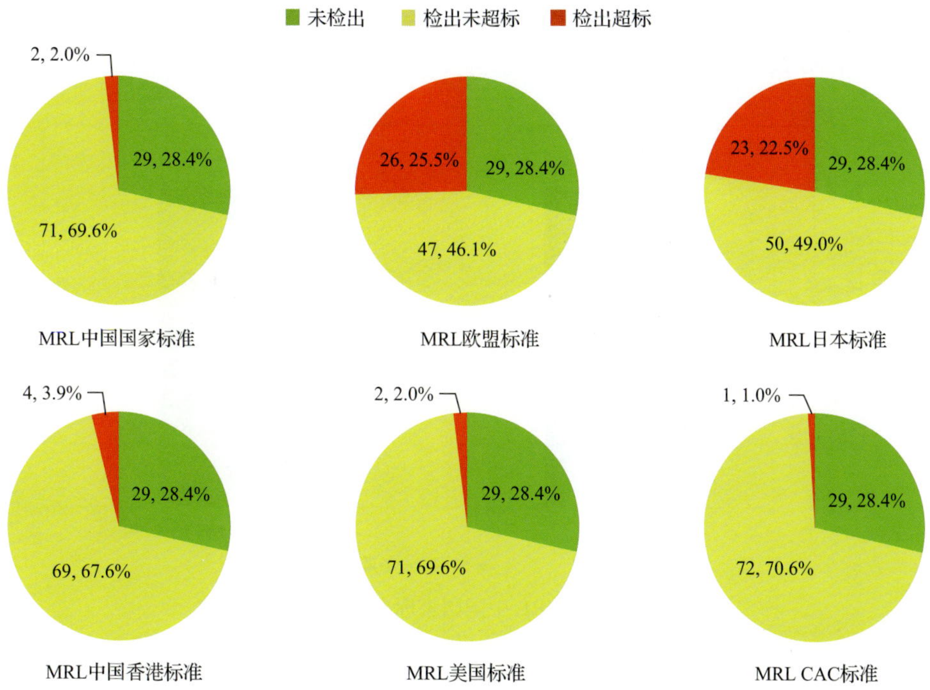

图 17-13 检出和超标样品比例情况

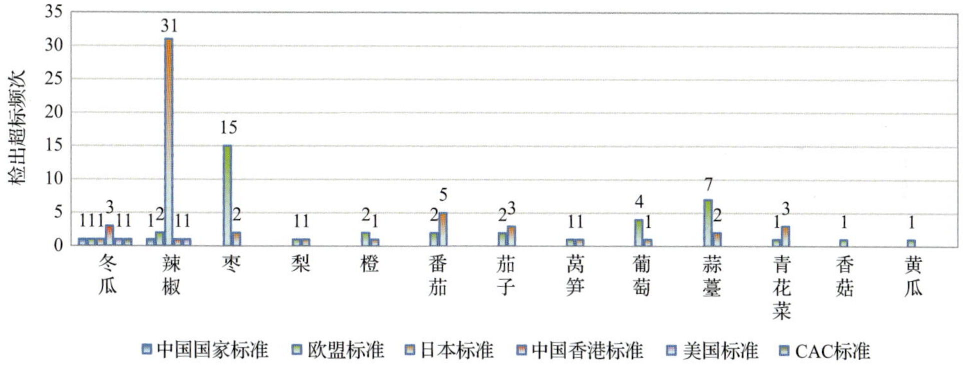

图 17-14 超过 MRL 中国国家标准、欧盟标准、日本标准、中国香港标准、美国标准、CAC 标准结果在水果蔬菜中的分布

表 17-13 各 MRL 标准下超标农药品种及频次

	中国国家标准	欧盟标准	日本标准	中国香港标准	美国标准	CAC 标准
超标农药品种	2	15	16	2	2	1
超标农药频次	2	40	51	4	2	1

17.2.2.1 按 MRL 中国国家标准衡量

按 MRL 中国国家标准衡量，共有 2 种农药超标，检出 2 频次，分别为高毒农药克百威和氧乐果。

按超标程度比较，辣椒中氧乐果超标 23.1 倍，冬瓜中克百威超标 2.2 倍。检测结果见图 17-15 和附表 15。

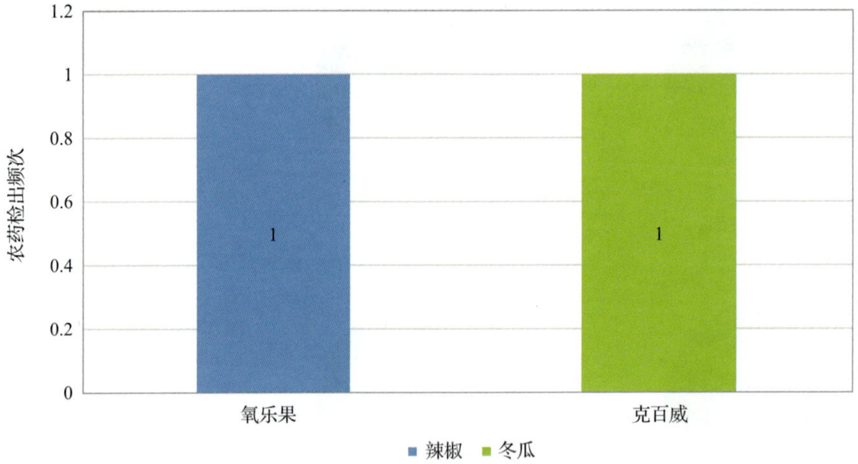

图 17-15　超过 MRL 中国国家标准农药品种及频次

17.2.2.2　按 MRL 欧盟标准衡量

按 MRL 欧盟标准衡量，共有 15 种农药超标，检出 40 频次，分别为高毒农药克百威和氧乐果，中毒农药咪鲜胺、噻虫胺、甲氨基阿维菌素、噁霜灵、抑霉唑、吡虫啉和 *N*-去甲基啶虫脒，低毒农药已唑醇和烯啶虫胺，微毒农药嘧菌酯、甲基硫菌灵、醚菌酯和霜霉威。

按超标程度比较，葡萄中霜霉威超标 54.8 倍，辣椒中氧乐果超标 47.3 倍，黄瓜中甲基硫菌灵超标 14.2 倍，香菇中甲基硫菌灵超标 11.5 倍，蒜薹中咪鲜胺超标 9.0 倍。检测结果见图 17-16 和附表 16。

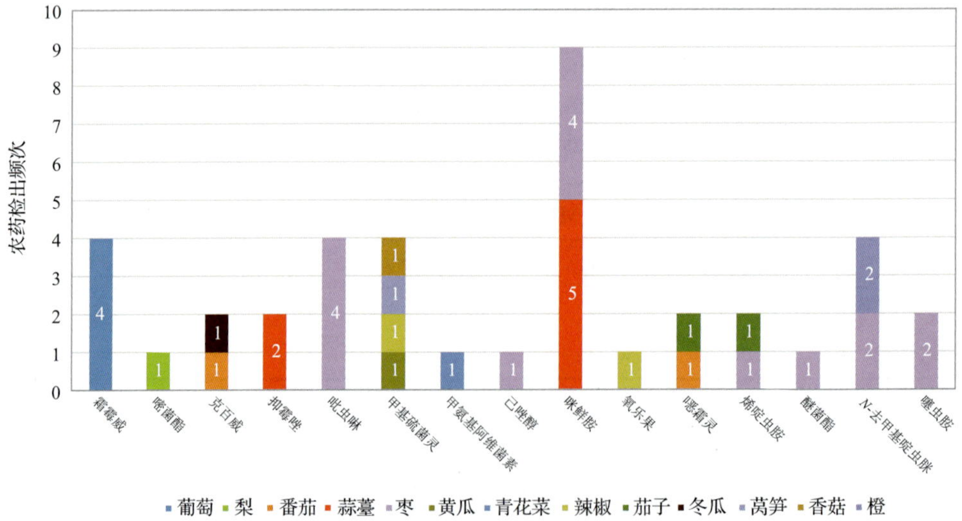

图 17-16　超过 MRL 欧盟标准农药品种及频次

17.2.2.3 按 MRL 日本标准衡量

按 MRL 日本标准衡量，共有 16 种农药超标，检出 51 频次，分别为中毒农药咪鲜胺、戊唑醇、噻虫胺、噻虫嗪、苯醚甲环唑、抑霉唑、吡虫啉和 *N*-去甲基啶虫脒，低毒农药嘧霉胺、己唑醇和烯啶虫胺，微毒农药多菌灵、嘧菌酯、甲基硫菌灵、醚菌酯和霜霉威。

按超标程度比较，黄瓜中甲基硫菌灵超标 151.3 倍，枣中吡虫啉超标 133.9 倍，香菇中甲基硫菌灵超标 124.0 倍，莴笋中甲基硫菌灵超标 74.1 倍，葡萄中霜霉威超标 54.8 倍。检测结果见图 17-17 和附表 17。

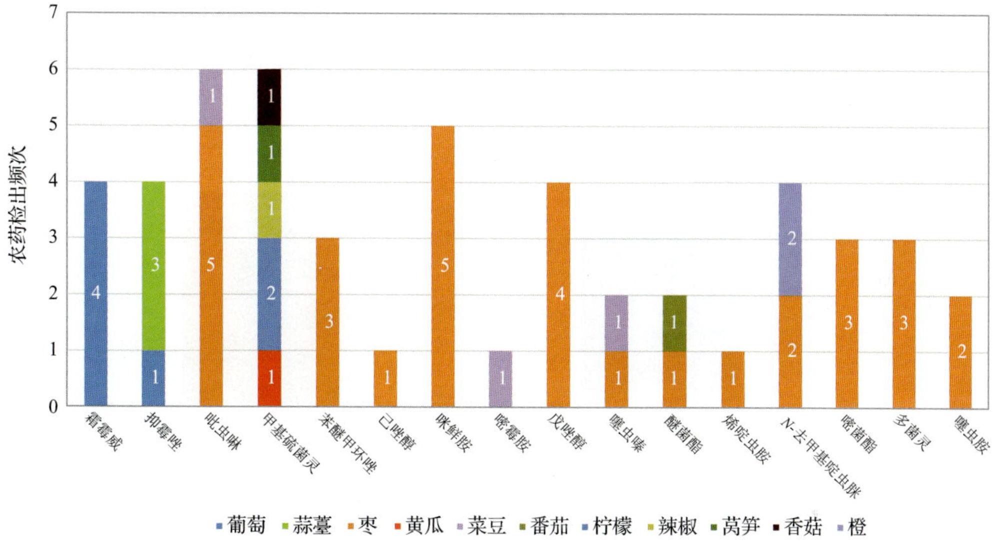

图 17-17 超过 MRL 日本标准农药品种及频次

17.2.2.4 按 MRL 中国香港标准衡量

按 MRL 中国香港标准衡量，共有 2 种农药超标，检出 4 频次，分别为中毒农药噻虫嗪和吡虫啉。

按超标程度比较，菜豆中噻虫嗪超标 4.1 倍，枣中吡虫啉超标 1.7 倍。检测结果见图 17-18 和附表 18。

17.2.2.5 按 MRL 美国标准衡量

按 MRL 美国标准衡量，共有 2 种农药超标，检出 2 频次，分别为中毒农药噻虫嗪，微毒农药甲基硫菌灵。

按超标程度比较，菜豆中噻虫嗪超标 1.6 倍，黄瓜中甲基硫菌灵超标 0.5 倍。检测结果见图 17-19 和附表 19。

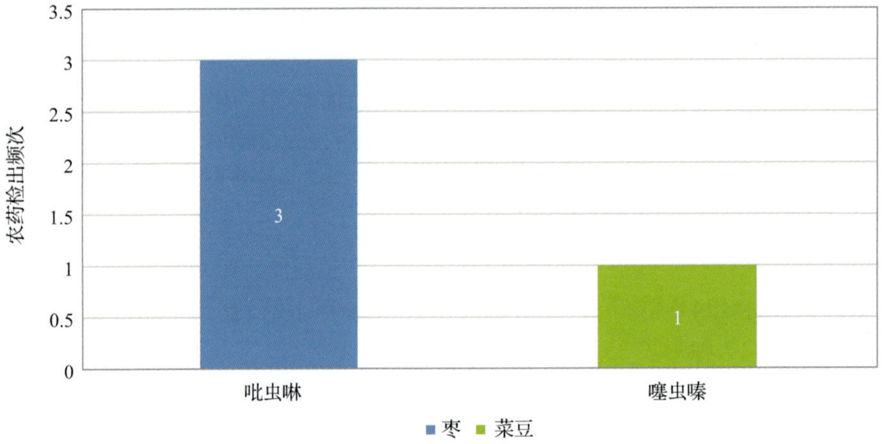

图 17-18 超过 MRL 中国香港标准农药品种及频次

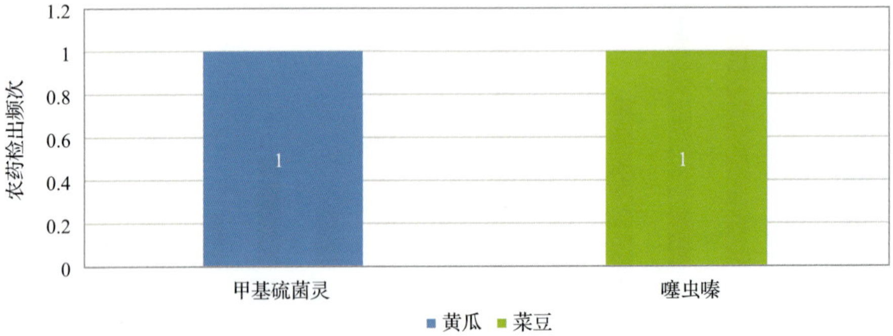

图 17-19 超过 MRL 美国标准农药品种及频次

17.2.2.6 按 MRL CAC 标准衡量

按 MRL CAC 标准衡量，有 1 种农药超标，检出 1 频次，为中毒农药噻虫嗪。按超标程度比较，菜豆中噻虫嗪超标 4.1 倍。检测结果见图 17-20 和附表 20。

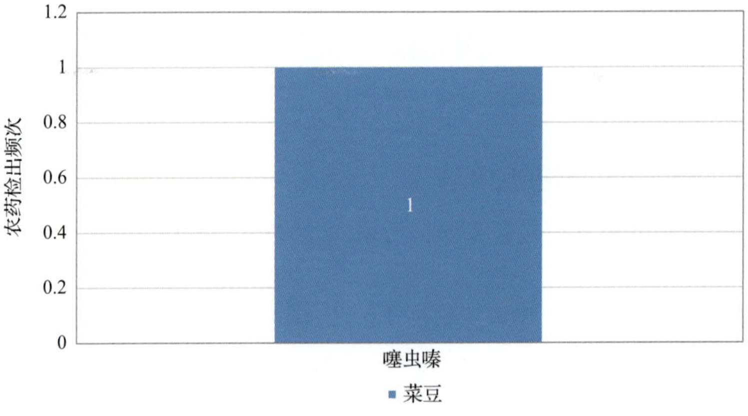

图 17-20 超过 MRL CAC 标准农药品种及频次

17.2.3　5 个采样点超标情况分析

17.2.3.1　按 MRL 中国国家标准衡量

按 MRL 中国国家标准衡量，有 2 个采样点的样品存在不同程度的超标农药检出，其中***超市(西郊店)的超标率最高，为 5.0%，如表 17-14 和图 17-21 所示。

表 17-14　超过 MRL 中国国家标准水果蔬菜在不同采样点分布

序号	采样点	样品总数	超标数量	超标率(%)	行政区域
1	***广场(城关区店)	21	1	4.8	城关区
2	***超市(西郊店)	20	1	5.0	城关区

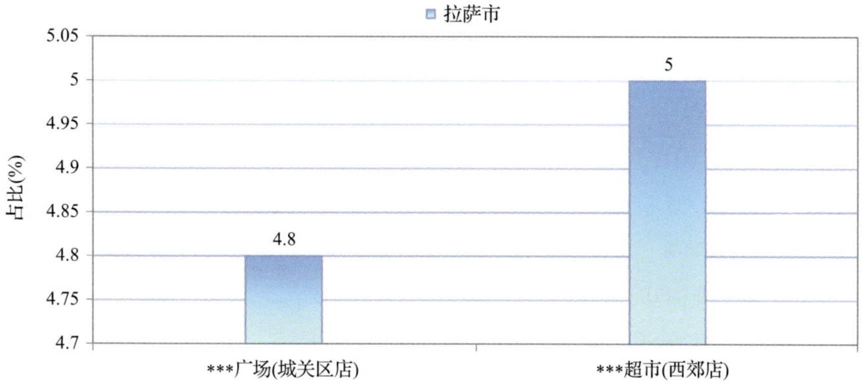

图 17-21　超过 MRL 中国国家标准水果蔬菜在不同采样点分布

17.2.3.2　按 MRL 欧盟标准衡量

按 MRL 欧盟标准衡量，所有采样点的样品均存在不同程度的超标农药检出，其中***农产品批发市场的超标率最高，为 36.8%，如表 17-15 和图 17-22 所示。

表 17-15　超过 MRL 欧盟标准水果蔬菜在不同采样点分布

序号	采样点	样品总数	超标数量	超标率(%)	行政区域
1	***超市(雪新村店)	22	4	18.2	城关区
2	***广场(城关区店)	21	6	28.6	城关区
3	***农贸市场	20	2	10.0	城关区
4	***超市(西郊店)	20	7	35.0	城关区
5	***农产品批发市场	19	7	36.8	堆龙德庆县

17.2.3.3　按 MRL 日本标准衡量

按 MRL 日本标准衡量，所有采样点的样品均存在不同程度的超标农药检出，其中***广场(城关区店)的超标率最高，为 28.6%，如表 17-16 和图 17-23 所示。

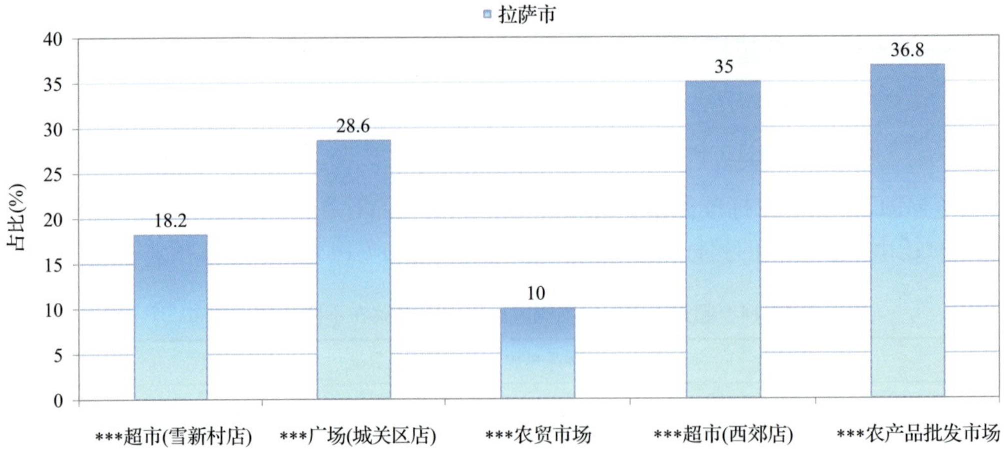

图 17-22　超过 MRL 欧盟标准水果蔬菜在不同采样点分布

表 17-16　超过 MRL 日本标准水果蔬菜在不同采样点分布

序号	采样点	样品总数	超标数量	超标率(%)	行政区域
1	***超市(雪新村店)	22	4	18.2	城关区
2	***广场(城关区店)	21	6	28.6	城关区
3	***农贸市场	20	4	20.0	城关区
4	***超市(西郊店)	20	5	25.0	城关区
5	***农产品批发市场	19	4	21.1	堆龙德庆县

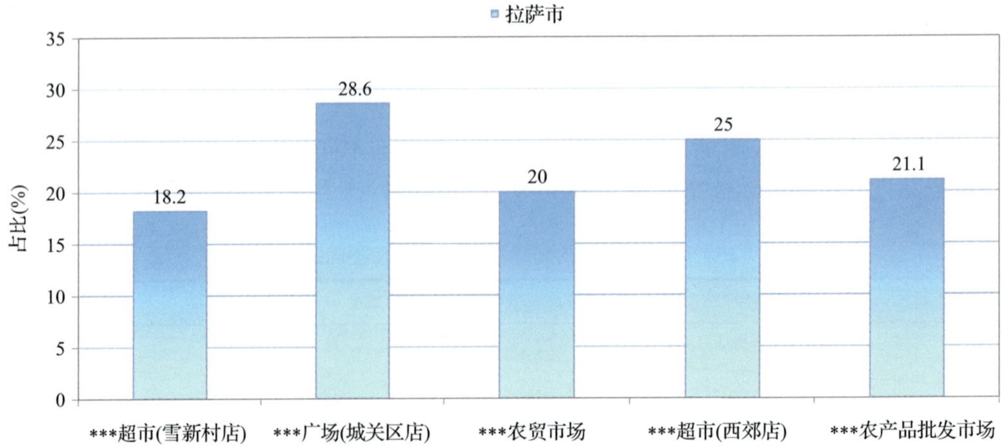

图 17-23　超过 MRL 日本标准水果蔬菜在不同采样点分布

17.2.3.4　按 MRL 中国香港标准衡量

按 MRL 中国香港标准衡量，有 3 个采样点的样品存在不同程度的超标农药检出，其中***广场(城关区店)的超标率最高，为 9.5%，如表 17-17 和图 17-24 所示。

表 17-17　超过 MRL 中国香港标准水果蔬菜在不同采样点分布

序号	采样点	样品总数	超标数量	超标率(%)	行政区域
1	***广场(城关区店)	21	2	9.5	城关区
2	***农贸市场	20	1	5.0	城关区
3	***农产品批发市场	19	1	5.3	堆龙德庆县

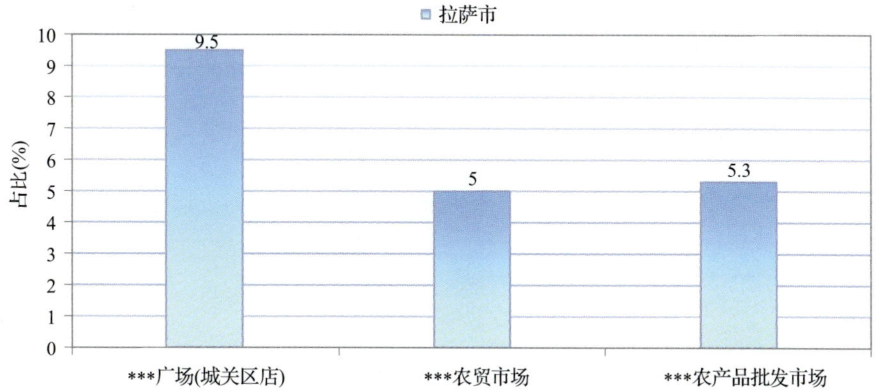

图 17-24　超过 MRL 中国香港标准水果蔬菜在不同采样点分布

17.2.3.5　按 MRL 美国标准衡量

按 MRL 美国标准衡量，有 2 个采样点的样品存在不同程度的超标农药检出，其中***农产品批发市场的超标率最高，为 5.3%，如表 17-18 和图 17-25 所示。

表 17-18　超过 MRL 美国标准水果蔬菜在不同采样点分布

序号	采样点	样品总数	超标数量	超标率(%)	行政区域
1	***广场(城关区店)	21	1	4.8	城关区
2	***农产品批发市场	19	1	5.3	堆龙德庆县

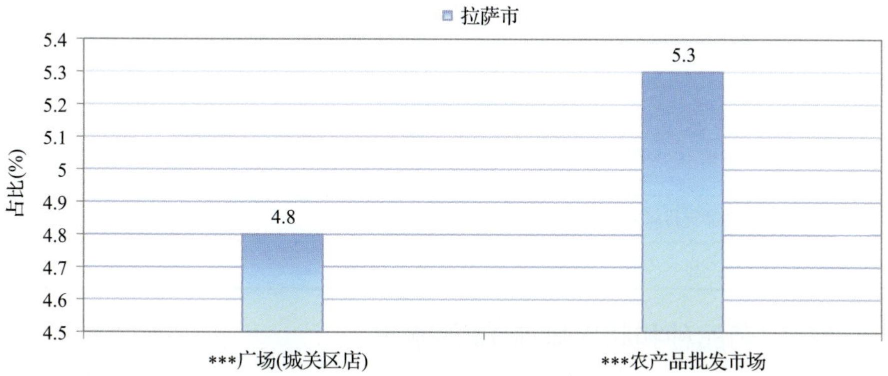

图 17-25　超过 MRL 美国标准水果蔬菜在不同采样点分布

17.2.3.6　按 MRL CAC 标准衡量

按 MRL CAC 标准衡量，有 1 个采样点的样品存在超标农药检出，超标率均为 4.8%，如表 17-19 和图 17-26 所示。

表 17-19　超过 MRL CAC 标准水果蔬菜在不同采样点分布

序号	采样点	样品总数	超标数量	超标率(%)	行政区域
1	***广场(城关区店)	21	1	4.8	城关区

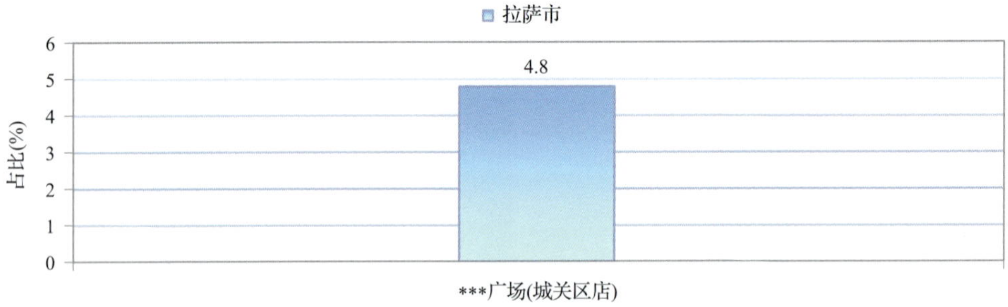

图 17-26　超过 MRL CAC 标准水果蔬菜在不同采样点分布

17.3　水果中农药残留分布

17.3.1　检出农药品种和频次排前 10 的水果

本次残留侦测的水果共 9 种，包括猕猴桃、苹果、葡萄、枣、梨、芒果、橘、柠檬和橙。

根据检出农药品种及频次进行排名，将各项排名前 10 的水果样品检出情况列表说明，详见表 17-20。

表 17-20　检出农药品种和频次排名前 10 的水果

检出农药品种排名前 10(品种)	①葡萄(17)，②枣(14)，③橙(6)，④梨(5)，⑤苹果(5)，⑥芒果(4)，⑦橘(2)，⑧柠檬(2)
检出农药频次排名前 10(频次)	①枣(42)，②葡萄(41)，③橙(9)，④梨(6)，⑤芒果(5)，⑥苹果(5)，⑦柠檬(3)，⑧橘(2)
检出禁用、高毒及剧毒农药品种排名前 10(品种)	
检出禁用、高毒及剧毒农药频次排名前 10(频次)	

17.3.2　超标农药品种和频次排前 10 的水果

鉴于 MRL 欧盟标准和日本标准制定比较全面且覆盖率较高，我们参照 MRL 中国国家标准、欧盟标准和日本标准衡量水果样品中农残检出情况，将超标农药品种及频次排名前 10 的水果列表说明，详见表 17-21。

表 17-21　超标农药品种和频次排名前 10 的水果

超标农药品种排名前 10 （农药品种数）	MRL 中国国家标准	
	MRL 欧盟标准	①枣(7)，②橙(1)，③梨(1)，④葡萄(1)
	MRL 日本标准	①枣(12)，②葡萄(2)，③橙(1)，④柠檬(1)
超标农药频次排名前 10 （农药频次数）	MRL 中国国家标准	
	MRL 欧盟标准	①枣(15)，②葡萄(4)，③橙(2)，④梨(1)
	MRL 日本标准	①枣(31)，②葡萄(5)，③橙(2)，④柠檬(2)

通过对各品种水果样本总数及检出率进行综合分析发现，葡萄、枣和橙的残留污染最为严重，在此，我们参照 MRL 中国国家标准、欧盟标准和日本标准对这 3 种水果的农残检出情况进行进一步分析。

17.3.3　农药残留检出率较高的水果样品分析

17.3.3.1　葡萄

这次共检测 5 例葡萄样品，全部检出了农药残留，检出率为 100.0%，检出农药共计 17 种。其中霜霉威、吡唑醚菌酯、多菌灵、嘧霉胺和烯酰吗啉检出频次较高，分别检出了 5、4、4、4 和 4 次。葡萄中农药检出品种和频次见图 17-27，超标农药见图 17-28 和表 17-22。

17.3.3.2　枣

这次共检测 5 例枣样品，全部检出了农药残留，检出率为 100.0%，检出农药共计 14 种。其中苯醚甲环唑、吡虫啉、咪鲜胺、嘧菌酯和吡唑醚菌酯检出频次较高，分别检出了 5、5、5、5 和 4 次。枣中农药检出品种和频次见图 17-29，超标农药见图 17-30 和表 17-23。

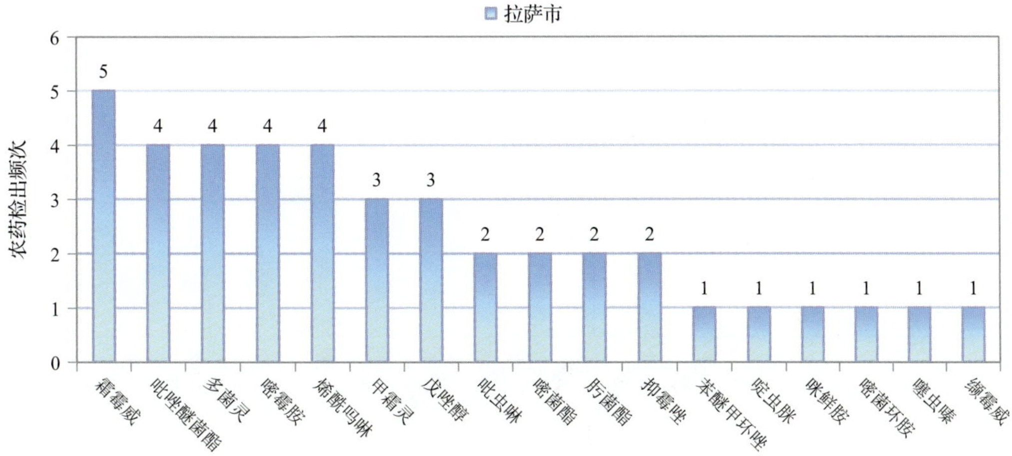

图 17-27　葡萄样品检出农药品种和频次分析

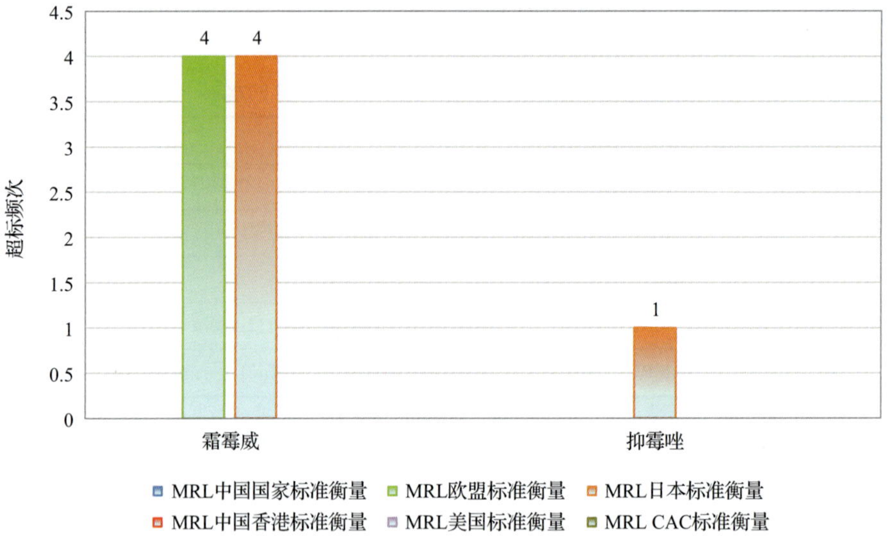

图 17-28　葡萄样品中超标农药分析

表 17-22　葡萄中农药残留超标情况明细表

样品总数			检出农药样品数	样品检出率(%)	检出农药品种总数
5			5	100	17
	超标农药品种	超标农药频次	按照 MRL 中国国家标准、欧盟标准和日本标准衡量超标农药名称及频次		
中国国家标准	0	0			
欧盟标准	1	4	霜霉威(4)		
日本标准	2	5	霜霉威(4)，抑霉唑(1)		

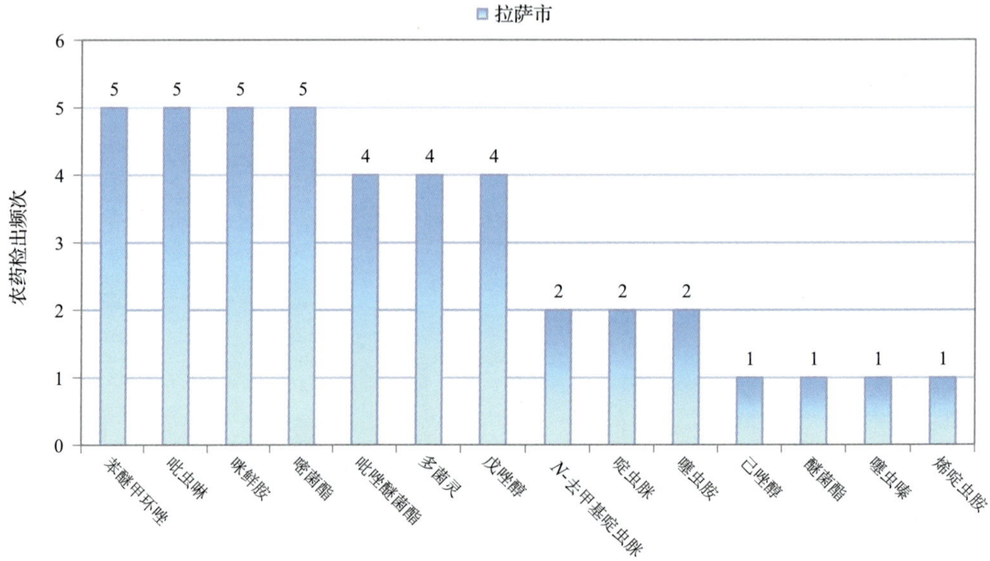

图 17-29　枣样品检出农药品种和频次分析

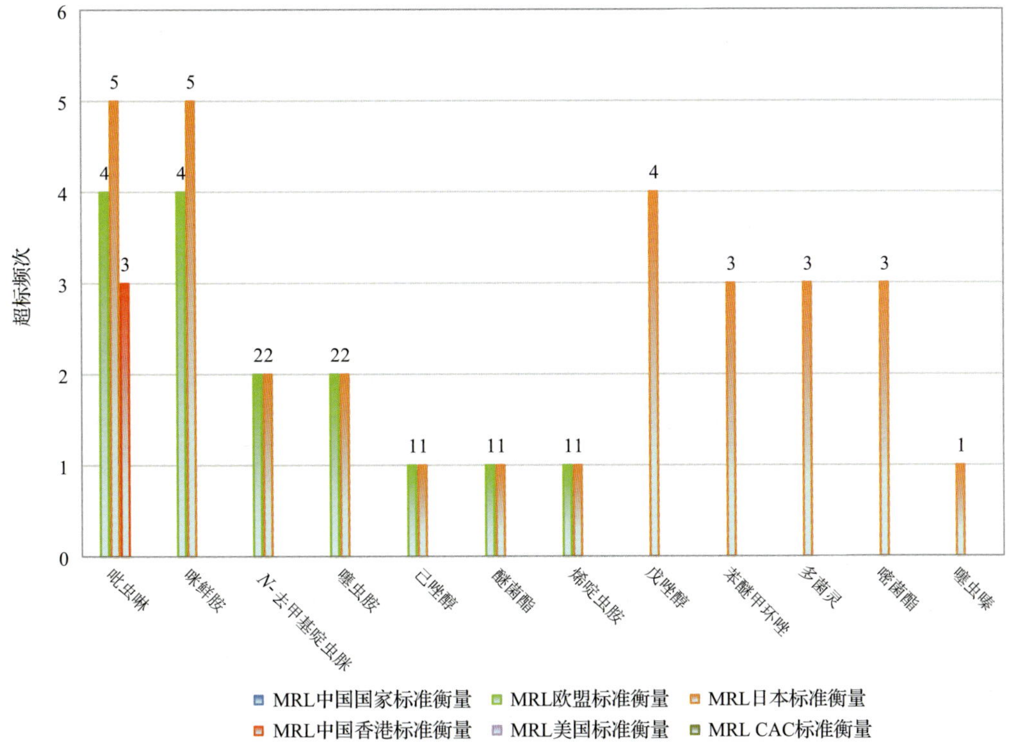

图 17-30　枣样品中超标农药分析

表 17-23　枣中农药残留超标情况明细表

样品总数			检出农药样品数	样品检出率(%)	检出农药品种总数
5			5	100	14
	超标农药品种	超标农药频次	按照 MRL 中国国家标准、欧盟标准和日本标准衡量超标农药名称及频次		
中国国家标准	0	0			
欧盟标准	7	15	吡虫啉(4)，咪鲜胺(4)，*N*-去甲基啶虫脒(2)，噻虫胺(2)，己唑醇(1)，醚菌酯(1)，烯啶虫胺(1)		
日本标准	12	31	吡虫啉(5)，咪鲜胺(5)，戊唑醇(4)，苯醚甲环唑(3)，多菌灵(3)，嘧菌酯(3)，*N*-去甲基啶虫脒(2)，噻虫胺(2)，己唑醇(1)，醚菌酯(1)，噻虫嗪(1)，烯啶虫胺(1)		

17.3.3.3　橙

这次共检测 4 例橙样品，全部检出了农药残留，检出率为 100.0%，检出农药共计 6 种。其中啶虫脒、*N*-去甲基啶虫脒、嘧霉胺、噻虫胺和噻虫嗪检出频次较高，分别检出了 3、2、1、1 和 1 次。橙中农药检出品种和频次见图 17-31，超标农药见图 17-32 和表 17-24。

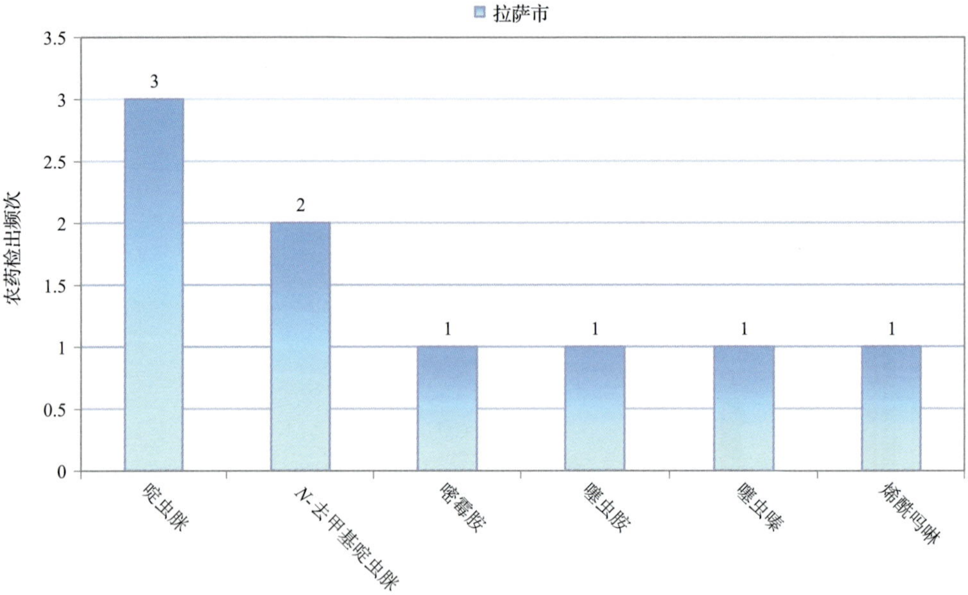

图 17-31　橙样品检出农药品种和频次分析

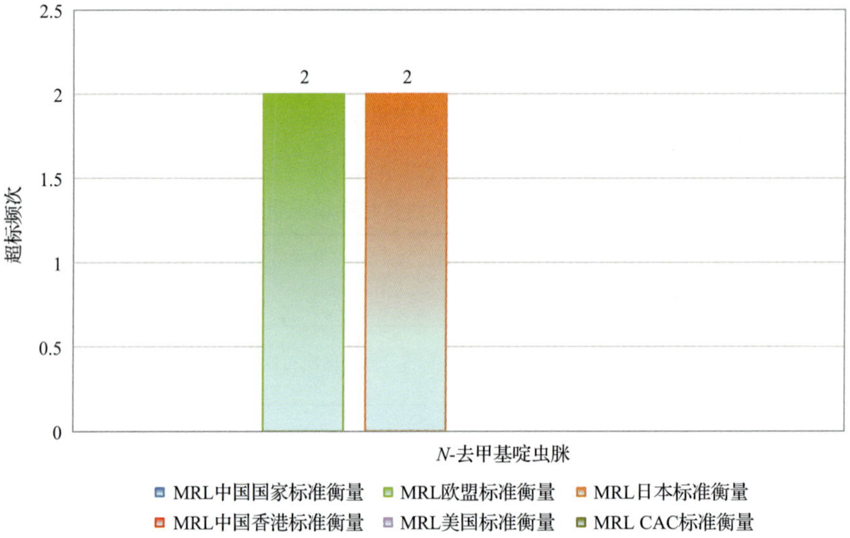

图 17-32　橙样品中超标农药分析

表 17-24　橙中农药残留超标情况明细表

样品总数			检出农药样品数	样品检出率(%)	检出农药品种总数
4			4	100	6
	超标农药品种	超标农药频次	按照 MRL 中国国家标准、欧盟标准和日本标准衡量超标农药名称及频次		
中国国家标准	0	0			
欧盟标准	1	2	*N*-去甲基啶虫脒(2)		
日本标准	1	2	*N*-去甲基啶虫脒(2)		

17.4　蔬菜中农药残留分布

17.4.1　检出农药品种和频次排前 10 的蔬菜

本次残留侦测的蔬菜共 12 种，包括黄瓜、韭菜、番茄、辣椒、青花菜、萝卜、茄子、生菜、冬瓜、菜豆、莴笋和蒜薹。

根据检出农药品种及频次进行排名，将各项排名前 10 的蔬菜样品检出情况列表说明，详见表 17-25。

表 17-25　检出农药品种和频次排名前 10 的蔬菜

检出农药品种排名前 10(品种)	①番茄(15),②黄瓜(11),③辣椒(9),④茄子(9),⑤冬瓜(7),⑥菜豆(4),⑦生菜(4),⑧蒜薹(4),⑨莴笋(3),⑩韭菜(1)
检出农药频次排名前 10(频次)	①番茄(29),②黄瓜(17),③茄子(15),④冬瓜(14),⑤蒜薹(12),⑥辣椒(11),⑦莴笋(8),⑧生菜(6),⑨菜豆(4),⑩韭菜(2)
检出禁用、高毒及剧毒农药品种排名前 10(品种)	①冬瓜(3),②番茄(1),③辣椒(1),④茄子(1)
检出禁用、高毒及剧毒农药频次排名前 10(频次)	①冬瓜(3),②番茄(1),③辣椒(1),④茄子(1)

17.4.2　超标农药品种和频次排前 10 的蔬菜

鉴于 MRL 欧盟标准和日本标准制定比较全面且覆盖率较高，我们参照 MRL 中国国家标准、欧盟标准和日本标准衡量蔬菜样品中农残检出情况，将超标农药品种及频次排名前 10 的蔬菜列表说明，详见表 17-26。

表 17-26　超标农药品种和频次排名前 10 的蔬菜

超标农药品种排名前 10(农药品种数)	MRL 中国国家标准	①冬瓜(1),②辣椒(1)
	MRL 欧盟标准	①番茄(2),②辣椒(2),③茄子(2),④蒜薹(2),⑤冬瓜(1),⑥黄瓜(1),⑦青花菜(1),⑧莴笋(1)
	MRL 日本标准	①菜豆(3),②番茄(1),③黄瓜(1),④辣椒(1),⑤蒜薹(1),⑥莴笋(1)
超标农药频次排名前 10(农药频次数)	MRL 中国国家标准	①冬瓜(1),②辣椒(1)
	MRL 欧盟标准	①蒜薹(7),②番茄(2),③辣椒(2),④茄子(2),⑤冬瓜(1),⑥黄瓜(1),⑦青花菜(1),⑧莴笋(1)
	MRL 日本标准	①菜豆(3),②蒜薹(3),③番茄(1),④黄瓜(1),⑤辣椒(1),⑥莴笋(1)

通过对各品种蔬菜样本总数及检出率进行综合分析发现，番茄、黄瓜和茄子的残留污染最为严重，在此，我们参照 MRL 中国国家标准、欧盟标准和日本标准对这 3 种蔬菜的农残检出情况进行进一步分析。

17.4.3　农药残留检出率较高的蔬菜样品分析

17.4.3.1　番茄

这次共检测 5 例番茄样品，全部检出了农药残留，检出率为 100.0%，检出农药共计

15 种。其中多菌灵、嘧霉胺、吡唑醚菌酯、烯酰吗啉和甲基硫菌灵检出频次较高，分别检出了 5、4、3、3 和 2 次。番茄中农药检出品种和频次见图 17-33，超标农药见图 17-34 和表 17-27。

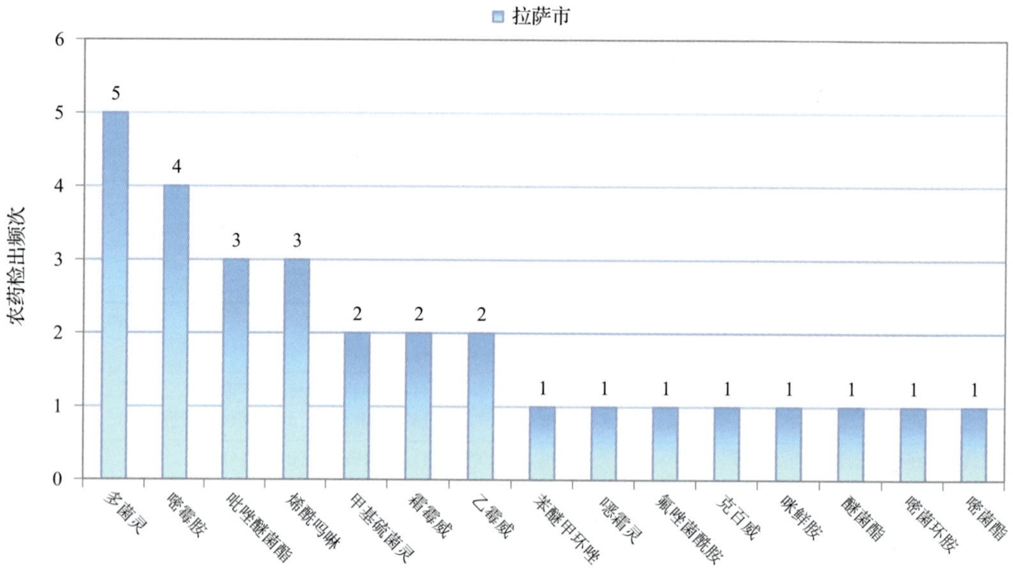

图 17-33　番茄样品检出农药品种和频次分析

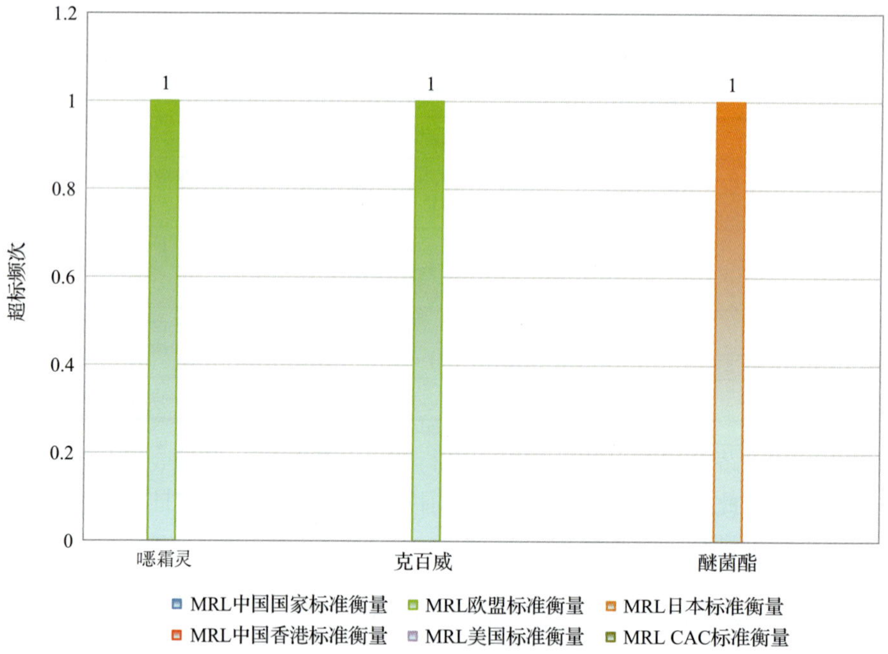

图 17-34　番茄样品中超标农药分析

表 17-27　番茄中农药残留超标情况明细表

样品总数			检出农药样品数	样品检出率(%)	检出农药品种总数
5			5	100	15
	超标农药品种	超标农药频次	按照 MRL 中国国家标准、欧盟标准和日本标准衡量超标农药名称及频次		
中国国家标准	0	0			
欧盟标准	2	2	噁霜灵(1)，克百威(1)		
日本标准	1	1	醚菌酯(1)		

17.4.3.2　黄瓜

这次共检测 5 例黄瓜样品，4 例样品中检出了农药残留，检出率为 80.0%，检出农药共计 11 种。其中嘧霉胺、多菌灵、噁霜灵、甲霜灵和灭蝇胺检出频次较高，分别检出了 3、2、2、2 和 2 次。黄瓜中农药检出品种和频次见图 17-35，超标农药见图 17-36 和表 17-28。

17.4.3.3　茄子

这次共检测 5 例茄子样品，全部检出了农药残留，检出率为 100.0%，检出农药共计 9 种。其中多菌灵、灭蝇胺、啶虫脒、嘧霉胺和噁霜灵检出频次较高，分别检出了 3、3、2、2 和 1 次。茄子中农药检出品种和频次见图 17-37，超标农药见图 17-38 和表 17-29。

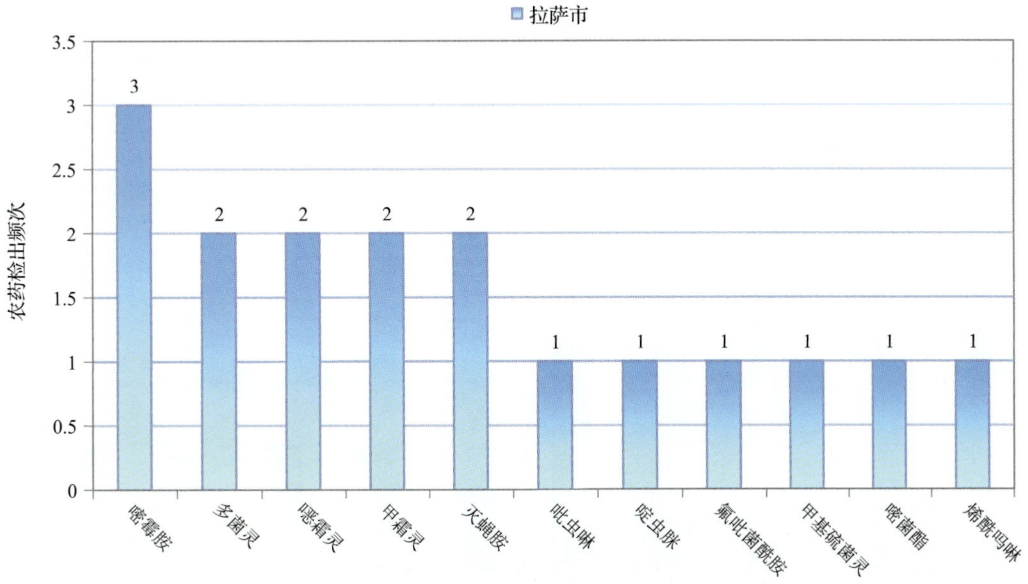

图 17-35　黄瓜样品检出农药品种和频次分析

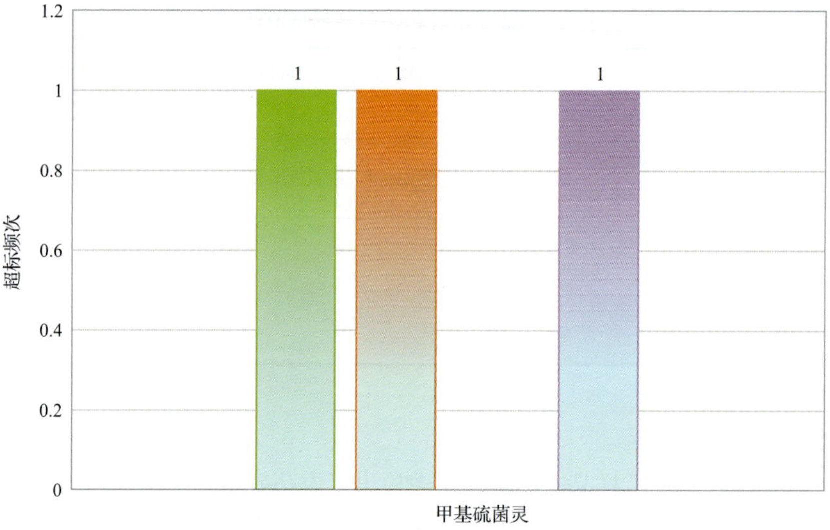

图 17-36　黄瓜样品中超标农药分析

表 17-28　黄瓜中农药残留超标情况明细表

样品总数			检出农药样品数	样品检出率(%)	检出农药品种总数
5			4	80	11
	超标农药品种	超标农药频次	按照 MRL 中国国家标准、欧盟标准和日本标准衡量超标农药名称及频次		
中国国家标准	0	0			
欧盟标准	1	1	甲基硫菌灵(1)		
日本标准	1	1	甲基硫菌灵(1)		

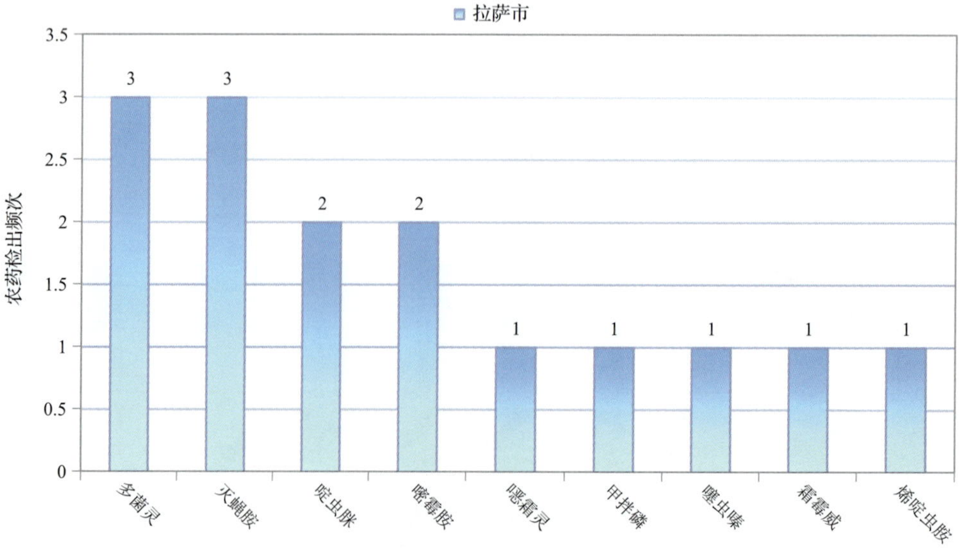

图 17-37　茄子样品检出农药品种和频次分析

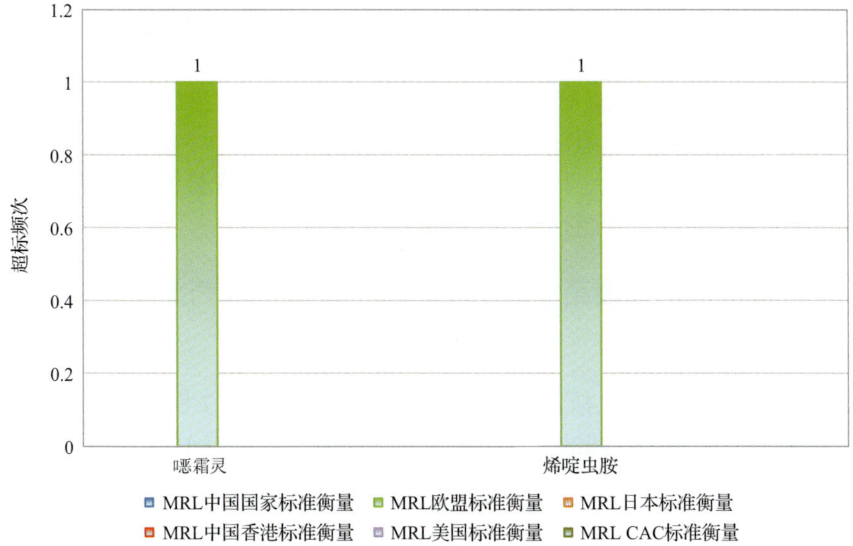

图 17-38　茄子样品中超标农药分析

表 17-29　茄子中农药残留超标情况明细表

样品总数			检出农药样品数	样品检出率(%)	检出农药品种总数
5			5	100	9
	超标农药品种	超标农药频次	按照 MRL 中国国家标准、欧盟标准和日本标准衡量超标农药名称及频次		
中国国家标准	0	0			
欧盟标准	2	2	噁霜灵(1)，烯啶虫胺(1)		
日本标准	0	0			

17.5　初步结论

17.5.1　拉萨市市售水果蔬菜按 MRL 中国国家标准和国际主要 MRL 标准衡量的合格率

本次侦测的 102 例样品中，29 例样品未检出任何残留农药，占样品总量的 28.4%，73 例样品检出不同水平、不同种类的残留农药，占样品总量的 71.6%。在这 73 例检出农药残留的样品中：

按照 MRL 中国国家标准衡量，有 71 例样品检出残留农药但含量没有超标，占样品总数的 69.6%，有 2 例样品检出了超标农药，占样品总数的 2.0%。

按照 MRL 欧盟标准衡量，有 47 例样品检出残留农药但含量没有超标，占样品总数的 46.1%，有 26 例样品检出了超标农药，占样品总数的 25.5%。

按照 MRL 日本标准衡量，有 50 例样品检出残留农药但含量没有超标，占样品总数的 49.0%，有 23 例样品检出了超标农药，占样品总数的 22.5%。

按照 MRL 中国香港标准衡量，有 69 例样品检出残留农药但含量没有超标，占样品总数的 67.6%，有 4 例样品检出了超标农药，占样品总数的 3.9%。

按照 MRL 美国标准衡量，有 71 例样品检出残留农药但含量没有超标，占样品总数的 69.6%，有 2 例样品检出了超标农药，占样品总数的 2.0%。

按照 MRL CAC 标准衡量，有 72 例样品检出残留农药但含量没有超标，占样品总数的 70.6%，有 1 例样品检出了超标农药，占样品总数的 1.0%。

17.5.2 拉萨市市售水果蔬菜中检出农药以中低微毒农药为主，占市场主体的 91.2%

这次侦测的 102 例样品包括食用菌 2 种 41 例，水果 9 种 7 例，蔬菜 12 种 54 例，共检出了 34 种农药，检出农药的毒性以中低微毒为主，详见表 17-30。

表 17-30 市场主体农药毒性分布

毒性	检出品种	占比(%)	检出频次	占比(%)
剧毒农药	1	2.9	2	0.8
高毒农药	2	5.9	4	1.7
中毒农药	13	38.2	87	36.6
低毒农药	9	26.5	58	24.4
微毒农药	9	26.5	87	36.6
中低微毒农药，品种占比 91.2%，频次占比 97.5%				

17.5.3 检出剧毒、高毒和禁用农药现象应该警醒

在此次侦测的 102 例样品中有 4 种蔬菜的 5 例样品检出了 3 种 6 频次的剧毒和高毒或禁用农药，占样品总量的 4.9%。其中剧毒农药甲拌磷以及高毒农药克百威和氧乐果检出频次较高。

按 MRL 中国国家标准衡量，高毒农药克百威，检出 2 次，超标 1 次；氧乐果，检出 2 次，超标 1 次；按超标程度比较，辣椒中氧乐果超标 23.1 倍，冬瓜中克百威超标 2.2 倍。

剧毒、高毒或禁用农药的检出情况及按照 MRL 中国国家标准衡量的超标情况见表 17-31。

表 17-31 剧毒、高毒或禁用农药的检出及超标明细

序号	农药名称	样品名称	检出频次	超标频次	最大超标倍数	超标率
1.1	甲拌磷*▲	冬瓜	1	0	0	0.0%
1.2	甲拌磷*▲	茄子	1	0	0	0.0%
2.1	克百威◊▲	冬瓜	1	1	2.2	100.0%
2.2	克百威◊▲	番茄	1	0	0	0.0%
3.1	氧乐果◊▲	辣椒	1	1	23.1	100.0%
3.2	氧乐果◊▲	冬瓜	1	0	0	0.0%
合计			6	2		33.3%

注：超标倍数参照 MRL 中国国家标准衡量

这些超标的剧毒和高毒农药都是中国政府早有规定禁止在水果蔬菜中使用的，为什么还屡次被检出，应该引起警惕。

17.5.4　残留限量标准与先进国家或地区标准差距较大

238 频次的检出结果与我国公布的 GB 2763—2014《食品中农药最大残留限量》对比，有 105 频次能找到对应的 MRL 中国国家标准，占 44.1%；还有 133 频次的侦测数据无相关 MRL 标准供参考，占 55.9%。

与国际上现行 MRL 标准对比发现：

有 238 频次能找到对应的 MRL 欧盟标准，占 100.0%；

有 238 频次能找到对应的 MRL 日本标准，占 100.0%；

有 158 频次能找到对应的 MRL 中国香港标准，占 66.4%；

有 135 频次能找到对应的 MRL 美国标准，占 56.7%；

有 110 频次能找到对应的 MRL CAC 标准，占 46.2%。

由上可见，MRL 中国国家标准与先进国家或地区标准还有很大差距，我们无标准，境外有标准，这就会导致我们在国际贸易中，处于受制于人的被动地位。

17.5.5　水果蔬菜单种样品检出 6~17 种农药残留，拷问农药使用的科学性

通过此次监测发现，葡萄、枣和橙是检出农药品种最多的 3 种水果，番茄、黄瓜和辣椒是检出农药品种最多的 3 种蔬菜，从中检出农药品种及频次详见表 17-32。

表 17-32　单种样品检出农药品种及频次

样品名称	样品总数	检出农药样品数	检出率	检出农药品种数	检出农药(频次)
番茄	5	5	100.0%	15	多菌灵(5)，嘧霉胺(4)，吡唑醚菌酯(3)，烯酰吗啉(3)，甲基硫菌灵(2)，霜霉威(2)，乙霉威(2)，苯醚甲环唑(1)，噁霜灵(1)，氟唑菌酰胺(1)，克百威(1)，咪鲜胺(1)，醚菌酯(1)，嘧菌环胺(1)，嘧菌酯(1)
黄瓜	5	4	80.0%	11	嘧霉胺(3)，多菌灵(2)，噁霜灵(2)，甲霜灵(2)，灭蝇胺(2)，吡虫啉(1)，啶虫脒(1)，氟吡菌酰胺(1)，甲基硫菌灵(1)，嘧菌酯(1)，烯酰吗啉(1)
辣椒	4	4	100.0%	9	烯酰吗啉(3)，苯醚甲环唑(1)，吡虫啉(1)，啶虫脒(1)，甲基硫菌灵(1)，甲霜灵(1)，嘧菌酯(1)，噻虫嗪(1)，氧乐果(1)
葡萄	5	5	100.0%	17	霜霉威(5)，吡唑醚菌酯(4)，多菌灵(4)，嘧霉胺(4)，烯酰吗啉(4)，甲霜灵(3)，戊唑醇(3)，吡虫啉(2)，嘧菌酯(2)，肟菌酯(2)，抑霉唑(2)，苯醚甲环唑(1)，啶虫脒(1)，咪鲜胺(1)，嘧菌环胺(1)，噻虫嗪(1)，缬霉威(1)

续表

样品名称	样品总数	检出农药样品数	检出率	检出农药品种数	检出农药(频次)
枣	5	5	100.0%	14	苯醚甲环唑(5)，吡虫啉(5)，咪鲜胺(5)，嘧菌酯(5)，吡唑醚菌酯(4)，多菌灵(4)，戊唑醇(4)，*N*-去甲基啶虫脒(2)，啶虫脒(2)，噻虫胺(2)，己唑醇(1)，醚菌酯(1)，噻虫嗪(1)，烯啶虫胺(1)
橙	4	4	100.0%	6	啶虫脒(3)，*N*-去甲基啶虫脒(2)，嘧霉胺(1)，噻虫胺(1)，噻虫嗪(1)，烯酰吗啉(1)

上述 6 种水果蔬菜，检出农药 6 ~ 17 种，是多种农药综合防治，还是未严格实施农业良好管理规范(GAP)，亦或根本就是乱施药，值得我们思考。

第18章　LC-Q-TOF/MS侦测拉萨市市售水果蔬菜农药残留膳食暴露风险与预警风险评估

18.1　农药残留风险评估方法

18.1.1　拉萨市农药残留侦测数据分析与统计

庞国芳院士科研团队建立的农药残留高通量侦测技术以高分辨精确质量数(0.0001 *m/z* 为基准)为识别标准，采用 LC-Q-TOF/MS 技术对 565 种农药化学污染物进行侦测。

科研团队于 2017 年 11 月在拉萨市所属 2 个区县的 5 个采样点，随机采集了 102 例水果蔬菜样品，采样点分布在超市和农贸市场，具体位置如图 18-1 所示，各月内水果蔬菜样品采集数量如表 18-1 所示。

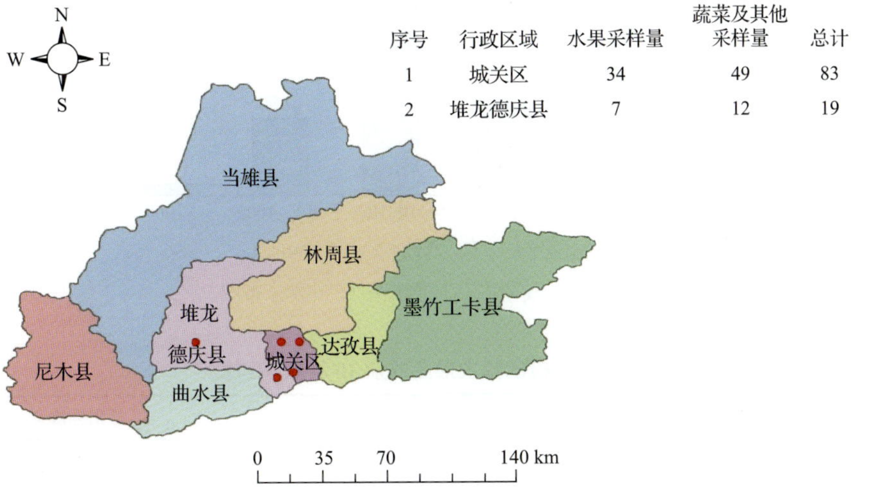

图 18-1　LC-Q-TOF/MS 侦测拉萨市 5 个采样点 102 例样品分布示意图

表 18-1　拉萨市各月内采集水果蔬菜样品数列表

时间	样品数(例)
2017 年 11 月	102

利用 LC-Q-TOF/MS 技术对 102 例样品中的农药进行侦测，侦测出残留农药 34 种，238 频次。侦测出农药残留水平如表 18-2 和图 18-2 所示。检出频次最高的前 10 种农药如表 18-3 所示。从检测结果中可以看出，在水果蔬菜中农药残留普遍存在，且有些水果

蔬菜存在高浓度的农药残留，这些可能存在膳食暴露风险，对人体健康产生危害，因此，为了定量地评价水果蔬菜中农药残留的风险程度，有必要对其进行风险评价。

表 18-2　侦测出农药的不同残留水平及其所占比例列表

残留水平(μg/kg)	检出频次	占比(%)
1～5(含)	62	26.0
5～10(含)	34	14.3
10～100(含)	113	47.5
100～1000(含)	25	10.5
>1000	4	1.7
合计	238	100

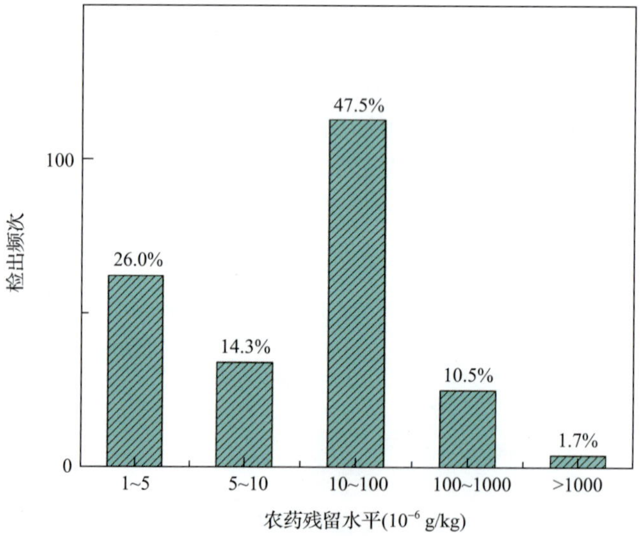

图 18-2　残留农药侦测出浓度频数分布图

表 18-3　检出频次最高的前 10 种农药列表

序号	农药	检出频次
1	多菌灵	36
2	烯酰吗啉	21
3	嘧霉胺	16
4	嘧菌酯	15
5	啶虫脒	13
6	咪鲜胺	13
7	吡唑醚菌酯	12
8	吡虫啉	11
9	灭蝇胺	10
10	苯醚甲环唑	9

18.1.2　农药残留风险评价模型

对拉萨市水果蔬菜中农药残留分别开展暴露风险评估和预警风险评估。膳食暴露风险评估利用食品安全指数模型对水果蔬菜中的残留农药对人体可能产生的危害程度进行评价，该模型结合残留监测和膳食暴露评估评价化学污染物的危害；预警风险评价模型运用风险系数(risk index，*R*)，风险系数综合考虑了危害物的超标率、施检频率及其本身敏感性的影响，能直观而全面地反映出危害物在一段时间内的风险程度。

18.1.2.1　食品安全指数模型

为了加强食品安全管理，《中华人民共和国食品安全法》第二章第十七条规定“国家建立食品安全风险评估制度，运用科学方法，根据食品安全风险监测信息、科学数据以及有关信息，对食品、食品添加剂、食品相关产品中生物性、化学性和物理性危害因素进行风险评估”[1]，膳食暴露评估是食品危险度评估的重要组成部分，也是膳食安全性的衡量标准[2]。国际上最早研究膳食暴露风险评估的机构主要是 JMPR(FAO、WHO 农药残留联合会议)，该组织自 1995 年就已制定了急性毒性物质的风险评估急性毒性农药残留摄入量的预测。1960 年美国规定食品中不得加入致癌物质进而提出零阈值理论，渐渐零阈值理论发展成在一定概率条件下可接受风险的概念[3]，后衍变为食品中每日允许最大摄入量(ADI)，而国际食品农药残留法典委员会(CCPR)认为 ADI 不是独立风险评估的唯一标准[4]，1995 年 JMPR 开始研究农药急性膳食暴露风险评估，并对食品国际短期摄入量的计算方法进行了修正，亦对膳食暴露评估准则及评估方法进行了修正[5]，2002 年，在对世界上现行的食品安全评价方法，尤其是国际公认的 CAC 的评价方法、全球环境监测系统/食品污染监测和评估规划(WHO GEMS/Food)及 FAO、WHO 食品添加剂联合专家委员会(JECFA)和 JMPR 对食品安全风险评估工作研究的基础之上，检验检疫食品安全管理的研究人员提出了结合残留监控和膳食暴露评估，以食品安全指数 IFS 计算食品中各种化学污染物对消费者的健康危害程度[6]。IFS 是表示食品安全状态的新方法，可有效地评价某种农药的安全性，进而评价食品中各种农药化学污染物对消费者健康的整体危害程度[7,8]。从理论上分析，IFS_c 可指出食品中的污染物 c 对消费者健康是否存在危害及危害的程度[9]。其优点在于操作简单且结果容易被接受和理解，不需要大量的数据来对结果进行验证，使用默认的标准假设或者模型即可[10,11]。

1) IFS_c 的计算

IFS_c 计算公式如下：

$$IFS_c=\frac{EDI_c \times f}{SI_c \times bw} \tag{18-1}$$

式中，c 为所研究的农药；EDI_c 为农药 c 的实际日摄入量估算值，等于 $\sum(R_i \times F_i \times E_i \times P_i)$ (*i* 为食品种类；R_i 为食品 *i* 中农药 c 的残留水平，mg/kg；F_i 为食品 *i* 的估计日消费量，g/(人·天)；E_i 为食品 *i* 的可食用部分因子；P_i 为食品 *i* 的加工处理因子)；SI_c 为安全摄入量，可采用每日允许最大摄入量 ADI；bw 为人平均体重，kg；*f* 为校正因子，如果安全摄入量采用 ADI，则 f 取 1。

$IFS_c \ll 1$，农药 c 对食品安全没有影响；$IFS_c \leqslant 1$，农药 c 对食品安全的影响可以接受；$IFS_c > 1$，农药 c 对食品安全的影响不可接受。

本次评价中：

$IFS_c \leqslant 0.1$，农药 c 对水果蔬菜安全没有影响；

$0.1 < IFS_c \leqslant 1$，农药 c 对水果蔬菜安全的影响可以接受；

$IFS_c > 1$，农药 c 对水果蔬菜安全的影响不可接受。

本次评价中残留水平 R_i 取值为中国检验检疫科学研究院庞国芳院士课题组利用以高分辨精确质量数(0.0001 *m/z*)为基准的 LC-Q-TOF/MS 侦测技术于 2017 年 11 月对拉萨市水果蔬菜农药残留的侦测结果，估计日消费量 F_i 取值 0.38 kg/(人·天)，E_i=1，P_i=1，f=1，SI_c 采用《食品安全国家标准 食品中农药最大残留限量》(GB 2763—2016)中 ADI 值(具体数值见表 18-4)，人平均体重(bw)取值 60 kg。

表 18-4 拉萨市水果蔬菜中侦测出农药的 ADI 值

序号	农药	ADI	序号	农药	ADI	序号	农药	ADI
1	氧乐果	0.0003	13	嘧菌环胺	0.03	25	噻菌灵	0.1
2	甲氨基阿维菌素	0.0005	14	戊唑醇	0.03	26	嘧菌酯	0.2
3	甲拌磷	0.0007	15	抑霉唑	0.03	27	嘧霉胺	0.2
4	克百威	0.001	16	肟菌酯	0.04	28	烯酰吗啉	0.2
5	乙霉威	0.004	17	吡虫啉	0.06	29	醚菌酯	0.4
6	己唑醇	0.005	18	灭蝇胺	0.06	30	霜霉威	0.4
7	苯醚甲环唑	0.01	19	丙环唑	0.07	31	烯啶虫胺	0.53
8	噁霜灵	0.01	20	啶虫脒	0.07	32	*N*-去甲基啶虫脒	—
9	氟吡菌酰胺	0.01	21	甲基硫菌灵	0.08	33	氟唑菌酰胺	—
10	咪鲜胺	0.01	22	甲霜灵	0.08	34	缬霉威	—
11	吡唑醚菌酯	0.03	23	噻虫嗪	0.08			
12	多菌灵	0.03	24	噻虫胺	0.1			

注：“—”表示为国家标准中无 ADI 值规定；ADI 值单位为 mg/kg bw

2) 计算 IFS_c 的平均值 $\overline{IFS}$，评价农药对食品安全的影响程度

以 $\overline{IFS}$ 评价各种农药对人体健康危害的总程度，评价模型见公式(18-2)。

$$\overline{IFS} = \frac{\sum_{i=1}^{n} IFS_c}{n} \tag{18-2}$$

$\overline{IFS} \ll 1$，所研究消费者人群的食品安全状态很好；$\overline{IFS} \leqslant 1$，所研究消费者人群的食品安全状态可以接受；$\overline{IFS} > 1$，所研究消费者人群的食品安全状态不可接受。

本次评价中：

$\overline{\text{IFS}}\leqslant 0.1$，所研究消费者人群的水果蔬菜安全状态很好；

$0.1<\overline{\text{IFS}}\leqslant 1$，所研究消费者人群的水果蔬菜安全状态可以接受；

$\overline{\text{IFS}}>1$，所研究消费者人群的水果蔬菜安全状态不可接受。

18.1.2.2　预警风险评估模型

2003 年，我国检验检疫食品安全管理的研究人员根据 WTO 的有关原则和我国的具体规定，结合危害物本身的敏感性、风险程度及其相应的施检频率，首次提出了食品中危害物风险系数 *R* 的概念[12]。*R* 是衡量一个危害物的风险程度大小最直观的参数，即在一定时期内其超标率或阳性检出率的高低，但受其施检频率的高低及其本身的敏感性(受关注程度)影响。该模型综合考察了农药在蔬菜中的超标率、施检频率及其本身敏感性，能直观而全面地反映出农药在一段时间内的风险程度[13]。

1) *R* 计算方法

危害物的风险系数综合考虑了危害物的超标率或阳性检出率、施检频率和其本身的敏感性影响，并能直观而全面地反映出危害物在一段时间内的风险程度。风险系数 *R* 的计算公式如式(18-3)：

$$R = aP + \frac{b}{F} + S \tag{18-3}$$

式中，*P* 为该种危害物的超标率；*F* 为危害物的施检频率；*S* 为危害物的敏感因子；*a*，*b* 分别为相应的权重系数。

本次评价中 F=1；S=1；a=100；b=0.1，对参数 *P* 进行计算，计算时首先判断是否为禁用农药，如果为非禁用农药，*P*=超标的样品数(侦测出的含量高于食品最大残留限量标准值，即 MRL)除以总样品数(包括超标、不超标、未侦测出)；如果为禁用农药，则侦测出即为超标，*P*=能侦测出的样品数除以总样品数。判断拉萨市水果蔬菜农药残留是否超标的标准限值 MRL 分别以 MRL 中国国家标准[14]和 MRL 欧盟标准作为对照，具体值列于本报告附表一中。

2) 评价风险程度

$R\leqslant 1.5$，受检农药处于低度风险；

$1.5<R\leqslant 2.5$，受检农药处于中度风险；

$R>2.5$，受检农药处于高度风险。

18.1.2.3　食品膳食暴露风险和预警风险评估应用程序的开发

1) 应用程序开发的步骤

为成功开发膳食暴露风险和预警风险评估应用程序，与软件工程师多次沟通讨论，逐步提出并描述清楚计算需求，开发了初步应用程序。为明确出不同水果蔬菜、不同农药、不同地域和不同季节的风险水平，向软件工程师提出不同的计算需求，软件工程师对计算需求进行逐一地分析，经过反复的细节沟通，需求分析得到明确后，开始进行解决方案的设计，在保证需求的完整性、一致性的前提下，编写出程序代码，最后设计出满足需求的风险评估专用计算软件，并通过一系列的软件测试和改进，完成专用程序的开发。软件开发基本步骤见图 18-3。

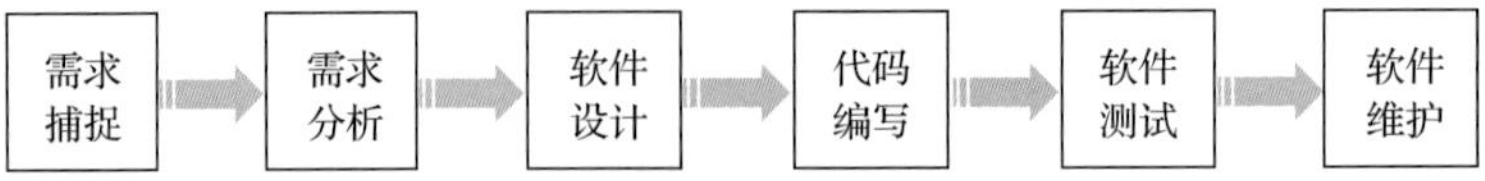

图 18-3　专用程序开发总体步骤

2) 膳食暴露风险评估专业程序开发的基本要求

首先直接利用公式(18-1)，分别计算 LC-Q-TOF/MS 和 GC-Q-TOF/MS 仪器侦测出的各水果蔬菜样品中每种农药 IFS_c，将结果列出。为考察超标农药和禁用农药的使用安全性，分别以我国《食品安全国家标准　食品中农药最大残留限量》(GB 2763—2016)和欧盟食品中农药最大残留限量(以下简称 MRL 中国国家标准和 MRL 欧盟标准)为标准，对侦测出的禁用农药和超标的非禁用农药 IFS_c 单独进行评价；按 IFS_c 大小列表，并找出 IFS_c 值排名前 20 的样本重点关注。

对不同水果蔬菜 i 中每一种侦测出的农药 c 的安全指数进行计算，多个样品时求平均值。若监测数据为该市多个月的数据，则逐月、逐季度分别列出每个月、每个季度内每一种水果蔬菜 i 对应的每一种农药 c 的 IFS_c。

按农药种类，计算整个监测时间段内每种农药的 IFS_c，不区分水果蔬菜。若检测数据为该市多个月的数据，则需分别计算每个月、每个季度内每种农药的 IFS_c。

3) 预警风险评估专业程序开发的基本要求

分别以 MRL 中国国家标准和 MRL 欧盟标准，按公式(18-3)逐个计算不同水果蔬菜、不同农药的风险系数，禁用农药和非禁用农药分别列表。

为清楚了解各种农药的预警风险，不分时间，不分水果蔬菜，按禁用农药和非禁用农药分类，分别计算各种侦测出农药全部检测时段内风险系数。由于有 MRL 中国国家标准的农药种类太少，无法计算超标数，非禁用农药的风险系数只以 MRL 欧盟标准为标准，进行计算。若检测数据为多个月的，则按月计算每个月、每个季度内每种禁用农药残留的风险系数和以 MRL 欧盟标准为标准的非禁用农药残留的风险系数。

4) 风险程度评价专业应用程序的开发方法

采用 Python 计算机程序设计语言，Python 是一个高层次地结合了解释性、编译性、互动性和面向对象的脚本语言。风险评价专用程序主要功能包括：分别读入每例样品 LC-Q-TOF/MS 和 GC-Q-TOF/MS 农药残留检测数据，根据风险评价工作要求，依次对不同农药、不同食品、不同时间、不同采样点的 IFS_c 值和 R 值分别进行数据计算，筛选出禁用农药、超标农药(分别与 MRL 中国国家标准、MRL 欧盟标准限值进行对比)单独重点分析，再分别对各农药、各水果蔬菜种类分类处理，设计出计算和排序程序，编写计算机代码，最后将生成的膳食暴露风险评估和超标风险评估定量计算结果列入设计好的各个表格中，并定性判断风险对目标的影响程度，直接用文字描述风险发生的高低，如“不可接受”、“可以接受”、“没有影响”、“高度风险”、“中度风险”、“低度风险”。

18.2　LC-Q-TOF/MS 侦测拉萨市市售水果蔬菜农药残留膳食暴露风险评估

18.2.1　每例水果蔬菜样品中农药残留安全指数分析

基于农药残留侦测数据，发现在 102 例样品中侦测出农药 238 频次，计算样品中每种残留农药的安全指数 IFS_c，并分析农药对样品安全的影响程度，结果详见附表二，农药残留对水果蔬菜样品安全的影响程度频次分布情况如图 18-4 所示。

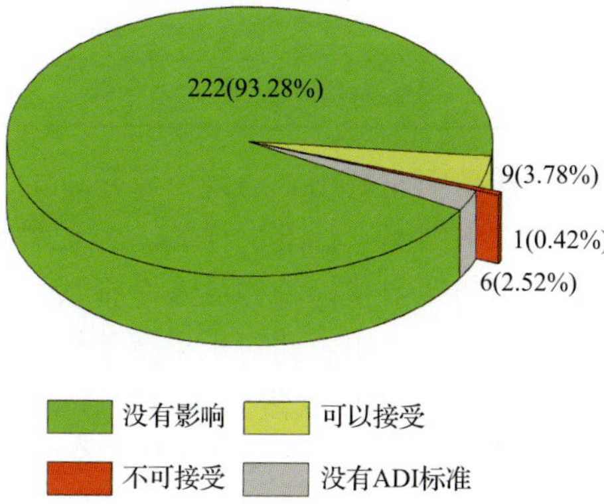

图 18-4　农药残留对水果蔬菜样品安全的影响程度频次分布图

由图 18-4 可以看出，农药残留对样品安全的影响不可接受的频次为 1，占 0.42%；农药残留对样品安全的影响可以接受的频次为 9，占 3.78%；农药残留对样品安全的没有影响的频次为 222，占 93.28%。表 18-5 为对水果蔬菜样品中安全指数不可接受的农药残留列表。

表 18-5　水果蔬菜样品中安全影响不可接受的农药残留列表

序号	样品编号	采样点	基质	农药	含量(mg/kg)	IFS_c
1	20171111-540100-CAIQ-LJ-02A	***广场(城关区店)	辣椒	氧乐果	0.4829	10.1946

部分样品侦测出禁用农药 3 种 6 频次，为了明确残留的禁用农药对样品安全的影响，分析侦测出禁用农药残留的样品安全指数，禁用农药残留对水果蔬菜样品安全的影响程度频次分布情况如图 18-5 所示，农药残留对样品安全的影响不可接受的频次为 1，占 16.67%；农药残留对样品安全的影响可以接受的频次为 1，占 16.67%；农药残留对样品安全没有影响的频次为 4，占 66.67%。表 18-6 列出了水果蔬菜样品中侦测出的禁用农药

残留不可接受的安全指数表。

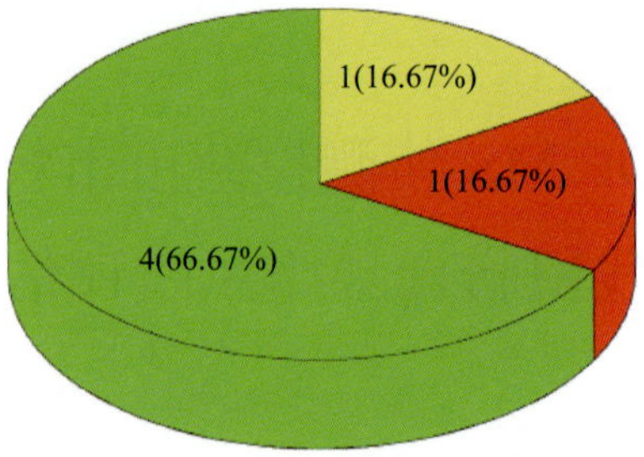

图 18-5　禁用农药对水果蔬菜样品安全影响程度的频次分布图

表 18-6　水果蔬菜样品中侦测出的禁用农药残留不可接受的安全指数表

序号	样品编号	采样点	基质	农药	含量(mg/kg)	IFS_c
1	20171111-540100-CAIQ-LJ-02A	***广场(城关区店)	辣椒	氧乐果	0.4829	10.1946

此外，本次侦测发现部分样品中非禁用农药残留量超过了 MRL 欧盟标准，没有发现非禁用农药残留超过了 MRL 中国国家标准的样品，为了明确超标的非禁用农药对样品安全的影响，分析了非禁用农药残留超标的样品安全指数。

残留量超过 MRL 欧盟标准的非禁用农药对水果蔬菜样品安全的影响程度频次分布情况如图 18-6 所示。可以看出超过 MRL 欧盟标准的非禁用农药共 37 频次，其中农药没有 ADI 标准的频次为 4，占 10.81%；农药残留对样品安全的影响可以接受的频次为 7，占 18.92%；农药残留对样品安全没有影响的频次为 26，占 70.27%。

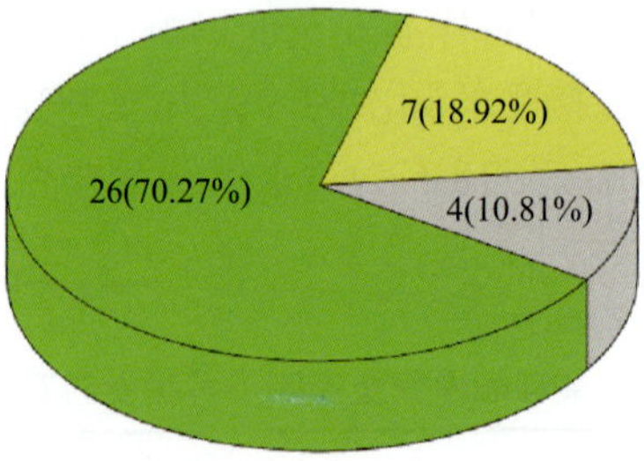

图 18-6　残留超标的非禁用农药对水果蔬菜样品安全的影响程度频次分布图(MRL 欧盟标准)

在 102 例样品中，29 例样品未侦测出农药残留，73 例样品中侦测出农药残留，计算每例有农药侦测出样品的 $\overline{IFS}$ 值，进而分析样品的安全状态，结果如图 18-7 所示(未侦测出农药的样品安全状态视为很好)。可以看出，0.98%的样品安全状态不可接受；2.94%的样品安全状态可以接受；96.08%的样品安全状态很好。表 18-7 列出了安全状态不可接受的水果蔬菜样品。

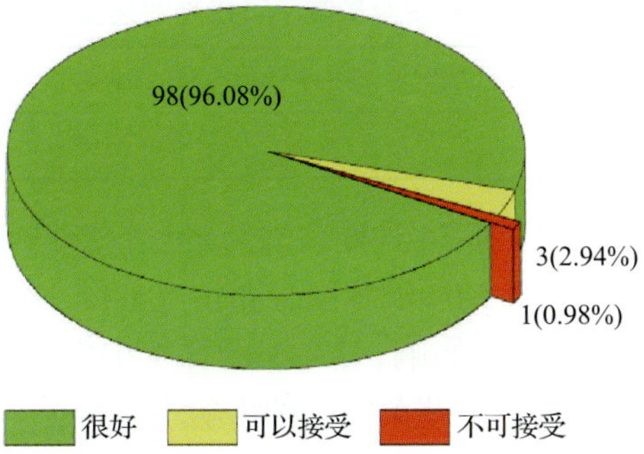

图 18-7　水果蔬菜样品安全状态分布图

表 18-7　水果蔬菜安全状态不可接受的样品列表

序号	样品编号	采样点	基质	$\overline{IFS}$
1	20171111-540100-CAIQ-LJ-02A	***广场(城关区店)	辣椒	1.4623

18.2.2　单种水果蔬菜中农药残留安全指数分析

本次 23 种水果蔬菜侦测 34 种农药，检出频次为 238 次，其中 3 种农药没有 ADI 标准，31 种农药存在 ADI 标准。2 种水果蔬菜未侦测出任何农药，对 21 种水果蔬菜按不同种类分别计算侦测出的具有 ADI 标准的各种农药的 IFS_c 值，农药残留对水果蔬菜的安全指数分布图如图 18-8 所示。

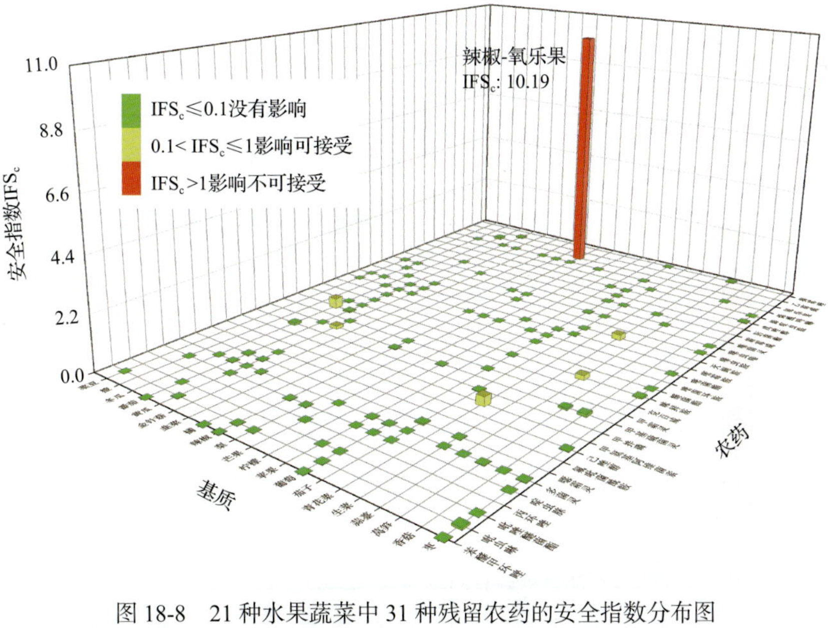

图 18-8　21 种水果蔬菜中 31 种残留农药的安全指数分布图

分析发现 1 种水果蔬菜(辣椒)中的氧乐果残留对食品安全影响不可接受，如表 18-8 所示。

表 18-8　单种水果蔬菜中安全影响不可接受的残留农药安全指数表

序号	基质	农药	检出频次	检出率(%)	IFS>1 的频次	IFS>1 的比例(%)	IFS_c
1	辣椒	氧乐果	1	9.09	1	9.09	10.1946

本次侦测中，21 种水果蔬菜和 34 种残留农药(包括没有 ADI 标准)共涉及 127 个分析样本，农药对单种水果蔬菜安全的影响程度分布情况如图 18-9 所示。可以看出，92.13%的样本中农药对水果蔬菜安全没有影响，3.94%的样本中农药对水果蔬菜安全的影响可以接受，0.79%的样本中农药对水果蔬菜安全的影响不可接受。

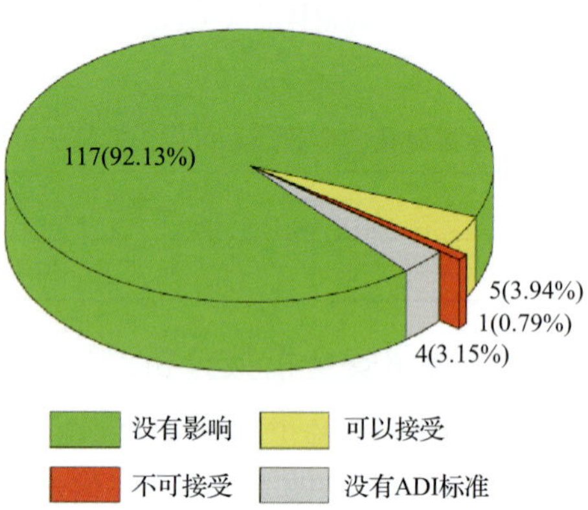

图 18-9　127 个分析样本的影响程度频次分布图

此外，分别计算 21 种水果蔬菜中所有侦测出农药 IFS_c 的平均值 $\overline{IFS}$，分析每种水果蔬菜的安全状态，结果如图 18-10 所示，分析发现，1 种水果蔬菜(4.76%)的安全状态不可接受，1 种水果蔬菜(4.76%)的安全状态可以接受，19 种(90.48%)水果蔬菜的安全状态很好。

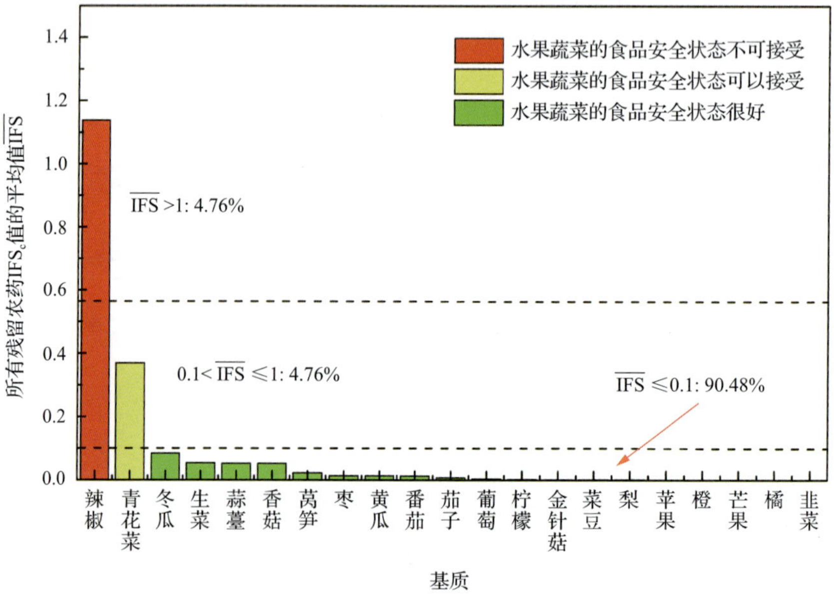

图 18-10　21 种水果蔬菜的 $\overline{IFS}$ 值和安全状态统计图

18.2.3　所有水果蔬菜中农药残留安全指数分析

计算所有水果蔬菜中 31 种农药的 $\overline{IFS_c}$ 值，结果如图 18-11 及表 18-9 所示。

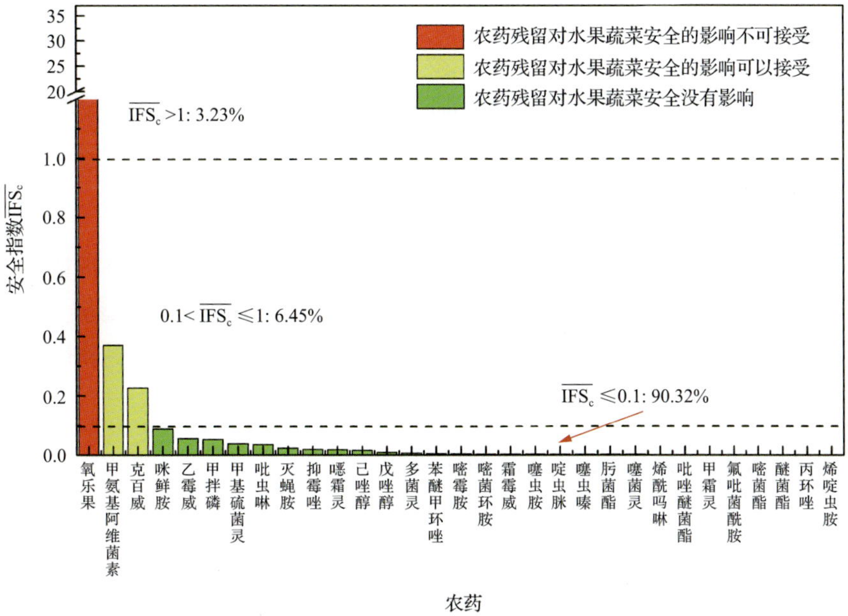

图 18-11　31 种残留农药对水果蔬菜的安全影响程度统计图

表 18-9　水果蔬菜中 31 种农药残留的安全指数表

序号	农药	检出频次	检出率(%)	$\overline{IFS_c}$	影响程度	序号	农药	检出频次	检出率(%)	$\overline{IFS_c}$	影响程度
1	氧乐果	2	0.84	5.1406	不可接受	17	嘧菌环胺	2	0.84	0.0031	没有影响
2	甲氨基阿维菌素	1	0.42	0.3699	可以接受	18	霜霉威	9	3.78	0.0028	没有影响
3	克百威	2	0.84	0.2267	可以接受	19	噻虫胺	4	1.68	0.0026	没有影响
4	咪鲜胺	13	5.46	0.0886	没有影响	20	啶虫脒	13	5.46	0.0022	没有影响
5	乙霉威	2	0.84	0.0568	没有影响	21	噻虫嗪	7	2.94	0.0020	没有影响
6	甲拌磷	2	0.84	0.0538	没有影响	22	肟菌酯	2	0.84	0.0017	没有影响
7	甲基硫菌灵	8	3.36	0.0380	没有影响	23	噻菌灵	4	1.68	0.0016	没有影响
8	吡虫啉	11	4.62	0.0350	没有影响	24	烯酰吗啉	21	8.82	0.0012	没有影响
9	灭蝇胺	10	4.20	0.0233	没有影响	25	吡唑醚菌酯	12	5.04	0.0012	没有影响
10	抑霉唑	5	2.10	0.0193	没有影响	26	甲霜灵	6	2.52	0.0012	没有影响
11	噁霜灵	5	2.10	0.0179	没有影响	27	氟吡菌酰胺	1	0.42	0.0010	没有影响
12	己唑醇	1	0.42	0.0155	没有影响	28	嘧菌酯	15	6.30	0.0007	没有影响
13	戊唑醇	8	3.36	0.0085	没有影响	29	醚菌酯	2	0.84	0.0005	没有影响
14	多菌灵	36	15.13	0.0063	没有影响	30	丙环唑	1	0.42	0.0003	没有影响
15	苯醚甲环唑	9	3.78	0.0047	没有影响	31	烯啶虫胺	2	0.84	0.0002	没有影响
16	嘧霉胺	16	6.72	0.0034	没有影响						

分析发现，只有氧乐果的$\overline{IFS_c}$大于 1，其他农药的$\overline{IFS_c}$均小于 1，说明氧乐果对水果蔬菜安全的影响不可接受，其他农药对水果蔬菜安全的影响均在没有影响和可接受的范围内，其中 6.45%的农药对水果蔬菜安全的影响可以接受，90.32%的农药对水果蔬菜安全没有影响。

18.3 LC-Q-TOF/MS 侦测拉萨市市售水果蔬菜农药残留预警风险评估

基于拉萨市水果蔬菜样品中农药残留 LC-Q-TOF/MS 侦测数据，分析禁用农药的检出率，同时参照中华人民共和国国家标准 GB 2763—2016 和欧盟农药最大残留限量(MRL)标准分析非禁用农药残留的超标率，并计算农药残留风险系数。分析单种水果蔬菜中农药残留以及所有水果蔬菜中农药残留的风险程度。

18.3.1 单种水果蔬菜中农药残留风险系数分析

18.3.1.1 单种水果蔬菜中禁用农药残留风险系数分析

侦测出的 34 种残留农药中有 3 种为禁用农药，且它们分布在 4 种水果蔬菜中，计算 4 种水果蔬菜中禁用农药的超标率，根据超标率计算风险系数 R，进而分析水果蔬菜中禁用农药的风险程度，结果如图 18-12 与表 18-10 所示。分析发现 3 种禁用农药在 4 种水果蔬菜中的残留处均于高度风险。

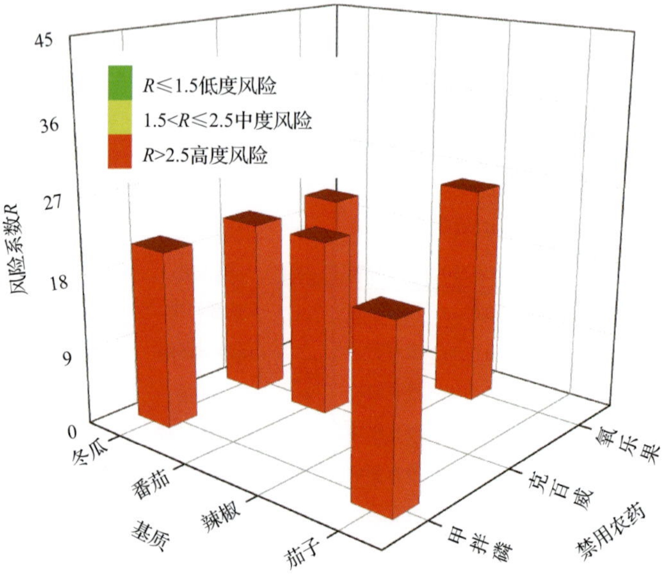

图 18-12 4 种水果蔬菜中 3 种禁用农药的风险系数分布图

表 18-10　4 种水果蔬菜中 3 种禁用农药的风险系数列表

序号	基质	农药	检出频次	检出率(%)	风险系数 *R*	风险程度
1	辣椒	氧乐果	1	25	26.10	高度风险
2	冬瓜	克百威	1	20	21.10	高度风险
3	冬瓜	氧乐果	1	20	21.10	高度风险
4	冬瓜	甲拌磷	1	20	21.10	高度风险
5	番茄	克百威	1	20	21.10	高度风险
6	茄子	甲拌磷	1	20	21.10	高度风险

18.3.1.2　基于 MRL 中国国家标准的单种水果蔬菜中非禁用农药残留风险系数分析

参照中华人民共和国国家标准 GB 2763—2016 中农药残留限量计算每种水果蔬菜中每种非禁用农药的超标率，进而计算其风险系数，根据风险系数大小判断残留农药的预警风险程度，水果蔬菜中非禁用农药残留风险程度分布情况如图 18-13 所示。

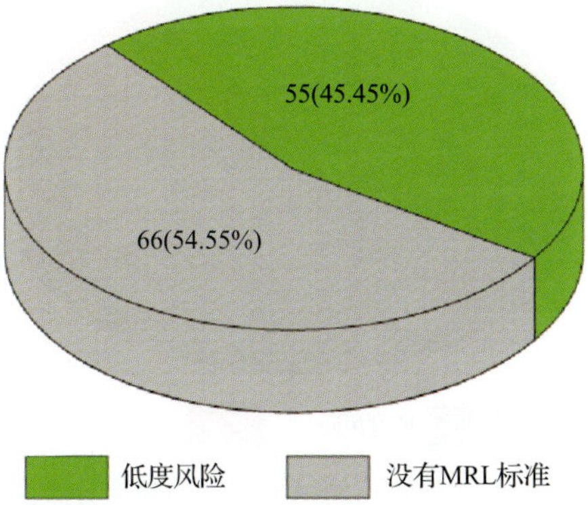

图 18-13　水果蔬菜中非禁用农药风险程度的频次分布图(MRL 中国国家标准)

本次分析中，发现在 21 种水果蔬菜中侦测出 31 种残留非禁用农药，涉及样本 121 个，在 121 个样本中，45.45%处于低度风险，此外发现有 66 个样本没有 MRL 中国国家标准值，无法判断其风险程度，有 MRL 中国国家标准值的 55 个样本涉及 16 种水果蔬菜中的 19 种非禁用农药，其风险系数 *R* 值如图 18-14 所示。

18.3.1.3　基于 MRL 欧盟标准的单种水果蔬菜中非禁用农药残留风险系数分析

参照 MRL 欧盟标准计算每种水果蔬菜中每种非禁用农药的超标率，进而计算其风险系数，根据风险系数大小判断农药残留的预警风险程度，水果蔬菜中非禁用农药残留风险程度分布情况如图 18-15 所示。

本次分析中，发现在 21 种水果蔬菜中共侦测出 31 种非禁用农药，涉及样本 121 个，

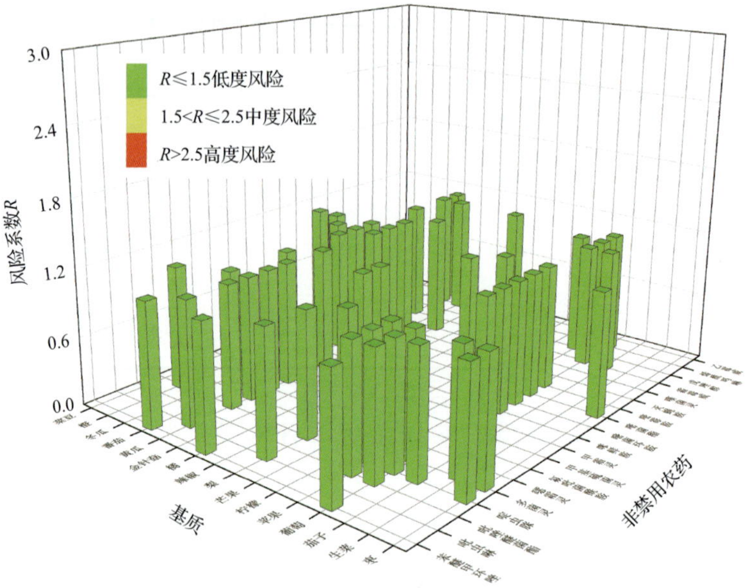

图 18-14　16 种水果蔬菜中 19 种非禁用农药的风险系数分布图(MRL 中国国家标准)

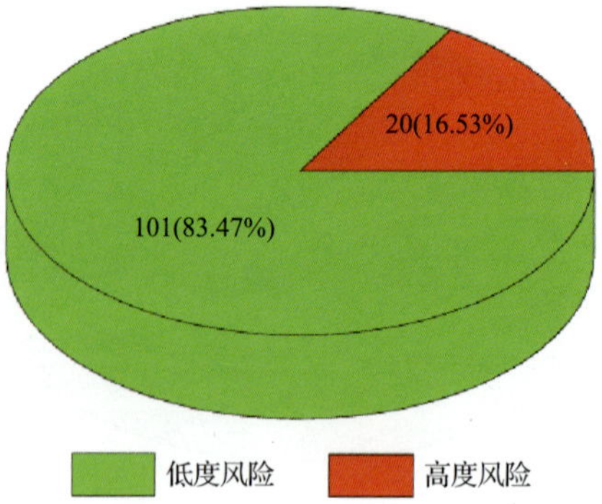

图 18-15　水果蔬菜中非禁用农药的风险程度的频次分布图(MRL 欧盟标准)

其中，16.53%处于高度风险，涉及 12 种水果蔬菜和 13 种农药；83.47%处于低度风险，涉及 9 种水果蔬菜和 18 种农药。单种水果蔬菜中的非禁用农药风险系数分布图如图 18-16 所示。单种水果蔬菜中处于高度风险的非禁用农药风险系数如图 18-17 和表 18-11 所示。

18.3.2　所有水果蔬菜中农药残留风险系数分析

18.3.2.1　所有水果蔬菜中禁用农药残留风险系数分析

在侦测出的 34 种农药中有 3 种为禁用农药，计算所有水果蔬菜中禁用农药的风险系数，结果如表 18-12 所示。禁用农药克百威、氧乐果、甲拌磷均处于高度风险。

18.3.2.2　所有水果蔬菜中非禁用农药残留风险系数分析

参照 MRL 欧盟标准计算所有水果蔬菜中每种非禁用农药残留的风险系数，如图 18-18

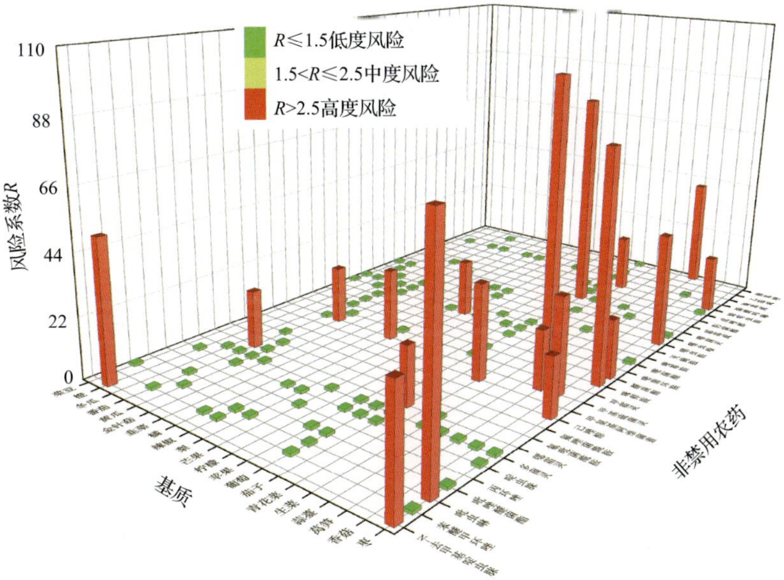

图 18-16　21 种水果蔬菜中 31 种非禁用农药的风险系数分布图(MRL 欧盟标准)

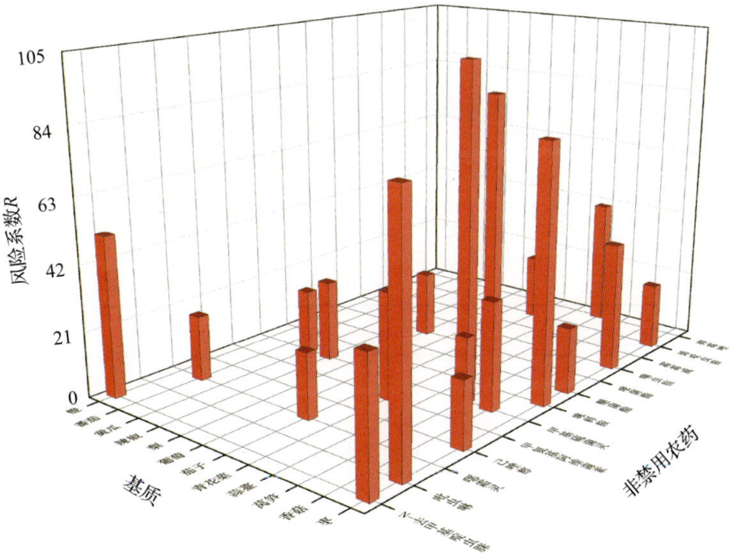

图 18-17　单种水果蔬菜中处于高度风险的非禁用农药的风险系数分布图(MRL 欧盟标准)

表 18-11　单种水果蔬菜中处于高度风险的非禁用农药的风险系数表(MRL 欧盟标准)

序号	基质	农药	超标频次	超标率 *P*(%)	风险系数 *R*
1	蒜薹	咪鲜胺	5	100	101.10
2	葡萄	霜霉威	4	80.00	81.10
3	枣	吡虫啉	4	80.00	81.10
4	枣	咪鲜胺	4	80.00	81.10
5	橙	*N*-去甲基啶虫脒	2	50.00	51.10

续表

序号	基质	农药	超标频次	超标率 *P*(%)	风险系数 *R*
6	蒜薹	抑霉唑	2	40.00	41.10
7	枣	*N*-去甲基啶虫脒	2	40.00	41.10
8	枣	噻虫胺	2	40.00	41.10
9	青花菜	甲氨基阿维菌素	1	33.33	34.43
10	香菇	甲基硫菌灵	1	33.33	34.43
11	辣椒	甲基硫菌灵	1	25.00	26.10
12	番茄	噁霜灵	1	20.00	21.10
13	黄瓜	甲基硫菌灵	1	20.00	21.10
14	梨	嘧菌酯	1	20.00	21.10
15	茄子	噁霜灵	1	20.00	21.10
16	茄子	烯啶虫胺	1	20.00	21.10
17	莴笋	甲基硫菌灵	1	20.00	21.10
18	枣	己唑醇	1	20.00	21.10
19	枣	烯啶虫胺	1	20.00	21.10
20	枣	醚菌酯	1	20.00	21.10

表 18-12　水果蔬菜中 3 种禁用农药的风险系数表

序号	农药	检出频次	检出率(%)	风险系数 *R*	风险程度
1	甲拌磷	2	1.96	3.06	高度风险
2	克百威	2	1.96	3.06	高度风险
3	氧乐果	2	1.96	3.06	高度风险

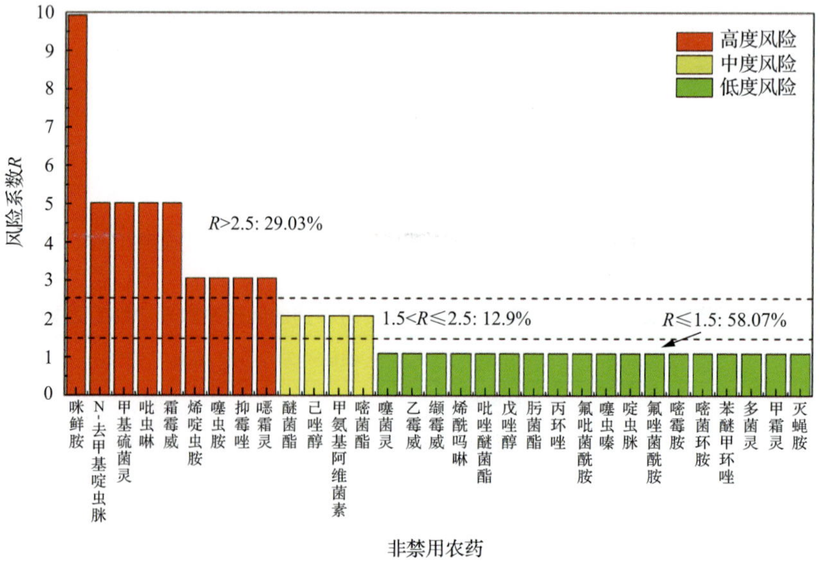

图 18-18　水果蔬菜中 31 种非禁用农药的风险程度统计图

与表 18-13 所示。在侦测出的 31 种非禁用农药中，9 种农药(29.03%)残留处于高度风险，4 种农药(12.9%)残留处于中度风险，18 种农药(58.07%)残留处于低度风险。

表 18-13　水果蔬菜中 31 种非禁用农药的风险系数表

序号	农药	超标频次	超标率 P(%)	风险系数 R	风险程度
1	咪鲜胺	9	8.82	9.92	高度风险
2	N-去甲基啶虫脒	4	3.92	5.02	高度风险
3	甲基硫菌灵	4	3.92	5.02	高度风险
4	吡虫啉	4	3.92	5.02	高度风险
5	霜霉威	4	3.92	5.02	高度风险
6	烯啶虫胺	2	1.96	3.06	高度风险
7	噻虫胺	2	1.96	3.06	高度风险
8	抑霉唑	2	1.96	3.06	高度风险
9	噁霜灵	2	1.96	3.06	高度风险
10	醚菌酯	1	0.98	2.08	中度风险
11	己唑醇	1	0.98	2.08	中度风险
12	甲氨基阿维菌素	1	0.98	2.08	中度风险
13	嘧菌酯	1	0.98	2.08	中度风险
14	噻菌灵	0	0	1.10	低度风险
15	乙霉威	0	0	1.10	低度风险
16	缬霉威	0	0	1.10	低度风险
17	烯酰吗啉	0	0	1.10	低度风险
18	吡唑醚菌酯	0	0	1.10	低度风险
19	戊唑醇	0	0	1.10	低度风险
20	肟菌酯	0	0	1.10	低度风险
21	丙环唑	0	0	1.10	低度风险
22	氟吡菌酰胺	0	0	1.10	低度风险
23	噻虫嗪	0	0	1.10	低度风险
24	啶虫脒	0	0	1.10	低度风险
25	氟唑菌酰胺	0	0	1.10	低度风险
26	嘧霉胺	0	0	1.10	低度风险
27	嘧菌环胺	0	0	1.10	低度风险
28	苯醚甲环唑	0	0	1.10	低度风险
29	多菌灵	0	0	1.10	低度风险
30	甲霜灵	0	0	1.10	低度风险
31	灭蝇胺	0	0	1.10	低度风险

18.4 LC-Q-TOF/MS 侦测拉萨市市售水果蔬菜农药残留风险评估结论与建议

农药残留是影响水果蔬菜安全和质量的主要因素，也是我国食品安全领域备受关注的敏感话题和亟待解决的重大问题之一[15,16]。各种水果蔬菜均存在不同程度的农药残留现象，本研究主要针对拉萨市各类水果蔬菜存在的农药残留问题，基于 2017 年 11 月对拉萨市 102 例水果蔬菜样品中农药残留侦测得出的 238 个侦测结果，分别采用食品安全指数模型和风险系数模型，开展水果蔬菜中农药残留的膳食暴露风险和预警风险评估。水果蔬菜样品取自超市和农贸市场，符合大众的膳食来源，风险评价时更具有代表性和可信度。

本研究力求通用简单地反映食品安全中的主要问题，且为管理部门和大众容易接受，为政府及相关管理机构建立科学的食品安全信息发布和预警体系提供科学的规律与方法，加强对农药残留的预警和食品安全重大事件的预防，控制食品风险。

18.4.1 拉萨市水果蔬菜中农药残留膳食暴露风险评价结论

1) 水果蔬菜样品中农药残留安全状态评价结论

采用食品安全指数模型，对 2017 年 11 月期间拉萨市水果蔬菜食品农药残留膳食暴露风险进行评价，根据 IFS_c 的计算结果发现，水果蔬菜中农药的 $\overline{IFS}$ 为 0.1978，说明拉萨市水果蔬菜总体处于可以接受的安全状态，但部分禁用农药、高残留农药在蔬菜、水果中仍有侦测出，导致膳食暴露风险的存在，成为不安全因素。

2) 单种水果蔬菜中农药膳食暴露风险不可接受情况评价结论

单种水果蔬菜中农药残留安全指数分析结果显示，农药对单种水果蔬菜安全影响不可接受($IFS_c>1$)的样本数共 1 个，占总样本数的 0.79%，1 个样本为辣椒中的氧乐果，说明辣椒中的氧乐果会对消费者身体健康造成较大的膳食暴露风险。氧乐果属于禁用的剧毒农药，且辣椒为较常见的蔬菜，百姓日常食用量较大，长期食用大量残留氧乐果的辣椒会对人体造成不可接受的影响。本次检测发现氧乐果在辣椒样品中多次并大量侦测出，是未严格实施农业良好管理规范(GAP)，抑或是农药滥用，这应该引起相关管理部门的警惕，应加强对辣椒中氧乐果的严格管控。

3) 禁用农药膳食暴露风险评价

本次检测发现部分水果蔬菜样品中有禁用农药侦测出，侦测出禁用农药 3 种，检出频次为 6，水果蔬菜样品中的禁用农药 IFS_c 计算结果表明，禁用农药残留膳食暴露风险不可接受的频次为 1，占 16.67%；可以接受的频次为 1，占 16.67%；没有影响的频次为 4，占 66.67%。对于水果蔬菜样品中所有农药而言，膳食暴露风险不可接受的频次为 1，仅占总体频次的 0.42%。可以看出，禁用农药的膳食暴露风险不可接受的比例远高于总体水平，这在一定程度上说明禁用农药更容易导致严重的膳食暴露风险。此外，膳食暴露风险不可接受的残留禁用农药为氧乐果，因此，应该加强对禁用农药氧乐果的管控力度。为何在国家明令禁止禁用农药喷洒的情况下，还能在多种水果蔬菜中多次侦测出禁用农药残留并造成不可接受的膳食暴露风险，这应该引起相关部门的高度警惕，应该在禁止禁用农药喷洒的同时，严格管控禁用农药的生产和售卖，从根本上杜绝安全隐患。

18.4.2　拉萨市水果蔬菜中农药残留预警风险评价结论

1) 单种水果蔬菜中禁用农药残留的预警风险评价结论

本次检测过程中，在 4 种水果蔬菜中检测出 3 种禁用农药，禁用农药为：克百威、甲拌磷、氧乐果，水果蔬菜为辣椒、茄子、冬瓜、番茄，水果蔬菜中禁用农药的风险系数分析结果显示，3 种禁用农药在 4 种水果蔬菜中的残留均处于高度风险，说明在单种水果蔬菜中禁用农药的残留会导致较高的预警风险。

2) 单种水果蔬菜中非禁用农药残留的预警风险评价结论

以 MRL 中国国家标准为标准，计算水果蔬菜中非禁用农药风险系数情况下，121 个样本中，55 个处于低度风险(45.45%)，66 个样本没有 MRL 中国国家标准(54.55%)。以 MRL 欧盟标准为标准，计算水果蔬菜中非禁用农药风险系数情况下，发现有 20 个处于高度风险(16.53%)，101 个处于低度风险(83.47%)。基于两种 MRL 标准，评价的结果差异显著，可以看出 MRL 欧盟标准比中国国家标准更加严格和完善，过于宽松的 MRL 中国国家标准值能否有效保障人体的健康有待研究。

18.4.3　加强拉萨市水果蔬菜食品安全建议

我国食品安全风险评价体系仍不够健全，相关制度不够完善，多年来，由于农药用药次数多、用药量大或用药间隔时间短，产品残留量大，农药残留所造成的食品安全问题日益严峻，给人体健康带来了直接或间接的危害。据估计，美国与农药有关的癌症患者数约占全国癌症患者总数的 50%，中国更高。同样，农药对其他生物也会形成直接杀伤和慢性危害，植物中的农药可经过食物链逐级传递并不断蓄积，对人和动物构成潜在威胁，并影响生态系统。

基于本次农药残留侦测数据的风险评价结果，提出以下几点建议：

1) 加快食品安全标准制定步伐

我国食品标准中对农药每日允许最大摄入量 ADI 的数据严重缺乏，在本次评价所涉及的 34 种农药中，仅有 91.18%的农药具有 ADI 值，而 8.82%的农药中国尚未规定相应的 ADI 值，亟待完善。

我国食品中农药最大残留限量值的规定严重缺乏，对评估涉及的不同水果蔬菜中不同农药 127 个 MRL 限值进行统计来看，我国仅制定出 61 个标准，标准完整率仅为 48.03%，而欧盟的完整率达到 100%(表 18-14)。因此，中国更应加快 MRL 的制定步伐。

表 18-14 我国国家食品标准农药的 ADI、MRL 值与欧盟标准的数量差异

分类		中国 ADI	MRL 中国国家标准	MRL 欧盟标准
标准限值(个)	有	31	61	127
	无	3	66	0
总数(个)		34	127	127
无标准限值比例(%)		8.82	51.97	0

此外，MRL 中国国家标准限值普遍高于欧盟标准限值，这些标准中共有 29 个高于欧盟。过高的 MRL 值难以保障人体健康，建议继续加强对限值基准和标准的科学研究，将农产品中的危险性减少到尽可能低的水平。

2) 加强农药的源头控制和分类监管

在拉萨市某些水果蔬菜中仍有禁用农药残留，利用 LC-Q-TOF/MS 技术侦测出 3 种禁用农药，检出频次为 6 次，残留禁用农药均存在较大的膳食暴露风险和预警风险。早已列入黑名单的禁用农药在我国并未真正退出，有些药物由于价格便宜、工艺简单，此类高毒农药一直生产和使用。建议在我国采取严格有效的控制措施，从源头控制禁用农药。

对于非禁用农药，在我国作为“田间地头”最典型单位的县级蔬果产地中，农药残留的检测几乎缺失。建议根据农药的毒性，对高毒、剧毒、中毒农药实现分类管理，减少使用高毒和剧毒高残留农药，进行分类监管。

3) 加强残留农药的生物修复及降解新技术

市售果蔬中残留农药的品种多、频次高、禁用农药多次检出这一现状，说明了我国的田间土壤和水体因农药长期、频繁、不合理的使用而遭到严重污染。为此，建议中国相关部门出台相关政策，鼓励高校及科研院所积极开展分子生物学、酶学等研究，加强土壤、水体中残留农药的生物修复及降解新技术研究，切实加大农药监管力度，以控制农药的面源污染问题。

综上所述，在本工作基础上，根据蔬菜残留危害，可进一步针对其成因提出和采取严格管理、大力推广无公害蔬菜种植与生产、健全食品安全控制技术体系、加强蔬菜食品质量检测体系建设和积极推行蔬菜食品质量追溯制度等相应对策。建立和完善食品安全综合评价指数与风险监测预警系统，对食品安全进行实时、全面的监控与分析，为我国的食品安全科学监管与决策提供新的技术支持，可实现各类检验数据的信息化系统管理，降低食品安全事故的发生。

第 19 章 GC-Q-TOF/MS 侦测拉萨市 102 例市售水果蔬菜样品农药残留报告

从拉萨市所属 2 个区县，随机采集了 102 例水果蔬菜样品，使用气相色谱-四极杆飞行时间质谱（GC-Q-TOF/MS）对 507 种农药化学污染物进行示范侦测。

19.1 样品种类、数量与来源

19.1.1 样品采集与检测

为了真实反映百姓餐桌上水果蔬菜中农药残留污染状况，本次所有检测样品均由检验人员于 2017 年 11 月，从拉萨市所属 5 个采样点，包括 2 个农贸市场和 3 个超市，以随机购买方式采集，总计 5 批 102 例样品，从中检出农药 40 种，139 频次。采样及监测概况见图 19-1 及表 19-1，样品及采样点明细见表 19-2 及表 19-3（侦测原始数据见附表 1）。

序号	行政区域	水果采样量	蔬菜及其他采样量	总计
1	城关区	34	49	83
2	堆龙德庆县	7	12	19

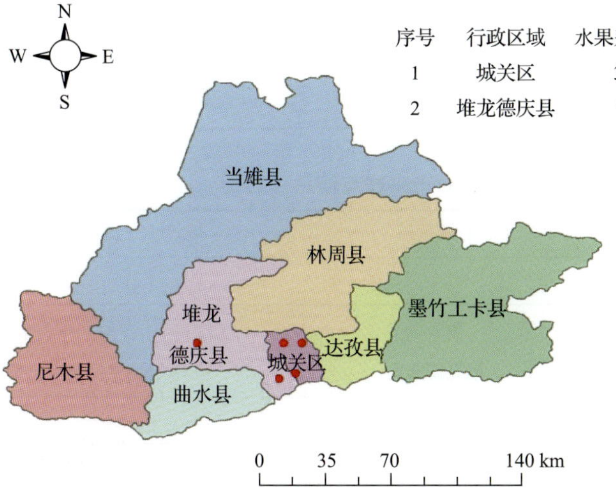

图 19-1 拉萨市所属 5 个采样点 102 例样品分布图

表 19-1 农药残留监测总体概况

采样地区	拉萨市所属 2 个区县
采样点（超市+农贸市场）	5
样本总数	102
检出农药品种/频次	40/139
各采样点样本农药残留检出率范围	52.4% ~ 73.7%

表 19-2　样品分类及数量

样品分类	样品名称(数量)	数量小计
1. 食用菌		7
1)蘑菇类	香菇(3)，金针菇(4)	7
2. 水果		41
1)仁果类水果	苹果(5)，梨(5)	10
2)核果类水果	枣(5)	5
3)浆果和其他小型水果	猕猴桃(4)，葡萄(5)	9
4)热带和亚热带水果	芒果(3)	3
5)柑橘类水果	橘(5)，柠檬(5)，橙(4)	14
3. 蔬菜		54
1)豆类蔬菜	菜豆(5)	5
2)鳞茎类蔬菜	韭菜(4)，蒜薹(5)	9
3)叶菜类蔬菜	生菜(3)，莴笋(5)	8
4)芸薹属类蔬菜	青花菜(3)	3
5)瓜类蔬菜	黄瓜(5)，冬瓜(5)	10
6)茄果类蔬菜	番茄(5)，辣椒(4)，茄子(5)	14
7)根茎类和薯芋类蔬菜	萝卜(5)	5
合计	1.食用菌 2 种 2.水果 9 种 3.蔬菜 12 种	102

表 19-3　拉萨市采样点信息

采样点序号	行政区域	采样点
农贸市场(2)		
1	城关区	***农贸市场
2	堆龙德庆县	***农产品批发市场
超市(3)		
1	城关区	***广场(城关区店)
2	城关区	***超市(西郊店)
3	城关区	***超市(雪新村店)

19.1.2　检测结果

这次使用的检测方法是庞国芳院士团队最新研发的不需使用标准品对照，而以高分辨精确质量数(0.0001 *m/z*)为基准的 GC-Q-TOF/MS 检测技术，对于 102 例样品，每个样品均侦测了 507 种农药化学污染物的残留现状。通过本次侦测，在 102 例样品中共计检出农药化学污染物 40 种，检出 139 频次。

19.1.2.1　各采样点样品检出情况

统计分析发现 5 个采样点中，被测样品的农药检出率范围为 52.4%～73.7%。其中，***农产品批发市场的检出率最高，为 73.7%。***广场(城关区店)的检出率最低，为 52.4%，见图 19-2。

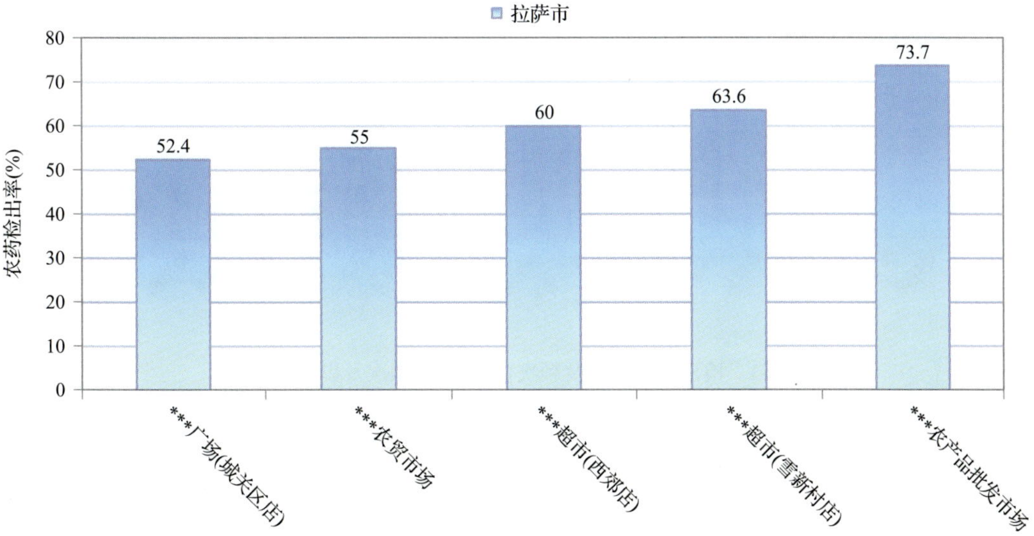

图 19-2　各采样点样品中的农药检出率

19.1.2.2　检出农药的品种总数与频次

统计分析发现，对于 102 例样品中 507 种农药化学污染物的侦测，共检出农药 139 频次，涉及农药 40 种，结果如图 19-3 所示。其中毒死蜱检出频次最高，共检出 14 次。检出频次排名前 10 的农药如下：①毒死蜱(14)；②腐霉利(13)；③嘧霉胺(12)；④联苯(11)；⑤威杀灵(11)；⑥γ-氟氯氰菌酯(8)；⑦戊唑醇(8)；⑧啶酰菌胺(7)；⑨烯丙菊酯(6)；⑩联苯菊酯(5)。

由图 19-4 可见，蒜薹、枣、番茄、黄瓜、辣椒和韭菜这 6 种果蔬样品中检出的农药品种数较高，均超过 5 种，其中，蒜薹检出农药品种最多，为 11 种。由图 19-5 可见，枣、番茄、黄瓜、辣椒和蒜薹这 5 种果蔬样品中的农药检出频次较高，均超过 10 次，其中，枣检出农药频次最高，为 20 次。

19.1.2.3　单例样品农药检出种类与占比

对单例样品检出农药种类和频次进行统计发现，未检出农药的样品占总样品数的 39.2%，检出 1 种农药的样品占总样品数的 25.5%，检出 2～5 种农药的样品占总样品数的 30.4%，检出 6～10 种农药的样品占总样品数的 4.9%。每例样品中平均检出农药为 1.4 种，数据见表 19-4 及图 19-6。

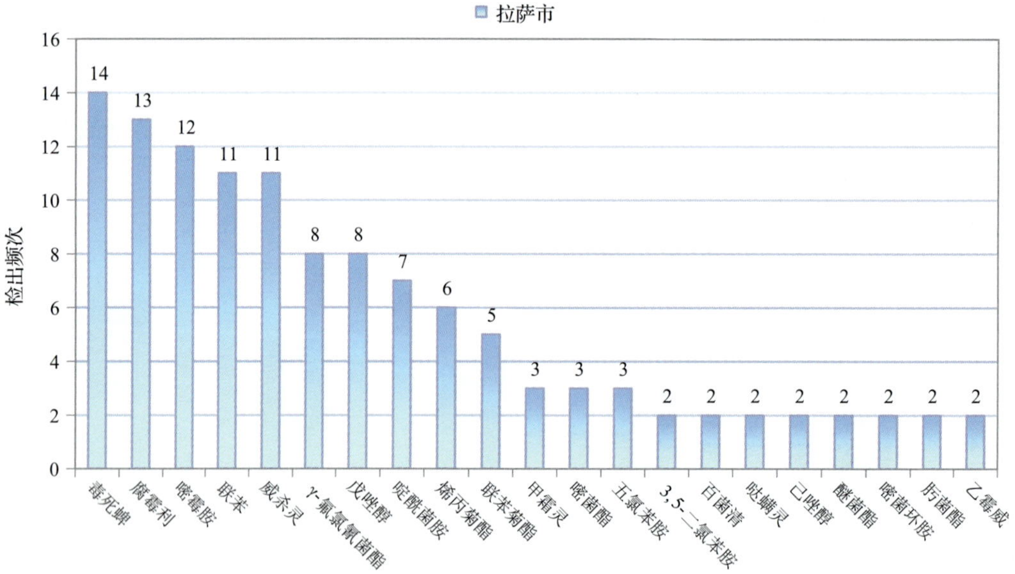

图 19-3　检出农药品种及频次(仅列出 2 频次及以上的数据)

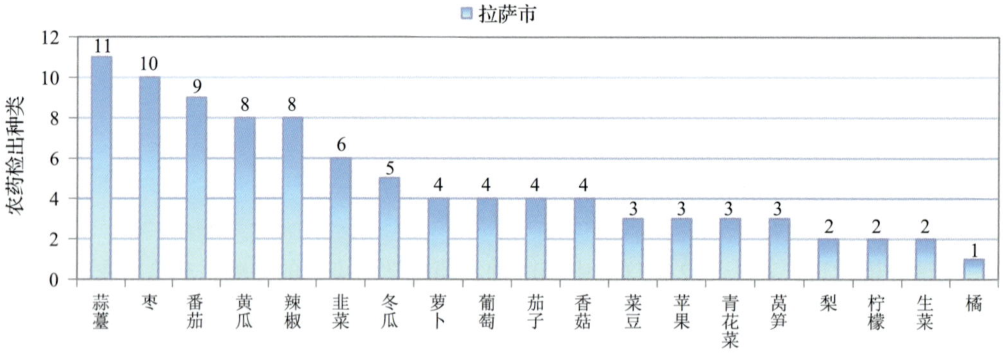

图 19-4　单种水果蔬菜检出农药的种类数

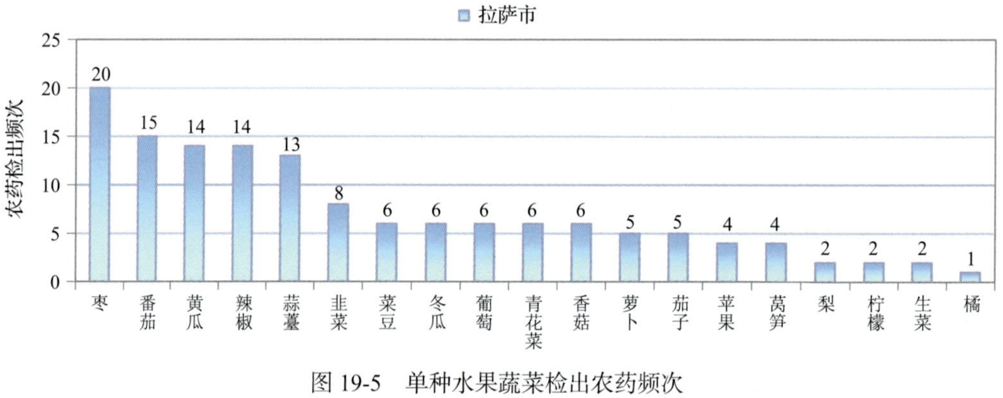

图 19-5　单种水果蔬菜检出农药频次

表 19-4　单例样品检出农药品种占比

检出农药品种数	样品数量/占比(%)
未检出	40/39.2
1 种	26/25.5
2～5 种	31/30.4
6～10 种	5/4.9
单例样品平均检出农药品种	1.4 种

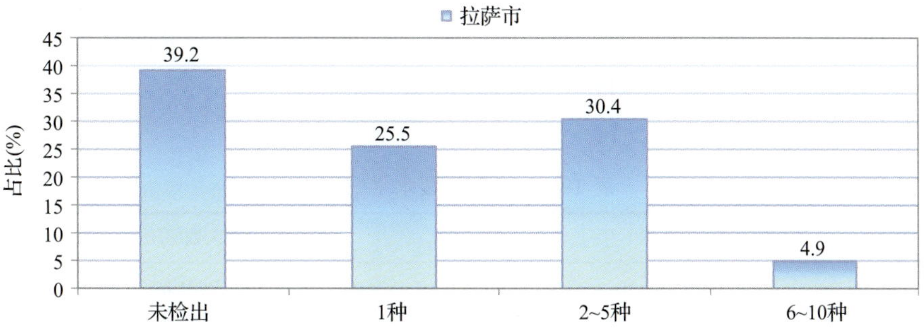

图 19-6　单例样品平均检出农药品种及占比

19.1.2.4　检出农药类别与占比

所有检出农药按功能分类，包括杀菌剂、杀虫剂、除草剂、植物生长调节剂共 4 类。其中杀菌剂与杀虫剂为主要检出的农药类别，分别占总数的 52.5%和 40.0%，见表 19-5 及图 19-7。

19.1.2.5　检出农药的残留水平

按检出农药残留水平进行统计，残留水平在 1～5 μg/kg(含)的农药占总数的 21.6%，在 5～10 μg/kg(含)的农药占总数的 12.2%，在 10～100 μg/kg(含)的农药占总数的 49.6%，在 100～1000 μg/kg(含)的农药占总数的 15.8%，在>1000 μg/kg 的农药占总数的 0.7%。

由此可见，这次检测的 5 批 102 例水果蔬菜样品中农药多数处于中高残留水平。结果见表 19-6 及图 19-8，数据见附表 2。

表 19-5　检出农药所属类别/占比

农药类别	数量/占比(%)
杀菌剂	21/52.5
杀虫剂	16/40.0
除草剂	2/5.0
植物生长调节剂	1/2.5

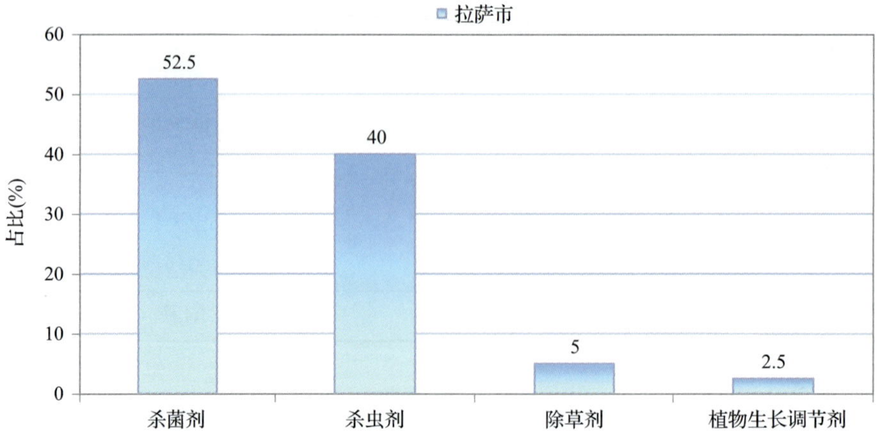

图 19-7 检出农药所属类别和占比

表 19-6 农药残留水平/占比

残留水平（μg/kg）	检出频次数/占比（%）
1～5（含）	30/21.6
5～10（含）	17/12.2
10～100（含）	69/49.6
100～1000（含）	22/15.8
>1000	1/0.7

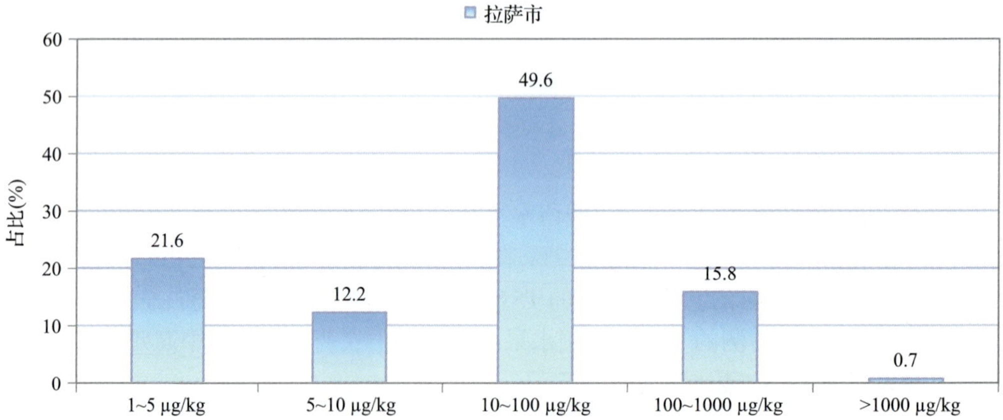

图 19-8 检出农药残留水平及占比

19.1.2.6 检出农药的毒性类别、检出频次和超标频次及占比

对这次检出的 40 种 139 频次的农药，按剧毒、高毒、中毒、低毒和微毒这五个毒性类别进行分类，从中可以看出，拉萨市目前普遍使用的农药为中低微毒农药，品种占 92.5%，频次占 97.8%。结果见表 19-7 及图 19-9。

表 19-7　检出农药毒性类别/占比

毒性分类	农药品种/占比(%)	检出频次/占比(%)	超标频次/超标率(%)
剧毒农药	0/0	0/0.0	0/0.0
高毒农药	3/7.5	3/2.2	0/0.0
中毒农药	15/37.5	54/38.8	2/3.7
低毒农药	12/30.0	48/34.5	0/0.0
微毒农药	10/25.0	34/24.5	0/0.0

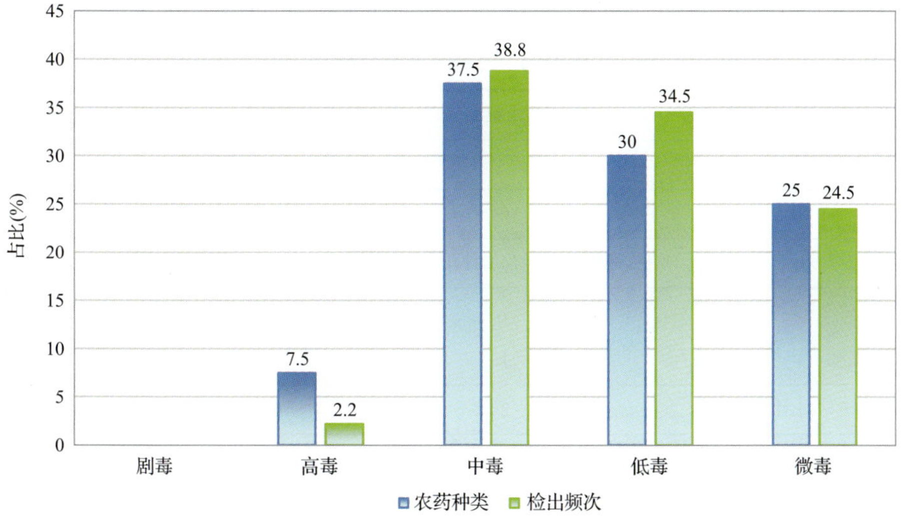

图 19-9　检出农药的毒性分类和占比

19.1.2.7　检出剧毒/高毒类农药的品种和频次

值得特别关注的是，在此次侦测的 102 例样品中有 2 种蔬菜 1 种食用菌的 3 例样品检出了 3 种 3 频次的剧毒和高毒农药，占样品总量的 2.9%，详见图 19-10、表 19-8 及表 19-9。

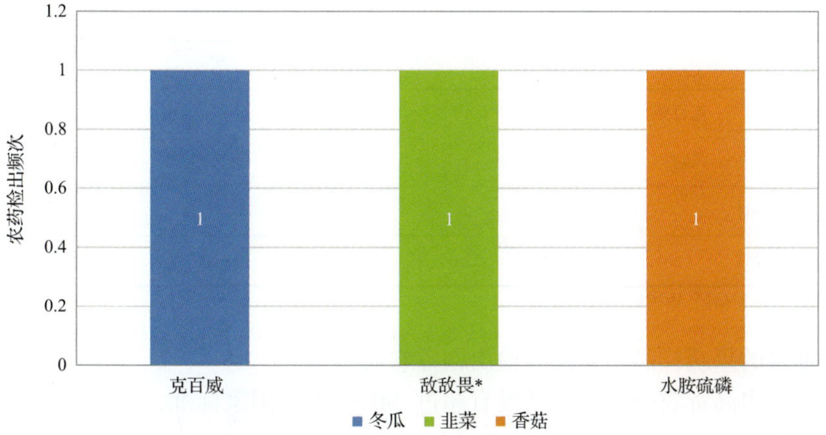

图 19-10　检出剧毒/高毒农药的样品情况

*表示允许在水果和蔬菜上使用的农药

表 19-8　剧毒农药检出情况

序号	农药名称	检出频次	超标频次	超标率
		水果中未检出剧毒农药		
	小计	0	0	超标率：0.0%
		蔬菜中未检出剧毒农药		
	小计	0	0	超标率：0.0%
	合计	0	0	超标率：0.0%

表 19-9　高毒农药检出情况

序号	农药名称	检出频次	超标频次	超标率
		水果中未检出高毒农药		
	小计	0	0	超标率：0.0%
		从 2 种蔬菜中检出 2 种高毒农药，共计检出 2 次		
1	敌敌畏	1	0	0.0%
2	克百威	1	0	0.0%
	小计	2	0	超标率：0.0%
	合计	2	0	超标率：0.0%

在检出的剧毒和高毒农药中，有 2 种是我国早已禁止在果树和蔬菜上使用的，分别是：克百威和水胺硫磷。禁用农药的检出情况见表 19-10。

表 19-10　禁用农药检出情况

序号	农药名称	检出频次	超标频次	超标率
		水果中未检出禁用农药		
	小计	0	0	超标率：0.0%
		从 2 种蔬菜中检出 2 种禁用农药，共计检出 2 次		
1	克百威	1	0	0.0%
2	硫丹	1	0	0.0%
	小计	2	0	超标率：0.0%
	合计	2	0	超标率：0.0%

注：超标结果参考 MRL 中国国家标准计算

此次抽检的果蔬样品中，没有检出剧毒农药。

样品中检出高毒农药残留水平没有超过 MRL 中国国家标准，但本次检出结果仍表明，高毒农药的使用现象依旧存在。详见表 19-11。

表 19-11　各样本中检出剧毒/高毒农药情况

样品名称	农药名称	检出频次	超标频次	检出浓度(μg/kg)
		水果 0 种		
	小计	0	0	超标率：0.0%
		蔬菜 2 种		
冬瓜	克百威▲	1	0	9.5
韭菜	敌敌畏	1	0	95.8
	小计	2	0	超标率：0.0%
	合计	2	0	超标率：0.0%

19.2　农药残留检出水平与最大残留限量标准对比分析

我国于 2014 年 3 月 20 日正式颁布并于 2014 年 8 月 1 日正式实施食品农药残留限量国家标准《食品中农药最大残留限量》(GB 2763—2014)。该标准包括 371 个农药条目，涉及最大残留限量(MRL)标准 3653 项。将 139 频次检出农药的浓度水平与 3653 项 MRL 中国国家标准进行核对，其中只有 35 频次的农药找到了对应的 MRL 标准，占 25.2%，还有 104 频次的侦测数据则无相关 MRL 标准供参考，占 74.8%。

将此次侦测结果与国际上现行 MRL 标准对比发现，在 139 频次的检出结果中有 139 频次的结果找到了对应的 MRL 欧盟标准，占 100.0%，其中，104 频次的结果有明确对应的 MRL 标准，占 74.8%，其余 35 频次按照欧盟一律标准判定，占 25.2%；有 139 频次的结果找到了对应的 MRL 日本标准，占 100.0%，其中，68 频次的结果有明确对应的 MRL 标准，占 48.9%，其余 71 频次按照日本一律标准判定，占 51.1%；有 57 频次的结果找到了对应的 MRL 中国香港标准，占 41.0%；有 52 频次的结果找到了对应的 MRL 美国标准，占 37.4%；有 26 频次的结果找到了对应的 MRL CAC 标准，占 18.7%(见图 19-11 和图 19-12，数据见附表 3 至附表 8)。

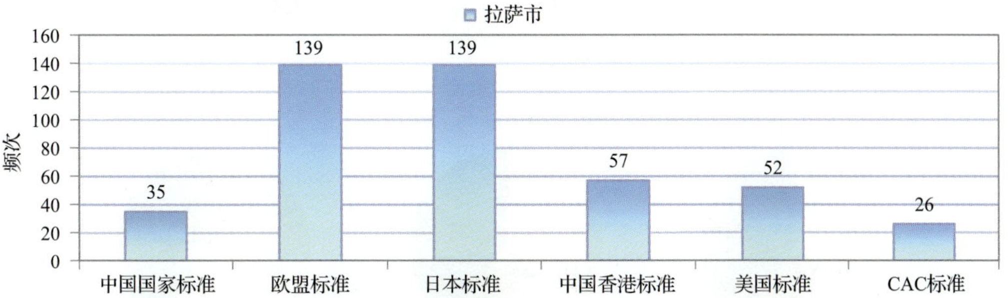

图 19-11　139 频次检出农药可用 MRL 中国国家标准、欧盟标准、日本标准、中国香港标准、美国标准、CAC 标准判定衡量的数量

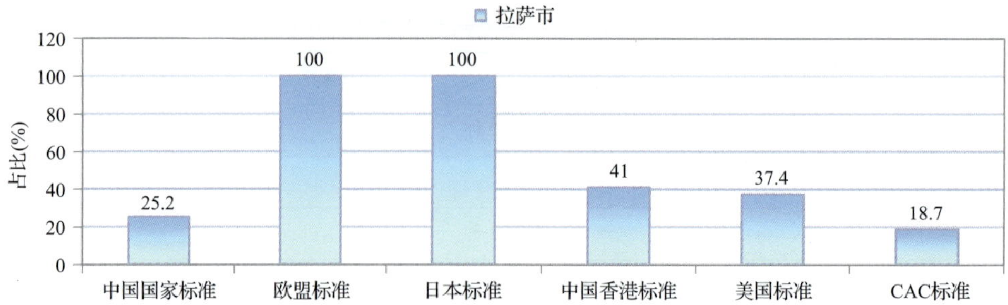

图 19-12　139 频次检出农药可用 MRL 中国国家标准、欧盟标准、日本标准、中国香港标准、美国标准、CAC 标准衡量的占比

19.2.1　超标农药样品分析

本次侦测的 102 例样品中，40 例样品未检出任何残留农药，占样品总量的 39.2%，62 例样品检出不同水平、不同种类的残留农药，占样品总量的 60.8%。在此，我们将本次侦测的农残检出情况与 MRL 中国国家标准、欧盟标准、日本标准、中国香港标准、美国标准、CAC 标准这 6 大国际主流 MRL 标准进行对比分析，样品农残检出与超标情况见表 19-12、图 19-13 和图 19-14，详细数据见附表 9 至附表 14。

表 19-12　各 MRL 标准下样本农残检出与超标数量及占比

	中国国家标准 数量/占比(%)	欧盟标准 数量/占比(%)	日本标准 数量/占比(%)	中国香港标准 数量/占比(%)	美国标准 数量/占比(%)	CAC 标准 数量/占比(%)
未检出	40/39.2	40/39.2	40/39.2	40/39.2	40/39.2	40/39.2
检出未超标	60/58.8	22/21.6	26/25.5	62/60.8	61/59.8	62/60.8
检出超标	2/2.0	40/39.2	36/35.3	0/0.0	1/1.0	0/0.0

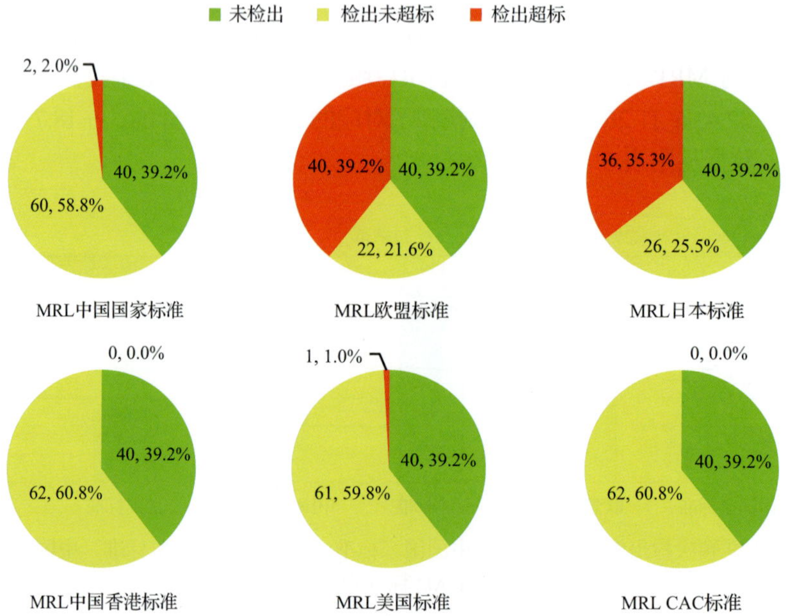

图 19-13　检出和超标样品比例情况

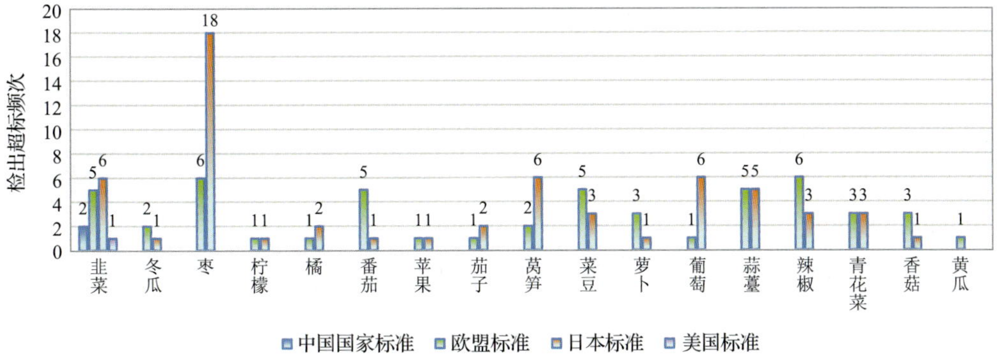

图 19-14　超过 MRL 中国国家标准、欧盟标准、日本标准、中国香港标准、美国标准、CAC 标准结果在水果蔬菜中的分布

19.2.2　超标农药种类分析

按照 MRL 中国国家标准、欧盟标准、日本标准、中国香港标准、美国标准、CAC 标准这 6 大国际主流 MRL 标准衡量，本次侦测检出的农药超标品种及频次情况见表 19-13。

表 19-13　各 MRL 标准下超标农药品种及频次

	中国国家标准	欧盟标准	日本标准	中国香港标准	美国标准	CAC 标准
超标农药品种	1	20	24	0	1	0
超标农药频次	2	51	60	0	1	0

19.2.2.1　按 MRL 中国国家标准衡量

按 MRL 中国国家标准衡量，有 1 种农药超标，检出 2 频次，为中毒农药毒死蜱。按超标程度比较，韭菜中毒死蜱超标 14.0 倍。检测结果见图 19-15 和附表 15。

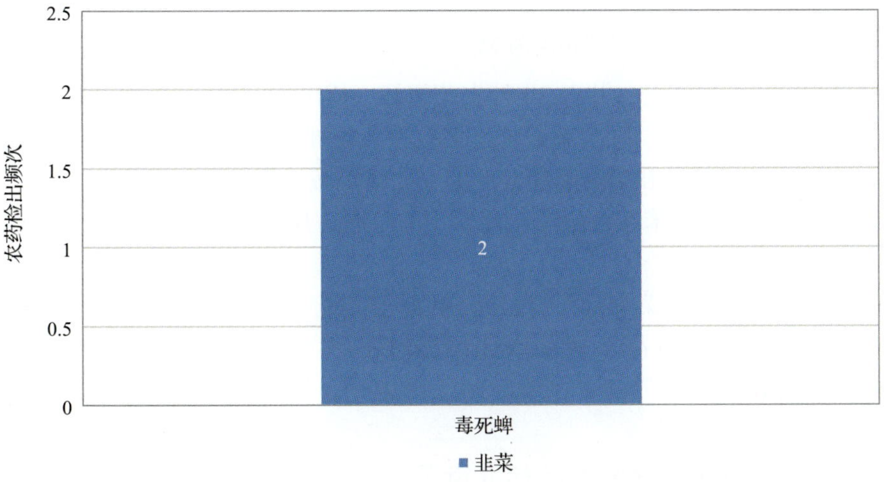

图 19-15　超过 MRL 中国国家标准农药品种及频次

19.2.2.2　按 MRL 欧盟标准衡量

按 MRL 欧盟标准衡量，共有 20 种农药超标，检出 51 频次，分别为高毒农药水胺硫磷和敌敌畏，中毒农药除虫菊素Ⅰ、多效唑、毒死蜱、γ-氟氯氰菌酯、腈菌唑、二甲戊灵、丙溴磷和烯丙菊酯，低毒农药嘧霉胺、己唑醇、联苯、炔螨特、3,5-二氯苯胺和五氯苯胺，微毒农药腐霉利、溴丁酰草胺、五氯硝基苯和醚菌酯。

按超标程度比较，枣中 γ-氟氯氰菌酯超标 42.6 倍，韭菜中毒死蜱超标 29.0 倍，青花菜中联苯超标 25.4 倍，茄子中炔螨特超标 22.0 倍，香菇中水胺硫磷超标 22.0 倍。检测结果见图 19-16 和附表 16。

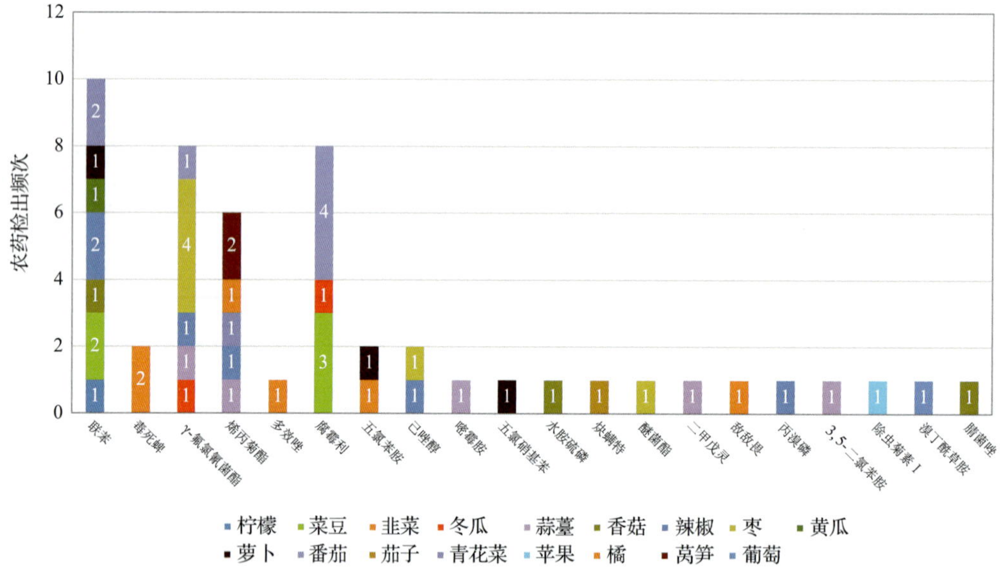

图 19-16　超过 MRL 欧盟标准农药品种及频次

19.2.2.3　按 MRL 日本标准衡量

按 MRL 日本标准衡量，共有 24 种农药超标，检出 60 频次，分别为高毒农药水胺硫磷，中毒农药联苯菊酯、除虫菊素Ⅰ、多效唑、戊唑醇、毒死蜱、γ-氟氯氰菌酯、腈菌唑、二甲戊灵、哒螨灵和烯丙菊酯，低毒农药嘧霉胺、螺螨酯、己唑醇、联苯、炔螨特、3,5-二氯苯胺和五氯苯胺，微毒农药溴丁酰草胺、腐霉利、嘧菌酯、五氯硝基苯、醚菌酯和烯虫酯。

按超标程度比较，韭菜中毒死蜱超标 149.0 倍，枣中 γ-氟氯氰菌酯超标 42.6 倍，枣中戊唑醇超标 25.5 倍，青花菜中联苯超标 25.4 倍，枣中嘧菌酯超标 22.1 倍。检测结果见图 19-17 和附表 17。

19.2.2.4　按 MRL 中国香港标准衡量

按 MRL 中国香港标准衡量，无样品检出超标农药残留。

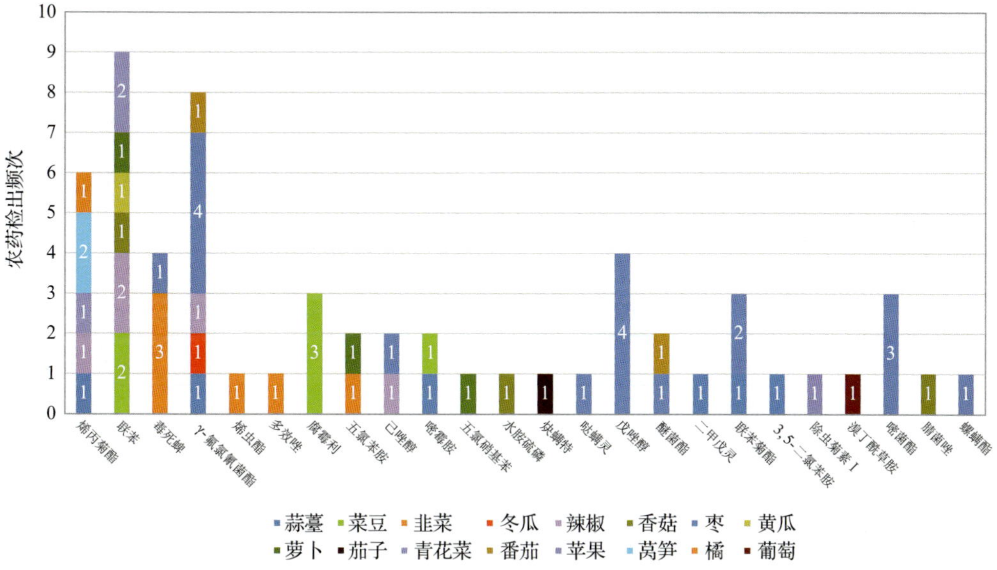

图 19-17　超过 MRL 日本标准农药品种及频次

19.2.2.5　按 MRL 美国标准衡量

按 MRL 美国标准衡量，有 1 种农药超标，检出 1 频次，为中毒农药二甲戊灵。按超标程度比较，蒜薹中二甲戊灵超标 0.0 倍。检测结果见图 19-18 和附表 19。

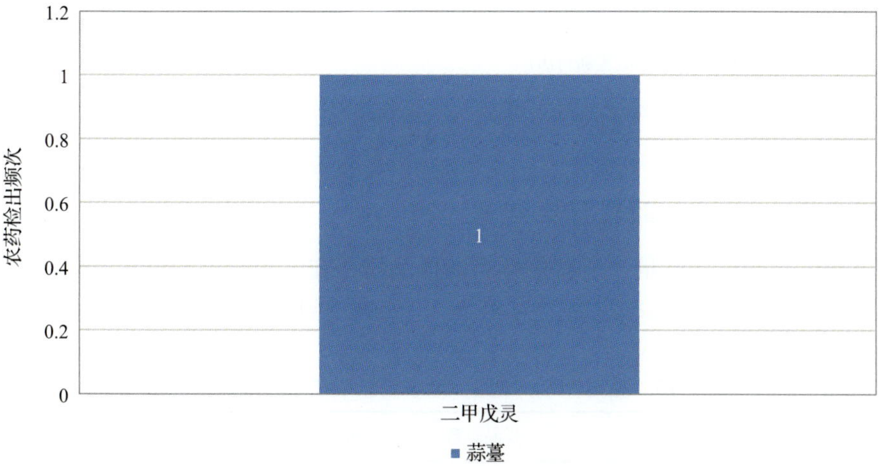

图 19-18　超过 MRL 美国标准农药品种及频次

19.2.2.6　按 MRL CAC 标准衡量

按 MRL CAC 标准衡量，无样品检出超标农药残留。

19.2.3　5 个采样点超标情况分析

19.2.3.1　按 MRL 中国国家标准衡量

按 MRL 中国国家标准衡量，有 2 个采样点的样品存在不同程度的超标农药检出，其中***超市(西郊店)的超标率最高，为 5.0%，如表 19-14 和图 19-19 所示。

表 19-14　超过 MRL 中国国家标准水果蔬菜在不同采样点分布

序号	采样点	样品总数	超标数量	超标率(%)	行政区域
1	***超市(雪新村店)	22	1	4.5	城关区
2	***超市(西郊店)	20	1	5.0	城关区

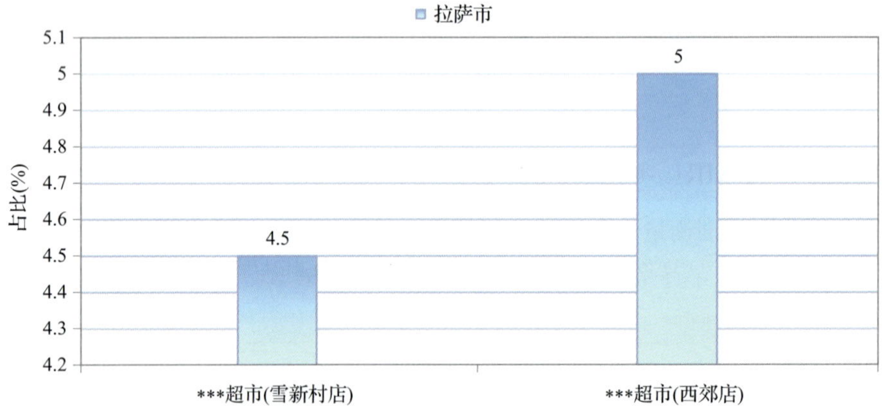

图 19-19　超过 MRL 中国国家标准水果蔬菜在不同采样点分布

19.2.3.2　按 MRL 欧盟标准衡量

按 MRL 欧盟标准衡量，所有采样点的样品均存在不同程度的超标农药检出，其中***超市(雪新村店)的超标率最高，为 45.5%，如表 19-15 和图 19-20 所示。

表 19-15　超过 MRL 欧盟标准水果蔬菜在不同采样点分布

序号	采样点	样品总数	超标数量	超标率(%)	行政区域
1	***超市(雪新村店)	22	10	45.5	城关区
2	***广场(城关区店)	21	8	38.1	城关区
3	***农贸市场	20	9	45.0	城关区
4	***超市(西郊店)	20	8	40.0	城关区
5	***农产品批发市场	19	5	26.3	堆龙德庆县

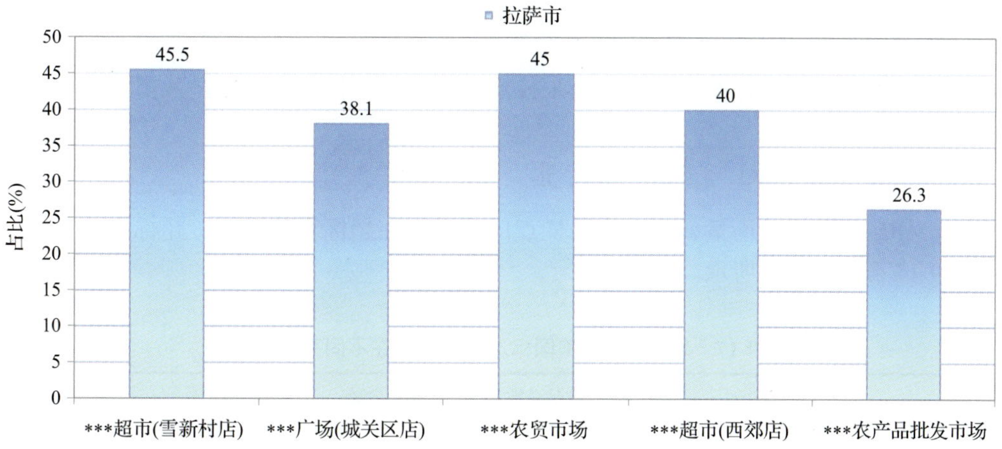

图 19-20　超过 MRL 欧盟标准水果蔬菜在不同采样点分布

19.2.3.3　按 MRL 日本标准衡量

按 MRL 日本标准衡量，所有采样点的样品均存在不同程度的超标农药检出，其中***超市(雪新村店)的超标率最高，为 40.9%，如表 19-16 和图 19-21 所示。

表 19-16　超过 MRL 日本标准水果蔬菜在不同采样点分布

序号	采样点	样品总数	超标数量	超标率(%)	行政区域
1	***超市(雪新村店)	22	9	40.9	城关区
2	***广场(城关区店)	21	8	38.1	城关区
3	***农贸市场	20	8	40.0	城关区
4	***超市(西郊店)	20	7	35.0	城关区
5	***农产品批发市场	19	4	21.1	堆龙德庆县

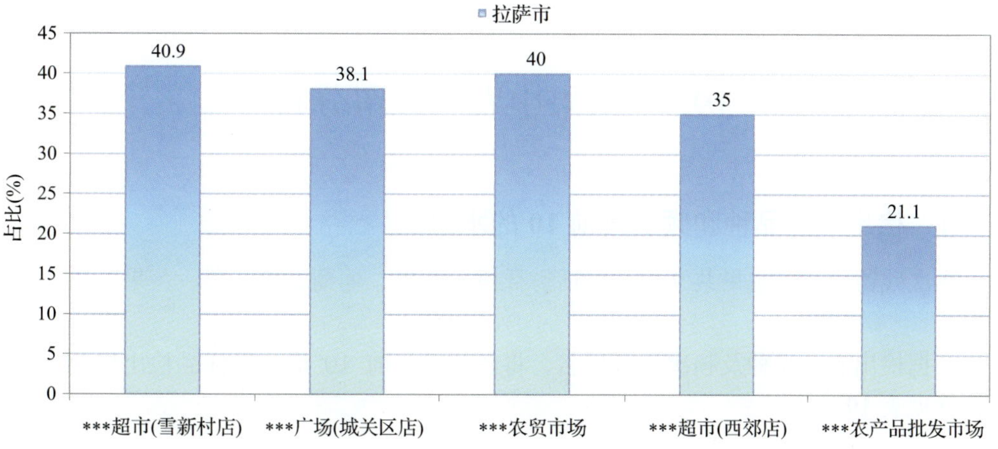

图 19-21　超过 MRL 日本标准水果蔬菜在不同采样点分布

19.2.3.4　按 MRL 中国香港标准衡量

按 MRL 中国香港标准衡量，所有采样点的样品均未检出超标农药残留。

19.2.3.5　按 MRL 美国标准衡量

按 MRL 美国标准衡量，有 1 个采样点的样品存在超标农药检出，超标率为 4.8%，如表 19-17 和图 19-22 所示。

表 19-17　超过 MRL 美国标准水果蔬菜在不同采样点分布

序号	采样点	样品总数	超标数量	超标率(%)	行政区域
1	***广场(城关区店)	21	1	4.8	城关区

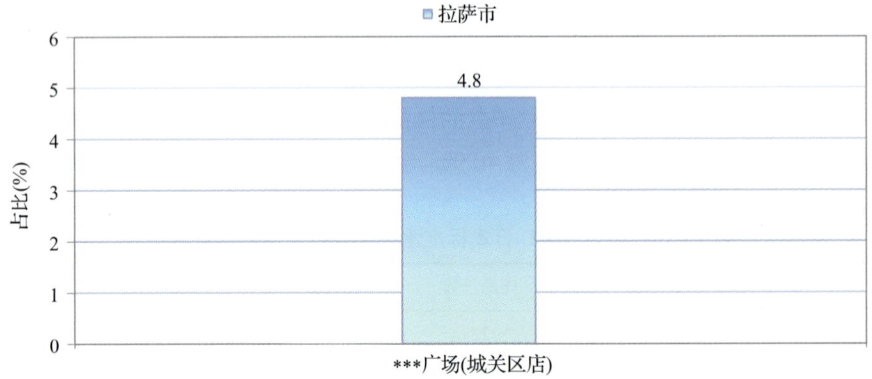

图 19-22　超过 MRL 美国标准水果蔬菜在不同采样点分布

19.2.3.6　按 MRL CAC 标准衡量

按 MRL CAC 标准衡量，所有采样点的样品均未检出超标农药残留。

19.3　水果中农药残留分布

19.3.1　检出农药品种和频次排前 10 的水果

本次残留侦测的水果共 9 种，包括猕猴桃、苹果、葡萄、枣、梨、芒果、橘、柠檬和橙。

根据检出农药品种及频次进行排名，将各项排名前 10 的水果样品检出情况列表说明，详见表 19-18。

表 19-18　检出农药品种和频次排名前 10 的水果

检出农药品种排名前 10(品种)	①枣(10),②葡萄(4),③苹果(3),④梨(2),⑤柠檬(2),⑥橘(1)
检出农药频次排名前 10(频次)	①枣(20),②葡萄(6),③苹果(4),④梨(2),⑤柠檬(2),⑥橘(1)
检出禁用、高毒及剧毒农药品种排名前 10(品种)	
检出禁用、高毒及剧毒农药频次排名前 10(频次)	

19.3.2　超标农药品种和频次排前 10 的水果

鉴于 MRL 欧盟标准和日本标准制定比较全面且覆盖率较高，我们参照 MRL 中国国家标准、欧盟标准和日本标准衡量水果样品中农残检出情况，将超标农药品种及频次排名前 10 的水果列表说明，详见表 19-19。

表 19-19　超标农药品种和频次排名前 10 的水果

超标农药品种排名前 10(农药品种数)	MRL 中国国家标准	
	MRL 欧盟标准	①枣(3),②橘(1),③柠檬(1),④苹果(1),⑤葡萄(1)
	MRL 日本标准	①枣(9),②橘(1),③苹果(1),④葡萄(1)
超标农药频次排名前 10(农药频次数)	MRL 中国国家标准	
	MRL 欧盟标准	①枣(6),②橘(1),③柠檬(1),④苹果(1),⑤葡萄(1)
	MRL 日本标准	①枣(18),②橘(1),③苹果(1),④葡萄(1)

通过对各品种水果样本总数及检出率进行综合分析发现，枣、葡萄和苹果的残留污染最为严重，在此，我们参照 MRL 中国国家标准、欧盟标准和日本标准对这 3 种水果的农残检出情况进行进一步分析。

19.3.3　农药残留检出率较高的水果样品分析

19.3.3.1　枣

这次共检测 5 例枣样品，全部检出了农药残留，检出率为 100.0%，检出农药共计 10 种。其中 γ-氟氯氰菌酯、戊唑醇、联苯菊酯、嘧菌酯和哒螨灵检出频次较高，分别检出了 4、4、3、3 和 1 次。枣中农药检出品种和频次见图 19-23，超标农药见图 19-24 和表 19-20。

19.3.3.2　葡萄

这次共检测 5 例葡萄样品，3 例样品中检出了农药残留，检出率为 60.0%，检出农药共计 4 种。其中嘧霉胺、肟菌酯、啶酰菌胺和溴丁酰草胺检出频次较高，分别检出了 2、2、1 和 1 次。葡萄中农药检出品种和频次见图 19-25，超标农药见图 19-26 和表 19-21。

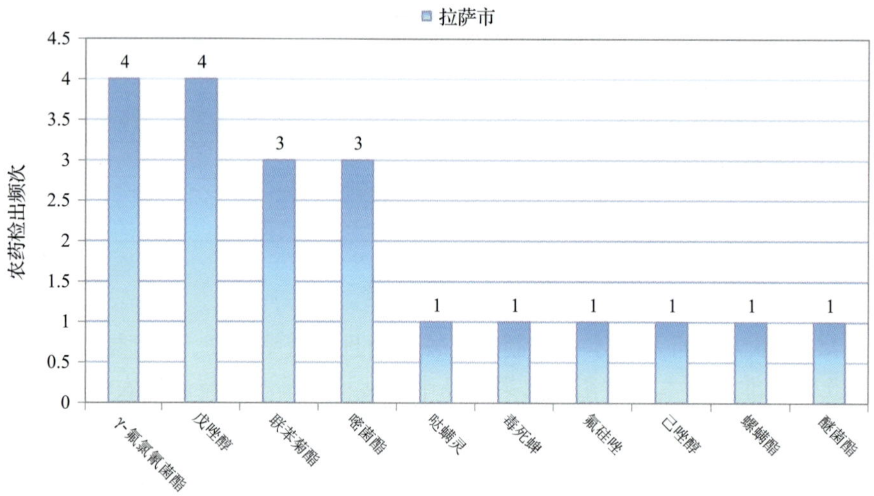

图 19-23　枣样品检出农药品种和频次分析

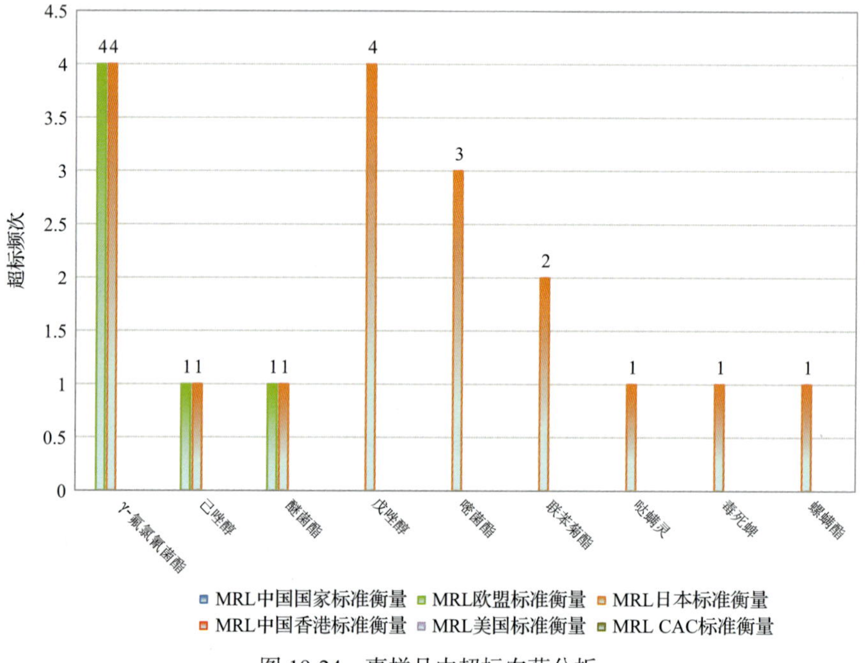

图 19-24　枣样品中超标农药分析

表 19-20　枣中农药残留超标情况明细表

样品总数			检出农药样品数	样品检出率(%)	检出农药品种总数
5			5	100	10
	超标农药品种	超标农药频次	按照 MRL 中国国家标准、欧盟标准和日本标准衡量超标农药名称及频次		
中国国家标准	0	0			
欧盟标准	3	6	γ-氟氯氰菌酯(4)，己唑醇(1)，醚菌酯(1)		
日本标准	9	18	γ-氟氯氰菌酯(4)，戊唑醇(4)，嘧菌酯(3)，联苯菊酯(2)，哒螨灵(1)，毒死蜱(1)，己唑醇(1)，螺螨酯(1)，醚菌酯(1)		

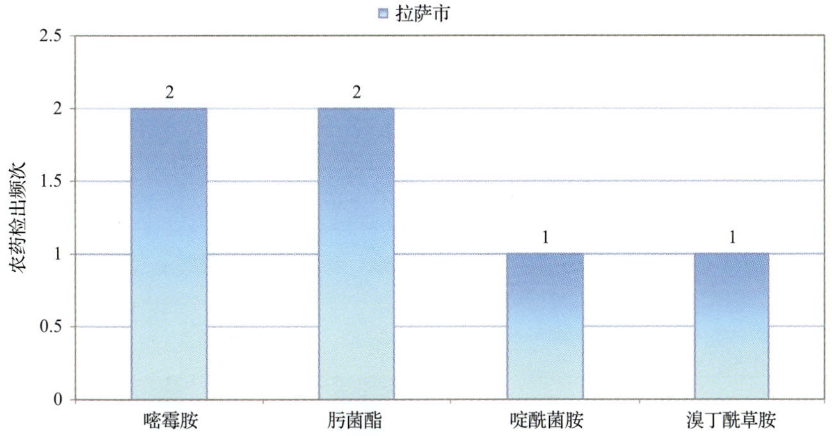

图 19-25　葡萄样品检出农药品种和频次分析

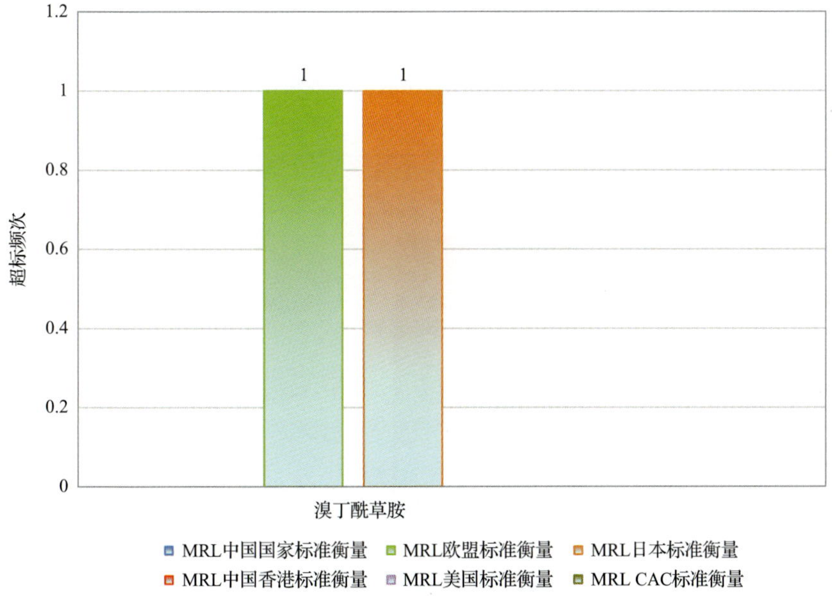

图 19-26　葡萄样品中超标农药分析

表 19-21　葡萄中农药残留超标情况明细表

样品总数			检出农药样品数	样品检出率(%)	检出农药品种总数
5			3	60	4
	超标农药品种	超标农药频次	按照 MRL 中国国家标准、欧盟标准和日本标准衡量超标农药名称及频次		
中国国家标准	0	0			
欧盟标准	1	1	溴丁酰草胺(1)		
日本标准	1	1	溴丁酰草胺(1)		

19.3.3.3　苹果

这次共检测 5 例苹果样品，3 例样品中检出了农药残留，检出率为 60.0%，检出农药共计 3 种。其中毒死蜱、除虫菊素 I 和联苯检出频次较高，分别检出了 2、1 和 1 次。苹果中农药检出品种和频次见图 19-27，超标农药见图 19-28 和表 19-22。

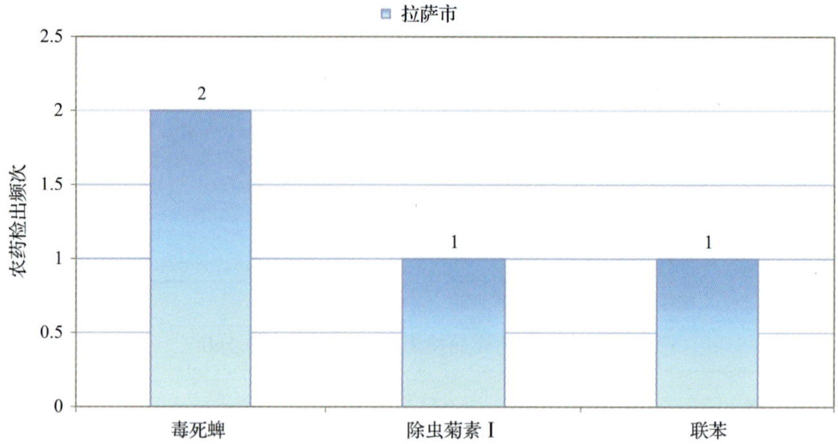

图 19-27　苹果样品检出农药品种和频次分析

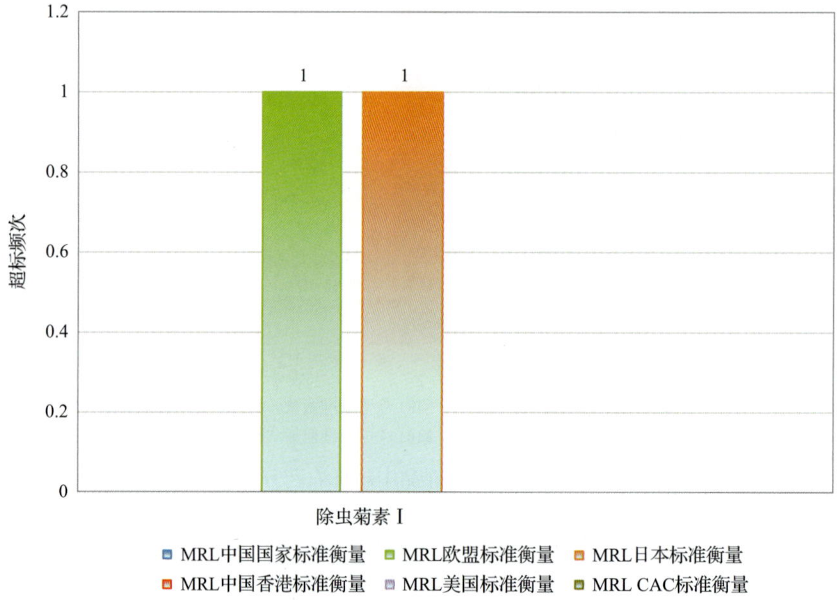

图 19-28　苹果样品中超标农药分析

表 19-22　苹果中农药残留超标情况明细表

样品总数			检出农药样品数	样品检出率(%)	检出农药品种总数
5			3	60	3
	超标农药品种	超标农药频次	按照 MRL 中国国家标准、欧盟标准和日本标准衡量超标农药名称及频次		
中国国家标准	0	0			
欧盟标准	1	1	除虫菊素 I (1)		
日本标准	1	1	除虫菊素 I (1)		

19.4　蔬菜中农药残留分布

19.4.1　检出农药品种和频次排前 10 的蔬菜

本次残留侦测的蔬菜共 12 种，包括黄瓜、韭菜、番茄、辣椒、青花菜、萝卜、茄子、生菜、冬瓜、菜豆、莴笋和蒜薹。

根据检出农药品种及频次进行排名，将各项排名前 10 的蔬菜样品检出情况列表说明，详见表 19-23。

表 19-23　检出农药品种和频次排名前 10 的蔬菜

检出农药品种排名前 10(品种)	①蒜薹(11),②番茄(9),③黄瓜(8),④辣椒(8),⑤韭菜(6),⑥冬瓜(5),⑦萝卜(4),⑧茄子(4),⑨菜豆(3),⑩青花菜(3)
检出农药频次排名前 10(频次)	①番茄(15),②黄瓜(14),③辣椒(14),④蒜薹(13),⑤韭菜(8),⑥菜豆(6),⑦冬瓜(6),⑧青花菜(6),⑨萝卜(5),⑩茄子(5)
检出禁用、高毒及剧毒农药品种排名前 10(品种)	①冬瓜(1),②韭菜(1),③萝卜(1)
检出禁用、高毒及剧毒农药频次排名前 10(频次)	①冬瓜(1),②韭菜(1),③萝卜(1)

19.4.2　超标农药品种和频次排前 10 的蔬菜

鉴于 MRL 欧盟标准和日本标准制定比较全面且覆盖率较高，我们参照 MRL 中国国家标准、欧盟标准和日本标准衡量蔬菜样品中农残检出情况，将超标农药品种及频次排名前 10 的蔬菜列表说明，详见表 19-24。

表 19-24　超标农药品种和频次排名前 10 的蔬菜

超标农药品种排名前 10(农药品种数)	MRL 中国国家标准	①韭菜(1)
	MRL 欧盟标准	①辣椒(5),②蒜薹(5),③韭菜(4),④萝卜(3),⑤菜豆(2),⑥冬瓜(2),⑦番茄(2),⑧青花菜(2),⑨黄瓜(1),⑩茄子(1)
	MRL 日本标准	①蒜薹(6),②韭菜(4),③辣椒(4),④菜豆(3),⑤萝卜(3),⑥番茄(2),⑦青花菜(2),⑧冬瓜(1),⑨黄瓜(1),⑩茄子(1)
超标农药频次排名前 10(农药频次数)	MRL 中国国家标准	①韭菜(2)
	MRL 欧盟标准	①辣椒(6),②菜豆(5),③番茄(5),④韭菜(5),⑤蒜薹(5),⑥萝卜(3),⑦青花菜(3),⑧冬瓜(2),⑨莴笋(2),⑩黄瓜(1)
	MRL 日本标准	①菜豆(6),②韭菜(6),③蒜薹(6),④辣椒(5),⑤萝卜(3),⑥青花菜(3),⑦番茄(2),⑧莴笋(2),⑨冬瓜(1),⑩黄瓜(1)

通过对各品种蔬菜样本总数及检出率进行综合分析发现，蒜薹、番茄和辣椒的残留污染最为严重，在此，我们参照 MRL 中国国家标准、欧盟标准和日本标准对这 3 种蔬菜的农残检出情况进行进一步分析。

19.4.3　农药残留检出率较高的蔬菜样品分析

19.4.3.1　蒜薹

这次共检测 5 例蒜薹样品，4 例样品中检出了农药残留，检出率为 80.0%，检出农药共计 11 种。其中 3,5-二氯苯胺、腐霉利、γ-氟氯氰菌酯、啶酰菌胺和毒死蜱检出频次较高，分别检出了 2、2、1、1 和 1 次。蒜薹中农药检出品种和频次见图 19-29，超标农药见图 19-30 和表 19-25。

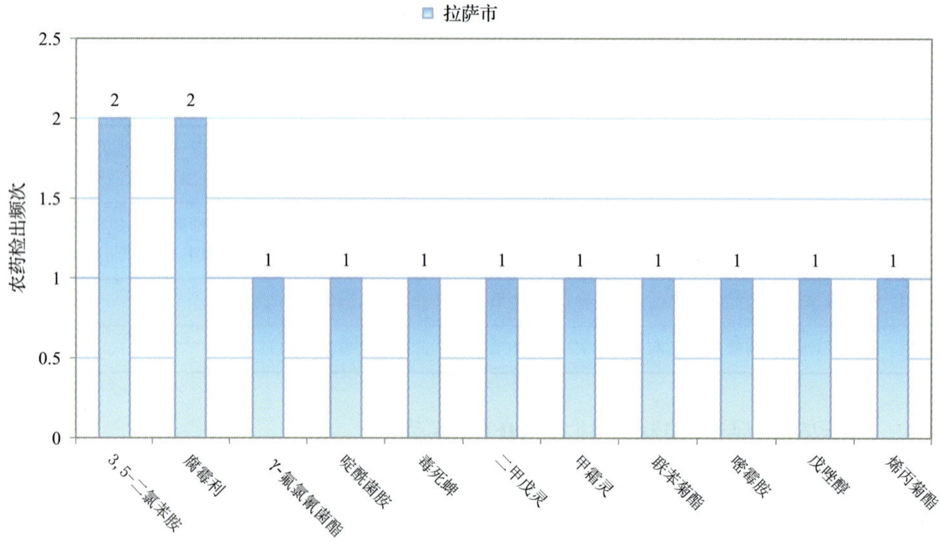

图 19-29　蒜薹样品检出农药品种和频次分析

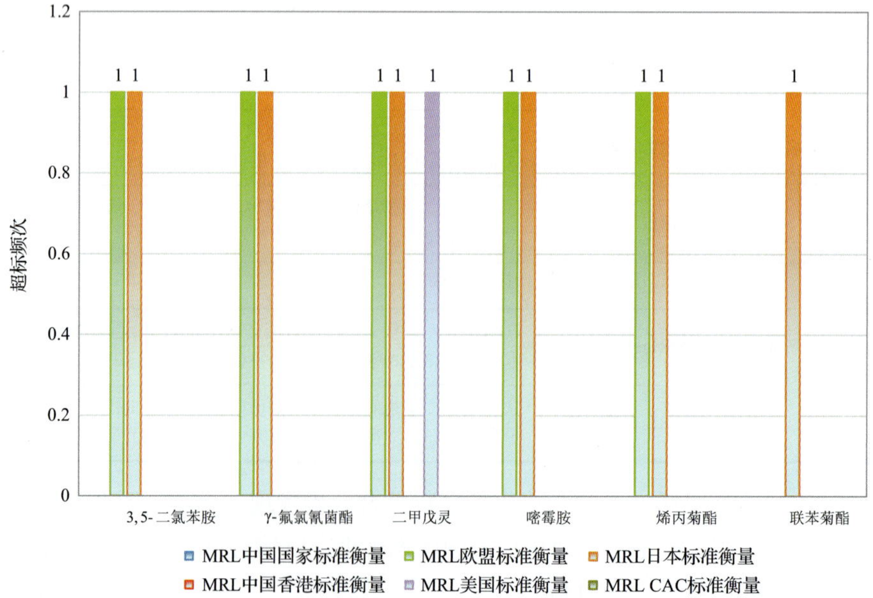

图 19-30　蒜薹样品中超标农药分析

表 19-25　蒜薹中农药残留超标情况明细表

样品总数			检出农药样品数	样品检出率(%)	检出农药品种总数
5			4	80	11
	超标农药品种	超标农药频次	按照 MRL 中国国家标准、欧盟标准和日本标准衡量超标农药名称及频次		
中国国家标准	0	0			
欧盟标准	5	5	3,5-二氯苯胺(1), γ-氟氯氰菌酯(1), 二甲戊灵(1), 嘧霉胺(1), 烯丙菊酯(1)		
日本标准	6	6	3,5-二氯苯胺(1), γ-氟氯氰菌酯(1), 二甲戊灵(1), 联苯菊酯(1), 嘧霉胺(1), 烯丙菊酯(1)		

19.4.3.2　番茄

这次共检测 5 例番茄样品，全部检出了农药残留，检出率为 100.0%，检出农药共计 9 种。其中腐霉利、啶酰菌胺、嘧霉胺、乙霉威和 γ-氟氯氰菌酯检出频次较高，分别检出了 4、2、2、2 和 1 次。番茄中农药检出品种和频次见图 19-31，超标农药见图 19-32 和表 19-26。

19.4.3.3　辣椒

这次共检测 4 例辣椒样品，全部检出了农药残留，检出率为 100.0%，检出农药共计 8 种。其中威杀灵、毒死蜱、联苯、戊唑醇和 γ-氟氯氰菌酯检出频次较高，分别检出了 4、2、2、2 和 1 次。辣椒中农药检出品种和频次见图 19-33，超标农药见图 19-34 和表 19-27。

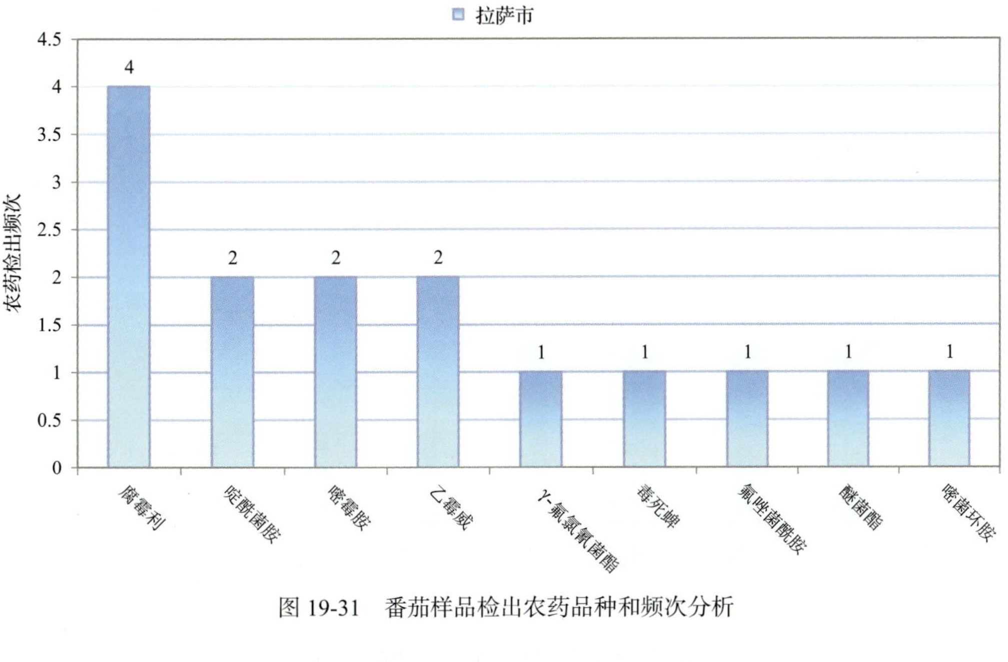

图 19-31　番茄样品检出农药品种和频次分析

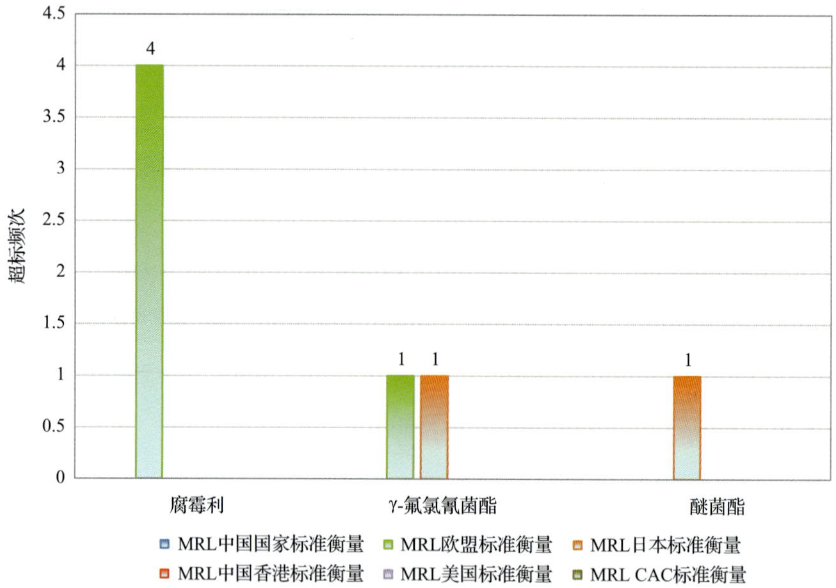

图 19-32　番茄样品中超标农药分析

表 19-26　番茄中农药残留超标情况明细表

样品总数	检出农药样品数	样品检出率(%)	检出农药品种总数
5	5	100	9
	超标农药品种	超标农药频次	按照 MRL 中国国家标准、欧盟标准和日本标准衡量超标农药名称及频次
中国国家标准	0	0	
欧盟标准	2	5	腐霉利(4), γ-氟氯氰菌酯(1)
日本标准	2	2	γ-氟氯氰菌酯(1), 醚菌酯(1)

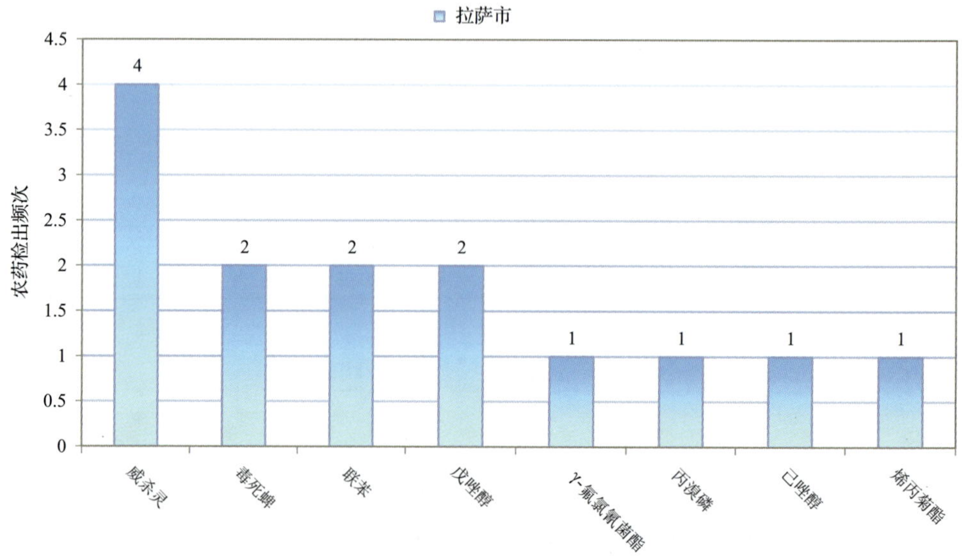

图 19-33　辣椒样品检出农药品种和频次分析

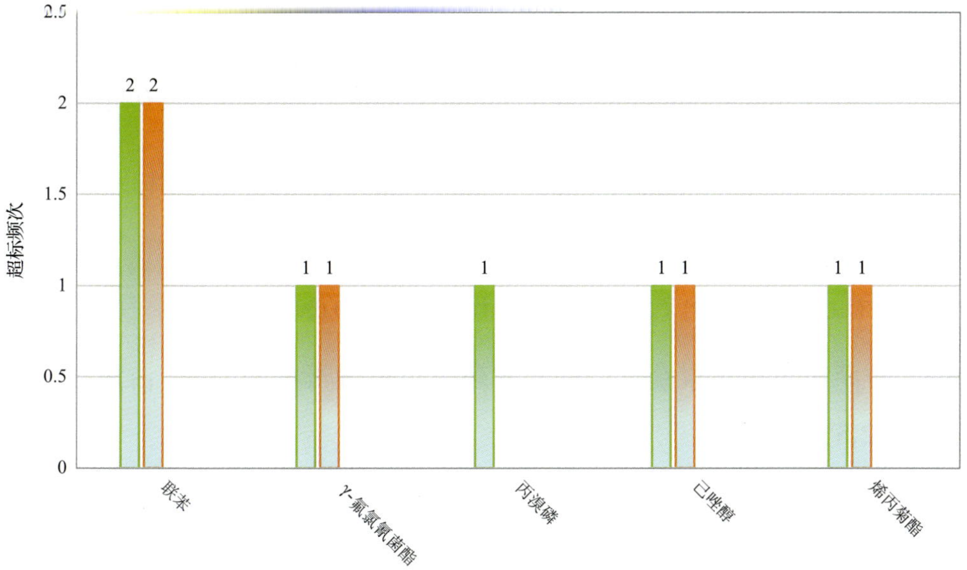

图 19-34　辣椒样品中超标农药分析

表 19-27　辣椒中农药残留超标情况明细表

样品总数			检出农药样品数	样品检出率(%)	检出农药品种总数
4			4	100	8
	超标农药品种	超标农药频次	按照 MRL 中国国家标准、欧盟标准和日本标准衡量超标农药名称及频次		
中国国家标准	0	0			
欧盟标准	5	6	联苯(2), γ-氟氯氰菌酯(1), 丙溴磷(1), 己唑醇(1), 烯丙菊酯(1)		
日本标准	4	5	联苯(2), γ-氟氯氰菌酯(1), 己唑醇(1), 烯丙菊酯(1)		

19.5　初 步 结 论

19.5.1　拉萨市市售水果蔬菜按 MRL 中国国家标准和国际主要 MRL 标准衡量的合格率

本次侦测的 102 例样品中，40 例样品未检出任何残留农药，占样品总量的 39.2%，62 例样品检出不同水平、不同种类的残留农药，占样品总量的 60.8%。在这 62 例检出农药残留的样品中：

按照 MRL 中国国家标准衡量，有 60 例样品检出残留农药但含量没有超标，占样品总数的 58.8%，有 2 例样品检出了超标农药，占样品总数的 2.0%。

按照 MRL 欧盟标准衡量，有 22 例样品检出残留农药但含量没有超标，占样品总数的 21.6%，有 40 例样品检出了超标农药，占样品总数的 39.2%。

按照 MRL 日本标准衡量，有 26 例样品检出残留农药但含量没有超标，占样品总数的 25.5%，有 36 例样品检出了超标农药，占样品总数的 35.3%。

按照 MRL 中国香港标准衡量，有 62 例样品检出残留农药但含量没有超标，占样品总数的 60.8%，有 0 例样品检出了超标农药，占样品总数的 0.0%。

按照 MRL 美国标准衡量，有 61 例样品检出残留农药但含量没有超标，占样品总数的 59.8%，有 1 例样品检出了超标农药，占样品总数的 1.0%。

按照 MRL CAC 标准衡量，有 62 例样品检出残留农药但含量没有超标，占样品总数的 60.8%，有 0 例样品检出了超标农药，占样品总数的 0.0%。

19.5.2　拉萨市市售水果蔬菜中检出农药以中低微毒农药为主，占市场主体的 92.5%

这次侦测的 102 例样品包括食用菌 2 种 7 例，水果 9 种 41 例，蔬菜 12 种 54 例，共检出了 40 种农药，检出农药的毒性以中低微毒为主，详见表 19-28。

表 19-28　市场主体农药毒性分布

毒性	检出品种	占比(%)	检出频次	占比(%)
高毒农药	3	7.5	3	2.2
中毒农药	15	37.5	54	38.8
低毒农药	12	30.0	48	34.5
微毒农药	10	25.0	34	24.5
中低微毒农药，品种占比 92.5%，频次占比 97.8%				

19.5.3　检出剧毒、高毒和禁用农药现象应该警醒

在此次侦测的 102 例样品中有 3 种蔬菜的 4 例样品检出了 4 种 4 频次的剧毒和高毒或禁用农药，占样品总量的 3.9%。其中高毒农药敌敌畏、克百威和水胺硫磷检出频次较高。

剧毒、高毒或禁用农药的检出情况及按照 MRL 中国国家标准衡量的超标情况见表 19-29。

表 19-29　剧毒、高毒或禁用农药的检出及超标明细

序号	农药名称	样品名称	检出频次	超标频次	最大超标倍数	超标率
1.1	克百威◊▲	冬瓜	1	0	0	0.0%
2.1	敌敌畏◊	韭菜	1	0	0	0.0%
3.1	水胺硫磷◊▲	香菇	1	0	0	0.0%
4.1	硫丹▲	萝卜	1	0	0	0.0%
合计			4	0		0.0%

注：超标倍数参照 MRL 中国国家标准衡量

这些超标的剧毒和高毒农药都是中国政府早有规定禁止在水果蔬菜中使用的，为什

么还屡次被检出，应该引起警惕。

19.5.4　残留限量标准与先进国家或地区标准差距较大

139 频次的检出结果与我国公布的《食品中农药最大残留限量》(GB 2763—2014)对比，有 35 频次能找到对应的 MRL 中国国家标准，占 25.2%；还有 104 频次的侦测数据无相关 MRL 标准供参考，占 74.8%。

与国际上现行 MRL 标准对比发现：

有 139 频次能找到对应的 MRL 欧盟标准，占 100.0%；

有 139 频次能找到对应的 MRL 日本标准，占 100.0%；

有 57 频次能找到对应的 MRL 中国香港标准，占 41.0%；

有 52 频次能找到对应的 MRL 美国标准，占 37.4%；

有 26 频次能找到对应的 MRL CAC 标准，占 18.7%。

由上可见，MRL 中国国家标准与先进国家或地区标准还有很大差距，我们无标准，境外有标准，这就会导致我们在国际贸易中，处于受制于人的被动地位。

19.5.5　水果蔬菜单种样品检出 3~11 种农药残留，拷问农药使用的科学性

通过此次监测发现，枣、葡萄和苹果是检出农药品种最多的 3 种水果，蒜薹、番茄和黄瓜是检出农药品种最多的 3 种蔬菜，从中检出农药品种及频次详见表 19-30。

表 19-30　单种样品检出农药品种及频次

样品名称	样品总数	检出农药样品数	检出率	检出农药品种数	检出农药(频次)
蒜薹	5	4	80.0%	11	3,5-二氯苯胺(2)，腐霉利(2)，γ-氟氯氰菌酯(1)，啶酰菌胺(1)，毒死蜱(1)，二甲戊灵(1)，甲霜灵(1)，联苯菊酯(1)，嘧霉胺(1)，戊唑醇(1)，烯丙菊酯(1)
番茄	5	5	100.0%	9	腐霉利(4)，啶酰菌胺(2)，嘧霉胺(2)，乙霉威(2)，γ-氟氯氰菌酯(1)，毒死蜱(1)，氟唑菌酰胺(1)，醚菌酯(1)，嘧菌环胺(1)
黄瓜	5	4	80.0%	8	嘧霉胺(4)，腐霉利(3)，甲霜灵(2)，啶酰菌胺(1)，氟吡菌酰胺(1)，联苯(1)，嘧菌环胺(1)，仲丁威(1)
枣	5	5	100.0%	10	γ-氟氯氰菌酯(4)，戊唑醇(4)，联苯菊酯(3)，嘧菌酯(3)，哒螨灵(1)，毒死蜱(1)，氟硅唑(1)，己唑醇(1)，螺螨酯(1)，醚菌酯(1)
葡萄	5	3	60.0%	4	嘧霉胺(2)，肟菌酯(2)，啶酰菌胺(1)，溴丁酰草胺(1)
苹果	5	3	60.0%	3	毒死蜱(2)，除虫菊素 I (1)，联苯(1)

上述 6 种水果蔬菜，检出农药 3～11 种，是多种农药综合防治，还是未严格实施农业良好管理规范(GAP)，亦或根本就是乱施药，值得我们思考。

第 20 章　GC-Q-TOF/MS 侦测拉萨市市售水果蔬菜农药残留膳食暴露风险与预警风险评估

20.1　农药残留风险评估方法

20.1.1　拉萨市农药残留侦测数据分析与统计

庞国芳院士科研团队建立的农药残留高通量侦测技术以高分辨精确质量数(0.0001 *m/z* 为基准)为识别标准，采用 GC-Q-TOF/MS 技术对 507 种农药化学污染物进行侦测。

科研团队于 2017 年 11 月在拉萨市所属 2 个区县的 5 个采样点，随机采集了 102 例水果蔬菜样品，采样点分布在超市和农贸市场，具体位置如图 20-1 所示，各月内水果蔬菜样品采集数量如表 20-1 所示。

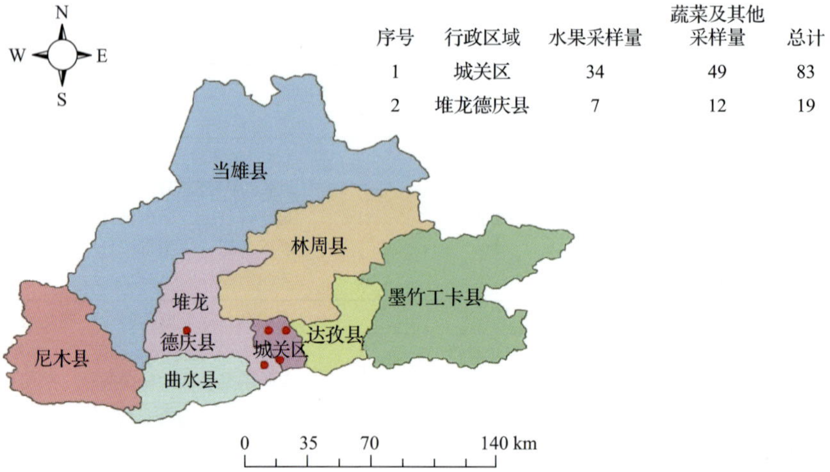

图 20-1　GC-Q-TOF/MS 侦测拉萨市 5 个采样点 102 例样品分布示意图

表 20-1　拉萨市各月内采集水果蔬菜样品数列表

时间	样品数(例)
2017 年 11 月	102

利用 GC-Q-TOF/MS 技术对 102 例样品中的农药进行侦测，侦测出残留农药 40 种，139 频次。侦测出农药残留水平如表 20-2 和图 20-2 所示。检出频次最高的前 10 种农药如表 20-3 所示。从检测结果中可以看出，在水果蔬菜中农药残留普遍存在，且有些水果

蔬菜存在高浓度的农药残留，这些可能存在膳食暴露风险，对人体健康产生危害，因此，为了定量地评价水果蔬菜中农药残留的风险程度，有必要对其进行风险评价。

表 20-2　侦测出农药的不同残留水平及其所占比例列表

残留水平(μg/kg)	检出频次	占比(%)
1 ~ 5(含)	30	21.6
5 ~ 10(含)	16	11.5
10 ~ 100(含)	70	50.4
100 ~ 1000(含)	22	15.8
>1000	1	0.7
合计	139	100

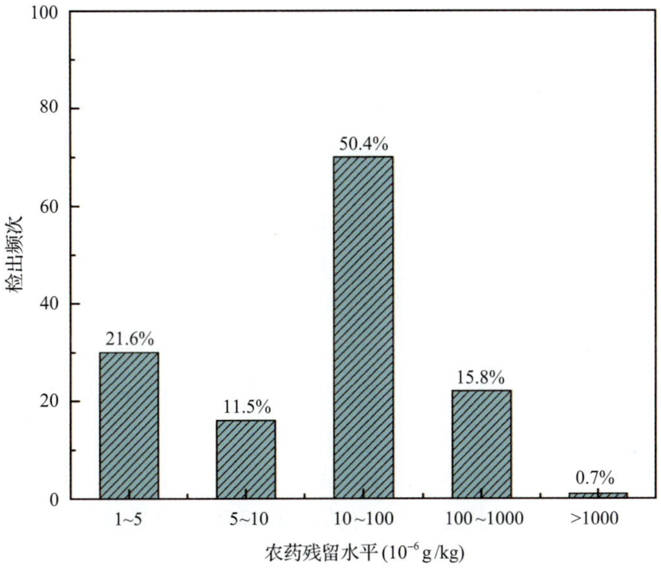

图 20-2　残留农药侦测出浓度频数分布图

表 20-3　检出频次最高的前 10 种农药列表

序号	农药	检出频次
1	毒死蜱	14
2	腐霉利	13
3	嘧霉胺	12
4	联苯	11
5	威杀灵	11
6	γ-氟氯氰菌酯	8
7	戊唑醇	8
8	啶酰菌胺	7
9	烯丙菊酯	6
10	联苯菊酯	5

20.1.2　农药残留风险评价模型

对拉萨市水果蔬菜中农药残留分别开展暴露风险评估和预警风险评估。膳食暴露风险评估利用食品安全指数模型对水果蔬菜中的残留农药对人体可能产生的危害程度进行评价，该模型结合残留监测和膳食暴露评估评价化学污染物的危害；预警风险评价模型运用风险系数(risk index，*R*)，风险系数综合考虑了危害物的超标率、施检频率及其本身敏感性的影响，能直观而全面地反映出危害物在一段时间内的风险程度。

20.1.2.1　食品安全指数模型

为了加强食品安全管理，《中华人民共和国食品安全法》第二章第十七条规定“国家建立食品安全风险评估制度，运用科学方法，根据食品安全风险监测信息、科学数据以及有关信息，对食品、食品添加剂、食品相关产品中生物性、化学性和物理性危害因素进行风险评估”[1]，膳食暴露评估是食品危险度评估的重要组成部分，也是膳食安全性的衡量标准[2]。国际上最早研究膳食暴露风险评估的机构主要是 JMPR(FAO、WHO 农药残留联合会议)，该组织自 1995 年就已制定了急性毒性物质的风险评估急性毒性农药残留摄入量的预测。1960 年美国规定食品中不得加入致癌物质进而提出零阈值理论，渐渐零阈值理论发展成在一定概率条件下可接受风险的概念[3]，后衍变为食品中每日允许最大摄入量(ADI)，而国际食品农药残留法典委员会(CCPR)认为 ADI 不是独立风险评估的唯一标准[4]，1995 年 JMPR 开始研究农药急性膳食暴露风险评估，并对食品国际短期摄入量的计算方法进行了修正，亦对膳食暴露评估准则及评估方法进行了修正[5]，2002 年，在对世界上现行的食品安全评价方法，尤其是国际公认的 CAC 的评价方法、全球环境监测系统/食品污染监测和评估规划(WHO GEMS/Food)及 FAO、WHO 食品添加剂联合专家委员会(JECFA)和 JMPR 对食品安全风险评估工作研究的基础之上，检验检疫食品安全管理的研究人员提出了结合残留监控和膳食暴露评估，以食品安全指数 IFS 计算食品中各种化学污染物对消费者的健康危害程度[6]。IFS 是表示食品安全状态的新方法，可有效地评价某种农药的安全性，进而评价食品中各种农药化学污染物对消费者健康的整体危害程度[7,8]。从理论上分析，IFS_c 可指出食品中的污染物 c 对消费者健康是否存在危害及危害的程度[9]。其优点在于操作简单且结果容易被接受和理解，不需要大量的数据来对结果进行验证，使用默认的标准假设或者模型即可[10,11]。

1) IFS_c 的计算

IFS_c 计算公式如下：

$$IFS_c=\frac{EDI_c\times f}{SI_c\times bw} \tag{20-1}$$

式中，c 为所研究的农药；EDI_c 为农药 c 的实际日摄入量估算值，等于 $\sum(R_i\times F_i\times E_i\times P_i)$（$i$ 为食品种类；R_i 为食品 i 中农药 c 的残留水平，mg/kg；F_i 为食品 i 的估计日消费量，g/(人·天)；E_i 为食品 i 的可食用部分因子；P_i 为食品 i 的加工处理因子）；SI_c 为安全摄入量，可采用每日允许最大摄入量 ADI；bw 为人平均体重，kg；f 为校正因子，如果安全摄入量采用 ADI，则 f 取 1。

$IFS_c \ll 1$，农药 c 对食品安全没有影响；$IFS_c \leq 1$，农药 c 对食品安全的影响可以接受；$IFS_c>1$，农药 c 对食品安全的影响不可接受。

本次评价中：

$IFS_c \leq 0.1$，农药 c 对水果蔬菜安全没有影响；

$0.1<IFS_c \leq 1$，农药 c 对水果蔬菜安全的影响可以接受；

$IFS_c>1$，农药 c 对水果蔬菜安全的影响不可接受。

本次评价中残留水平 R_i 取值为中国检验检疫科学研究院庞国芳院士课题组利用以高分辨精确质量数(0.0001 m/z)为基准的 GC-Q-TOF/MS 侦测技术于 2017 年 11 月对拉萨市水果蔬菜农药残留的侦测结果，估计日消费量 F_i 取值 0.38 kg/(人·天)，E_i=1，P_i=1，f=1，SI_c 采用《食品安全国家标准　食品中农药最大残留限量》(GB 2763—2016)中 ADI 值(具体数值见表 20-4)，人平均体重(bw)取值 60 kg。

表 20-4　拉萨市水果蔬菜中侦测出农药的 ADI 值

序号	农药	ADI	序号	农药	ADI	序号	农药	ADI
1	克百威	0.001	15	百菌清	0.02	29	醚菌酯	0.4
2	水胺硫磷	0.003	16	丙溴磷	0.03	30	3,5-二氯苯胺	—
3	敌敌畏	0.004	17	二甲戊灵	0.03	31	γ-氟氯氰菌酯	—
4	乙霉威	0.004	18	腈菌唑	0.03	32	除虫菊素 I	—
5	己唑醇	0.005	19	嘧菌环胺	0.03	33	氟唑菌酰胺	—
6	硫丹	0.006	20	戊唑醇	0.03	34	联苯	—
7	氟硅唑	0.007	21	啶酰菌胺	0.04	35	邻苯二甲酰亚胺	—
8	哒螨灵	0.01	22	肟菌酯	0.04	36	威杀灵	—
9	毒死蜱	0.01	23	仲丁威	0.06	37	五氯苯胺	—
10	氟吡菌酰胺	0.01	24	甲霜灵	0.08	38	烯丙菊酯	—
11	联苯菊酯	0.01	25	多效唑	0.1	39	烯虫酯	—
12	螺螨酯	0.01	26	腐霉利	0.1	40	溴丁酰草胺	—
13	炔螨特	0.01	27	嘧菌酯	0.2			
14	五氯硝基苯	0.01	28	嘧霉胺	0.2			

注："—"表示为国家标准中无 ADI 值规定；ADI 值单位为 mg/kgbw

2) 计算 IFS_c 的平均值 $\overline{IFS}$，评价农药对食品安全的影响程度

以 $\overline{IFS}$ 评价各种农药对人体健康危害的总程度，评价模型见式(20-2)。

$$\overline{IFS} = \frac{\sum_{i=1}^{n} IFS_c}{n} \tag{20-2}$$

$\overline{IFS} \ll 1$，所研究消费者人群的食品安全状态很好；$\overline{IFS} \leq 1$，所研究消费者人群的

食品安全状态可以接受；$\overline{\text{IFS}}$>1，所研究消费者人群的食品安全状态不可接受。

本次评价中：

$\overline{\text{IFS}}$≤0.1，所研究消费者人群的水果蔬菜安全状态很好；

0.1<$\overline{\text{IFS}}$≤1，所研究消费者人群的水果蔬菜安全状态可以接受；

$\overline{\text{IFS}}$>1，所研究消费者人群的水果蔬菜安全状态不可接受。

20.1.2.2　预警风险评估模型

2003 年，我国检验检疫食品安全管理的研究人员根据 WTO 的有关原则和我国的具体规定，结合危害物本身的敏感性、风险程度及其相应的施检频率，首次提出了食品中危害物风险系数 *R* 的概念[12]。*R* 是衡量一个危害物的风险程度大小最直观的参数，即在一定时期内其超标率或阳性检出率的高低，但受其施检频率的高低及其本身的敏感性（受关注程度）影响。该模型综合考察了农药在蔬菜中的超标率、施检频率及其本身敏感性，能直观而全面地反映出农药在一段时间内的风险程度[13]。

1）*R* 计算方法

危害物的风险系数综合考虑了危害物的超标率或阳性检出率、施检频率和其本身的敏感性影响，并能直观而全面地反映出危害物在一段时间内的风险程度。风险系数 *R* 的计算公式如式（20-3）：

$$R = aP + \frac{b}{F} + S \tag{20-3}$$

式中，*P* 为该种危害物的超标率；*F* 为危害物的施检频率；*S* 为危害物的敏感因子；*a*，*b* 分别为相应的权重系数。

本次评价中 *F*=1；*S*=1；*a*=100；*b*=0.1，对参数 *P* 进行计算，计算时首先判断是否为禁用农药，如果为非禁用农药，*P*=超标的样品数（侦测出的含量高于食品最大残留限量标准值，即 MRL）除以总样品数（包括超标、不超标、未侦测出）；如果为禁用农药，则侦测出即为超标，*P*=能侦测出的样品数除以总样品数。判断拉萨市水果蔬菜农药残留是否超标的标准限值 MRL 分别以 MRL 中国国家标准[14]和 MRL 欧盟标准作为对照，具体值列于本报告附表一中。

2）评价风险程度

R≤1.5，受检农药处于低度风险；

1.5<R≤2.5，受检农药处于中度风险；

R>2.5，受检农药处于高度风险。

20.1.2.3　食品膳食暴露风险和预警风险评估应用程序的开发

1）应用程序开发的步骤

为成功开发膳食暴露风险和预警风险评估应用程序，与软件工程师多次沟通讨论，逐步提出并描述清楚计算需求，开发了初步应用程序。为明确出不同水果蔬菜、不同农药、不同地域和不同季节的风险水平，向软件工程师提出不同的计算需求，软件工程师对计算需求进行逐一地分析，经过反复的细节沟通，需求分析得到明确后，开始进行解决方案的设计，在保证需求的完整性、一致性的前提下，编写出程序代码，最后设计出满足需求的风险评估专用计算软件，并通过一系列的软件测试和改进，完成专用程序的开发。软件开发基本步骤见图 20-3。

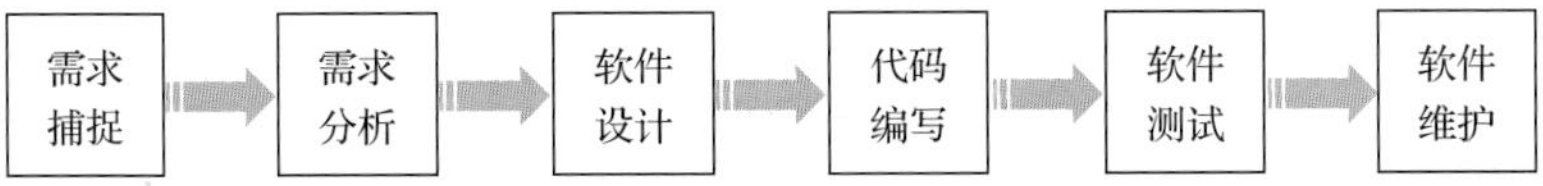

图 20-3　专用程序开发总体步骤

2) 膳食暴露风险评估专业程序开发的基本要求

首先直接利用公式(20-1)，分别计算 LC-Q-TOF/MS 和 GC-Q-TOF/MS 仪器侦测出的各水果蔬菜样品中每种农药 IFS_c，将结果列出。为考察超标农药和禁用农药的使用安全性，分别以我国《食品安全国家标准　食品中农药最大残留限量》(GB 2763—2016) 和欧盟食品中农药最大残留限量(以下简称 MRL 中国国家标准和 MRL 欧盟标准) 为标准，对侦测出的禁用农药和超标的非禁用农药 IFS_c 单独进行评价；按 IFS_c 大小列表，并找出 IFS_c 值排名前 20 的样本重点关注。

对不同水果蔬菜 i 中每一种侦测出的农药 c 的安全指数进行计算，多个样品时求平均值。若监测数据为该市多个月的数据，则逐月、逐季度分别列出每个月、每个季度内每一种水果蔬菜 i 对应的每一种农药 c 的 IFS_c。

按农药种类，计算整个监测时间段内每种农药的 IFS_c，不区分水果蔬菜。若检测数据为该市多个月的数据，则需分别计算每个月、每个季度内每种农药的 IFS_c。

3) 预警风险评估专业程序开发的基本要求

分别以 MRL 中国国家标准和 MRL 欧盟标准，按公式(20-3)逐个计算不同水果蔬菜、不同农药的风险系数，禁用农药和非禁用农药分别列表。

为清楚了解各种农药的预警风险，不分时间，不分水果蔬菜，按禁用农药和非禁用农药分类，分别计算各种侦测出农药全部检测时段内风险系数。由于有 MRL 中国国家标准的农药种类太少，无法计算超标数，非禁用农药的风险系数只以 MRL 欧盟标准为标准，进行计算。若检测数据为多个月的，则按月计算每个月、每个季度内每种禁用农药残留的风险系数和以 MRL 欧盟标准为标准的非禁用农药残留的风险系数。

4) 风险程度评价专业应用程序的开发方法

采用 Python 计算机程序设计语言，Python 是一个高层次地结合了解释性、编译性、互动性和面向对象的脚本语言。风险评价专用程序主要功能包括：分别读入每例样品 LC-Q-TOF/MS 和 GC-Q-TOF/MS 农药残留检测数据，根据风险评价工作要求，依次对不同农药、不同食品、不同时间、不同采样点的 IFS_c 值和 R 值分别进行数据计算，筛选出禁用农药、超标农药(分别与 MRL 中国国家标准、MRL 欧盟标准限值进行对比)单独重点分析，再分别对各农药、各水果蔬菜种类分类处理，设计出计算和排序程序，编写计算机代码，最后将生成的膳食暴露风险评估和超标风险评估定量计算结果列入设计好的各个表格中，并定性判断风险对目标的影响程度，直接用文字描述风险发生的高低，如“不可接受”、“可以接受”、“没有影响”、“高度风险”、“中度风险”、“低度风险”。

20.2 GC-Q-TOF/MS侦测拉萨市市售水果蔬菜农药残留膳食暴露风险评估

20.2.1 每例水果蔬菜样品中农药残留安全指数分析

基于2017年11月农药残留侦测数据，发现在102例样品中侦测出农药139频次，计算样品中每种残留农药的安全指数 IFS_c，并分析农药对样品安全的影响程度，结果详见附表二，农药残留对水果蔬菜样品安全的影响程度频次分布情况如图20-4所示。

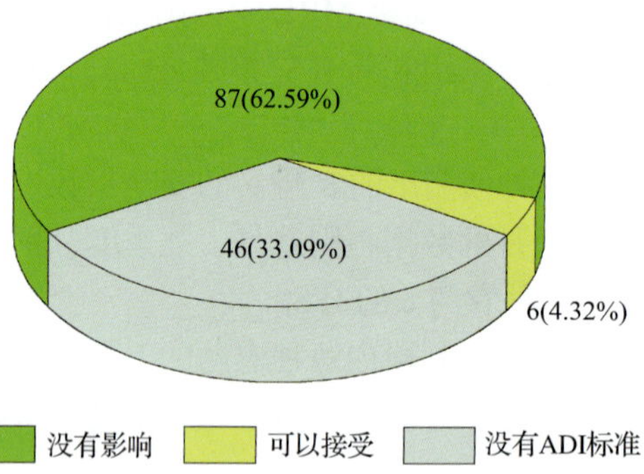

图20-4 农药残留对水果蔬菜样品安全的影响程度频次分布图

由图20-4可以看出，农药残留对样品安全的影响可以接受的频次为6，占4.32%；农药残留对样品安全的没有影响的频次为87，占62.59%。表20-5为水果蔬菜样品中安全指数排名前10的残留农药列表。

部分样品侦测出禁用农药3种3频次，为了明确残留的禁用农药对样品安全的影响，分析侦测出禁用农药残留的样品安全指数，禁用农药残留对水果蔬菜样品安全的影响程度频次分布情况如图20-5所示，农药残留对样品安全的影响可以接受的频次为1，占33.33%；农药残留对样品安全没有影响的频次为2，占66.67%。表20-6列出了水果蔬菜样品中侦测出的禁用农药残留安全指数表。

此外，本次侦测发现部分样品中非禁用农药残留量超过了MRL中国国家标准和欧盟标准，为了明确超标的非禁用农药对样品安全的影响，分析了非禁用农药残留超标的样品安全指数。

水果蔬菜残留量超过MRL中国国家标准的非禁用农药对水果蔬菜样品安全的影响程度均为可以接受。表20-7为水果蔬菜样品中侦测出的非禁用农药残留安全指数表。

表 20-5　水果蔬菜样品中安全指数排名前 10 的残留农药列表

序号	样品编号	采样点	基质	农药	含量(mg/kg)	IFS_c	影响程度
1	20171113-540100-CAIQ-JC-05A	***超市(雪新村店)	韭菜	毒死蜱	1.5000	0.9500	可以接受
2	20171113-540100-CAIQ-MS-05A	***超市(雪新村店)	香菇	水胺硫磷	0.2299	0.4853	可以接受
3	20171109-540100-CAIQ-JC-01A	***超市(西郊店)	韭菜	毒死蜱	0.6753	0.4277	可以接受
4	20171113-540100-CAIQ-LJ-05A	***超市(雪新村店)	辣椒	己唑醇	0.1428	0.1809	可以接受
5	20171113-540100-CAIQ-JC-05A	***超市(雪新村店)	韭菜	敌敌畏	0.0958	0.1517	可以接受
6	20171111-540100-CAIQ-EP-02A	***广场(城关区店)	茄子	炔螨特	0.2302	0.1458	可以接受
7	20171111-540100-CAIQ-JU-02A	***广场(城关区店)	枣	联苯菊酯	0.0983	0.0623	没有影响
8	20171109-540100-CAIQ-DG-01A	***超市(西郊店)	冬瓜	克百威	0.0095	0.0602	没有影响
9	20171111-540100-CAIQ-JU-04A	***农产品批发市场	枣	戊唑醇	0.2646	0.0559	没有影响
10	20171111-540100-CAIQ-JU-03A	***农贸市场	枣	螺螨酯	0.0829	0.0525	没有影响

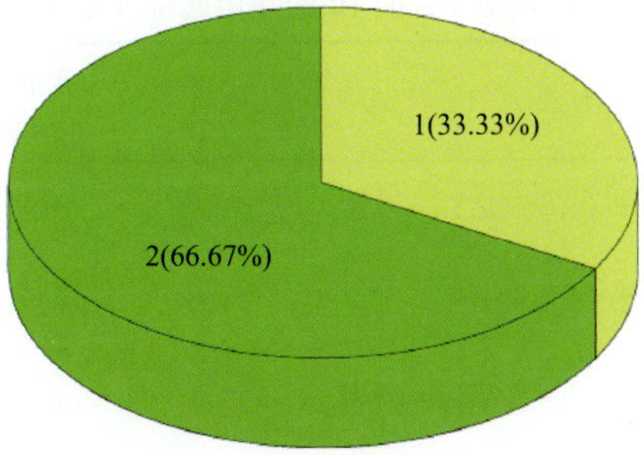

图 20-5　禁用农药对水果蔬菜样品安全影响程度的频次分布图

表 20-6　水果蔬菜样品中侦测出的禁用农药残留的安全指数表

序号	样品编号	采样点	基质	农药	含量(mg/kg)	IFS_c
1	20171113-540100-CAIQ-MS-05A	***超市(雪新村店)	香菇	水胺硫磷	0.2299	0.485344
2	20171109-540100-CAIQ-DG-01A	***超市(西郊店)	冬瓜	克百威	0.0095	0.060167
3	20171111-540100-CAIQ-LB-04A	***农产品批发市场	萝卜	硫丹	0.0173	0.018261

表 20-7　水果蔬菜样品中侦测出的非禁用农药残留安全指数表(MRL 中国国家标准)

序号	样品编号	采样点	基质	农药	含量(mg/kg)	中国国家标准	IFS_c	影响程度
1	20171113-540100-CAIQ-JC-05A	***超市(雪新村店)	韭菜	毒死蜱	1.5	0.1	0.9500	可以接受
2	20171109-540100-CAIQ-JC-01A	***超市(西郊店)	韭菜	毒死蜱	0.6753	0.1	0.4277	可以接受

残留量超过 MRL 欧盟标准的非禁用农药对水果蔬菜样品安全的影响程度频次分布情况如图 20-6 所示。可以看出超过 MRL 欧盟标准的非禁用农药共 50 频次，其中农药没有 ADI 标准的频次为 29，占 58%；农药残留对样品安全的影响可以接受的频次为 5，占 10%；农药残留对样品安全没有影响的频次为 16，占 32%。表 20-8 为水果蔬菜样品中安全指数排名前 10 的残留超标非禁用农药列表。

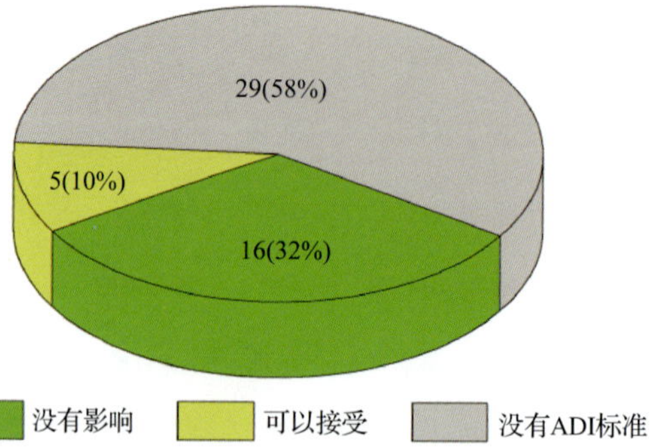

图 20-6　残留超标的非禁用农药对水果蔬菜样品安全的影响程度频次分布图（MRL 欧盟标准）

表 20-8　水果蔬菜样品中安全指数排名前 10 的残留超标非禁用农药列表（MRL 欧盟标准）

序号	样品编号	采样点	基质	农药	含量(mg/kg)	欧盟标准	IFS_c	影响程度
1	20171113-540100-CAIQ-JC-05A	***超市（雪新村店）	韭菜	毒死蜱	1.5000	0.05	0.9500	可以接受
2	20171109-540100-CAIQ-JC-01A	***超市（西郊店）	韭菜	毒死蜱	0.6753	0.05	0.4277	可以接受
3	20171113-540100-CAIQ-LJ-05A	***超市（雪新村店）	辣椒	己唑醇	0.1428	0.01	0.1809	可以接受
4	20171113-540100-CAIQ-JC-05A	***超市（雪新村店）	韭菜	敌敌畏	0.0958	0.01	0.1517	可以接受
5	20171111-540100-CAIQ-EP-02A	***广场（城关区店）	茄子	炔螨特	0.2302	0.01	0.1458	可以接受
6	20171113-540100-CAIQ-JU-05A	***超市（雪新村店）	枣	己唑醇	0.0377	0.01	0.0478	没有影响
7	20171111-540100-CAIQ-GS-02A	***广场（城关区店）	蒜薹	二甲戊灵	0.2057	0.05	0.0434	没有影响
8	20171111-540100-CAIQ-LB-02A	***广场（城关区店）	萝卜	五氯硝基苯	0.0280	0.02	0.0177	没有影响
9	20171113-540100-CAIQ-MS-05A	***超市（雪新村店）	香菇	腈菌唑	0.0779	0.02	0.0164	没有影响
10	20171111-540100-CAIQ-TO-02A	***广场（城关区店）	番茄	腐霉利	0.1961	0.01	0.0124	没有影响

在 102 例样品中，40 例样品未侦测出农药残留，62 例样品中侦测出农药残留，计算每例有农药侦测出样品的 $\overline{IFS}$ 值，进而分析样品的安全状态，结果如图 20-7 所示（未侦测出农药的样品安全状态视为很好）。可以看出，2.94%的样品安全状态可以接受；79.41%的样品安全状态很好。表 20-9 列出了水果蔬菜安全指数排名前 10 的样品列表。

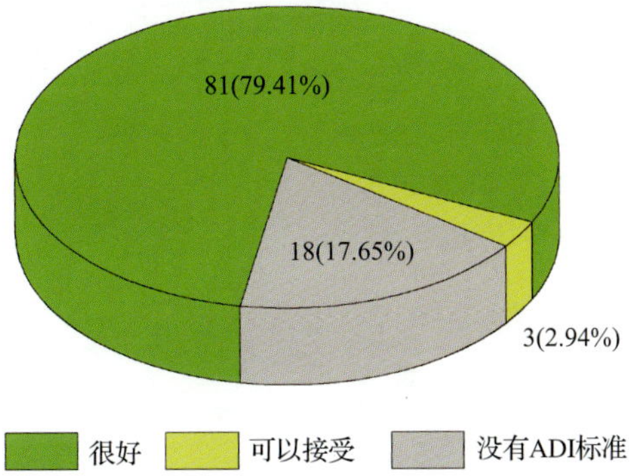

图 20-7　水果蔬菜样品安全状态分布图

表 20-9　水果蔬菜安全指数排名前 10 的样品列表

序号	样品编号	采样点	基质	$\overline{\text{IFS}}$	影响程度
1	20171113-540100-CAIQ-JC-05A	***超市(雪新村店)	韭菜	0.5508	可以接受
2	20171113-540100-CAIQ-MS-05A	***超市(雪新村店)	香菇	0.2509	可以接受
3	20171109-540100-CAIQ-JC-01A	***超市(西郊店)	韭菜	0.1442	可以接受
4	20171111-540100-CAIQ-EP-02A	***广场(城关区店)	茄子	0.0735	很好
5	20171113-540100-CAIQ-LJ-05A	***超市(雪新村店)	辣椒	0.0626	很好
6	20171109-540100-CAIQ-DG-01A	***超市(西郊店)	冬瓜	0.0315	很好
7	20171111-540100-CAIQ-JU-02A	***广场(城关区店)	枣	0.0288	很好
8	20171111-540100-CAIQ-JU-03A	***农贸市场	枣	0.0269	很好
9	20171111-540100-CAIQ-GS-02A	***广场(城关区店)	蒜薹	0.0228	很好
10	20171111-540100-CAIQ-JU-04A	***农产品批发市场	枣	0.0210	很好

20.2.2　单种水果蔬菜中农药残留安全指数分析

本次 23 种水果蔬菜侦测 40 种农药，检出频次为 139 次，其中 11 种农药没有 ADI 标准，29 种农药存在 ADI 标准。猕猴桃、金针菇、橙和芒果 4 种水果蔬菜未侦测出任何农药，青花菜、柠檬和橘 3 种水果蔬菜侦测出农药残留全部没有 ADI 标准，对其他的 16 种水果蔬菜按不同种类分别计算侦测出的具有 ADI 标准的各种农药的 IFS_c 值，农药残留对水果蔬菜的安全指数分布图如图 20-8 所示。

表 20-10 所示为单种水果蔬菜中安全指数表排名前 10 的残留农药列表。

本次侦测中，19 种水果蔬菜和 40 种残留农药(包括没有 ADI 标准)共涉及 92 个分析样本，农药对单种水果蔬菜安全的影响程度分布情况如图 20-9 所示。可以看出，61.96% 的样本中农药对水果蔬菜安全没有影响，5.43%的样本中农药对水果蔬菜安全的影响可以接受。

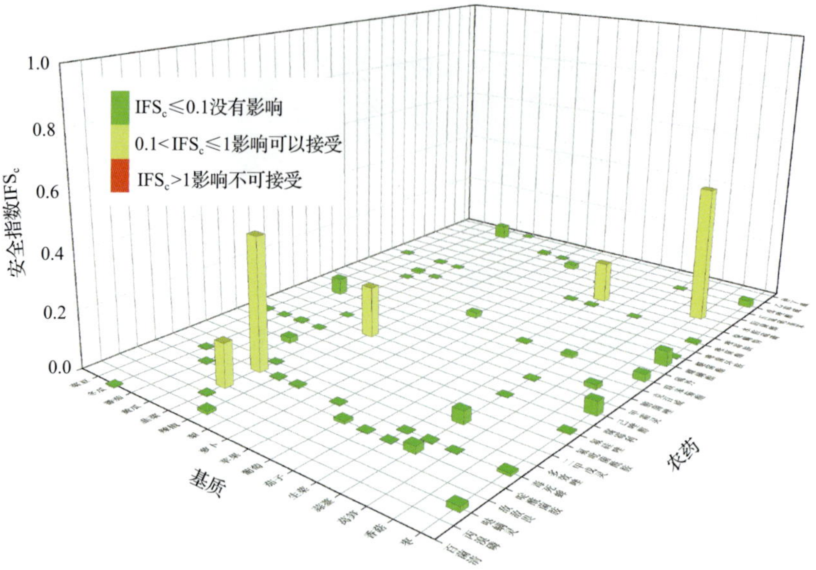

图 20-8　16 种水果蔬菜中 29 种残留农药的安全指数分布图

表 20-10　单种水果蔬菜中安全指数表排名前 10 的残留农药列表

序号	基质	农药	检出频次	检出率(%)	IFS>1 的频次	IFS>1 的比例(%)	IFS$_c$	影响程度
1	香菇	水胺硫磷	1	16.67	0	0	0.4853	可以接受
2	韭菜	毒死蜱	3	37.5	0	0	0.4618	可以接受
3	辣椒	己唑醇	1	7.14	0	0	0.1809	可以接受
4	韭菜	敌敌畏	1	12.5	0	0	0.1517	可以接受
5	茄子	炔螨特	1	20	0	0	0.1458	可以接受
6	冬瓜	克百威	1	16.67	0	0	0.0602	没有影响
7	枣	螺螨酯	1	5	0	0	0.0525	没有影响
8	番茄	乙霉威	2	13.33	0	0	0.0496	没有影响
9	枣	己唑醇	1	5	0	0	0.0478	没有影响
10	蒜薹	二甲戊灵	1	7.69	0	0	0.0434	没有影响

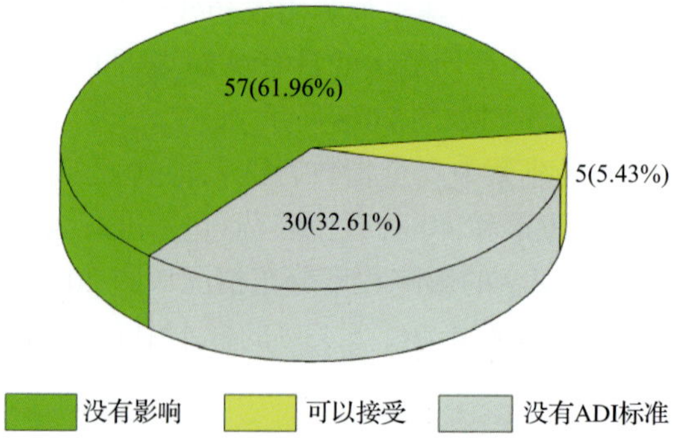

图 20-9　92 个分析样本的影响程度频次分布图

此外，分别计算 16 种水果蔬菜中所有侦测出农药 IFS_c 的平均值 $\overline{IFS}$，分析每种水果蔬菜的安全状态，结果如图 20-10 所示，分析发现，2 种水果蔬菜(12.5%)的安全状态可以接受，14 种(87.5%)水果蔬菜的安全状态很好。

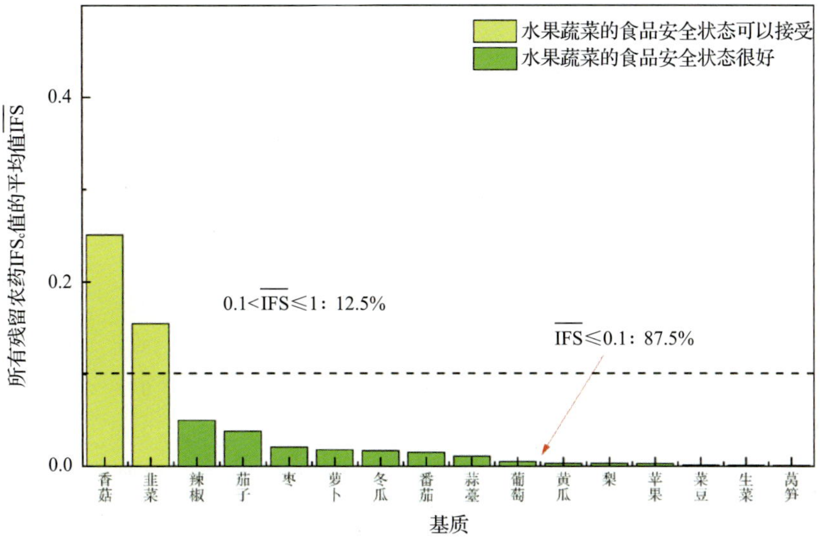

图 20-10　16 种水果蔬菜的 $\overline{IFS}$ 值和安全状态统计图

20.2.3　所有水果蔬菜中农药残留安全指数分析

计算所有水果蔬菜中 29 种农药的 $\overline{IFS_c}$ 值，结果如图 20-11 及表 20-11 所示。

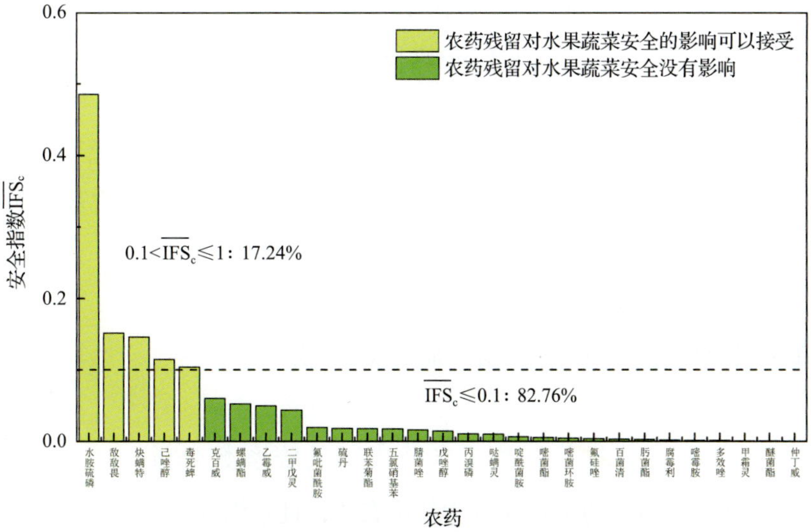

图 20-11　29 种残留农药对水果蔬菜的安全影响程度统计图

表 20-11　水果蔬菜中 29 种农药残留的安全指数表

序号	农药	检出频次	检出率(%)	$\overline{IFS_c}$	影响程度	序号	农药	检出频次	检出率(%)	$\overline{IFS_c}$	影响程度
1	水胺硫磷	1	0.72	0.4853	可以接受	16	丙溴磷	1	0.72	0.0105	没有影响
2	敌敌畏	1	0.72	0.1517	可以接受	17	哒螨灵	2	1.44	0.0102	没有影响
3	炔螨特	1	0.72	0.1458	可以接受	18	啶酰菌胺	7	5.04	0.0067	没有影响
4	己唑醇	2	1.44	0.1143	可以接受	19	嘧菌酯	3	2.16	0.0055	没有影响
5	毒死蜱	14	10.07	0.1040	可以接受	20	嘧菌环胺	2	1.44	0.0045	没有影响
6	克百威	1	0.72	0.0602	没有影响	21	氟硅唑	1	0.72	0.0039	没有影响
7	螺螨酯	1	0.72	0.0525	没有影响	22	百菌清	2	1.44	0.0033	没有影响
8	乙霉威	2	1.44	0.0496	没有影响	23	肟菌酯	2	1.44	0.0028	没有影响
9	二甲戊灵	1	0.72	0.0434	没有影响	24	腐霉利	13	9.35	0.0019	没有影响
10	氟吡菌酰胺	1	0.72	0.0197	没有影响	25	嘧霉胺	12	8.63	0.0014	没有影响
11	硫丹	1	0.72	0.0183	没有影响	26	多效唑	1	0.72	0.0014	没有影响
12	联苯菊酯	5	3.60	0.0181	没有影响	27	甲霜灵	3	2.16	0.0009	没有影响
13	五氯硝基苯	1	0.72	0.0177	没有影响	28	醚菌酯	2	1.44	0.0007	没有影响
14	腈菌唑	1	0.72	0.0164	没有影响	29	仲丁威	1	0.72	0.0001	没有影响
15	戊唑醇	8	5.76	0.0145	没有影响						

分析发现，所有农药对水果蔬菜安全的影响均在没有影响和可接受的范围内，其中17.24%的农药对水果蔬菜安全的影响可以接受，82.76%的农药对水果蔬菜安全没有影响。

20.3　GC-Q-TOF/MS 侦测拉萨市市售水果蔬菜农药残留预警风险评估

基于拉萨市水果蔬菜样品中农药残留 GC-Q-TOF/MS 侦测数据，分析禁用农药的检出率，同时参照中华人民共和国国家标准 GB 2763—2016 和欧盟农药最大残留限量(MRL)标准分析非禁用农药残留的超标率，并计算农药残留风险系数。分析单种水果蔬菜中农药残留以及所有水果蔬菜中农药残留的风险程度。

20.3.1　单种水果蔬菜中农药残留风险系数分析

20.3.1.1　单种水果蔬菜中禁用农药残留风险系数分析

侦测出的 40 种残留农药中有 3 种为禁用农药，且它们分布在 3 种水果蔬菜中，计算 3 种水果蔬菜中禁用农药的超标率，根据超标率计算风险系数 R，进而分析水果蔬菜中禁用农药的风险程度，结果如图 20-12 与表 20-12 所示。分析发现 3 种禁用农药在 3 种水果蔬菜中的残留处均于高度风险。

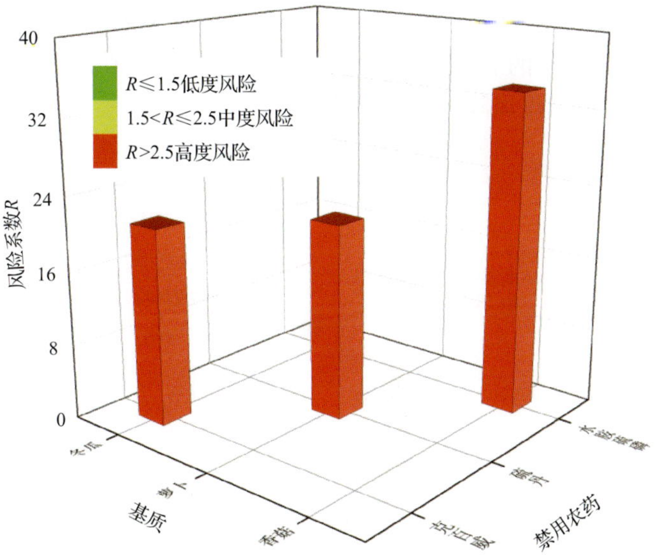

图 20-12　3 种水果蔬菜中 3 种禁用农药的风险系数分布图

表 20-12　3 种水果蔬菜中 3 种禁用农药的风险系数列表

序号	基质	农药	检出频次	检出率(%)	风险系数 R	风险程度
1	冬瓜	克百威	1	33.33	34.43	高度风险
2	萝卜	硫丹	1	20.00	21.10	高度风险
3	香菇	水胺硫磷	1	20.00	21.10	高度风险

20.3.1.2　基于 MRL 中国国家标准的单种水果蔬菜中非禁用农药残留风险系数分析

参照中华人民共和国国家标准 GB 2763—2016 中农药残留限量计算每种水果蔬菜中每种非禁用农药的超标率，进而计算其风险系数，根据风险系数大小判断残留农药的预警风险程度，水果蔬菜中非禁用农药残留风险程度分布情况如图 20-13 所示。

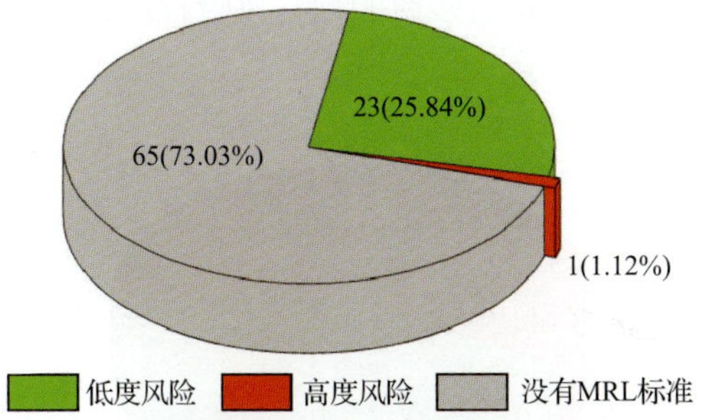

图 20-13　水果蔬菜中非禁用农药风险程度的频次分布图(MRL 中国国家标准)

本次分析中，发现在 19 种水果蔬菜中侦测出 37 种残留非禁用农药，涉及样本 89 个，在 89 个样本中，1.12%处于高度风险，25.84%处于低度风险，此外发现有 65 个样本没有 MRL 中国国家标准值，无法判断其风险程度，有 MRL 中国国家标准值的 24 个样本涉及 12 种水果蔬菜中的 14 种非禁用农药，其风险系数 *R* 值如图 20-14 所示。表 20-13 为非禁用农药残留处于高度风险的水果蔬菜列表。

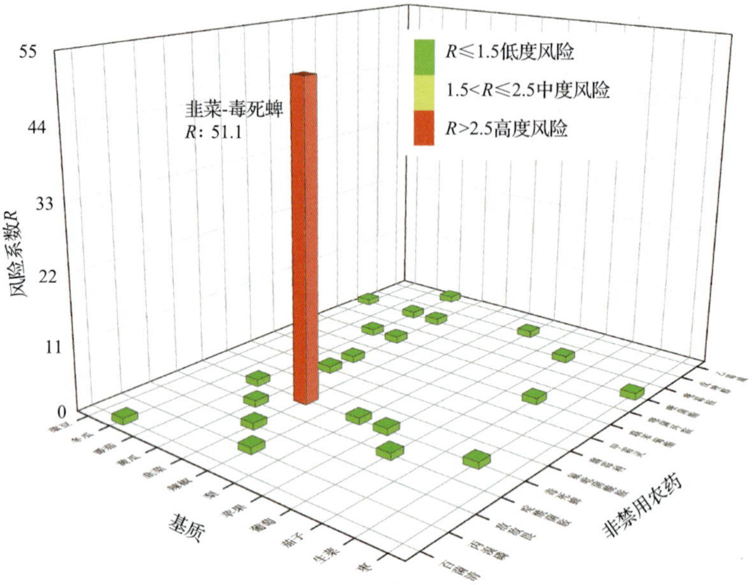

图 20-14　12 种水果蔬菜中 14 种非禁用农药的风险系数分布图（MRL 中国国家标准）

表 20-13　单种水果蔬菜中处于高度风险的非禁用农药风险系数表（MRL 中国国家标准）

序号	基质	农药	超标频次	超标率 *P*(%)	风险系数 *R*
1	韭菜	毒死蜱	2	50	51.1

20.3.1.3　基于 MRL 欧盟标准的单种水果蔬菜中非禁用农药残留风险系数分析

参照 MRL 欧盟标准计算每种水果蔬菜中每种非禁用农药的超标率，进而计算其风险系数，根据风险系数大小判断农药残留的预警风险程度，水果蔬菜中非禁用农药残留风险程度分布情况如图 20-15 所示。

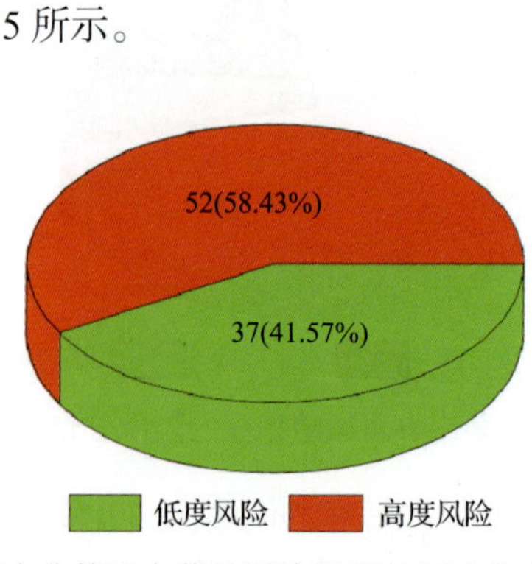

图 20-15　水果蔬菜中非禁用农药的风险程度的频次分布图（MRL 欧盟标准）

本次分析中，发现在 19 种水果蔬菜中共侦测出 37 种非禁用农药，涉及样本 89 个，其中，58.43%处于高度风险，涉及 17 种水果蔬菜和 19 种农药；41.57%处于低度风险，涉及 17 种水果蔬菜和 23 种农药。单种水果蔬菜中的非禁用农药风险系数分布图如图 20-16 所示。单种水果蔬菜中处于高度风险的非禁用农药风险系数如图 20-17 和表 20-14 所示。

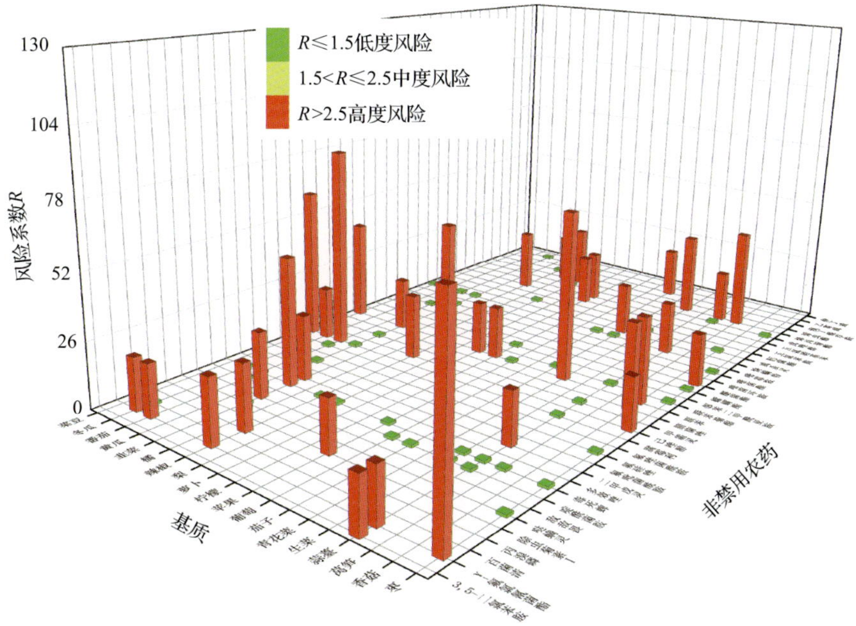

图 20-16 19 种水果蔬菜中 37 种非禁用农药的风险系数分布图(MRL 欧盟标准)

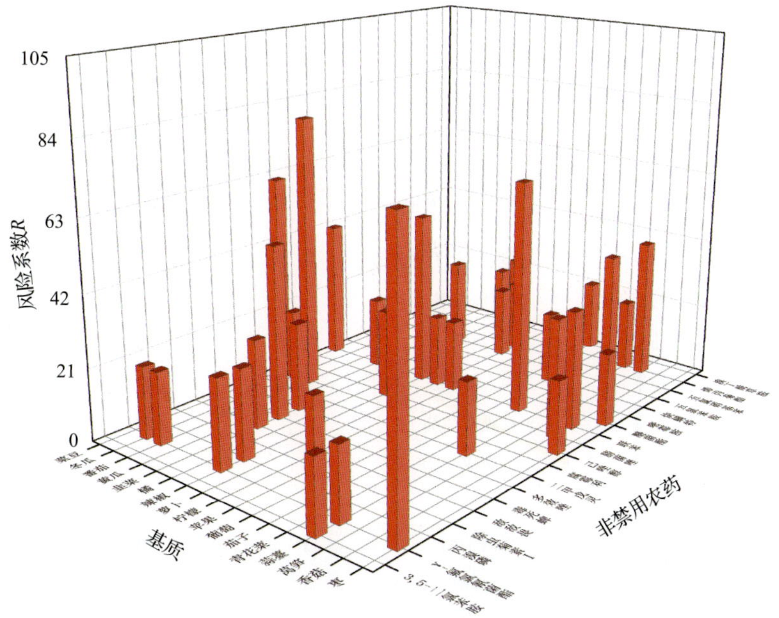

图 20-17 单种水果蔬菜中处于高度风险的非禁用农药的风险系数分布图(MRL 欧盟标准)

表 20-14　单种水果蔬菜中处于高度风险的非禁用农药的风险系数表（MRL 欧盟标准）

序号	基质	农药	超标频次	超标率 *P*(%)	风险系数 *R*
1	番茄	腐霉利	4	80.00	81.10
2	枣	γ-氟氯氰菌酯	4	80.00	81.10
3	青花菜	联苯	2	66.67	67.77
4	菜豆	腐霉利	3	60.00	61.10
5	韭菜	毒死蜱	2	50.00	51.10
6	辣椒	联苯	2	50.00	51.10
7	菜豆	联苯	2	40.00	41.10
8	莴笋	烯丙菊酯	2	40.00	41.10
9	青花菜	烯丙菊酯	1	33.33	34.43
10	香菇	联苯	1	33.33	34.43
11	香菇	腈菌唑	1	33.33	34.43
12	韭菜	五氯苯胺	1	25.00	26.10
13	韭菜	多效唑	1	25.00	26.10
14	韭菜	敌敌畏	1	25.00	26.10
15	辣椒	γ-氟氯氰菌酯	1	25.00	26.10
16	辣椒	丙溴磷	1	25.00	26.10
17	辣椒	己唑醇	1	25.00	26.10
18	辣椒	烯丙菊酯	1	25.00	26.10
19	冬瓜	γ-氟氯氰菌酯	1	20.00	21.10
20	冬瓜	腐霉利	1	20.00	21.10
21	番茄	γ-氟氯氰菌酯	1	20.00	21.10
22	黄瓜	联苯	1	20.00	21.10
23	橘	烯丙菊酯	1	20.00	21.10
24	萝卜	五氯硝基苯	1	20.00	21.10
25	萝卜	五氯苯胺	1	20.00	21.10
26	萝卜	联苯	1	20.00	21.10
27	柠檬	联苯	1	20.00	21.10
28	苹果	除虫菊素 I	1	20.00	21.10
29	葡萄	溴丁酰草胺	1	20.00	21.10
30	茄子	炔螨特	1	20.00	21.10
31	蒜薹	3,5-二氯苯胺	1	20.00	21.10
32	蒜薹	γ-氟氯氰菌酯	1	20.00	21.10
33	蒜薹	二甲戊灵	1	20.00	21.10
34	蒜薹	嘧霉胺	1	20.00	21.10
35	蒜薹	烯丙菊酯	1	20.00	21.10
36	枣	己唑醇	1	20.00	21.10
37	枣	醚菌酯	1	20.00	21.10

20.3.2　所有水果蔬菜中农药残留风险系数分析

20.3.2.1　所有水果蔬菜中禁用农药残留风险系数分析

在侦测出的 40 种农药中有 3 种为禁用农药，计算所有水果蔬菜中禁用农药的风险系数，结果如表 20-15 所示。禁用农药克百威、硫丹和水胺硫磷均处于中度风险。

表 20-15　水果蔬菜中 9 种禁用农药的风险系数表

序号	农药	检出频次	检出率(%)	风险系数 R	风险程度
1	克百威	1	0.98	2.08	中度风险
2	硫丹	1	0.98	2.08	中度风险
3	水胺硫磷	1	0.98	2.08	中度风险

20.3.2.2　所有水果蔬菜中非禁用农药残留风险系数分析

参照 MRL 欧盟标准计算所有水果蔬菜中每种非禁用农药残留的风险系数，如图 20-18 与表 20-16 所示。在侦测出的 37 种非禁用农药中，7 种农药(18.92%)残留处于高度风险，12 种农药(32.43%)残留处于中度风险，18 种农药(48.65%)残留处于低度风险。

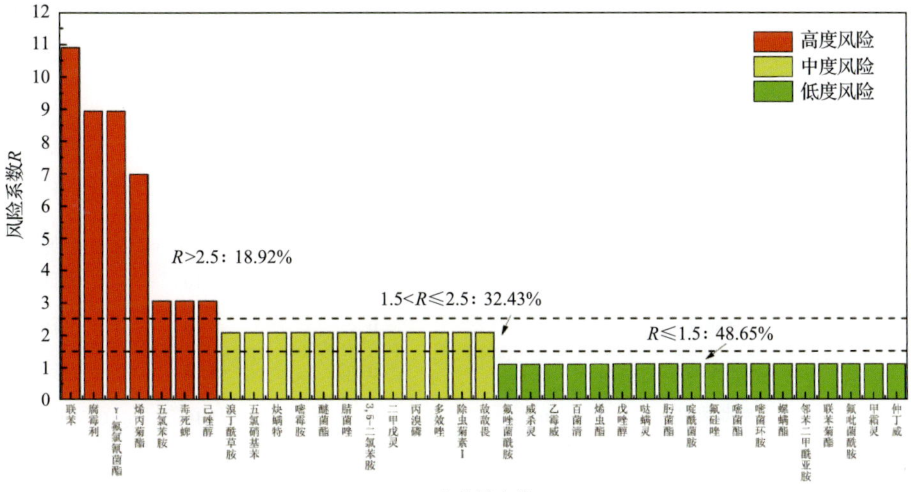

图 20-18　水果蔬菜中 37 种非禁用农药的风险程度统计图

表 20-16　水果蔬菜中 37 种非禁用农药的风险系数表

序号	农药	超标频次	超标率 P(%)	风险系数 R	风险程度
1	联苯	10	9.80	10.90	高度风险
2	腐霉利	8	7.84	8.94	高度风险
3	γ-氟氯氰菌酯	8	7.84	8.94	高度风险

续表

序号	农药	超标频次	超标率 P(%)	风险系数 R	风险程度
4	烯丙菊酯	6	5.88	6.98	高度风险
5	五氯苯胺	2	1.96	3.06	高度风险
6	毒死蜱	2	1.96	3.06	高度风险
7	己唑醇	2	1.96	3.06	高度风险
8	溴丁酰草胺	1	0.98	2.08	中度风险
9	五氯硝基苯	1	0.98	2.08	中度风险
10	炔螨特	1	0.98	2.08	中度风险
11	嘧霉胺	1	0.98	2.08	中度风险
12	醚菌酯	1	0.98	2.08	中度风险
13	腈菌唑	1	0.98	2.08	中度风险
14	3,5-二氯苯胺	1	0.98	2.08	中度风险
15	二甲戊灵	1	0.98	2.08	中度风险
16	丙溴磷	1	0.98	2.08	中度风险
17	多效唑	1	0.98	2.08	中度风险
18	除虫菊素 I	1	0.98	2.08	中度风险
19	敌敌畏	1	0.98	2.08	中度风险
20	氟唑菌酰胺	0	0	1.10	低度风险
21	威杀灵	0	0	1.10	低度风险
22	乙霉威	0	0	1.10	低度风险
23	百菌清	0	0	1.10	低度风险
24	烯虫酯	0	0	1.10	低度风险
25	戊唑醇	0	0	1.10	低度风险
26	哒螨灵	0	0	1.10	低度风险
27	肟菌酯	0	0	1.10	低度风险
28	啶酰菌胺	0	0	1.10	低度风险
29	氟硅唑	0	0	1.10	低度风险
30	嘧菌酯	0	0	1.10	低度风险
31	嘧菌环胺	0	0	1.10	低度风险
32	螺螨酯	0	0	1.10	低度风险
33	邻苯二甲酰亚胺	0	0	1.10	低度风险
34	联苯菊酯	0	0	1.10	低度风险
35	氟吡菌酰胺	0	0	1.10	低度风险
36	甲霜灵	0	0	1.10	低度风险
37	仲丁威	0	0	1.10	低度风险

20.4　GC-Q-TOF/MS 侦测拉萨市市售水果蔬菜农药残留风险评估结论与建议

农药残留是影响水果蔬菜安全和质量的主要因素，也是我国食品安全领域备受关注的敏感话题和亟待解决的重大问题之一[15,16]。各种水果蔬菜均存在不同程度的农药残留现象，本研究主要针对拉萨市各类水果蔬菜存在的农药残留问题，基于 2017 年 11 月期间对拉萨市 102 例水果蔬菜样品中农药残留侦测得出的 139 个侦测结果，分别采用食品安全指数模型和风险系数模型，开展水果蔬菜中农药残留的膳食暴露风险和预警风险评估。水果蔬菜样品取自超市和农贸市场，符合大众的膳食来源，风险评价时更具有代表性和可信度。

本研究力求通用简单地反映食品安全中的主要问题，且为管理部门和大众容易接受，为政府及相关管理机构建立科学的食品安全信息发布和预警体系提供科学的规律与方法，加强对农药残留的预警和食品安全重大事件的预防，控制食品风险。

20.4.1　拉萨市水果蔬菜中农药残留膳食暴露风险评价结论

1) 水果蔬菜样品中农药残留安全状态评价结论

采用食品安全指数模型，对 2017 年 11 月期间拉萨市水果蔬菜食品农药残留膳食暴露风险进行评价，根据 IFS_c 的计算结果发现，水果蔬菜中农药的 $\overline{IFS}$ 为 0.0471，说明拉萨市水果蔬菜总体处于很好的安全状态，但部分禁用农药、高残留农药在蔬菜、水果中仍有侦测出，导致膳食暴露风险的存在，成为不安全因素。

2) 单种水果蔬菜中农药膳食暴露风险不可接受情况评价结论

单种果蔬中农药残留安全指数分析结果显示，在单种果蔬中未发现膳食暴露风险不可接受的残留农药，检测出的残留农药对单种果蔬安全的影响均在可以接受和没有影响的范围内，说明拉萨市的果蔬中虽侦测出农药残留，但残留农药不会造成膳食暴露风险或造成的膳食暴露风险可以接受。

3) 禁用农药膳食暴露风险评价

本次检测发现部分水果蔬菜样品中有禁用农药侦测出，侦测出禁用农药 3 种，检出频次为 3，水果蔬菜样品中的禁用农药 IFS_c 计算结果表明，禁用农药残留的膳食暴露风险均在可以接受和没有风险的范围内，可以接受的频次为 1，占 33.33%，没有影响的频次为 2，占 66.67%。虽然残留禁用农药没有造成不可接受的膳食暴露风险，但为何在国家明令禁止禁用农药喷洒的情况下，还能在多种果蔬中多次侦测出禁用农药残留，这应该引起相关部门的高度警惕，应该在禁止禁用农药喷洒的同时，严格管控禁用农药的生产和售卖，从根本上杜绝安全隐患。

20.4.2 拉萨市水果蔬菜中农药残留预警风险评价结论

1) 单种水果蔬菜中禁用农药残留的预警风险评价结论

本次检测过程中，在 3 种水果蔬菜中检测出 3 种禁用农药，禁用农药为：克百威、甲拌磷、硫丹和水胺硫磷，水果蔬菜为：冬瓜、萝卜、香菇，水果蔬菜中禁用农药的风险系数分析结果显示，3 种禁用农药在 3 种水果蔬菜中的残留均处于高度风险，说明在单种水果蔬菜中禁用农药的残留会导致较高的预警风险。

2) 单种水果蔬菜中非禁用农药残留的预警风险评价结论

以 MRL 中国国家标准为标准，计算水果蔬菜中非禁用农药风险系数情况下，89 个样本中，1 个处于高度风险(1.12%)，23 个处于低度风险(25.84%)，65 个样本没有 MRL 中国国家标准(73.03%)。以 MRL 欧盟标准为标准，计算水果蔬菜中非禁用农药风险系数情况下，发现有 52 个处于高度风险(58.43%)，37 个处于低度风险(41.57%)。基于两种 MRL 标准，评价的结果差异显著，可以看出 MRL 欧盟标准比中国国家标准更加严格和完善，过于宽松的 MRL 中国国家标准值能否有效保障人体的健康有待研究。

20.4.3 加强拉萨市水果蔬菜食品安全建议

我国食品安全风险评价体系仍不够健全，相关制度不够完善，多年来，由于农药用药次数多、用药量大或用药间隔时间短，产品残留量大，农药残留所造成的食品安全问题日益严峻，给人体健康带来了直接或间接的危害。据估计，美国与农药有关的癌症患者数约占全国癌症患者总数的 50%，中国更高。同样，农药对其他生物也会形成直接杀伤和慢性危害，植物中的农药可经过食物链逐级传递并不断蓄积，对人和动物构成潜在威胁，并影响生态系统。

基于本次农药残留侦测数据的风险评价结果，提出以下几点建议：

1) 加快食品安全标准制定步伐

我国食品标准中对农药每日允许最大摄入量 ADI 的数据严重缺乏，在本次评价所涉及的 40 种农药中，仅有 72.5%的农药具有 ADI 值，而 27.5%的农药中国尚未规定相应的 ADI 值，亟待完善。

我国食品中农药最大残留限量值的规定严重缺乏，对评估涉及的不同水果蔬菜中不同农药 92 个 MRL 限值进行统计来看，我国仅制定出 25 个标准，标准完整率仅为 27.2%，而欧盟的完整率达到 100%(表 20-17)。因此，中国更应加快 MRL 的制定步伐。

表 20-17 我国国家食品标准农药的 ADI、MRL 值与欧盟标准的数量差异

分类		中国 ADI	MRL 中国国家标准	MRL 欧盟标准
标准限值(个)	有	29	25	92
	无	11	67	0
总数(个)		40	92	92
无标准限值比例(%)		27.5	72.8	0

此外，MRL 中国国家标准限值普遍高于欧盟标准限值，这些标准中共有 13 个高于欧盟。过高的 MRL 值难以保障人体健康，建议继续加强对限值基准和标准的科学研究，将农产品中的危险性减少到尽可能低的水平。

2) 加强农药的源头控制和分类监管

在拉萨市某些水果蔬菜中仍有禁用农药残留，利用 GC-Q-TOF/MS 技术侦测出 3 种禁用农药，检出频次为 3 次，残留禁用农药均存在较大的膳食暴露风险和预警风险。早已列入黑名单的禁用农药在我国并未真正退出，有些药物由于价格便宜、工艺简单，此类高毒农药一直生产和使用。建议在我国采取严格有效的控制措施，从源头控制禁用农药。

对于非禁用农药，在我国作为“田间地头”最典型单位的县级蔬果产地中，农药残留的检测几乎缺失。建议根据农药的毒性，对高毒、剧毒、中毒农药实现分类管理，减少使用高毒和剧毒高残留农药，进行分类监管。

3) 加强残留农药的生物修复及降解新技术

市售果蔬中残留农药的品种多、频次高、禁用农药多次检出这一现状，说明了我国的田间土壤和水体因农药长期、频繁、不合理的使用而遭到严重污染。为此，建议中国相关部门出台相关政策，鼓励高校及科研院所积极开展分子生物学、酶学等研究，加强土壤、水体中残留农药的生物修复及降解新技术研究，切实加大农药监管力度，以控制农药的面源污染问题。

综上所述，在本工作基础上，根据蔬菜残留危害，可进一步针对其成因提出和采取严格管理、大力推广无公害蔬菜种植与生产、健全食品安全控制技术体系、加强蔬菜食品质量检测体系建设和积极推行蔬菜食品质量追溯制度等相应对策。建立和完善食品安全综合评价指数与风险监测预警系统，对食品安全进行实时、全面的监控与分析，为我国的食品安全科学监管与决策提供新的技术支持，可实现各类检验数据的信息化系统管理，降低食品安全事故的发生。

参 考 文 献

[1] 全国人民代表大会常务委员会. 中华人民共和国食品安全法[Z]. 2015-04-24.

[2] 钱永忠, 李耘. 农产品质量安全风险评估: 原理、方法和应用[M]. 北京: 中国标准出版社, 2007.

[3] 高仁君, 陈隆智, 郑明奇, 等. 农药对人体健康影响的风险评估[J]. 农药学学报, 2004, 6(3): 8-14.

[4] 高仁君, 王蔚, 陈隆智, 等. JMPR 农药残留急性膳食摄入量计算方法[J]. 中国农学通报, 2006, 22(4): 101-104.

[5] FAO/WHO Recommendation for the revision of the guidelines for predicting dietary intake of pesticide residues, Report of a FAO/WHO Consultation, 2-6 May 1995, York, United Kingdom.

[6] 李聪, 张艺兵, 李朝伟, 等. 暴露评估在食品安全状态评价中的应用[J]. 检验检疫学刊, 2002, 12(1): 11-12.

[7] Liu Y, Li S, Ni Z, et al. Pesticides in persimmons, jujubes and soil from China: Residue levels, risk assessment and relationship between fruits and soils[J]. Science of the Total Environment, 2016, 542(Pt A): 620-628.

[8] Claeys W L, Schmit J F O, Bragard C, et al. Exposure of several Belgian consumer groups to pesticide residues through fresh fruit and vegetable consumption[J]. Food Control, 2011, 22(3): 508-516.

[9] Quijano L, Yusà V, Font G, et al. Chronic cumulative risk assessment of the exposure to organophosphorus, carbamate and pyrethroid and pyrethrin pesticides through fruit and vegetables consumption in the region of Valencia(Spain)[J]. Food & Chemical Toxicology, 2016, 89: 39-46.

[10] Fang L, Zhang S, Chen Z, et al. Risk assessment of pesticide residues in dietary intake of celery in China[J]. Regulatory Toxicology & Pharmacology, 2015, 73(2): 578-586.

[11] Nuapia Y, Chimuka L, Cukrowska E. Assessment of organochlorine pesticide residues in raw food samples from open markets in two African cities[J]. Chemosphere, 2016, 164: 480-487.

[12] 秦燕, 李辉, 李聪. 危害物的风险系数及其在食品检测中的应用[J]. 检验检疫学刊, 2003, 13(5): 13-14.

[13] 金征宇. 食品安全导论[M]. 北京: 化学工业出版社, 2005.

[14] 中华人民共和国国家卫生和计划生育委员会, 中华人民共和国农业部, 中华人民共和国国家食品药品监督管理总局. GB 2763—2016 食品安全国家标准　食品中农药最大残留限量[S]. 2016.

[15] Chen C, Qian Y Z, Chen Q, et al. Evaluation of pesticide residues in fruits and vegetables from Xiamen, China[J]. Food Control, 2011, 22: 1114-1120.

[16] Lehmann E, Turrero N, Kolia M, et al. Dietary risk assessment of pesticides from vegetables and drinking water in gardening areas in Burkina Faso[J]. Science of the Total Environment, 2017, 601-602: 1208-1216.